有机化学核心教程

周晴中　编著

北京大学出版社
PEKING UNIVERSITY PRESS

图书在版编目(CIP)数据

有机化学核心教程/周晴中编著. —北京：北京大学出版社，2020. 11
ISBN 978-7-301-31749-5

Ⅰ. ①有… Ⅱ. ①周… Ⅲ. ①有机化学–高等学校–教材 Ⅳ. ①O62

中国版本图书馆 CIP 数据核字（2020）第 191489 号

书　　名	有机化学核心教程 YOUJI HUAXUE HEXIN JIAOCHENG
著作责任者	周晴中　编著
责 任 编 辑	郑月娥　王斯宇　曹京京
标 准 书 号	ISBN 978-7-301-31749-5
出 版 发 行	北京大学出版社
地　　址	北京市海淀区成府路 205 号　100871
网　　址	http://www.pup.cn　新浪微博：@北京大学出版社
电 子 信 箱	zye@pup.pku.edu.cn
电　　话	邮购部 010-62752015　发行部 010-62750672　编辑部 010-62767347
印 刷 者	北京市科星印刷有限责任公司
经 销 者	新华书店
	787 毫米×1092 毫米　16 开本　32.25 印张　825 千字
	2020 年 11 月第 1 版　2020 年 11 月第 1 次印刷
定　　价	80.00 元

内 容 简 介

本书是在本人参加北京大学化学学院有机化学教学的基础上，根据有机化学近来的发展，添加一些必要的内容而编写的。本书添加了过去有机化学教科书中没有的2005年诺贝尔化学奖获奖内容烯烃复分解反应；2010年诺贝尔化学奖获奖内容有机合成中钯催化交叉偶联反应研究的赫克反应、铃木反应和根岸反应；2015年获诺贝尔生理学或医学奖的中国女药学家屠呦呦发现的治疗疟疾的新药物——青蒿素和二氢青蒿素等的结构内容。本书还加强了对绿色化学——醇的氮氧自由基催化氧化等内容，具有实用价值的有机波谱等知识的介绍。本书介绍的许多反应注明了反应条件和收率。

本书可作为高等学校化学专业的教材，也是从事有机合成技术人员的必要读物。

前　言

有机化学又称碳化合物的化学，是研究有机化合物的来源、组成、结构、性质、制备方法与应用及有关理论的科学，是化学学科中一门重要的基础课程。有机化学的内容不仅包括烷烃，烯烃，炔烃，芳香烃，卤代烃，醇，酚，醚，醛，酮，羧酸，羧酸衍生物，胺类，硝基化合物，腈类，含硫有机化合物，含磷有机化合物，杂环化合物等一般的有机化合物；还包括与生命相关的单糖、寡糖和多糖，氨基酸、多肽、蛋白质，酶，核酸，脂质、萜类化合物、甾族化合物和生物碱等。

有机化学与人类生活有着极为密切的关系，是医药学、环境保护等学科的重要基础，对药物、农药、染料、香料、炸药、食品与营养、高分子材料、高能燃料、石油与煤化学、日用品化学、农副产品等的利用和发展起到了奠定基础的作用。在世界上所有已知的化合物中，有机化合物约占90％。为了在研究和制备这些化合物时更好地保护环境，在项目研究和生产前应充分地应用有机化学的理论和知识对项目进行环境评估、安全评估，以保证更好更安全地研究和制备出高质量的药品、食品、日用化学品等有机化合物产品，需要在生产中采用更多的绿色化学生产工艺，为此具有丰富、深入和广博的有机化学知识就越显得更为重要。

有机化学是化学中的一个基础性独立学科，不但存在有机化合物之间的内在联系和特性，而且还与多种学科相联系。学好有机化学，才能进一步去学习天然产物化学、有机合成化学、物理有机化学、元素有机化学、高分子化学、有机分析化学、生物有机化学、燃料化学等学科。有机化合物是生命的物质基础，各种酶催化的新陈代谢反应本质上都是有机化学反应，当前有关于核酸、基因和肽、蛋白质等物质的生命科学正蓬勃发展，生物化学和有机化学之间的新兴交叉学科已成为目前发展最迅速的前沿学科之一。生命科学的研究和发展要应用有机化学的理论和方法，只有具有足够的有机化学知识，才能深入理解生命科学物质基础和代谢反应。因此要学好生命科学，更需要首先学好有机化学。为了造福于人类的健康，与各种疾病作斗争，研究药物、食品与营养也都要学习有机化学。

最后要强调的是，在学习有机化学理论知识的过程中，要注意有机化学是一门实验学科，重视理论和实践的结合，有机化学的知识和理论的学习与有机化学实验是相辅相成的，两者缺一不可。科学的发展、时代的进步会不断对有机化学提出更高要求，希望本书能对具有学习有机化学知识愿望和需要的读者们有所帮助。

目　　录

第一章　绪　　论

§1.1　有机化学和有机化合物

有机化学是研究有机化合物的来源、组成、结构、合成方法、性质、应用、变化规律、结构与反应性之间的关系以及有关理论的学科。“有机”一词的原意是“源自活性有机体”。1806年为区别其他矿物质的化学——无机化学，首先使用有机化学这个名字；1848年研究人员给出了有机化学的定义，即研究碳化合物的化学。发展至今，有机化学的组成部分包括了有机反应及机理、有机化合物的合成及结构分析方法、有机化合物的结构理论及电子效应理论等。有机化学与人类生活有着极为密切的关系，对药物、农药、染料、香料、炸药、食品与营养、高分子材料、高能燃料、石油与煤化学、日用品化学、农副产品等的利用和发展起了奠定基础的作用。复杂生命现象的研究对象主要是有机分子。有机化学的一个特点就是其研究和发展越来越与生命科学挂钩，并与生命科学互相交叉和渗透。从分子水平认识生命过程的研究给予了生命科学不可限量的活力和前景。有机化学的成就推动了生命科学的发展，而生命科学的发展又不断提出许多问题并推动有机化学的发展。

有机化合物主要指碳氢化合物及其衍生物，在组成和性质上都与无机化合物有不同之处。有机化合物已有几千万种，且数目还在不断增长。

(1) 有机化合物分子组成：有机化合物分子组成虽然复杂，但元素组成简单。碳为必要元素，多数含有氢，其次含氧、氮、卤素、硫、磷等可能元素，个别还含特殊金属或非金属元素。可将碳与氢构成的烃类化合物视为有机化合物的母体，而将含有官能团的有机化合物看作母体中氢原子被官能团取代的衍生物。但一般将少数含碳化合物，如碳的氧化物、碳酸及其衍生物、氰、氢氰酸、氰酸、异氰酸以及它们的盐当作无机化合物。

(2) 有机化合物一般性质：有机化合物加热易分解，绝大多数容易燃烧，除个别化合物外，均可燃烧成二氧化碳和水等化合物，且燃烧后常无残渣。有机化合物中的碳原子以共价键方式结合成有机分子骨架，极性一般较小，熔点比无机物低得多，在水中溶解度也较小。

(3) 有机化合物与无机化合物差别：有机化合物多为共价键结合，成为非离子型化合物，因此往往具有较大的挥发性、较低的熔点(400℃以下)与较低的沸点；多溶于有机溶剂而难溶于水，且极性较小，一般与无机化合物有一些明显的差别。

(4) 有机反应特点：有机反应速率比较慢，易发生副反应。有机反应的活化能较高，反应一般需加热和加催化剂，需控制反应条件使其尽可能进行主反应。

(5) 有机化学是一门实验学科：有机化学的知识和理论从实验中总结而来，又用来指导实验。有机化学的知识和理论的学习和有机化学的实验相辅相成，两者缺一不可。

§1.2 有机化合物的结构和化学键

一个化合物的化学性质，是由化合物的结构决定的。在有机化合物中碳原子是四价的，碳原子之间可相互结合，碳原子和其他原子的数目保持着一定的比例。

(一) 路易斯(Lewis)电子结构学说

1916 年 Lewis 提出共价键概念，认为原子的电子可以配对形成共价键，使原子能够形成一种稳定的稀有气体电子构型，通称为“八隅规则”，即原子无论是通过电子转移还是与其他原子共享电子，只要电子层充满，就是十分稳定的。用共价结合的价电子(外层电子)表示分子结构的电子结构式称为 Lewis 结构式。在 Lewis 结构式里，每一个价电子用一个黑点表示，一个共价键的一对电子用一对黑点或一个短横(—)表示。两个原子之间没有共享的非成键电子常被称为孤对电子(n 电子)，严格的 Lewis 结构式应表示出所有的这些孤对电子，有助于考虑化合物的反应活性。Lewis 结构式是从经验基础上提出来的共价结构模型，目前仍被普遍使用，如图 1-1 所示：

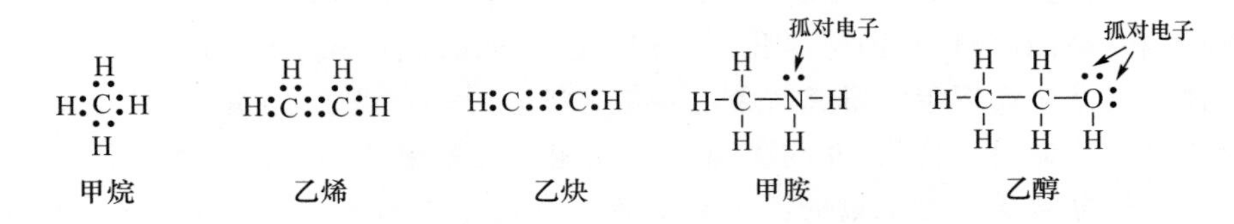

图 1-1　Lewis 电子结构式

(二) 有机化学的价键理论

(1) 共价键：在两个原子核之间的区域通过共享电子对而形成的键。原子之间通过电子共享而不是转移来实现稀有气体电子构型。一个原子如果有未配对电子，就可以与自旋相反的电子配对成键，一个原子的未配对电子数目就是其化合价数。两原子之间仅有一对共用电子对形成的键为单键，有两对共用电子对的键为双键，有三对共用电子对的键为叁键。

(2) 共价键的饱和性：一个电子与另一个电子配对，就不能再与第三个电子配对，为共价键的饱和性。即未成对电子成对，共价键饱和。

(3) 共价键的方向性：通过对薛定谔波动方程求解，可以得到一个包括三维空间坐标 x、y、z 的波函数 φ。该函数为可用来描述核外电子运动的状态函数，也称原子轨道，在给定的条件下可画出一定三维空间的图形。除 s 轨道为球形对称之外，其他原子轨道 p、d、f 都具有一定的取向，p 轨道为三个哑铃形状的图形，哑铃形两球中间有一个平面表示节面，在节面上 $\varphi=0$，电子云密度也等于零。而当原子轨道重叠成键时，只有沿着一定方向进行，才可能达到最大限度的重叠，重叠越多则形成的共价键越稳定，所以共价键有方向性，形成的分子也必然具有一定的立体构型。有机化学中常见的是 s 轨道和 p 轨道，图 1-2 中的正、负号表示函数在不同位相，在决定两个原子轨道之间成键还是反键时起关键作用。第二个电子层由一个 2s 轨道和三个 2p 轨道组成，2p 轨道根据它沿 x、y、z 轴的趋向而标记，互相垂直。

碳元素的基态电子构型是 $1s^2 2s^2 2p_x^1 2p_y^1$，有四个价电子。

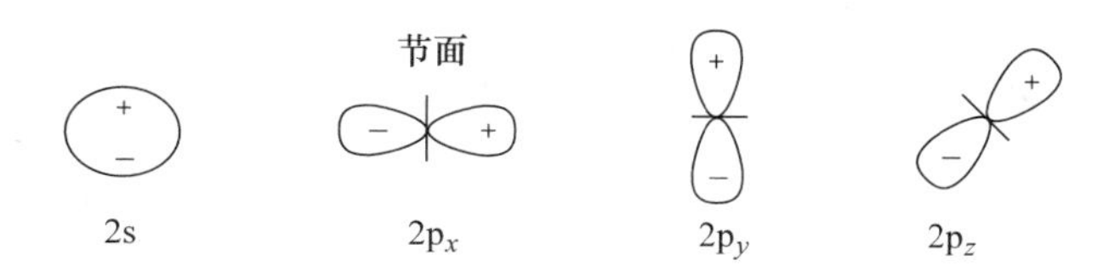

图 1-2　s 轨道及 p 轨道

(4) 共价键的类型： 按共用电子对多少，共价键可分为单键、双键和叁键，按成键轨道的重叠方式不同又可分为 σ 键和 π 键。将两个成键原子核间连线称为键轴，原子轨道沿键轴方向以“头碰头”的方式重叠形成的键，称为 σ 键，s-s、s-p_x、p_x-p_x 均为 σ 键。在有双键和叁键的分子中，未杂化的平行 p 轨道也会相互重叠，沿键轴方向以“肩并肩”的方式最大程度重叠生成的键称为 π 键。π 键的键能小于 σ 键。

(5) 共价键的属性： 包括共价键的键长、键角和键能等。键长为两原子核之间的距离。键能指某一种共价键形成时所放出的能量或断裂时所吸收的能量的平均值。

表 1-1　一些常见共价键的键长和键能

共价键	C—C	C═C	C≡C	C—H	C—O	C═O	C—N	C═N	C—Cl	C—Br
键长/pm	154	133	121	109	143	121	147	127	177	191
键能/($kJ\cdot mol^{-1}$)	361.0	612.5	833.9	413	355.6	736.4(醛) 748.9(酮)	284.5	606.7	334.7	284.5

(6) 电负性和键极性： 共价键分为非极性共价键和极性共价键。两个原子之间平均共享电子对形成的共价键称为非极性共价键，如 H_2 中的键和乙烷中 C—C 键。而共享电子对偏向两个原子核中的一个的共价键称为极性共价键，如碳与氯成键时，成键电子强烈偏向氯原子一边。此时碳原子携带少量正电荷，可用 δ+ 表示；氯原子带少量负电荷，可用 δ− 表示。如下图中氯甲烷的极性 C—Cl 键，用箭头表示键的极性，箭头指向负电荷的一端，正电荷一端用正号表示。键的极性用偶极矩(μ)来度量，其数值为电荷量与键长的乘积。用电负性可以预测键的极性和偶极矩的方向，电负性较强的元素对成键电子对的吸引力强，是偶极的负电荷端。分子偶极矩可以表示分子的整体极性，等于所有单独化学键偶极矩的向量和。

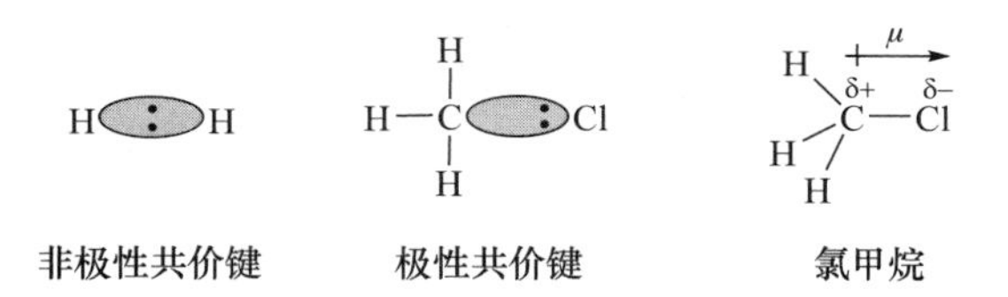

非极性共价键　　极性共价键　　氯甲烷

极性对化合物的溶解度有很大影响，极性物质易溶解在极性溶剂中，非极性物质易溶于非极性溶剂中，即“相似相溶”规则。

有机化合物中主要的化学键是共价键，有时还有配位键和离子键。配位键是共价键的一种形式，所需的一对电子完全由一个原子提供，在化学结构式中常用箭头代替短横，由供电子的原子指向接受电子的原子，如由 NH_3 和 BF_3 结合在一起的 $H_3N\rightarrow BF_3$ 分子中有 N→B 配位键。离子键通过电子转移，使原子达到稀有气体的电子构型，生成的离子具有相反电荷，相互吸引，如氯化钠晶体中 Na^+ 与 Cl^- 之间的化学键。离子键在无机化合物中很普遍，但在有机化合物中较少见。

氢键不是真正的键，而是极强的偶极-偶极引力，是分子间作用力。常见的氢键为 N—H 和 O—H 形成的氢键，亲电性的氢与氮原子或氧原子上的非成键电子形成分子间的连接。氢键对有机物的物理性质有很大影响，如使有机物的沸点升高：分子式同为 C_2H_6O 的两种异构体乙醇和甲醚，乙醇分子间有 O—H 氢键，沸点 78℃；甲醚没有氢键，沸点 −25℃。

（三）分子轨道理论

分子轨道理论是处理双原子分子及多原子分子结构的一种有效的近似方法，分子轨道理论认为分子中的电子不再从属于某个原子，而是在整个分子空间范围内运动。该理论注意了分子的整体性，因此较好地说明了多原子分子的结构，在现代共价键理论中占有很重要的地位。

（1）轨道中电子的波动性：1925 年薛定谔用波动方程描述了电子的运动，得到了描述核外电子运动的波函数 ψ。波函数平方 ψ^2 为电子云概率密度，可简称为电子云。分子轨道理论认为原子在形成分子时，分子轨道由原子运动的波函数线性组合（相加或相减）而成，可用分子轨道波函数 ψ 来描述。分子轨道和原子轨道的主要区别在于：① 在原子中，电子的运动只受一个原子核的作用，在单原子核势场中运动，原子轨道是单核系统；而在分子中，电子则在所有原子核势场作用下运动，分子轨道是多核系统。② 原子轨道的名称用 s、p、d…符号表示，而分子轨道的名称则相应地用 σ、π、δ…符号表示。

（2）原子轨道的线性组合：不同原子的轨道相互作用，形成分子轨道并生成键（或反键）。几个原子轨道可组合成几个分子轨道，其中有一半分子轨道分别由正负符号相同的两个原子轨道波函数叠加而成，大量的电子云密度集中在两个原子核的成键区域，核间电子云密度增大，其能量较原来的原子轨道能量低，有利于成键，称为成键分子轨道（bonding molecular orbital），如 σ、π 轨道（轴对称轨道）。如两个原子轨道可以组成的两个分子轨道，成键分子轨道 $\psi_1=\varphi_1+\varphi_2$，电子云密度分布 $\psi_1{}^2=(\varphi_1+\varphi_2)^2$。另一半分子轨道分别由正负符号不同的两个原子轨道叠加而成，大量的电子云密度位于成键区域之外，两核间电子云密度很小，其能量较原来的原子轨道能量高，不利于成键，称为反键分子轨道（antibonding molecular orbital），如 σ^*、π^* 轨道（镜面对称轨道，反键轨道的符号上加“*”与成键轨道区别），如两个原子轨道组成两个分子轨道，反键分子轨道 $\psi_2=\varphi_1-\varphi_2$，电子云密度分布 $\psi_2^2=(\varphi_1-\varphi_2)^2$。若组合得到的分子轨道的能量跟组合前的原子轨道能量没有明显差别，所得的分子轨道叫做非键分子轨道。分子轨道有不同能级，每一轨道只能容纳两个自旋相反的电子，电子首先占据能量最低的轨道，按能量增高依次排上去。总之，分子轨道是不同原子轨道重叠形成的轨道，可以是成键轨道，也可以是反键轨道，但大多数稳定分子中只有成键轨道被填充。

原子轨道线性组合成分子轨道必须符合以下原则：

① 对称性匹配原则：组成分子轨道的原子轨道的符号（位相）必须相同。原子轨道在不同的区域有不同的符号，符号相同的重叠才能有效成键，符号不同的不能有效成键。

原子轨道有 s、p、d 等各种类型，它们对于某些点、线、面有着不同的空间对称性。对称性是否匹配，可根据两个原子轨道的角度分布图中波瓣的正、负号对于键轴（设为 x 轴）或对于含键轴的某一平面的对称性判断。如 p_y 对 p_y 轨道符号相同，可有效组成分子轨道；而 s 轨道与 p_y 轨道有一部分符号相同，一部分符号不同，虽有部分重叠，但不能有效成键。

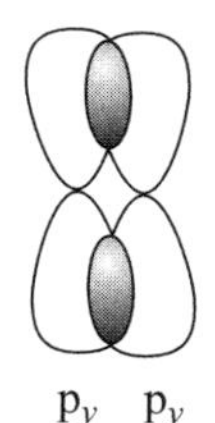

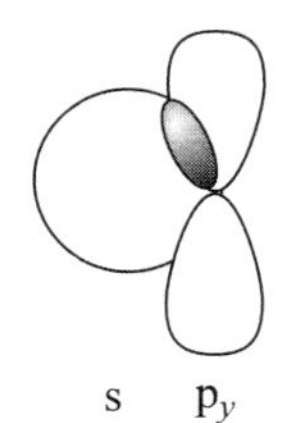

② 能量近似原则: 只有能量相近的原子轨道才能组合成有效的分子轨道，而且能量愈相近愈能有效地成键。如氟化氢分子 HF，由于氟原子核电荷比氢的核电荷多，对 1s 和 2s 电子的吸引力大，能量低。氢原子核电荷少，对 1s 电子吸引力小，能量高，与氟原子 2p 电子的能量接近，可以成键。

③ 轨道最大重叠原则: 对称性匹配的两个原子轨道进行线性组合时，其重叠程度愈大，则组合成的分子轨道的能量愈低，所形成的化学键愈稳定，即只能在特定方向上形成分子轨道，原子轨道重叠具有方向性。

在上述三条原则中，对称性匹配原则是首要的，它决定原子轨道有无组合成分子轨道的可能性。能量近似原则和轨道最大重叠原则是在符合对称性匹配原则的前提下，决定分子轨道组合效率。

电子在分子轨道中的排布也遵守与原子轨道电子排布相同的原则，即泡利(Pauli)不相容原理、能量最低原理和洪德(Hund)规则。具体排布时，应先了解分子轨道的能级顺序。目前这个顺序主要借助于分子光谱实验确定。

(3) 分子轨道: 共价键的稳定性源于成键区域内电子云的高密度，成键区域位于两个原子核之间，相互成键的两个原子核之间的平衡核间距离即为键长。

σ 键: 在成键分子轨道中，电子云集中在连接两个原子核的连线上，是轴对称的键。在有机化合物中，所有单键都是 σ 键，每一个双键或叁键中都包含有一个 σ 键。对于 H_2 原子，1s 轨道同相重叠时，形成的分子轨道是 σ 成键轨道，其能量低于 1s 原子轨道；当两个 1s 轨道反相重叠时，形成反键(σ^*)轨道。

π 键: 由两个 p 轨道在垂直于原子核连线方向上平行重叠形成，电子云集中在两个原子核连线的上方和下方。π 分子轨道非轴对称。两个 p 轨道的侧面重叠形成一个 π 成键分子轨道和一个 π^* 反键分子轨道。

分子轨道理论在处理具有共轭体系的有机分子的化学键时非常方便，如苯和 1,3-丁二烯分子的结构。

(四) 杂化轨道

有机分子中键角实测一般接近 109°、120°或者 180°，显然这些分子形状不是 s 轨道和 p 原子轨道普通地结合而成的，而是 s 轨道和 p 轨道结合成杂化轨道的结果。形成杂化轨道可以使电子对在空间上相距更远，原子周围的价电子对以及孤对电子之间的角度更大，并使两个原子核间的成键区域的电子云密度更大。对四个电子对来说，杂化后相距最大的可能的角度是 109.5°，对三个电子对是 120°，对两个电子对是 180°。由此杂化轨道有 sp^3、sp^2 和 sp 三种。

杂化轨道理论认为，在分子成键过程中，由于参与成键的原子间的相互影响，同一原子中几个能量相近的不同类型的原子轨道相互作用，可以进行线性组合，重新分配能量和确定空间方向，组成能量相等的杂化轨道。杂化轨道更有利于原子轨道间最大程度地重叠，成键能力更强，形成的化学键键能更大。杂化轨道的数目等于参与杂化的轨道数目。杂化轨道在空间取最大夹角分布，使相互排斥能最小，体系能量降低，杂化之后再成键可达到最稳定的分子状态。由于不同类型的杂化轨道之间夹角不同，成键后所形成的分子就具有不同的空间构型。杂化轨道决定键的几何形状。

sp^3 杂化：典型例子如烷烃分子中碳原子的 1 个 2s 电子激发到 $2p_z$ 后，1 个 2s 轨道和 3 个 2p 轨道重新组合成 4 个 sp^3 杂化轨道，它们再和氢原子形成相同的碳氢 σ 键，如在 CH_4 分子中，4 个 C—H 共价键完全等同，键长为 114 pm，键角为 109.5°。碳—碳之间形成碳碳 σ 键。sp^3 杂化轨道在空间的分布以碳原子为中心，四个轨道指向正四面体四个顶点。

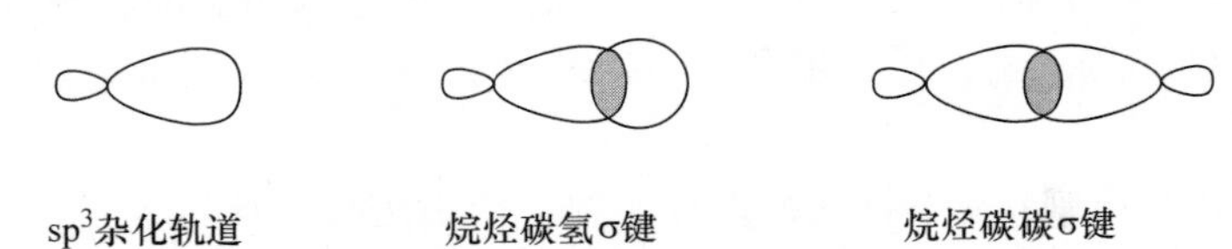

sp^2 杂化：在乙烯分子中有碳碳双键(C═C)，碳原子的激发态中 $2p_x$、$2p_y$ 和 2s 形成 3 个 sp^2 杂化轨道，能量相等，位于同一平面并互成 120°夹角；另外一个 $2p_z$ 轨道未参与杂化，位于与平面垂直的方向上。碳碳双键中的 sp^2 杂化如下所示。

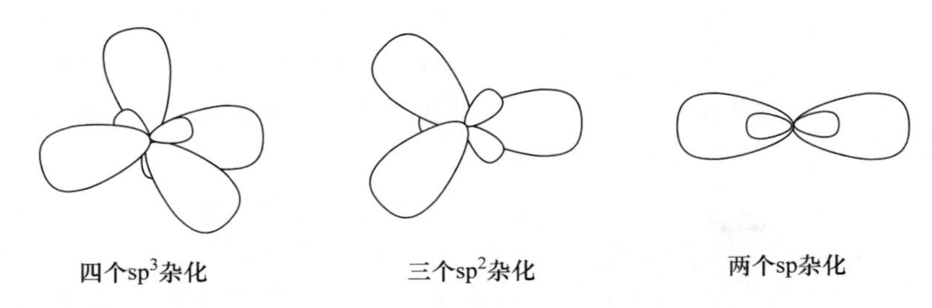

3 个 sp^2 杂化轨道中有 2 个轨道分别与 2 个 H 原子形成 σ 单键，还有 1 个 sp^2 轨道与另一个 C 的 sp^2 轨道形成头对头的 σ 键，同时位于垂直方向的 p_z 轨道以肩并肩的方式形成 π 键。也就是说碳碳双键由一个 σ 键和一个 π 键组成，即双键中两个键是不等同的。π 键原子轨道的重叠程度小于 σ 键，不稳定，容易断裂，所以含有双键的烯烃很容易发生加成反应，如乙烯和氯气加成反应生成氯乙烷。

sp 杂化：乙炔分子中有碳碳叁键(HC≡CH)，激发态的 C 原子中 2s 和 $2p_x$ 轨道形成 sp 杂化轨道。这两个能量相等的 sp 杂化轨道在同一直线上，轨道夹角 180°。其中之一与 H 原子形成 σ 单键，另外一个形成 C 原子之间的 σ 键，而未参与杂化的 p_y 与 p_z 垂直于 x 轴并互相垂直，它们以肩并肩的方式与另一个 C 的 p_y、p_z 形成 π 键。即碳碳叁键由一个 σ 键和两个 π 键组成。两个 π 键不同于 σ 键，轨道重叠较少，并不稳定，因而容易断开，所以含叁键的炔烃也容易发生加成反应。

不同杂化碳原子的电负性(吸电子能力)由大到小是：sp 杂化碳＞sp^2 杂化碳＞sp^3 杂化碳。

(五) 异构现象

有机化合物的化学结构有三层含义：构造(constitution)、构型(configuration)和构象(conformation)。**构造**表示分子中原子或基团连接的种类、次序，以及原子间键合方式(单键、双键还是叁键，链形还是环形)，相同化学组成的分子(分子式相同)可以因化学键连接次序不同或原子排列不同而有不同构造，亦称同分异构体。**构型**则是指分子中原子或基团在空间的排列次序和排布形式。构型异构体是指原子空间位置不同，但它们的原子连接方式相同，仅仅在空间上原子取向不同的异构体，如顺反异构体。**构象**则是指分子中基团围绕单键旋转，每一个分子都可以通过旋转得到原子不同的排列，在一定条件下形成分子的特定几何形状。

§1.3 有机化合物分类

可按组成、碳架分类，也可按官能团分类。

(一) 按组成分类

为简单明了，可把有机物分为烃、含氧有机化合物和含氮有机化合物。

(1) 烃：烃是完全由碳和氢组成的化合物，有烷烃、烯烃、炔烃和芳香烃。烷烃为只含单键的烃，烯烃为含有 C═C 双键的烃，炔烃为含有 C≡C 叁键的烃，芳香烃为含有苯环等芳香环的烃。具有环状结构的烷烃、烯烃和炔烃称为环烷烃、环烯烃和环炔烃。

(2) 含氧有机化合物：主要类型是醇、醚、醛、酮、羧酸和羧酸衍生物。醇为含有羟基—OH的化合物，醚为一个氧原子连有两个烷基的化合物 R—O—R′，醛为羰基上连有一个烷基和一个氢原子的化合物 $R-\overset{O}{\overset{\|}{C}}-H$，酮为羰基上连有两个烷基的化合物 $R-\overset{O}{\overset{\|}{C}}-R$，羧酸为含有羧基—COOH 的化合物 $R-\overset{O}{\overset{\|}{C}}-OH$，羧酸衍生物主要包括羧基质子被烷基取代的酯 $R-\overset{O}{\overset{\|}{C}}-OR'$ 和羧基中的羟基被氯原子取代的酰氯 $R-\overset{O}{\overset{\|}{C}}-Cl$ 等。

(3) 含氮有机化合物：最常见的是胺、腈和酰胺。胺为氨的烷基取代物 RNH_2、R_2NH 和 R_3N。腈为含有氰基—C≡N 的化合物。酰胺为羧基中的羟基被胺所取代的化合物，有三种酰胺：

$$R-\overset{O}{\overset{\|}{C}}-NH_2 \quad R-\overset{O}{\overset{\|}{C}}-NHR' \quad R-\overset{O}{\overset{\|}{C}}-NR'_2$$

(二) 按碳架分类

有机化合物按分子中碳原子所组成的骨架形状分成链形分子或环状分子，而环状分子又分为碳环、芳环和杂环化合物三类。

(1) 链形化合物：又称脂肪族化合物或无环化合物。其构造式有如下几种表示方法：

	短线式	缩写式	键线式
丁烷	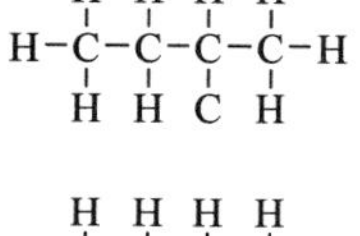	$CH_3CH_2CH_2CH_3$	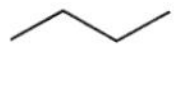
1-丁烯	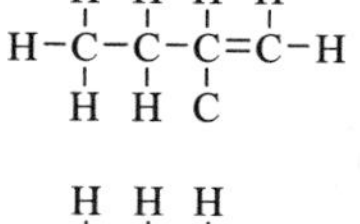	$CH_3CH_2CH{=}CH_2$	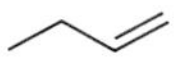
1-丁炔	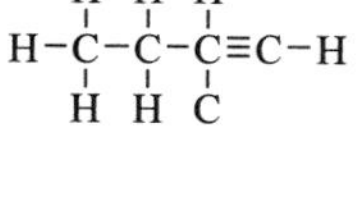	$CH_3CH_2C{\equiv}CH$	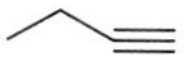

丙醇 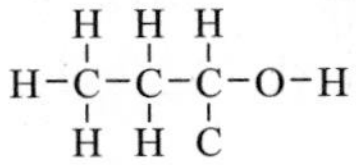　$CH_3CH_2CH_2OH$　OH

(2) 环状化合物：可分为碳环、芳环和杂环。

① **碳环化合物：**由碳原子相互连接形成环状，可分单环或多环，环内也可以有双键和叁键。

环丙烷

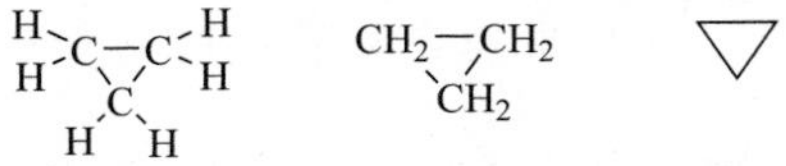

环己烷

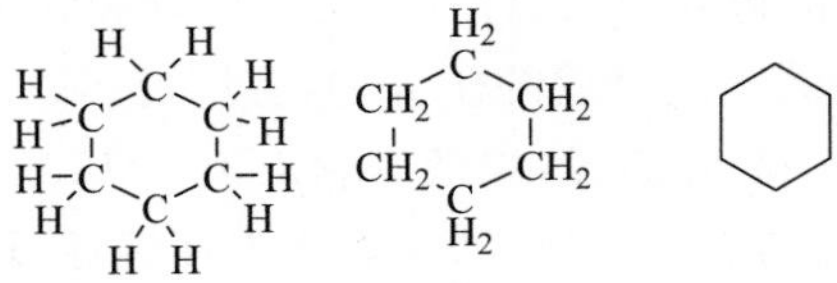

环己烯

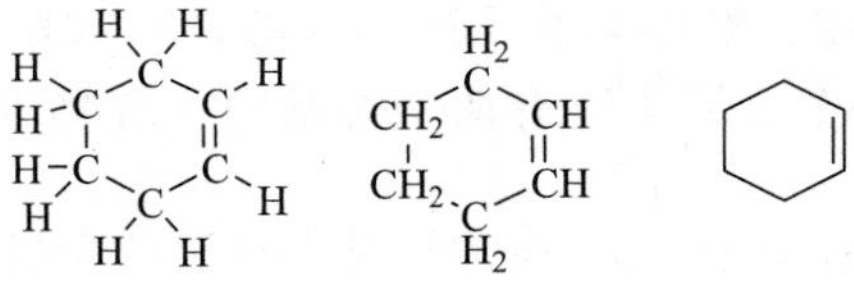

② **芳香族化合物：**含有芳环结构，有环形共轭体系。其中最重要的是苯，常见的三种表示方法如下图。苯的衍生物包括具有单苯环、多苯环、稠苯环的化合物。另外还有非苯系芳香碳环化合物，如环戊二烯负离子。

苯

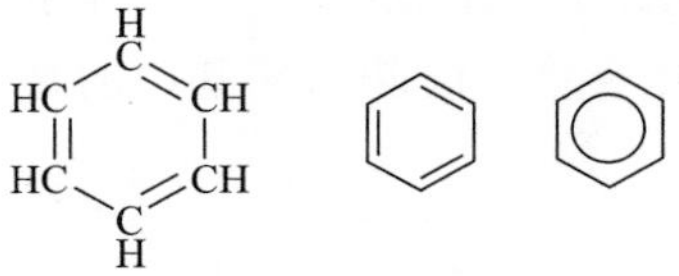

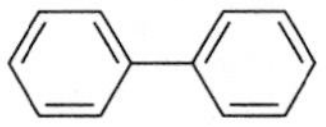

Fe

联苯 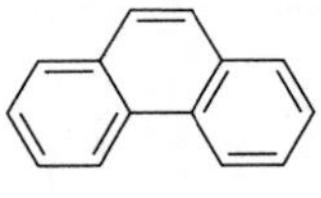　　菲 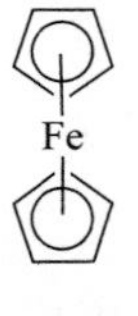　　二环戊二烯铁（二茂铁）

③ **杂环化合物：**环内含有其他原子，如氧、硫、氮等杂原子的化合物。杂环化合物中可含有三元、四元、五元、六元或六元以上的各种环，可含一个以上相同或不同的杂原子，可包含几个相同或不同的杂环，杂环间可以单键相连或并连等。

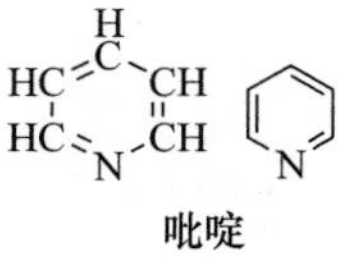

吡啶 　　喹啉

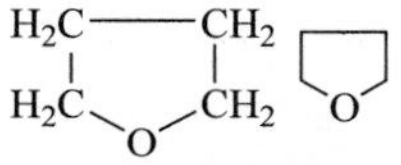

四氢呋喃 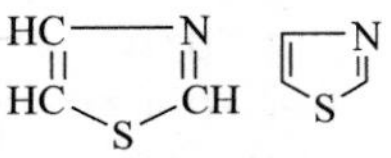　　噻吩

有机化合物可以简单地分为脂肪族和芳香族，脂肪族化合物（该名称指此类化合物最初是从脂肪中获取的）泛指不含芳香基的有机化合物，包括链形化合物、脂环化合物和不含芳香基的杂环化合物。按碳碳间的化学键又分饱和脂肪族化合物与不饱和脂肪族化合物，前者为烷烃及其衍生物，后者为烯烃、炔烃及其衍生物。芳香化合物泛指含有环形共轭体系的化合物，包括碳环和杂环两类。

（三）按官能团分类

官能团是指有机化合物分子中能发生化学反应的一些原子和原子团，有机物由于具有不同的官能团而具有不同的物理、化学性质。分子中的氢原子（一个或数个）被各种官能团取代，衍生出各类有机化合物。脂肪族化合物可分为脂肪醇、脂肪醚、脂肪醛与酮、脂肪酸、脂肪胺等类。重要的官能团见表 1-2。此外，各种金属与某些非金属原子也可直接与碳原子结合形成元素有机化合物。

表 1-2　重要的官能团

官能团	名称	官能团	名称
$>C=C<$	双键	$-NO_2$	硝基
$-C\equiv C-$	叁键	$-NO$	亚硝基
$-OH$	羟基	$-NH_2$	氨基
$-X(F,Cl,Br,I)$	卤原子	$-NHOH$	羟氨基
$-C-O-C-$	醚基	$-NHNH_2$	肼基
$-OX$	次卤基	$-N=N-$	偶氮基
$-CHO$	醛基（甲酰基）	$-N\equiv N^+X^-$	重氮基
$-CO-$	羰基（酮基）	$>C=N-R$	亚氨基
$-COOH$	羧基	$>C=N-NH_2$	腙基
$-COOR$	酯基	$>C=N-OH$	肟基
$-CONH_2$	酰胺基	$-SH$	巯基
$-CN$	氰基	$-SO_3H$	磺酸基
$-COX$	酰卤基	$Ar-OH$	酚羟基
$RCO-$	酰基		

有机化合物根据中国化学会参考国际纯粹与应用化学联合会（International Union of Pure and Applied Chemistry，简称 IUPAC）公布的《有机化学命名法》修订出的《有机化学命

名原则》(1980)命名。

有机化合物广泛存在于自然界,但越来越多地可以通过人工合成的方法,以石油、天然气、煤等为起始原料,通过全合成制得。未知有机化合物的组成与结构可通过化学分析法与仪器分析法进行定性和定量测定。

§1.4 有机反应的类型

(一) 共价键断裂方式

按反应时共价键断裂的方式,有机反应可分为均裂反应和异裂反应。

(1) 均裂反应: 键断裂时原来成键的一对电子平均分给两个原子或基团,可表示为

$$A:B \longrightarrow A\cdot + B\cdot$$

均裂反应一般在光、热或自由基引发剂作用下发生,反应分子均裂产生具有未成对电子的电中性原子或基团(称为自由基),它们都带有一个孤电子,可用黑点表示,如 $H_3C\cdot$ 为甲基自由基。自由基多数寿命很短。该反应的特点是有诱导期,加入能与自由基偶合的物质能使反应停止,酸、碱等催化剂对反应没有明显影响,也没有明显的溶剂效应。

(2) 异裂反应: 断裂时原来成键的一对电子完全为某一原子或基团所占有,可表示为

$$A:B \longrightarrow A^+ + :B^-$$

异裂反应一般在酸、碱或极性溶剂等极性物质催化下进行,通常断裂产生短寿命的正离子和负离子,故反应又称为离子型反应。

(二) 有机反应的三种类型

有机反应按反应机理,即由反应物转变为生成物所经历的微观反应过程,分为自由基反应、离子型反应和协同反应(周环反应)。

(1) 自由基型反应: 共价键均裂后生成的自由基活性中间体进行的反应,链断裂时成键的一对电子平均分给两个原子或基团。

$$A:B \longrightarrow A\cdot + B\cdot \qquad 2Br\cdot + H_3C:H \longrightarrow H_3CBr + HBr$$

(2) 离子型反应: 共价键异裂后生成的正离子或负离子活性中间体进行的反应。

$$A:B \longrightarrow A^+ + :B^- \qquad (CH_3)_3C:Br \longrightarrow (CH_3)_3C^+ + :Br^-$$

根据反应试剂的类型不同又有亲核和亲电反应之分。**亲电反应**是亲电试剂(本身缺电子)与反应底物中能提供电子的部位(带有电负性)发生的反应;**亲核反应**是亲核试剂(本身能提供电子)与底物中带有电正性的部位发生的反应。

(3) 协同反应: 在反应过程中成键或断键一步发生,没有自由基或离子等活性中间体产生,只有键变化的过渡态。如周环反应是旧键断裂和新键形成同时发生,只有一个环状过渡态,并受分子轨道对称性控制的反应。

§1.5 有机反应中的动力学和热力学

(一) 碰撞理论

碰撞理论认为,只有能量超过活化能的活化分子之间产生有效碰撞方可发生反应。活化能 E_a 是每个反应从反应物到生成物过程中都要越过的一个能垒,而每个反应的活化能是不同的。分子必须吸收足够的能量,才能活化并产生具有最低活化能的有效碰撞。因此反应速率与温度关系很大,一般温度每升高 10℃,反应速率将会提高约一倍左右。

(二) 过渡态理论

在反应进程中,当反应物相互接近时,反应物结构变化成为过渡态,用≠表示。此时出现一个能量比反应物和生成物均高的势能最高点,为反应进行中中间状态的结构,反应物与过渡态之间存在一个平衡,然后再以一定速率形成生成物。

$$\underset{\text{反应物}}{\text{A—B} + \text{C}} \rightleftharpoons \underset{\text{过渡态}}{[\text{A}\cdots\text{B}\cdots\text{C}]^{\neq}} \longrightarrow \underset{\text{生成物}}{\text{A} + \text{B—C}}$$

反应物 A—B 接近 C 时,A—B 键开始伸长且未断裂,B—C 键未完全形成,形成过渡态,迫使势能上升,当势能到达活化能时,反应物到达过渡态。随后 A—B 键进一步减弱、断裂,B—C 键进一步结合成键,势能下降,释放能量,形成生成物。$\Delta H^{\ominus}$ 为反应前后体系的能量变化。过渡态是反应进程中能量最高的一点,其寿命接近于零,不是客观存在的实体。对于一步反应,其反应进程中只有一个过渡态。过渡态结构类似于势能接近的一方,即对于放热反应,过渡态的结构和能量接近于反应物;而对于吸热反应,过渡态结构和能量接近于产物。

反应可以用反应势能图表示。横坐标为反应进程,纵坐标为势能变化(图 1-3)。

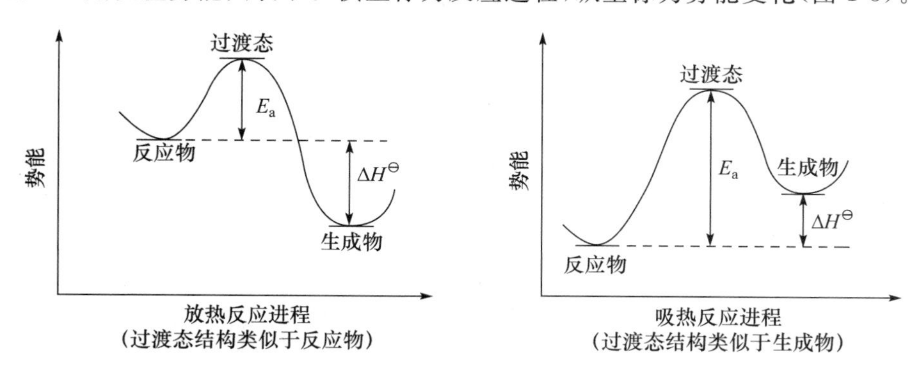

图 1-3 反应进程中势能变化示意图

§1.6 有机化学中酸碱的概念

最早发展的阿仑尼乌斯(Arrhenius)酸碱理论认为酸是可以在水中电离出 H_3O^+ 的物质,碱是可以在水中电离出 OH^- 的物质。水溶液的酸碱性可以通过测量 H_3O^+ 的浓度来确定，由于 H_3O^+ 的浓度和 OH^- 的浓度乘积与水解离常数相关（25℃时为 1.0×10^{-14}），也可得 OH^- 的浓度。这种酸碱定义对理解酸和碱是重要的，但不能解释 NH_3 分子里没有氢氧根离子，却可以中和酸。

（一）布朗斯特(Brønsted)酸碱质子理论

按照布朗斯特(J. N. Brønsted)酸碱质子理论，酸是质子的供体，碱是质子的受体。酸碱反应是质子转移或接受的过程，表示为：

$$\underset{\text{酸}}{HA} \rightleftharpoons \underset{\text{碱}}{A^-} + \underset{\text{质子}}{H^+}$$

酸(HA)和碱(A^-)互为共轭酸碱，酸给出质子后生成的碱是原酸的共轭碱，碱接受质子后生成的酸是原碱的共轭酸。酸碱概念是相对的，化合物给出质子或接受质子根据环境而定。

酸		碱		碱的共轭酸		酸的共轭碱
HClO			$\rightleftharpoons$	H^+	+	ClO^-
H^+	+	NH_3	$\rightleftharpoons$	$^+NH_4$		
CH_3COOH	+	H_2O	$\rightleftharpoons$	H_3O^+	+	CH_3COO^-
H_2O	+	CH_3NH_2	$\rightleftharpoons$	$CH_3{}^+NH_3$	+	OH^-
CH_3NH_2	+	OH^-	$\rightleftharpoons$	H_2O	+	CH_3NH^-

作为一个 Brønsted 酸(HA)，必须含有一个可以作为质子而失去的氢原子。酸的强度由它给出质子的难易程度而定。不易给出质子的是弱酸，容易给出质子的是强酸。酸的强度常常在水溶液中通过酸的解离常数 K_a 来测定。

$$HA + H_2O \rightleftharpoons A^- + H_3O^+ \qquad K_a=[A^-][H_3O^+]/[HA]$$

酸性强度可用 pK_a 表示。pK_a 即 $-\lg K_a$，$pK_a<0$ 为强酸，$pK_a>4$ 为弱酸。

碱的强度由它接受质子的难易程度而定。不易接受质子的是弱碱，容易接受质子的是强碱。碱的强度可通过碱的解离常数 K_b 来测定。

$$B^- + H_2O \rightleftharpoons BH + OH^- \qquad K_b=[BH][OH^-]/[B^-]$$

碱性强度可用 pK_b 表示，pK_b 即 $-\lg K_b$。

若将碱写成其共轭酸 BH 解离平衡的形式：

$$BH + H_2O \rightleftharpoons B^- + H_3O^+ \qquad K_a=[B^-][H_3O^+]/[BH]$$

在水溶液中 K_a 与 K_b 的乘积为水的解离常数 K_w，25℃时为 1.0×10^{-14}，因而 $pK_a+pK_b=14$。

表 1-3　有机酸的酸性(25℃，pK_a)

分子式	pK_a	分子式	pK_a	分子式	pK_a
CH_3SO_3H	≈−1.2	C_2H_5SH	10.60	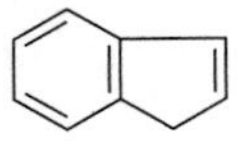	20
CF_3COOH	0.2	$CH_3N^+H_3$	10.62	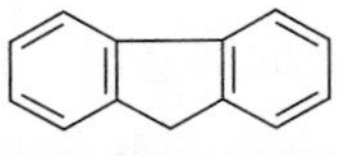	23

续表

分子式	pK_a	分子式	pK_a	分子式	pK_a
$(C_6H_5)_2N^+H_2$	0.8	$(CH_3)_2N^+H_2$	10.73	$CH_3SO_2CH_3$	23
$H_3\overset{+}{N}-C_6H_4-NO_2$（对位）	1.00	$CH_3COCH_2COOC_2H_5$	11	$CH_3COOC_2H_5$	24.5
$O_2N-C_6H_4-COOH$（对位）	3.42	$CH_2(CN)_2$	11.2	$HC\equiv CH$	≈25
$C_6H_5N^+H_3$	4.60	CF_3CH_2OH	12.4	CH_3CN	≈25
CH_3COOH	4.74	$CH_2(COOC_2H_5)_2$	13.3	$(C_6H_5)_3CH$	31.5
$(CH_3CO)_3CH$	5.85	CH_3OH	15.5	$(C_6H_5)_2CH_2$	34
$O_2N-C_6H_4-OH$（对位）	7.15	$(CH_3)_2CHCHO$	15.5	CH_3NH_2	≈35
C_6H_5SH	7.8	C_2H_5OH	15.9	$C_6H_5CH_3$	41
$(CH_3CO)_2CH_2$	9	环戊二烯	16.0	C_6H_5-H	43
$(CH_3)_3N^+H$	9.79	$C_6H_5COCH_3$	16	$H_2C=CH_2$	44
C_6H_5OH	10.00	$(CH_3)_2CHO$	18	CH_4	≈49
CH_3NO_2	10.21	CH_3COCH_3	20	环己烷	≈52

（二）Lewis 酸碱电子理论

按照 Lewis 酸碱理论，Lewis 酸是能接受电子对的分子或离子，Lewis 碱是能给出电子对的分子或离子。酸碱反应是酸从碱接受一对电子，形成配价键，得到一加合物的反应。

$$\text{A(酸)} + :\text{B(碱)} \longrightarrow \text{A}:\text{B(酸碱加合物)}$$

Lewis 碱就是 Brønsted 碱，是亲核试剂。主要有以下几种类型：含具有未共享电子对原子的化合物，如 $\ddot{N}H_3$、$R\ddot{N}H_2$、$R\ddot{O}H$、$R\ddot{O}R$、$RCH=\ddot{O}$ 等；负离子如 X^-，RO^-，SH^-，R^- 等；烯或芳香化合物等。

Lewis 酸是亲电试剂，比 Brønsted 酸范围广泛。有以下几种类型：可以接受电子的分子，如 BF_3、$AlCl_3$、$ZnCl_2$、$SnCl_4$、$FeCl_3$ 等；正离子如 H^+，R^+，$^+NO_2$ 等；金属离子 Ag^+，Cu^{2+} 等。

§1.7　有机合成方法学六次获诺贝尔化学奖

至 2010 年，共有六次诺贝尔化学奖授予有机合成方法学的研究者，全部涉及碳碳键的形成。1912 年 V. Grignard 和 P. Sabatier 分别因**格氏试剂**在构建分子骨架中形成碳碳键的重要作用和不饱和化合物在金属催化作用下发生加氢反应而得奖。1950 年 O. Diels 和 K.

Alder 因发现共轭双烯与含有烯键或炔键的化合物生成六元环状化合物的 **Diels-Alder** 反应而得奖。1979 年 H. C. Brown 因**不饱和碳碳键的硼氢化反应**，G. Wittig 因醛、酮与磷叶立德作用生成烯烃的 **Wittig 反应**，分享当年的诺贝尔化学奖。2001 年诺贝尔化学奖授予不对称催化反应在合成中的应用研究，W. S. Knowles 和 R. Noyori 因**手性催化氢化反应**，K. B. Sharpless 因**手性催化氧化反应**而获奖。2005 年 Y. Chauvin，R. H. Grubbs 和 R. R. Schrock 因发展**烯烃复分解反应**的贡献而共享诺贝尔化学奖。2010 年诺贝尔化学奖授予了**在钯和有机钯催化的碳碳键形成**方面有着重要贡献的理查德・赫克(R. F. Heck)、铃木章(A. Suzuki)和根岸英一(E. Negishi)。

第二章　烷烃和环烷烃

（Ⅰ）烷　　烃

烷烃又称链烷烃，是指通式为 C_nH_{2n+2}（n 为正整数）的碳氢化合物，是一种只含有形成链状的单键的烃（环烷烃为环状），因分子中不能再增加氢而被称为饱和烃。分子在组成上相差一个或几个 CH_2 的一系列化合物称为同系列，CH_2 为同系列的系差，这些分子之间互为同系物。同系物的结构和性质均十分类似。

§2.1　烷烃的命名

（一）烷烃四种碳原子和烷基的命名

根据烷烃中的碳原子所连接的碳原子数目的不同，可将其分为**伯、仲、叔、季**四种。烷烃可用通式 RH 表示，去掉氢的 R—称为烷基。

（1）一级碳原子： 又称伯碳原子（primary），用 1°C 表示，为只与一个碳相连的碳原子。1°C 上的氢称为一级氢，用 1°H 表示。去掉烷烃 1°C 上一个氢的 R—称为正（normal，简写 *n*-）烷基，如正丙基（*n*-丙基）$CH_3CH_2CH_2$—。

（2）二级碳原子： 又称仲碳原子（secondary，简写为 sec-或 s-），用 2°C 表示，为与两个碳相连的碳原子。2°C 上的氢称为二级氢，用 2°H 表示。去掉 2°C 上的氢的 R—称为仲烷基，如仲丁基（sec-丁基）$CH_3CH_2(CH_3)CH$—。

（3）三级碳原子： 又称叔碳原子（tertiary，简写为 tert-或 t-），用 3°C 表示，为与三个碳相连的碳原子，3°C 上的氢称为三级氢，用 3°H 表示。去掉 3°C 上的氢的 R—称为叔烷基，如叔丁基（tert-丁基）$(CH_3)_3C$—，叔戊基（tert-戊基）$CH_3CH_2C(CH_3)_2$—等。

（4）四级碳原子： 又称季碳原子（quaternary），用 4°C 表示，为与四个碳相连的碳原子，碳上没有氢。

（二）普通命名法

少于 10 个碳原子的烷烃用甲、乙、丙、丁、戊、己、庚、辛、壬、癸命名，多于 10 个碳原子的则用十一、十二、十三等数目表示。由分子中原子连接方式和顺序不同导致的同分异构现象称为构造异构（constitutional isomerism）。超过 3 个碳原子的烷烃开始有同分（构造）异构体。为区分同分异构体，常用“正（*n*-，*n* 后面有一短横线）、异（iso）、新（neo）”等词头表示，iso 与 neo 由于是命名中的一部分，后面不用短线。“正”表示没有侧链的直链异构体，常被省略；“异”表示具有 $(CH_3)_2CH$—（仲丙基）结构的异构体；“新”表示具有 $(CH_3)_3C$—（叔丁基）结构的异构体。如（正）丁烷 $CH_3CH_2CH_2CH_3$、异丁烷 $(CH_3)_2CHCH_3$，（正）戊烷 $CH_3(CH_2)_3CH_3$、异戊烷 $(CH_3)_2CHCH_2CH_3$、新戊烷 $(CH_3)_3CCH_3$ 等。烷烃中碳原子越多，异构体数目越多。如己烷有5个同分异构体，除用正、异、新表示的其中3个外，还有2个无法表示，而碳数为7、8、9、10、15的烷烃相应的同分异构体的数目分别为9、18、35、75、4347个。因此普通命名法虽然简单，但只适用于简单的化合物，不便于描述那些有许多异构体的复杂大分子。

常见的烷基有（括号中为英文缩写）：

CH_3-	甲基（Me）	CH_3CH_2-	乙基（Et）	$CH_3CH_2CH_2-$	正丙基（*n*-Pr）
$CH_3\underset{\mid}{C}HCH_3$	异丙基（*i*-Pr）	$CH_3CH_2CH_2CH_2-$	正丁基（*n*-Bu）	$CH_3CH_2\underset{\mid}{C}HCH_3$	仲丁基（*s*-Bu）
$CH_3\underset{CH_3}{\underset{\mid}{C}}HCH_2-$	异丁基（*i*-Bu）	$CH_3\overset{CH_3}{\overset{\mid}{\underset{\mid}{C}}}CH_3$	叔丁基（*t*-Bu）	$CH_3\overset{CH_3}{\overset{\mid}{\underset{CH_3}{\underset{\mid}{C}}}}CH_2-$	新戊基（Neopent）

（三）系统命名法

1892年，IUPAC第一次会议制定了一套可对许多不同类型的化合物进行命名的详细规则，即国际通用的系统命名法（**IUPAC命名法**），该命名规则贯穿整个有机化合物领域，由此产生的名称被称为IUPAC命名或系统命名。目前国内使用的系统命名法就是以IUPAC命名法为基础，结合中文特点制定的。该命名法的基本原则是：

（1）主链最长： 选定分子里最长的碳链为主链，并按主链上碳原子的数目给出母体名称，称为“某烷”。连在主链上的其他基团，因为取代了主链上的氢原子，被称为取代基（或支链）。如4-乙基辛烷，主链为辛烷，4-位上有个取代基为乙基：

$$CH_3CH_2CH_2\underset{CH_2CH_2CH_2CH_3}{\underset{\mid}{C}}HCH_2CH_3$$

（2）主链编号使官能团号码最小： 为给官能团定位，要给主链上的每个碳原子编号。从离主链取代基最近的一端作为起点，用1、2、3等数字给主链的各碳原子依次编号定位，使官能团的位置号码之和最小。命名时把官能团的名称写在烷烃名称的前面，在官能团的前面用阿拉伯数字注明它在烷烃主链上的位置，编号和官能团名称中间用半字线“-”隔开。如2-甲基-4-乙基-8-丙基癸烷：

$$\overset{1}{C}H_3\underset{CH_3}{\underset{\mid}{\overset{2}{C}}}H\overset{3}{C}H_2\underset{CH_2CH_3}{\underset{\mid}{\overset{4}{C}}}H\overset{5}{C}H_2\overset{6}{C}H_2\overset{7}{C}H_2\underset{CH_2CH_2CH_3}{\underset{\mid}{\overset{8}{C}}}H\overset{9}{C}H_2\overset{10}{C}H_3$$

（3）命名时合并所有相同的取代基或官能团： 取代基以烷基进行命名，如甲基、乙基等；简单的支链烷基常用其普通命名，如异丙基、异丁基、仲丁基、叔丁基等。当有两个或多个取代基或官能团时，按基团大小次序，小基团在前，大基团在后（英文命名则按英文字母次序排序），依次命名。当有相同的取代基或官能团时，则合并用二、三、四等中文数字表示其数目，写在取代基或官能团前面，并逐个表明其所在碳的位次，表明位次号的阿拉伯数字要用逗号隔开；如果同一碳上的几个取代基或官能团不同，就把简单的写在前面，复杂的写在后面。在英文名称中，一、二、三、四、五、六数字相应用词头mono、di、tri、tetra、penta、hexa表示。如：

```
 1   2   3    4     5   6    7    8
CH3CH2CHCH2CHCH2CH2CH3
          |        |
         CH3    CH2CH3
```

3-甲基-5-乙基辛烷

5-ethyl-3-methyloctane

```
                          CH3
 1   2   3   4    5|
CH3CHCH2CH2CCH2CH2CH2CH2CH3
      |              |6   7    8    9    10   11   12
     CH3          CH2CH2CH2CH2CH2CH2CH3
```

2, 5-二甲基-5-戊基十二烷

2, 5-dimethyl-5-pentyldodecane

(4) 复杂取代基命名：如果支链上还有烷基取代基，可将带有取代基的支链全名称放在括号中表示，也可用加撇的数字标明它们在支链中的位置。如 2,8-二甲基-5-(1′,1′-二甲基丙基)癸烷结构如下：

```
 1   2   3    4    5   6    7    8    9   10
CH3CHCH2CH2CHCH2CH2CHCH2CH3
      |          1′| 2′   3′       |
     CH3  H3C-CCH2CH3   CH3
                   |
                  CH3
```

又如 2,7,9-三甲基-6-(3′-甲基丁基)十一烷，或称 2,7,9-三甲基-6-(异戊基)十一烷：

```
                                  CH3
                        1′   2′  3′|  4′
                       CH2CH2CHCH3
 1   2   3    4    5   6|   7   8    9  10  11
CH3CHCH2CH2CH2CHCHCH2CHCH2CH3
      |                    |        |
     CH3                 CH3    CH3
```

在主链的选择有几种可能时，要使支链最多。如下面化合物为 2-甲基-3-乙基庚烷，而不是 3-异丙基庚烷。

```
 1   2   3  4    5    6    7
CH3CHCHCH2CH2CH2CH3
      |   |
    H3C CH2CH3
```

§ 2.2　烷烃的结构和构象

(一) 烷烃分子形成的 sp^3 杂化

烷烃分子中的每一个碳原子都是 sp^3 杂化的四面体中心，每个碳原子 sp^3 杂化轨道沿对称轴的方向与其他碳原子的 sp^3 杂化轨道或氢原子的 1s 轨道相互交盖形成 σ 键，C—C 键长约为 0.154 nm，C—H 键长约为 0.109 nm，键角都接近于 109.5°。晶体直链高级烷烃碳链呈锯齿状排列，气、液态烷烃的碳键因 σ 键能自由旋转呈多种曲折排列。

(二) 烷烃的构象

构象指一个分子中，不改变共价键结构，仅单键周围的原子或基团放置所产生的空间排布。构象改变不会改变分子的光学活性。单键旋转使分子中各个基团或原子的相对位置不同而产生的异构称为构象异构或旋转异构。烷烃分子中连接碳碳键的两个碳原子可以绕 σ 键“自由”旋转，两个碳原子上连有的其他原子或基团在空间上会有不同的排列取向，理论上会有无数个旋转异构体，不同的构象之间可以相互转变，在各种构象形式中，势能最低、最稳定的构象是优势对象。如链状烷烃可有稳定的交叉型(staggered)和不稳定的重叠型

(eclipsed)构象，这两种构象代表两种极端情况，还有介乎两者之间的不同角度的部分重叠型构象。各种构象异构体之间相互转化，必须克服由旋转产生的扭转张力的能量，一般在 $12\sim20\ \mathrm{kJ\cdot mol^{-1}}$ 之间。在室温下分子碰撞可产生 $84\ \mathrm{kJ\cdot mol^{-1}}$ 能量，足以使构象互变，因此难以在室温下分离这些构象异构体。

(1) 乙烷的构象

在乙烷分子中，以 C—C 的 σ 键为轴进行旋转，碳原子上的氢原子在空间的相对位置随之发生变化，可产生无数的构象异构体，但是难以分离得到它们。为了说明情况，选择极限构象进行讨论。乙烷的极限构象只有两种，即交叉型和重叠型，可用下列几种形式表示：

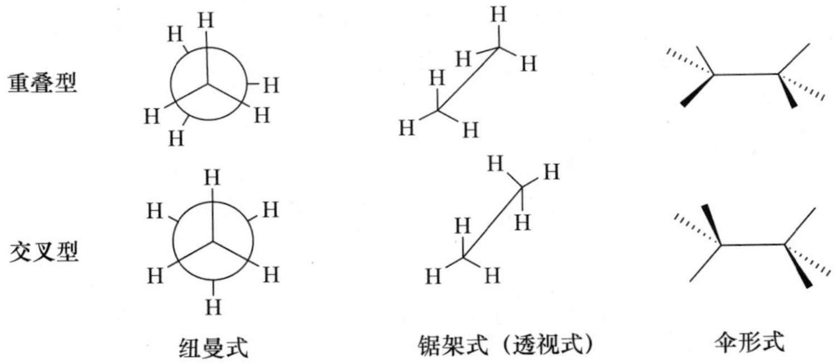

重叠型

交叉型

纽曼式　　锯架式（透视式）　　伞形式

在画构象式时常用纽曼(Newman)投影式，即从两个碳原子连线的一端观察分子的画法。前面的碳原子用连成 Y 形的三条线(三个键)的中心交点表示，后面的碳原子用一个圆环表示，从环上再画出三个向外的键。重叠型两个碳原子上的三对氢原子是彼此重叠的，H—C—C—H 组成的二面角 $\theta=0°$；若把一个碳转 60°，此时 H—C—C—H 二面角为 60°，彼此重叠的氢就变成交叉型。这是氢原子在空间中能采取的无数排列中最容易用纽曼投影式来表示的两种。

(2) 丁烷的构象

任何一种构象都可以用它的二面角 θ 来确定。乙烷分子纽曼投影式的二面角是前后两个碳原子上的 C—H 键的夹角 H—C—C—H，丁烷的二面角是纽曼式 C_2—C_3 前后两个碳原子上两个甲基 C_1 和 C_4 之间的夹角 C_1—C_2—C_3—C_4。丁烷分子 $\theta=0°$ 的构象(甲基指向相同)为全重叠构象，$\theta=60°$ 及 $\theta=300°$ 的构象均为邻位交叉构象，$\theta=180°$(甲基指向相反)为对位交叉构象，$\theta=120°$ 及 $\theta=240°$ 为部分重叠构象。

下图为丁烷分子沿着 C_2—C_3 中心，用纽曼式表示的四种构象，按每转动 60°画一次，共画出 6 个构象。其稳定性次序为：对位交叉式＞邻位交叉式＞部分重叠式＞全重叠式，室温时对位交叉式约占 70％，邻位交叉式约占 30％，两种重叠式极少。

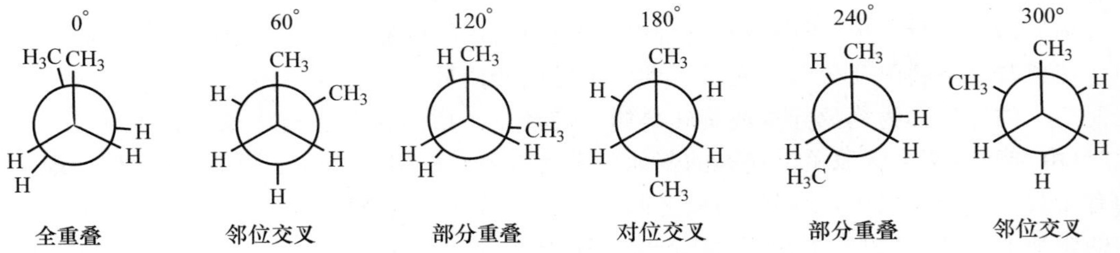

0°　　60°　　120°　　180°　　240°　　300°

全重叠　　邻位交叉　　部分重叠　　对位交叉　　部分重叠　　邻位交叉

(3) 稳定构象： 对于大多数分子，对位交叉式为稳定构象，但碳链上带有其他取代基时会有例外，对某些卤代烃而言，邻位交叉构象常比对位交叉构象稳定。如在 1-氯丙烷的邻位交叉构象中，由于甲基和氯之间的距离接近其范德华半径之和，有一定的吸引力，故比对位交叉稳定。另外，当分子中存在氢键时，邻位交叉构象稳定。分子内有双键时（C=C 或 C=O），围绕 sp^2-sp^3 键的重叠构象占优势。

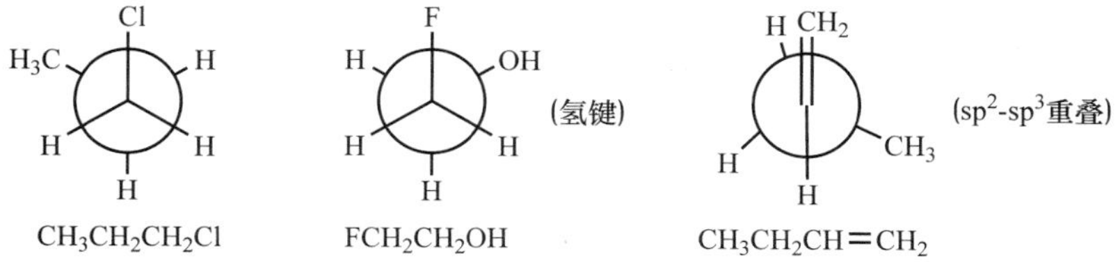
Cl
H_3C
H
H
H
H
$CH_3CH_2CH_2Cl$
F
H
OH
H
H
H
(氢键)
FCH_2CH_2OH
H CH_2
H
CH_3
H
(sp^2-sp^3重叠)
$CH_3CH_2CH=CH_2$

§ 2.3 烷烃的物理性质

物理性质一般指化合物状态、熔点、沸点、折射率、溶解度、相对密度和波谱特征等。

(1) 状态： 在 0.1 MPa 压力和常温下，含 1～4 个碳的烷烃是气体，含 5～16 个碳的直链烷烃是液体（汽油、柴油、煤油），多于 17 个碳的直链烷烃是固体（石蜡）。

(2) 沸点(bp 或 b.p.)： 对于烷烃，随碳原子数增加，分子间作用力增加，沸点依次缓慢升高。对于 10 个碳以下的烃分子，每增加一个 CH_2 基团，沸点大约会升高 30℃；对于更大分子的烷烃约升高 20℃。这是由于液体变气体时，要克服分子间的引力，较大的分子有较大的表面积和较大的范德华（van der Waals）引力（包括偶极-偶极作用力和相邻分子间产生的瞬间诱导偶极矩导致的分子间伦敦（London）作用力），沸点更高。碳数相同的异构体，正烷烃不带侧链，分子间接触面积大，范德华引力大，沸点较高。含有较多侧链的分子由于侧链的位阻作用，分子间不易接近而沸点较低，且分子支链越多，沸点越低。如正戊烷沸点 36℃；异戊烷 25℃；新戊烷分子为球状，分子接触面小，沸点仅为 9℃。

(3) 熔点(mp 或 m.p.)： 烷烃熔点也随相对分子质量增大而升高，除与质量大小和分子间作用力有关外，还与分子在晶格中排列方式有关。烷烃在固体状态分子呈锯齿状，含偶数碳的分子对称性高，两端甲基同处在一边，易排列整齐，分子间吸引力大，熔化时需较高的温度，熔点高一些；含奇数碳的分子两端甲基处在不同边，排列不易整齐，熔点低一些。含偶数碳原子的烷烃和含奇数碳原子的正烷烃构成两条熔点曲线，如图 2-1 所示。

支链烷烃熔点一般比与之碳原子数相同的直链烷烃熔点高。支链使分子的三维堆积更紧密，熔点升高。如分子式为 C_6H_{14} 的三个异构体，2-甲基戊烷 bp 为 60℃，mp 为 −154℃；2,3-二甲基丁烷 bp 为 58℃，mp 为 −135℃；2,2-二甲基丁烷 bp 为 50℃，mp 为 −98℃。

(4) 溶解度： 烷烃分子极性小，为非极性分子，溶于非极性溶剂，如烃类化合物和四氯化碳；不溶于水和极性溶剂。由直链、支链或环烷烃组成的石油醚，是常用的非极性溶剂。

(5) 相对密度： 烷烃密度大约是 0.7 g·mL^{-1}，随相对分子质量增加而增加，最后接近于 0.8 g·mL^{-1}。

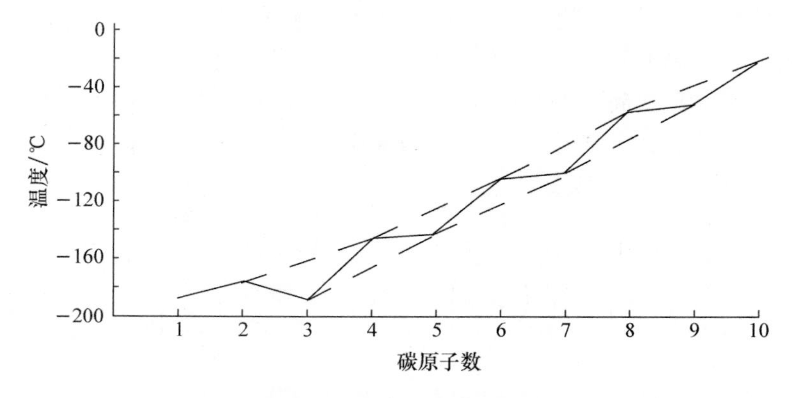

图 2-1　正烷烃的熔点

§2.4　烷烃的化学性质

烷烃只含有碳和氢，没有活性官能团，是反应类型最少、活性最低的有机化合物。烷烃的化学性质稳定，常温下，一般不与强酸、强碱、强氧化剂、强还原剂反应，只有在高温、高压、光照、催化剂存在下，烷烃才会发生裂解和燃烧等化学反应。

（一）卤代反应

(1) 反应特点： 卤代反应(halogenation)为卤素取代烷烃中的氢原子生成卤代烃的反应，反应很难停留在一元取代阶段。烷烃的卤代反应在黑暗和室温下不进行，在漫射光、加热或引发剂(如过氧化二苯甲酰)作用下可进行可控反应，在强紫外光或高温下会由于反应猛烈而发生爆炸。

如甲烷和氯气进行热氯化反应，生成一氯甲烷、二氯甲烷、三氯甲烷(氯仿)和四氯化碳混合物。若控制原料比和反应条件，可得到主要成分为一种氯代烷的产物。如在 400～450℃下，甲烷与氯气比为 10∶1，产物多为一氯甲烷；若氯气多于甲烷 4 倍，则主要产物为四氯化碳。工业上可通过精馏再进行分离提纯。

(2) 不同卤素的反应活性： 不同卤素与烷烃反应的相对活性顺序是 F>Cl>Br>I。卤素与甲烷反应时，氟化反应过于激烈，放热剧烈，难于控制；溴化反应与氯化反应速率适中，放热适中，易于控制；碘化反应较难进行，为吸热反应。

(3) 反应为自由基取代： 烷烃的卤代反应为自由基(free radical)取代反应。自由基反应有如下特点：① 在光照或高温或有引发剂存在下进行。② 一般为气相反应，若为液相，须在溶剂中反应，溶剂性质对反应速率没有影响。③ 不需要催化。④ 反应有诱导期，且加入终止剂可终止反应。⑤ 可分为链引发、链增长、链终止 3 个阶段。

下面以甲烷氯化为例介绍自由基反应。

① 链引发(initiation)： 在光照、高温或引发剂引发条件下，氯分子吸收能量分解为两个活泼的氯自由基 Cl·。

$$\mathrm{Cl\!:\!Cl} \longrightarrow 2\mathrm{Cl}\cdot \qquad \Delta H^{\ominus} = +242.7\ \mathrm{kJ\cdot mol^{-1}}$$

需 242.7 kJ・mol^{-1}的能量断开 Cl—Cl 键形成氯自由基。

② 链增长(propagation)：

氯自由基从甲烷分子中夺取一个氢原子生成 HCl 和甲基自由基・CH_3，一个自由基消失，又有一个自由基产生。

$$Cl\cdot + CH_3-H \longrightarrow H-Cl + \cdot CH_3$$

$\Delta H^\ominus = -431.8\ kJ\cdot mol^{-1} + 439.3\ kJ\cdot mol^{-1} = +7.5\ kJ\cdot mol^{-1}$，即需提供 7.5 kJ・mol^{-1}的能量，此反应为吸热反应。−431.8 kJ・mol^{-1}是形成 H—Cl 键放出的热，439.3 kJ・mol^{-1}是断开 CH_3—H 键吸收的热。势能最高的结构为 $[\overset{\delta\cdot}{Cl}\cdots H\cdots \overset{\delta\cdot}{CH_3}]^{\neq}$，称为第一过渡态，δ・表示带有部分自由基，此步由于需活化能较高，是甲烷氯化反应中决定反应速率的一步，需活化能+16.7 kJ・mol^{-1}，才能越过势能最高点。

产生的甲基自由基比氯自由基更活泼，它与氯分子作用生成氯甲烷和又一个氯自由基。

$$\cdot CH_3 + Cl_2 \longrightarrow CH_3Cl + Cl\cdot$$

$\Delta H^\ominus = -356.6\ kJ\cdot mol^{-1} + 242.7\ kJ\cdot mol^{-1} = -112.9\ kJ\cdot mol^{-1}$，即放出 112.9 kJ・mol^{-1}的能量，此反应为放热反应。−355.6 kJ・mol^{-1}是形成 CH_3—Cl 键放出的热，242.7 kJ・mol^{-1}是断开 Cl—Cl 键所吸收的热。此步需+8.3 kJ・mol^{-1}活化能，才能越过第二势能最高点。第二势能最高点的结构是 $[H_3\overset{\delta\cdot}{C}\cdots Cl\cdots \overset{\delta\cdot}{Cl}]^{\neq}$，称第二过渡态。

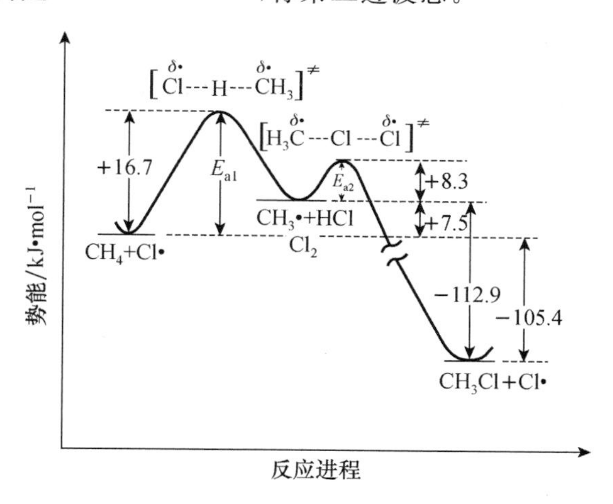

图 2-2　氯自由基与甲烷反应的势能变化图

链增长的两个反应总体而言是放热的，共放热 $-112.9\ kJ\cdot mol^{-1} + 7.5\ kJ\cdot mol^{-1} = -105.4\ kJ\cdot mol^{-1}$。从反应热来看，反应是可以进行的。甲烷卤化时反应的总热效应 $\Delta H^\ominus$ 是断裂 X—X 键、CH_3—H 键和形成 CH_3—X 键、H—X 键能量之和。

新生的氯自由基又可重复上述反应。一个高能量氯自由基就可产生千万个氯甲烷分子，此为链增长阶段。氯原子也可以与氯甲烷作用进一步生成二氯甲烷、三氯甲烷和四氯化碳。

③ 链终止(termination)：自由基之间也可以发生反应，如：

$$Cl\cdot + Cl\cdot \longrightarrow Cl_2$$

$$\cdot CH_3 + \cdot CH_3 \longrightarrow CH_3-CH_3$$

$$Cl\cdot + \cdot CH_3 \longrightarrow CH_3-Cl$$

由此消耗了自由基。当自由基之间的反应占了优势，反应逐渐停止，为链终止阶段。

抑制剂可减慢链锁反应或使反应停止。例如氧为双自由基，氧的存在可消耗自由基而抑制反应。链锁反应有诱导期，即将氧等抑制剂消耗掉才进行反应。

(4) 高级烷烃卤化时不同类型氢的反应活性： 高级烷烃一般有三种氢原子，其反应活性顺序为叔氢＞仲氢＞伯氢，可用实验确定。

如丙烷 25℃，光氯化时生成 45%的 1-氯丙烷和 55%的 2-氯丙烷。

$$2CH_3CH_2CH_3 + 2Cl_2 \xrightarrow{\text{光},\ 25\ ^\circ C} \underset{45\%}{CH_3CH_2CH_2Cl} + \underset{55\%}{CH_3\overset{Cl}{\overset{|}{C}}HCH_3} + 2HCl$$

丙烷分子中有 6 个 1°H，2 个 2°H，1°H 与 2°H 反应活性比为(55/2)：(45/6)≈1：3。

又如异丁烷在 25℃，光氯化时生成 64%的 1-氯-2-甲基丙烷和 36%的 2-氯-2-甲基丙烷。

$$2CH_3\overset{CH_3}{\overset{|}{C}}HCH_3 + 2Cl_2 \xrightarrow{\text{光},\ 25\ ^\circ C} \underset{64\%}{CH_3\overset{CH_3}{\overset{|}{C}}HCH_2Cl} + \underset{36\%}{(CH_3)_3CCl} + 2HCl$$

异丁烷分子中有 9 个 1°H，1 个 3°H，两者反应活性比为(64/9)：(36/1)≈1：5。

由大量实验得出结论，烷烃氯化时 3°H：2°H：1°H 平均反应活性比为 5.06：3.7：1。同样，从实验可知溴代反应时 3°H：2°H：1°H 反应活性比为 1600：82：1。由此可知在低温时溴化选择性比氯化高，在有机合成中溴代反应比氯代反应有实用价值，如可由异丁烷制备 2-溴-2-甲基丙烷。

但是当温度超过 450℃时，产物比率与氢原子种类无关，只与此种氢原子的多少有关。

(5) 氯化石蜡的生产： 将平均链长为 C_{25} 的固体石蜡在熔融状态下光照或加热到 80～95℃，通入氯气，待密度增加到 1.16 g · cm^{-3}(15.6℃)，即得产品 $C_{25}H_{45}Cl_7$，氯含量约为 42%，为黄色液体。

$$C_{25}H_{52} + 7Cl_2 \xrightarrow{80\sim95\ ^\circ C} C_{25}H_{45}Cl_7\ (\text{氯化石蜡}) + 7HCl$$

若将平均链长为 C_{20}～C_{24} 的石蜡在熔融状态下光照通入氯气，待密度增加到 1.65～1.70 g · cm^{-3}(34℃)，得产品 $C_{20}H_{24}Cl_{18}$～$C_{24}H_{29}Cl_{21}$，氯含量约为 70%，为无色粉末状固体。

(二) 异构和芳构化反应

异构化反应是化合物分子在保持组成和相对分子质量不变的情况下发生结构改变的反应。直链正构烷烃或支链少的烷烃在加热或光照条件或固体酸催化剂作用下，可异构化为高辛烷值的支链多的烷烃。如石油炼制中的催化异构化反应使石脑油转变为有支链的烷烃，可用作高级燃料油。芳构化反应是脂链或脂环化合物转变成芳香结构的反应。碳原子不少于 6 的链烃在氧化铬、氧化铝催化下加热脱氢芳构化，生成苯、甲苯等具有芳香结构的化合物，结构合适时还可形成二环或多环芳香化合物。催化重整即在含铂催化剂存在下，将汽油馏分中的正构烷烃和环烷烃转化为芳香烃和异构烷烃，得到高辛烷值汽油和大量具有芳香结构的产品。

（三）热裂化反应

（1）热分解反应：烷烃在没有氧气存在时，高温（800℃左右）条件下进行的反应，在石油工业中十分重要。反应使烷烃碳碳键断裂，分解成小分子烷烃、烯烃和氢，同时有异构化、环化、芳构化等反应。反应为自由基反应，过程十分复杂，产物为许多化合物的混合物。热分解使高沸点的馏分裂解成小相对分子质量的低沸点馏分，可提高产品中汽油和柴油的产量和质量，并得到大量低相对分子质量的烯烃等化工原料。热裂化原料通常为原油蒸馏过程得到的重质馏分油或渣油，或其他石油炼制过程的重质油副产物。

（2）催化裂化：在分子筛或硅酸铝催化剂的存在下，使重质油（减压馏分油或掺渣油）进行裂化反应，转化成汽油、柴油和液化气等更有用的轻质产品的过程。

（3）催化裂解：在催化剂作用下，石油烃类在比催化裂化温度更高的温度下进行裂解来生产乙烯、丙烯、丁烯等低碳烯烃，并同时兼产轻质芳烃的过程。由于催化剂的存在，催化裂解可以降低反应温度，增加低碳烯烃产率和轻质芳香烃产率，提高裂解产品分布的灵活性。催化裂解中既有碳正离子反应，又有自由基反应，其裂解气体产物中乙烯所占的比例要大于催化裂化气体产物中乙烯的比例。在氢气存在下进行裂解（氢解），得到的产物为烷烃的混合物。

（四）氧化反应

烷烃在空气中燃烧生成 CO_2 和 H_2O，并放出大量的热（燃烧热），从而使烷烃成为重要的能源。烷烃在空气中也会缓慢自动氧化，如桐油结膜、塑料变脆等。同时，氧为双自由基，可引发自由基反应，使烃类的三级氢、双键旁的氢等被氧化，发生下列自由基反应。

$$R_3CH + O_2 \longrightarrow R_3C\cdot + \cdot OOH$$

$$R_3C\cdot + O_2 \longrightarrow R_3COO\cdot$$

$$R_3COO\cdot + R_3CH \longrightarrow R_3COOH + R_3C\cdot$$

生成的烃基过氧化氢（R_3COOH）和其他过氧化物都具有—O—O—键，是一个弱键，在一定温度下很易分解产生自由基，引起链反应，随之产生大量自由基，反应剧烈，放出大量的热，会引起爆炸。因此使用过氧化物时一定要小心。

（五）硝化和氯磺化

RH 中的氢可被硝基取代成硝基化合物，称为烷烃的硝化。烷烃与硫酰氯（SO_2Cl_2）反应生成烷基磺酰氯。反应机制均为自由基反应。

气相硝化：常得到多种硝基化合物的混合物。丙烷硝化反应如下：

$$CH_3CH_2CH_3 + HNO_3 \xrightarrow{420\ ^{\circ}C} \underset{25\%}{CH_3CH_2CH_2NO_2} + \underset{40\%}{CH_3\overset{NO_2}{\overset{|}{C}}HCH_3} + \underset{10\%}{CH_3CH_2NO_2} + \underset{25\%}{CH_3NO_2}$$

小分子硝基化合物有 CH_3NO_2、$CH_3CH_2NO_2$ 等，可作为溶剂，但有毒、可燃。

氯磺化反应：$RH + SO_2Cl_2 \longrightarrow RSO_2Cl + HCl$

生成的磺酰氯水解可得烷基磺酸。如十二烷基磺酸（$C_{12}H_{25}SO_2OH$）的制备：

$$C_{12}H_{26} + SO_2Cl_2 \xrightarrow{\text{光}} C_{12}H_{25}SO_2Cl + HCl$$

$$C_{12}H_{25}SO_2Cl \xrightarrow{H_2O} C_{12}H_{25}SO_2OH + HCl$$

再中和成十二烷基磺酸钠($C_{12}H_{25}SO_3Na$)或钾，为一种合成洗涤剂。

§ 2.5 烷烃的来源和制备

(一) 天然存在形式

烷烃的天然存在形式主要为石油和与石油共存的天然气。烷烃的大小从 1 个碳到 100 个碳不等。天然气的主要成分是甲烷，还有少许乙烷、丙烷和较高级的烷烃。石油中含 1 至 50 个碳原子的链形烷烃及环烷烃，有些还含有芳香烃，以及一些含硫和氮的杂质。蒸馏可以将烷烃分成不同的馏分(表 2-1)。由于石油的成分及杂质的含量随来源不同而变化，因此某一精炼过程必须准确地对应某一特定类型的原油。

表 2-1 石油馏分

馏分	蒸馏温度	碳原子数
石油气	20℃以下	C_1～C_4
石油醚	30～120℃	C_5～C_7
汽油(轻石脑油)	30～205℃	C_4～C_{12}
煤油	180～310℃	C_{11}～C_{16}和环烷烃
柴油	170～390℃	C_9～C_{18}和芳烃
润滑油	275℃以上	C_{12}～C_{13}以上
重油	300～450℃	C_{16}～C_{30}
石蜡	>300℃(真空)	C_{25}以上
沥青或石油焦	其余	C_{35}以上

沼气：利用天然有机物厌氧发酵产生的沼气主要成分为甲烷。

可燃冰：埋在海底地层深处的有机质在缺氧环境中由厌氧菌分解形成了石油和天然气。其中以甲烷为主要成分的天然气被包进水中，在海底的低温和高压环境下可形成可燃冰，学名为天然气水合物或甲烷水合物，化学式为 $CH_4 \cdot 8H_2O$。可燃冰在常温常压下分解成水和甲烷，1 m^3 可燃冰可转化为 0.8 m^3 的水和 164 m^3 的天然气。海底可燃冰分布占总面积的 10%，其储量够人类使用 1000 年。可燃冰作为一类新能源，各国都在争先研究解决其开采面临的大量技术和环境保护问题。

(二) 烷烃的制备

主要靠石油裂解、异构化等方法获得。

(1) 不饱和烃加氢：在 Pt、Pd、Ni(雷尼镍)等催化剂催化下可由烯烃、炔烃加氢制备，为放热反应。反应在室温和常压下即可进行，但为使反应加速，经常在 100～130℃及加压条件下进行。反应速率与烯烃结构、催化剂及其状态、溶剂、反应温度、搅拌等有关。烯烃双键两端的取代烷基数目越多，加氢越困难，反应完成的时间越长，因其具有较大的空间位阻。

$$CH_3CH=CH_2 + H_2 \xrightarrow{Pd} CH_3CH_2CH_3 \qquad CH_3C\equiv CH + 2H_2 \xrightarrow{Pt} CH_3CH_2CH_3$$

$$CH_3CH_2\underset{}{\overset{CH_2CH_3}{C}}=CHCH_3 + H_2 \xrightarrow[90\sim100\ ^{\circ}C,\ 5\sim6\ MPa]{Ni\ (\text{雷尼镍})/\text{甲醇}} CH_3CH_2\overset{CH_2CH_3}{C}HCH_2CH_3 \quad 70\%$$

氢及不饱和物在催化剂表面上的吸附对于加氢反应的活性有很大的意义。极性大的烯烃及空间位阻小的烯烃容易被吸附。加氢反应速率很慢，一般要十几个小时，氢在催化剂上预先吸附是有益的，可缩短反应时间至几个小时。为了使吸附氢有较高的活性，常用甲醇和乙醇作溶剂。反应是非均相的，应在搅拌下进行。

(2) 由卤代烷合成：

① 卤代烷偶联：又称伍兹(Wurtz)合成。两个相同或不相同的卤代烃用金属钠脱去卤原子偶联，使碳链增长，为强放热反应，要注意控制并使用合适的溶剂，收率可达 40%～60%。由于反应使用金属钠，不宜用于偶联易产生消除反应的二级和三级卤代烷。利用 Wurtz 合成可制备高级烷烃(40～60 碳)和环烷烃。通常用单一卤代烷反应偶合，得到单一的、比原来卤代烃链长增长一倍的偶数碳烷烃。如溴代十八烷在金属钠存在下 140～180℃反应生成正三十六烷：

$$2CH_3(CH_2)_{16}CH_2Br + 2Na \xrightarrow{140\sim180\ ^{\circ}C} CH_3(CH_2)_{34}CH_3 + 2NaBr$$

用两种不同的卤代烷(R—X、R′—X)反应，产物为三种不同烷烃的混合物：R—R、R—R′和 R′—R′。反应的第一步是卤代烷与金属钠生成非常活泼的烃基钠，是决定反应速率的一步；然后再与另一分子卤代烷进一步发生亲核取代反应。因此用一级卤代烷和不活泼的卤代烷(如卤代苯)反应时，由于卤代烷比卤代芳烃更容易生成烃基钠，主要生成烷基芳烃，收率较高。

$$C_6H_5Br + n\text{-}C_4H_9Br \xrightarrow[\text{无水乙醚}]{2Na,\ 20\ ^{\circ}C} C_6H_5(CH_2)_3CH_3 \quad 62\%\sim72\%$$

② 卤代烷还原：Na/乙醇，Zn/HCl，HI，$LiAlH_4$，$NaBH_4$ 等均可将卤代烷还原成烷烃。如：

$$CH_3CH_2\underset{Br}{C}HCH_3 \xrightarrow{Zn/HCl} CH_3CH_2CH_2CH_3$$

③ 卤代烷与二烷基铜锂偶联(科里-豪斯反应，Corey-House 烷烃合成法)：将一种卤代烷与 Li 反应生成烷基锂，再与碘化亚铜 CuI 在醚中、低温氮气或氩气保护下反应生成二烷基铜锂。二烷基铜锂可与卤代烷偶联，高产率生成交叉偶合产物高级烷烃。二烷基铜锂活性较缓和，可在常温下反应，体系中烷基可以为一级烷基，也可以为其他烃基(如乙烯基、芳基、烯丙基等)，分子中有羰基也不受影响，故亦称为二烃基铜锂。乙烯型卤代烃反应后构型保持不变，如反-1-碘-1-癸烯与二正丁基铜锂反应得反-5-十四碳烯。此反应适用范围广，产率也高，可代替伍兹反应。实际应用如制备石油产品分析的标准化合物。

$$2C_4H_9Br \xrightarrow[\text{无水乙醚}]{Li} 2C_4H_9Li \xrightarrow{CuI} (C_4H_9)_2CuLi \xrightarrow{C_6H_{13}Cl} C_{10}H_{22}$$

$$\underset{H}{\overset{C_8H_{17}}{}}\!\!\!>C=C<\!\!\underset{I}{\overset{H}{}} + (n\text{-}C_4H_9)_2CuLi \xrightarrow[\text{乙醚}]{-95\ ^{\circ}C} \underset{H}{\overset{C_8H_{17}}{}}\!\!\!>C=C<\!\!\underset{n\text{-}C_4H_9}{\overset{H}{}} \quad 74\%$$

④ **格氏试剂法**：卤代烷 RX 与金属镁(Mg)在乙醚或四氢呋喃中反应生成**格氏试剂(烃基卤化镁)RMgX**[参见第四章§4.7(二)]。

1. 格氏试剂水解生成烷烃和氢氧化镁及卤化镁。为了分离方便，可用氯化铵水溶液或稀盐酸水解，或水解后调 pH 至 5～6 范围内，使氢氧化镁成盐溶于水。

$$CH_3(CH_2)_{16}CH_2Br + Mg \xrightarrow{\text{无水乙醚}} CH_3(CH_2)_{16}CH_2MgBr \xrightarrow{H_2O} CH_3(CH_2)_{16}CH_3 \quad 60\% \sim 70\%$$

2. 格氏试剂和伯卤代烃的偶联反应。如上述反应在制备正十八烷基溴化镁时，就有约32%的格氏试剂与溴代十八烷发生偶联反应。氯化苄是活泼卤代烷，制备得到的格氏试剂会与氯化苄反应得到产率高于 65%的 1,2-二苯乙烷。

$$C_6H_5-CH_2Cl + Mg \xrightarrow{\text{无水乙醚}} C_6H_5-CH_2MgCl \xrightarrow{C_6H_5-CH_2Cl} C_6H_5-CH_2-CH_2-C_6H_5$$

(Ⅱ) 环　烷　烃

环烷烃可看作是链烷烃两端的两个碳原子相互连接形成一个环状结构的烷烃。含有脂环结构的饱和烃，又称脂环化合物。含有一个脂环且环上无取代烷基的环烷烃，分子通式为 C_nH_{2n}，比非环烷烃少两个氢原子。环烷烃与烯烃互为异构体，一个环的不饱和度相当于一个双键；环状化合物之间也可以互为异构体。环烷烃化学性质和烷烃相似，其中五碳脂环和六碳脂环的性质较稳定。环戊烷、环己烷及其烷基取代物存在于某些石油中，是重要的化工原料。

§2.6　环烷烃的分类和命名

(一) 环烷烃的分类

(1) 按碳数的多少分：环上碳原子数为 3～4 时，称为**小环**；为 5～7 时，称为普通环；为 8～11 时，称为**中环**；大于 12 时，称为**大环**。

(2) 按环的多少分：分子中只有一个环的称为**单环**；两个环的称为**双环**；有三个或以上环的称为**多环**。

(3) 按环的结合方式分：两个环共用一个碳原子为**螺环**；两个环共用两个碳原子为**稠环**；两个或几个环共用两个以上碳原子为**桥环**。

(二) 命名

取代环烷烃用环做母体，按碳原子数目可称为环某烷，把环上的支链作为取代基。环烷烃有顺反异构体，两个取代基在环的同一侧面称为“顺”(cis)，两个取代基不在同一侧的称为“反”(trans)。

顺-1,4-二甲基环己烷　　　　反-1,4-二甲基环己烷

(1) 单环烃：在相应的开链烃名称前加一个“环”(cyclo)字即可，用丙、丁、戊等表示环内碳原子的数目，用烷、烯、炔表示环内只有单键或有双键、叁键。环状化合物上有不太大的支链时，一般以环为母体化合物；分子内同时有大环和小环时，以大环为母体化合物，小环为取代基。取代基的表示方法与链烃相同。编号时若有官能团要使其位次号最小，同时尽可能使取代基编号也最小。对于比较复杂的化合物，若环上所带的支链不易命名，也可以将环作为取代基命名。

甲基环丙烷　　　　1,3-二甲基环戊烷　　　　1-甲基-4-异丙基环己烷

(2) 多环烃：多环烃断链可变为链型化合物，可断两次的多环烃称为二环，可断三次的称为三环。多环烃包括桥环烃和螺环烃等。

① 桥环烃(bridged hydrocarbon)：共用两个或两个以上碳原子的多环化合物，共用的碳原子称为桥头碳。桥头碳间可用一个键连接(此时两个环共用两个碳原子，又称稠环烃)；也可以用碳链连接(两个环共用两个以上碳原子)。桥环烃命名时除了在按碳原子总数的链烷烃的名称前加“环”字外，还需指明环的个数及两个桥头碳原子之间的碳原子数，由多到少顺序列在方括弧内，数字之间在下标用“.”隔开。若两个桥头碳原子直接相连，则桥上碳原子数为 0。若桥环烃上有取代基，则列在整个名称的前面。桥环烃编号从一个桥头碳开始，沿最长的桥依次编到另一个桥头碳，再沿次长的桥回到原来的桥头碳，由此按桥长短次序依次将所有的桥编号，若有取代基编号，还要尽可能使取代基位号最小。几个环也可以互相连接形成笼状结构。

二环[3. 2. 1]辛烷(bicyclo[3. 2. 1]octane)和 2,7,7-三甲基二环[2. 2. 1]庚烷(2,7,7-trimethylbicyclo[2. 2. 1]heptane)结构如下：

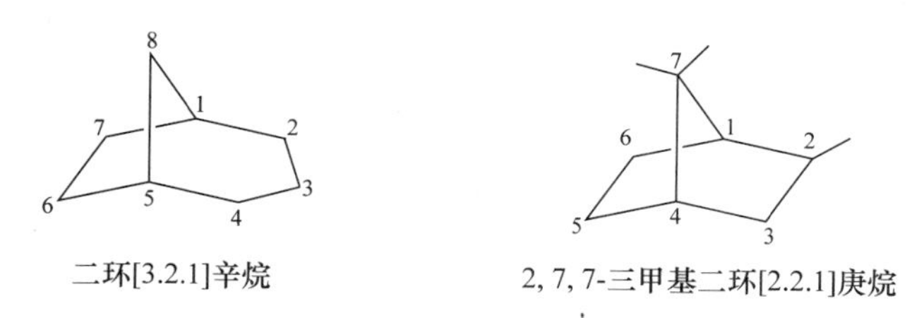

二环[3.2.1]辛烷　　　　2, 7, 7-三甲基二环[2.2.1]庚烷

② 螺环烃(spiro hydrocarbon)：分子中两个环共用一个碳原子(螺原子)的结构称为螺环。螺环的命名与双环化合物相似，根据环上碳原子的总数称为螺[ ]某烷(或烯)，在方括号内用阿拉伯数字表示除共用碳原子外两个环上碳原子的数目，数字之间用圆点“.”隔开，先写小环的碳原子数，再写大环。螺环的编号从小环中与螺原子相邻的一个碳原子开始，经小环到螺原子，再沿大环到所有环碳原子；如有取代基，在环顺序编号时应使取代基位号最

小，取代基位号及名称列在名称的最前面。

螺[4.5]癸烷(spiro[4.5]decane)和4-甲基螺[2.4]庚烷(4-methylspiro[2.4]heptane)结构如下：

螺[4.5]癸烷　　4-甲基螺[2.4]庚烷

更复杂的化合物常用俗名，如立方烷、金刚烷等。

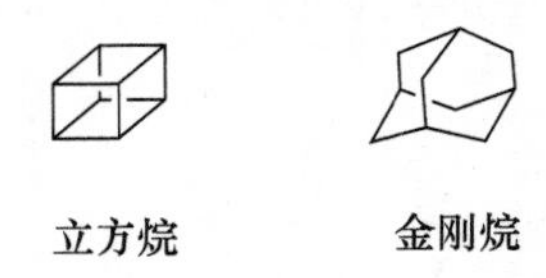

立方烷　　金刚烷

§2.7　环烷烃的物理性质

环烷烃结构比烷烃紧密，沸点、熔点和相对密度都比相同碳原子数目的烷烃高一些。在室温和常压下，环丙烷和环丁烷为气体，环戊烷至环十一烷为液体，环十二烷以上为固体。同分异构体及顺、反异构体也具有不同的物理性质。

§2.8　环烷烃的化学性质

环丙烷和环丁烷的环容易破裂，与烯烃相似，容易发生开环加成反应；环戊烷和环己烷与烷烃相似，对一般试剂不活泼，不易开环，可发生自由基取代反应，如氯化、硝化等。

(一) 加氢

在催化剂Ni、Pt或Pd催化下加氢开环成链烷烃。三元环和四元环易于加氢，五、六、七元环加氢反应条件要求高。

$$\triangle + H_2 \xrightarrow{Pt,\ 50\ ^\circ C} CH_3CH_2CH_3$$

$$\square + H_2 \xrightarrow{Pt,\ 120\ ^\circ C} CH_3CH_2CH_2CH_3$$

$$\text{⬠} + H_2 \xrightarrow{Pt,\ 300\ ^\circ C} CH_3CH_2CH_2CH_2CH_3$$

(二) 加卤化氢

三、四元环烷烃加氢卤酸开环，其他环烷烃不易反应。

$$\text{(methylcyclopropane)} + HBr \longrightarrow CH_3\underset{Br}{C}HCH_2CH_3$$

$$\text{(cyclobutane)} + HI \longrightarrow CH_3CH_2CH_2CH_2I$$

$$\text{(1,1,2-trimethylcyclopropane)} + HBr \longrightarrow CH_3\underset{Br}{\overset{CH_3}{C}}-\overset{CH_3}{C}HCH_3$$

烷基取代的环丙烷开环加成时，主要发生在环上含氢原子最少和含氢原子最多的两个碳原子之间。卤化氢的氢加到环上含氢较多的碳原子上，而卤原子则加到环上含氢较少的碳原子上。

（三）加卤素

三元环室温下加溴开环，四元环在条件强烈时也可发生开环反应，五元环、六元环高温下以发生自由基取代反应为主。

$$\text{(cyclopropane)} + Br_2 \xrightarrow{\text{室温}} BrCH_2CH_2CH_2Br$$

$$\text{(cyclopentane)} + Br_2 \xrightarrow{300\ ^\circ C} \text{(cyclopentyl)}-Br + HBr$$

（四）氧化

在加热条件下，用强氧化剂或在催化剂作用下空气氧化，环破裂生成各种氧化物，如环己烷可氧化成己二酸。

§2.9　环烷烃的结构

（一）拜耳张力学说

为解释环的反应性是三元环＞四元环＞五、六元环，1885年拜耳(Baeyer)提出张力学说，假定环烷烃的碳原子都在一个平面上，环中碳碳键之间的夹角小于或大于正四面体应有的角度109°28′(sp^3杂化)，当键角偏离正常键角时存在角张力(Baeyer张力)。环丙烷为正三角形，碳碳键之间键角为60°，为此三元环中每个键必须向内压24°44′[(109°28′—60°)/2]；四元环是正四边形，两键间键角是90°，每个键必须向内压9°44′[(109°28′—90°)/2]；五元环夹角108°，向内压44′；六元环夹角120°，向外压5°16′；七元环128.5°，向外压9°33′。由此推出三、四元环不稳定，五元环最稳定，六元环以上的化合物应该不稳定。但环烷烃的稳定性实际是环己烷＞环戊烷＞环丁烷＞环丙烷，已合成出来的大环化合物也都是稳定的，不存在角张力问题。这是由于除三元环外，其余环烷烃均不是碳原子都在一个平面上。

（二）环烷烃构象

可用热力学方法研究角张力，精确测量烷烃燃烧热。研究表明，烃类化合物每增加一个CH_2，燃烧热增加658.6 kJ·mol^{-1}。但测定环烷烃每一个CH_2燃烧热时发现，三元环的最大，每个CH_2燃烧热为697.1 kJ·mol^{-1}；六元环最小，每个CH_2燃烧热为658.6 kJ·mol^{-1}，与正己烷每个CH_2燃烧热相当。从环丙烷到环己烷，每个CH_2的燃烧热量逐渐降低，说明环越小内能越大，也越不稳定。七到十一元环每个 CH_2 燃烧热约为 663 kJ · mol^{-1} 左右，说明大环是稳定的，但 H 与 H 有相互排斥作用，合成有一定困难。十二环以上每个 CH_2 燃烧热与链烷烃渐趋一致。由此提出非平面无张力环学说和环烷烃构象，并经现代物理学方法测定证明。

环丙烷构象： sp^3 杂化键角应为 109.5°，但三个碳原子形成的正三角形内角为 60°。为此电子云不能沿着 sp^3 杂化轨道对称轴重叠，只能以弯曲键（香蕉键）侧面相互交盖重叠，其键角为 105.5°，环存在一定张力（角张力）。另外在同一平面上的三个碳上相邻的 C—H 键处于相互重叠构象，有旋转成交叉型倾向而存在扭转张力。环丙烷的总张力能为 114 kJ · mol^{-1}，因此环己烷分子能量较高，不稳定，化学性质活泼，易发生开环反应。

环丁烷构象： 环丁烷分子也是一个有张力的环系，但与环丙烷不同，它的四个碳原子不在同一平面上，而是折叠成蝴蝶状构象，这样可减少 C—H 的重叠，使扭转张力减少。环丁烷分子中 C—C—C 键角为 111.5°，角张力也比环丙烷小。环丁烷总张力能为 108 kJ · mol^{-1}，比环丙烷稳定些。

环戊烷构象： 环戊烷也为非平面结构，一个碳原子伸在环平面之外，折叠成信封状构象，以避免 C—H 键互相重叠。环戊烷分子中 C—C—C 键角为 108°，接近 sp^3 杂化的 109.5°，环张力较小，总张力能 25 kJ · mol^{-1}，属于比较稳定的环，化学性质也比较稳定。

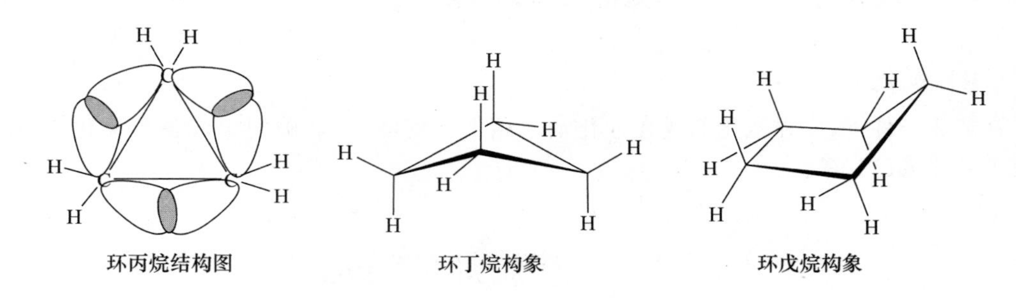

环丙烷结构图　　环丁烷构象　　环戊烷构象

§ 2.10 环己烷和十氢合(化)萘的构象

环烷烃中环己烷构象最重要、也最有特点。环己烷在构象转变中要经过许多种构象，比较典型的构象有椅式、半椅式、船式和扭船式构象；只要经过键的旋转，它们之间可以相互转变。椅式构象能量最低，环己烷室温时 99.9% 以椅式构象存在。当一个椅式变为另一个椅式，要经过半椅式、扭船式和船式构象。

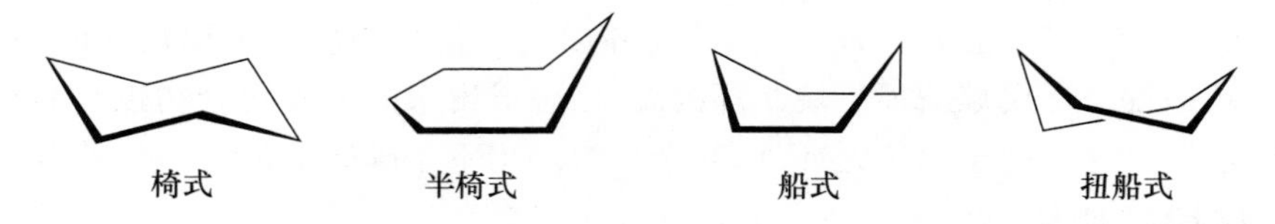

椅式　　半椅式　　船式　　扭船式

环己烷的六个碳原子不在一个平面上，碳原子为保持正常的键角，在诸多构象中最重要的两种折叠是椅式(chair form)环己烷和船式(boat form)环己烷。

(1) 椅式环己烷： 在环己烷椅式构象中，六个碳原子依次处在一上一下的位置，分别在两个平行的平面上。C_1、C_3、C_5 在上面的平面上，C_2、C_4、C_6 在下面的平面上。椅式环己烷是一个非常稳定的对称分子，既无角张力，也无扭转张力，环中相邻两个碳原子的构象都是邻位交叉型的。椅式构象及相应的纽曼投影式表示为：

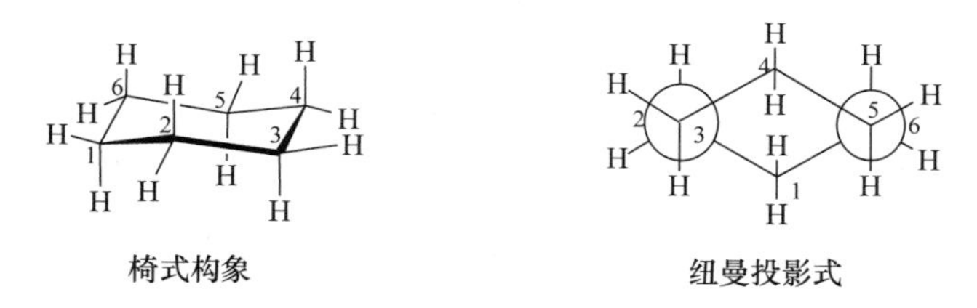

椅式构象　　　　纽曼投影式

椅式环己烷的氢原子可分为两组。六个 C—H 键与分子的对称轴大致是垂直的，伸出环外，称作平（伏）键或 *e*(equatorial，赤道之意）键，三个略向上伸，三个略向下伸；还有六个 C—H 键与分子的轴平行，称作直（立）键或 *a*(axial，轴之意）键，三个伸在环的下面，三个伸在环的上面。分子中相距最近的两直立键上的 H 距离为 2.50 Å。在核磁共振氢谱中，室温下 *a*、*e* 键无法分辨，低温时可出现两个峰。

(2) 船式环己烷： C—C 之间为正常键角，故无角张力。C_2、C_3 和 C_5、C_6 两对碳原子的 C—C 键是全重叠型，另外四个键为邻交叉型，虽无角张力，但有扭转张力，且船头船尾的 C_1 与 C_4 碳上的两个氢距离 1.83 Å，有范德华排斥力。扭转张力和范德华排斥力均为空间张力，船式构象不稳定，内能比椅式构象高出 29.7 $kJ \cdot mol^{-1}$。船式环己烷无典型的 *a*、*e* 键。

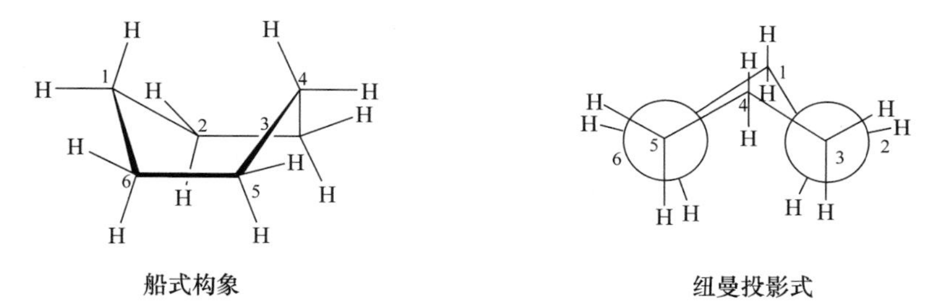

船式构象　　　　纽曼投影式

(3) 扭船式和半椅式： 由稳定的椅式构象变为船式构象中间经过半椅式和扭船式构象。把椅脚的碳 C_1 向上提，与 C_2、C_3、C_5、C_6 成一个平面变半椅式构象；半椅式比椅式内能高出 46 $kJ \cdot mol^{-1}$。将船式构象的碳扭转约 30°变成扭船式，每对碳原子构象既不是全重叠，也不是全交叉；扭船式构象比椅式内能高出 23.5 $kJ \cdot mol^{-1}$，比船式构象低 6.7 $kJ \cdot mol^{-1}$。

(4) 取代环己烷的构象： 环己烷一般是椅式构象。当环上有一个取代基时，取代基可以占 *e* 键，也可以占 *a* 键，是不同的构象异构体。达成平衡时，两种异构体在平衡中占有不同的比例，取代基占 *e* 键的异构体内能较小，为优势构象，在构象平衡体中占绝大多数。如一烷基环己烷，R 取代基占据 *e* 键和 *a* 键比例如下：

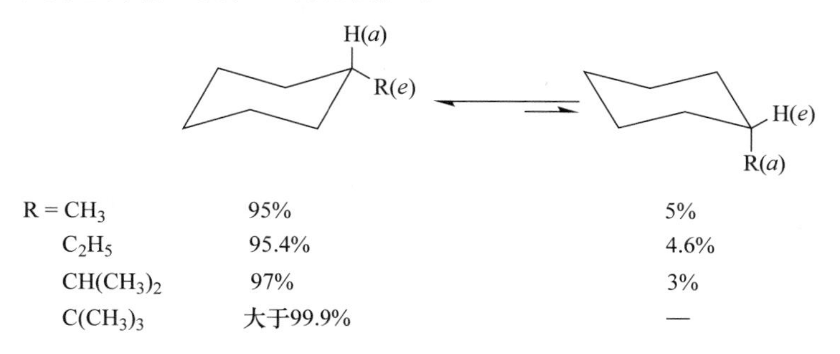

R	R(e)	R(a)
R = CH_3	95%	5%
C_2H_5	95.4%	4.6%
$CH(CH_3)_2$	97%	3%
$C(CH_3)_3$	大于99.9%	—

取代环己烷有顺反异构体。若将环己烷近似地视作平面，两取代基处于环的同侧为顺式（即同处于环平面的下面，或同处于环平面的上面），两取代基处于环的两侧为反式（分别处于环平面的上面和下面）。

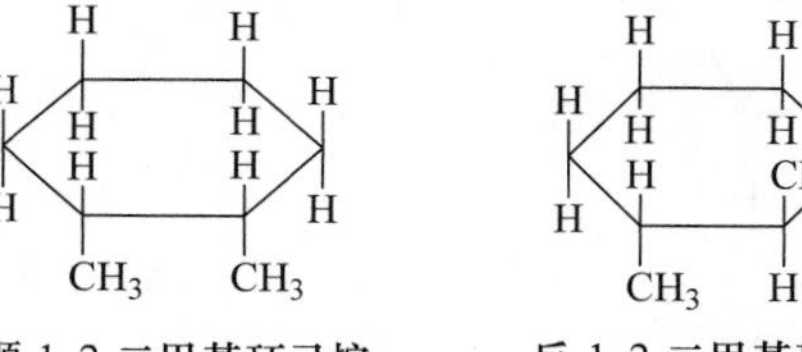

顺-1,2-二甲基环己烷　　反-1,2-二甲基环己烷

对于有两个或多个取代基的环己烷，一般是体积较大的取代基占 *e* 键，如顺-1-甲基-4-叔丁基环己烷。有多个取代基时，取代基更多占有 *e* 键的椅式构象为优势构象，如顺-1-甲基-3-氯环己烷。

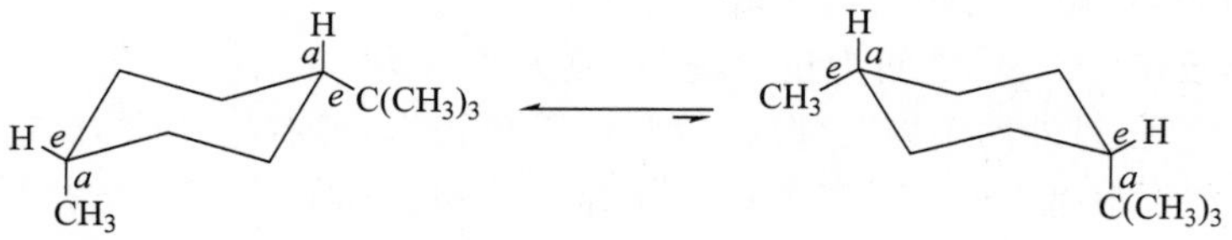

优势构象

优势构象

若环上两个取代基都是大基团，如顺-1,4-二(叔丁基)环己烷，两个叔丁基只能一个占 *e* 键，一个占 *a* 键；结果张力很大，环不得不扭曲成扭船式构象，两个叔丁基都可占据近似的 *e* 键。既有烷基又有卤原子时，若两者必有一个占有 *a* 键，则为卤原子占 *a* 键。如顺-1-乙基-2-溴环己烷中虽然 Br 原子体积也大，但优势构象为 *a*-Br，*e*-C_2H_5。

(5) 十氢化萘(双环[4.4.0]癸烷)的构象：有顺反两种构象异构体。十氢化萘用平面式表示如下：

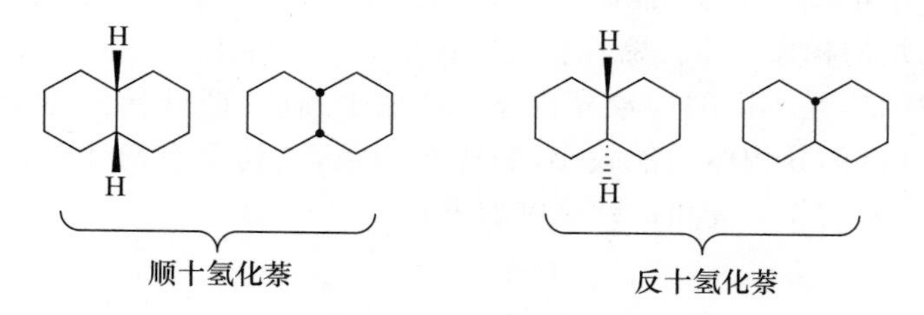

顺十氢化萘　　反十氢化萘

顺十氢化萘是由两个椅式环合起来的，*e*、*a* 键稠合连接，稳定性较差；C_9—C_{10} 键可以旋转，有呈实物和镜像关系的两个对映构象异构体，能量相等，室温下即可反转。反十氢化萘 *e*、*e* 键稠合相连，稳定性较好；由于 C_9—C_{10} 键固定，不能自由旋转，没有构象异构体。

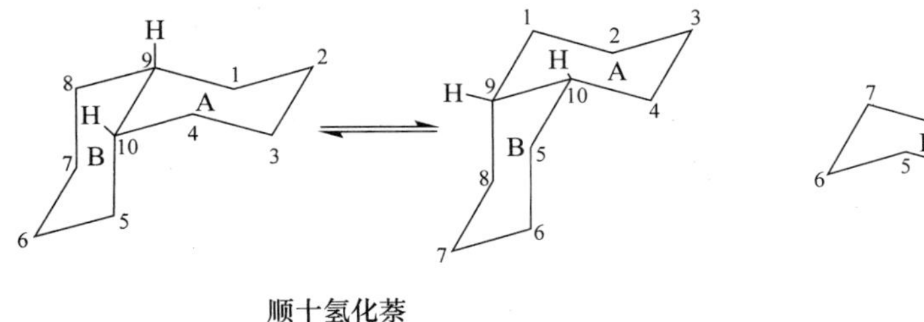

顺十氢化萘　　　　　　反十氢化萘

习　题

1. 写出下列化合物的结构式，并用 IUPAC 规则命名：

(1) 异戊烷　　(2) 二甲基正丁基甲烷

(3) 异丁基二级丁基正戊基甲烷　　(4) 乙基异丙基异丁基甲烷

2. 以四个碳及四个碳以下的卤代烃和必要的试剂为原料，制备下列化合物：

(1) 正辛烷　　(2) 1-戊烯

(3) 三级丁基溴化镁　　(4) 4,4-二甲基-1-戊烯

3. 写出下列化合物的结构式：

(1) 环戊甲酸　　(2) 环己基环癸烷

(3) 1,2,3-三氯甲基环丙烷　　(4) 1,4-二环己基环辛烷

(5) 1,1,2,2,3-五甲基-3-(1-甲基环丙基)环丙烷　　(6) 反-1-甲基-4-三级丁基环己烷

4. 将下列伞形式改写为锯架式和纽曼投影式：

(H)(HO)(HOOC)C—C(H)(COOH)(OH)　　(HO)(HOOC)(H)C—C(COOH)(H)(CH_3)　　(HO)(H)(OHC)C—C(CH_2OH)(OH)(H)　　(O=)(H)C—C(OH)(H)(H)

5. 画出下列化合物沿标出的 C—C 键旋转的稳定构象：

(1) $(CH_3)_2CH-CH_2CH_3$　(2) HOH_2C-CH_2OH　(3) $CH_3CH_2-CH=CH_2$

(4) FCH_2-CH_2OH　(5) $BrClHC-CHClBr$　(6) $CH_3CH_2CH(CH_3)-C(CH_3)_2CH_2CH_3$

第三章　立体化学

立体化学是研究化合物分子的立体结构、立体异构现象对化合物物理、化学性质的影响和反应的立体性及其应用的学科。碳原子具有三维的正四面体结构，形成的绝大多数有机分子都具有三维结构，有机化学、生物化学等学科必须从三维角度来研究化合物的结构、性质和功能，这些只有通过立体化学才能得到深刻的理解。在研究有机化学时应当关心分子中各个原子所处的空间位置，以及在反应过程中，分子内和分子间的原子重新组合时对空间结构有什么样的要求和原子空间的变化过程。立体化学表明，分子的立体结构常常对化学反应性质，如反应的方向和难易程度，以及反应产物的立体结构有很大影响。

分子的几何结构对其化学及物理性质是有影响的，有时甚至会产生惊人的影响。如碳就有四种同素异形体：无定形碳、石墨、金刚石和足球烯，它们的外观分别是黑色粉末或块状、暗灰色片状、无色透明和黄色晶体。四种异形体具有完全不同的几何结构，从而具有完全不同的性质。一些药物在合成中产生两个含量各占一半的立体异构体(外消旋体)，但常常只有一种异构体是有效成分；另一半是无效成分，有时还会有副作用，必须用立体化学的方法拆解，把有效成分和无效(或许有害)成分彼此分开，这被称为"拆解"或"拆分"。更进一步将无效成分消旋化、再拆解，分段转变成有效成分，被称为"消旋化和再拆解"，这样比较经济，也对患者有益。如人体内肾上腺素的左旋异构体是一种激素，但合成的肾上腺素由于含有右旋异构体而有毒性。现在已有越来越多的药物等化学品用不对称合成方法合成，直接选用具有指定立体结构的原料、特定的反应方法和步骤，合成指定的立体异构体。

在有机化学与生命科学的研究越来越紧密联系之时，掌握有机分子的立体化学更加重要。分子的几何形状的细微差别对生命现象都有影响，因为分子的立体化学控制着许多生命及生理过程的化学过程。

§3.1　有机化学的立体异构

有机化合物的结构分为构造、构型和构象几个层次。异构体主要分为构造异构体和立体异构体两大类。立体异构包括几何异构、光学异构和构象异构。立体化学的基础是分子中是否具有手性中心、映轴、镜面等对称元素。

(一) 构造异构体(结构异构体)

构造异构体是指分子式相同，但分子中原子的连接方式和次序不同而产生的异构体，主要包括碳架异构体、位置异构体和官能团异构体。如分子式同为 $C_4H_{10}O$ 的正丁醇和异丁醇为碳架异构体；分子式同为 C_4H_8 的 1-丁烯和 2-丁烯为位置异构体；分子式同为 C_2H_6O 的乙醇和二甲醚，由于官能团不同而成为官能团异构体。

$CH_3CH_2CH_2CH_2OH$	正丁醇	$CH_3CH(CH_3)CH_2OH$	异丁醇
$H_2C=CHCH_2CH_3$	1-丁烯	$CH_3CH=CHCH_3$	2-丁烯
CH_3CH_2OH	乙醇	$H_3C-O-CH_3$	二甲醚

（二）立体异构体

立体异构体是指分子式、构造都相同，但由于分子中原子或基团在空间排布位置不同而产生的异构体，包括构型异构体和构象异构体。

(1) 构型异构体： 包括顺反异构体和旋光异构体（对映异构体和非对映异构体），它们不能在没有键断裂的情况下，由于键旋转而互相转化。构型异构体通常可以分离。

① 顺反异构： 由于共价键旋转受阻而原子或基团在空间排布位置不同的异构体，如烯烃中的顺和反-2-丁烯，环烷烃中的顺和反-1，4-二甲基环己烷等。

② 旋光异构体： 又称光活异构体、光学异构体或对映异构体。指互成镜像的一对化学式相同、化学键也相同的手性分子，能使偏振光的振动平面按不同方向旋转，具有光学活性，如乳酸、酒石酸等。两个对映体的生物学性质上会有总体差异，酶可以识别对映体。

(2) 构象异构体： 构象是分子由于共价单键的旋转而形成不同的暂时性易变的空间结构形式，表现出原子或基团的不同空间排列。如烷烃中丁烷的交叉型、重叠型构象异构体，环烷烃中的环己烷椅式、船式、半椅式、扭船式构象。构象的改变不涉及共价键的断裂和重新组成，也无光学活性的变化。由于分子热运动就可以引起构象的变化，构象异构体很难分离。

§3.2 旋光异构体

（一）旋光性

(1) 偏振光和旋光仪： 用旋光仪观测光学异构体的旋光性是研究立体化学不可缺少的手段。光一般在垂直于其传播方向的无数相互交错的平面内振动。使具有单一波长的单色光，如 $\lambda=589.6$ nm 的钠光，通过一个尼可尔（Nicol）棱镜（起偏器），则只有振动方向与其晶轴平行的光线通过，其他振动方向的光被阻挡，通过 Nicol 棱镜的光变成只在一个平面内振动的光，即平面偏振光（或简称偏振光）。由单色光源、两个 Nicol 棱镜和可以放入化合物溶液（或液体）的旋光管等组成的旋光仪可用来测定化合物的旋光性。旋光物质可以使透射过它的振动平面旋转。

(2) 旋光度和比旋光度： 旋光度是偏振光通过旋光物质时，偏振光的振动平面（偏振面）被旋转的方向和角度，用 α 表示。旋转方向为顺时针的叫右旋，记作“+”或 D；旋转方向为逆时针的叫左旋，记作“—”或 L；旋转角度用“°”表示。由于旋光度不仅和旋光物质的浓度 c（纯液体 $c=1$）、光程的长度 l 等有关，也和波长 λ 及温度 t 有关，为了将旋光度作为物质的特征性质，必须将测量条件标准化，为此化合物的旋光度一般用比旋光度或旋光率$[\alpha]_\lambda^t$ 来表示。当用钠光 D 线（黄色光，$\lambda=589.6$ nm）入射时，比旋光度表示为$[\alpha]_D^t$，为单位长度和单位浓度下的旋光度，温度和波长用上角标和下角标表示。旋光性是分子的一种性质，化合物之间旋光性的强弱比较，还需从摩尔旋光度$[M]_D^t$才可看出。比旋光度和旋光仪中读出的旋光度及摩尔旋光度的关系如下，式中 M 是被测化合物的摩尔质量，除以 100 是为了避免$[M]$值过大。

$$[\alpha]_D^t = \frac{\alpha}{c \cdot l} \qquad [M]_D^t = \frac{M}{100}[\alpha]_D^t$$

α 为旋光仪中测得的旋光度；c 为浓度，单位为 $g \cdot cm^{-3}$；l 为光程长度（样品池长度），单位为 dm。

（二）分子的对称性和对称元素

分子之所以具有旋光性或手性，是由于分子是不对称的，即没有对称元素。换句话说，旋光异构现象是分子的非对称性引起的。分子内包含若干等同部分。能经过不改变其内部任何两点间距离的对称操作所复原。对称操作据以进行的几何元素称为对称元素。与有机分子关系比较密切的对称元素有以下几种。

(1) 镜面对称元素(σ)：如果一个分子被一个平面分成实体和镜像两部分，则此平面称为分子的镜面，该分子具有镜面对称元素。具有镜面对称元素的分子无手性。基本对称操作是通过镜面反映。如同一个碳上连有两个相同的原子或基团，有一个对称面，无手性；单烯烃分子双键两端的碳(C═C)与双键碳所连的原子共平面，这个平面就是单烯烃分子的对称面，故单烯烃无手性。具有镜面对称因素的分子如核糖二酸和乳单糖二酸：

核糖二酸　　乳单糖二酸

含镜面对称因素(σ)的分子

(2) 对称中心(i)：即分子具有对称中心的对称元素。基本对称操作是按对称中心反演。具有中心对称的分子从任一原子或基团至对称中心连接直线，并将此线延长，在和对称中心等距离的另一侧都有另一个相同原子或基团。这种分子可由反演操作而复原，即除位于对称中心的原子或基团外，其他原子或基团必定成对地出现。如二氟二氯环丁烷、内消旋酒石酸等。中心对称分子为非手性分子，无旋光性，且分子无极性，分子的偶极矩为零。

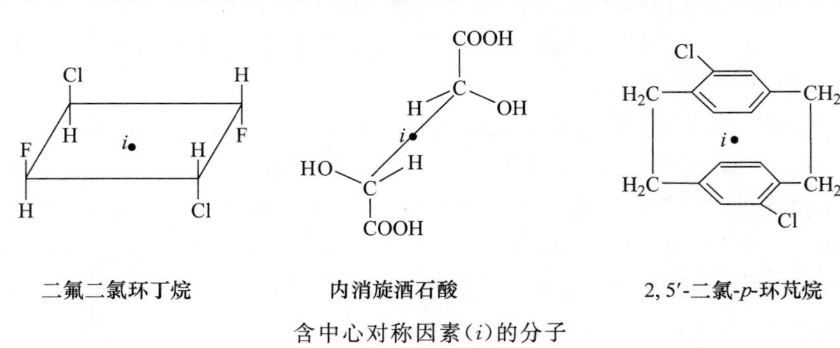

含中心对称因素(i)的分子

(3) 旋转轴对称元素(C_n)：分子环绕通过分子的一条直线旋转一定的角度($360°/n$)($n=2,3,4,\cdots$)，得到的分子如果和原来的分子完全重合，此直线为该分子的 n 重旋转轴(C_n)，该分子具有旋转轴对称因素。基本对称操作作为绕 C_n 轴按逆时针方向转 $360°/n$。旋转轴对称元素(C_n)与分子的手性无直接关联。但如果这个分子不含其他对称因素，只含有 C_n 旋转轴，和镜像又未能重叠，则不能算作对称分子，而是非对称分子，属于手性分子一类。许多手性分子都有 C_2 旋转轴，如 L-酒石酸分子。

(4) 映轴对称元素(S_n)：如果一个分子首先通过一个轴旋转 $360°/n$($n=1,2,3,\cdots$)，然后用一个垂直于该轴的镜面将分子反射，如果镜内的镜像和镜外未旋转前的原分子完全重叠，则该轴称为该分子的 n 重旋转反射轴，用 S_n 表示。这种分子是对称的，为非手性分子，无旋光性。

(三) 手性分子和非手性分子

(1) 手性分子：一个化合物的分子如果与其镜像不能相互重叠，为手性分子。手性分子和镜像就像人的左手和右手，呈镜像但不能重合，具有旋光性，包括非对称分子和不对称分子。

① 非对称分子：不具备镜面对称元素(σ，相当于 S_1)、对称中心(i，相当于 S_2)或映轴对称元素(S_n)等对称元素的分子。由于 S_n 很少见，一般只要判断一个分子无对称面和对称中心，该分子就是手性分子，如乳酸(2-羟基丙酸)分子，无对称面和对称中心，是手性分子。乳酸可以写出两个结构式，这两个结构式与左右手一样，具有实体和镜像的关系，如下图所示：

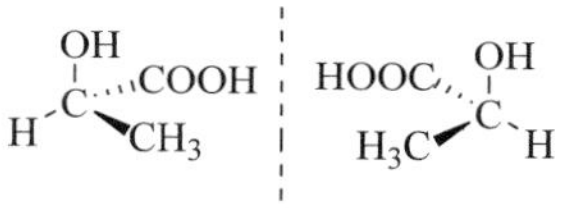

OH　　　　　　　　OH
H—C—COOH　|　HOOC—C—H
　CH₃　　　　　H₃C

另外只有旋转轴对称元素(C_n)的分子，若分子和其镜像不能重叠，也是非对称分子。

实体和镜像不能重叠的分子为一对对映异构体，它们的物理性质，如溶解度、熔点、密度、焓等都是相同的，化学反应性能也是相同的；但在手性环境中，如在不同的手性试剂或溶剂环境下，反应性能却有所不同。一对对映异构体对偏振光作用不同，一个使偏振光向左旋，另一个则使偏振光向右旋。旋光测定法是区别对映异构体的常用方法。

② 不对称分子：完全不具有任何对称因素的分子，且不能和其镜像重叠。

(2) 非手性分子：为对称分子。凡具有镜面对称元素、对称中心或映轴对称元素的分子，其镜像就是分子自身，可以相互重叠。非手性分子不呈现旋光性，无光学活性。

§3.3　常见的含不对称碳原子的手性化合物

与四个不同的原子或基团相结合的碳原子为不对称碳原子或手性碳原子，一般用“C^*”表示。与不对称碳原子结合的这四个原子或基团在空间有且只有两种不同的排列次序。绝大多数手性分子含有不对称碳原子，为表示不对称碳原子上各个基团的不对称取代，通常可用费歇尔(Fischer)投影结构式来表示。

(一) 含一个不对称碳原子的分子及手性分子的 Fischer 投影结构式

含一个不对称碳原子的分子如乳酸的一对对映异构体和2-氯丁烷的一对对映异构体，按投影规则可写成如下形式：

COOH	COOH	CH_3	CH_3
H—OH	HO—H	H—Cl	Cl—H
CH_3	CH_3	C_2H_5	C_2H_5
乳酸		2-氯丁烷	

而用简单地以一个十字代表一个不对称碳原子的 Fischer 投影结构式(简称 Fischer 式)可表示为：

COOH	COOH	CH_3	CH_3
H—┼—OH	OH—┼—H	H—┼—Cl	Cl—┼—H
CH_3	CH_3	C_2H_5	C_2H_5
乳酸		2-氯丁烷	

在 Fischer 式中，不对称碳原子 C* 放在纸平面上，以交叉十字来代表不对称碳原子和其四个价键，并使主链表示为垂直的直链。C* 上连有四个基团，写在十字相应的位置。同时规定两个横线和所结合的基团指向纸面的前方，两个竖线和所结合的基团指向纸面的后方，在竖直主碳链上，编号小的碳原子朝上。在使用 Fischer 式表示手性分子时要注意以下几点：

① Fischer 式不能离开纸平面翻转，否则就改变了 C* 上连接的原子或基团的空间指向(横指前，竖指后)。只要离开纸面翻转 180°，就成为该分子的镜像的表达式。

② 如果不脱离纸面旋转 90°(或 270°)，构型改变，成为其对映异构体表达式。若在纸面上转动 180°(或 360°)，不对称碳原子上的原子或基团指向不变，与转动前为同一构型。

③ 任意调换不对称碳原子上的两个基团奇数次，该 C* 构型改变，成为其对映异构体表达式；而调换偶数次，该 C* 的构型不变，为原化合物构型。

④ 固定 C* 上的一个原子或基团，其余三个依次改变位置，其构型不变。

(二) 构型的表示方法

旋光异构体之间的构型联系，对于阐明它们之间的立体结构及在化学反应中相互转变的关系是有决定性意义的。

(1) 构型联系的标准和构型的 D-L 命名： 1906 年 M. A. Rosanoff 建议，采用与右旋葡萄糖的一个不对称碳原子 C_5 联系的只含一个不对称碳原子的右旋甘油醛作为构型联系的标准。规定在甘油醛的 Fischer 式中，C* 上的 OH 在右侧(H 原子在左侧)的这种立体结构为 D-构型，称为 D-(+)-甘油醛；其对应的立体结构为 L-构型，称为 L-(−)-甘油醛。其他含手性碳的化合物的构型可以通过与甘油醛相联系的方法确定。光活性分子在发生化学反应时，只要手性碳上的化学键不断裂，分子的立体构型就不会发生变化；由此通过不涉及手性碳上化学键断裂的化学反应，把光活性异构体的构型和 D-或 L-甘油醛联系起来。D-和 L-表示在构型联系中，起联系作用的不对称碳原子的构型是属于 D-系还是属于 L-系；这种构型称为相对构型,即不知道分子绝对构型的情况下,通过实验确定两分子构型之间的关系。绝对构型是直到1951年,才由(+)-酒石酸钠铷晶体的X射线衍射的测定而决定的。绝对构型是指分子的详细立体化学图像,包括原子的空间排布。(+)-酒石酸和许多化合物的相对构型早已通过化学法与指定的(+)-甘油醛构型联系起来了,有趣的是当年Fischer任意指定的D-(+)-甘油醛的相对构型与其绝对构型是一致的。1947年H. B. Vickery等人为了避免在命名中容易发生的混乱,又提出了天然L-(-)-丝氨酸与D-(+)-甘油醛并列为构型联系的标准,即以D-(+)-甘油醛作为糖类化合物的构型命名基础,而以L-(-)-丝氨酸作为α-氨基酸和α-羟基酸等化合物的构型命名基础。

CHO H—┼—OH CH_2OH	CHO HO—┼—H CH_2OH	COOH H_2N—┼—H CH_2OH	COOH H—┼—NH_2 CH_2OH
D-(+)-甘油醛	L-(-)-甘油醛	L-(-)-丝氨酸	D-(+)-丝氨酸

(2)构型的*R-S*命名规则和取代基团的序列规则: 对于不属于糖、α-氨基酸和α-羟基酸的化合物,D-L命名是很不方便的,如CHFClBr不易与甘油醛等联系。1950年Cahn、Ingold和Prelog三人提出构型的*R-S*命名规则,后经IUPAC建议采用。该规则直接以不对称碳原子自身的结构为依据来命名。当不对称碳原子处于一定位置时,与不对称碳原子直接结合的四个基团中的原子,按原子量或原子序数的大小确定基团的先后次序,由所占位置的次序序列确定*R-S*构型。该规则要点是:

① 与不对称碳原子直接相连的原子(α原子),原子序数大的为优先基团,若为同位素,则质量大的优先。由此,I>Br>Cl>S>P>O>N>C>D>H。

② 若与不对称碳原子直接相连的原子(α原子)相同,则再比较与α原子相连的β原子。由于β原子不止一个,先比较原子序数最大的β_1原子;若再相同,则再依次比较原子序数次大的和最小的β_2、β_3原子,仍选原子序数较大的为优先基团。

③ 不对称碳原子上的取代基为不饱和基团时,含重键的基团,可认为是两原子重复相连,如:

	(苯基) >	—C≡CH >	—CH=CH_2
α原子:	C, C, C	C, C, C	C, C, H
β原子:	C, C, H	C, C, H	C, H, H
γ原子:	C, C, H		

④ 不对称碳原子上的取代基互为异构的基团时,规定R型优先S型,Z型优先E型。

按照上列规则,一些常见的取代基团的序列规则为:

—I,—Br,—Cl,—SO_2R,—SOR,—SR,—SH,—F,—OCOR,—OR,—OH,—NO_2,—NR_2,—NHCOR,—NHR,—NH_2,—CH_2Br,—CCl_3,—$CHCl_2$,—COCl,—CH_2Cl,—COOR,—COOH,—$CONH_2$,—COR,—CHO,—CR_2OH,—CHROH,—CH_2OH,—CN,—CH_2NH_2,α-萘基,β-萘基,—C_6H_5,—$C(CH_3)_3$,—CH=CH_2,环己基,—$CH(CH_3)_2$,—CH_2COOH,—CH_2CH=CH_2,—$CH_2CH_2CH_3$,—CH_2CH_3,—CH_3,—D,—H,非共用电子对。

(3) 用 *R-S* 标记构型和系统命名方法：将不对称碳原子所连的四个基团按顺序规则定出先后次序，为 a＞b＞c＞d，将最小基团 d 置于最后面，从其前方观察其余三个基团由大到小顺序，若由 a 到 b 到 c 为顺时针排列，则此 C* 的构型为 *R*(拉丁文 rectus，“右”的意思)；反之，若为逆时针排列，则此 C* 的构型为 *S*(拉丁文 sinister，“左”的意思)。示意如下：

c, d, C—a, b → c, d, C—a, b

*R*型

b, d, C—a, c → b, d, C—a, c

*S*型

利用 Fischer 式也可以直接确定 *R-S* 构型。按规定，在 Fischer 式中，竖键指向纸面后方，若次序最低的基团处在竖直位置，即处于后方，可直接按其余三个基团的优先次序排序，若按大、中、小排序为顺时针，则为 *R* 构型；反之按大、中、小排序为逆时针，则为 *S* 构型。若次序最低的基团处在横线位置，即处于纸面前方，则判断与上述相反，若按大、中、小排序为顺时针，则为 *S* 构型；而按大、中、小排序为逆时针，则为 *R* 构型。如：

H(d)
(c)H_3C—C—SO_3H(b)　(*S*)-1-溴-乙磺酸
Br(a)

CH_2CH_3(b)
(d)H—C—OH(a)　(*R*)-2-丁醇
CH_3(c)

需指出构型的化合物，命名时，用带括号的 *R* 或 *S* 标明其构型，置于化合物名称的前面。对于含多个不对称碳原子的化合物，则按其编号大小由小到大逐个标明。

COOH
OH—C—H
H—C—OH
COOH

(2*S*, 3*S*)-(−)-酒石酸

CH_3
H—C—Cl
H—C—Br
C_2H_5

(2*S*, 3*R*)-(−)-2-氯-3-溴戊烷

需指明的是 *R-S* 和 D-L 标记法均与化合物的旋光方向没有联系，系人为规定的标记方法，*R-S* 和 D-L 之间也没有对应关系。化合物的旋光度(＋)或(－)是在旋光仪中测量到的，取决于分子与光的相互作用。

(三) 含两个或多个不相同的不对称碳原子的非对称分子

由于每个不对称碳原子上的基团可以有两种不同的排列次序，含两个不相同的不对称碳原子的分子就有可能有 2^2 个光活异构体，含 n 个不相同的不对称碳原子的化合物即有可能存在 2^n 个光活异构体。如 2,3-二溴戊烷，有两个不相同不对称碳原子，有两对光活异构体 a 和 b、c 和 d；但 a 和 c、a 和 d、b 和 c、b 和 d 都不是对映异构体，而是非对映体，它们没有实物和镜像的关系。非对映体不仅旋光能力不同，物理性质有较大差别，一些化学性质也有所不同。

a	b	c	d
CH_3	CH_3	CH_3	CH_3
H—Br	Br—H	H—Br	Br—H
H—Br	Br—H	Br—H	H—Br
C_2H_5	C_2H_5	C_2H_5	C_2H_5
(2*S*, 3*R*)	(2*R*, 3*S*)	(2*S*, 3*S*)	(2*R*, 3*R*)

含有多个不对称碳原子的分子的立体异构体情况比较复杂，有可能有假手性碳原子。另外有的彼此间为非对映体，但彼此的关系为差向异构体。如2,3,4-三羟基戊二酸，有三个不对称碳原子，应有8个光活异构体，4对对映体，但实际由于有假手性碳原子，只有下面四种立体异构体：

A	B	C	D
COOH	COOH	COOH	COOH
HO—2 *S*—H	H—*R*—OH	H—*R*—OH	H—*R*—OH
H—3—OH	HO—H	H—OH	HO—H
H—4 *S*—OH	HO—*R*—H	H—*S*—OH	H—*S*—OH
COOH	COOH	COOH	COOH
(2*S*, 4*S*)	(2*R*, 4*R*)	(2*R*, 3*r*, 4*S*)	(2*R*, 3*s*, 4*S*)

图中分析表明，四个立体异构体中A和B彼此不能重叠，是一对对映异构体，C_3 由于连接的不对称碳原子 C_2 和 C_4 构造相同，构型也相同，所以 C_3 不是手性碳原子。异构体C和D中，C_3 连接的不对称碳原子 C_2 与 C_4 构造相同，但构型不相同，因此 C_3 是手性碳原子；但是分子C和D中通过 C_3 有一对称面，所以C和D都是非手性分子，为内消旋体。像 C_3 这样的不对称碳原子称为假手性碳原子。假手性碳原子的标记一般用小写字母 *r* 或 *s*。按照 $R>S$ 的规定，分子C中的 C_3 为3*r*，而D中的 C_3 为3*s*。

另外当比较异构体A和C时，发现它们彼此关系是非对映体，但分子中只有不对称碳原子 C_2 的构型相反，其他不对称碳原子 C_3 和 C_4 构型都相同，A和C这两个立体异构体称为差向异构体。

(四) 含两个或多个相像的不对称碳原子的分子

当分子中含有取代相同的不对称碳原子时，光活性异构体的数目及性质则与上述含不相同的不对称碳原子的分子不同。酒石酸(2,3-二羟基丁二酸)为这一类分子的代表。在酒石酸分子中，含有的两个不对称碳原子，都各与H、OH、COOH和CH(OH)COOH四个不相同的基团相结合，因此称为两个相像的不对称碳原子。酒石酸由于所含两个不对称碳原子构造相像，立体结构体不符合 2^n 的数目，只有3个：a右旋体，b左旋体，互为镜像的c和c′(如下图)。但等量的a和b可以形成外消旋混合物；c和c′完全重叠，实际上为同一种异构体，不可分离，称为内消旋体。这是由于分子中均含有一个平面对称因素，为非手性分子。

由于两个不对称碳原子构型不同，旋光性彼此抵消，因此不具有旋光性的分子，被称为内消旋化合物，如下图中内消旋酒石酸(或称meso-酒石酸)。内消旋化合物具有手性中心(通常是不对称碳原子)但没有手性，大多数内消旋化合物都有对称结构。等量的左旋体和右旋体的混合物，形成外消旋混合物(或称外消旋体)，此时测得的旋光度为零。外消旋体可在化合物前面加(±)或(*dl*)标明。如下图中的酒石酸右旋体a和左旋体b是一对对映体，可形成外消旋混合物。将非手性化合物转化为手性化合物时，反应结果一般是外消旋产物。另外内消旋体与右旋体a、内消旋体与左旋体b均互为非对映体。

a	b	c	c′
COOH	COOH	COOH	COOH
H—OH	HO—H	H—OH	HO—H
OH—H	H—OH	- - - - - - -	- - - - - - -
		H—OH	HO—H
COOH	COOH	COOH	COOH
右旋体(2*R*, 3*R*)	左旋体(2*S*, 3*S*)	内消旋体(meso, 2*R*, 3*S*)	

表 3-1　酒石酸的几种异构体的部分理化性质

酒石酸	mp/℃	$[\alpha]_D^{25}$(20%水溶液)	溶解度(g/120g 水)	pK_{a1}	pK_{a2}
右旋酒石酸	170	+12°	139	2.93	4.23
左旋酒石酸	170	−12°	139	2.93	4.23
外消旋酒石酸	206	无光活性	20.6	2.96	4.24
内消旋体酒石酸	140	无光活性	125	3.11	4.80

(五) 开链非对称分子的其他表示法

Fischer 投影结构式很适宜于表示含有一个不对称碳原子的化合物的立体结构，但由于所描述的立体结构全是重叠型构象，没有表示交叉型，而实际分子更倾向呈交叉型构象，各个基团互相间错开 60°；因此，表示分子立体结构时还可以用锯架式、飞楔式和 Newman 投影式。下面是葡萄糖分子用 Fischer 投影结构式表示其重叠式，用锯架式、飞楔式和 Newman 投影式表示其交叉式的示意：

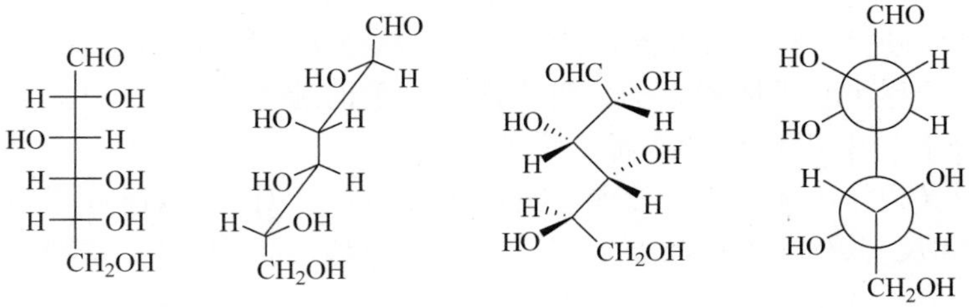

Fischer投影式（重叠）　锯架式（交叉）　飞楔式（交叉）　Newman式（交叉）

在分子含有连续的多个不对称碳原子时，Fischer 投影式和飞楔式适合表达，而飞楔式最接近所表达的分子立体结构。Newman 式最能准确地表达被关注的两个相邻碳原子的各个基团所处的向位和关系。

§ 3.4　不含不对称碳原子的手性化合物

一些不含不对称碳原子的分子，由于不能轻易从一种手性构象向镜像构象转化，存在着实体和镜像不能重叠的情况，也属于手性分子。

(一) 丙二烯型结构的分子

对聚集多烯而言，除去分子两端的碳原子是 sp^2 杂化之外，碳链中间的碳原子都是 sp 杂化状态，故聚集多烯分子基本上都是直线形结构。最简单的两个聚集多烯是丙二烯和丁三烯，它们本身是非手性的，但若 H 原子被不同的基团取代，丙二烯衍生物有可能成为手性分子，丁三烯则给出顺式和反式的几何异构体。

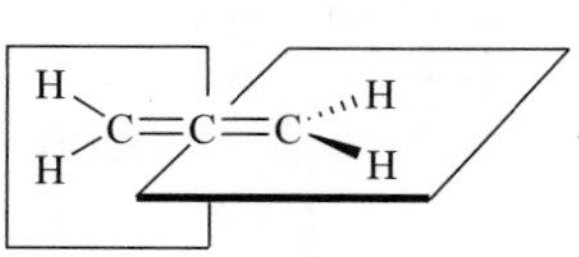

丙二烯 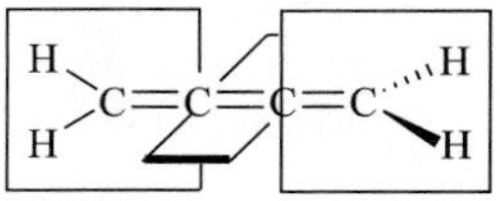　　丁三烯

如果丙二烯两端碳原子分别连有两个不同的基团或原子，如 1，3-二苯基-1，3-二-α-萘基丙二烯，分子存在一个旋转轴对称因素，有一对对映体，为手性的旋光异构体：

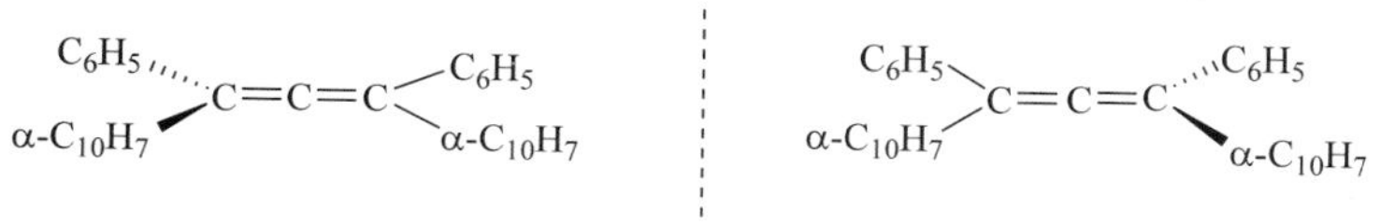

C_6H_5　C_6H_5
α-$C_{10}H_7$　C=C=C　α-$C_{10}H_7$

C_6H_5　C_6H_5
α-$C_{10}H_7$　C=C=C　α-$C_{10}H_7$

丙二烯两端碳原子中，只要有一个连有两个相同的基团或原子，则分子中存在一个对称面，两个对映体的实体和镜像可以叠合，无旋光异构体。

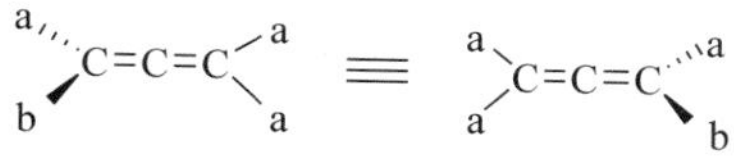

a　a
b　C=C=C　a　≡　a　C=C=C　a
a　b

（二）具有联苯类结构的分子

四个邻位都有相当大的取代基团的联苯衍生物，两苯环间的单键的旋转受到阻碍，两个苯环不能共平面，也可能产生位阻光活异构体。若联苯的每一个苯环上的两个邻位取代基不同，就会有两个构型不同的对映体，彼此不能重叠，为手性分子，具有旋光性。2，2′-二硝基-6，6′-二羧基联苯的一对对映体如下图所示：

NO_2　O_2N
COOH　HOOC

NO_2　O_2N
COOH　HOOC

若联苯中一个苯环的两个邻位有相同的取代基，即有对称取代，分子由于有对称面而无手性，实物和镜像可以重叠，没有旋光性异构体，如 2，2′，6-三硝基-6′-羧基联苯：

NO_2　O_2N
COOH　O_2N
≡
NO_2　O_2N
NO_2　HOOC

联苯取代基大小顺序排列为：—I＞—Br＞—CH_3＞—Cl＞—NO_2＞—NH_2～COOH＞—OH＞—F＞—H。

若联苯的苯环上两个邻位基团的半径之和大于—F 和—COOH 的半径之和，就能产生一对稳定存在的对映体，如邻位基团为—Br 和—H，也有一对稳定的对映体；2，2′-二溴联苯也存在稳定的位阻旋光异构体。

（三）含有其他不对称原子的光活性分子

碳以外的一些原子，如 S、P、N、As 等，当它们连接四个不同的基团时，也会有旋光异构体存在。

带有一个正电荷的不对称四级铵盐（$N^+R_4X^-$）与含一个不对称碳原子的化合物类似，都具有四面体构型，有手性旋光异构体。如甲基烯丙基苄基苯基铵碘化物存在一对对映体：

$$I^-C_6H_5-\overset{CH_3}{\underset{CH_2CH=CH_2}{N^+}}-CH_2C_6H_5 \quad\vdots\quad C_6H_5CH_2-\overset{CH_3}{\underset{H_2C=CHCH_2}{N^+}}-C_6H_5I^-$$

N一般为三价，由于N上的三个取代基以很快的速度来回翻转，常温下不存在稳定的对映体，无光活异构体。当含N化合物N上的三个不同基团被固定在一个特殊的环形结构上时，基团来回翻转被阻止，就会存在光活异构体，如特勒格(Tröger)碱，其对映体结构如下：

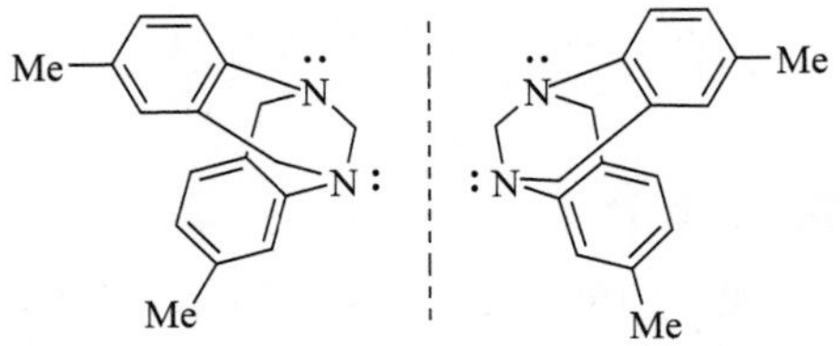

和N同位于第五族元素的磷，无论是三价的膦，或是带正电荷的四级鏻盐，还是膦酸的五价衍生物，都可以拆解成旋光性对映体。

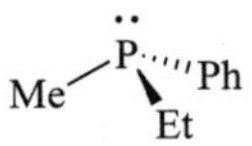

甲基乙基苯基膦 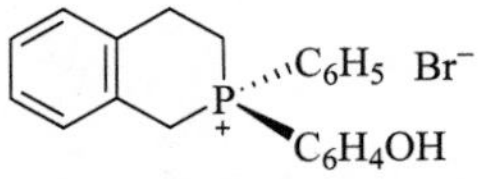　2-对羟苯基-2-苯基四氢异鏻啉溴化物 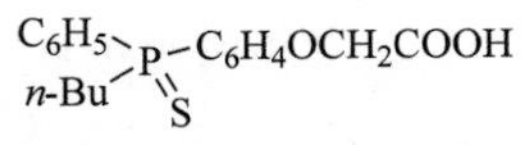　正丁基苯基对羧甲氧苯基膦硫化物

不对称硫化物，无论是锍盐、亚磺酸酯还是亚砜都可被拆解成旋光性对映体。几种具有手性的含硫化合物结构如下：

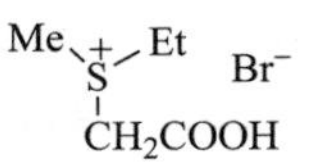

甲基乙基羧甲基锍溴化物 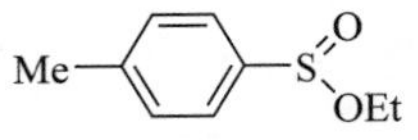　对甲苯基亚磺酸乙酯 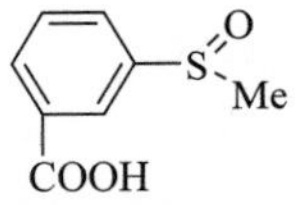　间羧苯基甲基亚砜

§3.5　光学纯度和对映异构体过量值

光学纯度(optical purity)又称旋光纯度，通常用o.p.表示。为说明不纯的光学异构体混合物($R+S$)的光学纯度，可定义为混合物的旋光度与纯对映体旋光度的百分比。不含对映体的纯的o.p.为100%，外消旋体o.p.为0%，混合物的光学纯度等于观测到的不纯光学异构体的旋光度除以纯对映体旋光度。

$$\text{o.p.}=[\alpha]_{观测}/[\alpha]_{纯品}\times100\%$$

如一个不纯的(+)-2-丁醇样本，测得其旋光度为+9.72°，而已知纯(+)-2-丁醇旋光度为+13.5°，则其光学纯度为：

$$\text{o.p.}=(9.72°/13.5°)\times100\%=72.0\%$$

为表达(＋)＋(－)混合物中对映体相对量，还可以用对映异构体过量值(enantiomeric excess，e. e.)来表示。对映异构体过量值是一种对映体多于另一种对映体的量的绝对值与混合物总量的比率。计算公式为：

$$e.e. = (+)\% - (-)\% = [(+)-(-)]/[(+)+(-)]\times 100\%$$

对于上述 2-丁醇混合物，光学纯度 72％是指(＋)－(－)＝72％，由于(＋)＋(－)＝100％，两个等式相加得[(＋)－(－)]＋[(＋)＋(－)]＝2(＋)＝172％，因此(＋)＝86％，(－)＝100％＋(－86％)＝14％。由此可知，此混合物为 28％的外消旋体，72％的纯(＋)。

又如将 6g(＋)-2-丁醇和 4g(－)-2-丁醇混合，则它们的 o. p＝e. e. ＝(6－4)/(6＋4)＝20％，此时混合物中含 80％的外消旋体和 20％的纯(＋)。

混合物的旋光度$[\alpha]_{观察}$等于纯品对映体旋光度$[\alpha]_{纯品}$乘以 o. p.(或 e. e.)，由此，该混合物的$[\alpha]_{观察} = +13.5^\circ \times 20\% = +2.7^\circ$。

习　　题

1. 写出一氯异戊烷几种可能的结构，若有手性碳原子，请用 * 标出，并用 Fischer 投影式画出手性分子的一对对映体。

2. 指出下列化合物有多少立体异构体，画出其 Fischer 投影式，指出对映体、非对映体、内消旋体(用 meso 表示)；写出每个手性碳原子的 *R*、*S* 构型：

(1) $CH_3CHBrCHBrCH_3$　(2) $CH_3CH_2CCl_2CH_3$　(3) $CH_3CH_2CHBrCHBrCH_3$

(4) $CH_3CHBrCHClCHClCH_3$　(5) $CH_3CHClCHClCHClCH_3$

3. 写出 2-溴-3-碘代丁烷的各种可能的立体异构体，给出系统命名，并用 Newman 式表示每一立体异构体的优势构象。

4. 1.5 g 某物质溶于乙醇，制备成 50 mL 溶液，放入 10 cm 长的旋光管内，用钠光灯在 20℃测定其旋光度为＋2.79°，计算此物质的比旋光度[α]。

5. 写出下列化合物的构型式：

(1) (1*R*，3*R*，4*S*)-1-甲基-4-异丙基-3-氯环己烷

(2) (1*R*，4*R*，5*S*)-4-甲基-5-氯环庚烷甲酸

6. 某手性化合物 $C_6H_{12}O_3$ 含有三个一级醇基，推测其结构。

第四章　卤　代　烃

烃分子中一个或多个氢原子被卤原子取代所生成的化合物称为卤代烃。

§4.1　卤代烃分类和命名

(一) 结构和分类

(1) 按卤原子所连接的烃基： 分为饱和卤代烃、不饱和卤代烃和芳香卤代烃。不饱和卤代烃中的卤代烯烃按分子中卤原子和双键的相对位置，可分为乙烯式卤代烃、烯丙式卤代烃和孤立式卤代烃三类。乙烯式卤代烃中卤原子与双键碳原子直接键合，烯丙式卤代烃中卤原子与双键相隔一个碳原子，孤立式卤代烃中卤原子与双键相隔两个或两个以上的碳原子。

$Cl-CH=CHCH_2CH_3$　　$H_2C=CHCH(Cl)CH_3$　　$H_2C=CHCH_2CH_2Cl$

1-氯-1-丁烯（乙烯式）　3-氯-1-丁烯（烯丙式）　4-氯-1-丁烯（孤立式）

卤原子直接连在芳环上的卤代烃，性质与乙烯式卤代烃相近，如氯苯。卤原子在芳环支链 α 位的卤代烃性质与烯丙式卤代烯烃相似，如 α-氯乙苯。

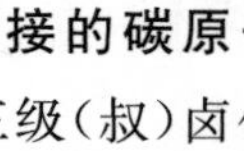

C_6H_5-Cl 氯苯　　$C_6H_5-CH(Cl)CH_3$　α-氯乙苯

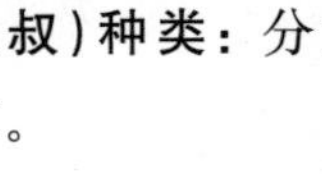

(2) 按分子中卤原子数目： 分为一卤、二卤和多卤代烃。一卤代烃用 RX 表示(X＝F、Cl、Br、I)，分别称为氟代烃、氯代烃、溴代烃和碘代烃。连二卤代烷有两个卤原子与同一个碳原子相连，邻二卤代烷卤原子与相邻碳原子连接。

(3) 按卤原子所连接的碳原子(伯、仲、叔)种类： 分为一级(伯)卤代烃 RCH_2X，二级(仲)卤代烃 R_2CHX，三级(叔)卤代烃 R_3CX。

(4) 碳氟化合物： 卤代烃中碳卤键 C—X 是由卤素的 sp^3 杂化轨道与碳 sp^3 杂化轨道重叠形成的。对 C—X 键，C—F 键长 139 pm，C—Cl 键长 176 pm，C—Br 键长 194 pm，C—I 键长 214 pm。C—F 键长位于 C—C 键长 154 pm 和 C—H 键长 110 pm 之间，氟能替代碳氢化合物中的氢形成长链的碳氟化合物。

(二) 命名

(1) IUPAC 命名法： 将卤代烃视为烃的衍生物，卤原子为取代基，结合烃命名法命名。有多个取代基时，按基团大小顺序(或英文按字母顺序)规则(小基团在前)，写在母体名称前，如有立体构型，在名称前标明。

Cl　Cl Cl CH_3
$CH_3CHCH_2CHCHCHCH_3$
2-甲基-3, 4, 6-三氯庚烷

H　CH_3
$BrCH_2CH_2CCH_2CH_3$
(*S*)-3-甲基-1-溴戊烷

CH_2I
$CH_3CH_2CHCH_2CH_3$
3-碘甲基戊烷

CH_2CH_2Br
$CH_3CH_2CHCH_2CH_2CH_3$
3-(2-溴乙基)己烷

H_3C—⟨苯环⟩—Cl
对氯甲苯

H　CH_3
Cl　H
反-1-甲基-3-氯环戊烷

(2) 普通命名法： 简单的卤代烃以相应的烃基为母体，称为卤(代)某烃或某基卤。有些多卤代烷有特别的名字，如氯仿($CHCl_3$)，溴仿($CHBr_3$)，碘仿(CHI_3)，四氯化碳(CCl_4)。

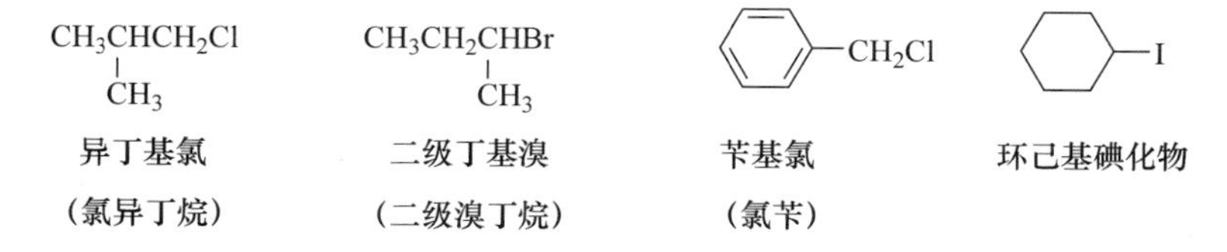

异丁基氯（氯异丁烷）　　二级丁基溴（二级溴丁烷）　　苄基氯（氯苄）　　环己基碘化物

低级的氯氟烃称为氟里昂，代号 F_{abc}。F 表示氟代烃；a 等于碳原子数减 1，为零时不写出；b 等于氢原子数加 1；c 是氟原子数；氯原子数不用表示，可根据化合价推出。如 F_{13} 分子式为 CF_3Cl，F_{12} 为 CF_2Cl_2，F_{152} 为 F_2CHCH_3，F_{113} 为 $CF_2ClCFCl_2$ 等。

§4.2　卤代烃的物理性质

(一) 偶极矩

在卤代烃中，卤原子电负性大于碳原子，C—X 键是极性共价键，碳原子带部分正电荷，卤原子带部分负电荷，电荷分布不很均匀，正电中心与负电中心不能重合。这种在空间具有大小相等、符号相反的电荷的分子，构成一个偶极，正电中心或负电中心上的电荷值 q 与两个电荷中心之间的距离 d 的乘积称为偶极矩，用 μ 表示：

$$\mu = q \times d$$

单位为 D(Debye，德拜)。偶极矩是有方向的，从正电荷指向负电荷。其大小表示有机分子的极性强弱，可以测定。一卤代烃(气态)的偶极矩如下：

表 4-1　一卤代烃(气态)的偶极矩

	CH_3F	CH_3Cl	CH_3Br	CH_3I	CH_3CH_2Cl	$CH_2{=}CHCl$
μ/D	1.82	1.94	1.79	1.64	2.05	1.45

尽管氟电负性最大，但由于氟原子小，C—F 键短，因此氟代烃偶极矩比氯代烃小。氯乙烯由于其氯原子直接连在不饱和碳上，氯原子的未成键电子对所在的 p 轨道与不饱和键的 π 轨道发生 p-π 共轭，一方面使 C—Cl 键变短，另一方面极性变小，导致偶极矩比相应的卤代烷烃小。

(二) 沸点、溶解度和密度

相对分子质量较大的分子一般有较高的沸点，这是由于它们质量较大且有较大的表面积。卤代烃的沸点随碳原子数增加而升高，如 CH_3Cl 沸点为 −24.2℃，CH_3CH_2Cl 为 12.3℃，$CH_3CH_2CH_2Cl$ 为 46.6℃；同时沸点随卤原子数的增加而升高，且随氯、溴、碘的次序升高，如 $CH_3CH_2CH_2F$ 沸点为 −2.5℃，$CH_3CH_2CH_2Cl$ 沸点为 46.6℃，$CH_3CH_2CH_2Br$ 沸点为 71.0℃，$CH_3CH_2CH_2I$ 沸点为 102.5℃。由于 C—X 键极性引起的偶极-偶极引力较大，又加上卤原子表面积较大，卤代烃分子产生瞬间偶极矩，并在临近分子中诱导产生一个偶极矩；它们之间产生相互作用，产生净吸引力，因而沸点较对应的碳氢化合物高，如正丁烷沸点为 0℃，而正丁基氟为 33℃，正丁基氯为 78℃，正丁基溴为 101.6℃。又如 CCl_4（沸点 77℃）偶极矩为零，但沸点比有偶极矩的 $CHCl_3$（61℃）高，也是由于 CCl_4 比 $CHCl_3$ 的表面积大，净吸引力大。

氟化物的表面积几乎与相应的烷烃相同，但由于氟化物有偶极矩，沸点比相应的烷烃高。然而，无偶极矩的多氟代烃的沸点却异乎寻常的低，如六氟乙烷沸点为 −79℃，与乙烷（−88.6℃）接近。由此甲烷依次取代一个、二个、三个、四个氟后，沸点先升高后又降低，沸点分别为 −78.4℃、−52℃、−83℃和 −128℃。

卤代烃分子都不溶于水，而易溶于有机溶剂。烷基氟化物和烷基一氯化物密度比水小，连有两个或多个氯原子的烷烃密度比水大，溴代烃和碘代烃比水的密度大。

纯净的卤代烷是无色的，但碘代烷久放会产生游离的碘而呈棕红色。

§4.3　卤代烃的化学性质

由于卤原子的电负性很强，其吸电子诱导效应使 C—X 键电子偏向卤原子，α 碳上带部分正电荷，易受亲核试剂进攻；卤原子是一个良好的离去基团，易发生亲核取代反应。卤代烃 β 碳上的氢同样受到吸电子诱导效应的影响，在强碱作用下，有与卤原子一起离去的可能，从而脱去卤化氢，发生 1,2-消除反应生成不饱和烃。取代反应和消除反应常是相互竞争的反应。卤代烃还可和金属反应生成金属有机化合物。

卤代烃的反应活性取决于烃基的结构和卤原子的种类。烃基的活性顺序是：烯丙基卤（$CH_2{=}CHCH_2X$，$ArCH_2X$）＞卤代烷（RCH_2X，R_2CHX，R_3CX）＞乙烯基卤（$CH_2{=}CHX$，ArX）。烃基相同时卤素的反应活性顺序为 RI＞RBr＞RCl＞RF。

（一）亲核取代反应

作为反应底物的卤代烃分子中，与卤原子成键的碳原子带部分正电荷，易受亲核试剂（负离子或可提供电子的试剂，记作 $Nu:^-$）进攻，卤原子带一对价电子以负离子的形式离开，称为离去基团，发生亲核取代反应（nucleophilic substitution reaction），用 S_N 表示。

$$Nu:^- + -\underset{X}{\overset{|}{C}}-\underset{H}{\overset{|}{C}}- \longrightarrow -\underset{Nu}{\overset{|}{C}}-\underset{H}{\overset{|}{C}}- + X:^-$$

亲核取代反应是亲核试剂取代分子中一个基团或原子（离去基团）的反应，在有机合成中十分重要。当亲核试剂分别是 RO^-、CN^-、OH^-、SH^-、RS^-、$RC{\equiv}C^-$、I^-、N_3^-、NO_3^-、$RCOO^-$ 等负离子时，产物分别是醚、腈、醇、硫醇、硫醚、炔、碘代烃、叠氮化合物、硝酸酯、酯。亲核试剂也可以是 H_2O、NH_3、ROH、$P(Ph)_3$ 等中性分子，产物分别是醇、胺、醚、鏻盐。若反应在水和醇中进行，水和醇既为溶剂又为亲核试剂，被称为溶剂解反应。

(1) 水解反应：卤代烃与水作用生成醇和 HX 的可逆反应称为水解反应。为使反应向醇的方向进行，可用碱中和反应产生的卤化氢。

$$RX + H_2O \rightleftharpoons ROH + HX \xrightarrow{NaOH} ROH + NaX + H_2O$$

叔卤代烷、苄基氯、烯丙基氯等容易水解；伯、仲卤代烷要加碱催化，在较高的温度下水解；而乙烯基卤和卤素直接连在芳环上的卤代烷一般很难水解。

(2) 醇解反应(Williamson 反应)：用卤代烃和强碱性的醇钠反应是制备醚的常用方法，称为 Williamson 反应。一般只适用于伯卤代烷，仲、叔卤代烷易产生消去反应生成烯而使醚的产率很低。

$$CH_3CH_2CH_2ONa + CH_3CH_2Br \longrightarrow CH_3CH_2CH_2OCH_2CH_3$$

(3) 氨解反应：氨与卤代烃反应生成铵盐，铵盐与过量的氨反应生成伯胺(RNH_2)和卤化铵。

$$RX + NH_3 \longrightarrow RNH_2 \cdot HX \xrightarrow{NH_3} RNH_2 + NH_4X$$

生成的伯胺可以继续与胺反应，生成仲胺(R_2NH)、叔胺(R_3N)和季铵盐($R_4N^+X^-$)。这些反应均为氨的烃基化反应。

(4) 成酯反应：卤代烷与羧酸盐生成羧酸酯。如无水乙酸钠和氯化苄在冰乙酸中生成乙酸苄酯：

$$CH_3\overset{O}{\overset{\|}{C}}ONa + C_6H_5CH_2Cl \xrightarrow{\text{冰乙酸}} CH_3\overset{O}{\overset{\|}{C}}O-CH_2-C_6H_5 + NaCl$$

当使用羧酸银时，羧酸银与卤代烷生成不溶性卤化银，可合成一般方法难于合成的酯。

与硝酸银反应可用于鉴定各种卤代烃，卤代烷与硝酸银在乙醇溶液中反应生成硝酸酯和卤化银沉淀。

$$RX + AgNO_3 \xrightarrow{EtOH} RONO_2 + AgX\downarrow$$

不同卤代烃与硝酸银反应速率不同：烯丙基卤活性高，加入 2% $AgNO_3$ 乙醇溶液立即出现卤化银沉淀，叔卤代烃室温下很快反应，伯卤代烃和仲卤代烃需加热反应，乙烯型卤代烃加热也不反应。

(二) 消除反应

由于大部分亲核试剂也是碱，既能参与亲核反应也能参与消除反应，以哪个反应为主，由卤代烃的结构和反应条件而定。消除反应是底物失去两个原子或基团的反应，形成不饱和键，以 E(elimination)表示。卤代烃分子中，从与卤原子直接相连的碳原子开始，碳原子分别称为 $\alpha,\beta,\gamma,\delta,\cdots,\omega$ 碳。在卤代烃消除一分子卤化氢得到烯烃的反应中，从 α 碳上失去卤原子，从 β 碳上失去氢，又称为 α,β-消除反应，简称 β-消除反应。

$$B:^- + -\underset{X}{\underset{|}{\overset{|}{C^{\alpha}}}}-\underset{H}{\underset{|}{\overset{|}{C^{\beta}}}}- \longrightarrow BH + {>}C{=}C{<} + X^-$$

(1) 脱卤化氢：一级卤代烃易发生亲核取代反应，二级和三级卤代烃易发生消除反应，是制备不饱和烃的重要方法。如二级卤代烷溴代环己烷可反应生成环己烯，三级卤代烷三乙基氯甲烷在沸腾时几乎定量地生成 3-乙基-2-戊烯。

$$\text{C}_6\text{H}_{11}\text{Br} + \text{KOH} \xrightarrow{\text{乙醇}} \text{C}_6\text{H}_{10} + \text{KBr} + \text{H}_2\text{O}$$

$$\text{CH}_3\text{CH}_2-\text{C}(\text{CH}_2\text{CH}_3)_2-\text{Cl} \xrightarrow{\text{蒸馏}} \text{CH}_3\text{CH}_2-\text{C}(\text{CH}_2\text{CH}_3)=\text{CHCH}_3 + \text{HCl}\quad (100\%)$$

有可能形成共轭烯烃的卤代烃也有利于消除反应的进行。

$$\text{2-(溴甲基)-2,3-二氢苯并呋喃 (CH-CH}_2\text{Br)} + \text{KOH} \xrightarrow[-\text{KBr}]{\text{EtOH, H}_2\text{O}} \text{2-亚甲基-2,3-二氢苯并呋喃 (=CH}_2) \rightleftharpoons \text{2-甲基苯并呋喃 (-CH}_3)$$

2-甲基苯并呋喃

(2) 脱卤素：邻二卤代烷与锌粉或碘化钾在乙醇中共热生成烯烃。如 1,2-二溴己烷和锌粉在 90%乙醇中加热脱卤素，反应放热，蒸出生成的 1-己烯。

$$\text{CH}_3\text{CH}_2\text{CH}_2\text{CH}_2\text{CHBrCH}_2\text{Br} + \text{Zn} \xrightarrow{90\%\ \text{乙醇}} \text{CH}_3\text{CH}_2\text{CH}_2\text{CH}_2\text{CH}=\text{CH}_2 + \text{ZnBr}_2$$

(3) 还原反应：卤代烃还原可脱去卤素生成烃。

催化氢解脱卤：比较活泼的卤代烃，可用过渡金属如铂(Pt)或钯-碳(Pd/C)催化下氢解；但不能用 Ni，因为卤素会使 Ni 中毒。如溴代环己烷室温下催化氢解生成环己烷。

$$\text{C}_6\text{H}_{11}\text{Br} + \text{H}_2 \xrightarrow[\text{室温}]{\text{Pt}} \text{C}_6\text{H}_{12} + \text{HBr}$$

金属氢化物脱卤：金属氢化物氢化锂铝($LiAlH_4$)、硼氢化钠($NaBH_4$)都可还原卤代烃，且当卤代烃中有双键等不饱和键时，只还原脱去卤素，而不影响双键。

$$\text{CH}_2=\text{CHCH}_2\text{Br} + \text{LiAlH}_4 \xrightarrow{\text{乙醚}} \text{CH}_2=\text{CHCH}_3 + \text{HBr}$$

$$\text{CH}_3(\text{CH}_2)_6\text{CH}_2\text{I} + \text{NaBH}_4 \xrightarrow[\text{二甘醇二甲醚}]{45\,^\circ\text{C, 1h}} \text{CH}_3(\text{CH}_2)_6\text{CH}_3$$

$LiAlH_4$ 性质活泼，还原能力比 $NaBH_4$ 强，能与水、醇、空气中 O_2 及 CO_2 作用，反应只能在无水乙醚、四氢呋喃等无水溶剂中使用。$NaBH_4$ 是温和的还原剂，不和空气中 O_2 及 CO_2 作用，室温下不和水或醇反应。较高温度下在二甲基甲酰胺(DMF)、二甲基亚砜(DMSO)等溶剂中，$NaBH_4$ 可还原卤代烃，特别是在 DMF 中能还原碘代烃(与氯代烃反应活性差)。

Zn+HCl 还原：卤代烷被还原由难到易次序是 I>Br>Cl。

$$\text{CH}_3(\text{CH}_2)_{14}\text{CH}_2-\text{Br} \xrightarrow[\text{乙酸}\ (100\,^\circ\text{C})]{\text{Zn + HCl}} \text{CH}_3(\text{CH}_2)_{14}\text{CH}_3 + \text{HBr}\quad (85\%)$$

氨基钠($NH_2^- Na^+$)和联氨钠($H_2NNH^- Na^+$)脱卤：适用于不活泼及有立体障碍的卤代

烃脱卤，氢原子取代卤原子，反应后构型保持。在反应中使用的是 Na＋NH_3 或 Na＋NH_2NH_2（联氨）。如对氟甲苯用联氨钠还原脱氟，收率近 100%：

$$H_3C-C_6H_4-F \xrightarrow[-NaF]{H_2NNH^-Na^+} H_3C-C_6H_4-NHNH_2 \xrightarrow[-H_2NNH_2]{H_2NNH^-Na^+}$$

$$H_3C-C_6H_4-NHNH^-Na^+ \xrightarrow{-NaH} H_3C-C_6H_4-N=NH \xrightarrow{-N_2} H_3C-C_6H_5 \quad (\approx 100\%)$$

对于活泼的卤化物可用对甲苯磺酰肼脱卤。

§4.4 饱和碳原子上的亲核取代反应机制

除了卤代烃，很多其他种类的化合物也能发生取代反应和消除反应。亲核取代反应主要有两种典型的反应机制：双分子亲核取代反应 S_N2 和单分子亲核取代反应 S_N1。S_N2 是一步协同反应，新键的形成与旧键的断裂是同时发生的。S_N1 反应分为两步进行，第一步是底物分子中的键断裂，形成一个碳正离子；第二步是碳正离子与亲核试剂反应，是键的形成。

（一）S_N2 反应机制

S_N2 中的 2 表示双分子，即亲核取代反应决定反应速率一步（慢的一步）是由两种分子控制的，动力学上也是二级反应。S_N2 反应是协同反应，亲核试剂从反应物离去基团的背面向与它连接的碳原子进攻，亲核试剂与碳原子之间键的形成和碳原子与离去基团之间键的断裂是同时发生的。表示为：

$$Nu:^- + RX \longrightarrow \left[\overset{\delta-}{Nu}\cdots R-\overset{\delta-}{X}\right]^{\ddagger} \longrightarrow RNu + X:^-$$

过渡态

如溴甲烷被 OH^- 进攻水解：

$$HO:^- + CH_3-Br \underset{}{\overset{慢}{\rightleftharpoons}} \left[\overset{\delta-}{HO}\cdots CH_3 \cdots \overset{\delta-}{Br}\right]^{\ddagger} \xrightarrow{快} HO-CH_3 + Br:^-$$

过渡态

反应速率＝$k_2[CH_3Br][OH^-]$，k_2 为二级反应速率常数，与过渡态能量和温度等因素有关。在决定反应速率的步骤中，溴甲烷和 OH^- 同时参加，碰撞频率与两者的浓度都成正比。OH^- 进攻和 Br^- 离去同时进行，为协同的双分子亲核取代反应。该步中亲核试剂 OH^- 从溴甲烷的离去基团 Br 的背面进攻，氧原子与碳原子逐步接近，部分成键，碳溴键逐渐变长，部分削弱。同时碳原子的三个氢原子向溴原子方向偏转，三根碳氢键由伞形结构逐渐变为平面结构，形成瞬时存在的过渡态（TS），即整个反应进程中能量最高点，此过程需要的能量即为反应活化能。然后三个碳氢键继续向溴偏转，Br^- 离去，新的碳氧键完全形成，取代产物生成，放出能量。

从结构上来看，卤代烷转变为过渡态时，中心碳原子由 sp^3 的四面体结构转为 sp^2 的三角形平面结构，三个氢占据三个顶点。碳上还有一个 2p 轨道与平面垂直，一边与亲核试剂 OH^-，另一边与离去基团 Br^- 的孤对电子轨道部分重叠，形成三角双锥的立体结构。

HO ··· C(H)(H)(H) ··· Br

S_N2 反应的过渡态

如果中心碳原子为手性碳原子 C^*，即碳原子上连接有三个不同的基团，经 S_N2 反应后会发生构型翻转，又称为瓦尔登(Walden)翻转。构型翻转是 S_N2 反应的立体化学特征，也是 S_N2 反应历程的证据之一。如顺-3-甲基-1-溴环戊烷与 NaOH 反应生成反-3-甲基环戊醇：

$$\text{顺-3-甲基-1-溴环戊烷} \underset{}{\overset{OH^-}{\rightleftharpoons}} \left[\overset{\delta-}{OH} \cdots C(H) \cdots \overset{\delta-}{Br} \right]^{\ddagger} \xrightarrow{-Br^-} \text{反-3-甲基环戊醇}$$

(二) 一级亲核反应，S_N1 反应

按 S_N1 反应机制进行的典型例子是叔丁基溴在沸腾的甲醇中醇解生成甲基叔丁基醚。由于溶剂作为亲核试剂参与反应，故又称为溶剂解反应。

$$(CH_3)_3C-Br + CH_3-OH \longrightarrow (CH_3)_3C-O-CH_3 + HBr$$

此反应的速率只取决于底物叔丁基溴的浓度，与亲核试剂甲醇的浓度无关，在动力学上表现为一级反应，反应速率 $= k_1[(CH_3)_3C—Br]$。因此可认为亲核试剂不参与形成限制速率的步骤中的过渡态，只参与后面的快步骤反应。由于在速率控制步骤中只包含单个分子，这种类型的取代反应称为 S_N1 反应。反应分两步进行，第一步烷基卤化物离子化，形成碳正离子，为控制步骤；第二步是亲核试剂快速进攻碳正离子，失去质子得到最终产物。

$$(CH_3)_3C-Br \overset{慢}{\rightleftharpoons} (CH_3)_3C^+ + Br^- \quad (第一步)$$

$$(CH_3)_3C^+ + H\ddot{O}-CH_3 \overset{快}{\rightleftharpoons} (CH_3)_3C-\overset{+}{O}H-CH_3 \rightleftharpoons (CH_3)_3C-OCH_3 + H^+$$

(第二步)

S_N1 反应的活性中间体为碳正离子，杂化状态是 sp^2，为平面结构，亲核试剂可从平面的两侧进攻，得到构型翻转和构型保持的混合物。若反应底物的中心碳原子为手性碳原子，则产物外消旋化。实际上 S_N1 和 S_N2 反应机制是两个极端情况，S_N1 反应代表完全形成自由碳正离子，S_N2 代表完全相反。但一般情况下，反应是一系列过渡态，无明显分界线。

实验发现手性碳原子进行 S_N1 反应时，所得的产物并不是完全外消旋化，总有一些构型翻转的产物。这可用离子对机理来解释，该理论认为 S_N1 反应中碳正离子形成分两步进行，第一步 R—X 键破裂，生成碳正离子和卤负离子，正离子并未完全与负离子分开，两相反电荷的离子仍旧紧靠在一起，即形成紧密的离子对。第二步是溶剂分子进入两个相反电荷离子之间把紧密离子对分开形成离子对，然后才使碳正离子和负离子溶剂化而真正分隔开。亲核试剂在以上任何一步都可发生进攻，在进攻底物或紧密离子对时，发生 Walden 转化，得构型转化产物。亲核试剂在与溶剂分隔的离子对作用时，由于离去基团未完全离去，从平面的背后进攻无阻碍，从负离子离开的同侧进攻仍有一定的阻碍，构型翻转的比率常常高于构型保持，部分外消旋化。只有当完全形成碳正离子时，亲核试剂从两面进攻概率才相等。如(*R*)-3，6-二甲基-3-氯庚烷（叔氯代烷）水解应为 S_N1 反应，但实验表明反应构型翻转比率达 60%：

$$C_2H_5(H_3C)C(Cl)(CH_2)_2CH(CH_3)_2 + H_2O \longrightarrow \underset{40\%}{C_2H_5(H_3C)C(OH)(CH_2)_2CH(CH_3)_2} + \underset{60\%}{HO\text{—}C(C_2H_5)(CH_3)(CH_2)_2CH(CH_3)_2}$$

产物的旋光纯度较起始原料小。

另外由于有碳正离子形成，不但导致产物外消旋化，也会产生碳骨架的重排及消除反应。如 2-溴-3-甲基丁烷在沸腾乙醇中反应，得到的是没有重排的 2-乙氧基-3-甲基丁烷和重排产物 2-乙氧基-2-甲基丁烷的混合物：

$$CH_3CH(Br)\text{—}CH(CH_3)CH_3 + CH_3CH_2OH \xrightarrow{\text{沸腾}} CH_3CH(OCH_2CH_3)\text{—}CH(CH_3)CH_3 + CH_3CH_2C(OCH_2CH_3)(CH_3)CH_3$$

重排现象的存在也印证了 S_N1 反应的反应机制。

（三）影响 S_N1 和 S_N2 反应的因素

（1）底物烃基结构：底物结构是确定反应按哪种机制进行的一个重要因素。烃基结构主要通过电子效应和空间结构影响亲核取代反应的活性。在 S_N1 反应中，决定反应速率的步骤是碳正离子的形成，形成的碳正离子越稳定，S_N1 反应活性越大。卤代烃中 α 碳原子上取代基的给电子效应有利于碳正离子稳定。从空间效应来看，取代基体积较大时，在形成碳正离子时，中心原子构型由比较拥挤的四面体形变成平面三角形，相互排斥力变小，有利于碳正离子的形成。因此叔卤代烃三个基团越大，空间效应越强；在 S_N1 反应中电子效应和空间效应是一致的。

在 S_N2 反应中，反应活性取决于过渡态的相对稳定性。由四面体的底物变成更为拥挤的三角锥结构的过渡态时，烃基的空间效应对反应活性影响很大。卤代烃 α 碳原子上的取代基越多，体积越大，过渡态越拥挤，越难形成过渡态，而且还使亲核试剂从卤原子背面进攻困难，S_N2 反应活性降低。当 β 碳上侧链增加时，由于同样有空间阻碍效应，S_N2 反应速率也明显下降。S_N1 反应活性与 S_N2 反应活性相反，不同烃基的卤代烃相对反应活性次序如下：

S_N1 反应活性：叔卤＞仲卤＞伯卤＞甲基卤

S_N2 反应活性：甲基卤＞伯卤＞仲卤＞叔卤

总之，由于甲基和一级碳正离子的能量高，甲基卤化物和一级卤代烷不容易离子化，且对亲核试剂的进攻相对阻碍小，亲核取代反应按 S_N2 反应机制进行。三级卤代烷对亲核试剂的进攻阻碍太大，且三级碳正离子稳定，能量低，容易离子化，亲核反应按 S_N1 反应机制进行。二级卤代物既可按 S_N1 反应机制进行，也可按 S_N2 反应机制进行。

如果在好的离子化溶剂化溶剂中，用硝酸银移去卤化物中的卤离子，得到碳正离子，可以使一些不易离子化的卤化物离子化生成碳正离子，引发重排反应。苯甲基卤和烯丙基卤对 S_N1 反应和 S_N2 反应均具有很高的反应活性，与硝酸银醇溶液迅速生成卤代银沉淀。三级卤代烷室温下可与硝酸银醇溶液反应，一级、二级氯代烷和溴代烷则需温热几分钟。卤素直接连接于双键的乙烯型卤化物和芳香型卤化物，由于卤原子上的孤对电子(n 电子)可以与 π 键共轭使 C—X 键具有部分双键性质，表现稳定，不易发生亲核反应，故也不易与硝酸银反应。另外，二苯卤代烷和三苯卤代烷由于空间位阻大，亲核取代反应以 S_N1 机制进行。

(2) 底物中的离去基团： 经亲核取代反应，底物中的离去基团带一对键电子离去。一般情况下，离去基团碱性越弱，离去倾向越大，越易离去。氟离子外层电子比较集中，离核近，碱性较强，可极化性差，不易离去。碘离子(HI 的共轭碱)体积大，电荷较分散，碱性较弱，可极化性强，易于离去。下面列出一些离去基团在亲核反应中的相对反应速率：

离去基团：	F^-	Cl^-	Br^-	OH_2	I^-	$(p)CH_3\text{-Ph-}SO_3^-$	$\text{Ph-}SO_3^-$	$(p)O_2N\text{-Ph-}SO_3^-$
相对反应速率：	10^{-2}	1	50	50	150	190	300	2800

以上数据表明，磺酸根是好的离去基团。

尽管离去基团离去难易的顺序相同，但对 S_N1 反应和 S_N2 反应中的影响程度却不同。在 S_N1 反应中，决定反应速率的关键步骤是 C—X 键的异裂，卤原子带一对电子离去，所以离去基团的离去难易是重要的因素。而在 S_N2 反应中，离去基团的离去需要亲核试剂进攻的协同作用才可进行，离去基团离去的难易对反应活性影响较小。离去基团特别容易离去的，反应倾向于按 S_N1 反应机制进行。离去基团离去倾向小的，反应倾向于按 S_N2 反应机制进行。

(3) 亲核试剂： 亲核试剂只参加 S_N2 反应的慢步骤和 S_N1 反应的快步骤，不参加 S_N1 反应的慢步骤。因此强亲核试剂能促进 S_N2 反应，不能促进 S_N1 反应。亲核试剂的强度和浓度对于 S_N1 反应影响不大，S_N1 反应可用弱的亲核试剂；而 S_N2 反应需要强亲核试剂，亲核试剂的亲核性越强、浓度越大，反应越快。对于烃基结构是二级或三级的底物，与弱亲核试剂反应，通常按照 S_N1 反应机制进行；但若改用强亲核试剂，二级卤代烃可按 S_N2 反应机制进行。如(—)-2-溴辛烷在乙醇水溶液中水解是 S_N1 反应，产物外消旋化；在 NaOH 水溶液中水解则是 S_N2 反应，构型翻转。

$$C_6H_{13}CH(Br)CH_3 \xrightarrow[S_N2]{NaOH,\ H_2O} C_6H_{13}CH(OH)CH_3 \quad (+)\text{-2-辛醇}$$

$$C_6H_{13}CH(Br)CH_3 \xrightarrow[S_N1]{H_2O,\ C_2H_5OH} C_6H_{13}CH(OH)CH_3 \quad (\pm)\text{-2-辛醇}$$

(—)-2-溴辛烷

亲核试剂的亲核性与试剂的碱性、可极化性和溶剂的影响有关。亲核性是指亲核进攻，与碳形成新键的能力；碱性是指夺取质子，与质子形成新键的能力；试剂的可极化性是指原子的外层电子在外界电场作用下发生变形的难易程度。亲核性和碱性都与试剂给电子的能力有关，多数情况下亲核性与碱性是一致的，好的亲核试剂也是强碱；但有时却不相同甚至相反。

① 在质子溶剂中，带有不同原子的亲核原子相同时（如氧原子），碱性与亲核性顺序一致。亲核性顺序为：

$$RO^- > HO^- > ArO^- > RCOO^- > ROH > H_2O$$

ArO^- 小于 HO^- 是由于芳环与氧的孤对电子共轭，氧的负电荷分散。$RCOO^-$ 小于 ArO^- 是由于羰基吸电子之故。

② 同周期元素组成的负离子试剂，电负性由左到右增加，原子亲核性由左到右降低，碱性也降低，亲核性与碱性一致。顺序为：

$$H_2N^- > HO^- > F^- \qquad R_3C^- > R_2N^- > RO^- > F^-$$

③ 在周期表纵向同族元素中，亲核性与碱性相反。周期高的原子亲核性大，碱性却降低，亲核性与碱性相反。这是由于同族元素从上到下原子半径增大，可极化性增大，亲核性更强。如卤素中氟离子，只有两层电子，原子半径小，电子被紧紧束缚，极化性低，是一种“硬”的亲核试剂，夺取氢的能力强而过渡态时与碳成键程度很小。相反，碘离子有五层电子，电子受核束缚较松弛，碘离子可极化性高，为“软”的亲核试剂，外层电子可从较远处与碳原子交叠，夺取氢的能力弱而过渡态时与碳成键程度很大。

碱性：$F^- > Cl^- > Br^- > I^-$ $RS^- > RO^-$ $R_3P > R_3N$

亲核性：$I^- > Br^- > Cl^- > F^-$ $RO^- > RS^-$ $R_3N > R_3P$

碘离子既是一个好的离去基团，又是一个好的亲核试剂。在以氯代烃和溴代烃为底物的取代反应中，加入少量碘化钠，会加速反应的进行。这是由于碘负离子为好的亲核试剂，进攻底物先生成碘代烃；再利用碘负离子好的离去性，进行反应，得到所需要的反应产物。

亲核试剂上基团的大小也会影响其亲核性。如叔丁氧基碱性比乙氧基强，但亲核性却比乙氧基差。这是由于叔丁氧基负离子上有三个甲基，会阻碍它接近碳原子，有立体阻碍，亲核性低；但却对进攻无阻碍体积小的质子影响很小，碱性强。

(4) 溶剂效应：溶剂可以分为三种：

① 质子溶剂：带酸性质子的溶剂，如水和醇，能与带负电荷的亲核试剂形成氢键。醇对卤代烃等有很好的溶解性。

② (非质子)偶极溶剂：介电常数大于 15，偶极矩大于 2.5 D，有较好的溶解性。分子中氢结合牢固，不易给出质子，不能与负离子形成氢键，如 DMF 或 DMSO。

③ 非极性溶剂：介电常数小于 15，偶极矩 0～2 D 的溶剂，不给出质子，与溶质作用力较弱，不对负离子强烈溶剂化。是一种溶解性和离子化能力较弱的溶剂。

溶剂效应对反应的影响因反应物的性质和反应机制的不同而不同。S_N1 反应的慢步骤中有两种离子形成，强极性溶剂可通过溶剂化使过渡态稳定，可降低离子形成的活化能，有利于离子的形成和稳定。例如水和醇等强极性溶剂通过与离子形成氢键，使这些离子溶剂化，有利于 S_N1 反应，反应速率加快。溶剂的介电常数(ε)是衡量溶剂使离子溶剂化的能力的一种方法，一些溶剂的介电常数和叔丁基氯在这些溶剂中的相对离子化速率如下表所示：

表 4-2 叔丁基氯在普通溶剂中的介电常数(ε)和离子化速率

溶剂	水	甲醇	乙醇	丙酮	乙醚	己烷
ε	78	33	24	21	4.3	2.0
相对速率	8000	1000	200	1	0.001	<0.0001

S_N2 反应中亲核试剂常是带负电荷的负离子，形成的过渡态电荷分散。强极性溶剂对于强亲核试剂的溶剂化削弱了亲核试剂的强度并使其稳定，对过渡态稳定作用不大，会使活化能升高，不利于 S_N2 反应，使反应速率变慢。因此质子溶剂的极性增加，会抑制 S_N2 反应，促进 S_N1 反应。S_N2 反应在极性较小的溶剂中反应较快；如果底物和亲核试剂能溶解在偶极溶剂中，可加快 S_N2 反应。

亲核试剂的碱性与溶剂关系很大，亲核性也受溶剂影响，但可极化性很少受溶剂影响。I^-，SH^-，SCN^- 等离子可极化性高但碱性弱，在质子溶剂和偶极溶剂中都很少溶剂化，且亲核性都很高；而 F^-，Cl^-，Br^- 等离子体积小且电荷比较集中，碱性强，可极化性较低。在 S_N2 反应中，亲核试剂的亲核性在不同溶剂中有很大的差异。在水和醇等质子溶剂中，形成氢键的能力随负电荷密度增加而增加，反应时需去溶剂化。以卤离子为例，质子溶剂对体积小、电负性大的 F^-，通过氢键剧烈溶剂化，大大降低亲核性；而对电负性小、体积又大的 I^- 溶剂化作用小，对其亲核性也影响小。卤离子在质子溶剂中亲核性的顺序为 $I^- > Br^- > Cl^- > F^-$。但在偶极非质子溶剂 DMF 或 DMSO 中，亲核试剂不被溶剂化，以裸离子形式存在，亲核反应性高且亲核顺序与碱性次序一致，为 $F^- > Cl^- > Br^- > I^-$。

§4.5 饱和碳原子的消除反应机制

消除反应是底物失去两个原子或基团并产生一个新化合物的反应。如卤代烃脱去卤化氢，形成一个新的 π 键，得到烯烃。消除反应也有两种典型的机制：E1 和 E2。

(一) 消除反应机制

(1) 单分子消除反应 E1： 反应分步进行，如三级溴丁烷在碱性溶液中消除 HBr 生成异丁烯。

$$(CH_3)_3C{-}Br \rightleftharpoons \left[H_3C{-}\overset{\delta+}{C}(CH_3)_2 {\cdots} \overset{\delta-}{Br} \right] \xrightleftharpoons{-Br^-} H_3C{-}\overset{+}{C}(CH_3){-}CH_2{-}H \xrightarrow[\text{快}]{+Br^-} H_3C{-}C(CH_3){=}CH_2 + HBr$$

反应第一步是共价键异裂，是慢步骤，经过渡态生成活性中间体三级正碳离子，并在溶液中碱的作用下，快速失去一个 β-H 成烯。决定反应速率的慢步骤只涉及三级溴丁烷分子的解离，只与三级溴丁烷的浓度有关，为单分子消除反应，用 E1 表示(1 表示单分子过程)。由于 E1 反应第一步与 S_N1 相同，因此它们是一对相互竞争的反应。和 S_N1 反应一样，E1 反应也同样会伴随碳正离子的重排，如 2-溴-3-甲基丁烷发生消除反应形成的仲碳离子重排成叔碳离子后，再失去 β-H 成烯：

$$CH_3CHBrCH(CH_3)CH_3 \xrightleftharpoons{-Br^-} CH_3\overset{+}{C}HCH(CH_3)CH_3 \xrightarrow{\text{重排}} CH_3CH_2\overset{+}{C}(CH_3)CH_2H \ (\text{叔碳正离子})$$

$$\xrightarrow{-H^+} CH_3CH{=}C(CH_3)CH_3 + CH_3CH_2C(CH_3){=}CH_2$$

碳正离子能发生以下多种反应：被亲核试剂取代(S_N1)，失去质子(E1)，重排成更稳定碳正离子，回到反应物。通常高温、强碱条件有利于E1反应，因为消除质子需较高的活化能。在非强碱和极性溶剂中，S_N1反应更易于进行。E1反应和S_N1反应由于常常伴有重排反应而不利于用于一些产物的合成。

(2) 双分子消除反应E2：二级及三级卤代烷在高浓度强碱作用下，于乙醇等弱极性溶剂中，会发生双分子消除反应E2(E表示消除，2表示双分子过程)。如三级溴丁烷在乙醇钠的乙醇溶液中，反应机制如下所示：

$$H_3C-\overset{CH_3}{\underset{Br}{C}}-CH_3 + C_2H_5O^- \underset{}{\overset{慢}{\rightleftharpoons}} \left[\begin{array}{c} C_2H_5O^{-}\cdots H \\ H_2C \cdots \overset{CH_3}{\underset{Br}{C}}-CH_3 \end{array} \right]^{+} \overset{快}{\rightleftharpoons} CH_2=\overset{CH_3}{C}-CH_3 + C_2H_5OH + Br^-$$

过渡态

亲核试剂乙氧基负离子进攻三级溴丁烷β碳上的氢，经慢步骤形成过渡态后，$C_2H_5O^-$和β碳上氢部分成键，$C_β$—H键部分断裂，C—C之间的π键部分形成，C—Br键部分断裂。然后$C_2H_5O^-$与β碳上氢形成C_2H_5OH，Br^-带着一对电子离去，C—C之间形成π键成烯。E2与S_N2动力学上均为二级反应。不同之处在于E2反应是碱进攻卤代烷β碳上氢，而S_N2反应是亲核试剂进攻卤代烷的α碳。

(二) 影响消除反应的因素

(1) 底物结构：由于E1反应决定反应速率的一步与S_N1反应相同，都是形成碳正离子，因此，凡是能使碳正离子容易形成和稳定的因素，都有利于E1反应。卤代烷E1反应相对活性顺序也为三级卤代烷＞二级卤代烷＞一级卤代烷，碘代烷＞溴代烷＞氯代烷。

(2) 消除反应的位置取向：对于大部分E1和E2消除反应，若有两个或多个可能的消除产物时，双键上取代基较多的产物为主要产物，称为扎依采夫(Zaitsev)规则：

$$\underset{四取代}{R_2C=CR_2} > \underset{三取代}{R_2C=CHR} > \underset{二取代}{RCH=CHR, R_2C=CH_2} > \underset{一取代}{RCH=CH_2}$$

如2-溴丁烷和KOH的E2消除反应，二取代的2-丁烯占81%，一取代的1-丁烯只有19%：

$$CH_3CH_2\underset{Br}{CH}CH_3 \xrightarrow{KOH} \underset{19\%}{CH_3CH_2CH=CH_2} + \underset{81\%}{CH_3CH=CHCH_3}$$

E2与S_N2反应虽然在许多方面有相似之处，都是旧键的断裂和新键的形成同时发生，但由于E2反应中碱进攻β碳上的氢，α碳上的取代基越多，β碳上氢越多，增加了碱进攻的机会；而S_N2反应中亲核试剂进攻的是卤代烷的α碳，取代基越多，空间阻碍越大，对反应越不利。因此对于烃基结构，E2与S_N2反应活性相反。E2反应中相对活性是三级卤代烷＞二级卤代烷＞一级卤代烷，而S_N2反应相对活性是一级卤代烷＞二级卤代烷＞三级卤代烷。

(3) 碱和溶剂：碱的强弱是确定消除反应进行E1或E2机制的最重要的因素。强碱时双分子反应速率快于离子化反应速率，E2反应为主(可伴随S_N2反应)，溶剂极性不重要。弱碱时，在好的离子化溶剂中，主要是E1反应(常伴随S_N1反应)。

实际上在卤代烃的反应中，S_N2、S_N1、E2、E1 四种反应机制可以竞争方式同时存在。一般来讲，直链的一级卤代烃的 S_N2 反应容易进行，消除反应很少，只有在存在强碱时才可发生。对于二级卤代烃及在 β 碳上有侧链的一级卤代烃，S_N2 反应速率较慢，强亲核试剂、极性低的溶剂有利于 S_N2 反应，强碱性试剂、极性低的溶剂有利于 E2 反应。三级卤代烷 S_N2 反应很慢，而高浓度强碱有利于 E2 反应。

§4.6 卤代烃的制备

（一）烷烃直接卤化

在光或加热下，烷烃与氯或溴发生自由基取代。反应不易停留在一元阶段，产物通常是卤代烃的混合物，通过分馏加以分离，可用于工业生产。如甲烷氯化得一氯甲烷、二氯甲烷、三氯甲烷和四氯化碳的混合物，调节氯的用量可使主要产物是一氯甲烷或四氯化碳。

同一碳上有几个卤素的卤代烃一般较稳定，很多氯代烷可用作溶剂或提取剂，如二氯甲烷、氯仿、四氯化碳、二氯乙烷、四氯乙烷和三氯乙烯等。

（二）烯烃 α 氢卤化

烯烃的 α 氢十分活泼，可以发生自由基取代，生成烯丙基或苯甲型卤化物，如制备 3-氯丙烯。如果希望在较低温度进行 α 氢卤化反应，溴化可用 *N*-溴代丁二酰亚胺(NBS)制备烯丙基溴化物。如环己烯用 NBS 在引发剂过氧化苯甲酰作用下，在 CCl_4 中生成 α-溴代环己烯，反应是自由基反应。氯化可用三氯氰胺。

$$CH_3CH{=}CH_2 + Cl_2 \xrightarrow{500\sim600\ ^\circ C} ClCH_2CH{=}CH_2 + HCl$$

环己烯 + NBS $\xrightarrow[\text{CCl}_4,\ \text{加热}]{\text{过氧化苯甲酰}}$ 3-溴环己烯（—Br） + 丁二酰亚胺（N—H）

（三）芳烃侧链卤化

芳烃的 α 氢也可以发生自由基取代，侧链的直接卤代主要是氯代和溴代，相同条件下侧链溴代的产率比氯代产率高 10%～20%。主要的副反应是多卤代及核上取代，为此应控制在较低的反应温度和比较温和的反应条件，必须在没有形成阳离子的催化剂($AlCl_3$、$FeCl_3$)的条件下进行。

$$C_6H_5CH_3 + Cl_2 \xrightarrow[100\ ^\circ C]{-HCl} C_6H_5CH_2Cl \xrightarrow[120\ ^\circ C,\ -HCl]{Cl_2} C_6H_5CHCl_2 \xrightarrow[140\sim160\ ^\circ C]{Cl_2} C_6H_5CCl_3 + HCl$$

（四）不饱和烃加卤化氢或卤素

一卤代烷可由烯烃加卤化氢制备，邻二卤代烷可由烯烃加卤素制备，偕二卤代烷可由炔烃加两分子卤化氢制备，四卤代烷可由炔烃加卤素制备。[参见§5.3(二)(1)(2)和§6.3(三)(1)(2)。]

$$RCH{=}CH_2 + HX \longrightarrow RCHXCH_3 \qquad RCH{=}CH_2 + HBr \xrightarrow{\text{过氧化物}} RCH_2CH_2Br$$

$$RCH{=}CH_2 + X_2 \longrightarrow RCHXCH_2X \qquad RC{\equiv}CH + 2HX \xrightarrow{\text{汞盐}} RCX_2CH_3$$

$$RC{\equiv}CH + X_2 \longrightarrow RCX{=}CHX \xrightarrow{X_2} RCX_2CHX_2$$

（五）由醇制备

卤代烃可以看作是醇与氢卤酸形成的酯，可用醇和氢卤酸在硫酸或 $ZnCl_2$ 作用下脱水制备。醇羟基被卤原子取代，由易到难的顺序是叔醇＞仲醇＞伯醇。生成的水要不断蒸出或脱去。

$$\underset{\displaystyle OH}{CH_3CH_2\overset{}{C}HCH_3} + HCl(\text{浓盐酸}) \xrightarrow[\triangle]{ZnCl_2} \underset{\underset{\displaystyle 80\%}{\displaystyle Cl}}{CH_3CH_2CHCH_3} + H_2O$$

除氯（溴）化氢外，常用的卤化试剂还有氯化亚砜、三氯（溴）化磷、溴（或碘）、赤磷、五氯化磷等。

$$CH_3(CH_2)_{11}OH + SOCl_2 \longrightarrow CH_3(CH_2)_{11}Cl + SO_2 + HCl$$

$$CH_3CH_2CH_2CH_2OH + Br_2 + P \longrightarrow CH_3CH_2CH_2CH_2Br + HBr + H_3PO_4$$

（六）卤素互换制备碘代烷和氟代烷

可用卤素交换法从氯代烃和溴代烃合成较难得到的烃基碘化物和烃基氟化物。如用烯丙基氯化物与碘化钠合成烯丙基碘化物。

$$H_2C{=}CHCH_2Cl + NaI \longrightarrow H_2C{=}CHCH_2I + NaCl$$

烷基氟化物直接合成比较困难，因反应常放出大量的热，使碳碳键断裂。烷基氟化物常用卤代烷和无机氟化物（如 Hg_2F_2、SbF_3）制备。可用冠醚提高氟离子的亲核性，在非质子溶剂中反应，如乙基氯化物与氟化钾反应生成乙基氟化物：

$$CH_3CH_2Cl + KF \xrightarrow[CH_3CN]{\text{18-冠-6}} CH_3CH_2F + KCl$$

由于氟里昂同一碳上有两个以上的氟原子，是非常稳定的化合物。F_{12} 合成方法如下：

$$SbCl_3 + Cl_2 \longrightarrow SbCl_5 \xrightarrow{3HF} SbCl_2F_3 + 3HCl$$

$$CCl_4 + SbCl_2F_3 \xrightarrow[3\ MPa]{100\ ^\circ C} CCl_2F_2 + SbCl_4F$$

氟里昂过去曾被用作冰箱中的制冷剂，但由于对大气中臭氧层有严重破坏作用而被禁用。

聚四氟乙烯是广泛使用的工程和医用塑料，无毒性，性能非常稳定，耐强酸、强碱，耐高温，不易老化，有极好绝缘性能，且有自润滑作用，由四氟乙烯聚合而成。四氟乙烯可由氯仿制成二氟一氯甲烷（F_{22}）后再热裂制备：

$$CHCl_3 + 2HF \xrightarrow[20\sim30\ ^\circ C]{SbCl_3} CHClF_2 + 2HCl \qquad 2CHClF_2 \xrightarrow{700\ ^\circ C} F_2C{=}CF_2 + 2HCl$$

§4.7 格氏试剂、烷基锂及重要的金属有机化合物

(一) 由卤代烷生成的非过渡金属有机化合物

金属有机化合物是分子中含金属与碳，并以多种键型相结合的有机化合物，又称有机金属化合物，有非过渡金属有机化合物和过渡金属有机化合物(键型比较复杂)两种。非过渡金属有机化合物主要以σ键结合，以R—M，R—M—X(M代表金属)两种类型最为常见，如烷基锂(RLi)、用于烯烃聚合反应的烷基铝(R_3Al)、卤化烃基镁(RMgX)等。卤代烷与活泼金属反应生成的有机金属化合物分子中含有碳金属键(C—M)，根据碳金属键的成键方式可分为三类：离子键型(M=Na，K)，极性共价键型(M=Li，Mg，Zn)和弱极性共价键型(M=Cd，Hg，Pb)。其中卤代烃与Mg、Li等金属生成有机金属化合物的反应在有机合成中十分重要。

(二) 格氏试剂(Grignard 试剂)

卤代烃与金属镁在乙醚或四氢呋喃中反应生成卤化烃基镁，实验式是R—Mg—X，称为格氏试剂。格氏试剂是法国科学家 Victor Grignard 1900 年发现的，由此 Grignard 获 1912 年诺贝尔化学奖。格氏试剂可由一级、二级或三级卤代烃，甚至芳基卤化物和乙烯基卤化物制备，通常用乙醚作为溶剂(其他醚也可以用)。不同卤素的活性顺序是 RI＞RBr＞RCl＞RF，氟代烷一般不反应。用芳烃氯化物和氯乙烯型卤代烃制备格氏试剂时，要用极性大、沸点高的四氢呋喃(THF，b. p. 64.5℃)做溶剂，有时甚至还要加入一些甲苯(b. p. 110.6℃)，制备成四氢呋喃-甲苯混合溶液，以提高制备格氏试剂时的反应温度。

$$CH_3I + Mg \xrightarrow{\text{无水乙醚}} CH_3MgI \qquad C_6H_5\text{—}Cl + Mg \xrightarrow{\text{无水四氢呋喃}} C_6H_5\text{—}MgCl$$

$$m\text{-}Cl\text{—}C_6H_4\text{—}Br + Mg \xrightarrow{\text{无水乙醚}} m\text{-}Cl\text{—}C_6H_4\text{—}MgBr$$

格氏试剂的结构尚未确定，一般认为在溶液中是RMgX、R_2Mg及MgX_2三者混合物的平衡体系。格氏试剂形成后，需要醚使其溶剂化而稳定，并溶于溶剂中，此时有两个、三个或四个RMgX单元和几个醚分子缔合在一起。

由氯苯等惰性芳香烃制备格氏试剂，关键在于开始的引发反应能否顺利进行。为此要注意除去镁表面的氧化层和设备、溶剂中的微量水，采用碘等引发剂。如使用对氯甲苯制备格氏试剂，在通氮气加热除去设备中微量水后，加入镁粉与3%的引发剂碘，加热搅拌产生碘蒸气；再加入四氢呋喃和对氯甲苯，加热回流至70℃；反应启动后，滴加对氯甲苯和甲苯的混合液，加热回流至温度上升至105℃滴加结束；再反应1小时，收率可达87%。

格氏试剂一般不需从溶液中分离出，直接用于下一步反应，广泛应用于烃、醇、醚、酸及其他金属有机化合物的合成。其典型反应如下：

(1) 格氏试剂还原成烃： 格氏试剂与含活泼氢的化合物，如H_2O、ROH、RSH、RCOOH、RNH_2、$RCONH_2$、HX、RC≡CH、RSO_3H等反应，能被还原成烃。若用重水处理，可制得氘

代烃。合成格氏试剂时，体系中必须绝对无水及活泼氢化合物。

$$CH_3CH_2MgBr + H_2O \longrightarrow CH_3CH_3 + Mg(OH)Br$$

$$(CH_3)_3CMgCl + D_2O \longrightarrow (CH_3)_3CD + Mg(OD)Cl$$

2-氘-2-甲基丙烷

(2) 与醛、酮、酯、酰卤等羰基化合物，腈或环氧乙烷反应：反应后再在酸性下水解生成醇，在有机合成上十分有用(见§7.3)。

$$RMgX + >C{=}O \longrightarrow R{-}\overset{|}{\underset{|}{C}}{-}OMgX \xrightarrow{H_2O} R{-}\overset{|}{\underset{|}{C}}{-}OH + MgX(OH)$$

$$RMgX + H_2C{-}CH_2(O) \longrightarrow RCH_2CH_2OMgX \xrightarrow{H_2O} RCH_2CH_2OH + MgX(OH)$$

(3) 与氧反应生成氧化产物 ROMgX，酸性条件下水解生成醇：因此在制备格氏试剂时要在无氧无水条件下进行。

$$2RMgX + O_2 \longrightarrow 2ROMgX \xrightarrow{H_2O} ROH + MgX(OH)$$

(4) 与二氧化碳反应生成羧酸盐：产物在酸性条件下水解生成比原来卤代烷多一个碳原子的羧酸。

$$RMgX + CO_2 \longrightarrow R{-}\overset{O}{\overset{\|}{C}}{-}OMgX \xrightarrow{H_2O} R{-}\overset{O}{\overset{\|}{C}}{-}OH + MgX(OH)$$

(5) 与活泼卤代烷偶联，生成较高级烃：烯丙基型卤代烷($RCH{=}CHCH_2X$)和苄基型卤代烷($PhCH_2X$)可以发生偶联，生成较高级烃。

$$RCH{=}CHCH_2X + RCH{=}CHCH_2MgX \longrightarrow RCH{=}CHCH_2CH_2CH{=}CHR + MgX_2$$

因此在用活泼卤代烷制备格氏试剂时，需要控制在低温下进行，避免发生偶联反应。一级、二级卤代烷不发生此反应，三级卤代烷可能发生此反应，但二级和三级卤代烷会同时发生消除反应。

(6) 与活性低于镁的金属卤化物反应，生成新的金属有机化合物：

$$CdCl_2 + 2C_2H_5MgCl \longrightarrow (C_2H_5)_2Cd + 2MgCl_2$$

$$PCl_3 + 3C_6H_5MgBr \longrightarrow (C_6H_5)_3P + 3MgBrCl$$

$$ZnCl_2 + C_2H_5MgCl \longrightarrow C_2H_5ZnCl + MgCl_2$$

$$HgCl_2 + 2C_2H_5MgCl \longrightarrow (C_2H_5)_2Hg + 2MgCl_2$$

$$SnCl_4 + 4CH_3MgCl \longrightarrow (CH_3)_4Sn + 4MgCl_2$$

$$SiCl_4 + 2CH_3MgCl \longrightarrow (CH_3)_2SiCl_2 + 2MgCl_2$$

其中二烷基镉、三苯基膦和有机锌都是重要的有机合成试剂，有机汞和有机锡是杀菌剂，有机硅化合物可以作为有机合成的中间体，二甲基氯硅烷是重要的硅烷化试剂。

(三) 有机锂化合物

有机锂也是一种重要的金属有机试剂。氯代烷或溴代烷与金属锂在己烷、苯或乙醚等多种溶剂中，在低温条件下反应生成有机锂化合物。碘代烷(RI)与金属锂反应生成的烷基锂(RLi)不能分离出来，而是进一步与碘代烷偶联生成产物 R—R。

$$CH_3CH_2CH_2CH_2Cl + 2Li \xrightarrow[\text{己烷}]{-10\ ^\circ C} CH_3CH_2CH_2CH_2Li + LiCl$$

$$C_6H_5\text{—}Cl(Br) + 2Li \xrightarrow{\text{乙醚}} C_6H_5\text{—}Li + LiCl(Br)$$

芳基锂也可以由碘代或溴代芳烃与烷基锂进行金属转移反应制备。

$$C_6H_5\text{—}Br(I) + n\text{-}C_4H_9Li \xrightarrow{\text{乙醚}} C_6H_5\text{—}Li + n\text{-}C_4H_9Br(I)$$

有机锂化合物与格氏试剂都是很强的亲核试剂和强碱，反应十分近似，少量的水或醇会破坏试剂。不同的是由于 C—Li 键极性更大，碳原子带更多的负电荷；同时 Li 原子体积小，反应时空间阻碍小，因此比格氏试剂亲核性更强，反应活性更高，可进行格氏试剂不能进行的反应。如 1,1,3,3-四甲基丙酮由于空间阻碍很大，不能与格氏试剂正常反应生成醇，而是将酮羰基直接还原成醇，表现出还原性能；而用有机锂反应仍能进行。

此外，有机锂活性高，与二氧化碳的反应产物不是酸而是酮。

$$RLi + CO_2 \xrightarrow{\text{无水乙醚}} R\text{-}C(OLi)\text{=}O \xrightarrow{RLi} R\text{-}C(OLi)(R)\text{-}OLi \xrightarrow{H_2O} R\text{-}C(=O)\text{-}R$$

(四) 有机锌试剂

烷基卤化锌试剂可用卤代烷和活化的锌粉直接制备。与有机锂和格氏试剂相比，有机锌试剂中的碳锌键的共价键性质较强，反应活性较低，对官能团的兼容性较强，试剂中可以含有酯基、氰基、不饱和键、环氧、卤素等。醛或酮与 α-溴代酸酯和金属锌在惰性溶剂中(苯、甲苯、乙醚等)，在 90～105℃反应，经水解得到 β-羟基酸酯(Reformatsky 反应)：

$$BrZnCH_2COOC_2H_5 + CH_3CH_2CH_2CHO \xrightarrow[\triangle]{\text{苯}} CH_3CH_2CH_2CH(OH)CH_2COOC_2H_5$$

(五) 有机镉 R_2Cd 试剂

可用 RLi 或 RMgX 处理无水卤化镉制备。活性较 RLi 或 RMgX 低，能发生的反应大致相似。R_2Cd 试剂可以与酰氯反应生成酮，因而在实验室中可有特殊的用途。

$$[(CH_3)_2CHCH_2]_2Cd + ClC(=O)CH_2CH_2C(=O)OC_2H_5 \xrightarrow{\text{乙醚}} (CH_3)_2CHCH_2C(=O)CH_2CH_2C(=O)OC_2H_5$$

习　　题

1. 从环己醇制备下列化合物：

(1) 溴代环己烷　(2) 1,2-二溴环己烷　(3) 3-溴环己烯　(4) 2-氯环己醇

2. 完成下列反应式：

(1) [环己醇，OH] $+ P + I_2 \longrightarrow$

(2) [CH_3，O，结构式] $+ PCl_5 \longrightarrow$

(3) $CH_3CH_2CH_2CH{=}CH_2 +$ [O，O，N-Br] $\xrightarrow[\triangle]{CCl_4}$ [　　] + [　　]

(4) $CH_3CH{=}CH_2 + Cl_2 \xrightarrow{高温}$ [　　] $\xrightarrow[CCl_4]{Br_2}$

(5) $CH_3C{\equiv}CH + HBr\ (1\ mol) \xrightarrow{过氧化物}$

(6) $ClCH{=}CHCH_2Cl + CH_3COONa \longrightarrow$

(7) $C_6H_5CH_2Cl + NaCN \longrightarrow$

3. 用适当的卤代烷通过亲核反应制备下列化合物：

(1) $C_6H_5CH_2OC_2H_5$　　(2) $CH_3CH_2CH_2SH$

(3) $CH_3CH_2CH_2SCH_3$　　(4) $CH_3CH_2COOCH_2C_6H_5$

4. 根据下列叙述，判断哪些反应属于 S_N1 机制？哪些反应属于 S_N2 机制？

(1) 反应在动力学上为一级反应；

(2) 反应速率取决于离去基团的性质；

(3) 中间体是碳正离子；

(4) 反应速率明显取决于亲核试剂的亲核性；

(5) 亲核试剂浓度增加，反应速率加快；

(6) 三级卤代烷的反应速率大于二级卤代烷；

(7) 增加溶剂的含水量，反应速率明显加快；

(8) 当用光活物质进行反应时，所得产物的绝对构型发生转化。

5. 写出下列反应的主要产物，并指明反应类型（S_N1，S_N2，E1，E2）：

(1) $CH_3CH_2CH_2Cl + I^- \longrightarrow$

(2) $CH_3CH_2CH_2Br + LiAlH_4 \longrightarrow$

(3) $(CH_3)_3CBr + CN^- \xrightarrow{C_2H_5OH}$

(4) $(CH_3)_3CBr + C_2H_5OH \xrightarrow{60\ ^\circ C}$

(5) $(CH_3)_3CBr + H_2O \longrightarrow$

(6) $CH_3CHBrCH_3 + OH^- \xrightarrow{C_2H_5OH}$

(7) $CH_3CH{=}CHCl + NaNH_2 \longrightarrow$

(8) $BrCH_2CH_2CH_2Br + Mg \longrightarrow$

6. 由指定原料合成指定化合物：

(1) 由环壬酮合成环壬炔　　(2) 由苯和乙酰氯合成苯乙炔

(3) 由环己醇合成 1,3-环己二烯　　(4) 由苯合成 1-苯基-1,2-二氯乙烷

(5) 由一氯环己烷合成 3-环己烯-1-醇

7. 由下述实验事实提出合理的反应机理：反-2-氯环己醇和 NaOH 反应生成环氧化物；而顺-2-氯环己醇和 NaOH 反应却生成环己酮。

8. 用简单的化学方法鉴别下列化合物：

(1) 溴苯和环己基溴　　(2) 烯丙基氯和正丙基氯　　(3) 环己醇、环己烯和环己基溴

(4) 烯丙基氯和氯化苄　　(5) 氯化苄和对氯甲苯　　(6) 1,2-二氯乙烷、氯乙醇和乙二醇

第五章　烯　　烃

分子中含碳碳双键 C═C 的烃为烯烃，通式为 C_nH_{2n}（$n\geqslant2$），也可称为不饱和烃。根据分子中所含的双键的数目，烯烃可以分为单烯烃、二烯烃和多烯烃。分子中含有两个 C═C 的烃叫二烯烃，因其相对位置不同，有累积（聚集）双烯、共轭双烯和隔离（孤立）二烯烃，其中以共轭双烯最为重要。根据分子是否为链状，烯烃还可分为链烯烃和环烯烃。环烯烃通式为 C_nH_{2n-2}（$n\geqslant3$）。烯烃双键中的碳为 sp^2 杂化，碳原子中三个 sp^2 杂化轨道分别与另外的三个原子形成三个 σ 键，同处在一个平面上。每个碳原子余下未杂化的 p 轨道与此平面垂直而相互平行，最大限度重叠形成 π 键分子轨道，形成双键中第二根键。碳碳双键键角为 120°，长度约为 0.134 nm（比碳碳单键的键长 0.154 nm 短），键能为 610.9 kJ·mol^{-1}（两个碳碳 σ 键键能为：2×345.6＝691.2 kJ·mol^{-1}）。由于 π 键的存在，碳碳双键不能像碳碳 σ 单键那样“自由”旋转，因而产生稳定的顺反异构体，一般反式异构体比顺式异构体稳定。

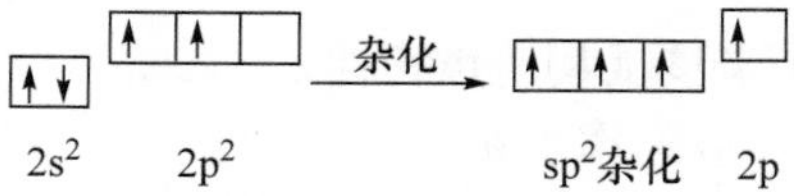

$2s^2$ [↑↓]　$2p^2$ [↑][↑][ ]　—杂化→　sp^2杂化 [↑][↑][↑]　2p [↑]

碳原子杂化示意

§5.1　烯烃命名

烯烃可用普通命名法命名，但大部分用 IUPAC 命名法命名，与烷烃命名相似。

（一）命名原则

（1）选主链： 烯烃的系统命名以不饱和双键作为官能团。选含最大数量双键的最长碳链或大环为主链，并按主链中所含碳原子数称为某“烯”。烯烃主链超过十个碳时，用汉字数字加个碳字表示，如十二碳烯。

（2）编号： 从最靠近双键端开始，将主链碳原子依次编号，并尽可能使编号最小。

（3）标出双键所在位置数： 从靠近双键的一端开始对碳链编号，使连有双键碳原子的位号最低，如 3、4 之间的标号为 3，并写在母体名称前。对于环烯烃，双键位置定为 1。取代基所在碳原子的编号写在取代基之前，取代基也写在烯的名称前面。注意对双键优先编号。若双键编号为 1，可以省去编号。

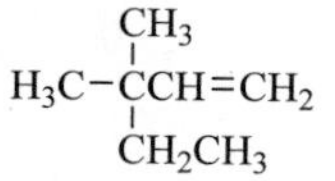

$H_3C-C(CH_3)(CH_2CH_3)-CH=CH_2$

3,3-二甲基-1-戊烯

3,3-二甲基戊-1-烯

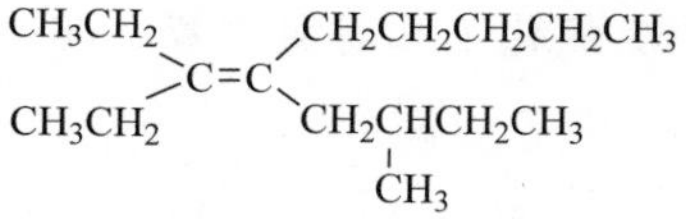

$(CH_3CH_2)_2C=C(CH_2CH_2CH_2CH_2CH_3)(CH_2CH(CH_3)CH_2CH_3)$

3-乙基-4-(2-甲丁基)-3-壬烯

3-乙基-4-(2-甲丁基)壬-3-烯

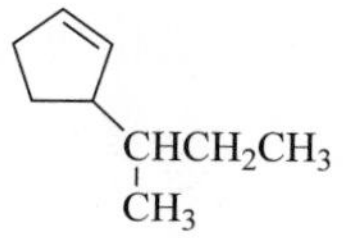

环戊烯-$CH(CH_3)CH_2CH_3$

3-(二级丁基)环戊烯

1993 年 IUPAC 又决定将数字在根名称前（如 1-丁烯）的命名改为把标明取代基位次的数字直接写在取代基前面（丁-1-烯）。因此我们应当对这两种命名法都了解。

(4) 当分子中含有两个或两个以上的双键时，用数字说明双键位置：数字编号应使得所有不饱和键的编号之和最小。根据双键数目，可称为二烯、三烯、四烯，并以此类推。如 1,3-丁二烯（丁-1,3-二烯），1,3,5-庚三烯（庚-1,3,5-三烯）等。

(5) 烯基作为取代基：重要的不饱和基有亚甲基 $H_2C=$，次甲基 $HC\equiv$，乙烯基 $H_2C=CH-$，丙烯基 $CH_3CH=CH-$，烯丙基（2-丙烯基）$H_2C=CHCH_2-$等。

(二) 顺反异构体命名

(1) 烯烃的同分异构体：因含有官能团双键，烯烃的异构体比烷烃更多，还会有因双键位置的改变而产生的异构体，如丁烯有 1-丁烯与 2-丁烯两种异构体。4 个碳原子以上的烯有碳架异构、官能团位置异构、顺反异构等异构体。

(2) 顺反异构(*Z*、*E* 异构)：由于双键不能自由旋转，如果组成双键的两个碳原子上连接的基团空间位置不同，产生顺反异构。顺反烯烃的“顺”“反”写在名称的最前面。顺反异构体也可用 *Z*、*E* 方法标示。

顺反异构体不易互相转化，可稳定存在，一般反式异构体较稳定。如 2-丁烯在空间有顺、反两种排列方式：顺-2-丁烯和反-2-丁烯。虽然顺-2-丁烯只比反-2-丁烯能量高 4.6 kJ·mol^{-1}，但顺反异构体相互转化至少需 263.6 kJ·mol^{-1} 的活化能，大约在 500℃的高温下才可进行。

H_3C、CH_3 同侧，H、H 同侧：$(H_3C)(H)C=C(CH_3)(H)$　　顺-2-丁烯

H_3C、CH_3 异侧：$(H_3C)(H)C=C(H)(CH_3)$　　反-2-丁烯

顺反(*cis/trans*)异构现象属于构型异构。

$(a)(b)C=C(c)(d)$　$a\neq b$ 或 $c\neq d$ 才有顺反异构体。

顺反异构体的物理性质不同，由此可将它们分离。

环烯烃被认为是顺式烯烃，不用标出，因为反式环烯烃是不稳定的，除非环足够大（至少八元环）。

(3) *Z*、*E* 命名法：顺反命名有一定局限性，双键碳上所连接的两个基团彼此应有一个是相同的；当双键碳上所连接的基团彼此都不相同时，无法使用顺反命名。

为解决顺反命名的困难，IUPAC 提出了 *Z*、*E* 命名法来命名顺反异构体。*Z* 是德文 Zusammen 的字头，是在一起之意，两个大的基团在双键同侧为 *Z*；*E* 是德文 Entgegen 的字头，是相反的意思，两个大基团在双键两侧为 *E*。具体命名的原则是：

① 首先比较双键碳原子直接连接的原子的原子序数，按原子序数决定基团大小，并从大到小排列。对同位素，质量大的排在前。

$$I>Br>Cl>S>P>F>O>N>C>D>H$$

② 若直接连接的基团第一个原子相同时，则依次比较第二个原子的原子序数，若再相同，则比较第三个原子的原子序数。由此：

$$-CHR_2>-CH_2R>-CH_3 \qquad -OR>-OH \qquad -NR_2>-NRH>-NH_2$$

③ 若取代基为不饱和基团（烯、炔、醛、酮等羰基化合物，芳香化合物）时，则把双键或叁

键的碳原子看作是与两个或三个碳原子相连，把羰基的碳看作是与两个氧原子相连，苯环上的碳也看作与三个碳原子相连，再与碳原子相连。因此苯环＞叁键（$—C\equiv CH$）＞双键（$—CH═CH_2$）＞单键（CHR_2 等）。

值得注意的是，命名时 Z、E 并不完全与顺、反一致，即 Z 构型并不一定是顺式，E 构型也不一定是反式。

$(CH_3)_2CH(H)C=C(H)CH(CH_3)_2$　　$Cl(Br)C=C(H)Cl$　　$Cl(Br)C=C(CH_2CH_2CH_3)CH(CH_3)_2$

(E)-或反-2, 2, 5-三甲基-3-己烯　(Z)-或反-1, 2-二氯-1-溴乙烯　(Z)-或顺-2-异丙基-1-氯-1-溴-1-戊烯

§5.2　烯烃的物理性质

烯烃与烷烃基本相似，不溶于水，溶于有机溶剂中；相对密度比水轻，约 0.6～0.7。在 0.1 MPa 压力和常温下，C_2—C_4 的烯烃是气体，C_5—C_{15} 的是液体，高级烯烃是固体。烯烃中双键碳原子为 sp^2 杂化，s 成分比 sp^3 多一些，电子更靠近核，有偶极距。偶极距较大的分子，由于偶极-偶极相互作用，分子间吸引力增大，故比无偶极距的烷烃沸点、水中溶解度、相对密度等都略大一些。由于 π 电子易极化，烯烃分子折射率也大于相应的烷烃。熔点与分子的对称性有关，对称性好，晶格排列整齐，熔点高；一般顺式烯烃的极性大于反式烯烃的极性，故顺式沸点高于反式。反式产物比顺式产物易排列，熔点比顺式高；对称的反式烯烃分子偶极距为零，沸点低（如顺-2-丁烯沸点为 4℃，反-2-丁烯沸点为 1℃）。

不对称烷基的推电子（$+I$）作用使双键的 π 电子发生极化，结果在双键两个碳原子上出现 π 电子分布不均的情况。与烷基相连的双键碳原子上 π 电子密度相对较低，用 $\delta+$ 表示；另一个双键碳原子 π 电子密度相对较高，用 $\delta-$ 表示。

§5.3　烯烃的化学性质

加成反应是碳碳双键的重要化学性质，有离子型亲电加成和自由基型加成反应两种。双键旁碳上直接相连的氢（α-H）受双键影响，性质活泼而可被取代。

（一）催化加氢

烯烃的双键在金属催化下与氢发生加成反应生成烷烃，把 $C═C$ π 键和 $H—H$ σ 键转化成两个 $C—H$ σ 键，约放出 115～125.5 $kJ\cdot mol^{-1}$ 反应热，称为氢化热。烯烃加氢是加成反应，是脱氢的逆反应。氢化热较小的烯烃热力学稳定性相对较高。由于烷基给电子效应和使双键上烃基距离加大的空间效应，连接在双键上的烷基能增加烯烃的稳定性，一般有如下的次序：$R_2C═CR_2$＞$R_2C═CHR$＞$R_2C═CH_2$，$RCH═CHR$＞$RCH═CH_2$＞$CH_2═CH_2$。双键碳上连接的取代烷基越多，烯烃越稳定，加氢反应速率越低，加氢反应速率顺序与稳定性相反。

同时，空间阻碍越小，加氢越容易。如 3-乙基-3-庚烯可顺利加氢，但 3-乙基-3-辛烯加氢困难。

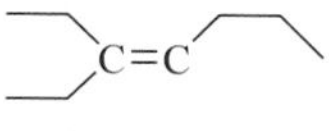

3-乙基-3-庚烯

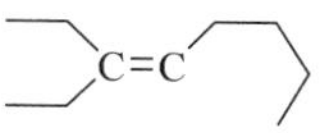

3-乙基-3-辛烯

烯烃加氢反应有较高的活化能，一般要在金属催化剂催化下，降低活化能，使反应容易进行。反应在催化剂的活性中心上通过吸附、加成、脱附等过程完成，故称催化加氢。氢气被吸附在金属催化剂表面，H—H 键被催化剂削弱；两个氢原子从固体表面插入束缚在催化剂上的烯烃 π 键内部，从同一方向加到双键上，立体化学为顺式加成；产物从催化剂中释放，为顺式异构体。

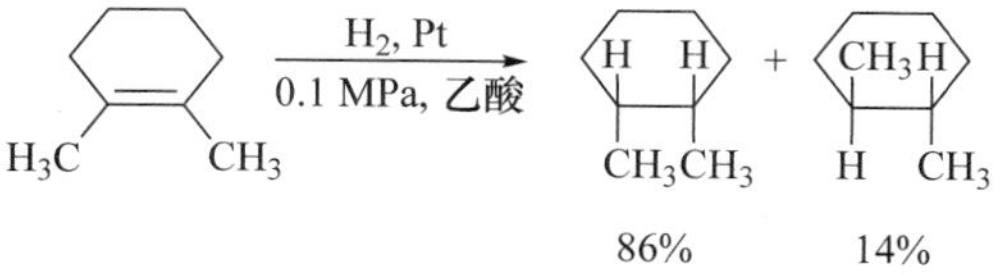

工业上常用的催化剂除 Ni 外，还有活性较低的 Fe、Cr、Cu、Co 等，此时反应需在高温、高压下进行，如 $CuO \cdot CuCrO_4$ 需在 30 MPa 条件下使用。实验室常用的催化剂按催化活性排列为 Pt＞Pd＞Ni(雷尼镍)。这些催化剂不溶于有机溶剂，为异相催化剂。常用的溶剂有甲醇、乙醇和水。烯烃催化加氢反应是定量的，通过消耗氢气量的测定，可推知烯烃中含有的双键数目。

氢化反应是可逆的，高温下能发生脱氢反应。S、P、As 能使催化剂 Ni 中毒，加氢前必须对反应物除去磷化物及硫化物，再加氢。

将催化剂氯化铑和三苯基膦形成的配合物$[(C_6H_5)_3P]_3RhCl$ 溶于有机溶剂，为可溶性均相催化剂，催化氢化时可避免烯烃重排分解，是有机合成的一大进步。当$(C_6H_5)_3P$ 被手性配体取代时，可得到手性催化剂，这种手性催化剂能够将无旋光性的化合物转化成旋光性产物。该过程称为不对称还原或对应选择合成。2001 年，Ryoji Noyori 和 William Knowles 由于在手性催化氢化方面的工作获诺贝尔化学奖。如手性铷配合物催化烯烃碳碳双键选择性加氢，得到其中一种对映体过量的产物；因为催化剂是手性的，生成的产物也是手性的。这种不对称合成方法比制备外消旋混合物后拆分为对映体，再对不需要的对映体进行处理的方法更加优越，在医药工业上十分重要。

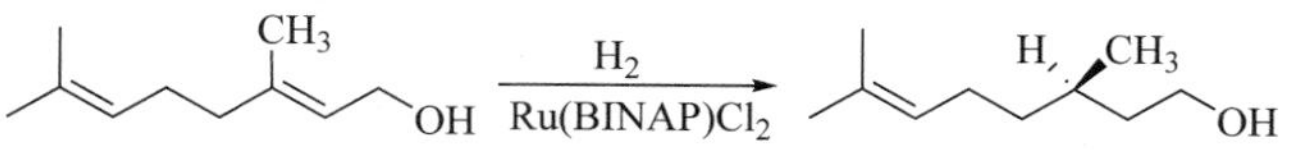

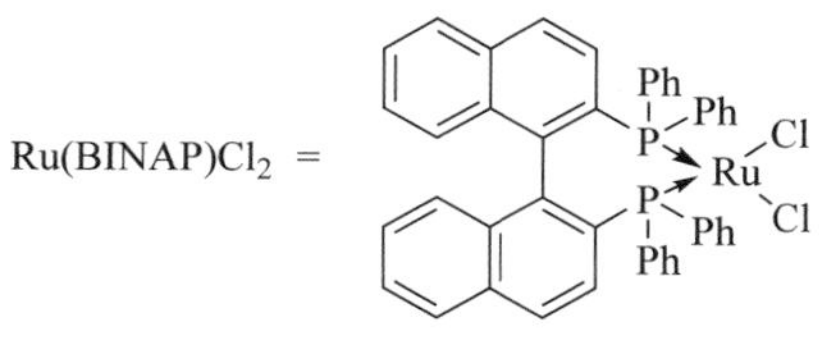

(二) 亲电加成

烯烃的双键可以和多种亲电试剂发生离子型的加成反应，结果是 π 键发生异裂，生成两

个 σ 键，原来不饱和的碳原子(sp^2)转变成饱和的碳原子(sp^3)，生成更稳定的化合物。缺电子的正离子或单电子自由基都可以和相对电子密度大的烯烃发生加成反应。因反应机制不同，有离子型加成反应和自由基加成反应两类。与烯烃亲电加成常见的试剂有：卤素(Cl_2，Br_2)、无机酸(氢卤酸，硫酸，次卤酸等)。

(1) 与卤素的加成：烃与卤素加成的反应，可用于制备邻二卤代烷。烯烃主要与氯和溴亲电加成，不需光照或催化剂，室温下就可进行，为放热反应。氟加成过程剧烈，会将烯烃破坏，要以惰性气体或溶剂来稀释。碘与烯烃加成是可逆平衡反应，碘原子体积大，容易从反应位脱离，不易对双键加成，除个别反应外，无实际意义。卤素反应活性次序为 $F_2>Cl_2>Br_2\gg I_2$。溴对双键的加成，可用于烯烃的鉴定，如用 5%溴的 CCl_4 溶液滴入烯烃中，烯烃双键的存在使溶液迅速褪去溴的颜色。这类反应的特点如下。

① 双键电子云密度对反应速率影响大：双键碳上连接的取代基对反应速率有相当大的影响，给电子取代基使双键电子云密度增大，有利于亲电加成；吸电子取代基使双键电子云密度降低，不利于亲电加成。

溴与不同烯烃亲电加成的相对速率如下：

烯烃	$H_2C=CH_2$	$CH_3CH=CH_2$	$(H_3C)_2C=CH_2$	$(H_3C)_2C=C(CH_3)_2$
相对速率	1	2.03	5.53	14.0

烯烃	$C_6H_5-CH=CH_2$	$CH_3CH=CHCOOH$	$H_2C=CHBr$	$H_2C=CHCOOH$
相对速率	3.4	0.26	0.04	0.03

以上结果与电子效应有关。双键上取代的甲基、苯基均可加速反应，—COOH 和—Br 等有减速效应。

烷基有给电子的诱导效应和超共轭效应，使双键电子云密度增大，亲电加成加快。

诱导效应产生的原因是成键原子的电负性不同，分为给电子和吸电子效应两种。给电子诱导效应($+I$ 效应)是分子内成键原子的电负性不同，引起分子中电子云向电负性低的原子偏移，并且沿分子链诱导传递的原子间相互影响的电子效应。吸电子诱导效应($-I$ 效应)是分子内成键原子的电负性不同，引起分子中电子云向电负性高的原子偏移，并且沿分子链诱导传递的原子间相互影响的电子效应。如甲基(烷基)的烷基碳为 sp^3 杂化，双键碳为 sp^2 杂化，电负性 $sp^2>sp^3$，结果使甲基与双键碳之间的 σ 键电子云偏向双键碳原子，甲基表现出给电子的诱导效应。

超共轭效应是指，由于甲基(烷基)上 C—H 键的一对电子被原子核吸引到一定距离时，C—H 键电子之间相互排斥，若邻近有可容纳电子的 π 轨道或 p 轨道，σ 电子会趋向于 π 轨道或 p 轨道，使 σ 轨道与其部分重叠，结果是共轭范围扩大、电荷分散，体系稳定。

苯基对亲电加成的加速作用是由于苯环的共轭效应，如苯乙烯中苯环与乙烯双键共轭，在亲电进攻双键时，苯环通过共轭体系将电子传递到双键上，烯烃上电子云密度增加，有利于反应进行。

—COOH 与—Br 对反应的抑制作用来源于吸电子诱导效应。当双键与—COOH 和—Br 连接时，由于它们的吸电子诱导效应，烯烃电子云密度降低，降低亲电反应速率。

② 溴和氯对烯烃的加成反应分两步进行： 如烯烃加溴，第一步是 Br^+ 对烯烃双键的加成，是决定反应速率的一步；第二步是反应体系中各种负离子的加成。若反应在不同介质中进行，除了 $BrCH_2CH_2Br$ 外，由于溶液中的负离子不同，还能得到其他不同的反应产物，如下述反应所示：

$$H_2C=CH_2 + Br_2 \xrightarrow{H_2O} BrCH_2CH_2Br + BrCH_2CH_2OH$$

$$H_2C=CH_2 + Br_2 \xrightarrow{H_2O,\ Cl_2} BrCH_2CH_2Br + BrCH_2CH_2Cl + BrCH_2CH_2OH$$

$$H_2C=CH_2 + Br_2 \xrightarrow{CH_3OH} BrCH_2CH_2Br + BrCH_2CH_2OCH_3$$

上述反应中，若溴的浓度较低，主要产物则为溴乙醇和醚。

③ 反应是反式加成： 烯烃加溴或氯有立体选择性，优先得到反式异构体，即试剂正、负离子两部分在烯烃平面上下不同方向发生反应。如(*Z*)-2-丁烯加溴得到的产物，用 Fischer 投影式表达，99%以上两个溴原子不在同一边，统称为苏型(threo)，为(2*R*,3*R*)-2,3-二溴丁烷和(2*S*,3*S*)-2,3-二溴丁烷组成的一对外消旋体；若两个溴原子同在一边为赤型(erythro)异构体，加成为顺式加成，赤型产物<1%。

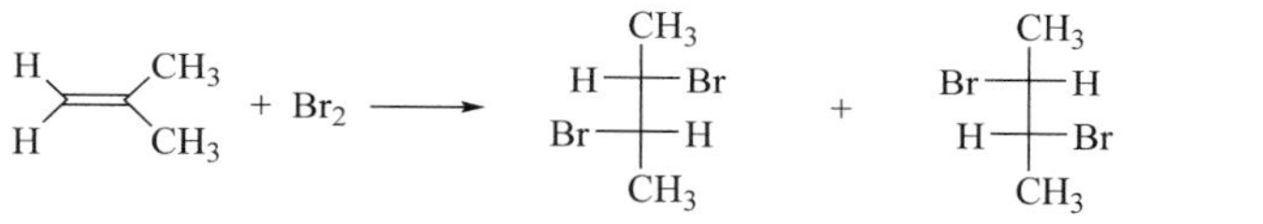

(*Z*)-2-丁烯 + Br_2 ⟶ (2*S*, 3*S*)-2, 3-二溴丁烷 + (2*R*, 3*R*)-2, 3-二溴丁烷

又如环己烯与溴加成生成反式的 1,2-二溴环己烷，为一对外消旋体(1*R*,2*R*)-1,2-二溴环己烷和(1*S*,2*S*)-1,2-二溴环己烷，是立体选择的反式加成反应：

环己烯 + Br_2 ⟶ (1*R*, 2*R*)-1, 2-二溴环己烷 + (1*S*, 2*S*)-1, 2-二溴环己烷

由于溴原子体积大，溴对烯烃的加成总是反式加成，但氯对烯烃的加成，虽然一般条件下以反式加成为主，在有些特定的情况下，由于反应机制不同(与试剂、底物结构和溶剂的极性有关)也可能以顺式加成产物为主。如(*Z*)-1-苯丙烯加氯，其产物的比例与相应活性中间体稳定性有关，顺式加成产物占 68%，反式加成产物占 32%。

(2) 加卤化氢： 反应生成相应的一卤代烷。卤化氢的反应活性顺序为 HI>HBr>HCl。浓的氢碘酸和氢溴酸可与烯烃直接加成，但浓的盐酸要加入 $AlCl_3$ 等催化剂。反应一般得到反式加成为主的产物。反应有如下特点。

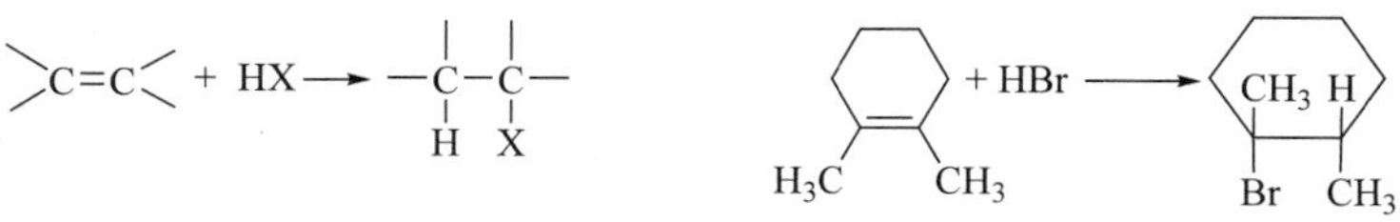

$$>C=C< + HX \longrightarrow -\underset{H}{\overset{|}{C}}-\underset{X}{\overset{|}{C}}-$$

1,2-二甲基环己烯 + HBr ⟶ 1-溴-1,2-二甲基环己烷 (反式加成产物)

① 反应分两步进行： 卤化氢对烯烃的加成反应也是分步进行的。首先氢加到双键上，形成碳正离子，是决定反应速率的一步；然后再加上卤负离子等负离子，是快反应。反应一

般在乙酸中进行。反应体系中有水(有^-OH)和乙酸(有CH_3COO^-),这类负离子也会参与反应,对主反应有一定干扰,生成副产物。如环己烯在乙酸中与溴化氢加成会生成两种产物。

$$\text{环己烯} + HBr \xrightarrow{CH_3COOH} [\text{环己基正离子}] \begin{cases} \xrightarrow{Br^-} \text{溴代环己烷 (Br)} & 85\% \\ \xrightarrow{CH_3COO^-} \text{乙酸环己酯 } (OOCCH_3) & 15\% \end{cases}$$

② **不对称加成规则**:质子酸和不对称烯烃的加成遵守 Markovnikov(马尔可夫尼可夫)规则(简称马氏规则),即酸的质子加到含氢较多的双键碳原子上,又称“马氏加成”。这类反应有区域选择性,即反应有几种可能性时,只生成或主要生成一种产物,产物总为二级或三级卤代烷,而不是一级卤代烷。如不对称烯烃丙烯加 HBr 可生成 1-溴丙烷和 2-溴丙烷,但 2-溴丙烷为主要产物。

$$CH_3CH{=}CH_2 + HBr \longrightarrow \underset{\text{2-溴丙烷}}{CH_3\overset{Br}{\overset{|}{C}}HCH_3} + \underset{\text{1-溴丙烷}}{CH_3CH_2\overset{Br}{\overset{|}{C}}H_2}$$

马氏规则可用诱导效应来进行解释:双键上连接的甲基有给电子的诱导效应和超共轭效应,使双键上的 π 电子云向远离甲基的方向偏移,双键碳原子分别带有部分正、负电荷。HBr 等极性试剂加成时,H^+加到带有部分负电荷的碳原子上,而Br^-则加到带有部分正电荷的碳原子上。

$$CH_3\overset{\delta+}{C}H{=}\overset{\delta-}{C}H_2 + H^+Br^- \longrightarrow CH_3\overset{Br}{\overset{|}{C}}H-\overset{H}{\overset{|}{C}}H_2$$

马氏规则也可用碳正离子的稳定性进行解释:碳正离子的稳定性顺序为三级(叔)>二级(仲)>一级(伯)。如

$$CH_3\underset{CH_3}{\underset{|}{\overset{+}{C}}}CH_3 > CH_3\overset{+}{C}HCH_3 > CH_3\overset{+}{C}H_2 > \overset{+}{C}H_3$$

烷基的给电子效应可使碳正离子的正电荷分散和部分被中和,烷基越多,碳正离子越稳定。丙烯与 HBr 加成时,第一步生成两种碳正离子,其稳定性为

$$CH_3\overset{+}{C}HCH_2 > CH_3CH_2\overset{+}{C}H_2$$

前者稳定,故生成的速率快,得到相应的加成产物多,符合马氏规则。

马氏规则存在例外,称为反马氏加成现象,可由电子效应的规律解释:当双键碳上连有强吸电子基团(如—COOH,—CN,—CF_3 等)时,双键上的 π 电子云向吸电子基团的方向偏移,此时烯烃加 HX,氢加到含氢较少的双键碳原子上。如丙烯腈加溴化氢,主要产物为 3-溴丙腈。

$$\overset{\delta+}{C}H_2{=}\overset{\delta-}{C}HCN + H^+Br^- \longrightarrow \overset{Br}{\overset{|}{C}}H_2-\overset{H}{\overset{|}{C}}HCN$$

应当注意，如烯烃双键碳上连有具有孤对电子的原子或基团，如—NR_2、—NHR、—NH_2、—OH、—OR、—X 等，由于 N、O、X 上孤对电子所占的轨道可以与碳正离子带正电荷的 p 轨道共轭，这些原子或基团虽有吸电子的诱导效应，但小于给电子的共轭效应，总体表现出给电子效应，加成产物仍符合马氏规则。

③ 碳正离子重排：复杂一些的烯烃与卤化氢加成，常得到重排后的产物。反应第一步先生成碳正离子过渡态，存在向稳定的碳正离子方向重排的可能：一级正碳离子向二级过渡，二级正碳离子向三级过渡。主要产物由最稳定的碳正离子中间体来决定，得到重排后的产物。如 3,3-二甲基-1-丁烯与氯化氢加成时主要产物是 2,3-二甲基-2-氯丁烷(83%)，次要产物才是 2,2-二甲基-3-氯丁烷(17%)。

$$CH_3C(CH_3)_2CH{=}CH_2 + HCl \longrightarrow \left[\underset{\text{二级碳正离子}}{CH_3C(CH_3)_2\overset{+}{C}H{-}CH_3} \longrightarrow \underset{\text{三级碳正离子}}{CH_3\overset{+}{C}(CH_3){-}CH(CH_3){-}CH_3} \right] \xrightarrow{Cl^-} CH_3CCl(CH_3){-}CH(CH_3){-}CH_3 \ (\text{主})$$

$$\text{二级碳正离子} \xrightarrow{Cl^-} CH_3C(CH_3)_2{-}CHClCH_3 \ (\text{次})$$

反应第一步生成的碳正离子为二级碳正离子，其邻位的甲基由于受正电荷的吸引，容易带着一对电子迁移过去，形成更稳定的三级碳正离子；然后再加上 Cl^-，生成产物。分子内一个基团从一个原子迁移到邻近的原子上，称为 1,2-重排，又称为 1,2-迁移。碳正离子具有重排成更稳定的碳正离子的倾向，是有机化学反应中常见的重排。

当碳正离子邻位碳原子上的烷基不同时，电子密度更大的基团通常优先迁移，如乙基先于甲基先于氢，苯基先于烷基等。

(3) 强、弱质子酸和烯烃发生的加成反应：均与烯烃加卤化氢的反应类似。强酸如硫酸，弱酸如次卤酸、乙酸，以及水和醇、酚等。弱酸要在强酸催化和较剧烈的条件下反应。

① 加浓硫酸：烯烃与冷的浓硫酸反应生成硫酸氢酯(又称酸式硫酸酯或硫酸单烷基酯，硫酸第二个氢反应相对困难)，水解后可生成醇，加成方向与马氏规则一致。如乙烯与 98% 硫酸反应后生成硫酸氢乙酯，再水解可制备乙醇：

$$CH_2{=}CH_2 + H_2SO_4 \longrightarrow CH_3CH_2OSO_3H \xrightarrow[\triangle]{H_2O} CH_3CH_2OH$$

烷基的给电子效应使反应易于进行。丙烯可与 80%硫酸反应，异丁烯则可与 60%硫酸反应。

② 酸催化下水合成醇：在高温高压下，用磷酸或硫酸等酸性催化剂催化，乙烯水合可生成乙醇，为工业化制备醇的一种方法。

$$CH_2{=}CH_2 + H_2O \xrightarrow[200\sim300\ ^\circ C,\ 7\sim8\ MPa]{H_3PO_4} CH_3CH_2OH$$

2-甲基-2-丁烯水合反应生成 2-甲基-2-丁醇，反应遵循马氏规则，质子加到双键有较多氢的一端。

$$CH_3\overset{CH_3}{\overset{|}{C}}{=}CHCH_3 + H_2O \xrightarrow{H^+} CH_3\overset{CH_3}{\overset{|}{\underset{OH}{\underset{|}{C}}}}CH_2CH_3$$

和含碳正离子中间体的反应一样，水合反应也会伴随重排反应，如3，3-二甲基-1-丁烯在酸催化下水合，主要产物为2，3-二甲基-2-丁醇：

$$CH_3\overset{CH_3}{\overset{|}{\underset{CH_3}{\underset{|}{C}}}}CH{=}CH_2 \xrightarrow{50\%\ H_2SO_4} CH_3\overset{CH_3}{\overset{|}{\underset{OH}{\underset{|}{C}}}}{-}\underset{CH_3}{\underset{|}{C}}HCH_3$$

③ 加次卤酸成β-卤代醇：次氯酸、次溴酸都是弱酸，次卤酸分子为 $\overset{\delta-}{HO}{-}\overset{\delta+}{X}$，其中X原子带正电荷，OH带负电荷。反应第一步是带正电荷的X原子进攻，生成环卤鎓离子；第二步是 HO^- 从卤原子的背面进攻，生成卤素连在含氢多的碳上的反式β-卤代醇。如环己烯加次氯酸生成反-2-氯环己醇，为双键的反式加成产物。

$$\text{环己烯} + HOCl \xrightarrow{20\ ^\circ C} \text{环氯鎓离子}(\overset{+}{Cl}) \xrightarrow{OH^-} \text{反-2-氯环己醇 (OH, Cl)} + \text{(OH, Cl)}$$

由此可知，不对称烯烃与极性试剂加成时，马氏规则的扩展概念也适用于卤代醇等产物的形成。试剂正电性部分(亲电试剂)加到带部分负电荷的双键碳原子上，而试剂负电性部分(亲核试剂)加到带部分正电荷的双键碳原子上。与次卤酸类似的试剂还有ICl(氯化碘)，NOCl(亚硝酰氯)等。如异丁烯加氯化碘生成1-碘-2-氯-2-甲基丙烷：

$$CH_2{=}CHCH_3 + Cl_2 + H_2O \longrightarrow \underset{Cl}{\underset{|}{C}}H_2{-}\underset{OH}{\underset{|}{C}}HCH_3 + HCl$$

$$CH_3{-}\overset{\delta+}{\underset{CH_3}{\underset{|}{C}}}{=}\overset{\delta-}{C}H_2 + \overset{\delta+}{I}{-}\overset{\delta-}{Cl} \longrightarrow CH_3{-}\overset{Cl}{\overset{|}{\underset{CH_3}{\underset{|}{C}}}}{-}CH_2I$$

④ 与有机酸、醇、酚的加成：在强酸(如硫酸、对甲苯磺酸、氟硼酸、强酸性离子交换树脂)催化下烯烃可以与乙酸加成生成乙酸酯，与甲醇加成生成甲基醚，与苯酚加成生成苯基醚。

$$CH_2{=}CH_2 + CH_3\overset{O}{\overset{\|}{C}}OH \xrightarrow{H^+} CH_3\overset{O}{\overset{\|}{C}}OCH_2CH_3 \quad \text{乙酸乙酯}$$

$$CH_3\overset{CH_3}{\overset{|}{C}}{=}CH_2 + CH_3OH \xrightarrow{H^+} CH_3\overset{CH_3}{\overset{|}{\underset{CH_3}{\underset{|}{C}}}}OCH_3 \quad \text{甲基叔丁基醚}$$

$$\underset{\text{1-辛烯}}{C_6H_{13}CH{=}CH_2} + \underset{\text{对甲基叔丁基苯酚}}{HO{-}C_6H_4{-}t\text{-}C_4H_9} \xrightarrow{H^+} \underset{\text{1-甲庚基对叔丁基苯基醚}}{C_6H_{13}\underset{CH_3}{\underset{|}{C}}H{-}O{-}C_6H_4{-}t\text{-}C_4H_9}$$

(4) 自由基型反马氏加成(过氧化物效应)：在有相当量的过氧化物(如过氧化苯甲酰)存在下，不对称烯烃与溴化氢的加成为自由基型反马氏加成反应；如丙烯与溴化氢的加成产物主要是1-溴丙烷，原因是过氧化物受热时分解成自由基，引发自由基反应，而自由基反应比没有催化剂的离子反应快得多。链增长反应也分两步进行，首先，溴自由基加到丙烯双键末端的碳原子上，形成较稳定的二级自由基；然后氢原子才加到碳原子上。反应为

链引发：$R{-}O{-}O{-}R \xrightarrow{\text{加热}} 2RO\cdot$　　　$RO\cdot + HBr \longrightarrow ROH + Br\cdot$

链增长：$Br\cdot + CH_3CH{=}CH_2 \longrightarrow CH_3\dot{C}HCH_2Br(\text{主}) + CH_3CH(Br)\dot{C}H_2(\text{次})$

$CH_3\dot{C}HCH_2Br + HBr \longrightarrow CH_3CH_2CH_2Br + Br\cdot$

链终止：……

过氧化物效应一般只限于HBr为反应物的反应，而HCl和HI都不能进行。原因是在烯烃与HBr进行自由基反应时，链增长是放热的，可以迅速生成产物。而HCl由于键能强不易断裂，HI产生的I·又不易加成；即都有一步是吸热的，不利于反应，反应仍按亲电离子型机制进行，先加H^+。

（5）硼氢化-氧化反应（Brown反应）： Brown反应指烯烃经硼氢化以及H_2O_2氧化并水解成醇的反应，是由烯烃制备醇的一种重要方法。由此得到的是反马氏加成的醇，即OH加在双键氢多的碳原子一端，氢原子加到取代基较多的一端，没有碳骨架重排产物。硼和氢与双键在同面加成（顺式），硼烷氧化使硼被羟基在同样的立体化学位置取代，构型保持，是立体选择反应。用此方法可从α-烯烃（双键在分子的链端）制备伯醇。如由1-甲基环戊烯制备反-2-甲基-1-环戊醇，产物为反式、外消旋混合物，收率达85%。

$$\text{1-甲基环戊烯}\xrightarrow[BF_3\text{-}C_2H_5OC_2H_5]{NaBH_4}\text{(B、H 顺式加成产物, }CH_3\text{)}\xrightarrow{H_2O_2/NaOH}\text{(OH、H, }CH_3\text{)}\quad 85\%$$

硼氢化反应第一步为烯烃双键与硼氢化物的加成。常用的硼氢化物是乙硼烷（B_2H_6），可视为BH_3的二聚体，是一种只有六个价电子的强Lewis酸，为强亲电试剂，能与双键加成。可由三氟化硼乙醚配合物（或三氯化铝）与硼氢化钠反应制备；为方便使用，与四氢呋喃形成复合物后使用。

加成反应后得烷基硼，硼原子加到双键上取代基较少的一端，反应可生成一烷基硼、二烷基硼和三烷基硼：

$$RCH{=}CH_2 + \frac{1}{2}B_2H_6 \longrightarrow \underset{\text{一烷基硼}}{RCH_2CH_2BH_2} \xrightarrow{RCH=CH_2} \underset{\text{二烷基硼}}{(RCH_2CH_2)_2BH} \xrightarrow{RCH=CH_2} \underset{\text{三烷基硼}}{(RCH_2CH_2)_3B}$$

第二步为烷基硼烷的氧化，即使硼原子离开碳原子，用羟基取代。常用碱性过氧化氢氧化，先生成硼酸酯，再水解得到醇。进行此步时硼氢化生成的三烷基硼一般不用分离，直接在碱性溶液中反应即可。总的结果是双键上顺式加一个H、一个OH：

$$(RCH_2CH_2)_3B + {}^{-}O{-}O{-}H \longrightarrow (RCH_2CH_2)_2\underset{\displaystyle CH_2CH_2R}{B}{-}O{-}O{-}H \xrightarrow[\text{重排}]{-OH^-} (RCH_2CH_2)_2B{-}O{-}CH_2CH_2R$$

$$\xrightarrow{\text{二次重复上述过程}} (RCH_2CH_2O)_3B \xrightarrow[OH^-]{3H_2O} 3RCH_2CH_2OH + H_3BO_3$$

硼氢化-氧化的反应机制为过渡态协同反应：H—B键与烯烃双键的加成通过一个四元环状过渡态协同进行，B缺电子，与双键上电子云密度大的碳结合；H与双键另一个碳结合；然后经 H_2O_2 氧化及水解生成顺式加成产物。

$$>C=C< \longrightarrow \left[\begin{matrix} H\text{--}B\text{—} \\ \vdots \quad \vdots \\ >C=C< \end{matrix}\right] \longrightarrow >\underset{}{C}(H)-C(B\text{—})< \xrightarrow[OH^-]{H_2O_2} >C(H)-C(OH)<$$

(三) 氧化反应

氧化反应通常是形成碳氧键的反应，烯烃氧化是把氧引入有机分子的好方法。根据试剂及反应条件不同，氧化产物可为醇、环氧化物、醛和酮等。

(1) 顺式羟基化反应，温和氧化生成邻二醇： 将烯烃溶于稀碱溶液中，用冷、稀高锰酸钾的碱性溶液处理（酸性下 $KMnO_4$ 氧化性强，可将双键断掉），烯烃双键打开，生成邻二醇，收率一般不高。但反应时高锰酸钾紫色快速褪去，生成棕色二氧化锰沉淀，可用于鉴定烯的存在和测定双键的位置。此方法立体专一生成 α-二醇，其过程是通过环状中间体，协同反应生成锰酸酯，两个氧原子加到双键的同面，即两个羟基导入时优先顺式。加热可进一步氧化，键断裂生成羧酸和酮。

$$\begin{matrix} R \\ H-C \\ \| \\ H-C \\ R' \end{matrix} \xrightarrow[OH^-]{MnO_4^-} \left[\begin{matrix} R \\ H-C-O \\ H-C-O \\ R' \end{matrix} Mn \begin{matrix} O^- \\ O \end{matrix}\right] \xrightarrow{H_2O} \begin{matrix} R \\ H-C-OH \\ H-C-OH \\ R' \end{matrix} + MnO_2$$

该方法适于水溶性烯烃，不溶于水的烯烃要加相转移催化剂，使反应可在两相中进行。

与高锰酸钾温和氧化类似，烯烃也可与四氧化锇（OsO_4）作用，经环状中间体锇酸酯，再被 H_2O_2 氧化生成顺式邻二醇，同时 OsO_4 再生。也可在催化量的 OsO_4 存在下，用氯酸盐水溶液或 H_2O_2 氧化烯烃，可用于有一定水溶性的烯烃的氧化。如反丁烯二酸乙酯在 OsO_4 催化下，在叔丁醇中用过氧化氢氧化生成顺式 α-二醇：

$$C_2H_5OOCCH=CHCOOC_2H_5 \xrightarrow[t\text{-}C_4H_9OH]{OsO_4,\ H_2O_2} C_2H_5OOC\underset{}{\overset{HO}{C}}H\overset{OH}{C}HCOOC_2H_5 \quad 58\%$$

(2) 环氧化反应： 低相对分子质量的烯烃在Ag催化下可被氧气氧化成环氧化物。如工业上用空气氧化乙烯生产环氧乙烷：

$$2\,CH_2=CH_2 + O_2\ (空气) \xrightarrow[250\ ^\circ C]{Ag} 2\ \underset{O}{H_2C—CH_2}$$

也可用含有过羧基 $\left(\overset{O}{\overset{\|}{—C}}-O-O-H\right)$ 的有机过氧酸（多一个氧原子的羧酸，简称过酸），氧化烯烃生成环氧化物，称之为环氧化反应。常用的过酸有过氧苯甲酸（C_6H_6COOOH，弱酸，用于非水溶剂如 CCl_4 中）、过氧甲酸（HCOOOH）、过氧乙酸（CH_3COOOH，用于强酸性水溶液）、过氧三氟乙酸（CF_3COOOH）和间氯过氧化苯甲酸（MCPBA，用在 CCl_4 等溶剂中，收率较好，生成的酸沉淀出）等。反应机理为协同亲电加成反应，旧键的断开和新键的形成同时

发生,没有任何中间体形成;烯烃分子没有机会旋转和改变其顺反构型,环氧化物保持了烯烃的原有立体化学。如顺丁烯氧化成顺-2,3-二甲基环氧乙烷:

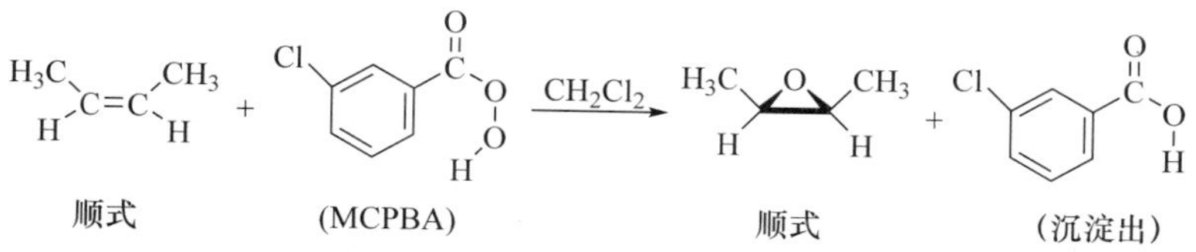

顺式 (MCPBA) 顺式 (沉淀出)

如溶液酸性不太强,可分出环氧化物。中等强度的酸会使环氧化物质子化,水从背后进攻使其开环,形成反-1,2-二醇(俗称甘醇)。环氧化物水解生成反式邻二醇,总的结果与上述 $KMnO_4$、OsO_4 氧化相反,为反式羟基化。

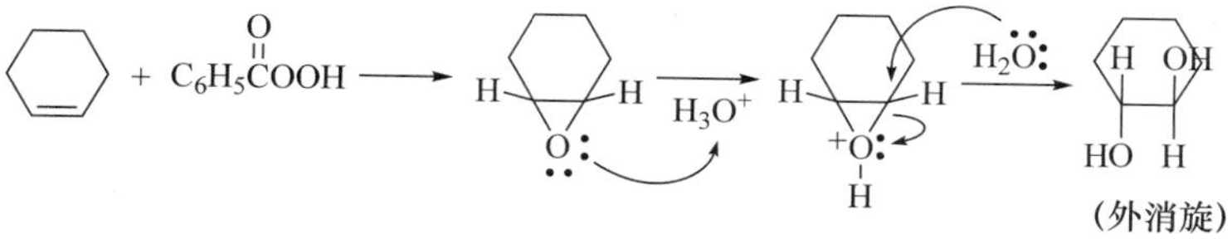

(外消旋)

(3) 臭氧化产物裂解生成醛、酮: 烯烃在二氯甲烷等惰性溶剂中,低温通入含 2%~10% O_3 的氧气,很快生成臭氧化物,为臭氧化反应。随后立即加入 H_2/Pd、Zn 粉、$NaHSO_3$、CH_3SCH_3 等还原剂(可防止醛氧化成酸),水解,臭氧化物分解成醛和酮,用 $LiAlH_4$ 或 $NaBH_4$ 处理可还原成醇。此方法最常用于确定烯烃中双键的位置和原烯烃的结构,可以从反应所得到的醛、酮、醇等的结构,推测原烯烃的结构。对醛的合成也很重要。

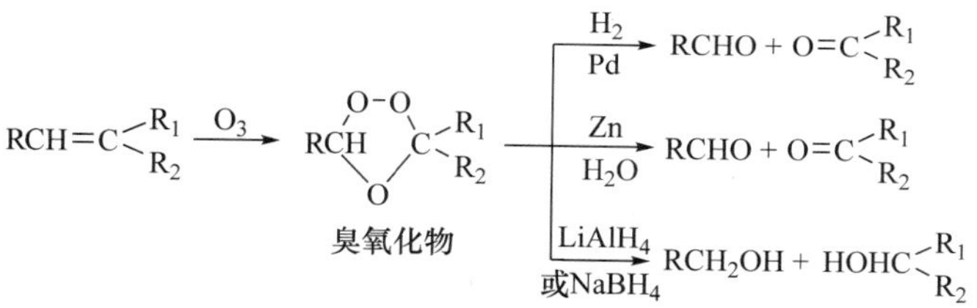

$$RCH{=}CR_1R_2 \xrightarrow{O_3} \text{臭氧化物} \begin{cases} \xrightarrow[Pd]{H_2} RCHO + O{=}CR_1R_2 \\ \xrightarrow[H_2O]{Zn} RCHO + O{=}CR_1R_2 \\ \xrightarrow[\text{或}NaBH_4]{LiAlH_4} RCH_2OH + HOHCR_1R_2 \end{cases}$$

臭氧化物

另外烯烃在 $PdCl_2$-$CuCl_2$ 催化剂存在下可被氧气氧化成醛和酮,如乙烯氧化成乙醛,丙烯氧化成丙酮等。

(四) 聚合反应

聚合物是由很多键合在一起的重复小单元(单体)组成的大分子。乙烯、丙烯、异丁烯等单体在催化剂或引发剂作用下,烯烃双键打开,按一定方式聚合成长链形高分子化合物聚烯烃。反应如下所示:

$$n\,CH_2{=}CH{-}R \longrightarrow \left[CH_2{-}\underset{R}{CH} \right]_n$$

根据反应过程中形成的活性中间体是自由基、碳正离子还是碳负离子,烯烃链聚合反应可分为自由基聚合反应、正离子聚合反应和负离子聚合反应;另外还有配位络合聚合反应。自由基聚合反应常用的引发剂有过氧化苯甲酰、偶氮二异丁腈等,如乙烯聚合生成低密度聚乙烯。正离子聚合反应催化剂常用三氟化硼、三氯化铝等Lewis酸,聚苯乙烯通过正离子聚合反应得到,是一种透明易碎的塑料。负离子聚合反应可用氨基钠在液氨中引发,其他引发剂还可用烷基锂、格氏试剂、氢氧化钠等。配位络合聚合所用的催化剂为过渡金属卤化物(如钛、钒、铬、镍、钴等的卤化物)与Ⅰ、Ⅱ、Ⅲ族的烷基金属化合物(如烷基铝等)组成。如获诺贝尔化学奖的齐格勒-纳塔(Ziegler-Natta)催化剂,即由 $TiCl_3$ 或 $TiCl_4$ 与烷基(乙基)铝组成,可用于α-烯烃如乙烯、丙烯的低压定向聚合,聚合物具有高机械强度、耐热的特点。

(五) 烯烃α氢的取代反应

直接与双键碳原子相连的碳原子为α碳原子,其上的氢为α氢,由于受到双键的影响,化学性质活泼,易发生取代和氧化反应。

(1) 高温或光照下生成α-卤代烯烃: 丙烯在500℃以上与氯反应生成3-氯丙烯;环己烯在光照或过氧化苯甲酰作用下,用*N*-溴代丁二酰亚胺(*N*-bromosuccinimide,简称NBS)在 CCl_4 中回流,可生成3-溴代环己烯。

$$CH_3CH{=}CH_2 \xrightarrow[500\sim600\ ^\circ C]{Cl_2,\ \text{气相}} ClCH_2CH{=}CH_2$$

$$\text{环己烯} + \text{NBS} \xrightarrow[CCl_4\text{回流}]{(C_6H_5COO)_2} \text{3-溴环己烯} + \text{丁二酰亚胺}$$

(2) α氢的氧化反应:

① 氧化成醛: 丙烯在氧化亚铜催化下可被空气氧化成丙烯醛。

$$CH_3CH{=}CH_2 + O_2 \xrightarrow[350\ ^\circ C,\ 0.25\ MPa]{Cu_2O} CH_2{=}CHCHO + H_2O$$

② 氨氧化: 在氨和空气中,用含铈的磷钼酸铋为催化剂,丙烯可氧化成丙烯腈,是工业上生产丙烯腈的主要方法。

$$CH_3CH{=}CH_2 + NH_3 + \frac{3}{2}O_2 \xrightarrow[470\ ^\circ C]{\text{含铈磷钼酸铋}} CH_2{=}CHCN + 3H_2O$$

(六) 烯烃复分解反应

(1) 烯烃复分解反应的概念: 烯烃复分解反应是两分子烯烃交换与双键相连的碳原子,形成新的烯烃分子的反应。反应的催化剂为金属卡宾,如金属钼、金属钌的卡宾化合物,可表达如下:

$$R_1R_1C{=}CR_2R_2 + R_1R_1C{=}CR_2R_2 \xrightleftharpoons{\text{催化剂}} R_1R_1C{=}CR_1R_1 + R_2R_2C{=}CR_2R_2$$

在金属卡宾催化下,烯烃中的C═C双键发生断裂,形成亚烷基,这些亚烷基之间按照统计学的方式再重新组合成双键,生成新的烯烃。已有数十种催化烯烃复分解反应的格拉布(Grubbs)催化剂被生产出来,这些钌卡宾催化剂不但在空气中稳定,甚至在水、醇或酸存在的条件下,仍然能很好地保持其催化活性。下面为两种被广泛使用的第一代和第二代

Grubbs 催化剂 C823 和 C848 的结构。催化剂用量仅占反应物总量的 10^{-6}数量级。

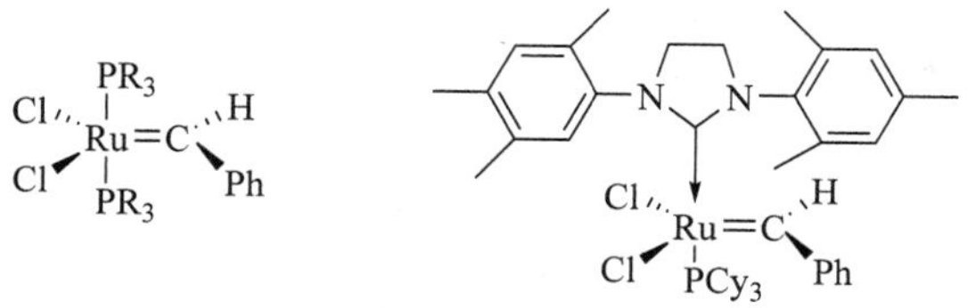

R为苯基（Ph）或环己基（Cy）

C823

Cy（环己基）

C848

烯烃复分解反应不仅能够在接近室温的条件下完成 C═C 键的断裂和形成，无需无水无氧条件，且反应中绝大多数有机基团无需保护，与其他关于 C═C 键断裂和形成的反应相比具有高效、成本低的优势。烯烃复分解反应的三位研究者于 2005 年获诺贝尔化学奖。

（2）烯烃复分解反应的几种类型：按照反应过程中分子骨架的变化，可进行的复分解反应有以下几种类型：交叉复分解（cross metathesis，CM）反应，开环交叉复分解反应（ring opening cross metathesis，ROCM），关环复分解反应（ring closing metathesis，RCM），非环二烯复分解聚合（acyclic diene metathesis polymerization，ADMEP），开环复分解聚合（ring opening metathesis polymerization，ROMP）以及烯炔复分解反应（enyne metathesis，EYM）。

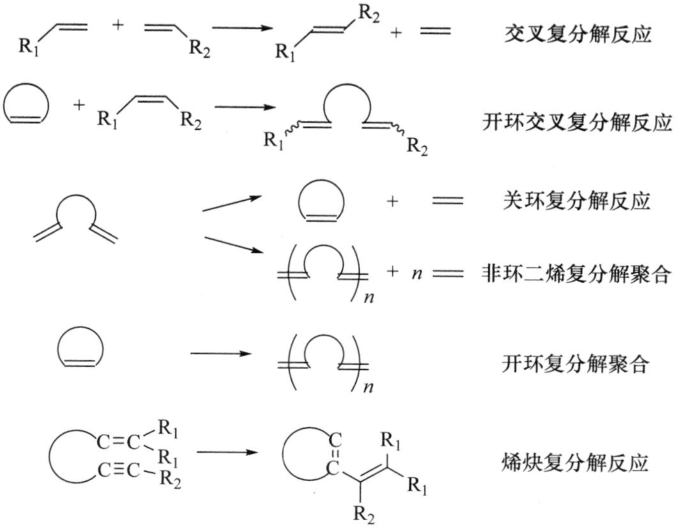

交叉复分解反应

开环交叉复分解反应

关环复分解反应

非环二烯复分解聚合

开环复分解聚合

烯炔复分解反应

（3）烯烃复分解反应在有机合成中的应用：如用 3-己烯和乙酸-11-烯二十醇酯合成昆虫性信息素乙酸-11-烯十四醇酯：

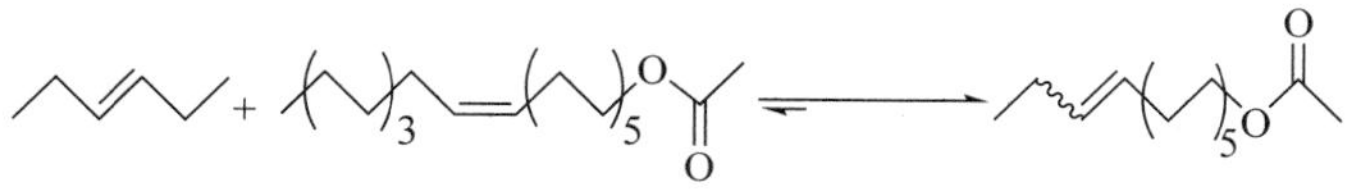

3-己烯　　乙酸-11-烯二十醇酯　　乙酸-11-烯十四醇酯（*E*/*Z*=82/18）

环戊烯与丙烯酸甲酯可进行开环复分解聚合反应：

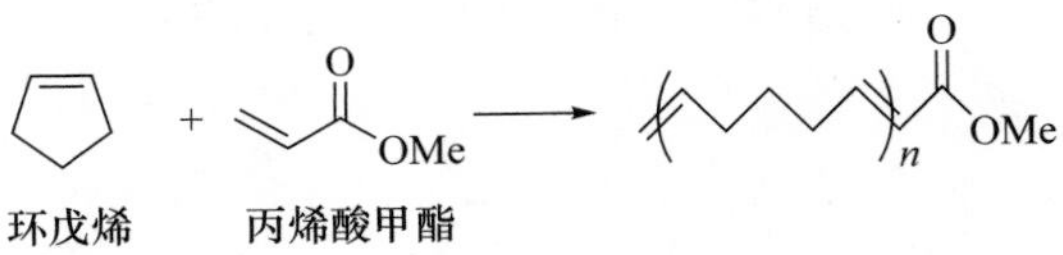

环戊烯　丙烯酸甲酯

降冰片烯的开环复分解聚合：

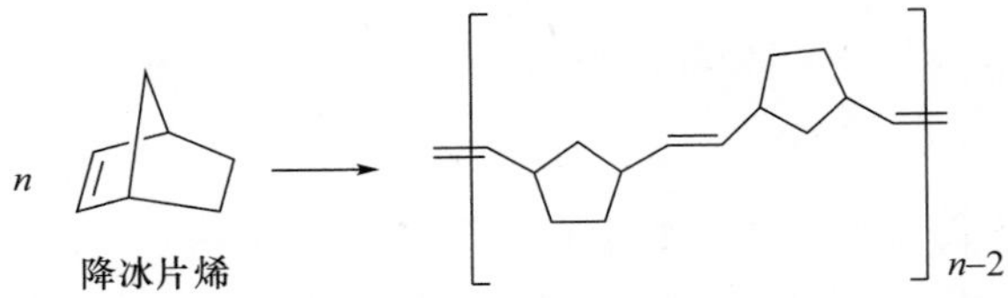

降冰片烯

烯炔复分解反应：

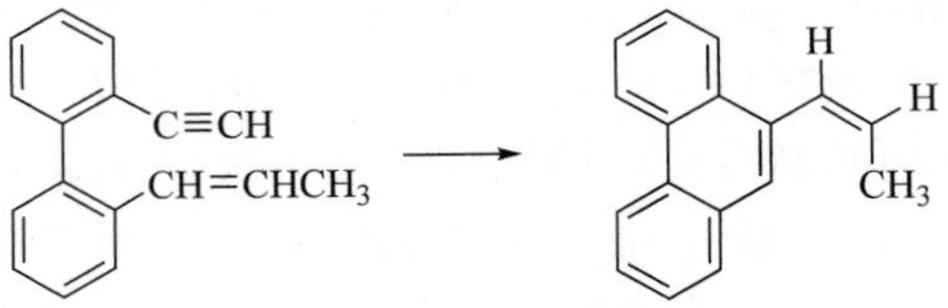

已应用于工业上的反应，如乙烯与2-丁烯复分解生产丙烯：

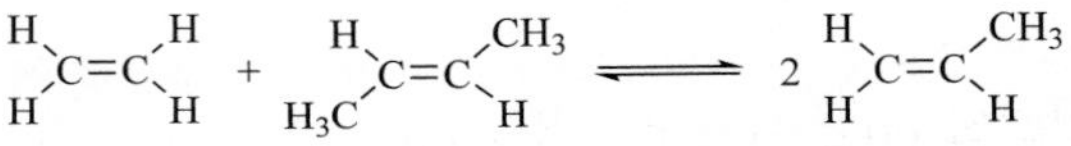

$$H_2C=CH_2 + CH_3CH=CHCH_3 \rightleftharpoons 2\ CH_2=CHCH_3$$

§5.4　烯烃的制备

石油催化裂解可产生大量的乙烯、丙烯、丁烯等少于六个碳原子的低级烯烃，通过改变温度、催化剂和氢的浓度可控制烷烃和烯烃的平均相对分子质量，所得混合物分馏后可得纯的组分。烷烃脱氢是氢化反应的逆反应，与催化裂解相似，催化剂也降低了反应的活化能。乙烯等烯烃是化工生产中的重要原料。

(一) 醇失水

醇失水根据反应条件、醇的结构及催化剂性质可以分子内失水成烯，也可以分子间失水成醚。提高温度和延长反应时间有利于烯的生成。如乙醇在硫酸催化下脱水时，在125～140℃主要生成醚，升高到160℃则生成乙烯。醇加热失水生成烯一般使用酸性物质(硫酸、磷酸、三氧化二铝等)作为催化剂。被消除的氢在醇羟基(—OH)的β碳原子上，为β-消除反应(或称1,2-消除反应)：

$$CH_3\underset{\beta}{\overset{2}{C}}H_2\underset{\alpha}{\overset{1}{C}}H_2OH \xrightarrow[\triangle]{H^+} CH_3CH=CH_2 + H_2O$$

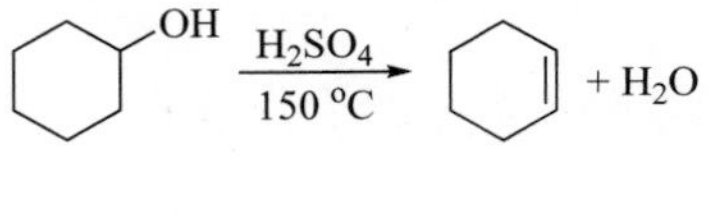

$$\text{环己醇} \xrightarrow[150\ ^\circ C]{H_2SO_4} \text{环己烯} + H_2O$$

在醇消除过程中，由于—OH 不是一个好的离去基团，需加酸催化；H^+ 将 OH 质子化后，醇羟基以水的形式离去，形成碳正离子，再从带正电荷的碳原子的相邻碳（OH 基的 β 位）上失去一个质子，形成双键。酸的水合作用又可脱水，有利于反应进行。由于生成的烯烃沸点比分子间有氢键的醇低，可小心控制蒸馏移去烯而将醇留在反应器中继续反应。该反应具有如下特点。

(1) 扎依采夫(Zaitsev)规则： 醇羟基若有两个 β 碳原子，就有两种消除 β 氢的可能。按 Zaitsev 规则，以消除含氢较少的 β 碳原子上的氢为主，由此得到双键碳上取代基较多的烯烃。如 2-戊醇失水主要得 2-戊烯，而不是 1-戊烯。

$$CH_3CH_2\overset{\beta}{C}H_2CH(OH)\overset{\beta}{C}H_3 \xrightarrow{H^+} CH_3CH_2\overset{\beta}{C}H_2CH(\overset{+}{O}H_2)\overset{\beta}{C}H_3 \xrightarrow{-H_3O^+} \begin{cases} CH_3CH_2\overset{\beta}{C}H{=}CHCH_3 \ (\text{主}) \\ CH_3CH_2CH_2CH{=}\overset{\beta}{C}H_2 \ (\text{次}) \end{cases}$$

生成的烯烃若有顺反异构体，反式较多。如上述反应主要生成反-2-戊烯。

(2) 重排反应： 当醇羟基的碳原子与二级碳原子或三级碳原子相连时，由于质子酸催化时产生的碳正离子有重排成更稳定结构的倾向，就会发生碳正离子重排，称为 Wagner-Meerwein 重排。如 3,3-二甲基-2-丁醇酸催化脱水时主要生成 2,3-二甲基-2-丁烯。

$$(CH_3)_3C{-}CH(OH)CH_3 \xrightarrow[\triangle]{H_2SO_4} (CH_3)_3C{-}CH(\overset{+}{O}H_2)CH_3 \xrightarrow{-H_2O} (CH_3)_3C{-}\overset{+}{C}HCH_3\ (\text{二级碳正离子}) \xrightarrow{\text{重排}} (CH_3)_2\overset{+}{C}{-}CH(CH_3)CH_3\ (\text{三级碳正离子})$$

$$\xrightarrow{-H^+} (CH_3)_2C{=}C(CH_3)CH_3\ (\text{主}) + CH_2{=}C(CH_3)CH(CH_3)CH_3\ (\text{次})$$

$$(CH_3)_3C{-}\overset{+}{C}HCH_3 \xrightarrow{-H^+} (CH_3)_3CCH{=}CH_2\ (\text{次})$$

工业上用非质子酸 Al_2O_3 或硅酸盐脱水，不会发生重排。

$$(CH_3)_3C{-}CH(OH)CH_3 \xrightarrow[350\sim400\ ^\circ C]{Al_2O_3} (CH_3)_3CCH{=}CH_2\ (\text{不发生重排})$$

醇脱水反应活性顺序与碳正离子的稳定性一致，3°醇高于 2°醇，2°醇又高于 1°醇。异构化的结果是生成支链更多或处于共轭状态的双键。

（二）卤代烷脱卤化氢

卤代烷在碱性试剂如 RONa、$NaNH_2$、KOH、NaOH 等作用下，消去一分子卤化氢得到烯烃。消除方向遵守 Zaitsev 规则，且消除的 Br 与 H 必须处于同一平面的反式位置。如顺-2-甲基-溴代环己烷脱 HBr，有两个氢与溴处于反式，因此有两种消除的可能，消除方向遵守 Zaitsev 规则，主要产物为甲基环己烯，次要产物为 3-甲基环己烯；但反-2-甲基-溴代环己烷脱 HBr 时，由于只有一个氢与溴处于反式，有一种消除方式，仅能得到 3-甲基环己烯，为反

Zaitsev 规则消除：

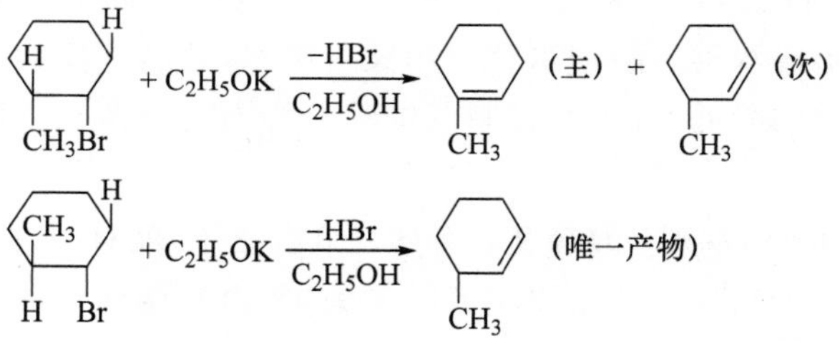

(反应式：取代环己烷 $+ C_2H_5OK \xrightarrow[C_2H_5OH]{-HBr}$ 1-甲基环己烯（主）+ 3-甲基环己烯（次）)

(反应式：取代环己烷 $+ C_2H_5OK \xrightarrow[C_2H_5OH]{-HBr}$ 3-甲基环己烯（唯一产物）)

由于消除 HX 的反应通常分两步进行，第一步消除溴负离子 Br^- 时生成碳正离子，对于二级和三级卤代烷，此时就会产生碳正离子重排，然后再消除 H^+。根据可能产生的稳定碳正离子种类的多少，可生成两种或多种烯烃的混合物。如 2-甲基-2-溴丁烷脱 HBr 可生成 2-甲基-2-丁烯和 2-甲基丁烯的混合物：

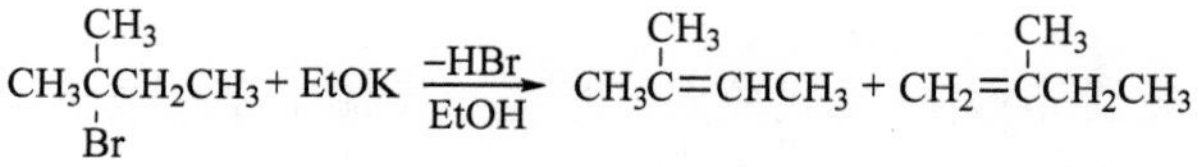

$$CH_3C(CH_3)(Br)CH_2CH_3 + EtOK \xrightarrow[EtOH]{-HBr} CH_3C(CH_3)=CHCH_3 + CH_2=C(CH_3)CH_2CH_3$$

（三）邻二卤代烷脱卤素

在金属锌、镁或碘负离子的作用下，邻二卤代烷同时脱去两个卤原子生成烯烃。反应也经两步进行，首先上述试剂给出一对电子，碳卤键断开，形成碳负离子中间体，然后再失去一个卤负离子而生成烯烃。该消除反应也是共平面的反式消除。如反-1，2-二溴环己烷消除两个溴原子生成环己烯，但顺-1，2-二溴环己烷则不发生消除反应。

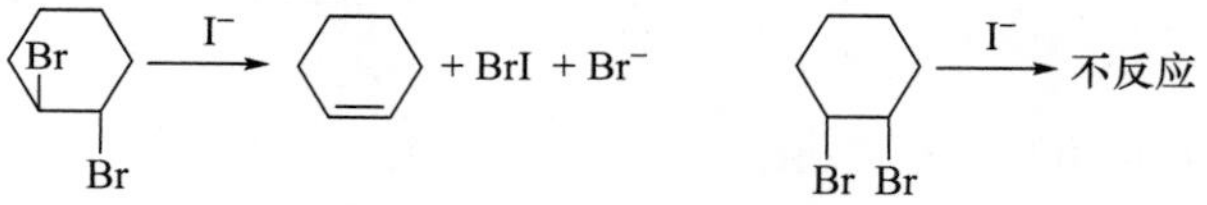

(反-1,2-二溴环己烷 $\xrightarrow{I^-}$ 环己烯 $+ BrI + Br^-$；顺-1,2-二溴环己烷 $\xrightarrow{I^-}$ 不反应)

此方法在合成过程中可以作为保护双键的方法，先将烯烃转变成邻二卤代烷，再用锌、镁或碘负离子处理，使双键再生。

习　　题

1. 写出戊烯所有异构体的结构式(包括顺反异构体)，并按 IUPAC 命名法写出名称。

2. 写出下列化合物的结构式：

(1) 2-乙基环己烯　(2) 反-3，4-二甲基环丁烯　(3) (*E*)-3，4-二甲基-2-戊烯

(4) (*Z*)-2-溴-2-戊烯　(5) (*E*，*E*)-2-氯-2，4-庚二烯

3. 完成下列反应：

(1) $(CH_3)_2C=CHCH_3 + ICl \longrightarrow$　(2) $(CH_3)_2C=CH_2 + HOCl \longrightarrow$　(3) $CH_2C=CHCF_3 + HI \longrightarrow$

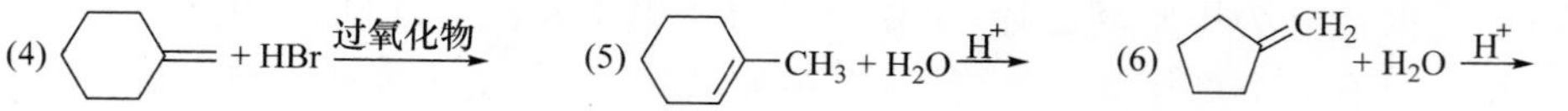

(4) 亚甲基环己烷 $+ HBr \xrightarrow{过氧化物}$　(5) 1-甲基环己烯 $-CH_3 + H_2O \xrightarrow{H^+}$　(6) 亚甲基环戊烷 $=CH_2 + H_2O \xrightarrow{H^+}$

4. 完成下列反应，并指出反应的立体化学(链形产物构型用 Fischer 投影式)：

(1) (H)(H_3C)C=C(H)(CH_3) $\xrightarrow{Br_2}$　(2) 1-甲基环己烯 $\xrightarrow{Br_2+H_2O}$　(3) 1,2-二甲基环己烯 $\xrightarrow{H_2/Pt}$

5. 写出下列化合物用热高锰酸钾溶液氧化后的产物：

(1) $(CH_3)_2CHCH{=}CHCH_3$　(2) $(CH_3)_2C{=}C(C_2H_5)_2$　(3) 环己烯　(4) 1,2-二甲基环己烯（CH_3，CH_3）

6. 写出下列化合物消除 HBr 后的主要产物：

(1) $CH_3CH_2CH_2CH_2Br$　(2) $CH_3CH_2CHCH_3$（Br）　(3) $CH_3CH_2CH_2CH_2C(CH_3)_2$（Br）

(4) CH_3，$(CH_3)_2CH$，Br

(5)

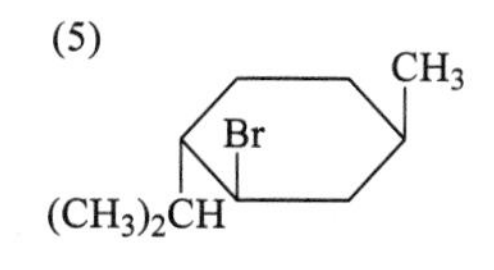

(6)

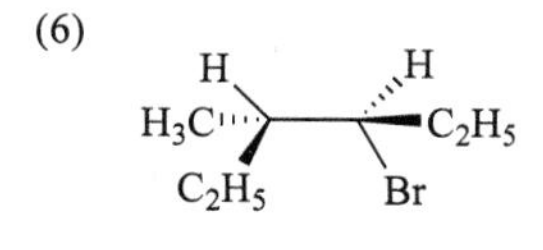

7. 以环戊醇和 2-甲基环戊醇为原料合成下列化合物：

(1) 顺-1,2-环戊二醇　(2) 反-1,2-环戊二醇

(3) 1-甲基环戊醇　(4) 反-2-甲基环戊醇

8. 写出三种鉴别烯烃和烷烃的化学方法。

第六章　炔烃和共轭双烯

炔烃为分子中含有碳碳叁键的碳氢化合物的总称，C≡C 为官能团。炔烃也属于不饱和烃，不饱和度为 2，通式是 C_nH_{2n-2}（$n \geqslant 2$），与二烯烃或环烯烃相同。

§6.1　炔烃的命名和结构

炔烃的 IUPAC 命名法和烯烃相似，选择含碳碳叁键的最长碳链为主链，编号从离叁键最近的一端开始，使炔的编号最小，称为某炔。再将取代基位置号、数目和名称列于母体数目之前。由于碳链构造和叁键位置的不同，炔烃也具有同分异构现象。叁键碳原子呈线形结构，没有顺反异构体，也不能形成支链，其异构体的数目要比碳原子数相同的烯烃少。例如，含有五个碳原子的炔烃，只有三种同分异构体：1-戊炔、2-戊炔和 3-甲基-1-丁炔。

$CH\equiv CCH_2CH_2CH_3$	$CH_3CH_2C\equiv CCH_3$	$CH\equiv CCH(CH_3)CH_3$
1-戊炔	2-戊炔	3-甲基-1-丁炔

当分子中同时含有其他基团时，后缀合在一起进行命名。如同时含有叁键和双键时，可命名为“某烯炔”，给叁键与双键尽可能低的编号，书写时先烯后炔；同时含有羟基和叁键时，命名为“某炔醇”。也可按新的 IUPAC 命名法，将位次号写在基团前面。

$CH\equiv CCH=CHCH_2CH_3$	$CH_2=CHC\equiv CCH_2CH_3$
3-己烯-1-炔	1-己烯-3-炔

$CH_2=C(CH_3)-C\equiv C-CH_3$	$CH_3-CH(OH)-C\equiv C-CH_3$	$CH_3C\equiv CCH(OCH_3)CH_2CH_3$
2-甲基-1-戊烯-3-炔	3-戊炔-2-醇	4-甲氧基-2-己炔
2-甲基戊-1-烯-3-炔	戊-3-炔-2-醇	4-甲氧基己-2-炔

一些简单的炔烃可以用乙炔为母体命名，将其看作带一个或两个取代基的乙炔分子。如丙基乙炔 $CH_3CH_2CH_2C\equiv CH$，甲基乙基乙炔 $CH_3C\equiv CCH_2CH_3$ 等。

炔烃 C≡C 键的两个碳原子各以一个 sp 杂化轨道头对头重叠，形成一个 σ 键，轨道对称轴呈 180°。剩下未杂化的 $2p_y$ 和 $2p_x$ 轨道，通过肩并肩重叠形成两个相互垂直的 π 键，一个 π 键分布在 C—C 之间 σ 键的上下两侧，另一个 π 键分布在 C—C 之间 σ 键的前后两侧。炔烃中 C≡C 的 sp 杂化，s 成分占 1/2，电负性比较强，使得 σ 键的电子云更靠近碳原子，增强了 C—H 键极性，氢原子容易解离，显示酸性。如乙炔分子中 C≡C 和 C—H 键的键长分别为 120 和 106 pm，乙烯分子中 C═C 和 C—H 键长分别为 134 和 110 pm。由于杂化碳原子的电负性大小顺序为 $sp > sp^2 > sp^3$，酸性大小顺序为乙炔＞乙烯＞乙烷。

§6.2　炔烃的物理性质

炔烃的沸点比相同碳数目的烯烃高 10～20℃，密度和在水中的溶解度略高于相同碳数目的烯烃。炔烃相对无极性，几乎不溶于水，易溶于大多数有机溶剂中，如乙醚、石油醚和苯等。炔烃的熔点和沸点随着碳原子数目的增加而增高。在正炔烃的同系列中，$C_2 \sim C_4$ 的炔烃是气体，$C_5 \sim C_{18}$ 的是液体，C_{18} 以上的是固体。

最简单的炔烃是乙炔，用电石（碳化钙）加水制备，俗称电石气，沸点 −84.7℃，溶于水及乙醇，易溶于丙酮。纯乙炔为无色无臭气体（工业乙炔不纯，含有 H_2S，PH_3 杂质气体，故有刺激性臭味），而许多其他炔烃有特殊的、稍不愉快的气味。

§6.3　炔烃的化学性质

炔烃碳碳叁键的化学性质与烯烃碳碳双键相似，能发生与烯烃相同的大多数反应，特别是加成（氢、卤素、卤化氢、水、醇等），氧化及聚合反应等，但炔烃的化学活性比烯烃弱。另外炔烃也能发生只有叁键才能发生的反应和反映 C—H 键特有酸性的反应。

（一）末端炔的酸性及其反应

末端炔（端炔烃）包括乙炔及其一元取代物（RC≡CH），分子中有连在叁键碳原子上的氢原子。这类与炔基直接相连的氢（炔氢）比较活泼，有一定的弱酸性，pK_a 约为 25，比其他碳氢化合物酸性强，易于形成金属炔化物，并进一步与卤代烃发生烃化反应，是延长炔烃碳链的重要方法。末端炔能被很强的碱（如氨基钠在液氨中）脱去氢，生成炔碳负离子，进一步反应生成炔化钠：

$$RC\equiv CH + NaNH_2 \xrightarrow{\text{液氨}} \underset{\text{炔化钠}}{RC\equiv C^-Na^+} + NH_3$$

炔碳负离子是很强的亲核试剂，可以与 $C_3 \sim C_6$ 伯卤代烃或磺酸酯（二甲酯、二乙酯）发生亲核取代的烃化反应，与醛、酮发生亲核加成反应。

$$2\ n\text{-}C_7H_{15}C\equiv CNa + (C_2H_5)_2SO_4 \longrightarrow 2\ \underset{\text{3-十一炔}}{n\text{-}C_7H_{15}C\equiv CC_2H_5} + Na_2SO_4$$

$$RC\equiv CNa + R_1\text{—}\overset{O}{\overset{\|}{C}}\text{—}R_2(H) \longrightarrow RC\equiv C\text{—}\overset{ONa}{\overset{|}{C}}\begin{matrix}R_1\\R_2(H)\end{matrix} \xrightarrow{H_3O^+} RC\equiv C\text{—}\overset{OH}{\overset{|}{C}}\begin{matrix}R_1\\R_2(H)\end{matrix}$$

末端炔与正丁基锂或格氏试剂反应生成相应的炔化物。炔锂化学性质活泼，可在 0℃用卤代烃烃化，收率 73%～90%：

$$n\text{-}C_4H_9C\equiv CH \xrightarrow{n\text{-}C_4H_9Li} n\text{-}C_4H_9C\equiv CLi \xrightarrow{n\text{-}C_5H_{11}Cl} n\text{-}C_4H_9C\equiv C-n\text{-}C_5H_{11}$$

5-十一炔

$$RC\equiv CH + C_2H_5MgBr \longrightarrow RC\equiv CMgBr + C_2H_6$$

炔氢与硝酸银或亚铜盐的氨溶液反应，分别生成白色的炔化银沉淀或红棕色炔化亚铜沉淀，反应极为灵敏、快速，常用来鉴定具有—C≡CH 结构特征的炔烃，并可利用这一反应从混合物中把这种炔烃分离出来；而 R′—C≡C—R 型的炔烃不发生这两个反应。乙炔银和乙炔亚铜在湿润时比较稳定，在干燥时能因撞击或升高温度发生爆炸，所以实验完毕后，应立即加硝酸把它分解掉。

$$RC\equiv CH + Ag(NH_3)_2NO_3 \longrightarrow RC\equiv CAg\downarrow\text{（白色）} + NH_4NO_3 + NH_3$$

$$RC\equiv CH + Cu(NH_3)_2^{+} \longrightarrow RC\equiv CCu\downarrow\text{（红棕色）} + NH_4^{+} + NH_3$$

乙炔有两个活泼氢，可与两分子硝酸银或亚铜盐反应，生成双银盐或双亚铜盐。乙炔锂进行单烃化反应可以制备末端炔。

炔化亚铜也可与多种卤代烃反应，用途较广。炔化亚铜用空气或 $K_3Fe(CN)_6$ 氧化，可以偶联成具有两个炔基的长链化合物：

$$2RC\equiv CCu + \frac{1}{2}O_2 \longrightarrow RC\equiv C-C\equiv CR + Cu_2O$$

（二）还原

（1）加氢部分还原：乙炔加氢的氢化热为 $-175\ kJ\cdot mol^{-1}$，乙烯加氢为 $-137\ kJ\cdot mol^{-1}$，因此炔烃比烯烃更易加氢。在常用的钯和镍催化下，炔烃加氢直接生成烷烃，不能停留在烯烃阶段。为使炔烃加氢得到烯烃，需降低催化剂的活性，用部分钝化的催化剂；为此人们制备了林德拉(Lindlar)催化剂，即将钯细粉沉淀在碳酸钙上，再用醋酸铅溶液处理制得。若用镍的硼化物(Ni_2B)代替，制备更容易，能得到高产率的顺式烯烃。由于在金属表面吸附加氢，产物以顺式烯烃为主。如天然的硬脂炔酸可在此催化剂作用下加氢生成天然的顺式油酸：

$$CH_3(CH_2)_7C\equiv C(CH_2)_7COOH + H_2 \xrightarrow{\text{Lindlar Pd}} \underset{H}{\overset{CH_3(CH_2)_7}{}}\!\!>C=C<\!\!\underset{H}{\overset{(CH_2)_7COOH}{}}$$

硬脂炔酸　　　　油酸（顺式）

用硼化镍(Ni_2B)与乙二胺合并催化，可使炔烃立体定向地生成顺式烯烃。

$$C_2H_5C\equiv CC_2H_5 + H_2 \xrightarrow{Ni_2B/\text{乙二胺}} \underset{H}{\overset{C_2H_5}{}}\!\!>C=C<\!\!\underset{H}{\overset{C_2H_5}{}} \quad\text{（顺式:反式=200:1）}$$

（2）碱金属(K,Na,Li)/液氨还原得反式烯烃：叁键不在链端的非端炔，在液氨中被碱金属还原，主要生成反式烯烃。由于反式构型的烯烃自由基两个烷基相距较远，稳定性强。如 3-己炔在液氨中被 Na 还原成(E)-3-己烯：

$$CH_3CH_2C\equiv CCH_2CH_3 + 2Na + 2NH_3 \xrightarrow{\text{液氨}} \underset{H}{\overset{CH_3CH_2}{}}\!\!>C=C<\!\!\underset{CH_2CH_3}{\overset{H}{}} + 2NaNH_2$$

反应机制为：首先 Na 与液氨在无 Fe^{3+} 时(否则形成 $NaNH_2$)形成 Na^+ 和溶剂化电子 $e^-(NH_3)$的蓝色溶液，一个电子加到炔烃分子上，形成烯烃负离子自由基；从 NH_3 处得到一个质子成自由基；再与第二个电子作用形成碳负离子；最后从 NH_3 处得到一个质子生成反式烯烃。

$$Na + NH_3(液) \longrightarrow Na^+ + e^-(NH_3)\ 蓝色溶液$$

$$RC\equiv CR \xrightarrow{e^-} R\dot{C}=\bar{C}R \xrightarrow{NH_3} R\dot{C}=C(H)-R \xrightarrow{e^-} \underset{\text{负离子}}{R(\ddot{C}^-)=C(H)R} \xrightarrow{NH_3} \underset{\text{反式烯烃}}{(R)(H)C=C(H)(R)}$$

负离子自由基　　自由基　　负离子　　反式烯烃

(三) 炔烃的亲电加成反应

炔烃的官能团是—C≡C—，它有两个 π 键，有较弱的亲核性，可作为 Lewis 碱，亲电加成反应比烯烃的加成反应慢。这是由于 sp 碳原子的电负性比 sp^2 碳原子的强，电子与 sp 碳原子结合得更加紧密，不易给出电子与亲电试剂结合；同时碳原子对 π 电子束缚力大，炔烃的 π 键不易极化和断裂。

(1) 加卤素： 炔烃加 1 mol 卤素，主要产物为反式二卤代烯烃，且可控制在双键处。加 2 mol 卤素，产物为四卤代烷。

$$RC\equiv CR + Br_2 \longrightarrow (R)(Br)C=C(Br)(R)\ (主要产物) \xrightarrow{Br_2} RCBr_2CRBr_2$$

(E)-二溴代烯烃

炔烃加卤素反应一般比烯烃困难，如乙炔氯化需在光照或三氯化铁等催化剂存在条件下进行；烯烃可使溴的四氯化碳溶液立即褪色，炔烃却需要几分钟才使之褪色。当分子中同时存在双键和叁键时，加 1 mol 卤素，反应优先在双键上进行。

$$CH\equiv CH \xrightarrow[FeCl_3]{Cl_2} (H)(Cl)C=C(Cl)(H) \xrightarrow[FeCl_3]{Cl_2} Cl_2HC-CHCl_2$$

反二氯乙烯　　1, 1, 2, 2-四氯乙烷

$$CH\equiv CCH_2CH=CH_2 + Br_2 \longrightarrow CH\equiv CCH_2CHBrCH_2Br$$

1-戊烯-4-炔　　4, 5-二溴-1-戊炔

(2) 加卤化氢： 炔烃加卤化氢的反应分两步进行，先生成卤化烯，为反式加成；再生成二卤代烷。反应符合马氏规则。与卤化氢的加成速率大小顺序为 HI＞HBr＞HCl。

炔烃加氯化氢一般要汞盐作催化剂。一元取代乙炔(端炔)与氯化氢加成，首先生成乙烯式氯代烯烃，是可控制的。如工业上由乙炔和氯化氢在氯化汞催化下大量制备聚氯乙烯的单体——氯乙烯。再加 1 mol 氯化氢，可进一步得到偕二氯代烷。反应遵循马氏规则。

$$RC\equiv CH + HCl \xrightarrow{HgCl_2} RC(Cl)=CH_2 \xrightarrow[HgCl_2]{HCl} RCCl_2CH_3$$

有两个取代基的炔(非末端炔)与 1 mol HCl 反应，主要生成反式加成产物。

$$RC\equiv CR + HCl \xrightarrow{HgCl_2} \underset{Cl}{\overset{R}{>}}C=C\underset{R}{\overset{H}{<}} \quad (Z)\text{-氯代烯烃}$$

炔烃与溴化氢在有过氧化物存在时加成，进行自由基加成，得反马氏规则产物。如1-己炔加 HBr 在过氧化物存在条件下生成74%的1-溴-1-己烯：

$$n\text{-}C_4H_9C\equiv CH + HBr \xrightarrow{\text{过氧化物}} n\text{-}C_4H_9CH=CHBr$$

(3) 水合反应生成醛和酮： 在乙酸水溶液中，汞盐催化下，乙炔水合生成醛。如工业上用乙炔水合制备乙醛，先生成不稳定的烯醇式（羟基直接与双键碳原子相连）乙烯醇，再异构化成稳定的羰基化合物乙醛，乙烯醇和乙醛为互变异构体：

$$CH\equiv CH + H_2O \xrightarrow[10\%\ H_2SO_4]{5\%\ HgSO_4} \underset{\text{烯醇式}}{[CH_2=CH-OH]} \overset{\text{互变}}{\rightleftharpoons} \underset{\text{乙醛（酮式）}}{CH_3CH=O}$$

炔烃与水的加成遵循马氏规则。在同样条件下，乙炔以外的炔烃水合生成酮。如1-丁炔汞盐催化水合，生成中间产物1-丁炔-2-醇，酸性环境中重排得2-丁酮。

(4) 与乙硼烷加成： 末端炔经硼氢化得乙烯基硼烷，为反马氏规则加成，再在碱性过氧化氢中氧化得烯醇，异构化后生成醛：

$$6RC\equiv CH + B_2H_6 \longrightarrow 2[RCH=CH-]_3B \xrightarrow{H_2O_2,\ OH^-} 6[RCH=CHOH] \rightleftharpoons 6\,RCH_2CH=O$$

非末端炔与乙硼烷顺式加成生成硼烷，再用乙酸分解生成顺式烯烃；在碱性环境中氧化则生成酮：

$$6\,RC\equiv CR + B_2H_6 \longrightarrow 2\left[\underset{H}{\overset{R}{>}}C=C\overset{R}{<}\right]_3B \begin{cases} \xrightarrow{CH_3COOH} \underset{H}{\overset{R}{>}}C=C\underset{H}{\overset{R}{<}} \quad (Z)\text{-烯烃} \\ \xrightarrow{H_2O_2,\ OH^-} RCH_2\overset{O}{\overset{\|}{C}}R \quad \text{酮} \end{cases}$$

(四) 亲核加成

炔烃在碱的催化下，可以与带有活泼氢的化合物（如—OH，—SH，$—NH_2$，═NH，$—CONH_2$或—COOH）发生加成反应，生成含有双键（乙烯基）的产物。例如：炔烃与醇加成生成乙烯基醚；乙炔与乙酸加成生成乙酸乙烯酯，与氢氰酸生成丙烯腈。乙酸乙烯酯和丙烯腈都是合成高聚物的重要单体。

$$RC\equiv CH + R_1OH \xrightarrow{RONa} R\overset{CH_2}{\overset{\|}{C}}-OR_1$$

$$HC\equiv CH + CH_3\overset{O}{\overset{\|}{C}}OH \xrightarrow[150\sim180\ ^\circ C,\ 0.5\sim1.5\ MPa]{\text{碱}} CH_3\overset{O}{\overset{\|}{C}}OCH=CH_2$$

$$HC\equiv CH + HCN \xrightarrow{CuCN} CH_2=CHCN$$

(五) 聚合反应

乙炔在不同的催化剂和反应条件下，发生各种不同的聚合反应，生成链状或环状的化合物，但一般不生成高聚物。乙炔在 Cu_2Cl_2 和 NH_4Cl 作用下可生成链状二聚或三聚物，二分子聚合生成乙烯基乙炔 $CH_2=CH-C\equiv CH$，三分子聚合生成二乙烯基乙炔 $CH_2=CH-C\equiv C-CH=CH_2$。在 Cu_2Cl_2 和氧作用下末端炔可发生偶联反应生成二炔烃 $RC\equiv C-C\equiv CR$。在三苯基膦羰基镍[$(C_6H_5)_3PNi(CO)_2$]催化下，三分子乙炔聚合生成苯。

（六）炔烃的氧化

（1）氧化生成二酮： 用冷、稀的中性高锰酸钾溶液处理 2-戊炔，得 2，3-戊二酮：

$$CH_3C\equiv CCH_2CH_3 \xrightarrow[H_2O，中性]{KMnO_4} CH_3\overset{O}{\overset{\|}{C}}-\overset{O}{\overset{\|}{C}}CH_2CH_3 \quad 90\%$$

（2）氧化断裂： 炔烃经臭氧或热的碱性高锰酸钾溶液氧化，碳碳叁键断裂，生成两个羧酸，可由所得产物结构推断原炔烃叁键位置和结构。与高锰酸钾反应时可以看到高锰酸钾的紫色消失，可利用此反应检验碳碳叁键。

$$CH_3CH_2CH_2C\equiv CCH_2CH_3 \xrightarrow[OH^-,\ 25\ ^\circ C]{KMnO_4} \xrightarrow{H^+} CH_3CH_2CH_2COOH + CH_3CH_2COOH$$

§6.4　炔烃的制备

（一）消除反应合成炔烃（二卤代烷及卤代乙烯脱卤化氢）

邻二卤代烷（—CHX—CHX—）或偕二卤代烷（$-CH_2-CX_2-$）在碱性条件下可脱去一分子卤化氢生成乙烯基卤代烃。由于乙烯基卤代烃中卤素与双键共轭，形成极限式。该结构中，一方面卤原子缺少电子，另一方面碳卤键加强，再失去带负电荷的卤离子比较困难，因此第二步脱去卤化氢生成炔烃需在剧烈条件下（强碱、高温）才能进行。

$$\left.\begin{matrix} CH_2XCH_2X \\ CH_3CHX_2 \end{matrix}\right\} \xrightarrow[-HX]{KOH/醇} CH_2=CH-\ddot{X} \longleftrightarrow \ddot{C}H_2-CH=\overset{+}{X}$$

$$CH_2=CH-X \xrightarrow[或NaNH_2]{KOH/醇，高温} CH\equiv CH + HX$$

邻二溴代烷易从烯烃加溴制备，此法实际上是将烯烃转化为炔烃。

对于相对分子质量较大的炔烃，用强碱性试剂处理，叁键会沿碳链转移，发生重排，称为碱催化炔烃异构化。末端炔键与 KOH/醇共热，常向链中位移形成稳定的炔烃；但非末端炔烃用 $NaNH_2$ 在矿物油或三甲苯中共热，由于氨基钠是强碱，炔烃末端脱去质子，再加水终止反应，得末端炔，最终使叁键移向末端。

$$CH_3CH_2C\equiv CH \xrightarrow[\triangle]{KOH,\ C_2H_5OH} CH_3C\equiv CCH_3$$

$$n\text{-}C_5H_{11}C\equiv CCH_3 \xrightarrow[150\ ^\circ C]{NaNH_2，矿物油} n\text{-}C_6H_{13}C\equiv C^-Na^+ + NH_3$$

$$n\text{-}C_6H_{13}C\equiv C^-Na^+ \xrightarrow{H_2O} n\text{-}C_6H_{13}C\equiv CH$$

(二) 由末端炔烷基化合成炔烃

末端炔含有—C≡CH 结构，又称 1-炔，可制备金属炔化物。

(1) 炔负离子烷基化： 炔钠与卤代烷进行取代反应，为减少副反应，通常使用伯卤代烷与炔钠（RC≡CNa）的经典合成法：

$$HC\equiv CH \xrightarrow[NH_3]{NaNH_2} HC\equiv CNa \xrightarrow{RBr} HC\equiv CR \xrightarrow[NH_3]{NaNH_2} RC\equiv CNa \xrightarrow{RBr} RC\equiv CR$$

炔锂（RC≡CLi）在多种溶剂中溶解性好，合成上有优越性。炔铜（RC≡CCu）可与多种卤代烃反应，应用较广。炔铝（RC≡C—）$_3$Al 与卤代烃反应副反应少。

(2) 炔负离子与羰基加成： 炔负离子作为亲核试剂与羰基发生亲核加成反应，再加入稀酸生成炔醇。炔化物与甲醛反应，得到比原料炔化物多一个碳的一级醇；与其他醛加成得到二级醇；与酮加成得到三级醇。

$$CH_3C\equiv CH + CH_2{=}O \xrightarrow[(2)\,H_3O^+]{(1)\,NaNH_2} CH_3C\equiv CCH_2OH$$

$$CH_3CH(CH_3)C\equiv CH + C_6H_5CHO \xrightarrow[(2)\,H_3O^+]{(1)\,NaNH_2} CH_3CH(CH_3)C\equiv CCH(C_6H_5)OH$$

$$HC\equiv CH + \text{环己酮} \xrightarrow[(2)\,H_3O^+]{(1)\,NaNH_2} \text{1-乙炔基环己醇（C上连 OH 与 C}\equiv\text{CH）}$$

(三) 乙炔的制备

(1) 碳化钙(电石)法： 焦炭和氧化钙在电弧炉中，加热到 2200℃，制备碳化钙；碳化钙水解生成乙炔。乙炔能以任意比例溶解在丙酮中。

$$3C + CaO \longrightarrow CaC_2 + CO$$

$$CaC_2 \xrightarrow{2H_2O} HC\equiv CH + Ca(OH)_2$$

(2) 甲烷法： 天然气主要成分为甲烷。甲烷在 1500℃的电弧炉中，经极短时间加热，裂解成乙炔。

§6.5　二烯烃的分类和命名

含有两个双键的烃类化合物称为二烯烃或双烯烃，属于多烯烃。双烯烃的通式为 C_nH_{2n-2}，与炔烃相同；碳原子数目相同的双烯烃和炔烃互为同分异构体，由于官能团不同，因此被称为官能团异构体。

(一) 二烯烃的分类

由分子中两个双键的相对位置可将二烯烃分为三类：

(1) 累积二烯烃： 分子中两个双键与同一个碳原子相连接的二烯烃。这类烯烃不多，但其立体化学很有意义，如取代丙二烯衍生物，可能形成光活异构体。

(2) 孤立二烯烃：分子中的两个双键被两个或两个以上单键隔开的二烯烃，它们的性质与一般烯烃相似。

(3) 共轭二烯烃：分子中的两个双键被一个单键隔开的二烯烃，它们有一些独特的物理和化学性质。分子中单双键交替出现的体系称为共轭体系，含共轭体系的多烯烃称为共轭烯烃，共轭二烯烃属于共轭烯烃。

(二) 多烯烃的命名

命名与烯烃相似。取含双键最多的最长链为主链，根据含双键的数目称为某几烯。从离双键较近的一端开始编号，标明双键和取代基的位置，该位置由基团连接的主链碳原子的位次确定，写在母体名称前面。如果是顺反异构体，命名时应分别标明其 Z、E 构型，写在整个名称前面。例如

$CH_2=C=CHCH_3$　　$CH_2=C(CH_3)-CH=CH_2$

1,2-丁二烯　　2-甲基-1,3-丁二烯

2,4-己二烯有三个异构体：

(2Z,4E)-2,4-己二烯　　(2Z,4Z)-2,4-己二烯　　(2E,4E)-2,4-己二烯

由于两个双键中的单键可以旋转，共轭烯烃会有构象异构体。如 1,3-丁二烯有两种典型的构象式，一种是两个双键位于 C_2—C_3 单键的同侧，用 *s*-顺(*cis*)或 *s*-(Z)表示，*s* 表示两个双键间的单键；另一种是两个双键位于 C_2—C_3 单键的异侧，用 *s*-反(*trans*)或 *s*-(E)表示。通常 *s*-反(*trans*)比 *s*-顺(*cis*)稳定，能量差约为 10.5～13.0 $kJ \cdot mol^{-1}$，由 *s*-顺转变为 *s*-反的能垒约为 26.8～29.3 $kJ \cdot mol^{-1}$，但在室温下，分子的热运动足以跨过该能垒，使构象之间可以互相转换。但在某些化学反应中 *s*-反和 *s*-顺仍会表现出明显的差异。

§6.6 共轭烯烃的结构特征和共轭效应

共轭烯烃的结构有与一般烯烃不同之处，即存在一个共轭体系，表现出特有的共轭效应。给电子的共轭效应记作 $+C$，吸电子的共轭效应记作 $-C$。共轭效应使分子的构型和性质发生变化，具体表现在以下几方面：分子中单双键交替部分的键长均匀化，单键键长缩短，双键键长增长；共轭体系中，各原子的电子云密度呈正负相间分布；原子趋于共平面；体系的能量降低，趋于稳定；分子中各原子间的相互影响通过共轭体系传递，其作用是远程的，可通过大 π 键从一端传递到另一端，出现特定的化学反应性能，如 1,3-丁二烯易于进行 1,4-加成，通常 1,4-加成产物多于 1,2-加成产物。

(一) 共轭烯烃的特性

(1) 结构特性：1,3-丁二烯是最简单的共轭烯烃，其键长、键角如下所示：

1,3-丁二烯的键长和键角

分子中 $C_1{=}C_2$ 和 $C_3{=}C_4$ 双键键长为 134 pm，略长于单烯烃的双键键长 133 pm；但 $C_2{-}C_3$ 单键键长只有 147 pm，明显小于烷烃中单键键长 154 pm，证明单键具有了部分双键的性质，键长趋于平均化。在 1,3-丁二烯分子中四个碳原子都是 sp^2 杂化，碳原子相互之间以及碳原子和氢原子之间生成的九个 σ 键都在同一平面内。每个碳原子上还有一个价电子处于未杂化的 p 轨道中，四个 p 轨道均垂直于分子平面，且相互平行，形成的两个双键之间只隔着一个单键，由于距离近，两个 π 键电子云发生重叠，结果是所有的 p 电子通过侧面交盖形成一个离域的大 π 键，构成 π-π 共轭体系，使键长平均化。

(2) 物理特性：

① 吸收光谱向长波方向移动：紫外吸收光谱实测得到 $CH_2{=}CH_2$ 的吸收峰为 185 nm，$CH_2{=}CH{-}CH{=}CH_2$ 的吸收峰为 217 nm，$CH_2{=}CH{-}CH{=}CH{-}CH{=}CH_2$ 的吸收峰为 258 nm。由此可知共轭双键数目越多，吸收光谱向长波方向移动越多。

② 分子折射率增高：一般情况下一个化合物的分子折射率是分子中各原子折射率的总和。折射率是与分子可极化性相联系的，对于不饱和化合物，由于可极化性增大，折射率比相应的饱和化合物会有一个双键的增量。而共轭烯烃电子体系更容易极化，折射率增量比孤立双烯又高一些。从分子折射率的增高可以推断出分子中是否含有双键或其他不饱和键。

(3) 化学特性：

① 氢化热降低，化学性质稳定：孤立二烯中的两个双键是相互独立的，一般孤立二烯的氢化热是单烯烃的两倍。共轭二烯的氢化热比孤立二烯低，可知共轭烯烃比孤立二烯稳定，而且共轭体系越大，稳定性越好。

② 1,4-加成：当 1,3-丁二烯进行亲电加成时，有两种方式，一种是 1,2-加成，与只和一个单独的双键反应产物相同；另一种是亲电试剂加到共轭双烯两端的碳原子上，同时在中间两个碳上形成一个新的双键，为 1,4-加成。如 1,3-丁二烯和溴加成，在生成 1,2-加成产物 3,4-二溴-1-丁烯的同时，还有 1,4-加成的产物 1,4-二溴-2-丁烯：

$$CH_2{=}CH{-}CH{=}CH_2 \xrightarrow[\text{冰醋酸}]{Br_2} \underset{\text{1,4-二溴-2-丁烯 (70\%)}}{CH_2Br{-}CH{=}CH{-}CH_2Br} + \underset{\text{3,4-二溴-1-丁烯 (30\%)}}{CH_2Br{-}CHBr{-}CH{=}CH_2}$$

发生 1,4-加成是由于共轭体系的一端受到亲电试剂进攻时，原子间的相互影响作用可以通过共轭效应传递到体系的另一端。1,4-加成时，共轭体系作为整体参与反应，进行共轭加成。

$$A^+ \dashrightarrow \underset{\delta-}{H_2C}{=}\underset{\delta+}{CH}{-}\underset{\delta-}{CH}{=}\underset{\delta+}{CH_2}$$

共轭双烯的共轭加成产物通常以 1,4-加成产物为主，但 1,2-加成和 1,4-加成的比例还跟体系的结构以及反应条件如温度、溶剂有关；低温有利于 1,2-加成，高温有利于 1,4-加成。对于更大的共轭体系，共轭效应也贯穿其中，出现电子云密度疏密交替分布的状况，亲电试剂进行共轭加成。含有三个以上双键的共轭多烯发生共轭加成时，试剂不一定只加到端基碳原子上。如 1,3,5,7-辛四烯的共轭加成可以是 1,4-、1,6-或 1,8-加成。

$$\overset{1}{C}H_2=\overset{2}{C}H-CH=\overset{4}{C}H-CH=\overset{6}{C}H-CH=\overset{8}{C}H_2$$

（二）共轭体系的分类

按其结构分类，共轭体系可分为 π-π 共轭，p-π 共轭和碳氢 σ 键超共轭。

（1）π-π 共轭： π 键与 π 键的共轭称为 π-π 共轭，其共轭原子共平面，每个原子各提供一个垂直于该平面的 p 轨道，多个 π 键的 p 轨道以侧面交盖方式形成离域键，离域的 π 电子数与共轭原子数相同。如 1,3,5-己三烯和丙烯醛：

$$CH_2=CH-CH=CH-CH=CH_2 \qquad CH_2=CH-CH=O$$

（2）p-π 共轭： π 键的 p 轨道与相邻原子上的 p 轨道侧面交盖形成离域键，称为 p-π 共轭体系。如氯乙烯分子和烯丙基自由基。

氯乙烯分子中，氯原子的外层孤对电子占据的 p 轨道与 C═C 之间的 π 键 p 轨道发生一定程度的交盖，形成一个四电子三中心的 p-π 共轭体系，使氯原子与碳原子的结合更加紧密。

烯丙基自由基中的自由基碳原子的 p 轨道与相邻 π 键的 p 轨道侧面交盖，形成一个三电子三中心的 p-π 共轭体系，使历经烯丙基自由基中间体的反应活化能降低，反应容易发生。烯丙基碳正离子与之类似，碳正离子的空 p 轨道与相邻 π 键的 p 轨道侧面交盖，电子离域，形成一个二电子三中心的 p-π 共轭体系，使历经烯丙基碳正离子中间体的反应活化能降低。烯丙基碳负离子中碳负离子的 p 轨道与相邻 π 键的 p 轨道侧面交盖，p 轨道上电子离域，形成一个四电子三中心的 p-π 共轭体系。

$CH_2=CH-\ddot{C}l$	$CH_2=CH-\dot{C}H_2$	$CH_2=CH-\overset{+}{C}H_2$	$CH_2=CH-\overset{-}{C}H_2$
氯乙烯	烯丙基自由基	烯丙基碳正离子	烯丙基碳负离子

（3）碳氢 σ 键超共轭： 碳氢 σ 键中，由于氢原子太小，对碳氢键电子云屏蔽力小，σ 键轨道与相邻的 π 键或原子的 p 轨道可形成侧面交盖，产生电子离域，称为超共轭。超共轭比 π-π 共轭、p-π 共轭作用小，用超共轭可解释一些实验事实。

丙烯分子中，甲基上的 σ 轨道与 π 键的 p 轨道可能存在部分侧面交盖。由于碳碳单键旋转，甲基上三个 σ 键轨道都有机会与 π 轨道重叠，参加 σ-π 超共轭的 C—H 键越多，分子越稳定。由此可解释亲电试剂对丙烯分子加成时符合马氏规则：超共轭效应使 π 键电子云向远离 σ 键方向移动，丙烯分子的双键中靠近甲基的碳带部分正电荷，而远离甲基的碳带部分负电荷，最终加氯化氢的主要产物为 2-氯丙烷。

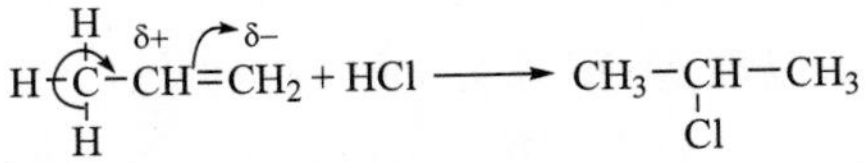

$$H-\overset{H}{\underset{H}{C}}-\overset{\delta+}{CH}=\overset{\delta-}{CH_2}+HCl \longrightarrow CH_3-\underset{Cl}{CH}-CH_3$$

对于共轭烯烃所具有的特性，分子轨道理论、共振论分别做出了解释。

§6.7　分子轨道理论

1931 年，休克尔(Hückel)提出了分子轨道近似量子化学方法，该方法在处理分子时，并不引进明显的价键结构概念。它强调分子的整体性，认为分子轨道可由原子轨道线性组合得到，组成的分子轨道数目与原子轨道的数目相等。如 1,3-丁二烯四个碳原子的 p 轨道，通过线性组合得到四个 ψ 分子轨道，其中两个分子轨道 ψ_1 和 ψ_2 比原来的 p 原子轨道能量低，是成键轨道；另外两个分子轨道 ψ_3 和 ψ_4 比原来的 p 原子轨道能量高，是反键轨道。基态时，四个 π 电子中两个占据 ψ_1 轨道，两个占据 ψ_2 轨道，分布在围绕四个碳原子的两个分子轨道中。与价键理论不同，分子轨道理论认为成键 π 电子的运动范围不再局限于孤立双键的两个碳原子之间，而是扩展到整个分子的四个碳原子之间。这种围绕三个或三个以上原子的分子轨道称为离域或共轭，形成的化学键称为离域键或大 π 键。ψ_1 和 ψ_2 都起成键作用，具有很强的 π 键性质，形成了整体的 π 分子轨道。每个 π 电子所具能量是由它所占据的分子轨道决定的。

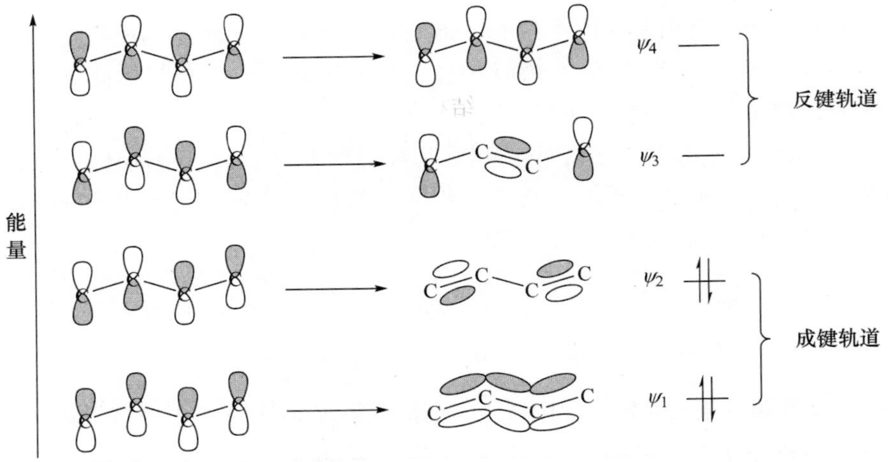

能量

ψ_4

ψ_3

反键轨道

ψ_2

ψ_1

成键轨道

共轭二烯分子中这种电子离域不仅使键长平均化，也能使化合物的能量降低，稳定性增加。氢化热数据表明，共轭二烯烃比孤立二烯烃能量低 28 $kJ \cdot mol^{-1}$。这个能量差称为离域能或共轭能。

同一分子的占据电子的各个分子轨道中，能量最高的称为最高占据轨道，用 HOMO (highest occupied molecular orbital)表示。未被占据的各个分子轨道中，能量最低的称为最低未占据轨道，用 LUMO (lowest unoccupied molecular orbital)表示。对于含有 n 个碳原子的直链共轭烯烃，当 n 为偶数时，有 $n/2$ 个成键轨道和 $n/2$ 个反键轨道；n 为奇数时，则有 $(n-1)/2$ 个成键轨道，$(n-1)/2$ 个反键轨道和一个非键轨道。

§6.8 共 振 论

(一) 简介

共振论认为当一个分子、离子或自由基，按价键规则可以用两个或两个以上原子核排列相同，只有核外电子排列方式不同的经典结构式表示时，它们的真实结构式是这些可能的经典结构式的叠加。这些经典结构式称为共振式或极限式，相应的结构可看作是共振结构或极限结构。通过电子对的重新排布，一个极限式可以转变为另一个极限式，即共振。这类分子、离子或自由基可以认为是极限结构的杂化体。如 1,3-丁二烯被看作是下面 7 个极限结构的共振杂化体，虽然它们实际上并不存在。一般写共振结构式时，可将双箭头符号置于这些共振结构式之间代表共振，并外加方括号：

$$[\ \underset{1}{CH_2{=}CH{-}CH{=}CH_2} \longleftrightarrow \underset{2}{\overset{-}{C}H_2{-}CH{=}CH{-}\overset{+}{C}H_2} \longleftrightarrow \underset{3}{\overset{+}{C}H_2{-}CH{=}CH{-}\overset{-}{C}H_2}$$

$$\longleftrightarrow \underset{4}{\overset{+}{C}H_2{-}\overset{-}{C}H{-}CH{=}CH_2} \longleftrightarrow \underset{5}{\overset{-}{C}H_2{-}\overset{+}{C}H{-}CH{=}CH_2}$$

$$\longleftrightarrow \underset{6}{CH_2{=}CH{-}\overset{-}{C}H{-}\overset{+}{C}H_2} \longleftrightarrow \underset{7}{CH_2{=}CH{-}\overset{+}{C}H{-}\overset{-}{C}H_2}\ ]$$

共振杂化体不是各种极限式的混合物，每个极限式只是一种极端情况。某种化合物可以写出的极限式越多，共振杂化体能量越低，化合物越稳定。不同的极限结构式的稳定性是不同的，电荷越分散极限结构越稳定，原子具有完整价电子层的极限结构比原子不具有完整价电子层的极限结构稳定。越稳定的极限结构对杂化体的贡献越大，形成共价键最多的对共振杂化体贡献最大。如在 1,3-丁二烯中，极限结构 1 的能量最低，贡献最大，通常可用它来表示 1,3-丁二烯的结构；另外 6 个极限结构能量较高，贡献较少。实际化合物与能量最低的极限结构之间的能量差，也就是化合物分子由于电子离域而获得的额外稳定能称为共振能，如 1,3-丁二烯的共振能为 28 $kJ \cdot mol^{-1}$。共振能实际上就是离域能。共振结构之间在能量上越接近，共振能越大。为了方便，通常用能量最低的共振结构式表示相应分子的真实结构，如苯：

[苯的两个凯库勒式 ⟷ 共振式]

(二) 共振论的应用和局限性

共振论不需复杂的计算，在解释化合物的酸碱性、有机反应定位效应方面获得了成功。如 1,3-丁二烯 7 个共振结构式中的 2、3 式表示 C_2 和 C_3 之间有双键的性质。

由于共振式只是一种表示方法，是在经典结构式的基础上引入了一些人为规定，不可避免地存在局限性。根据共振论的概念，化合物环丁二烯和环辛四烯都应该是和苯一样的稳定化合物，实际上它们却极不稳定。

$$\square \longleftrightarrow \square \qquad \text{(环辛四烯)} \longleftrightarrow \text{(环辛四烯)}$$

§6.9 共轭二烯烃的化学反应

(一) 亲电共轭加成

1,3-丁二烯加溴化氢,生成1,2-加成产物3-溴-1-丁烯和1,4-加成产物1-溴-2-丁烯。

$$\overset{1}{C}H_2=\overset{2}{C}H-\overset{3}{C}H=\overset{4}{C}H_2 \xrightarrow{+HBr} \begin{cases} \xrightarrow{1,2\text{-加成}} CH_3-\underset{Br}{\underset{|}{C}H}-CH=CH_2 & \text{3-溴-1-丁烯} \\ \xrightarrow{1,4\text{-加成}} CH_3-CH=CH-CH_2Br & \text{1-溴-2-丁烯} \end{cases}$$

反应第一步为加H^+,生成相同的活性中间体——烯丙基型碳正离子,经缺电子的p-π共轭,正电荷主要分布在C_2和C_4上(C_2为仲碳离子,C_4为伯碳离子);第二步加Br^-,是竞争性反应,既可加到C_2上进行1,2-加成,又可加到C_4上进行1,4-加成。由于1,2-加成中,溴负离子加到带正电荷的仲碳离子上,比1,4-加成加到伯碳离子上所需活化能小,低温有利于1,2-加成(−80℃,3-溴-1-丁烯80%,1-溴-2-丁烯20%)的进行;活化能低的产物优先生成,称为动力学控制或速率控制。随着温度升高、时间加长,决定产物的主要因素不再是活化能,而是产物的稳定性。产物大部分重排为1,4-加成产物,形成平衡。由于1,4-加成产物结构较1,2-加成产物稳定,最后都会得到含20%的1,2-加成产物和80%的1,4-加成产物的混合物,这是两个化合物之间平衡的结果。此时产物的稳定性为控制反应的主要因素,称为热力学控制或平衡控制。因此高温有利于1,4-加成(40℃,1-溴-2-丁烯80%,3-溴-1-丁烯20%)。

$$CH_2=CH-CH=CH_2 \xrightarrow{+H^+} \left[CH_3-\overset{+}{C}H-CH=CH_2 \longleftrightarrow CH_3-CH=CH-\overset{+}{C}H_2 \right] \equiv$$

$$CH_3-\overset{\delta+}{C}H\overset{\cdots}{=}CH\overset{\cdots}{=}\overset{\delta+}{C}H_2 \xrightarrow{+Br^-} CH_3-\underset{Br}{\underset{|}{C}H}-CH=CH_2 + CH_3-CH=CH-CH_2Br$$

有苯基取代的共轭双烯加成时,由于苯环的共轭稳定作用控制了反应的加成方式,无1,4-加成。如1-苯基-1,3-丁二烯加氯,产物仅为1-苯基-3,4-二氯-1-丁烯:

$$C_6H_5-CH=CH-CH=CH_2 + Cl_2 \longrightarrow C_6H_5-CH=CH-\underset{Cl}{\underset{|}{C}H}-CH_2Cl$$

(二) 狄尔斯-阿尔德(Diels-Alder)反应(双烯合成反应)

奥托·狄尔斯(Otto Diels)和库尔特·阿尔德(Kurt Alder)于1928年发现共轭双烯与含有烯键或炔键的化合物互相作用,可生成六元环状化合物,这类反应被命名为狄尔斯-阿尔德反应(简称D-A反应)。如1,3-丁二烯和顺丁烯二酸酐在100℃共热,生成邻苯二甲酸酐,收率近100%。在这类反应中,参加反应的共轭双烯称为双烯体;而另一个提供双键的不饱和化合物称为亲双烯体。

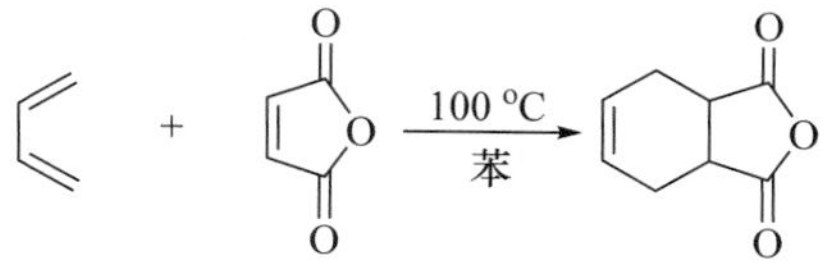

1,3-丁二烯（双烯体） + 顺丁烯二酸酐（亲双烯体） —100 ℃，苯→ 邻苯二甲酸酐

反应主要由双烯体的 HOMO 与亲双烯体的 LUMO 参与，电子从双烯体的HOMO 流入亲双烯体的 LUMO。因此带有给电子取代基如—CH_3，—NH_2 等的双烯体和带有吸电子基的亲双烯体对反应有利。亲双烯体上连有—CHO，—COOR，—CN，—NO_2，—Cl 等吸电子基团时，室温或稍加热下即可进行反应，收率较高。若亲双烯体为简单的烯烃，如乙烯，则反应要在压力和高温下进行，收率较低。如 1,3-丁二烯和乙烯在压力条件下，200～300℃反应生成环己烯，收率只有 20%。

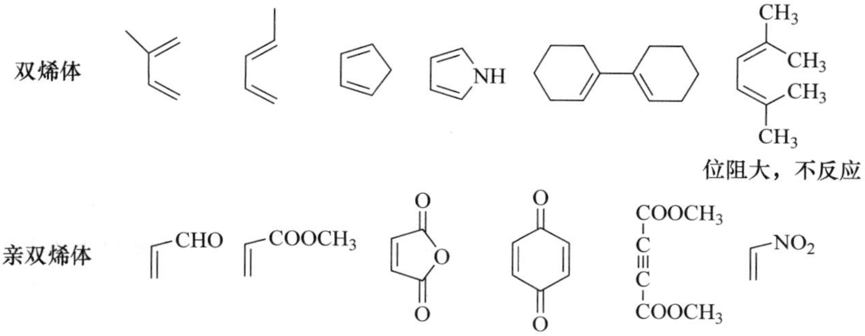

双烯体

NH

CH_3 CH_3 CH_3 CH_3

位阻大，不反应

亲双烯体

CHO　COOCH$_3$　O O O　O O　COOCH$_3$ C≡C COOCH$_3$　NO_2

双烯合成反应一般只需要加热或光照，不需要催化剂，是一步完成的反应。反应物先彼此靠近，形成环状过渡态，再转换成产物。旧键的断裂和新键的生成相互协调，在同一步骤中完成，为协同反应，没有碳正离子、碳负离子、自由基等活性中间体产生。

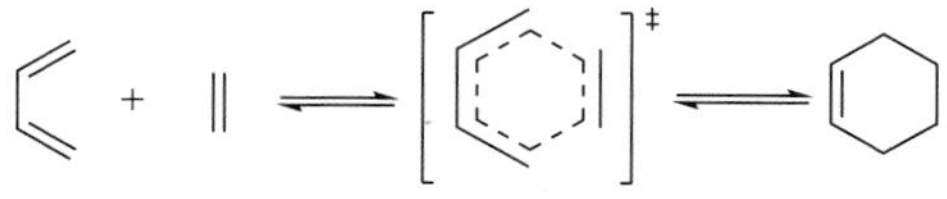

双烯体　亲双烯体　环状过渡态 ‡　产物

为了有利于形成反应所需的六元环过渡态，双烯体应呈 *s*-顺式构象，*s*-反式的双烯体不能发生双烯合成反应。双烯体的 1,4-位取代基也会影响反应的进行，如果位阻较大，如 *s*-顺-1,1,4,4-四甲基-1,3-丁二烯，则不能作为双烯体发生反应。2,3-位的取代基不形成位阻，而且合适的取代基有利于双烯体 *s*-顺式构象的稳定，还会促进反应。

双烯合成具有高度的立体化学专一性，为同面顺式加成。如：

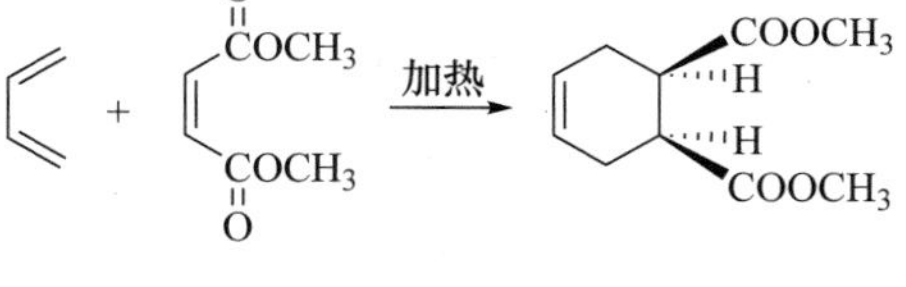

+ O=COCH$_3$ / COCH$_3$=O —加热→ COOCH$_3$ H H COOCH$_3$

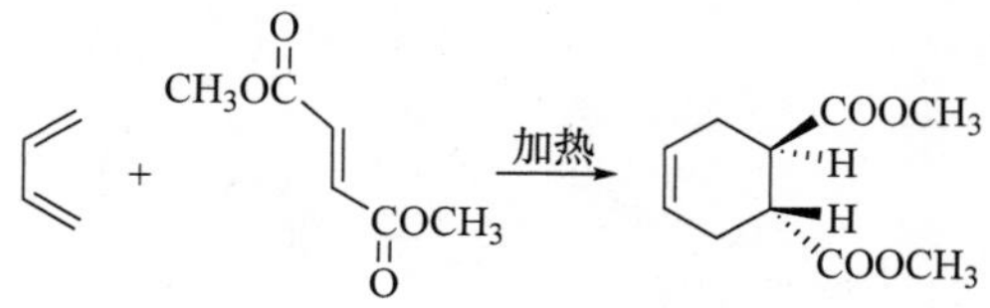

双烯合成是可逆反应，正向关环反应需要的反应温度一般较低，常温或稍加热即可进行。提高反应温度，产物又开环逆向分解成双烯体和亲双烯体。由此，D-A 反应可作为提纯双烯化合物的一种方法。如环戊二烯室温放置即可生成双环戊二烯，蒸馏加热时又会分解成环戊二烯：

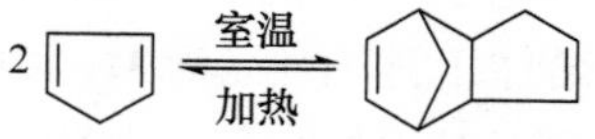

若双烯体与亲双烯体上都有取代基，有可能生成两种不同的产物，总是以生成邻位或对位产物为主，间位为次。

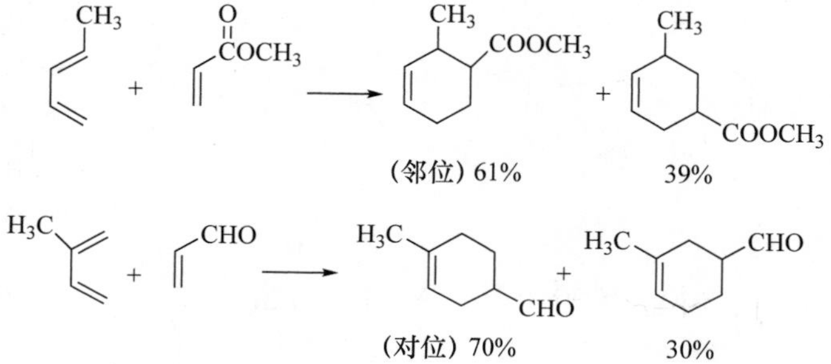

(邻位) 61%　　39%

(对位) 70%　　30%

当双烯体上有给电子取代基，而亲双烯体上有不饱和基团（如羰基、氰基、硝基等）与烯烃（或炔烃）共轭时，优先生成内型（endo）产物。内型产物指产物中形成的双键和不饱和基团处于连接平面的同侧，若处于异侧则为外型（exo）产物。

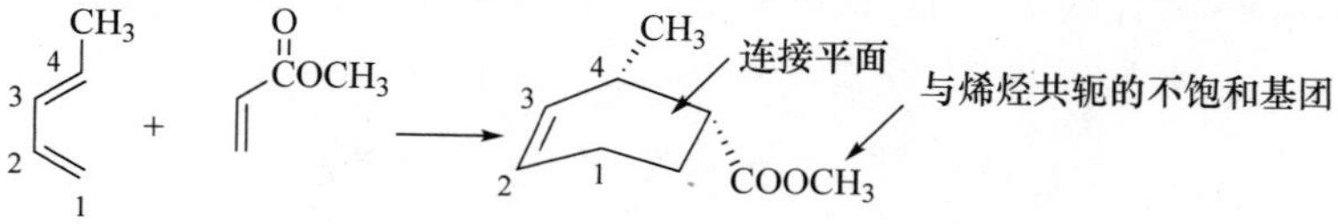

内型产物由动力学控制，外型产物由热力学控制。低温下主要生成内型产物，高温下主要生成外型产物。许多双烯合成反应在完成反应时主要生成内型产物。内型产物加热或长期放置可转化为外型产物。

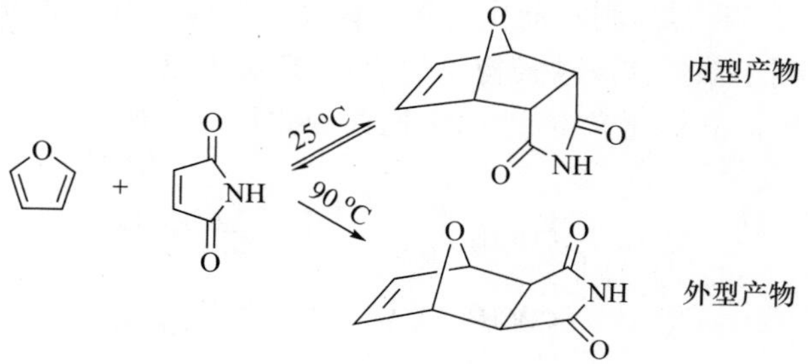

若亲双烯体上的不饱和基团与双键（或叁键）没有共轭关系，得到的双烯合成产物是内型产物和外型产物的混合物，且以外型产物为主。

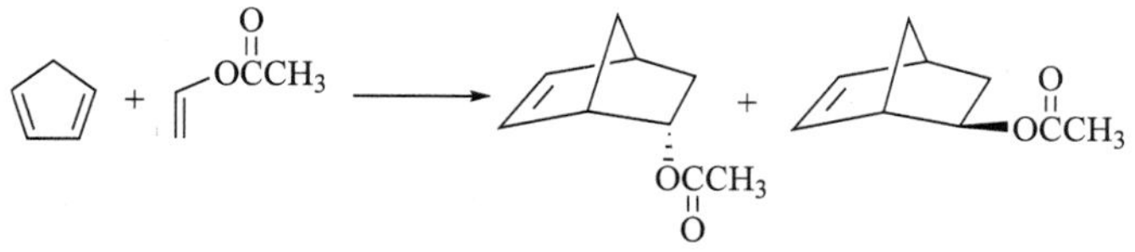

(次）内型产物　(主）外型产物

（三）聚合反应和合成橡胶

共轭二烯烃比一般烯烃容易聚合。聚合时既可以1,4-加成聚合，也可以1,2-加成聚合。如1,3-丁二烯可得多种类型的聚合物，其结构随聚合条件、聚合方法和催化剂不同而不同：以金属钠为引发剂可得丁钠橡胶；1,2-加成聚合可以得到全同和间同1,2-聚丁二烯，这类聚合物可用作密封剂和粘胶剂；1,4-加成聚合生成顺式或反式聚合物，顺式聚合物顺-1,4-聚丁二烯称为顺丁橡胶，是在Ziegler-Natta催化剂作用下通过定向聚合得到的，主要用途是做轮胎。

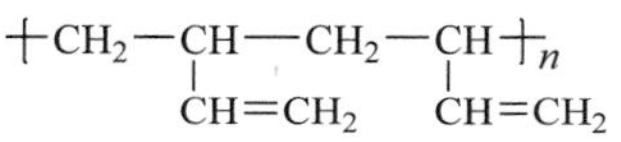

全同1,2-聚丁二烯 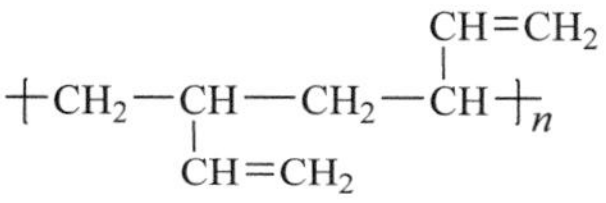　间同1,2-聚丁二烯

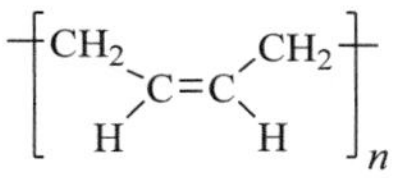

顺-1,4-聚丁二烯 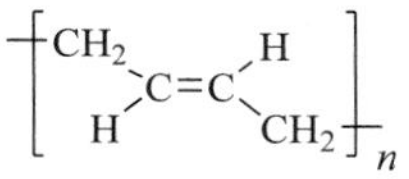　反-1,4-聚丁二烯

1,3-丁二烯与苯乙烯共聚可制备丁苯橡胶，是合成橡胶中最大的品种，可做轮胎外胎、皮带、胶管等。氯丁二烯乳液聚合可制备氯丁橡胶，有良好的耐油性能，用作电线包皮材料、耐油胶管、海底电缆绝缘层等。丁二烯与丙烯腈乳液共聚可制备丁腈橡胶。顺-1,4-聚异戊二烯被称为人工合成的天然橡胶，结构与性能都与天然橡胶十分接近。

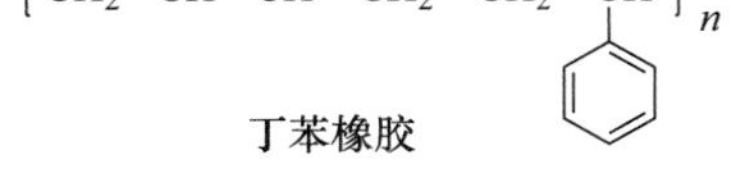

$$\left[CH_2-CH=CH-CH_2-CH_2-CH(C_6H_5) \right]_n$$

丁苯橡胶

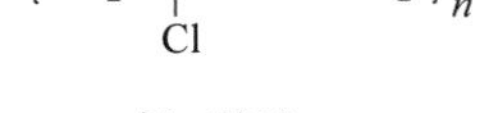

$$\left[CH_2-C(Cl)=CH-CH_2 \right]_n$$

氯丁橡胶

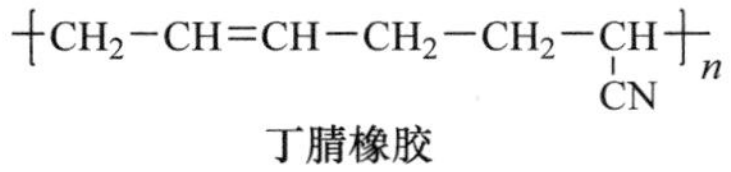

$$\left[CH_2-CH=CH-CH_2-CH_2-CH(CN) \right]_n$$

丁腈橡胶

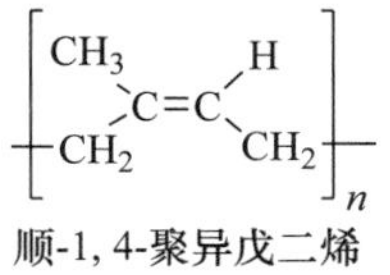

顺-1,4-聚异戊二烯

§6.10　共轭二烯烃的制备

（一）石油裂解和脱氢

1,3-丁二烯主要是由石油裂化气的碳四馏分（丁烷和丁烯）脱氢制备的。

$$CH_3CH_2CH_2CH_3 \xrightarrow[520\sim600\ ^{\circ}C]{Al_2O_3-Cr_2O_3} CH_3CH_2CH=CH_2 + CH_3CH=CHCH_3 \xrightarrow{催化脱氢} CH_2=CHCH=CH_2$$

（二）乙炔羰基化法

取代丁二烯可利用炔烃的活泼氢和羰基化合物醛、酮，或环氧化合物在碱性条件下先亲核加成，再催化加氢、失水制备。如用乙炔和甲醛可制备 1,3-丁二烯：

$$HC\equiv CH + 2H-\overset{H}{\overset{|}{C}}=O \xrightarrow{KOH} HO-\overset{H}{\overset{|}{C}}H-C\equiv C-\overset{H}{\overset{|}{C}}H-OH$$

$$\xrightarrow[Ni]{2\ H_2} HOCH_2CH_2CH_2CH_2OH \xrightarrow[Al_2O_3]{-2\ H_2O} CH_2=CHCH=CH_2$$

从乙炔和丙酮可制备异戊二烯：

$$HC\equiv CH + (CH_3)_2C=O \xrightarrow{KOH} (CH_3)_2\overset{OH}{\overset{|}{C}}-C\equiv CH \xrightarrow[Pd]{H_2}$$

$$CH_3-\underset{CH_3}{\underset{|}{\overset{OH}{\overset{|}{C}}}}-CH=CH_2 \xrightarrow[Al_2O_3]{-H_2O} CH_2=\underset{CH_3}{\underset{|}{C}}-CH=CH_2$$

（三）二元醇脱水

2,3-二甲基-2,3-丁二醇在高温催化下脱水生成 2,3-二甲基-1,3-丁二烯，收率达 79%～80%：

$$CH_3-\underset{CH_3}{\underset{|}{\overset{OH}{\overset{|}{C}}}}-\underset{CH_3}{\underset{|}{\overset{OH}{\overset{|}{C}}}}-CH_3 \xrightarrow[Al_2O_3]{420\sim470\ ^{\circ}C} CH_2=\underset{CH_3}{\underset{|}{C}}-\overset{CH_3}{\overset{|}{C}}=CH_2$$

习　　题

1. 写出下列化合物的结构：

（1）1-溴-1-丁炔　（2）甲基异丙基乙炔　（3）乙烯基乙炔　（4）3-甲基-3-戊烯-1-炔

（5）环丙基乙炔　（6）5-乙炔基-1,3,6-庚三烯　（7）反-1-(2-氯乙炔基)-4-溴环己烷

（8）异戊二烯　（9）1,5,5,6-四甲基-1,3-环己二烯　（10）(*E*,*E*)-2-氯-2,4-庚二烯

2. 从指定的原料，用必要的有机和无机试剂合成指定的化合物：

（1）从丙烯合成丙炔　（2）从异丙醇合成 2-戊炔

（3）从丙炔合成 1,1,2,2-四溴-1-氘代丙烷　（4）乙炔合成 3-己炔

（5）从乙炔合成 2-氯-1-溴丁烷　（6）从乙炔合成(*E*)-4-壬烯

3. 给出 1 mol 1-丁炔与下列试剂反应所得有机物的结构：

（1）1 mol H_2，Lindlar 催化剂　（2）2 mol H_2，Ni　（3）1 mol Br_2　（4）2 mol Br_2

（5）$[Ag(NH_3)_2]^+$　（6）C_2H_5MgBr

（7）热的 $KMnO_4$ 溶液　（8）B_2H_6，然后 $H_2O_2+OH^-$

4．写出下列反应的主要产物：

(1) $\underset{\displaystyle CH_3}{CH_3CH}-\underset{\displaystyle Cl}{CH}CH_2CH=CH_2 \xrightarrow[\triangle]{KOH（醇）}$　　(2) $CH_3\underset{\displaystyle OH}{CH}CH_2CH=CH_2 \xrightarrow[\triangle]{H^+}$

5．通过 D-A 反应合成下列化合物：

(1) 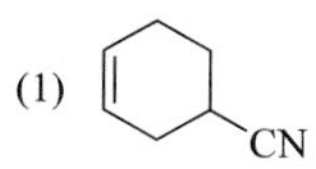

(2) COOCH₃ COOCH₃ O

(3) 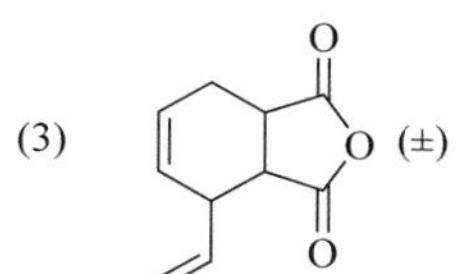

(4) NC H (±)

(5) H COOCH₃ (±)

(6) 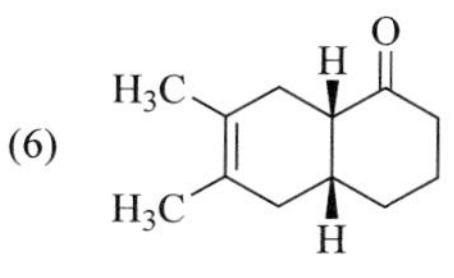

6．判断下列化合物能否与顺丁烯二酸酐发生 D-A 反应：

(1) 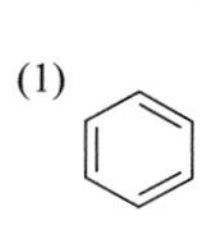

(2) 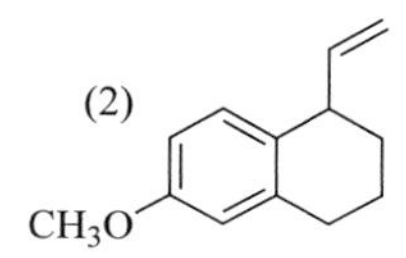

(3) 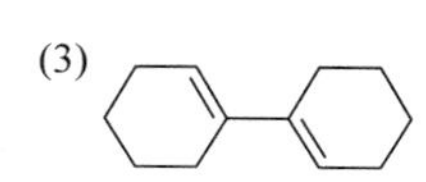

(4) 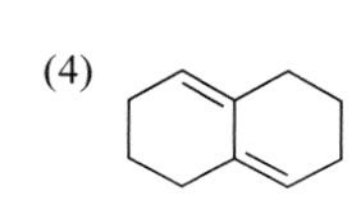

(5) 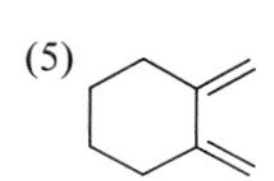

第七章　苯和芳香烃

芳香族化合物通常泛指一类特殊的稳定不饱和环状化合物，包括含有苯环、多苯环、稠苯环的苯系化合物以及非苯系但具有芳香性的碳环和杂环化合物。可分为单苯芳香化合物，如甲苯、苯酚、苯甲醇等；多苯芳香化合物，如联苯及其衍生物；稠苯芳香化合物，如萘、蒽、菲等；非苯芳香化合物，如环辛四烯、环戊二烯负离子、薁等。

§7.1　苯衍生物的结构和命名

（一）苯的结构

苯的分子式是 C_6H_6，虽然不饱和度为 4，但却有一定的“饱和”性质，难于发生烯烃的反应，对氧化剂稳定，不易开环。苯加氢要在较高的压力下进行，并使用更活泼的催化剂，放热 208.4 kJ・mol^{-1}，比环己烯加氢放热（119.7 kJ・mol^{-1}）的三倍少 150.6 kJ・mol^{-1}，即具有 150.6 kJ・mol^{-1} 的共轭能，具有特别的稳定性。单独用共轭效应不能解释苯为何有如此大的共轭能，一般解释为环上 π 电子（环电流）的共轭效应，即具有芳香性。苯分子的六个碳原子和六个氢原子都在一个平面内，是一个平面分子。苯分子是正六边形，碳碳键长平均化，为 139.7 pm，介于单键和双键之间；碳氢键长 108.4 pm；所有键角都为 120°。核磁共振谱（NMR）证明，与一般双键上的氢原子相比，苯环上的氢原子和碳原子的化学位移都明显移向低场，说明在磁场诱导作用下苯分子会产生环电流。

苯环的表示法反映了人们对苯的结构的认识的深入。1866 年，凯库勒（Kekulé）提出苯的结构是一种具有三个双键的环状结构。进一步地，共振论认为苯的共振式是两个 Kekulé 结构式的共振杂化体。由于环是平面的，碳原子之间的距离相同，两个凯库勒结构式中不同的只有 π 电子的位置。苯的共振式书写如图 7-1 所示。目前为了方便，仍用 Kekulé 式或用正六边形内加圆圈来表示苯环。

价键理论认为，苯分子的六个碳原子都是 sp^2 杂化，除彼此形成六个碳碳 σ 键外，每个碳原子还以 sp^2 杂化轨道与氢原子 1s 轨道形成六个碳氢 σ 键。每个碳原子都有一个未参加杂化、垂直于苯分子平面的 $2p_z$ 轨道，相互肩并肩重叠，在环平面的上面和下面形成环状封闭的大 π 键（图 7-1），π 电子在环上离域，进一步降低电子的能量。

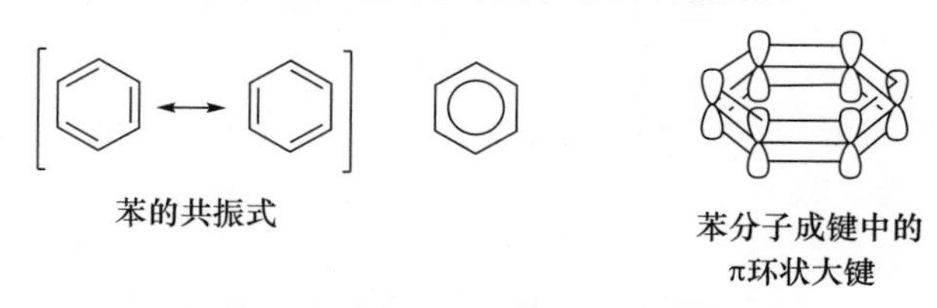

图 7-1　苯环的表示法，共振式和苯分子中的 π 键

分子轨道理论认为，苯分子形成 σ 键后，六个碳原子上的六个 $2p_z$ 原子轨道线性组合成六个 π 分子轨道，其中三个成键轨道 π_1，π_2 和 π_3，三个反键轨道 π_4^*，π_5^* 和 π_6^*；这个交盖的 p 轨道环上含有六个 π 电子，基态下分别填充在三个成键轨道上。苯的对称六边形结构只取决于 σ 电子。

（二）苯衍生物的异构和命名

（1）苯的一元衍生物：无异构体。命名时可以将苯环视为母体，取代苯环上氢的基团为取代基。苯环上有简单的烷基、硝基、亚硝基、卤素等官能团时，一般均按此方法命名。苯环上有较复杂的烃基或苯环侧链有官能团时，可以将苯视为取代基，如苯乙烯、1-苯乙醇等。烷氧基（—OR）既可作为取代基称为烷氧基苯，也可与苯一起作为母体，称为苯基烷基醚。另外在苯的取代物中，有一些是将取代基和苯结合在一起作为母体官能团命名的，如取代基为—NH_2、—OH、—CHO、—SO_3H、—COOH 时，分别称为苯胺、苯酚、苯甲醛、苯磺酸、苯甲酸。

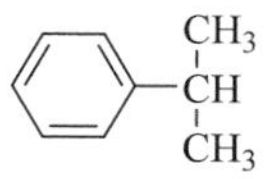

异丙基苯 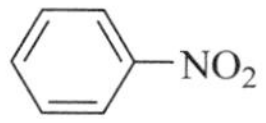　　硝基苯 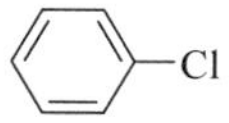　　氯苯 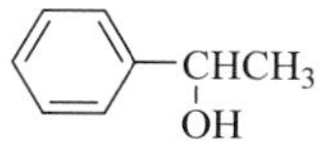　　1-苯乙醇

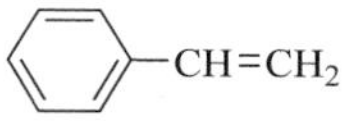

苯乙烯 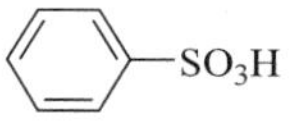　　苯磺酸 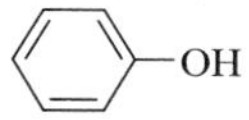　　苯酚 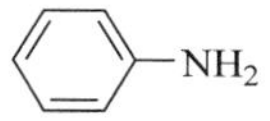　　苯胺

（2）苯的二元取代物：有三种异构体，习惯上用邻（ortho，*o*-）、间（meta，*m*-）、对（para，*p*-）表示两个取代基在苯环上的不同相对位置。系统命名时，邻为 1，2-、间为 1，3-、对为 1，4-。多元取代时，若取代基不同，按下列次序选一个取代基与苯一起作母体官能团，其他顺序排在后面的基团为取代基：

羧基（—COOH，苯甲酸），磺酸基（—SO_3H，苯磺酸），烃氧羰基（—COOR，苯甲酸酯），卤甲酰基（—COX，苯甲酰卤），氰基（—CN，苯腈），甲酰基（—CHO，苯甲醛），氧代（═O，苯环上有两个氧为醌），羟基（—OH，苯酚），氨基（—NH_2，苯胺），烃氧基（—OR，苯醚），烃基（—R，烷基苯），卤代［—X（X＝F，Cl，Br，I），卤苯］，硝基（—NO_2，硝基苯），亚硝基（—NO，亚硝基苯）

系统命名编号时，从母体官能团的位次开始（记为 1），需要使其他取代基得到较小的位号。

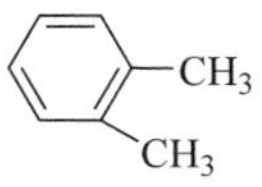

邻二甲苯　　间二氯苯　　间硝基苯甲酸　　对硝基氯苯
1，2-二甲苯　　1，3-二氯苯　　3-硝基苯甲酸　　4-硝基氯苯

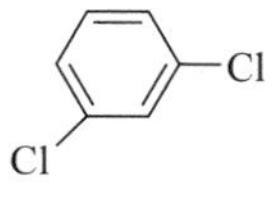

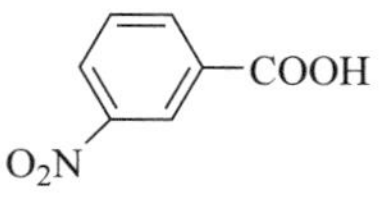

（3）苯的三元及多元取代物：异构体的数目与取代基的类别、数目有关。若三个取代基相同，习惯上以连（三个基团占 1，2，3 位）、均或间（三个基团占 1，3，5 位）、偏（三个基团占 1，2，4 位）表示三个取代基之间的不同相对位置。系统命名时，按前文所述顺序，先出现的官能团为主要官能团，与苯环一起作为母体；编号时母体官能团的位号为 1，其他取代基的位号

要求尽可能小；写名称时，取代基按小基团在前的顺序列出（英文按字母顺序排列）。

连三甲苯
1, 2, 3-三甲苯

均三硝基苯
1, 3, 5-三硝基苯

偏三氯苯
1, 2, 4-三氯苯

2, 4, 6-三溴苯酚

2-氨基-4-羟基苯甲酸

2-硝基-4-溴苯胺

芳烃分子中去掉一个氢原子所剩下的基团称为芳基，如邻甲苯基、间甲苯基、对甲苯基、苯甲基（苄基）等。在分子结构式中，芳基常用 Ar—表示，苯基常用 Ph—或 Φ 表示。

§7.2　芳香烃的物理性质

芳香烃通常不溶于水（一些带极性基团的衍生物，如苯酚、苯甲酸略溶于水），溶于乙醚、四氯化碳、石油醚等非极性有机溶剂。密度一般小于 1（卤代苯的密度大于水）。苯的衍生物的沸点与它们的偶极矩有关，不同偶极矩的二取代苯有不同的沸点，对称的 *p*-二氯苯偶极矩为零，沸点最低；*o*-二氯苯的偶极矩最大，沸点最高；*m*-二氯苯有部分偶极矩，沸点居中。对于单环苯的同系物，分子每增加一个 CH_2 单位，沸点平均升高 30℃左右；碳原子数相同的各种异构体的沸点相差不大。苯的衍生物比相似的脂肪族化合物的对称性好，具有较高的熔点；对位异构体和邻、间位异构体相比，由于分子对称，熔点较高。苯及其衍生物的熔点、沸点和密度见表 7-1。

表 7-1　苯及其衍生物的物理性质

化合物	mp/℃	bp/℃	密度/(g·mL^{-1})	化合物	mp/℃	bp/℃	密度/(g·mL^{-1})
苯	5.5	80	0.88	邻二甲苯	−26	144	0.88
甲苯	−95	111	0.87	间二甲苯	−48	139	0.86
乙苯	−95	136	0.87	对二甲苯	13	138	0.86
苯乙烯	−31	146	0.91	间三甲苯	−45	165	0.87
苯乙炔	−45	142	0.93	邻氯甲苯	−35	159	1.08
氟苯	−41	85	1.02	间氯甲苯	−48	162	1.07
氯苯	−46	132	1.11	对氯甲苯	8	162	1.07
溴苯	−31	156	1.49	邻二氯苯	−17	181	1.31
碘苯	−31	188	1.83	间二氯苯	−25	173	1.29
硝基苯	6	211	1.20	对二氯苯	54	170	1.07
苯酚	43	182	1.07	邻甲基苯甲酸	106	263	1.06
苯甲醇	−15	205	1.04	间甲基苯甲酸	111	263	1.05
苯甲醚	37	156	0.98	对甲基苯甲酸	180	275	1.06
苯甲酸	128	249	1.31	邻甲苯酚	30	192	1.03
苯胺	−6	186	1.02	间甲苯酚	12	202	1.03
二苯醚	28	259	1.08	对甲苯酚	36	202	1.03

§7.3　苯环的化学性质

苯环较为重要的反应有芳环上的取代反应、加成反应、氧化反应和芳烃侧链上的反应等。

(一) 苯环上的亲电取代反应

芳香亲电取代反应包括的范围很广,可以在芳环上直接引入官能团,是合成取代芳香族化合物最重要的方法。总反应是一个亲电试剂(E^+)取代了芳环上的一个质子(H^+),如苯环的卤化、硝化、磺化、烷基化和酰基化等。

(1) 卤化反应:苯环的卤化通常是指氯化和溴化。氯分子或溴分子的亲电性不足以与苯反应,但在 Lewis 酸(如三氯化铁、三氯化铝或氯化锌)催化下,可以发生卤化反应生成氯苯或溴苯。以铁粉作催化剂时,铁粉可以先与氯或溴生成三氯化铁或三溴化铁,进而起到催化作用。最有效的催化剂是三氯化铁一水合物(必须保持 $FeCl_3$ 与 H_2O 的物质的量之比大于等于 1)。另外硫酸、碘和次卤酸等试剂都可以使 Cl_2 产生 Cl^+,催化芳环的氯化反应;溴化时常加入氧化剂(如$NaClO_3$、NaClO 等)将反应中生成的 HBr 氧化成 Br_2,以充分利用溴素。

卤化反应机制如下。以氯化反应为例,首先氯分子提供一对电子给 Lewis 酸 $FeCl_3$,Cl—Cl 键变弱,分子极化,一个氯原子带部分正电荷(Cl^+),形成更强的亲电试剂。然后苯进攻,形成活性中间体芳烃正离子;由于亲电试剂通过一个新的 σ 键加成到苯环上,故这个共振稳定化的芳烃正离子又称 σ 配合物,芳香性被破坏,此步强烈吸热。最后 $FeCl_4^-$ 中的氯离子(Cl^-)作为一种弱碱,从 σ 配合物上脱去 H,生成芳香产物氯苯和 HCl,并再生出催化剂,此步反应是放热的。此反应机制是苯环上亲电取代反应机制的代表。

$$Cl-Cl + FeCl_3 \rightleftharpoons \left[\overset{\delta+}{Cl}-\overset{\delta-}{Cl}\cdots FeCl_3\right]$$ (形成更强的亲电试剂)

苯 + $\overset{\delta+}{Cl}-\overset{\delta-}{Cl}\cdots FeCl_3 \rightleftharpoons$ [三个共振式] + $FeCl_4^-$

σ配合物(芳烃正离子)

σ配合物 + $FeCl_4^-$ $\longrightarrow$ 氯苯 + HCl + $FeCl_3$

产物

由于氟太活泼,与苯直接进行反应时难于控制,会生成非芳香性的氟化物和焦油状产物,为此可用二氟化氙(XeF_2)在氟化氢(HF)催化下,在四氯化碳中与苯生成氟苯。反应不是亲电取代反应,而是自由基型取代反应。一般通过重氮盐制备氟苯[见 §13.12 重氮化合物(五) 氟取代物的制备]。

碘不活泼,只有在硝酸等氧化剂的作用下才能与苯发生碘化反应,氧化剂可以将反应产生的 HI 氧化成碘而使反应继续向前进行,收率可达 85%。但易被氧化和硝化的活泼芳香化合物不宜用此法进行碘化。

$$2\,C_6H_5\text{-}H + I_2 + 2HNO_3 \longrightarrow 2\,C_6H_5\text{-}I + 2NO_2 + 2H_2O$$

也可用碘化剂氯化碘(ICl)进行苯的碘化。氯化碘可由将理论量的氯气通入碘中制备。反应机制为碘正离子进攻苯环,生成碘苯和 HCl。

(2) 苯的硝化: 虽然苯和浓硝酸加热可以生成硝基苯,但更为安全、方便的方法是用硝酸和硫酸的混酸进行硝化。硫酸为催化剂可使硝化反应加速,硝化反应能在较低的温度下安全进行。

$$C_6H_6 + HNO_3 \xrightarrow[50\sim60\ ^\circ C]{浓H_2SO_4} C_6H_5\text{-}NO_2 + H_2O$$

硫酸使硝酸的羟基质子化后离开,形成亲电进攻的试剂硝基正离子($^+NO_2$),又称硝鎓离子。

$$HONO_2 + 2H_2SO_4 \rightleftharpoons {}^+NO_2 + H_3O^+ + 2HSO_4^-$$

反应也分两步进行,苯与硝基正离子先形成活性中间体 σ 配合物,再从 σ 配合物上脱去氢离子,形成反应产物硝基苯。

$$C_6H_6 + {}^+NO_2 \rightleftharpoons \left[\text{σ配合物共振式(NO}_2\text{, H)}\right] \longrightarrow C_6H_5\text{-}NO_2 + H^+$$

σ配合物 (芳烃正离子)

许多硝基化合物是炸药。如 TNT(即 2,4,6-三硝基甲苯),是甲苯分阶段硝化制备的。由于甲苯有烷基的给电子作用,硝化比苯容易,可用 1∶1.5 的浓硝酸和浓硫酸硝化,产物为邻硝基甲苯和对硝基甲苯。而继续二硝化和三硝化时,由于硝基的吸电子作用使苯环钝化,需要更苛刻的反应条件,可将硝化试剂混合酸的浓度提高,用发烟硝酸同时提高反应温度(80℃、110℃)来进行。

$$C_6H_5CH_3 \xrightarrow[55\ ^\circ C]{浓HNO_3\text{-}浓H_2SO_4} \text{邻硝基甲苯} + \text{对硝基甲苯} \xrightarrow[80\ ^\circ C]{发烟HNO_3\text{-}浓H_2SO_4}$$

$$\text{2,6-二硝基甲苯} + \text{2,4-二硝基甲苯} \xrightarrow[110\ ^\circ C]{发烟HNO_3\text{-}浓H_2SO_4} \text{2,4,6-三硝基甲苯 (TNT)}$$

大多数芳环硝化都是在硫酸中进行的非均相混酸硝化,被硝化物或硝化产物在反应温度下不溶于混酸,如苯和甲苯的硝化,都需要剧烈的搅拌。混酸硝化反应速率快,硝酸用量可接近理论量;硫酸热容量大,可使反应平稳进行。硝化也可以在有机溶剂(如二氯甲烷、二氯乙烷、乙酸或乙酐)中进行,可避免使用大量的硫酸,减少废酸量。

(3) 苯的磺化反应: 苯与浓硫酸、发烟硫酸(烟酸)、氯磺酸或 SO_3 作用生成苯磺酸。用硫酸做磺化剂时,亲电试剂是 $H_3SO_4^+$($H_3O^+ + SO_3$);由于反应产生 1 mol 的水,为保持转化率，需使用 3～4 mol 的硫酸。用烟酸做磺化剂时，亲电试剂是 $H_3S_2O_7^+$（质子化焦硫酸）和 $H_2S_4O_{13}$（$H_2SO_4+3SO_3$）。工业上常使用三氧化硫含量分别为 20%～25%或 60%～65%、有最低凝固点（约 −15℃和 5℃）的两种烟酸，反应易于控制。

$$C_6H_6 \xrightarrow[\text{烟酸，25 °C}]{\text{浓}H_2SO_4\text{，75 °C}} C_6H_5-SO_3H$$

生成的苯磺酸还可以继续磺化。

不同条件下磺化，反应机制略有差别，最常见的反应机制是亲电试剂 SO_3 向芳环进攻，生成 σ 配合物，然后在碱（HSO_4^-）作用下，脱去质子得苯磺酸。

$$2H_2SO_4 \rightleftharpoons SO_3 + H_3O^+ + HSO_4^-$$

$$C_6H_6 + SO_3 \rightleftharpoons [\sigma\text{配合物}] \xrightarrow{HSO_4^-} C_6H_5-SO_2OH$$

σ配合物

磺化反应是可逆的，苯磺酸在加热条件下与稀硫酸或盐酸反应，可失去磺酸基生成苯。通常用水蒸气通入磺化反应的混合物中作为热和水的来源，进行脱磺化反应；产物不断被蒸出。

$$ArSO_3H + H_2O \xrightarrow[\text{加热}]{H_2SO_4} ArH + H_2SO_4$$

磺化反应的可逆性可用于保护芳环上某一位置，先对需保护的位置进行磺化，全部反应完后再除去磺酸基，得到所需的化合物。如邻氯甲苯的制备，先用磺酸基保护对位再氯化，最后脱磺酸基：

$$CH_3-C_6H_5 \xrightarrow{H_2SO_4} CH_3-C_6H_4-SO_3H \xrightarrow{Cl_2/Fe} CH_3-C_6H_3(Cl)-SO_3H \xrightarrow[150\text{ °C}]{H^+} CH_3-C_6H_4-Cl$$

工业使用浓硫酸磺化制备苯磺酸时应使用过量的苯，控制好反应条件，磺化时产生的水与苯形成苯水恒沸物，不断被蒸出，使反应不断向前进行。如控制得当，可将浓硫酸全部消耗掉，杜绝废酸的产生，实现绿色化学生产。

氯磺酸的磺化能力比硫酸强。如甲苯用氯磺酸磺化，在适宜的条件下几乎可定量反应。

$$CH_3-C_6H_5 + ClSO_3H \xrightarrow{25\text{~}40\text{ °C}} CH_3-C_6H_4-SO_3H + HCl$$

97%

磺化反应趋势是更加倾向于使用 SO_3 磺化，此类反应速率快、进行完全，不需外加热量，可进行等摩尔反应。但由于反应放热较多易导致过度磺化等副反应，为此一般使用 4%～7%浓度的 SO_3 空气混合物，反应设备需要有良好的传质、传热结构，如使用由两个同心不锈钢圆管组成的膜式磺化反应器，液体物料停留时间仅几秒钟，反应热被迅速传出，物料几乎不返混。

(4) 傅-克(Friedel-Crafts)反应: 简称傅氏反应。芳烃在 Lewis 酸催化下,与卤代烷或酰氯等试剂反应,芳环上的氢被烷基或酰基取代;前者称为烷基化反应,后者称为酰基化反应。

① 傅-克烷基化反应: 在无水三氯化铝等催化剂的催化下,苯与卤代烷生成烷基苯,并生成 HX:

$$C_6H_6 + RX \xrightarrow{约0.2\ mol\ AlCl_3} C_6H_5\text{—}R + HX$$

$AlCl_3$ 的 Al 原子缺少一对电子,反应第一步为催化剂 $AlCl_3$ 与卤代烷 RX 的卤原子的未共用电子对配位结合,生成一个配合物[RX · $AlCl_3$],卤原子和烷基之间的键变弱,然后生成 R^+ 和 $AlCl_4^-$ 离子。第二步为 R^+ 作为亲电试剂向苯环进攻,形成 σ 配合物,然后在 $AlCl_4^-$ 作用下,脱去质子生成 HX,得烷基苯,催化剂 $AlCl_3$ 恢复。反应机制与硝化、磺化类似。

许多 Lewis 酸都可以用作催化剂,常用的催化剂活性顺序大致如下:

$$AlCl_3 > FeCl_3 > SbCl_5 > SnCl_4 > BF_3 > TiCl_4 > ZnCl_2$$

反应并不是总选用 $AlCl_3$ 催化,采用哪一种催化剂要根据芳环上被取代氢的活性、烷基化试剂的类别和反应条件来进行选择,最后由实验确定。

以卤代烷为烷基化试剂时,通常活性顺序为三级卤代烷>二级卤代烷>一级卤代烷;烷基相同时,RF>RCl>RBr>RI,与卤代烷在其他反应中反应活性相反。

亲电进攻过程涉及到烷基正离子 R^+,有可能发生碳正离子重排。如用氯代正丙烷使苯烷基化,重排产物异丙苯占 70%;若在低于 0℃下反应(重排需要能量),可在一定程度上避免重排反应的发生,主要产物是正丙苯。用较弱的 Lewis 酸催化剂 $FeCl_3$ 也可减少重排的发生。

$$C_6H_6 + CH_3CH_2CH_2Cl \xrightarrow{AlCl_3} \underset{30\%}{C_6H_5\text{—}CH_2CH_2CH_3} + \underset{70\%}{C_6H_5\text{—}CH(CH_3)_2}$$

由于烷基化反应是可逆的,已经烷基化的烷基苯在高温条件和催化剂长期存在下可发生歧化反应,去烷基化和二烷基化反应并存:

$$2\ C_6H_5\text{—}CH_3 \xrightarrow[长时间回流]{AlCl_3} C_6H_6 + 1,3\text{-}(CH_3)_2C_6H_4$$

多烷基苯在适当的条件下,会发生烷基转移的异构化反应。二烷基取代的芳烃在 $AlCl_3$ 催化下长时间加热会发生异构化反应,间位产物增多。邻二甲苯用 HBr 和 $AlCl_3$ 处理重排后得到间二甲苯,但没有对二甲苯;对二甲苯重排后得到间二甲苯,但没有邻二甲苯。2,3,5,6-四乙基苯磺酸和 1,2,3,5-四乙基苯磺酸混合物,在浓硫酸作用下发生烷基转移后水解,得到连位的 1,2,3,4-四乙基苯:

$$2,3,5,6\text{-}(C_2H_5)_4C_6HSO_3H + 2,3,4,6\text{-}(C_2H_5)_4C_6HSO_3H \xrightarrow[加热]{H_2SO_4} 2,3,4,5\text{-}(C_2H_5)_4C_6HSO_3H \xrightarrow{水解} \underset{90.7\%}{1,2,3,4\text{-}(C_2H_5)_4C_6H_2}$$

多卤代烷可以和多个芳烃进行烷基化反应，得到多芳核取代烷烃：

$$2\,C_6H_6 + CH_2Cl_2 \xrightarrow{AlCl_3} C_6H_5-CH_2-C_6H_5$$

$$2\,C_6H_6 + Cl(CH_2)_xCl \xrightarrow{AlCl_3} C_6H_5-(CH_2)_x-C_6H_5$$

烷基化试剂除了卤代烷外，还有烯烃、醇、环氧乙烷，但要用到与烷基化试剂等物质的量的催化剂。$AlCl_3$ 可以催化某些醇直接参与芳烃的烷基化，反应速率取决于配合物[$R^+ \cdot HOAlCl_3^-$]生成的速率，叔醇快于仲醇，伯醇几乎不能直接参与芳烃烷基化反应。烯烃在酸催化下生成碳正离子，在芳核电负性较大的位置取代。该反应速率取决于烯烃的质子化速率，取代基多的烯烃质子化速率快，反应速率快。由于质子酸能使烯烃和醇产生烷基正离子，也可作催化剂。常用的质子酸有无水 HF、$BF_3 \cdot Et_2O$、H_2SO_4、H_3PO_4 等。

$$CH_2{=}CHCH_3 + HF \rightleftharpoons CH_3-\overset{+}{C}HCH_3 + F^- \qquad C_6H_6 + CH_3-\overset{+}{C}HCH_3 \ (F^-) \longrightarrow C_6H_5-CH(CH_3)_2 + HF$$

烯烃与芳烃的缩合因催化剂不同会有很大区别。如乙烯与芳烃缩合用 $AlCl_3$ 作为催化剂，反应温度为 70～90℃；用 BF_3 则只需 20～25℃。丙烯与苯在 96% H_2SO_4 催化下 0℃即可反应生成异丙苯。强催化剂是生成多取代产物、烯烃聚合等副产物的原因。磷酸催化烯烃反应不会引起烯烃的聚合，而酚类烷基化时由于本身有阻聚作用，可不考虑聚合问题。

由于烷基是一个活化基团，当苯环上取代一个烷基后，苯环更加活泼，更易于烷基化，因此傅-克烷基化反应一般不能停留在一元取代的阶段上，产物常是一元、二元和多元取代产物的混合物。为提高一元取代产物的比例，可用极大过量的苯，如工业上制备乙苯可用 1∶50 的氯乙烷和苯。傅-克烷基化反应的缺点在于多烷基化和重排，一般不适用于有机合成，尽量考虑用其他反应代替，如用傅-克酰基化反应后再还原。

进行多元取代时，反应温度、溶剂、催化剂的选择都对产物的结构有影响。

$$C_6H_6 + 3CH_3Cl \xrightarrow[0\,^\circ C]{AlCl_3} 1,2,4\text{-}(CH_3)_3C_6H_3 \quad \text{速率控制}$$

$$C_6H_6 + 3CH_3Cl \xrightarrow[100\,^\circ C]{AlCl_3} 1,3,5\text{-}(CH_3)_3C_6H_3 \quad \text{平衡控制}$$

烷基为邻、对位定位基，温度低时，烷基苯烷基化以邻、对位为主，为速率控制；温度高时，间位取代空间阻碍小，相对稳定，为平衡控制。

许多含间位取代基的芳香族化合物一般不能发生傅-克反应。因此硝基苯可用作傅-克反应的溶剂。

② 傅-克酰基化反应：在无水三氯化铝等催化剂的催化下，芳烃与酰基化试剂酰卤或酸酐反应可生成 α-芳酮。反应与傅-克烷基化反应类似，只是以酰基化试剂（如酰卤）代替烷基化试剂（如卤代烷）。如苯和酰氯反应，第一步为酰氯与 $AlCl_3$ 生成配合物，1 mol 酰氯消耗 1 mol $AlCl_3$，再失去四氯化铝负离子，生成酰基正离子。第二步为强亲电试剂酰基正离子进

攻芳环，发生亲电取代生成苯基酮（酰基苯），失去的质子和四氯化铝负离子生成 $AlCl_3$，同时放出 1 mol HCl。第三步为苯基酮羰基上的孤对电子与 Lewis 酸催化剂（$AlCl_3$）配位生成产物配合物，因此酰基化反应需要完全等物质的量的 $AlCl_3$。反应最后需要加过量的水分解产物配合物，得到游离的苯基酮和 $AlCl_3$ 在酸性条件下的水解产物铝盐。反应如下所示：

$$RCOCl + AlCl_3 \rightleftharpoons RC(=O)-\overset{+}{Cl}-\overset{-}{Al}Cl_3\ (\text{配合物}) \rightleftharpoons R\overset{+}{C}=O + AlCl_4^-$$

$$C_6H_6 + R\overset{+}{C}=O \xrightarrow{AlCl_4^-} C_6H_5COR + AlCl_3 + HCl \longrightarrow C_6H_5C(=\overset{+}{O}-\overset{-}{Al}Cl_3)R\ (\text{产物配合物})$$

$$\xrightarrow{\text{过量的}H_2O} C_6H_5COR + \text{铝盐}$$

常用的酰基化试剂是酰氯、酰溴和酸酐，如果与活泼的芳环反应或进行分子内的反应，羧酸也可以作为酰基化试剂。常用的催化剂是无水 $AlCl_3$，由于催化剂与酰基化试剂的羰基配位，生成的 α-芳酮总是和 $AlCl_3$ 形成 1∶1 的配合物，配合物中的 $AlCl_3$ 不再起催化作用，因此催化剂的用量要多于傅-克烷基化反应。当使用 1 mol 酰卤时，酰卤分子中有一个羰基，1 mol 酰卤先与 1 mol 催化剂生成配合物，少许过量的催化剂再起到催化作用，无水三氯化铝用量为1.1～1.5 mol；若用酸酐为酰基化试剂，由于一个酸酐分子含有两个羰基，1 mol 酸酐先与 2 mol 催化剂生成配合物，再生成产物，实际上只有一个酰基参加反应，催化剂用量为 2.1～2.2 mol。无水 $AlCl_3$ 在用于催化活泼芳香族化合物（如酚、酚醚、芳胺等）时易发生副反应，此时可使用温和的催化剂，如无水 $ZnCl_2$、多聚磷酸（PPA）、BF_3、H_2SO_4、HF 等。

$$C_6H_6 + CH_3COCl \xrightarrow[-HCl]{AlCl_3} C_6H_5C(=\overset{+}{O}-\overset{-}{Al}Cl_3)CH_3 \xrightarrow{\text{水解}} C_6H_5COCH_3$$

$$C_6H_6 + \text{邻苯二甲酸酐} \xrightarrow[-HCl]{2AlCl_3} o\text{-}(AlCl_2O-CO)C_6H_4C(=\overset{+}{O}-\overset{-}{Al}Cl_3)C_6H_5 \xrightarrow{\text{水解}} o\text{-}(HOOC)C_6H_4COC_6H_5$$

$$HO-C_6H_4-OH\ (\text{间苯二酚}) + CH_3COOH \xrightarrow[115\sim120\ ^\circ C]{ZnCl_2} 2,4\text{-}(HO)_2C_6H_3COCH_3 + H_2O$$

由于酰基对苯环的钝化作用，取代一个酰基后苯环活性降低，不会有多酰基化反应发生，反应也没有正离子重排，芳烃的酰基化反应收率一般较好。另外傅-克酰基化反应是不可逆的，不会发生取代基的转移，因此傅-克酰基化反应在有机合成中很有价值，不但可以合成芳香酮，而且与羰基还原反应相联系，也是芳环烷基化的重要方法。如苯与丁二酸酐经傅-克酰基化反应生成 β-苯甲酰丙酸后，用锌汞齐和盐酸还原（克莱门森还原法）成 4-苯基丁酸：

$$C_6H_5COCH_2CH_2COOH + 2Zn + 4HCl \xrightarrow{30\ h} C_6H_5CH_2CH_2CH_2COOH + 2ZnCl_2 + H_2O$$

反应中可使用过量的芳烃兼作溶剂，如苯、甲苯、氯苯等；也可以使用过量的酰化试剂作为溶剂，如苯甲酰氯、冰醋酸等；也可以使用其他溶剂，如二氯乙烷、四氯化碳、二硫化碳、硝基苯和石油醚等。

(5) 氯甲基化反应： 在无水 $ZnCl_2$ 催化下，芳环可与甲醛及氯化氢反应，在芳环上引入一个氯甲基。

$$C_6H_6 + HCHO + HCl \xrightarrow[60\ ^{\circ}C]{ZnCl_2} C_6H_5-CH_2Cl + H_2O$$

反应机制与傅-克反应类似：

$$H_2C=O + ZnCl_2 \longrightarrow H_2C=\overset{+}{O}-\overset{-}{Zn}Cl_2 \longrightarrow H_2\overset{+}{C}-O-\overset{-}{Zn}Cl_2$$

$$C_6H_6 + \overset{+}{C}H_2-O-\overset{-}{Zn}Cl_2 \longrightarrow C_6H_5-CH_2OZnCl + HCl \longrightarrow C_6H_5-CH_2Cl + HOZnCl$$

$$HOZnCl + HCl \longrightarrow ZnCl_2 + H_2O$$

(6) 加特曼-科赫(Gatterman-Koch)甲酰化反应： 在三氯化铝-氯化亚铜($AlCl_3$-CuCl)混合物催化下，芳烃与一氧化碳和氯化氢的混合气体加压进行甲酰化反应，生成相应的芳香醛。氯化亚铜可以和一氧化碳络合，使 CO 活性升高，浓度增大，易于反应进行。

$$C_6H_6 + CO + HCl \xrightarrow[\text{加热}]{AlCl_3,CuCl} C_6H_5-CHO + HCl$$

在反应中，CO 和 HCl 生成亲电中间体$[HC^{+}=O]AlCl_4^{-}$，与苯反应生成苯甲醛，在苯环上引入一个甲酰基，弥补了甲酰氯不稳定，无法用傅-克酰基化反应进行甲酰化反应的空白。甲苯也可以发生此反应，其他烷基苯、酚、酚醚等化合物易发生副反应，不宜进行此反应；含有强钝化基团的芳香化合物不发生此反应。

(二) 苯衍生物的加成反应

虽然取代反应更为常见，但苯环在特殊的情况下也能发生加成反应，且一般情况下，总是三个双键同时反应，生成一个环已烷体系。

(1) 氯化： 在光照或加压加热条件下，苯和过量的氯反应可生成1,2,3,4,5,6-六氯环已烷，又称为六六六(六氯化苯，与六氯苯区别)。反应为自由基加成，一般不会停留在中间体阶段。理论上六六六有八种立体异构体，工业品主要含五种异构体(α,β,γ,δ,ε)，数量不等，杀虫效果最强的是γ-异构体，商品名林丹。由于六六六不易降解且有毒，被定义为持久性有机污染物，已被禁用。

$$C_6H_6 + 3Cl_2 \xrightarrow{\text{光照}} C_6H_6Cl_6 \quad \text{六六六（八种异构体）}$$

(2) 芳环的催化氢化： 苯环在 Pt、Pd、Ni 等催化剂的催化下，高温、高压条件加氢可生成环已烷。取代的苯也可催化加氢生成取代环已烷，如苯酚加氢可得到环已醇，多取代苯如间二甲苯加氢得到1,3-二甲基环已烷，通常为顺式或反式异构体的混合物。

$$C_6H_6 + 3H_2 \xrightarrow[\substack{120\sim180\ ^\circ C \\ 6\sim7\ MPa}]{Ni\text{-}Al_2O_3} C_6H_{12} \qquad C_6H_5OH + 3H_2 \xrightarrow[\substack{110\sim125\ ^\circ C \\ 1.1\sim1.5\ MPa}]{Ni\text{-}Al_2O_3} C_6H_{11}OH$$

$$H_3C\text{-}C_6H_4\text{-}CH_3 + 3H_2 \xrightarrow[100\ ^\circ C,\ 6\sim7\ MPa]{Ru或Rh催化剂} H_3C\text{-}C_6H_{10}\text{-}CH_3 \quad (顺式和反式混合物)$$

(3) 伯奇(Birch)还原： 苯衍生物在液氨和醇的混合物中用钠或锂处理可被还原成不共轭的1,4-环己二烯。还原机制与炔烃在钠-液氨中还原成反式烯烃类似，为自由基负离子加成机制。在Birch还原中，苯环上连接吸电子羰基的碳原子被还原，如苯甲酸被还原成2,5-环己二烯甲酸盐；而连接给电子烷氧基的碳不被还原，如苯甲醚还原生成1,4-环己二烯甲醚。强给电子取代基($—OCH_3$)可能钝化发生Birch还原反应的苯环，此时常用Li代替Na，用较弱质子源叔丁醇代替乙醇，并加入助溶剂四氢呋喃，可加快还原反应：

$$C_6H_5\text{-}COOH \xrightarrow[NH_3,\ C_2H_5OH]{Na} \text{2,5-环己二烯-1-}COO^- \quad 90\% \qquad C_6H_5\text{-}OCH_3 \xrightarrow[NH_3,\ 四氢呋喃]{Li,\ 叔丁醇} \text{1-甲氧基-1,4-环己二烯} \quad 85\%$$

(三) 苯的氧化

苯环很难被高锰酸钾、铬酸等强氧化剂氧化。只有在五氧化二钒催化下，苯环才在高温时被氧化成顺丁烯二酸酐：

$$C_6H_6 + O_2 \xrightarrow[400\ ^\circ C]{V_2O_5} \text{顺丁烯二酸酐}$$

§7.4 烷基苯的侧链反应

芳环对侧链的一些反应是有促进作用的。

(一) 苯烷基侧链的氧化

烷基取代苯氧化时，苯环不易被氧化，反应的结果常是烷基侧链α位被氧化。根据氧化剂的不同，产物可以是羧酸、醛、酮、醇和过氧化物等。

(1) $KMnO_4$、$Na_2Cr_2O_7+H_2SO_4$ 等强氧化剂氧化： 虽然氧化能力强，但选择性较差，收率往往不高，三废污染严重。如间氟甲苯用高锰酸钾氧化成间氟苯甲酸，收率只有40%：

$$m\text{-}F\text{-}C_6H_4\text{-}CH_3 + 2KMnO_4 \xrightarrow[85\ ^\circ C]{H_2O} m\text{-}F\text{-}C_6H_4\text{-}COOH + 2MnO_2 + 2KOH + H_2O \quad 40\%$$

(2) 二氧化锰、三氧化铬、铬酰氯等较弱的氧化剂氧化： 虽然选择性好，可以氧化苯环侧链成醛和酮，但催化剂用量大，也存在三废严重的缺点，工业上缺乏竞争力。这类反应如对硝基甲苯可用 CrO_3 在乙酐中氧化后水解，生成对硝基苯甲醛：

$$O_2N-C_6H_4-CH_3 + CrO_3 + (CH_3CO)_2O \xrightarrow[13\sim16\ ^\circ C]{H^+} O_2N-C_6H_4-CH(O\overset{O}{\overset{\|}{C}}CH_3)_2$$

$$\xrightarrow[80\ ^\circ C]{H_3\overset{+}{O}/C_2H_5OH} O_2N-C_6H_4-CHO$$

(3) 芳烃的绿色氧化：绿色氧化使用清洁的氧化剂，在固相催化剂或对环境友好的溶剂体系下，代替传统的计量氧化方式完成反应。包括以过氧化氢等过氧化物为氧化剂的固、液相催化氧化和以氧气、空气或臭氧为氧化剂的催化氧化等。在使用氧气或空气进行氧化时，从反应机理上看，液相氧化属于自由基历程。为缩短诱导期和加速反应进行，催化剂常用过渡金属 Co、Pd、Ce、Mn、Cu 和 Cr 的醋酸盐(如二价的醋酸钴或醋酸锰)或氯化物。若在体系中加入助催化剂，如溴化钾等溴化物，在过渡金属催化下产生溴自由基，有强烈的吸氢作用，可进一步加速反应。工业化生产中的甲苯、二甲苯、异丙苯及烷基萘的催化氧化属于绿色氧化。

苯环上的甲基氧化成醛：

$$HO-C_6H_2[C(CH_3)_3]_2-CH_3 + O_2 \xrightarrow[100\ ^\circ C,\ 3\ h]{Ce(OAc)_3,\ CH_3OH} HO-C_6H_2[C(CH_3)_3]_2-CHO \quad 94\%$$

强反应条件下会氧化成羧酸：

$$HO_3S-C_6H_3(Cl)-CH_3 + O_2 \xrightarrow[150\sim160\ ^\circ C]{Co(OAc)_2\text{-}Ca(OAc)_2\text{-}HBr} HO_3S-C_6H_3(Cl)-COOH \quad 86\%$$

对硝基乙苯以 0.2%乙酸锰(吸附在 9 倍重的轻质碳酸钙上)催化，140～150℃温度下慢慢通入纯氧，生成对硝基苯乙酮(若加入 NaBr 缩短诱导期，可再提高收率)：

$$O_2N-C_6H_4-CH_2CH_3 + O_2 \xrightarrow{Mn(OAc)_2} O_2N-C_6H_4-\overset{O}{\overset{\|}{C}}CH_3 + H_2O$$

例如制备苯乙酮，5 mL 乙苯溶于 20 mL 冰乙酸中，醋酸钴的用量为乙苯的 4.2%，氧气流速 100 $mL \cdot min^{-1}$，常压 80℃反应 4 h。溴化钾的用量为 Br/Co 比等于 2.5 时，乙苯转化率大于 99%，苯乙酮收率 98%。

具有 α-H 的烷基苯，不管侧链多长，在乙酸钴催化下用空气氧化，都被氧化成只有一个碳的羧基，生成苯甲酸。

如果烷基苯无 α-H，则不易被氧化。但在强氧化条件下，苯环可被氧化成羧基。

$$C_6H_5-C(CH_3)_3 \xrightarrow{[O]} HOOC-C(CH_3)_3 \qquad C_6H_5-CF_3 \xrightarrow{[O]} HOOC-CF_3$$

(二) 侧链的 α-H 卤化

在光照或加热条件下，将氯气或溴素通入烷基苯中，发生侧链的 α 位(与苯环相连的苄

基碳)的自由基氯化和溴化。如甲苯光氯化,控制氯气的用量和温度,反应产物可以是苄氯、苯基二氯甲烷和苯基三氯甲烷:

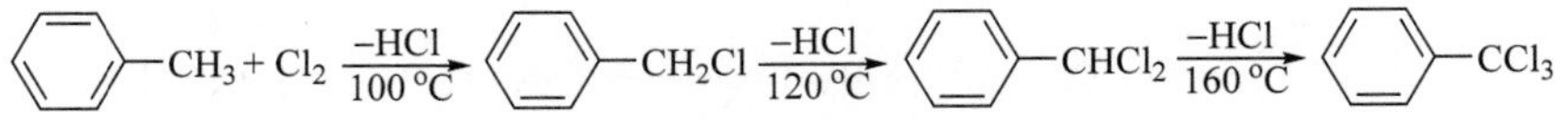

$$C_6H_5-CH_3+Cl_2 \xrightarrow[100\,^\circ C]{-HCl} C_6H_5-CH_2Cl \xrightarrow[120\,^\circ C]{-HCl} C_6H_5-CHCl_2 \xrightarrow[160\,^\circ C]{-HCl} C_6H_5-CCl_3$$

由于氯自由基过于活泼,烷基苯会发生β位的取代反应。如乙苯光氯化生成56%的α-氯代乙苯和44%的β-氯代乙苯。

甲苯和溴素反应可制备溴化苄,一般在光照下,75～80℃温度下慢慢滴入硫酸干燥过的溴。溴自由基活性比氯自由基低,溴化选择性高,一般发生在α位,β位只微量发生。

自由基溴化的试剂还可以用*N*-溴代丁二酰亚胺(NBS),选择性高。自由基氯化可用三聚氯氰。

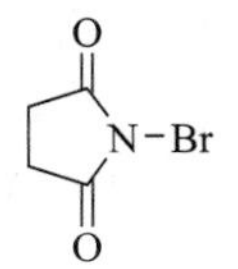

N-溴代丁二酰亚胺 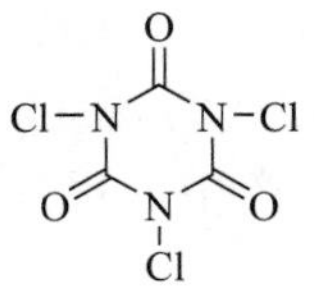　　三聚氯氰

取代甲苯对位有取代基时,一般收率较好。

§7.5　苯环上亲电取代取代基的定位效应

一取代苯发生亲电取代反应时,新导入的基团可以进入原取代基的邻位、间位和对位。实际操作时发现,原有取代基对新取代基的主要进入位置有制约作用,不是邻、对位为主,就是间位为主,这种制约作用即为取代基的定位效应。

(一) 取代基的诱导效应、共轭效应、超共轭效应

诱导效应与原子的电负性有关。电负性比碳强的原子或基团具有吸电子的诱导效应(−*I*),可以使苯环上的电子通过σ键向取代基移动。电负性比碳弱的原子或基团具有给电子的诱导效应,可以使取代基上的电子通过σ键向苯环移动。

共轭效应又称离域效应,是取代基上的p(或π)轨道上的电子云(孤对电子或π电子)与苯环碳原子的p轨道上的电子云相互重叠,发生离域。如果取代基的孤对电子或π电子向苯环移动,则为给电子的共轭效应。常见的给电子共轭效应(+*C*)取代基均含有带孤对电子的N、O和X原子,可以通过共振稳定相邻的碳正离子。

若是苯环上的π电子向取代基移动,则为吸电子的共轭效应(−*C*)。常见的吸电子共轭效应取代基有羰基、硝基、磺酸基和氰基等,都是与苯环成键的原子带正电荷或部分正电荷的基团。

大部分取代基的诱导效应和共轭效应方向是一致的,但也有少部分是不一致的。如卤素具有吸电子的诱导效应,可以通过σ键从碳原子上吸电子;但由于卤原子p轨道上的孤对电子与苯环碳上的p轨道可共轭,电子离域到苯环上,通过π键给电子,为给电子的共轭效应。由于吸电子的诱导效应大于给电子的共轭效应,总效果为苯环电子云密度降低,苯环上的亲电反应活性降低。

超共轭效应是指烷基苯中烷基C—H键中的σ电子与苯环的π电子发生的σ-π超共轭作用，烷基有微弱的给电子能力，为σ给体。

取代基的定位效应是取代基的诱导效应、共轭效应、超共轭效应等电子效应综合作用的结果。由于一取代苯有两个邻位、一个对位和两个间位，每个位置占20%，因此将邻、对位异构体占比大于60%的原有取代基称作邻、对位取代基，而把间位异构体占比大于40%的原有取代基称作间位取代基。

（二）取代基的分类

常见的取代基可分为三类。

(1) 使苯环活化的邻、对位定位基(又称第一类取代基)： 常见的此类取代基的活性顺序为$—O^-$(酚盐)>$—NR_2$(苯胺)>—OH(苯酚)>—OR(苯基醚)>—NHCOR(酰基苯胺)>$—C_6H_5$(联苯)>—R(烷基苯)。如甲苯硝化，邻硝基甲苯约占产物的63%，对硝基甲苯约占34%，间硝基甲苯约占产物的3%；$(o+p)$与m的比例为97∶3；以取代基为H(苯)的相对反应速率为1，甲苯硝化的相对速率为25。

(2) 使苯环钝化的邻、对位定位基： 卤素具有吸电子的诱导效应，是钝化基团，但是当亲电试剂在邻位或对位时，卤素上的孤对电子又具有给电子的共轭效应，对邻、对位活化比对间位的活化要强，成为邻、对位定位基。如氯苯硝化，邻硝基氯苯约占产物的30%，对硝基氯苯约占69%，间硝基氯苯约占1%；$(o+p)$与m的比例为99∶1，相对速率0.03。

常见的邻、对位取代基对苯环的活化和钝化能力分成以下几类：

极强活化：$—O^-$(具有给电子的诱导效应和给电子的共轭效应)；

强活化：$—NR_2$，—NHR，$—NH_2$，—OH，—OR；

中等活化：$—NHCOCH_3$，—OCOR；

弱活化：—NHCHO，$—C_6H_5$(以上基团均为吸电子诱导效应小于给电子的共轭效应)，$—CH_3$，$—CR_3$(只具有给电子的诱导效应)；

弱钝化：—F，—Cl，—Br，—I，$—CH_2Cl$，—CH═CHCOOH，$—CH═CHNO_2$(各基团的吸电子诱导效应大于给电子的共轭效应)。

(3) 使苯环钝化的间位定位基(又称第二类取代基)： 强钝化间位定位基如$—NO_2$(硝基)，—CN(氰基)，—COOH(羧基)，$—SO_3H$(磺酸基)，—CHO(醛基)，—COR(酮基)，—COOR(酯基)(以上基团均具有吸电子的诱导效应和吸电子的共轭效应)，$—CCl_3$(三氯甲基)，$—CF_3$(三氟甲基)；极强钝化间位定位基如$—N^+R_3$(季铵基)，$—N^+H_3$(铵盐)(以上基团均只有吸电子诱导效应)。

如硝基苯硝化，邻二硝基苯约占产物的6%，对二硝基苯约占1%，间二硝基苯约占93%，$(o+p)$与m的比例为7∶93，相对速率6×10^{-8}。

（三）定位效应的共振理论解释

定位效应可以用亲电试剂(E^+)进攻苯环时所形成的反应活性中间体σ配合物的稳定性进行解释。以下为几个典型例子。

(1) 甲基的邻、对位定位效应： 甲基有微弱的给电子超共轭效应，使苯环上的电子云密度增加，同时使反应过程中产生的碳正离子的电荷得到分散而稳定。甲基的邻、对位定位效应可用反应中间体σ配合物的主要共振极限结构式来分析。亲电试剂(E^+)进攻甲苯所生

成的 σ 配合物的主要共振结构式如下，亲电试剂进攻苯环的邻、对位时都有一个碳正离子与甲基直接相连的较稳定极限结构，该极限结构能量相对较低；而间位进攻时却没有。

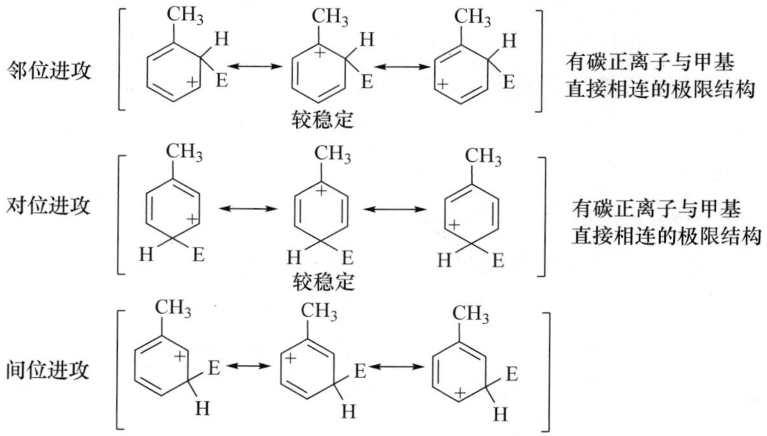

邻位进攻
较稳定
有碳正离子与甲基直接相连的极限结构

对位进攻
较稳定
有碳正离子与甲基直接相连的极限结构

间位进攻

(2) 卤素的邻、对位定位效应： 以氯苯为例，亲电试剂(E^+)进攻氯苯所生成的 σ 配合物的主要共振结构式如下。由于氯原子有孤对电子，具有给电子共轭效应，亲电试剂进攻苯环的邻、对位形成的 σ 配合物的极限结构共振式有四个，且有氯鎓离子极限结构；进攻间位时的极限结构只有三个；由于参与杂化的极限结构越多共振结构越稳定，亲电试剂从邻、对位进攻时，形成的中间体能量较低，容易形成邻、对位取代氯苯。但由于氯原子的电负性大，吸电子的诱导效应大于给电子的共轭效应，总的结果使苯环电子云密度减小，亲电试剂不易进攻苯环，难以反应。

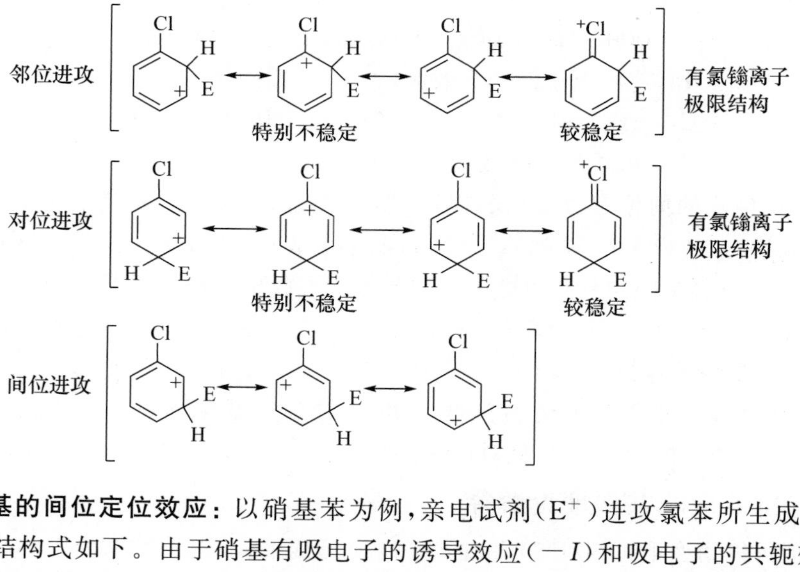

邻位进攻
特别不稳定　较稳定
有氯鎓离子极限结构

对位进攻
特别不稳定　较稳定
有氯鎓离子极限结构

间位进攻

(3) 硝基的间位定位效应： 以硝基苯为例，亲电试剂(E^+)进攻氯苯所生成的 σ 配合物的主要共振结构式如下。由于硝基有吸电子的诱导效应($-I$)和吸电子的共轭效应($-C$)，碳正离子更缺电子，在亲电试剂进攻邻、对位时，共振式中碳正离子与硝基直接相连的极限结构更不稳定，能量相对更高；同时硝基使苯环电子云密度降低，苯环钝化。

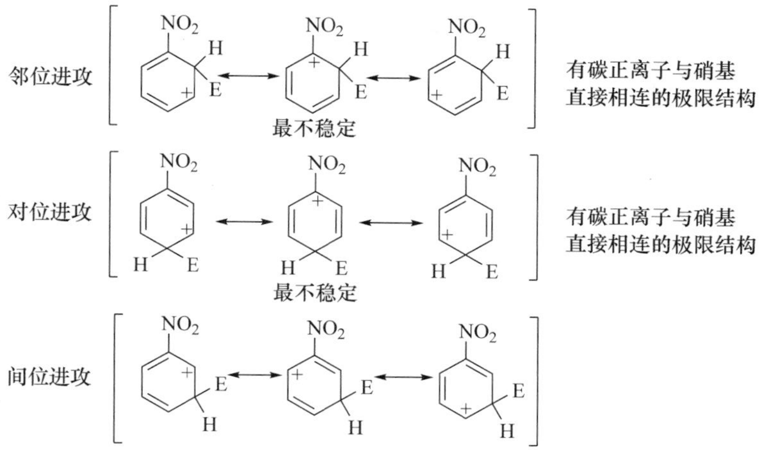

邻位进攻：NO_2 H E ⟷ NO_2 H + E ⟷ NO_2 H + E　最不稳定　有碳正离子与硝基直接相连的极限结构

对位进攻：NO_2 + H E ⟷ NO_2 + H E ⟷ NO_2 + H E　最不稳定　有碳正离子与硝基直接相连的极限结构

间位进攻：NO_2 + E H ⟷ NO_2 + E H ⟷ NO_2 + E H

(4) 甲氧的邻、对位定位效应： 以苯甲醚为例，亲电试剂(E^+)进攻苯甲醚所生成的 σ 配合物的主要共振结构式如下。由于氧原子有孤对电子，具有给电子共轭效应，亲电试剂进攻苯环的邻、对位形成的 σ 配合物的共振式有四个极限结构，且有氧鎓离子极限结构；进攻间位时极限结构只有三个，由于参与杂化的极限结构越多共振结构越稳定，亲电试剂从邻、对位进攻时，形成的中间体能量较低，为邻、对位定位基。且氧原子的吸电子诱导效应小于给电子共轭效应，总的结果使苯环电子云密度增加，亲电试剂容易进攻苯环。

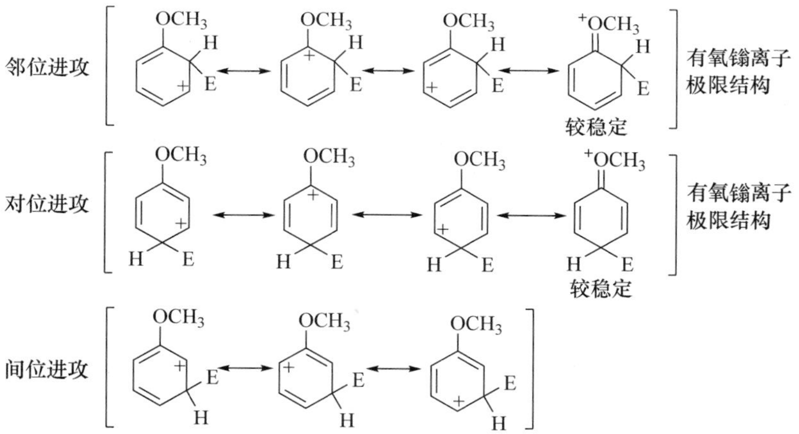

邻位进攻：OCH_3 H + E ⟷ OCH_3 H + E ⟷ OCH_3 H + E ⟷ $^+OCH_3$ H E　较稳定　有氧鎓离子极限结构

对位进攻：OCH_3 + H E ⟷ OCH_3 + H E ⟷ OCH_3 + H E ⟷ $^+OCH_3$ H E　较稳定　有氧鎓离子极限结构

间位进攻：OCH_3 + E H ⟷ OCH_3 + E H ⟷ OCH_3 + E H

(四) 影响定位效应及反应的其他因素

(1) 空间效应： 对于具有邻、对位取代基的苯，定位基的体积越大，则对位产物的比例越高。如甲苯溴化时生成 65% 的对溴甲苯和 35% 的邻溴甲苯。甲苯用硫酸磺化时生成 44.5% 的对甲苯磺酸、50% 的邻甲苯磺酸、3.6% 的间甲苯磺酸及少量副产物。而叔丁基甲苯溴化时，对溴叔丁基苯占总产物的比例高达 94%，邻溴叔丁基甲苯只有 6%。特丁基甲苯用硫酸磺化时，生成 85.9% 的对特丁基苯磺酸、12.1% 的间特丁基苯磺酸，没有邻特丁基苯磺酸。又如氯苯硝化，对硝基氯苯占 70%，邻硝基氯苯占 30%；而乙酰苯胺硝化时，对位硝化占 95%，邻位硝化只有 5%。

(2) 反应温度： 低温时反应是反应速率控制，由反应中间体的活化能大小控制反应产物的比例；而高温下产物比例是平衡控制，由产物的热力学稳定性控制产物比例。如甲苯用浓硫酸进行磺化，0℃时邻位磺化占总产物的 50%，对位磺化占 43%，间位磺化占 4%。但在高温时由于会发生磺化-水解-再磺化的反应，会影响异构体的比例，并引起副反应。如在 100℃磺化时，邻位磺化（甲基与磺酸基离得近，热力学稳定性差）只占 13%，对位磺化（甲基与磺酸基离得远，热力学稳定性好）占 79%，间位磺化占 8%，时间稍长还会有多磺化、氧化等副反应发生。

(3) 反应试剂： 亲电取代反应所使用的试剂对反应定位也有影响。如硝化时硝化剂的选择对硝化产物的组成是有影响的。用混酸（$HNO_3+H_2SO_4$）硝化时，混酸中硫酸含量越多，其硝化能力越强，硝化产物的选择性越低。若混酸硝化时，加入适量的水，NO_2^+ 变成 $NO_2\text{-}OH_2^+$，活性降低，位置选择性加强，可提高对位产物产率。

被硝化物在硝化剂中溶解度不同也会影响异构体比例和硝化程度。如均三甲苯在硝酸的醋酐-醋酸溶液中硝化，控制好反应条件，主要得一硝基物；而在混酸中由于所得一硝基物溶于混酸而容易被继续硝化，易得二硝基物。采用不同的硝化介质，常会改变异构体的比例。如带有强给电子性的芳香化合物，如苯甲醚、乙酰苯胺等，在非质子化溶剂（如乙腈、二甲基甲酰胺等）中硝化时，常得到较多的邻位异构体；而在可质子化的溶剂中，由于含孤对电子的原子与质子溶剂形成氢键而溶剂化，增大取代基的体积，邻位进攻受阻，得到较多的对位异构体。如苯甲醚硝化时用混酸，邻位硝化产物占 31%，对位硝化产物占 67%；而改用试剂 HNO_3 在乙酸酐中硝化时，邻位硝化产物占比升至 71%，对位硝化产物降至 28%。乙酰苯胺用混酸硝化时，邻位硝化产物占 19.5%，对位硝化产物占 78.5%，间位产物占 2.1%；而改用试剂 HNO_3 在乙酸酐中硝化时，邻位硝化产物占比升至 67.8%，对位硝化产物降至29.7%，间位产物占 2.5%。这可能是因为 HNO_3 + 乙酸酐作硝化剂时，质子化的乙酰硝鎓离子与苯甲醚、乙酰苯胺定位基中的氧络合，增加了进攻邻位的概率，从而提高了邻位与对位的比例。

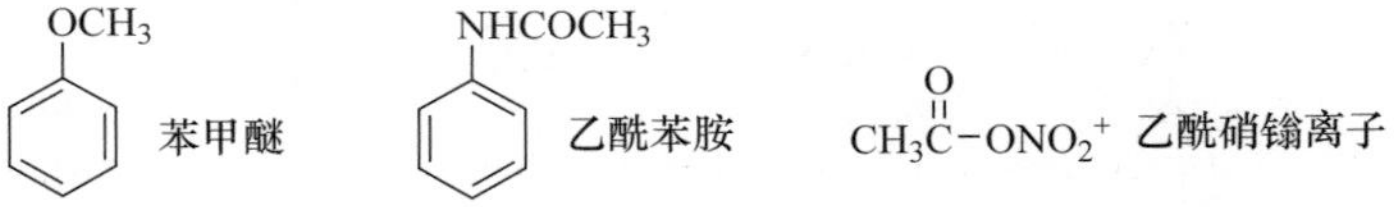

(4) 其他： 催化剂及添加剂的加入对一些反应也会有较大的影响。如硝化时加入磷酸，可使硝化活性质点变大，活性降低，增加对位异构体收率。又如磺化时加入适量的 Na_2SO_4 或 $NaHSO_4$，可增加 HSO_4^- 的浓度，抑制硫酸的氧化作用和副产物砜的生成。溴苯溴化时若用 $AlCl_3$ 为催化剂，生成的邻位溴化产物占 8%，对位产物 62%，间位产物 30%；而改用 $FeCl_3$ 为催化剂，则生成的邻位溴化产物占 13%，对位产物 85%，间位产物 2%。

（五）苯环多元取代的定位效应

二元或多元取代苯的定位效应是苯环上已有取代基的综合作用。如二元取代苯，当第三个取代基进入苯环时，若两个取代基的定位效应指向一致，定位作用可以互相加强，亲电试剂进入两个取代基共同定位的位置，但两个取代基中间的位置由于空间阻碍大，一般不易进入。下列化合物中箭头指示亲电试剂进入的位置。

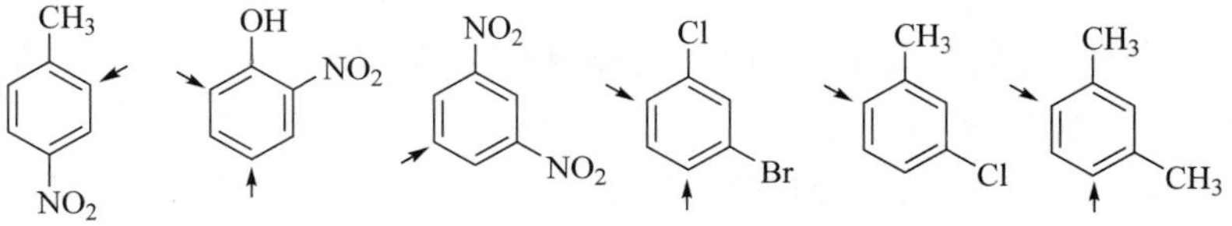

若两个取代基的定位效应指向的取代位点不一致，又分为两种情况：两个取代基定位效应相差较大时，亲电试剂进入的位置由定位效应较强的取代基决定，多数情况下，按邻、对位定位基＞卤原子＞间位定位基的次序来决定。

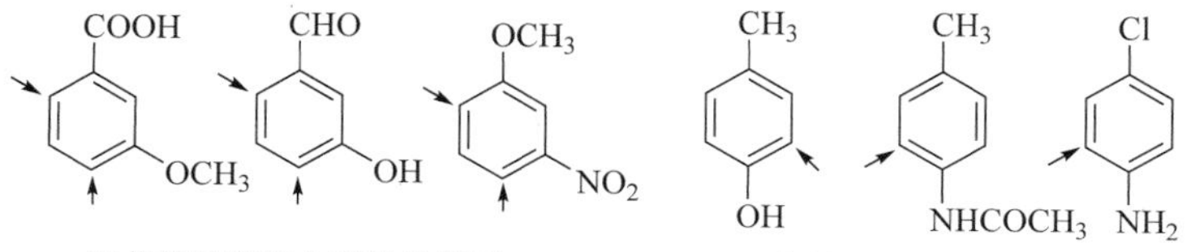

活化基团作用大于钝化基团　　强活化基团作用大于弱活化基团

两个取代基定位效应相差不大或相同，取代产物主要为混合物，要进行分离。

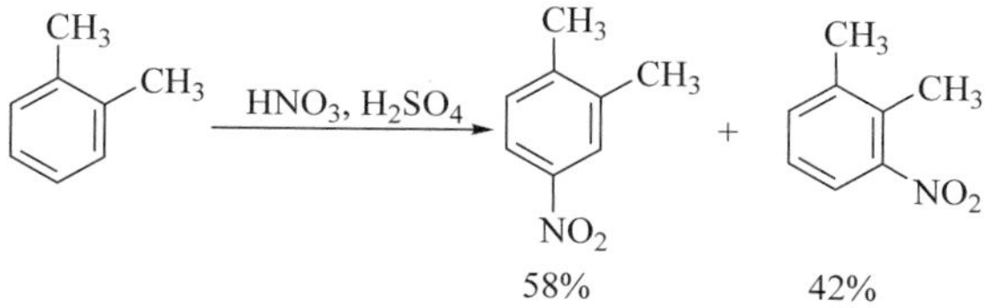

58%　42%

当合成一个多取代苯时，要根据以上情况充分考虑取代基进入苯环的先后次序，并结合反应温度、溶剂、催化剂等进行全面的考虑后，经过实验确定最佳合成路线。如合成邻硝基氯苯要先氯化后硝化，而合成间硝基氯苯时要先硝化后氯化。

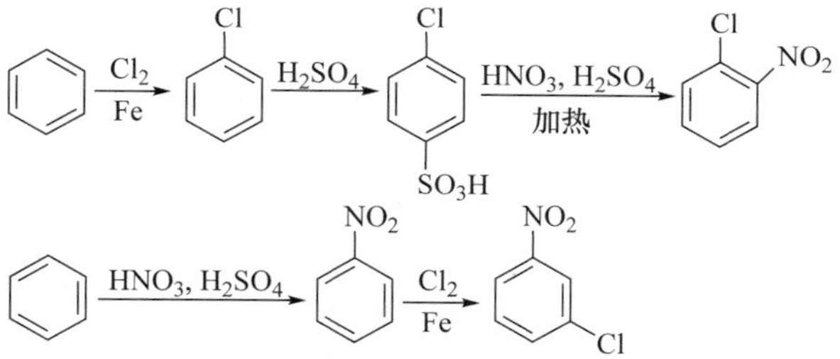

3-硝基-5-溴苯甲酸的合成可考虑从甲苯开始，由于三个取代基互为间位，首先通过氧化把甲基变为间位定位基羧基，再硝化后溴化。

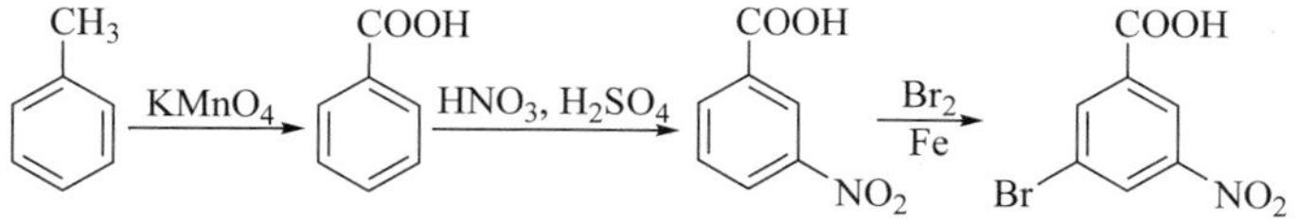

由甲苯制备 2,4-二硝基苯甲酸，先利用甲基为邻、对位取代基，在邻、对位引入硝基后，再将甲基氧化成羧基。

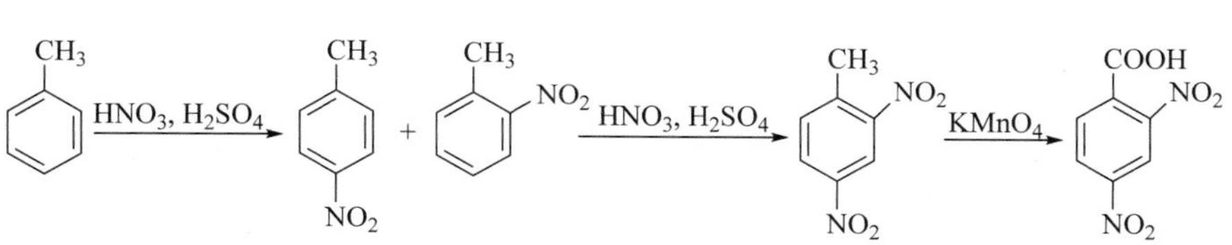

4-丁基-2-硝基苯胺可由 4-正丁基苯胺经乙酰化、硝化、水解制备。

$$\text{4-}C_4H_9C_6H_4NH_2 + (CH_3CO)_2O \xrightarrow[30\sim35\ ^\circ C]{\text{滴加浓}HNO_3} \xrightarrow[40\ min]{5\ ^\circ C} \text{2-}NO_2\text{-4-}C_4H_9C_6H_3NHCOCH_3 \xrightarrow[\text{95\% }C_2H_5\text{，回流1 h}]{40\%\ KOH} \text{2-}NO_2\text{-4-}C_4H_9C_6H_3NH_2$$

§7.6 多环芳烃

分子中含有一个以上芳环的多环烃类化合物称为多环芳烃，包括多苯代脂烃、多联苯(芳)烃、稠环芳烃等。

(一) 多苯代脂烃

(1) 多苯代脂烃：指多个苯环通过一个或几个碳原子连接而成的化合物，如二苯甲烷(Ph—CH_2—Ph)、三苯甲烷(Ph_3CH)和1,2-二苯基乙烷(Ph—CH_2CH_2—Ph)等。其中苯环被连接的邻、对位定位基烃基活化，易发生各种亲电取代反应。与苯连接的亚甲基(Ph—CH_2—)和次甲基(Ph—CH═)上的氢也被苯环活化而易被取代，可被卤代和氧化。

(2) 三苯甲烷及其衍生物：分子中次甲基上的氢同时受三个苯环的作用，化学性质十分活泼，被卤素取代生成三苯卤甲烷，氧化则生成三苯甲醇。次甲基上的氢还具有弱酸性，pK_a为31.5，与强碱如氨基钠反应，生成的三苯甲基钠是一个具有大空间位阻的强碱，在有机合成中用途很大。

$$(C_6H_5)_3CH \xrightarrow{Br_2} (C_6H_5)_3C^+Br^- + HBr \qquad (C_6H_5)_3CH \xrightarrow[AcOH]{H_2CrO_4} (C_6H_5)_3COH$$

$$(C_6H_5)_3CH + NaNH_2 \xrightarrow[-33\ ^\circ C]{NH_3\text{ (液)}} (C_6H_5)_3C^-Na^+ + NH_3$$

苯环上连有给电子基团(如—NH_2，—OH 等)的三苯甲烷衍生物，许多可作染料，也称为品红染料，色泽鲜艳，着色力强，色谱广泛。分析中用的一些指示剂，如酚酞、结晶紫、碱性孔雀绿等也为三苯甲烷衍生物。品红试剂与醛反应呈现紫色或紫红色，不与酮反应，由此可鉴别醛和酮，且脂肪醛比芳香醛反应快。

酚酞 (无色) $\underset{H^+}{\overset{OH^-}{\rightleftharpoons}}$ (红色)

品红试剂 $\xrightarrow{RCHO}$ 亚胺醌 (紫红色)

三苯甲烷可由苯和氯仿经傅-克反应制备，也可由苯甲醛和苯缩合制备：

$$3C_6H_6 + CHCl_3 \xrightarrow{AlCl_3} (C_6H_5)_3CH + 3HCl \qquad C_6H_5CHO + 2C_6H_6 \xrightarrow{ZnCl_2} (C_6H_5)_3CH + H_2O$$

三苯甲基正离子(Ph_3C^+)、负离子(Ph_3C^-)和自由基($Ph_3C\cdot$)与其他种类碳正离子、碳负离子和碳自由基相比，都是最稳定的。这是由于电子能与几个苯环同时发生离域作用，从而使这些不稳定的基团稳定下来。

三苯甲基正离子：三苯氯甲烷在液体二氧化硫中可电离成三苯甲基正离子和氯离子。

$$(C_6H_5)_3CCl \xrightleftharpoons{SO_2,\ 0\ ^\circ C} (C_6H_5)_3C^+Cl^- \rightleftharpoons (C_6H_5)_3C^+ + Cl^-$$

三苯甲醇溶于浓硫酸，生成三苯甲基硫酸氢盐，呈现三苯甲基正离子的金黄色。

$$(C_6H_5)_3COH + H_2SO_4 \longrightarrow (C_6H_5)_3C^+SO_4H^-$$

三苯甲基负离子：三苯甲烷与氨基钠在液氨中生成三苯甲基钠，呈深红色，是三苯甲基负离子的颜色。三苯甲基钠还可以由三苯氯甲烷经钠汞齐还原生成：

$$(C_6H_5)_3CCl \xrightarrow[Et_2O]{Na\text{-}Hg} (C_6H_5)_3C^-Na^+$$

三苯甲基自由基：三苯氯甲烷在金属锌(或银)的作用下生成三苯甲基自由基，呈黄色，是最早被发现的自由基。其二聚体不是六苯乙烷，而是环己二烯的衍生物。

$$(C_6H_5)_3CCl \xrightarrow{Ag} 2\ (C_6H_5)_3C\cdot \rightleftharpoons \text{二聚体}$$

三苯氯甲烷　　三苯甲基自由基　　二聚体

(二) 联苯

联苯是由两个或多个苯环以单键直接相连的化合物，如(二)联苯、三联苯等。联苯的编号从苯环和单键的直接连接处开始，第二个苯环的编号分别加上一撇(′)，第三个苯环上的号码分别加上两撇(″)，之后以此类推。命名时以联苯为母体，苯环上的取代基编号也应使取代基得到较小的位置号。如：

2, 2′-联苯二甲酸　　2, 4′-二硝基联苯

(1) 化学性质： 联苯可以看作苯环上一个氢原子被另一个苯环取代，苯基的给电子共轭效应(+C)大于吸电子诱导效应(−I)，是可活化苯环的邻、对位定位基。取代联苯进行亲电取代反应时，苯环上有活化基团的苯环优先发生取代反应(同环取代)，如 4-甲基联苯硝化时，受甲基活化产物为 3-硝基-4-甲基联苯，受苯基活化为 2-硝基-4-甲基联苯。而有钝化基

团的苯环，取代反应发生在另一环上的4-位（异环取代），产物为4,4′-二硝基联苯。

$$C_6H_5-C_6H_4-CH_3 \xrightarrow[(CH_3CO)_2O]{HNO_3} C_6H_5-C_6H_3(NO_2)-CH_3 + C_6H_5-C_6H_3(NO_2)-CH_3$$

$$C_6H_5-C_6H_4-NO_2 \xrightarrow[H_2SO_4]{HNO_3} O_2N-C_6H_4-C_6H_4-NO_2$$

(2) 联苯的制备：联苯在工业上由苯高温催化脱氢制备，联苯衍生物可由乌尔门(Ullmann)反应制备，传统的Ullmann反应即在高温（200℃以上）、铜催化下使卤代芳烃（常用碘代和溴代化合物）偶联成联苯类化合物，活泼次序为ArI＞ArBr＞ArCl。若用DMF为溶剂，可降低反应温度和铜的用量。一般用于同一卤代芳烃的对称偶联，但当反应物中有一较为不活泼时，可得交叉偶联产物。

$$2\ C_6H_5-I \xrightarrow{Cu,\ DMF} C_6H_5-C_6H_5 + CuI_2$$

$$O_2N-C_6H_3(COOCH_3)-I + I-C_{10}H_7 \xrightarrow[140\sim150\ ^{\circ}C,\ 4\ h]{Cu,\ DMF} O_2N-C_6H_3(CH_3OOC)-C_{10}H_7 \quad 96\%$$

Ullmann反应还发展了用$NiCl_2(PPh_3)$催化体系催化，Zn为还原剂的反应：

$$2\ C_6H_5-Cl + Zn \xrightarrow[DMAc,\ 80\ ^{\circ}C]{NiCl_2,\ PPh_3} C_6H_5-C_6H_5 + ZnCl_2$$

$$2\ CH_3OC(O)-C_6H_4-X \xrightarrow[Et_4Ni,\ THF,\ 67\ ^{\circ}C]{Zn,\ NiCl_2(PPh_3)_2} CH_3OC(O)-C_6H_4-C_6H_4-C(O)OCH_3$$

X=CF_3SO_2O, CH_3SO_2O等

$$MeO\text{-色满-4-酮-3-I} \xrightarrow[Zn,\ NaH,\ 甲苯]{NiCl_2(PPh_3)_2,\ PPh_3} \text{(MeO-色满-4-酮)}_2$$

Ullmann反应也可以用零价钯或二价钯作催化剂：

$$2ArX \xrightarrow[X=Cl,\ Br,\ I]{Pd(0)或Pd(II)} Ar-Ar$$

$$2\ o\text{-}I-C_6H_4-C(O)CH_3 \xrightarrow[Zn,\ 丙酮/水]{Pd/C,\ 室温} CH_3C(O)-C_6H_4-C_6H_4-C(O)CH_3$$

$$Br-C_6H_4-CN + CH_3CH(OH)CH_3 \xrightarrow[n\text{-}Bu_4NBr]{Pd(OAc)_2,\ 碱} NC-C_6H_4-C_6H_4-CN + CH_3C(O)CH_3$$

§7.7　钯催化交叉偶联反应

钯和有机钯催化的碳碳键形成方法在有机合成中占有重要地位。2010 年诺贝尔化学奖授予了在钯催化碳碳键形成方面有着重要贡献的理查德·赫克(Richard F. Heck)、铃木章(Akira Suzuki)和根岸英一(Eiichi Negishi)。他们的贡献已由他们的名字命名为有机人名反应，分别为 Heck 反应，Suzuki 反应和 Negishi 反应。钯催化的原理是：两分子反应物通过形成两个钯碳键，将碳组装在钯原子上，两个碳原子靠近，进一步形成碳碳单键。反应中首先发生零价钯对芳基卤或磺酸酯的氧化加成，形成 σ-键合中间体；其次，这类中间体有两种类型的反应，可与烯烃或其他不饱和化合物反应，形成碳碳键，也可以与许多金属有机化合物反应生成偶联产物。

ArX (X = Br, I, OTf) —Pd(0)→ Ar−Pd−X (σ-键合中间体)
→ (R−CH=CH₂) Ar−Pd(X)−CH=CH−R → Ar−CH=CH−R
→ (R′M, M = B, Zn, Sn) Ar−Pd−R′ → Ar−R′

另外还有二价钯 Pd(Ⅱ)与烯烃和烯丙基化合物形成 π 配合物催化形成碳碳键的反应。

(一) Heck 反应

Heck 反应是芳基或烯基卤(ArX)、三氟甲磺酸的芳基或烯基酯($ArOSO_2CF_3$)在二价钯[Pd(Ⅱ)]催化下与烯烃($RCH{=}CH_2$)发生的偶联反应，又称沟吕木-赫克(Mizoroki-Heck)反应，是形成新 C—C 键的有效方法。催化剂一般采用 $Pd(OAc)_2$ 等二价钯盐，在反应中生成零价钯 Pd(0)(可用胺为还原剂)。钯催化体系包含在整个催化循环中稳定钯的配体(L_n，一般用膦配体)，还有碱(B)和可能的助亲核试剂(X^-)。

$$R{-}X + CH_2{=}CH{-}R' \xrightarrow[X^-,\ B]{Pd(0)L_n} R{-}CH{=}CH{-}R' + HX$$

R=芳基 (Ar^-)、烯基　X=I、Br、COCl、OTf、N_2^+、P(=O)(OH)$_2$

如对溴苯甲醛和丙烯腈在醋酸钯作催化剂，亚磷酸三邻甲基苯酯作配体，醋酸钠存在条件下，在 DMF 中 130℃反应生成对氰乙烯基苯甲醛：

$$OHC{-}C_6H_4{-}Br + CH_2{=}CH{-}CN \xrightarrow[NaOAc,\ DMF,\ 130\ ^\circ C]{Pd(OAc)_2,\ P(o\text{-}Tol)_3} OHC{-}C_6H_4{-}CH{=}CH{-}CN$$

Heck 反应是合成双取代烯烃的实用反应，如二苯乙烯衍生物的合成：

$$R_1{-}C_6H_4{-}CH{=}CH{-}C_6H_4{-}Br + CH_2{=}CH{-}R_2 \xrightarrow[DMF,\ NEt_3]{Pd(OAc)_2,\ PPh_3} R_1{-}C_6H_4{-}CH{=}CH{-}C_6H_4{-}CH{=}CH{-}R_2$$

R_1=NO_2, H, CH_3　　R_2=苯基，苯甲基

Heck 反应常用的催化剂是以含磷、硫、氮等元素的化合物为配体的 $Pd(OAc)_2$ 和 $PdCl_2$ 等均相催化剂，但在反应过程中易产生钯黑，降低催化活性且难以回收。为克服这些困难，

负载型钯催化剂得到了发展。另外，与 Pd 中心配位的吡啶 *N*-杂环复合物作为高活性钯催化剂，可在温和的条件下催化氯代和溴代芳烃的 Heck 偶联反应，如 4-溴硝基苯与苯乙烯偶联生成 4-硝基二苯乙烯，收率可达 92%：

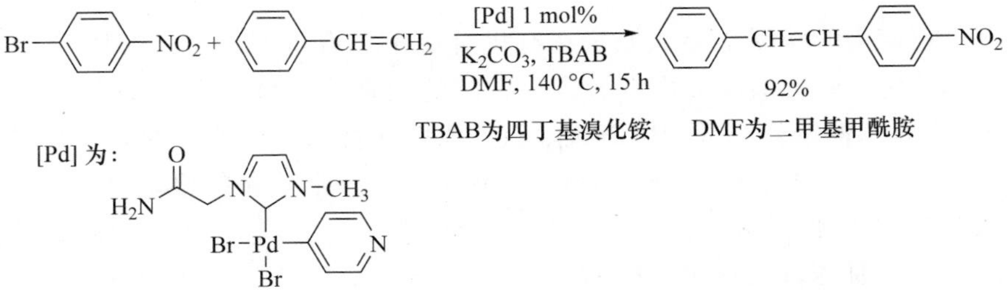

Br—C₆H₄—NO₂ + C₆H₅—CH=CH₂ →([Pd] 1 mol%; K_2CO_3, TBAB; DMF, 140 °C, 15 h) C₆H₅—CH=CH—C₆H₄—NO₂ 92%

TBAB为四丁基溴化铵　DMF为二甲基甲酰胺

[Pd] 为：（H_2NCOCH_2—N-杂环卡宾（N—CH_3）—Pd(Br)₂—吡啶 配合物）

1-甲基-4-异丙基-2-环己烯-3-醇三氟磺酸酯与烯丙基乙基醚在醋酸钯催化，四正丁基三氟磺酸铵盐和碳酸钾存在下反应生成 1-甲基-4-异丙基-2-环己烯-3-乙氧基乙烯：

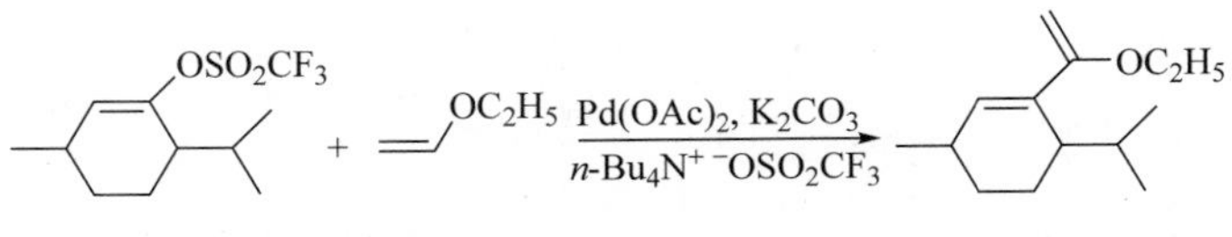

OSO_2CF_3 取代环己烯 + CH_2=CH—OC_2H_5 →($Pd(OAc)_2$, K_2CO_3; n-$Bu_4N^+\ ^-OSO_2CF_3$) OC_2H_5 取代乙烯基环己烯

Heck 反应机制如下：第一步，带有配体的活泼 $L_nPd(0)$ 与芳基卤或烯基卤（Ar—X）发生氧化加成反应，生成 ArPdX，钯的氧化态从（0）转化为（Ⅱ），生成 Pd—C 键。第二步烯烃与 Pd 配位，和 Ar 基团同时与 Pd 相连，烯烃可以是简单的烯烃、芳基取代的烯烃、亲电性烯烃（如丙烯酸酯）或 *N*-烯基酰胺等。第三步 Ar 基团迁移到烯烃的碳原子上，而钯同时与烯烃的另一个碳原子相连，为迁移-插入反应，生成 C—C 键。第四步 Ar 基团替换了底物烯烃上的一个氢原子，通过消除烯烃的 β-H，得到产物，为一个新的取代烯烃（Ar—CH═CH—R），同时生成 HPdX，它随即在碱作用下失去 HX，又得到带配体的 $L_nPd(0)$，进入下一个催化循环。

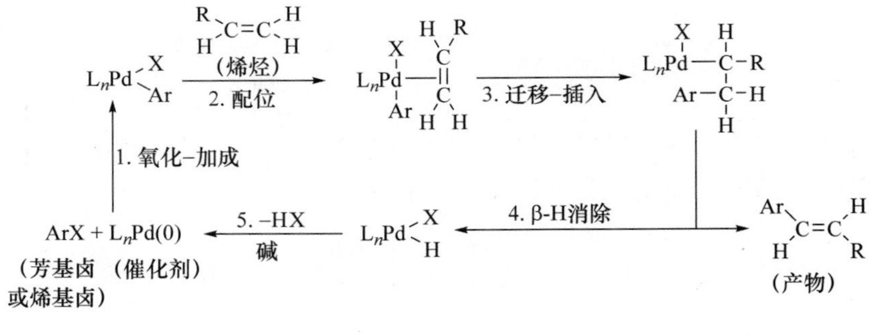

ArX + $L_nPd(0)$（芳基卤或烯基卤）（催化剂） →(1. 氧化-加成) $L_nPd(X)(Ar)$ →(RHC=CH₂（烯烃）; 2. 配位) $L_nPd(X)(Ar)$—(HRC=CH₂) →(3. 迁移-插入) $L_nPd(X)$—CH(R)—CH(H)—Ar →(4. β-H消除) $L_nPd(X)(H)$ + Ar(H)C=C(H)R（产物）；$L_nPd(X)(H)$ →(5. −HX; 碱) ArX + $L_nPd(0)$

（二）Suzuki 反应

Suzuki 反应是芳基或烯基硼在零价钯[Pd(0)]催化和碱的作用下，与芳基或烯基卤（X=I，Br，Cl）、磺酸酯以及芳香重氮盐发生交叉偶联的反应，是连接芳基-芳基、芳基-烯基和烯基-烯基的重要方法，在反应中两组分烯键的几何构型保持不变。催化剂和碱的选择是反应成功的关键。钯源一般是 $PdCl_2$、$Pd(OAc)_2$ 或 $Pd_2(dba)_3$（dba 为二亚苄基丙酮），可作为零价钯的前体。配体可用来调节催化活性及选择性，常用的配体是 PPh_3（三苯基膦）、dppf

[1,1′-双(二苯基膦)二茂铁]。碱可活化有机硼试剂，可用 Na_2CO_3、K_2CO_3、$KHCO_3$、NEt_3、KF、K_3PO_4 等，作用是促进 Ar(R)从硼转向钯。在 Suzuki 交叉偶联反应中常用碘代或溴代芳烃，几种常用芳基或烯基卤(X=I,Br,Cl)、磺酸酯以及芳香重氮盐的活性次序是 $Ar—N_2^+BF_4^-$ >Ar—I≫Ar—Br≥Ar—OTf(Tf 为三氟乙酰基)≫ArCl，芳环上有吸电子取代基(如—NO_2)，可提高反应活性。Suzuki 反应可表示为：

$$RB(OH)_2 + R'X \xrightarrow[2OH^-\ (碱)]{Pd催化剂} R-R' + B(OH)_4^- + X^-$$

R, R′=芳基、乙烯基、烷基　　R′X=卤化物、三氟磺酸酯

生成联苯类化合物的 Suzuki 反应可用下式表示：

$$Ar-B(OH)_2 + Ar'X \xrightarrow[Na_2CO_3]{Pd(PPh_3)_4} Ar-Ar'$$

X = Br, I, 磺酰基

其反应机制如下：首先，Pd(0)与芳基卤发生氧化-加成反应，生成 Pd(Ⅱ)配合物；然后与活化的芳基硼发生金属转移反应生成 Pd(Ⅱ)配合物，最后进行还原-消除生成产物和 Pd(0)。

Ar—X + Pd(0)L_n (芳基卤) —氧化-加成→ Ar—Pd(Ⅱ)(L)(L)—X —NaOH, −NaX→ Ar—Pd(Ⅱ)(L)(L)—OH

Ar′—B(OH)$_2$ (芳基硼) —NaOH 活化→ Ar′—B(OH)$_4^-$；金属转移，放出 B(OH)$_4^-$ → Ar—Pd(Ⅱ)(L)(L)—Ar′

Ar—Pd(Ⅱ)(L)(L)—Ar′ —还原-消除→ Ar—Ar′ (联苯化合物)

Suzuki 反应底物选择性较广，可使用多种官能团，反应条件温和，副产物少，具有高度区域选择性、立体选择性，是合成芳基-芳基键的最有效方法之一。

$$NC-C_6H_4-Br + (HO)_2B-C_6H_4-N(C_6H_5)_2 \xrightarrow[50\%异丙醇-水]{Pd(OAc)_2,\ K_3PO_4} NC-C_6H_4-C_6H_4-N(C_6H_5)_2$$

2-(NHCO$_2$—t-Bu)-5-OCH$_3$-苯硼酸 [B(OH)$_2$] + 含 RO$_2$C、CH$_3$、TfO、OCH$_3$ 的环己二烯 $\xrightarrow[K_2CO_3]{Pd(PPh_3)_4}$ 偶联产物（t-Bu—O$_2$CHN、RO$_2$C、CH$_3$、OCH$_3$、OCH$_3$）

Suzuki 反应还可以用不加膦配体的 Pd-C 催化体系，使用价廉的氯代芳烃，通过选择适当的溶剂进行。如以二甲基乙酰胺(DMA)∶水比例为 20∶1 的溶剂进行Suzuki 反应，结果如下：

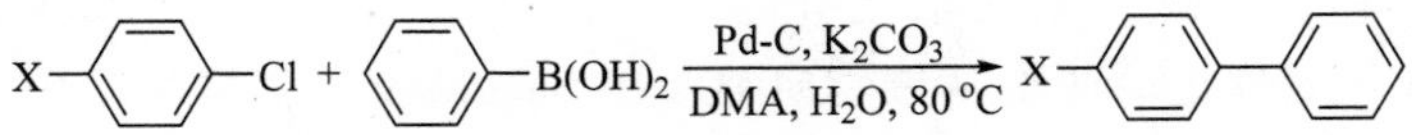

X—C₆H₄—Cl + C₆H₅—B(OH)₂ $\xrightarrow[\text{DMA, } H_2O\text{, 80 °C}]{\text{Pd-C, } K_2CO_3}$ X—C₆H₄—C₆H₅

$X = NO_2, CF_3, CN, C(O)CH_3$ 收率：79%~95%

$X = H, CH_3, OCH_3$ 收率：32%~54%

通过 Suzuki 反应合成的化合物很多，如：

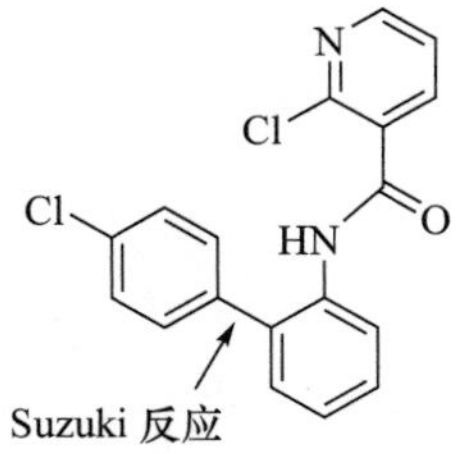

Suzuki 反应

Boscalid（啶酰菌胺）

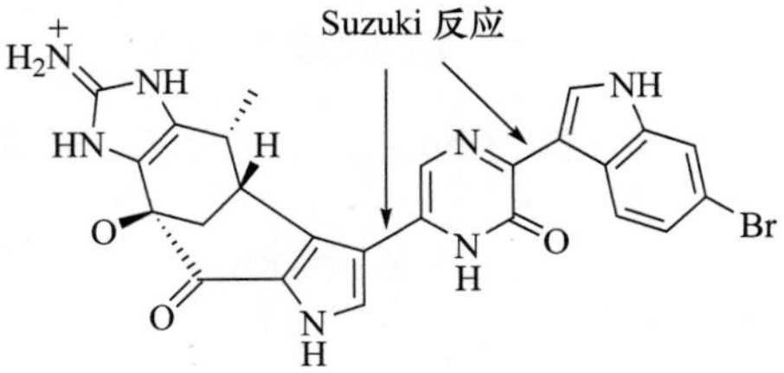

Suzuki 反应

Dragamacidin F

Suzuki 反应发展很快，还发展了在还原剂（如 n-BuLi，Zn）存在下，使用镍催化剂的 Suzuki 反应，可催化较不活泼的氯代芳烃和苯甲磺酸芳香酯。如以 $NiCl_2$ 为催化剂，1，3-双（二苯基膦）丙烷（dppp）为配体，K_2CO_3 为碱，以二氧六环为溶剂，催化卤代苯和苯硼酸生成联苯类化合物的反应。此外还发展了铜、锰、碘等催化的 Suzuki 反应。

（三）Negishi 反应

Negishi 反应是钯（或镍）催化的不饱和有机锌试剂与芳基或乙烯基卤或类似亲电试剂如磺酸酯等化合物发生的偶联反应。反应条件温和，产物有较高的选择性，与使用格氏试剂或金属锂化合物的反应相比，能适应更多的官能团。

$$RZnY + R'X \xrightarrow{Pd} R-R' + MX$$

R, R′=芳基，乙烯基，炔基　　X=卤素，三氟甲基磺酸酯

有机锌试剂可以制备后直接反应：

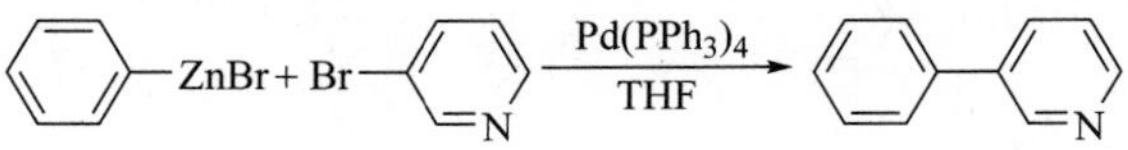

C₆H₅—ZnBr + 3-溴吡啶 $\xrightarrow[\text{THF}]{Pd(PPh_3)_4}$ 3-苯基吡啶

也可以采用一些容易制备的金属（如铝或锆）有机化合物在锌试剂（如氯化锌等）催化下直接进行催化偶联反应。离去基团 X 的活性顺序为：I＞OTf＞Br＞Cl，F。

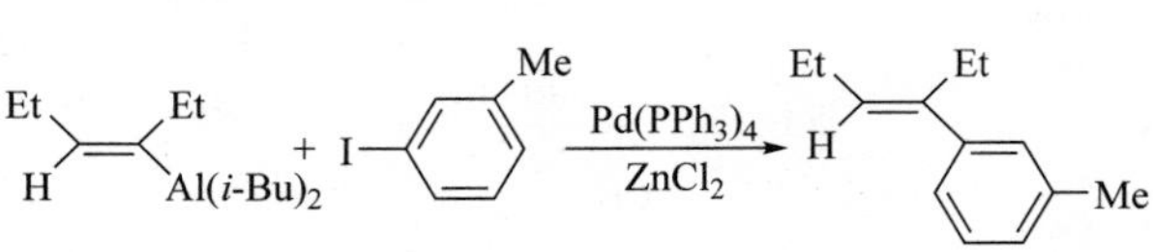

Et(H)C=C(Et)Al(i-Bu)$_2$ + I—C₆H₄—Me $\xrightarrow[ZnCl_2]{Pd(PPh_3)_4}$ Et(H)C=C(Et)—C₆H₄—Me

Negishi 反应机制与 Suzuki 反应类似，也分为氧化-加成，金属转移和还原-消除几步来完成催化循环：

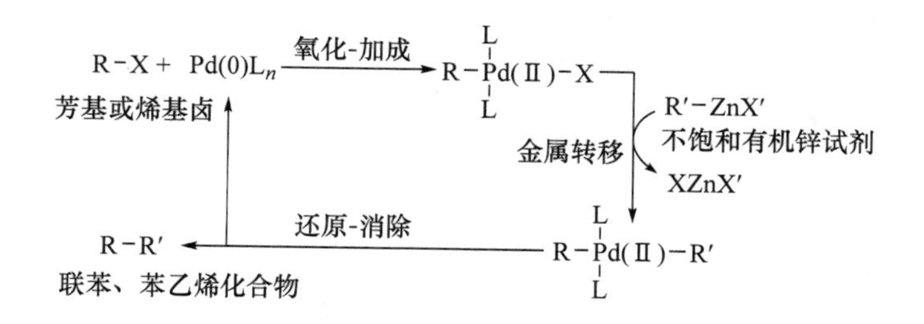

§7.8　稠环芳烃

两个或多个苯环共用两个相邻碳原子和它们之间的键形成具有芳香性的多环化合物称为稠环化合物。重要的有以下几种。

(一) 萘

(1) 结构： 萘是由两个苯环组成的最简单的稠环化合物，萘的三个 Kekulé 共振式表达如下，其中共振式(1)每个环都有一个完整的苯的结构，常用来表达萘的结构。萘的结构也可以用下示的圆圈符号表达。

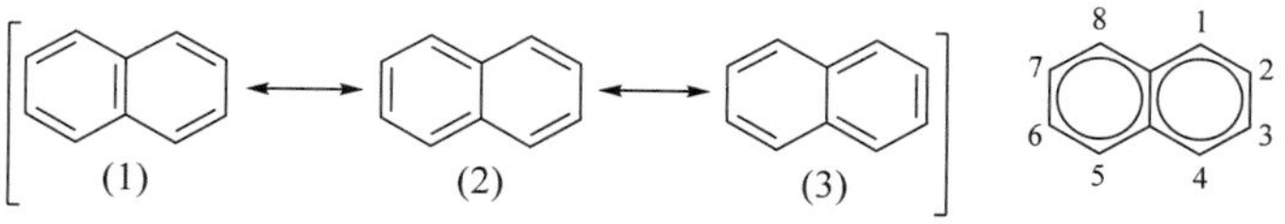

(1)　(2)　(3)

萘的分子式为 $C_{10}H_8$，是一个平面分子，键长如(1)式所示，长短交替，双键短，单键长。两个苯环共有 10 个 π 电子，不仅每个六元环都有一个完整的六电子体系，整个 π 电子体系也贯穿到 10 个碳原子的环系。萘的碳原子编号是固定的，1、4、5、8 位的碳和氢是等同的，又称 α 位；2、3、6、7 位的碳和氢是等同的，又称 β 位。萘的一元取代物有 α 及 β 两种异构体。

(2) 化学性质： 萘的化学性质比苯活泼。

① 氧化： 萘比苯易氧化，如萘用 CrO_3 的醋酸溶液可在室温下发生氧化反应得 1,4-萘醌。若在 V_2O_5 催化下，用高温(400～500℃)空气氧化萘，可得邻苯二甲酸酐。

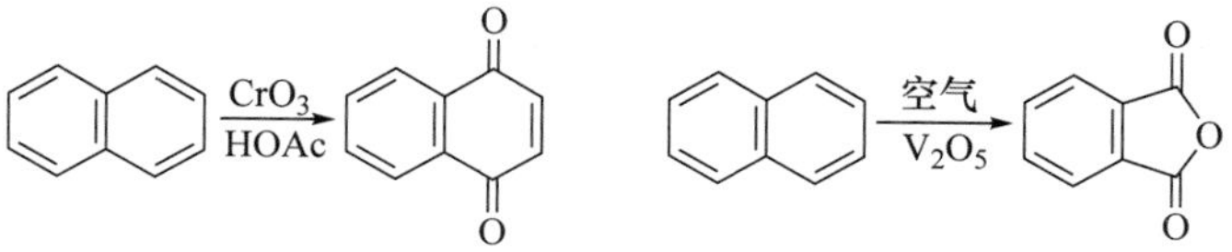

CrO_3 / HOAc　　1,4-萘醌

空气 / V_2O_5　　邻苯二甲酸酐

萘环比萘环上的取代侧链更易氧化，一般不能用甲基萘来制备萘甲酸，因为更易发生如下反应。

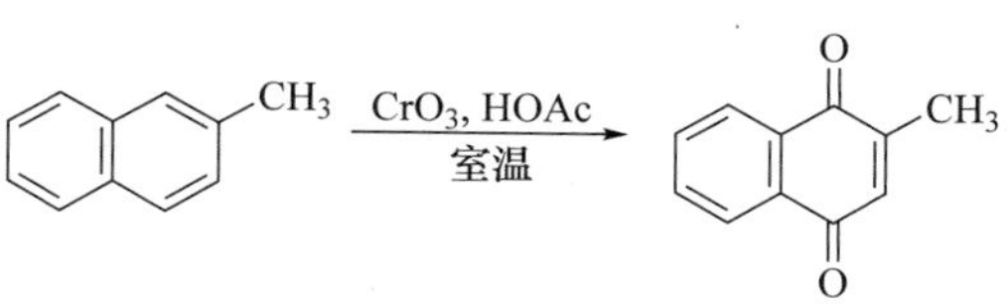

CrO_3, HOAc / 室温

当萘环被氧化时，有活化基团（如氨基）取代的环优先被氧化；而有钝化基团（如硝基）取代的环则不易被氧化，氧化发生在无取代基团的环上。

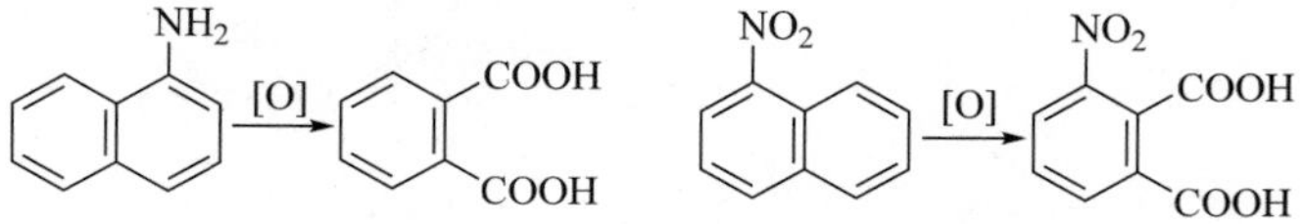

NH_2 [O] COOH COOH　　NO_2 [O] NO_2 COOH COOH

但若使用温和的氧化剂，如 *N*-溴代丁二酰亚胺（NBS），可以使 1-甲基萘进行侧链光氧化，1-萘甲酸的收率可达 98%，副产物 1-溴萘只有 2%。催化氧化也可以实现萘的侧链氧化，如以重金属溴化物为催化剂，在较高温度和压力下用含氧气体氧化 2,6-二甲基萘，可得到 2,6-萘二甲酸。

② 加成反应：萘比苯容易发生加成反应。萘不用光照就可以低温下与氯加成反应，产物可以是加一分子氯的 1,4-二氯化萘，也可以继续与氯反应得 1,2,3,4-四氯化萘，此时四氯化物分子中有一个完整的苯环，要继续与氯反应应当在光照下或有催化剂存在条件下。1,4-二氯化萘加热失去一分子 HCl 得 α-氯代萘，恢复萘环。1,2,3,4-四氯化萘加热失去两个分子的 HCl，得 α,α-二氯代萘，恢复萘环。

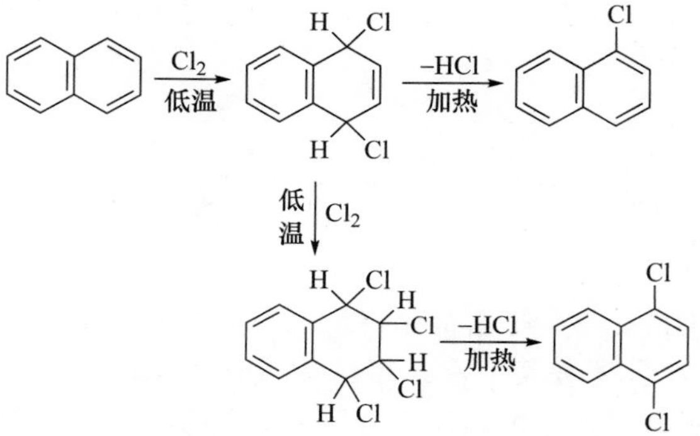

Cl_2 低温 → H Cl / H Cl → −HCl 加热 → Cl

低温 Cl_2 ↓

H Cl H Cl H Cl H Cl → −HCl 加热 → Cl Cl

催化加氢时使用不同的催化剂和不同的反应条件，可得到不同的加氢产物。镍催化加氢可得四氢化萘，高温高压下加氢可得反式为主的十氢化萘。钯催化加氢所得的十氢化萘为顺式为主的产物。

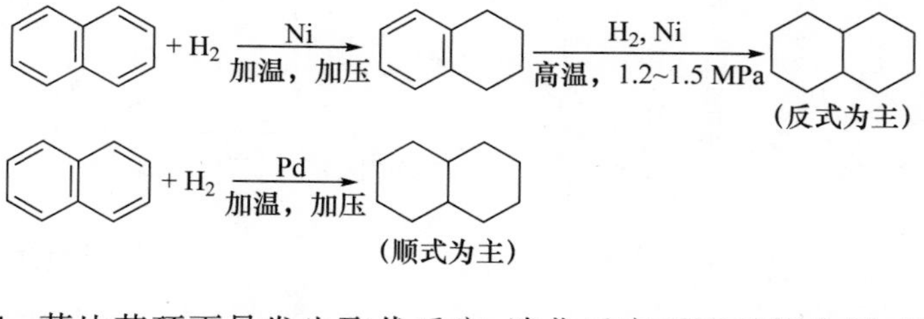

+ H_2 Ni 加温，加压 → H_2, Ni 高温，1.2~1.5 MPa →

(反式为主)

+ H_2 Pd 加温，加压 →

(顺式为主)

③ 取代反应：萘比苯环更易发生取代反应，溴化反应可不用催化剂，氯化只需弱催化剂如碘，并可在苯中进行。卤化和硝化都主要发生在活化能低的 α 位。

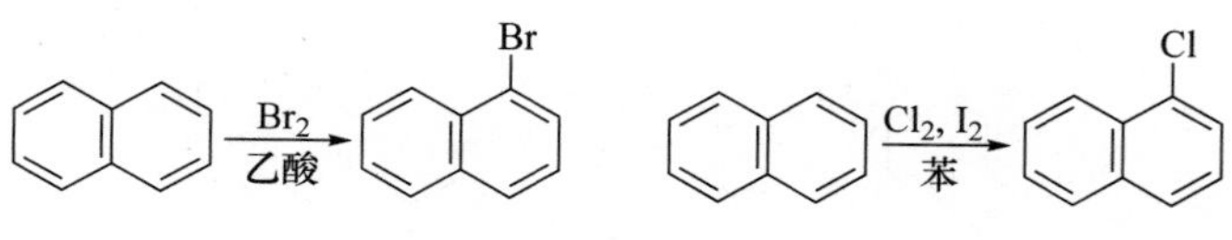

Br_2 乙酸 → Br　　Cl_2, I_2 苯 → Cl

磺化反应时,磺酸基进入的位置与外界条件有关。低温时磺酸基进入动力学控制的 α 位,但磺酸基体积较大,与萘环另一个环上的 α-H 处于平行位置,造成较大的位阻。由于磺化反应可逆,高温时能提供足够的活化能,磺酸基进入热力学控制的 β 位,β 位与邻近的氢距离较大,热力学上比较稳定。高温下 α-萘磺酸可逐渐变为 β-萘磺酸。

萘 + H_2SO_4 —160 °C→ β-萘磺酸（SO_3H） 85%
萘 + H_2SO_4 —60 °C→ α-萘磺酸（SO_3H） 96%
α-萘磺酸 —160 °C, H_2SO_4→ β-萘磺酸

萘也可发生酰化反应。根据反应的温度和所使用的溶剂不同,可以发生在 α 位,也可发生在 β 位。当以硝基苯为溶剂,用乙酰氯酰化时,主要得 β-乙酰萘;而以二硫化碳为溶剂时,得到 α-乙酰萘和 β-乙酰萘的混合物(比例为 3∶1)。

萘 + CH_3COCl —$AlCl_3$, 硝基苯, 200 °C→ β-萘-$COCH_3$ 90%

萘 + CH_3COCl —$AlCl_3$, 二硫化碳, −15 °C→ α-萘-$COCH_3$ + β-萘-$COCH_3$
3 : 1

当萘上已有取代基时,再发生取代反应,有邻、对位活化基团 G(*o*,*p*)的环易发生反应,为同环取代。1 位上有活化基团,亲电取代反应发生在 2 位和 4 位,以 4 位为主(4 位即为 1 位的对位,亦为 α 位)。2 位上有活化基团时,亲电取代反应发生在 1 位、3 位和 6 位,主要发生在 1 位(1 位即为 2 位的邻位,为 α 位),体积大的取代基主要在 6 位取代(6 位可看作 2 位的对位,且产物热力学稳定)。

1-G(*o*,*p*)萘：4 位 主；2 位 次
2-G(*o*,*p*)萘：1 位 主；3 位 次；6 位 次

2-甲基萘（CH_3） + H_2SO_4 —加热→ 6-甲基-2-萘磺酸（HO_3S, CH_3） 80%

2-甲基萘（CH_3） + 丁二酸酐 —$AlCl_3$, 硝基苯→ $HOOC$-CH_2CH_2-C(=O)-(6-甲基-2-萘基)（CH_3） ~70%

有间位取代的钝化基团 G(*m*)的环不易发生反应,亲电取代反应发生在另一个环上,为

异环取代，取代反应主要发生在异环的 α 位，但磺化反应和傅-克反应常发生在 6,7 位，生成热力学稳定的产物。

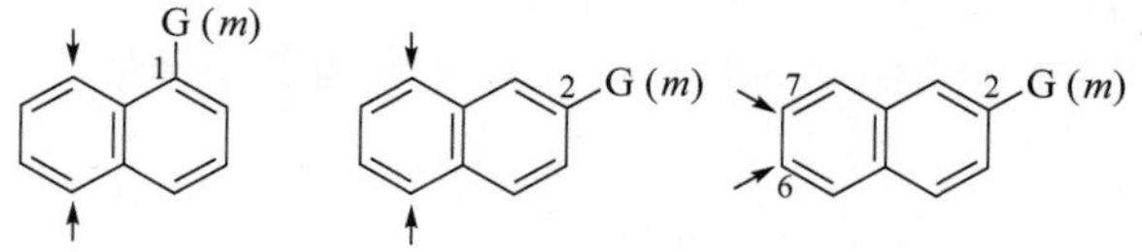

（二）蒽与菲

（1）结构： 蒽与菲的分子式都是 $C_{14}H_{10}$，都是含三个环的稠环体系。蒽的三个环以线性方式结合，菲的三个环以角形方式结合。蒽与菲可用单双键交替出现的经典结构式表示，它们的碳原子的编号如下，是固定的：

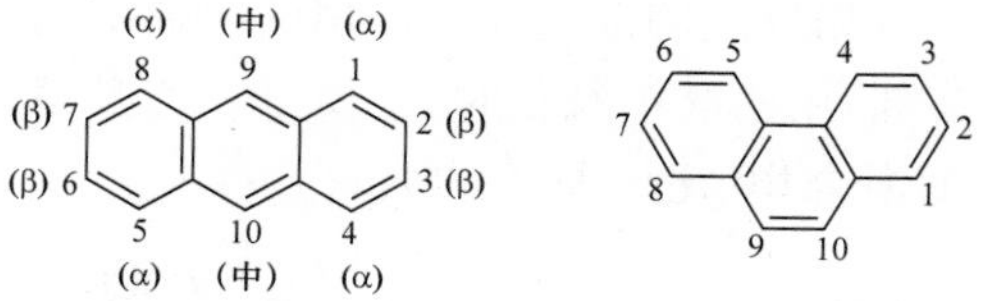

蒽　　　　菲

蒽的 1、4、5、8 位又称 α 位，2、3、6、7 位又称 β 位，9、10 位又称中位。由此可知，蒽只有三种不同的碳原子，一元取代物只有三种异构体。菲的碳原子有五种，分别是 1 和 8，2 和 7，3 和 6，4 和 5，9 和 10，一元取代产物有五种异构体，菲分子中 1、2、3、4、10 位分别和 8、7、6、5、9 位是对应的。

（2）化学性质： 蒽和菲的 9,10 位比较活泼，氧化、取代和加成反应优先发生在 9,10 位。蒽用硝酸或重铬酸钾硫酸溶液氧化生成 9,10-蒽醌，菲用重铬酸钾硫酸溶液或三氧化铬醋酸溶液氧化生成 9,10-菲醌：

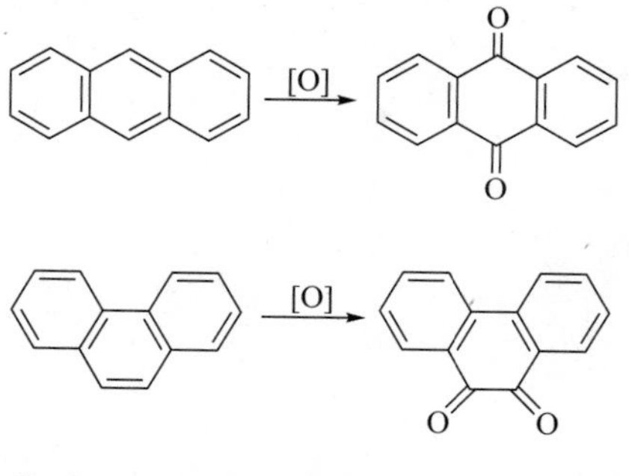

蒽和菲的亲电加成也优先在 9,10 位进行，蒽加溴生成 9,10-二溴化蒽，菲加溴生成 9,10-二溴化菲，蒽可表现出双烯的 1,4-加成性质，如可与亲双烯体顺丁烯二酸酐进行 D-A 反应：

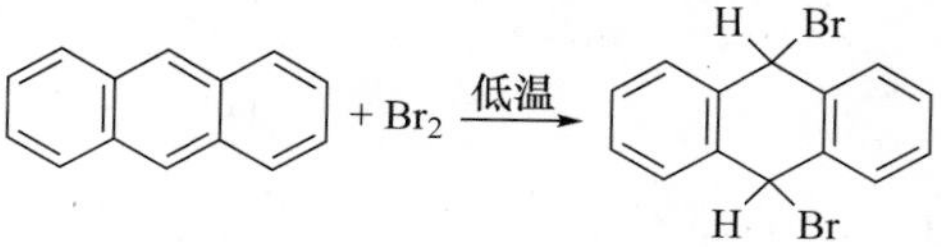

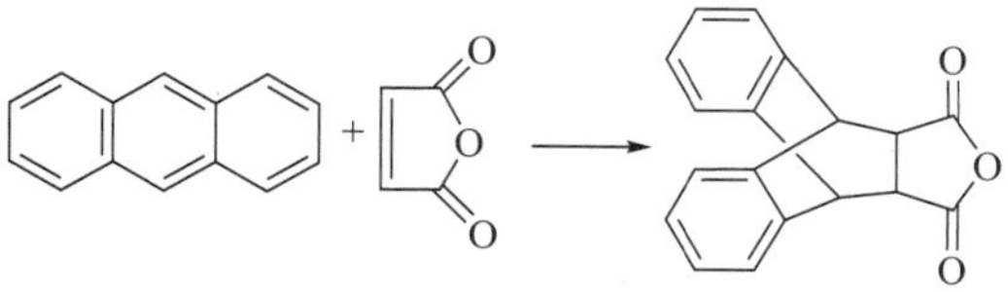

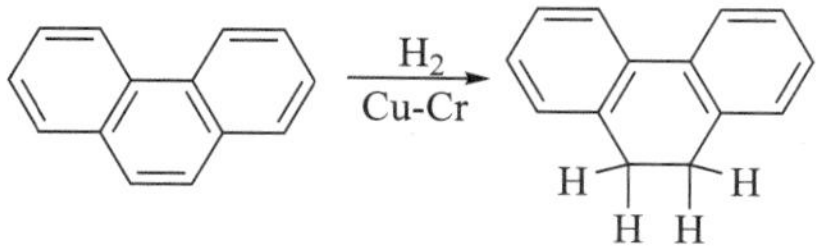

H_2 / Cu-Cr

蒽比苯和萘更易发生亲电取代反应，除磺化发生在1位外，硝化、卤化、酰化均发生在9位，如蒽硝化生成9-硝基蒽，且取代产物中常伴有加成产物：

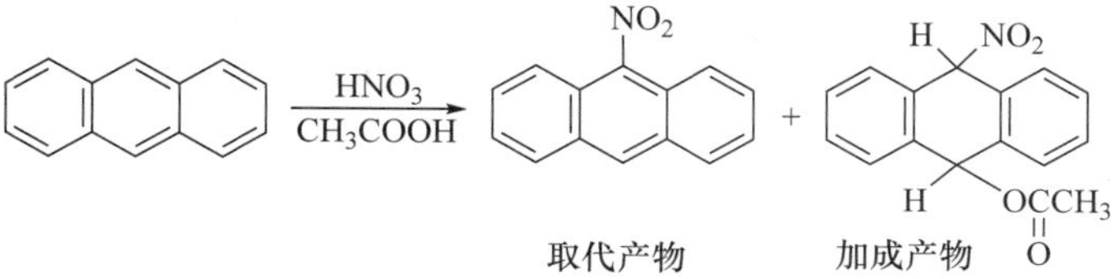

HNO_3 / CH_3COOH

取代产物　加成产物

菲也比苯和萘更易发生亲电取代反应，通常发生在9位，如溴化生成9-溴代菲：

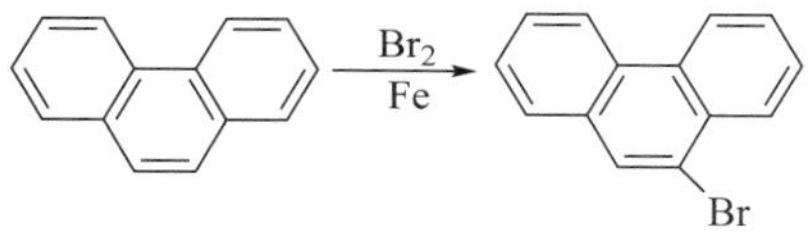

Br_2 / Fe

（三）稠环体系的合成

稠环化合物虽然大多来源于煤焦油和石油副产品，但也可以应用傅-克酰基化反应，结合羰基的还原，从苯或萘制备。此方法为哈沃斯（Haworth）反应，即取代的γ-芳基丁酸在酸的作用下，加热环化生成环酮，环酮用锌粉-盐酸还原后，用硒加热脱氢或催化脱氢即可得到多种稠环化合物。由此可在一个六元环上又加入一个新环，从适当的取代苯或萘的衍生物合成多种取代的萘或菲的衍生物。

（1）从苯和丁二酸酐制备萘： 苯和顺丁二酸酐经傅-克酰基化反应，生成γ-氧代-γ-苯基丁酸，克莱门森还原得γ-苯基丁酸，再经Haworth反应进行分子内傅-克酰基化反应关环、还原羰基后脱氢得萘：

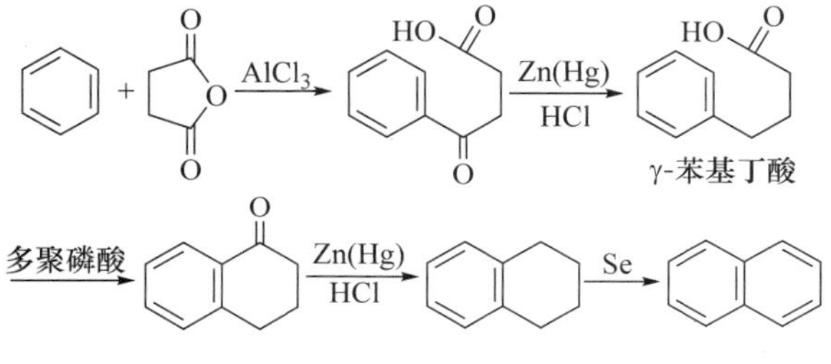

$AlCl_3$　Zn(Hg) / HCl　γ-苯基丁酸

多聚磷酸　Zn(Hg) / HCl　Se

α，β-取代的γ-芳基丁酸可由芳烃与相应取代的丁二酸酐经傅-克酰基化反应酰化后，用克莱门森还原等方法将羰基还原成亚甲基制备：

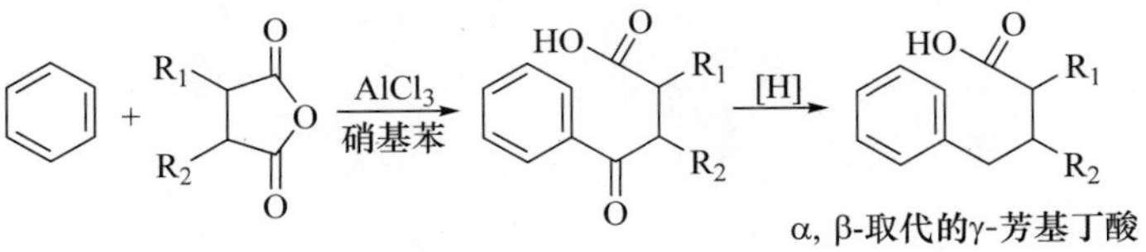

R_1, R_2, O, O, O; $\xrightarrow[\text{硝基苯}]{AlCl_3}$ HO, O, R_1, R_2, O $\xrightarrow{[H]}$ HO, O, R_1, R_2

α, β-取代的γ-芳基丁酸

γ-取代的 γ-芳基丁酸可由 β-芳甲酰基丙酸经格氏反应制得：

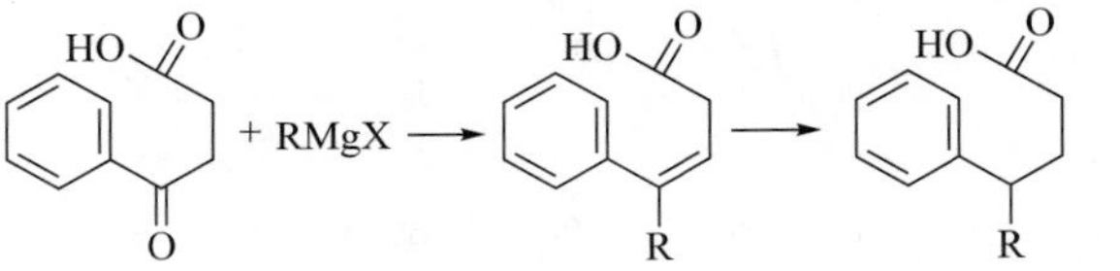

HO, O, O + RMgX ⟶ HO, O, R ⟶ HO, O, R

γ-取代的γ-芳基丁酸

(2) 萘和丁二酸酐制备菲：萘和取代丁二酸酐发生傅-克酰基化反应，1、2 位都可反应，可得两个异构体，即 β-(1-萘甲酰基)取代丙酸和 β-(2-甲酰基)取代丙酸，与格氏试剂反应或还原后得 γ-萘基丁酸。然后可按 Haworth 反应关环(如用多磷酸或 85%的硫酸)成六元环酮，再还原，脱氢得到取代菲。

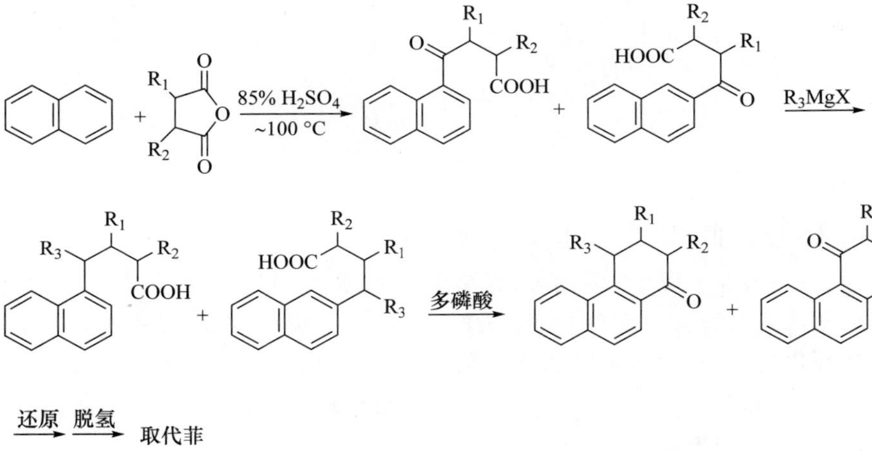

+ R_1, R_2, O, O, O $\xrightarrow[\sim 100\ ^{\circ}C]{85\%\ H_2SO_4}$ O, R_1, R_2, COOH + R_2, HOOC, R_1, O $\xrightarrow{R_3MgX}$

R_1, R_3, R_2, COOH + R_2, HOOC, R_1, R_3 $\xrightarrow{\text{多磷酸}}$ R_1, R_3, R_2, O + R_2, O, R_1, R_3

$\xrightarrow{\text{还原}}\xrightarrow{\text{脱氢}}$ 取代菲

(3) 苯和邻苯二甲酸酐制备蒽：经两次傅-克酰基化反应，合成蒽醌染料的重要中间体蒽醌，蒽醌再还原脱氢可得到蒽。

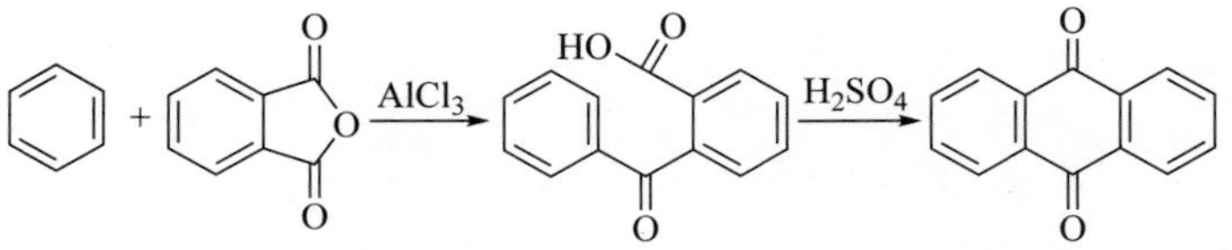

+ O, O, O $\xrightarrow{AlCl_3}$ HO, O, O $\xrightarrow{H_2SO_4}$ O, O

蒽醌

O, O $\xrightarrow[HCl]{Zn(Hg)}$ [ ] $\xrightarrow[Pd\text{-}C]{\text{脱氢}}$

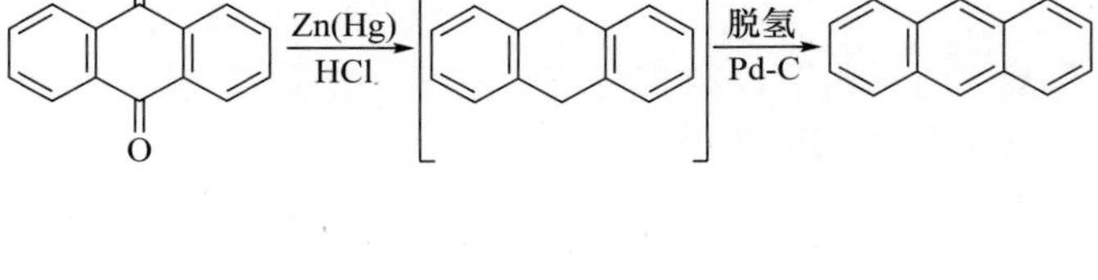

（四）较大的稠环芳烃

碳氢化合物在燃烧过程中会产生较大的多环芳烃，其中大多数是致癌的。如吸烟时会产生下面三种非常危险的化合物：

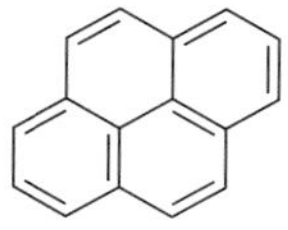

芘 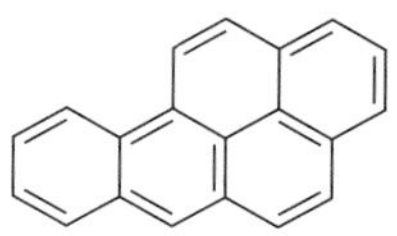　　2,3-苯并芘 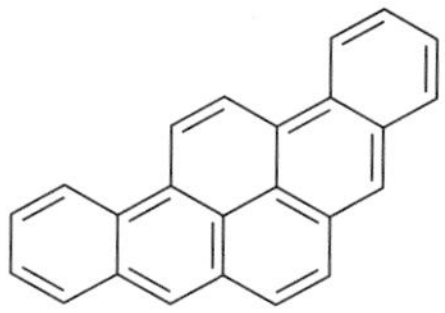　　二苯并芘

2,3-苯并芘又称苯并[α]芘，可从煤焦油中分离出来，也在柴油机排放的烟中被发现，是有机物不完全燃烧时产生的。它的致癌作用来自芳烃氧化物的环氧化作用，如在体内肝酶的作用下，被氧化成4,5-苯并[α]芘氧化物和7,8-苯并[α]芘氧化物。它们在DNA复制时使DNA产生突变，不能正确地用于转录。

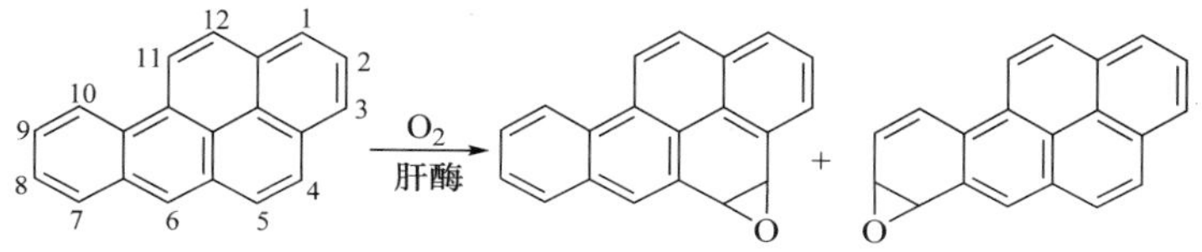

$\xrightarrow[\text{肝酶}]{O_2}$ +

1,2-苯并蒽是一类致癌物质的母体之一，在环系和C10或C9位取代的衍生物均可致癌，如10-甲基-1,2-苯并蒽和致癌效力最强的甲基苯并芘，人工合成的环系取代1,2,5,6-二苯并蒽：

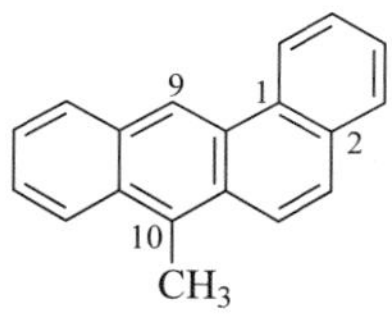

H_3C　CH_3　$CH_2—CH_2$

10-甲基-1,2-苯并蒽 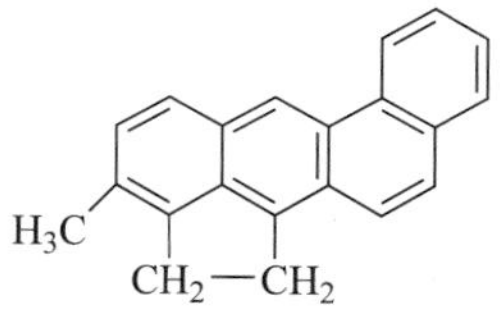　　甲基苯并芘 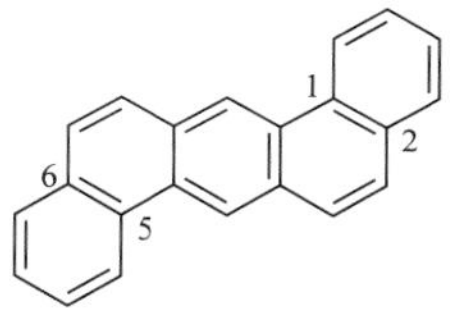　　1,2,5,6-二苯并蒽

菲在1,2,3,4位置上取代的衍生物也有致癌作用。如2-甲基-3,4-苯并菲和1,2,3,4-二苯并菲：

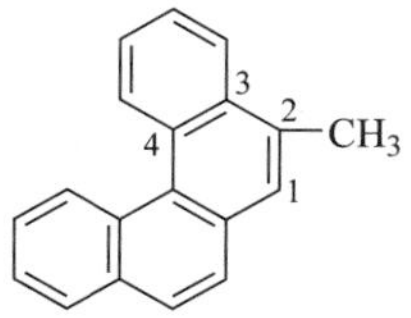

CH_3

2-甲基-3,4-苯并菲 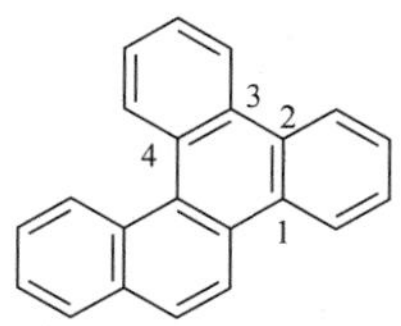　　1,2,3,4-二苯并菲

§7.9　碳的芳香同素异形体

（一）碳的无机同素异形体

典型如金刚石和石墨。金刚石是由四面体碳原子连接而成的三维刚性排列的晶体，晶

格延伸遍布每个晶体，是典型的共价晶体。C—C 键是典型的单键，键长 0.154 nm，电子都紧密束缚在 σ 键内，金刚石是一个绝缘体。

石墨是平面层状结构，层内 C—C 键长都是 0.1415 nm，与苯的 C—C 键长 0.1397 nm 接近；两层间距离是 0.335 nm，约为碳原子范德华半径的两倍，层间没有成键，层与层间容易裂开和滑动，可用作润滑剂。同一层内的 π 电子能在层内导电，因此石墨沿层方向是好的电导体，但垂直方向绝缘。石墨具有芳香性，比金刚石稍稳定。

（二）球碳

又称富勒烯、足球烯，是碳的第三种同素异形体。1985 年，克罗脱（H. W. Kroto）和史沫莱（R. E. Smalley）从蒸发石墨所产生的灰中分离得到一个分子式为 C_{60} 的分子，通过质谱进行了认证，^{13}C NMR 表明它只有一种碳（$\delta=143$）。以后又相继发现了 C_{44}，C_{50}，C_{70}，C_{74}，C_{80}，C_{84}，C_{120} 等 C_n 分子，其原子数 n 皆为偶数。这些分子都呈现封闭的多面体球形或椭球形，像建筑师富勒（R. B. Fuler）用五边形和六边形设计建造的圆屋顶，故命名为富勒烯（fullerene）。但烯一般是含碳碳双键的化合物，故此碳的同素异形体称为球碳更为适宜。由球碳衍生出的一族含有多面体球形或椭球形碳基团的有机化合物称为球碳族化合物，记作 FuX，与另外两族有机化合物脂肪族（RX）和芳香族（ArX）并列。球碳是比苯还要稳定的体系，其发现为有机化学开辟了一个新的领域。Kroto、Curl 和 Smalley 三人因球碳的发现获 1996 年诺贝尔化学奖。

C_{60} 是球碳中最重要、也是被研究最多的一种球碳化合物，晶体呈棕黑色，溶于有机溶剂。C_{60} 分子呈足球形，是特殊对称的，由 12 个五元环面和 20 个六元环面组成，包含 60 个顶点和 90 条棱边，直径为 1.00 nm；只有两种键，两个六元环共享的键键长为 0.139 nm，被一个五元环和一个六元环共享的键键长为 0.145 nm。典型的双键键长为 0.133 nm，芳香键为 0.140 nm，可推测两个六元环共享的 0.139 nm 键有双键性质，比典型的烯烃双键反应活性差，但仍然可以进行烯烃的加成反应。以半个 C_{60} 球开始的碳纳米管是一个完全由稠合六元环（类似于石墨层中）组成的圆柱体，管的尽头是另外半个 C_{60} 球。由于碳纳米管只在沿管的方向导电，同时有巨大的强度-质量比，有很大的发展前途。用石墨电极放电或将苯不完全燃烧，可制得常量的 C_{60}、C_{70} 等纯度很高的球碳产品，继而制得球碳化合物。

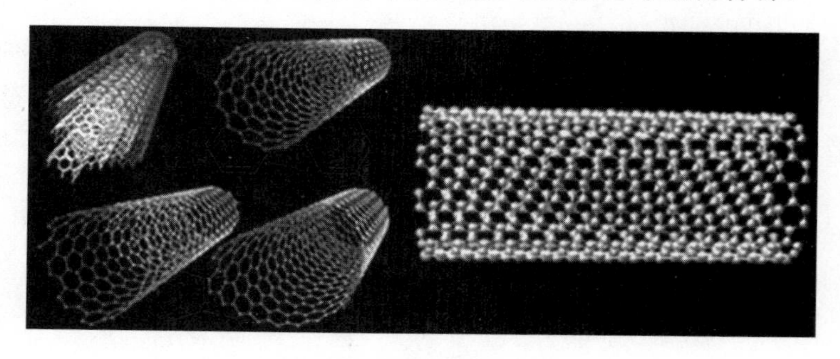

图 7-2　碳纳米管

碳纳米管中碳原子以 sp^2 杂化为主，同时六角型网格结构存在一定程度的弯曲，形成空间拓扑结构，其中可形成一定的 sp^3 杂化键，即碳原子同时具有 sp^2 和 sp^3 混合杂化状态，p 轨道彼此交叠在碳纳米管外，形成高度离域化的大 π 键，碳纳米管外表面的大 π 键是碳纳米管与一些具有共轭性能的大分子以非共价键结合的化学基础。

(三) 球碳 C_{60} 衍生的化合物

(1) 球碳 C_{60} 与金属离子生成的配合物：球碳 C_{60} 有独特的笼状结构，有由 60 个电子形成的离域 π 键，兼有烯烃和芳烃的性质，可以和金属 d 轨道生成 π 型配合物，如与 Pt、Ir、Fe 等金属形成配合物。这些球碳 C_{60} 金属配合物具有特殊的光学、电学和催化性质，如能催化烯烃氧化、硅烷化反应。

(2) 球碳腔藏化合物：球碳的多面体内部空穴中容纳其他元素原子形成的化合物，如 C_{60} 容纳非金属原子氮、氩、磷，按 IUPAC 建议记作 iNC_{60}，$iArC_{60}$，iPC_{60}，其中 i 取自 incarcerate，意思是封藏。目前研究最多的是容纳金属原子的腔藏化合物，尤其是 C_{74}，C_{82}。已知有十余种球碳分子可容纳一个金属原子，如 iUC_{60}，$iLaC_{60}$，$[iYC_{60}]^+$，$iScC_{74}$，$iLaC_{74}$，$iCaC_{82}$，$iLaC_{84}$；可容纳两个金属原子的球碳分子，如 iU_2C_{60}，iLa_2C_{60}，iSc_2C_{74}，iLa_2C_{82}；可容纳三个金属原子的球碳分子，如 iSc_3C_{82}，iSc_3C_{84}；可容纳四个金属原子的球碳分子，如 iSc_4C_{82}。这些化合物性质特殊，有望用作新型材料。

(3) 球碳有机金属化合物：球碳中的碳原子直接与金属原子共价相连所形成的化合物。一个球碳分子在不同的条件下，可以与一个或多个金属原子键连，形成多种球碳有机金属化合物，如 $C_{60}Pt(PPh_3)_2$，$C_{60}[Pt(PPh_3)_2]_6$，$C_{60}[Pt(PEt_3)_2]_6$ 和 $C_{70}[Pt(PPh_3)_2]_4$ 等。

另外 C_{60} 衍生物还有：一个或多个原子的加合物，如 $C_{60}O$，$C_{60}H_2$，$C_{60}Br_6$，$C_{60}Br_{24}$；配位化合物，如 $C_{60}[O_2OsO_2Py_2]$；超分子化合物，如 $C_{60}[Fe(C_5H_5)_2]_2$，$C_{60}\{p$-叔丁基杯芳烃[8]$\}$；多聚体，如 t-BuC_{60}-C_{60}-t-Bu；球外金属化合物，如 K_3C_{60}，Rb_3C_{60}，K_4C_{60}；杂球碳，如 $C_{60}B$，$K_2[iKC_{60}B]$；开口球碳化合物等。

(四) 石墨烯

石墨烯(graphene)是一种由碳原子以 sp^2 杂化轨道组成六角形蜂巢晶格的平面薄膜，是只有一个碳原子厚度的二维材料。2004 年，英国曼彻斯特大学的物理学家安德烈·海姆(A. Geim)和康斯坦丁·诺沃肖洛夫(K. Novoselov)，成功地在实验里从石墨中分离出石墨烯，两人也因此共同获得 2010 年诺贝尔物理学奖。

石墨烯的基本结构单元为有机材料中最稳定的苯六元环，是目前最理想的二维纳米材料。理想的石墨烯结构是平面六边形点阵，可以看作是一层被剥离的石墨分子。每个碳原子均为 sp^2 杂化，并贡献剩余的 p 轨道上的电子形成大 π 键，π 电子可以自由移动，赋予石墨烯良好的导电性。二维石墨烯结构可以看作形成所有 sp^2 杂化碳质材料的基本组成单元。

石墨烯存在于自然界，但难以剥离出单层结构。厚 1 mm 的石墨大约包含 300 万层石墨烯；铅笔在纸上轻轻划过，留下的痕迹就可能是几层甚至仅仅一层石墨烯。

石墨烯结构非常稳定，迄今为止，研究者仍未发现石墨烯中有碳原子缺失的情况。石墨烯中各碳原子之间的连接非常柔韧，当施加外部机械力时，碳原子面弯曲变形，从而使碳原子不必重新排列来适应外力，也就保持了结构稳定。这种稳定的晶格结构使石墨烯保持优秀的导电性。石墨烯中的电子在分子轨道中移动时，不会因晶格缺陷或引入外来原子而发生散射。由于原子间作用力十分强，在常温下，即使周围碳原子发生碰撞，石墨烯中电子受到的干扰也非常小。

石墨烯具有许多极端性质，如导电性高、强度高、超轻薄等。石墨烯是人类已知的强度最高的物质，比钻石还坚硬，强度比钢铁高 100 倍。同时它又有很好的弹性，拉伸幅度能达到自身尺寸的 20%。

石墨烯是世界上导电性最好的材料，其中电子的运动速度达到了光速的 1/300，远远超过了电子在一般导体中的运动速度。因为只有一层原子，电子的运动被限制在一个平面上，石墨烯也有着全新的电学性质，例如电子可无视障碍、实现幽灵一般的穿越。在塑料里掺入百分之一的石墨烯，就能使塑料具备良好的导电性。

另外，石墨烯具有极高导热系数，导热性能优于碳纳米管。在散热片中嵌入石墨烯或数层石墨烯可使得其局部温度大幅下降；加入千分之一的石墨烯，能使塑料的抗热性能提高 30℃。优异的导热性能使得石墨烯有望作为未来超大规模纳米集成电路的散热材料。例如作为硅的替代品，制造超微型晶体管，用来生产未来的超级计算机。用石墨烯取代硅，计算机处理器的运行速度将会快数百倍。

从表面化学的角度来看，石墨烯的性质类似于石墨表面，可以吸附和脱附各种原子和分子，可利用石墨来推测石墨烯的化学性质，在此基础上可以研制出薄、轻、拉伸性好和超强韧新型材料。例如，多层石墨烯等材料组成透明可弯曲显示屏。石墨烯可做成纳米涂层的柔性光伏电池板，可极大降低制造透明可变形太阳能电池的成本，这种电池有可能在夜视镜、相机等小型数码设备中应用。另外，石墨烯超级电池的成功研发，也解决了新能源汽车电池的容量不足以及充电时间长的问题，极大加速了新能源电池产业的发展。

§7.10　非苯芳香体系

(一) 芳香性、反芳香性和非芳香性化合物

(1) 芳香性： 苯及其衍生物和所有芳香族化合物都有以下特征：热稳定性好，与亲电试剂发生苯环的取代反应，而不易发生加成反应；对氧化剂稳定；有特定的光谱特征，如核磁氢谱、碳谱都在特定的低场区等。具有芳香性的原因是这些化合物都含有共轭双键，是具有不寻常共振能的环状化合物。除苯以外还有一些结构与苯环不同，却具有类似苯环的性质的环状烃类化合物(包括离子)。如薁、[14]轮烯、环戊二烯负离子等。

它们都具有共轭 π 键的环状结构，环中每个原子均有一个未杂化的 p 轨道，且交盖成一个平行轨道的连续环，且常是有效交盖，结构是平面或接近平面。更为重要的是 π 电子在环上的离域降低了电子的能量。具有芳香性结构的化合物都比它们的开链化合物稳定，如苯比 1,3,5-己三烯稳定。

(2) 反芳香性： 环丁二烯、环辛四烯和[12]轮烯等都是比苯多(或少)一个或几个双键的环状化合物。它们虽然和苯一样都具有闭环共轭体系，但化学活性与苯差别很大。

环丁二烯是不稳定的分子，很容易分解并进行二聚反应，比开链的 1,3-丁二烯要活泼得

多,说明它没有芳香性。虽然环丁二烯环中四个碳原子均有一个未杂化的 p 轨道,交盖成一个平行轨道的连续环,共轭 π 键具有环状结构,结构也接近平面,但由于 π 电子的离域使电子能量增加而十分活泼,不但没有芳香性,反而具有反芳香性。

环辛四烯的活性与 1,3,5,7-辛四烯活性相当,且分子不是平面,呈澡盆形,八个 p 电子离域的"电子流"不再存在,p 电子也不能达到最高的重叠,表现出交替的双键与单键的键长,反应为典型的烯烃反应,不具有芳香性。[12]轮烯的 π 电子数目为 12 个,构型也采用非平面形式,反应与共轭多烯相同,也不具有芳香性。

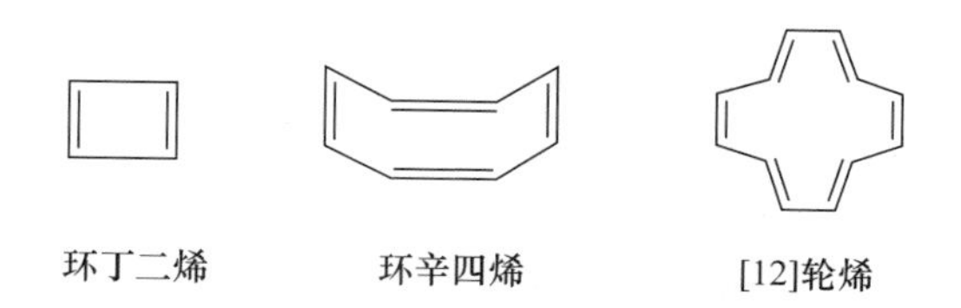

(3) 非芳香性: 没有连续交盖的 p 轨道的化合物如 1,3-环己二烯,稳定性与顺,顺-2,4-己二烯一样,既不是芳香性的,也不是反芳香性的。这类化合物被称为非芳香性或脂肪族化合物。

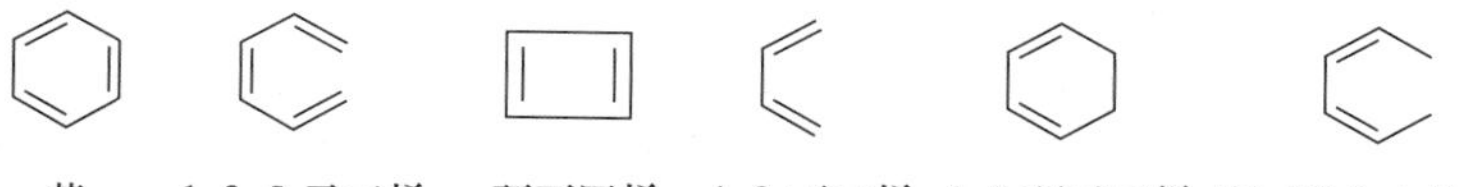

(二) Hückel 规则

为判断和苯相关的化合物是否具有芳香性或反芳香性,Hückel 提出了一个判断轮烯和相关化合物是否具有芳香性的简便方法:对于具有一个 p 轨道交盖的连续的环,且具有平面构型的化合物,如果环状体系的 π 电子数为 $4N+2$,则体系是芳香性的;如果 π 电子数为 $4N$,则体系是反芳香性的;其中 N 为整数。

普通的芳香体系中 $N=0$,1 和 2,分别有 2,6,10 个 π 电子。如苯可视为具有 p 轨道交盖的连续环的[6]轮烯,有 6 个 π 电子,是一个 $4N+2$ 体系,$N=1$,是芳香性的,与 Hückel 规则预测结果一致。反芳香体系中 $N=1$,2 和 3,分别有 4,8,12 个 π 电子。如环丁二烯([4]轮烯)有 p 轨道交盖所成的连续环,但是只有 4 个 π 电子,是一个 $4N$ 体系,$N=1$,为反芳香性,与 Hückel 规则预测结果一致。

环辛四烯为[8]轮烯,有 8 个 π 电子,是一个 $4N$ 体系,$N=2$,按 Hückel 规则预测为反芳香性的。但 Hückel 规则应用的前提是化合物必须有一个 p 轨道交盖的连续环,且具有平面构型。环辛四烯是非平面的盆状构型,大多数相邻的 p 轨道不能发生交盖,不能应用 Hückel 规则。具有 $4N$ 体系的较大的轮烯,如[12]轮烯,[16]轮烯,[20]轮烯($N=3,4,5$)构型也采用非平面形式,反应与共轭多烯相同。

具有 $4N+2$ 体系的较大的轮烯是否具有芳香性在于这些分子是否具有必要的平面构型。如在全顺[10]轮烯分子中,要保持平面构型需要很大的角张力,而具有两个反式双键的[10]轮烯,因两个氢原子相互干扰,也不能采用平面构型。这导致两个[10]轮烯异构体虽然都有 10 个 π 电子,但都不是芳香性的。但如果[10]轮烯异构体分子能成为平面,如将具有两个反式双键的[10]轮烯的两个氢原子用一个键代替,形成萘分子,分子成为平面,则具有芳香性。

[14]轮烯，[18]轮烯（$N=3,4$）由于能够获得平面构型，都具有芳香性。

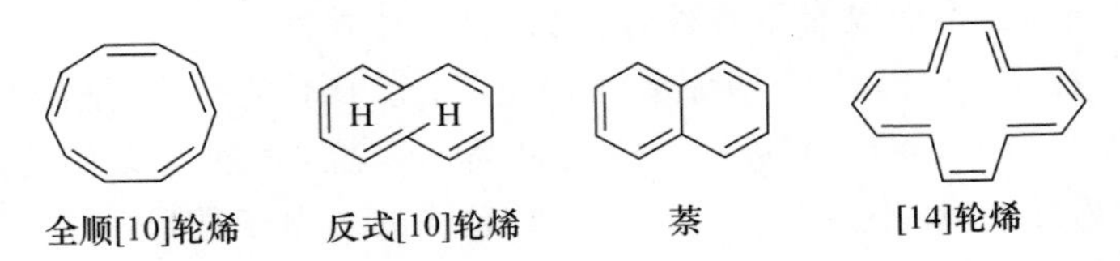

（三）芳香离子

Hückel 规则也适用于带正电荷或负电荷的奇数个碳原子的离子体系。

（1）环戊二烯负离子： 环戊二烯是一种很活泼的化合物，表现出烯烃的性质。环戊二烯为五元环，分子中有 sp^3 杂化的碳原子（$—CH_2—$），分子中不能形成连续的 p 轨道环，具有五个 π 电子时不能完全成对，没有芳香性。但在环戊二烯分子饱和碳（$—CH_2—$）上失去一个质子时，轨道上有一对电子，重新杂化形成 p 轨道。脱质子的碳上的 2 个电子，加上原双键上的 4 个电子，组成含 6 个 π 电子的 p 轨道环，按 Hückel 规则预测是芳香性的，与实际相符。这样就由非芳香性的环戊二烯变成有芳香性的环戊二烯负离子。环戊二烯具有酸性，$pK_a \approx 16$，与水接近而比许多醇的酸性强，用叔丁醇钾可以使它完全离子化成环戊二烯负离子。环戊二烯与苯基锂反应生成锂盐后也可生成该负离子。环戊二烯负离子是环状负离子中最稳定的一个，能与亲电试剂发生反应。核磁共振氢谱上，环戊二烯负离子只有一个单峰（$\delta=5.84$），说明它的五个氢等同，且具有芳香性。

环戊二烯负离子可以与过渡金属形成一类十分重要的化合物，具有类似于夹心面包的结构。最简单的是二茂铁，又称双（环戊二烯基）铁，是亚铁离子和环戊二烯负离子的配合物。它的每个环上都有 6 个 π 电子，符合 $4N+2$ 规则，具有芳香性，比相应的开链离子稳定得多，耐 400℃ 以上高温，可用作改善燃料燃烧性能的火箭燃料添加剂。两个环共有 12 个 π 电子，亚铁离子具有 6 个电子，一起形成惰性气体的电子结构，可以发生磺化、烷基化、酰基化等亲电取代反应。

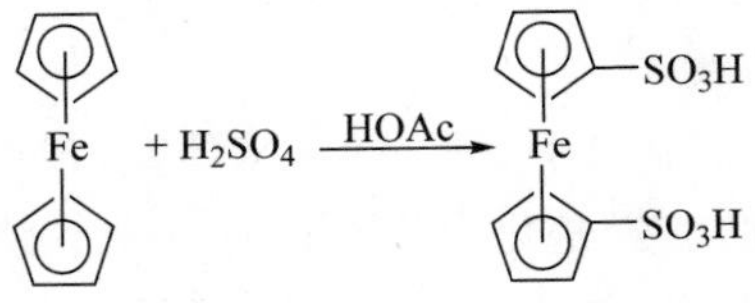

具有四个 π 电子的环戊二烯正离子，由 Hückel 规则预测是反芳香性的，很不稳定。

（2）环庚三烯正离子： 环庚三烯具有由 7 个 p 轨道线性组合成的平面七元环。其阳离子具有 6 个 π 电子，应具有芳香性，容易生成，是一个能在水溶液中稳定存在的烃正离子；其阴离子有 8 个 π 电子，如果是平面构型则是反芳香性的，很难生成。由此可推出，环庚三烯酮由于酮羰基吸电子使环庚三烯环上带部分正电荷，比预期的稳定。

（3）环辛四烯二价阴离子： 环辛四烯与金属钾反应生成环辛四烯二价阴离子。它是规则的平面八边形结构。环辛四烯有 8 个 π 电子，环辛四烯二价阴离子有 10 个 π 电子，符合

$4N+2(N=2)$规则，具有芳香性，容易制备。

(4) 环丙烯正离子： 按 Hückel 规则环丙烯正离子应当具有芳香性，π 电子符合 $4N+2$ $(N=0)$规则，结构稳定，如三苯环丙烯正离子是稳定的。同样可知，环丙烯负离子及自由基都是不稳定的。环丙烯酮也应当比预期的稳定。

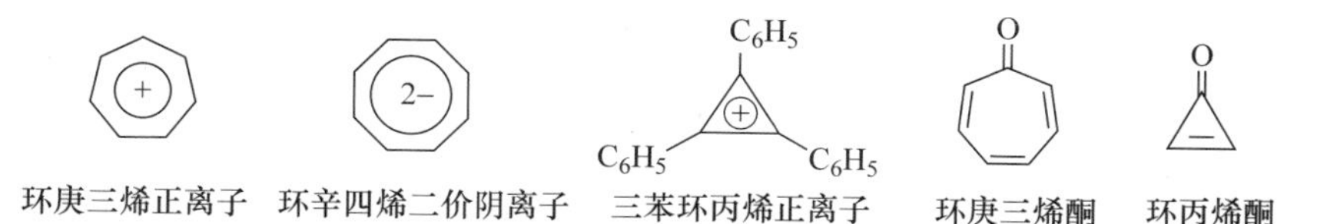

环庚三烯正离子　环辛四烯二价阴离子　三苯环丙烯正离子　环庚三烯酮　环丙烯酮

(5) 轮烯及其离子小结： 轮烯即是环多次甲基化合物，可视作是苯的插烯系的同类物，可用$(CH)_x$表示，形成一个大环。命名按碳、氢的数目进行，如十碳五烯称为[10]轮烯，十八碳九烯称为[18]轮烯等。按 Hückel 规则，这些体系中 2π、6π 和 10π 等电子体系是芳香性的，而 4π、8π 和 12π 等电子体系如果是平面构型的，则是反芳香性的。

(6) 交叉共轭的二环烃茚和薁： 具有交叉共轭组分的二环烃的芳香性的判断要考虑交叉共轭组分的影响。

茚是由苯环和环戊二烯并合而成的，其中一个双键由两环共有。苯环有 6 个 π 电子，但环戊二烯只有 5 个 π 电子，茚不具有芳香性。分子中的环戊二烯含有一个活泼的亚甲基，在空气中变黑，可以发生各种反应。当亚甲基中的氢被金属取代时，形成茚负离子，具有芳香性。此时苯环和环戊二烯负离子环都有 6 个 π 电子，符合 $4N+2$ 规则。

茚　　茚负离子钠盐

薁是由七元环的环庚三烯和五元环的环戊二烯并合而成的，它有 10 个 π 电子。薁具有 1.0 D 的偶极矩，方向从七元环指向五元环，有七元环将电子传递给五元环的趋势，使得七元环带正电荷，五元环带负电荷，每个环都有 $4N+2$ 的 π 电子体系，具有芳香性，可用下式表示：

薁可发生某些芳香亲电取代反应，如硝化、卤化、磺化、酰基化、烷基化，反应主要在 1,3 位发生。

薁

但薁又具有突出的不饱和性质，能与溴、氢等发生加成反应，如加氢生成十氢薁。

习　题

1. 指出下列化合物的异构体的数目：

（1）硝基苯胺（2）三溴苯（3）三溴氯苯（4）一氯萘（5）二氯萘（6）一溴蒽（7）一溴菲

2. 完成下列反应式：

(1) $C_6H_5C(CH_3)=CH_2 \xrightarrow{H_2/Pd\text{-}C}$　(2) $C_6H_5CH(OH)CH_3 \xrightarrow{H_2/Pd\text{-}C}$　(3) $C_6H_5CH_2CH_2OH \xrightarrow{H_2/Pd\text{-}C}$

(4) $C_6H_6 + (CH_3)_2CHCH_2Cl \xrightarrow{AlCl_3}$　(5) $C_6H_6 + CH_2=C(CH_3)CH_2CH_3 \xrightarrow{BF_3}$

(6) 萘 + 丁二酸酐 $\xrightarrow[CS_2(溶剂)]{AlCl_3}$　(7) C_6H_6(过量) + $CH_2Cl_2 \xrightarrow{AlCl_3}$

(8) $C_6H_5CH_2CH_2COCl \xrightarrow{AlCl_3}$　(9) $C_6H_5CH_2CH_2C(OH)(CH_3)_2 \xrightarrow{AlCl_3}$

3. 下列一取代苯上的取代基各为何种定位基，活化还是钝化苯环？

(1) $C_6H_5CF_3$　(2) $C_6H_5COOCH_3$　(3) $C_6H_5OCH_3$　(4) $C_6H_5CH=CH_2$　(5) $C_6H_5CH=NCH_3$

(6) $C_6H_5-C_6H_5$（联苯）　(7) $C_6H_5NHCOCH_3$　(8) C_6H_5Cl　(9) C_6H_5CN　(10) $C_6H_5COCH_3$

4. 写出下列反应的主要产物：

(1) $C_6H_5COOH \xrightarrow[FeCl_3]{Cl_2}$　(2) 2-乙基萘 $+ C_2H_5COCl \xrightarrow{AlCl_3}$

(3) $p\text{-}O_2N-C_6H_4-COOCH_3 \xrightarrow[FeBr_3]{Br_2}$　(4) $C_6H_5-O-CO-C_6H_5 \xrightarrow[H_2SO_4]{HNO_3}$

(5) $p\text{-}H_3C-C_6H_4-CH_3 + p\text{-}Cl-C_6H_4-COCl \xrightarrow{AlCl_3}$

5. 以苯为原料合成下列化合物：

（1）2,5-二溴硝基苯　（2）3,4-二溴硝基苯　（3）2,5-二乙基硝基苯　（4）对溴苯丁烯

6. 以甲苯为原料合成下列化合物：

（1）间氯苯甲酸　（2）4-硝基-2-溴甲苯　（3）对硝基苯甲酸　（4）邻溴甲苯

（5）间硝基三氯甲基苯　（6）对苯二甲酸　（7）4-硝基-2-氯苯甲酸

7. 由指定原料进行下列合成：

（1）由苯甲醚合成对异丁烯苯甲醚　（2）由苯甲酸合成3-硝基-5-溴苯甲酸

（3）由异丙苯合成4-硝基-2-氯异丙苯　（4）由对硝基甲苯合成2,4-二硝基苯甲酸

8. 下面为糖精的合成路线，请完成反应式：

$C_6H_5CH_3 \xrightarrow{(A)} o\text{-}CH_3C_6H_4SO_2Cl \xrightarrow{NH_3} (B) \xrightarrow{KMnO_4} \xrightarrow{\triangle} \underset{(C)}{C_7H_5NO_3S} \xrightarrow{NaOH} \underset{(糖精)\ (D)}{C_7H_5NO_3SNa}$

第八章　有机化合物光谱解析法简介

有机化学中一个重要的任务就是判断有机化合物的结构。光谱解析法是化学领域研究者必须掌握的手段。本章介绍的核磁共振、红外光谱、质谱和紫外光谱在有机化学中都是判断结构的有力工具，并已得到广泛的应用。

（Ⅰ）核磁共振(NMR)

§8.1　核磁共振波谱

核磁共振波谱是原子核在磁场中发生共振吸收而产生的波谱，是由原子核的自旋运动引起的。从核磁共振谱中吸收带的位置、数目、面积、形状，可以了解氢原子或碳原子的化学环境，以及烷基的结构和官能团的信息。核磁共振波谱法样品用量少，对样品无损坏，是进行有机化合物结构判断的最有效的工具之一。

(一) 核磁共振的基本原理

原子核是微观粒子，许多特性是量子化的。原子核能够产生自旋，用经典概念描述，即绕着核本身的自旋轴的自旋，能产生自旋的核有循环的电流，会产生磁场。原子核的自旋特征可以用核的自旋量子数 I 来表示。自旋量子数与原子的质量数和原子序数之间存在一定的关系，可以分为三种类型：① 质量数与电荷数(即原子序数)均为双数的核，如^{12}C，^{16}O 等，没有自旋，自旋量子数 $I=0$。② 质量数为单数的核，其自旋量子数 I 均为半整数(1/2，3/2，5/2，…)，如^{1}H、^{13}C、^{15}N、^{19}F、^{31}P 等。③ 质量数为双数，但电荷数为单数的核，如^{2}H、^{14}N 等，其自旋量子数为整数(1，2，…)。在这三种类型的核中，①没有核磁矩，不产生核磁共振信号；②和③类型的原子核有自旋，为电荷分布均匀的自旋球体，有循环电流，会使原子核沿自旋轴方向产生感应磁场而显示磁性，在磁场中能够受磁场的作用，产生核磁共振现象。其中^{1}H 和^{13}C 的核磁共振波谱(^{1}H NMR 和^{13}C NMR)是研究最多、应用最广的两种技术。

(1) 核磁共振产生条件： 以氢原子核(^{1}H)为例，^{1}H 原子序数为 1，自旋量子数 $I=1/2$，自旋磁量子数 $m=\pm1/2$。氢的原子核在外磁场 H_0 中发生能级分裂，处于两种能级状态，有两种取向：一种是顺磁场方向，$m=+1/2$，能量较低；一种是逆磁场方向，$m=-1/2$，能量较高。氢原子核的自旋轴与 H_0 的方向成一定的角度，受到一定的外力矩，除自旋外，还会绕磁场 H_0 进动，情况与陀螺运动相似，称为拉莫尔进动(Larmor precession)。

若在 H_0 的垂直方向再加一个交变磁场 H_1，当 H_1 的照射频率等于原子核的进动频率 ν 时，照射能等于氢原子在磁场中能级分裂的能级差，处于低能级的^{1}H 核吸收电磁波能量，跃迁到高能级，产生核磁共振信号。核磁共振的条件是：

$$\nu=\gamma H_0/2\pi$$

比例常数 γ 为磁旋比，与原子核的磁矩相关，原子核相同时是一个常数。氢原子核的磁旋比 γ 为 26753 $s^{-1}Gs^{-1}$（s 为秒，Gs 为磁感应强度单位高斯，1 Gs$=10^{-4}$ T，T 为特斯拉），ν 为 4257.8 $s^{-1}Gs^{-1}H_0$。核磁共振的照射电磁波频率 ν 与外加磁场 H_0 成正比。

核磁共振仪一般采取扫场的办法，即固定交变磁场 H_1 电磁波的照射频率，然后改变外磁场强度 H_0，从低场到高场。当 H_0 的某一磁场强度与照射频率匹配时，就会发生核磁共振。满足共振条件的对应磁场强度是依据射频频率计算的，若质子共振频率是 60 MHz（MHz 为兆赫，每秒 100 万周），则满足质子共振条件的对应磁场强度为：

$$H_0=2\pi\nu/\gamma=(2\pi\times60\ \text{MHz})\div(26753\ \text{s}^{-1}\text{Gs}^{-1})=14092\ \text{Gs}=1.4092\ \text{T}$$

对于共振频率是 300 MHz 的质子，则满足共振的对应磁场强度

$$H_0=(300\ \text{MHz})\div(4257.8\ \text{s}^{-1}\text{Gs}^{-1})=70459\ \text{Gs}=7.0459\ \text{T}$$

上面讨论的是磁场中的裸露质子，但质子在化合物中是被电子包围的，在感受外磁场时受到核外电子的部分屏蔽作用。电子流动产生的感应磁场与外磁场方向相反，使原子核感受到的磁场比外磁场弱，原子核受到了屏蔽。因此要在给定的频率下产生共振，必须加强外磁场，抵消掉质子外电子流产生的感应磁场。在不同的化合物中，质子处于不同的化学环境，质子被屏蔽的程度也不同，共振位置也不同。如羟基中的质子周围的电子云受电负性强的氧的吸引，屏蔽效应随之降低，使羟基中的质子产生共振的外磁场强度较低，化学位移向低场移动（但相比裸露的质子仍在高场）。当使用可调频率磁场从低场到高场扫描时，分子中质子由于所处的环境不同，在不同磁场强度下的吸收辐射不同，由此即画出核磁共振谱。

（2）饱和与弛豫：在未受照射之前，分布在低能级上的磁核粒子总数总是占微弱的多数，因此才能在受到照射时，从低能级跃迁到高能级对相应频率电磁波的吸收，多于高能级跃回到低能级发射的电磁波，从而观察到 NMR 信号。在电磁波的持续作用下，低能级上的粒子数和高能级的粒子数会逐渐相等，此时不会吸收能量，这种状态称为饱和。另外，数目比热平衡状态时多的$-1/2$（高能态）能级的核又可通过某种途径释放能量回到$+1/2$（低能态）能级，直到恢复到热平衡状态，这种现象称之为弛豫，需要的相应特征时间称为弛豫时间。如果没有有效的弛豫过程使核从高能级回到低能级，会导致 NMR 信号消失。弛豫过程一般分为两种：

① 纵向弛豫：又称自旋-晶格弛豫。处于高能级的核通过交替磁场将能量转移给周围环境（晶格），即体系往环境释放能量，本身返回低能级，核的整体能量下降。这里的晶格泛指磁核所在的整个分子体系（包括周围的同类分子和溶剂分子）。纵向弛豫所经历的时间用 T_1 表示。T_1 越小，纵向弛豫过程的效率（常用 $1/T_1$ 表示）越高，越有利于核磁共振信号的测定。T_1 是处于高能级核的平均寿命的一个量度，与核的磁旋比、化学环境和样品的物理状态有关。固体样品的振动、转动频率较小时，T_1 较长，可达几个小时，对于气体或液体样品，T_1 只有 $10^{-4}\sim10^{2}$ s。

② 横向弛豫：又称自旋-自旋弛豫。是指高能级磁核将能量传递给相同类型的低能级磁核的自旋交换过程，未降低磁性核的总体能量。横向弛豫过程所需的时间用 T_2 表示。高浓度试样和黏稠的溶液，有利于核间能量传递，T_2 较短，约 10^{-3}s，谱带变宽。非黏稠液体样品 T_2 较长，约 1 s。

弛豫时间决定了核在高能级上的寿命 T，而 T 影响了 NMR 谱线的宽度。T 取决于 T_1 及 T_2 中较小者。固体样品的 T 由 T_2 决定，由于 T_2 很小，谱线很宽，所以需将固体样品配制成溶液后测定。

（二）核磁共振波谱仪

目前使用的核磁共振仪有连续波及脉冲傅立叶变换两种形式。

连续波核磁共振仪主要包括六个基本结构单元，分别为产生稳定磁场的磁体，发射准确频率的射频发射器，实现扫描磁场变化的扫描发生器，感应共振信号的接收线圈（射频接收器），放大输出信号的放大器和将共振信号自动绘制成共振图谱的记录仪。核磁共振谱的测定有固定射频逐步改变磁场强度的扫场式和固定磁场逐步改变射频的扫频式两种方法。目前所用的连续波核磁共振仪多为扫场式仪器。核磁共振仪中的磁铁用来产生均匀的磁场，并能在一个较窄的范围内连续精确变化。从磁场强度或交变磁场的交变频率分，主要有三种磁铁：永久磁铁，磁场强度 14000 Gs，频率 60 MHz；电磁铁，磁场强度 23500 Gs，频率 100 MHz；超导磁铁，频率可有 200 MHz、300 MHz、400 MHz、500 MHz、600 MHz……兆赫数高的仪器分辨率和灵敏度都高，谱图简单，便于分析。记录仪绘制的谱图中 x 轴为磁场变化，往右为高场，磁场强度高，往左为低场，磁场强度低；y 轴以曲线记录吸收。受屏蔽作用较少的质子出现在低场，在谱图的左方，受屏蔽作用较大的质子出现在高场，在谱图的右方。

20 世纪 70 年代中期出现了脉冲傅里叶变换（PFT）核磁共振波谱仪，这种仪器用多道发射机同时发射多种频率，使不同环境的核同时共振，再用多道接收机同时获取所有共振核的信息，记录自由感应衰减信号 FID，是时间域的波（纵坐标是干涉信号强度，横坐标是时间），必须通过计算机将 FID 信号进行傅里叶变换才能转换为可以识别的频率域的波。脉冲傅里叶变换核磁共振波谱仪具有测试速度快、灵敏度高、避免发射圈辐射泄漏等优点。它的出现使 ^{13}C 核磁共振的研究得以快速发展。

§8.2　核磁共振氢谱

由于 ^{1}H 是构成有机化合物的主要元素之一，磁旋比较大，且天然丰度接近 100%，因此 ^{1}H 在核磁共振谱测定中具有最高灵敏度。核磁共振氢谱的使用最为广泛，积累的数据也最为丰富。

（一）各类 ^{1}H 核化学位移

按核磁共振条件 $\nu=\gamma H_0/2\pi$，如果 γ 相同，在相同的磁场强度 H_0 下，质子的 NMR 吸收峰会出现在同一个位置。但实际情况是，核外球形对称的 s 电子云在外磁场感应下会产生对抗性磁场，对核具有抗磁屏蔽作用。质子实际上感受到的磁场应是外磁场强度减去感应磁场强度，为此只有增强外加磁场以补偿被感应磁场所抵消的那一部分磁场，才会出现共振信号，同时使共振信号移向高场。偏高的程度取决于质子或其他种类的核所处的化学环境。这种由于化学环境的差异而引起的同类磁核在核磁共振中出现不同的共振信号的现象称之为化学位移。如乙醇 CH_3CH_2OH 中有三种质子，在谱图中就有三个共振信号，如图 8-1。

(1) 化学位移的表示： 由于因屏蔽作用不同而产生的共振条件的差异是很小的，化学位移的范围也很小，约为百万分之十（10×10^{-6}）。例如，射频为 60 MHz 的仪器，使孤立的裸质子核共振所需要的磁场强度为 14092 Gs，而屏蔽效应所引起的 ^{1}H 磁场变化区域为 14092 ±0.1141 Gs，变化范围很小。化学位移是结构分析中重要信息，但若用共振频率或磁场强度的绝对值表示化学位移，数值太小，无法精确测量。另外若用磁场强度或频率表示，不同兆赫的仪器测出的数值是不同的。为了提高测定化学位移的准确度和统一标定化学位移的数据，使不同兆赫仪器具有对照谱线的共同标准，通常用无因次的参数 δ 表示谱线的位置并采用相对数值表示法。为此选用一个基准样品的共振吸收峰所处位置为零点，其他吸收峰

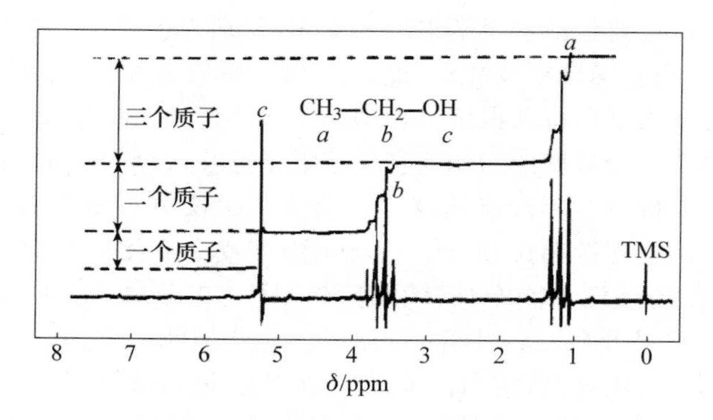

图 8-1 乙醇的[1]H NMR 图谱

的化学位移值根据其位置与零点的距离来确定。基准样品一般选用四甲基硅烷$(CH_3)_4Si$（简称为 TMS），这是因为 TMS 中的四个甲基对称分布，所有氢都处在相同的化学环境中，在氢谱和碳谱中均只表现为一个尖锐的吸收峰。另外由于 Si 的电负性比 C 小，氢核和碳核周围电子云密度大，TMS 的屏蔽效应很高，共振吸收峰与一般有机化合物相比，在较高场出现，而且位置处在一般有机物中的质子不发生吸收的区域内。化学位移通常用 δ 表示。根据 IUPAC 规定，TMS 单峰的 δ 值定为零，待测磁核的共振峰按"左正右负"的原则表示，即 TMS 峰左边的 δ 值为正，右边的 δ 值为负，从左到右磁场强度逐渐增大。大多数质子的吸收出现在左侧 0～10 处，0 是高场，10 是低场。测定时，可把标准物与样品放在一起配成溶液，称为内标准法；也可将标准物用毛细管封闭后放入样品溶液中进行测定，称为外标准法。

对于扫频式仪器，

$$\delta=(\nu_{样}-\nu_{基})/\nu_{基}\times10^6$$

式中 $\nu_{样}$ 和 $\nu_{基}$ 分别代表样品和基准物的共振频率，因 $\nu_{基}$ 与仪器的振荡器频率 $\nu_{仪}$ 非常接近（仅相差十万分之一），故为方便起见，可用振荡器频率 $\nu_{仪}$ 来代替 $\nu_{基}$。

对于固定射频改变磁场的扫场式仪器，化学位移的定义表示为：

$$\delta=(H_{样}-H_{基})/H_{基}\times10^6$$

式中，$H_{样}$ 和 $H_{基}$ 分别为样品和基准物中磁核产生共振时的磁场强度。

核磁共振图谱横坐标的标度可用 δ 或 ν(Hz) 表示。化学位移 δ 能够通过以 Hz 检测的位移除以波谱仪的总频率计算：

$$\delta=低于\ TMS\ 的磁场频率位移(Hz)/波谱仪频率(MHz)$$

当仪器为 60 MHz 时，δ 值为 1 相当于 60 Hz；如用 100 MHz 时，δ 值为 1 相当于 100 Hz。如质子化学位移为 7.10，对于 60 MHz 的核磁共振仪，相对于 TMS 的频率位移是：60 MHz×7.10×10^{-6}＝426Hz。

(2) 影响化学位移的因素：影响电子云密度的各种因素都对化学位移有影响，其中影响最大的是电负性和各向异性效应。

① 电负性：电负性通过化学键起作用，产生的屏蔽效应是局部的，与质子的相对距离有关，相隔化学键越多影响越小，为局部屏蔽效应。电负性大的原子或基团由于吸电子作用，能降低氢核周围的电子密度，屏蔽效应随之降低，使质子峰向低场移动（向左），δ 值增大。例如氧的电负性大于氮，氮又大于碳，相应地，甲氧基（CH_3O—）质子 δ 值为 3.24～4.02，氮甲基（CH_3N—）质子 δ 值为 2.12～3.10，碳甲基（CH_3C—）质子 δ 值 0.77～1.88。相邻电负性

基团越多，吸电子效应越强，相应的质子 δ 值也越大，如一氯甲烷、二氯甲烷、三氯甲烷中质子化学位移分别是 3.05、5.30 和 7.27。给电子基团增加了氢核周围的电子密度，使质子峰向高场移动（向右），δ 值减小。

② 各向异性效应：当分子中某些基团的电子云排布不呈球形对称时，如 π 电子系统，电子的流动将产生一个小的各向异性诱导磁场，它使邻近的某些空间位置上的核受屏蔽，而使另一些空间位置上的核去屏蔽，是一种远程屏蔽效应。

双键和芳环的各向异性：双键和芳环由于有相同的环形电流，受到与环平面垂直的外磁场作用时，环上的 π 电子流产生一个与外加磁场对抗的感应磁场，该磁场在双键、芳环及双键、芳环平面的上、下方与外磁场方向相反，为屏蔽区（＋），化学位移变小，向右移动：其他方向为去屏蔽区（－），化学位移变大，向左移动。双键和芳环的环形电流，对于乙烯基和芳香质子有很强的去屏蔽作用，因此苯环的质子（Ar—H）由于处在去屏蔽区（－），化学位移 δ 为 6～8.5；乙烯（$CH_2═CH_2$）质子也在去屏蔽区（－），δ 为 4.5～5.9。

羰基等双键的各向异性：C═O，C═N 等双键产生的各向异性效应与烯烃相似。在羰基平面上下各有一个锥形屏蔽区，而在其他方向，特别是羰基平面上为去屏蔽区（－）。醛基的质子处于羰基平面去屏蔽区，还受氧原子强吸电子效应的影响，δ 值在 9.4～10.0 处，易于识别。

叁键的各向异性：乙炔分子中的端基氢有酸性，说明其外围电子云密度较低，化学位移应在较低场处，δ 值应较大。但由于叁键的环电流形成的抗磁场的屏蔽作用，炔的端基氢处于屏蔽区（＋），共振峰出现在较高场，δ 值变小，一般为 1.8～3.0，乙炔氢的 δ 值为 2.88。

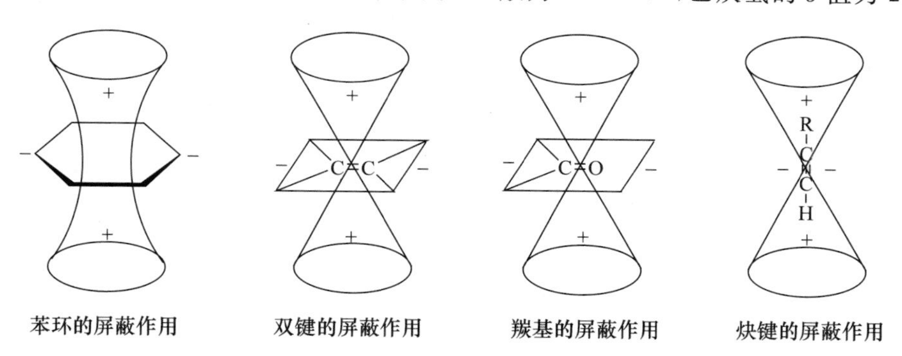

苯环的屏蔽作用　　双键的屏蔽作用　　羰基的屏蔽作用　　炔键的屏蔽作用

下面几种化合物的化学位移的数值说明质子所处位置的重要性：15，16-二氢-15，16-二甲基芘的两个甲基处于芳环的上方，处在屏蔽区，化学位移 δ 为－4.23。安纽烯环外面的质子在去屏蔽区，δ 为 8.9；而环里面的质子在屏蔽区，δ 为－1.8。含有双键的化合物 2，7，7-三甲基二环[3.1.1]-2-庚烯，在同碳（C_7）上的两个甲基 α 和 β，由于 α 在去屏蔽区，δ＝1.27；而 β 在屏蔽区，δ＝0.85（若没有双键，δ 应在 1.01～1.17）。

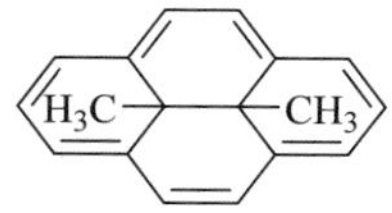

15, 16-二氢-15, 16-二甲基芘 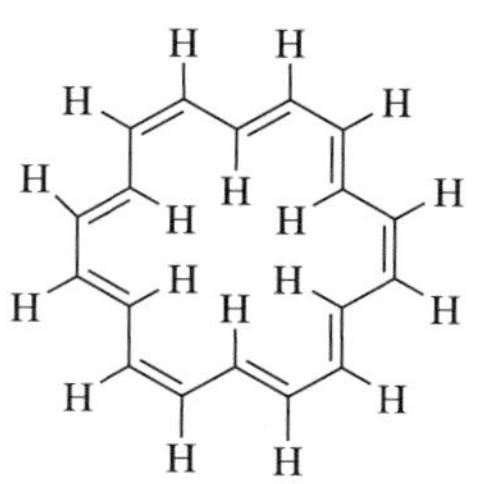　　安纽烯 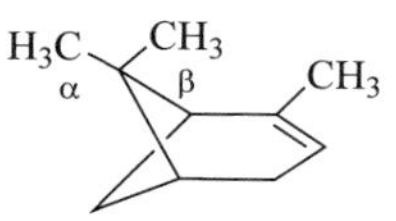　　2, 7, 7-三甲基二环[3.1.1]-2-庚烯

饱和三元环的各向异性：三元环产生的屏蔽作用也较强，上下方为屏蔽区，而在环平面周围构成去屏蔽区，类似于双键。由于三元环的质子不可能与环共平面，因此处在去屏蔽区，共振信号移向高场，如环丙烷的氢的 δ 值为 0.22。

单键的各向异性：碳碳单键和碳氢单键由于 sp^3 杂化轨道是非球形对称的，也有各向异性屏蔽作用，但比双键的要弱得多。如环己烷的椅式构象，一般直立氢处于屏蔽区，平伏氢处于去屏蔽区，两者 δ 值差别在 0.2～0.5 之间。在低温（－100℃）或有取代基时，构象被固定，δ 值的差别就可以观察到，平伏氢 δ 约 1.60，直立氢 δ 约 1.21。常温下由于构象转换很快，只表现出一个尖锐的单峰。

③ 氢键和溶剂效应：氢键对羟基质子化学位移的影响与氢键的强弱和氢键的电子给体的性质有关。氢键在大多数情况下产生去屏蔽效应，使化学位移移向低场。使用不同溶剂会使同一样品的化学位移发生变化，为溶剂效应。引起溶剂效应的因素很多，如溶剂和样品形成分子间氢键等。由于做核磁共振时样品必须配成溶液，需要注意溶剂对化学位移的影响。

(3) 化学位移的特征值：一个质子的化学位移是由它们所处的环境决定的，人们已总结出多种化合物的特征化学位移表，化学位移的经验数据是十分有用的。

① 烷烃：甲烷氢的 δ 为 0.23。对于其他开链烷烃，一级质子（甲基）δ 约为 0.9，二级质子（亚甲基）δ 约在 1.3 处，三级质子（次甲基）δ 约在 1.5 处。亚甲基和次甲基峰由于耦合裂分常呈现复杂的峰形。环丙烷 δ 约为 0.22，环丁烷 δ 约为 1.96，其他环烷烃 δ 约为 1.5 左右。

当分子引入其他官能团后，甲基、亚甲基及次甲基的化学位移会发生变化，下表列出部分化合物的化学位移。

表 8-1　特征质子的化学位移

质子类型	化学位移	质子类型	化学位移
RCH_3	0.9	ArOH	4.5～7.7
R_2CH_2	1.3	RCH_2OH	3.4～4
R_3CH	1.5	$ROCH_3$	3.5～4
$>C=CH_2$	4.5～5.9	RC(=O)—H	9～10
$R_2C=CH$(—R)	5.3	RC(=O)—CH<	2～2.7
$>C=C(—)—CH_3$	1.7	$>C=C(—)—CH_3$	2～2.6
—C≡CH	1.7～3.5	—C≡CH	10～12
Ar—C(<)—H	2.2～3	Ar—C(<)—H	2～2.2
Ar—H	6～8.5	RC(=O)—CH<	3.7～4
RCH_2F	4～4.5		
RCH_2Cl	3～4	RNH_2 R_2NH	0.5～5 （峰不尖锐，呈馒头形）
RCH_2Br	3.5～4		
RCH_2I	0.2～4	HCCOOR	5～9.4
ROH	0.5～5.5		

② 烯烃：乙烯氢的 δ 值约为 5.25，不与芳基共轭的取代烯烃 δ 值在 4.5～6.5 之间。

表 8-2　一些取代基对烯氢化学位移的影响

取代基	$Z_{同}$	$Z_{顺}$	$Z_{反}$	取代基	$Z_{同}$	$Z_{顺}$	$Z_{反}$
—R	0.44	−0.26	−0.29	—C(=O)R	1.10	1.13	0.81
—C=C—	0.98	−0.04	−0.21	—C(=O)OH	1.00	1.35	0.74
—Ar	1.35	0.37	−0.10	—C(=O)OR	0.84	1.15	0.56
$—CH_2Ar$	1.05	−0.29	−0.32	—C(=O)Cl	1.10	1.41	0.19
—F	1.03	−0.89	−1.19	—C(=O)N<	1.37	0.93	0.35
—Cl	1.00	0.19	0.03	$—NR_2$(R饱和)	0.69	−1.19	−1.31
—Br	1.04	0.40	0.55	—CN	0.23	0.78	0.58
—I	1.14	0.81	0.88				
—OR(R 饱和)	1.38	−1.06	−1.28				
—OC(=O)R	2.09	−0.40	−0.67				
—CHO	1.03	0.97	1.21				

烯烃的化学位移可用下面的计算公式求得：

$$\delta_{C=C-H}=5.28+Z_{同}+Z_{顺}+Z_{反}$$

式中 $Z_{同}$、$Z_{顺}$、$Z_{反}$ 分别指与烯烃氢同碳、顺式及反式的取代基对于烯氢化学位移的影响。

$$\begin{matrix} H & & R_{顺} \\ & C=C & \\ R_{同} & & R_{反} \end{matrix}$$

③ **炔烃：**一般 δ 值在 1.7～3.5 处。

④ **苯环芳烃：**苯上的氢 δ 为 7.27，一般芳环氢 δ 在 6.3～8.5 范围内，杂环芳香质子 δ 在 6.0～9.0 范围内。苯环芳基质子的化学位移可用下式估算：

$$\delta=7.27-\sum S$$

$\sum S$ 为所有取代基对芳氢化学位移的影响。

表 8-3　取代基对苯基芳氢 δ 值的影响

取代基	$S_{邻}$	$S_{间}$	$S_{对}$	取代基	$S_{邻}$	$S_{间}$	$S_{对}$
$—CH_3$	0.17	0.09	0.18	—OCH	0.43	0.09	0.37
$—CH_2CH_3$	0.15	0.06	0.18	—CHO	−0.58	−0.21	−0.27
$—CH(CH_3)_2$	0.14	0.09	0.18	$—COCH_3$	−0.64	−0.09	−0.30
$—C(CH_3)_3$	−0.01	0.10	0.24	—COOH	−0.8	−0.14	−0.2
—CH=CHR	−0.13	−0.03	−0.13	—COCl	−0.83	−0.16	−0.3
$—CH_2OH$	0.1	0.1	0.1	$—COOCH_3$	−0.74	−0.07	−0.20
$—CCl_3$	−0.8	−0.2	−0.2	$—OCOCH_3$	0.21	0.02	
—F	0.30	0.02	0.22	—CN	−0.27	−0.11	−0.3
—Cl	−0.02	0.06	0.04	$—NO_2$	−0.95	−0.17	−0.33
—Br	−0.22	0.13	0.03	$—NH_2$	0.75	0.24	0.63
—I	−0.40	0.26	0.03	$—N(CH_3)_2$	0.60	0.10	0.62
—OH	0.50	0.14	0.4	$—NHCOCH_3$	−0.31	−0.06	

⑤ **活泼氢：**常见的活泼氢有—OH、—NH—、—SH、—COOH 等，由于它们可在分子中

相互交换及氢键的影响，δ 值很不固定，取决于氢核交换速度的快慢。参与氢键形成的质子受到两个电负性基团的吸电子诱导作用，产生更大的去屏蔽效应；氢键越强，活泼氢的 δ 值越大。分子间氢键的形成很大程度上还受到温度、浓度、溶剂的影响，相应的质子的化学位移不固定。如醇羟基(ROH)中的氢，由于实测时的浓度不一样，信号不会在同一个地方出现，δ 值一般为 0.5～5.5；酚羟基(ArOH)中氢 δ 为 4～8；羧酸(—COOH)一般以二聚体状态存在，化学位移变动范围小，δ 值 10.7～13.4；脂肪胺(RNH_2)中的氢 δ 值为 0.4～3.5，芳香胺($ArNH_2$)的氢 δ 值为 2.9～4.8，酰胺(RCONHR)中的氢 δ 值为 5.5～8.5；脂肪硫醇(RSH)δ 值为 0.9～2.5，水质子 δ 值为 4.5～5 等。

（二）耦合常数

(1) 自旋-自旋耦合： 核磁共振中，质子的吸收频率除了受到外部磁场和核外电子的屏蔽作用外，还受到周围其他质子等磁性核的感应磁场的影响，信号不以单峰出现，而是裂分成多重峰，产生谱峰的精细结构。在外磁场作用下质子自旋，产生的小磁矩会通过成键价电子的传递与邻近的质子相互作用。这种磁性核间的相互作用称为自旋-自旋耦合，其度量参数是自旋耦合常数 J，单位是赫兹(Hz)，也可以用周/秒、CPS 表示。它决定分裂的谱线之间的距离，与外加磁场的磁感应强度无关。需注意的是：J 的单位是 Hz，NMR 谱横坐标以 δ 表示，从谱图上量出的 $\Delta\delta$ 值需乘以仪器的频率才能转化为 Hz。从自旋耦合常数 J 可以了解到相互作用的磁性核的数目、类型和相对位置等化学结构信息，提供了更多关于有机分子结构的内容。

在外磁场 H_0 作用下，质子 H_b 自旋产生的磁场为 H'，自旋取向有两种(↑和↓)，邻近它的质子 H_a 受到的总磁场强度可能为 H_0+H' 或 H_0-H' 两种，因此 H_a 的信号发生分裂，在 δ 4.1 附近裂分为双重峰。而两个 H_a 自旋有四种排列(↑↑，↑↓，↓↑，↓↓)，产生三个信号。其中(↑↑)和(↓↓)排列，一种自旋与磁场方向相反，H_b 受到屏蔽作用影响，另一种自旋与磁场方向相同，H_b 受到去屏蔽作用影响，由此产生三重峰中的两个边峰；两个 H_a 自旋彼此相反的排列(↑↓和↓↑)的作用相互抵消，对 H_b 的作用相同，为三重峰的中间信号峰，是边峰信号的两倍。由此 H_b 在 δ 5.7 附近产生三个信号，表现为三重峰。自旋-自旋耦合是相互的，如果一个质子使另一个质子产生裂分，则另一个质子也使原来的质子产生裂分。

(2) 耦合常数： 反映了自旋之间耦合作用的大小，单位为赫兹(Hz)。耦合常数的大小与核的种类及相隔的化学键数有关，与外磁场无关。耦合常数的表示方法通常为在 J 的左上角标明两核之间的化学键数，而在右下角标明两个耦合核的种类，如 $^1J_{C-H}$ 为碳核和氢核相隔一个键的耦合常数。^{1}H 间的耦合大多数是通过相邻三个键的两个质子产生的，因此发生在相邻碳原子的质子间。$^2J_{H-C-H}$ 或 $J_{同}$ 表示同一碳上的两个氢的耦合(同碳耦合)，只有同碳上的两个质子不等价(化学位移不同，或与其他核的耦合常数彼此不同)时才会发生自旋-自旋裂分。$^3J_{H-C-C-H}$ 表示两个相邻碳上的质子发生的耦合，中间相隔三个键，是最常见的。$^3J_{反}$ 表示双键上反式质子间的耦合，超过三个键的耦合称为远程耦合。如芳环上的间位质子耦合(^4J 耦合)与对位质子耦合(^5J 耦合)。耦合常数一般随着相隔键数目的增加而迅速减弱，相隔三个以上单键时，耦合常数趋于零，但中间插入双键或叁键的两个质子可以发生远程耦合。

同碳上两个质子的耦合 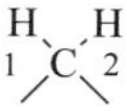　如：HaHb是非对映质子，有耦合

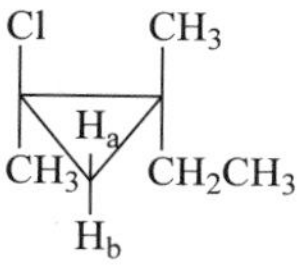

相邻碳上两个质子的耦合，三个键（常见）

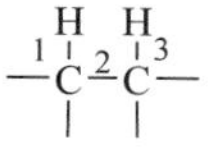

不相邻碳上两个质子，四个或更多的键，自旋-自旋裂分观察不到

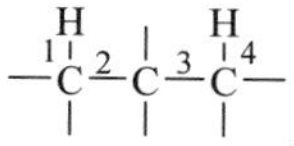

如：$\overset{a}{CH_3}\overset{b}{CH_2}\overset{O}{\overset{\|}{C}}\overset{c}{CH_3}$　H_a和H_b之间发生耦合，H_a和H_c或H_b与H_c之间耦合作用极弱

耦合常数和化学位移一样，也是鉴定有机化合物分子结构的一个重要数据，可用于判断有机化合物的分子结构，确定分子的构型和构象。常见的耦合常数如下：

结构	J/Hz	结构	J/Hz
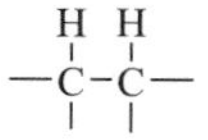 H—C—C—H（自由旋转时平均值）	7~9	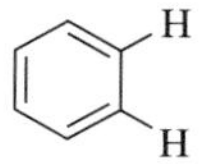 苯环（邻）	6~9
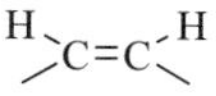 H—C=C—H（顺）	6~15	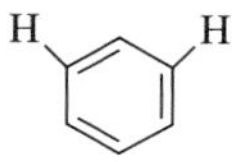 苯环（间）	1~3
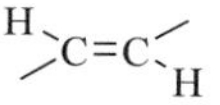 H—C=C—H（反）	12~20	环己烷 a,a	7~13
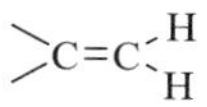 C=CH₂（双取代）	−0.5~3	a,e	0~7
		e,e	0~5

（3）质子和其他核的耦合： 自旋量子数不等于零的核，如^{2}D、^{13}C、^{14}N、^{19}F、^{31}P等都能与^{1}H发生耦合，使吸收峰发生裂分。如在氘代溶剂中，氘代丙酮会在$\delta=2.05$处出现一个裂距较小的五重峰，这是由于不完全氘代的丙酮（CD_2HCOCD_3）中^{2}D与^{1}H耦合，^{1}H裂分为$2nI+1=5$（^{2}D的$I=1$）。同样，氘代DMSO及氘代二氯甲烷做溶剂时，也会出现谱峰裂分。

（三）核的等价性

（1）化学等价： 两个相同原子处于相同化学环境时为化学等价，化学等价的质子必然有相同的化学位移，但具有相同化学位移的质子未必都是化学等价的。判别分子中的质子是否化学等价，对于识谱是十分重要的，只有化学不等价的质子才能显示出自旋耦合。通常判别的依据是：分子中的质子，如果可通过对称操作或快速机制互换，则是化学等价的。通过对称轴旋转而互换的质子称为等性质子（等位质子），等性质子在任何环境中都是化学等价的。通过镜面对称操作能互换的质子称为对映异位质子。

在判别分子中的质子是否化学等价时，下面几种情况要予以注意：

① 与不对称碳原子相连的CH_2： 这两个质子是化学不等价的。不对称碳原子的这种影响可以延伸到更远的质子上。

② 双键上的一个碳连有两个相同的基团： 在烯烃中，若双键上的一个碳连有两个相同的基团，另一个双键碳连有两个氢，则这两个氢是化学等价的。与某些带有双键性质的单键相连的两个质子，在单键旋转受阻的情况下，也能用同样的方法来判别它们的化学等价性。

③ 构象转换： 有些质子在某些条件下是化学不等价的，在另一些条件下是化学等价的。例如环己烷上的CH_2，当分子的构象固定时，两个质子是化学不等价的；当构象迅速转换时，

两个质子是化学等价的。

(2) 磁等价：一组化学位移等价的核，如对组外任何其他核的耦合常数彼此之间也都相同，那么这组核就称为磁等价核或磁全同核。显然，磁等价的核一定是化学等价的，而化学等价的核不一定是磁等价的。磁等价时组内各质子对组外任何一个核的耦合常数彼此都相同。如 CH_3CHO 中的两组质子是化学等价的，也是磁等价的。但 CH_3O—⟨苯环⟩—NO_2 中 NO_2 邻位（或 CH_3O 邻位）的两个芳香质子化学等价（化学位移相同），磁不等价，即它们对苯环上的其他质子的耦合常数互不相同。

（四）^1H 的一级谱和高级谱

从 NMR 谱图上求得耦合常数 J 的难易程度取决于核磁共振谱的类型。核磁共振谱按繁简程度分为一级谱和高级谱两类。

(1) 一级谱：如 1,1,2-三溴乙烷（$BrCH_2{}^aCH^bBr_2$）中，2 个 H^a 信号出现在 $\delta=4.1$ 处，为双重峰；一个 H^b 信号出现在 $\delta=5.7$ 处，为三重峰，为一级谱图。在一级谱图中，每组峰的中心可以作为每组化学位移的位置，各组的峰形是对称的。满足一级谱的条件是：① 两组质子的化学位移差 $\Delta\delta$ 至少是耦合常数 J 值的六倍以上，即 $\Delta\delta/J\geqslant6$。② 某一组质子中各质子必须是化学等价和磁等价的，与它耦合的另一组核中所有的质子也是如此，即只有一个耦合常数。

一级谱图裂分峰数符合 $N+1$ 规律。即当某基团上的氢有 N 个相邻的氢时，它所产生的核磁共振信号会被 N 个质子裂分，该信号裂分成 $N+1$ 个峰。若这些相邻的氢处于不同的环境中时，如一种环境为 N 个，另一种环境为 N 个……，则将显示 $(N+1)(N+1)$……个峰。$N+1$ 多重峰的相对面积比例系数为二项式 $(a+b)^n$ 的展开系数，即二重峰为 1∶1，三重峰为 1∶2∶1，四重峰为 1∶3∶3∶1，五重峰为 1∶4∶6∶4∶1……一级图谱的峰裂分时给出了相邻碳上的非等价质子的信息。

AX 系统：A 和 X 各为一个质子，$\Delta\delta/J\geqslant10$ 时，A 和 X 各以等强度的双峰出现如下面的萘取代物的图谱，分子中的四个质子构成两个独立的全等 AX 系统，其耦合常数为 8.0 Hz，两个质子的化学位移差值是 0.375。在 400 MHz 仪器上的频率差值等于 $\Delta\delta\cdot J$，为 150 Hz，$\Delta\delta/J$ 的值为 18.75，大于 10，符合一级谱的条件。

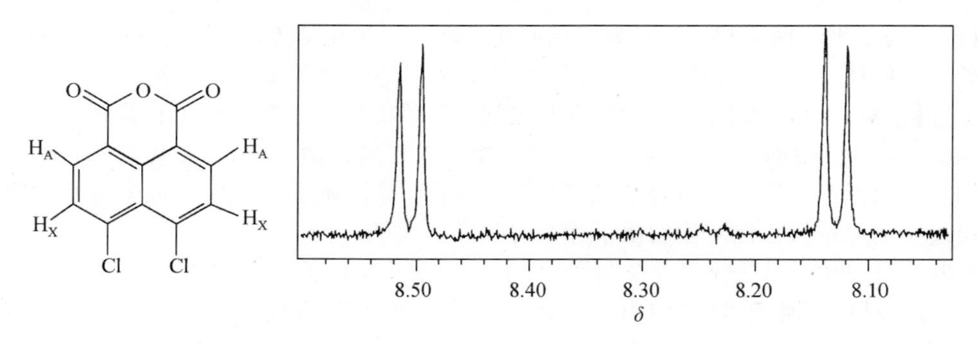

图 8-2　AX 系统的 ^1H NMR 谱（400 MHz）

在 CH_3CH_2OH 分子中，CH_2 的两个质子为磁等价质子，CH_3 的三个质子也为磁等价质子，构成 A_2X_3 系统。

在下面的异丙苯图谱中，两个甲基被次甲基的氢裂分为二重峰，次甲基被相邻的两个甲基的六个氢裂分成七重峰，苯环上的质子为磁不等价质子，为二级谱系统：

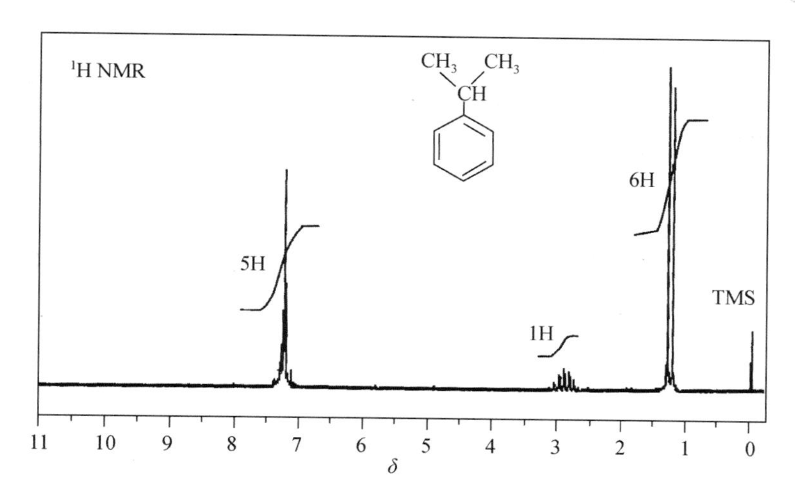

图 8-3　异丙苯的 ^{1}H NMR 谱($CDCl_3$,60 MHz)

(2) 高级谱：不满足一级谱的条件时就会出现高级谱。高级谱的裂分峰的数目不遵从 $N+1$ 规律。各裂分峰的强度比无规律性，即不按照 1∶1，1∶2∶1 等简单比例。各裂分峰的间距不一定相同，除个别类型外，裂分峰的间距不能代表耦合常数 J，化学位移 δ 也不一定在一组裂分峰的中心。δ 和 J 值须通过计算求出，在图谱上不能直接读得。不同的高级谱对应不同的自旋体系，有不同的解析方法。

(3) 自旋体系的划分与命名：一组通过自旋-自旋耦合关系联系起来的若干个磁核构成一个自旋体系。自旋体系要求体系内所有的磁核都不与系统外其他任何一个磁核发生耦合，同时系统内所有磁核之间都具有耦合关系。自旋体系的命名规则如下：

① 将 26 个英文大写字母分为三组：A～K 为一组，M～W 为一组，X～Z 为一组，分别表示体系中的磁核。磁等价的核用一个字母表示，磁核数用阿拉伯数字表示，注在右下角。

② 化学位移不同的核组的字母表示：若磁核之间耦合作用较弱(化学位移差 $\Delta\delta$ 至少是耦合常数 J 值的六倍以上，$\Delta\delta/J \geqslant 6$)，化学位移不同的核组可用不同组内的字母表示；若磁核之间耦合作用较强($\Delta\delta/J < 6$)，化学位移不同的核组可用同一组内不同的字母表示。

③ 核组内化学位移等价而磁不等价的表示：相同磁核数目一般可用下角标表示。如 CH_4 只有一个自旋体系，为 A_4 系统。化合物乙酸苯乙酯可分为三个自旋体系，为三个不同核组，为二级谱系统，分别为 ABB′CC′体系、A_2X_2 体系和 A_3 体系：

$$\text{C}_6\text{H}_5\text{—CH}_2\text{CH}_2\text{—O}\overset{\text{O}}{\overset{\|}{\text{C}}}\text{—CH}_3$$

ABB′CC′　　A_2X_2　　A_3

两个质子的二旋体系，可分为 A_2、AX 和 AB 系统。两个质子等同时，$\Delta\delta/J=0$，为 A_2 体系，表现为一个峰；当 $\Delta\delta/J \geqslant 6$ 时，为 AX 系统，表现为一级谱图；当 $\Delta\delta/J < 6$ 时为 AB 系统，为高级谱图，如环上孤立的 CH_2、二取代乙烯、四取代苯等。AB 体系有 4 条线，呈对称分布，内侧的两条谱线高于外侧两条谱线。其中，A 和 B 各两条。两条谱线之间的距离为耦合常数 J_{AB} 或 J_{BA}。

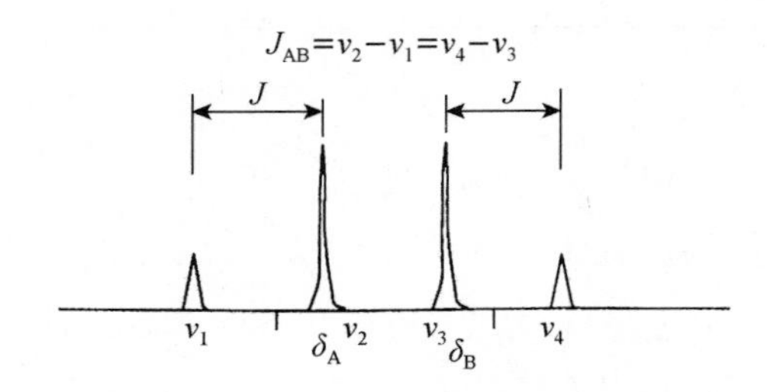

图 8-4 AB 系统的自旋-自旋耦合

三旋体系包括 A_3、AX_2、AMX、ABC、ABX 和 AB_2 等情况，其中 A_3、AMX、AX_2 为一级谱图，ABC、ABX 和 AB_2 为高级谱图，如 AB_2 图谱最多可观察到 9 条谱线，ABX 之间耦合基本符合 $N+1$ 规则，总共有 14 条谱线。

(五) 积分曲线和峰面积

核磁共振谱中的峰面积与产生峰的质子数成正比，峰面积比即为不同类型质子数目的相对比值，若知道整个分子中的质子数，即可从峰面积的比例关系算出各组磁等价质子的具体数目。核磁共振仪用电子积分仪来测量峰的面积，在谱图上表示为从低场到高场的连续阶梯积分曲线。积分曲线的总高度与分子中的总质子数目成正比。各个峰面积的相对积分值也可以在谱图上直接用数字显示出来。如果选定某含一个质子的峰，面积指定为 1，则图谱上的数字与质子的数目相符。

(六) 一级图谱的解析

核磁共振氢谱提供了化学位移、耦合(包括耦合常数及裂分峰形)、积分面积三个方面的重要信息。由此可推断质子所处的化学环境、基团的连接方式甚至化合物的空间构型，进而推断分子的可能结构。

(1) 已知化合物 ^{1}H NMR 谱的指认： 由已测合成化合物的 ^{1}H NMR 谱图，找出每一个峰与结构单元之间的关系，以确定化合物结构的正确性。

如合成的化合物乙酸苯乙醇酯，结构式为 $C_6H_5-CH_2CH_2-O-\overset{\overset{O}{\|}}{C}CH_3$。为确认其结构的正确性进行 ^{1}H NMR 测试，得到的谱图如下：

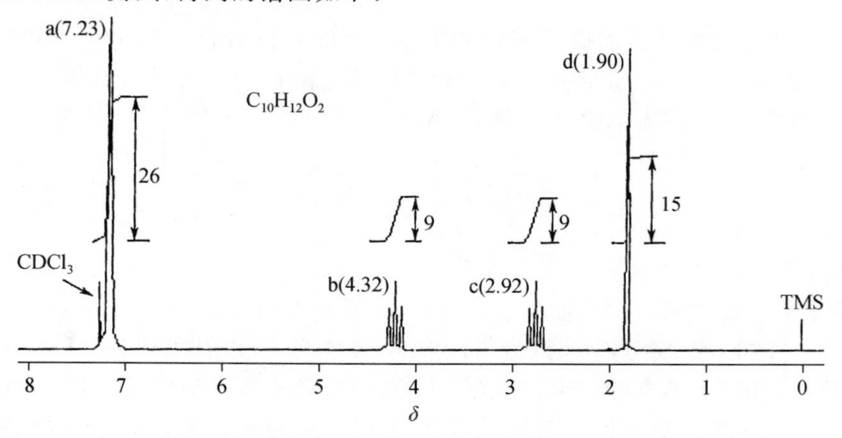

图 8-5 乙酸苯乙醇酯的 ^{1}H NMR 谱图

首先观察到图中有四组峰，在图谱上 $\delta=7.25$ 附近有芳氢信号，a 峰积分高度为 26，为 5 个质子，即 1 个质子的积分约 5 格，由此计算 b、c 峰约为 2 个质子，d 峰为 3 个质子，积分比例为 a∶b∶c∶d＝5∶2∶2∶3。a 峰为单峰，是苯环的芳氢信号，且此苯环上的取代基是非吸电子或非推电子基团，即为烷基碳相连才显示为一单峰。（在高频图谱时，峰有很小的裂分）；d 峰也为单峰，$\delta=1.9$，有 3 个质子，可确认为 $\overset{O}{\overset{\|}{C}}CH_3$ 中的甲基信号；b 组峰和 c 组峰均为三重峰，两组峰是两个相连的亚甲基—CH_2—CH_2—，一端与苯相连，另一端与氧相连，由此可确认结构正确。

（2）标识杂质峰和溶剂峰：样品不纯会出现杂质峰。在图谱上，一般来说积分曲线不够一个质子的峰，可以认为是杂质峰。有时杂质峰比较大，就要具体分析和仔细确认了。溶剂峰则应考虑使用的溶剂。测定核磁谱时通常采用氘代溶剂，但氘代溶剂中 ^1H 核不可能 100%氘代，在核磁谱中会表现出相应的信号峰。^1H 和 ^{13}C 受到氘的耦合作用，裂分为 $2nI+1$ 重峰（其中 $I=1$）。下表列出了常用氘代溶剂的 ^1H NMR 和 ^{13}C NMR 的化学位移值和峰形：

表 8-4　常用氘代试剂的 ^1H NMR 与 ^{13}C NMR 化学位移与峰形

氘代溶剂	^1H δ，峰形	^{13}C δ，峰形	备注
$CDCl_3$（氘代氯仿）	7.27(1)	76.9(3)	含微量水
CD_3CN(CH_3CN)	1.96	1.3(7)，117.7	含微量水
D_2O（重水）	4.60(1)		
CD_3OH（氘代甲醇）	3.50(5)，4.78(1)	49.3(7)	
CD_3COCD_3（氘代丙酮）	2.04(5)	206(13)29.8(7)	含微量水
CD_3SOCD_3（氘代二甲亚砜）	2.50(5)	39.5(7)	含微量水
C_6D_6（氘代苯）	7.15(1，宽)	128.0(3)	含微量水
CD_2Cl_2（氘代二氯甲烷）	5.32(3)	53.8(3)	
C_5D_5N（氘代吡啶）	8.71(1，宽)，7.55(1，宽)，7.19(1 宽)	149.9(3)，135.5(3)，123.3(3)	

注：化学位移值以 TMS 为基准，数值随测定条件会有所变化。

另外样品中未除尽的溶剂及测定用的氘代溶剂中夹杂的非氘化溶剂都会产生溶剂峰。

表 8-5　常见溶剂的化学位移

常用溶剂	环己烷	乙醚	苯	乙酸	四氢呋喃	DMF	硅胶杂质
化学位移 δ	1.40	1.16，3.36	7.2	2.05，8.50	3.60，1.75	2.77，2.95，7.5	1.27

（3）图谱简化常用的方法：

① 用强磁场仪器进行测定：当图谱为高级图谱不好解析时，可考虑改用强磁场仪器。随 $\Delta\nu/J$ 变化，图谱的峰形也有很大变化。两核之间的共振频率差为

$$\Delta\nu=\Delta\delta\times 仪器频率$$

$\Delta\nu$ 随仪器频率增大而增大，而强磁场仪器与强射频频率是匹配的。由于耦合常数是分子的固有属性，J 值不变，当 $\Delta\nu/J>6$ 时，复杂的高级图谱就变成较简单的低级谱，可按一级图谱处理。

② 双照射去耦：双照射法原理为增加一个辅助射频照射，两种照射同时进行。这样当 H^1 和 H^2 是有耦合的两个质子时，都裂分成两个峰。第一个射频照射产生的频率使 H^1 发生共振时，第二个辅助照射频率恰好使 H^2 发生共振，强度使处于高能态的 H^2 达到饱和。H^2 核在高、低两个能级上快速跃迁，在任何一个能级上平均寿命都很短，整体上不再吸收能量，H^2 的吸收峰将从图谱上消失，H^1 和 H^2 之间的耦合也消失，H^1 的双峰变成单峰，不再

发生裂分，称为“自旋去耦”。由于两种共振同时发生，又称双共振。由此可以看出哪些质子之间存在相互耦合的关系，也有利于确定多重峰的化学位移。

③ 核的 Overhauser 效应(简称 NOE 效应)： 在同一分子中，两个在空间位置上相互靠近(一般要求 0.2～0.4 nm)的磁性核，当进行双照射时，用第二个射频照射其中一个核，会使另一个核的共振峰强度增大。两核之间空间距离靠近是发生 NOE 效应的充分条件，与两核之间相隔的化学键无关。NOE 可以找出两个空间位置接近且互不耦合的核之间的关系，常用于确定分子的构型或构象。

④ 重水交换： 对于具有活泼氢的化合物(如醇、羧酸等)，在用 $CDCl_3$ 等氘代试剂做溶剂时，若在溶剂中加入几滴 D_2O 后充分振荡，活泼氢与 D_2O 发生质子交换，活泼氢信号消失。由于活泼氢的化学位移在图谱中不固定，还可能与其他核耦合，引起峰裂分而使谱图复杂化，重水交换后再进行核磁共振测定，简化了共振信号，并可确定活泼氢在原图谱中的位置。

⑤ 改变溶剂： 在核磁共振测定时常用的溶剂是 $CDCl_3$、DMSO、D_2O 等，这些溶剂分子是磁各向同性的，若有一些相互重叠的峰，可改用 CD_3CN、C_6D_6 等分子磁各向异性的试剂作为溶剂，重叠的峰有可能分开，以便于解析。

(4) 根据 ^{1}H NMR 谱推断未知化合物的结构：

① 首先由分子式计算未知化合物的不饱和度。

② 由图中积分曲线高度或积分数值，确定对应的质子数目： 由于积分数值不可能绝对准确，在确定各组峰所对应的质子数时，应进行适当的修正，对杂质小峰进行排除。

③ 由化学位移数值、质子数目及裂分峰组情况推测对应的结构单元： 此时应注意质子的不等价性等因素造成的裂分的复杂性。

④ 由化学位移和耦合关系推出可能的结构式： 对所有可能的结构进行指认，排除不合理的结构。

⑤ 确认结构： 借助红外光谱、质谱、核磁共振碳谱、紫外光谱和已有的关于此类化合物的知识和经验确认结构。

§8.3 核磁共振碳谱

氢谱只反映含氢基团的信息，对于一些不含氢的羰基、季碳原子，信息无法测知，这些信息需从核磁共振碳谱(后文简称碳谱)获得。天然样品中约含 99%的 ^{12}C 和 1%的 ^{13}C，在碳的这两种同位素中，^{12}C 核没有自旋，不能给出 NMR 信号；^{13}C 有奇数个中子，其磁自旋为1/2，有核磁共振现象。^{13}C NMR 的灵敏性降低了 1/100，且 ^{13}C 的磁旋比 γ 只有 ^{1}H 的 1/4，而核磁共振灵敏度与 γ^3 成正比，因此 ^{13}C 信号比 ^{1}H 要弱得多，大约只有 ^{1}H 的 1/5700。直到测试灵敏度很高的脉冲傅里叶变换核磁共振仪出现，核磁共振碳谱才发展起来，但样品用量仍然较多。^{13}C NMR 谱图中化学位移是最重要的分析数据，其次是耦合常数 J_{CH} 和弛豫时间 T_1。

(一) 化学位移 δ

^{13}C NMR 谱和 ^{1}H NMR 谱的化学位移都以四甲基硅烷为基准，规定四甲基硅烷的 $\delta=0$，其左边值大于 0，右边值小于 0。^{13}C NMR 谱的化学位移范围和 ^{1}H NMR 谱(一般为 0～20)相比要大得多，处在 −10～250 的较宽范围内。由于 δ 的范围十分宽，容易区分出处

于微小差异的化学环境下的碳核。对于相对分子质量 300～500 的化合物，碳谱几乎可以分辨每一个不同化学环境的碳核，而氢谱有时会出现严重叠加现象。分子中有不同构型、构象时，碳化学位移的变化比氢要敏感。^{13}C NMR 谱共振峰面积大小和对应的^{13}C 核的数目不成正比，通常不能从峰面积来判断^{13}C 个数的多少，只能从峰的个数来判断最少有几种不同的碳。

(1) 影响^{13}C 核化学位移常见的因素： 影响氢谱化学位移的主要因素是去屏蔽(抗磁屏蔽)作用，而影响碳谱化学位移的主要因素是屏蔽(顺磁屏蔽)作用。

最大的影响^{13}C 核化学位移因素是碳原子的杂化程度，顺序与氢核一致。sp^3 杂化(饱和碳)的^{13}C 核共振峰位于高场，δ 一般在 0～100(CH_4 在 −2.8)；sp^2 杂化的^{13}C 核共振峰位于低场，δ 一般在 100～240(烯烃 100～150，芳烃 120～160，羰基 120～220，累积烯烃 200)；sp 杂化的^{13}C 核(炔烃)δ 居中，一般在 70～130。

诱导效应也有较大影响。邻近基团取代基电负性越大，电负性取代基团越多，共振向低场位移幅度越大。但有的原子如碘原子，由于原子上有众多电子，对邻近碳原子产生的屏蔽作用大于诱导作用，使相邻碳的化学位移移向高场。如 CH_3F 碳的 δ 为 80，CH_3Cl 的 δ 为 25.6，CH_3Br 的 δ 为 20，而 CH_3I 碳的 δ 为 −20.7。

影响化学位移的其他因素还有共轭效应和超共轭效应、取代程度、构型、空间位阻、邻近基团的各向异性、氢键效应、介质效应和温度等。

(2) 各类碳核的化学位移：

① 饱和碳原子区： $\delta<100$，一般在 0～70。若饱和碳原子不直接连接杂原子(O、N、F 等)，其化学位移值一般小于 55。

② 不饱和碳原子区： 烯碳原子化学位移范围大，δ 在 90～160。乙烯碳的化学位移为 123.5。芳烃碳原子 δ 在 110～170 范围内，苯的碳的化学位移为 128.5。当碳直接和杂原子相连时，δ 可能会大于 160。炔碳原子 δ 为 70～100。

③ 羰基中的碳： $\delta>150$。酸、酯和酸酐的羰基碳原子的 δ 为 160～180，酮和醛羰基碳的 $\delta>200$。

表 8-6　一些特征碳的化学位移值

碳的类型	化学位移	碳的类型	化学位移
CH_4	−2.68	$>$CH—O—	60～75
直链烷烃	0～70		
四级 C	35～70	—CH_2—O—	40～70
三级 C	30～60	CH_3—O—	40～60
二级 C	25～45	RCOOR′(H)	160～185
一级 C	0～30	酰氯、酰胺羰基碳	160～180
烯碳	100～150	酸酐、脲中羰基碳	150～175
炔碳	65～90	CH_3—N	20～45
芳烃、取代芳烃中的芳碳	120～160	—CH_2—N	40～60
芳香杂环中的碳	115～140	仲胺(CH—N)	50～70
醛基中碳	175～205	叔胺(C—N)	65～75
酮基中的碳	200～220	R—CN	110～126

(二) 耦合

由于^{13}C 天然丰度只有 1.1%，两个^{13}C 核相连的概率很小，一般不考虑^{13}C-^{13}C 耦合。但由于有机分子大都存在碳氢键，^{13}C 与直接相连的 ^{1}H 及邻近的 ^{1}H 都会发生异核耦合作用，所得谱图的谱线严重重叠，难于识别，一般采取去耦技术得到较为简单的实用谱图。碳与杂原子相连时，$I \neq 0$ 的杂原子也有耦合作用，比较重要的是与 P、F、D 等磁核的耦合。

（三）几种常见的碳谱

如上所述，由于有机分子大都存在碳氢键，^{13}C 与 ^{1}H 的耦合作用使谱图复杂、难以辨认。如果采取去耦技术可以得到较为简单的谱图，而且可以使信号大大增强。常见的碳谱主要有以下几种：

（1）质子噪声去耦谱（宽带去耦谱）： 在测定碳谱时采用双照射法，即在照射频率扫射图谱的同时，再加上另一个包含样品中所有氢核共振频率的射频照射样品，使所有 ^{1}H 达到饱和，消除所有 ^{1}H 对 ^{13}C 的耦合作用，是最常见的碳谱。此种图谱非常简单，每种 ^{13}C 信号都变成单峰，所有不等性的 ^{13}C 核都有自己的独立信号，在对应的化学位移处出现一条谱线。由于 NOE 效应，谱线强度有不同程度增强，谱线的强度不能定量反映所代表的碳原子个数。季碳谱线 NOE 效应较小，强度较弱，可识别季碳原子。对于确定分子中 ^{13}C 核的种类，归属其化学位移有重要价值。

（2）定量碳谱（反转门控去耦谱）： 在去除全部氢核的耦合作用时，尽可能抑制核的 NOE 效应，使谱线强度能够代表碳数的多少，克服了宽带去耦谱中各谱线强度不一的缺点，所有谱线强度均一致，一般每条谱线的强度代表一个碳原子数。

（3）偏共振去耦谱： 若用较小频率范围的照射场照射质子，使 ^{1}H 与直接连接的 ^{13}C 之间保留程度较低的耦合（耦合常数接近 ^{1}H-^{1}H 耦合），而消除 ^{1}H 与不直接相连的 ^{13}C 之间的耦合，此时测定的碳谱即为偏共振去耦谱。CH_3 为四重峰，CH_2 为三重峰，CH 为双峰，季碳及羰基碳为单峰，表现为一级谱图，由此即可确定简单化合物碳原子的级数。

（4）DEPT 谱： 对于复杂分子，偏共振去耦谱谱线重叠严重，信号低，在确定各种碳的级数时仍然存在一定的困难。随着现代脉冲技术的发展，现在最常用的确定碳原子级数的方法是 DEPT（无畸变极化转移增强）技术，所得谱图为 DEPT 谱，有三种谱图：

DEPT 45°谱：CH_3、CH_2 和 CH 都出正峰，但季碳不出峰。

DEPT 90°谱：只有 CH 出正峰，其余碳均不出峰。

DEPT 135°谱：CH_3 和 CH 出正峰，CH_2 出负峰（峰向下），季碳不出峰。

通常结合质子噪声去耦谱、DEPT 90°谱、DEPT 135°谱即可确定每个碳原子的级数。

图 8-6 依次为 DEPT 谱（DEPT 90°、DEPT 135°）和质子噪声去耦谱：

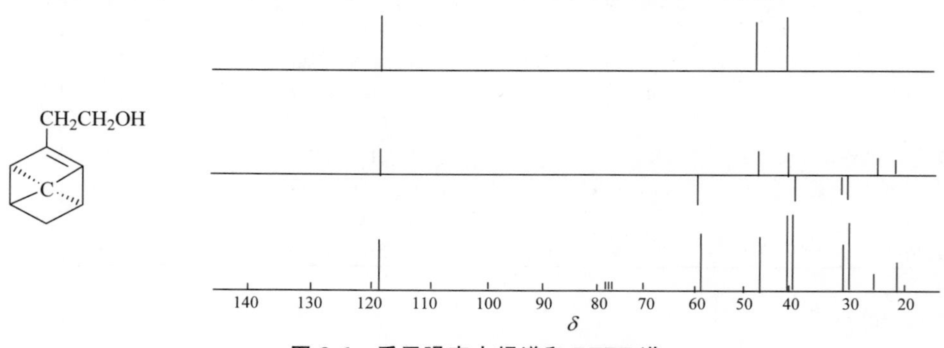

图 8-6　质子噪声去耦谱和 DEPT 谱

（四）弛豫时间 T_1

^{13}C 的自旋-晶格弛豫时间 T_1 能提供较多的化合物结构信息。^{13}C NMR 谱中弛豫时间长则谱线强度弱，处于不同化学环境的碳核弛豫时间又相差很大，只要测定了弛豫时间，就可以根据碳谱中各谱线的相对强度对碳核进行识别。^{13}C 的弛豫时间比 ^{1}H 长，测定比较容易。^{13}C 的弛豫时间可用于以下几个方面：

（1）判断被测化合物的分子大小：化合物越小，T_1 值越长。

（2）识别碳的种类：特别是识别不同种类的季碳。

（3）判断被测化合物分子形状和分子运动的各向异性。

（4）研究分子的空间位阻。

（五）碳谱的解析

质子噪声去耦谱图中，首先排除溶剂峰，再区别杂质峰。一般杂质峰强度较弱，若杂质峰较强，可测定量碳谱，峰强度明显不符合比例关系的即为杂质峰。在质子噪声去耦谱中，当谱线数目明显少于分子中碳原子时，说明分子具有某种对称性。如对位二取代苯、单环取代苯、取代基相同的间二取代苯，其苯环上六个碳原子只有四条谱线。

（1）确定碳原子类型：由质子噪声去耦谱根据化学位移值确定。$\delta<55$ 的是不与 O、S、N、F 等杂原子相连的饱和碳原子，否则 $\delta<100$；烯碳、芳基碳一般为 $90<\delta<160$，与电负性基团相连时 δ 可超过 160；羰基碳 δ 在 200～205 为醛，在 205～220 为饱和脂肪酮，在 160～185 为羧酸。

（2）确定碳原子的级数：质子噪声去耦谱结合 DEPT 45°、DEPT 90°、DEPT 135°谱确定各碳原子的级数，从而确定各碳原子上所连接的氢原子数。若此数目小于分子式中氢原子数，则表明有活泼氢存在，两者之差即为活泼氢数目。

（3）提出结构单元，确认谱线归属：结合其他谱学数据，如 ^{1}H NMR、质谱、红外光谱等提出结构单元，并进行谱线归属，进一步结合化学知识和经验提出可能的结构，排除不合理结构。尽量利用 C 核磁共振谱图集，如 Sadtler Standard Carbon-13 NMR Spectra 等图谱集来帮助确认结构。

（Ⅱ）红外光谱（IR）

当用红外光线照射分子时，如果红外光的能量与分子某能级差相等，分子吸收红外光波发生相应能级跃迁，产生红外光谱，也是一种分子吸收光谱。此时红外光的频率与分子振动频率相等，引起共振，分子从基态跃迁到较高的振动能级。红外光谱已广泛应用于判断有机化合物和高分子化合物的分子结构、化学反应过程的控制和反应机理的研究、定量分析混合物中各组分含量。电子计算机和傅立叶变换红外光谱（FTIR）实验技术的发展，使红外光谱以高灵敏度、高分辨率、分析时间短、联机操作和高度计算机化的全新面貌再获新生。近来一些新技术（如发射光谱、光声光谱、色谱-红外联用等）的出现，使红外光谱技术得到更加蓬勃的发展。

§8.4 红外光谱基本知识

(一) 红外光谱的分区

红外光是一种波长大于可见光的电磁波,位于可见光区和微波区之间。红外光波长(λ)通常以微米(μm)为单位,范围在 0.75~1000 μm,对应的波数(σ)为 13300~10 cm^{-1}。波数为每厘米所含波的数目,单位是 cm^{-1},是波长的倒数,是频率(ν)的一种表示方式。波数、波长与频率的关系为:

$$\sigma = 1/\lambda = \nu/c \text{(} c \text{ 为光速)}$$

如波长为 2.5 μm,对应的波数为 4000 cm^{-1},频率为 1.2×10^{14} Hz。

通常将红外光谱按波数分为三个区域:近红外区(13300~4000 cm^{-1})、中红外区(4000~200 cm^{-1})和远红外区(200~10 cm^{-1})。绝大多数有机物和无机离子的基频吸收带(由基态振动能级跃迁到第一振动能级吸收的能量)都出现在中红外区,通常所说的红外光谱即是以中红外光谱为主,只有在中红外区有特征谱带。有时也关注吸收峰较弱的远红外区,可能会有气体分子中的纯转动跃迁,液体、固体中重原子的振动以及晶格振动等。

(二) 红外谱图的分区

习惯上将 4000~400 cm^{-1}范围的中红外区的红外光谱图大致分为两个区域:特征基团频率区(4000~1330 cm^{-1}),主要是某些官能团的伸缩振动吸收区,可用来检定官能团;指纹区(1330~400 cm^{-1}),主要是分子的骨架特征振动吸收区,其中一些振动频率对整个分子结构环境的变化十分敏感,分子结构的细微变化都会引起该区域的灵敏变化。指纹区的特征鲜明,就像人的指纹一样,可用于鉴别不同化合物。红外光谱图通常用波长(单位为 μm)或波数(单位为 cm^{-1})为横坐标,表示吸收峰的位置,用透射比 T(%)为纵坐标,表示吸收强度。

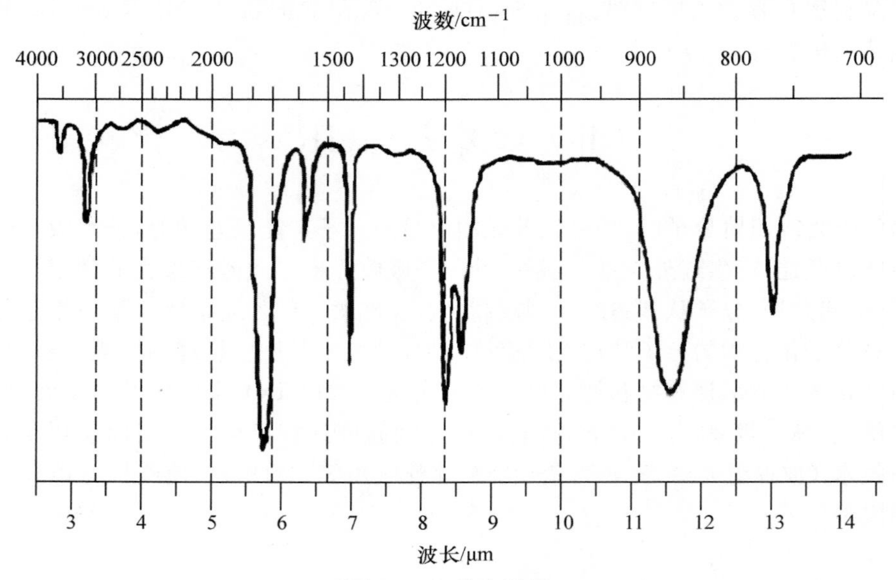

图 8-7 红外光谱图

（三）红外光谱的产生

当一束具有连续波长与一定强度的红外光通过样品时，若分子中某个基团的振动频率或转动频率和红外光的频率一样，分子就吸收能量，由原来的基态振动或转动能级跃迁到能量较高的振动或转动能级，该处波长的光被吸收，出现吸收峰。将分子吸收红外光的吸收峰的强度和出现的位置用仪器记录下来，就得到红外光谱图。红外光谱是一种分子振动光谱，是根据分子内部原子间的相对振动和分子转动等信息来确定物质分子结构和鉴别化合物的分析方法。

红外吸收光谱产生的另一个条件是红外光和分子之间有耦合作用。为满足此条件，分子振动时其偶极矩（μ）必须发生变化，即 $\Delta\mu\neq0$。红外光将能量传递给分子，是通过分子振动偶极矩的变化来实现的，即并非所有的振动都会产生红外吸收，只有偶极矩发生变化的振动才能引起可观测的红外吸收，这种振动称为红外活性振动。偶极矩等于零的分子振动不能产生红外吸收，称为红外非活性振动。

（四）分子振动

分子的振动形式有两大类：伸缩振动（ν）和弯曲振动（δ）。官能团伸缩振动特征峰一般在 4000～1500 cm^{-1}（高频特征区），弯曲振动特征峰一般在 1500～400 cm^{-1}。伸缩振动指原子沿键轴方向的往复运动，振动过程中键长发生变化而键角不变，再细分又可分为对称伸缩振动和反对称伸缩振动，分别用 ν_s 和 ν_{as} 表示。弯曲振动又称变形振动或变角振动，振动时键长不变，键角周期性改变，可细分为面内弯曲振动（剪式 δ 和平面摇摆 ρ）和面外弯曲振动（非平面摇摆 ω 和扭曲 τ）。由于弯曲振动的力常数比伸缩振动的小，因此同一基团的弯曲振动出现的频率比伸缩振动低。此外还有多原子分子的骨架振动，如苯环的骨架振动。理论上每一个基本振动都能吸收与其频率相同的红外光，在红外光谱图对应的位置上出现一个吸收峰。但由于一些振动分子没有偶极矩变化，另外一些振动的频率相同，发生简并，还有一些振动频率超出了仪器可以检测的范围，这些都使得实际红外谱图中的吸收峰数目大大低于理论值。

（五）红外光谱吸收强度

红外光谱的吸收强度不仅可用于定性分析，也是定量分析的重要依据。吸收强度与跃迁概率和分子振动时偶极矩变化的大小和分子结构的对称性有关，偶极矩变化越大，谱带强度越大。基团极性越强，化学键极性越强，振动时偶极矩变化越大，吸收峰越强。极性较强的官能团一般都在高频区有较强的红外吸收特征峰。分子的对称性越高，振动时偶极矩变化越小，吸收谱带越弱。

用于定量分析时，吸光物质在一定的浓度范围内符合朗伯-比尔（Lambert-Beer）定律，可进行相应计算。根据摩尔吸光系数（ε）可区分吸收强度的级别：$\varepsilon>100$，非常强峰（vs）；$20<\varepsilon<100$，强峰（s）；$10<\varepsilon<20$，中强峰（m）；$1<\varepsilon<10$，弱峰（w）。由于吸收强度不易精确测定，实际应用时也常用羰基等强吸收峰作为最强吸收，其他峰与之比较来确定峰强弱的级别。无偶极矩的分子如乙炔分子，偶极矩为零，即使键具有伸缩振动，偶极矩仍为零，不吸收能量，无红外吸收峰。

（六）红外光谱中的频峰

（1）基频峰：由基态跃迁到第一激发态，产生的吸收峰，称为基频峰，一般强度较大；

（2）倍频峰：由基态直接跃迁到第二、第三等激发态，产生的弱吸收峰，称为倍频峰；

（3）合频峰：两个基频峰频率相加的峰。

§8.5 影响红外光谱吸收频率的因素

组成分子的各种基团都有自己特定的红外特征吸收峰。不同化合物中，同一种官能团的吸收振动总是出现在一个窄的频率范围内，但具体出现在哪一频率，与基团在分子中所处的环境有关。同一类型化学键，由于环境不同，力常数并不完全相同，吸收峰的位置不同。化学键的力常数越大，原子折合质量越小，键的振动频率越大。

(一) 分子结构内部因素

分子结构是最主要的影响化合物的基团振动频率的因素。

(1) 电子效应：可分为诱导效应、共轭效应和超共轭效应，都是由于化学键的电子分布不均而引起的。

① 诱导效应(I 效应)：电负性大的基团或原子连接在羰基的碳原子上时，由于吸电子诱导效应，羰基电子云由偏向氧原子转向双键中间，增加羰基的力常数，使羰基的振动频率升高，吸收峰向高波数移动，如酰卤的羰基吸收峰高于羧酸羰基吸收峰 10～20 cm^{-1}。

② 共轭效应(M 效应)：共轭效应使共轭体系电子云分布平均化，降低双键的力常数，使双键的伸缩振动频率降低，但吸收强度提高，同时也使某些单键具有一定程度的双键性，从而影响某些键的强度和振动频率。如 α,β-不饱和酮由于碳碳双键与羰基共轭，酮羰基吸收峰从 1725～1705 cm^{-1}降为 1685～1665 cm^{-1}。含有孤对电子的原子(O、S、N 等)与具有双键的原子相连时的共轭效应，可使双键电子云移向电负性强的原子，改变双键力常数，吸收频率位移。

③ 超共轭效应：与共轭效应类似。

(2) 空间效应：

① 偶极场效应(F 效应)：不是通过化学键而是通过空间发生作用。当两个基团靠得很近时，会产生偶极之间的排斥作用，使电子云密度变化，影响基团特征频率的位移。

② 空间位阻效应：空间位阻的存在会使分子中的共轭体系不能很好地共平面，共轭不完全，相应的基团特征频率向高波数位移。如苯乙酮的羰基伸缩振动频率为 1663 cm^{-1}，而 2,4,6-三甲基苯乙酮的羰基伸缩振动频率为 1700 cm^{-1}。另外空间位阻的存在不利于分子间羟基的缔合，形成氢键时，特征频率会向低波数位移。

③ 键角效应：以环张力为例，越小的环状分子张力越大。环内键轨道重叠不好，键被削弱而使振动频率降低，如环己烯、环戊烯和环丁烯中的 C═C 双键的伸缩振动频率分别为 1644 cm^{-1}、1611 cm^{-1} 和 1576 cm^{-1}。同时在环外的键增强，振动频率升高，如环丙烷的 C—H 伸缩振动为 3060～3030 cm^{-1}，环己烷为 2900～2800 cm^{-1}。

(3) 氢键效应：氢键主要使红外光谱的峰形变宽，基团吸收频率位移并改变吸收强度。如游离羧酸的 C═O 键伸缩振动频率出现在 1760 cm^{-1}左右，而在固体或液体中，由于羧酸形成二聚体，该频率出现在 1700 cm^{-1}。分子间氢键受浓度影响较大，在极性溶剂中稀释到低于 0.01 $mol \cdot L^{-1}$时，分子间氢键可消失。分子内氢键则受浓度影响不大。

(4) 振动耦合：当两个振动频率相同或接近的基团相接近或具有一共有原子时，两者会相互作用，使振动频率一个移向高频，一个移向低频，谱带裂分。这种现象常出现在一些二羰基化合物中，如丙二酸中的两个羰基吸收峰分别在 1740 cm^{-1} 和 1710 cm^{-1}，醋酐的两个羰基吸收峰分别在1828 cm^{-1}和 1750 cm^{-1}。

(5) Fermi 共振：某一振动的基频与另外一振动的倍频或合频接近时，由于相互作用而在该基频峰附近出现两个吸收带，这种现象叫做 Fermi 共振，例如苯甲酰氯只有一个羰基，却有两个羰基伸缩振动吸收带，分别在 1731 cm^{-1} 和 1736 cm^{-1}，这是由于羰基的基频(1720 cm^{-1})与苯基和羰基的变角振动(880～860 cm^{-1}) 的倍频峰之间发生 Fermi 共振而产生的。乙醛分子中醛基的 C—H 伸缩振动在 2820 cm^{-1}和 2720 cm^{-1}附近，是 C—H 的 2800 cm^{-1}的伸缩振动与约 1400 cm^{-1} 的弯曲振动的倍频发生 Fermi 共振效应引起的。Fermi 共振的产生使红外吸收峰数增多，峰强加大。

(二) 测定状态外部因素

(1) 物理状态：气态样品吸收峰较尖锐，液态或固态样品中存在缔合，吸收带变宽。固体的光谱吸收带比液体的尖锐，且吸收峰数目多一些。各种晶型的光谱也会出现某些差异。

(2) 溶剂效应：在溶剂中测定时，极性基团的伸缩振动将随溶剂的极性变化而变化，溶剂的极性越大，频率越低。如在非极性溶剂中羧酸的羰基伸缩振动为 1760 cm^{-1}，而在乙醇中则为 1720 cm^{-1}。另外，溶剂相同时，浓度和温度会影响分子的缔合程度。因此当用标准谱图对照时，应在外部因素完全一致的情况下才能比较。氢键会导致基团频率位移，如果发生在分子间，则属于外部因素；若发生在分子内，则属于分子内部因素。

§8.6　红外光谱与分子结构

(一) 有机化合物基团的特征频率

伸缩振动的频率与原子的质量、键的刚性有关。在具有相似键能的一组键中，较重的原子比较轻的原子振动频率低。如 C—D 键比 C—H 键特征频率低，C—H 键的伸缩振动频率(2850～2950 cm^{-1})比 C—C(1600～1300 cm^{-1})高。当原子有相同质量时，较强键的振动通常比较弱键的振动频率高，如 O—H 键振动频率(3200～3600 cm^{-1})比 C—H 键振动的频率高。键的刚性越强(双键、叁键)，其振动频率越高，故叁键伸缩振动频率(如 C≡C 为 2100～2200 cm^{-1})比双键高，双键(C=C 为 1620～1680 cm^{-1})又比单键(C—C)高。由于不同分子的原子组成或价键不同，吸收红外光波不同，红外光谱仪给出不同的吸收光谱。通过对谱图的分析，根据红外吸收峰出现的位置、强度、峰形和峰的数目就可以判断出有机分子含有哪些官能团或化学键，并确认分子的化学结构。

特征频率区中的吸收峰基本由基团的伸缩振动产生，数目不是很多，但在基团鉴定工作中很有价值。特征频率区可分为以下几个区域：

(1) 4000～2500 cm^{-1} 为 O—H、N—H、C—H、S—H 伸缩振动区：O—H 伸缩振动在 3650～3200 cm^{-1}范围内，可判断羟基(醇、酚和有机酸)的存在。醇和酚溶于非极性溶剂(如 CCl_4)中，浓度 0.01 $mol \cdot L^{-1}$，在 3650～3200 cm^{-1}出现 O—H 峰，峰形尖锐，易于识别。浓度高时产生缔合，在 3400～3200 cm^{-1} 出现宽而强的吸收峰。胺和酰胺的 N—H 伸缩振动也出现在 3500～3100 cm^{-1}间，会对 O—H 峰产生干扰。

饱和 C—H 伸缩振动出现在 3000～2800 cm^{-1}处，如—CH_3 吸收峰在 2960 cm^{-1}和 2876 cm^{-1}

附近，—CH_2 吸收峰在 2930 cm^{-1}和 2850 cm^{-1}附近。R_2CH—吸收峰在 2890 cm^{-1}附近，但强度很弱。不饱和 C—H 伸缩振动出现在 3000 cm^{-1}以上。苯环的吸收峰在 3030 cm^{-1}附近，强度比饱和的 C—H 稍弱，谱带较尖锐。不饱和双键═C—H 吸收峰出现在 3040～3010 cm^{-1}范围内。末端═C—H 吸收峰在 3085 cm^{-1}附近。叁键≡C—H 上的吸收峰出现在 3300 cm^{-1}附近。无机化合物无 C—H 键，在此范围内无吸收峰。

(2) 2500～1900 cm^{-1}为叁键与累积双键区： 主要包括—C≡C、—C≡N、—N≡N 等叁键和—C═C═C、—C═C═O 等累积双键的伸缩振动。炔烃中R—C≡ CH的伸缩振动在 2140～2100 cm^{-1}附近，R′—C≡C—R 在 2260～2190 cm^{-1}附近。—C≡N 在非共轭时出现在 2260～2240 cm^{-1}附近，有共轭时在 2230～2220 cm^{-1}附近。

(3) 1900～1500 cm^{-1}为双键伸缩振动区： 主要为以下三种伸缩振动。

① 羰基伸缩振动： 总是在 1900～1500 cm^{-1}范围内出现一个强吸收峰，具有鉴定作用，从频率值可进一步可判断它是醛、酮、酯、酸酐或是酰胺。酸酐在此处的羰基吸收峰由于振动耦合而呈双峰。

② 单核芳烃的 C═C 伸缩振动： 出现在 1575～1625 cm^{-1}，1585～1650 cm^{-1}和 1475～1525 cm^{-1}附近，是芳环骨架结构峰，一般有三个峰，但有时也有两个或一个峰，由此可判断有无芳核存在。烯烃 C═C 伸缩振动出现在 1680～1620 cm^{-1}附近，一般较弱。C═N、NO_2的伸缩振动也出现在此区域内。

③ 苯类化合物 C—H 面外弯曲振动： 出现在 900～680 cm^{-1}，而其倍频、合频峰出现在 2000～1650 cm^{-1}范围，虽然强度弱，但峰的面貌对于判断芳核的取代类型十分有用。

(二) 分子的指纹区

对于两个不同的化合物(除对映体)，它们所具有的各种复杂振动不可能都有相同的频率，由此提供了分子的指纹。当分子结构稍有不同时，该区的吸收就有细微的差异。指纹区对于区别结构类似的化合物很有帮助，有经验的光谱学家可以根据指纹区中的振动了解大量有关结构的信息。

(1) 1500(1350)～900 cm^{-1}区域： 主要含一些单键，如 C—O、C—N 和 C—X(卤素原子)、C—P、C—S、P—O、Si—O 的单键伸缩振动，C—H、O—H 等含氢基团的弯曲振动以及 C═S、S═O、P═O 等双键的伸缩振动吸收。其中 1375 cm^{-1}附近的谱带为甲基的对称弯曲振动，可用来识别甲基。C—O 的伸缩振动在 1300～1000 cm^{-1}，由于是该区域最强峰，有识别作用。

(2) 900～650 cm^{-1}区域： 某些吸收峰可用来确认化合物的顺反构型。如 RCH═CH_2结构的烯在 990 和 910 cm^{-1}出现两个强峰，RC═CR′的烯烃，其顺、反构型分别在 690 和 970 cm^{-1}出现吸收峰。在 900～680 cm^{-1}出现的芳环 C—H 面外弯曲振动可配合确定苯环的取代类型。

§8.7 常见有机化合物红外光谱

(一) 烃类化合物

(1) 饱和烃： —CH_3、—CH_2—、—CH—的 C—H 的对称伸缩振动和反对称伸缩振动出现在 2960～2850 cm^{-1}之间，为强吸收峰，可作为烷基存在的依据。$—CH_3$、$—CH_2$的 C—H 弯曲振动出现在 1460 cm^{-1}附近，甲基的对称变形振动出现在 1375 cm^{-1}处，可作为甲基存在的证据。异丙基吸收峰在此处会分裂成两个强度相似的峰，叔丁基分裂的两个峰，低频峰比高频峰强度大。两个基团同时存在则出现多个分裂峰。四个以上$—CH_2$组成的碳氢长链，在 720 cm^{-1}附近会出现$(CH_2)_n$面内摇摆振动弱吸收峰，峰强度随相连的$—CH_2$个数增加而增强，吸收频率有规律地向高频方向位移，依此可推测分子链的长短。环烷烃中(除环丙烷外)有一个环的变形振动，出现在 1020～960 cm^{-1}之间。

(2) 不饱和烃：烯烃的双键特征吸收频率如下。═C—H 在 3050±50 cm^{-1}处有一个中(m)到弱(w)吸收峰，而饱和烃 C—H 伸缩振动都在 3000 cm^{-1}以下，由此可区别饱和烃和不饱和烃。C═C 在 1640±20 cm^{-1}处产生尖锐吸收峰谱带，强度与分子对称性有关，可能很强，也可能消失。

(3) 炔烃：乙炔由于分子中心对称，无红外吸收。大多数非对称炔烃 C≡C 伸缩振动吸收也很弱，端基炔一般在 2140～2100 cm^{-1}，不对称取代乙炔在 2260～2190 cm^{-1}。端基炔的 C—H 伸缩振动吸收峰(m)位于 3310～3200 cm^{-1}处，峰型尖锐，与在相近区域的N—H较宽的吸收峰容易分辨。

(二) 芳香烃

芳烃的 C—H 伸缩振动与烯烃一样也在 3100～3000 cm^{-1}区域内，强度不定。C—H 面外弯曲振动在 910～650 cm^{-1}，随取代情况不同而不同，有时对于判断取代类型会有一定的帮助。芳烃的 C═C 伸缩振动由于涉及苯环的大小变化，又称为骨架振动，在 1650～1450 cm^{-1}区，可作为判断苯环存在的主要依据，其特点是峰型尖锐，通常在 1600 cm^{-1}、1585 cm^{-1}、1500 cm^{-1}及 1450 cm^{-1}附近出现四个峰，但根据取代基的变化，这四个峰不一定同时出现。芳香化合物在 2000～1600 cm^{-1}处有弱吸收峰，为苯环面外弯曲振动的倍频特征吸收峰，峰的个数与苯环上的取代有关。

(三) 醇、酚、醚

醇和酚中，由于氢键缔合，羟基的伸缩振动在 3300 cm^{-1}附近呈现一个宽的特征强吸收峰，而游离羟基中该峰出现在 3600 cm^{-1}处，为一尖峰。醇和酚的另一个主要吸收峰 C—O 吸收峰位于 1250～1000 cm^{-1}区域内，通常为谱图中最强的吸收峰之一。

醚的特征吸收峰为 C—O—C 伸缩振动，由于振动偶极变化大，峰的强度较大，脂肪族醚的吸收峰在 1210～1050 cm^{-1}区域，芳香醚在 1300～1200 cm^{-1}和 1055～1000 cm^{-1}区域，但任何含有 C—O 键的分子都会对醚键的特征吸收有干扰，使确定醚键存在与否比较困难。

(四) 羰基化合物

羰基化合物的最大特征是在 1928～1580 cm^{-1}处有强特征峰，常用于鉴定羰基的存在，其伸缩振动位置次序为：酰胺(1680 cm^{-1})，酮(1715 cm^{-1})，醛(1725 cm^{-1})，酯(1735 cm^{-1})，酸(1760 cm^{-1})，酸酐(1817 cm^{-1}和 1750 cm^{-1})。

酮羰基位于 1715～1710 cm^{-1}附近，若与其他双键共轭时，吸收峰移向低频 1680～1660 cm^{-1}。芳酮在 1260 cm^{-1}附近的 C—C 伸缩振动峰有佐证芳酮的作用。

醛基除在 1725 cm^{-1}附近有特征峰外，通常在 2820 cm^{-1}和 2720 cm^{-1}附近有 C—H 振动弱的双峰。

羧酸常以二聚体形式存在，缔合时羧基吸收在 1710 cm^{-1}附近，游离时在 1760 cm^{-1}附近。O—H 伸缩振动在 3300～2500 cm^{-1}范围内产生高低不平的宽吸收峰，二聚体 O—H 变形振动在 920 cm^{-1}附近产生宽吸收峰。羧酸盐的羰基吸收峰有在约 1400 cm^{-1}处的对称伸缩振动和 1610～1500 cm^{-1}处的反对称伸缩振动，吸收峰都比较强。

酯除了在 1735 cm^{-1}附近的伸缩振动，还有 C—O—C 基团在 1300～1030 cm^{-1}区域内产生的两个对称和反对称伸缩振动的强吸收峰，其中反对称伸缩振动谱带强而宽，与酯的类型有关，又称为酯谱带，有时裂分为双峰。

酸酐特征吸收为两个羰基的对称伸缩振动（1750 cm^{-1}附近）和反对称伸缩振动（1800 cm^{-1}附近），均为强吸收。两峰的强弱与酸酐的类型有关，线形酸酐两峰强度接近相等，高波数峰稍强于低波数峰；而环形酸酐中低波数峰强度却高于高波数峰，由此可判断酸酐是线形的还是环形的。

酰胺除 1690～1650 cm^{-1}强吸收带（酰胺Ⅰ带）外，还会有 N—H 的伸缩振动，游离的酰胺在 3450 cm^{-1}附近出现单峰，缔合的在 3350～3000 cm^{-1}区域内出现几个峰。N—H 的 $\delta_{面内}$产生的吸收峰为酰胺Ⅱ带，不同类型的酰胺产生该吸收的位置不同。游离的伯酰胺在 1600 cm^{-1}附近，缔合时移到 1640 cm^{-1}附近，且常被酰胺Ⅰ带所覆盖，仲酰胺则在 1600 cm^{-1}以下，由此可区分伯酰胺和仲酰胺。

酰卤中酰氟羰基吸收峰约在 1840 cm^{-1}附近，酰氯在 1800 cm^{-1}附近，此外指纹区还有 C—X 的强吸收峰。

（五）含氮化合物

游离伯胺的—NH_2 的反对称伸缩振动在 3490 cm^{-1}附近，对称伸缩振动在 3400 cm^{-1}附近。由于形成氢键能力弱，一般缔合也只向低波数位移不超过 100 cm^{-1}，吸收峰形较尖锐。伯胺的 N—H 弯曲振动在 1650 cm^{-1}附近有一个强吸收峰。仲胺稀溶液在 3500～3300 cm^{-1}只出现一个峰。脂肪仲胺在 750～700 cm^{-1}处有 N—H 非平面摇摆振动强吸收峰。

胺的 C—N 伸缩振动吸收的位置与 α 碳原子上的取代有关。烷基取代时，吸收峰位于 1230～1030 cm^{-1}区。芳基与氮原子相连的仲胺，由于 N 原子与芳环的 p-π 共轭，可以看到双峰，其中高峰出现在 1360～1250 cm^{-1}区。苯胺 C—N 伸缩振动吸收峰出现在 1280 cm^{-1}处。

亚胺的 C═N 伸缩振动位于 1690～1640 cm^{-1}，为特征吸收，比酰胺羰基的吸收峰弱，但更为尖锐。

硝基化合物的特征吸收峰是—NO_2 的对称伸缩振动和反对称伸缩振动，脂肪族硝基化合物的这两个峰分别出现在 1390～1320 cm^{-1}和 1615～1540 cm^{-1}区，反对称伸缩振动较强。芳香族硝基化合物的这两个吸收峰的频率低于脂肪硝基化合物，分别位于 1370～1330 cm^{-1}和 1530～1500 cm^{-1}区，对称伸缩振动较强。

§8.8　红外光谱的检测

（一）红外光谱仪

红外光谱仪由光源、单色器、检测器、放大器等部分组成，可分为棱镜光谱仪、光栅光谱仪和傅里叶变换红外光谱仪（FT-IR）三代。棱镜光谱仪、光栅光谱仪属于色散型单色仪。

它的单色器为棱镜或折射光栅，每次只允许一个频率的光进入检测器。转动棱镜或光栅，逐点改变其方位后，可测得光源的光谱分布，扫描一个完整的光谱需要 2～10 min。随着信息技术和电子计算机的发展，出现了以多通道测量为特点的新型红外光谱仪，即在一次测量中，探测器可同时测出光源中各个光谱元的信息，例如，哈德曼变换光谱仪就是在光栅光谱仪的基础上用编码模板代替入射或出射狭缝，然后用计算机处理探测器所测得的信号。

傅里叶变换红外光谱仪是非色散型的，由光源、Michelson 干涉仪、检测器、计算机和记录仪所组成，核心部分是干涉仪。当动镜移动时，经过干涉仪的两束相干光间的光程差改变，探测器所测得的光强也随之变化，从而得到一个干涉图。同时含有所有频率的干涉图通过样品到达检测器，经过傅里叶变换的数学运算后，将干涉图还原成光谱图。傅里叶变换光谱仪的主要优点有：① 由于同时检测所有频率而不是扫描每个频率，多通道测量使信噪比提高。② 没有入射和出射狭缝限制，因而光通量高，提高了仪器的灵敏度。③ 以氦、氖激光波长为标准，波数的精确度可达 0.01 cm^{-1}。④ 增加动镜移动距离就可使分辨本领提高，工作波段可从可见区延伸到毫米区，使远红外光谱的测定得以实现。

（二）测定方法

用于测定红外光谱的样品可以是气体、液体和固体。气体样品在玻璃气槽中测定。液体样品可直接滴在氯化钠盐块上，在两块氯化钠盐块中压匀形成液体薄膜测定；也可注入到封闭液体池中，液层厚度一般为 0.01～1 mm。固体样品最常用溴化钾压片法，将 1～2 mg 样品和 200 mg 溴化钾粉末研磨混匀，研磨粒度小于 2 μm，压成透明薄片后测量。石蜡油法是将样品与石蜡油或全氟代烃一起研碎混合后，压匀在两块氯化钠盐块中测量，但谱图会受到石蜡油碳氢吸收带的干扰。高分子化合物主要用薄膜法，可将样品直接加热熔融涂制或压制成膜；也可将试样溶解于低沸点溶剂中，涂在盐片上，溶剂挥发后成膜测定。

（三）红外光谱图的应用

许多化学键都有特征吸收峰波数，它可以用来鉴别化合物的类型，还可用于定量测定。下表列出了最常见的几种官能团的红外吸收峰位置。

表 8-7　常见官能团的红外吸收峰位置

化合物类型	键型	吸收峰位置/cm^{-1}	吸收强度
烷烃	C—H	2960～2850	强
	$-\overset{\vert}{\underset{\vert}{C}}-\overset{\vert}{\underset{\vert}{C}}-$	1200～700	弱
烯烃	$>C=C<$	1680～1620	不定
烯烃及芳烃	$=C-H$	3100～3010	中等
炔烃	$\equiv C-H$	3300	强
	$-C\equiv C-$	2200～2100	不定
醛、酮		1740～1720、1725～1705	强
酸及酯	$>C=O$	1770～1710	强
酰胺		1690～1650	强
醇及酚	—OH	3650～3610；3400～3200（氢键）	不定，尖锐；强，宽
胺	$-NH_2$	3500～3300	中等，双峰
卤化物	C—X	750～700（氯化物）	中等
		700～500（溴化物）	中等

(四) 红外光谱的官能团定性分析

可采用先特征,后指纹;先强峰,后次强峰;先粗查,后细找;先否定,后肯定;先寻找有关一组相关峰后佐证的方法。

(1) 两种判断方法:

① 否定法: 如果某个基团特征峰在该出现的区域没有出现,即可判断分子中不存在这个基团。如在 3700～3100 cm^{-1}没有红外吸收峰,就可以排除 O—H 和 N—H 基团的存在;又如在 2260～2220 cm^{-1}区域没有峰,即排除了氰基和异氰酸酯的存在。

② 肯定法: 首先找寻谱图中对应化合物的主要官能团的强吸收峰。如有形状对称的 1100 cm^{-1}强峰,即可判断有醚基。若在 1900～1500 cm^{-1}范围内出现一个强吸收峰,即可判断有羰基,再细分是醛、酮、酯、酸酐还是酰胺。芳环的确定要综合分析,要有 3100～3010 cm^{-1}的芳环 C—H 伸缩振动、1600～1500 cm^{-1}处的芳核伸缩振动和 900～650 cm^{-1}的芳环 C—H 面外弯曲振动强峰。

(2) 常见有机化合物的释谱方法:

① 是否含羰基: C═O 伸缩振动在 1900～1550 cm^{-1}范围内有强吸收峰。由于羰基峰受溶剂影响较大,应在非极性的稀溶液中测定。饱和脂肪酸酯在四氯化碳中波数为 1730～1790 cm^{-1}。

若出现大于 1750 cm^{-1}的吸收峰(诱导效应、键应力等使波数上升),则可能为:一卤代酯 1795～1810 cm^{-1};芳基卤代酯 1763～1785 cm^{-1};五元环以下的酮或内酯 1760～1795 cm^{-1};酸酐 1820 cm^{-1},1760 cm^{-1}两个峰(另在 1310～1050 cm^{-1}有 1～2 个强谱带);与不饱和醇或酚形成的酯,比饱和酯高 10～35 cm^{-1}。

若出现小于 1700 cm^{-1}的吸收峰(共轭效应使波数下降),则可能为:烯酮 1665～1685 cm^{-1};芳香酮 1680～1700 cm^{-1};酰胺 1630～1690 cm^{-1};某些酸,如苯甲酸 1684 cm^{-1}。

若出现 1700～1755 cm^{-1}吸收峰,则可能为饱和醛、酮、酸和酯(饱和的六元环内酯 1725～1755 cm^{-1});由此再找相关的峰进一步确认。相关峰的具体分辨方法如下:

酸:O—H 的伸缩振动,缔合 3200～2500 cm^{-1},单体 3500 cm^{-1};

酯:C—O—C 吸收峰 1300～1000 cm^{-1};

酰胺(仲、伯):N—H 伸缩振动 3500～3200 cm^{-1};

醛:CHO 伸缩振动 2850 cm^{-1}(常被—CH_2—或—CH_3 伸缩振动掩盖),2750 cm^{-1}(Fermi 共振产生,可能为弱峰)。

② 是否含—OH、—NH 基: 若元素分析含有氧或氮,又不含羰基,样品可能会是醇、酚、醚或胺类化合物。

醇或酚:有 O—H 振动,在 3600～3200 cm^{-1}。相关 C—O 振动在 1300～1000 cm^{-1},其频率变化顺序为酚(1260～1180 cm^{-1})>叔醇(1205～1180 cm^{-1})>仲醇(1125～1085 cm^{-1})>伯醇(1085～1030 cm^{-1})。

胺类:有 N—H 振动,伯胺在 3500 cm^{-1}(脂肪胺)～3400 cm^{-1}(芳香胺);仲胺在 3450～3310 cm^{-1},脂肪胺有 3350 cm^{-1},3310 cm^{-1}两个峰,芳香胺 3450 cm^{-1}。

醚:C—O 振动 1300～1000 cm^{-1}。

③ 是否含 C═C 双键或芳环: 若在 1675～1500 cm^{-1}范围内有吸收峰(与羰基强吸收峰区别),主要是 C═C、C═N、N═N 键的伸缩振动及苯环骨架振动引起的。烯烃的 C═C 伸缩振动一般较弱,吸收强度受对称性影响很大。一般共轭烯烃有 1600 cm^{-1}和 1650 cm^{-1}两

个吸收峰；若对称性强，则在 1600 cm^{-1} 处出现单峰。芳环的骨架振动通常在 1450 cm^{-1}、1500 cm^{-1} 和 1600 cm^{-1} 处出现多个峰，其峰数和强度受分子对称性和取代基影响。注意观察芳环应有大于 3000 cm^{-1} 的 C—H 伸缩振动相关吸收峰。

④ 重键区：2400～2000 cm^{-1} 区一般为重键吸收区，此区域应注意 CO_2 在 2350 cm^{-1} 的强吸收峰的干扰（特别是用单光束仪器作图时）。重键区为 X≡Y、X═Y═Z 型基团吸收峰，重要的有氰基（—C≡N），在 2260～2210 cm^{-1}；异氰酸酯（—N═C═O），在 2275～2250 cm^{-1}。

⑤ 是否为碳氢化合物：在 3300～2800 cm^{-1} 区域有吸收峰，为 C—H 伸缩振动。C 为 sp 杂化，如 C≡CH，吸收峰在 3300 cm^{-1}；C 为 sp^2 杂化，如 C═CH_2，吸收峰在 3100～3000 cm^{-1}；C 为 sp^3 杂化，如—CH_3，吸收峰在 3000～2850 cm^{-1}。芳烃、烯烃、炔烃（sp 杂化或 sp^2 杂化）在 3000 cm^{-1} 以上，烷烃（sp^3 杂化）一般在 3000 cm^{-1} 以下。由此可判定是饱和化合物还是不饱和化合物。

与烷烃相关的特征吸收有：甲基和亚甲基的弯曲振动在 1460 cm^{-1}，甲基对称面上的弯曲振动在 1380 cm^{-1}，CH_2 的面外摇摆振动在 720 cm^{-1} 附近。异丙基在 1380 cm^{-1}，1395 cm^{-1} 处有两个较强吸收峰。

(3) 用标准图谱验证：共有两种验证方法。第一种方法是用标准样品对照比较。要注意测试样品需与标准品结晶形状一致，采用相同的制样测试方法和条件。第二种方法为根据红外光谱具有高度的特征性，查阅标准化合物的红外光谱进行对比。比较时要注意谱图是以波长等间隔还是以波数等间隔方式记录的，还要注意测试样品的纯度和标准样品的质量问题。已有几种标准红外光谱汇集成册出版，如《萨特勒标准红外光栅光谱集》收集了十万多种化合物的红外光谱图。近年来这些图谱又被贮存在计算机中，用来对比和检索。

（五）红外光谱定量分析

定量分析的依据是 Lambert-Beer 定律。红外光谱定量分析法与其他定量分析方法相比，存在一些缺点，因此只能在特殊的情况下使用。它要求所选择的定量分析峰应有足够的强度，即需要摩尔吸光系数大的峰，且不能与其他峰相重叠。红外光谱的定量方法主要有直接计算法、工作曲线法、吸光度比法和内标法等，常常用于异构体的分析。

（六）红外光谱计算机辅助光谱解析

随着商品化红外光谱仪的计算机化，出现了许多计算机辅助红外光谱识别方法，这些方法大致可以分为三类：谱图检索、专家系统、模式识别方法。

(1) 谱图检索：谱图检索的主要优点是能够收集大量的光谱，只要根据未知物的光谱谱图就能识别化合物而无需其他数据（例如分子式等），它的程序也比较简单。但是谱图库的发展总是滞后于有机化学的发展。随着技术的发展光谱仪器不断改进，波谱范围不断扩大，分辨率不断提高，低温技术得到应用使得一些新仪器出现，这就要求原有的谱图库要不断修改，而庞大的谱图库在短时间内是办不到的。

(2) 专家系统：专家系统的工作原理为在计算机里预先存储化学结构形成光谱的一些规律，由未知物谱图的一些光谱特征推测出未知物的一些假想结构式，根据存储的规律推导出这些假想结构式的理论谱图，再将理论谱图与实验谱图进行对照，不断对假想结构式进行修正，最后得到正确的结构式。但是人工总结的各种基团的吸收规律虽比较真实地反映了红外光谱与分子结构的对应关系，却不够准确，特别是这些经验知识难以用计算机处理，使计算机专家解析系统难以实用化。

(3) 模式识别：指用机器代替人对模式进行分类和描述，从而实现对事物的识别。模式识别已经应用到分析化学领域的有关方面，其中涉及最多的是分子光谱的谱图解析，在一些分类问题上获得了成功。1990 年首次将线性神经网络应用于红外光谱的子结构解析，将红外光谱的解析带入了一个全新的领域。用分等级的神经网络系统识别红外光谱的子结构。首先把 10000 个化合物光谱分为含苯环、含羟基、含羰基、含 C—NH 以及含 C═C 五大类，随后把这几个类别进行进一步分类，总共 33 个子结构。每一个下级网络使用上一级网络输出的结果。3596～500 cm^{-1} 波段每 12 cm^{-1} 取 1 个点，得到共 259 个点作为神经网络的输入，输出为"1"和"0"，分别代表子结构存在和不存在。使用了含有一个隐含层(30 个节点)的反向传播神经网络对每个子结构进行识别，对化合物做了全面但较为粗略的分类，涉及了数据库中一些常见化合物。

但应用最多的人工神经网络在识别子结构时，对结构碎片的预测准确度不是很高，且神经网络存在不稳定，容易陷入局部极小和收敛速度慢等问题。支持向量机(support vector machine，SVM)可以较好地对红外光谱的子结构进行识别，还具有稳定以及训练速度快等优点，是一种很好的辅助红外光谱解析的工具。

(Ⅲ) 有 机 质 谱

§8.9 有机质谱法

质谱法(mass spectrometry，MS)是通过将被测样品转化为运动的气态离子，并按质荷比 m/z(即离子质量与其所带电荷的比值)进行分离和检测的一种分析方法。用离子强度对离子的质荷比作图得到质谱图。每一种化合物都有其特征的可作为指纹谱图的质谱图，可进行结构的鉴定。质谱仪的分辨率是一项重要技术指标，高分辨质谱仪可以提供化合物组成式，这对于结构测定是非常重要的。双聚焦质谱仪，傅立叶变换质谱仪，带反射器的飞行时间质谱仪等都具有高分辨功能。高分辨质谱测出了离子的准确质量，就可以确定离子的元素组成。由于原子核准确质量是一多位小数，绝不会有两个核的质量是一样的，也绝不会有一种核的质量恰好是另一核质量的整数倍。质谱分析的样品可以是气体、液体和固体，对于混合物可以用色谱-质谱联用技术进行分析，分离和鉴定同时进行。质谱分析灵敏度高，样品用量极少(≥50 pg 即可)，可在几分钟内完成，能同时提供有机样品的相对分子质量、碳骨架及官能团的结构信息。20 世纪 80 年代后，快原子轰击电离(FAB)、电喷雾电离(ESI)、基质辅助激光解吸电离(MALDI)的发展，能将不挥发和热稳定差的生物大分子电离成气相离子，使质谱分析跨入生物大分子研究领域，成为蛋白质组学和代谢组学的重要研究手段。发明后两项技术的两位科学家在 2002 年获诺贝尔化学奖。

(一) 一般原理

气体分子或固体、液体的蒸气在进入系统气化后进入电离室，受电子束轰击后形成带正电核的分子离子，并可进一步裂解为碎片离子。只有带正电荷的离子能在电场作用下进入质量分析器，在垂直于正离子飞行方向的磁场作用下，离子偏转、传送，依据不同方式将样品离子按质荷比大小分开，并将它们分别聚焦而得到质谱图，从而确定其质量。质谱仪需要高真空(10^{-4}～10^{-3} Pa)，以提供离子源到检测器的自由程，避免离子与气体分子碰撞。质谱仪种类繁多，不同仪器应用特点也不同。一般来说，在300℃左右能气化的样品，可以优先考虑用GC-MS(气相色谱-质谱联用仪)进行分析，因为GC-MS使用EI源，得到的质谱信息多，可以进行库检索，GC毛细管柱的分离效果也好。对于难挥发、热不稳定的样品，则需要用LC-MS(液相色谱-质谱联用仪)分析，此时主要得相对分子质量信息，如果是串联质谱，还可以得到一些结构信息。如果是生物大分子，可利用LC-MS和MALDI-TOF(离子源为基质辅助激光解吸电离，质量分析器为飞行时间分析器)分析，主要得相对分子质量信息。对于蛋白质样品，还可以测定氨基酸序列。

（二）离子源

离子源是样品分子离子化的场所，可使试样分子电离生成不同质荷比的离子，这些分子离子经加速电场的作用，形成离子束，进入质量分析器。对于不同的样品应选用不同的离子源，常用的离子源有以下几种：

(1) 电子电离源(electron ionization，简称EI)：采用电子轰击使气态分子转化为离子。主要用于挥发性样品，得到的质谱信息多，绝大多数有机物标准图谱都是在70 eV电子轰击能量下得到的，可以进行库检索。不适用于热不稳定和难挥发化合物。一般介绍的裂解规律及有机物常见的裂解特性都是指EI质谱中的规律与特性。

(2) 化学电离源(chemical ionization，简称CI)：用于挥发性样品，比EI源温和。CI源要引进甲烷、异丁烷或氨等反应气体。用300 eV的电子束电离反应气体成CH_5^+、$C_4H_9^+$和NH_4^+离子，再通过碰撞使样品分子电离生成比分子离子峰高一个质量单位的MH^+，谱图中有相当强度的MH^+峰。不易引起化学键的裂解反应。适用于EI法不易得到分子离子峰的醇、长链胺、酯等化合物。

(3) 快原子轰击电离(fast atom bombardment，简称FAB)：样品分散于甘油、硫代甘油或二乙醇胺等高极性溶剂中，涂于金属靶上，用离子束(如快Xe原子)轰击，是一种软电离源，用于极性强、相对分子质量大的样品。所得质谱有较强的准分子离子信息和较丰富的结构信息。在FAB质谱中，有MH^+、$[MH+G0]^+$或$[MH+2G0]^+$(G0为分散剂分子)等分子离子。

(4) 电喷雾电离源(electrospray ionization，ESI)：是一种软电离源，可生成高度带电的离子而不发生碎裂，将质荷比降低到各种不同类型的质量分析仪都能检测。相对分子质量在1000以下的小分子，将生成单电荷离子，也有部分双电荷离子；对于极性大分子，会生成多电荷离子。带不同电荷时形成不同的目标峰值，扩大了检测的相对分子质量范围。通过检测带电状态，可计算离子的真实相对分子质量。ESI用于中等及强极性样品，既可用于小分子，又能用于大分子。可得准分子离子峰，较少或没有碎片产生。

(5) 场解析(field desorption，FD)：样品分子的电子在强电场下被吸入，带正电荷的分子离子$M^{+\cdot}$和MH^+被排斥进入气相。FD适于对热不稳定、不易挥发的有机化合物。但由于碎片少，在解析分子结构方面给出的信息也少。

(6) 大气压化学电离源(atmospheric pressure chemical ionization，APCI)：适于做非极性样品的分析，是ESI的补充。主要产生单电荷离子，可得样品的准分子离子峰，碎片离子较少,分析的化合物相对分子质量一般在 1000 以下。

(7) 基质辅助激光解吸电离源(matrix assisted laser desorption ionization,MALDI):适用于分析生物大分子,如肽、蛋白质和核酸。将被分析的样品置于涂有基质的样品靶上,用激光照射,基质分子吸收激光能量,与样品分子一起蒸发到气相并使样品分子电离,可得样品准分子离子峰,较少碎片产生。

GC-MS 一般采用 EI 源或 CI 源,LC-MS 较多采用 ESI 源、APCI 源。

(三) 质量分析器

将离子束按质荷比大小加以分离并进行聚焦,产生可以被快速测量的离子流。主要有常见的可做定性、定量分析的四极滤质器,可做多级质谱分析、适用于结构鉴定的离子阱检测器,以及灵敏度高、可以精确测定相对分子质量的飞行时间分析器等。能测高相对分子质量的是基质辅助激光解吸飞行时间质谱 MALDI-TOF 和电子喷雾质谱 ESI,其中 MALDI-TOF 可以测量的相对分子质量达 100000。

(四) 检测系统

经质量分析器分离的离子束,按质荷比大小先后到达收集器,信号经放大后,由计算机采集得到谱图。

(五) 质谱图

在质谱图中,通常以线状的图形来记录各种不同质荷比的离子及其丰度(或强度),每一条线表示一个峰,代表一种离子。横坐标表示离子的质荷比数值,从左到右质荷比的数值增大,单电荷离子的横坐标表示的数值即为离子的质量。纵坐标表示离子的相对强度(也称相对丰度),即把最强的离子强度定为 100%,称为基峰,其他离子的强度以其百分数表示。对氨基水杨酸甲酯的质谱图如图 8-8 所示。

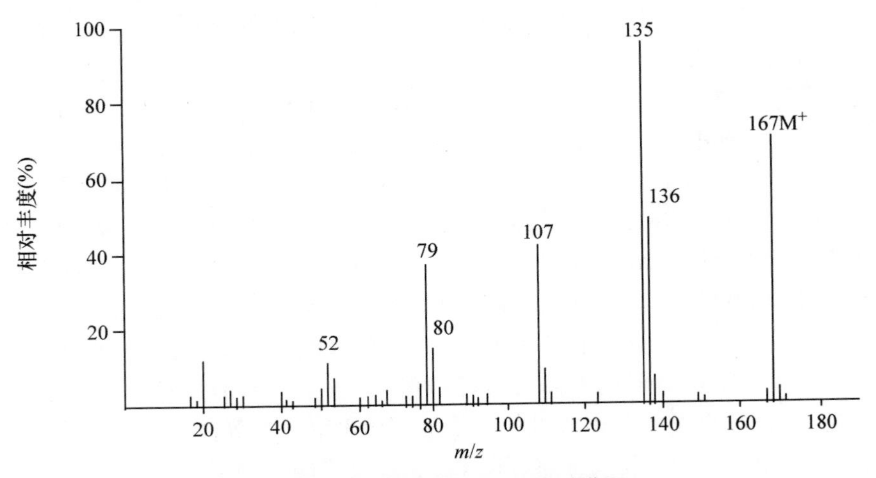

图 8-8 对氨基水杨酸甲酯的质谱图

质谱分析法对样品有一定的要求。进行 GC-MS 分析的样品应为有机溶液,水溶液中的有机物一般不能测定,须进行萃取分离变为有机溶液,或采用顶空进样技术。有些化合物极性太强,在加热过程中易分解,例如有机酸类化合物,此时可以进行酯化处理,将酸变为酯再进行 GC-MS 分析,由分析结果推测酸的结构。如果样品不能气化也不能酯化,只能进行

LC-MS分析。进行LC-MS分析的样品最好是水溶液或甲醇溶液，LC流动相中不应含不挥发盐。对于极性样品，一般采用ESI源；对于非极性样品，采用APCI源。

§8.10　质谱中离子的主要类型

从有机化合物的质谱图中可以看到许多离子峰，这些峰的m/z和相对强度取决于分子结构，并与仪器类型、实验条件有关。质谱中主要的离子峰有分子离子峰、碎片离子峰、同位素离子峰、重排离子峰、亚稳离子峰、多电子离子峰和准分子离子峰等。正是这些离子峰给出了丰富的质谱信息，为质谱分析法提供了依据。下面对这些离子峰进行简要介绍：

（一）分子离子峰

在EI条件下，分子受电子束轰击后失去一个电子而生成的带正电核的离子$M^{+\cdot}$，称为分子离子，所形成的质谱峰称为分子离子峰。单电荷（$z=1$）的分子离子峰的质量数等于质荷比m/z，为中性分子的相对分子质量M_r。相对分子质量是有机化合物的重要质谱数据，用质谱测相对分子质量，样品用量少，测量快，精确度高。当分子离子峰确定后，用高分辨质谱测量其精确质量，就可以得到分子的元素组成和分子式，可由质谱联机的计算机自动打印出结果。有机物杂原子中尚未共用电子对的电子最易失去，其次是π电子，再次是σ电子，由此可确定有机物分子离子的正电荷位置。含杂原子的分子离子的正电荷在杂原子上，不含杂原子但含双键的分子离子的正电荷在双键的一个碳原子上。

电子束轰击时，有的化合物的分子离子峰很不稳定，会继续分解为碎片离子或与其他离子或分子碰撞生成质量更高的离子。分子离子的稳定性和强弱都与分子结构密切相关。分子离子越稳定，分子离子峰强度越大。碳链越长，分子离子峰越弱；分子中侧链存在有利于分子离子裂解，分子离子峰较弱。有些化合物分子离子极不稳定，分子离子峰强度极小或不存在，如叉链烷烃或醇类。有共轭系统的化合物，分子离子峰强，如芳香族化合物都有强分子离子峰。环状分子一般有较强的分子离子峰。大多数质谱中都有分子离子峰，其强弱一般为：芳环＞共轭链烯＞烯烃＞环状化合物＞酮＞直链烃＞硫醇＞醚＞酯＞胺＞酸＞多分枝烃＞醇。分子离子峰的强弱可以为推测化合物的类型提供参考信息。

为获得和确认分子离子峰，可降低电离电压，降低轰击电子束的能量，分子离子峰的强度显著提高，而所有碎片峰的强度都减弱，由此确认分子离子峰。若用电子轰击谱有困难，也可采用CI、FAB、FD等软电离源以获得分子离子峰。另外还可通过化学反应，将样品制备成容易挥发的衍生物，改变分子的部分结构，提高样品的挥发度和稳定性。如酸的酯化、醇变醚、甲基化、乙酰化、氧化还原等。

判断分子离子峰有四个必要的条件：① 分子离子峰一般在质荷比的最高位置处，不一定最强。有些样品分子离子峰很弱，甚至没出现，会误将碎片离子峰当作分子离子峰。② 必须是含奇数个电子的离子，因为分子离子是含偶数个电子的有机化合物失去一个电子形成的。③ 符合氮素规则。只由C、H、O组成的有机化合物，其分子离子峰的质量数一定是偶数；若分子中含奇数氮则分子的质量数为奇数，含偶数氮则分子的质量数是偶数。④ 在高质量区该峰与紧邻的碎片峰之间的质量差要合理。在分子离子峰的左侧有（M－4）～（M－13）峰是不合理的，因为分子离子开裂形成碎片离子时，失去的中性分子或结构碎片的质量数应在 14 以上。质量差为21～25(含氟化合物除外)也是极不可能的。当高质量区出现质量数相差 3 的两个峰时,很可能是一个醇分子失去一个甲基和一个水分子,得到 M－15 和 M－18 两个碎片离子,而分子离子由于不稳定没有出现。若出现 M－14 的峰,大多数是烃类、高级醇类的同系物的分子离子峰。

(二) 同位素离子峰

含有同位素的离子称为同位素离子。在组成有机化合物的十几种常见元素中,有几种元素具有天然同位素,如 C、H、N、O、S、Cl、Br 等。在质谱图中除最轻同位素组成的分子离子所形成的 $M^{+\cdot}$ 峰外,还会出现含重同位素的分子离子峰 $(M+1)^{+\cdot}$、$(M+2)^{+\cdot}$、$(M+3)^{+\cdot}$ 等,这种离子峰称为同位素离子峰,对应的 m/z 为 M＋1、M＋2、M＋3。同位素峰的强度与同位素的丰度是相对应的。有机化合物的质谱图给出的是同位素混合物的质谱。分子离子的各个同位素的丰度用二项展开式 $(a+b)^n$ 计算,a、b 为元素的同位素的天然丰度,n 为该元素的原子数目。如一个含有两个氯原子的分子,其 M^+、$(M+2)^+$ 和 $(M+4)^+$ 谱线之间的丰度比计算如下:氯元素的两种同位素 ^{35}Cl 和 ^{37}Cl 的天然丰度比值为 3∶1,由展开式 $(3+1)^2$ 知该分子的 M^+、$(M+2)^+$ 和 $(M+4)^+$ 的同位素离子峰丰度比值为 9∶6∶1。相对分子质量小于 250 的化合物,利用分子离子的同位素峰的丰度,可帮助推断和确定化合物的分子式。^{32}S、^{35}Cl、^{79}Br 的同位素 ^{34}S、^{37}Cl、^{81}Br 相对丰度较大,分别是 4.4%、32.5%和 98%。含这些元素的同位素其 M＋2 峰强度较大。一般根据 M 和 M＋2 两个峰的强度判断化合物中是否含有这些元素。如 ^{81}Br 的天然丰度占49.463%,M∶(M＋2)＝51∶49,峰的强度接近相等,可判断分子中含有溴原子;^{37}Cl 的天然丰度占 24.23%,M∶(M＋2)＝3∶1,可判断分子中含有氯原子。而 D、^{15}N、^{17}O、^{32}S 等同位素的天然丰度很小,相应的同位素峰可忽略不计。

表 8-8　有机化合物中常见元素的天然同位素丰度和峰类型

轻同位素	天然丰度/%	峰类型	重同位素	天然丰度/%	峰类型	重同位素	天然丰度/%	峰类型
^{1}H	9.985	M	D(^{2}H)	0.015	M＋1			
^{12}C	98.893	M	^{13}C	1.107	M＋1			
^{14}N	99.634	M	^{15}N	0.366	M＋1			
^{16}O	99.759	M	^{17}O	0.037	M＋1	^{18}O	0.204	M＋2
^{32}S	95.00	M	^{33}S	0.76	M＋1	^{34}S	4.22	M＋2
^{35}Cl	75.77	M	^{37}Cl	24.23	M＋2			
^{79}Br	50.537	M	^{81}Br	49.463	M＋2			

(三) 碎片离子峰和重排离子峰

当电子轰击的能量超过分子离子电离所需要的能量(约为 50～70 eV)时,可能使分子离子的化学键以多种方式断裂,产生质量数较低的碎片离子。这些碎片离子可提供推断物质分子结构的重要信息。碎片离子峰在质谱图上位于分子离子峰的左侧。高丰度的碎片峰代表分子中易开裂的部分,有时利用代表分子中几个主要部分的碎片峰可以粗略地把化合物的分子骨架拼凑出来,因此研究离子开裂的类型和规律对确定分子结构是十分重要的。产生裂解的原因很多,碎片离子的形成有一定规律,常见的裂解有以下几种:

(1) 含杂原子的官能团的裂解:含杂原子官能团的分子,氮、氧、卤素等杂原子上的 n 电子由于电离能最低,在受到电子束轰击时失去,生成杂原子上带正电荷的分子离子,再经 α-

裂解或β-裂解生成氮正离子、氧正离子和卤正离子。α-裂解是指有机官能团与α碳原子或其他原子之间的裂解，β-裂解为与官能团相连的α碳原子与β碳原子之间的裂解。杂原子的不成键电子能够使正离子稳定。

含羰基的化合物（酮、醛、酸、酯、酰胺等）容易发生α裂解，如2-庚酮发生α-裂解，产生$m/z=57$和85的正离子。

2-庚酮 —离子化，−e→ 分子离子 —α-裂解→ (57) + 丁基自由基；—α-裂解→ (85) + 甲基自由基

胺、醇、醚、卤代烷等可通过β-裂解生成正离子，如醇产生$m/z=31$的正离子：

$$R-CH_2-CH_2-OH \xrightarrow[-e]{\text{离子化}} R-CH_2-CH_2-\dot{O}^{+}H \xrightarrow{\beta\text{-裂解}} R-\dot{C}H_2 + CH_2=\overset{+}{O}H\ (31)$$

(2) 产生稳定碳正离子的裂解：环庚三烯正离子、丙烯基型碳正离子、三级碳正离子是质谱中常见的碎片离子。

① 在芳香环上有取代基时容易发生β-裂解：生成苄基碳正离子，再重排生成环庚三烯正离子$C_7H_7^+$，$m/z=91$，很稳定，质谱中丰度很高，可看作特征峰，它还可以继续裂解生成$C_5H_5^+$，$m/z=65$。

$C_6H_5-CH_2-R$ —离子化，−e→ —苄基型裂解，−R•→ 苄基碳正离子 $C_6H_5\overset{+}{C}H_2$ —重排→ 环庚三烯正离子

② 产生稳定分支碳正离子的裂解：烷烃常常在链的分支处断裂，碳正离子的稳定性顺序是叔碳（R_3C^+）>仲碳（R_2CH^+）>伯碳（RCH_2^+）>甲基（CH_3^+）。带双键的化合物容易发生β-裂解，如生成丙烯基碳正离子。有支链的环烷烃，易失去侧链，产生稳定环烷烃离子。

$(CH_3)_3C^+$ 叔碳正碳离子 $m/z=71$　$CH_3-\overset{+}{C}(C_4H_9)-CH_3$ 叔碳正碳离子 $m/z=99$　$\overset{+}{C}H_2-CH=CH_2$ 丙烯基碳正离子 $m/z=41$　环己烷碳正离子 $m/z=84$

(3) 重排裂解：在重排反应中键的断裂和生成同时进行，并丢失中性分子或碎片离子，同时发生氢的重排。重排产生的碎片离子不是原分子所有，称为重排离子。质谱图上相应的峰称为重排离子峰。

① 麦氏重排(McLafferty rearrangement)：分子离子或碎片离子结构中有双键，且在γ位上有H原子的正离子都能发生麦氏重排，如醛、酮、酸、酯、酰胺、碳酸酯、肟、腙、烯、炔及烷基苯等。反应机理为当与X═Y基团相连的键上具有γ氢原子时，通过一个"六元环"中间状态，氢原子可以向杂原子X（或多重键）转移，同时β键断裂，脱掉中性分子。通式为：

X = C, S, P
Y = O, N
Z = H, R, OH, OR, NH_2

例如正丁醛的质谱图中出现很强的 m/z 为 44 的峰,就是由麦氏重排形成的。

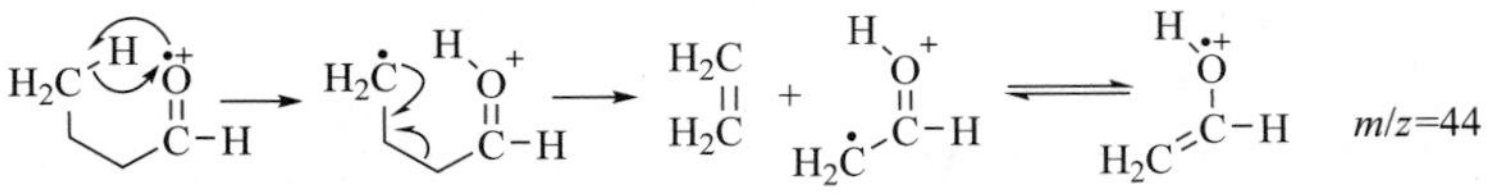

② **不饱和环易产生反 Diels-Alder 裂解:** 以双键为起点进行重排,不需要氢原子的转移,一般产生共轭二烯离子。如环己烯、甲基环己烯和柠檬烯的裂解:

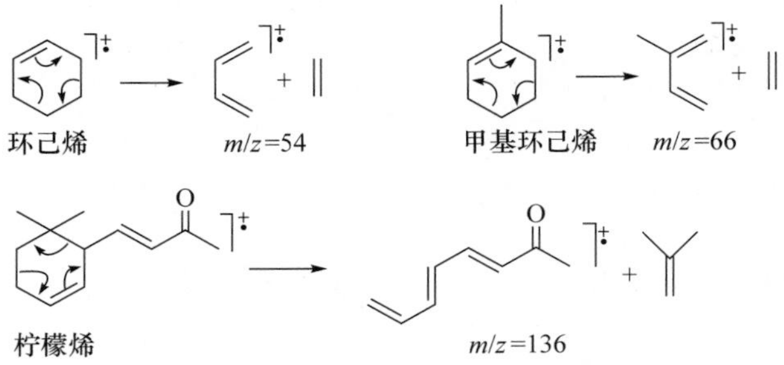

环己烯 m/z=54 甲基环己烯 m/z=66

柠檬烯 m/z=136

(4) 烷烃的裂解: 烷烃易脱离 CH_2,裂解生成相当于 C_nH_{2n+1} 的一系列质量数为奇数的离子,图谱上出现一系列质荷比相差 14 的峰,其中 $n=3$、4、5 的离子较稳定,峰的丰度较大。图谱中还会出现比 C_nH_{2n+1} 小两个质量单位的离子峰,是脱去一分子氢生成的链烯离子峰。

(5) 脱去小分子的裂解: 一些醇类、硫醇类、胺类和卤代烃有机物的质谱常常会出现脱去水、硫化氢、氨和卤化氢等小分子生成的碎片离子。醇很容易脱水,会得到 M－18 峰,因此醇的分子离子峰相对丰度很小,有时会不出现分子离子峰。如 2-硫醇脱硫化氢得到 M－34 峰,胺脱氨得到 M－17 峰等。

(四) 亚稳离子峰

在电离、裂解、重排过程中,有些离子处于亚稳态,为母离子。质量为 m_1 的母离子在从离子源出口进入检测器间飞行时发生裂解,形成较低质量的子离子(质量数为 m_2)和中性碎片(m_1-m_2)。由于母离子部分动能被裂解产生的中性碎片带走,因此记录在 m^*/e 处,而不是 m_2/e 处。m_1,m_2 和 m^* 有如下关系式:$m^*=m_2^2/m_1$,m^* 为亚稳离子。

由于在无场区裂解的离子不能聚焦于一点,故在质谱图上亚稳离子峰宽一般可能跨 2～5 个质量单位,并且 m/z 常常为非整数。亚稳峰较弱,通常只有 1%～3%。例如,在十六烷的质谱图中有若干个亚稳离子峰,其 m/z 分别位于 32.9、29.5、28.8、25.7、21.7 处。亚稳离子峰可证实有某一裂解过程存在,有利于结构的推断和裂解机理的研究,这对解析一个复杂质谱图有参考价值。

(五) 多电荷离子峰

如果有机分子被电子流轰击时失去两个电子,就成为双正电荷离子。质谱是按离子的质荷比记录的,这类离子在其质量数一半处出现。正常电离条件下,一般有机化合物只产生单电荷离子,芳香化合物较易产生双电荷或多电荷离子。对于极性强的生物大分子,电喷雾电离源容易产生多电荷离子。

(六) 准分子离子峰

由软电离技术产生的质子和其他正离子的加合离子或去质子后和其他负离子的加合离

子称为准分子离子。如$[M+H]^+$、$[M+NH_4]^+$、$[M+Na]^+$等正离子模式，$[M-H]^-$、$[M+X]^-$等负离子模式。

§8.11　质谱的解析

（一）利用谱图推测分子结构

（1）相对分子质量的测定：质谱最重要的作用是准确测定相对分子质量。根据分子离子峰的识别方法，确认质谱中最大质量数的峰是否为分子离子峰，找出分子离子峰，确定相对分子质量。

由于目前相对原子质量以$^{12}C=12.000000$为基准，其他原子质量都不是整数，如$^1H=1.007825$，$^{16}O=15.994914$，$^{14}N=14.00307$。当由高分辨质谱测得分子离子的精确m/z值时，即可推定分子式（元素组成）。现代高分辨质谱可将离子的质量测量到小数点后第4～6位，可用于推出分子式或碎片离子的元素组成。如分子质量数同为184的$C_{11}H_{20}O_2$和$C_{22}H_{24}N_2$的精确相对分子质量分别为184.1468和184.1939，若高分辨质谱测出的分子离子峰m/z为184.1944，即可判断其元素组成为$C_{22}H_{24}N_2$。仪器的分辨率越高，测量误差越小，得到的结果越可靠。高分辨质谱与计算机联用，经过拟合计算，可得到质谱中每个离子的元素组成。

利用同位素丰度法可以帮助推导分子式。根据同位素峰相对丰度$(M+1)/M$及$(M+2)/M$数值大小，确定分子中是否含有Cl、Br、S。应注意分子离子的奇偶性，若质量数为奇数，则分子中含奇数个氮原子。

根据分子式可计算不饱和度，有助于分子结构的确认。分子$C_xH_yN_zO_n$不饱和度的计算公式为：不饱和度（环加双键数）$=x-1/2y+1/2z+1$。

（2）对碎片离子进行分析：研究谱图概貌，推测分子的稳定性。找出基峰和主要碎片离子峰。注意分子离子有哪些重要的碎片脱落，存在哪些重要的离子，注意各类化合物的特征质谱，由此了解官能团、骨架及化合物的部分结构，进而推测结构及裂解方式。根据亚稳离子确定分子离子与碎片离子、碎片离子与碎片离子之间的关系。

质谱低质量区的离子可帮助推测化合物类型。一个低质量离子只有少数几种可能的元素组成和离子结构，如$m/z=15$为CH_3^+，$m/z=29$可能为$C_2H_5^+$或CHO^+。常见的特征离子如下：

表 8-9　常见的碎片离子峰

质荷比(m/z)	离子组成	涉及化合物
30	CH_2NH_2	伯胺（α-断裂）
31	CH_2OH	伯醇（α-断裂）
33	SH	硫醇
34	H_2S	硫醇
44	CH_2CHO+H	脂肪醛（麦氏重排）
44	NH_2CO或C_2H_6N	酰胺、仲胺
45	COOH或C_2H_5O	羧酸、仲胺
46	NO_2	脂肪族硝基化合物

续表

质荷比(m/z)	离子组成	涉及化合物
47	CH_3S	硫醇
50	CF_2	氟代烃
51	CHF_2	氟代烃
54	$CHC\equiv N$	脂肪腈
58	CH_3COCH_2+H	脂肪族甲酮(麦氏重排)
59	CH_2CONH_2+H	长链脂肪酰胺(麦氏重排)
60	$CH_2COOH+H$	长链脂肪酸(麦氏重排)
61	$CH_3COO+2H$	乙酸酯(双氢重排)
61	C_2H_4SH 或 CH_3SCH_2	硫醇或硫醚
74	CH_2COOCH_3+H	长链脂肪酸甲酯(麦氏重排)
75	$C_2H_5COO+2H$	丙酸酯(双氢重排)
77	C_6H_5	苯衍生物
80	$C_4H_4NCH_2$	烷基吡咯(α-断裂)
91	$C_6H_5CH_2$	烷基苯
92	$C_6H_5CH_2+H$	长链烷基苯(麦氏重排)
93	C_6H_5O	芳香族醚、酯(α-断裂)
93	C_7H_9	萜烯
94	C_6H_5O+H	芳香族醚、酯(麦氏重排)
105	C_6H_5CO	苯基醛、酮、酸及其衍生物
149	$CH(CO)_2OH$	邻苯二甲酸及其酯

低质量离子系列可揭示化合物种类的信息，如具有15,29,43,57,71,85…离子系列的化合物为烷烃。由此低质量离子系列可帮助确认结构。常见的低质量离子系列如下：

表 8-10　常见的低质量离子系列

质荷比(m/z)	元素组成	化合物类型
15、29、43、57、71、85…	C_nH_{2n+1}	烷烃
27、41、55、69、83…	C_nH_{2n-1}	烯烃、环烷烃
39、53、67、81…	C_nH_{2n-3}	二烯、炔烃、环烯烃
31、45、59、73、87、101…	$C_nH_{2n+1}O$	醇、醚
33、47、61、75、89…	$C_nH_{2n+1}S$	硫醇、硫醚
30、44、58、72、86…	$C_nH_{2n+2}N$	脂肪胺
44、58、72、86…	$C_nH_{2n}NO$	酰胺
31、45、59、73、87、101…	$C_nH_{2n-1}O_2$	酸、酯、环状缩醛、缩酮
38、39、50～52、63～65、75～78…	$C_nH_{\leqslant n}$	芳烃
51、68、77、93…	$C_nH_{\leqslant n}NO_2$	硝基芳烃

高质量碎片离子在发生裂解时会丢失一些中性碎片，由丢失的中性碎片和特征离子可推测化合物含有的官能团，了解结构信息。

常见的分子离子丢失的中性碎片和提供的结构信息如下：

表 8-11　常见的分子离子丢失的中性碎片

丢失的质量数	中性碎片	可能的结构信息
1	H·	含不稳定的氢、醛、某些酯和胺、腈
15	CH_3·	有易丢失的甲基、支链烷烃、醛、酮
16	O 或 NH_2·或 CH_3·+H	高度支链烷烃、硝基化合物、酰胺
17	HO·	醇、酸
18	H_2O 或·NH_4	醇、醛、酮或胺
19	F·	氟化物
20	HF	氟化物
26	CN·或 CH≡CH	脂肪腈、芳烃
27	HCN	氮杂环、芳胺
27	CH_2═CH·	酯、仲醇重排
28	CH_2═CH_2	麦氏重排、逆 Diels-Alder 重排
28	CO	酚、芳香醚、醌、甲酸酯等
29	C_2H_5·	高度分支的烷烃、环烷烃
29	CHO	醛、酚
30	C_2H_6	高度分支的烷烃
30	CH_2O	芳香甲醚、环醚
30	NO	芳香族硝基化合物、硝酸酯
31	OCH_3	醚、酯
31	CH_3NH_2	胺
32	CH_3OH	甲酯、能发生消除反应的醚
32	S	硫化物
33	H_2O+CH_3	醇
33	HS·	芳香硫醇、硫醚、异硫氰酸酯
34	H_2S	硫醇
35	Cl·	有机氯化物
36	HCl	有机氯化物
37	H_2Cl·	有机氯化物
39	C_3H_3	烯丙酯、炔烃
40	CH_3C≡CH	芳香族化合物
42	·CH_2CO	甲基酮、芳基乙酸酯、$ArNHCOCH_3$
44	·$CONH_2$、CO_2	酰胺、酯碳架重排、酐
45	·COOH、C_2H_5O·	羧酸、乙基醚、乙基酯
46	NO_2	芳香族硝基化合物、硝酸酯
48	SO、H_3SiOH	芳香亚砜、甲基硅醚
51、65	C_3HN、C_4H_3N	含氮杂环化合物
60	CH_3COOH	醋酸酯
64	SO_2	砜
77	C_6H_5·	芳香化合物
79、127	Br·、I·	溴化物、碘化物
91	C_7H_7·	苄基化合物

当质谱图谱确认结构有困难时，应与其他波谱数据结合，相互印证分子结构。

(3) 结构式的确定： 先提出可能存在的部分结构单元，列出剩余碎片，按各种可能的方式连接已知的结构碎片及剩余结构碎片，组成可能的结构式。配合核磁共振波谱，红外光谱和紫外光谱方法确认结构式。

(二) 质谱检索工具的利用

可应用 Eight Peak Index of Mass Spectra(《质谱八峰值索引》)等手册书对化合物进行结构鉴定。《质谱八峰值索引》包括三万多种化合物质谱图,给出了每个化合物的名称、相对分子质量、元素组成和质谱中八个主要峰的 m/z 及相对强度。手册按化合物相对分子质量、元素组成和基峰进行分类索引。如待测样品质谱的八个最强峰与手册上的八个峰的质荷比和相对强度基本一致,即可确认这个化合物。

也可以列出可能的结构,对照文献中的质谱标准图谱,核定化合物是否为已知化合物。质谱的标准图谱书有 Registry of Mass Spectral Data,共收集了 592000 个化合物的质谱,附有分子式索引。常用的通用质谱库还有:由美国国家标准与技术研究院(National Institute of Standards and Technology,NIST)出版的 NIST 库,由 NIST、美国国家环境保护局(EPA)和美国国立卫生研究院(NIH)共同出版的 NIST/EPA/NIH 库。另外还有一些专用化学品标准质谱库。一般在 GC-MS 联用仪上配有质谱库,用得最广泛的是 NIST/EPA/NIH 库,可联机进行质谱图自动检索。

§8.12 色谱-质谱联用简介

色谱具有高分离效能,应用范围广,但定性能力较差。质谱的鉴别能力强、灵敏度高,但只适合做单一组分的定性分析,对多组分混合物的定性鉴定有一定局限性。色谱-质谱联用技术可以先利用色谱柱的高效分离作用,将混合物分离成纯物质分别进入质谱仪,再利用质谱仪的高分辨定性鉴定手段,对色谱分离出来的纯物质分别进行鉴定。由此可分析复杂化合物,为鉴定混合物中微量或痕量的物质提供了有力的分析鉴定工具,因此发展很快。常用的有气相色谱-质谱(GC-MS)、液相色谱-质谱(LC-MS)和毛细管电泳-质谱(CE-MS)等。

(一) 气相色谱-质谱联用

GC 起着样品制备的作用,从气相色谱柱分离后的样品呈气态。接口把色谱柱流出的各组分送入质谱仪,MS 依次引入各组分进行分析,可视为气相色谱的一个检测器。另外再配上 NIST/EPA/NIH 库,可直接对样品进行比对。计算机系统交互式地控制气相色谱、接口和质谱仪,进行数据采集和处理,可用于有机物的定性分析,也可做定量分析。GC-MS 已成为许多有机物常规检测的一种必备工具,特别是对一些浓度较低的有机化合物的检测,如法医学领域对各种现场残留物的检验,环保领域对有机污染物的监测,例如监测二噁英等有机污染物的标准方法就规定使用 GC-MS。

GC-MS 检测时,计算机把采集到的每个质谱的所有离子相加得到总离子强度。以总离子强度为纵坐标,时间为横坐标,即可绘出总离子流图,图中每个峰表示样品的一个组分。总离子流图与相同条件下一般色谱仪得到的色谱图基本上是一样的,峰面积和该组分含量成正比,可用于定量分析。每个组分又有相应的质谱图,可按质谱图进行分析,决定结构。质谱图数量可根据需要绘出,一般只绘出主要组分的质谱图。

(二) 液相色谱-质谱联用

由于 80%的有机化合物不能气化,只能用液相色谱分离。LC-MS 的总离子流图与一般色谱仪得到的色谱图可能不同，因为有些化合物没有紫外吸收，由于液相色谱一般用紫外检测器，因而不出峰，但用 LC-MS 分析时会出峰；有些样品有紫外吸收，液相色谱分析出峰，但由于不能离子化，LC-MS 分析时不出峰。通常配备的是 ESI 离子源，谱图中有准分子离子，能提供未知化合物的相对分子质量，通常很少或没有碎片。LC 与高选择性、高灵敏度的串联质谱(MS/MS)结合，可对复杂样品进行实时分析。LC-MS 已在生命科学、环境科学、法医学、商检等领域得到广泛应用。

(三) 毛细管电泳-质谱联用

毛细管电泳具有快速、高效、分辨率高、重复性好、易于自动化等优点。CE-MS 联用，可综合二者的优点，已成为分析生物大分子的有力工具。

(Ⅳ) 紫外-可见吸收光谱

紫外-可见吸收光谱又简称为紫外光谱(UV)，是指分子吸收紫外-可见光区(波长为 10～800 nm)的电磁波而产生的吸收光谱，起源于分子中电子能级的变化，可分为三个区域：远紫外区(又称真空紫外区)，波长为 10～190 nm；近紫外区，波长为 190～400 nm；可见区，波长为 400～800 nm。紫外光谱一般指近紫外区和可见光谱区的吸收光谱。常用的分光光度计一般包括紫外及可见两部分，波长范围在 190～800 nm。

§8.13　紫外-可见吸收光谱的产生

(一) 分子能级

分子内部的能量是量子化的，具有转动能级、振动能级和电子能级。通常，分子处于低能量的基态，从外界吸收能量后，能引起电子能级的跃迁。电子能级的跃迁所需能量大致在 1～20 eV 之间，相当于紫外及可见光子的能量。因此，由价电子能级跃迁产生的光谱称为紫外-可见光谱。由于电子能量远大于振动能量及转动能量，分子从电子能级的基态跃迁到激发态时，往往伴随有振动、转动能级的跃迁，而振动跃迁和转动跃迁吸收谱线间隔小得多。由于一般仪器分辨率不高，测出的谱图中各种谱线密集在一起，往往只看到一个较宽的吸收带。若在惰性溶剂的稀溶液或气态中测定紫外光谱，则图谱的吸收峰上会因振动吸收表现出锯齿状精细结构。降低温度可以减少振动和转动对吸收带的贡献，有时降温可以使吸收带呈现某种单峰式的电子跃迁。紫外光谱的测定大多是在溶液中进行的，溶剂的极性对吸收带的形状也有影响，通常的规律是溶剂从非极性变到极性时，精细结构逐渐消失，图谱趋向平滑。

光的吸收和发射等现象体现了光的粒子性。根据量子理论，分子所具有的能量不是连续变化的，而是量子化的。相邻能级间的能量差 ΔE、电磁辐射的频率 ν、波长 λ 符合下面的关系式：

$$\Delta E = h\nu = hc/\lambda$$

式中 h 是普朗克常数($6.626\times10^{-34}\,\mathrm{J\cdot s}$)，$c$ 是光速，为 $2.998\times10^{8}\,\mathrm{m\cdot s^{-1}}$，由此可以计算出电子跃迁时吸收的光的波长。

（二）电子跃迁的类型

从有机分子化学键的性质来看，与紫外光谱有关的主要是三种电子：**① 形成单键的 σ 电子；② 形成双键的 π 电子；③ 未成键的孤对电子，也称 n 电子。**

基态时 σ 电子和 π 电子分别处在 σ 成键轨道和 π 成键轨道上，n 电子处于非键轨道上。分子中这三种电子能级的高低顺序大致是 $\sigma<\pi<n<\pi^*<\sigma^*$，其中 σ、π 是成键轨道，σ^* 和 π^* 是反键轨道。电子轨道示意图和各种电子跃迁的相对能量如下图所示：

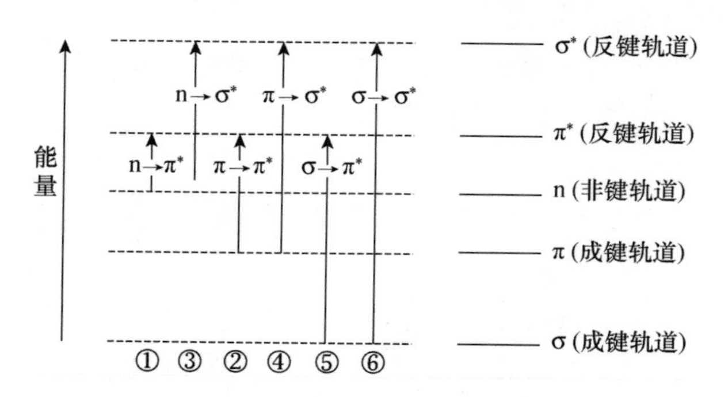

图 8-9　各种电子跃迁的相对能量

上图中虚线下的数字是跃迁时吸收能量的大小顺序，这六种价电子能级间跃迁顺序可以大致排列为：$n\to\pi^*<\pi\to\pi^*<n\to\sigma^*<\pi\to\sigma^*<\sigma\to\pi^*<\sigma\to\sigma^*$。所有这些可能的跃迁中，只有 $n\to\pi^*$ 跃迁和共轭体系的 $\pi\to\pi^*$ 跃迁的相应吸收光的波长在常用的紫外分光光度计的测量范围内（200～400 nm），有实际意义，即紫外光谱只适用于分子中具有不饱和结构的化合物的分析测试。

§8.14　紫外光谱的表示方法

当用一束具有连续波长的紫外光照射某化合物时，测量每一波长下该化合物对光的吸收度，即吸光度（absorbance）A。

图 8-10 是乙酸苯酯的紫外光谱图：

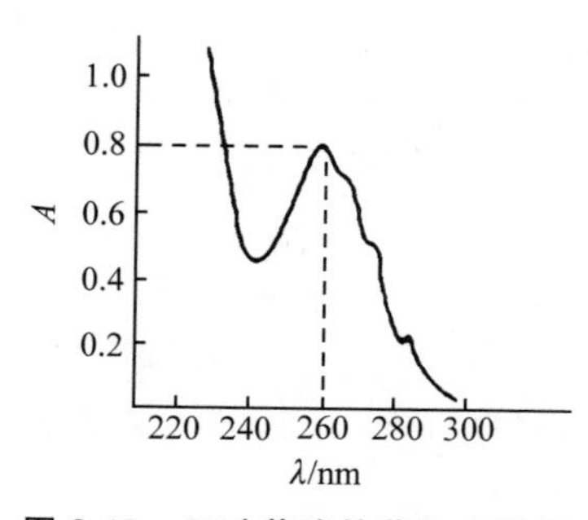

图 8-10　乙酸苯酯的紫外光谱图

紫外光谱图提供两个重要的数据：吸收峰的位置和吸收光谱的吸收强度。从图 8-10 中可以看出，化合物对电磁辐射的吸收性质是通过一条吸收曲线来描述的。图中以波长为横坐标，指示了吸收峰的位置在 260 nm 处；纵坐标指示了该吸收峰的吸收强度，吸光度为 0.8。

吸光度定义为：

$$A=\lg(I_0/I)$$

式中 I_0 是入射光的强度，I 是透射光的强度。

也可以用百分透射比(percent transmittance)$T(\%)$来表示，它的定义为：

$$T(\%)=I/I_0\times 100\%$$

(一) Lambert-Beer 定律

溶液吸收光谱的吸光度可用 Lambert-Beer 定律来描述，即当单色光通过一定厚度的稀溶液时，溶液的吸光度 A 与溶液浓度 c 和吸收池长度 l 成正比，表示为：

$$A=\kappa\cdot c\cdot l$$

式中 $\kappa=A/(cl)$，称为吸光系数(absorptivity)。κ 的单位与数值和 c 与 l 的单位有关。若 c 以 $mol\cdot L^{-1}$ 为单位，l 以 cm 为单位，则 κ 用 ε 表示，称为摩尔吸光系数，单位为 $L\cdot cm^{-1}\cdot mol^{-1}$(通常可省略)。利用 Lambert-Beer 定律，可以通过紫外光谱计算溶液的浓度或化合物的摩尔质量，进行定量分析。

吸光度具有加和性，即在同一溶液中含有两种以上有吸收作用的分子时，该溶液在某个波长的吸光度等于在这个波长有吸收的各种分子的吸光度的总和。

化合物的最大吸收波长(λ_{max})是指在以吸光度为纵坐标的紫外吸收光谱图中，处于吸收曲线的最高峰顶所对应的波长。而以百分透射比为纵坐标的图谱中，λ_{max}处于曲线的最低点。λ_{max}以及在该波长下的摩尔吸光系数 ε_{max}是紫外吸收的重要参数，常用来表示紫外的吸收特征。在多数文献中，并不绘制出紫外光谱图，只报道化合物最大吸收峰的波长及与之相应的摩尔吸光系数。例如 CH_3I 的紫外吸收数据为 λ_{max}258 nm(365)，这表示吸收峰最大吸收时的波长为 258 nm，相应的摩尔吸光系数为 365。

(二) 影响紫外光谱的因素

(1) 生色团： 凡能吸收紫外光或可见光而引起电子跃迁的基团都称作生色团(又称发色团)，主要包括具有不饱和键与未成对电子的基团，如 C═C、C≡C、C═O、CHO、COOH、N═N、N═O、NO_2 等。生色团产生 $n\rightarrow\pi^*$ 或 $\pi\rightarrow\pi^*$ 跃迁，由于跃迁能量低，吸收波长大于 210 nm，位于紫外-可见光区。如果一个化合物的分子中含有若干个生色团并形成共轭体系，则原来各自的吸收带消失，形成新的吸收带，波长和吸收强度都会明显加强。

(2) 助色团： 体系上具有非键电子的原子或基团，本身不产生紫外吸收，但与生色团相连，形成非键电子与 π 电子的共轭，电子活动范围增大，产生 $n\rightarrow\sigma^*$ 或 $n\rightarrow\pi^*$ 跃迁，使吸收峰向长波方向位移或吸收强度增强。这种效应称为助色效应，这种基团称为助色团。助色团一般为带有孤电子对的原子或基团，如—OH、—NH_2、—OR、—NR_2、—SH、—SR、—X 等。

表 8-12　常见的生色团的吸收峰

生色团	化合物	溶剂	λ_{max}/nm	ε_{max}
$H_2C=CH_2$	乙烯	气态	171	15530
$HC\equiv CH$	乙炔	气态	173	6000
—CH═O	乙醛	蒸汽	289,182	12.5,10000

续表

生色团	化合物	溶剂	λ_{max}/nm	ε_{max}
$(CH_3)_2C=O$	丙酮	环己烷	190,279	10000,22
$-COOH$	乙酸	水	204	40
$-COCl$	乙酰氯	庚烷	240	34
$-COOC_2H_5$	乙酸乙酯	水	204	60
$-CONH_2$	乙酰胺	甲醇	295	160
$-NO_2$	硝基甲烷	水	270	14
$(CH_3)_2C=N-OH$	丙酮肟	气态	190,300	5000
$=N^+=N^-$	重氮甲烷	乙醚	417	7
C_6H_6	苯	水	254,203.5	205,7400
$CH_3-C_6H_5$	甲苯	水	261,206.5	225,7000
$H_2C=CH-CH=CH_2$	1,3-丁二烯	正己烷	217	21000

注：孤立的 C═C,C≡C 的 $\pi\rightarrow\pi^*$ 跃迁的吸收峰都在远紫外区，但当分子中再引入一个与之共轭的不饱和键时，吸收就进入到紫外区，所以本表将 C═C,C≡C 也算作生色团。

(3) 红移和蓝移：吸收波长向长波方向移动的现象称为红移，向短波方向移动的现象称为蓝移（或紫移），吸光度也常会随之增强或减弱。取代基或溶剂的变化是引起红移和蓝移的主要因素，另外共轭效应、超共轭效应、空间位阻都会产生红移或蓝移。

(4) 增色效应和减色效应：使吸光度增强的效应为增色效应，使吸光度减弱的效应为减色效应。结构或溶剂的改变是使吸光度增强或减弱的主要因素。在许多具有共轭体系的分子中，由于空间位阻使共轭体系不能很好共平面，会引起吸收波长与 ε 值的变化，在结构测定中十分有用。如二苯乙烯的顺反异构体可用紫外光谱进行确认：反式异构体的两个苯环可以与烯键共平面，形成一个大共轭体系，它的紫外吸收峰为 $\lambda_{max}=290$ nm($\varepsilon=27000$)；而顺式异构体两个苯环在双键的一边，由于空间位阻不能很好地共平面，共轭作用不如反式的有效，它的紫外吸收为 $\lambda_{max}=280$ nm($\varepsilon=14000$)。

(5) 溶剂效应：溶剂的选择对于紫外光谱的测定十分重要。用于紫外测定的溶剂应当在测定范围内本身没有吸收，即是紫外透明的。紫外中常用的溶剂有水、甲醇、乙醇、己烷或环己烷、醚等。溶剂如果与溶质的吸收带相同或相近，将会有干扰。这是由于虽然溶剂的 ε 值小，但浓度一般比溶质的浓度大好几个数量级。

溶剂对基态、激发态与 n 态的作用是不同的，因此对吸收波长的影响也不相同，极性溶剂比非极性溶剂的影响大。溶剂的极性会使 $n\rightarrow\pi^*$ 吸收带向短波方向移动（蓝移），这是由于样品中的 n 电子会与溶剂中的 O—H、N—H 等形成氢键，使非键轨道的能量降低，跃迁时所需能量要增加克服氢键的能量，需波长更短、能量更高的紫外光。而溶剂的极性会使 $\pi\rightarrow\pi^*$ 跃迁稍稍红移，这是由于极性溶剂会使 π^* 轨道能量的降低稍微多于 π 轨道能量的降低。溶剂的极性对吸收带的形状也有影响。溶剂的极性增强，较尖锐的振动结构峰形逐渐变宽，如在乙醇和水中，精细结构已完全消失，变为宽而平滑的吸收峰。因此在记录吸收波长时，需要写明所用的溶剂。

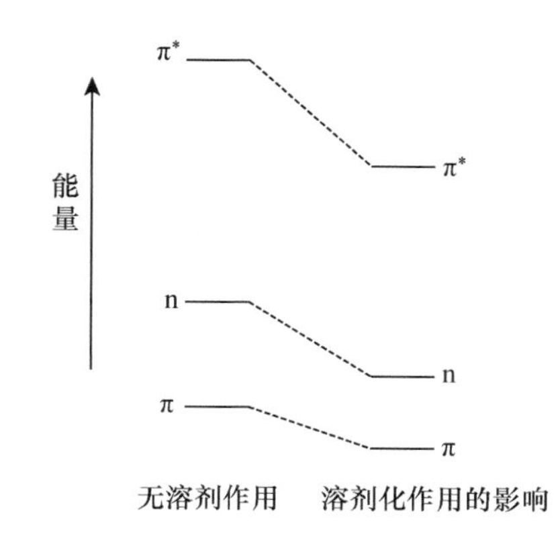

图 8-11　溶剂对溶质 $n\to\pi^*$ 跃迁能量的影响

§8.15　紫外光谱与有机分子结构的关系

（一）饱和有机化合物

饱和烃只有 C—C 键和 C—H 键，只能发生 $\sigma\to\sigma^*$ 跃迁，吸收波长在 150 nm 左右，均在远紫外区。烃中氢被氧、氮、卤素等含有 n 电子的原子或基团取代，可以发生 $n\to\sigma^*$ 跃迁，但在近紫外区仍没有明显吸收。由此可知一般饱和有机化合物在近紫外无吸收，即它们在近紫外区对于紫外光是透明的，可用作紫外测定的溶剂。

（二）非共轭不饱和化合物

含有 π 不饱和体系的化合物，可以发生 $\sigma\to\sigma^*$、$\pi\to\pi^*$、$\pi\to\sigma^*$ 跃迁，但如果没有助色团的作用，在近紫外区仍没有吸收。

含杂原子的不饱和化合物可能发生 $\sigma\to\sigma^*$、$\pi\to\pi^*$、$n\to\pi^*$、$n\to\sigma^*$ 等跃迁，其中 $n\to\pi^*$ 跃迁能量最小，吸收带在近紫外区，称为 R 吸收带，但强度很弱。R 吸收带最大吸收波长值 λ_{max} 约在 300 nm，摩尔吸光系数 $\varepsilon_{max}<100$。例如丙酮的 λ_{max} 为 279 nm，ε_{max} 为 15。

脂肪族硝基化合物有两个吸收带：$\pi\to\pi^*$ 跃迁的 $\lambda_{max}\approx200$ nm，$\varepsilon_{max}\approx50000$ 和 $n\to\pi^*$ 跃迁的 $\lambda_{max}\approx270$ nm，$\varepsilon_{max}\approx15$。$n\to\pi^*$ 跃迁吸收强度随相对分子质量增加而增加，当溶剂极性增大时，$n\to\pi^*$ 跃迁发生蓝移。

脂肪族亚硝基化合物主要吸收带为 $\pi\to\pi^*$ 跃迁，在 220 nm 附近，为强吸收带；$n\to\pi^*$ 跃迁在 270～290 nm 附近，为弱吸收带。

脂肪族偶氮化合物的偶氮基一般有三个吸收带，两个分别出现在 165 nm 和 195 nm 附近，而第三个 $n\to\pi^*$ 跃迁的吸收带出现在 360 nm 左右，表现为黄色。重氮化合物在 250 nm 附近有强吸收带，在 350～450 nm 区有弱吸收带。

（三）含共轭体系的化合物

共轭体系的 $\pi\to\pi^*$ 跃迁被称为 K 吸收带，在近紫外区，对于判断分子的结构非常有用。分子中含有共轭双键体系时，π 电子处在离域的分子轨道上，与定域轨道相比，占有电子的成键轨道的最高能级与未占有电子的反键轨道的最低能级的能量差减小，使 $\pi\rightarrow\pi^*$ 跃迁所需的能量减少，因此比只有一个 C═C 双键的跃迁（170～200 nm），吸收峰向长波方向位移（红移），吸收强度较强，一般摩尔吸光系数大于 10^4。例如 1,3-丁二烯分子中两对 π 电子填满 π_1 与 π_2 成键轨道，反键轨道 π_3^* 与 π_4^* 为空轨道，能量最低的跃迁是 $\pi_2\rightarrow\pi_3^*$ 跃迁，λ_{max} 217 nm，$\varepsilon_{max}\approx10^4$，而其他跃迁能级相差较高，需要能量较大，在真空紫外吸收。

随着共轭体系逐渐增大，跃迁能级的能量差逐渐变小，吸收向长波方向位移，由近紫外区吸收可以移向可见光区吸收（见下表）。

表 8-13　多烯化合物的吸收带

化合物	双键	λ_{max}/nm	ε_{max}	颜色
乙烯	1	185	10000	无色
丁二烯	2	217	21000	无色
1,3,5-己三烯	3	285	35000	无色
癸五烯	5	335	118000	淡黄
二氢-β-胡萝卜素	8	415	210000	橙黄
番茄红素	11	470	185000	红

含有杂原子的共轭体系，由于可以形成新的成键轨道与反键轨道，使 $\pi\rightarrow\pi^*$ 与 $n\rightarrow\pi^*$ 的跃迁能级的能差减小，吸收向长波方向位移。例如 2-丁烯醛（CH_3CH═CHCHO）中的羰基（C═O）双键和 C═C 双键 π-π 共轭，组成四个新的分子轨道；包含两个成键轨道 π_1、π_2，两个反键轨道 π_3、π_4，$\pi_2\rightarrow\pi_3$ 和 $n\rightarrow\pi_3$ 跃迁与脂肪醛的相应跃迁比较，$\pi\rightarrow\pi^*$ 与 $n\rightarrow\pi^*$ 的跃迁吸收均向长波方向位移，见图 8-12。

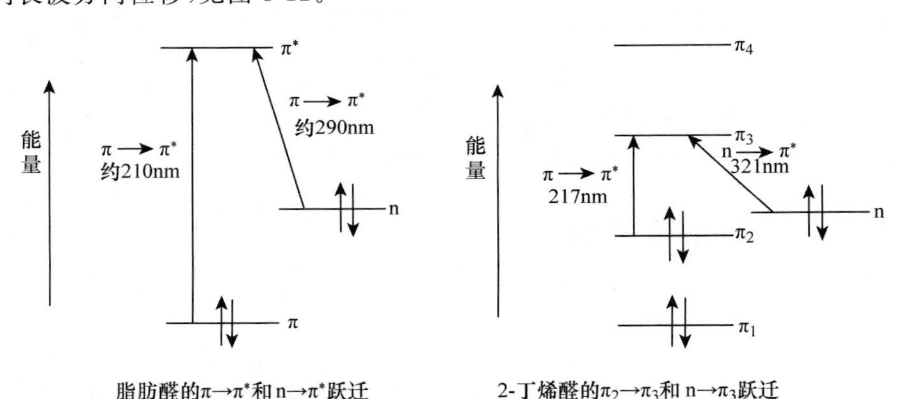

图 8-12　2-丁烯醛与相应脂肪醛的跃迁

下表列举了常见的含不饱和杂原子基团的 $\pi\rightarrow\pi^*$ 跃迁和 $n\rightarrow\pi^*$ 跃迁的吸收带。

表 8-14　含不饱和杂原子基团的紫外吸收

化合物	基团	$\lambda_{max}(\pi\rightarrow\pi^*)$/nm (ε)	$\lambda_{max}(n\rightarrow\pi^*)$/nm (ε)
醛	—CHO	～210(强)	280～300(10～30)
酮	羰基	～195(1000)	270～285(15)
硫酮	—C═S	～200(强)	～400(弱)
硝基化合物	$—NO_2$	～210(强)	～270(10～20)
亚硝酸酯	—ONO	～220(2000)	～350(0～80)

续表

化合物	基团	$\lambda_{max}(\pi\rightarrow\pi^*)$/nm (ε)	$\lambda_{max}(n\rightarrow\pi^*)$/nm (ε)
硝酸酯	$-ONO_2$	——	～270(10～20)
2-丁烯醛	$CH_3=CHCH=O$	～217.5(15000)	321(20)
联乙酰	$CH_3-CO-CO-CH_3$	——	435(18)
2,4-己二烯醛	$CH_3CH=CH-CH=CH-CHO$	～263(27000)	——

（四）芳香族化合物

（1）苯： 苯分子在真空紫外区的 180～184 nm，200～204 nm 有两个强吸收带，称之为 E_1、E_2 带；在 230～270 nm 有弱吸收带，称之为 B 吸收带。B 吸收带是芳香族(包括芳香杂环)化合物的特征吸收带，是由芳环本身振动及 $\pi\rightarrow\pi^*$ 跃迁引起的，吸收强度中等并具有明显的精细结构。下图所示为苯在环己烷中测得的 255 nm 处的 B 带。因为电子跃迁时伴随着振动能级的跃迁，因此 B 带分裂成一系列的小峰，吸收最高处为一系列尖峰的中心，波长为 255 nm，ε 值为 230，中间间隔为振动吸收，这种特征可用于鉴别芳香化合物。在极性溶剂中精细结构消失。

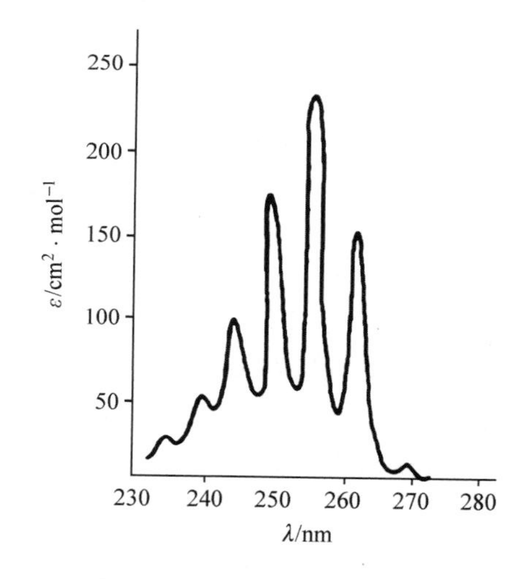

图 8-13　苯的紫外吸收光谱

（2）单取代苯：

① 烷基取代苯： 烷基对苯环电子结构影响很小。只是由于超共轭效应，使 E_2 带和 B 带红移，同时 B 带精细结构特征有所降低。

② 助色团取代苯： 芳香族化合物的 E 吸收带也是芳香化合物的特征吸收带，是苯环共轭体系的 $\pi\rightarrow\pi^*$ 跃迁引起的。苯环上如有含未成键电子对的助色基团，如—OH、—OR、$-NH_2$、—Cl 等取代基时，产生 p-π 共轭，发生 $n\rightarrow\pi^*$ 跃迁。p-π 共轭使 E_2 带、B 带的 λ_{max} 出现红移，E_2 一般在 210 nm 左右，B 带吸收强度增大，精细结构消失。$n\rightarrow\pi^*$ 跃迁产生 R 带，λ_{max} 在 275～330 nm 范围内，吸收强度低，常为 B 带所掩盖，偶尔以肩峰的形式出现。

③ 生色团取代苯： 含有 π 键的生色团(C═C、C═O、N═O)与苯环相连时，产生更大的共轭体系，E_2 带和 B 带都出现较大的红移，E_2 带出现在 200～250 nm 范围内，并与 K 带合并。若有 $n\rightarrow\pi^*$ 跃迁，则出现 R 带。

单取代苯的 E_2 带、B 带均有近紫外吸收，下表是苯衍生物的吸收带。

表 8-15 单取代苯的吸收带位置

取代基	E_2 带 λ_{max}/nm(ε)	B 带 λ_{max}/nm(ε)	溶剂
—H	203.5(7400)	254(204)	甲醇
$—NH_3^+$	203.5(7500)	254(160)	酸性水溶液
$—CH_3$	206(7000)	261(225)	甲醇
$—C_6H_5$	246(20000)	280	乙醇
—Cl	210(7600)	265(240)	乙醇
$—NO_2$	268.5(7800)	被掩盖	乙醇
—OH	210.5(6200)	270(1450)	水
$—OCH_3$	217(6400)	269(1480)	2%甲醇
$—COO^-$	224(8700)	268(560)	
$—COCH_3$	240(13000)	278(1100)	乙醇
$—NH_2$	230(8600)	280(1430)	
—ONa	236.5(6800)	292(2600)	碱性水溶液
—CHO	240(15000)	280(1500)	乙醇
$—CH═CH_2$	244(12000)	282(450)	乙醇
—CH═CHPh(顺式)	283(12300)	被掩盖	乙醇
—CH═CHPh(反式)	295(25000)	被掩盖	乙醇

有些基团的紫外吸收光谱与溶液的 pH 关系很大，例如苯胺的 λ_{max} 比苯的 λ_{max} 大很多，是因为苯胺的氮原子的孤对电子与苯环上的 π 电子发生了 p-π 共轭，而苯胺在酸性条件下氮上孤对电子与质子结合，不存在 p-π 共轭，吸收光谱与苯环类似；又如酚在酸性与中性条件下的吸收光谱与碱性条件下也不一样。

(3) 二元取代苯： 吸收光谱的 λ_{max} 与这两个取代基的种类和在苯环的取代位置有关。

① 对位取代： 当两个取代基为同类别取代(即同为助色团或同为发色团)时，最大吸收波长近似为两者单取代时的最长波长，如硝基苯的 λ_{max} 大于苯甲酸的 λ_{max}，因此对硝基苯甲酸的 λ_{max} 和硝基苯的 λ_{max} 接近。当两个取代基为不同类别取代(即一个为助色团，另一个为发色团)时，最大吸收波长与苯比较的差值 $\Delta\lambda$，大于两者单取代时最长波长与苯比较的差值 $\Delta\lambda_1$ 和 $\Delta\lambda_2$ 之和。如苯的 E_2 带 λ_{max} 为 203.5 nm，硝基苯 λ_{max} 为 268.5 nm，苯胺 λ_{max} 为 230 nm，对硝基苯胺 λ_{max} 为 381.5 nm。这是由于电子从电子给体通过芳环传递给电子受体，离域性增大造成红移。

② 邻位或间位取代： 不管取代基为何种类型，其 λ_{max} 近似等于这两个取代基单独取代时的位移量的总和，即最大吸收波长与苯比较的差值 $\Delta\lambda$，大致等于它们单取代时最长波长与苯比较的差值 $\Delta\lambda_1$ 和 $\Delta\lambda_2$ 之和。如苯的 E_2 带 λ_{max} 为 203.5 nm，苯甲酸 λ_{max} 为 230 nm，苯酚 λ_{max} 为 210.5 nm，邻羟基苯甲酸 λ_{max} 为 236.5 nm。

(4) 稠环芳香烃和杂环化合物： 稠环化合物共轭体系大，λ_{max} 值也大，吸收强度增大，精细结构更加明显。五元芳杂环相当于环戊二烯的 C_1 被杂原子取代，紫外吸收光谱与环戊二烯相似，第一个吸收峰归属 K 带，第二个吸收峰类似于苯环的 B 带，按照呋喃、吡咯、噻吩的顺序芳香性增强。硫比起氮、氧与二烯共轭得更好，噻吩的紫外吸收波长最长。六元杂芳环紫外吸收与苯相似，如吡啶的 λ_{max} = 251 nm(ε = 2000)也显示精细结构。

§8.16　紫外光谱的解析

解析紫外光谱时，可用一些经验公式对共轭二烯和多烯，α，β-不饱和醛、酮、酸、酯化合物的紫外吸收的 λ_{max} 值进行计算。

（一）共轭烯烃 K 带 λ_{max} 值的经验计算方法

首先选择共轭双烯母体，确定最大吸收位置的数值，然后加上表中所列取代基的经验计算参数。一般的计算值和实验值接近。

表 8-16　共轭烯烃 K 带 λ_{max} 值基准值

母体	结构	基准值（乙醇中）
环状二烯基		217 nm
同环二烯基		253 nm
异环二烯基 （异环二烯和内外二烯基）		214 nm

表 8-17　取代基位移增量

取代基	增加一个共轭双键	环外双键	烷基或环取代	—OAc	—OR	—SR	—Cl，—Br	$—NR_2$
增量/nm	+30	+5	+5	+0	+6	+30	+5	+60

计算举例：

［链状共轭二烯］：$CH_3CH_2CH{=}CHCH{=}CHCH_3$

基本吸收带：217 nm　烷基取代(2)：$+2\times5$ nm

计算值 λ_{max} =227 nm，实测 227 nm

［环状共轭二烯］：

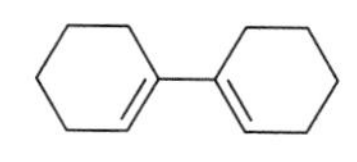

基本吸收带：217 nm
烷基取代（4）：+ 4×5 nm
计算值237 nm，实测236 nm

［同环二烯］：

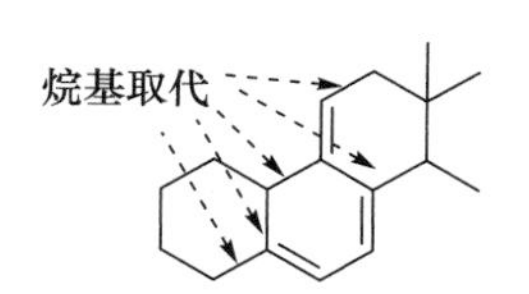

基本吸收：　253 nm
烷基取代（5）：　+ 5×5 nm
环外双键（3）：　+ 3×5 nm
增加一个共轭双键：+ 30 nm

323 nm　实测320 nm

［异环二烯］：

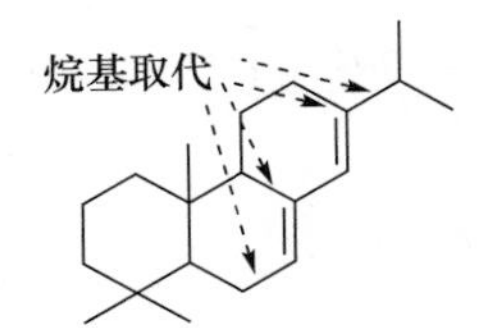

基本吸收：	214 nm	
烷基取代（4）：	+4×5 nm	
环外双键（1）：	+5 nm	
	239 nm	实测238 nm

（二）α,β-不饱和酮和醛K带λ_{max}值计算方法

母体：$\overset{\delta}{C}=\overset{\gamma}{C}-\overset{\beta}{C}=\overset{\alpha}{C}-C=O$

非环或六元环α, β-不饱和酮基准值：215 nm

五元环α, β-不饱和酮基准值：202 nm

α, β-不饱和醛基准值：207 nm

表 8-18　取代基位移增量

取代基	延伸一个共轭双键	环外双键	同环共轭双键	烷基(—R)取代：α位,β位,γ位
增量/nm	+30	+5	+39	+10　+12　+18
取代基	—OH取代：α位,β位,γ位	—OR取代：α位,β位,γ位,δ位	—SR取代：β位	
增量/nm	+35　+30　+50	+35　+30　+17　+31	+85	
取代基	—OAc取代	—Cl取代：α位,β位	—Br取代：α位,β位	$—NR_2$取代：β位
增量/nm	+6	+15　+12	+17　+31	+95

以上数据均为在乙醇中测试得到，用其他溶剂应进行修正。

计算举例：

六元环α, β-不饱和酮基准值		215 nm
延伸一个共轭双键		+30 nm
环外双键		+5 nm
烷基或环的取代	β位	+12 nm
	δ位	+18 nm
计算值		280 nm
测量值		284 nm

§8.17　紫外-可见光谱的应用

紫外-可见光谱是有机结构分析四大类型谱仪中最廉价、最普及的仪器，测定用样少、速度快，主要反映分子中不饱和基团的性质，单凭紫外光谱一般无法判断官能团的存在，但能够提供这些化合物的骨架和构型、构象等结构信息，可发现化合物中的共轭体系和芳香结构，并阐明发色官能团。测定有机化合物分子结构时常与核磁共振波谱、红外光谱等其他谱配合。

（一）紫外光谱与有机分子结构的关系

紫外-可见光谱得到的λ_{max}和相应的ε_{max}两类重要数据，反映了分子中生色团或生色团与助色团的相互关系，即分子内共轭体系的特征，可作为分析的起点。归纳如下：

(1) 在220～700 nm范围内无吸收(ε<10)：说明化合物中无共轭体系、芳香结构，也不

含有醛、酮、硝基等发色团，化合物可能是脂肪链烃、脂肪环烃或其简单衍生物（氯化物、醇、醚、羧酸类等），或非共轭烯烃。

（2）在 220～250 nm 内有强吸收带（ε 在 10000 以上，K 带）：表示分子中存在两个共轭的不饱和键（共轭二烯或 α,β-不饱和醛、酮），是有机物定性定量的基础，为 $\pi\rightarrow\pi^*$ 跃迁。

（3）在 260，300 或 330 nm 附近分别有强吸收带：表示可能相应具有 3 个，4 个或 5 个不饱和单位的共轭体系。

（4）在 180～184 nm，200～204 nm 有强吸收带（ε 在 1000～10000，E 带）：结合 250～300 nm 区中等强度的吸收谱带（ε 在 200～1000 之间）或显示不同程度的精细结构的 B 带，是芳环的特征谱带，表示有苯环存在。苯的 B 吸收带在 230～270 nm 之间。

（5）在 250～350 nm 范围有低强或中等强度的吸收带（R 带）：若峰形较对称，表明分子中含有醛、酮羰基或共轭羰基，为 $n\rightarrow\pi^*$ 跃迁。

（6）在 300 nm 以上有高强吸收：说明化合物有较大的共轭体系，若高强度具有明显的精细结构，表明为稠环芳烃、稠环杂环烃或其衍生物。

（7）加酸、加碱 λ_{max} 变化：若化合物 λ_{max} 为 230 nm 左右，且加酸 λ_{max} 蓝移，再加碱至中性，λ_{max} 恢复，表明有芳氨基；若化合物 λ_{max} 为 210 nm 左右，加碱 λ_{max} 红移，再加酸至中性，λ_{max} 恢复，表明有酚羟基。

（8）化合物若有颜色：即在可见光区（400～720 nm）有吸收，化合物可能有较长的共轭系。

（二）鉴定共轭发色团等官能团

紫外光谱在鉴定共轭发色团或某些官能团方面有其独到之处，可作为其他鉴定方法的补充。如氯霉素分子中的硝基是由它的紫外光谱中出现有芳香硝基特征吸收而加以确定的。又如五元环酮和羧酸的红外特征吸收峰都在 1740 cm^{-1} 附近，但五元环酮的紫外光谱在 210 nm 以上有吸收，可与羧酸区别。

（1）三氯乙醛水合物结构判断：三氯乙醛的己烷溶液紫外吸收 λ_{max} = 290 nm（ε = 33），为醛基的紫外吸收。但在三氯乙醛水溶液中，此峰消失，表明不含发色团，即醛基消失。由此可以写出三氯乙醛水合物的结构为（A），而不是（B）：

$Cl_3C-CH(OH)-OH$ (A)　　$Cl_3CCHO \cdot H_2O$ (B)

（2）紫罗兰酮 α 和 β-异构体的结构判断：紫外光谱在研究萜类、甾类及植物碱等天然产物结构方面非常有用。如紫罗兰酮有两种异构体 α 和 β，可能的结构式分别为（A）和（B），可由紫外光谱确定哪个是 α-异构体，哪个是 β-异构体。

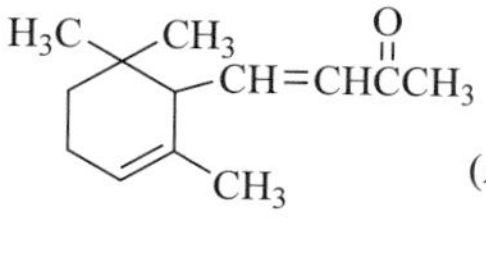

H3C　CH3　—CH=CHCCH3（C=O）　CH3　(A)

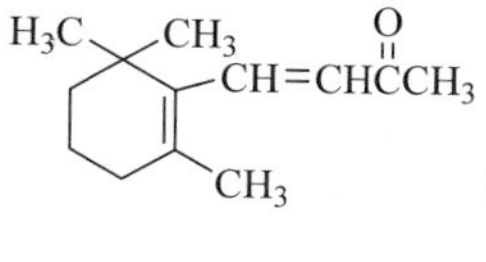

H3C　CH3　—CH=CHCCH3（C=O）　CH3　(B)

计算表明：

（A）结构含 α,β-不饱和酮和孤立乙烯，（A）的紫外吸收 K 带应按照六元环 α,β-不饱和酮加一个 β 位烷基取代计算，计算值 λ_{max} = 215 nm + 12 nm = 227 nm。

（B）结构的紫外吸收 K 带为延伸一个共轭双键的 α,β-不饱和酮，γ 位和 δ 位共有三个烷基取代，计算值 λ_{max} = 215 nm + 30 nm + 3×18 nm = 299 nm。

实测紫外光谱数据为：

α 异构体：K 吸收带 $\lambda_{max}=228$ nm($\varepsilon=14000$)，R 吸收带 $\lambda_{max}=305$ nm

β 异构体：K 吸收带 $\lambda_{max}=298$ nm($\varepsilon=11000$)，R 吸收带无

由此可判断(A)结构为 α-紫罗兰酮异构体，(B)结构为 β-紫罗兰酮异构体。

(三) 构型和构象的测定

(1) 空间位阻的影响：联苯的两个苯环在同一个平面上，产生有效共轭 λ_{max} 的波长较长，约 247 nm，ε 值也较高，约 17000。但如果在邻位有取代基，造成空间内阻，使两个苯环不能有效共轭，λ_{max} 蓝移。甲基取代联苯中甲基的位置和数目对 λ_{max} 的影响如下(环己烷为溶剂)。

	联苯	2-甲基联苯	2,6-二甲基联苯	2,2',6,6'-四甲基联苯
λ_{max}/nm	247	237	231	227 (肩峰)
ε	17000	10250	5600	

化合物(A)无邻位取代，两个苯环在一个平面上，产生共轭，K 带 λ_{max} 波长较长，ε 较高；而化合物(B)中甲基取代使两个苯环不在一个平面上，K 带 λ_{max} 蓝移，$\lambda_{max}<250$ nm，同时 ε 值也减少，只能见到 B 吸收带。

(A) 3,3'-二甲氧基联苯（H_3CO，OCH_3）　(B) 5,5'-二甲氧基-2,2'-二甲基联苯（H_3CO，OCH_3，CH_3，H_3C）

(2) 顺反异构体：顺反异构的紫外光谱有较明显的差别。一般反式异构体比顺式能更加有效地共轭，$\pi\to\pi^*$ 跃迁位于长波段，吸收强度也较大。如反式二苯乙烯在乙醇溶液中出现 3 个吸收带，λ_{max} 分别为 201.5 nm($\varepsilon=23900$)，236 nm($\varepsilon=10400$)，320.5 nm($\varepsilon=16000$)；而顺式二苯乙烯在乙醇溶液中仅出现 2 个吸收带，λ_{max} 为 224 nm 和 280 nm。又如反式肉桂酸的 λ_{max} 为 295 nm($\varepsilon=27000$)，顺式肉桂酸的 λ_{max} 为 280 nm($\varepsilon=13500$)。但 α,α'-二甲基共轭时反式位于较短的波段，这是由于这类化合物的顺式结构更加有利于共轭。

(四) 定量测定

利用紫外分光光度法可以进行有机混合物中不饱和化合物组分的含量测定，具有快速、灵敏度高的优点，已广泛用于药品和商品分析中。

习　　题

1. 在下列化合物中，分别有多少组等性质子？分别用 a，b，c…标示：

(1) $(CH_3)_2CHC(=O)CH(CH_3)_2$　(2) $ClHC=CH_2$　(3) $BrHC=CHBr$（反式）　(4) $BrHC=CHBr$（顺式）

(5) $CH_3CH_2-C_6H_4-CH_2CH_3$（对位）　(6) $C_6H_5-CH_2CH(OH)CH_3$　(7) $C_6H_5-NO_2$　(8) $CH_3CH(Cl)CH_2CH_3$

2. 按 δ 值大小和裂分情况大致绘出下列化合物的核磁共振谱，并标出相对积分面积：

(1) $CH_3CBr_2CH_3$　(2) CH_3CH_2Br　(3) $CH_3CHBrCH_2CH_3$

(4) $CH_3CHBrCH_3$　(5) Cl_2CHCH_3　(6) Cl_2CHCH_2Cl　(7)

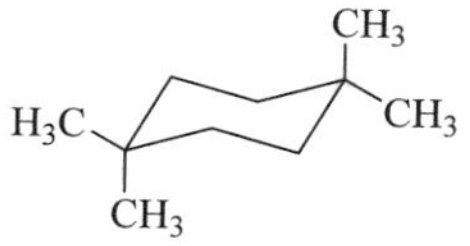

3. 分子式为 $C_4H_{10}O$ 的 3 个异构体的核磁共振谱如下图所示，请指出它们的结构。

(1)

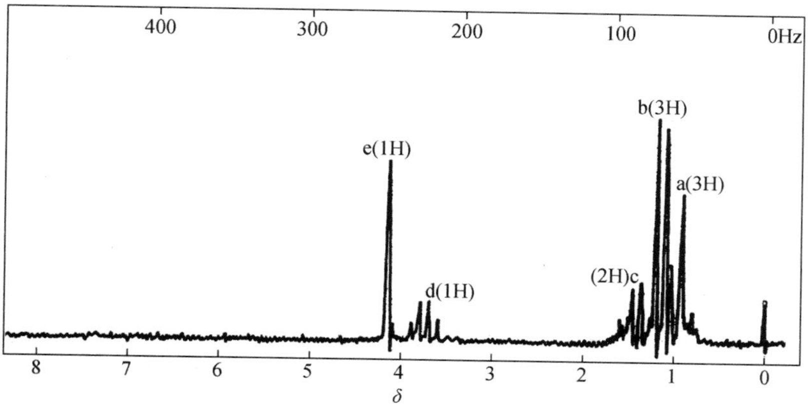

(2)

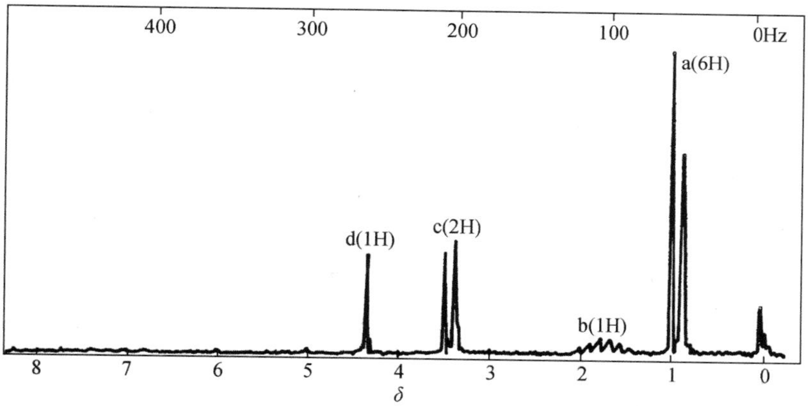

(3)

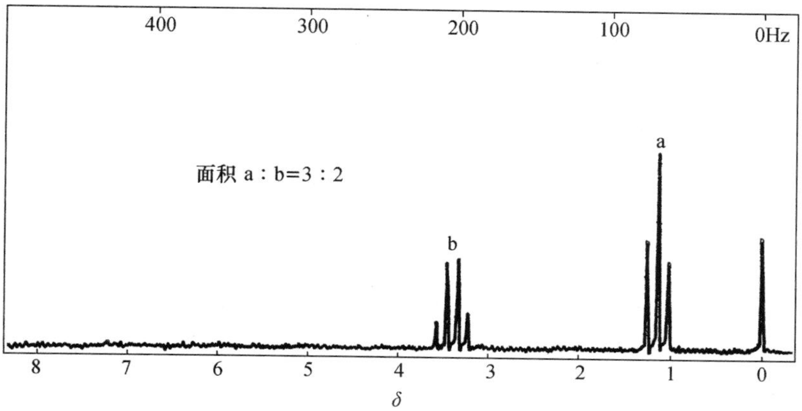

4. $C_5H_{10}Br_2$ 的几种异构体的核磁共振谱如下，写出相应的结构。

(1) δ=1.0(单峰，6H)；3.4(单峰，4H)

(2) δ=1.0(三，6H)；2.4(四，4H)

(3) δ=0.9(双，6H)；1.5(多，1H)；1.85(四，2H)；5.3(三，1H)

(4) δ=1.0(双，6H)；1.75(多，1H)；3.95(双，2H)；4.7(多，1H)

(5) δ=1.3(多，2H)；1.85(多，4H)；3.35(三，4H)

5. 从分子式和核磁共振谱推出下列化合物的结构：

(1) $C_4H_7Cl_3$：δ=1.4(单，3H)；4.0(单，4H)

(2) $C_4H_7Cl_3$：δ=1.3(双，3H)；2.4(单，3H)；4.6(四，1H)

(3) $C_4H_7Br_3$：δ=1.4(双，3H)；2.6(三，2H)；3.6(多，1H)；5.4(三，1H)

(4) $C_4H_8Br_2$：δ=1.0(双，3H)；2.5(多，1H)；3.3(双，4H)

6. 根据如下的红外数据(cm^{-1})指出可能存在的官能团：

(1) 3030，～965(s)　　(2) 3300，2150，630　　(3) 3350(宽)，1050

(4) 1720(s)，但无 2720，2820　　(5) 1725(s)，2720，2820

7. 分子式为 C_9H_{10} 的化合物，能使 Br_2/CCl_4 褪色，它的红外光谱包括下面的吸收峰(cm^{-1})：3035(m)，3020(m)，2925(m)，2853(w)，1640(m)，990(s)，915(s)，740(s)，695(s)；核磁共振谱为 δ=3.1(双峰，2H)，δ=5.1(多重峰，1H)，δ=7.5(多重峰，5H)，δ=4.8(多重峰，1H)，δ=5.8(多重峰，1H)。此外，紫外光谱显示苯环和双键不共轭。请给出结构，并给出指定 IR 吸收峰的归属。

8. 某化合物 CHO，核磁共振谱为：δ=3.8(单峰，3H)，δ=7～8(对称多重峰，4H)，δ=9.95(单峰，1H)，试推测其结构。

9. 某化合物 $C_{10}H_{12}O$ 的质谱的主要 m/z 数值为 15，43，57，91，105 和 148，推测其结构。

10. 戊酮的三个异构体的质谱数据如下，写出三个戊酮的结构，并解释 m/z=58 峰的由来。

(1) 分子离子峰 m/z=86，并在 m/z=71 和 43 处各有一个强峰，但在 m/z=58 处没有峰。

(2) 在 m/z=86，57 处各有一个强峰，但无 43 和 71 强峰。

(3) 有 m/z=58 强峰。

11. 由高分辨质谱得以下数据，确定这些峰指示的碎片的可能分子式(只含有 C，H，O，N)。已知相对原子质量：H=1.007825，O=15.994915，N=14.003074。

(1) m/z=70.0419　　(2) m/z=56.0373

12. 某化合物在质谱图上只有三个主要峰，其 m/z 数值分别为 15，94 和 96，其中 94 和 96 两峰的相对强度近似相等(96 峰略低)，试写出该化合物的结构式。

13. 仅含有碳和氢，m/z 为 43，65 和 91(z=+1)的碎片离子是什么？而 m/z 为 43，57(z=+1)的含碳、氢、氮的化合物的碎片离子又是什么？

14. 计算下列化合物大致的紫外吸收波长：

(1) 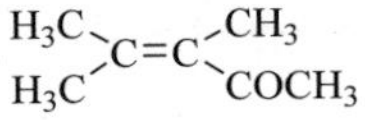 $(H_3C)_2C{=}C(CH_3)COCH_3$　　(2) [结构式：环己二烯，带两个 CH_3]　　(3) [结构式]　　(4) 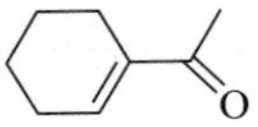 [结构式]

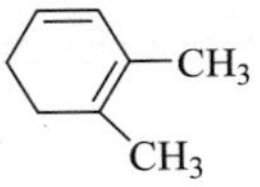

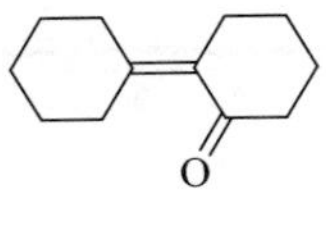

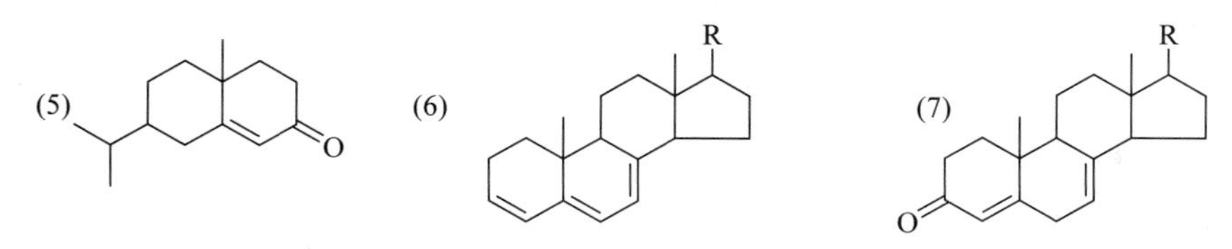

15. 指出下面哪些化合物可以做紫外光谱的溶剂，并简单解释：

甲醇，全氟丙烷，1-氯丁烷，乙醚，碘乙烷，二溴甲烷，甲基正丁基硫醚，苯，环己烷。

16. 用助色效应解释下列两组化合物 λ_{max} 值的变化（已知苯 E_2 带 λ_{max} 为 204 nm，B 带 λ_{max} 为 225 nm）。

（1）苯胺：230，287；苯胺盐：203，254　　（2）苯酚：210，270；苯酚盐：235，287

第九章　醇、酚、醚

§9.1　醇、酚、醚的分类

醇(ROH)和酚(ArOH)均可看作是水分子中的一个氢被烃基取代后的产物。醇可看作脂肪烃或芳香烃侧链上的氢被羟基取代后的产物，分为脂肪醇和芳香醇，烃基为脂肪烃被称为脂肪醇，烃基为芳香烃则被称为芳香醇。酚可看作是芳香环上的氢被羟基取代后的产物，是羟基直接连在芳环上的化合物。醚(R—O—R，Ar—O—Ar)可看作水分子中的两个氢都被烃基取代，是氧和两个烃基相连形成的产物。

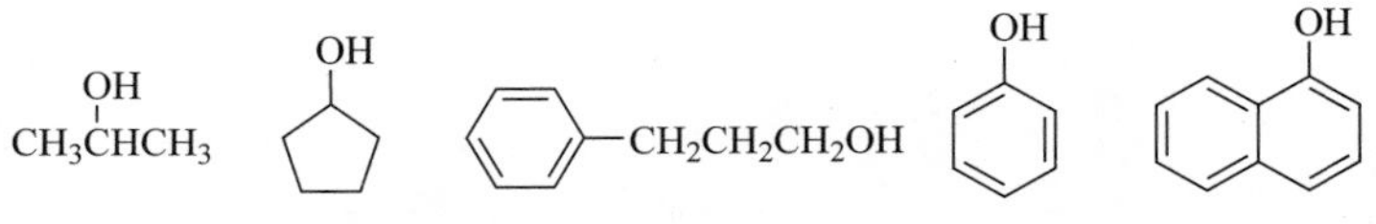

$CH_3CH(OH)CH_3$　环戊醇　$C_6H_5CH_2CH_2CH_2OH$　C_6H_5OH　α-萘酚

2-丙醇　环戊醇　苯丙醇　苯酚　α-萘酚

(脂肪醇)　(芳香醇)　(酚)

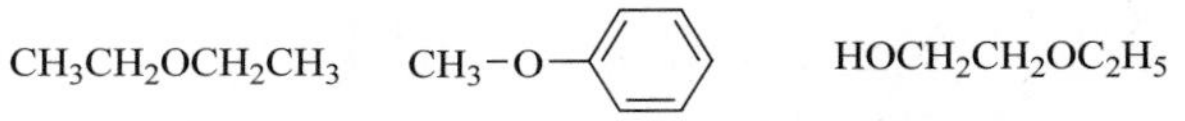

$CH_3CH_2OCH_2CH_3$　$CH_3-O-C_6H_5$　$HOCH_2CH_2OC_2H_5$

乙醚　苯甲醚　2-乙氧基乙醇 (醚)

(一) 醇、酚的分类

(1) 根据羟基连接的碳原子级数： 若羟基连接的碳原子是一级碳原子则为一级醇(伯醇)，二级碳原子为二级醇(仲醇)，三级碳原子为三级醇(叔醇)。如：

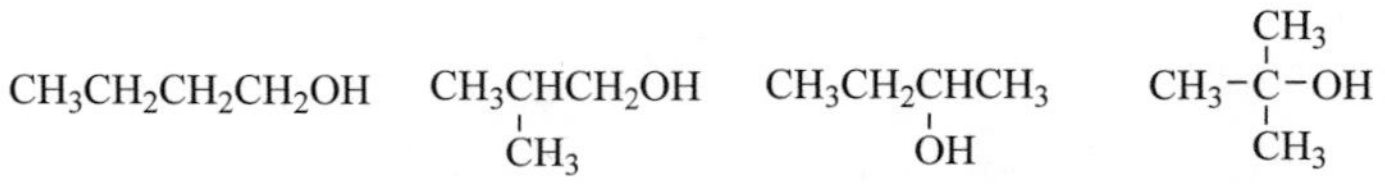

$CH_3CH_2CH_2CH_2OH$　$CH_3CH(CH_3)CH_2OH$　$CH_3CH_2CH(OH)CH_3$　$(CH_3)_3C-OH$

正丁醇 (伯醇)　异丁醇 (伯醇)　丁-2-醇 (仲醇)　1,1-二甲基乙醇 (叔醇)

(2) 按羟基所连接的烃基： 分为饱和醇、不饱和醇、环醇和芳香醇。双键与羟基连在同一碳上的烯醇不稳定，很容易互变异构为醛或酮。如乙烯醇互变成乙醛，丙-1-烯-2-醇互变成丙酮：

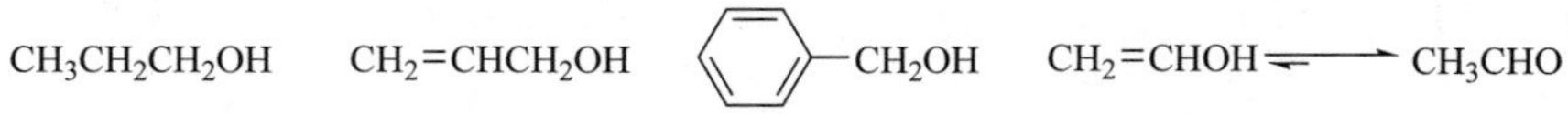

$CH_3CH_2CH_2OH$　$CH_2{=}CHCH_2OH$　$C_6H_5CH_2OH$　$CH_2{=}CHOH \rightleftharpoons CH_3CHO$

正丙醇 (饱和醇)　烯丙醇 (不饱和醇)　苯甲醇 (芳醇)　乙烯醇　乙醛

(3) 按分子中所含羟基数目： 分为一元醇、二元醇、三元醇。含两个以上羟基的醇称为多元醇。

CH_3CH_2OH　　$HOCH_2CH_2OH$　　$HOCH_2CH(OH)CH_2OH$

乙醇　　乙二醇（二元醇）　　丙三醇（三元醇）

两个羟基连在同一个碳上的二元醇称为偕二醇，绝大多数不稳定，很容易失去一分子水生成醛或酮。三个羟基连在同一碳原子上的三元醇称为偕三醇，也很容易失去一分子水生成羧酸。

(4) 酚的分类： 酚可以按芳环上所含羟基的数目分为一元酚、二元酚、三元酚等。

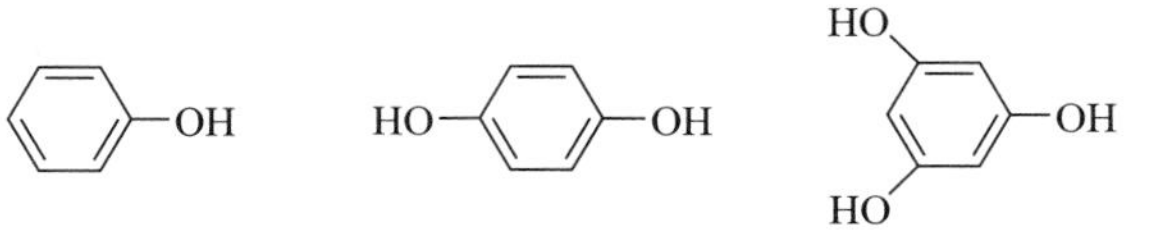

苯酚（一元酚）　　对苯二酚（二元酚）　　间苯三酚（三元酚）

(二) 醚的分类

醚分子中的烃基可以是烷基、烯基或芳基。两个烃基相同的醚称为单醚或对称醚，两个烃基不相同的醚称为混合醚，氧和碳形成环状结构的醚称为环醚，含多个氧的大环醚称为冠醚。也可以根据两个烃基的种类，将醚分成脂肪醚和芳香醚。

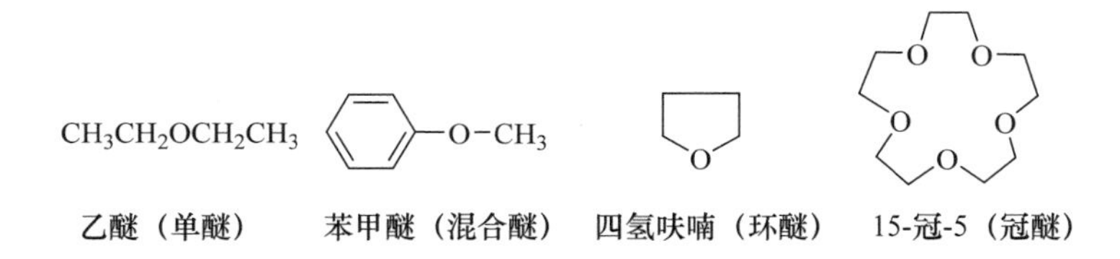

乙醚（单醚）　　苯甲醚（混合醚）　　四氢呋喃（环醚）　　15-冠-5（冠醚）

§9.2　醇、酚、醚的命名

(一) 醇的命名

(1) 普通命名法： 简单的一元醇可按烃基的普通名称加“醇”（英文加 alcohol），省去“基”字来命名。

$(CH_3)_2CHOH$　　$CH_2{=}CHCH_2OH$

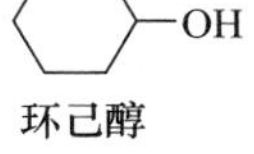

异丙醇　　烯丙醇　　环己醇

碳链的编号可用希腊字母 $\alpha,\beta,\gamma,\delta,\cdots,\omega$ 表示，与官能团直接相连的碳为 α 碳。

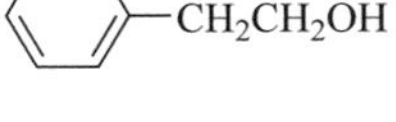

$C_6H_5\overset{\beta}{C}H_2\overset{\alpha}{C}H_2OH$　β-苯乙醇　　$Cl\overset{\beta}{C}H_2\overset{\alpha}{C}H_2OH$　β-氯乙醇

有些醇还有俗名或商品名。如乙醇又称酒精，丙三醇又称甘油，环己六醇又称肌醇等。

（2）甲醇衍生物命名法： 对于结构不太复杂的醇，可以甲醇作为母体，把其他醇看作是甲醇的烷基衍生物。如正丁醇又可称为正丙基甲醇，α，α-二苯基苯甲醇又可称为三苯基甲醇。

（3）系统命名法（IUPAC）： 按照以下三步进行。① 确定母体名称：饱和醇以含羟基最多的最长碳链作为主链，不饱和醇选取连有双键或叁键与羟基的碳链为主链。根据主链的碳原子数命名为"某醇"，不饱和醇含有双键或叁键时，命名为"某烯醇"或"某炔醇"。② 编号：从靠近羟基的一端开始，依次用阿拉伯数字写出羟基所在碳的位置编号（羟基优先于双键和叁键），写在醇的名称前（羟基位次为 1 时可省略）。不饱和醇的双键和叁键的位次也要写在名称前。③ 标明取代基、构型：将取代基位置号、数目和名称写在母体名称之前，不与主链碳原子相连的羟基按取代基处理。对构型明确的化合物要标明构型。如：

$CH_3CH(CH_3)CH_2CH(OH)CH_3$　4-甲基戊-2-醇

$CH_3C(CH_3){=}CHCH_2CH(OH)CH_3$　5-甲基-4-己烯-2-醇

$C_6H_5CH(OH)CH_3$　1-苯乙醇

$C_6H_5CH_2CH_2CH_2OH$　3-苯丙醇

$HO{-}C(CH_3)(H){-}CH(C_2H_5)_2$　(*R*)-3-乙基-2-戊醇

$C_6H_5CH{=}CHCH_2OH$　3-苯基-2-烯丙醇

多元醇主要用系统命名法来命名，命名时称为某 *n* 醇，*n* 为羟基的数目，用中文数字表示。多元醇的多个羟基所在碳原子的位置号均应标明，数字之间用逗号分开，数字前后各有一短线。一元醇的"一"字省去。英文命名时，一元醇用词尾 ol 代替相应烷烃词尾 ane 中的 e。二元醇、三元醇的英文词尾分别为 diol、triol。

$HOH_2CC(CH_2OH)_2CH_2OH$　2, 2-双（羟甲基）-丙-1, 3-二醇

反-环己-1, 4-二醇

$CH_3CH(OH)CH_2CH(CH_2OH)CH_2CH_2CH(OH)CH_3$　4-羟甲基辛-2, 7-二醇

1997 年系统命名法修订后，可以将不饱和键的位次号写在"烯"或"炔"的前面。如：

IUPAC命名：	反-2-戊烯-1-醇	(*Z*)-4-氯-3-丁烯-2-醇	2-环己烯-1-醇
新IUPAC命名：	反戊-2-烯-1-醇	(*Z*)-4-氯丁-3-烯-2-醇	环己-2-烯-1-醇

羟基难于命名为简单醇时也可以作为取代基命名。IUPAC 命名法规定的官能团优先次序排列如下，先出现的被认为是主官能团，后出现的在命名中按取代基处理。

酸＞酯＞醛＞酮＞醇＞胺＞烯＞炔＞烷＞醚＞卤化物

2-羟甲基环己酮

$CH_3CH(OH)CH_2COOH$　3-羟基丁酸

反-3-(2-羟乙基)环戊醇

(二) 酚的命名

(1) 以酚为主官能团: 将酚羟基与芳环一起作为母体,根据酚羟基的数目命名为某酚、某二酚、某三酚等。

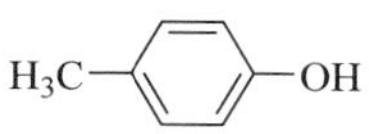

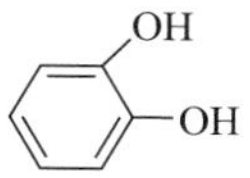

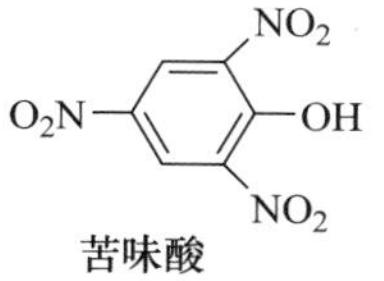

	H_3C-C₆H₄-OH	邻位二羟基苯	2,4,6-三硝基苯酚结构
普通命名:	对甲苯酚	邻苯二酚	苦味酸
IUPAC命名:	4-甲基苯酚	1,2-苯二酚	2,4,6-三硝基苯酚

(2) 酚羟基不是主官能团: 若芳环上有其他优先命名基团,则酚羟基作为取代基处理,英文名称为 hydroxyl。

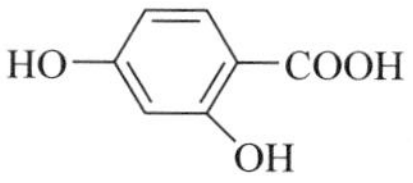

2,4-二羟基苯甲酸 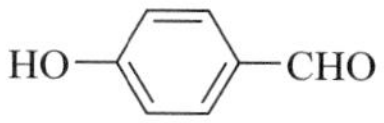　　对羟基苯甲醛 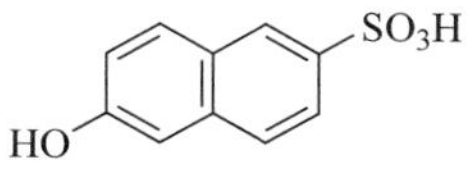　　6-羟基萘-2-磺酸

(三) 醚的命名

(1) 普通命名(烃基烃基醚命名): 用于结构简单的醚。先给出与氧原子相连的烃基的名称,再加上"醚"字,"基"字可省略。烃基名称按字母顺序列出(旧命名规则中基团名称按复杂性增加的顺序列出)。若两个烃基相同,名称中只写出烃基名称,"二"字习惯上省略,表明醚是对称的,如"二乙醚"常写成"乙醚"。

$CH_3OC(CH_3)_3$	CH_3O-C₆H₅	CH_3OCH_3	C₆H₅-O-C₆H₅
甲基叔丁基醚 (MTBE)	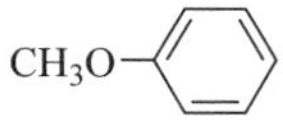 苯甲醚(俗称茴香醚)	甲醚	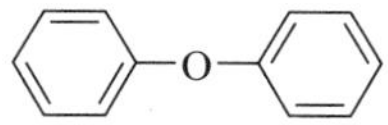 苯醚

(2) IUPAC 命名(烷氧基命名): 取较长的烃基作为母体,醚中剩下的部分当作烷氧基。如环己基甲基醚命名为甲氧基环己烷。

$ClCH_2OCH_2CH_3$	$CH_2OCH_2CH_3$ / CH_2OH	1,1-二甲基-3-(OCH₂CH₃)环己烷	环丁烷(Cl, H; OCH₃, H)
氯甲氧基乙烷	2-乙氧基乙醇	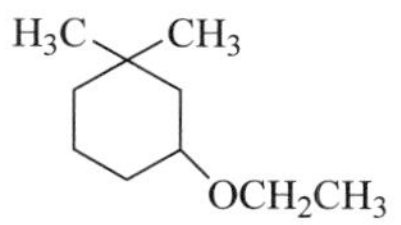 1,1-二甲基-3-乙氧基环己烷	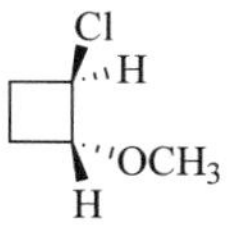 反-2-甲氧基-1-氯环丁烷

多羟基化合物的部分羟基成醚时的命名既可按 IUPAC 方法命名,也可按普通命名法命名,但都要标明位次。如:

CH_2OCH_3
$CHOH$
CH_2OH

IUPAC命名:3-甲氧基-1,2-丙二醇
普通命名:丙三醇-1-甲醚
1-*O*-甲基丙三醇

(3) 环醚的命名： 环醚属于杂环化合物，成环原子中非碳原子为氧原子。

系统命名：将环醚看作环氧化合物的衍生物。将环氧(epoxy)作为一个取代基，选主链后称为环氧某烷。编号要使取代基编号最小，同时给出氧原子所连接的两个碳原子的编号。

环氧乙烷　1,2-环氧丙烷　1,3-环氧丙烷　1,4-环氧丁烷　1,4-二氧环己烷

顺-2,3-环氧-4-甲氧基己烷　反-1,2-环氧-4-甲基环己烷　反-2-甲氧基-3-甲基环氧乙烷

普通命名：由于环醚通常由相应的烯烃氧化制备，普通名称是在制备该物质的烯烃名称上加“氧”，为氧化某烯。如由乙烯氧化制备的称为氧化乙烯，由环己烯氧化制备的称为氧化环己烯。

$CH_2=CH_2 \xrightarrow{[O]} H_2C\overset{O}{—}CH_2$

乙烯　氧化乙烯　环己烯　氧化环己烯

含较大环的环氧化合物，视为含氧杂环，习惯上按杂环规则命名。四元的环醚为氧杂环丁烷；五元环醚系统命名为氧杂环戊烷，习惯上以五元芳香化合物呋喃命名，如四氢呋喃；六元环醚系统命名为氧杂环己烷，但通常以六元杂环吡喃命名，如四氢吡喃。

3,3-二甲基-2-乙基氧杂环丁烷　3-甲氧基呋喃　四氢呋喃 (THF)(氧杂环戊烷)　吡喃　四氢吡喃 (THP)(氧杂环己烷)

有两个氧原子的六元环称为二烷，最常见的情况是两个氧原子处于1,4位，如1,4-二氧环己烷又称二氧六环，二噁烷。

(4) 冠醚： 含多个氧的大环醚称为冠醚(crown ether)。命名为X-冠-Y，用“冠”表示醚，X为环中的总原子数，Y为环中的氧原子数，数字与“冠”之间用一短线相连。

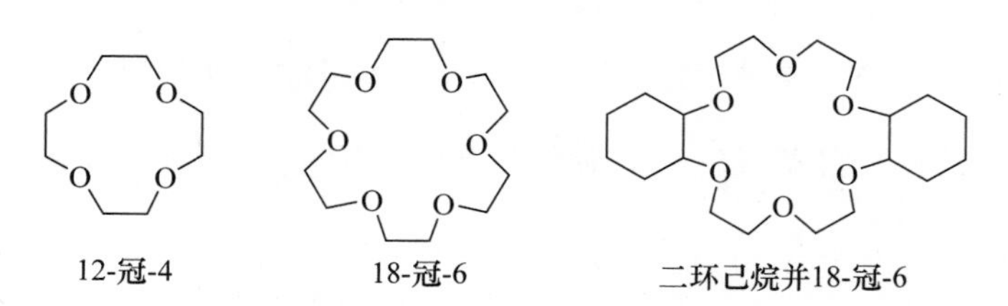

12-冠-4　18-冠-6　二环己烷并18-冠-6

§9.3　醇、酚、醚的物理性质

（一）醇的物理性质

直链饱和的一元醇为无色液体，密度小于水；C_5～C_{11}醇为油状液体，C_{12}以上醇为无嗅无味蜡状固体。C_1～C_3醇有酒味，C_4～C_{11}醇有不愉快的气味。简单的多元醇是具有甜味的黏稠液体。脂肪醇中一元醇密度小于水，芳香醇及多元醇密度大于水。

(1) 沸点：低级醇的沸点比相对分子质量相近的烷烃、卤代烃、醚、醛和酮都高。如相对分子质量相同的乙醇、甲醚和丙烷的沸点分别为78℃、－25℃和－42℃，乙醇和丙烷的沸点相差约120℃。这是由于醇在液体状态下分子间通过氢键缔合，醇气化时除克服分子间的范德华力外，还要克服氢键的作用。醇的沸点随相对分子质量的增大而升高，少于10个碳原子的直链饱和一元醇，每增加一个碳原子，沸点大约升高15～20℃，高于10个碳原子的醇的沸点差减小。相同碳原子数的饱和一元醇，随支链增多沸点降低，伯醇沸点最高，仲醇次之，叔醇最低。

多元醇可形成更多的氢键，沸点比一元醇更高，如乙二醇沸点198℃、丙三醇290℃。

(2) 溶解度：氢键不但影响着醇的沸点，还影响醇在水中的溶解度。低级醇（如甲醇、乙醇、丙醇、叔丁醇等）可与水互溶，溶解度随相对分子质量增加而逐渐降低。多元醇可与水混溶，三元醇（甘油）富有吸湿性。高级醇由于羟基在分子中的影响减弱，再加上烃基的疏水性而难溶于水，在非极性溶剂中有溶解性。

醇在强酸（如硫酸、盐酸等）溶液中的溶解度比在纯水中大，这是由于醇羟基上的氧原子能与酸中的质子结合成鎓盐。因此含氧有机化合物（醇、醚、醛、酮、酸等）一般都能溶于浓硫酸。如同无机盐含结晶水一样，低级醇能与无机盐（如氯化镁、氯化钙和硫酸铜等）形成醇的配合物，叫做结晶醇，不溶于有机溶剂而溶于水，如$MgCl_2 \cdot 6CH_3OH$，$CaCl_2 \cdot 4C_2H_5OH$等，由此可从有机物中除去醇，但也因此不能用氯化镁、氯化钙等试剂来干燥醇类化合物。

表9-1　某些醇的物理常数

名称	甲醇	乙醇	正丙醇	异丙醇	正丁醇	异丁醇	仲丁醇	叔丁醇	乙二醇	丙三醇
熔点/℃	－97	－115	－126	－89	－90	－108	－114	25	－13	18
沸点/℃	64.5	78	97	82	118	108	99.5	82.5	198	290
相对密度	0.79	0.79	0.80	0.79	0.81	0.80	0.81	0.79	1.12	1.26
水中溶解度/%	混溶	混溶	混溶	混溶	7.5	10	12.5	混溶	混溶	混溶

（二）酚的物理性质

多数酚为结晶性固体，具有刺激性气味，显酸性，在空气中放置易被氧化，很快变成粉红色。由于芳基在分子中所占比例较大，酚仅微溶于水或不溶于水，溶于乙醇、乙醚、苯等有机溶剂。又由于酚羟基能与水形成氢键，苯酚及其低级同系物能溶于水，多元酚在水中溶解度增大。酚也能形成分子间氢键，故沸点比相对分子质量接近的芳烃高。但有些酚能形成分子内的氢键，分子间不缔合，沸点相对较低。氢键的形成也影响着酚的熔点。酚的相对密度一般大于1。大多数酚在溶液中与三氯化铁生成蓝紫色配合物，该反应可以鉴定酚。酚类化合物一般都具有杀菌和防腐作用。

表 9-2　某些酚的物理常数

名称	苯酚	邻甲苯酚	间甲苯酚	对甲苯酚	邻苯二酚	间苯二酚	对苯二酚	1-萘酚	2-萘酚
熔点/℃	43	31	12	35	105	110	170	96	123
沸点/℃	182	191	202	202	245	281	285	279	286
水中溶解度/%	9.3	2.5	2.6	2.3	45.1	147.3	6	难溶	0.1

(三) 醚的物理性质

除甲醚和甲乙醚外，多数醚为易挥发、易燃的液体，有特殊气味，相对密度小于 1。醚分子间不能形成氢键，沸点比相对分子质量相近的醇低得多。多数醚微溶于水，易溶于有机溶剂，但四氢呋喃和 1,4-二氧六环由于氧原子突出在环外，与水形成氢键而互溶。醚常用作溶剂和萃取剂。

表 9-3　某些醚的物理常数

名称	甲醚	乙醚	正丙醚	异丙醚	正丁醚	苯甲醚	二苯醚	环氧乙烷	四氢呋喃	二氧六环
熔点/℃	−140	−116	−122	−60	−95	−37	27	−111	−108	12
沸点/℃	−24.9	34.5	90.5	69	143	154	259	13.5	67	101

§9.4　醇、酚的反应性质分析

醇的化学性质主要由羟基决定。由于氧的电负性比碳和氢都大，醇的碳氧键(C—O)和氢氧键(O—H)都是极性共价键，易发生异裂。

另外羟基有吸电子诱导效应，使羟基所连接的同一碳上的氢(α-H)也具有一定的活泼性，醇易被氧化；当醇 β 碳上有 H 时，醇易发生 β-消除反应。

酚与醇的主要差别是酚羟基氧上的孤对电子与苯环上的大 π 键共轭，氧上的电子云向苯环转移，结果使苯环上的电子云密度增加，酚的芳环上更易发生芳香亲电取代反应，并使羟基上的氢易解离而具有酸性，能发生酸碱反应。由于酚氧负离子的负电荷可以通过共轭分散到苯环上而更稳定，因此酚的酸性大于醇。实验测定都含有“羟基”的羧酸、苯酚、水和醇的 pK_a 数据如下：

表 9-4　几种物质的 pK_a 数据

名称	RCOOH	苯酚	水	ROH
pK_a	≈5	10	15.7	16～18

酚的芳环上有吸电子取代基时可进一步分散酚氧负离子的负电荷，使酚的酸性增强，如对硝基苯酚的 pK_a 为 7.15，而 2,4,6-三硝基苯酚(苦味酸)的 pK_a 只有 0.25；芳环上有给电子取代基时酚的酸性减弱，如邻甲苯酚的 pK_a 为 10.21。

§9.5　醇的化学性质

(一) 醇羟基中氢的反应(断 O—H 键)

虽然醇是比水弱的酸，但仍可以像水一样与一些活泼金属反应，作用比较缓和，产生氢气并生成金属醇化物。如乙醇与金属钠反应生成乙醇钠并放出氢气：

$$2CH_3CH_2OH + 2Na \longrightarrow 2CH_3CH_2ONa + H_2\uparrow$$

工业上可利用苯、乙醇和水形成三元共沸物除水，由乙醇和固体氢氧化钠的平衡反应制备乙醇钠。当苯、乙醇、水的质量比为74.1∶18.5∶7.4时，恒沸点为64.9℃。将固体氢氧化钠溶于乙醇和苯溶液中，加热回流，通过塔式反应器连续反应精馏脱水，塔顶蒸出苯、乙醇和水的三元共沸混合物，塔底得乙醇钠的乙醇溶液。

按共轭酸碱理论，醇的酸性比水弱，醇的共轭碱 RO^- 的碱性比水的共轭碱 HO^- 强。如醇钠的碱性强于氢氧化钠。

醇与金属钠的反应随相对分子质量的增大而变慢。脂肪醇与金属钠的反应速率与醇的相对酸性强度一致，液相时醇的酸性取决于醇解离后产生的烷氧负离子的稳定性，次序为甲醇＞伯醇＞仲醇＞叔醇。乙醇与金属镁反应生成乙醇镁，乙醇镁与水反应生成乙醇和氢氧化镁，实验室中可用镁将含水乙醇制备成无水乙醇。由于镁的活性较低，常加入少量碘作催化剂。

$$2C_2H_5OH + Mg \xrightarrow{I_2} (C_2H_5O)_2Mg + H_2\uparrow \qquad (C_2H_5O)_2Mg + 2H_2O \longrightarrow 2C_2H_5OH + Mg(OH)_2$$

较重要的醇的金属化合物还有醇钾、醇铝等。

氧上的孤对电子使羟基有亲核性和碱性，与亲电试剂反应时断裂 O—H 键。由于羟基上的氢具有酸性，醇可通过形成醇盐离子转化成强的亲核试剂，进攻较弱的亲电试剂，如与卤代烃反应生成醚。

$$\underset{\text{弱亲核试剂}}{R-\ddot{\underset{\cdot\cdot}{O}}-H} \xrightarrow{Na} \underset{\text{强亲核试剂}}{R-\ddot{\underset{\cdot\cdot}{O}}{:}^-\ Na^+} \xrightarrow{R'X} R-\ddot{\underset{\cdot\cdot}{O}}-R' + NaX$$

（二）碳氧键（C—O）断裂，醇羟基的取代反应

醇不是好的亲电试剂，羟基也不是一个好的离去基团，但在酸性条件下，质子化后的羟基（H_2O^+）转变成一个好的离去基团，通常的取代反应和消除反应都可发生，被亲核试剂进攻时断裂 C—O 键，使羟基被亲核试剂取代。

$$\underset{\text{不好的亲电试剂}}{H-\ddot{\underset{\cdot\cdot}{O}}-CH_2R} \xrightarrow{H^+} \underset{\text{好的亲电试剂}}{H-\overset{H}{\underset{\cdot\cdot}{O^+}}-CH_2R} \xrightarrow{^-X} X-CH_2R + H_2O$$

（1）醇与氢卤酸反应生成卤代烷和水：这是由醇制备相应的卤代烃的一种方法。

$$R-OH + HX \rightleftharpoons RX + H_2O$$

反应是可逆的，碱性条件下有利于逆反应，即卤代烷的水解。

反应速率与醇的结构有关，活性次序为：烯丙型醇＞叔醇＞仲醇＞伯醇。烯丙型醇和叔醇在室温下与浓盐酸一起振荡即可生成卤代烃。

反应中醇羟基首先被质子化形成鎓盐，伯醇的取代反应大多数是按 S_N2 机理进行的，卤负离子从背侧进攻碳原子，水分子离去，形成卤代烷：

$$RCH_2\ddot{O}H + H^+ \longrightarrow RCH_2-\overset{+}{O}H_2 \xrightarrow{X^-} \left[\overset{\delta^-}{X}\cdots\underset{R}{\overset{H\ H}{C}}\cdots\overset{\delta^+}{O}H_2\right]^{\ddagger} \longrightarrow RCH_2X + H_2O$$

烯丙型醇、叔醇和仲醇容易失水生成较稳定的烃基正离子，一般按 S_N1 机理进行反应：

$$(CH_3)_3C\ddot{O}H + H^+ \longrightarrow (CH_3)_3C-\overset{+}{O}H_2 \xrightarrow{-H_2O} (CH_3)_3C^+ \xrightarrow{X^-} (CH_3)_3CX$$

由于在 S_N1 反应中会产生一个碳正离子中间体，因此醇和氢卤酸的反应中，分子重排现象很普遍，一些相对较不稳定的碳正离子总倾向于转变成相对稳定的碳正离子，产生重排产物：

$$(CH_3)_2CHCH(OH)CH_3 \xrightarrow[-H_2O]{H^+} (CH_3)_2CH\overset{+}{C}HCH_3 \xrightarrow{Br^-} (CH_3)_2CHCH(Br)CH_3 \quad \text{(非重排产物36\%)}$$

$$(CH_3)_2CH\overset{+}{C}HCH_3 \xrightarrow{\text{负氢重排}} (CH_3)_2\overset{+}{C}CH_2CH_3 \xrightarrow{Br^-} (CH_3)_2CBrCH_2CH_3 \quad \text{(重排产物64\%)}$$

$$(CH_3)_3CCH_2OH \xrightarrow[-H_2O]{H^+} (CH_3)_3C\overset{+}{C}H_2 \xrightarrow{\text{甲基重排}} (CH_3)_2\overset{+}{C}CH_2CH_3 \xrightarrow{Br^-} (CH_3)_2CBrCH_2CH_3 \quad \text{(重排产物100\%)}$$

某些小环取代的甲醇衍生物与氢卤酸作用，可发生扩环反应。如：

$$\text{环丁基}-C(CH_3)_2-OH \xrightarrow{H^+} \text{环丁基}-C(CH_3)_2-\overset{+}{O}H_2 \xrightarrow{-H_2O} \text{环丁基}-\overset{+}{C}(CH_3)_2 \xrightarrow{1,2\text{-迁移}} \text{2,2-二甲基环戊基正离子} \xrightarrow{Cl^-} \text{1,1-二甲基-2-氯环戊烷}$$

其中四元环的一个 C—C 键发生 1,2-迁移，由叔碳正离子生成环戊基仲碳正离子，再与 Cl^- 反应生成产物 1,1-二甲基-2-氯环戊烷。

醇与氢卤酸的反应速率还与氢卤酸的种类有关，活性次序为 HI＞HBr＞HCl。伯醇与浓氢碘酸加热即可顺利反应；与高浓度的氢溴酸反应需加热，浓度低时还需加浓硫酸催化脱水。由伯醇制备相应的溴代烷时，一般用溴化钠和浓硫酸为试剂；与浓盐酸反应需加入氯化锌催化，同时增加氯负离子的浓度。高沸点的醇加入少量的氯化锌，可在比较高的温度下通入氯化氢反应制备氯代烷。

$$CH_3(CH_2)_{11}OH + HCl \xrightarrow[160\sim170\ ^\circ C]{ZnCl_2} CH_3(CH_2)_{11}Cl + H_2O$$

在有机分析中利用与盐酸反应的速率不同，可区别六碳以下的伯、仲、叔醇，所用试剂为卢卡斯试剂（浓盐酸与无水氯化锌）。卢卡斯试剂与醇在常温下的反应活性次序为：苄醇和烯丙醇＞叔醇＞仲醇＞伯醇＞甲醇。六碳以下的醇能溶于卢卡斯试剂，但反应后生成的氯代烃不溶于卢卡斯试剂，体系出现浑浊、分层。苄醇、烯丙醇和叔醇与卢卡斯试剂混合时立即就有氯代烃生成，溶液变浑浊，仲醇则要放置片刻才变浑浊，伯醇需加热后才变浑浊。由此观察反应中出现混浊或分层的快慢，就可区别反应物是伯醇、仲醇或叔醇。

(2) 醇与卤化磷反应制备卤代烷： 三氯化磷、三氯氧磷、三溴化磷、三碘化磷和五氯化磷都是使醇转化成相应卤代烃的试剂。醇首先与三卤化磷生成二卤代亚磷酸酯和卤化氢，再与卤负离子生成卤代烷。

$$ROH + PX_3 \longrightarrow R-O-PX_2 + HX \rightleftharpoons R-\overset{+}{\underset{H}{O}}-PX_2 + X^- \longrightarrow RX + HOPX_2$$

反应中生成的 $HOPX_2$ 可继续与醇反应，最终生成卤代烃和亚磷酸（H_3PO_3）。

用三氯化磷时，由于 Cl^- 的亲核性弱，氯代烃收率低。特别是与伯醇反应时，产物基本是亚磷酸酯而不是氯代物。用三氯氧磷和五氯化磷与醇反应生成氯代烃也有亚磷酸酯生成。

$$ROH + PCl_3 \longrightarrow ROPCl_2 \xrightarrow{ROH} (RO)_2PCl \xrightarrow{ROH} (RO)_3P$$

由于赤磷与溴或碘能迅速作用生成三溴化磷和三碘化磷，实际应用时往往用赤磷与溴或碘来代替三溴化磷（适于 C_6 以上的伯溴烷合成）或三碘化磷。由于溴和碘的氧化性，中间产物三价磷被氧化成五价磷，反应终了生成的是磷酸，并有 HBr 或 HI 放出。

$$8CH_3(CH_2)_{15}OH + 2P + 5Br_2 \longrightarrow 8CH_3(CH_2)_{15}Br + 2H_3PO_4 + 2HBr$$

$$8CH_3OH + 2P + 5I_2 \longrightarrow 8CH_3I + 2H_3PO_4 + 2HI$$

由于用醇与卤化磷反应制备卤代烃避免了使用强酸性介质，有利于反应按 S_N2 机理进行，重排产物很少。主要用于伯醇和仲醇。

（3）醇与氯化亚砜（亚硫酰氯）反应制备氯代物：反应产物除氯代烷外都是气体，反应容易进行到底，产物也比较纯，是常用于由醇制备氯代物的方法。

$$3ROH + SOCl_2 \xrightarrow{\text{回流}8\sim10\ h} RCl + SO_2\uparrow + HCl\uparrow$$

反应首先生成氯代亚硫酸酯，低温下可分离出次产物，然后分解成紧密离子对，氯离子从醇羟基离去的方向进攻中心碳原子，得到构型保持的卤代烃。机理如下：

$$R'(H)(R)C-\ddot{O}H + Cl_2S=O \xrightarrow{-H^+} R'(H)(R)C-\overset{+}{O}-S(Cl)_2-O^- \xrightarrow{-Cl^-}$$

$$R'(H)(R)C-O-S(Cl)=O \longrightarrow R'(H)(R)C^+ \ \ {}^-O-S(Cl)=O \xrightarrow{-SO_2} R'(H)(R)C-Cl$$

氯代亚硫酸酯　　紧密离子对

这种发生在分子内的亲核取代反应称为 S_Ni 反应。S_Ni 反应需要在紧密离子对阶段进行，与溶剂的性质相关；使用极性小的乙醚为溶剂，有利于 S_Ni 反应。若在体系内加入适量的弱碱中和 HCl，使体系中存在自由的氯负离子，Cl^- 从背后进攻，经 S_N2 反应，使碳原子构型转化，则得到构型翻转的产物。

当使用吡啶等碱性溶剂时，中间产物氯代亚硫酸酯与吡啶成盐，氯离子从背后进攻，为 S_N2 反应，生成构型翻转的氯代产物。

$$R'(H)(R)C-O-S(Cl)=O \xrightarrow{C_5H_5N} \left[R'(H)(R)C-O-S(=O)-\overset{+}{N}C_5H_5\right]Cl^- \longrightarrow$$

氯代亚硫酸酯

$$Cl^- + R'(H)(R)C-O-S(=O)-\overset{+}{N}C_5H_5 \longrightarrow Cl-C(R')(H)(R) + SO_2 + C_5H_5N$$

(4) **醇与酸反应生成酯：**

① **羧酸酯的生成：**醇与羧酸在酸催化下得到羧酸酯和水。反应是一个平衡反应，不断除去反应生成的水，可以使反应不断向生成酯的方向进行。生成的酯一般由羧酸提供酰基，醇提供烷氧基：

$$R-O-\boxed{H}+\boxed{H-O}-\overset{O}{\overset{\|}{C}}-R' \xrightleftharpoons{H^+} R-O-\overset{O}{\overset{\|}{C}}-R'+\boxed{H-O-H}$$

伯、仲、叔醇由于空间阻碍的影响，对同一羧酸酯化的速率比大致为 45∶20∶1。在不分水、等物质的量的酸和醇的情况下，酯化的极限为伯醇 60%～68%，仲醇 58%～60%，叔醇 2%～6%。

羧酸的空间位阻对酯化反应影响很大，如长链脂肪酸由于具有螺旋形结构，与醇发生酯化的活性大为降低。邻位有取代基的芳香族羧酸的反应速率比没有取代基的要慢。

另外，酰卤、酸酐等羧酸衍生物也能与醇反应生成酯。

② **无机酸酯的生成：**伯醇与硫酸在温度不高时反应生成硫酸氢酯和水，硫酸氢甲酯或硫酸氢乙酯再减压蒸馏可生成硫酸二甲酯或硫酸二乙酯；在温度高时则生成醚或烯。叔醇与硫酸反应产物主要是烯烃。

$$RCH_2OH + HO\overset{O}{\overset{\|}{\underset{O}{\underset{\|}{S}}}}OH \xrightarrow{\text{小于}100\ ^\circ C} RCH_2O\overset{O}{\overset{\|}{\underset{O}{\underset{\|}{S}}}}OH\ (\text{硫酸氢酯}) + H_2O$$

$$\underset{\text{硫酸氢甲酯}}{2CH_3OSO_3H} \xrightarrow{\text{减压蒸馏}} \underset{\text{硫酸二甲酯}}{CH_3OSO_2OCH_3} + H_2SO_4$$

磷酸、亚磷酸为三元酸，由于酸性的差别可以制得单酯、双酯和三酯。磷酸酯或亚磷酸酯可由醇和相应的酰氯 $POCl_3$ 或 PCl_3 制备。

$$3C_8H_{17}OH + POCl_3 \longrightarrow (C_8H_{17}O)_3PO\ (\text{磷酸三辛酯}) + 3HCl$$

$$3C_2H_5OH + PCl_3 \xrightarrow{N,N\text{-二甲基吡啶}} (C_2H_5O)_3P\ (\text{亚磷酸三乙酯}) + 3HCl$$

磷酸酯也可以用醇和 P_2O_5 制备。如无水丁醇和 P_2O_5 在无水乙醚中反应生成磷酸二丁酯，副产物磷酸单丁酯。

$$3C_4H_9OH + P_2O_5 \longrightarrow (C_4H_9O)_2\overset{O}{\overset{\|}{P}}-OH + C_4H_9O-\overset{O}{\overset{\|}{P}}(OH)_2$$

磷酸酯可作有机磷农药、萃取剂、增塑剂等。磷酸酯在生物化学中也起着重要的作用，脱氧核苷或核苷通过形成磷酸酯连接成 DNA 或 RNA。

亚硝酸、硝酸与伯醇生成亚硝酸酯或硝酸酯。多元醇的硝酸酯是烈性炸药。三硝酸甘油酯又称硝化甘油，是由瑞典化学家 Alfred Nobel 发明的，在炸药生产中占有重要地位。硝化甘油能释放信使分子 NO，能使血管扩张，消除心绞痛，是治疗心脏病的药物。

$$2CH_3CH_2CH_2CH_2OH + 2NaNO_2 + H_2SO_4 \longrightarrow \underset{(\text{亚硝酸正丁酯})}{2CH_3CH_2CH_2CH_2ONO} + Na_2SO_4 + 2H_2O$$

$$CH_3CH_2OH + HONO_2 \xrightarrow{H^+} CH_3CH_2ONO_2\ (\text{硝酸乙酯}) + H_2O$$

$$\underset{\underset{OH}{|}}{HO-CH_2CHCH_2-OH} + 3HNO_3 \longrightarrow \underset{\underset{NO_2}{|}}{O_2N-CH_2CHCH_2-NO_2} + 3H_2O$$

（三硝酸甘油酯）

（三）醇的氧化和脱氢

醇被氧化为相应的醛或酮是有机合成中最基础、用途最广泛的官能团转换反应之一。伯醇和仲醇中，与羟基直接连接的碳原子上的氢原子（α 氢原子），由于受到羟基吸电子诱导效应的影响，比较活泼，易被氧化。当醇的 β 碳上有 H 时，易发生 β-消除反应。

（1）醇氧化： 在氧化剂存在下，一级醇首先被氧化成醛，醛继续被氧化成羧酸；二级醇被氧化成同碳原子数的酮。三级醇由于没有 α 氢原子很难被氧化，但在强氧化条件下，脱水生成烯，形成的碳碳双键氧化断裂，生成小分子的酮和酸。

能氧化醇的强氧化剂有 $KMnO_4$、$Na_2Cr_2O_7$、$K_2Cr_2O_7$、HNO_3 等，氧化剂的氧化能力越强，选择性越低。为了避免生成的醛进一步氧化成酸，通常应使反应温度高于醛的沸点，沸点低于 100℃ 的醛一经生成即被蒸出。对于醚溶性的仲醇，采用醚-水两相体系作溶剂，用铬酸氧化，生成的酮立刻被萃取到有机相中，可减少副反应的发生，提高酮的收率。

$$\underset{\text{b.p. }97\,^{\circ}C}{CH_3CH_2CH_2OH} \xrightarrow{K_2Cr_2O_7 + H_2SO_4} \underset{\text{b.p. }49\,^{\circ}C}{CH_3CH_2CHO} \xrightarrow{K_2Cr_2O_7 + H_2SO_4} CH_3CH_2COOH$$

$$C_6H_5-\underset{\underset{}{}}{\overset{\overset{OH}{|}}{C}}HCH_3 \xrightarrow[H_2O]{KMnO_4} \underset{72\%}{C_6H_5-\overset{\overset{O}{\|}}{C}CH_3} + MnO_2$$

$$CH_3(CH_2)_4CH_2OH \xrightarrow[10\sim20\,^{\circ}C]{71\%\ HNO_3} \underset{80\%}{CH_3(CH_2)_4\overset{\overset{O}{\|}}{C}OH}$$

一级醇的氧化是合成醛的重要方法，二级醇可高产率地氧化成酮，对于高级醇需开发出选择性高的氧化剂和工艺。如弱酸性三氧化铬-吡啶-HCl（PCC，$PyH^+CrO_3Cl^-$）为氧化一级醇成醛的有效试剂，产率可达 78%～100%，也可氧化二级醇成酮；吡啶二铬酸盐（PDC）可在中性条件下选择性氧化一级醇，也可将二级醇氧化成酮。

$$CH_3(CH_2)_5CH_2OH \xrightarrow{PyH^+CrO_3Cl^-} CH_3(CH_2)_5CHO\ \ 78\%$$

$$\text{HO-(吡喃糖, OMe, OMe)} \xrightarrow[\text{回流}]{PDC/CH_2Cl_2,\ AcOH} \text{O=(吡喃糖酮, OMe, OMe)}\ \ 80\%$$

三氧化铬（CrO_3）的稀硫酸溶液（Jones 试剂）能选择性氧化具有双键、叁键的醇类，而不会使不饱和键氧化。二吡啶三氧化铬的二氯甲烷溶液可进行选择性氧化（Collins 氧化），对分子中的硝基、酯基、双键均无影响。活性 MnO_2 广泛用于将带 α,β-不饱和基团的醇氧化成醛，或将烯丙型醇氧化成醛或酮。二甲亚砜（DMSO）作为温和氧化试剂，可被草酰氯（ClCO—COCl）、三氟乙酸酐、三氧化硫、二环己基碳二亚胺（DCC）、P_4O_{10} 等亲电试剂活化，在温和条件下将一级醇氧化到醛的阶段，二级醇氧化成酮（Swern 氧化），对分子中的双键、叁键、酯、酰胺等官能团无影响。

$$CH_2=CHCH_2OH \xrightarrow[\text{室温}]{\text{活性}MnO_2} CH_2=CHCHO$$

$$Me_3SiCH_2C(=CH_2)CH_2CH_2OH \xrightarrow[DCC\text{-}H^+]{DMSO} Me_3SiCH_2C(=CH_2)CH_2CHO$$

$$CH_3(CH_2)_8CH_2OH \xrightarrow[Et_3N/CH_2Cl_2,\ \sim 60\ ^\circ C]{DMSO/ClCOCOCl} CH_3(CH_2)_8CHO \quad 85\%$$

$$\text{环戊醇} \xrightarrow[Et_3N/CH_2Cl_2,\ \sim 60\ ^\circ C]{DMSO/ClCOCOCl} \text{环戊酮} \quad 90\%$$

(2) 欧芬脑尔(Oppenauer)反应：在异丙醇铝或三级丁醇铝存在下，二级醇被丙酮(或甲乙酮、环己酮)氧化成酮，丙酮被还原成异丙醇，为 Oppenauer 反应，反应只在醇和酮之间发生氢原子转移。一级醇可用此方法氧化成醛，但醛在碱性条件下易发生羟醛缩合，收率不高。

$$R_2CHOH + CH_3\overset{O}{\overset{\|}{C}}CH_3 \xrightleftharpoons{Al[OCH(CH_3)_2]_3} R_2C=O + CH_3\overset{OH}{\overset{|}{C}}HCH_3$$

(3) 催化脱氢：工业上氧化醇最廉价的方法是催化脱氢，是绿色化学研究的重点。醇气相催化脱氢的催化剂有铜、银、钯及亚铬酸铜等，在高温下伯醇脱去两个氢原子生成醛，仲醇则生成酮。如将甲醇蒸气饱和的空气通过 500～600℃的铜网，即可生成甲醛和水。在氯化亚铜、二价钯等过渡金属催化下，可用空气或氧气氧化醇生成醛或酮。如 2-十二醇在醋酸钯催化下，通氧气氧化生成 2-十二酮。

$$CH_3CH_2OH \xrightleftharpoons[250\sim350\ ^\circ C]{Cu} CH_3CHO + H_2$$

$$C_{10}H_{21}CH(OH)CH_3 \xrightarrow[\text{吡啶, 甲苯, } 80\ ^\circ C]{O_2/Pd(OAc)_2} C_{10}H_{21}COCH_3 \quad \text{2-十二酮}$$

(四) 醇的氮氧自由基催化氧化

使用铬酸盐、高锰酸钾的传统醇氧化是非环保的，会带来重金属污染。发展绿色、温和、经济和选择性高的醇催化氧化已成为研究人员关注的热点。在多种催化剂催化下，氯气、NaClO、双氧水也可被用作醇氧化成醛的氧化剂。其中，具有高活性的氮氧自由基——2,2,6,6-四甲基哌啶-*N*-氧自由基(TEMPO)催化醇的氧化反应是温和条件下选择性氧化醇的一个重要方法。优点是反应条件温和，效率高，有选择性。在 TEMPO 催化下，氧化醇的氧化剂可选用次氯酸钠、亚氯酸钠、过硫酸氢钾、氧气、空气等。TEMPO·(氮氧自由基)具有弱氧化性，在醇氧化反应中是一种具有高选择性、高活性的催化剂，催化过程可以认为是在氧化剂作用下，氮氧自由基被氧化成有强氧化性的氮氧正离子。在催化体系中 TEMPO 存在以下几种氧化态形式：

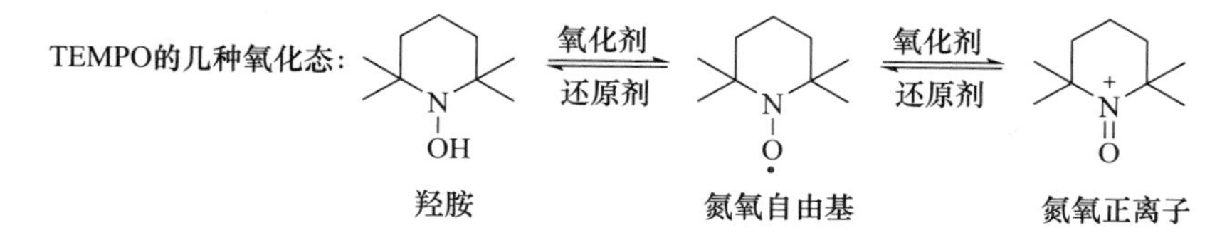

目前已发展出多种 TEMPO 催化体系。

(1) TEMPO-NaClO-NaBr 三元复合系列氧化体系：NaClO 为氧化剂，将 TEMPO 氧化成 $TEMPO^+$，$TEMPO^+$ 将醇氧化，本身还原成 TEMPOH。在 TEMPO 催化下，等物质的量或稍过量 NaClO 氧化一级醇为醛，氧化二级醇为酮。若 NaClO 为两倍量以上，则氧化一级醇为羧酸。

$$RCH_2OH + 1\sim1.25NaClO + 0.08\sim0.4KBr \xrightarrow[0\sim20\,^\circ C,\ 0.5\sim5\ h]{TEMPO} RCHO$$

$$RCH_2OH + 2NaClO + 0.08\sim0.4KBr \xrightarrow[0\sim20\,^\circ C,\ 0.5\sim5\ h]{TEMPO} RCOOH$$

$$R_1R_2CHOH + 1\sim1.25NaClO + 0.08\sim0.4KBr \xrightarrow[0\sim20\,^\circ C,\ 0.5\sim5\ h]{TEMPO} R_1R_2C{=}O$$

体系中 NaBr 的作用是使 NaClO 变成 NaBrO，更易与 TEMPO 反应。通常使用 1 mol% TEMPO、10 mol% NaBr 或 KBr，和稍过量的 NaClO 溶液，在 pH＝9，反应温度 0～15℃，以 CH_2Cl_2 为溶剂条件下，伯、仲醇都会被选择性地快速氧化为相应的醛或酮。反应中加入 Br^-（NaBr 或 KBr），可加快反应速率。

$$CH_3(CH_2)_6CH_2OH \xrightarrow[CH_2Cl_2]{TEMPO/NaBr/NaClO} CH_3(CH_2)_6CHO \quad 92\%$$

(2) 用于分子氧为氧化剂的 TEMPO 催化体系：分子氧（空气或氧气）作氧化剂具有经济和环境友好的特点。单独 TEMPO 无法催化分子氧氧化醇，需要组合具有氧化还原性质的助催化剂，将分子氧的氧化性传递到醇氧化反应中。

① 无过渡金属的助催化剂/TEMPO 体系：TEMPO-$NaNO_2$-Br_2 催化体系能够使用分子氧高效地促进 TEMPO 催化醇的氧化反应。反应在 80℃，0.4 MPa 氧压下进行，伯醇、仲

醇以及含杂原子的醇都能高选择性地被氧化为醛或酮，杂原子和 C═C 双键不受影响。$NaNO_2$ 和 Br_2 是助催化剂，$NaNO_2$ 的作用是产生 NO 来活化 O_2，Br_2 的作用是实现 NO 和 TEMPO 之间的电子传递。

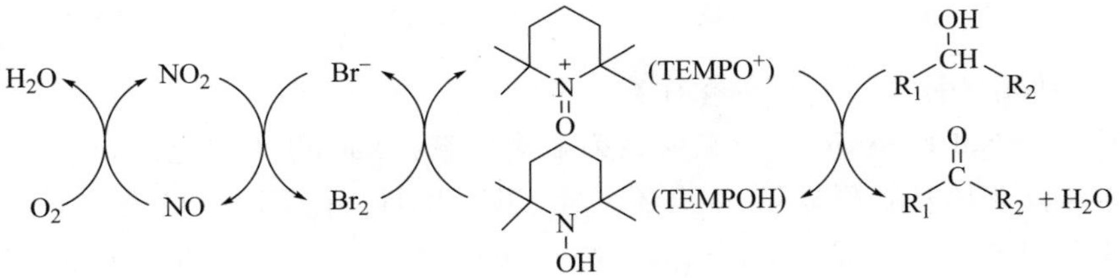

$$\mathrm{R_1R_2CH{-}OH + O_2 \xrightarrow[\text{CH}_2\text{Cl}_2,\ 0.4\sim0.9\ \text{MPa},\ 80\ ^\circ\text{C}]{1\ \text{mol\% TEMPO-}4\sim8\ \text{mol\% NaNO}_2\text{-}4\ \text{mol\% Br}_2} R_1R_2C{=}O}$$

也可以用 HCl 替代 Br_2，组成 TEMPO-$NaNO_2$-HCl 体系，效果相同。该催化体系可高效、高产率（可达 95%）地将芳香醇氧化成相应的醛和酮，也可氧化脂肪族伯醇和仲醇。TEMPO-$NaNO_2$-HCl 催化体系可以在温和条件下实现宽范围内的醇的选择性氧化。

② **TEMPO-TBN-HBr 催化体系**：用亚硝酸叔丁酯（TBN）和 HBr 分别代替 $NaNO_2$ 和 Br_2 开发的 TEMPO-TBN-HBr 催化体系，可以在低 TEMPO 用量下（0.5～2 mol%）将芳香醇和脂肪醇氧化成相应的醛和酮。TEMPO-TBN 双组分催化体系可以进行包括芳香杂环在内的伯、仲醇的有氧氧化。TBN 可代替 NO 活化氧。

$$\mathrm{R_1R_2CH{-}OH + O_2 \xrightarrow[\text{ClCH}_2\text{CH}_2\text{Cl},\ 0.2\ \text{MPa},\ 80\ ^\circ\text{C}]{\text{TEMPO-TBN}} R_1R_2C{=}O}$$

③ **均相过渡金属助催化剂/TEMPO 体系**：如在乙酸溶剂中的 $Mn(NO_3)_2$-$Cu(NO_3)_2$-TEMPO 体系。$TEMPO^+$ 是酸性条件下 TEMPO 通过歧化反应产生的，$Mn(NO_3)_2$ 与 $Cu(NO_3)_2$ 的作用是催化分子氧氧化 TEMPOH 生成 TEMPO。也可用 $Co(NO_3)_2$ 代替 $Cu(NO_3)_2$，催化效果相近。

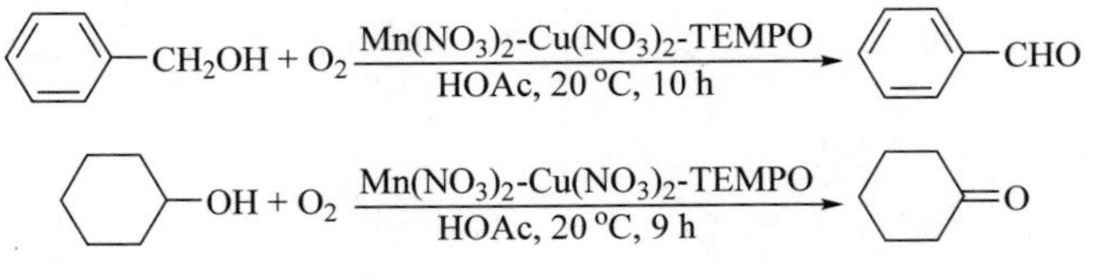

$$\mathrm{C_6H_5{-}CH_2OH + O_2 \xrightarrow[\text{HOAc},\ 20\ ^\circ\text{C},\ 10\ \text{h}]{\text{Mn(NO}_3)_2\text{-Cu(NO}_3)_2\text{-TEMPO}} C_6H_5{-}CHO}$$

$$\mathrm{C_6H_{11}{-}OH + O_2 \xrightarrow[\text{HOAc},\ 20\ ^\circ\text{C},\ 9\ \text{h}]{\text{Mn(NO}_3)_2\text{-Cu(NO}_3)_2\text{-TEMPO}} C_6H_{10}{=}O}$$

④ **TEMPO-$FeCl_3$-$NaNO_2$ 催化体系**：能够将含有 C═C 双键，N、S 杂原子等官能团的醇定量地、高选择性地氧化为相应的醛或酮，并且能够高收率地得到产品。

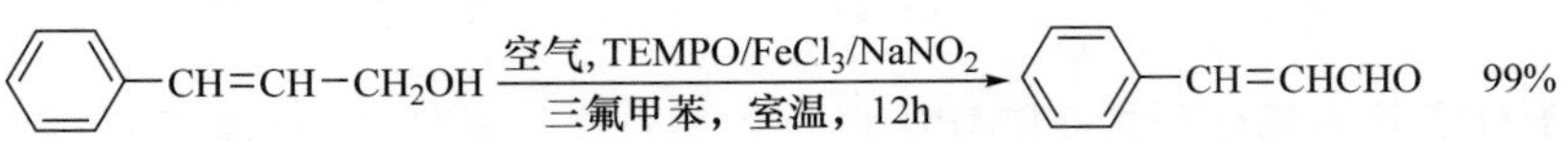

$$\mathrm{C_6H_5{-}CH{=}CH{-}CH_2OH \xrightarrow[\text{三氟甲苯，室温，12h}]{\text{空气, TEMPO/FeCl}_3\text{/NaNO}_2} C_6H_5{-}CH{=}CHCHO}\quad 99\%$$

由于 4-羟基 TEMPO 及其衍生物易得、廉价，也常常用来代替 TEMPO 氮氧自由基作为氧化醇的催化剂。如 4-(4-乙酰氧基)TEMPO-$FeCl_3$-$NaNO_2$ 体系和 4-(4-甲基苯磺酰氧基)TEMPO-$FeCl_3$-$NaNO_2$ 体系，均可催化分子氧选择性氧化醇。

4-羟基TEMPO　　4-(乙酰氧基)TEMPO　　4-(4-甲基苯磺酰氧基)TEMPO

由于 TEMPO 不好回收，可将 TEMPO 固载到聚苯乙烯、聚乙二醇等聚合物及硅胶载体上，便于 TEMPO 的回收和循环使用。

⑤ 过渡金属 TEMPO 催化体系： 有钌-TEMPO 催化体系，如[$RuCl_2(PPh_3)$-TEMPO]可实现脂肪伯醇、仲醇、苄醇和烯丙醇的有氧氧化，选择性高于 99%；铜-TEMPO 催化体系，如 CuCl-TEMPO；铁-TEMPO 催化体系，如 TEMPO-$FeCl_3$-$NaNO_2$ 等。

（五）醇的生物氧化

乙醇分子进入人体后，在体内的乙醇脱氢酶的作用下，乙醇分子脱去两个氢原子生成乙醛，随后被醛脱氢酶催化氧化，将乙醛氧化成正常代谢物乙酸。当乙醇来不及代谢出人体时，就会产生醉酒现象。其他醇的氧化产物的毒性比乙酸更大。如甲醇氧化成甲醛，进一步氧化成甲酸，会引起失明或死亡；乙二醇氧化产物是草酸，会引起肾衰竭和死亡。因此每年都有许多人甲醇和乙二醇中毒。醇脱氢酶固定化的研究已开始将生物脱氢酶用于醇氧化的工业化生产。

（六）邻二醇的化学反应

（1）邻二醇的氧化： 邻二醇在高碘酸（HIO_4）或四乙酸铅[$Pb(OAc)_4$]作用下，连有羟基的碳—碳键氧化断裂，经五元环状酯中间体，生成两个含羰基的化合物，醇羟基变成相应的醛和酮。与高碘酸反应常用水为溶剂。根据是否与硝酸银溶液生成碘酸银白色沉淀，判定反应是否发生。与四醋酸铅反应要在有机溶剂如冰醋酸、苯中进行，这是因为四醋酸铅遇水会分解。反应定量进行，每断裂一个碳—碳键就消耗一分子氧化剂，由此可根据反应消耗氧化剂的量计算多元醇中相邻羟基的数目。若反应物是 1,2,3-三醇，则中间碳两边的碳—碳键均断裂，能生成甲酸。

$$CH_3CH(OH)-CH(OH)(CH_3)_2 + HIO_4 \longrightarrow \text{五元环状酯中间体} + H_2O \longrightarrow CH_3CHO + (CH_3)_2C{=}O + HIO_3$$

$$CH_3CH(OH)-CH(OH)CH_3 + Pb(OAc)_4 \longrightarrow \text{五元环状酯中间体} + 2HOAc \longrightarrow 2CH_3CHO + Pb(OAc)_2$$

五元环状酯中间体

$$CH_3-\underset{OH}{CH}-\underset{OH}{CH}-\underset{OH}{CH}CH_3 + Pb(OAc)_4 \xrightarrow{\text{苯}} 2CH_3CHO + HCOOH + Pb(OAc)_2$$

（2）邻二醇的酸性重排（频哪醇重排）： 由于最早发现的这类反应是频哪醇在酸性条件

下重排成频哪酮的反应，故这类反应也称为频哪醇重排反应(pinacol rearrangement)。如：

$$(CH_3)_2\underset{}{\overset{OH}{C}}-\overset{OH}{C}(CH_3)_2\text{（频哪醇）}\xrightarrow{H^+}(CH_3)_3C-\overset{O}{\overset{\|}{C}}CH_3\text{（频哪酮）}+H_2O$$

反应机理如下：

$$CH_3-\underset{OH}{\overset{CH_3}{C}}-\underset{OH}{\overset{CH_3}{C}}-CH_3 \xrightleftharpoons{H^+} CH_3-\underset{^+OH_2}{\overset{CH_3}{C}}-\underset{OH}{\overset{CH_3}{C}}-CH_3 \xrightleftharpoons[+H_2O]{-H_2O} CH_3-\underset{+}{\overset{CH_3}{C}}-\underset{OH}{\overset{CH_3}{C}}-CH_3 \xrightarrow{\text{重排}}$$

$$\left[CH_3-\underset{CH_3}{\overset{CH_3}{C}}-\underset{OH}{\overset{+}{C}}-CH_3 \longleftrightarrow CH_3-\underset{CH_3}{\overset{CH_3}{C}}-\underset{\overset{+}{OH}}{\overset{}{C}}-CH_3\right] \rightleftharpoons CH_3-\underset{CH_3}{\overset{CH_3}{C}}-\underset{O}{\overset{}{C}}-CH_3+H^+$$

首先，邻二醇中一个羟基接受一个质子，再失去水形成碳正离子，同时发生基团的转移，重排成产物酮或醛，属亲核重排。迁移基团从离去基团(H_2O)的背后进攻，两者处于反式位置。如顺-1,2-二甲基-1,2-环己二醇和它的反式异构体在稀硫酸的作用下，顺式反应物得到2,2-二甲基环己酮，反式反应物则发生缩环反应生成甲基-1-甲基环戊己酮：

顺-1,2-二甲基-1,2-环己二醇 → 2,2-二甲基环己酮

反-1,2-二甲基-1,2-环己二醇 → 甲基-1-甲基环戊基酮

除了邻二醇可以发生频哪醇重排反应外，α,β-氨基醇、α,β-卤代醇以及1,2-环氧化合物，在适当的条件下也有与频哪醇重排类似的反应发生。

§9.6 酚的化学性质

由于酚的羟基直接与芳环相连，羟基氧上的一对孤对电子与芳环上的大π键处于共轭位置，酚的氢氧键容易断裂，具有酸性，而碳氧键则很难断裂。同时由于酚的偶极矩方向是由羟基指向芳环，氧原子上的孤对电子向芳环转移，使芳环上易发生芳香亲电取代反应。酚易被氧化，能与醛、酮发生缩合反应。

(一) 酚的酸碱反应

含有羟基的有机化合物，如酚、醇和羧酸，羟基中的氢的酸性强弱次序为羧酸＞酚＞醇，几种常见化合物的 pK_a 数据如下：

	RCOOH	H_2CO_3	α-萘酚	苯酚	H_2O	ROH
pK_a	~5	~6.35	9.65	10	15.7	16~18

混浊的苯酚水混合液与5%氢氧化钠水溶液作用，生成可溶于水的酚钠，得到透明的澄清溶液。酚的酸性比醇强，但比碳酸弱，当将二氧化碳通入酚钠水溶液中，酚就会游离出来，由此可分离、提纯某些酚类化合物。

酚的酸性与芳环上的取代基有关，尤其是取代基在酚羟基的对位和邻位时。芳环上有吸电子取代基，酚的酸性增强；芳环上有给电子取代基，酚的酸性减弱。

表 9-5 一些取代苯酚在水中的 pK_a（25℃）

化合物	pK_a	化合物	pK_a	化合物	pK_a
邻甲苯酚	10.3	邻氯苯酚	8.48	邻硝基苯酚	7.22
间甲苯酚	10.1	间氯苯酚	9.02	间硝基苯酚	8.39
对甲苯酚	10.3	对氯苯酚	9.38	对硝基苯酚	7.15
邻甲氧基苯酚	9.98	邻溴苯酚	8.42	对氰基苯酚	8.2
间甲氧基苯酚	9.65	间溴苯酚	8.87	2,4-二硝基苯酚	4.09
对甲氧基苯酚	10.2	对溴苯酚	9.26	2,4,6-三硝基苯酚	0.25

（二）与三氯化铁的显色反应

酚羟基与芳环直接相连，具有烯醇式结构，故酚能与三氯化铁溶液发生显色反应。不同的酚可显示不同的颜色，苯酚与三氯化铁显蓝紫色，对甲酚显蓝色，邻苯二酚显深绿色，由此可检验酚羟基的存在，因为一般醇羟基不与三氯化铁发生显色反应。

（三）酚的氧化

酚容易被氧化，暴露在空气中或阳光下，酚会变成有颜色的物质。随氧化剂和反应条件不同，酚氧化的产物也不同，苯酚可被氧化成邻苯二酚和对苯二酚，但一般情况下被氧化成对苯醌。此外对苯二酚、邻苯二酚、1-萘酚等一般均氧化成醌。

$$C_6H_5{-}OH + H_2O_2 \longrightarrow o\text{-}C_6H_4(OH)_2 + HO{-}C_6H_4{-}OH$$

$$C_6H_5{-}OH + CrO_3 \xrightarrow{AcOH} O{=}C_6H_4{=}O \text{ (对苯醌)}$$

$$HO{-}C_6H_4{-}OH + Na_2Cr_2O_7 \xrightarrow[30\,^{\circ}C]{H_2SO_4} O{=}C_6H_4{=}O$$

$$o\text{-}C_6H_4(OH)_2 \xrightarrow[Et_2O]{Ag_2O} o\text{-}C_6H_4({=}O)_2 \qquad \text{1-}C_{10}H_7OH \xrightarrow[H_2SO_4]{Na_2Cr_2O_7} \text{1,4-萘醌}$$

（四）酯的生成和弗莱斯(Fries)重排

由于酚羟基中氧原子的孤对电子与苯环的大 π 轨道发生共轭，电子云密度降低，亲核性减弱，酚与羧酸的酯化比醇要困难得多。为此酚酯要在酸（硫酸、磷酸）或碱（氢氧化钠、吡啶）的催化下，用酚与酸酐或酰氯反应制备。如：

$$HO-C_6H_4-CH_3 + (CH_3CO)_2O \xrightarrow{H_3PO_4} CH_3\overset{O}{\overset{\|}{C}}O-C_6H_4-CH_3 + CH_3COOH$$

$$C_6H_5-OH + C_6H_5-\overset{O}{\overset{\|}{C}}-Cl \xrightarrow{NaOH} C_6H_5-\overset{O}{\overset{\|}{C}}-O-C_6H_5 + HCl$$

羧酸的酚酯在 Lewis 酸的催化下加热，再用稀酸处理，酰基将转移到酚羟基的邻位或对位，在酚的芳环上引入酰基，这种制备酚酮的方法，称为 Fries 重排。如：

$$C_6H_5-O-\overset{O}{\overset{\|}{C}}R \xrightarrow[\text{加热}]{\text{无水}AlCl_3} \xrightarrow{H_3O^+} (o\text{-}HO)C_6H_4-\overset{O}{\overset{\|}{C}}R + R\overset{O}{\overset{\|}{C}}-C_6H_4-OH$$

反应机理如下：

$$C_6H_5-O-\overset{O}{\overset{\|}{C}}-R \xrightarrow{AlCl_3} C_6H_5-O-\overset{\overset{+}{O}-\overset{-}{Al}Cl_3}{\overset{\|}{C}}-R \rightleftharpoons C_6H_5-\overset{-}{O}AlCl_3 + R\overset{O}{\overset{\|}{C}}{}^+$$

$$\longrightarrow \text{(σ-complex: H, R-C=O on ring carbon)}=O-\overset{-}{Al}Cl_3 \xrightarrow{-H^+} (o\text{-}R\overset{O}{\overset{\|}{C}})C_6H_4-O-\overset{-}{Al}Cl_3 \xrightarrow{H_3O^+} (o\text{-}R\overset{O}{\overset{\|}{C}})C_6H_4-OH$$

但芳环中有强吸电子基团(如硝基)时，不发生重排。上式中 R 可为脂肪烃基，也可为芳香烃基。反应可在溶剂(如硝基苯)中进行，也可以直接加热反应。邻、对位产物的比例取决于酚酯的结构、反应条件和催化剂种类等因素。多磷酸催化主要生成对位产物，四氯化钛催化主要生成邻位产物。反应温度对重排产物中邻、对位比例影响很大，低温有利于对位产物(动力学控制)，高温有利于邻位产物(热力学控制)。

$$(m\text{-}H_3C)C_6H_4-O-\overset{O}{\overset{\|}{C}}CH_3 \xrightarrow[2.\ H_3O^+]{1.\ AlCl_3,\ 165\ ^\circ C} \text{2-}CH_3\overset{O}{\overset{\|}{C}}\text{-5-}H_3C\text{-}C_6H_3OH \quad 95\%$$

$$(m\text{-}H_3C)C_6H_4-O-\overset{O}{\overset{\|}{C}}CH_3 \xrightarrow[2.\ H_3O^+]{1.\ AlCl_3,\ 25\ ^\circ C} CH_3\overset{O}{\overset{\|}{C}}-C_6H_3(H_3C)-OH \quad 80\%$$

两种不同的酚酯与三氯化铝加热，会得到交叉重排产物。如：

$$(OCOCH_3,\ Cl,\ CH_3)C_6H_3 + (OCO-C_6H_5,\ CH_3)C_6H_4 \xrightarrow[\triangle]{AlCl_3} \xrightarrow{H_3O^+} CH_3CO-C_6H_2(OH)(Cl)(CH_3) +$$

$$C_6H_5-CO-C_6H_2(OH)(Cl)(CH_3) + CH_3CO-C_6H_3(OH)(CH_3) + C_6H_5-CO-C_6H_3(OH)(CH_3)$$

（五）醚的生成及克莱森(Claisen)重排

酚与伯卤代烃(叔卤代烃易发生消除反应，收率低)或硫酸二甲酯在碱性溶液中生成芳香醚，反应可以在水、乙醇或其他有机溶剂中进行。

$$C_6H_5OH + CH_3CH_2Br \xrightarrow[H_2O]{NaOH} C_6H_5OCH_2CH_3 + NaBr$$

$$C_6H_5OH + (CH_3)_2SO_4 \xrightarrow[H_2O]{NaOH} C_6H_5OCH_3 + CH_3OSO_3Na$$

芳醚的化学性质一般比较稳定，有些具有香味，如苯甲醚(茴香醚)、苯乙醚，对丙烯基苯甲醚(茴香脑)等。芳基烃基醚可被碘氢酸分解成酚和碘代烷，测定碘甲烷或碘乙烷的量，即可定量计算出甲氧基或乙氧基的含量。反应如下：

$$C_6H_5OCH_3 + HI \longrightarrow C_6H_5OH + CH_3I$$

酚的烃基化和芳基烃基醚被碘氢酸分解结合使用可以在反应中保护酚羟基。

烷基苯基醚在高温下是稳定的，但芳基烯丙基醚在高温(200℃)下会发生 Claisen 重排，又可分为生成邻烯丙基酚的邻位 Claisen 重排，和生成对烯丙基酚的对位 Claisen 重排。若芳基烯丙基醚两个邻位都有取代基，则需经过两次重排过程，重排发生在对位。Claisen 重排是芳环上直接引入烯丙基的重要方法，也是间接引入烷基的方法(还原双键)。

$$C_6H_5OH + BrCH_2CH{=}CH_2 \longrightarrow C_6H_5OCH_2CH{=}CH_2 \xrightarrow{200\ ^{o}C} o\text{-}(CH_2CH{=}CH_2)C_6H_4OH$$

$$2,6\text{-}(H_3C)_2C_6H_3OCH_2CH{=}CH_2 \xrightarrow{200\ ^{o}C} 2,6\text{-}(H_3C)_2\text{-}4\text{-}(CH_2CH{=}CH_2)C_6H_2OH$$

采用 ^{14}C 同位素标记方法，Claisen 重排的机理可能如下所示：

$$C_6H_5O\overset{*}{C}H_2CH{=}CH_2 \rightleftharpoons [\text{环状过渡态}] \rightleftharpoons \text{6-H-2,4-环己二烯酮}(CH_2CH{=}\overset{*}{C}H_2) \rightleftharpoons o\text{-}(CH_2CH{=}\overset{*}{C}H_2)C_6H_4OH$$

（六）酚芳环上的亲电取代反应

羟基是很强的邻、对位定位基，酚的苯环上很容易发生亲电取代反应。在碱性条件下酚氧负离子生成，邻、对位电子云密度更大，亲核能力更强，更易发生亲电取代反应。在酸性介质中，抑制酚氧负离子生成，降低了酚的亲核能力。

(1) 卤化： 在 CS_2，CCl_4 等非极性溶剂中，酸性条件下，低温进行氯化或溴化，能很快得到一卤代产物。氯化得邻氯苯酚和对氯苯酚，溴化主要得到对溴苯酚。若与 2 分子氯反应，主要生成 2,4-二氯苯酚和 2,6-二氯苯酚。

在水溶液中,特别是在弱碱性条件下苯酚与氯反应,很容易生成 2,4,6-三氯苯酚。苯酚与溴水反应,立即生成 2,4,6-三溴苯酚白色沉淀,且可定量反应;若溴水过量,生成黄色的 2,4,4,6-四溴环己二烯酮沉淀,再用亚硫酸氢钠溶液洗涤,又生成白色的三溴苯酚。若增大反应介质的酸性,不利于酚氧负离子的生成,溴化可停留在二溴苯酚阶段。

在铁粉或三氯化铁存在条件下,苯酚和氯可生成杀菌剂五氯苯酚。

OH + $3Cl_2$ $\xrightarrow{H_2O}$ Cl, OH, Cl, Cl

OH + $3Br_2$ $\xrightarrow{H_2O}$ Br, OH, Br, Br (白色沉淀)

Br, OH, Br, Br $\xrightarrow[H_2O]{Br_2}$ Br, O, Br, Br, Br (黄色沉淀) $\xrightarrow{NaHSO_3}$ Br, OH, Br, Br

OH + $2Br_2$ $\xrightarrow[HBr]{H_2O}$ OH, Br, Br

OH + Cl_2 $\xrightarrow{FeCl_3}$ OH, Cl, Cl, Cl, Cl, Cl

(2) 磺化: 苯酚与浓硫酸反应,在 15～20℃时,产物主要是动力学控制的邻苯酚磺酸;在 80～100℃时,主要产物是热力学平衡控制的对苯酚磺酸。若继续磺化,最终会生成 4-羟基-1,3-苯二磺酸。

OH $\xrightarrow{H_2SO_4}$ 15~20 °C → OH, SO_3H; 80~100 °C → OH, SO_3H; $\xrightarrow[\triangle]{H_2SO_4}$ OH, SO_3H, SO_3H

磺化反应是可逆的,在稀硫酸溶液中回流即可除去磺酸基,由此磺酸基可作为芳环上位置的保护基,将一些位置先封闭保护,需要时再去保护。

(3) 硝化: 室温下苯酚用稀硝酸即可硝化,生成邻硝基和对硝基苯酚的混合物。邻硝基苯酚通过分子内氢键形成螯环分子,可用水蒸气蒸馏蒸出,从而与对硝基苯酚分离。

OH $\xrightarrow[-H_2O]{稀硝酸 (20\%)}$ OH, NO_2 + OH, NO_2

O, H, O⁻, N⁺, O 邻硝基苯酚螯环分子

由于硝酸具有氧化性,多硝基酚不能用 HNO_3/H_2SO_4 直接硝化制备。因反应条件强

烈，苯酚会在硝化之前被硝酸氧化。而苯酚在环上引入磺酸基后就不易再被硝酸氧化，为此制取2,4,6-三硝基苯酚（苦味酸）时应该先将苯酚磺化成4-羟基苯-1,3-二磺酸，再硝化制备。在苯酚分子引入两个磺酸基后，混酸 HNO_3/H_2SO_4 中形成的硝酰正离子 $^+NO_2$ 两次进攻磺酸基所在芳环的碳原子，同时放出 SO_3，最后生成2,4,6-三硝基苯酚。

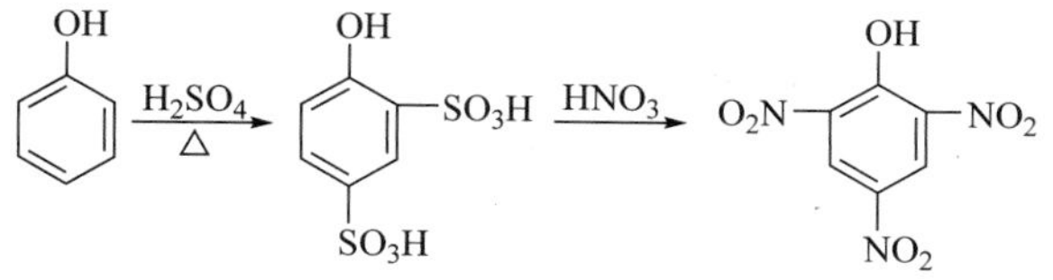

苦味酸味苦且具强酸性，它与有机碱反应生成难溶的盐，熔点敏锐，根据熔点数据可以鉴别有机碱。另外苦味酸与稠环芳烃可定量地形成带颜色的分子化合物（电荷转移配合物），都是有一定熔点的结晶体，也可根据熔点数据鉴定芳香烃。

（4）傅-克反应： 苯酚在进行傅-克烷基化和酰基化反应时一般不用 $AlCl_3$ 作催化剂，因为 $AlCl_3$ 与苯酚生成酚盐（$PhOAlCl_2$），催化剂用量较多。由于苯酚的苯环被羟基活化，电荷密度较高，一般用较弱的 Lewis 酸为催化剂即可进行烷基化和酰基化反应，如用 HF、BF_3、H_2SO_4 等。用 BF_3 作催化剂时，可用羧酸（如乙酸）直接进行酰基化反应，主要得对位产物。

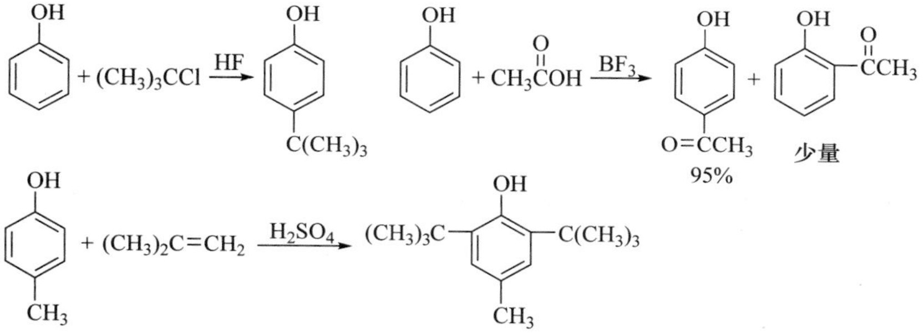

95%　　少量

值得注意的是苯酚与邻苯二甲酸酐在硫酸或无水氯化锌的催化下，不发生傅-克酰基化反应，而是两分子苯酚与酸酐进行缩合，生成酚酞：

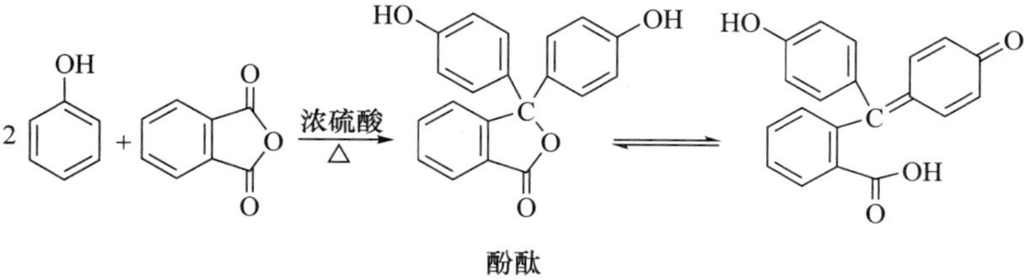

酚酞

酚酞为无色固体，其溶液在 pH 小于8.5时，为无色液体；在 pH 大于9时，变为粉红色，生成电子离域范围更大的共轭双负离子，故酚酞可作为酸碱指示剂使用：

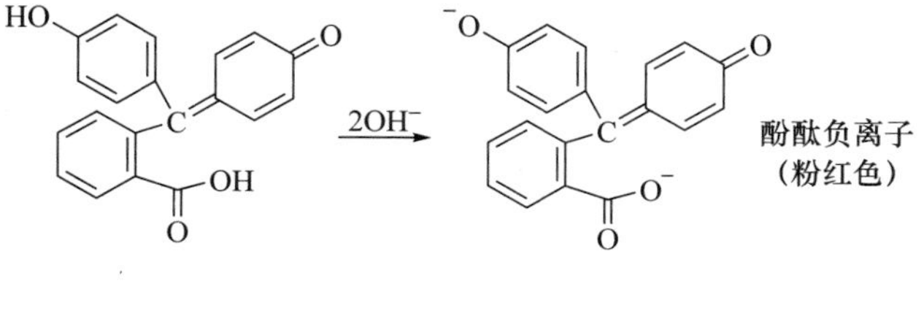

酚酞负离子
（粉红色）

(5) 瑞穆尔-蒂曼(Reimer-Tiemann)反应: 苯酚与氯仿在氢氧化钠等碱性水溶液中加热,在苯环的对位或邻位引入醛基,称为 Reimer-Tiemann 反应。产物一般以邻位为主,如由苯酚和氯仿可合成水杨醛(邻羟基苯甲醛)。不能在水中反应的可在吡啶中反应,此时只得邻位产物。苯环上有吸电子基团时对反应不利。能够发生此反应的化合物还有萘酚、多元酚、酚酮以及含有羟基的喹啉、吡咯、茚等杂环化合物。反应收率一般不超过 50%。

$$C_6H_5OH + CHCl_3 \xrightarrow[H_2O,\ \Delta]{10\%\ NaOH} \text{o-}HOC_6H_4CHO\ (\text{水杨醛 }20\%\sim35\%) + OHC\text{-}C_6H_4\text{-}OH\ (8\%\sim12\%)$$

$$\text{3,4-(Me}_3\text{Si)}_2\text{-吡咯(N-H)} + CHCl_3 \xrightarrow[EtOH,\ 60\,^{\circ}C]{KOH} \text{3,4-(Me}_3\text{Si)}_2\text{-2-CHO-吡咯(N-H)}\ \ 30\%$$

Reimer-Tiemann 反应的机理一般认为是二氯卡宾的亲电取代。首先氯仿在碱溶液中形成二氯卡宾,二氯卡宾的碳原子周围只有六个电子,是一个缺电子的亲电活性中间体,可与苯氧负离子(酚盐)发生亲电取代形成中间体,再水解产生醛基。

$$CHCl_3 + OH^- \underset{+H_2O}{\overset{-H_2O}{\rightleftharpoons}} CCl_3^- \xrightarrow{-Cl^-} :CCl_2\ (\text{二氯卡宾})$$

$$C_6H_5O^- + :CCl_2 \longrightarrow \text{(环己二烯酮中间体, }H\text{, }\bar{C}Cl_2) \longrightarrow \text{o-}{}^-OC_6H_4CHCl_2 \xrightarrow[-2HCl]{H_2O} \text{o-}HOC_6H_4CHO$$

在反应时如果用醇溶液代替水溶液,或在反应中加入相转移催化剂,可减少副反应提高产率。另外,使用含微量水的固-液介质,或使用超声波,均可提高 Reimer-Tiemann 反应的收率。如果使用聚乙二醇为络合剂,则可得到对位甲酰化产物。

(6) 柯尔伯-施密特(Kolbe-Schmitt)反应: 酚盐与二氧化碳在一定的温度和压力下,在苯环上引入羧基,生成羟基苯甲酸(酚酸),称为 Kolbe-Schmitt 反应,是苯氧负离子中高活性的苯环对 CO_2 的亲电取代反应。一般来说,钠盐及较低反应温度有利于生成邻位酚酸,而钾盐及较高温度有利于生成对位酚酸。苯酚的钠盐与二氧化碳反应后,酸化得到水杨酸,其衍生物乙酰水杨酸又称阿司匹林,水杨酸甲酯又称冬青油,均为药物。

$$C_6H_5ONa + CO_2 \xrightarrow[0.5\ MPa]{120\sim140\,^{\circ}C} \text{o-}NaOOCC_6H_4OH \xrightarrow{H^+} \text{o-}HOOCC_6H_4OH\ (\text{水杨酸})$$

$$C_6H_5OK + CO_2 \xrightarrow[0.5\ MPa]{200\sim250\,^{\circ}C} \xrightarrow{H^+} HOOC\text{-}C_6H_4\text{-}OH\ (p)$$

酚盐的苯环上有甲氧基、氨基等给电子基团时反应容易进行,所需反应温度和压力均较低,产率高,如由间氨基苯酚与 CO_2 制备对氨基水杨酸;有硝基等吸电子基团时反应难于进行,所需反应温度和压力均较高,产率也较低,磺酸基则使反应不能发生。

$$\text{m-}H_2NC_6H_4OH + CO_2 \xrightarrow[3\ MPa/85\,^{\circ}C]{KHCO_3/H_2O} \xrightarrow{H^+} \text{4-氨基-2-羟基苯甲酸}\ (\text{对氨基水杨酸})$$

(七) 酚与醛、酮的缩合反应

苯酚在酸、碱催化下可以和羰基化合物缩合。如苯酚和甲醛在酸或碱催化下生成羟甲基酚，在酚羟基的邻、对位引入羟甲基：

$$C_6H_5OH + CH_2O \xrightarrow[\text{或}OH^-]{H_3O^+} o\text{-}HOC_6H_4CH_2OH + HOCH_2\text{-}C_6H_4\text{-}OH$$

生成的产物既是酚又是苄醇，具有很高的反应活性，可继续反应缩合成高分子化合物酚醛树脂。改变酚和醛的比例和催化剂的类型，可得不同类型、用途各异的酚醛树脂。当酚的物质的量超过或等于醛的物质的量时，在酸催化下，缩聚成可溶于有机溶剂的低相对分子质量的线形热塑型树脂，加固化剂(如六亚甲基四胺)加热可交联固化，转变成热固型。而当甲醛过量，用碱催化时，缩聚成热固型酚醛树脂，受热后变为不溶不熔状态。

苯酚与丙酮缩合生成 2,2-二(4,4′-二羟基苯基)丙烷(俗称双酚 A)：

$$2\,HO\text{-}C_6H_4\text{-}H + H_3C\text{-}CO\text{-}CH_3 \xrightarrow[45\ ^\circ C]{H_2SO_4} HO\text{-}C_6H_4\text{-}C(CH_3)_2\text{-}C_6H_4\text{-}OH + H_2O$$

双酚 A 与环氧氯丙烷在氢氧化钠催化下可制备双酚 A 型环氧树脂：

$$HO\text{-}C_6H_4\text{-}C(CH_3)_2\text{-}C_6H_4\text{-}OH + \underset{\backslash O/}{CH_2\text{-}CH}\text{-}CH_2Cl \xrightarrow{\text{碱}}$$

$$\underset{\backslash O/}{CH_2\text{-}CH}\text{-}CH_2\left[O\text{-}C_6H_4\text{-}C(CH_3)_2\text{-}C_6H_4\text{-}O\text{-}CH_2\text{-}\underset{OH}{CH}\text{-}CH_2\right]_n O\text{-}C_6H_4\text{-}C(CH_3)_2\text{-}C_6H_4\text{-}O\text{-}CH_2\text{-}\underset{\backslash O/}{HC\text{-}CH_2}$$

环氧树脂

(八) 萘酚的取代反应——布赫尔(Bucherer)反应

萘酚在亚硫酸钠存在下与氨或一级胺、二级胺作用转变成相应的萘胺，称为 Bucherer 反应。反应是可逆的，也可由此将萘胺转变成相应的萘酚。

$$\beta\text{-}C_{10}H_7OH + NH_3 \underset{}{\overset{NaHSO_3}{\rightleftharpoons}} \beta\text{-}C_{10}H_7NH_2$$

§ 9.7　醚的化学性质

除了三、四元环醚外，醚是相当稳定的化合物，尤其是对碱性物质。乙醚和金属钠不发生反应，故可以用金属钠除去乙醚中的微量水，制备无水乙醚。但醚与酸性物质或氧化剂可发生一些重要的反应。

(一) 醚的自动氧化

醚如果长期与空气接触或经光照，就有不易挥发的过氧化物(peroxide)生成。多数自动氧化是通过自由基机理进行的。过氧化物的生成可能与 αC—H 的活性有关，反应难易程度次序为三级 αC—H＞二级 αC—H＞一级 αC—H。生成的过氧化物有过氧键接在 α 碳上的氢过氧化醚和二烷基过氧化物。乙醚过氧化物如下所示：

$$CH_3CH_2OCH_2CH_3 + O_2 \longrightarrow \underset{\text{氢过氧化醚}}{CH_3CH_2O\overset{\overset{\displaystyle O-OH}{|}}{C}HCH_3} + \underset{\text{二烷基过氧化物}}{CH_3CH_2-O-O-CH_2CH_3}$$

过氧化物是不稳定的。过氧键—O—O—键能高，受热易分解成自由基，引发复杂的反应，放出大量的能量。因此蒸馏醚时，注意不要蒸干或温度过高，过氧化物残留在容器中，继续加热会爆炸。为了避免意外，在使用存放时间较长的乙醚或其他醚（如四氢呋喃）之前，应用淀粉-碘化钾试纸检查，试纸变蓝则说明有过氧化物存在。为除去过氧化物，可加入硫酸亚铁溶液剧烈震荡，还原剂硫酸亚铁可破坏过氧化物。也可用对苯二酚、氢化铝锂、硼氢化钠等还原过氧化物。为了防止过氧化物的形成，市售无水乙醚中加有 0.05 μg/g 二乙基氨基硫代甲酸钠做抗氧化剂。

(二) 形成稳定配合物

由于醚氧原子上具有孤对电子，具有极性且相对稳定，可以与许多试剂形成配合物，能和无机强酸如浓硫酸、氯化氢或 Lewis 酸（如三氟化硼）等形成二级鉾盐。反应可逆，用水稀释又析出原来的醚。

$$R-\ddot{\underset{..}{O}}-R + H_2SO_4 \rightleftharpoons \begin{matrix}R\\R\end{matrix}\!\!>\overset{+}{\ddot{O}}H\overset{-}{O}SO_3H$$

醚与试剂形成配合物后，醚的孤对电子与试剂共用而使试剂稳定，并在其溶液中稳定存在，提高了许多试剂的可制备性和使用性。如乙醚与 BF_3 形成的三氟化硼乙醚配合物是常用的催化剂，虽然起催化作用的是 BF_3，但解决了 BF_3 气体不易保存和使用的问题。又如格氏试剂只有在醚（如乙醚、四氢呋喃）的存在下才能形成，醚的孤对电子与格氏试剂中的镁原子共享，使格氏试剂在醚溶液中稳定存在。

$$\begin{matrix}R\\R\end{matrix}\!\!>\overset{+}{O}-\overset{-}{B}F_3 \quad \text{三氟化硼醚盐} \qquad CH_3\underset{H}{\overset{H}{C}}-\underset{\underset{R\ \ \ R}{\ddot{O}}}{\overset{\overset{R\ \ \ R}{\ddot{O}}}{Mg}}-X \quad \text{格氏试剂}$$

(三) 醚的碳氧键断裂

醚与浓氢碘酸或氢溴酸一起加热，发生碳氧键断裂，生成烷基溴或烷基碘。这种断裂先生成一分子卤代烷和一分子醇，醇进一步与过量的 HX 反应，生成另一分子卤代烷。由于反应条件是强酸，故反应分子中不能有对酸敏感的基团。芳基烷基醚则生成酚和卤代烷。该反应中氢卤酸的反应活性为 HI＞HBr＞HCl，醚与 HCl 反应要用 $ZnCl_2$ 做催化剂。

$$R-O-R' \xrightarrow[\text{(X=Br或I)}]{\text{过量HX}} R-OH + R'X, \quad R-OH \xrightarrow{HX} RX$$

$$C_6H_5-O-R \xrightarrow[\text{(X=Br或I)}]{\text{过量HX}} C_6H_5-OH + RX$$

对于混合醚，碳氧键断裂的顺序是三级烷基＞二级烷基＞一级烷基＞芳基，三级烷基醚的碳氧键最易断裂，即使用稀硫酸也能使其断裂，故可用此性质保护醇羟基。如下面反应中溴乙醇须将羟基保护后才能做格氏试剂，然后与 CO_2 反应，再去保护后制备羟基丙酸。

$$HOCH_2CH_2Br + (CH_3)_2C{=}CH_2 \xrightarrow{H_2SO_4} (CH_3)_3C{-}OCH_2CH_2Br \xrightarrow[\text{无水乙醚}]{Mg}$$

$$(CH_3)_3C{-}OCH_2CH_2Br \xrightarrow[2.\ H_3O^+]{1.\ CO_2} (CH_3)_3C{-}OCH_2CH_2COOH \xrightarrow[\triangle]{H_2SO_4} HOCH_2CH_2COOH$$

芳基与氧的孤电子对共轭，具有某些双键性质，因此难于断裂。蔡塞尔(Zeisel)的甲氧基(—OCH_3)定量测量法，就是取一定量的含有甲氧基的化合物和过量的氢碘酸同热，把生成的碘甲烷蒸馏到硝酸银的酒精溶液里，根据所得生成的碘化银的含量，就可计算出原来分子中的甲氧基含量。

环醚与酸反应，环醚打开，生成卤代醇；酸过量时，生成二卤代烷。如氢溴酸与四氢呋喃反应时，先生成 4-溴丁醇，HBr 过量则生成 1,4-二溴丁烷：

$$\text{四氢呋喃} + HBr \longrightarrow BrCH_2CH_2CH_2CH_2OH \xrightarrow{HBr} BrCH_2CH_2CH_2CH_2Br$$

盐酸与四氢呋喃反应时，需加入无水氯化锌，物质的量比为 2∶1 时，生成 1,4-二氯丁烷，该化合物是制尼龙的重要中间体原料。

不对称的环醚开环，生成两种产物的混合物。如：

$$\underset{\diagdown O \diagup}{RCHCH_2CH_2} \xrightarrow{HBr} \underset{Br}{RCHCH_2CH_2OH} + \underset{OH}{RCHCH_2CH_2Br}$$

(四) 1,2-环氧化合物的开环反应

普通醚对酸不稳定，但对碱是稳定的。但环氧乙烷为三元环醚，分子张力大，在酸性和碱性条件下都能发生开环反应。环氧乙烷类化合物可与许多含活泼氢的化合物，如水、氢卤酸、醇、酚、氨等反应，反应条件温和，速率快：

$$\underset{\diagdown O \diagup}{CH_3CH{-}CH_2} + \begin{cases} H_2O \xrightarrow{H^+} \underset{OH}{CH_3CH}{-}\underset{OH}{CH_2} \\ CH_3OH \xrightarrow{H^+} \underset{OCH_3}{CH_3CH}{-}\underset{OH}{CH_2} \\ C_6H_5OH \xrightarrow{H^+} C_6H_5{-}O\underset{CH_3}{CH}{-}\underset{OH}{CH_2} \\ HX \longrightarrow \underset{X}{CH_3CH}{-}\underset{OH}{CH_2} \quad (X=\text{卤素}) \\ HCN \longrightarrow \underset{CN}{CH_3CH}{-}\underset{OH}{CH_2} \\ B_2H_6 \longrightarrow (CH_3CH_2CH_2O)_3B \xrightarrow{H_2O} 3CH_3CH_2CH_2OH \end{cases}$$

环氧乙烷类化合物还能与不同的碱反应，如氢氧化钠、醇钠、酚钠、胺、羧酸盐、格氏试剂、氢化铝锂等。

$$CH_3CH\overset{O}{-}CH_2 + \begin{cases} HO^- \longrightarrow CH_3CH(OH)-CH_2OH \\ RO^- \longrightarrow CH_3CH(OH)-CH_2OR \\ ArO^- \longrightarrow CH_3CH(OH)-CH_2OAr \\ RMgX \longrightarrow CH_3CH(OMgX)-CH_2-R \xrightarrow{H_2O} CH_3CH(OH)-CH_2-R \\ NH_2R \longrightarrow CH_3CH(OH)-CH_2-NHR \\ LiAlH_4 \longrightarrow [(CH_3)_2CHO]_4AlLi \xrightarrow{H_2O} 4(CH_3)_2CHOH + LiAlO_2 \end{cases}$$

(1) 酸催化开环反应： 酸的作用是使环氧化物的氧原子质子化，氧上带有正电荷，需要从相邻的环碳原子上吸引电子。这样削弱了 C—O 键，并使环碳原子带有部分正电荷，增加了与亲核试剂结合的能力，使较弱的亲核试剂也可以从 C—O 键碳原子的背后进攻，发生 S_N2 反应。如 1,2-环氧环戊烷催化水解生成反环戊烷-1,2-二醇的对映异构体的混合物。

$$\text{1,2-环氧环戊烷} \xrightleftharpoons{H^+} \text{质子化环氧} \xrightarrow{H_2\ddot{O}:} \xrightarrow{H_2\ddot{O}:} \text{反环戊烷-1,2-二醇}$$

如果被进攻的是手性碳原子，会导致手性碳构型翻转：

$$\underset{(S)\text{-1,2-环氧丁烷}}{CH_3CH_2\text{-环氧}} + 2CH_3OH \xrightarrow{H^+} H\cdots C(CH_3\overset{+}{O}H)(CH_2CH_3)-CH_2OCH_3 \xrightarrow{-H^+} \underset{(R)\text{-1,2-二甲氧基丁烷}}{H\cdots C(CH_3O)(CH_2CH_3)-CH_2OCH_3}$$

乙硼烷与环氧化物开环反应也是酸催化开环。乙硼烷可以看作是甲硼烷的二聚体，硼外层为 6 电子构型，可以与环氧化物中的氧络合，其作用与质子酸类似，因此硼烷中的负氢转移到取代基较多的环碳原子上。

(2) 碱催化开环反应： 大多数醚在碱性条件下不发生取代或消除反应。但环氧化合物由于开环时释放环张力，可以弥补烷氧基离去所需要的能量。碱催化开环需要进攻试剂亲核能力强，是一个 S_N2 反应，C—O 键的断裂与亲核试剂和环碳原子之间键的形成几乎同时进行，产物为对映异构体的混合物。如果被进攻的是手性碳原子，也会导致手性碳构型翻转。

$$\text{1,2-环氧环戊烷} + CH_3ONa \xrightarrow{CH_3OH} \text{反-1,2-甲氧基环戊醇}$$

环氧乙烷与氨水反应生成乙醇胺，产物进一步与环氧乙烷反应生成二乙醇胺和三乙醇胺。

(3) 环氧开环的方向： 对称取代的环氧化合物在酸催化和碱催化开环反应中给出相同的产物，而不对称的环氧化合物在酸催化和碱催化下得到不同的产物：

$$H_3C-\underset{CH_3}{C}(-O-)CH_2 + CH_3CH_2OH \xrightarrow[\text{酸催化}]{H^+} CH_3-\underset{CH_3}{\overset{O-CH_2CH_3}{C}}-CH_2-OH \quad \text{2-乙氧基-2-甲基-1-丙醇}$$

$$H_3C-\underset{CH_3}{C}(-O-)CH_2 + CH_3CH_2OH \xrightarrow[\text{碱催化}]{CH_3CH_2O^-} CH_3-\underset{CH_3}{\overset{OH}{C}}-CH_2-OCH_2CH_3 \quad \text{1-乙氧基-2-甲基-2-丙醇}$$

碱性条件下，试剂选择进攻取代基较少的环碳原子发生 S_N2 反应，因为该碳原子的空间位阻较小。

$$CH_3-\underset{CH_3}{C}(-O-)CH_2 \quad {}^-OCH_2CH_3 \longrightarrow CH_3-\underset{CH_3}{\overset{O^-}{C}}-\underset{OCH_2CH_3}{CH_2} \quad H-OCH_2CH_3 \longrightarrow CH_3-\underset{CH_3}{\overset{OH}{C}}-\underset{OCH_2CH_3}{CH_2} + {}^-OCH_2CH_3$$

酸性条件下，亲核试剂进攻取代基较多的环碳原子，使该碳原子的 C—O 键断裂，因为该碳原子上的取代基（一般为烷基）的给电子效应使正电荷分散而稳定，电子效应控制产物。

$$CH_3-\underset{CH_3}{C}(-\overset{H}{O^+}-)CH_2 \xrightarrow{H\ddot{O}CH_2CH_3} CH_3-\underset{CH_3CH_2\overset{+}{O}H}{\overset{CH_3}{C}}-\overset{OH}{CH_2} \xrightarrow{H\ddot{O}CH_2CH_3} CH_3-\underset{CH_3CH_2O}{\overset{OH}{C}}-\underset{OH}{CH_2} + H-\underset{H}{\overset{+}{O}}CH_2CH_3$$

§9.8　醇的制备

（一）发酵法

用含淀粉的谷类或薯类为原料发酵，可以制备乙醇、丙醇和正丁醇等简单醇。

（二）烯烃的水合

可用于制备乙醇、异丙醇、叔丁醇等较简单的醇。[参见§5.3(二)(3)强、弱质子酸和烯烃发生的加成反应。]

① 直接水合法：用相应的烯烃与水蒸气在加热、加压和催化剂条件下直接生成醇。除乙烯水合生成伯醇外，其他烯烃按烯烃加成规则，水合得到仲醇或叔醇（不对称烯烃往往由于中间体碳正离子可发生重排而生成叔醇），反应条件比乙烯水合温和。如工业上可将烯烃通入稀硫酸（60%～65% H_2SO_4 水溶液）中水合生成醇：

$$CH_2=CH_2 + H_2O \xrightarrow[300\,^\circ C,\ 10\ MPa]{H_3PO_4} CH_3CH_2OH$$

$$CH_3CH=CH_2 + H_2O \underset{}{\overset{H^+,\ 25\,^\circ C}{\rightleftharpoons}} CH_3\overset{OH}{C}HCH_3$$

② 间接水合法（两步法）：烯烃用 98% H_2SO_4 吸收后先生成羟基硫酸氢酯，再经水解得醇，可通入蒸汽将生成的醇不断蒸出，使水解完全。提高硫酸浓度、反应温度及压力会使反应速率增加，但也使成醚、聚合及氧化等副反应增加，应控制最佳条件。

$$\mathrm{CH_3\overset{CH_3}{\overset{|}{C}}{=}CH_2 \xrightarrow[\text{室温}]{H_2SO_4} CH_3{-}\underset{OSO_3H}{\underset{|}{\overset{CH_3}{\overset{|}{C}}}}{-}CH_3 \xrightarrow{H_2O} CH_3{-}\underset{OH}{\underset{|}{\overset{CH_3}{\overset{|}{C}}}}{-}CH_3}$$

（三）烯烃的羰基合成法

烯烃（通常为1-烯烃）、CO 和 H_2 在$[Co(CO)_4]_2$、$[Fe(CO)_4]_2$ 等催化剂作用下，高温、高压条件下反应生成比原来烯烃多一个碳原子的醛，并进一步还原生成醇。如用焦炭造气得到的 CO 和 H_2，与丙烯在高压及钴系催化剂催化下合成正丁醛、异丁醛，加氢后分馏得正丁醇：

$$\mathrm{CH_3CH{=}CH_2 + CO + H_2 \xrightarrow[140\sim150\,^\circ C,\ \text{高压}]{\text{催化剂}} CH_3CH_2CH_2CHO \xrightarrow{H^+} CH_3CH_2CH_2CH_2OH}$$

工业上生产甲醇的方法即为一氧化碳和氢在不同的催化剂存在下选用不同的工艺条件制备。① 高压法：催化剂为锌铬氧化物，温度为 340～420℃，压力为 30～50 MPa；② 低压法：使用铜基催化剂 Cu-Zn-Al，温度为 275℃，压力为 5 MPa；③ 中压法：使用铜基催化剂 Cu-Zn-Cr，温度为 235～420℃，压力为 10～27 MPa；④ 与合成氨联产甲醇，使用铜基催化剂，温度为 200～270℃，压力为 10～13 MPa。

（四）烯烃的硼氢化-氧化法

该反应得到的产物相当于水与烯烃的反马氏加成产物[参见§5.3(二)(5)硼氢化-氧化反应]。得到的产物除伯醇外，也可以是仲醇和叔醇。烯烃与乙硼烷（B_2H_6）反应生成三烷基硼烷，生成的三乙基硼烷不需分离，在碱性溶液中，用过氧化氢直接氧化得到醇。硼氢化-氧化反应简单方便，产率也很高。其优点是有高度的方向选择性，水分子在双键上加成方向总是反马氏规则，是制备伯醇的一个好方法。硼氢化-氧化反应立体化学上为顺式加成，且无重排产物。

$$\mathrm{CH_3{-}\overset{CH_3}{\overset{|}{C}}{=}CH_2 \xrightarrow{B_2H_6} \xrightarrow[OH^-]{H_2O_2} CH_3{-}\overset{CH_3}{\overset{|}{C}H}{-}CH_2OH}$$

（五）羰基还原得到相应的一级、二级醇

醛、酮、羧酸、羧酸酯的分子中都含有羰基，能催化加氢（催化剂为镍、铂或钯）或用还原剂（$LiAlH_4$ 或 $NaBH_4$）还原生成醇。除酮还原生成仲醇外，醛、羧酸、羧酸酯还原都生成伯醇。

(1) 催化加氢还原醛、酮成醇：一般用 Raney Ni（雷尼镍）为催化剂，反应放热。Raney Ni 是通过用浓 NaOH 溶液处理镍-铝合金制成的。合金中铝反应产生氢，留下用氢饱和的镍粉。它可催化还原羰基，也可还原烯烃的双键。酯需要高温、高压才能催化加氢。这类反应如 2,2-二甲基-4-戊烯醛加氢制备 2,2-二甲基-1-戊醇：

$$\mathrm{H_2C{=}CH{-}CH_2{-}\underset{CH_3}{\underset{|}{\overset{CH_3}{\overset{|}{C}}}}{-}CHO + H_2 \xrightarrow{Raney\ Ni} CH_3CH_2CH_2{-}\underset{CH_3}{\underset{|}{\overset{CH_3}{\overset{|}{C}}}}{-}CH_2OH \quad 94\%}$$

(2) 氢化试剂还原：$LiAlH_4$ 和 $NaBH_4$ 是配合氢化物，能还原醛成一级醇，还原酮成二级醇。它们的氢原子带有部分负电荷，以共价键的形式与硼原子和铝原子相连，具有更好的

亲核性；碱性不强，在选择性和效率上通常优于催化加氢。$NaBH_4$ 和醇反应比较缓慢，强碱环境下也可和水反应，是使用方便且选择性高的催化剂，可使不饱和醛、酮还原为不饱和醇而不影响碳碳双键，但不与反应性低于酮和醛的羰基化合物反应，如羧酸和酯。$NaBH_4$ 可以在各种溶剂中使用，包括醇、醚和水。

$$H_2C{=}CH{-}CH_2{-}C(CH_3)_2{-}CHO + NaBH_4 \longrightarrow H_2C{=}CH{-}CH_2{-}C(CH_3)_2{-}CH_2OH$$

$$O{=}C_6H_{10}{-}CH_2{-}\overset{O}{\overset{\|}{C}}OCH_3 \xrightarrow{NaBH_4} HO(H)C_6H_{10}{-}CH_2{-}\overset{O}{\overset{\|}{C}}OCH_3$$

$LiAlH_4$ 还原性最强，它很容易还原醛和酮，也可还原羧酸、酯和其他羧酸衍生物中的羰基，但由于和水及醇反应剧烈，注意反应时不能用水及醇为溶剂，水要在反应后的独立水解步骤中才加入。

$$O{=}C_6H_{10}{-}CH_2\overset{O}{\overset{\|}{C}}OCH_3 \xrightarrow{LiAlH_4} LiO(H)C_6H_{10}{-}CH_2CH_2OLi \xrightarrow{H_3O^+} HO(H)C_6H_{10}{-}CH_2CH_2OH$$

能够在反应中提供氢负离子的有机化合物（如甲醛、甲酸、异丙醇等）也可用于醛、酮的还原。如对甲基苯甲醛可用甲醛在碱性条件下还原成对甲基苯甲醇：

$$CH_3{-}C_6H_4{-}CHO + CH_2O \xrightarrow[60\sim70\,^{\circ}C]{KOH} CH_3{-}C_6H_4{-}CH_2OH + HCOOK \quad (90\%)$$

（六）有机金属试剂与羰基化合物的加成

合成醇时最有用的有机金属试剂是格氏试剂和烷基锂，与羰基加成的方式基本相同。它们与醛、酮、酰氯、酸酐及环氧乙烷等化合物进行亲核加成，可制备伯醇、仲醇和叔醇，应用广泛。格氏试剂与醛或酮发生加成反应时，烃基加到羰基的碳原子上，而 MgX 部分加到氧原子上，加成产物经水解生成醇，反应迅速。该反应必须在无水乙醚或 THF 存在下进行。与甲醛加成时，得到比格氏试剂多一个碳的伯醇：

$$CH_3CH_2MgBr + CH_2O \xrightarrow{\text{醚溶剂}} CH_3CH_2CH_2OMgBr \xrightarrow{H_3O^+} CH_3CH_2CH_2OH$$

与醛加成得到二级醇：

$$CH_3\overset{CH_3}{\overset{|}{C}}HMgBr + CH_3CHO \xrightarrow{\text{醚溶剂}} CH_3\overset{CH_3}{\overset{|}{C}}H{-}\overset{CH_3}{\overset{|}{C}}HOMgBr \xrightarrow{H_3O^+} CH_3\overset{CH_3}{\overset{|}{C}}H{-}\overset{CH_3}{\overset{|}{C}}HOH$$

与酮加成得三级醇，两个烷基来自酮分子：

$$CH_3CH_2MgBr + C_6H_5{-}\overset{O}{\overset{\|}{C}}CH_3 \xrightarrow{\text{醚溶剂}} C_6H_5{-}C(OMgBr)(CH_3)(CH_2CH_3) \xrightarrow{H_3O^+} C_6H_5{-}C(OH)(CH_3)(CH_2CH_3)$$

酰氯和酯与两分子的格氏试剂反应得三级醇。首先一分子的格氏试剂加成产生一个不稳定的中间体，与酰氯反应得到的中间体消除氯离子，而与酯反应得到的中间体消除烷氧负离子，得到酮；酮再和1分子的格氏试剂加成产生三级醇的镁盐，质子化后得到三级醇，其中两个烷基来自格氏试剂，一个烷基来自酰氯或酯：

$$2CH_3CH_2MgBr + CH_3CH_2COOEt \xrightarrow{醚溶剂} \xrightarrow{H_3O^+} CH_3CH_2-\underset{CH_2CH_3}{\overset{OH}{C}}-CH_2CH_3 \quad 73\%$$

格氏试剂通常不与醚反应，但由于环氧乙烷存在分子张力，可以与格氏试剂反应，得到比格氏试剂多两个碳的一级醇：

$$C_6H_{11}-MgBr + \text{环氧乙烷} \xrightarrow{醚溶剂} \xrightarrow{H_3O^+} C_6H_{11}-CH_2CH_2OH$$

由于格氏试剂反应能力很强，电子效应影响不大，立体位阻是更重要的影响反应能否顺利进行的因素。格氏试剂和醛、酮反应，除加成反应外，还可能发生羰基还原等副反应，使反应产率降低。若空间阻碍再大一些，如二异丙基甲酮与异丙基溴化镁反应，则只得到还原产物二异丙基甲醇。

$$(CH_3)_2CH-\overset{O}{\overset{\|}{C}}-CH(CH_3)_2 + (CH_3)_2CH-MgBr \xrightarrow{乙醚} \xrightarrow{H_3O^+} (CH_3)_2CH-\overset{OH}{CH}-CH(CH_3)_2 + CH_2{=}CHCH_3 + Mg(OH)Br$$

（七）卤代烃水解

由卤代烃碱性条件下水解可以制得醇，但有较大的局限性，因为一般卤代烃是由醇制得的。此外，水解过程还伴随着消除反应发生，产生烯烃副产物，特别是叔卤代烃，所以只有在相应的卤代烃容易得到时才采用此法，使用乙酸钠等弱碱，可减少副反应。

（八）烯烃的羟汞化-去汞还原

烯烃与醋酸汞的水溶液作用，生成羟基汞化合物，再用硼氢化钠还原脱汞生成醇，化合物中的C—Hg键被还原成C—H键，产物符合马氏规则，条件温和，产率高，是实验室合成常用方法。如从2-甲基丁烯合成2-甲基-2-丁醇，用此法收率可达90%：

$$CH_3CH_2\overset{CH_3}{C}{=}CH_2 + Hg(O\overset{O}{\overset{\|}{C}}CH_3)_2 + H_2O \longrightarrow CH_3CH_2\underset{OH}{\overset{CH_3}{C}}CH_2-HgO\overset{O}{\overset{\|}{C}}CH_3 + CH_3\overset{O}{\overset{\|}{C}}OH$$

$$\xrightarrow{NaBH_4} CH_3CH_2\underset{OH}{\overset{CH_3}{C}}CH_3 + Hg$$

（九）邻二元醇的制备

1,2-二醇可利用烯烃的氧化、1,2-环氧化合物的水解制备。酮用镁、镁汞齐、铝汞齐在苯等非质子溶剂中还原二聚物，也是制备邻二醇的好方法。如用镁还原丙酮制备频哪醇（2,3-二甲基-2,3-丁二醇）。

$$2CH_3\overset{O}{\overset{\|}{C}}CH_3 + Mg \xrightarrow{苯} (CH_3)_2C(O)-C(O)(CH_3)_2\ (\text{O–Mg–O 环}) \xrightarrow{2H_2O} (CH_3)_2\overset{OH}{C}-\overset{OH}{C}(CH_3)_2 + Mg(OH)_2$$

§9.9　酚的制备

（一）卤苯的水解

卤苯中卤原子与苯环形成 p-π 共轭，卤原子不活泼，但在高温、高压和催化剂条件下仍可水解生成酚：

$$C_6H_5Cl + 2NaOH \xrightarrow[20\sim30\ MPa]{Cu,\ 350\sim400\ ^{\circ}C} C_6H_5ONa \xrightarrow{H_3O^+} C_6H_5OH$$

当卤素的邻、对位有强吸电子基团时，水解反应可以在较温和的条件下进行：

$$2,4\text{-}(O_2N)_2C_6H_3Cl + 2NaOH \xrightarrow{95\sim100\ ^{\circ}C} \xrightarrow{H_3O^+} 2,4\text{-}(O_2N)_2C_6H_3OH$$

（二）芳香磺酸盐碱熔

芳香磺酸盐与强碱（NaOH 或 KOH）一起在高温下融熔反应后再酸化得到酚，如制备苯酚、对甲酚、α-萘酚和 β-萘酚。对甲酚可由甲苯磺化制得对甲苯磺酸；再用亚硫酸钠中和，得对甲苯磺酸钠；然后在高温下与熔融的氢氧化钠反应得甲酚钠；再酸化得粗对甲酚，经精馏分出对甲酚。

$$C_6H_5CH_3 + ClSO_3H \xrightarrow[-HCl]{20\sim25\ ^{\circ}C} p\text{-}CH_3C_6H_4SO_3H \xrightarrow[-SO_2,\ H_2O]{Na_2SO_3} p\text{-}CH_3C_6H_4SO_3Na \xrightarrow[\substack{340\sim365\ ^{\circ}C \\ -Na_2SO_3}]{NaOH} p\text{-}CH_3C_6H_4ONa \xrightarrow{SO_2,\ H_2O} p\text{-}CH_3C_6H_4OH + Na_2SO_3$$

（三）重氮盐法

由苯胺制得重氮盐，再水解生成酚。如间硝基苯酚的制备：

$$m\text{-}C_6H_4(NO_2)_2 \xrightarrow{NaS_2} m\text{-}NH_2C_6H_4NO_2 \xrightarrow[0\sim5\ ^{\circ}C]{NaNO_2,\ H_2SO_4} m\text{-}{}^{+}N_2C_6H_4NO_2 \cdot HSO_4^- \xrightarrow[\triangle]{H_2O} m\text{-}HOC_6H_4NO_2$$

（四）异丙苯氧化重排法

该方法是目前主要的工业化生产苯酚方法。由苯和丙烯制备异丙苯，空气氧化成氢过氧化异丙苯，酸性条件下水解，同时得到苯酚和丙酮：

$$C_6H_6 + CH_3CH{=}CH_2 \xrightarrow[95\ ^{\circ}C]{AlCl_3} C_6H_5C(CH_3)_2H \xrightarrow[110\ ^{\circ}C,\ 0.5\ MPa]{\text{空气}} C_6H_5C(CH_3)_2OOH \xrightarrow{H_3O^+} C_6H_5OH + CH_3COCH_3$$

§9.10 醚的制备

(一) 威廉姆森(Williamson)合成法

醇钠或酚钠和卤代烃在无水条件下反应生成醚。醇金属的烷氧基离子是强亲核试剂,该反应为双分子亲核取代反应,主要用来合成混醚。一般选用伯卤代烷进行反应,因为强碱下仲卤代烷和叔卤代烷易发生消除反应生成烯烃;若想制备叔丁基醚可用叔丁醇钠和伯卤代烷反应。卤代烃也可用硫酸酯或磺酸酯代替,如制备芳香基甲醚时,常用酚钠和硫酸二甲酯反应。最后慢慢加入苛性钠溶液,再加热至沸进行反应。

$$C_6H_5-OH + (CH_3O)_2SO_2 + NaOH \xrightarrow{\triangle} C_6H_5-OCH_3 + CH_3OSO_3Na + H_2O$$

苯甲醚 86%

(二) 醇分子间失水

在酸性催化剂如浓硫酸或氧化铝的作用下,醇发生分子间失水反应可制备对称醚。如由乙醇制备乙醚,可以先将乙醇和浓硫酸以 5∶9 的质量比混合生成酸式酯,再加热到 130～140℃,将乙醇气体分散通入,生成的乙醚随时蒸出,并带出一些乙醇和水。反应中若温度超过 150℃,在硫酸作用下主要生成乙烯:

$$C_2H_5OH + H_2SO_4 \longrightarrow C_2H_5O-SO_3H + H_2O \qquad C_2H_5O-SO_3H + C_2H_5OH \xrightarrow{130\sim140\ ^\circ C} C_2H_5OC_2H_5$$

也可采用气相合成法,将气化的乙醇通过加热的脱水剂(如氧化铝),在 220～250℃进行快速脱水反应,高于 300℃则主要生成乙烯。

某些环醚也可用二元醇经此法制备,如从 1,4-丁二醇制备四氢呋喃:

$$HOCH_2CH_2CH_2CH_2OH \xrightarrow[200\sim350\ ^\circ C,\ 0.1\sim1\ MPa]{Al_2O_3} \text{(四氢呋喃)}$$

伯醇以外的醇,特别是叔醇不能用此法合成单醚,几乎全部生成烯。醇脱水主要用来合成单醚,因为两种不同的醇在此条件下得到的产物是三种醚的混合物,要进行分馏得产品。

(三) 烯烃的烷氧汞化-去汞还原法

烯烃、醇和三氟醋酸汞一起反应,生成烷氧汞化物,再用硼氢化钠还原去汞生成醚:

$$CH_3C(CH_3)_2CH{=}CH_2 + Hg(OCCF_3)_2 + CH_3CH_2OH \longrightarrow CH_3C(CH_3)_2-CH(OCH_2CH_3)CH_2HgOCCF_3 \xrightarrow{NaBH_4} CH_3C(CH_3)_2-CH(OCH_2CH_3)CH_3$$

(式中 OCCF₃ 的 C 上带 =O)

反应结果相当于烯烃加醇制醚,和烯烃羟汞化制醇法类似,但比羟汞化更容易进行,且不会发生消除反应。因此,该方法比 Williamson 合成法更为好用。反应遵循马氏规则。不过由于空间位阻的原因,这个方法不能用于制备三级丁醚。

（四）烯烃和醇的亲电加成

烯烃和醇在酸性催化剂作用下生成醚，如用异丁烯和甲醇合成高辛烷值汽油添加剂叔丁基甲基醚：

$$CH_3\overset{CH_3}{\overset{|}{C}}=CH_2 + CH_3OH \xrightarrow{\text{强酸阳离子树脂}} CH_3\underset{OCH_3}{\underset{|}{\overset{CH_3}{\overset{|}{C}}}}-CH_3$$

（五）乙烯基醚的合成

$CH_2=CH-OR$ 可用乙炔、酚或伯、仲醇在醇钠或氢氧化钠催化下制备，或由乙烯、氧和醇在氯化钯、氯化铜催化下反应而得。如：

$$CH\equiv CH + CH_3CH_2OH \xrightarrow[160\sim180\ ^\circ C]{NaOH} CH_2=C-OCH_2CH_3$$

（六）1,2-环氧化合物制备

烯键氧化法，如工业制备环氧乙烷，将乙烯在高温、高压下通过银催化用空气氧化：

$$2CH_2=CH_2 + O_2 \xrightarrow[200\sim300\ ^\circ C]{Ag,\ 2\ MPa} 2\,H_2C\underset{O}{-}CH_2$$

一般烯键可用有机过氧酸氧化：

$$\text{1,2-二甲基环己烯} + \text{间氯过氧苯甲酸（}Cl\text{-}C_6H_4\text{-}COOOH\text{）} \xrightarrow{CH_2Cl_2} \text{1,2-二甲基-1,2-环氧环己烷}$$

β-卤代醇在碱性条件下，分子内亲核取代失去卤化氢生成 1，2-环氧化合物。如将苛性钠加到热的氯乙醇中，生成环氧乙烷，产率可达 95%；但将加料次序倒过来，则主要生成乙二醇，环氧乙烷产率只有 20%～30%。

$$ClCH_2CH_2OH + NaOH \xrightarrow{-NaCl} CH_2\underset{O}{-}CH_2 \xrightarrow{OH^-} HOCH_2CH_2OH$$

（七）冠醚的合成

一般用 Williamson 合成法，如 18-冠-6 可用二缩三乙二醇钾和相应的二氯代物，在氢氧化钾的正丁醇溶液中回流反应制备：

$$KO(CH_2CH_2O)_3K\ (\text{二缩三乙二醇钾}) + Cl(CH_2CH_2O)_2CH_2CH_2Cl \xrightarrow[n\text{-}C_4H_9OH]{KOH} \text{18-冠-6}$$

18-冠-6
m.p.：39～40 ℃

在冠醚的大环结构中有空穴，且由于氧原子上含有未共用电子对，可和金属正离子形成配合离子（只有和空穴大小相当的金属离子才能进入空穴）。利用该性质可以分离金属正离子，也可使某些反应加速进行；可作为相转移催化剂，使一些在有机相中不溶的无机盐，在冠醚的作用下溶入有机相而进行反应。如用高锰酸钾氧化环己烯，由于高锰酸钾不溶于环己烯，反应难于进行。加入冠醚后，冠醚与 K^+ 结合成配合物，进入有机相，为保持电荷平衡，将 MnO_4^- 带进有机相，与环己烯反应，使反应收率明显提高。

习　　题

1. 写出下列化合物结构：

(1) 三苯甲醇　(2) 甲基异丁基醚　(3) 2,2-二甲基-3-乙氧基丁烷

(4) 6-甲基-2,5-庚二醇　(5) 二乙基异丙醇甲醇　(6) 2,3-二甲氧基丁烷

(7) (*Z*)-3-戊醇-2-醇　(8) 4-甲基-2-戊醇　(9) 对乙酰氨基苯酚

(10) 2,6-二(三级丁基)-4-甲氧基苯酚　(11) 3-(邻羟苯基)戊酸

(12) 4-丙基间苯二酚　(13) 邻羟基苯甲酸乙酯(俗称水杨酸乙酯)

2. 写出分子式为 $C_4H_{10}O$ 的所有结构异构体，并指出哪个有光学活性，写出其对映体的构型。

3. 写出正丁醇与下列试剂反应的主要产物：

(1) 冷、浓 H_2SO_4　(2) 浓 H_2SO_4，170℃　(3) CrO_3，浓 H_2SO_4，蒸馏

(4) 冷、稀 $KMnO_4$　(5) $KMnO_4$ 溶液，加热　(6) $NaBr+H_2SO_4$，加热　(7) Na

(8) CH_3COOH，H^+，加热　(9) CH_3MgBr　(10) O_2，TEMPO/$NaNO_2$/HCl

4. 写出制备下列醇可能使用的格氏试剂及羰基化合物的结构：

(1) $CH_3CH_2CH_2CH(OH)CH_3$　(2) $CH_3CH_2C(OH)(CH_3)_2$　(3) $(CH_3)_2C(OH)CH(CH_3)_2$

(4) 环己基—$CH(OH)CH_3$　(5) C_6H_5—$CH_2CH_2CH_2OH$　(6) $(C_6H_5)_3COH$

5. 由指定原料合成指定化合物：

(1) 由环己酮制备 3-甲基环戊烯　(2) 由 $(CH_3)_3CCl$ 制备 $(CH_3)_3COCH_3$

(3) 由乙烯制备 $CH_2=CHOCH=CH_2$　(4) 由 $(CH_3)_3CCl$ 制备 $(CH_3)_2CHCH_2OH$

(5) 由 $CH_3CH_2CH(OH)CH_3$ 制备 $BrCH_2CBr(CH_3)CH_2CH_3$　(6) 由丙烯和环氧乙烷制备 2-甲基四氢呋喃

(7) 由 $(CH_3)_3CCH=CH_2$ 制备 $(CH_3)_3CCH(OH)CH_3$　(8) 由丙烯制备 $(CH_3)_2CHOCH_2CH(OH)CH_2OH$

6. 一个化合物(A)，分子式为 C_6H_{10}，与溴水作用生成化合物(B)，分子式为 $C_6H_{11}OBr$，(B)用 NaOH 处理，再在酸性条件下水解，得到一个外消旋的二醇(C)。(A)用稀、冷 $KMnO_4$ 溶液处理，得到无光学活性的化合物(D)，是(C)的非对映异构体。试写出化合物(A)、(B)、(C)和(D)的结构式。

7. 将下列化合物按酸性从强到弱的次序排列：

(1) ① 苯磺酸　② 苯甲酸　③ 苯酚　④ 碳酸

(2) ① 间甲苯酚　② 对甲苯酚　③ 苄醇　④ 苯甲酸

(3) ① 苯酚　② 对氯苯酚　③ 2,4,6-三氯苯酚　④ 2,4-二氯苯酚

（4）① 间氯苯酚　② 间硝基苯酚　③ 对氯苯酚　④ 对硝基苯酚

8. 以苯为原料合成下列化合物：

（1）苯酚和丙酮　（2）邻苯二酚　（3）间苯二酚　（4）苦味酸

9. 从苯酚或苯二酚出发制备下列化合物：

(1) 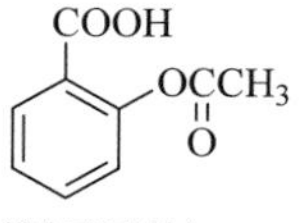 COOH, $OCCH_3$ (C=O)
（阿司匹林）

(2) 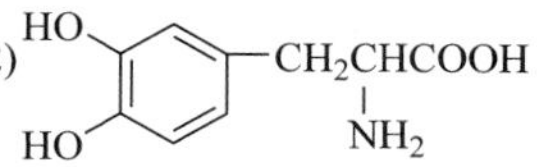 HO, HO, $CH_2CHCOOH$, NH_2

(3) 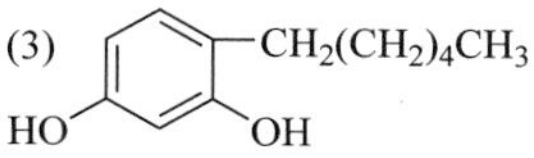 $CH_2(CH_2)_4CH_3$, HO, OH

(4) 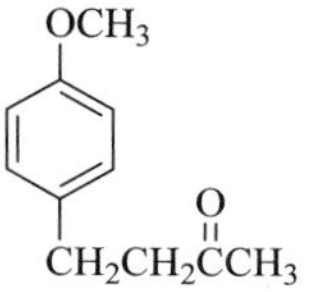 OCH_3, $CH_2CH_2CCH_3$ (C=O)

(5) 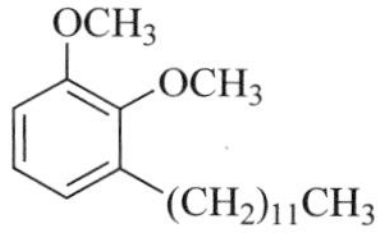 OCH_3, OCH_3, $(CH_2)_{11}CH_3$

(6) 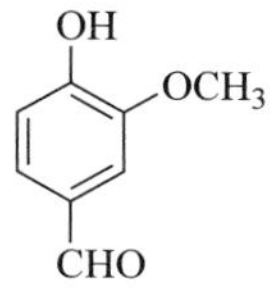 OH, OCH_3, CHO

10. 写出 1 mol 邻甲苯酚与下列试剂反应的主要产物：

（1）乙酸酐　（2）溴苄　（3）NaOH 水溶液　（4）$NaHCO_3$ 水溶液

（5）①溴水，② $NaHSO_3$　（6）$(CH_3)_2SO_4$，NaOH　（7）98% H_2SO_4，低温

（8）冷，稀 HNO_3　（9）$CHCl_3$，NaOH　（10）HNO_3　（11）CO_2，K_2CO_3，240℃

（12）1mol Br_2，CCl_4

11. 写出 1 mol 2-甲基苯甲醚与下列试剂反应的主要产物：

（1）乙酰氯，氯化锌　（2）1mol Br_2，CH_3COOH　（3）2mol HNO_3，CH_3COOH

（4）乙酸酐　（5）$KMnO_4$，OH^-，加热　（6）HBr，加热

（7）苯酐，硝基苯，$AlCl_3$，0℃

12. 简述分离、提纯下述 5 种化合物的混合物的操作步骤：

① 苯甲醛　② *N*,*N*-二甲基苯胺　③ 氯苯　④ 对甲苯酚　⑤ 苯甲酸

第十章　醛、酮、醌

羰基(carbonyl group,C═O)是碳原子和氧原子通过双键相连而形成的基团。羰基碳原子是 sp^2 杂化,并且通过共平面,按大约 120°方向分开的 σ 键分别与其他三个原子成键,没有杂化的 p 轨道重叠形成 π 键。由于氧的电负性比碳大,故羰基的双键有较大的偶极矩。羰基双键是极性不饱和键。羰基碳带部分正电荷(Lewis 酸),为亲电试剂,可被亲核试剂进攻;氧带部分负电荷(Lewis 碱),为亲核试剂,可被亲电试剂进攻。含有羰基的化合物很多,如醛、酮、羧酸和羧酸衍生物,其中醛和酮是分子中含有羰基的最简单的化合物,是酰基分别和氢或烃基相连,羧酸及其衍生物是酰基和杂原子氧、卤素、氮等相连。

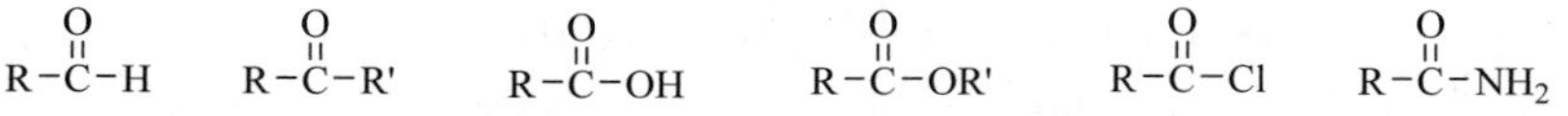

$R-\overset{O}{\overset{\|}{C}}-H$	$R-\overset{O}{\overset{\|}{C}}-R'$	$R-\overset{O}{\overset{\|}{C}}-OH$	$R-\overset{O}{\overset{\|}{C}}-OR'$	$R-\overset{O}{\overset{\|}{C}}-Cl$	$R-\overset{O}{\overset{\|}{C}}-NH_2$
醛	酮	羧酸	酯	酰氯	酰胺

饱和一元醛、酮的通式均为 $C_nH_{2n}O$。羰基所连的两个基团至少有一个氢原子的称为醛(aldehyde),羰基所连的两个基团都是烃基的化合物称为酮(ketone)。

醛和酮都有同分异构现象:醛的同分异构是因碳链的异构引起的;酮的同分异构是因碳链的异构或酮羰基的位置不同引起的。相同碳数的饱和一元醛、酮又互为同分异构体。

§10.1　醛、酮、醌的分类和命名

(一) 醛、酮的分类

具有通式 R—CHO 的化合物称为醛。按照 R 不同,醛又分为脂肪醛和芳香醛。芳香醛的羰基直接连在芳香环上。酮是羰基上连接两个烃基的化合物,通式 RCOR′。由 R、R′不同,酮可分为脂肪酮、脂环酮、芳香酮。R、R′均为脂烃基称脂肪酮,其中一或两个为芳烃基称芳香酮,两个烃基连成闭合环称环酮。醛和酮根据烃基的饱和程度又可分为饱和醛、酮,不饱和醛、酮。两个烃基相同的酮为对称酮,如丙酮(二甲基甲酮);两个烃基不同的酮为混合酮,如苯乙酮(苯基甲基甲酮)。根据分子中所含醛基和酮基的数目,又可分为一元醛、酮,多元醛、酮。

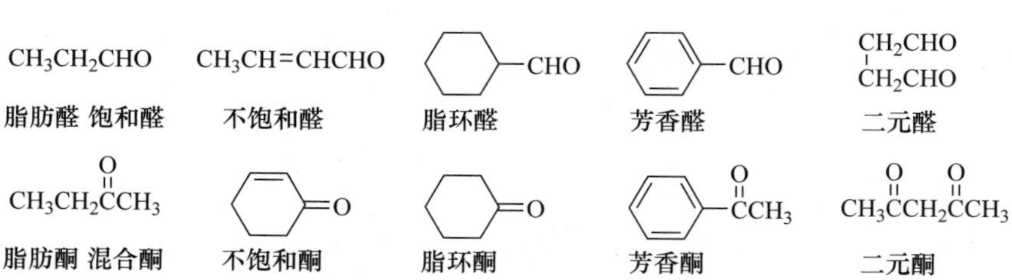

CH_3CH_2CHO	$CH_3CH{=}CHCHO$	(环己基)—CHO	(苯基)—CHO	CH_2CHO | CH_2CHO
脂肪醛 饱和醛	不饱和醛	脂环醛	芳香醛	二元醛
$CH_3CH_2\overset{O}{\overset{\|}{C}}CH_3$	(环己烯酮)=O	(环己酮)=O	(苯基)—$\overset{O}{\overset{\|}{C}}CH_3$	$CH_3\overset{O}{\overset{\|}{C}}CH_2\overset{O}{\overset{\|}{C}}CH_3$
脂肪酮 混合酮	不饱和酮	脂环酮	芳香酮	二元酮

(二) 醛、酮的命名

(1) 普通命名法： 较简单的醛和酮常用普通命名法。醛的普通命名是由羧酸的普通命名衍生而来，将相应的“酸”改成“醛”字，取代位置也是用希腊字母从紧邻羰基的碳原子开始编号。酮依据羰基两侧烃基的名称来命名，较简单的烃基放在名称的前面，较复杂的烃基放在名称的后面，最后加“酮”字，与醚的命名相似。含有芳烃基的酮的命名，也可把芳烃基作为取代基，放在名称的前面。取代基位置可用希腊字母依次标出，紧邻羰基的碳原子为 α 碳原子，其次为 β，γ，…，如：

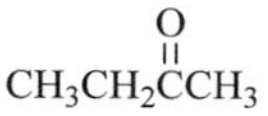

$CH_3CH_2COCH_3$ 甲基乙基酮（甲乙酮）　$BrCH_2CH_2COCH(CH_3)CH_3$ β-溴乙基异丙基酮　$(CH_3)_2CHCOCH(CH_3)_2$ 二异丙基酮　$C_6H_5COCH_3$ 苯乙酮

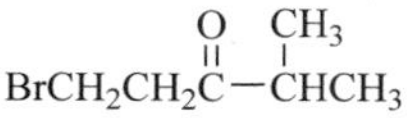

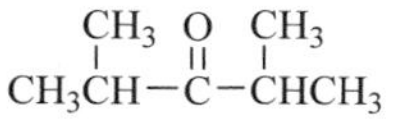

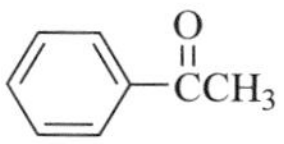

一些酮有的是用习惯命名。如二甲基酮总被称为丙酮，而烷基苯基酮通常被命名为某酰基苯酮。

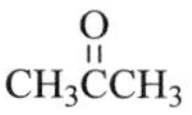

CH_3COCH_3 丙酮　$C_6H_5COCH_3$ 乙酰苯酮　$C_6H_5COC_6H_5$ 苯酰苯酮　$C_6H_5COCH_2CH_3$ 丙酰苯酮

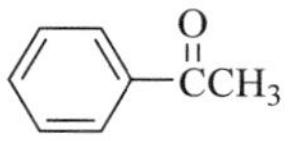

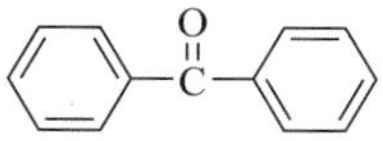

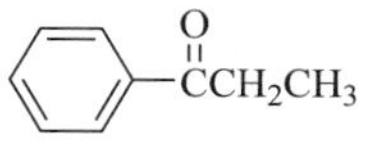

(2) 系统(IUPAC)命名法： 醛、酮的系统命名是将烷烃最后的“烃”字换成“醛”或“酮”字，用“某醛”或“某酮”表示。醛基碳在链的端头，编号为 1，命名时不必标明，酮羰基位于碳链中间，则必须标明位次。在开链酮中，应选取含羰基的最长碳链，主链编号从靠近羰基的一端开始，使羰基编号最小。酮羰基(除丙酮、丁酮)要标明羰基碳的位置。不饱和醛、酮的命名除羰基的编号应尽可能小以外，还要标明不饱和键的位置。复杂酮可把芳基作为取代基，按系统命名法编号。

$CH_3CH_2CH{=}CHCHO$ 2-戊烯醛　$CH_3CH(OH)CH_2CHO$ 3-羟基丁醛　$CH_3COCH_2CH_3$ 丁酮　$C_6H_5COCH_2CH_3$ 1-苯基-1-丙酮

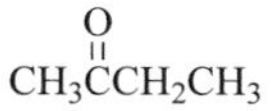

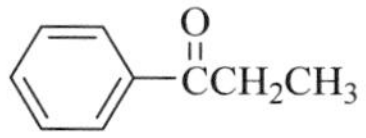

如果醛基连接上大的结构(如芳环)，使用后缀甲醛表示。脂环酮命名时，编号从酮羰基碳原子(定为 1)开始，且在名称前加“环”字。

$CH_3-C_6H_4-CHO$ 对甲基苯甲醛　$C_6H_{11}-CHO$ 环己基甲醛 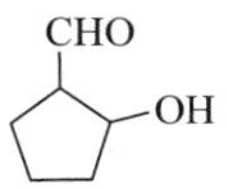　2-羟基环戊基-1-甲醛 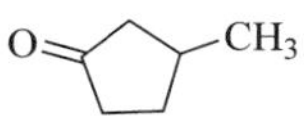　3-甲基环戊酮 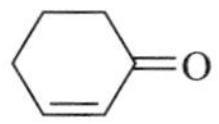　2-环己烯酮

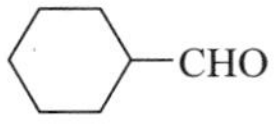

多元醛、酮命名时，应选取含羰基尽可能多的碳链为主链，并注明羰基的位置和羰基的数目。另外，由芳基和脂肪烃基组成的混合酮，也可用酰基词头来命名。

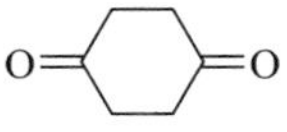

1,4-环己二酮　$CHOCH_2CH(CHO)CH_2CHO$ 3-甲酰基戊二醛　$C_6H_5COCH_3$ 乙酰苯酮（苯乙酮）　$C_6H_5COCH_2CH_3$ 丙酰苯酮

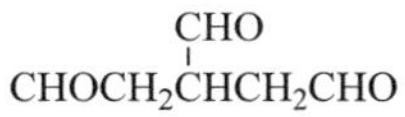

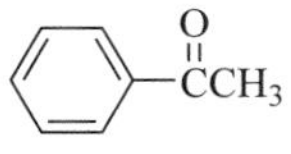

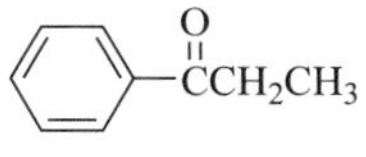

在以其他官能团为母体结构的分子中，醛或酮也可被命名为取代基。酮羰基用前缀氧代表示，醛基命名为甲酰基。既有醛基又有酮基的，一般将醛基作为母体，酮基为取代基。

3-氧代戊醛　　3-氧代环己烷甲醛　　3-氧代丁酸　　2-甲酰基苯甲酸

（三）醌类化合物的结构与分类

醌（quinone）是含有共轭环己二烯二酮或环己二烯二亚甲基结构的一类有机化合物的总称。严格讲，醌不是芳香化合物，大部分是 α，β-不饱和酮，是脂环不饱和环二酮类化合物，主要分为苯醌、萘醌、菲醌和蒽醌四种类型。自然界的花色素、某些染料及辅酶等含有醌型结构，在中药中以蒽醌及其衍生物尤为重要。命名醌时，将表示二酮位置的数字写在前面，用一短线与“某”醌相连。天然醌类化合物主要分为苯醌、萘醌、菲醌和蒽醌，母核上多具有酚羟基、甲氧基、甲基、异戊烯基、脂肪侧链以及稠合氧杂环等。此外，少数连有氯原子。

最简单的醌是苯醌，包括 1，4-苯醌（对苯醌）和 1，2-苯醌（邻苯醌），不可能有间苯醌。邻苯醌结构不稳定，故天然存在的苯醌化合物多数为对苯醌的衍生物。醌均为有颜色的化合物，对苯醌是黄色结晶，邻苯醌是红色结晶。维生素 K_1 也属于苯醌类。萘醌从结构上分为 1，4-萘醌（α-萘醌）、1，2-萘醌（β-萘醌）及 2，6-萘醌（amphi-萘醌）三种类型。但实际上天然存在的大多为 1，4-萘醌类衍生物，它们多为橙色或橙红色结晶，少数呈紫色。

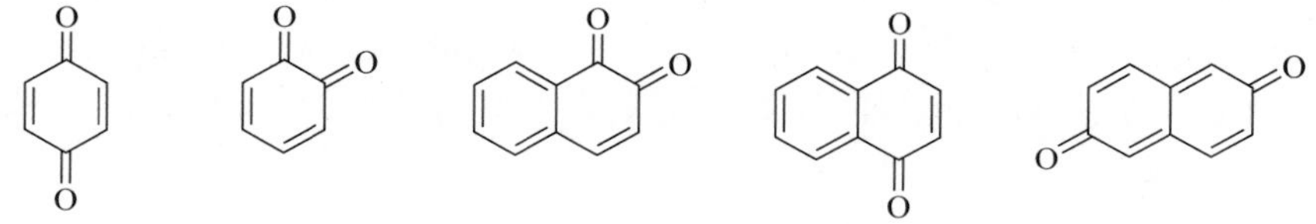

1，4-苯醌　　1，2-苯醌　　1，2-萘醌　　1，4-萘醌　　2，6-萘醌

辅酶 Q（CoQ）：又称泛醌，为易流动的非极性疏水电子载体，能够接受和给出一个或两个电子，参与生物体内的氧化还原反应过程。辅酶分为氧化型（醌型）和还原型（酚型）。辅酶 Q 结构中带有异戊二烯重复单位构成的长碳氢链，异戊二烯数目 n 因动物种类不同而异。哺乳动物异戊二烯的数目 $n=10$，称为辅酶 Q_{10}。辅酶 Q_{10} 已用于治疗高血压、心脏病及癌症。辅酶 Q_{10} 是一种脂溶性抗氧化剂，能激活人体细胞和细胞能量的营养，具有提高人体免疫力、增强抗氧化、延缓衰老和增强人体活力等功能。医学上辅酶被广泛用于心血管系统疾病的治疗，国内外广泛将其用于营养保健品及食品添加剂。

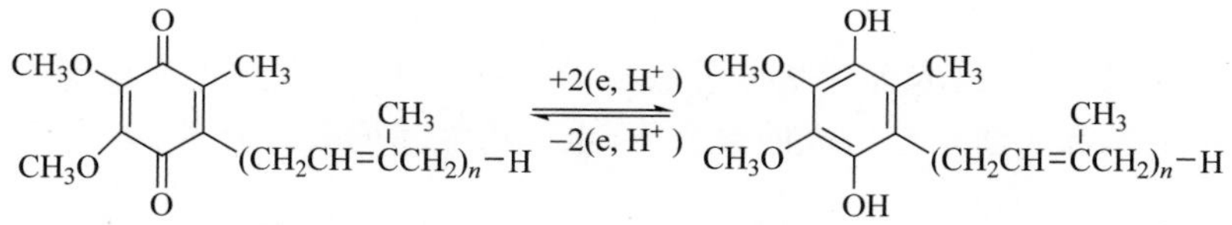

氧化型 CoQ（醌型）　　还原型 CoQ（酚型）

天然菲醌分为邻菲醌及对菲醌两种类型。蒽醌包括羟基蒽醌衍生物及其不同还原程度的产物，即蒽酚、蒽酮及蒽酮二聚体等。蒽醌是一类广泛存在于自然界的重要天然色素，按

母核的结构分为单蒽核及双蒽核两大类。根据羟基在母核的分布，蒽醌衍生物分为大黄素型和茜草素型。古老的染料茜素就是蒽醌的衍生物，分子中的羟基分布在一侧的苯环上，颜色多为橙黄至橙红。人工合成的具有这类蒽醌结构的染料被称为蒽醌染料。大黄素型分子中羟基分布在两侧的苯环上，大部分显黄色，中药大黄素的有效成分多属此类型。

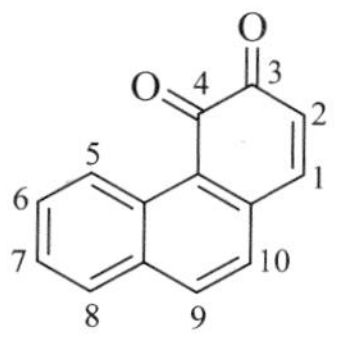

3, 4-菲醌（邻菲醌） 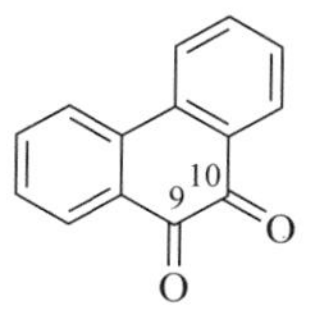　9, 10-菲醌（邻菲醌） 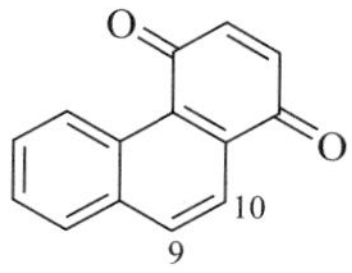　1, 4-菲醌（对菲醌） 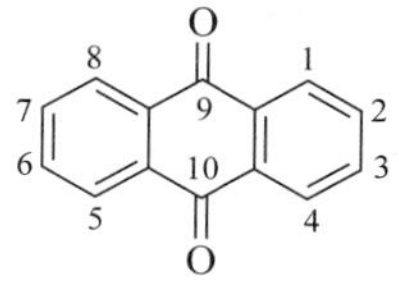　9, 10-蒽醌

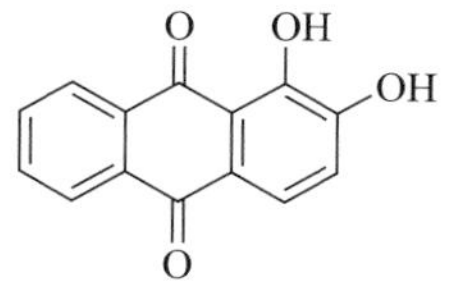

茜素（1, 2-二羟基-9, 10蒽醌） 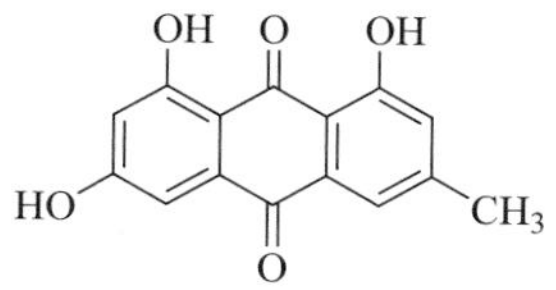　大黄素（3-甲基-1, 6, 8-三羟基-9, 10-蒽醌）

§10.2　醛、酮、醌的物理性质

（一）醛、酮的物理性质

甲醛在室温下是气体，12 个碳以下的脂肪醛、酮是液体，高级脂肪醛、酮和芳香酮大都是固体。低级醛有刺激气味，中级醛则有花果香味，如异戊醛、辛醛等。酮类香料约占香料总数的 15%，特别是萜酮和脂环酮，很多是天然香料的主要成分，7～12 个碳原子的混合酮可直接作为香料使用，如甲基壬基酮、甲基庚烯酮。大环酮如麝香酮、灵猫酮等也具有特殊的香味。由于分子间不能形成氢键，醛、酮的沸点比相应（相对分子质量相近）的醇低。醛、酮的沸点比相应的烷烃和醚高，这是由于羰基具有极性，分子间的引力大于烷烃和醚。低级醛、酮可与水分子中的氢形成氢键而溶于水，如甲醛通常以 40%的水溶液来保存使用，乙醛和丙酮与水可互溶。醛、酮的溶解性与醚和醇类似。由于能与含有 O—H 或 N—H 键的化合物形成氢键，酮和醛是极性的羟基结构物质如醇的好溶剂。

（二）醌的物理性质

天然产物醌类多为有色结晶体，一般为黄橙、棕红。苯醌、萘醌常以游离态存在，蒽醌多以苷的形式存在。游离的醌类化合物大多数具有升华性。小分子的苯醌、萘醌还具有挥发性，能随水蒸气蒸出。游离醌类化合物易溶于甲醇、乙醇、丙酮、乙酸乙酯、乙醚和氯仿等有机溶剂，微溶或难溶于水。蒽醌苷类易溶于甲醇、乙醇，热水中也可溶解，但在冷水中难溶。醌类化合物由于在结构中多具酚羟基，表现出一定的酸性，易溶于碱水，加酸酸化又可重新析出。

§10.3 醛、酮、醌的合成

(一) 醇氧化或脱氢合成醛、酮

(1) 醇的氧化：［详见§9.5 醇的化学性质(三)醇的氧化和脱氢。］一级醇选择适当的氧化剂和工艺可氧化成醛。制备沸点低的醛时，通常使反应温度高于醛的沸点，生成的醛立即蒸出。或采用一些温和的氧化剂，以免醛进一步氧化成酸。二级醇氧化是合成酮的重要方法。用重铬酸钠或高锰酸钾的硫酸溶液可氧化得到酮，若反应物醇中无对酸敏感或易被氧化的基团，收率良好。对于反应物醇中含有对酸敏感或易被氧化的基团则用温和的氧化剂。用于制备醛和酮的温和氧化剂有：CrO_3 的硫酸水溶液-丙酮体系(Jones 试剂)、CrO_3-吡啶配合物(Collins 试剂)、氯铬酸吡啶(PCC)、重铬酸吡啶盐(PDC)、活性 MnO_2、二甲基亚砜(DMSO)、丙酮-异丙醇铝(Oppenauer 氧化)等。二级醇也可在钯、铜等过渡金属配合物或盐的催化下用氧气氧化，高产率氧化成酮，如 2-十二醇在醋酸钯催化下，氧气氧化生成 2-十二酮：

$$C_{10}H_{23}CH(OH)CH_3 + O_2 \xrightarrow[\text{分子筛, 80 °C, 2 h}]{Pd(OAc)_2/\text{吡啶, 甲苯}} C_{10}H_{23}COCH_3 \quad 98\%$$

在没有不饱和键存在时，还可用次氯酸钠和氯选择性氧化二级醇成酮，适于大量制备。

$$C_6H_{13}CH(OH)CH_2OH + NaClO \xrightarrow{\text{醋酸}} C_6H_{13}COCH_2OH$$

(2) 醇的脱氢：醇的气相催化脱氢催化剂有铜、镍、银、钯、钌等的盐，活性镍。在高温下伯醇脱去两个氢原子生成醛，仲醇催化脱氢则生成酮，可用烯、酮等作氢的受体，如己-2-醇在亚铬酸铜催化下，以乙烯为氢接受体，液相脱氢得己-2-酮：

$$CH_3(CH_2)_3CH(OH)CH_3 + CH_2{=}CH_2 \xrightarrow{CuCrO_2} CH_3(CH_2)_3COCH_3 \quad 77\%$$

(3) 邻二醇的氧化：［详见§9.5 醇的化学性质(六)邻二醇的化学反应(1)邻二醇的氧化。］邻二醇在高碘酸(HIO_4)或四乙酸铅［$Pb(OAc)_4$］的作用下，连有羟基的碳-碳键氧化断裂，醇羟基变成相应的醛和酮，生成两个含羰基的化合物。也可用温和的氧化剂，如 PCC、活性 MnO_2 等。如活性 MnO_2 氧化 1,2,3-三甲基-1,2-环戊二醇，生成 3-甲基-2,6-庚二酮：

$$\text{1,2,3-三甲基-1,2-环戊二醇} + MnO_2 \xrightarrow[\text{室温, 5 h}]{CH_2Cl_2} CH_3COCH(CH_3)CH_2CH_2COCH_3 \quad 100\%$$

(二) 烯烃氧化

(1) 臭氧分解合成醛和酮：［详见§5.3 烯烃的化学性质(三)氧化反应(3)臭氧化产物

裂解生成醛、酮。]烯烃在二氯甲烷等惰性溶剂中，低温通入含2%～10%臭氧的氧气，很快生成臭氧化物，为臭氧化反应。立即加入H_2/Pd(催化氢化)或Zn/乙酸、$NaHSO_3$、CH_3SCH_3、亚磷酸酯等温和还原剂(可防止醛氧化成酸)后发生水解，臭氧化物分解成醛和酮。

(2) 烯烃在$PdCl_2$-$CuCl_2$等催化下用氧气氧化成酮(Wacker反应)：如3,8-壬二烯酸乙酯氧化生成8-氧代-3-壬西酸乙酯。具体过程如下：

$$\text{CH}_2{=}\text{CH(CH}_2)_3\text{CH}{=}\text{CHCH}_2\overset{\text{O}}{\overset{\|}{\text{C}}}\text{OEt} + \text{O}_2 \xrightarrow{\text{PdCl}_2,\ \text{CuCl}_2} \text{CH}_3\overset{\text{O}}{\overset{\|}{\text{C}}}(\text{CH}_2)_3\text{CH}{=}\text{CHCH}_2\overset{\text{O}}{\overset{\|}{\text{C}}}\text{OEt}\quad 86\%$$

末端烯烃用铬酰氯、硝酸铊氧化成醛：

$$(\text{CH}_3)_3\text{CCH}_2\overset{\text{CH}_3}{\overset{|}{\text{C}}}{=}\text{CH}_2 \xrightarrow{\text{CrO}_2\text{Cl}_2} \xrightarrow{\text{Zn}} (\text{CH}_3)_3\text{CCH}_2\overset{\text{CH}_3}{\overset{|}{\text{C}}}\text{H}{-}\text{CHO}\quad 70\%\sim78\%$$

(三) 烯、炔的硼氢化-氧化制备酮(Brown反应)

烯烃经硼氢化还原生成的三烷基硼，用碱性H_2O_2氧化并水解。这是由烯烃制备醇的一种重要方法，但其中三仲烃基硼烷用铬酸或PCC氧化则生成酮。

$$6\ \text{环己烯} + \text{B}_2\text{H}_6 \longrightarrow 2\,[\text{C}_6\text{H}_{11}]_3\text{B} \xrightarrow{\text{H}_2\text{CrO}_4} 6\ \text{环己酮}\quad 65\%$$

炔烃的硼氢化-氧化可以发生在叁键上，形成加成水的反马氏加成。硼烷应用大体积的硼烷如二(仲异戊基)硼烷，它们不能在叁键上加成两次，然后经氧化，不稳定的烯醇转变成醛。如由乙炔基环己烷制备环己基乙醛：

$$\text{C}_6\text{H}_{11}{-}\text{C}{\equiv}\text{CH} \xrightarrow{\text{二(仲异戊基)硼烷}} \xrightarrow{\text{H}_2\text{O}_2,\ \text{NaOH}} \text{C}_6\text{H}_{11}{-}\text{CH}_2{-}\overset{\text{O}}{\overset{\|}{\text{C}}}\text{H}\quad 65\%$$

(四) 硝基烷氧化

硝基烷首先与碱反应生成硝基烷盐，继而在酸存在下，发生分子内氧化-还原生成酮：

$$\text{RR'CHNO}_2 \xrightarrow[\text{CH}_3\text{OH}]{\text{NaOCH}_3} [\text{RR'}\bar{\text{C}}\text{NO}_2]\text{Na}^+ \xrightarrow{\text{H}_3\text{O}^+} \text{RR'C}{=}\text{O} + \text{NO}$$

硝基烷亦可用亚硝酸丙酯和亚硝酸钠在二甲亚砜中氧化成酮：

$$\text{CH}_3(n\text{-C}_6\text{H}_{13})\text{CHNO}_2 + n\text{-C}_3\text{H}_7\text{NO}_2 + \text{NaNO}_2 \xrightarrow[\text{DMSO}]{8\sim23\ ^\circ\text{C}} \text{CH}_3(n\text{-C}_6\text{H}_{13})\text{C}{=}\text{O}\quad 83\%$$

(五) 卤代烃氧化

(1) 用含氮试剂乌洛托品引入醛基：六亚甲基四胺(乌洛托品)在芳核中引入醛基是合成芳醛的重要方法。六亚甲基四胺的亚甲基在(弱)酸性介质中具有正电性，可对强大的负电中心进行亲电取代完成亲电取代反应，水解后直接引入醛基。如*N*,*N*-二甲基苯胺与乌洛托品在乙醇-水-乙酸中回流反应生成对二甲氨基苯甲醛：

$$(CH_3)_2N-C_6H_5 + (CH_2)_6N_4 + H_2O \xrightarrow[\text{回流 16 h}]{\text{乙酸-水-乙醇}} \xrightarrow{\text{浓盐酸}} (CH_3)_2N-C_6H_4-CHO + CH_2O + NH_3 + CH_3NH_2$$

苄卤化合物与六亚甲基四胺在乙醇中反应，首先生成铵盐，继而用50％乙酸水溶液水解生成芳香醛(Sommelet 反应)，收率一般在50％～80％，如：

$$F-C_6H_4-CH_2Br + (CH_2)_6N_4 \xrightarrow[\text{回流 2 h}]{\text{乙酸-水}} F-C_6H_4-CHO \quad 56\%$$

有机卤化物与吡啶生成季铵盐后，其亚甲基非常活泼，能与芳香族亚硝基化合物(*N*,*N*-二甲基对亚硝基苯胺)缩合，生成 Schiff 碱的 *N*-氧化物，再酸性水解生成醛(Krohnke 反应)：

$$ArCH_2X + C_5H_5N \longrightarrow ArCH_2-\overset{+}{N}C_5H_5\ X^- \xrightarrow{ON-C_6H_4-N(CH_3)_2} ArCH=\overset{O}{\overset{\uparrow}{N}}-C_6H_4-N(CH_3)_2 \xrightarrow{H_3O^+} ArCHO$$

本反应可制备芳醛、二醛、α,β-不饱和醛、芳酮和 α-酮酸等，但不适合制备饱和脂肪醛。由于反应条件温和，可制备不稳定的醛。

$$o\text{-}O_2N-C_6H_4-CH_2Br + C_5H_5N \longrightarrow o\text{-}O_2N-C_6H_4-CH_2-\overset{+}{N}C_5H_5\ Br^- \xrightarrow[NaOH]{ON-C_6H_4-N(CH_3)_2\cdot HCl}$$

$$o\text{-}O_2N-C_6H_4-CH=\overset{O}{\overset{\uparrow}{N}}-C_6H_4-N(CH_3)_2 \xrightarrow[H_2O]{H_2SO_4} o\text{-}O_2N-C_6H_4-CHO$$

(2) 用二甲亚砜氧化： DMSO 是温和的、选择性强的氧化剂。本法特别适用于 α-卤代酮、α-卤代酯及 α-卤代酸等的氧化反应。它能将伯卤代烷氧化成醛：

$$C_6H_5-\overset{O}{\overset{\|}{C}}CH_2Br + DMSO \xrightarrow[\text{9 h}]{\text{室温}} C_6H_5-\overset{O}{\overset{\|}{C}}CHO \quad 84\%$$

将仲卤代烷氧化可生成酮，可在四氟硼化银催化下进行：

$$RR'CHX + DMSO \xrightarrow{AgBF_4} \xrightarrow{Et_3N} RR'C=O \quad 55\% \sim 90\%$$

(六) 芳烃的侧链氧化

芳香烃侧链的 α 位，即苯甲位氧化时，侧链为甲基的氧化生成醛。如用活性 MnO_2-40％稀硫酸在40℃时可直接氧化侧链甲基成醛。氧化剂用 CrO_3-乙酸酐/乙酸时，乙酸酐应过量三倍以上，可将生成的醛基酯化成双乙酸酯加以保护，防止醛基进一步氧化成酸，然后再在稀乙醇中酸性水解得到醛。

$$3CH_3-C_6H_4-NO_2 + 4CrO_3 + 12(CH_3CO)_2O \xrightarrow[13\sim16\ ^{\circ}C]{CH_3COOH} 3(CH_3\overset{O}{\overset{\|}{C}}O)_2HC-C_6H_4-NO_2 \xrightarrow[80\ ^{\circ}C]{H_3O^+} H\overset{O}{\overset{\|}{C}}-C_6H_4-NO_2\ \ 72\%$$

用铬酸氯氧化，首先生成配合物，再酸性水解生成醛，为 Etard 反应。

$$\text{Etard反应：}\ ArCH_3 \xrightarrow{CrO_2Cl_2} ArCH(OCrCl_2OH)_2\ (\text{配合物}) \xrightarrow{HCl/H_2O} ArCHO$$

$$3,5-(H_3C)_2C_6H_3-CH_3 \xrightarrow[H_2SO_4/H_2O]{MnO_2} 3,5-(H_3C)_2C_6H_3-CHO$$

芳烃侧链为亚甲基时，氧化成 α-芳酮。氧化剂可以是高锰酸钾、重铬酸钾、稀硝酸等。如：

$$3\ C_6H_5-CH_2-C_6H_5 + 4HNO_3 \xrightarrow[\text{回流 30 h}]{H_2O} 3\ C_6H_5-\overset{O}{\overset{\|}{C}}-C_6H_5 + 4NO + 5H_2O\ \ 98\%$$

工业上可用三氧化铬等催化剂，空气氧化制备酮，也可用电化学氧化法氧化。如：

$$CH_3O\overset{O}{\overset{\|}{C}}-C_6H_4-CH_2CH_3 + O_2 \xrightarrow[150\ ^{\circ}C]{CrO_3,\ CaCO_3} CH_3O\overset{O}{\overset{\|}{C}}-C_6H_4-\overset{O}{\overset{\|}{C}}CH_3\ \ 60\%$$

与芳烃类似，丙烯的亚甲基也可被氧化成酮，酮的 α-亚甲基可经氧化制备 α-二酮。如：

$$RCH=CHCH_2R' \xrightarrow{[O]} RCH=CH\overset{O}{\overset{\|}{C}}R' \qquad R\overset{O}{\overset{\|}{C}}CH_2R' \xrightarrow{[O]} R\overset{O}{\overset{\|}{C}}-\overset{O}{\overset{\|}{C}}R'$$

使用以上氧化剂时，芳环上有硝基、溴、氯等吸电子基，芳环稳定；若有氨基、羟基等给电子基，芳环本身会被氧化。

芳烃侧链氧化成芳醛和芳酮：如对甲酚以负载在活性炭或分子筛上的 $Co(OAc)_2\cdot 4H_2O$ 为主催化剂，$Cu(OAc)_2\cdot 4H_2O$ 为助催化剂，进行液相氧化，转化率达 99.4%，选择性为 99.0%，收率达 98.4%。

（七）同碳二卤烃的水解

同碳二卤烃的水解可用来制备芳香醛，水解在碱或酸的催化下完成。第一步常是卤代，为限制多卤代，在反应条件温和及搅拌下进行，且使用稍欠量的卤素。卤代后可不经分离或只简单处理就可进行水解。如：

$$p-ClC_6H_4CH_3 + 2Cl_2 \xrightarrow[-2HCl]{160\ ^{\circ}C,\ \text{日光灯}} p-ClC_6H_4CHCl_2 \xrightarrow[-2HCl]{2H_2SO_4/60\ ^{\circ}C} p-ClC_6H_4CH(OSO_3H)_2 \xrightarrow[-2H_2SO_4]{H_2O\text{-冰}} p-ClC_6H_4CHO\ \ 60\%$$

（八）二氧化硒氧化

SeO_2 是缓和的氧化剂，有较好的选择性，可将羰基或其他不饱和键相邻的甲基、亚甲基氧化成醛、酮，得到相邻的酮、醛或邻二酮。如：

$$\text{2-甲基吡啶} + SeO_2 \xrightarrow[\triangle]{\text{乙醇}} \text{2-吡啶甲醛(CHO)} + Se + H_2O$$

(九) 由羧酸及其衍生物制备醛、酮

(1) 还原：酸可以被还原成醛，但由于醛比酸更活泼随之还原成醇。为此可用比醛更活泼的羧酸衍生物酰氯(可由羧酸和亚硫酰氯 $SOCl_2$ 反应获得)和较温和的还原剂(如氢化三叔丁氧基铝锂)还原。

① 酰卤还原成醛：

罗森蒙德(Rosenmund)还原法：用吸附在硫酸钡上的钯为催化剂。为防止生成的醛进一步还原成醇，可用硫脲、喹啉-硫、吡啶等降低催化剂活性和尽可能的低温来加以控制。如：

$$CH_3\overset{O}{\overset{\|}{C}}(CH_2)_6\overset{O}{\overset{\|}{C}}Cl \xrightarrow[\text{2, 6-二甲基吡啶}]{H_2/Pd/BaSO_4} CH_3\overset{O}{\overset{\|}{C}}(CH_2)_6\overset{O}{\overset{\|}{C}}H$$

氢化铝锂的氢可被烷氧基取代而降低反应活性，烷氧基取代越多，还原反应性越弱而选择性越强。酰氯可被烷氧基取代的氢化三叔丁氧基铝锂还原成醛，可合成芳香醛，是间位或对位取代芳香酰氯制备相应芳香醛的好方法。

$$\text{3-吡啶甲酰氯(COCl)} \xrightarrow{LiAlH[OC(CH_3)_3]_3} \text{3-吡啶甲醛(CHO)} \quad 69\%$$

② 腈、酰胺还原成醛：腈和酰胺被无水氯化亚锡还原成醛。

腈在无水乙醚中与氯化氢加成，继而用无水氯化亚锡还原成亚胺，酸中水解得到醛。如：

$$CH_3-C_6H_4-CN + 3HCl + SnCl_2 \xrightarrow{\text{无水乙醚}} \xrightarrow{H_2O} CH_3-C_6H_4-CHO + SnCl_4 + NH_4Cl$$

酰胺烯胺式氯化后，用无水氯化亚锡还原成亚胺，酸中水解得到醛：

$$Ar-\overset{O}{\overset{\|}{C}}NH_2 \xrightarrow{PCl_5} Ar-\overset{Cl}{\overset{|}{C}}=NH \xrightarrow{SnCl_2} Ar-CH=NH \xrightarrow{H_2O} Ar-CHO$$

③ 腈的催化还原：催化氢化腈一般还原成胺，但使用活性镍和次磷酸二氢钠的水溶液，可使腈还原成醛，适于芳醛的制备。如：

$$Cl-C_6H_4-CN \xrightarrow[H_2O/AcOH/\text{吡啶}]{Ni/NaH_2PO_2} Cl-C_6H_4-CHO \quad 80\%$$

(2) 与有机金属化合物反应制备：

① 从酰氯合成酮：格氏试剂和有机锂分子中的 R^- 加到酰氯上生成酮，但生成的酮可进一步与格氏试剂反应，生成叔醇。为停止在酮阶段，可采用与酰氯反应比酮快的较弱的有机金属试剂，如二烷基铜锂(有机锂和碘化亚铜反应获得)、有机镉或有机锰(均可由相应的格氏试剂制备)，与酰氯反应可得到酮：

$$2EtOC(O)(CH_2)_6CCl(O) + [CH_3(CH_2)_9]_2Cd \xrightarrow{苯} 2EtOC(O)(CH_2)_6C(O)(CH_2)_9CH_3$$

② 羧酸和有机锂试剂反应：由于羧酸锂盐能溶于有机溶剂（羧酸与格氏试剂生成的镁盐不溶于有机溶剂），且有机锂试剂的反应活性高，有机锂试剂可以与羧酸先生成锂盐。进攻锂盐的羧酸负离子而生成二价负离子，在酸性下水解形成酮的水合物，再失水生成酮。如：

$$C_6H_{11}COOH + 2C_6H_5Li \longrightarrow C_6H_{11}C(OLi)_2C_6H_5 \xrightarrow{H_3O^+} C_6H_{11}COC_6H_5$$

③ 从腈合成酮：由于腈可以与格氏试剂或有机锂生成酮亚胺的镁盐或锂盐，且不再与格氏试剂进一步加成。酮亚胺是酮的羰基被碳氮双键代替的类似物，酸性水解即生成酮。水解形成酮后，多余的格氏试剂或有机锂都会被破坏掉，酮就不会再被它们进攻生成醇了。如：

$$C_6H_5CN + C_6H_5MgBr \longrightarrow (C_6H_5)_2C{=}NMgBr \xrightarrow{H_3O^+} C_6H_5COC_6H_5 \quad 80\%$$

二苯酮亚胺（镁盐）　　二苯酮

(3) 羧酸碱土金属盐干馏脱羧：羧酸的镁盐、钙盐干馏时在分子间脱羧生成酮和醛。镁盐、钙盐作为催化剂参与反应，脱羧生成的碳酸盐又与羧酸成盐而被反复使用。如：

$$2\,CH_3CH(CH_3)COOH + MgO \longrightarrow (CH_3CH(CH_3)COO)_2Mg \xrightarrow{340\sim360\ ^\circ C} CH_3CH(CH_3)-C(O)-CH(CH_3)CH_3 + MgCO_3$$

(4) 傅-克酰基化法合成酮：酰卤或酸酐与芳烃在无水三氯化铝等 Lewis 酸的催化下与芳烃反应得 α-芳酮，这是制备烷基芳香酮或二芳基酮的好方法，应用广泛，但不能使带有强钝化基团的芳烃酰基化。如：

$$C_6H_5C(CH_3)_3 + CH_3COCl \xrightarrow[CCl_4]{AlCl_3} CH_3CO-C_6H_4-C(CH_3)_3 + HCl \quad 80\%$$

$$O_2N-C_6H_4-COCl + C_6H_6 \xrightarrow{AlCl_3} O_2N-C_6H_4-CO-C_6H_5 + HCl \quad 90\%$$

(十) 甲酰化反应制备醛

(1) 芳烃用 CO 甲酰化（Gattermann-Koch 反应）：在 $AlCl_3$ 及 CuCl 存在下，一氧化碳及氯化氢可使芳烃甲酰化，生成芳醛。此法是傅-克酰基化法的一个变体，CO 和 HCl 生成与甲酰氯（HCOCl）类似的中间体，使苯环或烷基苯环甲酰化，酚类和带有间位基的芳环不适用。如：

$$1,3,5\text{-}(CH_3)_3C_6H_3 + CO + HCl \xrightarrow{AlCl_3\text{-}CuCl} OHC-C_6H_2(CH_3)_3\ (2,4,6)$$

(2) 芳烃用氰化氢甲酰化成醛(Gattermann 反应)：在氯化锌存在下，氰化氢及氯化氢可与芳烃反应，生成醛亚胺，水解后得芳醛。用氰化锌代替氰化氢可提高收率，如：

$$\text{1,3,5-三甲苯} + Zn(CN)_2 + HCl \xrightarrow[\text{二氯甲烷}]{AlCl_3} \text{2,4,6-三甲基苯甲醛} \quad 75\% \sim 81\%$$

(3) 芳烃或烯用甲酰胺甲酰化合成醛[维尔斯迈尔(Vilsmeier)反应]：酚类和芳胺类，在 Lewis 酸、$POCl_3$ 或 $SOCl_2$ 的存在下，与 *N*,*N*-二甲基甲酰胺(DMF)反应可使多种芳香化合物甲酰化，可在其对位引入一个醛基。此方法适用于容易取代的化合物，如 *N*,*N*-二甲苯胺、酚、酚醚、噻吩、吲哚等，不适于苯、菲等化合物。

$$HO-C_6H_5 + (CH_3)_2N-CHO \xrightarrow{POCl_3} \xrightarrow{H_2O} HO-C_6H_4-CHO\ (65\%) + (CH_3)_2NH$$

蒽的 9,10 位活泼，也可进行 Vilsmeier 反应，生成 9-蒽醛：

$$\text{蒽} + POCl_3 \xrightarrow[90\sim95\ ^\circ C,\ 15\ h]{DMF} \xrightarrow[50\sim60\ ^\circ C]{H_2O} \xrightarrow[pH4]{NaOH} \text{9-蒽醛} \quad 97\%$$

(4) 芳烃用六亚甲基四胺甲酰化合成醛(Duff 反应)：活泼芳烃如酚与六亚甲基四胺(乌洛托品)在酸性催化剂存在下直接反应生成亚胺中间体，继而水解成芳醛。六亚甲基四胺在酸性介质中具有正电性，可进行亲电取代，水解后引入醛基。如：

$$\text{2,6-二甲基苯酚} + (CH_2)_6N_4 \xrightarrow{CF_3COOH} \text{4-羟基-3,5-二甲基苯甲醛} \quad 95\%$$

(5) 苯酚用乙醛酸合成醛：如香兰素(3-甲氧基-4-羟基苯甲醛)目前主要的合成方法即是邻甲氧基苯酚(愈创木酚)与乙醛酸缩合，再经酸化、脱羧制备。具体过程如下：

$$\underset{\text{邻甲氧基苯酚}}{\text{2-}CH_3O\text{-}C_6H_4\text{-}OH} + \underset{\text{乙醛酸}}{HOOC-CHO} \xrightarrow[25\ ^\circ C]{Al_2O_3} HOOC-CH(OH)-C_6H_3(OCH_3)(OH) \xrightarrow[CuO,\ 125\ ^\circ C]{\text{脱羧},\ \text{空气},\ NaOH} \xrightarrow{HCl} \underset{\text{香兰素}}{OHC-C_6H_3(OCH_3)(OH)} \quad 92\%$$

(6) 烯烃用一氧化碳和氢的氢甲酰化合成醛(OXO 反应)：在羰基钴、镍、铁等催化下，烯烃可与 CO、H_2 进行氢甲酰化反应，是醛的工业合成法。用铑、铱作催化剂时，可降低反应所需压力。

$$CH_3(CH_2)_2CH{=}CH_2 + CO + H_2 \xrightarrow[100\ ^\circ C]{Co(CO)_8} \underset{76.8\%}{CH_3(CH_2)_4CHO} + \underset{14.7\%}{CH_3(CH_2)_2CH(CH_3)CHO}$$

（十一）水解及水化反应合成醛、酮

（1）偕二卤代物水解法：取代甲苯二卤化成偕二卤代物后，再在酸或碱催化下，水解生成芳醛。由于会发生醇醛缩合，不能用于脂肪醛、酮的合成。如：

$$Cl-C_6H_4-CH_3 + 2Cl_2 \xrightarrow[160\,^\circ C]{-2HCl} Cl-C_6H_4-CHCl_2 \xrightarrow[-2HCl]{H_2SO_4} \xrightarrow{H_2O} Cl-C_6H_4-CHO$$

（2）炔化物直接水化成醛：端炔烃在硫酸和汞离子催化下，水合可制备甲基酮。如由乙炔基环己烷制备环己基甲基酮，收率 90%：

$$C_6H_{11}-C\equiv CH + H_2O \xrightarrow{H_2SO_4,\ Hg^{2+}} \left[C_6H_{11}-\overset{OH}{\overset{|}{C}}=CH_2\right]_{\text{烯醇}} \xrightarrow{H^+} C_6H_{11}-\overset{O}{\overset{\|}{C}}CH_3$$

乙炔汞盐催化水合是工业上制乙醛的重要方法：

$$CH\equiv CH + H_2O \xrightarrow{HgSO_4} CH_3CHO$$

（十二）环氧乙烷衍生物重排合成醛、酮

与频哪醇重排类似，生成醛或生成酮的选择性主要在于开环的方向及取代基转移的能力，若环氧乙烷的一个碳原子连有两个烷基或一个不饱和基团（包括芳基）时，则优先生成醛。常用的催化剂为硫酸、BF_3、LiBr 等。如：

$$\text{环己烷螺环氧乙烷} \xrightarrow[\text{苯}]{\text{LiBr/六甲基磷酰三胺}} C_6H_{11}-CHO$$

（十三）β-酮酸酯水解和脱羧合成酮

以乙酸乙酯为原料合成甲基酮的重要方法：

$$CH_3\overset{O}{\overset{\|}{C}}\underset{C_4H_9}{\underset{|}{C}H}\overset{O}{\overset{\|}{C}}OEt + NaOH \longrightarrow CH_3\overset{O}{\overset{\|}{C}}\underset{C_4H_9}{\underset{|}{C}H}\overset{O}{\overset{\|}{C}}ONa \xrightarrow{H_2SO_4} CH_3\overset{O}{\overset{\|}{C}}CH_2-C_4H_9 + CO_2 + Na_2SO_4$$

（十四）醌的合成

醌一般通过氧化法来制备。芳烃及其衍生物的醌还可由对应的芳烃氧化制备。

（1）邻苯醌和对苯醌的氧化制备

邻苯醌和对苯醌可由相应的邻、对苯二酚，苯二胺或氨基苯酚氧化制备。间苯二酚不能被氧化成醌，只能氧化成 CO_2 和 H_2O。如：

$$\text{邻苯二酚} \xrightarrow{Ag_2O,\ \text{醚}} \text{邻苯醌} \xleftarrow{HNO_3} \text{邻苯二胺}$$

$$\text{对苯二酚} \xrightarrow{Na_2Cr_2O_7} \text{对苯醌} \xleftarrow{Na_2Cr_2O_7} \text{对苯二胺}$$

苯酚氧化时，产率随氧化剂不同而不同，用$(KSO_3)_2NO$氧化时，反应条件温和，产率很高，用重铬酸钠氧化产率很低。因为用重铬酸钠时，它先生成苯氧自由基，会发生聚合反应，所以影响了产率。

2,4,6-三(三级丁基)苯酚氧化时产生的自由基却很稳定，这是由于三级丁基体积大，阻碍了实际的进攻，使它成为一种很有用的抗氧剂，被称为阻碍酚。如当烃基自动氧化时，产生的自由基中间体——烃基过氧自由基，会被2,4,6-三(三级丁基)苯酚的酚羟基的氢夺去，形成稳定的自由基，从而使自动氧化的自由基连锁反应终止。具体过程如下：

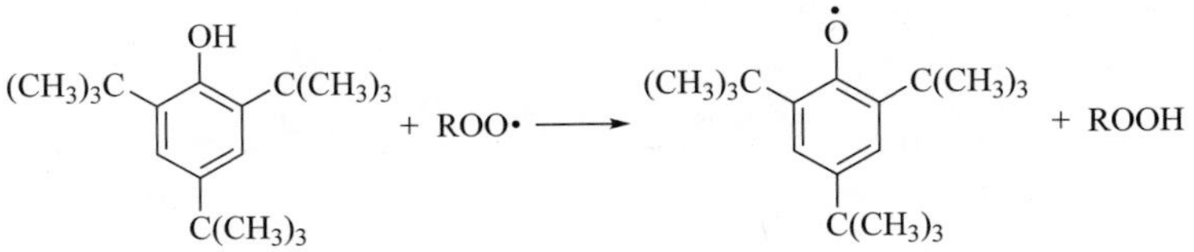

(2,4,6-三(三级丁基)苯酚) + ROO· ⟶ (2,4,6-三(三级丁基)苯氧自由基) + ROOH

(2) 萘醌的氧化制备

萘醌可通过氧化萘二酚、萘二胺、氨基萘酚、α-萘酚制备：

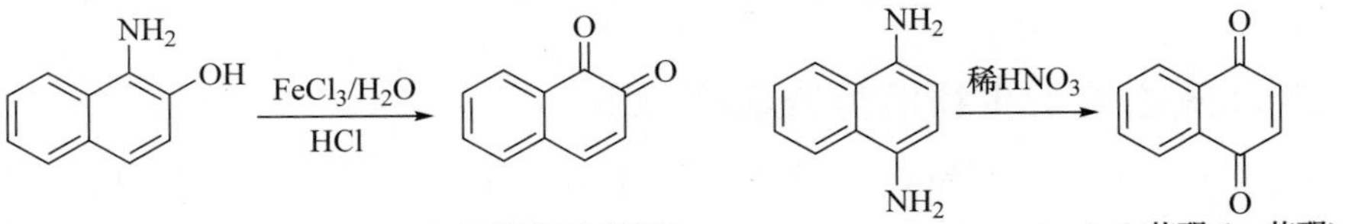

1-氨基-2-萘酚 $\xrightarrow[HCl]{FeCl_3/H_2O}$ 1, 2-萘醌 (β-萘醌)

1,4-萘二胺 $\xrightarrow{稀HNO_3}$ 1, 4-萘醌 (α-萘醌)

(3) 蒽醌和菲醌的氧化制备

蒽和菲由于本身十分活泼，可直接由蒽或菲氧化得到蒽醌和菲醌，如：

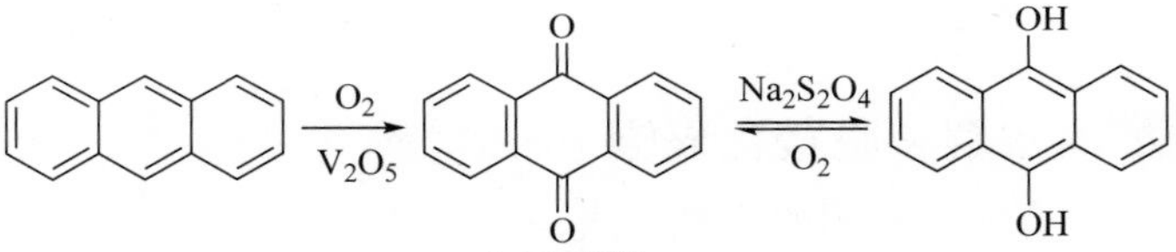

蒽 $\xrightarrow[V_2O_5]{O_2}$ 9,10-萘醌 $\underset{O_2}{\overset{Na_2S_2O_4}{\rightleftharpoons}}$ 9,10-二羟基蒽

菲 $\xrightarrow[V_2O_5]{O_2}$ 9,10-菲醌

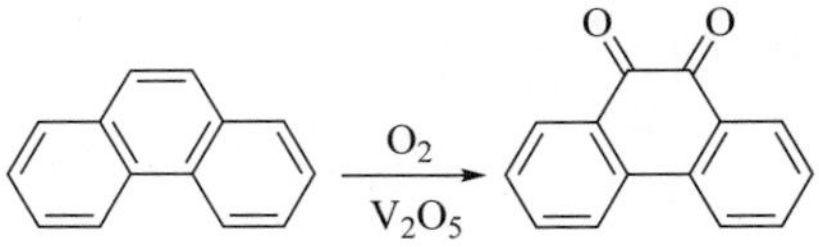

§ 10.4　醛、酮、醌的化学性质

(一) 醛酮反应的类型

亲核加成反应和α-H的反应是醛、酮参与的两类主要化学反应。一类是：醛酮中的羰基由于π键的极化，使得氧原子上带部分负电荷，碳原子上带部分正电荷。氧原子可以形成比较稳定的氧负离子，因此反应中心是羰基中带正电荷的碳。从而羰基易受亲核试剂进攻

而发生羰基的亲核加成反应。另一类是：受羰基的影响，与羰基直接相连的 α 碳原子上的氢原子(α-H)较活泼，能发生一系列反应。一般反应中，醛比酮活泼。另外，由于醛基有氢，某些反应只有醛才可发生，如氧化反应。

醛、酮的反应与结构关系一般描述如下：

酸和亲电试剂进攻富电子的氧
碱和亲核试剂进攻缺电子的碳
涉及醛的反应（氧化反应）
α-H的反应{羟醛缩合反应；卤代反应}

（二）醛、酮羰基上的亲核加成反应

亲核加成反应的难易程度取决于羰基碳原子的亲电性的强弱、试剂亲核性的强弱以及反应时的空间阻碍等因素。羰基邻近的烃基的推电子效应，尤其是位阻对加成不利。因此，醛由于只一个烃基，空间阻碍较小，推电子能力也小于酮的两个烃基，故醛羰基的亲电性比酮羰基强。在酮类化合物，一般也是甲基酮比较活泼。

羰基的亲核加成是在 C═O 的双键上加上一个亲核试剂和一个质子，羰基碳原子是 sp^2 杂化的平面结构，空间阻碍相对较小，亲核试剂进攻可从双键的任一侧进攻。

碱催化时：$HNu + OH^- \longrightarrow H_2O + Nu^-$

$$\gt C{=}O + Nu^- \underset{}{\overset{慢}{\rightleftharpoons}} \gt C(Nu)(O^-) \underset{H_2O}{\overset{快}{\rightleftharpoons}} \gt C(Nu)(OH) + OH^-$$

酸催化时：

$$\gt C{=}O + H^+ \overset{快}{\rightleftharpoons} \left[\gt C{=}\overset{+}{O}H \longleftrightarrow \gt \overset{+}{C}{-}OH\right] \underset{慢}{\overset{HNu}{\rightleftharpoons}} \gt C(\overset{+}{Nu}H)(OH) \xrightarrow{-H^+} \gt C(Nu)(OH)$$

诱导效应：当羰基连有吸电子基时，使羰基碳上的正电性增加，有利于亲核加成的进行，吸电子基越多，电负性越大，反应就越快。

共轭效应：羰基上连有与其形成共轭体系的基团时，由于共轭作用可使羰基稳定化，因而亲核加成速度减慢。

（三）与含碳亲核试剂的加成

(1) 与格氏试剂或有机锂试剂的加成反应：反应按碱催化反应机理进行。首先格氏试剂或有机锂试剂的碳负离子进攻羰基碳，生成醇的镁盐或锂盐，反应是不可逆的，水解后生成醇。具体过程如下：

$$\gt C{=}O + RMgX \longrightarrow \gt C(OMgX)(R) \xrightarrow{H_3O^+} R{-}\overset{|}{\underset{|}{C}}{-}OH + MgXOH$$

$$\gt C{=}O + RLi \longrightarrow \gt C(OLi)(R) \xrightarrow{H_3O^+} R{-}\overset{|}{\underset{|}{C}}{-}OH + LiOH$$

式中 R 也可以是 Ar，故此反应是制备结构复杂的醇的重要方法。只要羰基所连接的两个基团体积不太大，空间位阻不突出，反应即可顺利进行，如：

$$\text{3-}CH_3C_6H_4Br \xrightarrow[\text{干乙醚}]{Mg} \text{3-}CH_3C_6H_4MgBr \xrightarrow{(CH_3)_2CO} \text{3-}CH_3C_6H_4C(CH_3)_2OMgBr \xrightarrow{H_2O/H^+} \text{3-}CH_3C_6H_4C(CH_3)_2OH$$

烷基锂可以和一些空间位阻非常大的、难以和格氏试剂发生加成反应的酮作用，如：

$$(CH_3)_2CH\overset{O}{\overset{\|}{C}}CH(CH_3)_2 + (CH_3)_2CHLi \longrightarrow [(CH_3)_2HC]_3C{-}OLi \xrightarrow{H_3O^+} [(CH_3)_2HC]_3C{-}OH$$

这类加成反应还可在分子内进行，如：

$$BrCH_2CH_2CH_2COCH_3 \xrightarrow[THF]{Mg,\ \text{微量}HgCl_2} \text{1-甲基环丁醇}\quad 60\%$$

（2）与炔化物的加成： 端基炔上的氢有一定的酸性，生成的炔钠和炔钾是很强的亲核试剂，和醛、酮发生亲核加成反应，可在羰基碳原子上引入炔基。反应可以直接用炔烃在强碱（NaOH 或 KOH）催化下与醛、酮反应。

$$\text{环己酮} + NaC{\equiv}CH \longrightarrow \text{1-}(NaO)\text{-1-}(C{\equiv}CH)\text{环己烷} \xrightarrow{H_3O^+} \text{1-}(HO)\text{-1-}(C{\equiv}CH)\text{环己烷}$$

（3）与氢氰酸的加成反应： 在碱性条件下，醛、甲基酮和环酮与氢氰酸加成，得到氰醇（α-羟基腈），而 ArCOR 和 ArCOAr 难反应。碱的存在有利于氢氰酸生成氰基负离子而加速反应。

$$CH_3CHO + HCN \xrightarrow[<15\ ^\circ C]{\text{乙酸钠/冰乙酸}} CH_3\underset{OH}{\underset{|}{C}}HCN \quad \text{α-羟基丙腈(乳腈)}\ 50\%$$

α-羟基腈在碱性下是不稳定的，容易脱掉 HCN 生成原来的醛和酮，因此在加热蒸馏分离氰醇时需是弱酸性及无水。α-羟基腈是很有用的中间体，可生成多种化合物，水解可转变为 α-羟基酸，加氢还原生成胺，醇解生成酯：

$$(CH_3)_2C(OH){-}CN + H_2O \xrightarrow{H^+} (CH_3)_2C(OH){-}COOH \qquad (CH_3)_2C(OH){-}CN \xrightarrow{[H]} (CH_3)_2C(OH){-}CH_2NH_2$$

$$(CH_3)_2C(OH){-}CN \xrightarrow{-H_2O} CH_2{=}\underset{CH_3}{\underset{|}{C}}{-}CN \xrightarrow[H^+]{CH_3OH} CH_2{=}\underset{CH_3}{\underset{|}{C}}{-}COOCH_3$$

在碱性（如用 NaCN）情况下，α-羟基腈可以放出 HCN，对其他化合物进行加成：

$$(CH_3)_2C(OH){-}CN + CH_2{=}CHCN \xrightarrow[60\sim80\ ^\circ C]{NaCN,\ \text{微量水}} NCCH_2CH_2CN + CH_3\overset{O}{\overset{\|}{C}}CH_3$$

(4) 安息香缩合反应： 苯甲醛在氰离子催化下自身缩合生成二苯基羟乙酮（安息香）。维生素 B_1 等噻唑季铵盐也可代替氰离子作催化剂，并可催化脂肪醛的安息香缩合，如：

$$2\,C_6H_5CHO \xrightarrow[C_2H_5OH/H_2O]{HCN} C_6H_5\overset{O}{\overset{\|}{C}}-\overset{OH}{\overset{|}{C}H}-C_6H_5 \quad \text{安息香}$$

除苯甲醛外，一些取代的苯甲醛以及呋喃甲醛也可发生类似的反应。

(5) 维悌希(Wittig)反应和维悌希-霍纳尔(Wittig-Horner)反应： 叶立德(ylide)是指一种不带额外电荷，但在相邻位置上却带有相反电荷的两性离子，是德国化学家 Wittig 发现的。其中 yl 表示有机基团，ide 表示两性离子。三苯基膦(体积大)与一级卤代烷(二级反应慢，收率低)反应得四级鏻盐，其 α 碳上的氢被带有正电荷的磷活化，能用碱如 Na_2CO_3、NaOH、NaOR、$NaNH_2$ 或 RLi 等脱去。四级鏻盐用碱从与磷成键的碳原子上脱去一个质子，生成磷叶立德，为 Wittig 试剂。磷叶立德有两种共振形式：一种是在碳和磷之间有双键(ylene)；而另一种是碳和磷带电荷，碳原子带部分负电荷，与磷上对应的正电荷相平衡(ylide)。

$$Ph_3P + CH_3CH_2CH_2Br \longrightarrow Ph_3\overset{+}{P}CH_2CH_2CH_3\ Br^- \xrightarrow[-LiBr,\ Ph]{PhLi/\text{干燥乙醚}} Ph_3\overset{+}{P}\overset{-}{C}HCH_2CH_3\ (\text{ylide}) \longleftrightarrow Ph_3P{=}CHCH_2CH_3\ (\text{ylene})$$

Wittig 试剂分子中有碳负离子，故具有很强的亲核性，与醛、酮作用，羰基直接变成烯键，并生成氧化膦，为 Wittig 反应：

$$>C{=}O + Ph_3P{=}C(R^1)(R^2) \longrightarrow >C{=}C(R^1)(R^2) + Ph_3P{=}O$$

反应机理如下：

$$Ph_3\overset{+}{P}-\overset{-}{C}HR + -\overset{O}{\overset{\|}{C}}- \rightleftharpoons RCH(\overset{+}{P}Ph_3)-\overset{|}{\underset{|}{C}}(O^-)- \rightleftharpoons RCH-C\ (Ph_3P-O\ \text{四元环}) \longrightarrow RCH{=}C< + Ph_3P{=}O$$

偶极中间体　四元环状化合物

Wittig 反应发生在弱碱性介质和比较温和的条件下，它是合成烯烃和共轭烯烃的重要反应之一。当可能出现几何异构体时，活泼的 Wittig 试剂通常为 *E*、*Z* 烯烃的混合物，相对稳定的 Wittig 试剂反应时，以 *E* 型产物为主。Wittig 反应可用于合成特定结构或指定位置的烯烃，如：

$$C_6H_{10}{=}O + Ph_3P{=}CH_2 \longrightarrow C_6H_{10}{=}CH_2 + Ph_3P{=}O$$

$$CH_3CH{=}CH\overset{O}{\overset{\|}{C}}H + Ph_3P{=}C(CH_3)_2 \longrightarrow CH_3CH{=}CHCH{=}C(CH_3)_2 + Ph_3P{=}O$$

Wittig 发现的此反应对有机合成作出了巨大的贡献，特别是在维生素类化合物的合成中具有重要的意义，因此他获得了 1979 年的诺贝尔化学奖(1945 年发现 Wittig 试剂，1953

年研究 Wittig 反应)。

用三烷基亚磷酸酯代替三苯基膦与有机卤代物反应来合成另一种磷叶立德,生成的膦酸酯称为 Wittig-Horner 试剂。Wittig-Horner 试剂与醛、酮作用生成烯烃的反应称为 Wittig-Horner 反应(又称 Horner-Wadsworth-Emmons 反应)。与 Wittig 反应相比有如下优点:膦酸酯的 α 碳负离子具有较高反应性,可与酮反应;副产物是水溶性的二烷氧基磷酸钠,容易除去;当生成的烯烃可能有顺、反异构体时,通常是相对稳定的 E 型产物较多。

$$CH_2{=}C(C_2H_5){-}CHO + (C_2H_5O)_2P(O)CH_2C(O)OC_2H_5 \xrightarrow{C_2H_5ONa} CH_2{=}C(C_2H_5){-}CH{=}CH{-}COOC_2H_5 + (C_2H_5O)_2P(O){-}ONa$$

$$(C_2H_5O)_2P(O)CH_2{-}C_6H_4{-}C_6H_4{-}CH_2P(O)(OC_2H_5)_2 + 2\ o\text{-}NaO_3S{-}C_6H_4{-}CHO \xrightarrow{CH_3ONa}$$

$$o\text{-}NaO_3S{-}C_6H_4{-}CH{=}CH{-}C_6H_4{-}C_6H_4{-}CH{=}CH{-}C_6H_4{-}SO_3Na\text{-}o + 2(C_2H_5O)_2P(O){-}ONa$$

(四) 与含氮亲核试剂的加成

氨和胺中氮上的未共用电子对,都能作为亲核试剂与醛、酮发生亲核加成反应,生成一系列的化合物。

(1) 亚胺(西佛碱): 醛、酮与氨或一级胺加成,首先生成 α 氨基醇,一般不稳定,失水生成亚胺,取代的亚胺又称西佛碱。反应既可被酸催化,也可被碱催化。脂肪族的亚胺很不稳定,芳香族的亚胺相对较稳定,可分离出来。

$$CH_3CHO + NH_3 \rightleftharpoons CH_3CH(OH){-}NH(H) \xrightleftharpoons{-H_2O} CH_3CH{=}NH$$

$$CH_3CHO + RNH_2 \rightleftharpoons CH_3CH(OH){-}NR(H) \xrightleftharpoons{-H_2O} CH_3CH{=}NR$$

(2) 烯胺: 醛、酮与有 α-H 的二级胺反应生成烯胺。如:

$$RCH_2(R)C{=}O + \underset{\text{仲胺}}{NHR_2} \longrightarrow RCH(H_{\alpha}){-}C(R)(OH){-}NR_2 \xrightarrow{-H_2O} \underset{\text{烯胺}}{RCH{=}C(R){-}NR_2}$$

六氢吡啶、四氢吡咯和吗啉是最常用的二级胺。形成亚胺和烯胺的反应一般在弱酸性下发生,适当的 pH 是关键,一般在 4.5 左右。反应是可逆的,为使反应进行到底,需在反应过程中不断移去水,如加苯共沸除水。

$$\text{环己酮} + \underset{\text{四氢吡咯}}{C_4H_8NH} \xrightarrow[\text{苯},\ \triangle]{\text{对甲苯磺酸}} \underset{\text{烯胺}}{1\text{-}(1\text{-环己烯基})\text{四氢吡咯}} + H_2O$$

在稀酸水溶液中大多数亚胺和烯胺又能水解回到原来的醛或酮，因此可以利用生成亚胺和烯胺反应的可逆性来保护醛或酮的羰基。

从结构的类似性分析，烯胺相当于烯醇，形成的烯胺如氮上有氢时，可重排成亚胺的形式，相当于烯醇重排成酮式。两者的构造式如下：

$$\gt C{=}C{-}N{-}H \rightleftharpoons -\underset{H}{C}{-}C{=}N \qquad \gt C{=}C{-}O{-}H \rightleftharpoons -\underset{H}{C}{-}C{=}O$$

烯胺　　亚胺　　烯醇　　酮

烯胺具有两个反应位置，碳端和氮端都能发生反应，由于碳端亲核反应性更强，可进行酰基化和烷基化。用酰氯酰基化烯胺生成亚胺盐，再酸性水解，就得到 1,3-二酮。产生的氯化氢应加三级胺等碱中和，使反应顺利进行。如：

$$\text{烯胺} + RCOCl \xrightarrow{-HCl} \text{2-COR-烯胺} \xrightarrow{+HCl} \text{亚胺盐}(Cl^-) \xrightarrow[H_2O]{HCl} \text{2-COR-环己酮} + \text{四氢吡咯}\cdot HCl$$

烷基化：在羰基 α 碳烷基化时，若用酮直接进行，常有羟醛缩合反应及多烷基化等副反应发生。如用烯胺进行烷基化可避免这些问题。烯胺烷基化可发生在碳端也可在氮端，用活泼卤代烷如碘甲烷、烯丙型卤代物、苯甲型卤代物、α-卤代酯等，主要发生在碳原子上，有实用价值。为此可先将醛或酮制成烯胺，烷基化后再水解，实现羰基 α 碳烷基化反应。

$$\text{环己酮} + \text{四氢吡咯(NH)} \underset{H^+,\ +H_2O}{\overset{H^+,\ -H_2O}{\rightleftharpoons}} \text{烯胺} \xrightarrow[-X^-]{RX} \text{2-R-亚胺盐}(N^+) \underset{H^+,\ -H_2O}{\overset{H^+,\ +H_2O}{\rightleftharpoons}} \text{2-R-环己酮} + \text{四氢吡咯}$$

如与氯苄反应，在羰基 α 碳处连接上苯甲基：

$$\text{烯胺} + C_6H_5CH_2Cl \longrightarrow \text{2-}CH_2C_6H_5\text{-亚胺盐}(Cl^-) \xrightarrow[H_2O]{H^+} \text{2-}CH_2C_6H_5\text{-环己酮}$$

烯胺也可以与 α,β-不饱和体系发生迈克尔反应进行烷基化：

$$\text{环戊烯胺} + CH_2{=}CHCOOCH_3 \longrightarrow \text{2-}CH_2\bar{C}HCOOCH_3\text{-亚胺盐}(N^+) \xrightarrow[H_2O]{H^+} \text{2-}CH_2CH_2COOCH_3\text{-环戊酮}$$

(3) 醛、酮与羟胺加成生成肟： 在碱性条件下，醛、酮与羟胺加成在水溶液中室温下即可反应。为使反应完全，羟胺通常过量 10%～15%。醛、酮对体积小的羟胺加成，碳原子的正电性起主要作用，空间障碍影响不大，如：

$$C_6H_5COC_6H_5 + NH_2OH\cdot HCl + NaOH \xrightarrow[\text{回流 1 h}]{H_2O} C_6H_5C({=}NOH)C_6H_5 + NaCl + 2H_2O$$

98%

肟对碱稳定，但在酸性条件下水解又生成醛、酮和羟胺的盐，水解速度与介质的酸性及肟的碱性有关。

$$>C=N-OH \xrightarrow{H^+} >\overset{+}{C}-\underset{H}{N}-OH \xrightarrow{H_2O} >\underset{^+OH_2}{C}-\underset{H}{N}-OH \rightleftharpoons >\underset{O-H}{C}-N^+H_2-OH \xrightarrow{-H^+} >C=O + NH_2OH \xrightarrow{HCl} NH_2OH \cdot HCl$$

(4) 与肼、氨基脲等进行缩合反应生成是腙、缩氨基脲： 肼、氨基脲相邻的两个氮原子都有未共用电子对，由于电子的临近效应，亲核性很强。反应也是可逆的，反应平衡通常比简单的胺发生反应的平衡更有利。如：

$$\underset{}{CH_3CH=O} + \underset{\text{肼}}{H_2N-NH_2} \longrightarrow \underset{\text{乙醛腙}}{CH_3CH=N-NH_2} + H_2O$$

$$\underset{\text{环己酮}}{C_6H_{10}=O} + \underset{\text{苯肼}}{H_2N-NH-C_6H_5} \xrightarrow{-H_2O} \underset{\text{环己酮苯腙}}{C_6H_{10}=N-NH-C_6H_5} + H_2O$$

$$>C=O + \underset{\text{氨基脲}}{NH_2NH\overset{O}{\overset{\|}{C}}NH_2} \xrightarrow{-H_2O} \underset{\text{缩氨基脲（白色沉淀）}}{>C=NNH\overset{O}{\overset{\|}{C}}NH_2}$$

使用过量的醛与水合肼（物质的量之比 2∶1）在水溶液或稀醇中作用，生成二亚甲基联氨（醛缩肼），此类化合物在紫外光下发蓝紫色荧光。如：

$$2\,C_6H_5-CH=O + H_2N-NH_2 \cdot H_2SO_4 + 2NH_3 \xrightarrow{-2H_2O} \underset{\text{二苯二亚甲基联氨 92\%}}{C_6H_5-CH=N-N=CH-C_6H_5} + (NH_4)_2SO_4$$

$$2\,o\text{-}HOC_6H_4-CH=O + H_2N-NH_2 \cdot H_2SO_4 + 2NH_3 \xrightarrow{-2H_2O} \underset{\text{水杨醛缩肼 90\%}}{o\text{-}HOC_6H_4-CH=N-N=CH-C_6H_4OH\text{-}o} + (NH_4)_2SO_4$$

产物肟、苯腙、缩氨基脲通常都是具有固定晶形和特定熔点的固体，且都可以用稀酸水解得到原来的醛或酮。已有数千计的醛和酮的衍生物的熔点被记载，如乙醛肟的熔点为47℃，环己酮肟的熔点为90℃等，可用于醛、酮的鉴定。其中 2,4-二硝基苯肼与醛、酮加成反应的现象非常明显，生成具有一定熔点的金黄色结晶，故常用来检验羰基，称为羰基试剂。由于这些反应可逆，在稀的酸性水溶液中可水解回原来的羰基化合物，可用于醛、酮的分离和提纯。

（五）与含氧亲核试剂的加成

(1) 与醇的加成反应： 醇在无水强酸的催化下能和醛（或酮）发生加成反应，生成物称为半缩醛（或半缩酮），也可称为某醛（或某酮）缩一某醇。半缩醛或半缩酮不稳定，一般难以分离出来，反应可逆，易分解为原来的醛、酮。在酸性条件下半缩醛（或半缩酮）能和第二分子醇反应，并失去一分子水生成缩醛（或缩酮），也称为某醛（或某酮）缩二某醇。缩醛或缩酮是同一个碳原子上生成的双醚，可从过量的醇中分离出来。由于反应可逆，大多数缩醛（或缩酮）在稀酸水溶液中可以水解成醛（或酮），但它们对碱比较稳定。

$$CH_3CH{=}O + C_2H_5OH \overset{H^+}{\rightleftharpoons} \underset{\text{乙醛缩一乙醇}}{CH_3\overset{OH}{\overset{|}{C}}H-OC_2H_5}\ (\text{半缩醛}) \overset{C_2H_5OH,\ H^+}{\rightleftharpoons} \underset{\text{乙醛缩二乙醇}}{CH_3\overset{OC_2H_5}{\overset{|}{C}}H-OC_2H_5}\ (\text{缩醛})$$

$$CH_3\overset{O}{\overset{\|}{C}}CH_3 + CH_3OH \overset{H^+}{\rightleftharpoons} \underset{\text{丙酮缩一甲醇}}{CH_3\overset{OCH_3}{\overset{|}{\underset{OH}{\underset{|}{C}}}}CH_3}\ (\text{半缩酮}) \overset{CH_3OH,\ H^+}{\rightleftharpoons} \underset{\text{丙酮缩二甲醇}}{CH_3\overset{OCH_3}{\overset{|}{\underset{OCH_3}{\underset{|}{C}}}}CH_3}\ (\text{缩酮})$$

一般在室温或更低的温度下将醛加入到含有酸(或酸性脱水剂,如氯化钙)的过量无水醇中,一般用延长反应时间的方式使反应完全。

$$\underset{40\%\text{甲醛水溶液}}{CH_2{=}O} + \underset{\text{乙二醇}}{HOCH_2CH_2OH} \xrightarrow[8\ ^\circ C]{H^+,\ CaCl_2} \text{(二氧戊环: } H_2C-CH_2,\ O\ \ O,\ CH_2) + H_2O$$

$$ClCH_2CH_2CH{=}O + 2C_2H_5OH \xrightarrow[0\ ^\circ C]{H^+} \underset{\text{3-氯丙醛缩二乙醇}}{ClCH_2CH_2C\overset{OC_2H_5}{\overset{|}{H}}-OC_2H_5} + H_2O$$

缩醛的形成是可逆的,平衡常数决定了在平衡时反应物和产物的比例。对于简单的醛,平衡常数通常偏向缩醛产物。而有空间阻碍的醛和大多数酮,反应不利于形成缩醛。为此可用大量的醇,通过苯共沸不断带出水后,经油水分离器去水,促使平衡向右移动。也可以用原甲酸酯代替醇进行反应,由于反应中不再产生水,可提高反应缩酮的产率。

$$CH_3\overset{O}{\overset{\|}{C}}CH_3 + \underset{\text{原甲酸乙酯}}{HC(OC_2H_5)_3} \xrightarrow{H^+} CH_3\overset{OC_2H_5}{\overset{|}{\underset{OC_2H_5}{\underset{|}{C}}}}CH_3 + H\overset{O}{\overset{\|}{C}}OC_2H_5$$

(2) 有机合成中缩醛、缩酮的利用: 用生成缩醛、缩酮反应的可逆性来保护羰基。如4-甲酰基环己烷甲醇要氧化醇基成为羧基,必须要先把醛基保护起来后再氧化:

$$HOCH_2-C_6H_{10}-CHO \xrightarrow[HCl]{CH_3OH} HOCH_2-C_6H_{10}-\overset{OCH_3}{\overset{|}{\underset{OCH_3}{\underset{|}{C}}}}-H \xrightarrow[-OH,\ \triangle]{KMnO_4}$$

$$HOOC-C_6H_{10}-\overset{OCH_3}{\overset{|}{\underset{OCH_3}{\underset{|}{C}}}}-H \xrightarrow[H_2O,\ \triangle]{H^+} HOOC-C_6H_{10}-CHO + 2CH_3OH$$

又如3-(1-羟基环己基)丙醛的制备,可用3-溴丙醛制备成格氏试剂后与环己酮反应,3-溴丙醛的醛基用缩醛形式被保护起来,避免自身的反应,反应如下:

$$BrCH_2CH_2\overset{O}{\overset{\|}{C}}H \xrightarrow[H^+]{HOCH_2CH_2OH} BrCH_2CH_2\text{-}\overset{O\ \ O}{C}\text{-}H\ (\text{1,3-二氧戊环}) \xrightarrow[\text{乙醚}]{Mg} BrMgCH_2CH_2\text{-}\overset{O\ \ O}{C}\text{-}H \xrightarrow{\text{环己酮}}$$

$$\text{1-}(CH_2CH_2\text{-}\overset{O\ \ O}{C}\text{-}H)\text{-1-}OMgBr\text{-环己烷} \xrightarrow{H_3O^+} \text{1-}(CH_2CH_2CHO)\text{-1-}OH\text{-环己烷}\quad \text{3-(1-羟基环己基) 丙醛}$$

酮与醇的反应比醛难。常用共沸蒸馏法除去生成的水，促使缩酮生成。或采用乙二醇、1,3-丙二醇，与醛（或酮）形成五元、六元缩醛（或缩酮），由于两个分子（一分子醛或酮和一分子二元醇）的缩合相对于三个分子（一个分子醛或酮和两分子醇）的缩合有较小的熵损失，产率一般较好。

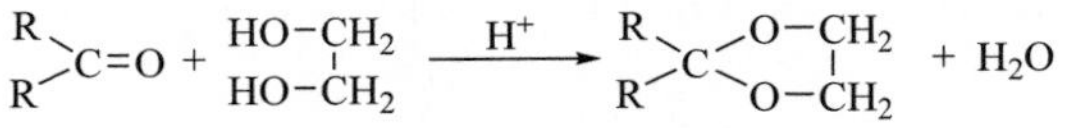

$$R_2C{=}O + HO{-}CH_2{-}CH_2{-}OH \xrightarrow{H^+} R_2C(O{-}CH_2)_2 + H_2O$$

(3) 环状半缩醛：γ-或 δ-羟基醛可以在分子内形成半缩醛，从而形成五元或六元环状化合物，稳定且可分离得到。如：

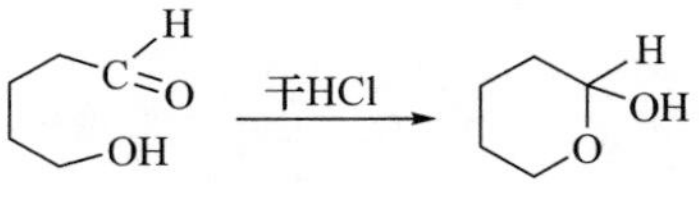

$$\text{HO(CH}_2)_4\text{CHO} \xrightarrow{\text{干HCl}} \text{环状半缩醛}$$

环状半缩醛（稳定）
在糖类化合物中多见

糖的醛基和羟基在同一个分子内，可形成五元或六元环状半缩醛，十分稳定。如葡萄糖是一个六碳糖，一般以稳定的闭环半缩醛的形式存在（α-D-葡萄糖和 β-D-葡萄糖）：

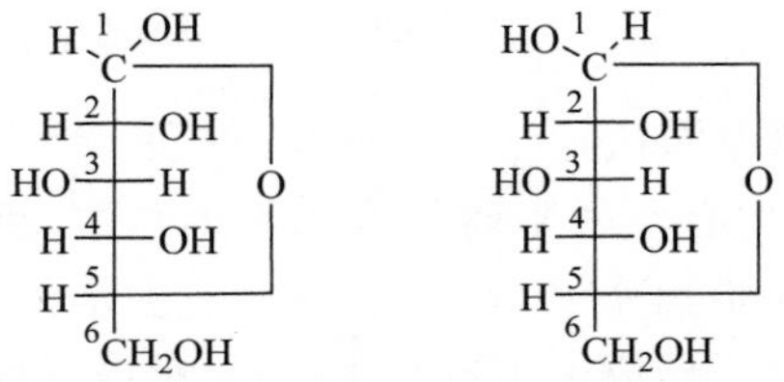

α-D-葡萄糖$[\alpha]_D^{20}=+112.2°$　β-D-葡萄糖$[\alpha]_D^{20}=+18.7°$

(4) 醛、酮与水的加成：在酸性条件下水能和醛、酮发生亲核加成，生成不稳定的水合物，即同一碳原子上含有两个羟基的二醇-偕二醇。反应是可逆的，平衡偏向不被水合的醛或酮。醛比酮更可能形成稳定的水合物，特别是当羰基与强吸电子基相连时，增强了羰基碳原子的正电性，不易失水，可形成稳定的水合物。如三氯乙醛水合物是稳定的结晶，具有麻醉作用。

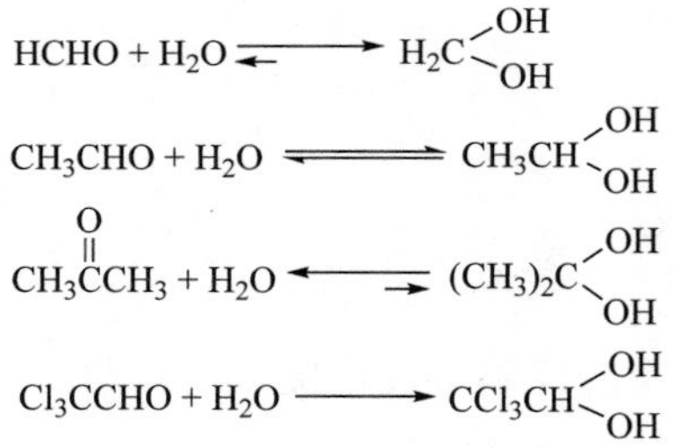

$$HCHO + H_2O \rightleftharpoons H_2C(OH)_2$$ 100% 水合物，但不能分离，分离易吸水

$$CH_3CHO + H_2O \rightleftharpoons CH_3CH(OH)_2$$ 约58%水合物

$$CH_3COCH_3 + H_2O \rightleftharpoons (CH_3)_2C(OH)_2$$ 约0%水合物

$$Cl_3CCHO + H_2O \longrightarrow CCl_3CH(OH)_2$$ 三氯乙醛水合物

（六）与含硫亲核试剂的加成

醛和饱和亚硫酸氢钠（约 40%）反应，由于硫的亲核性强，不需要催化剂即可进行加成反应，产物 α-羟基磺酸盐为白色结晶，不溶于饱和的亚硫酸氢钠溶液中，容易被分离出来：

$$RCHO + NaHSO_3 \rightleftharpoons RCH(OH)SO_3Na$$

若体系中再加入酸和碱，反应会逆向进行，又可得原来的醛、酮，故维持反应体系在与饱和亚硫酸氢钠溶液相对应的 pH，对反应十分重要。空间障碍对羰基化合物与亚硫酸氢钠的反应有影响，一般情况，醛容易发生反应，脂肪族甲基酮和少于 8 个碳的环酮也能发生此反应，但取代基较大的脂肪族酮和芳香酮（如苯乙酮），很难发生反应。故此反应只可用以分离、提纯醛，部分甲基酮和低级环酮。

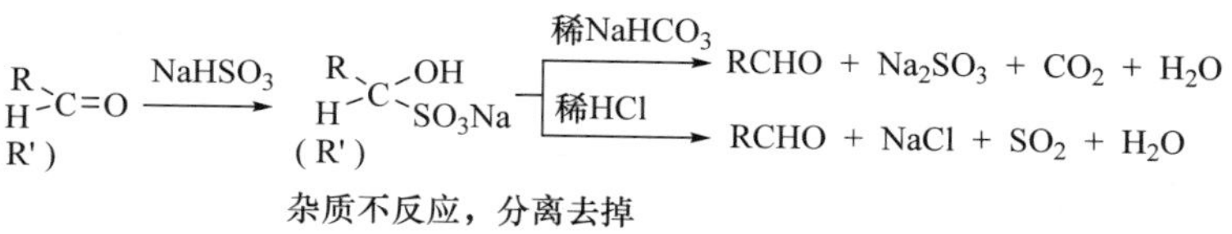

$$\underset{(R')}{\overset{R}{H}}\!>\!C{=}O \xrightarrow{NaHSO_3} \underset{(R')}{\overset{R}{H}}\!>\!C\!<\!\begin{matrix}OH\\SO_3Na\end{matrix} \begin{cases}\xrightarrow{稀NaHCO_3} RCHO + Na_2SO_3 + CO_2 + H_2O\\ \xrightarrow{稀HCl} RCHO + NaCl + SO_2 + H_2O\end{cases}$$

杂质不反应，分离去掉

此反应还可用来制备羟基腈，可避免使用挥发性的剧毒物 HCN。如：

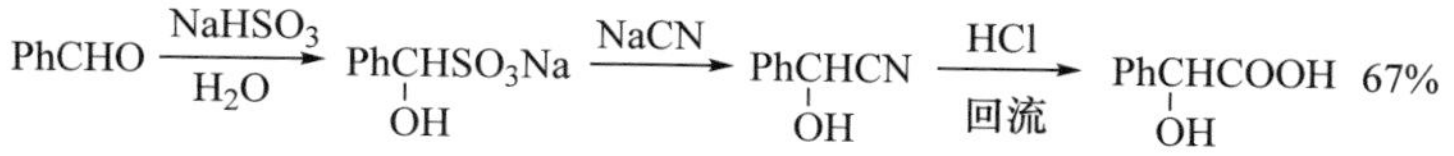

$$PhCHO \xrightarrow[H_2O]{NaHSO_3} \underset{OH}{PhCHSO_3Na} \xrightarrow{NaCN} \underset{OH}{PhCHCN} \xrightarrow[回流]{HCl} \underset{OH}{PhCHCOOH}\ 67\%$$

（七）羰基加成反应的立体化学

羰基具有平面结构，Nu 可从任何一面进攻羰基碳原子，但向两面进攻的概率是否相等？下面我们从反应物结构和试剂体积大小来进行讨论。

（1）对手性脂肪酮的加成：

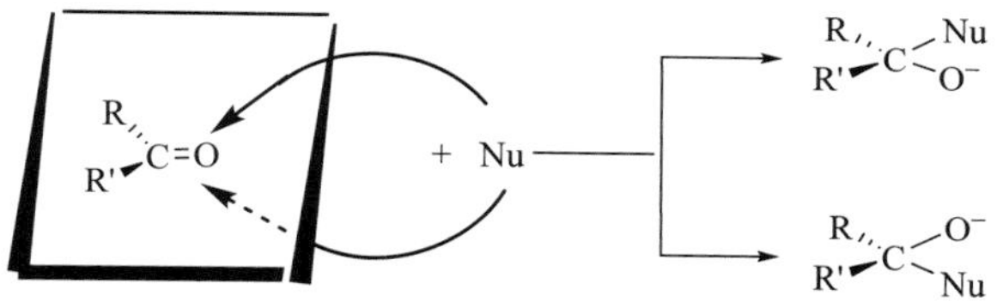

R, R'–C=O + Nu → R, R'–C(Nu)(O⁻) / R, R'–C(O⁻)(Nu)

当 R＝R′时，加成产物为同一物。

当 R≠R′时，加成产物为外消旋体（Nu 从羰基两面进攻的概率相等）。

当羰基与手性碳原子相连时，Nu 从两面进攻的概率就不一定相等，加成后引入第二个手性碳原子，生成的两个非对映体的量也不一定相等。

Nu 的进攻方向主要取决于 α 手性碳原子上各原子（原子团）体积的相对大小。即其加成方向有一定的规律。加成方向遵守克拉姆（Cram）规则。

Cram 规则：设 α 手性碳原子上所连的三个基团分别用 L、M、S 代表其大、中、小，则加成时 Nu 主要从最小基团 S 一侧进攻最为有利，生成的产物为主要产物。

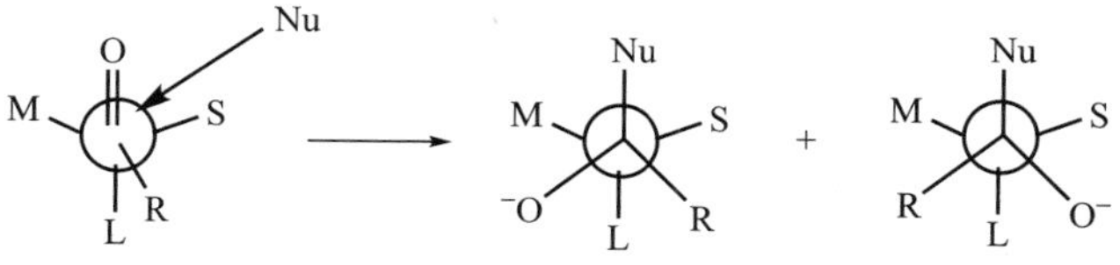

反应物　　　　主产物　　　　次产物

如：

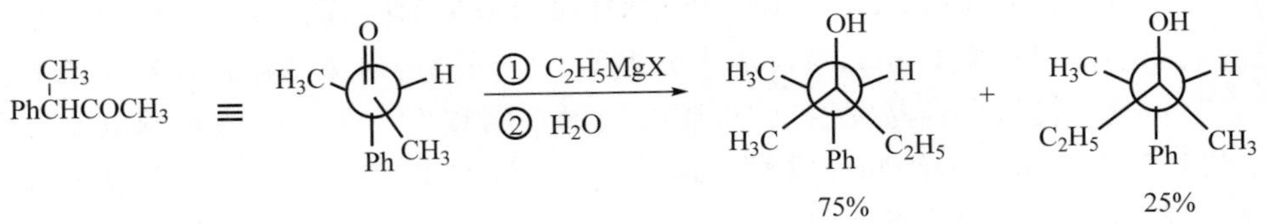

$$\underset{\text{Ph}\overset{|}{\text{C}}\text{HCOCH}_3}{\text{CH}_3} \equiv \text{(Newman)} \xrightarrow[\text{② } H_2O]{\text{① } C_2H_5MgX} \text{(Newman) 75\%} + \text{(Newman) 25\%}$$

(2) 脂环酮的加成： 脂环酮的羰基嵌在环内，环上所连基团空间位阻的大小，明显地影响着 Nu 的进攻方向。如：

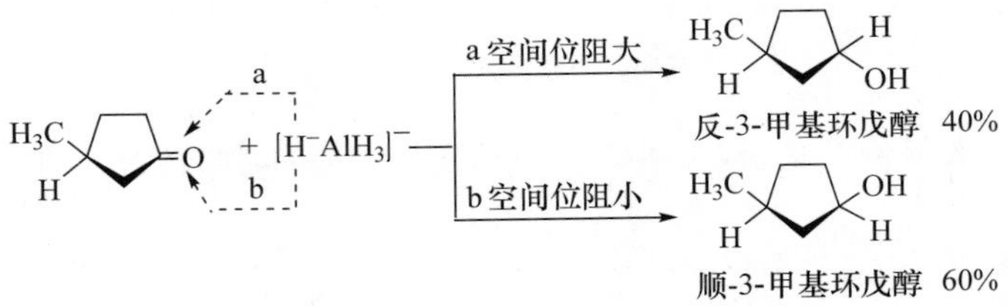

$$\text{3-甲基环戊酮} + [H^-AlH_3]^- \longrightarrow$$

a 空间位阻大 → 反-3-甲基环戊醇 40%

b 空间位阻小 → 顺-3-甲基环戊醇 60%

(3) Nu 的体积对加成的影响： 对于同一反应物，所用 Nu 体积的大小，也影响其进攻方向。如：

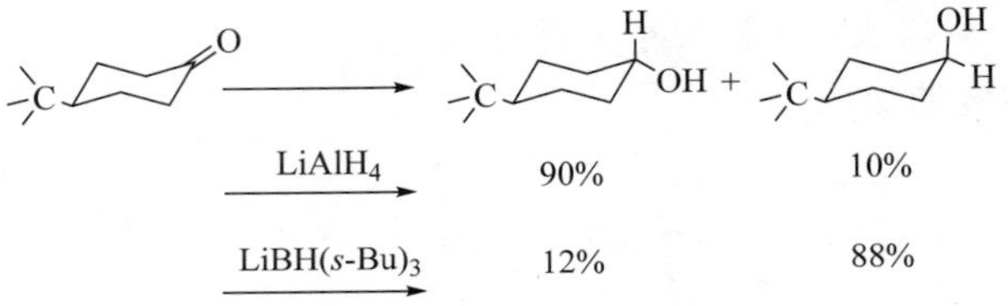

	产物（OH 平伏）	产物（OH 直立）
$LiAlH_4$	90%	10%
$LiBH(s\text{-}Bu)_3$	12%	88%

(八) 醛、酮的 α-H 反应

醛、酮分子中由于羰基吸电子诱导效应，羰基的 π 键与羰基 α 碳上的碳氢键具有超共轭作用，α-H 变得活泼，具有酸性，所以带有 α-H 的醛、酮具有如下的性质：

(1) 醛、酮的互变异构： 在溶液中有 α-H 的醛、酮以酮式和烯醇式互相转化的平衡存在，这是质子的迁移和双键的移动引起的，被称为互变异构，相互转化的异构体称为互变异构体。

$$\underset{\text{酮式}}{-CH_2-\overset{O}{\overset{\|}{C}}-} \rightleftharpoons \underset{\text{烯醇式}}{-CH=\overset{OH}{\overset{|}{C}}-}$$

这种互变可被碱催化，也可被酸催化而达到平衡。酸催化时，氧质子化在先，然后 α 碳再给出质子；在碱催化时，α 碳先给出质子，再转移到氧上。如：

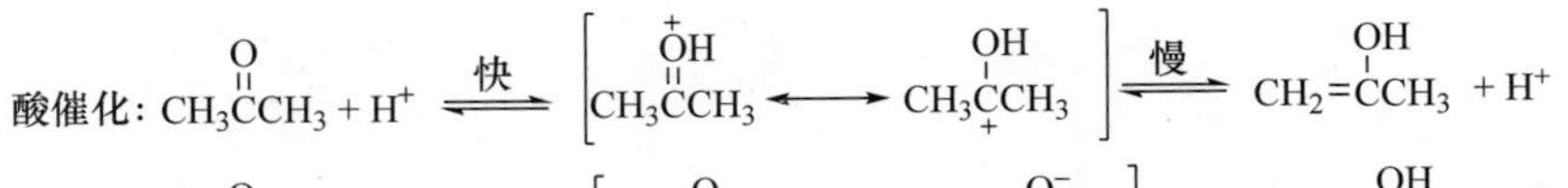

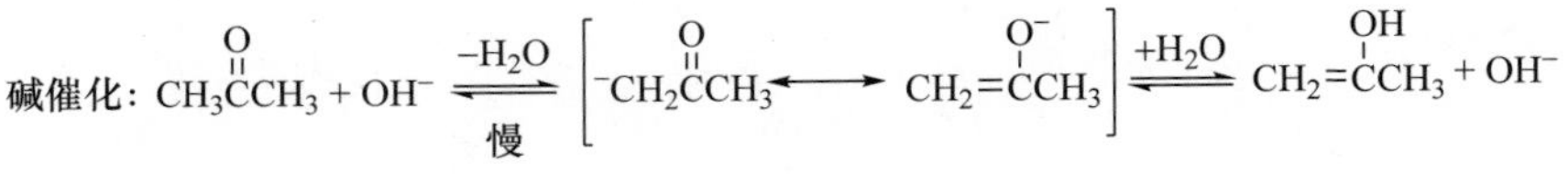

酸催化：$CH_3\overset{O}{\overset{\|}{C}}CH_3 + H^+ \xrightleftharpoons{\text{快}} \left[CH_3\overset{\overset{+}{O}H}{\overset{\|}{C}}CH_3 \longleftrightarrow CH_3\underset{+}{\overset{OH}{\overset{|}{C}}}CH_3\right] \xrightleftharpoons{\text{慢}} CH_2=\overset{OH}{\overset{|}{C}}CH_3 + H^+$

碱催化：$CH_3\overset{O}{\overset{\|}{C}}CH_3 + OH^- \xrightleftharpoons[\text{慢}]{-H_2O} \left[{}^-CH_2\overset{O}{\overset{\|}{C}}CH_3 \longleftrightarrow CH_2=\overset{O^-}{\overset{|}{C}}CH_3\right] \xrightleftharpoons{+H_2O} CH_2=\overset{OH}{\overset{|}{C}}CH_3 + OH^-$

若一个醛或酮的 α 碳为手性碳原子，则微量的酸或碱即可使 α 碳原子以烯醇为中间体

发生构型转变,生成外消旋混合物(或者非对映体平衡混合物)。如:

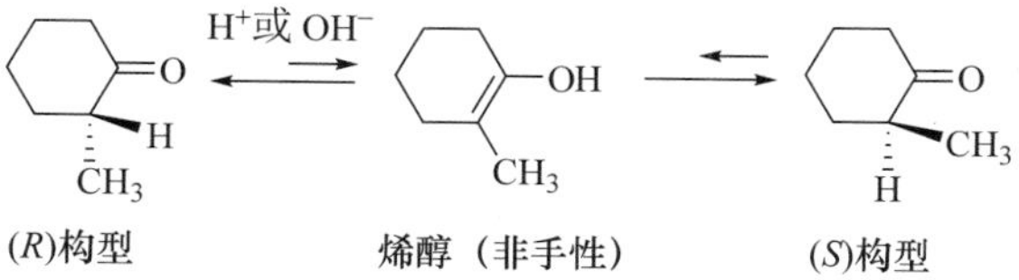

(R)构型 $\xrightleftharpoons{H^+或OH^-}$ 烯醇(非手性) $\rightleftharpoons$ (S)构型

简单脂肪醛在平衡体系中的烯醇式含量极其微小。酮或二酮的平衡体系中,烯醇式能被其他基团稳定化,烯醇式含量会增多。

烯醇的存在可用重氢交换方法证明,通过质谱仪或核磁共振氢谱仪检测出来。

$$CH_3CH_2\overset{O}{\overset{\|}{C}}CH_2CH_3 + D_2O \xrightarrow[或OD^-]{D^+} CH_3CD_2\overset{O}{\overset{\|}{C}}CD_2CH_3 + H_2O$$

(2) 烯醇离子的形成和稳定性: 典型的酮、醛上解离出 α 质子的 $pK_a \approx 20$,酸性比烷烃和烯烃的酸性($pK_a \geqslant 40$)强得多,比炔的酸性也要强($pK_a \approx 25$),但小于水($pK_a \approx 15.7$)和醇($pK_a \approx 16 \sim 18$)。

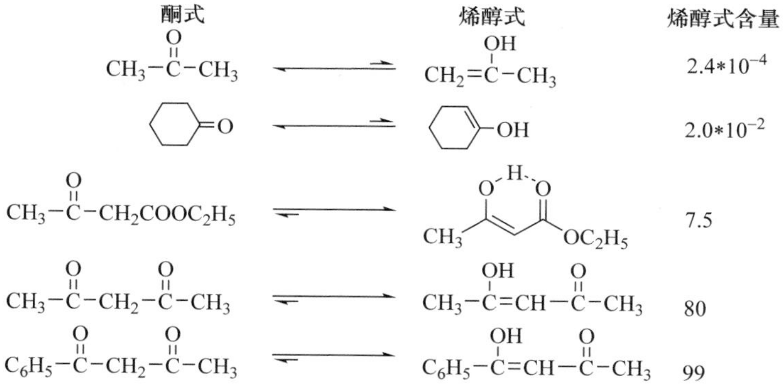

酮式		烯醇式	烯醇式含量
$CH_3-\overset{O}{\overset{\|}{C}}-CH_3$	⇌	$CH_2=\overset{OH}{\overset{\|}{C}}-CH_3$	$2.4*10^{-4}$
环己酮	⇌	环己烯醇	$2.0*10^{-2}$
$CH_3-\overset{O}{\overset{\|}{C}}-CH_2COOC_2H_5$	⇌	(分子内氢键烯醇式)	7.5
$CH_3-\overset{O}{\overset{\|}{C}}-CH_2-\overset{O}{\overset{\|}{C}}-CH_3$	⇌	$CH_3-\overset{OH}{\overset{\|}{C}}=CH-\overset{O}{\overset{\|}{C}}-CH_3$	80
$C_6H_5-\overset{O}{\overset{\|}{C}}-CH_2-\overset{O}{\overset{\|}{C}}-CH_3$	⇌	$C_6H_5-\overset{OH}{\overset{\|}{C}}=CH-\overset{O}{\overset{\|}{C}}-CH_3$	99

在酮式-烯醇式平衡体系中,烯醇式除了与相应的结构稳定性有关外,还与介质的极性也有关。一般在非质子性溶剂中有利于烯醇式存在,因为非质子性溶剂有利于分子内形成氢键。在质子性溶剂中有利于酮式的存在,质子性溶剂能与酮式羰基氧原子形成氢键,使分子内氢键较难形成,降低了烯醇式的含量。酮羰基若两个 α 碳上都有氢,就会生成两种不同的烯醇,取代基多的 α 碳与羰基碳成双键为热力学控制,此时双键上所连的烃基较多,较稳定,一般酸催化下易形成;取代基少的 α 碳与羰基碳成双键为动力学控制,此时双键上所连的烃基较少,空间位阻小,一般在强碱、非质子性溶剂中易形成。

$$R_2C=\overset{OH}{\overset{|}{C}}CH_2R' \rightleftharpoons R_2CH\overset{O}{\overset{\|}{C}}CH_2R' \rightleftharpoons R_2CH\overset{OH}{\overset{|}{C}}=CHR'$$

热力学控制　　　　动力学控制

尽管烯醇式的平衡浓度很小,它却是一个活泼的亲核试剂,在反应时,烯醇浓度降低,会使平衡向烯醇方向移动,并最终所有羰基化合物都通过低浓度的烯醇离子发生了反应。

强碱二异丙基氨基锂(LDA)能在加入亲核试剂以前,把羰基化合物完全转化为它的烯醇形式。LDA 是用烷基锂脱去二异丙基的质子形成的：

$$(CH_3)_2CH-N(H)-CH(CH_3)_2 + C_4H_9Li \longrightarrow (CH_3)_2CH-N^{-}(Li^{+})-CH(CH_3)_2 + C_4H_{10}$$

二异丙基胺　　正丁基锂　　二异丙基氨基锂(LDA)

二异丙基胺的 pK_a 约为 40，酸性比一般酮或醛弱，且分子中两个异丙基，体积较大，使 LDA 不容易进攻碳原子或者加到羰基上，故虽为强碱，但不是强亲核试剂，可与酮或醛形成烯醇的锂盐，在合成中是非常有用的。如：

$$\text{环己酮}(C_6H_{10}{=}O) + (i\text{-}C_3H_7)_2N^{-}Li^{+} \rightleftharpoons \text{环己烯基}-O^{-}Li^{+} + (i\text{-}C_3H_7)_2NH$$

LDA　　环己酮烯醇锂盐 (100%)

（九）α-H 的卤代反应

酮的 α-H 易被卤素取代生成 α-卤代酮，反应可被酸、碱催化，特别是在碱溶液中，反应能很顺利地进行。酸催化时可把酮溶解在乙酸中，酸既是溶剂又是催化剂，一般只取代一个氢，加大卤素量也可取代多个氢。反应为烯醇对卤素分子的亲电进攻，失去一个质子形成 α-卤代酮和卤化氢。

$$C_6H_5COCH_3 + Br_2 \xrightarrow{CH_3COOH} C_6H_5COCH_2Br + HBr \quad 70\%$$

$$C_6H_5COCH_3 + 2Cl_2 \xrightarrow{CH_3COOH} C_6H_5COCHCl_2 + 2HCl$$

与酮不同，醛很容易被强氧化剂卤素氧化而生成羧酸：

$$R-\overset{O}{\overset{\|}{C}}-H\ (\text{醛}) + X_2 + H_2O \longrightarrow R-\overset{O}{\overset{\|}{C}}-OH\ (\text{酸}) + 2HX$$

在碱存在下，亲核性的烯醇离子进攻亲电性的卤素时，生成卤代酮和卤离子，卤离子与碱生成盐，等量的碱被消耗。多数情况下，碱催化的卤化反应不会停止在单卤代阶段，因为产物 α-卤代酮中卤素的吸电子效应，使形成的烯醇离子稳定，使它们比起始原料更容易卤代，会持续到 α 碳原子被完全卤化。因此，碱催化卤化很少用于制备单卤代酮，单卤代酮的制备应选择酸催化。

$$CH_3CH_2\overset{O}{\overset{\|}{C}}CH_2CH_3 + 2Br_2 \xrightarrow{OH^-} CH_3CH_2\overset{O}{\overset{\|}{C}}CBr_2CH_3 + 2HBr$$

卤仿反应：甲基酮的甲基碳上有三个 α 质子，在碱溶液中与卤素反应（或与次卤酸钠反应），经三次卤代，生成三卤代甲基酮。由于有三个吸电子的卤原子，三卤代甲基酮与氢氧根离子反应，则生成卤仿和羧酸离子：

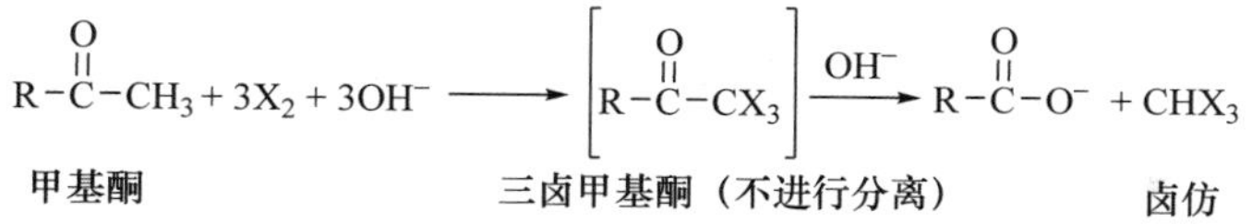

$$R-\overset{O}{\overset{\|}{C}}-CH_3 + 3X_2 + 3OH^- \longrightarrow \left[R-\overset{O}{\overset{\|}{C}}-CX_3\right] \xrightarrow{OH^-} R-\overset{O}{\overset{\|}{C}}-O^- + CHX_3$$

甲基酮　　三卤甲基酮（不进行分离）　　卤仿

若 X_2 为 Cl_2 则得到 $CHCl_3$（氯仿，液体）；若 X_2 为 Br_2 则得到 $CHBr_3$（溴仿，液体）；若 X_2 为 I_2 则得到 CHI_3（碘仿，黄色固体），称其为碘仿反应。碘仿为浅黄色晶体，现象明显并可分离，故常用来鉴定甲基酮。由于碘又是氧化剂，可将 α-甲基醇氧化为 α-甲基酮，故对于 α-甲基醇类化合物碘仿反应也呈正结果，可以将这样的醇转化成少一个碳的羧酸。如 2-己醇碱性下被碘氧化成 2-己酮后，再发生碘仿反应生成戊酸离子和碘仿：

$$CH_3(CH_2)_3-\overset{OH}{\overset{|}{C}H}-CH_3 + I_2 + OH^- \longrightarrow CH_3(CH_2)_3-\overset{O}{\overset{\|}{C}}-CH_3 \xrightarrow{I_2,\ OH^-} CH_3(CH_2)_3-\overset{O}{\overset{\|}{C}}-O^- + CHI_3\downarrow$$

（十）羟醛缩合反应

有 α-H 的醛在稀碱（10% NaOH）溶液中能和另一分子醛相互作用，生成β-羟基醛，称为羟醛缩合反应。羟醛缩合涉及烯醇负离子对另一个羰基化合物的亲核加成，生成的产物 β-羟基醛既含有醛基又含有醇羟基，因此叫做羟醛。羟醛若有 α 氢，可进一步加热脱水生成 α，β-不饱和羰基化合物。酮也能发生类似反应，生成 β-羟基酮，但平衡大大偏向反应物一方，产率很低。若使生成物（如水）蒸出，可提高产物收率。具体示例如下：

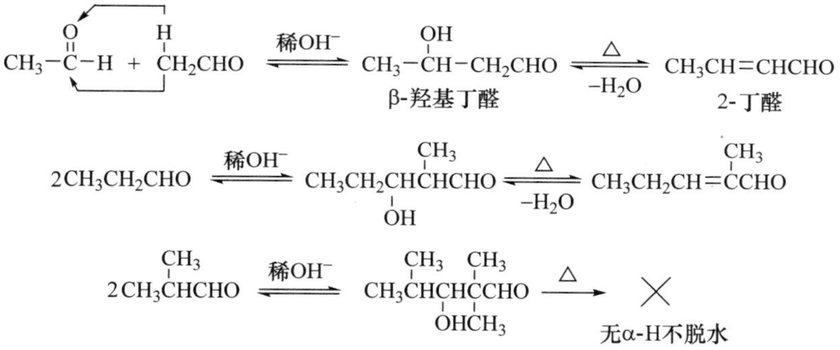

$$CH_3-\overset{O}{\overset{\|}{C}}-H + \overset{H}{\overset{|}{C}H_2}CHO \xrightleftharpoons{稀OH^-} \underset{\beta\text{-羟基丁醛}}{CH_3-\overset{OH}{\overset{|}{C}H}-CH_2CHO} \underset{-H_2O}{\overset{\triangle}{\rightleftharpoons}} \underset{2\text{-丁醛}}{CH_3CH=CHCHO}$$

$$2CH_3CH_2CHO \xrightleftharpoons{稀OH^-} CH_3CH_2\underset{OH}{\underset{|}{C}H}\overset{CH_3}{\overset{|}{C}H}CHO \underset{-H_2O}{\overset{\triangle}{\rightleftharpoons}} CH_3CH_2CH=\overset{CH_3}{\overset{|}{C}}CHO$$

$$2CH_3\overset{CH_3}{\overset{|}{C}H}CHO \xrightleftharpoons{稀OH^-} CH_3\overset{CH_3}{\overset{|}{C}H}\underset{OH}{\underset{|}{C}H}\overset{CH_3}{\overset{|}{\underset{CH_3}{\underset{|}{C}}}}CHO \xrightarrow{\triangle} \times$$

无α-H不脱水

（1）反应历程：

① 碱催化的羟醛缩合反应：反应为烯醇负离子对羰基亲核加成反应。如乙醛的羟醛缩合，第一步是碱夺取 α 氢生成烯醇负离子，第二步是烯醇负离子对羰基的亲核进攻，生成加成产物氧负离子，再与水作用，生成 β-羟基醛：

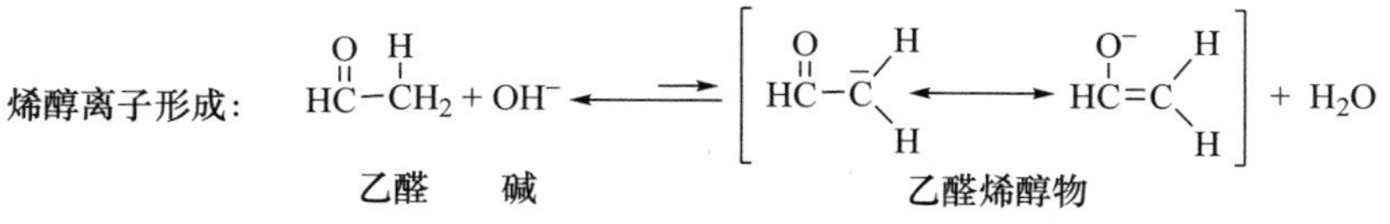

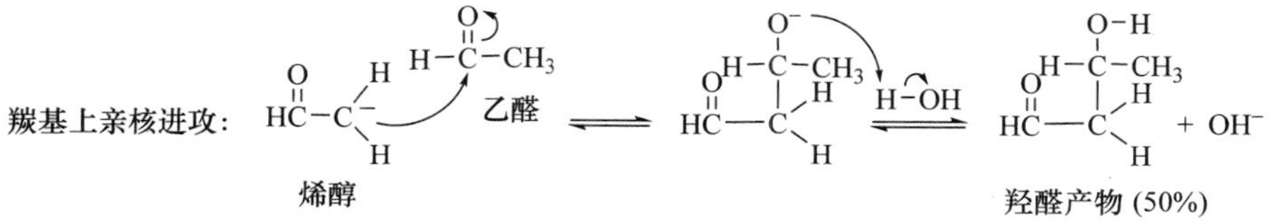

烯醇离子形成：

$$\underset{乙醛}{H\overset{O}{\overset{\|}{C}}-\overset{H}{C}H_2} + \underset{碱}{OH^-} \rightleftharpoons \underset{乙醛烯醇物}{\left[H\overset{O}{\overset{\|}{C}}-\overset{-}{C}H_2 \longleftrightarrow H\overset{O^-}{\overset{|}{C}}=CH_2\right]} + H_2O$$

羰基上亲核进攻：

$$\underset{烯醇}{H\overset{O}{\overset{\|}{C}}-\overset{-}{C}H_2} + \underset{乙醛}{H-\overset{O}{\overset{\|}{C}}-CH_3} \rightleftharpoons H-\overset{O^-}{\overset{|}{C}}(CH_3)-CH_2-\overset{O}{\overset{\|}{C}}H \xrightleftharpoons{H-OH} \underset{羟醛产物(50\%)}{H-\overset{O-H}{\overset{|}{C}}(CH_3)-CH_2-\overset{O}{\overset{\|}{C}}H} + OH^-$$

② 酸催化的羟醛缩合反应：此时烯醇作为一个弱的亲核试剂进攻活化了(质子化)的羰基基团。如酸催化下的乙醛的羟醛缩合，第一步是在酸性条件下通过互变异构生成烯醇，第二步是烯醇进攻另一个乙醛分子上质子化的羰基，然后烯醇失去质子生成羟醛缩合产物：

烯醇离子形成：

$$HCOCH_3 + H^+ \rightleftharpoons \left[HC(=\overset{+}{O}H)-CH_3 \longleftrightarrow H\overset{+}{C}(OH)-CH_3 \right] \rightleftharpoons HO-CH=CH_2 + H^+$$

乙醛　　质子化羰基　　烯醇

烯醇在质子化羰基上加成：

$$CH_3CH=\overset{+}{O}H\ (乙醛) + HO-CH=CH_2 \rightleftharpoons \left[HO-\overset{+}{C}H-CH_2-CH(OH)CH_3 \longleftrightarrow H-\overset{+}{O}=CH-CH_2-CH(OH)CH_3 \right] \xrightarrow[去质子化]{-H^+} O=CH-CH_2-CH(OH)CH_3$$

烯醇进攻　　形成稳定的共振中间体　　羟醛产物

(2) 羟醛产物失水：羟醛产物在酸或碱存在下加热，会导致羟基的失水，生成共轭的α,β-不饱和醛或酮。酸性条件下失水与醇酸性下失水机理类似；碱性下失水取决于羟醛产物上α氢的酸性，α氢离去形成烯醇化合物，迫使羟基离去以形成更稳定的产物。失水一般是个放热过程，因为它能形成一个共轭体系，放热使反应向前进行。

(3) 交叉羟醛缩合反应：若用两种不同的有α-H的醛进行羟醛缩合，则可能发生交叉缩合，最少生成四种产物。如：

$$CH_3CHO + CH_3CH_2CHO \xrightarrow{稀OH^-} \begin{cases} CH_3CH(OH)CH_2CHO \\ CH_3CH_2CH(OH)CH(CH_3)CHO \\ CH_3CH(OH)CH(CH_3)CHO \\ CH_3CH_2CH(OH)CH_2CHO \end{cases} 产物复杂，无合成价值$$

若选用一种无α-H的醛和一种有α-H的醛进行交叉羟醛缩合，则有合成价值，称为克莱森-施密特(Claisen-Schmidt)反应。如：

$$C_6H_5CHO + CH_3CH_2CHO \xrightarrow[\triangle]{OH^-} C_6H_5CH=C(CH_3)CHO \quad 68\%$$

$$C_6H_5CHO + CH_3COCH_3 \xrightarrow[100\ ^\circ C]{稀OH^-} C_6H_5CH=CHCOCH_3$$

苯乙烯基甲基酮 70%

$$C_6H_5CHO + CH_3COC_6H_5 \xrightarrow[20\ ^\circ C]{稀OH^-} C_6H_5CH=CHCOC_6H_5 \quad 85\%$$

二酮化合物可进行分子内羟酮缩合，是目前合成环状化合物的一种方法。如：

$$H_3C\text{-}CO\text{-}(CH_2)_4\text{-}CO\text{-}CH_3 \xrightarrow[\triangle]{KOH} \text{1-乙酰基-2-甲基环戊烯}$$

$$\text{环癸-1,6-二酮} \xrightarrow[\triangle]{\text{稀}OH^-} \text{(羟基双环酮)} \xrightarrow[-H_2O]{\triangle} \text{(双环烯酮)}$$

当一个无 α-H 的醛与一个具有两种不同 α-H 的酮进行羟醛缩合时，在碱性条件下，由于碱夺取取代基较少的 α 碳上的氢生成的反应中间体形成烯醇负离子较稳定，故一般是取代基较少的 α 碳上的氢进行缩和；在酸性条件下，由于取代基较多的 α 碳上的氢转移生成的烯醇较稳定，故一般是与取代基较多的 α 碳上的氢进行缩合。

(4) 曼尼希(Mannich)反应：又称胺甲基化反应。含有活泼氢的化合物与甲醛、氨或胺同时进行缩合反应，碳上活泼氢被胺甲基取代，生成胺甲基化合物(Mannich 碱)。如：

$$CH_3\overset{O}{\overset{\|}{C}}CH_2-H + H\overset{O}{\overset{\|}{C}}H + H-N(C_2H_5)_2 \xrightarrow{H^+} CH_3\overset{O}{\overset{\|}{C}}CH_2CH_2N(C_2H_5)_2\ (\text{Mannich碱}) + H_2O$$

含有活泼氢化合物除醛、酮外，还有酸、酯、腈、硝基化合物、末端炔烃，邻、对位未被取代的酚类等。Mannich 反应常在水、醇或醋酸溶液中进行，若反应时混入少量盐酸，有利于反应的进行。反应中，甲醛中的氧与一个 α 活泼氢和一个胺(或氨)的氮上的氢形成水。三级胺的氮上没有氢，不能发生此反应。二级胺的氮上只有一个氢，可生成单一的产物。一级胺的氮上有两个氢，氨的氮上有三个氢，反应会进行到氮上氢用完为止，产物会是混合物。因此，Mannich 反应最常用的是二级胺，如二甲胺、二乙胺等。

Mannich 反应的机理：甲醛首先与胺缩合成亚胺正离子和水，含活泼氢的化合物部分转化为烯醇式，然后亚胺正离子再与含活泼氢化合物的烯醇式反应生成 Mannich 碱。如丙酮、甲醛、二乙胺反应如下：

$$H\overset{O}{\overset{\|}{C}}H + H-N(C_2H_5)_2 \rightleftharpoons HOCH_2N(C_2H_5)_2 \overset{H^+}{\rightleftharpoons} CH_2=\overset{+}{N}(C_2H_5)_2 + H_2O$$

$$CH_3\overset{O}{\overset{\|}{C}}CH_3 \overset{H^+}{\rightleftharpoons} CH_3\overset{O-H}{\overset{|}{C}}=CH_2 \xrightarrow{CH_2=N^+(C_2H_5)_2} CH_3\overset{O}{\overset{\|}{C}}CH_2CH_2N(C_2H_5)_2 + H^+$$

不对称酮反应时，胺甲基化反应主要是在取代基多的 α 碳上发生。如：

$$\text{2-甲基环己酮} + CH_2O + (CH_3)_2NH \xrightarrow[H_2O]{HCl} \text{2-甲基-2-}(CH_2N(CH_3)_2)\text{环己酮}\ (67\%) + \text{2-甲基-6-}(CH_2N(CH_3)_2)\text{环己酮}\ (33\%)$$

Mannich 反应除可用来制备 β-氨基酮、β-氨基醛外，生成的 Mannich 碱在碱作用下受热分解放出胺，蒸馏可得 α,β-不饱和醛、酮。如：

$$CH_3CH_2CH_2CHO + CH_2O + (CH_3)_2NH\cdot HCl \xrightarrow[6\ h]{55\sim60\ ^{\circ}C} CH_3CH_2CH(CHO)CH_2N(CH_3)_2\cdot HCl \longrightarrow CH_3CH_2C(=CH_2)CHO\ (73\%) + (CH_3)_2NH\cdot HCl$$

也可在芳环或杂环上引入胺甲基。

$$\text{2-萘酚} + CH_2O + \text{哌啶} \xrightarrow{H^+} \text{1-(哌啶甲基)-2-萘酚}$$

$$\text{吲哚} + CH_2O + (CH_3)_2NH \xrightarrow[H_2O]{HAc} \text{3-}CH_2N(CH_3)_2\text{吲哚（草绿碱 (95\%)）}$$

合成杂环化合物，如用曼尼希反应合成颠茄醇，可从原来难得的环庚酮为起始原料的 14 步简化为下面的 3 步：

$$OHCCH_2CH_2CHO + CH_3NH_2 + HOOCCH_2\overset{O}{\overset{\|}{C}}CH_2COOH \xrightarrow{pH=5}$$

$$\text{(托品酮二羧酸)} \xrightarrow[\triangle]{-CO_2} \text{(托品酮)} \xrightarrow{H_2/Ni} \text{颠茄醇}$$

（十一）醛、酮的重排反应

（1）二苯乙醇酸的重排：又称安息香酸重排。α-二酮在浓 NaOH 作用下重排成二苯乙醇酸的钠盐，酸化后得二苯乙醇酸（安息香酸）。其他二酮也能发生类似的重排，重排产物中都含有 α-羟基酸的结构。如二苯乙二酮在 70% NaOH 溶液中加热，可重排成安息香酸：

$$PhCOCOPh \xrightarrow[140\ ^{\circ}C]{OH^-} [PhCO-C(O^-)(OH)Ph \longrightarrow (Ph)_2C(O^-)-COOH] \longrightarrow (Ph)_2C(OH)-COO^- \xrightarrow{H^+} (Ph)_2C(OH)-COOH\ \text{安息香酸}$$

（2）法沃斯基(Favorskii)重排：α-卤代酮在碱水溶液中加热重排成含有相同碳数的羧酸；用醇钠的乙醇溶液，得羧酸酯。这是合成环状、多支链非环羧酸及其衍生物和笼状化合物的重要方法。

链状 α-卤代酮在碱作用下，脱去质子形成环丙酮衍生物，接受亲核试剂进攻，得到烷基迁移的产物：

$$R_1CH(X)COCH_2R_2\ (X=Cl, Br, I) \longrightarrow R_1CH(X)C(O^-)=CHR_2 \longrightarrow \text{2-}R_1\text{-3-}R_2\text{环丙酮} \xrightarrow{Nu^-} \text{环丙氧负离子(Nu)} \longrightarrow$$

$$\text{碳负离子中间体} + \text{碳负离子中间体} \xrightarrow{H^+} R_2CH(CH_2R_1)CONu + R_1CH(CH_2R_2)CONu$$

环状 α-卤代酮重排后得到少一个碳的环烷烃羧酸或羧酸酯：

$$\text{2-溴环己酮} \xrightarrow[\text{EtOH}]{\text{EtONa}} \longrightarrow \longrightarrow \xrightarrow{\text{EtOH}} \text{环戊烷甲酸乙酯 (C—OEt)} + EtO^-$$

(3) 贝克曼(Beckmann)重排： 酮肟在酸性催化剂作用下重排成仲酰胺，酸帮助羟基离去。对于对称的酮肟，重排后只有一种酰胺；对于不对称的酮肟，重排后可以有 Z, E 不同构型的酰胺。根据重排后产物酰胺的结构，可以推断酮肟的构型。用质子酸如硫酸、多聚磷酸需在较高温度(120℃)下进行。而用 Lewis 酸，如 $AlCl_3$、$InCl_3$ 可在温和的条件下进行。

$$C_6H_5C(=N-OH)C_6H_4NO_2 \underset{}{\overset{H^+}{\rightleftharpoons}} C_6H_5C(=N-O^+H_2)C_6H_4NO_2 \xrightarrow{-H_2O} [C_6H_5-N=\overset{+}{C}-C_6H_4-NO_2]$$

$$\xrightarrow[-H^+]{H_2O} C_6H_5-N=C(OH)-C_6H_4-NO_2 \underset{}{\overset{\text{互变异构}}{\rightleftharpoons}} C_6H_5-NH\overset{O}{\overset{\|}{C}}-C_6H_4-NO_2$$

贝克曼重排在工业上的重要应用是以环己酮为原料，经环己酮肟重排制备己内酰胺：

$$\text{环己酮} + NH_2OH \xrightarrow{H^+} \text{环己酮肟 (N—OH)} \xrightarrow{H^+} (N-\overset{+}{O}H_2) \xrightarrow[\text{重排}]{-H_2O} (\overset{+}{C}\equiv N) \xrightarrow[-H^+]{+H_2O} \text{HO—C=N (七元环)} \longrightarrow \text{己内酰胺 (C(=O)—NH)}$$

(4) 拜耳-维立格(Baeyer-Villiger)氧化重排： 酮被过氧酸(如过苯甲酸、过乙酸、过硫酸、过三氟醋酸等，或过氧化氢与乙酸、六氟丙酮合用)氧化，与羰基直接相连的碳链断裂，插入一个氧形成酯。反应中加入少量硫酸、对甲苯磺酸等酸性催化剂，收率一般较高。如：

$$\text{环己酮} + CH_3\overset{O}{\overset{\|}{C}}OOH \xrightarrow{40\ ^\circ C} \text{己内酯 } 85\%$$

$$\text{C}_6H_{11}-C(=O)CH_3 + C_6H_5\overset{O}{\overset{\|}{C}}OOH \longrightarrow C_6H_{11}-OC(=O)CH_3$$

反应过程如下：

$$R_1\overset{O}{\overset{\|}{C}}R_2 + R\overset{O}{\overset{\|}{C}}OOH \longrightarrow R_1-C(OH)(R_2)-O-O-\overset{O}{\overset{\|}{C}}R \longrightarrow R_1\overset{O}{\overset{\|}{C}}OR_2 + R\overset{O}{\overset{\|}{C}}OH$$

(十二) 醛、酮的还原反应

(1) 催化氢化： 在铂、钯、镍等催化剂存在下，羰基也能与碳碳双键一样被催化氢化还原，但比双键还原慢。醛和酮在铂、钯、镍等催化剂作用下加氢，醛被还原成一级醇，酮被还原成二级醇，双键也被还原。有些反应需要加温、加压，最常用的溶剂是醇、酸等。如：

$$\begin{matrix}R\\H\\(R')\end{matrix}\!\!>C=O + H_2 \xrightarrow[\text{热，加压}]{Ni} \begin{matrix}R\\H\\(R')\end{matrix}\!\!>CH-OH$$

$$\text{环己酮}{=}O + H_2 \xrightarrow[50\ ^{\circ}C,\ 6.5\ MPa]{Ni} \text{环己醇(OH)}$$

$$CH_3CH{=}CHCH_2CHO + 2H_2 \xrightarrow[250\ ^{\circ}C,\ \text{加压}]{Ni} CH_3CH_2CH_2CH_2CH_2OH$$

（C=C, C=O 均被还原）

(2) 用金属氢化物还原： 如要保留碳碳双键而只还原羰基，则应选用金属氢化物为还原剂。常用的还原剂有氢化铝锂和硼氢化钠。它们均能提供氢负离子与羰基的碳原子结合，形成醇盐，再水解得醇。

$LiAlH_4$ 还原：进攻试剂是 AlH_4^-。

$$CH_3CH{=}CHCH_2CHO \xrightarrow[\text{②}\ H_3O^+]{\text{①}\ LiAlH_4\ \text{干乙醚}} CH_3CH{=}CHCH_2CH_2OH$$

（只还原 C=O）

$LiAlH_4$ 是强还原剂，但选择性差，除不还原 C═C、C≡C 外，其他不饱和键都可被其还原；不稳定，遇水剧烈反应，通常只能在无水醚或 THF 中使用。

$NaBH_4$ 还原：进攻试剂是 BH_4^-，必须在质子性溶剂或有机锂离子存在下才能促进反应。

$$CH_3CH{=}CHCH_2CHO \xrightarrow[\text{②}\ H_3O^+]{\text{①}\ NaBH_4} CH_3CH{=}CHCH_2CH_2OH$$

（只还原C=O）

$NaBH_4$ 还原选择性强（只还原醛、酮、酰卤中的羰基，不还原酯基及其他基团），但反应活性不如 $LiAlH_4$。在水或醇中有一定的稳定性，在碱性条件下比较稳定，常在醇溶液中使用。

(3) 用乙硼烷还原： 乙硼烷与醛、酮的反应，同烯烃双键加成相似，硼原子加到羰基氧上，负氢加到羰基碳原子上，生成硼酸酯，经水解得到醇。不饱和键也可被还原。如：

$$\text{3,5,5-三甲基环己-2-烯酮} + B_2H_6 \xrightarrow[\text{THF}]{0\ ^{\circ}C} \text{(H, }H_2BO\text{ 加成产物)} \xrightarrow{B_2H_6} \xrightarrow[\text{THF},\ H_2O,\ 25\ ^{\circ}C]{H_2O_2,\ NaOH} \text{(HO, HO 产物)}$$

(4) 异丙醇铝还原法： 也称麦尔外因-彭杜尔夫（Meerwein-Poundorf）还原法。

异丙醇铝还原羰基：

$$\underset{(R')}{\overset{R}{H}}{>}C{=}O + CH_3\underset{OH}{CH}CH_3 \xrightleftharpoons{(i\text{-Pr-O-})_3Al} \underset{(R')}{\overset{R}{H}}{>}CH{-}OH + CH_3\overset{O}{\overset{\|}{C}}CH_3$$

异丙醇铝（通常在使用前通过无水异丙醇和新鲜铝屑用碘引发制备）是缓和的还原剂，可选择性地还原羰基，而双键、硝基及卤原子不受影响。还原时涉及氧-铝配位键的形成和氢负离子的转移，应以异丙醇为溶剂，异丙醇自身氧化成丙酮，为使反应进行到底，生成的丙酮应随时蒸出。如 2-乙基-3-羟基丁醛被还原成 2-乙基-1，3-丁二醇：

$$CH_3\overset{OH}{\overset{|}{C}}H-\overset{CH_2CH_3}{\overset{|}{C}}HCHO + Al(OCHCH_3)_3 \xrightarrow[\text{异丙醇，加热}]{-CH_3\overset{O}{\overset{\|}{C}}CH_3} CH_3\overset{OH}{\overset{|}{C}}H-\overset{CH_2CH_3}{\overset{|}{C}}HCH_2O-Al(O\overset{CH_3}{\overset{|}{C}}HCH_3)_2 \xrightarrow{H^+} CH_3\overset{OH}{\overset{|}{C}}H-\overset{CH_2CH_3}{\overset{|}{C}}HCH_2OH$$

反应中只要加入过量的异丙醇，用催化剂量的异丙醇铝即可完成反应。其逆反应称为欧芬脑尔氧化反应。

(5) 金属还原剂还原： 钠、钾、锌、镁等活泼金属在酸性介质中可以将醛还原成一级醇，酮还原成二级醇。质子酸和金属还原剂，如锌粉和乙酸、细铁粉和稀乙酸、钠汞齐和盐酸；金属与醇，如钠和无水乙醇、铝粉和无水乙醇等均能将羰基（包括酯基）、硝基、亚硝基等还原。锌粉和氯化物组成的复合体系也能有效地还原醛、酮，如：

$$\text{(CHO)} + Zn/CoCl_2\cdot 6H_2O \xrightarrow[\text{室温, 5 h}]{DMF/H_2O} \text{(CH}_2\text{OH)} \quad 95\%$$

(6) 还原为烃（酮基还原成亚甲基）： 较常用的还原方法有以下两种：

① 乌尔夫(Woff)-凯惜纳(Kishner)-黄鸣龙还原法（联氨还原）： 首先醛、酮（羰基）与肼（联氨）作用生成腙，继而在强碱作用下生成腙负离子，氢迁移变成偶氮负离子，分解放出氮气成碳负离子，最后从醇中获取质子，完成羰基被还原成亚甲基。此反应由于不存在对酸敏感及偶联问题而应用广泛，但对碱敏感，含酯基、氰基的酮不能用此法还原。

$$\underset{\text{羰基}}{>C=O} + \underset{\text{肼}}{H_2N-NH_2} \xrightarrow{-H_2O} \underset{\text{腙}}{>C=N-NH_2} \xrightarrow{RO^-} \underset{\text{腙负离子}}{>C=N-NH^-} \longrightarrow \underset{\text{偶氮负离子}}{>CH-N=N^-} \xrightarrow[-N_2]{ROH} \underset{\text{烃}}{>CH_2}$$

此反应原用无水肼反应，温度高而使应用受到一定限制。1946 年黄鸣龙对此进行了改进，将无水肼改为水合肼，用 NaOH 或 KOH 代替醇钠，高沸点的乙二醇、二乙二醇为溶剂，常压下加热回流，蒸去水分后，再于 200℃左右反应，可获高收率产品。如：

$$C_6H_5-\overset{O}{\overset{\|}{C}}-CH_2CH_3 + H_2N-NH_2 \xrightarrow[\substack{150\ ^\circ C \\ -H_2O}]{\text{二乙二醇}} C_6H_5-\overset{NNH_2}{\overset{\|}{C}}-CH_2CH_3 \xrightarrow[\substack{150\sim200\ ^\circ C \\ 3\sim5\ h}]{\text{二乙二醇钠}} \underset{82\%}{C_6H_5-CH_2CH_2CH_3} + N_2$$

② 克莱门森(Clemmensen)还原： 醛或酮和锌汞齐、浓盐酸一起加热回流，羰基被还原成亚甲基。但对酸敏感的醛、酮不能使用此法还原。锌汞齐可由制成苔状（增大表面接触）的锌在水中与氯化汞溶液反应临时配制。

$$R-\overset{O}{\overset{\|}{C}}-H(R_1) + Zn + 2HCl \xrightarrow{Zn-Hg} R-CH_2-H(R_1) + ZnCl_2 + H_2O$$

此法适用于还原 α-芳香酮及 α-芳醛。此方法和芳烃酰基化结合可间接在芳环上引入直链烃基，如从苯和丁酰氯制备正丁基苯：

$$C_6H_6 + CH_3CH_2CH_2\overset{O}{\overset{\|}{C}}Cl \xrightarrow{AlCl_3} C_6H_5-\overset{O}{\overset{\|}{C}}CH_2CH_2CH_3 \xrightarrow[H_2O,\ 30\ h]{Zn-Hg + 2HCl} \underset{60\%}{C_6H_5-CH_2CH_2CH_2CH_3}$$

该反应也可使 α,β-不饱和酮、α,β-不饱和酸的 C=C 双键被还原，收率较高。如：

$$\text{C}_6\text{H}_5\text{-CH=CHCOOH} + \text{Zn-Hg} + 2\text{HCl} \xrightarrow{2\text{ h}} \underset{65\%}{\text{C}_6\text{H}_5\text{-CH}_2\text{CH}_2\text{COOH}} + \text{ZnCl}_2$$

克莱门森还原方法还可用于脱羟基或脱卤原子。

③ 缩硫醛、缩硫酮还原法： 硫醇与和醛、酮反应，生成缩硫醛或缩硫酮。由于硫的亲核性大于氧，反应更容易进行，且缩硫醛、缩硫酮在酸性和碱性下都很稳定，要在二价汞盐存在下才能水解，汞盐可以与硫醇反应生成 $Hg(SR)_2$ 沉淀，从而使反应逆转。缩硫醛、缩硫酮可以经氢化转变成烃，是在接近中性条件下将羰基转变成亚甲基的一种方法。

$$\text{R}_2\text{C=O} + \text{HSCH}_2\text{CH}_2\text{SH} \xrightarrow{\text{H}^+} \text{R}_2\text{C}\begin{matrix}\text{S-CH}_2\\ |\\ \text{S-CH}_2\end{matrix} \xrightarrow[\text{Ni}]{\text{H}_2} \text{RCH}_2\text{R} + \text{C}_2\text{H}_6 + \text{H}_2\text{S}$$

（十三）醛、酮的氧化反应

（1）醛易被氧化： 羰基上连有一个氢的醛易被氧化，弱氧化剂即可将醛氧化为羧酸。

$$\text{RCHO} + \underset{\text{土伦试剂}}{2[\text{Ag(NH}_3)_2]^+} + 2\text{OH}^- \longrightarrow \underset{\text{银镜}}{2\text{Ag}\downarrow} + \text{RCOONH}_4 + 3\text{NH}_3 + \text{H}_2\text{O}$$

碱性氢氧化铜溶液（用酒石酸盐作络合剂时称为 Fehling 试剂）与醛的氧化反应可以将脂肪醛氧化成相应的羧酸盐，并生成红色或砖红色的 Cu_2O 沉淀，可与不反应的芳香醛、酮区分开。银氨溶液（Tollens 试剂）氧化醛，若在洁净的玻璃器皿中进行，会在器皿上产生银镜，称为银镜反应。Tollens 试剂只氧化醛，不氧化酮和 C═C，故可用来区别醛和酮。

（2）酮难被氧化： 酮氧化需使用强氧化剂（如重铬酸钾和浓硫酸），会发生碳链的断裂而生成复杂的氧化产物。只有个别实例，如环己酮氧化成己二酸等具有合成意义。

酮被过氧酸氧化则生成酯：

$$\text{RCOR'} + \text{R''}\overset{\text{O}}{\overset{\|}{\text{C}}}\text{-O-OH} \longrightarrow \text{R-}\overset{\text{O}}{\overset{\|}{\text{C}}}\text{-O-R'} + \text{R''COOH}$$

$$\text{C}_5\text{H}_9\text{-COCH}_3 \xrightarrow{\text{C}_6\text{H}_5\text{CO}_3\text{H}} \text{C}_5\text{H}_9\text{-OCOCH}_3$$

用过氧酸氧化酮，不影响其碳干，有合成价值。

这个反应称为拜尔-维利格（Baeyer-Villiger）反应。

（3）歧化反应——康尼查罗（Cannizzaro）反应： 没有 α-H 的醛在浓碱的作用下发生自身氧化还原（歧化）反应——分子间的氧化还原反应，生成等摩尔的醇和酸。如：

$$2\text{CHOH} \xrightarrow{\text{浓NaOH}} \text{CH}_3\text{OH} + \text{HCOONa}$$

$$2\,\text{C}_6\text{H}_5\text{-CHO} \xrightarrow{\text{浓NaOH}} \text{C}_6\text{H}_5\text{-CH}_2\text{OH} + \text{C}_6\text{H}_5\text{-COONa}$$

交叉 Cannizzaro 反应：甲醛与另一种无 α-H 的醛在强的浓碱催化下加热，主要反应是甲醛被氧化而另一种醛被还原。如：

$$\text{C}_6\text{H}_5\text{-CHO} + \text{HCHO} \xrightarrow[\triangle]{\text{浓NaOH}} \text{C}_6\text{H}_5\text{-CH}_2\text{OH} + \text{HCOONa}$$

这类反应称为交叉 Cannizzaro 反应，是制备 $ArCH_2OH$ 型醇的有效手段。

（十四）醌的化学性质

醌有共轭不饱和酮的性质，可发生亲电加成、亲核加成、共轭加成及环加成等反应。醌还原生成二元酚，并与二元酚构成一个氧化还原体系，大多数醌和相应的二元酚可形成分子加合物——醌氢醌（quinhydrone）。醌类对皮肤、黏膜有刺激作用，有抑菌、杀菌作用。醌类衍生物在碱性下加热能迅速与醛类及邻二硝基苯反应，生成紫色化合物。碱液显色反应，即羟基醌类在碱性溶液中会引起颜色改变。羟基蒽醌类化合物遇碱液显红-紫色的反应称为 Borntrager's 反应。羟基蒽醌及具有游离酚羟基的蒽醌苷遇碱液均可呈红色，这种红色物质不溶于有机溶剂，加酸酸化后颜色消失，若再加碱又显红色。相应的蒽酚、蒽酮及二蒽酮遇碱液只显黄色，经氧化成蒽醌后遇碱液方变为红色。

（1）对苯醌及其衍生物羰基的亲核加成反应： 苯醌的羰基可以在酸性条件下和羟胺、胍、氨基硫脲等氨衍生物反应，与羟胺生成单肟和二肟。如：

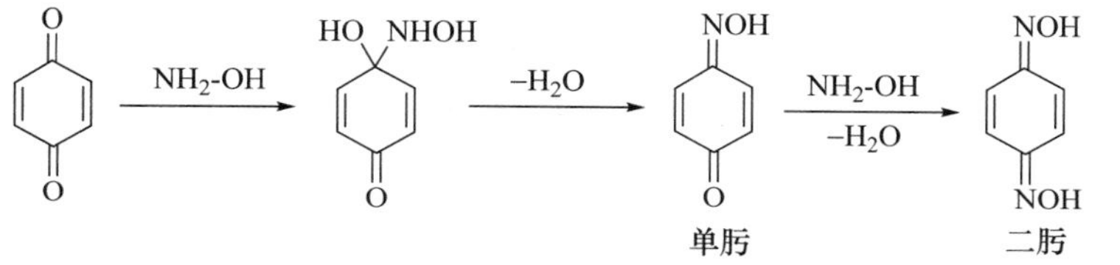

HO NHOH; NH_2-OH; $-H_2O$; NOH; NH_2-OH, $-H_2O$; NOH, NOH

单肟 二肟

单肟与对亚硝基苯酚是互变异构体，但比后者稳定，在溶液中呈平衡状态。

对苯醌的一个羰基与格氏试剂加成生成醌醇，酸性条件下重排成烃基取代苯酚。

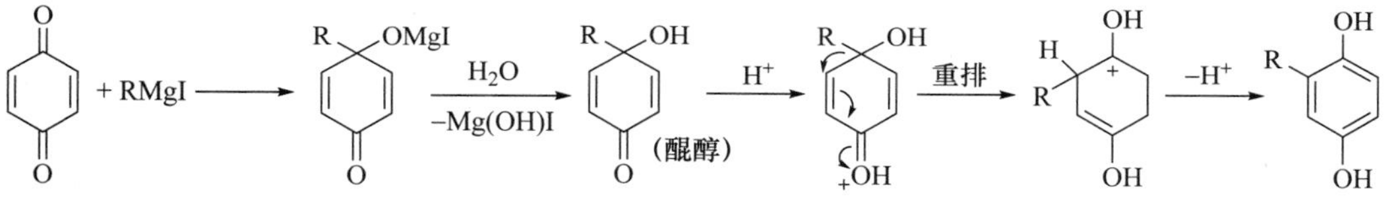

+ RMgI; R OMgI; H_2O, $-Mg(OH)I$; R OH （醌醇）; H^+; R OH, $^+$OH; 重排; H, R, +, OH; $-H^+$; R, OH, OH

（2）与醌的碳碳双键的亲电加成：

① 醌与卤素等亲电试剂加成后，失去卤化氢得卤代对苯醌：

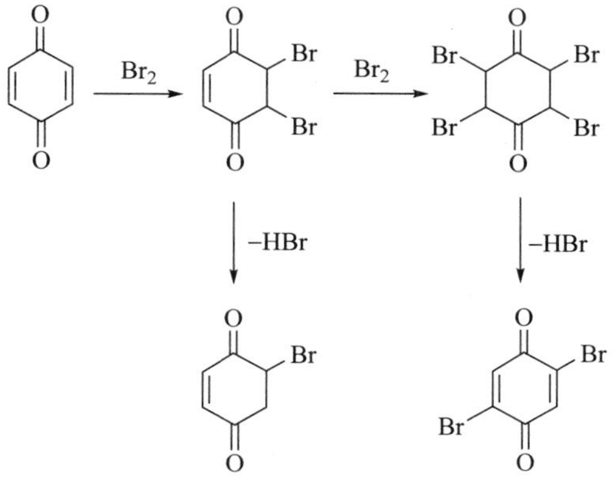

Br_2; Br, Br; Br_2; Br, Br, Br, Br; $-HBr$; $-HBr$; Br; Br, Br

② 与双烯的环加成反应： 对苯醌碳碳双键被两个羰基活化，为亲双烯试剂，它的两个碳碳双键可分别与双烯发生反应。如：

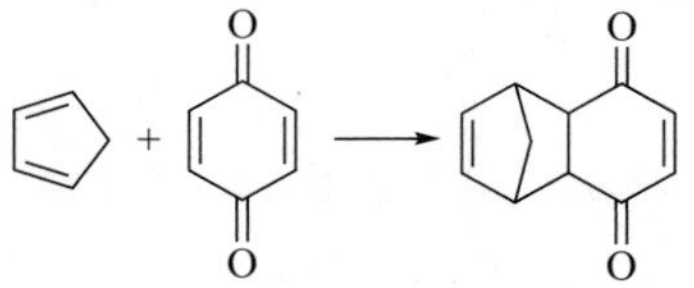

③ **对苯醌的1,4加成反应**：可与氯化氢、氰化氢、甲醇、苯胺等反应。

与氯化氢反应：

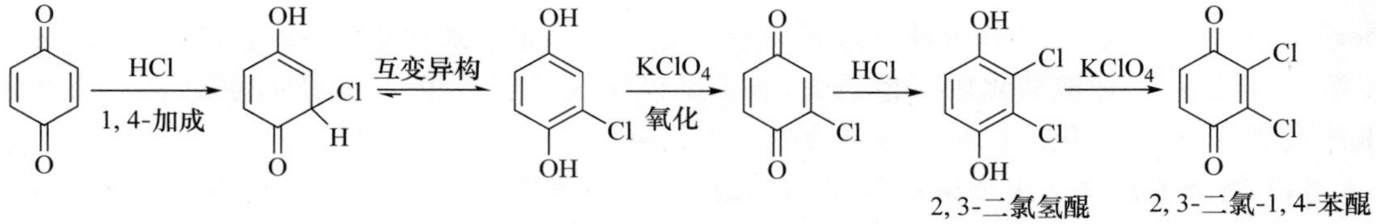

2,3-二氯氢醌　2,3-二氯-1,4-苯醌

若再重复两次上述中的各反应，则可生成2,3,5,6-四氯-1,4-苯醌。

氰化氢类似氯化氢也能进行对苯醌的1,4-加成。2,3-二氰基氢醌用硝酸氧化，生成2,3-二氰基-1,4-苯醌，再与氯化氢发生1,4-加成可得DDQ(5,6-二氰基-2,3-二氯-1,4-苯醌)：

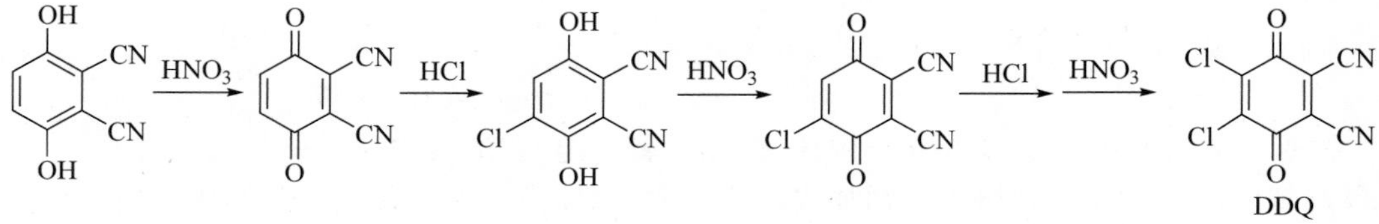

DDQ

与甲醇反应：生成的甲氧基氢醌由于甲氧基的给电子效应，会比苯醌更容易氧化，被苯醌氧化成甲氧基对苯醌，还可与甲醇进行1,4-加成反应，并被苯醌再一次氧化：

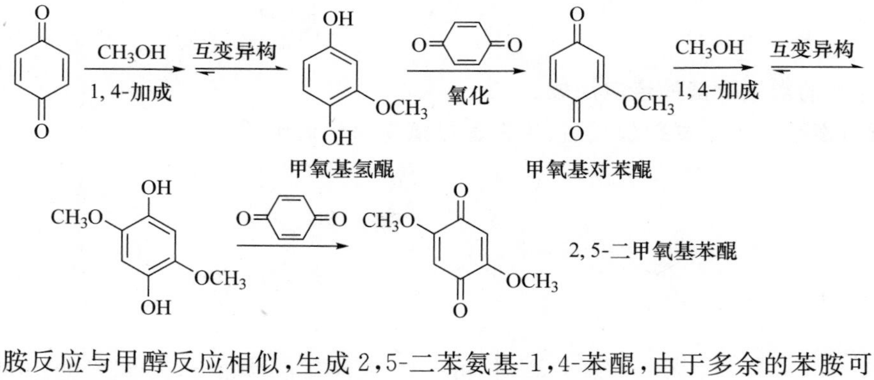

甲氧基氢醌　甲氧基对苯醌

2,5-二甲氧基苯醌

与苯胺反应与甲醇反应相似，生成2,5-二苯氨基-1,4-苯醌，由于多余的苯胺可与产物的羰基反应，进一步生成2,5-二苯氨基-1,4-苯醌缩二苯胺：

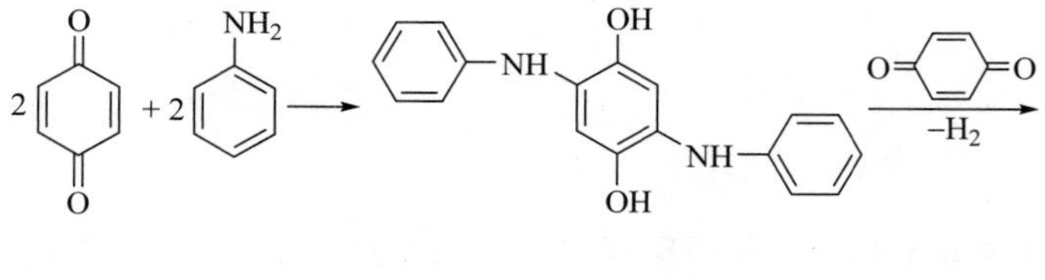

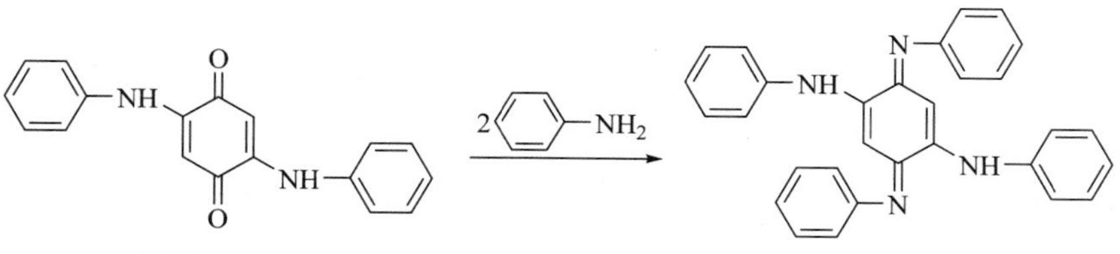

2, 5-二苯氨基-1, 4-苯醌 → (2 苯胺) 2, 5-二苯氨基-1, 4-苯醌缩二苯胺

(3) 对苯醌的还原反应：对苯醌还原成氢醌，为氢醌氧化成苯醌的逆反应。对苯醌和氢醌可组成一个可逆的电化学氧化还原体系：

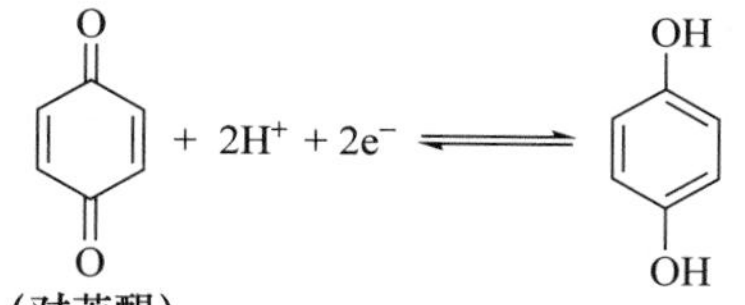

$$(对苯醌) + 2H^+ + 2e^- \rightleftharpoons (氢醌)$$

带有强吸电子基团的对苯醌是强氧化剂。四氯-1,4-苯醌或 2,3-二氯-5,6-二氰基-1,4-苯醌(DDQ)为有机合成中常用的氧化剂，进行脱氢反应。如：

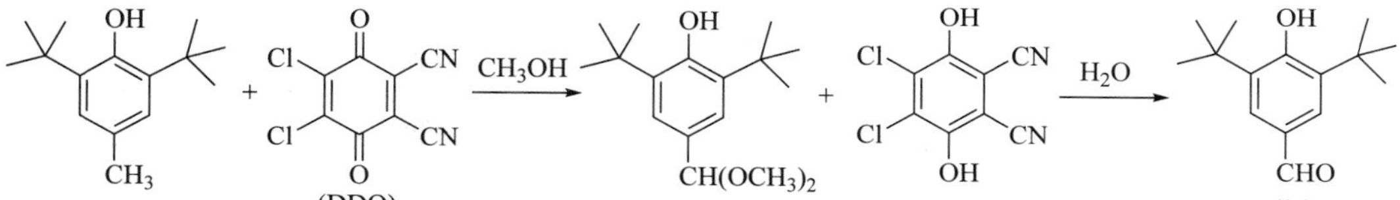

(DDQ)　CH_3OH　$CH(OCH_3)_2$　H_2O　CHO (86%)

(4) 醌的取代反应：醌能与自由基发生取代反应。如 1,4-萘醌的氢被过氧乙酐产生的甲基自由基取代：

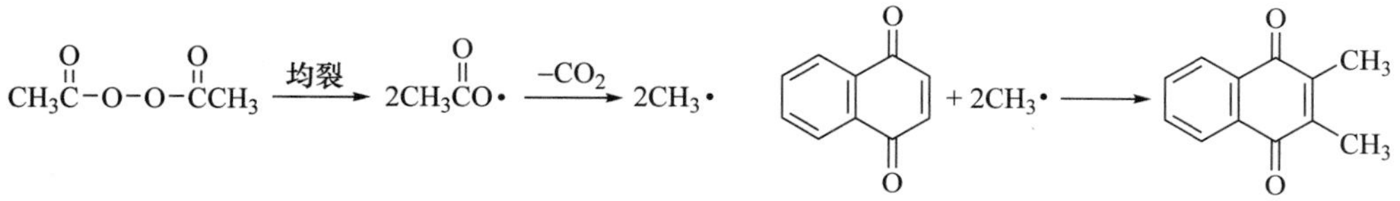

$$CH_3\overset{O}{\overset{\|}{C}}-O-O-\overset{O}{\overset{\|}{C}}CH_3 \xrightarrow{均裂} 2CH_3\overset{O}{\overset{\|}{C}}O\cdot \xrightarrow{-CO_2} 2CH_3\cdot$$

$$1,4\text{-萘醌} + 2CH_3\cdot \longrightarrow 2,3\text{-二甲基-1,4-萘醌}$$

§10.5　不饱和羰基化合物

不饱和羰基化合物是指分子中既含有羰基，又含有不饱和烃基的化合物，根据不饱和键和羰基的相对位置可分为三类：烯酮，α,β-不饱和醛、酮和孤立不饱和醛、酮。孤立不饱和醛、酮兼有烯和羰基的性质，而 α,β-不饱和醛、酮和烯酮由于双键和羰基互相影响而有其特性及用途，下面加以介绍。

(一) 烯酮

烯酮有聚集且相互垂直 C═C═O 的双键，十分活泼。高级烯酮可用取代的烷基命名，如 $CH_3CH═C═O$，为甲基烯酮。烯酮的一般制法是用 α-溴代酰溴和锌粉共热，失去两个溴原子而得。如：

$$RCHBr\overset{O}{\overset{\|}{C}}Br + Zn \longrightarrow RCH=C=O + ZnBr_2$$

最简单、最重要的烯酮是乙烯酮，可视为乙酸失水形成的酸酐，可由丙酮或乙酸制得：

$$CH_3\overset{O}{\overset{\|}{C}}CH_3 \xrightarrow{700\sim800\ ^\circ C} CH_2=C=O + CH_4 \qquad CH_3\overset{O}{\overset{\|}{C}}OH \xrightarrow[700\sim740\ ^\circ C]{AlPO_4} CH_2=C=O + H_2O$$

由丙酮裂解制备乙烯酮，反应按自由基进行：

$$\text{引发：}\ CH_3\overset{O}{\overset{\|}{C}}CH_3 \xrightarrow{700\ ^\circ C} CH_3\cdot + CH_3\overset{O}{\overset{\|}{C}}\cdot \qquad CH_3\overset{O}{\overset{\|}{C}}\cdot \longrightarrow CH_3\cdot + CO$$

$$\text{增长：}\ CH_3\overset{O}{\overset{\|}{C}}CH_3 + CH_3\cdot \longrightarrow CH_3\overset{O}{\overset{\|}{C}}CH_2\cdot + CH_4 \qquad CH_3\overset{O}{\overset{\|}{C}}CH_2\cdot \longrightarrow CH_2=C=O + CH_3\cdot$$

乙烯酮和乙酸反应可制备乙酐：

$$CH_2=C=O + CH_3\overset{O}{\overset{\|}{C}}OH\ (\text{乙酸}) \longrightarrow CH_3\overset{O}{\overset{\|}{C}}O\overset{O}{\overset{\|}{C}}CH_3\ (\text{乙酐})$$

所得乙烯酮可以控制聚合成为二乙烯酮，是工业上生产乙酰乙酸乙酯的原料：

$$\underset{\text{二乙烯酮}}{\begin{array}{l}CH_2=C-O \\ \quad\ \ |\quad\ \ | \\ \quad CH_2-C=O\end{array}} + C_2H_5OH \longrightarrow \underset{\text{乙酰乙酸乙酯}}{CH_3\overset{O}{\overset{\|}{C}}CH_2\overset{O}{\overset{\|}{C}}OC_2H_5}$$

二乙烯酮也是烯酮的保留形式，使用时加热即分解成乙烯酮。

烯酮可与多种含活泼氢的化合物如水、HX、羧酸、醇、氨等发生加成作用，氢再位移，就生成羧酸、酰卤、酸酐、酯、酰胺等：

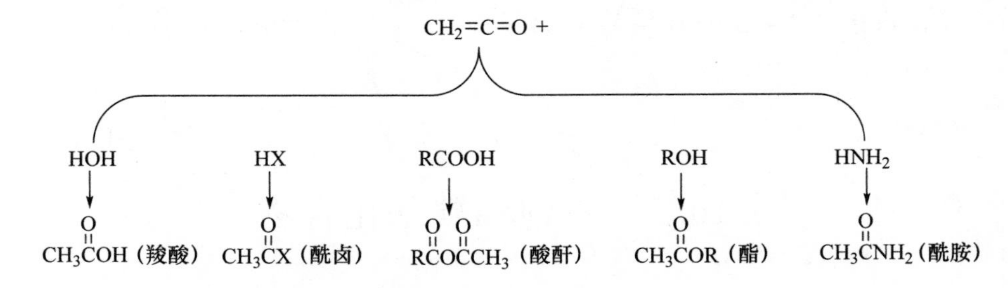

烯酮与格氏试剂反应生成酮，与甲醛反应形成β-丙内酯：

$$CH_2=C=O + RMgX \longrightarrow CH_2=C\begin{array}{l}OMg \\ R\end{array} \qquad CH_2=C=O + HCHO \xrightarrow[\text{或}AlCl_3]{ZnCl_2} \begin{array}{l}CH_2-C=O \\ \ |\qquad\ | \\ CH_2-O\end{array}\ (\beta\text{-丙内酯})$$

β-丙内酯又可与一系列试剂反应生成丙酸的衍生物：

$$\begin{array}{l}CH_2-C=O\\ |\quad\quad |\\ CH_2-O\end{array} + \begin{cases} NaCl + H_2O \xrightarrow{H^+} ClCH_2CH_2COOH \\ H_2O \longrightarrow HOCH_2CH_2COOH \\ C_2H_5OH \xrightarrow{HCl} HOCH_2CH_2COOC_2H_5 \end{cases}$$

（二）α,β-不饱和醛、酮的化学性质

（1）共轭加成：在不饱和醛、酮分子中，既有碳碳双键，又有羰基，应同时具有共轭二烯烃及醛或酮的性质。作为一个 π-π 共轭体系，由于羰基的吸电子作用，使得羰基碳和 β 碳均带部分正电荷，当与亲核试剂作用时，既可发生 1,2-加成，又可发生 1,4-共轭加成，但 1,4-加成产物是烯醇式结构，不稳定而重排为较稳定的 3,4-加成产物。

$$\overset{\delta+}{\underset{\beta}{-C}}=\overset{\delta-}{\underset{\alpha}{C}}-\overset{\delta+}{C}=\overset{\delta-}{O}$$

由于羰基的极化和共轭π键的离域，不仅羰基碳上带有部分正电荷，β-C上也带有部分正电荷，因此与亲核试剂加成时就有两种可能

$$-C=C-C=O + Nu^- \begin{cases} \xrightarrow{1,2-加成} -C=C-\underset{Nu}{C}-O^- \xrightarrow{H^+} -C=C-\underset{Nu}{C}-OH \\ \xrightarrow{1,4-加成} -\underset{Nu}{C}-C=C-O^- \xrightarrow{H^+} -\underset{Nu}{C}-C=C-OH \xrightarrow{不稳定（互变）} -\underset{Nu}{C}-CH-C=O \end{cases}$$

反应是以 1,2-加成还是 1,4-加成为主，与羰基的活性、试剂的亲核性、立体效应有关。

① 亲核试剂强弱：强的亲核试剂主要进行 1,2-加成。烃基锂、炔钠等是很强的亲核试剂，与 α,β-不饱和醛、酮的加成为 1,2-加成。如：

$$\underset{3-戊烯-2-酮}{CH_3CH=CH\overset{O}{\overset{\|}{C}}CH_3} \xrightarrow[Et_2O]{CH_3Li} \xrightarrow{H_2O} \underset{2-甲基-3-戊烯-2-醇}{CH_3CH=CH\overset{OH}{\underset{CH_3}{C}}CH_3}$$

弱的亲核试剂主要进行 1,4-加成。二烷基铜锂、氢氰酸、羟胺、六氢吡啶、亚硫酸氢钠等是弱的亲核试剂，与 α,β-不饱和醛、酮在酸催化下的加成反应为 1,4-加成。如：

$$3-甲基环己-2-烯酮 + (CH_3)_2CuLi \xrightarrow{Et_2O} \xrightarrow{H_2O} 3,3-二甲基环己酮$$

$$CH_3CH=CH\overset{O}{\overset{\|}{C}}CH_3 + HCN \longrightarrow CH_3\overset{CN}{CH}-CH_2\overset{O}{\overset{\|}{C}}CH_3$$

$$CH_3CH=CH\overset{O}{\overset{\|}{C}}CH_3 + HCl \longrightarrow CH_3\overset{Cl}{CH}-CH_2\overset{O}{\overset{\|}{C}}CH_3$$

② 立体效应：羰基所连的基团大或试剂体积较大时，有利于 1,4-加成。

格氏试剂与 α,β-不饱和醛、酮加成时，受立体效应影响较大，羰基所连基团或试剂的体积较大有利于 1,4-加成：

$$PhCH{=}CH\overset{O}{\overset{\|}{C}}R + C_2H_5MgX \xrightarrow{1,4-} PhCH(C_2H_5){-}CH{=}C(OMgX){-}R \xrightarrow{H_3O^+} PhCH(C_2H_5){-}CH_2\overset{O}{\overset{\|}{C}}R$$

$$PhCH{=}CH\overset{O}{\overset{\|}{C}}R + C_2H_5MgX \xrightarrow{1,2-} PhCH{=}CHC(OMgX)(C_2H_5)R \xrightarrow{H_3O^+} PhCH{=}CHC(OH)(C_2H_5)R$$

R=	H	CH_3	C_2H_5	*i*-Pr	*t*-Bu
1,4-加成产物(%)	0	60	71	100	100
1,2-加成产物(%)	100	40	29	0	0

当R=H时,1,2-加成产物100%,当R变大,1,2-加成产物减少,1,4-加成产物增加。值得注意的是,深入研究高纯度的镁制备的格氏试剂与α,β-不饱和醛、酮加成时,只发生1,2-加成。而在微量CuBr存在下才发生1,4-加成,1,4-加成产物的生成是镁中的杂质引起的。格氏试剂一般是不与碳碳双键加成,此处的1,4-加成是由于羰基的共轭作用才会发生的。

③ **反应温度:** 低温有利于1,2-加成,高温有利于1,4加成。

(三) 迈克尔(Michael)加成反应

α,β-不饱和醛(酮)、羧酸、丙烯酸酯、丙烯腈、氰基乙酸酯等与有活泼亚甲基的化合物(碱性下能提供碳负离子),在碱性催化剂(如乙醇钠、六氢吡啶、季铵碱等)存在下,进行1,4-共轭加成的反应称为Michael加成反应:

$$\gt C{=}C(H){-}Z + R^- \longrightarrow {-}C(R){-}C(H){-}Z$$

(Z代表能和C=C共轭的基团)

反应首先是碱夺取活泼亚甲基化合物的质子而生成碳负离子,然后碳负离子对α,β-不饱和化合物进行1,4-加成反应,形成新的C—C键,产物为1,3-二官能团化合物。反应可逆,提高反应温度对逆反应有利。

$$CH_3CH{=}CH\overset{O}{\overset{\|}{C}}CH_3 + H_2C(COOC_2H_5)_2 \xrightarrow{C_2H_5ONa} CH_3\underset{CH(COOC_2H_5)_2}{\underset{|}{C}H}CH_2\overset{O}{\overset{\|}{C}}CH_3$$

不对称酮进行Michael加成时,反应总是在多取代的α碳上发生。如:

$$CH_3\overset{O}{\overset{\|}{C}}CH(CH_3)_2 + CH_2{=}CH\overset{O}{\overset{\|}{C}}CH_3 \xrightarrow[EtOH]{EtONa} CH_3\overset{O}{\overset{\|}{C}}{-}C(CH_3)_2{-}CH_2CH_2\overset{O}{\overset{\|}{C}}CH_3 \quad \text{(主要产物)}$$

Michael加成反应还可用来制备1,5-二官能团化合物(1,6-加成),尤以1,5-二羰基化合物为多。若受体共轭体系扩大,也可合成1,7-和1,9-二官能团化合物。如:

$$CH_3CH{=}CHCH{=}CH\overset{O}{\overset{\|}{C}}OC_2H_5 + CH_3\overset{O}{\overset{\|}{C}}CH_2\overset{O}{\overset{\|}{C}}OC_2H_5 \xrightarrow[EtOH]{EtONa} CH_3\overset{O}{\overset{\|}{C}}-\underset{COOC_2H_5}{CH}\overset{CH_3}{CH}-CH{=}CH-CH_2\overset{O}{\overset{\|}{C}}OC_2H_5$$

1, 6-加成产物 (~75%)

$$+\ CH_3\overset{O}{\overset{\|}{C}}\underset{COOC_2H_5}{CH}\overset{CH=CHCH_3}{CH}CH_2COOC_2H_5$$ 1, 4-加成产物 (~10%)

(四) 鲁宾逊(Robinson)环合反应

在醇钠等碱的催化下，环己酮及其衍生物与 α，β-不饱和酮或 Mannich 碱的季铵盐（加热生成 α，β-不饱和酮），环化生成二环 α，β-不饱和酮（环己酮衍生物），反应主要涉及分子间 Michael 加成和分子内的羟醛缩合。如 2-甲基环己酮与丁烯酮生成 6-甲基二环[4，4，0]-1-癸烯-3-酮：

$$\text{2-甲基环己酮} + CH_2{=}CH\overset{O}{\overset{\|}{C}}CH_3 \xrightarrow[\text{迈克尔加成}]{KOH,\ EtOH} \cdots \xrightarrow[\text{羟醛缩合}]{KOH,\ EtOH} \cdots \xrightarrow{-H_2O} \cdots$$

(五) 还原成不饱和醇

α，β-不饱和醛、酮用氢化铝锂还原时，羰基被还原而碳碳双键保留，生成不饱和醇。如 3-甲基-2-环己烯-1-酮还原成 3-甲基-2-环己烯-1-醇：

$$\text{3-甲基-2-环己烯-1-酮} + LiAlH_4 \xrightarrow[\text{或THF}]{\text{乙醚}} \xrightarrow{H_2O} \text{3-甲基-2-环己烯-1-醇}\quad 98\%$$

(六) 双烯合成

α，β-不饱和醛、酮可以作为亲双烯体进行 Diels-Alder 反应合成环状化合物，如：

$$\text{2,3-二甲基-1,3-丁二烯} + CH_2{=}CHCHO \xrightarrow{30\ ^{\circ}C} \text{3,4-二甲基-3-环己烯甲醛}\quad 100\%$$

(七) 插烯作用

2-丁烯醛分子中存在 π-π 共轭体系，共轭链甲基与羰基虽被一个—CH═CH—隔开，其甲基上的氢仍像直接连在醛基上一样具有 α-H 的活性，此现象称为插烯作用。如：

$$CH_3CH{=}CHCHO + CH_3CHO \xrightarrow{OH^-} \xrightarrow[\triangle]{-H_2O} CH_3CH{=}CHCH{=}CHCHO$$ 2, 4-己二烯醛

若是一个连续不断的共轭体系，此种效应可以传递到更远的碳上。

（八）不饱和醛、酮制备方法

（1）羟醛缩合：

$$2CH_3CHO \xrightarrow{OH^-} CH_3\underset{\displaystyle OH}{\underset{|}{C}}HCH_2CHO \xrightarrow[\triangle]{-H_2O} CH_3CH{=}CHCHO$$

（2）烯丙型醇的氧化：在适当的氧化剂存在下，烯丙型醇可氧化成相应的 α，β-不饱和醛、酮。如：

$$C_6H_5\text{—}CH{=}CHCH_2OH \xrightarrow{CrO_3/\text{吡啶}} C_6H_5\text{—}CH{=}CHCHO$$

肉桂醇 → 肉桂醛 81%

（3）Mannich 碱加热分解：

$$C_6H_5\overset{O}{\overset{\|}{C}}CH_3 + H\overset{O}{\overset{\|}{C}}H + HN(C_2H_5)_2 \xrightarrow{H^+} C_6H_5\overset{O}{\overset{\|}{C}}CH_2CH_2N(C_2H_5)_2 \xrightarrow{\triangle} C_6H_5\overset{O}{\overset{\|}{C}}CH{=}CH_2 + HN(C_2H_5)_2$$

习　　题

1. 写出下列化合物的结构式并给以 IUPAC 命名：

（1）β-甲基丁醛　（2）乙基苯基酮　（3）甲基异丙基酮　（4）甲基乙烯基酮

2. 分别用 IUPAC 和普通命名法命名下列化合物：

(1) $C_6H_5CH_2CHO$　(2) $C_6H_5CH{=}CHCHO$　(3) $ClCH_2CH_2CHO$　(4) $HOCH_2CH_2CHO$

(5) $CH_3\overset{O}{\overset{\|}{C}}CH_2CH(CH_3)_2$　(6) $CH_3\overset{O}{\overset{\|}{C}}CH_2CH_2\overset{O}{\overset{\|}{C}}OH$　(7) O=（螺[2.5]辛-6-酮结构）　(8) （双环酮结构，含 CH_3、H_3C—CH_3、=O）

3. 以煤或石油为原料，用工业方法制备下述化合物：

(1) CH_2O　(2) CH_3CHO　(3) $CH_3CH_2CH_2CHO$　(4) $CH_3\overset{O}{\overset{\|}{C}}CH_3$　(5) C_6H_5CHO

4. 完成下列反应：

(1) C_6H_5CHO + Tollen'试剂 ⟶　(2) $CH_3CHO + KMnO_4 \longrightarrow$　(3) $C_6H_5CH_2CHO + NaBH_4 \longrightarrow$

(4) 环己酮 $+ HNO_3 \longrightarrow$　(5) 环己酮 $\xrightarrow{C_6H_5MgBr}\xrightarrow{H_3O^+}$　(6) $2CH_2O + 4NH_3 \longrightarrow$

(7) $CH_3\overset{O}{\overset{\|}{C}}CH{=}CH_2 \xrightarrow{2H_2/Ni}$　(8) $CH_3\overset{O}{\overset{\|}{C}}CH{=}CH_2 \xrightarrow{LiAlH_4}$　(9) $CH_3CH{=}CH\overset{O}{\overset{\|}{C}}CH_3 \xrightarrow{\text{异丙醇铝 / 异丙醇}}$

(10) $CH_3\overset{O}{\overset{\|}{C}}CH_2CH_3 + O_2N\text{—}C_6H_3(NO_2)\text{—}NHNH_2 \longrightarrow$　(11) $C_2H_5\overset{O}{\overset{\|}{C}}CH_3 + NaHSO_3 \longrightarrow$

(12) $C_6H_5\overset{O}{\overset{\|}{C}}C_6H_5 + NH_2OH\cdot HCl \xrightarrow{CH_3COONa}$ [　　] $\xrightarrow{PCl_5}$

5. 顺-1，2-环戊二醇和丙酮在酸催化下回流，用分水器不断除水，获得分子式为 $C_8H_{14}O_2$ 的产物（A），推测其结构；若用反-1，2-环戊二醇和丙酮在酸催化下进行同样的操作，会发生反应吗？为什么？

6．预测下列各化合物经 Baeyer-Villiger 氧化的产物：

(1) $C_6H_5\overset{O}{\overset{\|}{C}}CH_3$　　(2) 环戊酮　　(3) $(CH_3)_3\overset{O}{\overset{\|}{C}}CH_3$　　(4) 环己基—$\overset{O}{\overset{\|}{C}}CH_3$

7．从指定原料出发用 Haworth 合成法，合成下列稠环化合物：

(1) 从苯合成 （1-位 $CH(CH_3)_2$ 的萘）　　(2) 从甲苯合成 （$CH_2CH_2CH_3$、H_3C 取代的萘）

8．写出下列各化合物发生羟醛缩合(Aldol)反应的产物及失水物：

(1) $C_6H_5CH_2CHO$　　(2) $CH_3CH_2\overset{O}{\overset{\|}{C}}CH_2CH_3$　　(3) $C_6H_5CHO + CH_3\overset{O}{\overset{\|}{C}}CH_3$

(4) 环己酮　　(5) 环己酮 $+ CH_2O$　　(6) $CH_3CH(COOC_2H_5)_2 + CH_2O$

9．指出下述羰基化合物进行分子内羟醛缩合的产物：

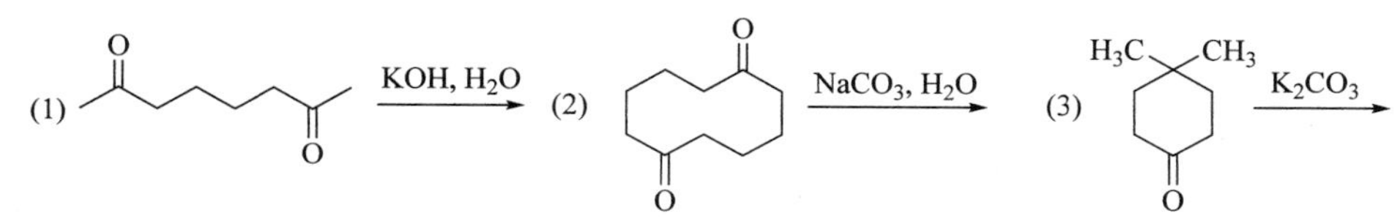

10．用快速的试管反应鉴别：(1) 戊醛和二乙酮　　(2) 二乙酮和甲基正丙基酮

(3) 戊醛和 2,2-二甲基丙醛　　(4) 2-戊醇和 2-戊酮

11．苯甲醛与浓 NaOH 溶液共热，反应混合物中除产物外还有约 20% 的未反应的原料。请提出一个方案将反应混合物的各个成分进行分离提纯。

12．从指定化合物合成下列化合物：

(1) 从丁醛开始合成 $CH_3CH_2CH_2CH_2\underset{C_2H_5}{\underset{|}{C}}HCH_2OH$

(2) 从环己酮开始合成

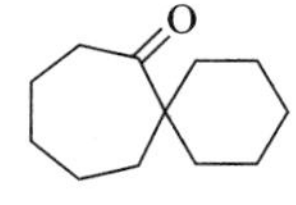

(3) 从苯和丙酰氯开始合成 4,4-二苯基-3-己酮

(4) 从乙炔开始合成 3-羟基丁炔

(5) 从丙酮和甲醛开始合成 $(HOCH_2)_3C\underset{O}{\underset{\|}{C}}C(CH_2OH)_3$

(6) 从丙酮开始合成 $CH_2{=}\underset{CH_3}{\underset{|}{C}}-\underset{CH_3}{\underset{|}{C}}{=}CH_2$

(7) 从乙醛合成 1,3-丁二烯　　(8) 从乙醛合成 3-戊酮　　(9) 从乙醛合成 （2,4-二甲基-1,3-二噁烷，CH_3—）

(10) 从丙醛合成 2-羟基丁酸　　(11) 从丙醛合成 2-甲基戊烷

(12) 从丙烯醛合成 2,3-二羟基丙醛　　(13) 从环己酮合成己二醛

13．由苯酚制备下列化合物：

(1)

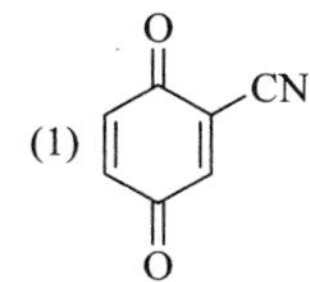

(2)

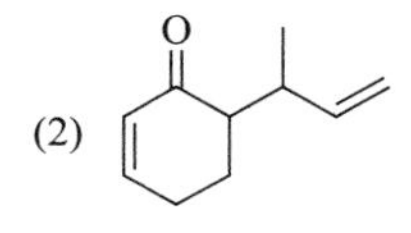

(3) （H_3C、OH、OH 取代的二氢萘）　　(4) （含两个 NOH 的环己二烯）

14. 写出 2,3-二甲基-1,4-苯醌与下列试剂反应的产物：

(1) HCl (2) CH_3NH_2 (3) 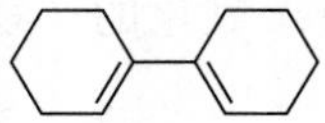 (4) 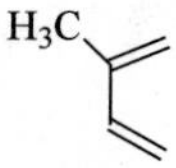 H_3C

15. 写出以环己酮为原料制备 2-苯基苯酚的反应路线。

第十一章　羧　　酸

在同一个碳上，一个羰基和一个羟基形成的组合叫羧基（—COOH），羧酸（carboxylic acid）是烃的羧基衍生物，官能团是羧基，具有酸性，通式为 RCOOH 或 $R(COOH)_n$。根据羧酸分子的烃基为脂烃基或芳烃基，分为脂肪羧酸（含饱和酸和不饱和酸）、脂环羧酸和芳香羧酸；又可根据羧基的数目分为一元酸、二元酸与多元酸。

§11.1　羧酸的命名法

（一）普通命名

早期发现的羧酸通常根据来源命名。例如，甲酸最初是由蒸馏赤蚁制得，称为蚁酸。乙酸是从醋中分离得到，称为醋酸。丁酸具有酸败牛奶气味，称为酪酸。己酸、辛酸、癸酸又分别称为羊油酸、羊脂酸、羊蜡酸，是在山羊皮肤的分泌物中发现的。苯甲酸存在于安息香胶中，称为安息香酸。在普通命名法中，选含有羧基的最长碳链为主链，取代基的位置从羧基碳邻接的碳原子开始，用希腊字母 α、β、γ、δ 等依次标明。芳香酸当作苯甲酸的衍生物来命名。

二羧酸（二元酸）是具有两个羧基的化合物，简单的二羧酸常用普通命名，如草酸（乙二酸）、琥珀酸（丁二酸）、马来酸（顺丁烯二酸）、富马酸（反丁烯二酸）、酞酸（邻苯二甲酸）等。

$CH_3CH_2CH(CH_3)CH_2COOH$
β-甲基戊酸(β-甲基缬草酸)

$CH_3COCH(CH_2CH_2CH_3)COOH$
α-乙酰基戊酸

$C_6H_{11}—CH(CH_3)—COOH$
α-环己基丙酸

$C_6H_5—CH(CH_2CH_3)CH_2COOH$
β-苯基戊酸

$HOOCCH_2CH(Br)CH_2CH_2COOH$
β-溴己二酸

$C_6H_5—CH(CH_2COOH)CH_2COOH$
β-苯基戊二酸

$C_6H_4(COOH)_2$（邻位）
酞酸

（二）IUPAC 命名

选含有羧基的最长碳链为主链，根据主链碳原子数目命名为某酸。编号从羧基碳原子开始，给出碳链上取代基的名称、数目和位置。不饱和脂肪酸用对应烯的名字命名，结尾加“酸”字（羧基优先于其他官能团）。应选取羧基碳原子和各碳碳重键的碳原子都在内的最长碳链为主链，从羧基碳原子开始编号，并注明重键的位置。有 *cis* 和 *trans*（以及 *Z* 和 *E*）异构体的按烯烃规定的方法命名。

脂肪族二元羧酸的命名，取分子中含有两个羧基的最长碳链作为主链，称为二酸，从较靠近取代基的羧基碳原子开始编号，并注明取代基的名称和位置。若羧基直接连在脂环或芳环上，可在脂环烃或芳香烃的名称后加上“羧酸或二羧酸”等词尾；当脂环或芳环与羧基不直接相连时，可把脂环或芳环作为取代基来命名。对于复杂的化合物羧基也可做词头。

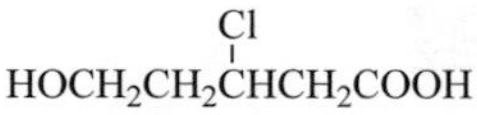

$HOCH_2CH_2CH(Cl)CH_2COOH$
5-羟基-3-氯戊酸

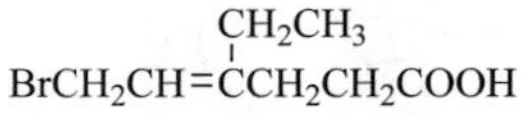

$BrCH_2CH{=}C(CH_2CH_3)CH_2CH_2COOH$
4-乙基-6-溴-4-己烯酸

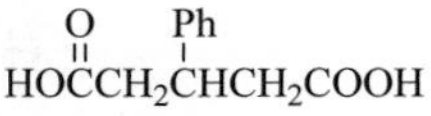

$HOOCCH_2CH(Ph)CH_2COOH$
3-苯基戊二酸

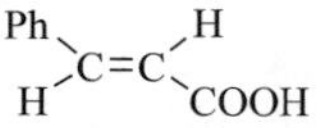

反-3-苯基-2-丙烯酸

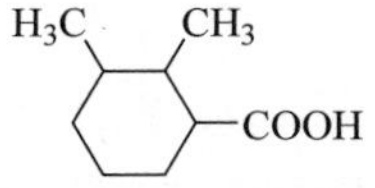

2,3-二甲基环己烷甲酸

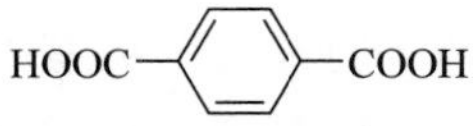

1,4-苯二羧酸

§11.2 羧酸的结构和物理性质

(一) 羧酸的结构

羧酸的沸点比相对分子质量相近的醇还要高，这是因为在固态、液态和中等压力的气态下，一元羧酸分子间主要以氢键缔合成二聚体，低级羧酸即使在气态也是以二缔合体的形式存在。羧酸分子间的这种氢键比醇分子间的更稳定。例如，乙醇分子间的氢键键能为 25.94 $kJ \cdot mol^{-1}$，而甲酸分子间的氢键键能则是 30.12 $kJ \cdot mol^{-1}$。

X 射线衍射证明，甲酸中羰基的键长 0.123 nm，长于正常的羰基 0.1209 nm；C—O 的键长 0.136 nm，短于醇中的 C—O 的键长 0.143 nm；角 O—C—O 为 122°～123°。由此可认为，羧酸分子中的羧基碳原子为 sp^2 杂化轨道，分别与烃基碳或氢、酰基氧和羟基氧形成 3 个 σ 键，这 3 个 σ 键在同一个平面上，剩余的一个 p 轨道与酰基氧原子的 p 轨道肩并肩重叠，形成 π 键，但羧基中的—OH 部分上的氧有一对未共用电子，可与 π 键形成 p-π 共轭体系，使—OH 的氧原子上的电子云向羰基移动，O—H 间的电子云更靠近氧原子，O—H 键的极性增强，有利于氢原子的解离，所以羧酸的酸性强于醇。正是由于共轭作用，使得羧基不是羰基和羟基的简单加合，羧基中既不存在典型的羰基，也不存在典型的羟基，而是两者互相影响的统一体。当羧酸解离出 H^+ 后形成羧酸盐，p-π 共轭更加完全，键长平均化，$—COO^-$ 基团上的负电荷不再集中在一个氧原子上，而是平均分配在两个氧原子上。

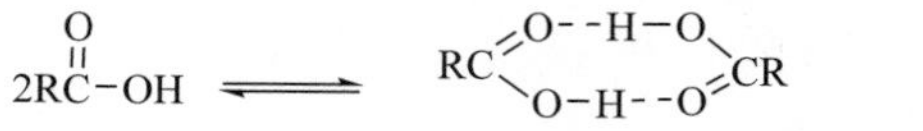

$$2RCOOH \rightleftharpoons RC(=O\cdots H-O)(-O-H\cdots O=)CR$$

二缔合体 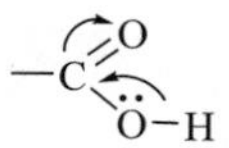 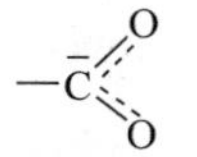　　羧基负离子

(二) 羧酸的物理性质

由于形成二聚体，羧酸的沸点比相对分子质量相近的醇、酮或醛的沸点高，如乙酸沸点 118℃。常温下，一元脂肪酸（C_1～C_3）是液体，具有刺鼻的气味，溶于水。中级脂肪酸（C_4～C_{10}）也是液体，具有难闻的气味，部分溶于水。高级脂肪酸（C_{10} 以上）是蜡状固体，无味，不溶于水。二元脂肪酸和芳香酸都是结晶固体。二元酸由于分子有两个羧基，氢键力更强，熔点相对较高。羧酸可与水形成氢键，低级脂肪酸（C_4 以下）可与水互溶，但随着相对分子质量

的增加，在水中的溶解度减小，以至难溶，十二酸以上不溶于水。由于酸与醇也可形成氢键，羧酸极易溶于醇。芳香酸在水中溶解度较小，可从水中重结晶。饱和二元羧酸除高级同系物外，都易溶于水和乙醇。由于羧酸以二聚体形式存在，大多数羧酸都能较好地溶解在氯仿等非极性溶剂中。

直链饱和一元羧酸和二元羧酸的熔点随碳原子数目增加而呈锯齿状上升，含偶数碳原子羧酸的熔点高于邻近两个含奇数碳原子的羧酸，这可能是由于偶数碳原子羧酸分子较为对称，在晶体中排列更为紧密。

对长链脂肪酸的X射线衍射法研究，证明了这些分子中碳链按锯齿形排列，两个分子间羧基以氢键缔合，缔合的双分子是有规律的一层一层排列，每一层中间是相互缔合的羧基，引力很强，而层与层之间是以引力微弱的烃基相毗邻，相互间容易滑动，这也是高级脂肪酸具有润滑性的原因。

§11.3　羧酸的化学性质

（一）羧酸的酸性

羧酸最显著的性质是酸性，羧酸是一种弱酸，其酸性比碳酸强。羧酸能与金属氧化物或金属氢氧化物形成盐。羧酸的碱金属盐在水中的溶解度比相应羧酸大且气味较轻，低级和中级脂肪酸碱金属盐能溶于水，高级脂肪酸碱金属盐在水中能形成胶体溶液，肥皂就是长链脂肪酸钠。羧酸盐的生成可用来提纯和鉴别羧酸。

(1) 酸性的度量： 羧酸在水中可解离出质子而显酸性，存在如下的电离平衡，K_a 为平衡常数，pK_a 是 K_a 的负对数，数值越小酸性越大，简单的羧酸 pK_a 一般为 4～5（$K_a=10^{-(4\sim5)}$）。

$$\mathrm{RCOOH + H_2O \xrightleftharpoons{K_a} RCOO^- + H_3O^+} \qquad K_a=\frac{[\mathrm{RCOO^-}][\mathrm{H_3O^+}]}{[\mathrm{RCOOH}]}$$

羧酸的酸性虽比盐酸、硫酸等无机酸弱得多，但比碳酸（$pK_a=6.35$）和一般的酚类（$pK_a\sim10$）强。利用羧酸与碳酸氢钠的反应可将羧酸与酚类区分开。羧酸可溶于碳酸氢钠溶液，分解碳酸盐和碳酸氢盐并放出二氧化碳，而一般酚类与碳酸氢钠不反应，由此可进行醇、酚、酸的鉴别和分离。低级和中级羧酸的钾盐、钠盐及铵盐溶于水，故一些含羧基的药物制成羧酸盐以增加其在水中的溶解度，便于做成水剂或注射剂使用。

二羧酸有两个解离平衡常数，K_{a_1} 是一级解离平衡常数，K_{a_2} 是二级解离平衡常数，二级解离后生成一个双负离子。由于电荷相斥，第二个羧基的解离比第一个困难，K_{a_2} 小于 K_{a_1}，pK_{a_2} 大于 pK_{a_1}。如草酸的 pK_{a_1} 为 1.27，pK_{a_2} 为 4.28，丙二酸的 pK_{a_1} 为 2.85，pK_{a_2} 为 5.70。

(2) 取代基对酸性的影响： 在羧酸（RCOOH）分子中，与羧基直接连接的烃基不同，羧酸的酸性会有差异。总的来讲，烃基的吸电子性越强，酸根负离子越稳定，羧酸的酸性就越强；烃基的斥电子性越强，酸根负离子越不稳定，羧酸的酸性就越弱。

当卤素取代羧酸分子中 α 碳原子上的氢后，由于卤原子的吸电子诱导效应（$-I$），羧酸酸性增强；羧酸 α 碳原子上连的烷基越多，由于烷基的给电子诱导效应（$+I$），羧酸酸性越弱。由此通过测量羧酸的 pK_a 即可比较基团的诱导效应的大小。

卤原子的(−I)效应：当卤原子的种类不同时，它们对酸性的影响是 F>Cl>Br>I。

酸性：FCH_2COOH>$ClCH_2COOH$>$BrCH_2COOH$>ICH_2COOH>CH_3COOH

pK_a：　2.66　　2.86　　2.90　　3.18　　4.76

α 碳原子上引入的强吸电子基团的数目越多，酸性越强。pK_a：二氯乙酸，1.26；三氯乙酸，0.64，相当于无机酸。三氟乙酸为强酸。诱导效应还依赖于它与羧基间的距离。当卤原子相同时，卤原子距羧基越近，酸性越强。如，pK_a：α-氯丁酸，2.84；β-氯丁酸，4.06；γ-氯丁酸，4.52。诱导效应随距离的增大而快速下降。

不饱和烃基的(−I)效应：双键具有吸电子效应，烃基的不饱和程度越大，吸电子能力越强，酸性越强：

酸性：$HC\equiv CCH_2COOH$>$C_6H_5CH_2COOH$>$CH_2=CHCH_2COOH$>$CH_3CH_2CH_2COOH$

pK_a：　3.32　　4.28　　4.35　　4.88

烷基的(+I)效应：与羧基相连的烷基具有供电诱导效应(+I)，使羧基上的氢较难解离，酸性较甲酸弱。且 α 碳原子上连的烷基越多，则酸性越弱：

酸性：HCOOH>CH_3COOH>CH_3CH_2COOH>$(CH_3)_2CHCOOH$>$(CH_3)_3CCOOH$

pK_a：　3.75　　4.76　　4.87　　4.88　　5.05

由此可大致确定各取代基诱导效应强弱的次序：

−I 效应：F—>Cl—>Br—>I—>$HC\equiv C$—>C_6H_5—>$CH_2=CH$—>H—

+I 效应：$(CH_3)_3C$—>$(CH_3)_2CH$—>CH_3CH_2—>CH_3—>H—

取代苯甲酸的酸性受取代基的位置、共轭效应与诱导效应等因素的影响，此外，与场效应也有关，情况比较复杂。可大致归纳如下：邻位取代基(氨基除外)都使苯甲酸的酸性增强(位阻作用破坏了羧基与苯环的共轭)，且取代基相同时都较间位与对位的酸性强；间位取代基一般使其酸性增强，只是具有超共轭效应的烷基使酸性略微降低；对位上是给电子定位基时，酸性减弱，吸电子定位基时，酸性增强。

表 11-1　几种取代苯甲酸的 pK_a

取代基＼取代基的位置	邻	间	对
H	4.20	4.20	4.20
CH_3	3.91	4.27	4.38
F	3.27	3.86	4.14
Cl	2.92	3.83	3.97
Br	2.85	3.81	3.97
I	2.86	3.85	4.02
OH	2.98	4.08	4.57
OCH_3	4.09	4.09	4.47
NO_2	2.21	3.49	3.42

(二) 羟基被取代的反应

羧酸中的羟基可以被其他原子或原子团取代，生成羧酸衍生物，如羧酸酯、酰卤、酸酐、酰胺和腈等。羧酸分子中去掉羧基上的羟基后，余下的原子团叫做酰基，羧酸及其衍生物常以酰基的亲核取代来发生反应，先生成一个四面体中间体，再脱去离去基团，结果是一个亲核试剂从酰基碳原子上取代了羟基。

(1) 酯化反应：羧酸与醇加热脱水生成酯的反应叫做酯化，是羧酸与醇的缩合。羧酸与醇的酯化反应是可逆的，而且反应速率很慢，需用酸作催化剂，如浓硫酸、无水氯化氢、对甲苯磺酸和强酸型离子交换树脂等。

$$RCOOH + H-OR' \overset{H^+}{\rightleftharpoons} RCOOR'(酯) + H_2O$$

同位素^{18}O醇的示踪显示，在一般的酯化反应中，生成水的羟基来自羧酸，氢来自醇。酯化机制为酸催化醇对羰基的加成和酸催化去水，为经四面体中间体的加成消去机制：

$$R-\overset{O}{\overset{\|}{C}}-OH \overset{H^+}{\rightleftharpoons} R-\overset{OH^+}{\overset{\|}{C}}-OH \underset{-H^+}{\overset{R'OH}{\rightleftharpoons}} R-C(OH)(OR')-OH \overset{H^+}{\rightleftharpoons} R-C(OH)(OR')-\overset{+}{O}H_2 \overset{-H_2O}{\rightleftharpoons} R-\overset{OH^+}{\overset{\|}{C}}-OR' \overset{-H^+}{\rightleftharpoons} R-\overset{O}{\overset{\|}{C}}-OR'$$

酯化反应速率取决于羧酸和醇的结构，空间阻碍较大的羧酸和醇分子，形成四面中间体困难，酯化速率小。酯化速率一般为：伯醇＞仲醇＞叔醇，直链羧酸＞芳香羧酸。

酯化的平衡常数一般不是很大，如 1 mol 的乙酸和 1 mol 的乙醇混合，平衡常数 $K_{eq}=3.38$，平衡混合物中含有 0.65 mol 的乙酸乙酯和水，还有 0.35 mol 乙酸和乙醇。用仲醇和叔醇酯化则平衡常数更小。一般酯化为提高产率可采取醇过量的方法，也可加入苯，与生成的水和醇形成低沸点的三元共沸物将水带出，使平衡向右移动。分去水相后，苯返回反应器中继续带水。

(2) 酰卤的生成：羧酸(除甲酸外)能与三卤化磷、五卤化磷、亚硫酰氯($SOCl_2$)或草酰氯[$(COCl)_2$]反应，羧基中的羟基被卤素取代生成相应的酰卤。应用草酰氯(b. p. 62℃)或亚硫酰氯制备酰卤时，沸点低，副产物都是气体，便于处理及提纯，是制备脂肪酰氯和环烷酰氯常用的试剂。如：

$$3CH_3COOH + PCl_3 \longrightarrow 3CH_3COCl + P(OH)_3$$

$$C_6H_5-COOH + PCl_5 \longrightarrow C_6H_5-COCl + POCl_3 + HCl$$

$$\underset{油酸}{CH_3(CH_2)_7-CH=CH-(CH_2)_7COOH} + SOCl_2 \longrightarrow \underset{油酸氯\ 95\%}{CH_3(CH_2)_7-CH=CH-(CH_2)_7COCl} + SO_2 + HCl$$

$$C_6H_5-CH_2COOH + \underset{草酰氯}{ClCO-COCl} \longrightarrow \underset{95\%}{C_6H_5-CH_2COCl} + CO + CO_2 + HCl$$

羧酸与亚硫酰氯反应时，酸上的氧原子进攻硫，消除 HCl，生成一种活性的氯亚硫酰酐中间体，然后 Cl^- 对酰基进行亲核取代生成酰氯：

$$R\overset{O}{\overset{\|}{C}}-\overset{H}{O}: + Cl_2S=O \longrightarrow R\overset{O}{\overset{\|}{C}}-\overset{H}{\overset{+}{O}}-S(Cl)_2-O^- \xrightarrow{-Cl^-} R\overset{O}{\overset{\|}{C}}-\overset{H}{\overset{+}{O}}-\overset{Cl}{S}=O \xrightarrow{-H^+} \underset{氯亚硫酰酐}{R\overset{O}{\overset{\|}{C}}-O-\overset{Cl}{S}=O} \xrightarrow{+Cl^-}$$

$$R\overset{O^-}{C}(Cl)-O-\overset{Cl}{S}=O \longrightarrow R\overset{O}{\overset{\|}{C}}-Cl + SO_2 + Cl^-$$

酰卤中卤离子是酰基亲核取代的优良离去基团，常用做羧酸的活化形式，可与多种亲核试剂发生反应。如将羧酸先转化为酰氯，再与醇反应可高效地转化成酯：

$$C_6H_5COOH \xrightarrow{SOCl_2} C_6H_5COCl \xrightarrow{CH_3CH_2OH} C_6H_5COOCH_2CH_3 + HCl$$

羧酸也可以先转化为酰氯，再与胺或氨反应高效转换成酰胺。

(3) 酸酐的生成： 除甲酸外，一元羧酸与脱水剂共热时，两分子羧酸可脱去一分子水，生成酸酐。常用的脱水剂有五氧化二磷(P_2O_5)、乙酐等。如：

$$2C_6H_5\overset{O}{\overset{\|}{C}}-OH + (CH_3\overset{O}{\overset{\|}{C}})_2O\ (\text{乙酐}) \underset{\triangle}{\overset{H_3PO_4}{\rightleftharpoons}} C_6H_5\overset{O}{\overset{\|}{C}}-O-\overset{O}{\overset{\|}{C}}C_6H_5\ (\text{苯甲酸酐 }74\%) + 2CH_3COOH$$

(4) 酰胺和腈的生成： 在羧酸中加入胺、氨或碳酸铵，可以得到羧酸的铵盐。将固体的羧酸铵加热，高温下脱水，生成酰胺。如：

$$RCOOH + R'NH_2 \longrightarrow RCOONH_3R' \xrightarrow{\triangle} RCONHR' + H_2O$$

羧酸与尿素共热，也能生成酰胺：

$$CH_3COOH + H_2N\overset{O}{\overset{\|}{C}}NH_2\ (\text{尿素}) \xrightarrow{150\sim200\ ^\circ C} CH_3\overset{O}{\overset{\|}{C}}NH_2\ (\text{乙酰胺 }90\%) + NH_3 + CO_2$$

将酰胺与脱水剂(如 P_2O_5、$SOCl_2$)共热，则生成腈：

$$(CH_3)_2CHCONH_2 + P_2O_5 \xrightarrow{\triangle} (CH_3)_2CHCN$$

$$CH_3(CH_2)_4CONH_2 + SOCl_2 \xrightarrow{\triangle} CH_3(CH_2)_4CN + SO_2 + 2HCl$$

(三) 脱羧反应和二元羧酸的受热反应

羧酸脱去羧基的反应叫做脱羧，反应的结果是脱去 CO_2。一元羧酸(除甲酸外)直接加热脱羧，反应条件要求高温且产率低，但 α 碳上有硝基、卤素、羧基、氰基等吸电子基团或 β 碳上有羰基、双键的脂肪酸容易脱羧，如 β 羰基酸很容易进行脱羧反应：

$$CH_3\overset{O}{\overset{\|}{C}}-\underset{CH_3}{\overset{CH_3}{C}}-\overset{O}{\overset{\|}{C}}-OH \xrightarrow{\triangle} CH_3\overset{O}{\overset{\|}{C}}\underset{CH_3}{CH}-CH_3 + CO_2$$

由于苯基是吸电子基团，芳香羧酸比脂肪羧酸容易脱羧。邻、对位有吸电子基团的芳香羧酸更容易脱羧。而邻、对位有给电子基团，在强酸(如硫酸)作用下也能脱羧。如：

$$2,4,6\text{-}(O_2N)_3C_6H_2COOH \xrightarrow[\triangle]{H_2O} 1,3,5\text{-}(O_2N)_3C_6H_3 + CO_2$$

$$HO-C_6H_4-COOH \xrightarrow[\triangle]{H^+} HO-C_6H_5 + CO_2$$

(1) 羧酸钠盐的碱熔脱羧： 许多羧酸盐加热可以脱羧，生成少一个碳的烃。如：

$$CH_3COONa + NaOH \xrightarrow[\triangle]{H_2O} \underset{99\%}{CH_4} + Na_2CO_3$$

羧酸钙盐（或钡盐）可直接加热裂解脱羧，在氮气的保护下，生成酮和相应的碳酸盐：

$$(RCOO)_2Ca \xrightarrow{\triangle} RCOR + CaCO_3$$

(2) 羧酸盐的电解脱羧，柯尔伯(Kolbe)反应： 将羧酸溶解在含少量甲醇钠（与羧酸的物质的量之比为 0.02∶1）的甲醇中，在较低的温度下用铂电极进行电解，阳极处产生烷烃，阴极处生成 NaOH 和氢气。如：

$$2CH_3-\overset{O}{\overset{\|}{C}}-ONa + 2H_2O \longrightarrow \underbrace{C_2H_6 + 2CO_2}_{阳极} + \underbrace{2NaOH + H_2}_{阴极}$$

反应通过自由基进行，即羧酸根负离子移向阳极，失去一个电子生成自由基 RCOO·，再很快失去 CO_2，形成自由基 R·，两个自由基彼此结合成烷烃 R—R。

(3) 卤代脱羧，汉斯狄克(Hunsdiecker)反应： 羧酸的银盐悬浮在四氯化碳中与等物质的量的溴回流，失去 CO_2，形成比羧酸少一个碳的溴代烷。本反应主要用于制备开链及环状卤烷，如用于从天然双数碳原子羧酸制备单数碳的长链卤代烷，也适用于某些芳香族及杂环卤化物的制备。产率以一级卤代烷最好，二级卤代烷次之，三级最低；卤素中以溴最好。若以羧酸和氧化汞代替羧酸银，产率更高。如：

$$\text{1-methylcyclohexyl-}CH_2COOAg + Br_2 \xrightarrow{CCl_4} \underset{94\%}{\text{1-methylcyclohexyl-}CH_2Br} + CO_2 + AgBr$$

$$CH_3OOC(CH_2)_6COOAg + Br_2 \xrightarrow{CCl_4} \underset{79\%}{CH_3OOC(CH_2)_6Br} + CO_2 + AgBr$$

$$2n\text{-}C_{17}H_{35}COOH + HgO + 2Br_2 \xrightarrow{CCl_4} \underset{93\%}{2n\text{-}C_{17}H_{35}Br} + HgBr_2 + 2CO_2 + H_2O$$

(4) 二元羧酸受热的脱羧脱水： 二元羧酸对热不稳定，在加热或与脱水剂共热的条件下，随两个羧基间距的不同，而发生脱羧反应、脱水反应或同时脱水脱羧。

乙二酸或丙二酸加热脱羧生成一元羧酸：

$$HOOCCOOH \xrightarrow{160\text{~}180\ ^\circ C} HCOOH + CO_2$$

$$HOOCCH_2COOH \xrightarrow{140\text{~}160\ ^\circ C} CH_3COOH + CO_2$$

丁二酸、戊二酸及邻苯二甲酸与脱水剂共热时失水，生成环状酸酐：

$$\begin{matrix} H_2C-COOH \\ | \\ H_2C-COOH \end{matrix} \xrightarrow{300\ ^\circ C} \text{succinic anhydride } (H_2C-C(=O)-O-C(=O)-CH_2, \text{ring}) + H_2O \qquad CH_2\begin{matrix} CH_2-COOH \\ CH_2-COOH \end{matrix} \xrightarrow{300\ ^\circ C} \text{glutaric anhydride } (CH_2(CH_2-C(=O))_2O, \text{ring}) + H_2O$$

己二酸、庚二酸与氢氧化钡共热时，既失水又脱羧，生成环酮：

$$\begin{array}{l}CH_2CH_2-\overset{\displaystyle O}{\overset{\|}{C}}-OH\\ |\\ CH_2CH_2-\underset{\displaystyle O}{\underset{\|}{C}}-OH\end{array}\xrightarrow{300\ ^{\circ}C}\begin{array}{l}CH_2CH_2\diagdown\\ |\qquad\qquad\ C{=}O\\ CH_2CH_2\diagup\end{array}+CO_2+H_2O$$

$$CH_2\begin{array}{l}\diagup CH_2CH_2-\overset{\displaystyle O}{\overset{\|}{C}}-OH\\ \diagdown CH_2CH_2-\underset{\displaystyle O}{\underset{\|}{C}}-OH\end{array}\xrightarrow{300\ ^{\circ}C}H_2C\begin{array}{l}\diagup CH_2CH_2\diagdown\\ \diagdown CH_2CH_2\diagup\end{array}C{=}O+CO_2+H_2O$$

庚二酸以上的二元酸，在高温时发生分子间的失水作用，形成高分子的酸酐，不形成大于六元环的环酮。由以上反应可以得出布朗克规则：有机反应在有成环的可能时，一般生成五元环或六元环。

芳香二元酸加热也失水成环状酸酐：

$$C_6H_4(COOH)_2\xrightarrow{\triangle}C_6H_4(CO)_2O\qquad o\text{-}HOOC-C_6H_4-CH_2COOH\xrightarrow[\triangle]{\text{乙酐}}\text{环状酸酐}\quad 88\%$$

(四) 还原反应

羧酸比醛、酮难于还原，用强还原剂 $LiAlH_4$ 可还原成伯醇，羧酸分子中碳碳双键不受影响。如：

$$CH_2{=}CHCH_2COOH+LiAlH_4\xrightarrow{Et_2O}\xrightarrow{H_2O}CH_2{=}CHCH_2CH_2OH$$

用乙硼烷还原时，羧酸还原成伯醇，硝基、酯基不受影响，但碳碳双键参与反应。如：

$$O_2N-C_6H_4-COOH+B_2H_6\xrightarrow{THF}\xrightarrow{H_3O^+}O_2N-C_6H_4-CH_2OH\quad 79\%$$

(五) α-H 的卤代反应

羧酸的碳链在光照和热的引发下和烷烃一样可进行自由基反应，链上所有位置均可进行。同时羧基又会活化 α-H，但其致活作用比羰基弱得多，羧酸中的 α-H 被卤素取代的反应较慢，要在反应中加入红磷或卤化磷，羧酸先与卤素作用生成酰卤后，使 α-H 活性增加，被卤素卤代成 α-卤代酰卤，然后再与羧酸交换卤素，得 α-卤代羧酸，为赫尔-乌尔哈-泽林斯基(Hell-Volhard-Zelinski)反应。具体反应过程如下：

$$RCH_2COOH+X_2\xrightarrow[\sim 100\ ^{\circ}C]{P}RCH_2COX\xrightarrow{X_2}RCHXCOX\xrightarrow{RCH_2COOH}RCHXCOOH+RCH_2COX$$

如工业上生产氯乙酸即用乙酸氯化，催化剂可为磷(实为 PCl_3)、硫(实为 S_2Cl_2)、乙酐、乙酰氯、氯磺酸等。反应过程均是使乙酸先生成乙酰氯后，转变成乙酰氯的烯醇式，再氯化成氯乙酰氯，最后氯乙酰氯与乙酸交换氯，生成氯乙酸。由于氯乙酸仍有 α-H 可继续氯化，可生成二氯乙酸、三氯乙酸，为减少多氯产物的生成，应控制氯气用量和反应温度。

§11.4 羧酸的制备

(一) 氧化法

(1) 醇和醛的氧化: 伯醇氧化首先生成醛,随之进一步氧化成羧酸。剧烈氧化条件会有相当多的裂解氧化产物,如少一个碳原子的羧酸,可能是醛、酮烯醇化后再进一步氧化裂解和脱羧所致。为此要尽可能采用温和的条件。如用高锰酸钾氧化,温度要低、时间要长。如:

$$\underset{\text{2-乙基己醇}}{3CH_3(CH_2)_3\underset{CH_2CH_3}{\underset{|}{C}}HCH_2OH} + 4KMnO_4 \xrightarrow[55\ ^\circ C]{NaOH} \underset{\text{2-乙基己酸钾 } 34\%}{3CH_3(CH_2)_3\underset{CH_2CH_3}{\underset{|}{C}}HCOOK} + 4MnO_2 + 4H_2O + KOH$$

仲醇氧化首先生成酮,酸性条件下可以停留在酮阶段。在酸、碱催化下烯醇化,进一步氧化得到氧化裂解产物,生成的羧酸还可在 α 碳上进一步氧化。如:

$$\underset{\text{2-辛醇}}{3CH_3(CH_2)_5\underset{OH}{\underset{|}{C}}HCH_3} + 8HNO_3 \xrightarrow{90\sim100\ ^\circ C} \underset{\text{正己酸 } 46\%\sim53\%}{3CH_3(CH_2)_4COOH} + 3CH_3COOH + 8NO + 7H_2O$$

工业生产时醇和醛的氧化,应选择空气的催化氧化。如:

$$CH_3CHO + O_2 \xrightarrow{Mn^{2+}} CH_3COOH \qquad CH_3(CH_2)_3\underset{CH_2CH_3}{\underset{|}{C}}HCH_2OH + O_2 \xrightarrow[140\ ^\circ C]{Co^{3+}} CH_3(CH_2)_3\underset{CH_2CH_3}{\underset{|}{C}}HCOOH + H_2O$$

除氧气和空气外,一些廉价、含氧量高污染小的氧化剂也受到关注,如双氧水、次氯酸钠等。双氧水作为一种清洁的氧化剂已引起广泛关注。

如用钨酸钠与草酸形成的配合物为催化剂,用 30% 的双氧水氧化苯乙烯得苯甲酸:

$$C_6H_5-CH=CH_2 + 4H_2O_2 \xrightarrow[92\ ^\circ C,\ 24\ h]{Na_2WO_4\cdot 2H_2O\text{-草酸}} \underset{98.6\%}{C_6H_5-COOH} + 4H_2O + HCOOH$$

环己酮在钨酸钠为催化剂,磺基水杨酸为配体,用 30% 的双氧水氧化,在 100℃ 下搅拌加热 10 h 环己酮,得 76.3% 的己二酸:

$$\text{环己酮}(C_6H_{10}=O) + 2H_2O_2 \xrightarrow[100\ ^\circ C,\ 10\ h]{Na_2WO_4\cdot 2H_2O\text{-磺基水杨酸}} HOOCCH_2CH_2CH_2CH_2COOH + H_2O$$

(2) 烯和炔的氧化分裂:

由蓖麻油水解生成的 12-羟基-十八-9-烯酸氧化制备壬二酸:

$$CH_3(CH_2)_5\underset{OH}{\underset{|}{C}}HCH_2CH=CH(CH_2)_7COOH + KMnO_4 \xrightarrow[75\ ^\circ C]{KOH} \xrightarrow{H^+} HOOC(CH_2)_7COOH \quad 36\%$$

(3) 芳烃的侧链氧化:

在液相中用环烷酸钴或苯甲酸钴为催化剂,用空气氧化甲苯成苯甲酸:

$$2\,C_6H_5\text{—}CH_3 + 3O_2 \xrightarrow[140\ ^\circ C,\ 0.2\ MPa]{\text{苯甲酸钴}} 2\,C_6H_5\text{—}COOH + 2H_2O \quad 80\%$$

芳烃的侧链用化学试剂氧化，亲电氧化首先发生在 α 碳上。可用硝酸（常使用 20%～30%的稀硝酸）为氧化剂，反应缓和，产率一般为 60%～85%：

$$CH_3\text{—}C_6H_4\text{—}CH_3 + O_2 \xrightarrow[CH_3COOH]{Co^{3+}} HOOC\text{—}C_6H_4\text{—}COOH$$

$$Br\text{—}C_6H_4\text{—}CH_3 + 2HNO_3 \xrightarrow[\text{回流}]{H_2O} Br\text{—}C_6H_4\text{—}COOH + 2NO + 2H_2O$$

用 $KMnO_4$ 为氧化剂，可在较低温度下将烃基氧化，氧化终点可从反应物颜色判断。如从对氨基甲苯制备对氨基苯甲酸，可先将对氨基甲苯的氨基用乙酰基保护后，用 $KMnO_4$ 氧化（慢慢加入），再去保护基，调 pH 后，析出结晶：

$$p\text{-}CH_3C_6H_4NH_2 \xrightarrow[-H_2O]{CH_3COOH} p\text{-}CH_3C_6H_4NHCOCH_3 \xrightarrow[60\ ^\circ C]{KMnO_4/H_2O} p\text{-}HOOCC_6H_4NHCOCH_3 \xrightarrow[\text{回流}]{15\%\ HCl} p\text{-}HOOCC_6H_4NH_2\cdot HCl \xrightarrow[pH\ 3.5\sim4.0]{NH_3/H_2O} p\text{-}HOOCC_6H_4NH_2 \quad 50\%$$

（二）由有机金属化合物制备，格氏试剂的羧基化

卤代烷制成格氏试剂或有机锂试剂后，与 CO_2 加成，再酸性水解，即可得到比卤代烷多一个碳原子的羧酸。仲、叔卤代烷及芳香族卤代烷均可用此方法转化成羧酸，如从叔丁基氯制备 2,2-二甲基丙酸：

$$(CH_3)_3CCl + Mg \xrightarrow{Et_2O} (CH_3)_3CMgCl \xrightarrow{CO_2} (CH_3)_3COOMgCl \xrightarrow{H_3O^+} (CH_3)_3CCOOH$$

（三）羧酸衍生物的水解

酰氯、酸酐、羧酸酯、酰胺等水解都可得到羧酸，但由于它们都是由羧酸制造的，实际意义不大。其中重要的是腈的制备和水解。用伯卤代烷和 NaCN 制备腈，再在碱性或酸性介质中水解，即可得到相应的羧酸。如：

$$(CH_3)_2CHCH_2CH_2Cl + NaCN \longrightarrow (CH_3)_2CHCH_2CH_2CN \xrightarrow[OH^-]{H_2O} (CH_3)_2CHCH_2CH_2COO^- \quad 82\%$$

$$C_6H_5\text{—}CH_2Cl + NaCN \xrightarrow{DMSO} C_6H_5\text{—}CH_2CN \xrightarrow[\triangle]{H_3O^+} C_6H_5\text{—}CH_2COOH \quad 78\%$$

§11.5　过酸和二酰基过氧化物

过酸（percarboxylic acid）也称有机过酸（organic peracid），为羧酸的过氧酸，可视为过氧

化氢的一酰基衍生物。而过氧化氢的二酰基衍生物为二酰基过氧化物。

$$\underset{\text{过氧化氢}}{H-O-O-H} \qquad \underset{\text{过酸}}{R-\overset{O}{\overset{\|}{C}}-O-O-H} \qquad \underset{\text{二酰基过氧化物}}{R-\overset{O}{\overset{\|}{C}}-O-O-\overset{O}{\overset{\|}{C}}-R}$$

最简单的过酸为过甲酸,最简单的芳香过酸为过苯甲酸。它们具有强氧化性、不稳定性和爆炸性,酸性比相应的羧酸低,如过乙酸的 $pK_a=7.6$。过酸必须低温贮藏或现用现制。一般由羧酸在甲磺酸中与90%以上过氧化氢反应制取。若制备无水过酸,则需在非水溶剂中进行,用酸性离子交换树脂催化。

$$R\overset{O}{\overset{\|}{C}}OH + H_2O_2 \overset{H^+}{\rightleftharpoons} R\overset{O}{\overset{\|}{C}}OOH + H_2O$$

过酸也可使用酰氯或酐与过氢氧化钠在含水乙醇中反应制备。如:

$$R\overset{O}{\overset{\|}{C}}Cl + NaOOH \xrightarrow{C_2H_5OH,\ H_2O} R\overset{O}{\overset{\|}{C}}OOH + NaCl$$

过酸能将烯烃氧化成1,2-环氧化物,且为顺式加成。如:

$$\text{环己烯} + C_6H_5\overset{O}{\overset{\|}{C}}OOH \xrightarrow{CH_2Cl_2} \text{1,2-环氧环己烷} + C_6H_5\overset{O}{\overset{\|}{C}}OH$$

过酸能将醛氧化成羧酸,将酮氧化成相应的酯。如:

$$R\overset{O}{\overset{\|}{C}}H + C_6H_5\overset{O}{\overset{\|}{C}}OOH \longrightarrow R\overset{O}{\overset{\|}{C}}OH + C_6H_5\overset{O}{\overset{\|}{C}}OH$$

最常见的二酰基过氧化物是二苯甲酰过氧化物,可由苯甲酰氯和过氧化氢制备:

$$2\,C_6H_5\overset{O}{\overset{\|}{C}}Cl + H_2O_2 \xrightarrow{OH^-} C_6H_5-\overset{O}{\overset{\|}{C}}-O-O-\overset{O}{\overset{\|}{C}}-C_6H_5 + 2HCl$$

二苯甲酰过氧化物加热时发生均裂,生成自由基,常用作自由基型聚合反应的引发剂:

$$C_6H_5-\overset{O}{\overset{\|}{C}}-O-O-\overset{O}{\overset{\|}{C}}-C_6H_5 \xrightarrow{\triangle} C_6H_5\overset{O}{\overset{\|}{C}}O\cdot \longrightarrow C_6H_5\cdot + CO_2$$

§11.6 脂 肪 酸

脂肪酸(fatty acid,FA)是一类含有长烃链和一个末端羧基的化合物。在生物体内有一百余种脂肪酸,大部分都以结合的方式存在。羧基的 pK_a 大约为5,在生理条件下游离羧基以负离子状态存在。不同脂肪酸的区别主要是烃链碳原子的数目、双键数目和位置。脂肪酸大部分由线性碳链组成,少数具有分支结构。

由天然油脂水解制备的脂肪酸是多种酸的混合物,一般是10个碳以上双数碳原子的羧酸。动物脂肪水解得到大量的硬脂酸和软脂酸。硬脂酸在动物脂肪中含量达 10%～30%，而软脂酸分布最广，几乎所有油脂中都有。油脂中含有的不饱和酸均大于 C_{10}，最重要的是含 18 个碳原子的不饱和酸，如油酸、亚油酸和亚麻酸。

（一）脂肪酸的结构特点

（1）碳原子数为偶数： 天然脂肪酸通常由偶数碳原子组成，这是由于在生物体内脂肪酸是以二碳单位（乙酰-CoA）形式聚合而成的（同时伴随还原）。脂肪酸的碳原子数一般为 4～36 个，多数为 12～24 个，最常见的为 16 个和 18 个。

（2）不饱和脂肪酸双键常为顺式结构： 脂肪酸有饱和、单不饱和和多不饱和之分，双键数目一般是 1～4 个，少数可多达 6 个。不饱和脂肪酸有一个不饱和双键几乎总是处于 C_9～C_{10}之间（Δ^9），且多数为顺式结构。不饱和脂肪酸烃链由于双键不能旋转而出现结节，顺式结构还会引起结构上的弯曲，不易折叠为晶体结构，熔点低于同样长度的饱和脂肪酸。如硬脂酸熔点为 69.9℃，而油酸（一个顺式双键）只有 13.4℃。细菌中有含甲基、环丙烷等侧链的脂肪酸，植物脂肪酸有的还含炔键、羟基和酮基等，也会降低脂肪酸的熔点，如 10-甲基硬脂酸熔点只有 10℃。脂肪酸的物理性质主要取决于其烃链的长度与不饱和程度，短的链长和不饱和的脂肪酸利于提高其流动性。

（3）多不饱和脂肪酸（PUFA）通常双键不共轭： 多不饱和脂肪酸双键之间往往隔着一个亚甲基，不共轭，局部为 1,4-戊二烯结构，熔点更低。

（二）脂肪酸的简写符号

脂肪酸除用系统命名和通俗名表示外，还可由简写符号表示。如先写出脂肪酸的碳原子数目、再写双键数目，两个数目之间用冒号（:）隔开，如油酸 18：1。若需标出双键位置，可用 Δ（delta）右上标数字表示；数字指双键键合的两个碳原子号码较低的碳原子计数（碳原子计数从羧基端开始，羧基碳原子计数为 1），并在数字后面用 *c*（*cis*，顺式）或 *t*（*trans*，反式）标明双键的构型。如顺，顺-9,12-十八烯酸（亚油酸），简写为 18：$2\Delta^{9c,12c}$，表明该脂肪酸有 18 个碳，两个双键，分别在第 9,10 碳和 12,13 碳之间，且均为顺式。若为反式结构命名必须加 *t*（反），顺式的有时可不加 *c*（顺）。

硬脂酸	*n*-十八酸	18：0
软脂酸（棕榈酸）	*n*-十六酸	16：0
油酸	十八碳-9-烯酸	18：$1\Delta^{9c}$
亚油酸	十八碳-9,12-二烯酸	18：$2\Delta^{9c,12c}$
α-亚麻酸	十八碳-9,12,15-三烯酸	18：$3\Delta^{9c,12c,15c}$
γ-亚麻酸	十八碳-6,9,12-三烯酸	18：$3\Delta^{6c,9c,12c}$
花生四烯酸	二十碳-5,8,11,14-四烯酸	20：$4\Delta^{5c,8c,11c,14c}$
α-桐油酸	十八碳-9,11,13-三烯酸（顺，反，反）	18：$3\Delta^{9c,11t,13t}$
EPA	二十碳-5,8,11,14,17-五烯酸	20：$5\Delta^{5c,8c,11c,14c,17c}$
DHA	二十二碳-4,7,10,13,16,19-六烯酸	22：$6\Delta^{4,7,10,13,16,19}$
反油酸	十八碳-9-烯酸（反）	18：$1\Delta^{9t}$

（三）反式脂肪酸（trans fatty acids，TFAs）

含有一个以上独立的（即非共轭）反式构型双键的一类不饱和脂肪酸的总称。主要来源于氢化植物油，理化性质趋近于饱和脂肪酸，熔点高于顺式脂肪酸，常温下常以固态形式存在。如油酸(顺-十八-9-烯酸)的熔点为 13.5℃，而反油酸(反-十八-9-烯酸)的熔点为 46.5℃。反式脂肪酸异构体种类很多，不同异构体可能存在不同的生理作用。少量存在的天然反式脂肪酸主要来源于反刍动物的脂肪、乳，这类反式脂肪酸的双键位置基本固定，几乎全为反式十八碳单烯酸，以反-十八-11-烯酸为主，可在体内转化为多种有益生理活性的共轭亚油酸。目前尚无资料证实天然的反式脂肪酸对人体健康有不利影响。危害人们健康的反式脂肪酸的主要来源是氢化植物油，以反-十八-9-烯酸为主。油脂氢化加工在高温下进行，一部分双键被饱和，而另一部分双键则发生位置异构转变为反式构型。此外，植物油在过度加热、反复煎炸等烹调过程中也会产生少量反式脂肪酸(0.4%～2.3%)。

反式脂肪酸的摄入会影响必需脂肪酸的消化吸收，导致心血管疾病的发生、大脑功能的衰退。反式脂肪酸结合膜磷脂或血浆脂蛋白后，会影响膜或膜结合蛋白的功能，干扰必需脂肪酸和其他脂质的正常代谢。反式脂肪酸可使高密度脂蛋白(HDL)含量降低、低密度脂蛋白(LDL)含量升高，从而增加心血管疾病的发病风险。反式脂肪酸与细胞膜结合，可改变膜脂分布，导致膜的流动性和通透性的改变，影响膜蛋白结构和离子通道，改变心肌信号传导的阈值。

(四) 必需脂肪酸(essential fatty acids，EFA)

必需脂肪酸是指对人体正常机能和健康具有重要保护作用，但体内不能合成或合成速度不能满足需要而必须由膳食提供的脂肪酸，如亚油酸和亚麻酸(α-亚麻酸)。人体及哺乳动物能制造多种脂肪酸，但不能向脂肪酸中引入超过 Δ^9 的双键(即不能在从羧基碳开始第 10 个碳及以上的碳碳键中引入双键)。必需脂肪酸主要包括两种，一种是 omega-3(ω-3)系列的 α-亚麻酸(18：3)，一种是 omega-6(ω-6)系列的亚油酸(18：2)。ω-3 即第一个双键离甲基末端 3 个碳的多不饱和脂肪酸(PUFA)，ω-6 即第一个双键离甲基末端 6 个碳的 PUFA。花生四烯酸虽然可由亚油酸衍生来，但当体内合成不足时，必须由食物供给，也可列入必需脂肪酸。

$$CH_3-CH_2-CH=CH-CH_2-CH=CH-CH_2-CH=CH-CH_2-(CH_2)_6-COOH \quad \text{α-亚麻酸}$$

$$CH_3-(CH_2)_4-CH=CH-CH_2-CH=CH-CH_2-(CH_2)_6-COOH \quad \text{亚油酸}$$

健康的食用油中必须有足量的 ω-6 系列和 ω-3 系列多不饱和脂肪酸，还要有相当数量的单不饱和脂肪酸。ω-6 系列和 ω-3 系列多不饱和脂肪酸在人体内不能互变。ω-6 系列多不饱和脂肪酸能明显降低血清胆固醇水平，ω-6 系列的 PUFA 缺乏会导致皮肤病变；ω-3 系列多不饱和脂肪酸能显著降低甘油三酯水平，ω-3 系列的 PUFA 缺乏会导致心脏疾病和神经、视觉疑难症。多不饱和脂肪酸十分重要，若缺乏会引起动物生长停滞，生殖功能衰退和肝、肾功能紊乱。

当人体摄入饱和脂肪酸在 10%以下，单不饱和脂肪酸在 70%以上，人体必需脂肪酸 ω-3 系列多不饱和脂肪酸与 ω-6 系列不饱和脂肪酸的比为 1∶4 时，人类身体的机能才能处于健康状态，配比均衡的脂肪酸还能降低心血管、癌症、糖尿病、肥胖病、关节炎、哮喘等多种疾病的发生风险。

(1) α-亚麻酸(亚麻酸)：是 ω-3 系列的前体，人体内可用其合成所需要的 ω-3 系列的脂肪酸，如二十碳五烯酸(EPA)和二十二碳六烯酸(DHA)(深海鱼油的主要成分)。DHA 在大脑皮层和眼的视网膜中很活跃。大脑中约一半 DHA 是在出生前积累的，一半是在出生后积累的，因此在怀孕和哺乳期获取 ω-3 系列不饱和脂肪酸很重要。亚麻酸可从油脂、坚果、人乳和海洋动物中获取。

(2) 亚油酸：是 ω-6 的前体，是人体进一步合成 ω-6 系列其他不饱和脂肪酸的原料。如合成 γ-亚麻酸，继而合成维持细胞膜的结构和功能所必需的花生四烯酸，也是合成一类具有生理活性的类二十碳烷化合物的前体。亚油酸可从植物油和肉类中获取。膳食中一般有足够的 ω-6 系列的 PUFA。

(五) 类二十烷酸(eicosanoid)

类二十烷酸也称类花生酸，主要是由二十碳的花生四烯酸衍生而来。一般指前列腺素、凝血噁烷和白三烯等。人体中可以由 ω-6 系列多不饱和脂肪酸合成，是体内的局部激素，效能一般局限在合成部位的附近，半衰期很短。它们是由二十碳多不饱和脂肪酸(至少含三个双键)衍生而来，合成前体主要是花生四烯酸(20：$4\Delta^{5c,8c,11c,14c,17c}$)。

(1) 前列腺素(prostaglandin, PG)：存在于动物和人体中的一类由不饱和脂肪酸组成的微量活性物质，对内分泌、生殖、消化、血液呼吸、心血管、泌尿和神经系统均有作用。除来自精囊外，全身许多组织细胞都能产生前列腺素。前列腺素在体内由花生四烯酸所合成。前列腺烷酸为前列腺素的母体化合物。相关结构式如下：

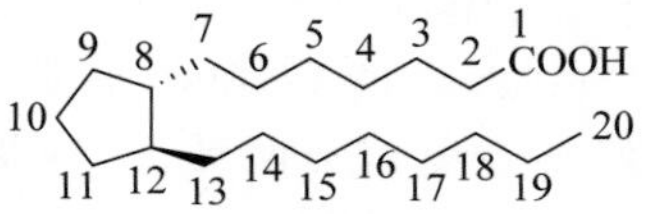

前列腺烷酸

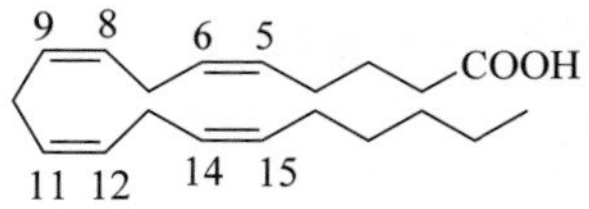

花生四烯酸 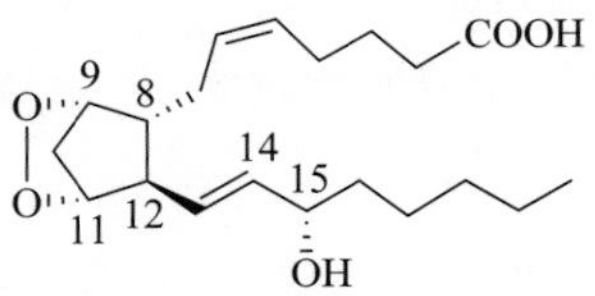　　前列腺素G_2(PGG_2)

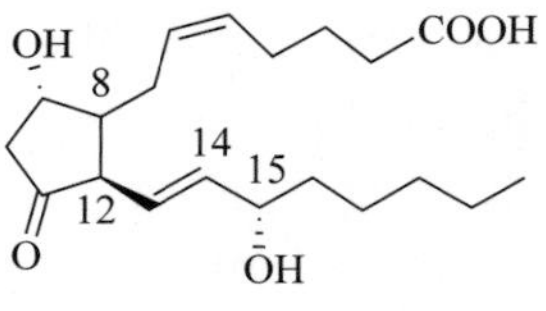

前列腺素D_2(PGD_2) 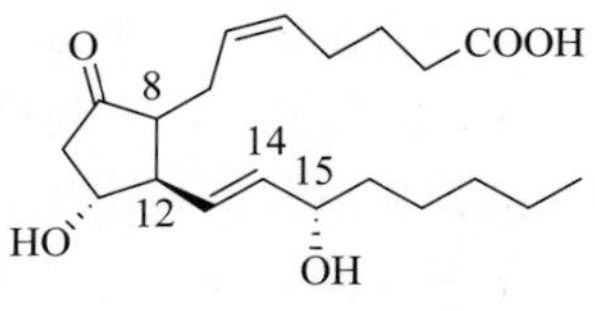　　前列腺素E_2(PGE_2)

前列腺素结构为一个取代的环戊烷环和两条脂肪族侧链构成的二十碳不饱和羟酸，由环戊烷环上取代基性质不同分为 A、B、C、D、E、F、G、H 和 I 等类型，下标数字标明脂肪链中双键总数。不同类型的前列腺素具有不同的功能，如 PGE 能扩张血管、增加器官血流量、降低外周阻力，并有排钠作用，从而使血压下降；而 PGF 可使兔、猫血压下降，却又使大鼠、狗的血压升高。PGE 使支气管平滑肌舒张，降低通气阻力；而 PGF 却使支气管平滑肌收缩。前列腺素的生理作用极为广泛，有升高体温(发烧)、促进炎症(并产生疼痛)、调节血液流入特定器官、控制跨膜转运、调节突触传递、诱导睡眠等作用。前列腺素能引起子宫收缩，故应用于足月妊娠的引产、人工流产以及避孕等方面。前列腺素在治疗哮喘、胃肠溃疡病、休克、高血压及心血管疾病等方面也有一定疗效。前列腺素的半衰期极短（1～2 min），其在局部产生和释放，只对产生前列腺素的细胞本身或邻近细胞的生理活动发挥调节作用。

（2）凝血噁烷（thromboxane，TX）：花生四烯酸的衍生物。凝血噁烷 A_2（TXA_2）是该类化合物中最重要的一种，主要由血小板产生，促进血小板凝聚和平滑肌收缩。TXA_2 效应与前列腺素相反，诱发血小板聚集，促进血栓形成，引起动脉收缩。TXA_2 结构中有环醚结构的含氧六元环，还有一个氧原子以环氧丙烷的形式存在于六元环的中央，其他与前列腺素相似，被认为是前列腺素类似物。ω-3 系列的 PUFA 能抑制花生四烯酸转变为 TXA_2，可降低血小板聚集，有助于降低心脏病的危险。

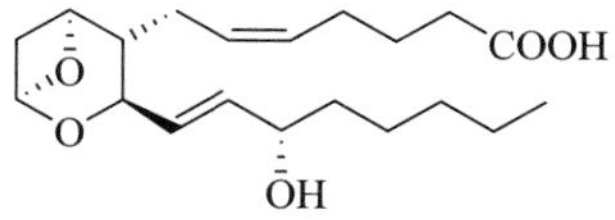

TXA_2(凝血噁烷A_2)

（3）白三烯（leucotriene，LT）：具有共轭三烯结构的二十碳不饱和酸。可按取代基性质分为 A、B、C、D、E、F 六类。它是在白细胞中发现的线性氧化产物，因含三个共轭双键而得名。从花生四烯酸形成的白三烯含四个双键，其中一个是非共轭双键，缩写为 LT_4，右下标 4 表示双键总数。在体内白三烯的含量虽微，但却具有很高的生理活性，能促进炎症和变态反应（过敏反应），是心血管等疾病中的化学介质，如引起平滑肌收缩、渗出液增多和冠状动脉缩小，引起肺气管缩小（发生哮喘）比组胺大 1000 倍。对白三烯及其类似物的阻断剂进行研究，对免疫以及发炎、过敏的治疗都有重要意义。

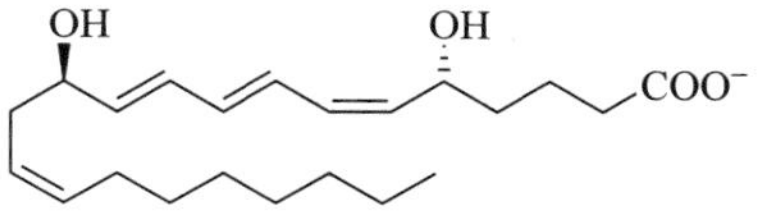

LTB_4 (白三烯B_4)

阿司匹林（aspirin，乙酰水杨酸），用于消炎、镇痛和退热已逾百年。它通过对环加氧酶活性中心处的丝氨酸残基乙酰化，抑制环加氧酶活性，抑制前列腺素合成的第一步，从而关闭前列腺素的合成，因此是一种强抗炎药；阿司匹林也抑制凝血噁烷的形成，因而抗血凝，被广泛用于防止过度血凝。随着研究的深入，阿司匹林的使用范围也在扩大。

习 题

1. 写出下列化合物的结构：

（1）2-甲基-3-氯甲基戊酸　（2）（*Z*）-丁烯二酸　（3）4-甲基-3-硝基苯甲酸

（4）（*E*）-4-羟基-2-戊烯酸　（5）（*Z*，*Z*）-9，12-十八碳二烯酸（亚油酸）　（6）5-氧代己酸

（7）顺-1，2-环戊二甲酸　（8）3-氧代环戊甲酸　（9）苯基-2-丙烯酸（肉桂酸）

（10）α-甲基-γ-甲氧基戊酸　（11）2，4-二氯戊二酸　（12）反-4-苯基环己甲酸

2．比较下列化合物酸性的强弱：

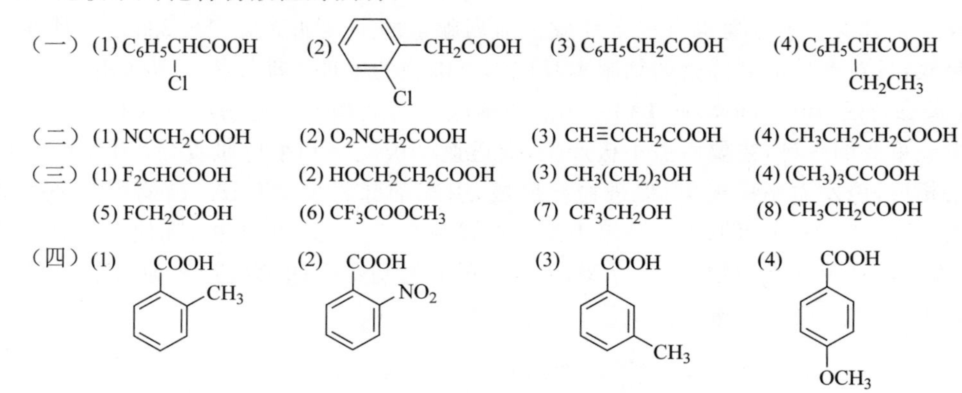

3．对羟基苯甲酸比苯甲酸酸性弱，而邻羟基苯甲酸（水杨酸）酸性比苯甲酸强 15 倍，请解释之。

4．用两种不同的方法从异丁烯合成$(CH_3)_3CCOOH$。

5．完成下列反应，写出主要的反应产物的结构：

(1) $CH_2{=}CHCOOH \xrightarrow{H_2/Ni}$　(2) $HOOCCH_2CH_2COOH \xrightarrow{LiAlH_4} \xrightarrow{H_3O^+}$

(3) （邻位为 COOH 和 CH_2OH 的苯环）$\xrightarrow[\triangle]{H^+}$　(4) （环己基 MgBr）$\xrightarrow{CO_2} \xrightarrow{H_3O^+}$

(5) $CH_3COONa + C_6H_5CH_2Cl \longrightarrow$　(6) $CH_3CH_2COOH + Br_2 \xrightarrow{P}$

(7) $(CH_3)_2CHCH_2COOH \xrightarrow{2CH_3Li} \xrightarrow{H_3O^+}$　(8) $C_6H_5CH_2COOH + CH_2N_2 \longrightarrow$

6．完成下列转变：

(1) $CH{\equiv}CH \longrightarrow HOOCCH_2CH_2COOH$　(2) $HO(CH_2)_3OH \longrightarrow HOOC(CH_2)_3COOH$

(3) （对溴甲苯，CH_3、Br）$\longrightarrow$（CH_2COOH、Br）　(4) （均三甲苯，H_3C、CH_3、CH_3）$\longrightarrow$（COOH、H_3C、CH_3、CH_3）

(5) $CH_3(CH_2)_3CH{=}CH_2 \longrightarrow CH_3(CH_2)_4COOH$　(6) $CH_3\underset{OH}{CH}CH_2CH_2Br \longrightarrow$ （H_3C 取代的五元内酯，O、=O）

7．以乙醇为唯一的有机原料，制备下列化合物：

(1) $HOOCCH_2COOH$　(2) $HOCH_2COOH$　(3) NH_2CH_2COOH　(4) $HO\underset{CH_3}{CH}COOH$

8．用简单迅速的试管反应区别：己烷、1-己炔、环己烯、正己醇和己酸。

9．由指定原料和必要的试剂完成下列的合成：

(1) 由 $CH_3(CH_2)_3OH$ 合成 $CH_3(CH_2)_2CH{=}\overset{COOH}{C}CH_2CH_3$　(2) 由（亚甲基环己烷）$=CH_2$ 合成（环己基）$-CH_2COOH$

(3) 由 $CH_3CH_2CH_2COOH$ 合成 CH_3CH_2COOH　(4) 由 $CH_3\overset{O}{\overset{\|}{C}}CH_2CH_2\overset{Br}{C}(CH_3)_2$ 合成 $CH_3\overset{O}{\overset{\|}{C}}CH_2CH_2\overset{COOH}{C}(CH_3)_2$

(5) 由（环己烯）合成（环己烯基）$-CH_2COOH$　(6) 由（环戊酮）$=O$ 合成（环戊烯基）$-\overset{O}{\overset{\|}{C}}Cl$

10. 试由甲苯制备对甲基苯甲酸。

11. 以 γ-苯基丁酸为原料合成下列化合物，简单写出所用原料及合成路线：

(1) $C_6H_5(CH_2)_3COCl$　(2) $C_6H_5(CH_2)_2CH_2COCH_3$　(3) $C_6H_5(CH_2)_3CONH_2$　(4) $C_6H_5(CH_2)_4CHBrCH_2Br$

(5) $C_6H_5CH_2CH{=}CHCOOCH_3$

12. 指出下列合成路线中的错误所在，并说明理由。

(1) $CH_3CHO \xrightarrow[1]{OH^-} CH_3\overset{OH}{\overset{|}{C}}HCH_2CHO \xrightarrow[2]{H^+} CH_3CH{=}CHCHO \xrightarrow[3]{KMnO_4} CH_3CH{=}CHCOOH$

(2) $(CH_3)_3CCl \xrightarrow[1]{KCN} (CH_3)_3CCN \xrightarrow[\triangle\ 2]{H_3O^+} (CH_3)_3CCOOH$

(3) $CH_3\overset{O}{\overset{\|}{C}}CH_2CH_2Br \xrightarrow[1]{Mg/乙醚} CH_3\overset{O}{\overset{\|}{C}}CH_2CH_2MgBr \xrightarrow[2]{CO_2} \xrightarrow{H^+} CH_3\overset{O}{\overset{\|}{C}}CH_2CH_2COOH$

第十二章　羧酸衍生物

羧酸衍生物是指羧酸分子中羧基上的羟基被其他原子或原子团取代的产物。羧酸衍生物主要包括酰卤、酸酐、酯、酰胺四大类。由于腈并不是由羧羟基取代得到的有机物，不含有羧基中的羰基，腈有时不被认为是羧酸衍生物，但腈水解能形成羧酸，并可通过酰胺脱水来合成，仍可被定义为羧酸衍生物。

	酰卤	酸酐	酯	酰胺	腈
	$R-\overset{O}{\overset{\Vert}{C}}-X$	$R-\overset{O}{\overset{\Vert}{C}}-O-\overset{O}{\overset{\Vert}{C}}-R$	$R-\overset{O}{\overset{\Vert}{C}}-O-R'$	$R-\overset{O}{\overset{\Vert}{C}}-NH_2$	$R-C\equiv N$
结构简式：	RCOX	$(RCO)_2O$	RCO_2R'	$RCONH_2$	RCN

§12.1　羧酸衍生物的结构和命名

（一）结构

羧酸衍生物在结构上的共同特点是都含有酰基(RCO)，酰基所连原子(X、O、N)上的电子对，可与酰基中的羰基形成 p-π 共轭体系，羰基碳原子和与它相连的三个原子位于同一平面。通常 p 电子是朝着羰基(C═O)双键方向转移，呈供电子效应。酰氯中由于氯原子电负性大，参与 p-π 共轭的是 3p 轨道，共轭效应较弱，酰氯中羰基碳与氯形成的键基本上不具双键性质；氧的电负性小于氯，酸酐中羰基碳与氧形成的键具有很少的双键性质；酯中与羰基碳相连的氧参与共轭效应大于酐中的同类氧，羰基碳与氧形成的键的双键性质更多一些；但酰胺由于氮的电负性比氧还小，酰胺中羰基碳与氮之间形成的键具有一定的双键性质。酰基中羰基与 X、O、N 上共用电子对的共轭效应大小顺序为酰胺＞酯＞酐＞酰氯，因此羧酸衍生物亲核取代活性与此相反，为酰氯＞酐＞酯＞酰胺。

（二）羧酸衍生物的命名

羧酸衍生物主要以它们所含的酰基来命名，有普通命名和 IUPAC 命名。酰卤和酰胺是根据分子中所含的酰基来命名的，将酰基的名称置于卤素名称之前即为酰卤的名称，置于“胺”字之前即为酰胺的名称。酰胺又分为：一级酰胺($RCONH_2$)，除羰基碳原子和酰胺的氮原子相连外，还有两个氢原子与氮相连；二级酰胺($RCONHR'$)，除羰基碳原子外还有一个碳原子、一个氢原子和氮原子相连；三级酰胺($RCONR_2'$)，除羰基碳原子外，还有两个碳原子和氮原子相连。二级和三级酰胺命名时，将 N 上的烷基按取代基命名，并用 *N*-前缀标明，写在酰胺名称之前。线形氨基酸分子中的氨基和羧基反应后形成的环状酰胺为内酰胺，命名时加“内”字。

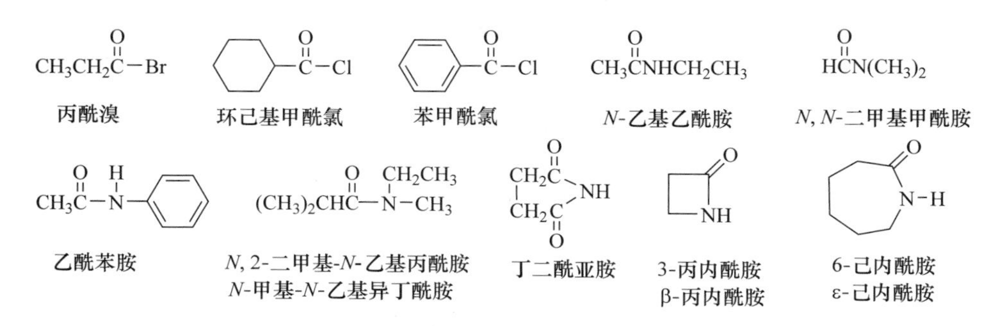

酸酐可以根据其来源的酸命名，将“酸”字去掉，换成“酐”字或“酸酐”即可。酸酐分为单酐和混酐，单酐含有两个相同的酰基，混酐含有不相同的酰基，混酐的命名和混合醚有相似之处。

$CH_3\overset{O}{\overset{\|}{C}}-O-\overset{O}{\overset{\|}{C}}CH_3$（缩写为$Ac_2O$）乙酸酐 醋酸酐

1, 2-苯二甲酸酐苯酐

2-丁烯二酸酐 马来酸酐

$CH_3\overset{O}{\overset{\|}{C}}-O-\overset{O}{\overset{\|}{C}}H$ 甲乙酐 蚁酸醋酸酐

$CH_3CH_2\overset{O}{\overset{\|}{C}}-O-\overset{O}{\overset{\|}{C}}CF_3$ 三氟乙酸丙酸酐 三氟醋酸丙酸酐

酯是根据形成它的酸和醇的烷基部分被命名为某酸某酯。IUPAC 命名由形成它的酸和醇的烷基部分的 IUPAC 命名衍生而来，普通命名同理。

$H\overset{O}{\overset{\|}{C}}-O-CH(CH_3)_2$ 甲酸-1-甲基乙基酯 蚁酸异丙酯

$C_6H_5CH_2\overset{O}{\overset{\|}{C}}OCH_3$ 2-苯基乙酸甲酯 苯乙酸甲酯

$CH_3CH(CH_3)\overset{O}{\overset{\|}{C}}OCH_2C_6H_5$ 2-甲基丙酸苯甲酯 异丙基酸苯甲酯

$C_2H_5O\overset{O}{\overset{\|}{C}}CH_2\overset{O}{\overset{\|}{C}}OC_2H_5$ 丙二酸二乙酯

内酯：环状酯即为内酯。一个开链的含有羟基的酸，其羟基和羧基作用可以形成内酯。内酯有普通命名和 IUPAC 命名，而更常用的是普通命名，需标明成环所连羟基碳原子的位置。

交酯：两分子 α-羟基酸通过羟基与羧基的缩合失去两分子水形成六元环二酯的化合物。简单的交酯如乙交酯（1，4-二氧六环-2，5-二酮）和丙交酯（3，6-二甲基-1，4-二氧杂环己烷-2，5-二酮）。

1, 4-二氧六环-2, 5-二酮　　3, 6-二甲基-1, 4-二氧杂环己烷-2, 5-二酮

腈可以看作是氰化氢（HCN）分子中的氢被烃基取代而生成的化合物。腈的系统命名是从羧酸命名法衍生而来的，腈为母体时，根据分子中所含碳原子的数目称为某腈；若是氰基为取代基时称为氰基某烃，注意此时氰基碳原子不参加母体碳链编号。

5-羟基戊酸内酯 σ-戊内酯

4-羟基-2-甲基丁酸内酯 α-甲基-χ-丁内酯

$CH_3CH(Br)CH_2CN$ 3-溴丁腈 β-溴代丁腈

环丙基腈

$CH_3CH_2CH(CN)CH_2COOH$ 3-氰基戊酸

异腈是腈的同分异构体，又称胩，通式为 RNC，分子中氮原子与烃基相连，—NC 为异氰基。异腈的命名与腈相似，但异腈基的碳原子不参加碳链编号。如 $CH_3CH_2CH_2N\equiv C$，称为丙胩或 1-异氰基丙烷。

在多官能团化合物命名时，要选主要官能团为母体，用后缀形式表示：其他为取代基，用前缀形式表示。官能团选择顺序为：

酸＞酯＞酰胺＞腈＞醛＞酮＞醇＞胺＞烯＞炔

§12.2 羧酸衍生物的物理性质

酰卤、酸酐、酯、腈分子间不能通过氢键而缔合，沸点比相对分子质量相近的羧酸低。C_{14} 以下直链饱和一元羧酸衍生物如甲酯、乙酯和酰氯在室温下皆为液体。壬酐以上的单酐在室温下是固体。一级和二级酰胺分子间氢键作用强，沸点和熔点都比相对分子质量相近的羧酸高许多。三级酰胺虽不能形成氢键，但分子间作用力强，沸点与相对分子质量相近的羧酸接近。

酰氯大多数是具有强烈刺激性气味的无色液体或低熔点固体。低级酸酐是具有刺激性气味的无色液体，遇水分解。高级酸酐为无色无味的固体。酸酐难溶于水而溶于有机溶剂。

低级酰胺可溶于水，随着相对分子质量的上升，在水中溶解度下降。氮上没有取代的酰胺（可生成氢键）的沸点高于相应的羧酸，也高于相应的氮上有取代基的酰胺。二甲基甲酰胺（DMF）、二甲基乙酰胺和二甲基丙酰胺为液体，是常用的非质子性溶剂，可像水一样使溶质离子化，且没有 O—H 键或 N—H 键，分子中的氢与分子内原子结合牢固，不易给出质子。它们与水互溶，可与水混合作混合溶剂。酯在水中的溶解度较小，可溶于一般的有机溶剂。低级酯是有酯香味的液体，相对密度比水小，如乙酸乙酯可常作为中等极性的反应溶剂。高级脂肪酸的高级脂肪醇酯为固体，俗称“蜡”，难溶于水而易溶于乙醇和乙醚等有机溶剂。

腈偶极矩大，分子间作用力较强，沸点与相对分子质量相近的醇接近。低级腈是可溶于水的无色液体，丁腈以上难溶于水。高级腈为固体，不溶于水。异腈是很毒的物质，有恶臭，对碱稳定，酸中比腈易水解。纯粹的腈毒性较弱，但通常都含有少量异腈，可用 50%硫酸和浓盐酸洗涤除去异腈。乙腈可用作反应溶剂，提供一个极性的反应介质。

§12.3 羧酸酯的制备

（一）醇的 *O*-酰化反应

醇、酚在少量酸性催化剂存在下，对羧酸及其衍生物进行亲核加成生成酯。

（1）醇与羧酸的酯化反应：伯、仲、叔醇对于相同羧酸的酯化反应速度主要受空间因素的影响。不除水时，按等物质的量之比，伯、仲、叔醇与羧酸反应平衡时，极限大致为 60%～68%、58%～60%、2%～6%，要不断除水才能使平衡向酯生成的方向移动。一般是用一种不溶于水，和水、醇能构成最低恒沸点并能携带较多水的溶剂，如苯、四氯化碳、正戊烷等。有的也用醇本身，如丁醇。蒸出的含水共沸物冷却后分层，分出反应产生的水。催化剂的用量及强弱对酯化反应速度的影响是相当大的，酯化常用催化剂有硫酸（一般1 mol 羧酸使用1 mL 硫酸）、盐酸和对甲苯磺酸等。如：

$$RCOOH + R'OH \underset{}{\overset{H^+}{\rightleftharpoons}} RCOOR' + H_2O$$

$$HO-C(CH_2COOH)_2-COOH + 3n\text{-}C_4H_9OH \xrightarrow[90\sim120\ ^\circ C]{H_2SO_4} HO-C(CH_2COOC_4H_9)_2-COOC_4H_9 + 3H_2O$$

柠檬酸　　　　柠檬酸三丁酯 85%

BF_3-乙醚配合物可用于催化芳香酸、不饱和酸及杂环酸的酯化。如：

$$C_6H_5COOH + CH_3CH_2OH \xrightarrow{BF_3/Et_2O} C_6H_5COOCH_2CH_3 \quad 75\%\sim81\%$$

强酸性阳离子交换树脂（Ⓟ-SO_3H）做催化剂，可回收重复使用。如：

$$CH_3COOH + CH_3(CH_2)_3OH \xrightarrow[\text{室温}]{Ⓟ\text{-}SO_3H/CaSO_4} CH_3COO(CH_2)_3CH_3 \quad 100\%$$

高沸点的羧酸和高沸点的醇，反应温度较高，羧酸有自催化作用，不必另加催化剂，脱出的水也会不断蒸出，收率可较高。如己二酸和十八醇反应生成己二酸双十八酯，收率为 83%。

内酯： 简单的五元环或六元环的内酯可由开链的含羟基的酸在酸性条件下自发酯化形成。较难合成的内酯可通过苯-水共沸蒸馏除水，使平衡向前进行，如十元环的 9-壬酸内酯可在微量的对甲苯磺酸催化下，用大量苯为溶剂加热共沸制备。

$$HO(CH_2)_3COOH \underset{}{\overset{H^+}{\rightleftharpoons}} \gamma\text{-丁内酯} + H_2O$$

27%　　　　73%

$$HO(CH_2)_8COOH \xrightarrow[\text{苯}]{H^+} \text{9-壬酸内酯} + H_2O$$

9-羟基壬酸　　　　9-壬酸内酯 95%

内酯在自然界很常见，如抗坏血酸（维生素 C）是一种己糖酸内酯，虽有开环的非环状形式，但以环状形式为主。大环内酯类抗生素如红霉素等是一类重要的抗生素。L-抗坏血酸和脱氢-L-抗坏血酸结构如下：

$$\text{L-抗坏血酸} \underset{+2H}{\overset{-2H}{\rightleftharpoons}} \text{脱氢-L-抗坏血酸}$$

L-抗坏血酸　　　　脱氢-L-抗坏血酸

交酯： 两分子 α-羟基酸通过羟基与羧基的缩合失两分子水形成六元环二酯的化合物。α-羟基酸在加热下即可生成交酯。交酯有酯的性质，易水解，又回到 α-羟基酸。醇解得两分子 α-羟基酸酯，这是制取 α-羟基酸酯很好的方法，因为在合成中没有游离羟基对酯化的干扰。利用氨解可制得 α-羟基酰胺。丙交酯是乳酸的二聚体，是制备聚乳酸的中间体。以 L-

乳酸为原料，在 $SnCl_2$ 等催化剂存在下，通过减压加热脱水环化合成 L-丙交酯。L-丙交酯开环聚合即可制备具有良好的生物相容性、完全生物降解性、相对分子质量高达 100 万以上的高分子材料聚乳酸，被称为“绿色塑料”。丙交酯从化学结构上可分为 L-丙交酯、DL-丙交酯、meso-丙交酯三种。

聚酯： 由多元醇和多元酸缩聚而得的聚合物总称。聚酯主要指聚对苯二甲酸乙二醇酯(PET，涤纶)，习惯上也包括聚对苯二甲酸丁二酯（PBT）和分子主链上带有苯环和酯基的聚芳酯等线型热塑性树脂，是一类性能优异、用途广泛的工程塑料，也可制成聚酯纤维和聚酯薄膜。

聚对苯二甲酸乙二醇酯和利用乙酰丙酸合成的聚芳酯 E 的结构如下：

$$\text{—}\overset{O}{\overset{\|}{C}}\text{—}\left[\text{C}_6\text{H}_4\text{—}\overset{O}{\overset{\|}{C}}\text{—O—CH}_2\text{CH}_2\text{—O}\right]_n$$

聚对苯二甲酸乙二醇酯

$$\text{H}\left[\text{O—C}_6\text{H}_4\text{—}\underset{\underset{\text{COOCH}_2\text{CH}_3}{|}}{\overset{\text{CH}_3}{\overset{|}{\underset{\underset{(\text{CH}_2)_2}{|}}{C}}}}\text{—C}_6\text{H}_4\text{—O—}\overset{O}{\overset{\|}{C}}\text{—C}_6\text{H}_4\text{—}\overset{O}{\overset{\|}{C}}\right]_n\text{Cl}$$

聚芳酯E

(2) 酰卤、酸酐或腈与醇、酚作用生成酯： 酰卤是强酰化剂，与醇或酚的反应(包括 Schotten-Baumann 反应)极易进行，甚至有空间阻碍的叔醇亦能顺利生成酯。反应中常加入碱性试剂如 NaOH、NaOR、三乙胺、吡啶等用于吸收生成的卤化氢。如：

$$CH_3CH{=}CH\overset{O}{\overset{\|}{C}}Cl + HOCH_2\text{—C}_6\text{H}_5 \xrightarrow{Et_3N} CH_3CH{=}CH\overset{O}{\overset{\|}{C}}OCH_2\text{—C}_6\text{H}_5 \quad 78\%$$

酸酐的酰化能力也很强，在加有少量硫酸的条件下，与醇或酚的反应能很快完成，且收率很高。如：

$$\underset{\text{对苯二酚}}{HO\text{—C}_6\text{H}_4\text{—}OH} + \underset{\text{乙酐}}{2(CH_3CO)_2O} \xrightarrow{H^+} \underset{\text{二乙酰氢醌酯}}{CH_3\overset{O}{\overset{\|}{C}}O\text{—C}_6\text{H}_4\text{—}O\overset{O}{\overset{\|}{C}}CH_3} + 2CH_3COOH \quad 96\% \sim 98\%$$

腈与伯醇在硫酸或盐酸存在下可生成羧酸酯，腈可以由相应的卤代烃和氰化钠制备。将过量的无水醇用盐酸饱和后与腈作用，先生成氯亚氨基盐酸盐、亚胺酯盐酸盐，最后水解得到酯(一般加入理论量的水)。腈的盐酸催化醇解反应如下：

$$\underset{\text{腈}}{R\text{—}C{\equiv}N} \xrightarrow{2HCl} \underset{\text{氯亚氨基盐酸盐}}{R\text{—}\overset{Cl}{\overset{|}{C}}{=}NH\cdot HCl} \xrightarrow[-HCl]{R'OH} \underset{\text{亚胺酯盐酸盐}}{R\text{—}\overset{OR'}{\overset{|}{C}}{=}NH\cdot HCl} \xrightarrow[-NH_4Cl]{H_2O} \underset{\text{酯}}{R\text{—}\overset{O}{\overset{\|}{C}}\text{—}OR'}$$

当用浓硫酸催化时，4～5 mol 醇与 1.5～2 mol 浓硫酸作用后，慢慢加入 1 mol 腈，加热回流 8 h，冷却后用冰水处理，一般都可得到较好的产率。腈在浓硫酸催化下，醇解反应如下：

$$\underset{\text{腈}}{R\text{—}C{\equiv}N} \xrightarrow{2H_2SO_4} R\text{—}\overset{HSO_4}{\overset{|}{C}}{=}\overset{+}{N}H_2\cdot HSO_4^- \xrightarrow[-H_2SO_4]{R'OH} R\text{—}\overset{OR'}{\overset{|}{C}}{=}\overset{+}{N}H_2\cdot HSO_4^- \xrightarrow[-NH_4HSO_4]{H_2O} R\text{—}\overset{O}{\overset{\|}{C}}\text{—}OR'$$

(3) 活泼的乙酰化试剂乙烯酮与醇反应可高产率合成乙酸酯：反应需酸、碱催化。具有 α-H 的醛、酮与乙烯酮反应可生成乙酸烯醇酯。如：

$$CH_2=C=O + (CH_3)_3COH \xrightarrow[0\ ^\circ C]{H_2SO_4} CH_3COOC(CH_3)_3 \quad 86\% \sim 89\%$$

$$CH_2=C=O + CH_3\overset{O}{\overset{\|}{C}}CH_3 \xrightarrow[75\ ^\circ C]{H_2SO_4} CH_3\overset{O}{\overset{\|}{C}}O\overset{CH_3}{\overset{|}{C}}=CH_2 \quad 45\%$$

醇与双乙烯酮在酸、碱催化下生成β-酮酸酯，很有应用价值，甚至可合成β-酮酸叔丁酯。如：

$$\begin{matrix} H_2C=C-O \\ \quad\ \ | \quad\ \ | \\ \quad H_2C-C=O \end{matrix} + (CH_3)_3COH \xrightarrow[\triangle]{NaOAc} CH_3COCH_2COOC(CH_3)_3 \quad 75\% \sim 80\%$$

双乙烯酮可以用乙酸、丙酮等原料大批量制备。

(二) 酰氧基的 *O*-烃化反应

羧酸或羧酸负离子对烃化试剂进行亲核取代反应。

(1) 羧酸及其盐与卤代烃在强极性溶剂中反应生成酯：是一种反应条件温和、产率较高的酯合成法。羧酸盐和活性卤代烃反应可获满意结果，此法常用于苄酯的合成。如：

$$\underset{\text{苯甲酸钠}}{C_6H_5\overset{O}{\overset{\|}{C}}ONa} + \underset{\text{苄氯}}{ClCH_2C_6H_5} \xrightarrow{110\ ^\circ C} \underset{\text{苯甲酸苄酯}}{C_6H_5\overset{O}{\overset{\|}{C}}OCH_2C_6H_5}$$

而对于仲卤代烃或叔卤代烃要在非质子强极性溶剂如 DMF、DMSO、HMPT(六甲基磷酰三胺)中进行。如：

$$(CH_3)_3C\overset{O}{\overset{\|}{C}}ONa + C_2H_5\overset{CH_3}{\overset{|}{C}}HBr \xrightarrow[\text{室温}]{HMPT} (CH_3)_3C\overset{O}{\overset{\|}{C}}O\overset{CH_3}{\overset{|}{C}}HC_2H_5 \quad 97\%$$

(2) 羧酸盐和氯亚硫酸酯反应生成酯：产率 61％～82％。氯亚硫酸酯可由醇与亚硫酰氯反应制备。

$$2,4,6\text{-}(CH_3)_3C_6H_2\overset{O}{\overset{\|}{C}}ONa + \underset{\text{氯亚硫酸正丁酯}}{CH_3(CH_2)_3OSOCl} \xrightarrow{\triangle} 2,4,6\text{-}(CH_3)_3C_6H_2\overset{O}{\overset{\|}{C}}O(CH_2)_3CH_3 \quad 71\%$$

(3) 羧酸与硫酸二烷基酯的反应：

$$C_6H_5CH=CHCOOH + (C_2H_5)_2SO_4 \xrightarrow{DMF} C_6H_5CH=CHCOOC_2H_5 + C_2H_5OSO_3H \quad 94\%$$

(4) 羧酸对烯、炔的加成：常用的催化剂有浓硫酸、三氟化硼等。

本法适于合成叔丁酯，如醋酸与异丁烯在强酸性离子交换树脂催化下，加适量的酚类阻聚剂，反应生成醋酸叔丁酯：

$$CH_3COOH + \underset{\text{异丁烯}}{(CH_3)_2C=CH_2} \xrightarrow{H^+} \underset{\text{醋酸叔丁酯}}{CH_3COOC(CH_3)_3}$$

(5) 羧酸和重氮甲烷制备甲酯： 反应在室温下进行，当氮气不再逸出为反应终点，可高产率得到羧酸甲酯。如不稳定的β-酮酸制备后，可立即通入重氮甲烷制备甲酯：

$$C_2H_5COCH_2COOH + CH_2N_2 \longrightarrow C_2H_5COCH_2COOCH_3 + N_2$$

(三) 醛、酮被过氧酸氧化(Baeyer-Villiger 反应)

常用的过氧酸为过氧三氟乙酸、间氯过氧苯甲酸(*m*-CPBA)等。如：

$$C_6H_5COCH_2C_6H_5 + m\text{-}ClC_6H_4COOH \xrightarrow{\text{室温}} C_6H_5COOCH_2C_6H_5 \quad 97\%$$

环酮被过氧化成内酯是合成内酯的重要方法，广泛用于天然产物甾体和萜内酯的合成。如在 MnO_2 催化下，4-叔丁基环己酮可被氧化成内酯：

$$\text{4-叔丁基环己酮} + O_2 \xrightarrow[\text{室温}]{MnO_2} \text{5-叔丁基己内酯} \quad 95\%$$

在醇存在下，醛在室温可被过氧硫酸氧化成酯。过程是醛先与醇生成半缩醛，随后再被氧化：

$$CH_2{=}CHCHO + CH_3OH \xrightarrow{H^+} CH_2{=}CHCH(OH)OCH_3 \xrightarrow[-H_2O]{H_2SO_5} CH_2{=}CHCH(OOSO_2OH)OCH_3 \xrightarrow{-H_2SO_4} CH_2{=}CHC(O)OCH_3 \quad 100\%$$

(四) α-卤代酮的 Favorsky 重排

在醇钠存在下，α-卤代酮可重排成具有相同碳原子的酯，适于制备具有高度支链的羧酸酯，也可合成缩小一个碳原子的环烷甲酸酯。如：

$$R_2CBrCOR + NaOR' \longrightarrow R_3CCOOR' + NaBr$$

$$(CH_3)_2CBrCOCH_3 + C_2H_5ONa \xrightarrow[\triangle]{Et_2O} (CH_3)_3CCOOC_2H_5 \quad 61\%$$

$$\text{2-氯环己酮} + CH_3ONa \xrightarrow[\triangle]{Et_2O} C_5H_9COOCH_3\ (\text{环戊基}) \quad 56\% \sim 61\%$$

§12.4 酰胺的制备

酰胺是活性最低的羧酸衍生物，可由任何其他的羧酸衍生物制备。

(一) 由酰氯、酯、酸酐和胺反应制备

在实验室，酰胺一般由酰氯、酯或酸酐和胺(或氨)反应制备。如：

$$C_6H_5COCl + H_2NCH_2COOH + 2NaOH \xrightarrow{H^+} C_6H_5CONHCH_2CONa + NaCl + 2H_2O$$

$$BrCH_2COOEt + NH_3 \xrightarrow[-5\ ^\circ C]{10\%\ NH_4OH} BrCH_2CONH_2 + EtOH \quad 42\%$$

$$\text{H}_2\text{N-C}_6\text{H}_4\text{-NH}_2\ (o) + (CH_3CO)_2O \xrightarrow[\text{室温}]{\text{LiCl, 3 h}} o\text{-}(CH_3CONH)_2C_6H_4 + 2H_2O \quad 90\%$$

$$C_6H_5COOCH_3 + HOCH_2C(CH_3)_2NH_2 \xrightarrow[\text{室温}]{\text{NaH/甲苯}} C_6H_5CONHC(CH_3)_2CH_2OH + CH_3OH \quad 95\%$$

（二）羧酸与氨、胺或尿素共热制备

酰胺常见的工业合成方法是用羧酸与氨、胺或尿素共热制备，除去生成的水，促进反应向前进行。如：

$$HOCH_2COOH + PhCH_2NH_2 \xrightarrow{90\ ^\circ C} HOCH_2CONHCH_2Ph + H_2O \quad 95\%$$

内酰胺： 五元环和六元环的内酰胺可由相应的 γ-氨基酸和 δ-氨基酸加热或加入脱水剂制备，但小于五元环和大于六元环的内酰胺不能由此法制备。如：

$$H_2N(CH_2)_3COOH \xrightarrow{\triangle} \text{γ-丁内酰胺} \qquad H_2N(CH_2)_4COOH \xrightarrow{P_2O_5} \text{δ-戊内酰胺}$$

χ-丁内酰胺　　δ-戊内酰胺

（三）腈的部分水解生成酰胺

$$C_6H_5CH_2CN + H_2O \xrightarrow[40\ ^\circ C]{HCl} C_6H_5CH_2CONH_2 \quad 82\%$$

（四）贝克曼（Beckmann）重排

酮肟在酸如硫酸、多聚磷酸，以及能产生强酸的五氯化磷、三氯化磷、苯磺酰氯或亚硫酰氯等的催化作用下重排为酰胺。如 3，4-二甲基苯乙酮形成的肟，在氯化氢存在下的冰乙酸中重排成 3，4-二甲基乙酰苯胺：

$$3,4\text{-}(CH_3)_2C_6H_3COCH_3 + NH_2OH \xrightarrow[-H_2O]{OH^-} 3,4\text{-}(CH_3)_2C_6H_3C(=NOH)CH_3 \xrightarrow[\text{冰乙酸}]{\text{HCl-乙酐}} 3,4\text{-}(CH_3)_2C_6H_3NHCOCH_3 \quad 77\%$$

3，4-二甲基苯乙酮　　3，4-二甲基苯乙酮肟　　3，4-二甲基乙酰苯胺

若起始物为环酮肟，产物则为内酰胺。如环己酮肟在硫酸作用下重排生成己内酰胺：

$$\text{环己酮} \xrightarrow[NH_3,\ 80\sim110\ ^\circ C]{(NH_2OH)_2\cdot H_2SO_4} \text{环己酮肟 (=NOH)} \xrightarrow[80\sim110\ ^\circ C]{H_2SO_4} \text{己内酰胺}$$

环己酮肟　　己内酰胺

§12.5 腈的制备

(一) 卤代烃的卤原子被氰基取代

氰化钠(或氰化钾)溶于70%乙醇-水中,加入伯卤代烃回流8～10 h,反应生成腈。副反应是腈的进一步水解和卤代烷的消除反应。若改用乙二醇、二甲亚砜为溶剂,可避免水解副反应的发生。由于NaCN是强碱,会使仲卤化物发生消除反应,不能完成氰基的取代。RX与氰化银反应主要得异氰。

$$CH_3CH_2CH_2CH_2Br + NaCN \xrightarrow{CH_3OH} CH_3CH_2CH_2CH_2CN + NaBr$$

$$CH_3CH_2CH_2CH_2Br + AgCN \xrightarrow{回流} CH_3CH_2CH_2CH_2-N{\equiv}C + AgBr$$

反应之所以有腈和异氰的差别,是因为CN^-离子有两个反应中心,负电荷可以在碳原子上,也可以在氮原子上(较多一些)。而RX与氰化银反应主要经S_N1反应得异氰,这是因为Ag^+离子能与RX反应生成AgX和R^+离子,使反应按S_N1反应机制进行。而按S_N1反应机制进行时,带负电荷多的氮优先进攻,生成异腈。而NaCN(或KCN)不能使RX生成R^+离子,只能经S_N2反应,反应能力大的碳优先进攻,产物为腈。

对于易聚合的有机卤化物,可使用氰化亚铜代替氰化钠,因为亚铜有阻聚作用。芳卤代物也可与氰化亚铜在溶剂中共热制备芳腈。如:

$$\underset{氯丙烯}{CH_2{=}CHCH_2Cl} + \underset{氰化亚铜}{CuCN} \xrightarrow[130\sim135\ ^\circ C]{硝基苯} \underset{丙烯基腈\ 37\%}{CH_2{=}CHCH_2CN} + CuCl$$

(二) 酰胺或羧酸铵盐脱水生成腈

常使用的是高温脱水法(气相或液相)。

$$CH_3COOH + NH_3 \longrightarrow CH_3COONH_4 \xrightarrow{350\sim380\ ^\circ C} CH_3CN + 2H_2O \quad 50\% \sim 60\%$$

酰胺脱水至少在240℃以上,可用尿素代替氨,尿素与羧酸高温下反应脱去CO_2和H_2O,200℃左右生成酰胺,再升温酰胺脱水生成腈。如:

$$2\ (\text{2-溴苯甲酸, COOH, Br}) + NH_2\overset{O}{\overset{\|}{C}}NH_2 \xrightarrow[280\ ^\circ C有馏出物,\ 340\ ^\circ C结束]{160\ ^\circ C\ 1\ h,\ 200\ ^\circ C\ 1\ h} 2\ (\text{2-溴苯甲腈, CN, Br}) + CO_2 + 3H_2O \quad 57\% \sim 61\%$$

也可用脱水剂脱水,常用的脱水剂有P_2O_5、PCl_3、$POCl_3$、$SOCl_2$、乙酐等。如:

$$BrCH_2\overset{O}{\overset{\|}{C}}NH_2 + P_2O_5 \xrightarrow{\triangle} BrCH_2CN\ (92\% \sim 98\%) + 2HPO_3$$

虽然生成的偏磷酸HPO_3也能脱水,但P_2O_5用量按生成HPO_3计算,生成的腈可蒸出,收率较高。少量混入的升华酰胺可再加入P_2O_5蒸馏处理。

用乙酸酐为脱水剂，要不断蒸出乙酸，使反应向前进行，可以加入催化剂如钼酸铵。如：

$$H_2N\overset{O}{\overset{\|}{C}}(CH_2)_4\overset{O}{\overset{\|}{C}}NH_2 + 2(CH_3CO)_2O \xrightarrow[\triangle]{(NH_4)_2MoO_4} NC(CH_2)_4CN\ (65\%) + 4CH_3COOH$$

(三) 氢氰酸与不饱和烃加成

$$CH\equiv CH + HCN \xrightarrow[80\sim90\ ^{\circ}C]{Cu_2Cl_2,\ NH_4Cl} CH_2=CHCN \qquad CH_2=CH_2 + HCN \xrightarrow{75\sim120\ ^{\circ}C} NCCH_2CH_2CN \quad 68\%$$

(四) 氨氧化法制腈

工业上由丙烯催化氧化制丙烯腈：

$$2CH_2=CHCH_3 + 3O_2 + 2NH_3 \xrightarrow[470\ ^{\circ}C]{磷钼酸铋} 2CH_2=CHCN + 6H_2O$$

以甲苯及其衍生物、空气和氨气为原料，在催化剂作用下制备芳腈是目前合成芳腈最简单、最经济的方法。如间二甲苯在Co-Mn-Ni三组分催化剂催化下氨氧化制备间甲基苯腈；间二甲苯用硅胶负载的钒系催化剂氨氧化制备间苯二腈；以邻氯甲苯为原料氨氧化合成邻氯苯腈等。

(五) 异腈的特殊制法

伯胺、氯仿和KOH的醇溶液共热，可生成异腈：

$$RNH_2 + CHCl_3 + 3KOH \xrightarrow{\triangle} RCN + 3KCl + 3H_2O$$

§12.6 酰卤和酸酐的制备

(一) 酰氯由羧酸和无机酰氯作用制备

酰卤中最重要的是酰氯，常用羧酸和无机酰氯作用制得。常用的酰氯化剂是：二氯亚砜、草酰氯、三氯化磷、五氯化磷、光气等。[详见§11.3羧酸的化学性质(二)羟基被取代的反应(2)酰卤的生成。]

(二) 羧酸脱水制酸酐

酸酐是羧酸脱水的产物，通常由酰氯和羧酸(需缚酸剂如吡啶)或酰氯和羧酸盐反应获得，如：

$$\underset{乙酰氯}{CH_3\overset{O}{\overset{\|}{C}}Cl} + \underset{苯甲酸}{C_6H_5\overset{O}{\overset{\|}{C}}OH} \xrightarrow{吡啶} \underset{乙酸苯甲酸酐}{CH_3\overset{O}{\overset{\|}{C}}-O-\overset{O}{\overset{\|}{C}}-C_6H_5} + 吡啶盐酸盐$$

$$CH_3\overset{O}{\overset{\|}{C}}Cl + \underset{甲酸钠}{H\overset{O}{\overset{\|}{C}}ONa} \longrightarrow \underset{甲乙酐}{CH_3\overset{O}{\overset{\|}{C}}-O-\overset{O}{\overset{\|}{C}}-H} + NaCl$$

乙酸酐为脱水剂：用羧酸和乙酸酐一起加热，将生成的乙酸不断蒸出，一般可用于制备相对分子质量较大的羧酸酐，便于分离。如：

$$2\,C_6H_5COOH + (CH_3CO)_2O \xrightarrow{\triangle} C_6H_5-\overset{O}{\overset{\|}{C}}-O-\overset{O}{\overset{\|}{C}}-C_6H_5 + 2CH_3COOH$$

苯甲酸酐 80%

由琥珀酸制备琥珀酸酐，脱水剂除了用乙酸酐外，还可用 $POCl_3$ 等。如：

$$\begin{matrix}CH_2COOH\\ |\\ CH_2COOH\end{matrix} + (CH_3CO)_2O \longrightarrow \text{琥珀酸酐} + 2CH_3COOH$$

琥珀酸酐

$$3\begin{matrix}CH_2COOH\\ |\\ CH_2COOH\end{matrix} + POCl_3 \longrightarrow 3\,\text{琥珀酸酐} + H_3PO_4 + 3HCl$$

87%

（三）二酸加热合成环状酸酐

可通过二酸加热合成环状酸酐。五元环或六元环的酸酐特别稳定，平衡可向环状产物方向移动。为了加速反应，有时也可加入一些脱水剂如乙酰氯或乙酸酐等。如：

$$\text{邻苯二甲酸} \xrightarrow{\triangle} \text{邻苯二甲酸酐} + H_2O$$

$$\text{琥珀酸} + CH_3\overset{O}{\overset{\|}{C}}Cl \longrightarrow \text{琥珀酸酐} + CH_3\overset{O}{\overset{\|}{C}}OH + HCl$$

邻苯二甲酸　邻苯二甲酸酐　琥珀酸　琥珀酸酐

（四）由乙烯酮制备酸酐

乙烯酮通入液态羧酸，再升温反应也可获取酸酐。醋酸酐的大规模工业生产是将乙烯酮（室温下为气体）直接通入醋酸中迅速反应制取：

$$\underset{\text{己酸}}{CH_3(CH_2)_4COOH} + \underset{\text{乙烯酮}}{CH_2=C=O} \longrightarrow \underset{\text{己酐 }84\%}{(CH_3(CH_2)_4CO)_2O} + CH_3COOH$$

$$CH_3COOH + CH_2=C=O \longrightarrow (CH_3CO)_2O \quad \text{醋酸酐}$$

§12.7　羧酸衍生物的化学性质

（一）酰基的亲核取代反应，羧酸衍生物之间的转换

在酸、碱条件下，羧酸衍生物上的酰基可以和大多数亲核试剂反应，为酰基的亲核取代反应。这类反应有相似的反应机制，都是第一步为亲核试剂加到羰基上，形成一个四面体型的中间产物，第二步再消除一个负离子离去基团（卤素、OR、OCOR、NR_2），放出大量的热，又形成羰基取代物，亲核试剂取代了离去基团，为加成-消除机制。反应结果是亲核试剂与酰

基上的离去基团发生了交换，因此酰基的亲核取代也称作酰基的转换反应。

(1) 碱催化下的酰基亲核取代反应： 碱的作用是增强亲核试剂的亲核性，反应为加成-消除机制。具体过程如下：

$$\mathrm{Nuc}^{-} + \mathrm{R{-}C({=}O){-}Y} \underset{}{\overset{\text{亲核加成}}{\rightleftharpoons}} \left[\mathrm{R{-}C(O^{-})(Nuc){-}Y}\right] \overset{\text{离去基团消去}}{\rightleftharpoons} \mathrm{R{-}C({=}O){-}Nuc} + \mathrm{Y}^{-}$$

亲核试剂进攻　　四面体中间体　　产物　　离去基团

(2) 酸催化下的酰基亲核反应： 酸可以将羧酸中的羰基质子化而增强羰基的活性，有利于亲核试剂对羰基的进攻。如用强酸活化羰基，有利于醇对羰基亲核进攻形成酯：

$$\mathrm{R{-}C({=}\ddot{O}){-}OH} + \mathrm{H^{+}} \rightleftharpoons \left[\mathrm{R{-}C({=}O^{+}{-}H){-}OH}\right] \ (\mathrm{H{-}\ddot{O}{-}R'}) \rightleftharpoons \left[\mathrm{R{-}C(O{-}H)(OH)(H{-}O^{+}{-}R')}\right] \overset{\text{酸催化脱水}}{\rightleftharpoons} \mathrm{R{-}C({=}O){-}OR'} + \mathrm{H_2O} + \mathrm{H^{+}}$$

酸活化羰基　　醇对羰基的加成　　四面体中间体　　酯

(二) 羧酸衍生物的反应活性

羧酸衍生物的反应活性与羰基碳原子上所连基团的性质有关，连有基团的吸电性越强，羰基碳的电正性越强，越有利于亲核试剂的进攻。消除时，离去基团亲核性越弱（碱性越弱），就越容易离去。如果离去基团碱性增加，则衍生物的反应活性降低。羧酸衍生物中，离去基团的吸电子强弱依次是：$X > OCOR > OR > NH_2$，碱性强弱次序正好相反，酰卤的碱性最弱，酰胺的碱性最强。因而，羧酸衍生物反应活性大小依次应为酰卤＞酸酐＞酯＞酰胺。由此也可推测：羧酸衍生物中 α 氢的酸性是酰卤最大，超过醛酮；酯次之，但比醛酮小；酰胺更小。一般情况下，很容易由高活性的羧酸衍生物经亲核取代制备低活性的羧酸衍生物。酰氯容易转换成酸酐、酯或酰胺。酰胺只能水解成酸，若在碱性条件下则生成羧酸负离子。

(三) 羧酸衍生物的互相转化

包括水解、醇解、氨解和酸解。

(1) 水解： 羧酸衍生物水解生成相应的羧酸。酰氯和酸酐容易水解，酯和酰胺的水解都需要酸或碱作催化剂，并且还要加热。水解的活性次序是：酰氯＞酸酐＞酯＞酰胺。

酰氯非常活泼，中性条件下即可水解，故应在无水条件下制备和储存，自然界很难有天然的酰氯存在。由于氯原子通过酰基碳与芳环发生 p-π 共轭，芳香酰氯比脂肪酰氯稳定，但在碱催化或加热条件下也可迅速水解。

酸酐水解比酰氯难但比酯易，一般加热即可水解，也可用酸或碱催化来加速反应。

大多数酯在水中不发生反应，通常只在酸或碱催化下水解，经四面体中间体，是反应机制研究比较透彻的反应。酸催化酯水解是酯化反应的逆反应，不易水解完全，反应机制如下：

$$\mathrm{R{-}C({=}O){-}OR'} + \mathrm{H^{+}} \rightleftharpoons \mathrm{R{-}C({=}O^{+}{-}H){-}OR'}\ (\mathrm{H{-}\ddot{O}{-}H}) \rightleftharpoons \mathrm{R{-}C(O{-}H)(H{-}O^{+}{-}H){-}OR'} \rightleftharpoons \mathrm{R{-}C(\ddot{O}{-}H)(H{-}O){-}O^{+}(H)R'}$$

四面体中间体

$$\overset{-\mathrm{R'OH}}{\rightleftharpoons} \mathrm{R{-}C({=}O^{+}{-}H){-}OH} \overset{-\mathrm{H^{+}}}{\rightleftharpoons} \mathrm{R{-}C({=}O){-}OH}$$

酯的碱催化水解，产生的酸可与碱生成盐而破坏平衡体系，所以在足够碱的存在下，水解可以进行到底。酯在碱溶液中的水解反应又叫皂化反应，反应机制如下：

$$\mathrm{R\overset{O}{\overset{\|}{C}}-O-R' + OH^-} \underset{}{\overset{\text{慢}}{\rightleftharpoons}} \underset{\text{四面体中间体}}{\mathrm{R\overset{O^-}{\overset{|}{\underset{OH}{\underset{|}{C}}}}-O-R'}} \overset{-OR'}{\rightleftharpoons} \mathrm{R\overset{O}{\overset{\|}{C}}-OH} \xrightarrow{\text{快}} \underset{\text{羧酸根}}{\mathrm{RCOO^-}} + \mathrm{R'OH}$$

皂化反应可用于制造肥皂，肥皂即是由脂肪（脂肪酸甘油酯）在碱性条件下水解得到的：

$$\underset{\text{脂肪}}{\begin{matrix} \mathrm{CH_2-O-\overset{O}{\overset{\|}{C}}-R_1} \\ | \\ \mathrm{CH-O-\overset{O}{\overset{\|}{C}}-R_2} \\ | \\ \mathrm{CH_2-O-\overset{O}{\overset{\|}{C}}-R_3} \end{matrix}} + 3\mathrm{NaOH} \longrightarrow \underset{\text{甘油}}{\begin{matrix} \mathrm{CH_2-OH} \\ | \\ \mathrm{CH-OH} \\ | \\ \mathrm{CH_2-OH} \end{matrix}} + \underbrace{\mathrm{NaO-\overset{O}{\overset{\|}{C}}-R_1 + NaO-\overset{O}{\overset{\|}{C}}-R_2 + NaO-\overset{O}{\overset{\|}{C}}-R_3}}_{\text{肥皂（脂肪酸盐）}}$$

酰胺的水解条件比酯要强烈的多，典型的水解条件是在 6 $\mathrm{mol \cdot L^{-1}}$ HCl 或在 40% NaOH 水溶液中长时间加热。其水解机制与酯水解相似，但又有一些差别。第一步都生成四面体中间体，但第二步由于 RNH—（或 NH_2）不是一个好的离去基团，要加上 H^+ 形成 RNH_2^+—（或 NH_3^+）才好离去，但断开碳氮键（由于酰胺的碳氮键呈部分双键性质）可能还要在氧等负离子的协同作用下才能进行。酰胺键的水解机制对于设计和制备肽水解过渡态类似物十分重要，但目前还未能像酯水解机制研究的那样透彻。

$$\underset{N,N\text{-二乙基苯甲酰胺}}{\mathrm{C_6H_5-\overset{O}{\overset{\|}{C}}-N(CH_2CH_3)_2}} + \mathrm{NaOH} \xrightarrow{H_2O} \underset{\text{苯甲酸钠}}{\mathrm{C_6H_5-\overset{O}{\overset{\|}{C}}-ONa}} + \underset{\text{二乙胺}}{\mathrm{(CH_3CH_2)_2NH}}$$

$$\underset{N\text{-甲基-2-苯基乙酰胺}}{\mathrm{C_6H_5-CH_2\overset{O}{\overset{\|}{C}}NHCH_3}} + \mathrm{H_2SO_4} \xrightarrow{H_2O} \underset{\text{苯乙酸}}{\mathrm{C_6H_5-CH_2\overset{O}{\overset{\|}{C}}OH}} + \underset{\text{硫酸氢甲铵盐}}{\mathrm{CH_3\overset{+}{N}H_3HSO_4^-}}$$

腈在酸性或碱性水溶液中加热可温和地水解成酰胺，但一般情况下都会进一步水解成羧酸。如 1 分子己二腈需 4 分子水，水解成己二酸。若想使水解停留在酰胺阶段，可在硫酸中进行但要限制水量，如用 1 分子丙烯腈与 1 分子水反应水解为丙烯酰胺：

$$\underset{\text{己二腈}}{\mathrm{NC-(CH_2)_4-CN}} + 4\mathrm{H_2O} \xrightarrow{H_2SO_4} \underset{\text{己二酸}}{\mathrm{HO\overset{O}{\overset{\|}{C}}-(CH_2)_4-\overset{O}{\overset{\|}{C}}OH}} + 2\mathrm{NH_3}$$

$$\underset{\text{丙烯腈}}{\mathrm{CH_2{=}CHCN}} + \mathrm{H_2O} \xrightarrow{H_2SO_4} \mathrm{CH_2{=}CH-\overset{O}{\overset{\|}{C}}-NH_2 \cdot H_2SO_4} \xrightarrow{Na_2CO_3} \underset{\text{丙烯酰胺}}{\mathrm{CH_2{=}CH-\overset{O}{\overset{\|}{C}}-NH_2}}$$

异腈可被稀酸水解成伯胺和甲酸：

$$\mathrm{CH_3CH_2CH_2NC + H_2O \xrightarrow{H^+} CH_3CH_2CH_2NH_2 + HCOOH}$$

(2) 醇解：羧酸衍生物醇解后生成相应的酯。

① **酰氯与醇或酚的醇解：**要及时除去反应产生的氯化氢，以加快反应的进行，避免副反

应，为此可加入有机碱如 N,N-二甲基苯胺、吡啶等作为缚酸剂。

② 酐与醇的反应：较酰氯温和，酸或碱催化可加快反应的进行。

③ 酯交换反应：酯醇解后生成另一种酯和醇。此反应可用于从低级醇、酯制取高级醇、酯（反应中可将生成的低级醇不断蒸出）。

酯交换已广泛用于油脂与甲醇反应生成脂肪酸甲酯（生物柴油）。脂肪酸甘油酯和甲醇的酯交换可以用酸催化，如硫酸、苯磺酸、磷酸等，在 80℃反应温度下，反应 4 h，转换率可达 97%；用碱催化反应速率快（20～30 min），但有副产物皂化物生成，难于分离，原料必须无水，酸值小于 1。当甘油酯和甲醇的质量比 1∶6，用 1% NaOH 催化，70℃反应 20 min，脂肪酸甲酯产率可达 92%。常用的催化剂还有甲醇钠、KOH、Na_2CO_3、K_2CO_3 等。

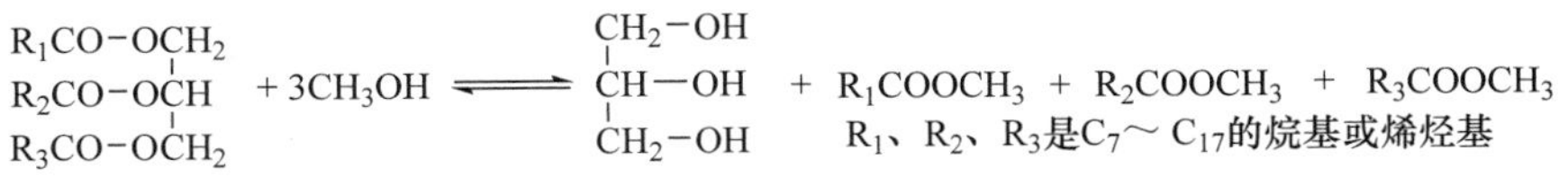

$$\begin{matrix} R_1CO-OCH_2 \\ R_2CO-OCH \\ R_3CO-OCH_2 \end{matrix} + 3CH_3OH \rightleftharpoons \begin{matrix} CH_2-OH \\ CH-OH \\ CH_2-OH \end{matrix} + R_1COOCH_3 + R_2COOCH_3 + R_3COOCH_3$$

R_1、R_2、R_3是C_7～C_{17}的烷基或烯烃基

脂肪酸甘油酯（脂肪）　　甘油　　脂肪酸甲酯

④ 酰胺的醇解：要在酸催化、加热条件下进行，生成酯和铵盐。

青霉素、头孢霉素和氨基甲酰类药物的生物活性是由于这三种抗生素中含有的β-内酰胺环与丝氨酸残基的羟基发生醇解反应。β-内酰胺的四元环的张力很大，是一种极易发生亲核反应的酰基化试剂。β-内酰胺抗生素可与转肽酶活性部位上的丝氨酸残基的羟基发生亲核反应，形成共价键，抑制转肽酶活性，进而干扰细胞壁的形成，使菌体变形、破裂而死亡（真核细胞没有细胞壁）。

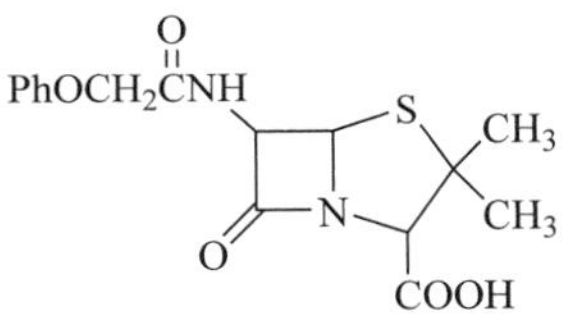

青霉素V 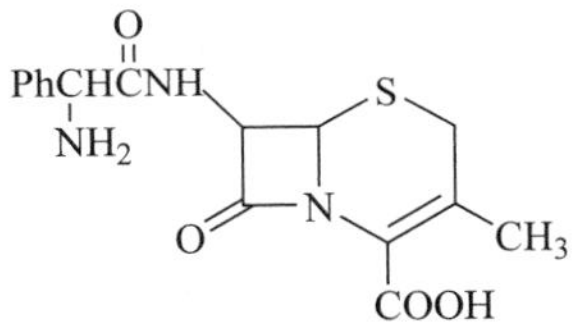　　头孢霉素(keflex) 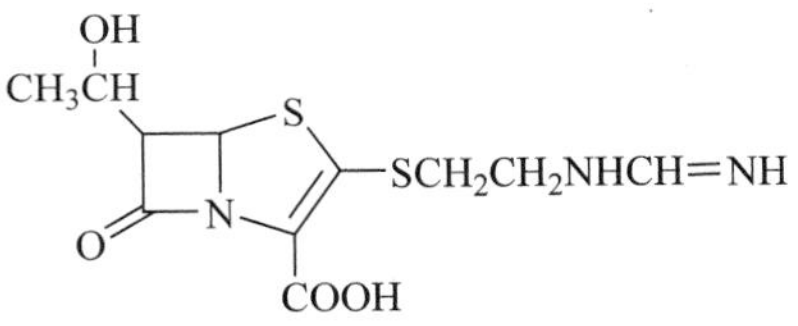　　一种氨基甲酰衍生物

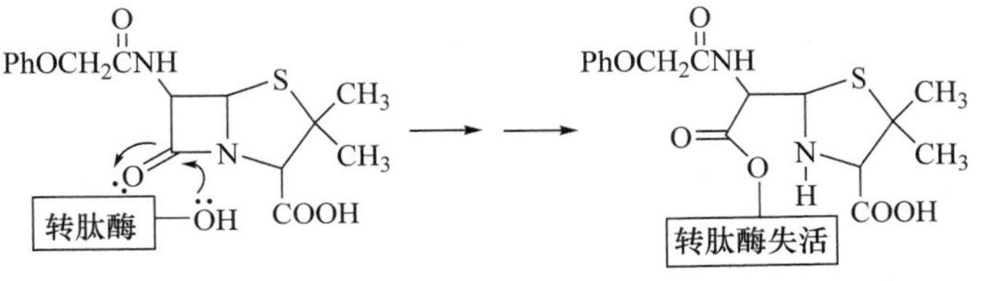

转肽酶　→　→　转肽酶失活

⑤ 腈的醇解：腈在酸催化下醇解生成酯。通常使用的催化剂是浓硫酸和氯化氢，只用于伯醇，因为仲、叔醇在硫酸作用下会生成烯。

$$\underset{\text{氰基乙酸乙酯}}{NC-CH_2COOC_2H_5} + C_2H_5OH \xrightarrow[H_2O]{H^+} \underset{\text{丙二酸二乙酯}}{CH_2(COOC_2H_5)_2} + NH_3$$

(3) 氨解：羧酸衍生物氨解生成相应的酰胺。由于氨基很活泼，在氨基上引入酰基有时是为保护氨基。当芳胺类化合物要进行有氧化性质的反应时常用乙酰基保护，反应完后再水解回到氨基。

① **酰氯与氨、伯胺或仲胺反应生成酰胺(Schotten-Baumann 反应)**：反应放热需冷却，一般在低温下反应。如：

$$CH_3CH=CHCOCl + 2NH_3 \xrightarrow{\text{冰水冷却}} CH_3CH=CHCONH_2 + NH_4Cl$$

酰氯与叔胺生成酰基铵盐：

$$RCOCl + R'_3N \longrightarrow RCO\overset{+}{N}R'_3Cl^-$$

② **酸酐的氨解**：酸酐是常用的酰化剂，活性比酰氯稍差，有一定的选择性。环状酸酐氨解先生成酰胺羧酸，并进一步加热生成环状酰亚胺。如：

$$(CH_3CO)_2O + C_6H_5NH_2 \longrightarrow CH_3CONH{-}C_6H_5 + CH_3COOH$$

乙酰苯胺 80%

邻苯二甲酸酐 + CH_3NH_2 ⟶ 邻甲氨基甲酰基苯甲酸 $\xrightarrow{\triangle}$ *N*-甲基邻苯二甲酰亚胺

③ **酯的氨解**：胺可取代酯中的烷氧基形成酰胺。氨解的速率与酯及胺的结构有关，通常被碱性试剂所催化。由于共轭影响使羰基碳原子有效正电荷减少，如 α-丁烯酸乙酯，会使氨解困难；与此相反，使羰基碳原子有效正电荷增加的活性酯(如对硝基苯酚酯等)在温和条件下即可与胺迅速反应，在肽键(酰胺键)合成中被广泛应用。如：

$$CH_3O{-}C_6H_4{-}COOC_2H_5 + C_6H_5NH_2 \longrightarrow CH_3O{-}C_6H_4{-}CO{-}NH{-}C_6H_5$$

对甲氧基苯甲酸乙酯　　　　*N*-苯基对甲氧基苯甲酰胺

(4) 酸解：羧酸衍生物与另一羧酸共热为酸解，得到新的羧酸衍生物和新的羧酸，反应可逆，产物为平衡混合物。如酐或酯与另一羧酸反应分别生成混酐或另一种酯：

$$(CH_3\overset{O}{\overset{\|}{C}})_2O + H\overset{O}{\overset{\|}{C}}OH \rightleftharpoons CH_3\overset{O}{\overset{\|}{C}}{-}O{-}\overset{O}{\overset{\|}{C}}H + CH_3\overset{O}{\overset{\|}{C}}OH$$

乙酐　甲酸　　甲乙酐

$$CH_2=CH\overset{O}{\overset{\|}{C}}OCH_3 + H\overset{O}{\overset{\|}{C}}OH \overset{H^+}{\rightleftharpoons} CH_2=CH\overset{O}{\overset{\|}{C}}OH + H\overset{O}{\overset{\|}{C}}OCH_3$$

丙烯酸甲酯　　丙烯酸　甲酸甲酯

酰氯的酸解要在缚酸剂如吡啶存在下进行，可破坏平衡，酸解产物为酸酐：

$$Cl{-}C_6H_4{-}COCl + Cl{-}C_6H_4{-}COOH \xrightarrow{\text{吡啶}} (Cl{-}C_6H_4{-}CO)_2 + HCl$$

对氯苯甲酰氯　对氯苯甲酸　对氯苯甲酐 96%～98%

羧酸衍生物水解、醇解和氨解反应，对于水、醇和氨来说，是其中的活泼氢原子被酰基所取代的反应。这种在化合物分子中引入酰基的反应称为酰化反应，所用试剂为酰化剂。酰化能力强弱顺序为：酰卤＞酸酐＞酯＞酰胺。实际应用常选酰氯和酸酐。

(四) 羧酸衍生物的还原

羧酸衍生物在强还原剂作用下能够被还原成醇、醛和胺。

(1) 酰氯和酯的还原：两分子氢化铝锂还原酰卤、酯时先生成醛，但由于醛更易被还原，故最终产物是伯醇。如：

$$C_6H_5-CH_2\overset{O}{\overset{\|}{C}}OC_2H_5 \xrightarrow{LiAlH_4} \xrightarrow{H_3O^+} C_6H_5-CH_2CH_2OH + C_2H_5OH$$

苯乙酸乙酯　　　　2-苯基乙醇

酰氯在羧酸衍生物中最容易被还原。三(叔丁氧基)氢化铝锂是一种空间体积大且温和的还原剂，在低温下可将酰氯还原成醛，且对分子中的氰基、硝基和酯基没有影响。如：

$$NC-C_6H_4-COCl + LiAlH[OC(CH_3)_3]_3 \xrightarrow{H_3O^+} NC-C_6H_4-CHO$$

对氰基苯甲酰氯　　三（叔丁氧基）氢化铝锂　　对氰基苯甲醛 80%

酰氯还可使用活性较低的选择性钯催化剂($Pd\text{-}BaSO_4$)催化加氢还原成醛(Rosenmund 还原)，还原时酰氯分子中的硝基、卤素和酯基不受影响。如：

$$CH_3O\overset{O}{\overset{\|}{C}}CH_2CH_2\overset{O}{\overset{\|}{C}}Cl \xrightarrow[\text{喹啉-硫，二甲苯}]{H_2,\ Pd/BaSO_4} CH_3O\overset{O}{\overset{\|}{C}}CH_2CH_2\overset{O}{\overset{\|}{C}}H$$

3-甲氧羰基丙酰氯　　4-氧代丁酸甲酯 80%

酯可用还原剂钠和乙醇还原，还原酯时非共轭双键不受影响，共轭双键被还原(Bouveault-Blanc 还原)。如：

$$CH_3(CH_2)_7CH{=}CH(CH_2)_7COOC_2H_5 \xrightarrow[\text{二甲苯，回流}]{Na+C_2H_5OH} CH_3(CH_2)_7CH{=}CH(CH_2)_7CH_2OH$$

十八碳-9-烯酸乙酯　　十八碳-9-烯-1-醇 50%

$$CH_3CH{=}CHCOOC_2H_5 \xrightarrow[\text{甲苯，回流}]{Na+C_2H_5OH} CH_3CH_2CH_2CH_2OH$$

2-丁烯酸乙酯　　1-丁醇

酯的还原通常是在镍、铂、铑及氧化铜-氧化铬的复合催化剂($CuO\text{-}CuCr_2O_4$)等的催化下氢解还原，反应在高温高压下进行。还原时分子中苯环不受影响，但烯烃双键被还原。如：

$$CH_3(CH_2)_4COOCH_3 \xrightarrow[250\ ^{\circ}C,\ 20\ MPa]{H_2,\ CuO\text{-}CuCr_2O_4} CH_3(CH_2)_4CH_2OH \quad 92\%$$

(2) 酰胺和腈的还原：要使用强还原剂氢化铝锂还原，可将一级酰胺和腈还原为相应的一级胺，二级酰胺还原成二级胺，三级酰胺还原成三级胺。如：

$$C_6H_5-OCH_2\overset{O}{\overset{\|}{C}}NH_2 \xrightarrow[Et_2O]{LiAlH_4} \xrightarrow{H_3O^+} C_6H_5-OCH_2CH_2NH_2$$

苯氧乙酰胺　　2-苯氧基乙胺 80%

$$C_6H_5-CH_2CN \xrightarrow[Et_2O]{LiAlH_4} \xrightarrow{H_3O^+} C_6H_5-CH_2CH_2NH_2$$

苯乙腈　　苯乙胺

$$CH_3\overset{O}{\overset{\|}{C}}NH-C_6H_5 \xrightarrow[Et_2O]{LiAlH_4} \xrightarrow{H_3O^+} CH_3CH_2NH-C_6H_5$$

乙酰苯胺　　　　*N*-乙基苯胺 60%

$$C_6H_{11}-\overset{O}{\overset{\|}{C}}N(CH_3)_2 \xrightarrow[Et_2O]{LiAlH_4} \xrightarrow{H_3O^+} C_6H_{11}-CH_2N(CH_3)_2$$

N, N-二甲基环己基甲酰胺　　*N, N*-二甲基环己基甲基胺 88%

（五）与有机金属试剂反应

（1）酰氯的反应： 两分子格氏试剂或有机锂与一分子酰氯作用后再质子化，可生成一分子三级醇。如：

$$CH_3CH_2\overset{O}{\overset{\|}{C}}Cl + 2PhMgBr \longrightarrow CH_3CH_2-\underset{Ph}{\underset{|}{\overset{OMgBr}{\overset{|}{C}}}}-Ph \xrightarrow{H_3O^+} CH_3CH_2-\underset{Ph}{\underset{|}{\overset{OH}{\overset{|}{C}}}}-Ph$$

不过若用等物质的量的酰氯与格氏试剂，在低温下用四氢呋喃代替乙醚，或在氯化亚铜、无水 $FeCl_3$ 存在下反应，也可得到酮。如：

$$n\text{-}C_6H_{13}MgBr + CH_3\overset{O}{\overset{\|}{C}}Cl \xrightarrow[-78\ ^oC]{THF} n\text{-}C_6H_{13}-\overset{O}{\overset{\|}{C}}CH_3$$

溴化己基镁　　辛-2-酮

$$n\text{-}C_4H_9MgBr + CH_3\overset{O}{\overset{\|}{C}}Cl \xrightarrow[-70\ ^oC]{FeCl_3,\ Et_2O} n\text{-}C_4H_9-\overset{O}{\overset{\|}{C}}CH_3$$

溴化丁基镁　　己-2-酮

对于空间位阻较大的酰氯和格氏试剂，加料方式为格氏试剂慢慢滴入到酰氯中，也可高产率得到酮。如：

$$(CH_3)_3CMgCl + (CH_3)_3C\overset{O}{\overset{\|}{C}}Cl \xrightarrow{Et_2O} \xrightarrow{H_3O^+} (CH_3)_3C\overset{O}{\overset{\|}{C}}C(CH_3)_3$$

氯化叔丁基镁　2, 2-二甲基丙酰氯　　2, 2, 4, 4-四甲基-3-戊酮 84%

酰氯与活性较低的二烃基铜锂反应也生成酮，且酰氯分子中羰基、酯基、酰胺基、氰基和卤原子等官能团不参与反应。如：

$$ICH_2(CH_2)_9\overset{O}{\overset{\|}{C}}Cl + (CH_3)_2CuLi \xrightarrow[-78\ ^oC]{Et_2O} ICH_2(CH_2)_9\overset{O}{\overset{\|}{C}}CH_3 + CuCH_3 + LiCl$$

11-碘十一酰氯　二甲基铜锂　　12-碘-2-十二酮 91%

（2）酸酐的反应： 酸酐与格氏试剂反应生成酮，在低温（－78℃）下，反应收率较好（69％～95％）。酸酐与伯烷基镉反应，酮的产率可达 50％～70％。如：

$$Ph\overset{O}{\overset{\|}{C}}-O-\overset{O}{\overset{\|}{C}}R + R'MgBr \xrightarrow[-78\ ^oC]{Et_2O} R\overset{O}{\overset{\|}{C}}R'$$

$$\text{邻苯二甲酸酐} + (C_2H_5)_2Cd \xrightarrow{Et_2O} \text{2-}(COOH)C_6H_4\overset{O}{\overset{\|}{C}}CH_2CH_3 \quad 67\%$$

（3）酯的反应： 两分子格氏试剂或有机锂与一分子酯作用后再质子化，可生成一分子三级醇，而与甲酸酯反应生成二级醇。由于酮比酯活泼，反应不会停留在酮的阶段。但对于那些具有高支链的烷基或双邻位取代的苯基的格式试剂，由于有较大的位阻，当与酯反应时，仍可停留在酮的阶段。

$$PhCOR' + 2PhMgBr \longrightarrow Ph_2C(OMgBr)Ph \xrightarrow{H_3O^+} Ph_2C(OH)Ph$$

$$HCOOEt + 2C_4H_9Li \longrightarrow H-C(OLi)(C_4H_9)-C_4H_9 \xrightarrow{H_3O^+} H-C(OH)(C_4H_9)-C_4H_9$$

甲酸酯

(4) 腈的反应：格氏试剂或有机锂与腈反应时，亲核进攻腈的氰基生成亚胺盐（不再与格氏试剂加成），再水解得到酮，是合成酮的简便方法。一般相对分子质量较大的脂肪族腈或芳腈反应时产率较好，相对分子质量较小的脂肪族腈与芳基格氏试剂反应收率也较好。如：

$$Ph-C\equiv N + CH_3MgI \longrightarrow Ph(H_3C)C=N-MgI \xrightarrow{H_3O^+} Ph(H_3C)C=O$$

苯基腈　甲基碘化镁　镁盐　苯乙酮

$$CH_3CN + C_6H_5MgBr \xrightarrow[THF]{苯} C_6H_5COCH_3$$

苯基溴化镁　苯乙酮 68%

(六) 缩合反应

羧酸衍生物的 α 氢具有酸性，在强碱作用下被夺去形成碳负离子，碳负离子可作为亲核试剂发生亲核取代或亲核加成反应。缩合反应形成新的 C—C 键，反应过程有简单的无机或有机分子脱去，如 H_2O、CO_2、CO、HX、羧酸、甲醇或乙醇等。反应产物比原来的有机分子更为复杂。反应过程使用缩合剂，也有仅加热即可进行缩合反应的。

(1) 克莱森(Claisen)酯缩合：乙酸乙酯在醇钠的作用下，发生酯缩合反应，缩去乙醇（脱醇缩合）生成乙酰乙酸乙酯。这个反应称为 Claisen 缩合反应：

$$2CH_3COOC_2H_5 \xrightarrow{C_2H_5ONa} \xrightarrow{AcOH} CH_3COCH_2COOC_2H_5 + C_2H_5OH$$

乙酸乙酯　乙酰乙酸乙酯 38%

反应机制如下：

$$C_2H_5O^- + H-CH_2COOC_2H_5 \underset{}{\overset{1)\ 形成烯醇化物}{\rightleftharpoons}} C_2H_5OH + {}^-CH_2COOC_2H_5 \ (酯的烯醇化物)$$

$$CH_3COC_2H_5(C=O) + {}^-CH_2COOC_2H_5 \overset{2)\ 亲核加成}{\rightleftharpoons} CH_3C(O^-)(OC_2H_5)CH_2COOC_2H_5 \ (中间体) \overset{-C_2H_5O^-}{\underset{3)\ 消除离去基团}{\rightleftharpoons}}$$

$$CH_3COCH_2COOC_2H_5 \ (乙酰乙酸乙酯) \underset{4)\ 产物烯醇负离子形成}{\overset{+C_2H_5O^-}{\rightleftharpoons}} [CH_3COCHCOOC_2H_5]^- + C_2H_5OH \ (乙酰乙酸乙酯烯醇负离子)$$

反应第一步是酯的 α-H 被乙醇钠的乙氧负离子夺取，形成酯的烯醇负离子（乙酸乙酯 pK_a 在 24 左右）；第二步是烯醇负离子进攻另一个酯分子的羰基，发生亲核加成，生成碳四面体中间物；第三步反应中间体上的烷氧基作为离去基团离去，生成一个 β-羰基酯。第四步 β-羰基酯在乙氧负离子等强碱环境中去质子化，产物形成烯醇负离子，此步反应平衡向右，放出大量的热，为 Claisen 缩合反应提供动力。这步反应平衡向右是由于 β-羰基酯酸性比乙醇(pK_a 在 16 左右)强,也强于一般的酮、醛和酯。β-羰基酯形成的烯醇化物的负电荷分布在两个羰基上,pK_a 在 11 左右。Claisen 缩合反应中,碱在此步被消耗,所以反应要加入化学计量的碱。

反应完成后,加入稀酸将烯醇化物转化为产物 β-羰基酯:

$$\left[CH_3\overset{O}{\overset{\|}{C}}CH\overset{O}{\overset{\|}{C}}OC_2H_5\right]^- \xrightarrow{H^+} CH_3\overset{O}{\overset{\|}{C}}CH_2\overset{O}{\overset{\|}{C}}OC_2H_5$$

如果酯的 α 碳上只有一个氢,烷基的 $+I$ 效应会使酸性减弱,需用更强的碱如三苯甲基钠代替乙醇钠,才可使反应进行:

$$\underset{\text{2-甲基丙酸乙酯}}{2(CH_3)_2CHCOOC_2H_5} \xrightarrow[Et_2O]{Ph_3CNa} \xrightarrow{AcOH} \underset{\text{2,2,4-三甲基-3-氧代戊酸乙酯 74\%}}{(CH_3)_2CHCO\overset{CH_3}{\overset{|}{\underset{CH_3}{\underset{|}{C}}}}COOC_2H_5} + C_2H_5OH$$

(2) 交叉 Claisen 缩合: Claisen 缩合可以发生在两个不同的酯之间,会得到四种产物的混合物。但当其中只有一个酯含有形成烯醇所需要的 α-H 时,会有两种产物。若在加料方式上将含有 α-H 的酯,缓慢加到不含 α-H 的酯的醇盐碱溶液中进行酯缩合,就可以主要得到一种混合酯的缩合物。一些常用的不含 α-H 的酯有甲酸酯、苯甲酸酯、碳酸酯和草酸酯等。如:

$$\underset{\text{苯甲酸甲酯}}{C_6H_5COOCH_3} + \underset{\text{丙酸乙酯}}{CH_3CH_2COOC_2H_5} \xrightarrow{NaH} \xrightarrow{H^+} \underset{\text{2-苯甲酰丙酸乙酯 56\%}}{C_6H_5CO\overset{CH_3}{\overset{|}{C}}HCOOC_2H_5}$$

酮和酯之间也可发生交叉 Claisen 缩合。酮比酯的酸性强,比酯更容易形成烯醇化物。酮的烯醇化物进攻酯,经亲核取代后将酮酰基化,缩合反应也会成功。若酯没有 α-H,不能形成烯醇化物,缩合结果更令人满意,由此可得到许多二官能团和三官能团化合物。如:

$$CH_3\overset{O}{\overset{\|}{C}}CH_3 + \underset{\text{苯甲酸甲酯}}{Ph\overset{O}{\overset{\|}{C}}OCH_3} \xrightarrow{CH_3ONa} \xrightarrow{H_3O^+} Ph\overset{O}{\overset{\|}{C}}CH_2\overset{O}{\overset{\|}{C}}CH_3 + CH_3OH$$

$$\text{环己酮} + \underset{\text{碳酸二乙酯}}{C_2H_5O-\overset{O}{\overset{\|}{C}}-OC_2H_5} \xrightarrow{C_2H_5ONa} \xrightarrow{H_3O^+} \text{2-(乙氧羰基)环己酮}\ (\text{环上 }{=}O,\ \text{邻位 }\overset{O}{\overset{\|}{C}}OC_2H_5) + C_2H_5OH$$

(3) Dieckmann 酯缩合: 有 α-H 的二酯分子在乙醇钠等作用下发生分子内的缩合,脱去醇,形成环状 β-酮酸酯的反应,称为 Dieckmann 酯缩合。用此方法可使己二酸酯或庚二酸酯合成五元环或六元环的环状 β-酮酯(如 2-氧代环戊基甲酸乙酯和 2-氧代环己基甲酸乙酯)。大于六个碳的环和小于五个碳的环一般不用此法合成。如:

$$\underset{\text{庚二酸二乙酯}}{C_2H_5OOC-(CH_2)_5-COOC_2H_5} \xrightarrow[\text{甲苯}]{Na/\text{少量乙醇}} \xrightarrow{H^+} \text{2-氧代环己基甲酸乙酯}$$

(4) 普尔金(Perkin)反应和克脑文格尔(Knoevenagel)反应：

① **Perkin 反应：** 芳醛与脂肪酸酐在相应的无水羧酸盐催化下加热进行，失去一分子羧酸，生成β-芳基-α,β-不饱和酸。如：

$$C_6H_5\text{-}CHO + (CH_3CO)_2O \xrightarrow[175\ ^\circ C]{CH_3COOK} \xrightarrow{H_2O,\ HCl} C_6H_5\text{-}CH{=}CHCOOH + CH_3COOH$$

肉桂酸 62%

香豆素为内酯型香料，即可利用此法合成。水杨醛和乙酸酐在乙酸钠催化下生成的β-芳基-α,β-不饱和酸，再经分子内关环即得到香豆素：

$$\text{(2-OH)}C_6H_4\text{-}CHO + (CH_3CO)_2O \xrightarrow[180\sim200\ ^\circ C]{CH_3COONa} \text{(2-OH)}C_6H_4\text{-}CH{=}CHCOOH \xrightarrow{\text{内酯化}} \text{香豆素}$$

香豆素 75%

Perkin 反应是从酸酐在相应的羧酸盐作用下生成的碳负离子，对芳醛进行亲核加成开始的。

② **Knoevenagel 反应：** 是 Perkin 反应的改进。它用含活泼亚甲基化合物代替酸酐，催化剂改用较弱的有机碱如吡啶、六氢吡啶等。由于活泼亚甲基化合物活泼氢比酸酐的活泼，在较低温度和弱碱催化下即可对醛、酮进行亲核加成，避免了醛酮的自身缩合等副反应，产率也有所提高。在缩合反应的同时脱去一分子水。反应一般在苯或甲苯中进行，同时将生成的水不断蒸出，使反应向前进行。如：

$$CH_3CH_2\overset{O}{\overset{\|}{C}}CH_3 + NCCH_2\overset{O}{\overset{\|}{C}}OC_2H_5 \xrightarrow[\text{苯},\ \triangle]{\text{六氢吡啶-乙酸}} CH_3CH_2\overset{CH_3}{\overset{|}{C}}{=}\underset{CN}{\underset{|}{C}}\overset{O}{\overset{\|}{C}}OC_2H_5$$

$$C_6H_5\text{-}CHO + CH_2(COOH)_2 \xrightarrow[\triangle]{\text{六氢吡啶-吡啶}} C_6H_5\text{-}CH{=}CHCOOH$$

碱性催化剂 $KF\text{-}Al_2O_3$ 也可催化 Knoevenagel 反应。氟离子能与水形成较强的氢键，在催化缩合反应的同时，又有利于反应脱水，反应温和且收率较高。如：

$$C_6H_5\text{-}CHO + NCCH_2COOC_2H_5 \xrightarrow[60\ ^\circ C,\ 2\ h]{KF\text{-}Al_2O_3,\ C_2H_5OH} C_6H_5\text{-}CH{=}\overset{CN}{\overset{|}{C}}\text{-}COOC_2H_5 \quad 89\%$$

(5) Thorpe 缩合反应： 两分子腈在强碱[Na、$NaNH_2$、C_2H_5ONa 或 $LiN(C_2H_5)_2$ 等]催化下，缩合生成亚氨基腈。如：

$$C_6H_5\text{-}C{\equiv}N + C_6H_5\text{-}CH_2C{\equiv}N \longrightarrow C_6H_5\text{-}\underset{NH}{\underset{\|}{C}}\text{-}\underset{CN}{\underset{|}{C}H}\text{-}C_6H_5$$

苯甲腈　　苯乙腈　　2, 3-二苯基-3-亚氨基丙腈

(七) 酰胺的特性反应

(1) 酰胺的酸碱性： 酰胺 $RCONH_2$ 具有极弱的碱性，这是由于酰基的吸电子诱导效应和共轭效应，导致 N 原子上的电子云密度降低。将氯化氢气体通入乙酰胺的乙醚溶液中，可生成不溶于乙醚的乙酰胺盐酸盐。遇水又分解成乙酰胺。

酰亚胺由于有两个酰基吸电子而呈弱酸性。如邻苯二甲酰亚胺($pK_a \approx 9$)可与 KOH 生成邻苯二甲酰亚胺钾盐：

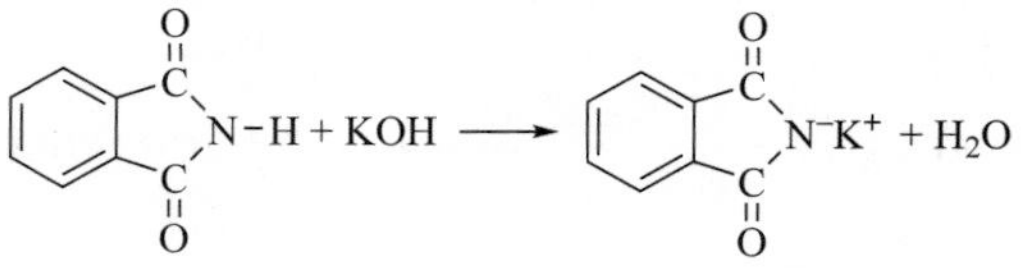

$$\text{邻苯二甲酰胺 (N-H)} + KOH \longrightarrow \text{邻苯二甲酰亚胺钾 } (N^-K^+) + H_2O$$

邻苯二甲酰胺　　　邻苯二甲酰亚胺钾

酰亚胺可以与溴反应，如丁二酰亚胺与溴反应生成 *N*-溴代丁二酰亚胺(*N*-Bromosuccinimide,NBS)，是一个重要的溴化试剂，常用于烯的 α-位溴代，双键不受影响：

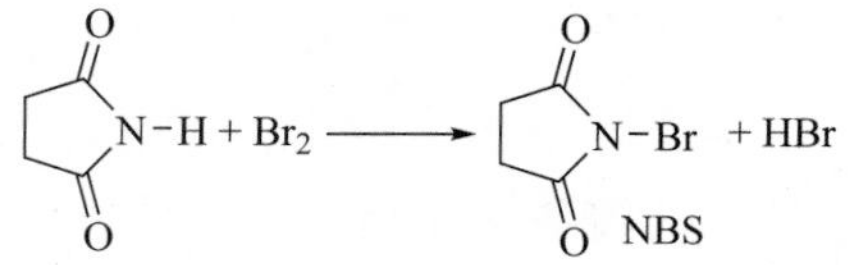

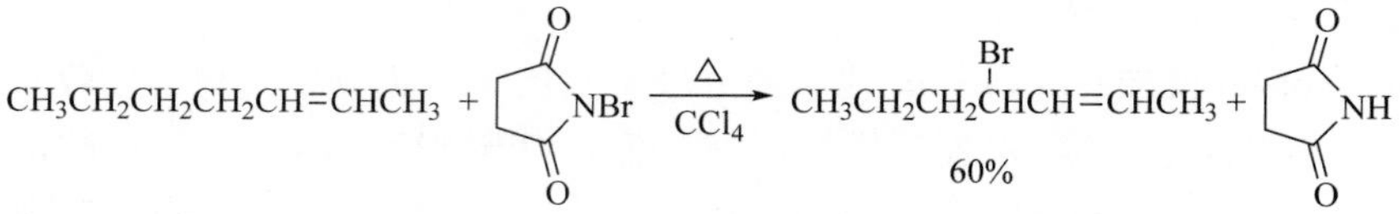

$$\text{丁二酰亚胺 (N-H)} + Br_2 \longrightarrow \text{N-Br (NBS)} + HBr$$

$$CH_3CH_2CH_2CH_2CH{=}CHCH_3 + \text{NBS} \xrightarrow[CCl_4]{\triangle} CH_3CH_2CH_2\underset{Br}{C}HCH{=}CHCH_3 \ (60\%) + \text{丁二酰亚胺 (NH)}$$

NBS 作为溴化试剂，对于羰基、C═C、C≡C、C≡N 和芳环侧链的 α-位的溴代都有很好的选择性。

(2) 霍夫曼(Hofmann)降解反应：酰胺与次氯酸钠或次溴酸钠的碱溶液作用时，脱去羰基生成比原酰胺分子少一个碳原子的伯胺，称为 Hofmann 降解反应。如：

$$CH_3CONH_2 \xrightarrow{Br_2,\ NaOH} CH_3NH_2 \quad 64\% \qquad C_{15}H_{31}CONH_2 \xrightarrow{NaClO} C_{15}H_{31}NH_2$$

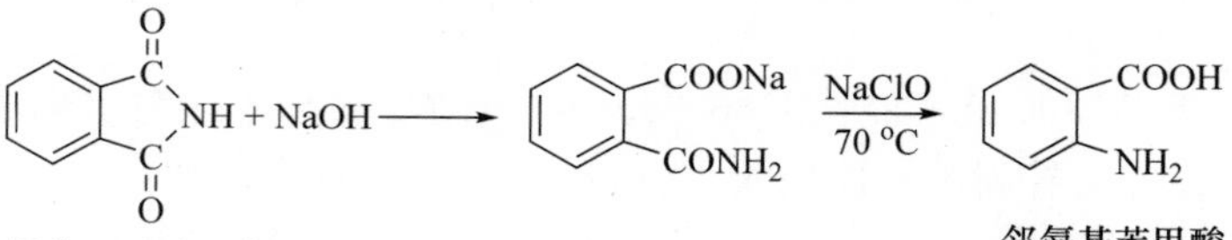

$$\text{邻苯二甲酸亚胺 (NH)} + NaOH \longrightarrow \text{邻-}C_6H_4(COONa)(CONH_2) \xrightarrow[70\ ^\circ C]{NaClO} \text{邻-}C_6H_4(COOH)(NH_2)$$

邻苯二甲酸亚胺　　　邻氨基苯甲酸

反应机制大致如下：

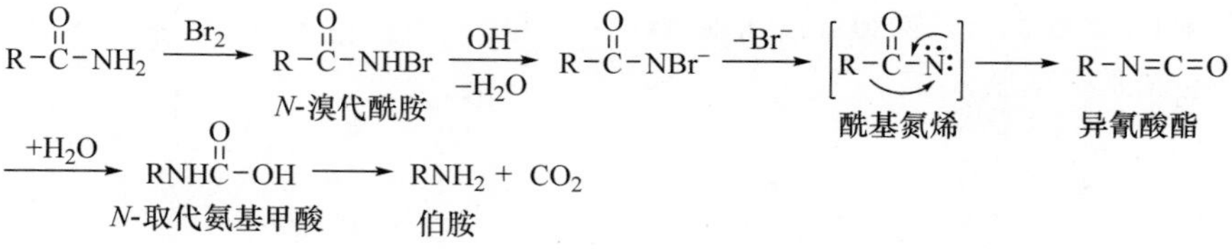

$$R-\overset{O}{\overset{\|}{C}}-NH_2 \xrightarrow{Br_2} R-\overset{O}{\overset{\|}{C}}-NHBr \xrightarrow[-H_2O]{OH^-} R-\overset{O}{\overset{\|}{C}}-NBr^- \xrightarrow{-Br^-} \left[R-\overset{O}{\overset{\|}{C}}-\ddot{N}:\right] \longrightarrow R-N{=}C{=}O$$

N-溴代酰胺　　酰基氮烯　　异氰酸酯

$$\xrightarrow{+H_2O} RNH\overset{O}{\overset{\|}{C}}-OH \longrightarrow RNH_2 + CO_2$$

N-取代氨基甲酸　　伯胺

(3) 脱水反应：酰胺与强脱水剂共热或强热生成腈，常用的脱水剂为五氧化二磷和亚硫酰氯($SOCl_2$)。

(八) 克尔蒂斯(Curtius)反应和施密特(Schmidt)反应

可用于由羧酸及其衍生物制备胺。

酰氯与叠氮酸钠反应生成叠氮化酰，再失氮、重排、加水、脱羧，得到比酰氯少一个碳原子的伯胺，为 Curtius 重排。具体过程如下：

$$\underset{}{R-\overset{O}{\overset{\|}{C}}-Cl} + NaN_3 \xrightarrow{-NaCl} \underset{\text{叠氮化酰}}{R-\overset{O}{\overset{\|}{C}}-N_3} \xrightarrow{-N_2} \underset{\text{酰基氮烯}}{R-\overset{O}{\overset{\|}{C}}-\ddot{N}:} \xrightarrow{\text{重排}} \underset{\text{异氰酸酯}}{R-N=C=O} \xrightarrow{+H_2O} \underset{N\text{-取代氨基甲酰}}{R-NH\overset{O}{\overset{\|}{C}}OH} \xrightarrow{-CO_2} \underset{\text{伯胺}}{RNH_2}$$

$$(CH_3)_2CHCH_2\overset{O}{\overset{\|}{C}}Cl \xrightarrow{NaN_3} (CH_3)_2CHCH_2\overset{O}{\overset{\|}{C}}N_3 \xrightarrow[CHCl_3]{-N_2} \xrightarrow{\text{重排}} (CH_3)_2CHCH_2-N=C=O \xrightarrow[-CO_2]{+H_2O} (CH_3)_2CHCH_2NH_2$$

Schmidt 反应是羧酸（代替酰氯）和叠氮酸在硫酸存在下进行缩合成叠氮化酰，再在无机酸作用下加热，使叠氮化酰分解失氮、重排、水解、脱羧成一级胺，是改进的 Curtius 反应，产物是比原羧酸分子少一个碳原子的一级胺。具体过程如下：

$$R\overset{O}{\overset{\|}{C}}OH + HN_3 \xrightarrow[CHCl_3]{H_2SO_4} R\overset{O}{\overset{\|}{C}}N_3 \xrightarrow[\triangle]{-N_2} R-N=C=O \xrightarrow{H_2O} R-NH\overset{O}{\overset{\|}{C}}OH \xrightarrow{-CO_2} RNH_2$$

（九）酯的热消除反应

烷氧基上有 β-H 的羧酸酯高温下可发生消除反应，生成烯烃和羧酸。如：

$$\underset{\text{乙酸正丁酯}}{CH_3COOCH_2CH_2CH_2CH_3} \xrightarrow{500\ ^{\circ}C} \underset{\text{1-丁烯}}{CH_2=CHCH_2CH_3} + CH_3COOH$$

反应通过六元环过渡态，离去基团酰氧基和 β-H 同时离开，且为顺式消除。

$$\text{(六元环过渡态：}CH_3-C(=O)-O-C_{\alpha}-C_{\beta}-H\text{)} \xrightarrow{500\ ^{\circ}C} \underset{\alpha\quad\beta}{>C=C<} + CH_3COOH$$

如果羧酸酯有两种 β-H，可以得到两种消除产物，反应遵循 Hofmann 规则，产物以酸性大、位阻小的 β-H 被消除为主：

$$\underset{\text{乙酸仲丁酯}}{\overset{\beta\quad\ \ \beta}{CH_3\underset{}{\overset{OCOCH_3}{\overset{|}{C}}}HCH_2CH_3}} \xrightarrow{500\ ^{\circ}C} \underset{\text{1-丁烯 57\%}}{CH_2=CHCH_2CH_3} + \underset{\text{2-丁烯 43\%}}{CH_3CH=CHCH_3}$$

（十）聚酯和聚酰胺

聚酯，由多元醇和多元酸缩聚而得的聚合物总称。在碱催化、150℃下，对苯二甲酸二甲酯和乙二醇进行酯交换反应制得聚对苯二甲酸乙基酯（PET）：

$$CH_3O\overset{O}{\overset{\|}{C}}-C_6H_4-\overset{O}{\overset{\|}{C}}OCH_3 + HOCH_2CH_2OH \xrightarrow[-CH_3OH,\ \triangle]{NaOCH_3} -\overset{O}{\overset{\|}{C}}-C_6H_4-\overset{O}{\overset{\|}{C}}\left[OCH_2CH_2O-\overset{O}{\overset{\|}{C}}-C_6H_4\right]_n\overset{O}{\overset{\|}{C}}-OCH_2CH_2O-$$

最普通的聚酰胺是尼龙 66（聚六亚甲基己二酰胺），重复结构单元是由六个碳的二酸和六个碳的二胺组成。可用己二酸和 1，6 己二胺（六亚甲基二胺）加热脱水制备：

$$HO\overset{O}{\overset{\|}{C}}(CH_2)_4\overset{O}{\overset{\|}{C}}OH + H_2N(CH_2)_6NH_2 \xrightarrow[\triangle]{-H_2O} -\overset{O}{\overset{\|}{C}}(CH_2)_4\overset{O}{\overset{\|}{C}}\left[NH(CH_2)_6NH\overset{O}{\overset{\|}{C}}(CH_2)_4\overset{O}{\overset{\|}{C}}\right]_nNH(CH_2)_6NH-$$

§12.8 碳酸衍生物

CO_2 溶于水中形成碳酸(H_2CO_3),为一个平衡体系。碳酸虽然本身不稳定,只存在于水和 CO_2 的平衡体系中,但它的许多重要的衍生物却是稳定存在的。碳酸的二酰氯即为光气;碳酸酯是碳酸的二酯;脲是碳酸的二酰胺,是由两个氮原子与羰基成键,非取代的脲简称尿素;氨基甲酸酯是碳酸的单酰胺。碳酸衍生物的合成和利用是 CO_2 资源化利用的一个重要领域。

(一)碳酸酯的合成

碳酸酯是碳酸分子中两个羟基(—OH)的氢原子部分(单酯)或全部(二酯)被烷基取代后的化合物,遇强酸分解为二氧化碳和醇。碳酸酯一般指碳酸二酯,过去常用醇或酚与光气反应制取,但由于光气毒性很高,正逐步被其他污染较少的方法如酯交换法所取代。

碳酸二甲酯(DMC)是一种重要的有机化工中间体,1992 年在欧洲通过非毒化学品注册登记,既可作为新型低毒溶剂,又可广泛用于羰基化、甲基化、甲氧基化和羰基甲氧基化等有机合成反应,为绿色化学品,被誉为 21 世纪有机合成的一个"新基石"。DMC 作为试剂可替代剧毒的光气、氯甲酸甲酯、硫酸二甲酯等进行甲基化或羰基化反应,提高生产操作的安全性,降低环境污染;作为溶剂,DMC 可替代氟里昂、三氯乙烷、三氯乙烯、苯、二甲苯等用于油漆涂料、清洁溶剂等;作为汽油添加剂,DMC 可提高其辛烷值和含氧量,进而提高其抗爆性。此外,DMC 还可作清洁剂、表面活性剂和柔软剂的添加剂。以下是一些常见的碳酸酯:

$CH_3O-\overset{O}{\overset{\|}{C}}-OCH_3$ 碳酸二甲酯

$C_2H_5O-\overset{O}{\overset{\|}{C}}-OC_2H_5$ 碳酸二乙酯

$CCl_3O-\overset{O}{\overset{\|}{C}}-OCCl_3$ 双(三氯甲基)碳酸酯

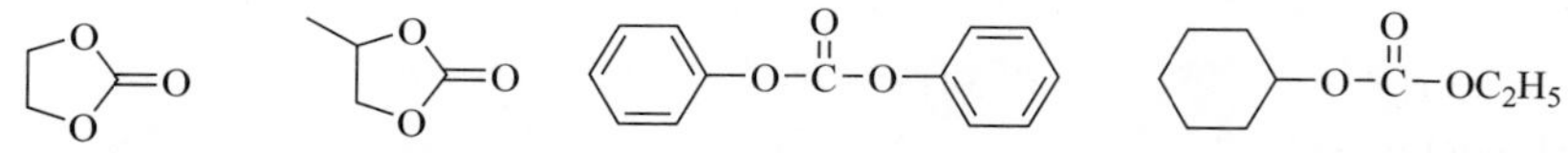

碳酸乙烯酯

碳酸丙烯酯

$C_6H_5-O-\overset{O}{\overset{\|}{C}}-O-C_6H_5$ 碳酸二苯酯

$C_6H_{11}-O-\overset{O}{\overset{\|}{C}}-OC_2H_5$ 环己基乙基碳酸酯

(1)酯交换法:例如,用比甲醇活性强的环氧乙烷或环氧丙烷与 CO_2 在一定压力、温度和催化剂的作用下反应,生成碳酸乙烯酯(乙二醇碳酸酯)或碳酸丙烯酯(1,2-丙二醇碳酸酯),第二步经酯交换,与甲醇进行酯交换生成碳酸二甲酯,同时回收乙二醇或丙二醇。

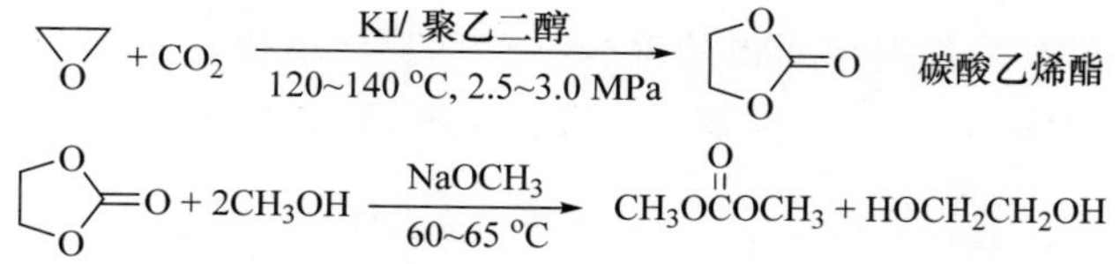

$$\text{环氧乙烷} + CO_2 \xrightarrow[120\sim140\ ^\circ C,\ 2.5\sim3.0\ MPa]{KI/\text{聚乙二醇}} \text{碳酸乙烯酯}$$

$$\text{碳酸乙烯酯} + 2CH_3OH \xrightarrow[60\sim65\ ^\circ C]{NaOCH_3} CH_3O\overset{O}{\overset{\|}{C}}OCH_3 + HOCH_2CH_2OH$$

(2)甲醇氧化羰基化法:甲醇、CO 和 O_2 在氯化亚铜等催化剂作用下合成碳酸二甲酯。

$$2CH_3OH + CO + \frac{1}{2}O_2 \xrightarrow[120\sim130\ ^\circ C,\ 2.0\sim3.0\ MPa]{CuCl} CH_3O\overset{O}{\overset{\|}{C}}OCH_3 + H_2O$$

(3)CO_2 和甲醇直接合成法:在高压釜中进行,以镁粉为催化剂,甲醇既作原料又作溶剂,唯一的副反应产物是甲酸甲酯。此法获得的甲酸甲酯特别适合用作燃油添加剂。

$$2CH_3OH + CO_2 \xrightarrow{Mg粉} CH_3OC(=O)OCH_3 + H_2O$$

碳酸二苯酯是工程塑料聚碳酸酯的原料。可用碳酸二甲酯与苯酚在150～160℃、有机锡或有机钛催化下(如二丁基二月桂酸锡均相催化),经酯交换合成:

$$CH_3OC(=O)OCH_3 + 2\,C_6H_5OH \xrightarrow[150\sim160\ ^\circ C]{二丁基二月桂酸锡} C_6H_5-O-C(=O)-O-C_6H_5 + 2CH_3OH$$

由于碳酸二甲酯与苯酚反应时的平衡常数低,且碳酸二甲酯与副产物甲醇容易发生共沸。为解决上述问题,可用乙酸苯酯代替苯酚进行酯交换,平衡常数大些,反应在热力学上是有利的,可以提高碳酸二苯酯的产率:

$$CH_3OC(=O)OCH_3 + 2\,C_6H_5OC(=O)CH_3 \xrightarrow[145\ ^\circ C]{Ti(OPh)_4} C_6H_5-O-C(=O)-O-C_6H_5 + 2\,CH_3C(=O)OCH_3$$

也可将苯酚乙酰化后直接与碳酸乙烯酯经酯交换合成碳酸二苯酯,催化剂为 Bu_2SnO。

双(三氯甲基)碳酸酯,又名三光气,是以DMC和氯气为原料,在光、热或引发剂的引发下通过氯化反应合成:

$$CH_3OC(=O)OCH_3 + 6Cl_2 \xrightarrow[CCl_4]{光照或加热} Cl_3COC(=O)OCCl_3 + 6HCl$$

一分子固体三光气(BTC)可分解成三分子气体光气,与气体光气相比,具有运输、使用安全,计量方便,反应接近等化学计量等优点。因此可把它当一般毒性物质处理,可取代光气或双光气参与反应。如用对甲酚钠水溶液与BTC的二氯甲烷饱和溶液,在 *N*-甲基吗啉催化下,26℃反应合成碳酸二(4-甲基苯)酯,收率96.4%:

$$HO-C_6H_4-CH_3 + Cl_3CO-C(=O)-OCCl_3 \xrightarrow{NaOH} CH_3-C_6H_4-O-C(=O)-O-C_6H_4-CH_3$$

聚碳酸酯(polycarbonate,PC)是碳酸的聚酯类,分子主链中含有的碳酸酯基团与另一些基团交替排列,这些基团可以是芳香族或脂肪族,也可两者皆有。双酚A(4,4′-二羟基二苯基丙烷)型PC是最重要的工业产品,过去主要由双酚A和光气合成,以胺类(如四丁基溴化铵)作催化剂;现多用双酚A与碳酸二苯酯在卤化锂或氢氧化锂等催化剂和添加剂存在下进行酯交换反应,在高温减压的条件下不断排除苯酚,提高反应程度,再进一步缩聚得到聚碳酸酯产品。酯交换法生产PC的主要化学反应为:

$$n+1\ C_6H_5-O-C(=O)-O-C_6H_5 + n\,HO-C_6H_4-C(CH_3)_2-C_6H_4-OH \longrightarrow$$

双酚A

$$C_6H_5-O-C(=O)\left[-O-C_6H_4-C(CH_3)_2-C_6H_4-O-C(=O)-\right]_n O-C_6H_5 + 2n\,C_6H_5OH$$

聚碳酸酯

（二）碳酸的酰氯

（1）碳酸的二酰氯：又称光气。工业上通常采用一氧化碳与氯气在无光下通过活性炭催化反应得到光气，实验室可由 CCl_4 和 80%发烟硫酸（含 80% SO_3 的硫酸）制备：

$$CO + Cl_2 \xrightarrow{\text{活性炭}} Cl-\overset{O}{\overset{\|}{C}}-Cl \qquad CCl_4 + 2SO_3 \longrightarrow Cl-\overset{O}{\overset{\|}{C}}-Cl + S_2O_5Cl_2$$

光气是重要的化工原料，是合成氯代甲酸酯、氨基甲酸酯、异氰酸酯等各种碳酸衍生物的原料，在农药等有机合成中有重要的用途：

$$Cl-\overset{O}{\overset{\|}{C}}-Cl \xrightarrow{ROH} \underset{\text{氯代甲酸酯}}{Cl-\overset{O}{\overset{\|}{C}}-OR} \xrightarrow{ROH} RO-\overset{O}{\overset{\|}{C}}-OR\ \text{碳酸酯}$$

$$Cl-\overset{O}{\overset{\|}{C}}-OR \xrightarrow{NH_3} NH_2-\overset{O}{\overset{\|}{C}}-OR\ \text{氨基甲酸酯}$$

$$Cl-\overset{O}{\overset{\|}{C}}-Cl \xrightarrow{NH_3} \left[Cl-\overset{O}{\overset{\|}{C}}-NH_2\right] \xrightarrow{-HCl} \underset{\text{氰酸}}{HO-C\equiv N} \rightleftharpoons \underset{\text{异氰酸}}{O=C=NH}$$

$$\left[Cl-\overset{O}{\overset{\|}{C}}-NH_2\right] \xrightarrow{NH_3} NH_2-\overset{O}{\overset{\|}{C}}-NH_2\ \text{尿素} \xleftarrow{NH_3} O=C=NH$$

$$Cl-\overset{O}{\overset{\|}{C}}-Cl \xrightarrow{RNH_2} \underset{\text{异氰酸酯}}{RN=C=O} \xrightarrow{RNH_2} RNH-\overset{O}{\overset{\|}{C}}-NHR\ \text{二取代脲}$$

（2）氯代甲酸酯：用光气生产的氯甲酸酯类是农药等产物的原料。如可用来生产杀菌剂多菌灵[*N*-(2-苯骈咪唑基)-氨基甲酸甲酯]：

$$\underset{\text{氯甲酸甲酯}}{Cl-\overset{O}{\overset{\|}{C}}-OCH_3} + \underset{\text{氰氨化钙}}{CaCN_2} \xrightarrow{H_2O} \underset{N\text{-氰基氨基甲酸甲酯}}{NC-NH-\overset{O}{\overset{\|}{C}}-OCH_3} \xrightarrow{\text{邻苯二胺}(C_6H_4(NH_2)_2)} \underset{\text{多菌灵}}{\text{苯并咪唑-2-基}-NH-\overset{O}{\overset{\|}{C}}OCH_3}$$

氯甲酸酯化学性质活泼，在有机合成中可作为羟基和氨基的保护剂，与醇、酚、胺反应，引入甲氧羰基（—$COOCH_3$），经水解又分解成原来的醇、酚、胺。

（三）碳酸的酰胺

碳酸是二元酸，可形成两种酰胺。单酰胺又称氨基甲酸，本身不稳定，但它的盐、酯及酰氯都是已知的；双酰胺又称尿素，是多数动物和人类蛋白质代谢的最终产物。

（1）氨基甲酸酯：分子中氨基直接与甲酸酯的羰基相连，可看成是碳酸的单酯单酰胺。氨基甲酸酯类化合物许多有生理活性，如氨基甲酸乙酯是一种镇静药、安眠药及解毒剂，药名乌拉坦；氨基甲酸酯类农药，有杀虫剂西维因（*N*-甲基氨基甲酸-1-萘酯）、速灭威（*N*-甲基-3-甲苯基氨基甲酸酯）等，杀虫的共同毒理机制是抑制昆虫乙酰胆碱酶和羧酸酯酶的活性，造成乙酰胆碱和羧酸酯的积累，影响昆虫正常的神经传导而致死。杀菌剂如多菌灵，除草剂如灭草灵[*N*-(3，4-二氯苯基)氨基甲酸甲酯]。

$$\underset{\text{氨基甲酸乙酯}}{NH_2-\overset{O}{\overset{\|}{C}}-OC_2H_5} \qquad \underset{\text{西维因}}{1\text{-}C_{10}H_7-O-\overset{O}{\overset{\|}{C}}NHCH_3} \qquad \underset{\text{速灭威}}{CH_3NH\overset{O}{\overset{\|}{C}}-O-C_6H_4-CH_3(m)} \qquad \underset{\text{灭草灵}}{3,4\text{-}Cl_2C_6H_3-NH\overset{O}{\overset{\|}{C}}OCH_3}$$

氨基甲酸酯可由氯代甲酸酯与氨或胺反应制得，也可由氨基甲酰氯或异氰酸酯与醇或酚反应制得。如：

$$\text{3,4-}Cl_2C_6H_3-NH_2 + 2ClCOCH_3(\overset{O}{\parallel}) + Na_2CO_3 \xrightarrow{50\sim70\ ^\circ C} \text{3,4-}Cl_2C_6H_3-NH\overset{O}{\overset{\parallel}{C}}OCH_3 + 2NaCl + H_2O + CO_2$$

$$CH_3NCO + \text{1-萘酚} \longrightarrow \text{1-萘基}-O-\overset{O}{\overset{\parallel}{C}}-NHCH_3$$

(2) 尿素(脲)：脲是一种优良的化学肥料，是第一个由无生命的无机物合成的有机化合物。

工业上用 CO_2 和 NH_3 在一定的压力下制备尿素：

$$CO_2 + 2NH_3 \xrightarrow[10\sim20\ MPa]{190\ ^\circ C} NH_2-\overset{O}{\overset{\parallel}{C}}-ONH_4 \longrightarrow NH_2-\overset{O}{\overset{\parallel}{C}}-NH_2 + H_2O$$

脲和亚硝酸反应，放出氮气和二氧化碳，可作为亚硝酸的捕捉剂，除去有机反应(如重氮化反应)中过量的亚硝酸：

$$H_2N-\overset{O}{\overset{\parallel}{C}}-NH_2 + 2HNO_2 \longrightarrow 2N_2 + CO_2 + 3H_2O$$

脲不仅有酰胺的典型性质，分子中的氨基还能发生酰化反应，如丙二酸二乙酯与尿素反应生成丙二酰脲(巴比妥酸)：

$$\underset{\text{丙二酸二乙酯}}{C_2H_5O\overset{O}{\overset{\parallel}{C}}CH_2\overset{O}{\overset{\parallel}{C}}OC_2H_5} + NH_2\overset{O}{\overset{\parallel}{C}}NH_2 \xrightarrow{C_2H_5ONa} \underset{\text{丙二酰脲}}{\text{(环状 }-NH-CO-CH_2-CO-NH-CO-)} + 2C_2H_5OH$$

尿素可形成一个桶状的螺旋体，中间有 500 pm 的通道，可以与一定结构的烷烃、醇等形成以尿素为“主”，烃、醇分子为“客”的结晶配合物。由于尿素只与六个及大于六个碳的烃、醇络合沉淀，而小于六个碳及具有支链的不饱和烃、醇、脂肪酸不能与尿素形成沉淀。分出的沉淀配合物，在尿素熔点时熔化分解，由此可将直链的烃、醇，含支链的烃、醇分开。如用尿素可分离正辛烷和 2-甲基庚烷、分离 1-溴辛烷和 2-溴辛烷。另外，可用尿素分离生物柴油中的不饱和脂肪酸甲酯。尿素可以富集不饱和脂肪酸(酯)的原理是，直链饱和脂肪酸(酯)易与尿素分子形成包合物，而不饱和的由于双键的影响，碳链弯曲，分子体积增大，不易被尿素包合。尿素将饱和长链脂肪酸包合沉淀分出，剩余不饱和脂肪酸。如以甲醇为溶剂，尿素与生物柴油质量比为 1.7∶1，甲醇与生物柴油比为 7.4 $mL \cdot g^{-1}$，包合温度 5℃，时间18 h，收率可达 45%。

(3) 取代脲：取代脲有两种，一种是取代的基团和氮相连，为 *N*-取代脲，两个取代的基团和氮相连，为 *N*,*N′*-二取代脲；另一种是和氧相连，为异脲的衍生物。

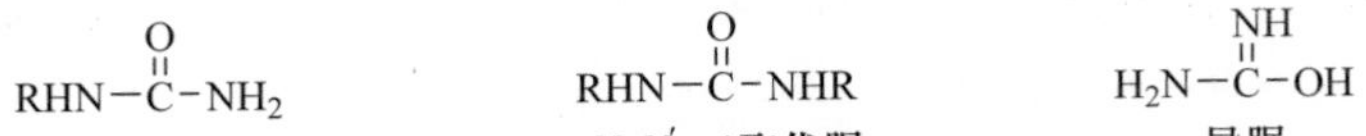

$RHN-C(=O)-NH_2$ N-取代脲　　$RHN-C(=O)-NHR$ N,N′-二取代脲　　$H_2N-C(=NH)-OH$ 异脲

在取代脲的结构单元中含有不同取代的肽键(酰胺键),大多具有生物活性。此特点使得它们在医药、农药等生物领域中具有举足轻重的地位。取代脲类除草剂如 3-苯基-1,1-二甲基脲(非草隆)、3-对氯苯基-1,1-二甲基脲(灭草隆)、3-(3,4-二氯苯基)-1,1-二甲基脲(敌草隆);取代脲类杀虫剂如 1-(4-氯苯基)-3-(2,6-二氟苯甲酰基)脲(除虫脲)、1-[3,5-二氯-4-(1,1,2,2-四氟乙氧基)苯基]-3-(2,6-二氟苯甲酰基)脲(氟铃脲);取代脲类杀菌剂如 N-(4-氯苯基)-N′-(3,4-二氯苯基)脲(三氯均二苯脲);取代脲类植物生长调节剂如 1-(4-溴苯基)-3-(1H-1,2,4-三氮唑-3-基)脲(三氮唑脲);等。

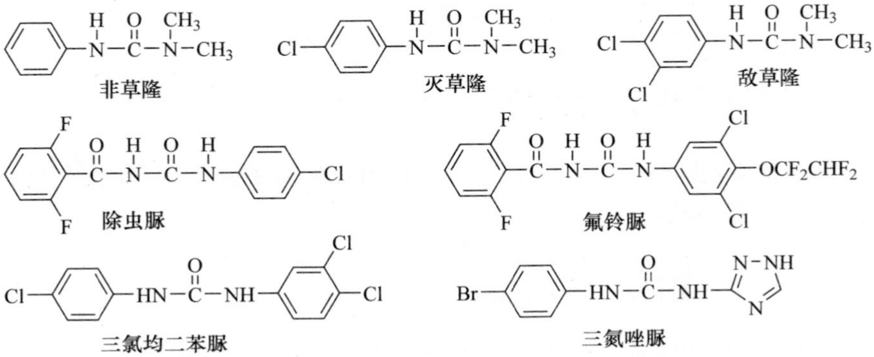

非草隆　灭草隆　敌草隆

除虫脲　氟铃脲

三氯均二苯脲　三氮唑脲

取代脲类化合物还可作为酶抑制剂、生物模拟肽等生物活性物质,如作为细胞周期依赖激活酶的抑制剂。此外脲类化合物还可作为石油、烃类燃料以及聚合物的添加剂,如抗氧剂、抗沉淀剂、缓蚀剂等。取代脲制备的传统方法是采用光气或基于光气的异氰酸酯法,如除草剂灭草隆[N-(对氯苯基)-N′,N′-二甲基脲]的制备:

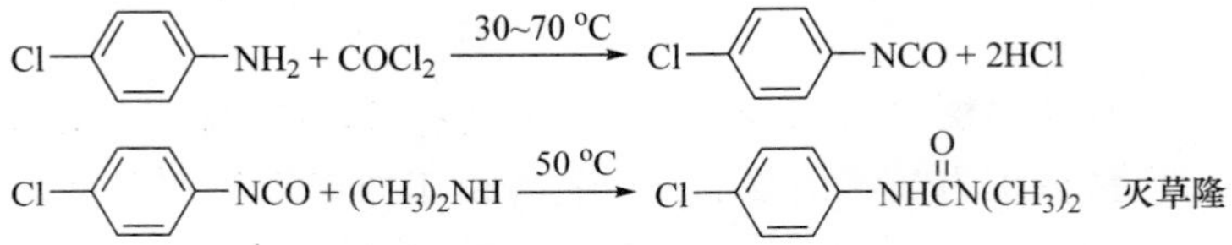

$$Cl-C_6H_4-NH_2 + COCl_2 \xrightarrow{30\sim70\ ^\circ C} Cl-C_6H_4-NCO + 2HCl$$

$$Cl-C_6H_4-NCO + (CH_3)_2NH \xrightarrow{50\ ^\circ C} Cl-C_6H_4-NHC(=O)N(CH_3)_2 \quad \text{灭草隆}$$

(四) 碳酸的腈(氰酸和异氰酸)

氰酸是碳酸的腈,是不稳定的,很容易发生三聚合作用,形成稳定的具有芳香性的六元杂环。异氰酸是碳酸的异构体,也不稳定,但异氰酸酯是稳定的。异氰酸酯加水生成氨基甲酸(不稳定),分解成胺和 CO_2:$RNCO + H_2O \longrightarrow [RNHCOOH] \longrightarrow RNH_2 + CO_2$。异氰酸酯可视为氨基甲酸酐。

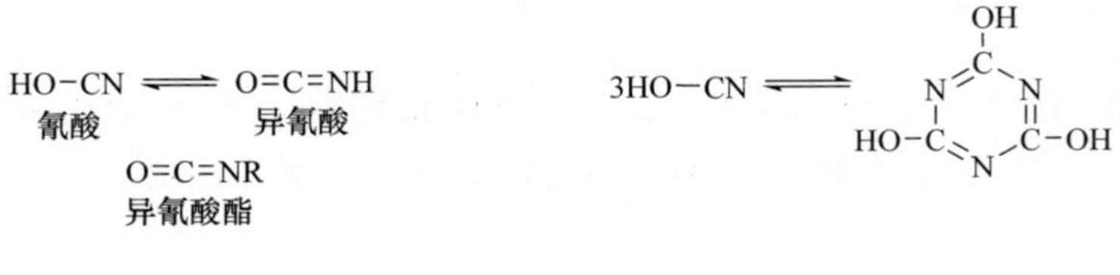

$$HO-CN \rightleftharpoons O=C=NH$$

氰酸　异氰酸

$O=C=NR$

异氰酸酯

$$3HO-CN \rightleftharpoons \text{(2,4,6-三羟基-1,3,5-三嗪)}$$

异氰酸酯是异氰酸的各种酯的总称。若以—NCO 基团的数量分类，包括单异氰酸酯 R—N═C═O、二异氰酸酯 O═C═N—R—N═C═O 及多异氰酸酯等。以光气为原料生产的异氰酸酯类产品，如甲苯二异氰酸酯(Toluene Diisocyanate，TDI，有两种异构体：2,4-甲苯二异氰酸酯和 2,6-甲苯二异氰酸酯)、4,4′-二苯基甲烷二异氰酸酯(Methylenediphenyl Diisocyanate，MDI)、聚合 MDI(PAPI，由 4,4′-二苯基甲烷二异氰酸酯及其 2,4′-异构体和多官能度的同系物组成)、1,5-萘二异氰酸酯(NDI)、六亚甲基二异氰酸酯(HDI)等。HDI 是聚氨酯硬泡、软泡、弹性体的原料。

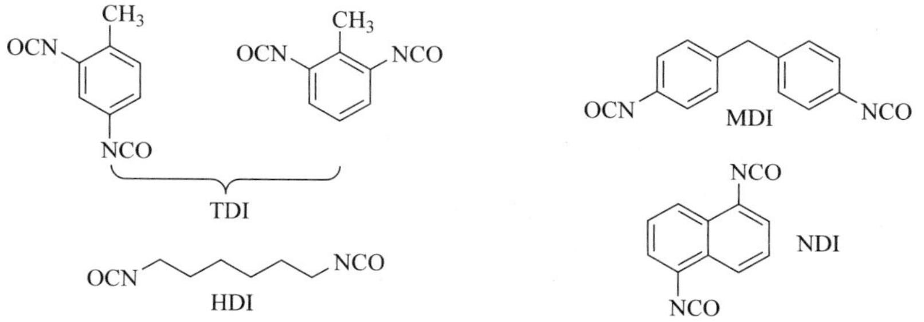

TDI　MDI　HDI　NDI

一般工业生产异氰酸酯是采用冷光气化和热光气化两步。冷光气化是在较低的温度(<80℃)下伯胺和光气发生反应；热光气化是将冷光气化的产物加热到 100～200℃ 继续通入过量的光气，使氨基甲酰氯、伯胺的盐酸盐和脲分解生成异氰酸酯。如：

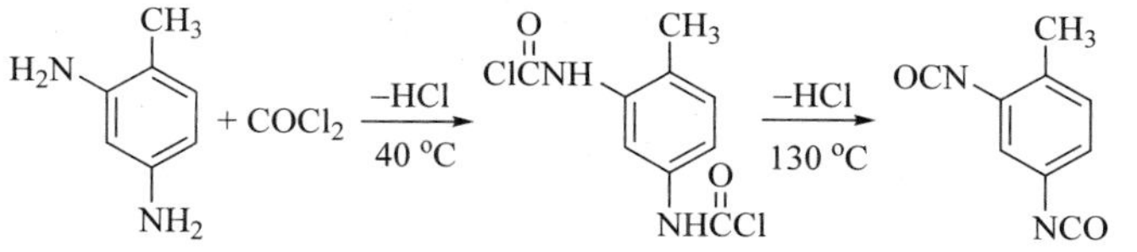

$$\text{2,4-}(H_2N)_2C_6H_3CH_3 + COCl_2 \xrightarrow[40\ ^\circ C]{-HCl} \text{2,4-}(ClCONH)_2C_6H_3CH_3 \xrightarrow[130\ ^\circ C]{-HCl} \text{2,4-}(OCN)_2C_6H_3CH_3$$

制备异氰酸酯的原料不限于伯胺、磺酰胺，氨基甲酸酯也可与光气反应生成异氰酸酯。溶剂一般是用惰性的，如氯苯、二氯苯、三氯苯等，苯、甲苯、二甲苯也可。

碳酸二甲酯法合成异氰酸酯，即先羰基化引入甲氧羰基，再热分解成异氰酸酯。如：

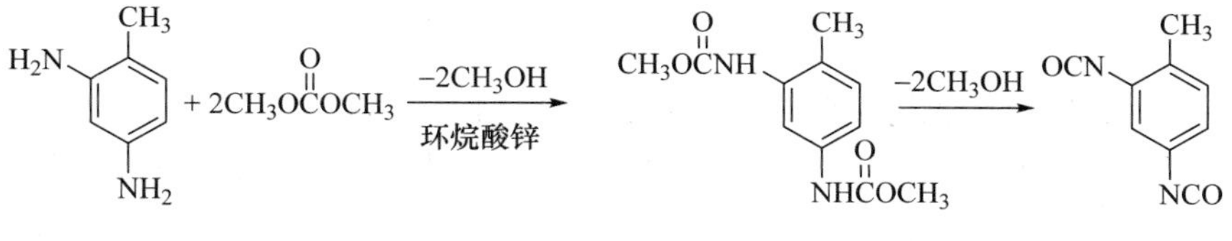

$$\text{2,4-}(H_2N)_2C_6H_3CH_3 + 2CH_3OCOOCH_3 \xrightarrow[\text{环烷酸锌}]{-2CH_3OH} \text{2,4-}(CH_3OCONH)_2C_6H_3CH_3 \xrightarrow{-2CH_3OH} \text{2,4-}(OCN)_2C_6H_3CH_3$$

该反应的优点是污染小、收率高、反应条件温和且催化剂价格低廉易得，碳酸二甲酯法符合绿色化工的发展要求。

聚氨酯全称聚氨基甲酸酯，是由二元或多元异氰酸酯与二元或多元醇反应制得，可制备出柔软、弹性至刚性塑料。如 TDI 与乙二醇生成的聚氨酯结构如下：

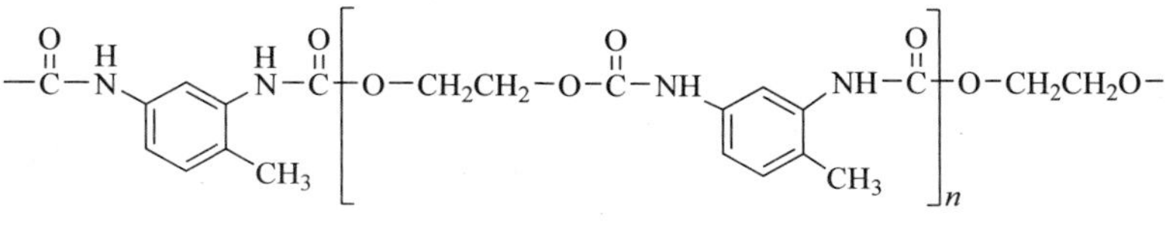

$$-\overset{O}{\overset{\|}{C}}-\overset{H}{N}-C_6H_3(CH_3)-\overset{H}{N}-\overset{O}{\overset{\|}{C}}\left[-O-CH_2CH_2-O-\overset{O}{\overset{\|}{C}}-NH-C_6H_3(CH_3)-NH-\overset{O}{\overset{\|}{C}}-\right]_n O-CH_2CH_2O-$$

（五）原酸(orthoacid)衍生物

酸分子中羟基的数目和成酸中心原子的氧化数相等时，用词头“原”表示，叫原某酸，包括无机酸如原硅酸 $Si(OH)_4$、原碳酸 $C(OH)_4$、原磷酸 $P(OH)_5$ 等，有机酸如原羧酸 $RC(OH)_3$。原酸不能游离存在，但它们的酯能稳定存在。

(1) 原羧酸酯(orthocarboxylic ester)： 通式为 $RC(OR')_3$，可简称原酸酯(orthoester)。它们对碱的水溶液稳定，在酸液中水解。因为原羧酸在同一碳上有三个羟基，所以在酸液中是不稳定的。

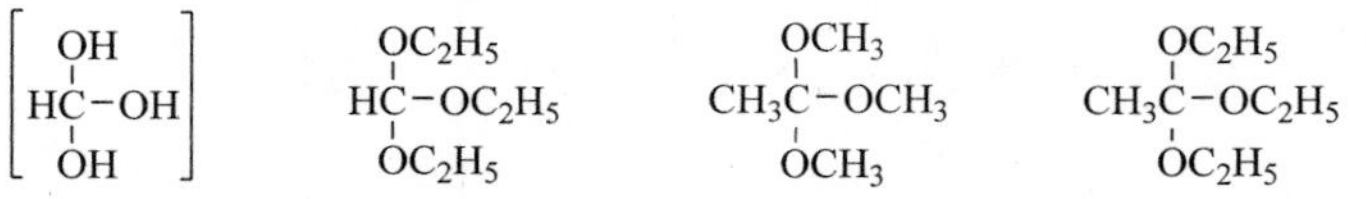

$$\left[\begin{array}{c} OH \\ | \\ HC-OH \\ | \\ OH \end{array}\right] \quad \begin{array}{c} OC_2H_5 \\ | \\ HC-OC_2H_5 \\ | \\ OC_2H_5 \end{array} \quad \begin{array}{c} OCH_3 \\ | \\ CH_3C-OCH_3 \\ | \\ OCH_3 \end{array} \quad \begin{array}{c} OC_2H_5 \\ | \\ CH_3C-OC_2H_5 \\ | \\ OC_2H_5 \end{array}$$

原甲酸　原甲酸三乙酯　原乙酸三甲酯　原乙酸三乙酯

原甲酸三乙酯[$HC(OC_2H_5)_3$]是抗疟药物氯喹和哌喹、次甲基染料和花青染料、丙烯酸系纤维等产品的中间体，可由氯仿与醇、钠反应制成：

$$2CHCl_3 + 6C_2H_5OH + 6Na \longrightarrow 2CH(OC_2H_5)_3 + 6NaCl + 3H_2$$

原酸酯也可由相应的腈制备。如：

$$CH_3CN + C_2H_5OH + HCl(气) \longrightarrow \underset{亚胺代乙酸乙酯盐酸盐}{CH_3\overset{OC_2H_5}{\overset{|}{C}}=\overset{+}{N}H_2Cl^-} \xrightarrow{C_2H_5OH} \underset{原乙酸三乙酯}{CH_3C(OC_2H_5)_3} + NH_4Cl$$

用原甲酸酯通过格氏反应可制比格氏试剂多一个碳原子的缩醛，与醛酮反应制缩醛、缩酮。如：

$$C_5H_{11}MgBr + CH(OC_2H_5)_3 \longrightarrow C_5H_{11}CH(OC_2H_5)_2 + C_2H_5OMgBr$$

$$R_2C=O + CH(OC_2H_5)_3 \longrightarrow R_2C(OC_2H_5)_2 + HCOOC_2H_5$$

原乙酸三甲酯可由 1,1,1-三氯乙烷与甲醇钠反应制得：

$$CH_3CCl_3 + 3CH_3ONa \longrightarrow CH_3C(OCH_3)_3 + 3NaCl$$

(2) 原碳酸衍生物： 原碳酸的四氯化物是常见的四氯化碳。碳酸原酸酯在游离状态下是稳定的，可以用醇钠和多元氯化物制备。如三氯硝基甲烷和乙醇钠反应生成原碳酸乙酯：

$$CCl_3(NO_2) + 4C_2H_5ONa \longrightarrow C(OC_2H_5)_4 + 3NaCl + NaNO_2$$

原碳酸的四氨基化合物不能存在，会失去一分子氨形成胍，胍为尿素中的 C═O 基被 C═NH 置换而得，故又称亚胺脲。胍是一个强碱，通常以盐的形式保存，游离胍很难分离。胍类化合物是指—NH_2 上的一个 H 被 R 等取代的一类化合物，如精氨酸、甲基胍乙酸、盐酸二甲双胍等。

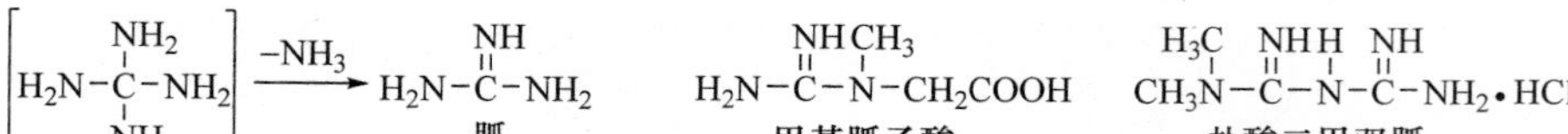

$$\left[\begin{array}{c} NH_2 \\ | \\ H_2N-C-NH_2 \\ | \\ NH_2 \end{array}\right] \xrightarrow{-NH_3} \underset{胍}{H_2N-\overset{NH}{\overset{\|}{C}}-NH_2} \quad \underset{甲基胍乙酸}{H_2N-\overset{NH}{\overset{\|}{C}}-\overset{CH_3}{\overset{|}{N}}-CH_2COOH} \quad \underset{盐酸二甲双胍}{CH_3\overset{H_3C}{\overset{|}{N}}-\overset{NH}{\overset{\|}{C}}-\overset{H}{\overset{|}{N}}-\overset{NH}{\overset{\|}{C}}-NH_2\cdot HCl}$$

胍的制备方法很多，如氰胺（石灰氮加硫酸制备）与胺反应，双氰胺（氰氨化钙水解制备）与铵盐反应，O-甲基异脲盐（尿素和硫酸二甲酯制备）与胺反应等：

$$CH_3(CH_2)_{17}NH_2 + NH_2CN + CH_3COOH \xrightarrow{110\sim125\ ^\circ C} CH_3(CH_2)_{17}NHC(=NH)NH_2 \cdot CH_3COOH$$

氰胺　　　　　　醋酸十八胍

$$NH_2C(=NH)NHCN + 2NH_2SO_3NH_4 \xrightarrow{NH_3} 2NH_2C(=NH)NH_2 \cdot NH_2SO_3H$$

双氰胺　　氨基磺酸铵　　　氨基磺酸胍

$$NH_2C(=NH)OCH_3 \cdot H_2SO_4 + C_2H_5NH_2 \longrightarrow NH_2C(=NH)NHC_2H_5 \cdot H_2SO_4 + CH_3OH$$

O-甲基异脲硫酸盐　　　　硫酸乙基胍

习　　题

1. 写出下列化合物的结构：

（1）苯甲酸三级丁酯　（2）3-甲基戊二酸单乙酯　（3）N,3-二乙基己酰胺

（4）2-甲基-N-环己基丙酰胺　（5）4-氨甲酰基己酰氯　（6）乙丙酸酐

（7）3-甲氧羰基环己甲酸　（8）3-甲基环己甲酰胺　（9）3-氧代戊酸甲酯

2. 比较下列化合物的酸性：

（一）(1) CH_3CH_2CHO　(2) $C_2H_5COCH_3$　(3) CH_3CH_2COCl　(4) $(CH_3CO)_2O$　(5) $CH_3CH_2COOCH_3$　(6) CH_3CH_2COOH

（二）(1) $CH_3CH(C_2H_5)COOC_2H_5$　(2) $CH_3CH(COCH_3)COOC_2H_5$　(3) $CH_3CH(COOC_2H_5)COOC_2H_5$　(4) $C_2H_5COOC_2H_5$

3. 判断下列反应能否发生，并说明理由：

(1) $CH_3COBr + C_2H_5OH \longrightarrow CH_3COOC_2H_5 + HBr$

(2) $CH_3COCl + CH_3COONa \longrightarrow (CH_3CO)_2O + NaCl$

(3) $CH_3COOH + NH_3 \xrightarrow{\text{室温}} CH_3COONH_3 + H_2O$

(4) $CH_3COOCH_3 + Br^- \longrightarrow CH_3COBr + CH_3O^-$

(5) $CH_3CONH_2 + NaOH \longrightarrow CH_3COONa + NH_3$

4. 用不超过两个碳原子的有机物和必要的无机试剂合成：

（1）N-正丁基异戊酰胺　（2）α-溴代丁酸乙酯　（3）二（三级丁基）酮

5. 完成下列反应：

(1) $C_6H_5MgBr(\text{过量}) + C_6H_5COOC_2H_5 \xrightarrow{\text{醚}} \xrightarrow{H_3O^+}$

(2) $CH_3CH_2CH_2CH_2MgBr(\text{过量}) + HCOOC_2H_5 \xrightarrow{\text{醚}} \xrightarrow{H_3O^+}$

(3) $CH_3MgI(\text{过量})$ + 5-戊基-γ-丁内酯（$CH_3(CH_2)_4$取代的五元环内酯，C=O） $\xrightarrow{\text{醚}} \xrightarrow{H_3O^+}$

(4) $CH_3CH_2CN + C_6H_5MgBr \xrightarrow{\text{乙醚}} \xrightarrow{H_3O^+}$

6. 由指定原料合成：

(1) 由 四氢呋喃（环状结构） 制备 $ClCOCH_2COCl$ 　　(2) 由 邻二甲苯（CH_3，CH_3） 制备 邻苯二甲酰亚胺（NH，O，O）

7. 由己二酸和邻氯苯甲酸通过格氏反应合成 1-溴环戊基（2-氯苯基）甲酮（C=O，Br，Cl）

8. 以 $(CH_3)_2CHCH_2OH$, 丁二酸酐, CH_3CH_2OH为原料制备 $(CH_3)_2CHCH_2COCH_2CH_2COOC_2H_5$

9. 用不超过 5 个碳的单官能化合物为有机原料，合成下列化合物：

(1) $CH_3CH_2CH_2CH(OH)CH_2COOC_2H_5$　(2) $(CH_3)_3CCOCH_2COOC_2H_5$　(3) $CH_3CH_2C(CH_3){=}CHCOOC_2H_5$

(4) 1-羟基环戊基（OH，$CH_2COOC_2H_5$）　(5) 1,3-二噁烷（CH_3，C_2H_5，O，O，H_3C，CH_3）　(6) $n\text{-}C_4H_9C(CH_3)_2COOH$

10. 分别写出(1)由乙醇和乙醛制备 2-甲基丁酰氯；(2)由乙酸制备氰基乙酰胺的合成路线。

11. 用简单的试管反应区别下列化合物：

(1) 丙酸和乙酸甲酯　(2) 正丁酸与 2-丁烯酸　(3) 甲酸与乙酸　(4) 正丁酰氯与氯代正丁烷　(5) 苯甲酸胺与苯甲酰胺　(6) 硝基苯甲酰胺与硝基苯甲酸乙酯

12. 用光气($COCl_2$)制备下列化合物：

(1) 尿素　(2) 碳酸二甲酯　(3) 氯乙酸甲酯　(4) 乙氨基甲酸乙酯

13. 用酯缩合反应制备下列化合物(乙醇钠为缩合剂)：

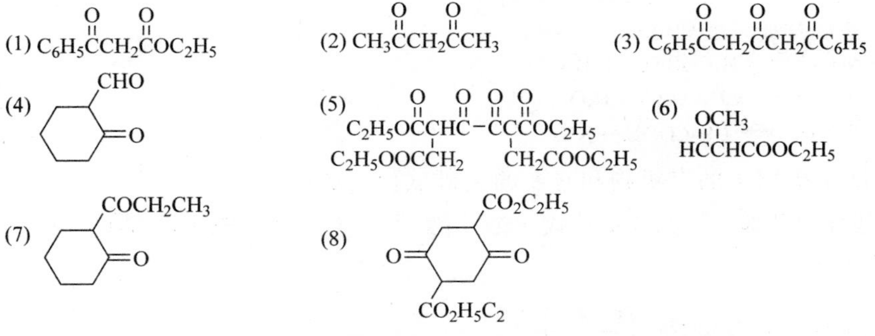

14. 由乙酰乙酸乙酯和必要的有机、无机试剂合成下列化合物：

(1) $CH_3CO-CH(C_2H_5)CH_2CH(CH_3)_2$　(2) $CH_3COCH(C_2H_5)CH_2COOH$　(3) $CH_3COCH(C_2H_5)CH_2CH_2CH_3$

(4) $CH_3COCH(CH_3)CH_2CH_2CH(CH_3)-COCH_3$　(5) 环己烯基$-CH_2CH_2COCH_3$　(6) $CH_3COCH_2COC_6H_5$

15．由丙二酸酯和必要的有机、无机试剂合成下列化合物：

(1) $CH_2=CHCH_2CHCOOH$（CH 上连 CH_3）

(2) 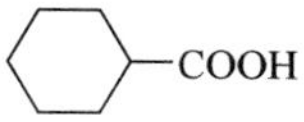 环己基—COOH

(3) $CH_2(CH_2COOH)_2$

(4) $HOCH_2CH_2CH_2CH_2OH$

(5) $HOOCCH-CHCOOH$（两个 CH 上各连 CH_3）

16．用环己酮及不超过 3 个碳的有机原料合成下列化合物：

(1) $CH_3(CH_2)_7COOH$

(2) $HOOCCH(CH_2)_3COOH$（CH 上连 CH_2CH_3）

(3) $HOOC(CH_2)_{16}COOH$

第十三章　有机含氮化合物

§13.1　硝基化合物结构、命名和分类

烃分子中的一个或多个氢被硝基($—NO_2$)取代后称为硝基化合物，它与亚硝酸酯($R—O—N═O$)互为同分异构体。

硝基化合物的经典结构认为：氮原子和一个氧原子共价结合，与另一个氧原子配价键结合。硝基中的两个氮氧键的键长应该是不同的，氮氧双键($—N═O$)的键长应短些。但电子衍射法证明：硝基中两个氮氧键的键长是完全相同的，如 CH_3NO_2 分子中的两个 N—O 键的键长相等，均为 0.122 nm。这是因为硝基化合物中，氮原子的五个外层电子中的三个以 sp^2 杂化轨道与两个氧原子和一个碳原子的电子形成共平面的三个 σ 键，氮原子未参加杂化的一对电子的 p 轨道与氧原子的 p 轨道形成共轭体系，平均分布在两个氧原子上，硝基中的两个氧原子是等同的。硝基化合物的经典结构及共振结构可表示如下：

经典结构：$R-N(=O)\rightarrow O$　　$R-\overset{+}{N}(=O)-O^-$　　共振结构：$R-\overset{+}{N}(=O)-O^- \longleftrightarrow R-\overset{+}{N}(-O^-)=O$

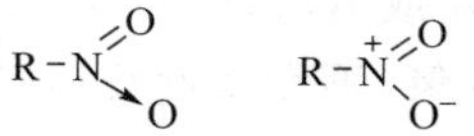

硝基化合物的命名与卤代烃相似，把硝基作为取代基，称为硝基某烃，如：

$CH_3CH_2NO_2$ 硝基乙烷

Cl_3CNO_2 硝基三氯甲烷

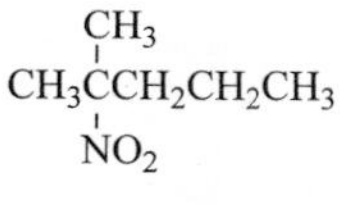

$CH_3C(CH_3)(NO_2)CH_2CH_2CH_3$ 2-甲基-2-硝基戊烷

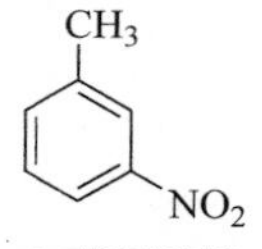

3-硝基甲苯

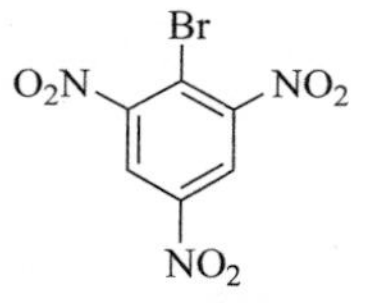

2, 4, 6-三硝基溴苯

硝基化合物的分类：按烃基基团不同，可分为脂肪族硝基化合物(如硝基甲烷)和芳香族硝基化合物(如硝基苯)；按硝基数目分为一硝基化合物和多硝基化合物(如三硝基甲苯)；按硝基连接的碳原子类型分为一级硝基化合物(如 1-硝基乙烷)，二级硝基化合物(如 2-硝基丁烷)，三级硝基化合物(如 2-甲基-2-硝基戊烷)。

§13.2　硝基化合物的物理性质

硝基是强吸电子基团，硝基化合物的偶极矩较大，故硝基化合物的沸点都很高。如硝基乙烷($C_2H_5NO_2$)的沸点为 114℃，而相应的同分异构体亚硝酸乙酯(C_2H_5ONO)的沸点仅为

17℃。硝基化合物的相对密度都大于 1,溶于醇、醚等有机溶剂,绝大多数不溶于水,即使是低相对分子质量的一硝基烷在水中的溶解度也很小。液体硝基化合物可作为溶剂,能溶解许多无机盐,如溶解无水 $AlCl_3$,它们之间能形成复合物。所以在某些以 $AlCl_3$ 为催化剂的反应中,如傅-克反应,可用硝基苯为溶剂。多硝基芳香化合物为深黄色或浅黄色结晶固体,具有爆炸性,如三硝基甲苯即为 TNT 炸药。大部分硝基化合物都有毒性,它可把血红蛋白氧化成高铁血红蛋白,失去携带氧的功能,有些还能诱发癌症,如某些硝基呋喃类药物。有些化合物中引入硝基后能产生特殊的香味,叔丁苯的多硝基化合物中,有些具有类似麝香的香味,可以用作化妆品的定香剂,如葵子麝香(2,6-二硝基-3-甲氧基-4-叔丁基甲苯)、二甲苯麝香(2,4,6-三硝基-1,3-二甲基-5-叔丁基苯):

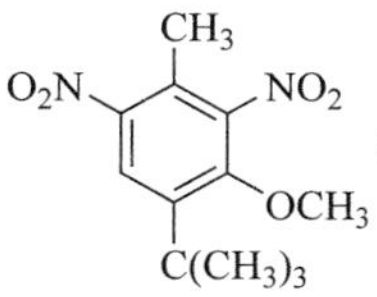

[葵子麝香结构式: 苯环上 CH_3, O_2N, NO_2, OCH_3, $C(CH_3)_3$]　葵子麝香

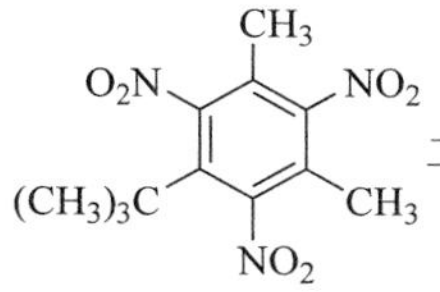

[二甲苯麝香结构式: 苯环上 CH_3, O_2N, NO_2, $(CH_3)_3C$, CH_3, NO_2]　二甲苯麝香

§13.3　硝基化合物的化学性质

(一) α 氢原子的酸性

含有 α 氢原子的伯或仲硝基化合物(RCH_2NO_2 或 R_2CHNO_2),可溶于氢氧化钠等强碱溶液,与强碱作用生成盐。叔硝基化合物由于无 α 氢,不发生此反应。

$$RCH_2NO_2 + NaOH \longrightarrow (RCHNO_2)^- Na^+ + H_2O \quad R_2CHNO_2 + NaOH \longrightarrow (R_2CNO_2)^- Na^+ + H_2O$$

这是因为具有 α-H 的硝基化合物存在 σ,π-超共轭效应,由于硝基强吸电子,会使含 α-H 的硝基化合物产生互变异构体——硝基式和假酸式,类似于羰基化合物中酮式和烯醇式的互变异构。如:

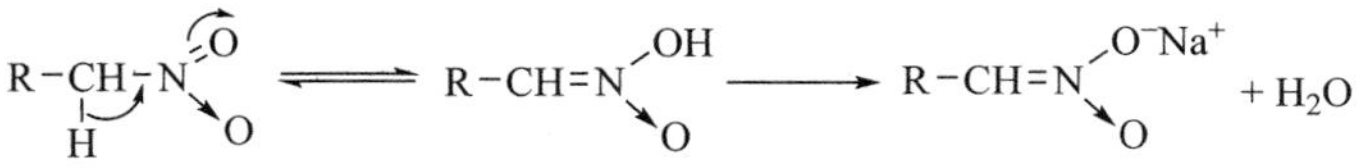

$$\underset{\text{硝基式}}{R-\underset{H}{\underset{|}{CH}}-N\begin{smallmatrix}\nearrow O\\ \searrow O\end{smallmatrix}} \rightleftharpoons \underset{\text{假酸式}}{R-CH=N\begin{smallmatrix}\nearrow OH\\ \searrow O\end{smallmatrix}} \longrightarrow R-CH=N\begin{smallmatrix}\nearrow O^-Na^+\\ \searrow O\end{smallmatrix} + H_2O$$

如硝基甲烷、硝基乙烷和 2-硝基丙烷的 pK_a 分别是:10.2、8.5 和 7.8。

(二) α-H 的缩合反应

硝基化合物中的硝基和羰基一样可活化 α-H。它们在碱性下失去 α-H 形成碳负离子,作为亲核试剂,可对羰基加成,发生类似羟醛缩合、Claisen 缩合的反应。与脂肪醛或酮反应,一般生成 β-羟基硝基化合物。如:

$$\underset{\text{壬醛}}{n\text{-}C_8H_{17}CHO} + CH_3NO_2 \xrightarrow[C_2H_5OH]{NaOH} \underset{\text{1-硝基-2-癸醇}}{n\text{-}C_8H_{17}\overset{OH}{\overset{|}{C}}HCH_2NO_2}$$

硝基甲烷与两个甲醛反应生成 2-硝基-1,3-丙二醇,与三个甲醛反应生成三羟甲基硝基甲烷,还原后可得三羟甲基甲胺,在生化实验中用作缓冲剂:

$$CH_3NO_2 + 2HCHO \xrightarrow[-5\sim0\ ^{\circ}C]{NaOH/H_2O} HOCH_2CH(NO_2)CH_2OH \quad \text{2-硝基-1, 3-丙二醇}$$

$$CH_3NO_2 + 3HCHO \xrightarrow[30\sim35\ ^{\circ}C,\ 4\ h]{Ca(OH)_2,\ pH9} HOCH_2C(CH_2OH)_2NO_2 \xrightarrow[Raney\ Ni]{\text{水合肼}} HOCH_2C(CH_2OH)_2NH_2$$

硝基化合物与芳香醛或芳香酮反应,可失水生成 α,β-不饱和硝基化合物。如:

$$C_6H_5CHO + CH_3NO_2 \xrightarrow[\text{戊烷}]{25\ ^{\circ}C} C_6H_5CH{=}CH{-}NO_2 + H_2O$$

(三) 硝基化合物的还原

硝基化合物可被还原,在强烈还原条件下,如 $LiAlH_4$、催化加氢、Fe+HCl 等,还原成相应的胺:

$$RNO_2 + 6[H] \xrightarrow[Fe + HCl]{H_2/Pt\ \text{或}} RNH_2 + 2H_2O$$

芳香基硝基化合物在不同的还原体系中可被还原成不同的产物。如硝基苯在适当的条件下可被温和还原,生成许多中间产物。硝基很容易被还原,还原一般经历以下过程,以硝基苯还原为例:

$$\underset{\text{硝基苯}}{C_6H_5NO_2} \xrightarrow[-H_2O]{2[H]} \underset{\text{亚硝基苯}}{C_6H_5NO} \xrightarrow{2[H]} \underset{N\text{-羟基苯胺（苯胲）}}{C_6H_5NHOH} \xrightarrow[-H_2O]{2[H]} \underset{\text{苯胺}}{C_6H_5NH_2}$$

在不同介质中(酸性、中性或碱性)可以得到不同的产物。

(1) 在酸性介质中,如硝基苯用金属(Fe 或 Sn)和盐酸为还原剂还原得到苯胺:

$$C_6H_5NO_2 + 6[H] \xrightarrow{Fe + HCl} C_6H_5NH_2 + 2H_2O$$

铁粉还原虽然简单,但产生大量铁泥污染环境。还原在电解质溶液中进行加入 3%~4%的氯化亚铁,可大大加速反应。反应为较猛烈的放热反应,温度一般控制在 95~100℃之间。

(2) 在中性或弱碱性介质中得到 *N*-羟基苯胺: 如硝基苯用锌粉和氯化铵在水溶液中还原,得到 *N*-羟基苯胺(芳胲),氧化锌和氯化铵以复盐 $2NH_4Cl \cdot 5Zn(OH)_2$ 析出,

$$C_6H_5NO_2 + 2Zn + 3H_2O \xrightarrow[50\sim55\ ^{\circ}C,\ pH\ 7.2\sim7.5]{NH_4Cl} \underset{68\%}{C_6H_5NHOH} + 2Zn(OH)_2$$

芳胲易被空气氧化,不能长期保存。在铁、铜存在下很容易被氧化还原成 ArN═O 和

$ArNH_2$。

(3) 在碱性介质中,得到偶氮苯: 硝基苯可被不同的还原剂还原成不同的产物,且硝基苯会与其单分子还原中间产物相互作用,进一步反应生成双分子还原产物。如硝基苯用亚砷酸钠溶液还原,生成的芳胺与硝基化合物还原得到的亚硝基苯反应,生成氧化偶氮苯:

$$C_6H_5-NO_2 \xrightarrow[\text{或}Na_2AsO_3]{As_2O_3+NaOH} C_6H_5-NHOH \xrightarrow[OH^-]{C_6H_5-NO} C_6H_5-N{=}\underset{\downarrow \atop O}{N}-C_6H_5 + H_2O$$

氧化偶氮苯

用适量的锌粉在 NaOH 溶液中还原硝基苯,主要得到橙红色固体偶氮苯,可能是两分子中间物 *N*-羟基苯胺缩合而成:

$$C_6H_5-NO_2 \xrightarrow[\text{或Fe+NaOH}]{\text{Zn(适量)+NaOH}} C_6H_5-NHOH \xrightarrow[OH^-]{C_6H_5-NHOH} C_6H_5-N{=}N-C_6H_5 + 2H_2O$$

偶氮苯

用过量的锌粉在 NaOH 溶液中还原硝基苯,主要得到无色固体氢化偶氮苯,可能是由偶氮苯进一步还原生成:

$$2\,C_6H_5-NO_2 \xrightarrow{\text{Zn(过量)+NaOH}} C_6H_5-N{=}N-C_6H_5 \xrightarrow{2[H]} C_6H_5-NH-NH-C_6H_5$$

氢化偶氮苯

(4) 氢化偶氮苯在强酸(硫酸或盐酸)作用下重排为联苯胺:

$$C_6H_5-NH-NH-C_6H_5 \xrightarrow{H_2SO_4} H_2N-C_6H_4-C_6H_4-NH_2 + (2\text{-}NH_2)C_6H_4-C_6H_4-NH_2$$

4, 4'-联苯胺 70%　　2, 4'-联苯胺 ~29%

如果氢化偶氮苯的某一对位被占据,则重排到邻位。如:

$$C_6H_5-NH-NH-C_6H_4-Cl \xrightarrow{H_2SO_4} H_2N-C_6H_4-C_6H_3(NH_2)(Cl) \quad (\text{主})$$

(四) 芳香化合物中的硝基对芳环上取代基性质的影响

硝基是强吸电子基,对芳环邻、对位取代基性质的影响比对间位的影响要大。如酚羟基的酸性,邻、对硝基苯酚强于间硝基苯酚的酸性,且都比苯酚的酸性强,它们的 pK_a 如下:

	对硝基苯酚	邻硝基苯酚	间硝基苯酚	苯酚
pK_a:	7.16	7.21	8.0	9.9

取代苯发生的取代反应一般是亲电取代,因苯环富电子,不易被亲核试剂进攻。但硝基的存在使碳原子上的电子云密度减少,亲核试剂对苯环进行亲核取代的反应性增强。如氯苯与 NaOH 共热到 200℃也不能水解成苯酚,但对硝基氯苯、邻硝基氯苯均可以在 Na_2CO_3

催化下水解成对硝基苯酚或邻硝基苯酚。这是因为硝基通过强吸电子的诱导效应和共轭效应，使氯原子连接的碳原子电子云密度比间位明显降低，有利于亲核试剂（如 OH^-）的进攻，使水解反应容易进行。此外，邻、对位的硝基数目越多，卤原子相连的碳原子上的电子云密度越低，水解就越容易。但处于卤原子间位的硝基，对卤原子连接的碳原子上的电子云密度影响较小，对卤原子的活性影响不显著。如：

$$\text{对硝基氯苯} + H_2O \xrightarrow[130\ ^\circ C]{Na_2CO_3} \text{对硝基苯酚}\qquad \text{2,4-二硝基氯苯} + H_2O \xrightarrow[100\ ^\circ C]{Na_2CO_3} \text{2,4-二硝基苯酚}$$

$$\text{2,4,6-三硝基氯苯} \xrightarrow[\text{室温}]{H_2O} \text{2,4,6-三硝基苯酚}$$

芳香亲核反应的机制是加成-消去历程。首先是亲核试剂 OH^- 进攻氯原子相连的碳原子，形成碳负离子中间体，然后再失去氯离子生成产物：

$$\text{对硝基氯苯} + OH^- \longrightarrow \text{碳负离子中间体}(O\leftarrow N{=}O) \xrightarrow{-Cl^-} \text{对硝基苯酚}$$

这类反应为双分子反应，反应速率与亲核试剂的浓度及芳香化合物的浓度成正比，用 Ar S_N2 表示。反应的关键是被取代的基团的邻或对位上的吸电子取代基使碳负离子中间体的负电荷分散而稳定，从而使亲核反应容易发生。

能活化和加速芳香亲核反应的吸电子基团（包括硝基）按影响大小次序排列如下：

$$-\overset{+}{N}_2 > -\overset{+}{N}\lessgtr > -NO > -NO_2 > -CF_3 > -COR > -CN > -COOH > -SO_3^- > -Cl > -Br > -I > -C_6H_5$$

带有负电荷或含有孤对电子，能进行芳香亲核反应的亲核试剂有：

H^-　HS^-　RO^-　CN^-　SCN^-　OH^-　$-CH_2^-$　$>CH^-$　$\geqslant N:$　$R\bar{C}H_2M^+$（金属有机化合物）

如 2,4-二硝基氯苯可发生如下亲核取代反应：

$$\text{2,4-二硝基氯苯} \xrightarrow{CH_3NH_2} \text{N-甲基-2,4-二硝基苯胺}(NHCH_3)$$
$$\text{2,4-二硝基氯苯} \xrightarrow[H_2O]{NaSH} \text{2,4-二硝基苯硫酚}(SH)$$
$$\text{2,4-二硝基氯苯} \xrightarrow{NH_2NH_2} \text{2,4-二硝基苯肼}(NHNH_2)$$
$$\text{2,4-二硝基氯苯} \xrightarrow[CH_3OH]{CH_3ONa} \text{2,4-二硝基苯甲醚}(OCH_3)$$

当其邻位或对位有吸电子基团时，常见的可被亲核试剂取代的基团，按活泼顺序排列如下：

$$-F > -NO_2\ (-Cl-Br-I) > -N_2 > -OSO_2R > -\overset{+}{N}R_3 > -OAr\ (-OR-SR-SAr) > -SO_2R > -NR_2$$

§13.4　硝基化合物的制法

（一）脂肪烃的硝化

直接硝化时会发生氧化反应等副反应，产物复杂。

(1) 烷烃与硝酸的气相反应是自由基反应： 用稀硝酸氧化时，叔碳原子最容易被硝化，仲碳次之，伯碳最难。反应是将烷烃与硝酸混合气体迅速通过 250～600℃反应管。如：

$$CH_4 + HNO_3 \xrightarrow{400\ ^\circ C} CH_3NO_2 + H_2O$$

$$CH_3CH_2CH_3 + HNO_3 \xrightarrow{高温} \underset{10\%\sim30\%}{CH_3NO_2} + \underset{20\%\sim25\%}{CH_3CH_2NO_2} + \underset{25\%}{CH_3CH_2CH_2NO_2} + \underset{40\%}{CH_3\overset{NO_2}{\overset{|}{C}}HCH_3}$$

(2) α-卤代羧酸盐的硝基置换及脱羧： α-卤代羧酸钠盐和亚硝酸钠水溶液共热，卤原子被硝基置换，并同时脱羧，生成硝基烷烃，收率一般为 30％～35％，纯度好。如将氯乙酸钠和亚硝酸钠混合水溶液逐渐加入到热的反应器中，加热到 80℃后冷却控温，制备硝基甲烷：

$$ClCH_2COONa + NaNO_2 + H_2O \xrightarrow{80\ ^\circ C} CH_3NO_2 + NaHCO_3 + NaCl$$

(3) 亚硝酸盐烃基化： 伯卤代烷与亚硝酸盐（如亚硝酸钾、亚硝酸钠、亚硝酸银）发生亲核取代，生成硝基烷及亚硝基酯。如：

$$\underset{1-碘辛烷}{n\text{-}C_8H_{17}I} + AgNO_2 \longrightarrow \underset{1-硝基辛烷\ 83\%}{n\text{-}C_8H_{17}NO_2} + \underset{亚硝酸辛酯\ 11\%}{n\text{-}C_8H_{17}ONO}$$

（二）芳香硝基化合物的制备

可用多种不同的硝化剂，如不同浓度的硝酸、硫酸和硝酸的混酸、硝酸盐和硫酸、硝酸和醋酸或醋酐的混合物等直接硝化。多数参加硝化反应的活性质点是硝基正离子（NO_2^+），但硝化过程中产生的水会使硝基正离子浓度降低，常用的脱水剂是浓硫酸、乙酸酐、发烟硫酸。硝酸与被硝化物理论上是等量的，但实际上对易硝化的，硝酸过量 1％～5％，对难硝化的，硝酸过量 10％～20％或更多。为保护环境，已趋向采用被硝化物过量的硝化技术。

(1) 浓硫酸介质中的硝化： 被硝化物与硝化剂互溶时进行的为均相硝化，如硝基苯的硝化，反应速率与硝基苯和硝酸的浓度成正比，$V=k[\text{Ar-NO}_2][HNO_3]$，为二级反应，反应速率常数 k 与硫酸浓度密切相关，当硫酸浓度在 90％左右，速度常数最大。当被硝化物与硝化剂互不相溶时进行的为非均相硝化，如苯、甲苯和氯苯的硝化，硝化主要是在酸相中和两相界面处进行的，混酸和硫酸的浓度变化也是影响反应速率的重要因素。甲苯在 71.6％～

72.4%的硫酸中反应速率最快。

(2) 被硝化物的性质：苯环上有供电子基时硝化速率快，有吸电子基时硝化速率降低。卤代苯硝化，卤原子使苯环致钝顺序为 I＞Br＞Cl＞＞F，氟苯活性近似于苯。如：

$$C_6H_5F + HNO_3 \xrightarrow[\text{小于 } 0\,^\circ C]{H_2SO_4} p\text{-}FC_6H_4NO_2\ (o\text{-}FC_6H_4NO_2) + H_2O$$

$$C_6H_5Cl + HNO_3 \xrightarrow[\text{小于 } 30\,^\circ C]{H_2SO_4} p\text{-}ClC_6H_4NO_2\ (o\text{-}ClC_6H_4NO_2) + H_2O$$

苯胺硝化：在浓硫酸中苯胺生成铵盐，是强间位定位基，硝基进入间位。乙酰化的苯胺取代在邻、对位发生，以对位为主。如：

$$o\text{-}ClC_6H_4NH_2 + H_2SO_4 \longrightarrow o\text{-}ClC_6H_4NH_3^+HSO_4^- \xrightarrow[\text{小于 } 10\,^\circ C]{HNO_3} \text{(Cl, } NH_3^+HSO_4^-, NO_2) \xrightarrow{NH_3} \text{(Cl, } NH_2, NO_2)$$

$$C_6H_5NHCOCH_3 + HNO_3 \xrightarrow[20\sim25\,^\circ C]{(CH_3CO)_2O,\ AcOH} p\text{-}NO_2C_6H_4NHCOCH_3\ (o\text{-}NO_2C_6H_4NHCOCH_3) \xrightarrow{NaOH} p\text{-}NO_2C_6H_4NH_2\ (o\text{-}NO_2C_6H_4NH_2)$$

(3) 硝化剂：采用不同的硝化剂，邻、间、对产物的比例会不同，使用强硝化剂则选择性较差。如乙酰苯胺硝化后产物的邻对位比，用硝酸＋硫酸硝化时为 0.25，用硝酸＋乙酐时为 2.28。混酸中硫酸含量多则硝化能力强，用 SO_3 代替硫酸，可提高硝化速率。在混酸中加入适量磷酸，可增加对位异构体的收率。用硝酸盐和过量硫酸硝化适用于难硝化的苯甲醛、苯甲酸等制备间硝基化合物。硝酸加酸酐是没有氧化作用的硝化剂，适于酚、胺类硝化，且可提高邻对位比例。

(4) 亚硝基化、氧化：酚很容易被亚硝基化，再用稀硝酸氧化成硝基。如：

$$o\text{-}CH_3C_6H_4OH + H_2SO_4 + NaNO_2 \xrightarrow{\text{小于 } 5\,^\circ C} \text{(OH, } CH_3, NO) \xrightarrow[30\,^\circ C]{HNO_3} \text{(OH, } CH_3, NO_2)$$

§13.5 胺

胺是氨的有机衍生物，广泛存在于生物界，其中许多具有重要的生理活性和生物活性，如蛋白质、核酸、激素、抗生素和生物碱等都是胺的复杂衍生物。许多胺是由氨基酸脱羧生成的，临床上使用的大多数药物也是胺或者胺的衍生物。具有生理活性的胺有很多，如：

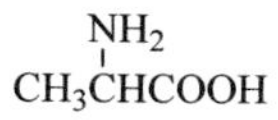

$CH_3CH(NH_2)COOH$ 丙氨酸（一种氨基酸）

$NH_2CH_2CH_2CH_2COOH$ 4-氨基丁酸（促大脑新陈代谢）

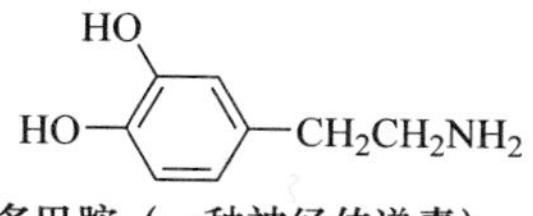

多巴胺（一种神经传递素）

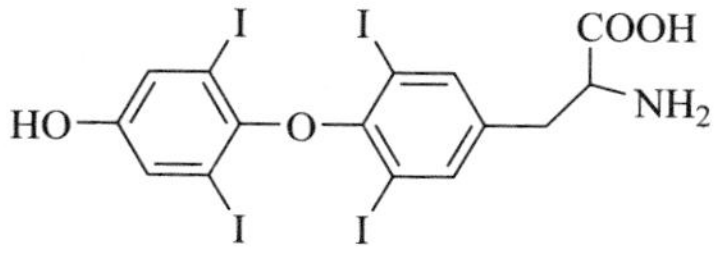

甲状腺素（促进组织代谢和身体发育）

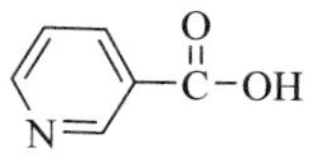

烟酸（一种维生素）

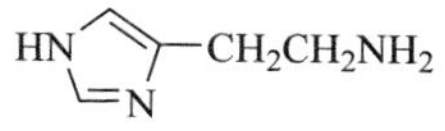

组胺（扩张血管）

有些胺具有很强的生理依赖性，如杜冷丁、吗啡、冰毒等，对身体有极大的危害。

（一）胺的分类

根据胺分子中与氮原子相连的羟基的数目，胺可分为伯（1°）胺（RNH_2）、仲（2°）胺（R_2NH）、叔（3°）胺（R_3N）、季（4°）铵盐（$R_4N^+X^-$）和季铵碱（$R_4N^+OH^-$）。如果胺分子中含有两个或两个以上的氨基（$—NH_2$），则根据氨基数目的多少，可以分为二元胺、三元胺。如：

$CH_3CH_2NH_2$ 乙胺　$CH_3NHCH_2CH_3$ 甲乙胺　$(CH_3)_3N$ 三甲胺　$(CH_3CH_2CH_2CH_2)_4N^+Cl^-$ 氯化四丁基胺　$(CH_3)_4N^+OH^-$ 氢氧化四甲胺

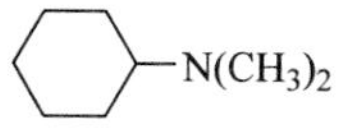

二甲基环己基胺 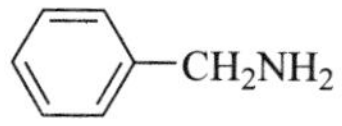　苄胺 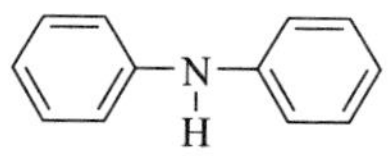　二苯基胺　$H_2NCH_2CH_2NH_2$ 乙二胺

（二）胺的命名

普通命名是以“胺”为词尾，前面加上与氮相连的烃基数目和名称；二元胺和多元胺的伯胺，当其氨基连在开链烃基或直接连接在苯环上时，可以称为二胺或三胺。复杂的胺可以以烃作为母体，把氨基作为取代基来命名。如：

$(CH_3CH_2)_2NH$ 二乙胺　$(CH_3CH_2CH_2CH_2)_3N$ 三丁胺　邻甲基苯胺　$CH_3CH(NH_2)CH(CH_3)CH(CH_3)CH_3$ 3, 4-二甲基-2-氨基戊烷

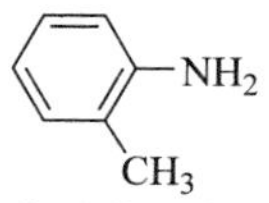

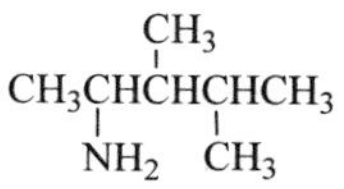

IUPAC 命名法与醇类似，由最长的碳链决定胺的名称，称为某胺。并用一个数字表示氨基在链上的位置。氮上的每个取代基加前缀 *N*-，在碳链上其他取代基也用数字给出。如：

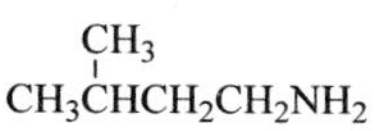

$CH_3CH(CH_3)CH_2CH_2NH_2$ 3-甲基-1-丁胺　$CH_3CH_2CH(NHCH_3)CH_3$ *N*-甲基-2-丁胺　$CH_3CH_2CH(CH_3)CH(N(CH_3)_2)CH(CH_3)CH_3$ 2, 4, *N*, *N*-四甲基-3-己胺 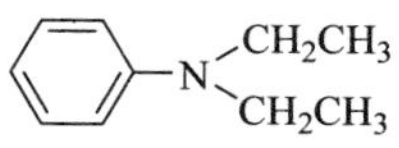　*N*, *N*-二乙基苯胺

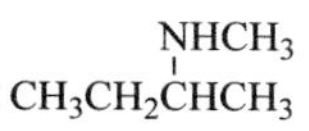

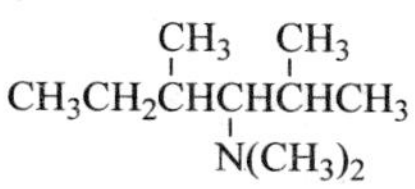

“氨”“胺”“铵”三字的用法：作为取代基时称为“氨基”，如$—NH_2$ 称氨基，$CH_3NH—$称甲氨基；作为官能团时称为“胺”，如 CH_3NH_2 称甲胺，$PhNH_2$ 称苯胺；氮上带正电荷时称为“铵”，如 $CH_3\overset{+}{N}H_3Cl$ 称为氯化甲（基）铵，写成 $CH_3NH_2 \cdot HCl$ 时称为甲胺盐酸盐。

(三) 胺的结构

氨和胺中氮原子的结构，都是以三个 sp^3 杂化轨道与氢原子的 s 轨道或碳原子的杂化轨道成键，组成一个棱锥体，留下一个 sp^3 杂化轨道由孤对电子占据。如果氮上连接三个不同基团，此时再把氮上孤对电子作为第四基团，胺应有一对对映体，每个对映体应有手性。但由于翻转胺分子中的孤对电子所需要的活化能很低，室温下就可以迅速转化，孤对电子从分子的一面转移到另一面，未能分离出其对映体，也测不出旋光。

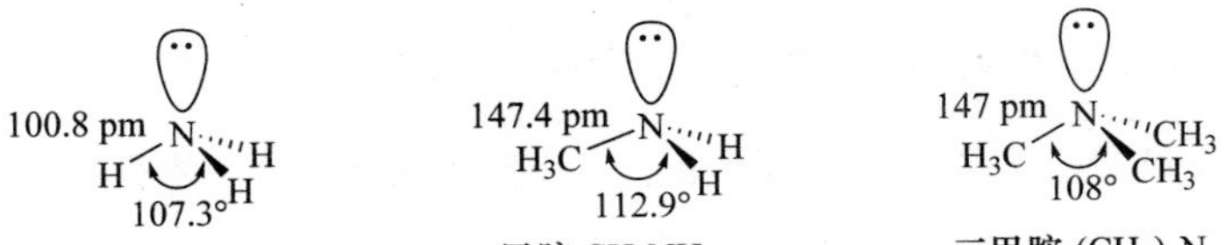

100.8 pm 107.3° 氨 NH_3 　　147.4 pm 112.9° 甲胺 CH_3NH_2 　　147 pm 108° 三甲胺 $(CH_3)_3N$

在季铵盐中，氮的四个 sp^3 轨道全部用来成键，如果氮原子上连有四个不同的基团，则存在着不能互相转化的对映异构体，如碘化甲基乙基烯丙基苯基胺拆分为右旋和左旋光学异构体。

§ 13.6　胺的物理性质

脂肪族胺中甲胺、二甲胺、三甲胺和乙胺是气体，丙胺以上为液体，气味与氨相似，有的有鱼腥味(鱼的腥味其实就主要来自三甲胺)；高级胺为固体，不易挥发。二元胺中丁二胺以上为固体。芳香胺多为高沸点的液体或低熔点的固体，具有特殊的气味。伯胺和仲胺由于存在氢键，它们的沸点比相对分子质量相近的非极性化合物高，但 N—H 键比 O—H 键极性小，故比相对分子质量相近的醇或羧酸的沸点低；叔胺分子之间不能形成氢键，沸点与相对分子质量相近的烃接近。胺是极性化合物。所有的胺(包括叔胺)与质子溶剂，如水和醇都可以形成氢键，故胺易溶于醇，且低级胺易溶于水。胺也可溶于醇、醚、苯等有机溶剂。

§ 13.7　胺的化学性质

(一) 碱性

胺能接收来自质子酸的质子，与酸作用易成盐。由于烷基的推电子作用，脂肪胺的碱性比氨强，随烷基的增多碱性也增强，但叔胺和碳链较长的仲胺由于空间影响表现出较弱的碱性。在气相条件下氨比任何一种甲胺的碱性都弱，但在水溶液中其碱性与三甲胺相近。芳香胺的碱性一般低于脂肪胺，因为氮原子上一对电子参与苯环的共轭，使氮原子上电子云密度减少。氨和一些胺在水溶液中的 pK_b(25℃)见表 13-1。

表 13-1

	氨	一甲胺	二甲胺	三甲胺	乙胺	二乙胺	三乙胺	苯胺	*N*-甲苯胺	二苯胺
pK_b	4.76	3.38	3.27	4.32	3.36	3.06	3.25	9.40	9.60	13.8

芳胺的氨基对位有—OH、—OR、—NH_2 时碱性增强，邻位有这些基团时，还要考虑氢键和空间效应，有的增强，有的减弱；间位有—OH、—OR 基团时，表现为吸电子效应，碱性减弱。若芳环上有—NH_3^+、—NO_2、—COOH、—X 等吸电子基团时，芳胺的碱性减弱，尤以邻、对位减弱为甚。

（二）酸性

伯胺或仲胺氮原子上的氢能与碱金属（Na、K 等）或强碱反应，如：

$$2CH_3NH_2 + 2Na \xrightarrow{Fe} 2CH_3NHNa + H_2 \qquad (CH_3CH_2)_2NH + PhLi \longrightarrow (CH_3CH_2)_2NLi + PhH$$

（三）烃基化

由于胺也为 Lewis 碱，其孤对电子能与亲电试剂形成化学键，所以胺是一种亲核试剂，其反应活性通常随碱性的强弱而异。胺与伯卤代烃或醇等 *N*-烃基化试剂作用，氮原子上的氢可被取代。胺与伯卤代烷反应为 S_N2 机制，生成烷基化卤化胺，脱去 HX，可继续与另一分子卤化物反应。因此直接烷基化制取伯胺，通常产率不高，会得到仲胺、叔胺的混合物。

$$\underset{\text{伯胺}}{RNH_2} + \underset{\text{伯卤代烷}}{R'CH_2Br} \longrightarrow \underset{\text{仲胺的盐}}{R\overset{+}{N}H_2-CH_2R'Br^-} \underset{-HBr}{\overset{RNH_2}{\rightleftharpoons}} RNH-CH_2R' \xrightarrow{R'CH_2Br} \underset{\text{叔胺的盐}}{R\overset{+}{N}H(CH_2R')-CH_2R'Br^-}$$

碱性的 KF-Al_2O_3（20∶30）催化 *N*-烃基化反应：KF-Al_2O_3 不但能催化 *O*-烃基化反应，还能催化 *N*-烃基化反应，且反应条件温和，产率高。如由苯胺和溴乙烷制备 *N*,*N*-二乙基苯胺：

$$C_6H_5NH_2 + 2C_2H_5Br \xrightarrow[90\ ^\circ C,\ 5\ h]{KF\text{-}Al_2O_3,\ DMF} \underset{88.2\%}{C_6H_5N(C_2H_5)_2} + 2HBr$$

KF-Al_2O_3 还能催化酰胺氮的 *N*-烃基化反应，且不使用强碱，可避免过多的副反应，如由己内酰胺和溴代十二烷制备皮肤渗透促进剂月桂基氮卓酮，产率达 84.7%：

$$\text{己内酰胺(环状 NH—C=O)} + C_{12}H_{25}Br \xrightarrow[\text{回流}]{KF\text{-}Al_2O_3,\ \text{环己烷}} \text{环状 N}-C_{12}H_{25}\text{(C=O)} + HBr$$

若卤代烷足够过量，可进行彻底烷基化，加入温和的碱（$NaHCO_3$、稀 NaOH）脱去反应生成的 HX，得季铵盐。季铵盐与氢氧化银作用得季铵碱。如：

$$CH_3CH_2CH_2NH_2 + 3CH_3I \xrightarrow{NaHCO_3} CH_3CH_2CH_2\overset{+}{N}(CH_3)_3I^- \quad 90\%$$

$$(CH_3)_4\overset{+}{N}I^- + AgOH \longrightarrow (CH_3)_4\overset{+}{N}OH^- + AgI\downarrow$$

胺与叔卤代烷反应，由于空间阻碍太大而不反应，与仲卤代烷反应收率一般较低。胺上取代基的大小对反应活性的影响较大，位阻较大的胺反应活性降低，例如二异丙基乙基胺已完全不能与卤代烷发生作用。

醇作为 *N*-烃化试剂进行液相反应时，可用酸催化或镍催化。用酸催化时为避免有水，可用溴烃代替氢溴酸，用胺的盐酸盐代替盐酸，硫酸通常只在用甲醇进行 *N*-甲基化时使用。如：

$$C_6H_5NH_2 + 2CH_3OH \xrightarrow[\substack{205\sim210\ ^\circ C \\ 3.2\ MPa,\ 6\ h}]{浓H_2SO_4} C_6H_5N(CH_3)_2 + 2H_2O \quad 95\%$$

用 Raney Ni 催化醇与胺共热脱水，由于仲胺能与过量的醇继续反应，有仲胺和叔胺生成，应注意胺（氨）与醇的分子比。如：

$$H_2N\text{-}C_6H_4\text{-}C_6H_4\text{-}NH_2 + 2C_2H_5OH \xrightarrow[回流,\ 15\ h]{\substack{-2H_2O \\ Raney\ Ni/EtOH}} C_2H_5NH\text{-}C_6H_4\text{-}C_6H_4\text{-}NHC_2H_5 \quad 77\%\sim84\%$$

（四）酰基化

伯胺和仲胺被酰卤、酸酐、酯或羧酸酰基化得酰胺，为酰基的亲核取代，反应所得的酰胺比胺的碱性小、亲核性也小，一般不会发生进一步酰化。大多数酰胺为结晶固体，具有确定的熔点，可推出原来是哪一个胺。叔胺不会被酰基化，混合胺酰基化后，再用盐酸提取，就可将叔胺与可被酰基化的伯胺、仲胺分离。

苯胺的氨基乙酰化成乙酰苯胺，将氨基保护起来。乙酰氨基比氨基碱性低，但仍为邻、对位取代基，可进行硝化等芳环取代反应，然后用碱或酸水解掉乙酰基，为苯胺与具有氧化性或酸性的试剂进行取代反应的重要方法。如：

$$C_6H_5NH_2 + CH_3\overset{O}{\overset{\|}{C}}Cl \longrightarrow \underset{乙酰苯胺}{C_6H_5N(H)COCH_3} \xrightarrow[H_2SO_4]{稀HNO_3} p\text{-}O_2N\text{-}C_6H_4\text{-}N(H)COCH_3 \xrightarrow[水解]{H_3O^+} p\text{-}O_2N\text{-}C_6H_4\text{-}NH_2 \ \text{对硝基苯胺}$$

（五）与亚硝酸反应

由于亚硝酸不稳定，使用时用亚硝酸钠和稀盐酸制备。在酸性溶液中，亚硝酸质子化并失水生成亚硝鎓离子 $\overset{+}{N}{=}O$，为与胺反应的活泼中间体。

（1）伯胺与亚硝酸反应生成重氮盐：

$$RNH_2 + NaNO_2 + 2HCl \longrightarrow R-{}^{+}N{\equiv}NCl^{-}\ (重氮盐) + 2H_2O + NaCl$$

脂肪族的伯胺与亚硝酸（亚硝酸钠和酸）反应生成的重氮盐不稳定，分解产生 N_2 和碳正离子，碳正离子再发生取代、消除、重排等一系列反应，生成醇、烯、卤代烷等混合物。如：

$$CH_3(CH_2)_3NH_2 + \overset{+}{N}{=}O \xrightarrow{-H_2O} CH_3(CH_2)_3\overset{+}{N}{\equiv}N \xrightarrow{-N_2} CH_3CH_2CH_2CH_2^{+} \begin{cases} \xrightarrow{H_2O} CH_3(CH_2)_3OH \\ \xrightarrow{Cl^-} CH_3(CH_2)_3Cl \\ \xrightarrow{-H^+} CH_3CH_2CH{=}CH_2 \\ \xrightarrow{重排} CH_3CH_2\overset{+}{C}HCH_3 \end{cases}$$

$$CH_3CH_2\overset{+}{C}HCH_3 \begin{cases} \xrightarrow{H_2O} CH_3CH_2\underset{}{\overset{OH}{\overset{|}{C}}}HCH_3 \\ \xrightarrow{Cl^-} CH_3CH_2\overset{Cl}{\overset{|}{C}}HCH_3 \\ \xrightarrow[\text{消除}]{-H^+} CH_3CH_2CH{=}CH_2 + CH_3CH{=}CHCH_3\ (\text{顺，反}) \end{cases}$$

芳香族的伯胺在无机酸中用亚硝酸钠处理，生成的重氮盐比较稳定。重氮盐（$Ar{-}\overset{+}{N_2}Cl^-$）具有盐的一般性质，其水溶液在 0～10℃相对稳定。重氮基（$-\overset{+}{N}\equiv N$）能被—OH、—CN、—X、—H 等官能团取代。

$$Ar{-}\overset{+}{N}{\equiv}N \begin{cases} \xrightarrow{H_3O^+} Ar{-}OH & \text{酚类} \\ \xrightarrow{CuCl(Br)} Ar{-}Cl(Br) & \text{芳卤} \\ \xrightarrow{CuCN} Ar{-}CN & \text{芳甲腈} \\ \xrightarrow{HBF_4(KI)} Ar{-}F(I) & \text{芳卤} \\ \xrightarrow{H_3PO_2} Ar{-}H & \text{(脱氨基)} \\ \xrightarrow{H{-}Ar'} Ar{-}N{=}N{-}Ar' & \text{偶氮染料} \end{cases}$$

芳香胺的重氮化反应是重要的有机反应之一，主要是用来制备一些不符合取代基定位规则的化合物，如 1,3,5-三溴苯和一些特殊的化合物如氟苯等[详见§13.12 重氮化合物（三）桑德迈耳反应和加特曼反应，（五）氟取代物的制备]。

（2）仲胺与亚硝酸反应： 脂肪族仲胺和芳香族仲胺均生成 *N*-亚硝基仲胺，也称亚硝胺。如：

$$R_2NH + HNO_2 \longrightarrow R_2N{-}NO + H_2O$$

$$C_6H_5{-}NHCH_3 + HNO_2 \longrightarrow C_6H_5{-}N(CH_3){-}NO + H_2O$$

在反应条件下，二级 *N*-亚硝胺是稳定的，可作为中性的黄色油状液体或固体被分离出。它们若再与盐酸共热或与 $HCl/SnCl_2$ 反应，仍分解成原来的胺。*N*-亚硝胺有致癌作用。

（3）叔胺与亚硝酸反应： 脂肪叔胺与亚硝酸反应生成不稳定的铵盐，加碱分解成原来的胺。如：

$$R_3N + HNO_2 \longrightarrow R_3N\cdot HNO_2 \xrightarrow[\triangle]{OH^-} R_3N$$

芳香族叔胺与亚硝酸发生环上亚硝基化反应，生成亚硝基化合物。由于亚硝基（NO）是个弱亲电试剂，只有苯环上带有—NR_2、—OH 等强给电子基团时才会发生反应。如：

$$C_6H_5{-}N(CH_3)_2 + NaNO_2 + HCl \longrightarrow ON{-}C_6H_4{-}N(CH_3)_2$$

（六）磺酰化反应

如果想要鉴别伯、仲、叔胺则可以使用兴斯堡（Hinsberg）鉴定法，也就是利用苯磺酰氯、对甲苯磺酰氯等芳香族磺酰氯和胺类反应，看是否生成产物，生成的磺酰化产物是否溶于 NaOH（或 KOH）水溶液。叔胺因氮原子上无氢不能发生磺酰化反应，伯胺反应生成的磺酰伯胺能溶解，仲胺反应生成的磺酰仲胺不能溶解。具体过程如下：

$$\text{伯胺：}\ RNH_2 + PhSO_2Cl \xrightarrow{NaOH} \underset{\text{不溶于水}}{RNHSO_2Ph} \underset{HCl}{\overset{NaOH}{\rightleftharpoons}} \underset{\text{溶于碱液}}{RN^{-}SO_2PhNa^{+}}$$

$$\text{仲胺：}\ R_2NH + PhSO_2Cl \xrightarrow{NaOH} \underset{\text{不溶于水}}{R_2NSO_2Ph} \xrightarrow{NaOH} \text{不溶解}$$

$$\text{叔胺：}\ R_3N + PhSO_2Cl \xrightarrow{NaOH} \text{无反应（仍为油状物）}$$

伯胺和仲胺与磺酰氯反应生成磺酸的酰胺，又称磺胺，是一类抗菌药。如磺胺-5-甲基异噁唑（新诺明）的合成是由乙酰苯胺（苯胺的氨基必须保护）先与氯磺酸反应生成对乙酰氨基苯磺酰氯，再将3-氨基-5-甲基异唑磺酰化，最后水解去掉乙酰基生成磺胺产物：

$$C_6H_5NHCOCH_3 \xrightarrow{ClSO_3H} p\text{-}CH_3CONHC_6H_4SO_2Cl \xrightarrow[NaHCO_3,\ H_2O]{\text{3-氨基-5-甲基异噁唑}} p\text{-}CH_3CONHC_6H_4SO_2NH\text{-(5-甲基异噁唑-3-基)} \xrightarrow[\triangle]{\text{稀}HCl} p\text{-}H_2NC_6H_4SO_2NH\text{-(5-甲基异噁唑-3-基)}$$

磺胺-5-甲基异噁唑

磺胺的抑菌活性是由于其结构与链球菌合成叶酸的必需原料对氨基苯甲酸类似。人体可直接从食物获取叶酸，在二氢叶酸还原酶作用下二氢叶酸还原成四氢叶酸（THF），而细菌只能从对氨基苯甲酸合成二氢叶酸，再还原成四氢叶酸。四氢叶酸是合成核酸的嘌呤核苷酸和蛋白质的重要辅酶，是合成核酸和蛋白质的必需物质。如果缺少四氢叶酸，细菌的生长繁殖就会受到影响。而细菌产生抗药性就是能产生过量的对氨基苯甲酸，稀释磺胺药的浓度。

$$\text{(2-氨基-4-羟基蝶啶-6-基)}-CH_2 \,\vdots\, NH-C_6H_4-\overset{O}{\overset{\|}{C}} \,\vdots\, -NH-\underset{COO^-}{\underset{|}{CH}}-CH_2-COO^-$$

2-氨基-4-羟基-6-甲基蝶啶 ¦ 对氨基苯甲酸 ¦ 谷氨酸

（七）胺、氨与C═C双键的加成

碳碳双键会受吸电子取代基的影响，发生缺电子现象，氨或胺的未共用电子对会对其进行亲核加成。如丙烯腈与氨或胺的加成：

$$NH_3 + CH_2{=}CHCN \xrightarrow[40\sim45\ ^{\circ}C]{NH_4OH} NH_2CH_2CH_2CN \xrightarrow[40\sim45\ ^{\circ}C]{CH_2=CHCN} \underset{\text{亚胺二丙腈}}{NH(CH_2CH_2CN)_2}\quad 57\%$$

$$(C_2H_5)_2NH + CH_2{=}CHCN \xrightarrow{45\sim60\ ^{\circ}C} (C_2H_5)_2NCH_2CH_2CN\quad \text{3-二乙氨基丙腈}\ 70\%$$

（八）与醛、酮反应

氨、伯胺与醛或酮反应生成亚胺（Schiff 碱），仲胺则生成烯胺。烯胺能与α，β-不饱和羰基化合物（α，β-不饱和醛、酮、酯、丙烯腈等）发生 Michael 加成反应。如：

$$\text{1-(1-环己烯基)吡咯烷} + CH_2=CH\overset{O}{\overset{\|}{C}}OCH_2CH_3 \xrightarrow{C_2H_5OH} \xrightarrow{H_3O^+} \text{2-(}CH_2CH_2\overset{O}{\overset{\|}{C}}OCH_2CH_3\text{)环己酮}$$

伯胺或仲胺还可以与甲醛及具有 α-H 的醛、酮在弱酸性溶液中进行 Mannich 反应，得到 Mannich 碱。Mannich 碱在加热时分解成 α,β-不饱和醛、酮。如：

$$CH_3\overset{O}{\overset{\|}{C}}CH_3 + H\overset{O}{\overset{\|}{C}}H + HN(C_2H_5)_2 \xrightarrow[-H_2O]{H^+} CH_3\overset{O}{\overset{\|}{C}}CH_2CH_2N(C_2H_5)_2 \xrightarrow{\triangle} CH_3\overset{O}{\overset{\|}{C}}CH=CH_2 + HN(C_2H_5)_2$$

（九）Hofmann 消除反应

由于胺具有强碱性，胺离子不是好的离去基团，胺不能直接进行消除反应，但氨基可以通过彻底甲基化转变成一个好的离去基团。彻底甲基化通常用碘甲烷来完成，成为季铵盐。季铵盐一般通过 E2 机制进行消除反应，需要强碱。为此可用氢氧化银处理将其转变成季铵碱，当季铵碱的取代基有 β-H 时，加热可进行消除反应，OH^- 为进攻碱，生成叔胺和烯烃，此反应即为 Hofmann 消除反应。如：

$$R-NH_2 + 3CH_3I \xrightarrow{-3HI} \underset{\text{季铵盐}}{R-\overset{+}{N}(CH_3)_3I^-} \xrightarrow{AgOH} \underset{\text{季铵碱}}{R-\overset{+}{N}(CH_3)_3OH^-} + AgI\downarrow$$

$$CH_3CH_2-\overset{+}{N}(CH_3)_3OH^- \xrightarrow{\triangle} (CH_3)_3N + CH_2=CH_2 + H_2O$$

当季铵碱只有一个取代基可发生消除反应且该取代基上具有两种不同的 β-H 时，在 Hofmann 消除反应中产物可以得到两种烯烃，其中主要产物是双键上取代基较少的烯烃，即 Hofmann 烯烃。如在三甲基-2-丁基氢氧化铵进行消除反应生成的烯烃产物中，1-丁烯占 95%，2-丁烯只有 5%：

$$HO^- \; \underset{\overset{1}{C}H_2\overset{2}{C}H(\overset{+}{N}(CH_3)_3)\overset{3}{C}H\overset{4}{C}H_3}{H \quad\quad H} \; {}^-OH \xrightarrow{150\ ^\circ C} \underset{\text{1-丁烯 95\%}}{CH_2=CHCH_2CH_3} + \underset{\text{2-丁烯 5\%}}{CH_3CH=CHCH_3} + H_2O + (CH_3)_3N$$

这是由于烷基为给电子基团，β 位上烷基越少或无烷基，β-H 的酸性越强，氢越易以质子的形式离去。在上述反应中，三甲基-2-丁基氢氧化铵的 2-丁基中 1-位甲基上氢的酸性强于 3-位亚甲基上的氢，故主要产物是 1-丁烯。另外也可从立体因素考虑，由于 Hofmann 消除反应中的离去基团体积较大，要求被消去的氢与三烷基胺离去基团形成反式共平面构象，而 1-位甲基上三个氢比 3-位亚甲基上的两个氢占有优势。

若季胺碱有两个取代基可发生消除反应，则 β 碳上有苯基、乙烯基、羰基等吸电子基团的 β-H 酸性较强，易发生消除反应。如：

$$C_6H_5-CH_2CH_2-\overset{CH_3}{\underset{CH_3}{\overset{|}{\underset{|}{N^+}}}}-CH_2CH_3\ OH^- \xrightarrow{150\ ^\circ C} \underset{93\%}{C_6H_5-CH=CH_2} + \underset{0.4\%}{CH_2=CH_2}$$

对于不含 β-H 的季胺碱，热分解是叔胺和醇。如：

$$(CH_3)_4N^+OH^- \xrightarrow{\triangle} (CH_3)_3N + CH_3OH$$

当β-H的空间阻碍很大时，发生消除反应与取代反应的竞争，则取代反应为主。如：

$$CH_3-\underset{CH_3}{\overset{CH_3}{C}}-CH_2CH_2\overset{+}{N}(CH_3)_3OH^- \xrightarrow{\triangle} CH_3-\underset{CH_3}{\overset{CH_3}{C}}-CH_2CH_2N(CH_3)_2 + CH_3OH$$

利用Hofmann消除反应可以推测某些胺的结构。为此可将位置结构的胺先用CH_3I彻底甲基化，再转化成季胺碱，然后加热分解。从消耗的CH_3I摩尔数和生成的烯烃结构，可推知该胺的结构。

（十）胺的氧化及Cope消除反应

氨基氮原子上未共用电子对易被氧化，被氧化的难易和碱性强弱一致。脂肪伯胺、仲胺被氧化通常生成复杂的混合物。叔胺用双氧水或过氧酸氧化时生成*N*-氧化物（又称氧化胺），通常收率较好。如：

$$C_6H_{11}-CH_2N(CH_3)_2 + H_2O_2 \longrightarrow C_6H_{11}-CH_2\overset{+}{N}(CH_3)_2(O^-)$$

氧化胺为四面体结构，氮原子位于四面体中心。当氮上的三个基团不同时，氧化胺为手性分子，可有一对对映体：

$$C_6H_5-\overset{O^-}{N^+}(C_2H_5)(CH_3) \quad \vdots \quad (C_2H_5)(CH_3)\overset{O^-}{N^+}-C_6H_5$$

氧化胺的氮氧键，氮上带正电荷，氧上带负电荷（$-N^+-O^-$），是由氮给予电子对形成的。由于氮上带正电荷，当氧化胺的β碳上有H时能发生热分解反应，得羟胺和烯烃，为Cope消除反应。反应类似季铵盐的Hofmann消除反应，但反应条件更温和。与Hofmann消除一样，Cope消除反应也是主要生成取代基较少的烯烃，适用于制备敏感或活泼的烯烃。如：

$$CH_3CH_2\underset{^-O-\underset{+}{N}(CH_3)_2}{CHCH_3} \xrightarrow{150\ ^{\circ}C} \underset{67\%}{CH_3CH_2CH=CH_2} + \underset{Z型\ 12\%}{(H)(CH_3)C=C(H)(CH_3)} + \underset{E型\ 21\%}{(H)(CH_3)C=C(CH_3)(H)}$$

反应经环状过渡态，氧化胺中氧作为碱进攻β-H，反应不需强碱：

$$R-\underset{H}{\overset{H}{C}}-\underset{H}{\overset{\overset{O^-}{N^+}(CH_3)_2}{C}}-R' \longrightarrow \left[R-\underset{H}{\overset{H}{C}}\text{=}\underset{H}{\overset{\overset{O^{\delta-}}{N^{\delta+}}(CH_3)_2}{C}}-R'\right]^{\neq} \longrightarrow (R)(H)C=C(R')(H) + HON(CH_3)_2$$

过渡态

伯胺可被$KMnO_4$氧化成硝基化合物：

$$(CH_3)_3C-NH_2 \xrightarrow{KMnO_4} (CH_3)_3C-NO_2 \qquad 2\text{-甲基-2-硝基丙烷}\ 83\%$$

苯胺用 MnO_2/H_2SO_4 等氧化时，主要生成对苯醌：

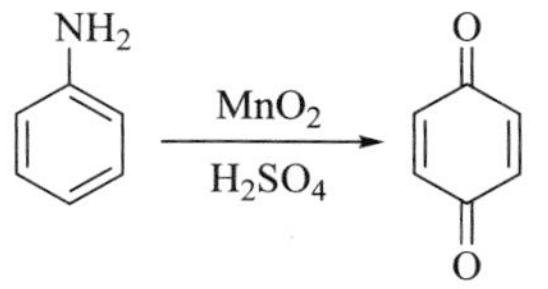

§13.8 氮氧自由基

是含 C、N、O 和自旋单电子的有机化合物，目前大约有 100 多种。较重要的哌啶氮氧自由基，未成对电子主要分布在 N 和 O 原子上。醇氧化成醛、酮是有机合成的重要反应，但一般很难用 O_2 完成。这是由于氧分子基态为三重态，难与单重态的醇反应。而氧分子活化成双自由基，又会导致难以控制的自由基链式反应，为此必须用催化剂协助氧气实现醇的选择性氧化。应用最广泛的氮氧自由基 2,2,6,6-四甲基哌啶氧化物，缩写为 TEMPO，是温和的氧化催化剂，能选择性地将伯醇氧化为醛、仲醇氧化为酮，具有产率高、选择性好、稳定性良好、可循环使用等优点。

TEMPO 在酸性($pH<2$)下，两分子迅速歧化产生一分子氮氧正离子($TEMPO^+$)和一分子羟胺化合物(TEMPOH)；当 $pH>3$ 时，则发生逆反应：

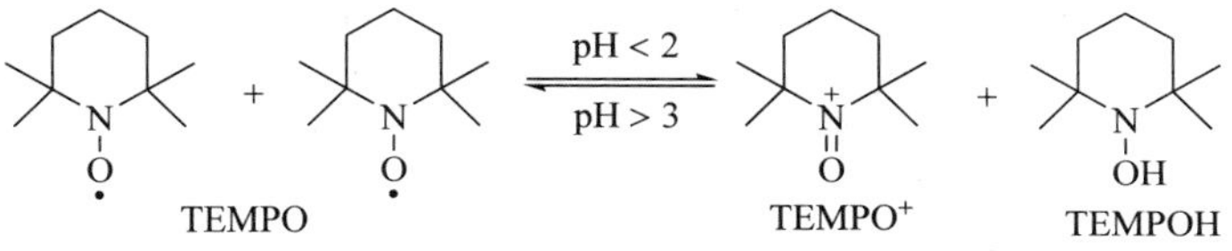

TEMPO能够以自由基形式稳定存在，也可通过单电子氧化过程，转化为相应的氮氧正离子($TEMPO^+$)。这是一个具有很强氧化性的氧化剂，能够在温和的条件下将醇快速氧化为相应的醛或酮，本身还原成 TEMPOH。正是由于这个非自由基机理，避免了产物醛继续转化成羧酸的自由基过度氧化现象的发生，对伯醇氧化表现出高醛选择性。此时若是在反应体系中加入氧化剂，如 NaClO、三氯异氰尿酸、臭氧、氧气等，在反应中就可以原位将羟胺化合物(TEMPOH)氧化成氮氧正离子($TEMPO^+$)，再去氧化醇，从而完成催化氧化过程。由此已开发出许多醇氧化成醛、酮的氧化体系。

§13.9 铵　　盐

铵盐是氨(胺)与酸反应的生成物，由质子化的铵正离子和酸负离子组成离子化合物。铵盐的命名，对于简单的取代铵盐，烃基取代基在命名时排列顺序按先大后小排列，可避免误认为小取代基基团为大取代基基团的取代基。复杂的铵盐用形成盐的胺和酸的名字来命名。三级胺与卤代烷加热反应生成四级铵盐，也称季铵盐。具体例子如下：

$CH_3CH_2CH_2NH_3^+Cl^-$ 氯化正丙铵盐

$(CH_3CH_2)_3NH^+HSO_4^-$ 硫酸氢三乙铵盐

$n\text{-}C_{16}H_{33}\overset{+}{N}(CH_3)_3Br^-$ 溴化正十六烷基三甲基铵

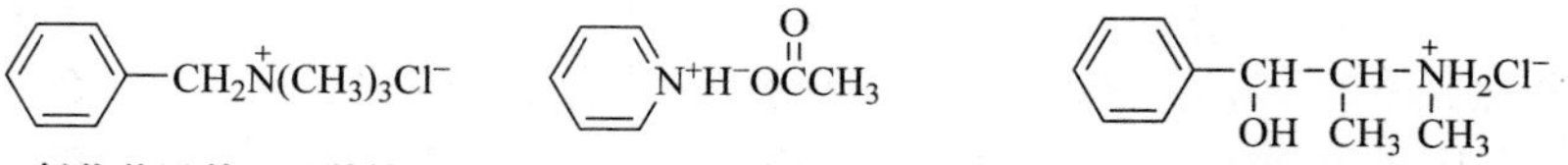

$C_6H_5-CH_2\overset{+}{N}(CH_3)_3Cl^-$ 氯化苄甲基三甲基铵

$C_5H_5N^+H^-OC(=O)CH_3$ 乙酸吡啶盐

$C_6H_5-CH(OH)-CH(CH_3)-\overset{+}{N}H_2(CH_3)Cl^-$ 麻黄碱盐酸盐

铵盐是离子性、高熔点、非挥发性固体，在水中比母体胺易溶，溶于水时吸热，受热分解。如加热时 NH_4Cl 分解成 NH_3 和 HCl，NH_4HCO_3 分解成 NH_3、CO_2 和 H_2O 等。

形成可溶性盐是一级、二级、三级胺的特性之一，铵盐的形成可用来对胺进行分离。如在含有胺的混合物中加入稀酸，胺形成铵盐溶于水。分出水相，即可与不溶于水的杂质分离。将水相调成碱性，游离一级、二级、三级胺再生。再用有机溶剂萃取，胺进入有机相，和不溶于有机相的杂质分离，获进一步提纯。最后蒸去有机溶剂，得到胺。铵盐不易氧化，比较稳定，故胺常以它们的盐的形式保存。如麻黄碱保存形式是麻黄碱盐酸盐。

季铵盐与 NaOH、KOH 作用生成四级铵碱，是仅次于苛性钠的强碱。季铵碱加热到120℃以上开始分解成叔胺，还有烯烃或甲醇。根据 Hofmann 规律，季铵碱分解时生成支链最少的烯烃或叔胺。如：

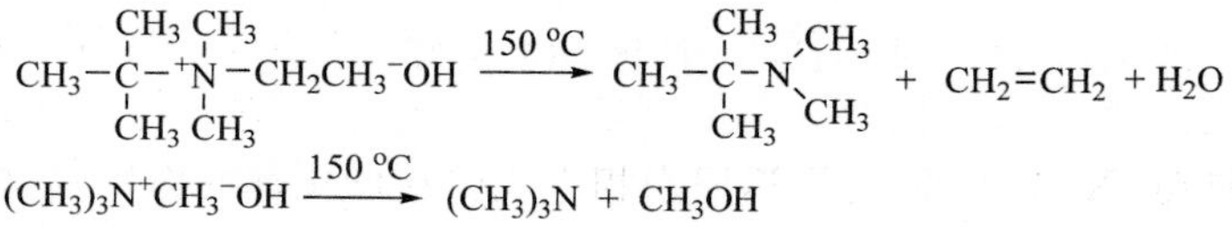

$$CH_3-C(CH_3)_2-\overset{+}{N}(CH_3)_2-CH_2CH_3\ ^-OH \xrightarrow{150\ ^\circ C} CH_3-C(CH_3)_2-N(CH_3)_2 + CH_2=CH_2 + H_2O$$

$$(CH_3)_3N^+CH_3\ ^-OH \xrightarrow{150\ ^\circ C} (CH_3)_3N + CH_3OH$$

§13.10 相转移催化

相转移催化作用是指：一种催化剂能加速或者能使分别处于互不相溶的两种溶剂（液-液两相体系或固-液两相体系）中的物质发生反应。相转移催化（phase transfer catalysis）是实用性很高、应用很广的有机合成技术。在有机合成中常遇到非均相有机反应，这类反应的速率通常很慢，收率低。而相转移催化剂能把一种实际参加反应的实体（如负离子），从一相转移到另一相中，以便使它与另一底物相遇而发生反应。相转移催化作用能使离子化合物与不溶于水的有机物质在低极性溶剂中进行反应，或加速这些反应。

目前相转移催化剂已广泛应用于有机反应的绝大多数领域，如卡宾反应、取代反应、氧化反应、还原反应、重氮化反应、置换反应、烷基化反应、酰基化反应、聚合反应，甚至高聚物修饰等。相转移催化反应一般属于两相反应，最典型的实例是固体盐或其水溶液与溶于有机溶剂中的有机物反应，如卤代烷（RX）和氰化钠（NaCN）反应，由于 RX 溶于有机溶剂，而 NaCN 溶于水，反应只能在溶剂界面处进行，反应慢且收率不高。但当加入在有机相和水相都能溶解的季铵盐相转移催化剂 Q^+X^- 如四丁基溴化铵 $(n\text{-}C_4H_9)_4N^+Br^-$ 时，则情况大为改观。当可溶于有机溶剂的 $(n\text{-}C_4H_9)_4N^+$ 进入有机相时，靠静电吸引就会将水相中的一些 CN^- 带入有机相。由于在有机相中 CN^- 脱去溶剂化的水分子，基本以“裸离子”形式存在，反应活性很高，能迅速向有机相中的 RX 亲核进攻，生成 RCN 和 X^- 。反应后催化剂正离子 $(n\text{-}C_4H_9)_4N^+$ 又将反应生成的 X^- 带回水相，如此连续不断地穿过有机相和水相界面，转运负离子，使反应加速进行。如 1-溴正辛烷和溶于水的氰化钠水溶液在 103℃ 反应 3 小时收率只有 2.3%，但加入相转移催化剂四级铵盐，回流 1.5 小时，产物正壬腈收率可达 99%。

相转移催化具有下列优点：① 不要求无水操作，相转移催化反应可以在水和有机溶剂两相反应；② 加快反应速率；③ 降低反应温度；④ 产品收率高，相转移催化剂使反应物充分接触，反应比较彻底；⑤ 合成操作简便，降低了温度压力，对设备要求低，操作也较简单；⑥ 避免使用常规方法所需的危险试剂；⑦ 广泛适应于各种合成反应，并有可能完成其他方法不能实现的合成反应；⑧ 副反应易控制，提高选择性。

（一）相转移催化原理

四级铵盐（$R_4N^+X^-$）其阳离子是双亲性的，无论在水中还是在有机溶剂中都可溶解，是常用的相转移催化剂（phase transfer catalyst，PTC），如溴化四正丁基铵、氯化苄基三乙基铵、四丁基硫酸氢铵等，它们能将反应物阴离子转移到有机相与另一反应物发生反应。相转移催化现已成为重要的有机合成技术之一。

相转移催化可以使一个反应物通过界面由一相（如水相）转移到另一相（如有机相），加速反应的发生。如在两个互不相溶的非均相反应中，水相中的反应物 M^+Nu^- 与有机相中的另一反应物 R^+X^-，由于接触面小而反应缓慢。但当加入 PTC（如 Q^+X^-，其中 Q^+ 为季铵或季鏻正离子）后，由于其亲脂性阳离子 Q^+ 在水相与有机相中都有着一定的溶解度，Q^+X^- 与水相中的阴离子 Nu^- 发生离子交换后，Q^+ 带着 Nu^- 进入有机相，与 R^+X^- 反应生成产物 R^+Nu^- 和 Q^+X^-，Q^+X^- 可再返回水相。相转移催化剂的作用就这样把实际参加反应的一种化合物，不断地从一相转移到另一相中，以使它与另一反应物相遇而发生反应，并能使离子化合物与不溶于水的有机物质在低极性溶剂中进行反应。由于没有水分子的包围，在有机相中 Nu^- 离子不能溶剂化，几乎是“裸露”的，还可加速反应的进行。其反应历程如下式：

$$
\begin{array}{llcl}
 & \text{PTC}\quad\text{反应物 1} & & \\
\text{水相} & Q^+X^- + M^+Nu^- & \underset{}{\overset{(1)}{\rightleftharpoons}} & Q^+Nu^- + M^+X^- \\
\text{界面} & \quad\updownarrow(4) & & \quad\updownarrow(2) \\
\text{有机相} & Q^+X^- + R^+Nu^- & \overset{(3)}{\rightleftharpoons} & Q^+Nu^- + R^+X^- \\
 & \qquad\quad\text{产物} & & \qquad\quad\text{反应物 2}
\end{array}
$$

其中 Q^+X^- 表示相转移催化剂，Q^+ 表示季铵盐离子，M^+Nu^- 表示溶于水的反应物，Nu^- 表示反应试剂中的亲核基团。相转移催化反应经（1）→（2）→（3）得到产物，相转移催化剂 Q^+X^- 经（4）还可以再生，这样使用极少的 Q^+X^- 即可获得大量产物。相转移催化剂实际上也是一种表面活性剂，既溶于水相也溶于有机相，这种过程实质上是一种萃取过程。水相中相转移催化剂季铵或季鏻阳离子 Q^+ 和试剂负离子 Nu^- 通过离子交换结合成离子对 Q^+Nu^-，并利用这些阳离子自身的亲脂性将试剂负离子 Nu^- 萃取进入有机相，反应后催化剂的阳离子 Q^+ 又将底物离去基团 X^- 带回水相，来回穿过界面，不断将 Nu^- 萃取到有机相，使反应连续进行。

（二）相转移催化反应举例

（1）脂肪族亲核取代反应：

$$CH_3(CH_2)_7Br + NaOAc \xrightarrow[H_2O]{n\text{-}Bu_4\overset{+}{N}Br^-} CH_3(CH_2)_7OAc \quad 100\%$$

（2）氧化反应：

$$CH_3(CH_2)_7CH{=}CH_2 + KMnO_4 \xrightarrow[C_6H_6/H_2O]{(n\text{-}C_8H_{17})_3\overset{+}{N}CH_3Cl^-} CH_3(CH_2)_7COOH + HCOOH \quad 91\%$$

（3）二氯卡宾的产生及其反应： 氯仿和浓 NaOH 在相转移催化剂作用下产生二氯卡宾，可与烯烃发生加成反应。如：

$$CHCl_3 + NaOH \xrightleftharpoons{n\text{-}Bu_4\overset{+}{N}Cl^-} :CCl_2 + NaCl + H_2O$$

二氯卡宾

$$\text{环己烯} + :CCl_2 \longrightarrow \text{7,7-二氯双环[4.1.0]庚烷} \quad 80\%$$

（三）相转移催化剂

在相转移催化反应中相转移催化剂的选择十分重要，要求必须要把所需的离子带入有机相中，还要有利于离子的迅速反应。

常用的相转移催化剂有：① 聚醚，链状聚乙二醇（$H(OCH_2CH_2)_nOH$）、链状聚乙二醇二烷基醚（$R(OCH_2CH_2)_nOR$）；② 环状冠醚类，18-冠-6、15-冠-5；③ 环糊精等；④ 季铵盐（$R_4N^+X^-$），苄基三乙基氯化铵（TEBA）、四丁基溴化铵、四丁基氯化铵、四丁基硫酸氢铵（TBAHS）、三辛基甲基氯化铵、十二烷基三甲基氯化铵、十四烷基三甲基氯化铵等；⑤ 叔胺，R_3N、吡啶、三丁胺等；⑥ 季铵碱（$R_4N^+OH^-$），强吸湿性；⑦ 季鏻盐 $R_4P^+X^-$、锍盐 $R_3S^+X^-$。

常用的相转移催化剂举例：

（1）鎓盐类： 是较早广泛使用的一类相转移催化剂，包括季铵盐、季鏻盐以及锍盐。

季铵盐：在液-液相转移催化反应中，应用最多的是季铵盐类催化剂，而季铵盐型阳离子交换树脂也能用于相转移催化。季铵盐类相转移催化剂一般应用于烷基化反应、亲核取代反应、消除反应、缩合反应、加成反应、酯化反应和氧化反应等。

季鏻盐：在浓碱水溶液中比铵盐稳定，如四丁基溴化膦、三丁基十六烷基氯化膦等。

（2）多醚类： 多醚类相转移催化剂借助分子中许多氧原子上未共用的电子对与阳离子形成配合物而溶于有机相。主要有冠醚、聚乙二醇类等，较多地用于有机氧化还原反应中。

冠醚类：折叠成一定半径空穴的冠醚，形成的络合正离子能与水相中的负离子形成离子对进入有机相中，从而起到相转移催化作用。常用的冠醚有二苯并 18-6（又名 18-冠-6）及其衍生物，其能与 K^+ 形成配合物以及 15-冠-5（络合 Na^+）等。冠醚也可用于催化固-液型反应。这类反应的反应物溶于有机溶剂中，且溶液与另一固体盐反应物接触。当溶液中有冠醚时，固体盐与冠醚形成配合物而溶解于有机相中，随即在其中进行反应。例如 $KMnO_4$ 对烯烃的氧化反应，当用冠醚对 $KMnO_4$ 的氧化进行相转移催化时，18-冠-6 的空穴半径(0.26～0.32 nm)与 K^+ 半径(0.266 nm)相适应，将 K^+ 带入有机相，MnO_4^- 随之形成离子对进入有机相，对烯烃进行氧化。除 MnO_4^- 外，OH^-、CN^-、I^-、$RCOO^-$、F^- 等阴离子也可形成离子对由水相进入有机相。由于阴离子脱去水合分子而成为没有溶剂化的完全自由的裸阴离子，都是很强的亲核试剂，能与各种有机物发生反应。

聚乙二醇类：以聚乙二醇类(PEG)为相转移催化剂，根据 PEG 相对分子质量的不同，可分为 PEG200、PEG400、PEG600、PEG800 等。其催化机理是由于 PEG 是螺旋结构，可折叠成不同大小的空穴，因而它能与不同大小的离子络合而进行相转移催化反应。PEG 作相转移催化剂的优点是反应温和、操作简便、产率高、无毒，对钠盐、钾盐和其他金属盐都有良好的催化作用。聚乙二醇二甲醚代替冠醚作为亲核反应的相转移催化剂，已获得良好效果。PEG 中氧原子位于内侧，形成 7～8 个氧原子处于同一平面的假环状结构，而其余氧原子则弯伸于平面的一侧，与反应试剂的 M^+ 结合，生成伪有机阳离子，从而使亲核试剂 Nu^- 裸露，使之具有较高的反应活性，同时从水相转移至有机相中，形成目标产物。PEG 类相转移催化剂的相对分子质量从小到大，与亲核试剂的结合能力增大，产物收率也有所提高。

(3) 三相催化剂：三相催化剂将具有相转移催化活性的分子以化学键的方式固载到不溶性高聚物上，如二乙烯交联的苯乙烯、硅胶等，形成固载相转移催化剂。它们在催化固-液或液-液反应时不溶，自成一相，催化反应后容易与反应物分离，便于分离回收再利用，可降低催化剂成本。三相催化剂本身为固体，可加速水-有机两相体系的反应，形成一个三相体系。它是由前述季铵盐、鏻盐、冠醚或开链多聚醚连接到高聚物(如聚苯乙烯)上的化合物。

§13.11　胺的制备及 *N*-烃基化

(一) 含氮化合物的还原

硝基化合物的还原对于合成芳香族伯胺特别重要，通常可采用催化加氢、氢化物还原、金属还原等方法[详见§13.3 硝基化合物的化学性质(三)硝基化合物的还原]。在硝基化合物还原过程中是经过亚硝基化合物和羟胺再到胺的，因此适用于硝基化合物的还原剂也适用于还原亚硝基化合物、羟胺。

(1) 催化加氢还原：此方法对环境友好、廉价、手续简便且产物纯净，常用于实验室和工业化生产。硝基化合物加氢还原常用的催化剂有活性镍、钯-碳、二氧化铂等。

酰胺、肟、腈的还原可采用催化加氢或化学还原法。其中酰胺的催化加氢一般需在强烈条件下进行，酰胺化学还原最常用的是金属氢化物，如 $LiAlH_4$、$NaBH_4$、$Zn(BH_4)_2$ 等。如：

$$C_6H_5-NH\overset{O}{\overset{\|}{C}}CH_3 + Zn(BH_4)_2 \xrightarrow[\text{回流, 4 h}]{THF} C_6H_5-NHCH_2CH_3 \quad 90\%$$

肟可用催化加氢还原成伯胺，催化剂可用 Raney Ni、Pd-C 等。肟化学还原常用试剂为 $LiAlH_4$、钠与醇、锌与乙酸或甲酸等。

腈是易得化合物，常被还原制备胺。腈催化氢化是通过醛亚胺中间体进行的，生成的伯胺会与腈或醛亚胺反应生成仲胺或叔胺。为减少副产物的产生，催化氢化可在酸性条件下或酰化试剂如乙酸酐存在下进行，使生成的胺与酸成盐或与酰化剂成酰胺。腈也可用金属氢化物还原。如：

$$C_{12}H_{25}CN + H_2 \xrightarrow[\text{乙酐/乙酸钠}]{\text{活性Ni}} C_{12}H_{25}CH_2NHCOCH_3 \xrightarrow{H_2O} C_{13}H_{27}NH_2 \ (\text{十三胺})$$

(2) 催化下使用联氨($H_2N\text{-}NH_2$)还原： 催化剂可以是铂、钯、镍等。联氨(又称水合肼)，可分次加入。在催化剂作用下联氨可分解成氢和氮，碱性越强分解的氢越多，氢用于还原。如邻硝基苯甲醚用80%的水合肼在Raney Ni的催化下(50～60℃分批加入)，生成邻氨基苯甲醚：

$$2\ \text{邻硝基苯甲醚}(C_6H_4(OCH_3)NO_2) + 3H_2NNH_2 \xrightarrow[\text{EtOH, 回流5 h}]{\text{Raney Ni}} 2\ \text{邻氨基苯甲醚}(C_6H_4(OCH_3)NH_2)\ (60\%) + 3N_2 + 4H_2O$$

(3) 多硝基化合物的选择性还原： 氯化亚锡和盐酸是一个选择性还原剂，当苯环上同时连有羰基和硝基时，只还原硝基。此外，当只用理论量的氯化亚锡时，首先将烷基苯的邻位硝基还原成氨基。如：

$$\text{间硝基苯甲醛}(NO_2, CHO) \xrightarrow{SnCl_2+HCl} \text{间氨基苯甲醛}(NH_2, CHO)$$

$$\text{2,4-二硝基甲苯}(CH_3, NO_2, NO_2) \xrightarrow{SnCl_2+HCl} \text{2-氨基-4-硝基甲苯}(CH_3, NH_2, NO_2)$$

在钠或铵的硫化物、硫氢化物等还原剂作用下，可进行选择性(或部分)还原，将多硝基化合物中的一个硝基还原成氨基。如硫化钠、多硫化钠可将烷基苯的对位硝基还原成氨基，对于邻位硝基则完全不起作用。但大多数情况还原结果无规律，由实验事实确定：

$$\text{间二硝基苯}(NO_2, NO_2) \xrightarrow[\text{或}Na_2S_2,\ H_2O]{NaSH,\ CH_3OH} \text{间硝基苯胺}(NH_2, NO_2)$$

$$\text{2,4-二硝基苯甲醚}(NO_2, NO_2, OCH_3) \xrightarrow[50\ ^\circ C]{Na_2S_2,\ H_2O} \text{2-氨基-4-硝基苯甲醚}(NO_2, NH_2, OCH_3)$$

$$\text{2,4-二硝基苯胺}(NH_2, NO_2, NO_2) \xrightarrow[\triangle]{NH_4SH} \text{4-硝基-1,2-苯二胺}(NH_2, NH_2, NO_2)\quad \text{还原邻位}$$

$$\text{2,4-二硝基甲苯}(CH_3, NO_2, NO_2) \xrightarrow[\triangle]{NH_4SH} \text{4-氨基-2-硝基甲苯}(CH_3, NO_2, NH_2)\quad \text{还原对位}$$

(二) 醛、酮的还原胺化(亚胺的还原)

在还原剂存在下，醛或酮与氨、伯胺或仲胺等发生还原胺化反应分别生成伯胺、仲胺和叔胺。醛、酮先与胺或氨生成亚胺，亚胺可用催化加氢、金属氢化物、异丙醇铝、甲醛和甲酸等还原剂，还原成*N*-烃基化的胺。如丙酮、氨、氢的混合气体通过Cu-Ni-Al_2O_3催化剂，在

150～180℃反应，得到异丙胺和二异丙胺，加大氨的配比可减少二异丙胺。丙酮的转化率大于 95%。

$$CH_3\overset{O}{\overset{\|}{C}}CH_3 + NH_3 \xrightarrow{-H_2O} CH_3\overset{NH}{\overset{\|}{C}}CH_3 \xrightarrow{H_2} CH_3\overset{NH_2}{\overset{|}{C}H}CH_3 \text{ 异丙胺} \qquad (CH_3)_2CH-NH-CH(CH_3)_2 \text{ 二异丙胺}$$

当用甲酰胺还原时，由于甲酰胺可提供氨，同时又是一个还原剂，因此醛、酮可在高温下与甲酰胺反应得伯胺，为 Leuckart 反应。

(1) 伯胺的合成： 芳醛、五个碳原子以上的脂肪醛或简单的脂肪酮与氨的还原氨化常得到较好的结果。如：

$$C_6H_5-CHO + NH_3 + H_2 \xrightarrow[\text{乙醇}]{Ni/9.11\ MPa} C_6H_5-CH_2NH_2 \quad 89\%$$

$$t\text{-Bu}-C_6H_{10}=O + NH_3 + H_2 \xrightarrow[\text{异丙醇}]{Pd\text{-}C/2.02\ MPa} t\text{-Bu}-C_6H_{10}-NH_2 \quad 89\%$$

(2) 仲胺的合成： 醛或酮与伯胺还原氨化得到仲胺。

$$CH_3\overset{CH_3}{\overset{|}{C}H}NH_2 + CH_3\overset{O}{\overset{\|}{C}}CH_3 + H_2 \xrightarrow[\triangle]{Ni\text{-}Cu\text{-白土}} CH_3\overset{CH_3}{\overset{|}{C}H}NH\overset{CH_3}{\overset{|}{C}H}CH_3 + H_2O$$

又如环己酮和环己胺在羰基铑催化下，用一氧化碳还原生成二环己基胺：

$$C_6H_{10}=O + C_6H_{11}-NH_2 + CO \xrightarrow[\text{乙氧基乙醇}/H_2O]{\text{羰基铑}/80.8MPa,\ 80\ ^\circ C} C_6H_{11}-NH-C_6H_{11} \quad 80\%$$

N-(1,3-二甲基丁基)-*N′*-苯基对苯二胺（橡胶防老剂 4020）的绿色环保合成过程，即用对氨基二苯胺与甲基异丁基甲酮在加氢催化剂（Pt-C、Pd-C、Ni 或铜-铬氧化物等）下，进行还原氨化反应。催化剂用 3% Pt-C，并加入硫酸或磷酸进行改性，反应如下：

$$\underset{\text{对氨基二苯胺}}{C_6H_5-NH-C_6H_4-NH_2} + \underset{\text{甲基异丁基甲酮}}{CH_3COCH_2CH(CH_3)_2} \xrightarrow[\substack{110\sim120\ ^\circ C \\ 1.5\ MPa,\ 3\ h}]{H_2/Pt\text{-}C} \underset{\text{防老剂 4020}}{C_6H_5-NH-C_6H_4-NH-CH(CH_3)CH_2CH(CH_3)_2} + H_2O \quad y: 99.9\%$$

(3) 叔胺的合成： 如多聚甲醛与氯化铵还原氨化（甲醛是还原剂），经 85～95℃反应 2 h 后，140～160℃保温 4 h 至无 CO_2 逸出，这是实验室制取三甲胺的方法。反应式如下：

$$9HCHO + 2NH_4Cl \longrightarrow 2(CH_3)_3N\cdot HCl + 3CO_2 + 3H_2O \quad 89\%$$

而甲醛和过量的氨作用生成桥环化合物六亚甲基四胺（乌洛托品）：

$$6HCHO + 4NH_3 \longrightarrow (CH_2)_6N_4 + 6H_2O$$

醛与伯胺的物质的量之比为 2∶1 时，在四羰基铁氢化钾催化下用 CO 还原氨化可得叔胺：

$$2R'CHO + RNH_2 + CO \xrightarrow[\text{乙醇}, 20\ ^\circ C]{KHFe(CO)_4} R'CH_2\overset{R}{\overset{|}{N}}CH_2R' \quad 80\% \sim 100\%$$

醛和仲胺或伯胺还原氨化可生成叔胺。如：

$$\underset{}{HN(CH_2CH_2OH)_2} + \underset{37\%\text{溶液}}{CH_2O} + \underset{\text{浓度}88\%}{HCOOH} \xrightarrow{70\ ^\circ C} \underset{58\%}{CH_3N(CH_2CH_2OH)_2} + CO_2 + H_2O$$

$$C_6H_5—CH_2CH_2NH_2 + \underset{37\%\text{溶液}}{2CH_2O} + \underset{\text{浓度}90\%}{2HCOOH} \xrightarrow{90\sim100\ ^\circ C} \underset{74\% \sim 83\%}{C_6H_5—CH_2CH_2N(CH_3)_2} + 2CO_2 + 2H_2O$$

(4) Leuckart 反应：将醛或酮与氨、伯胺、仲胺以及作为还原剂的甲酸一起加热，生成伯、仲、叔胺。有机还原剂如甲酰胺，首先甲酰胺高温下生成甲酸和氨，氨与醛、酮反应生成亚胺，亚胺再被甲酸还原成一级胺。反应比催化氢化有较好的选择性，在反应过程中，硝基、亚硝基、碳碳双键不受影响。若用 *N*-烷基取代的甲酸胺作为还原剂可反应生成仲胺或叔胺。

$$C_6H_5—\overset{O}{\overset{\|}{C}}CH_3 + H\overset{O}{\overset{\|}{C}}NH_2 \xrightarrow[6\ h]{205\ ^\circ C/\text{回流}} C_6H_5—\overset{NH_2}{\overset{|}{C}H}CH_3 \quad 80\%$$

$$\text{环辛酮} + H\overset{O}{\overset{\|}{C}}N(CH_3)_2 + HCOOH \xrightarrow{130\ ^\circ C} \text{环辛基}—N(CH_3)_2 \quad 75\%$$

(三) 氨或胺的直接烃化

工业制备胺类的方法多是由氨或胺与醇或卤代烷进行烃基化反应，产物为各级胺的混合物。如氨与卤代烷反应成伯胺后，使胺的碱性更强，会与卤代烷进一步进行烷基化反应，得仲胺、叔胺到季铵盐，过程如下所示：

$$NH_3 \xrightarrow{RX} RNH_2 \xrightarrow{RX} R_2NH \xrightarrow{RX} R_3N \xrightarrow{RX} R_4\overset{+}{N}X^-$$

通过控制原料的物质的量配比，可使某一种胺为主要产品。如要是反应产物以伯胺为主，可使氨大大过量，若得叔胺则可使卤代烷或醇大为过量。利用沸点的差距，分馏后可进行分离。

$$CH_3CH_2CH_2CH_2Br + NH_3\ (\text{过量}) \longrightarrow CH_3CH_2CH_2CH_2NH_2 + NH_4Br \quad 47\%$$

$$C_6H_5—CH_2NH_2 + 2CH_3Cl \longrightarrow C_6H_5—CH_2\overset{CH_3}{\overset{|}{N}}CH_3$$

工业上氨的烃基化是由醇与氨在高温、加压和催化剂下完成的。如将甲醇和氨以一定比例混合，以活性氧化铝为催化剂，高温高压合成一、二、三甲胺混合物，再经精馏得一、二、三甲胺成品。

由于叔卤代烷容易发生消除反应，它们不能与氨进行烃基化反应。磺酸酯、硫酸酯、磷酸酯等由于有好的离去基团，也可作为烃基化试剂，反应无需加压，加热到所需的温度即可。

（四）盖布瑞尔(Gabriel)合成法

由邻苯二甲酸酐与 NH_3 反应生成的邻苯二甲酰亚胺，与碱金属氢氧化物成盐，该盐与卤代烷发生亲核取代反应后再在碱性条件下水解或肼解，生成纯净的一级胺。该过程即为 Gabriel 合成法，反应式如下：

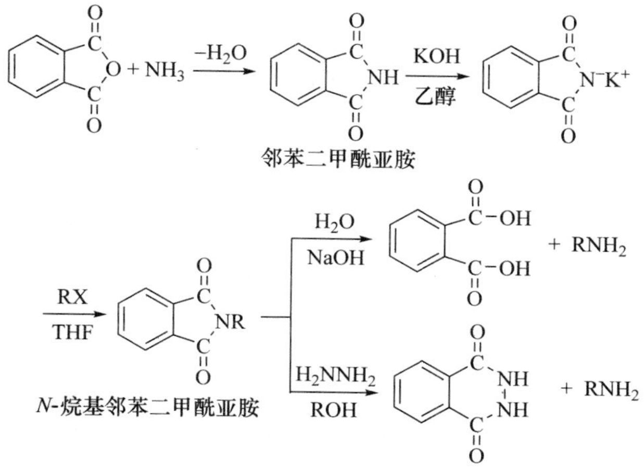

$$\text{邻苯二甲酸酐} + NH_3 \xrightarrow{-H_2O} \underset{\text{邻苯二甲酰亚胺}}{C_6H_4(CO)_2NH} \xrightarrow[\text{乙醇}]{KOH} C_6H_4(CO)_2N^-K^+$$

$$\xrightarrow[THF]{RX} \underset{N\text{-烷基邻苯二甲酰亚胺}}{C_6H_4(CO)_2NR} \begin{cases} \xrightarrow[NaOH]{H_2O} C_6H_4(COOH)_2 + RNH_2 \\ \xrightarrow[ROH]{H_2NNH_2} C_6H_4(CO)_2(NH)_2 + RNH_2 \end{cases}$$

（五）重排

(1) 从羧酸及其衍生物制胺：

① 霍夫曼(Hofmann)重排： 酰胺与次卤酸盐（次氯酸钠或次溴酸钠）的碱溶液反应，失去 CO_2，可生成比酰胺少一个碳原子的一级胺。如：

$$RCONH_2 + NaBrO \xrightarrow{NaOH} RNH_2 + CO_2 + NaBr$$

如由邻苯二甲酰亚胺制备邻氨基苯甲酸：

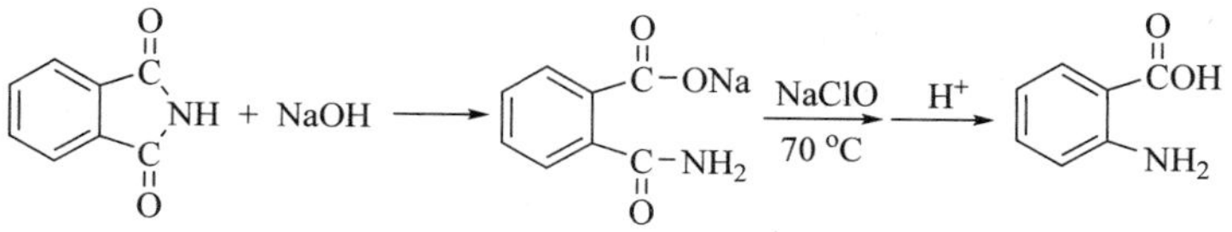

$$C_6H_4(CO)_2NH + NaOH \longrightarrow C_6H_4(COONa)(CONH_2) \xrightarrow[70\ ^\circ C]{NaClO} \xrightarrow{H^+} C_6H_4(COOH)(NH_2)$$

② Curtius 反应： 酰氯和叠氮化合物生成酰基叠氮，再加热失去氮后重排成异氰酸酯，然后水解成一级胺。如：

$$\underset{\text{酰氯}}{RCOCl} + \underset{\text{叠氮化合物}}{NaN_3} \xrightarrow{-NaCl} \underset{\text{酰基叠氮}}{RCON_3} \xrightarrow[\triangle]{-N_2\ (\text{重排})} \underset{\text{异氰酸酯}}{RNCO} \xrightarrow{H_2O} \underset{\text{一级胺}}{RNH_2}$$

③ 施密特(Schmidt)反应： 羧酸和叠氮酸被硫酸缩合成酰基叠氮，再在无机酸作用下分解失去氮重排成异氰酸酯，然后水解成一级胺。具体过程如下：

$$\underset{\text{羧酸}}{RCOOH} + \underset{\text{叠氮酸}}{HN_3} \xrightarrow{H_2SO_4} \underset{\text{酰基叠氮}}{RCON_3} \xrightarrow[\text{无机酸，}\triangle]{-N_2\ (\text{重排})} \underset{\text{异氰酸酯}}{RNCO} \xrightarrow{H_2O} \underset{\text{一级胺}}{RNH_2}$$

(2) **联苯胺重排**：可由硝基苯化合物制备联苯胺类化合物。如：

$$C_6H_5-NO_2 \xrightarrow{Zn,\ NaOH} C_6H_5-NHNH-C_6H_5 \xrightarrow{H_2SO_4} H_2N-C_6H_4-C_6H_4-NH_2$$

氢化偶氮苯　　4,4'-二氨基联苯 70%

(六) 酚与氨作用制备芳胺

本合成适用于萘酚及羟基取代的蒽、菲、喹啉等芳香化合物。在苯系中，只有间苯二酚及其衍生物可有满意的收率。如：

$$\text{7-甲基-1-萘酚} + NH_3 \xrightarrow[160\sim165\ ^\circ C]{(NH_4)_2SO_4} \text{7-甲基-1-萘胺}\quad 80\%\sim90\%$$

$$\text{3,5-二羟基苯甲酸} \xrightarrow[\text{水},\ 180\ ^\circ C,\ 40\ h]{NH_3/NH_4Cl} \xrightarrow[\text{回流},\ 36\ h]{H_2SO_4/CH_3OH} \text{3,5-二氨基苯甲酸}\quad 74\%$$

§13.12　重氮化合物

重氮化合物和偶氮化合物分子中都含有—N_2 基。不同之处是重氮化合物只一个氮原子与碳原子相连，如氯化重氮苯($C_6H_5-N^+\equiv NCl^-$)、重氮甲烷($CH_2=N^+=N^- \leftrightarrow CH_2^- -N^+\equiv N$)，偶氮化合物是两个氮原子均与碳原子相连，如偶氮苯($C_6H_5-N=N-C_6H_5$)。

(一) 芳香族重氮盐及其制备

脂肪族重氮化合物不多，芳环重氮基上的 π 电子可以同苯环上的 π 电子形成共轭体系，而使芳香族重氮盐比脂肪族重氮盐稳定，但仍需随配随用。

将芳香伯胺溶在盐酸或稀硫酸(重氮盐用溴原子取代时用氢溴酸)中，冷却至 0～5℃，慢慢加入理论量的 102%～105%(稍过量)的冷亚硝酸钠溶液，用淀粉碘化钾试纸检验过量的亚硝酸，确定反应终点。亚硝酸太过量，会促进重氮盐分解，过量的亚硝酸可用尿素或氨基磺酸分解。制备重氮盐时，一般酸用量为 2.2～2.5 mol，以保持介质为强酸性(pH 在 2 左右)，酸量不足，重氮盐会与未重氮化的芳胺进行偶联反应，生成黄色不溶于水的重氮氨基化合物(Ar—N═N—NH—Ar)。反应温度一般控制在低温(5～10℃)，在 20～30℃制备的重氮盐必须立即使用。若芳环上有卤素、硝基等吸电子基团，温度可适当提高，最高可达 40℃。反应后得到的重氮盐可用通式$Ar-N^+\equiv NY^-$表示，不需分离就可进行下一步反应。芳香族重氮盐与许多金属盐可形成稳定的配合物，如$(ArN_2)_2^{2+}ZnCl_4^{2-}$ 等，它们在溶液中稳定。重氮盐不溶于醚可溶于水，水溶液呈中性。

芳香族重氮盐是离子型化合物，一方面重氮正离子分解失去氮成芳基碳正离子(强酸性条件下)或自由基(中性或碱性条件下)，发生亲核取代反应或自由基取代反应，为去氮反应；另一方面重氮正离子可作为亲电试剂，进攻芳环上电子云密度高的位置，偶合得偶氮化合物，或还原成芳肼，为保留氮的反应。

（二）芳香族重氮正离子的亲核取代反应

芳香族重氮盐的重氮基作为离去基团离去，形成的芳基正离子可被卤素、羟基、氰基、氢等取代，生成相应的芳基衍生物，可以统称为桑德迈耳反应，在有机合成中有广泛用途。反应第一步重氮盐分解是决定反应速率的步骤，与芳环上已有的取代基、溶剂效应有关，与重氮盐负离子部分性质无关。第二步是离子反应的快步骤，虽与亲核试剂的浓度无关，但反应时亲核试剂是相互竞争的，竞争的结果是由碳正离子的稳定性（选择性）和亲核试剂的碱性强弱两方面因素决定的。芳环上有甲基等给电子基团，则稳定性好，会有较好的选择性，亲核性强的取代占优势，如 2,4-二甲基苯胺在氢溴酸中重氮化，再加热分解，绝大部分发生溴代，得到 70%的 2,4-二甲基溴苯，2,4-二甲酚很少。邻、对甲基苯胺，由于只有一个甲基，在氢溴酸中重氮化，溴代只有 40%～44%。而有吸电子的间氨基苯乙酮使用盐酸重氮化，芳正离子有较强的正电性，选择性较差且 Cl^- 的亲核性也不强，羟基取代的间羟基苯乙酮是主要产物（60%），间氯苯乙酮只有 10%。

（三）桑德迈尔(Sandmeyer)反应和盖德曼(Gattermann)反应

芳香重氮盐在亚铜盐催化下，重氮基可被一系列卤负离子和氰基取代。氯离子和溴离子的亲核力较弱，需在氯化亚铜或溴化亚铜的催化下，在水溶液中才能与羟基取代竞争，生成芳香氯化物或芳香溴化物。碘负离子由于亲核能力强，容易取代，不用亚铜盐催化，一般重氮盐制备后与碘化钾在室温下反应，即可失去 N_2 得相应的碘代苯。如：

$$O_2N-C_6H_4-NH_2 + NaNO_2 + H_2SO_4 \longrightarrow O_2N-C_6H_4-\overset{+}{N}_2HSO_4^- \xrightarrow[25\ ^\circ C]{KI,\ H_2O} O_2N-C_6H_4-I$$

在氰化亚铜作用下，重氮盐的重氮基可被氰基取代，生成芳香腈，反应需在中性条件下进行，以免氢氰酸逸出，反应机制与碘取代相同。

芳香族重氮盐被卤素或氰基取代统称为 Sandmeyer 反应。芳香族重氮盐的酸性溶液与 CuCl、CuBr 和 CuCN 加热反应，得相应的芳香氯代物、芳香溴代物和芳腈（水解得芳酸）。如：

$$o\text{-}CH_3C_6H_4NH_2 + NaNO_2 + HCl \xrightarrow{0\sim5\ ^\circ C} o\text{-}CH_3C_6H_4\overset{+}{N}_2Cl^- \xrightarrow[15\sim20\ ^\circ C]{CuCl} o\text{-}CH_3C_6H_4Cl \quad \sim75\%$$

氯化重氮邻甲基苯　　邻氯甲苯

$$m\text{-}ClC_6H_4NH_2 + NaNO_2 + HBr \xrightarrow{0\sim10\ ^\circ C} m\text{-}ClC_6H_4\overset{+}{N}_2Br^- \xrightarrow[100\ ^\circ C]{CuBr} m\text{-}ClC_6H_4Br \quad 70\%$$

溴化重氮间氯苯　　间溴氯苯

$$o\text{-}CH_3C_6H_4NH_2 + NaNO_2 + HCl \xrightarrow{0\ ^\circ C} o\text{-}CH_3C_6H_4\overset{+}{N}_2Cl^- \xrightarrow{CuCN} o\text{-}CH_3C_6H_4CN + N_2 \quad 64\%\sim70\%$$

若芳核重氮基的邻、对位有吸电子基存在，收率较高，如由 2-氨基-5-溴苯甲酸制备 2,5-二溴苯甲酸：

$$\text{Br-}C_6H_3(COOH)\text{-}NH_2 + NaNO_2 + 2HBr \xrightarrow[-NaBr,\ 2H_2O]{5\ ^\circ C} \text{Br-}C_6H_3(COOH)\text{-}\overset{+}{N_2}Br^- \xrightarrow{CuBr} \text{Br-}C_6H_3(COOH)\text{-Br} + N_2 \quad 89\%$$

Gattermann 发现，用金属铜和盐酸（或氢溴酸）代替氯化亚铜（或溴化亚铜）也可以制得芳香氯化物（或芳香溴化物），为 Gattermann 反应，催化量的铜即可反应，反应温度一般较 Sandmeyer 反应的低，操作也简单。但产率除个别外，一般不比 Sandmeyer 反应的高。

此外，在金属铜的催化下重氮盐还可以分别与亚硝酸钠、亚硫酸钠和硫氰酸钠反应，可制得芳香硝基化合物、芳香磺酸化合物和芳香硫氰化合物。重氮基团被硝基取代时，为避免其他副反应，重氮化时要用硫酸。重氮基被硝基取代只发生在中性或碱性溶液中。芳核上有吸电子基团对反应有利，甚至不用亚铜离子催化。

（四）重氮基团被羟基取代

重氮盐在酸性水溶液中很不稳定。水的亲核性虽然很弱，但在水溶液中反应，使用硫酸作为重氮化的酸时，由于硫酸负离子亲核性更弱，室温下重氮盐即可水解放出 N_2 生成酚。此重氮盐的水解反应是单分子的芳香亲核反应，反应第一步是重氮盐分解成苯正离子和氮气，为决定反应速率的一步，第二步是苯正离子迅速和亲核的水分子反应生成酚，为胺通过重氮盐在芳环上引入羟基的方法。如：

$$m\text{-Br-}C_6H_4\text{-}NH_2 + NaNO_2 + H_2SO_4 \longrightarrow m\text{-Br-}C_6H_4\text{-}\overset{+}{N_2}HSO_4^- \xrightarrow[\triangle]{H^+,\ H_2O} m\text{-Br-}C_6H_4\text{-OH}$$

若体系中存在氯离子和硝酸根离子，水解时除了酚外还可得到卤化物或硝酸苯酯。为了羟基取代，常使用硫酸为重氮化的酸，因为硫酸氢根的亲核性比水弱。

（五）氟取代物的制备

氟离子（F^-）是很弱的碱，在水溶液中形成很强的氢键，不可能在水溶液中完成重氮基的亲核取代。氟的取代物可通过干燥的氟硼酸重氮盐加热分解，脱去氮和三氟化硼后得到。此反应称为希曼（Schiemann）反应。如：

$$m\text{-}CH_3\text{-}C_6H_4\text{-}NH_2 + NaNO_2 + HBF_4 \longrightarrow m\text{-}CH_3\text{-}C_6H_4\text{-}\overset{+}{N_2}BF_4^- \xrightarrow{\triangle} m\text{-}CH_3\text{-}C_6H_4\text{-F} + N_2 + BF_3 \quad 89\%$$

也可在预先制备的氯化重氮盐中加入氟硼酸（HBF_4），使溶解度较小的氟硼酸重氮盐成羽状结晶析出，滤出，再缓慢加热使之分解，得氟取代物。如：

$$o\text{-}OCH_3\text{-}C_6H_4\text{-}NH_2 + NaNO_2 + HCl \longrightarrow \underset{\text{氯化重氮邻甲氧基苯}}{o\text{-}OCH_3\text{-}C_6H_4\text{-}\overset{+}{N_2}Cl^-} \xrightarrow{HBF_4} \underset{\text{氟硼酸邻甲氧基苯重氮盐}}{o\text{-}OCH_3\text{-}C_6H_4\text{-}\overset{+}{N_2}BF_4^-} \xrightarrow{125\ ^\circ C} \underset{\text{邻氟苯甲醚 31\%}}{o\text{-}OCH_3\text{-}C_6H_4\text{-F}} + N_2 + BF_3$$

氟硼酸重氮盐分解是单分子反应，作为亲核试剂的是 BF_4^-，苯基正离子从 BF_4^- 夺取 F^-，放出 BF_3 气体。此反应也是桑氏类型的反应，主要副产物是少量的联苯衍生物。

氟硼酸重氮盐的热稳定性随苯环上吸电子基团的存在而增强。如 2，4-二氯苯氟硼酸重氮盐的分解点为 145～148℃，而 4-甲基苯氟硼酸重氮盐的分解点为 98℃。

$$\text{2,4-二氯苯胺} + NaNO_2 + 2HCl \xrightarrow[-NaCl,\ 2H_2O]{\text{加入碎冰}} \text{2,4-}Cl_2C_6H_3\overset{+}{N}_2Cl^- \xrightarrow[\text{小于}10\ ^\circ C]{HBF_4,\ -HCl} \text{2,4-}Cl_2C_6H_3\overset{+}{N}_2BF_4^- \xrightarrow[\text{蒸出}]{\triangle} \text{2,4-}Cl_2C_6H_3F\ (57\%) + N_2 + BF_3$$

（六）重氮基的自由基取代

芳香重氮盐在受热、光照或引发剂作用下分解，产生自由基。中性或碱性条件（有重氮酸 Ar—N═N—OH 存在），有利于芳香重氮盐的自由基取代。如对氯苯重氮盐和苯，在稀的苛性钠溶液中低温反应，发生自由基取代，生成 4-氯联苯。芳香重氮盐中的芳基与其他芳香化合物偶联成联苯或联苯衍生物的反应，称为冈伯格-巴赫曼（Gomberg-Bachmann）反应。

$$Cl-C_6H_4-\overset{+}{N}_2Cl^- + C_6H_6 + NaOH \xrightarrow{\text{小于}10\ ^\circ C} Cl-C_6H_4-C_6H_5\ (20\%) + N_2 + NaCl + H_2O$$

芳香重氮盐在亚铜离子作用下产生芳香自由基。如果芳香核上有吸电子基团，则发生芳基二聚，生成联芳基二聚，如可从邻氨基苯甲酸制备联苯-2，2′-二甲酸：

$$o\text{-}HOOC-C_6H_4-NH_2 + NaNO_2 + 2HCl \xrightarrow[H_2O]{6\ ^\circ C} o\text{-}HOOC-C_6H_4-\overset{+}{N}_2Cl^- + NaCl + 2H_2O$$

$$2\ o\text{-}HOOC-C_6H_4-\overset{+}{N}_2Cl^- + [Cu(NH_3)_4]_2^+SO_4^{2-} + 2H_2O \xrightarrow{\text{小于}10\ ^\circ C} \xrightarrow[\triangle]{HCl} \text{联苯-2,2'-二甲酸}\ (72\%)$$

（七）重氮基团被氢取代

芳香重氮盐与乙醇或次膦酸作用，重氮基即被氢原子取代。此反应可用作环上去氨基的间接方法，常称为去氨基还原反应。完成此反应最普通的还原剂是乙醇或次膦酸（H_3PO_2）。芳胺在乙醇溶液中用浓硫酸和亚硝酸钠重氮化后，小心加热使重氮基被氢原子取代，乙醇被氧化成乙醛（用次膦酸时，次膦酸被氧化成亚磷酸）。一些不好用其他方法合成的化合物可用重氮基团被氢取代的方法合成。如间硝基甲苯的制备：

$$\text{4-甲基-2-硝基苯胺} + NaNO_2 + 2H_2SO_4 \xrightarrow[\substack{\text{小于}10\ ^\circ C\\ -NaHSO_4,\ 2H_2O}]{C_2H_5OH} \text{4-甲基-2-硝基苯重氮硫酸氢盐}\ (N_2^+HSO_4^-) \xrightarrow[\triangle]{C_2H_5OH} \text{间硝基甲苯}\ (62\%\sim72\%) + N_2 + H_2SO_4 + CH_3CHO$$

又如间溴甲苯用甲苯溴化或溴苯甲基化都难以合成。但可从甲苯胺出发，利用氨基的定位效应，保护氨基后溴化，在氨基的邻位、甲基的间位引入溴原子后，再将氨基重氮化后用氢取代去掉氨基：

$$\text{对甲苯胺}\xrightarrow{(CH_3CO)_2O}\text{对甲基乙酰苯胺(NHCOCH}_3)\xrightarrow[2.\ NaOH,\ H_2O]{1.\ Br_2}\text{2-溴-4-甲基苯胺}\xrightarrow[0\sim5\ ^\circ C]{NaNO_2,\ H_2SO_4}\text{重氮盐}(N_2^+HSO_4^-)\xrightarrow[H_2O,\ 130\ ^\circ C]{H_3PO_2}\text{间溴甲苯} + N_2$$

（八）芳肼

重氮盐能被锡加盐酸、亚硫酸钠或亚硫酸氢钠还原，生成芳肼（Ar—NH—NH_2）：

$$C_6H_5\overset{+}{N}_2Cl^- + Sn + HCl \longrightarrow C_6H_5NHNH_2\cdot HCl \xrightarrow{OH^-} C_6H_5NHNH_2\ \text{苯肼}$$

芳肼分子中有相邻的未共用电子对的氮原子，故有很强的亲核性，在空气中缓慢氧化。芳肼环上的吸电子基团可使其稳定性增加，如 2，4-二硝基苯肼。

（九）芳香族重氮盐的偶合反应

重氮盐与活性较高的芳香胺或酚作用，重氮盐正离子是较弱的亲电试剂，一般只对活性较高的芳香胺或酚发生苯环上的亲电取代反应，生成偶氮化合物，反应称为偶合反应或偶联反应。重氮盐正离子优先进攻酚羟基或芳氨基的对位，若对位已有取代基，反应才发生在邻位。如：

$$C_6H_5\overset{+}{N}_2Cl^- + \text{对甲苯酚} \xrightarrow{NaOH} C_6H_5-N{=}N-C_6H_3(OH)(CH_3)\quad \text{5-甲基-3-羟基偶氮苯}$$

重氮盐与 α-萘酚或 α-萘胺偶合时，反应发生在 4-位，若 4-位被占据，则在 2-位反应。重氮盐与 β-萘酚或 β-萘胺偶合时，反应发生在 1-位，若 1-位被占据，则不发生反应。

重氮盐与酚的偶合反应在弱碱性溶液中（pH 在 8 左右）进行，酚以酚离子形式存在，定位效应比酚更强，更能活化苯环，弱碱性介质也增加酚的溶解度。但碱性也不能太强，当 pH ＞10 会生成重氮酸，pH＞12 生成重氮酸盐，均不能进行偶合反应。

$$\underset{\text{重氮离子}}{ArN_2^+} + OH^- \rightleftharpoons \underset{\text{重氮酸（不偶合）}}{Ar-N{=}N-OH} \rightleftharpoons \underset{\text{重氮酸盐（不偶合）}}{Ar-N{=}N-O^-Na^+}$$

重氮盐与芳胺的偶合反应在微酸性溶液（pH 5～7）中进行。在此 pH 范围内，重氮离子浓度最高。若酸性太强，使芳胺成盐，氨基上带正电荷，不利于亲电取代的偶合反应的进行。

重氮盐与芳伯胺和芳仲胺偶联时，除芳环上的氢被取代外，也可以取代氨基上的氢原子，并可与过量的苯胺和苯胺盐酸盐加热至 30～40℃，重排成对氨基偶氮苯。如：

$$C_6H_5\overset{+}{N}_2Cl^- + C_6H_5NH_2 \rightleftharpoons \underset{\text{重氮氨基苯}}{C_6H_5-N{=}N-NH-C_6H_5} + HCl$$

$$C_6H_5-N=N-NH-C_6H_4-H \xrightarrow{C_6H_5\overset{+}{N}H_3Cl^-} C_6H_5-N=N-C_6H_4-NH_2$$

对氨基偶氮苯

若芳胺苯环上含有吸电子基团时，提高重氮组分的活性，偶合反应容易进行，反之有推电子基团如甲基、氨基等，偶合困难，一般只发生苯环上氢被取代的反应。萘胺与重氮盐偶合时也只发生环上的取代反应。

偶合反应是制备偶氮染料（分散染料的一种）等偶氮化合物的基本反应。

（十）重氮甲烷

重氮甲烷是个线形分子，分子中存在一个三原子四电子的大 π 键。重氮甲烷的碳具有碱性和强亲核性，$-N_2^+$ 又是好的离去基团，故重氮甲烷十分活泼。由于氮的电负性（3.0）略大于碳（2.6），重氮甲烷虽有极性，但偶极矩不大。重氮甲烷沸点为－24℃，通常保存在乙醚或二氯甲烷溶液中。

用亚硝酸钠与甲胺盐酸盐及尿素在水溶液中反应生成甲基亚硝酸脲，随后加碱处理制得重氮甲烷：

$$CH_3NH_2\cdot HCl + H_2NCONH_2 + NaNO_2 \longrightarrow CH_3N(NO)CONH_2 \xrightarrow{KOH} CH_2N_2$$

化学性质：甲基化反应成甲酯、甲醚。重氮甲烷可以从酸性化合物中夺取质子，质子化的重氮甲烷极不稳定，放出氮气，生成甲基正离子（CH_3^+），可进行甲基化反应。如重氮甲烷与羧酸反应生成羧酸甲酯（$RCOOCH_3$），与磺酸反应生成磺酸甲酯（RSO_3CH_3），与酚类反应生成酚甲醚（$ArOCH_3$）。

（1）与醇反应： 由于醇的酸性较弱，一般情况下重氮甲烷不与醇作用。但在氟硼酸等催化剂存在下，醇与重氮甲烷可生成甲基醚。如：

$$CH_2N_2 + HBF_4 \xrightarrow{-BF_4^-} CH_3N_2^+ \xrightarrow{C_6H_{11}OH} C_6H_{11}-O-CH_3 + N_2$$

（2）与醛反应： 可以在碳氢之间插入亚甲基成甲基酮。具体过程如下：

$$R-\overset{O}{\overset{\|}{C}}-H + {}^-CH_2-\overset{+}{N}\equiv N \longrightarrow R-\underset{O}{\overset{O^-}{\overset{|}{C}}}-CH_2-N^+\equiv N \xrightarrow[-N_2]{重排} R-\overset{O}{\overset{\|}{C}}-CH_3$$

（3）与酮反应： 可以在羰基碳和 α 碳之间插入亚甲基（机制与重氮甲烷与醛反应类似），得到增加一个碳原子的酮。具体过程如下：

$$R-\overset{O}{\overset{\|}{C}}-CH_2R' + {}^-CH_2-\overset{+}{N}\equiv N \longrightarrow R-\underset{CH_2R'}{\overset{O^-}{\overset{|}{C}}}-CH_2-\overset{+}{N}\equiv N \longrightarrow R-\underset{CH_2R'}{C}\overset{O}{\triangle} + N_2\uparrow$$

或在碳氧之间插入亚甲基，普通酮得到环氧化合物，环酮可扩环，但有副产物环氧化合物生成。如：

$$R-\overset{O}{\overset{\|}{C}}-CH_2R' + {}^{-}CH_2-\overset{+}{N}\equiv N \longrightarrow R-\underset{CH_2R'}{\overset{O^-}{C}}-CH_2-\overset{+}{N}\equiv N \longrightarrow R-\underset{CH_2R'}{\overset{O}{\triangle}} + N_2$$

(4) 与酰氯反应： 生成 α-氯代甲基酮，重氮甲烷过量则生成 α-重氮甲基酮：

$$RCOCl + CH_2N_2 \xrightarrow{-N_2} \underset{\alpha\text{-氯代甲基酮}}{RCOCH_2Cl} \xrightarrow{CH_2N_2} \underset{\alpha\text{-重氮甲基酮}}{RCOCHN_2} + CH_3Cl + N_2$$

α-重氮甲基酮在加热、光照或氧化银的催化下与水共热放出 N_2，先生成酮碳烯，再经 Woff 重排生成烯酮。烯酮的反应性很强，与水生成羧酸，与醇反应生成酯，与胺或氨生成酰胺。反应结果是在酰氯的主链上增加一个碳原子，这一系列反应称为 Arndt-Eistert 反应。

$$R\overset{O}{\overset{\|}{C}}\overset{-}{C}H-\overset{+}{N}\equiv N + H_2O \xrightarrow[\triangle]{Ag_2O,\ -N_2} \underset{\text{酮碳烯}}{R\overset{O}{\overset{\|}{C}}\ddot{C}H} \xrightarrow{\text{Woff重排}} \underset{\text{烯酮}}{O=C=CHR} \begin{cases} \xrightarrow{H_2O} RCH_2COOH \\ \xrightarrow{R'OH} RCH_2COOR' \\ \xrightarrow{R'NH_2} RCH_2CONHR' \end{cases}$$

(5) 分解生成碳烯(:CH₂)： 重氮甲烷在加热或光照下分解成碳烯，又称卡宾(Carbene)。

$$CH_2=\overset{+}{N}=N^- \longrightarrow :CH_2 + N_2$$

碳烯中的碳原子只有六个价电子，有两个未成键的电子。碳烯是缺电子的，是一种极活泼的反应中间体，能与不饱和烯烃、炔或苯发生加成反应，生成环丙烷衍生物：

$$CH_3CH=CHCH_3 + :CH_2 \longrightarrow \underset{\diagdown\ \diagup \atop CH_2}{CH_3CH-CHCH_3} \quad \text{1,2-二甲基环丙烷}$$

$$CH_3C\equiv CH + :CH_2 \longrightarrow \underset{\diagdown\ \diagup \atop CH_2}{CH_3C=CH} \xrightarrow{:CH_2} CH_3C\overset{CH_2}{-}CH\ (CH_2) \quad \text{1-甲基二环[1,1,0]丁烷}$$

重氮甲烷在苯溶液中，光照生成的碳烯与苯加成得环庚三烯：

$$C_6H_6 + CH_2N_2 \xrightarrow{\text{光照}} C_6H_6{>}CH_2 \longrightarrow \text{环庚三烯}$$

碳烯还能与 C—H 发生插入反应，插入 C—H 之间：

$$-\overset{|}{\underset{|}{C}}-H + :CH_2 \longrightarrow -\overset{|}{\underset{|}{C}}-CH_3$$

由于碳烯的这种插入反应对于伯、仲、叔碳原子的 C—H 键无选择性，产物是混合物。

重氮甲烷可以用亚硝酸钠与甲胺盐酸盐及尿素在水溶液中反应制得甲基亚硝酸脲后，加碱处理制备：

$$CH_3NH_2\cdot HCl + H_2NCONH_2 + NaNO_2 \longrightarrow CH_3N(NO)CONH_2 \xrightarrow{KOH} CH_2N_2$$

§13.13　偶氮化合物

偶氮化合物分子中含有—N═N—官能团，而且氮原子均与碳原子相连。脂肪族偶氮化合物的通式为 R—N═N—R，芳香族偶氮化合物的通式为 Ar—N═N—Ar。

（一）脂肪族偶氮化合物

脂肪族偶氮化合物如偶氮二异丁腈，是常用的自由基引发剂，也可做塑料、橡胶的发泡剂。制备如下：

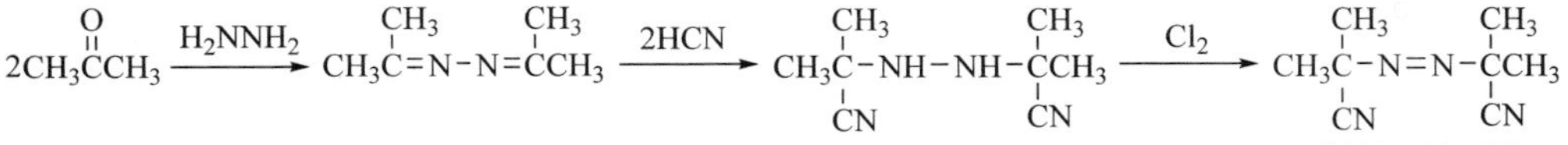

$$2CH_3\overset{O}{\overset{\|}{C}}CH_3 \xrightarrow{H_2NNH_2} CH_3\overset{CH_3}{\overset{|}{C}}{=}N{-}N{=}\overset{CH_3}{\overset{|}{C}}CH_3 \xrightarrow{2HCN} CH_3\underset{CN}{\underset{|}{\overset{CH_3}{\overset{|}{C}}}}{-}NH{-}NH{-}\underset{CN}{\underset{|}{\overset{CH_3}{\overset{|}{C}}}}CH_3 \xrightarrow{Cl_2} CH_3\underset{CN}{\underset{|}{\overset{CH_3}{\overset{|}{C}}}}{-}N{=}N{-}\underset{CN}{\underset{|}{\overset{CH_3}{\overset{|}{C}}}}CH_3$$

偶氮二异丁腈

（二）芳香族偶氮化合物

芳香族偶氮化合物绝大多数是由酚或芳胺与重氮盐经偶合反应制备，如指示剂甲基橙，由于易褪色而不能作染料；少数可由硝基化合物在碱性介质中还原制备。如：

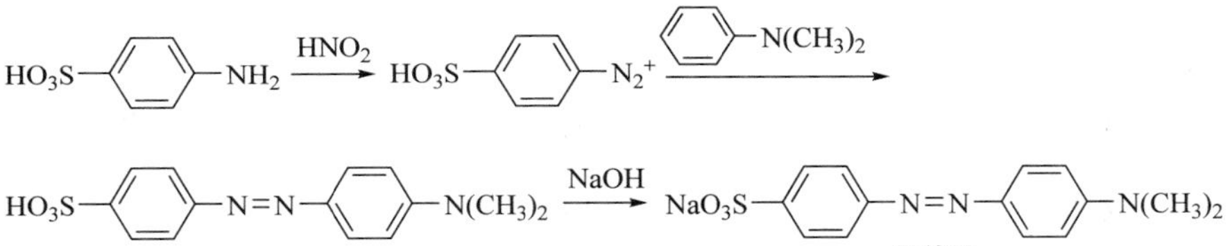

$$HO_3S{-}C_6H_4{-}NH_2 \xrightarrow{HNO_2} HO_3S{-}C_6H_4{-}N_2^+ \xrightarrow{C_6H_5{-}N(CH_3)_2}$$

$$HO_3S{-}C_6H_4{-}N{=}N{-}C_6H_4{-}N(CH_3)_2 \xrightarrow{NaOH} NaO_3S{-}C_6H_4{-}N{=}N{-}C_6H_4{-}N(CH_3)_2$$

甲基橙

（三）偶氮染料

染料是能牢固吸附在纤维上的有色化学物质。偶氮染料是现今染料市场中品种数量最多的一种染料，由染料分子中含有偶氮基而得名。除偶氮染料外，还有蒽醌染料、靛蓝染料与活性染料等。偶氮染料多是酚类或芳胺类与重氮盐偶合的产物，是纺织品服装在印染工艺中应用最广泛的一类合成染料，可用于多种天然、合成纤维的染色和印纺花，也可用于油漆、塑料、橡胶等的着色。偶氮染料均以偶氮基为发色基团，色谱全、牢度好、成本较低。如对硝基苯胺重氮化后与 *N*，*N*-二羟乙基苯胺偶联制备的分散红 R；2，4-二硝基-6-溴苯胺重氮化后与 2-甲氧基-5-乙酰氨基-*N*，*N*-二乙基苯胺偶联制备的分散蓝 6G：

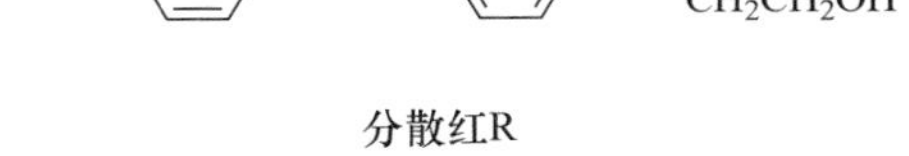

$$O_2N{-}C_6H_4{-}N{=}N{-}C_6H_4{-}N(CH_2CH_2OH)_2$$

分散红R

$$O_2N{-}C_6H_2(Br)(NO_2){-}N{=}N{-}C_6H_2(NHCOCH_3)(OCH_3){-}N(C_2H_5)_2$$

分散蓝6G

其他偶氮染料还有：

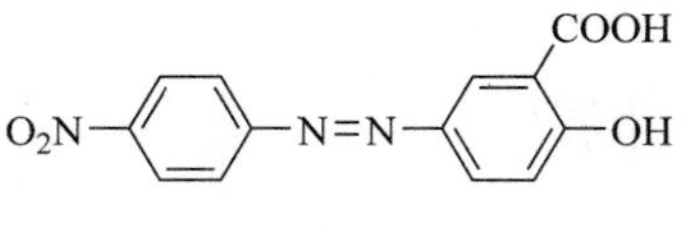

茜草黄R 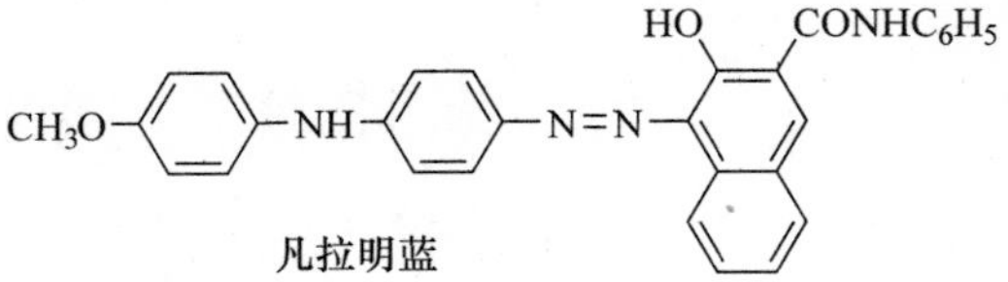　　凡拉明蓝

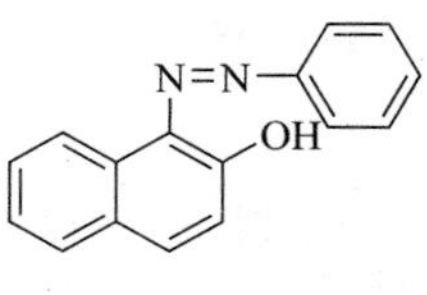

苏丹红一号 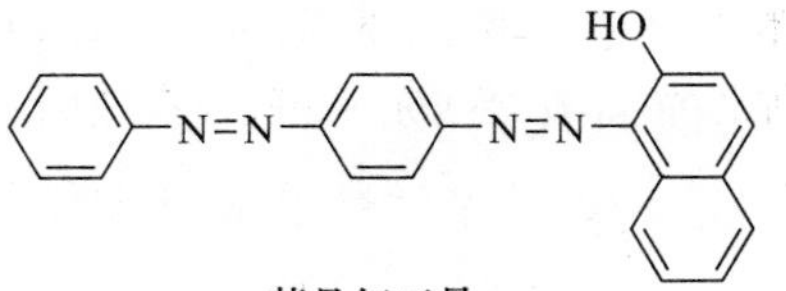　　苏丹红三号

按分子中所含偶氮基数目可分为单偶氮、双偶氮、三偶氮和多偶氮染料：单偶氮染料 Ar—N═N—Ar′—OH(NH_2)；双偶氮染料 Ar_1—N═N—Ar_2—N═N—Ar_3；三偶氮染料 Ar_1—N═N—Ar_2—N═N—Ar_3—N═N—Ar_4。式中 Ar 为芳基。随着偶氮基数目的增加，染料的颜色加深。

偶氮染料会发生还原反应，形成对人体有害的芳香胺中间体，因此部分偶氮染料遭到禁用，禁用的偶氮染料品种数占全部偶氮染料的 7%～8%。如，湖蓝 6B 是以 3,3′-二甲氧基联苯胺为中间体，该染料曾经使用广泛，是检验粘胶长丝染色均匀度所用染料，后来这种染料因为 3,3′-二甲氧基联苯胺被证实有致癌性而被禁用。

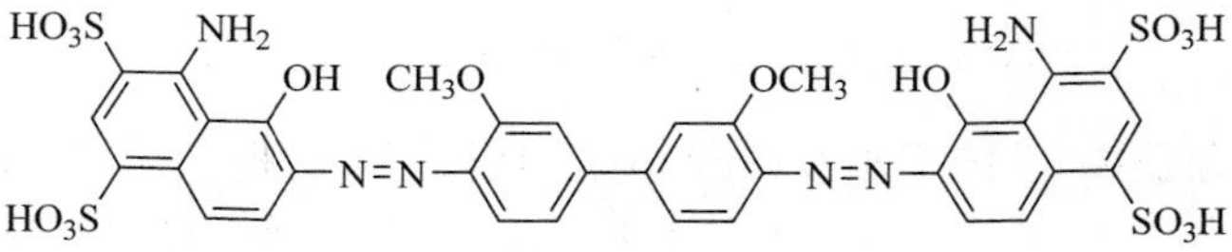

湖蓝6B 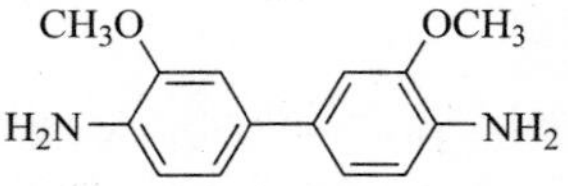　　3,3′-二甲氧基联苯胺

偶氮染料苏丹红有Ⅰ、Ⅱ、Ⅲ、Ⅳ号四种，经毒理学研究表明，苏丹红具有的致突变性和致癌性与其代谢生成的胺类物质有关。这些胺类物质对人体的肝肾器官具有明显的毒性作用。苏丹红为亲脂性偶氮化合物，只是一种化学染色剂，绝不能用作食品添加剂。

习　题

1. 命名下列化合物，并按胺的级别分类：

(1) $CH_3CH_2CH(CH_3)CH_2NH_2$　(2) $(CH_3)_3CN(CH_3)CH_2CH_3$　(3) $CH_2{=}CHCH_2N(CH_3)CH_2CH_3$

(4) $(CH_3CH_2CH_2)_2\overset{+}{N}H_2Br^-$　(5) $CH_3NHCH_2CH_2NHCH_3$　(6) $C_2H_5NHCH_2CH_2OH$

(7) 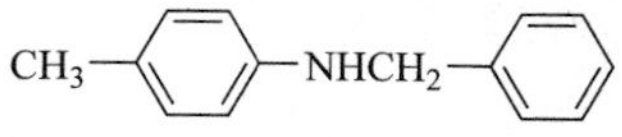 CH_3—C_6H_4—$NHCH_2$—C_6H_5（对位）　(8) Br—C_6H_4—$N(CH_3)CH_2CH_3$（对位）

(9) $CH_3NHC(CH_3){=}CHCOOCH_3$　(10) 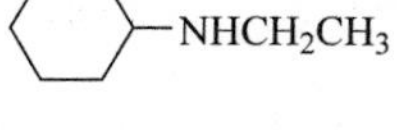 环己基—$NHCH_2CH_3$

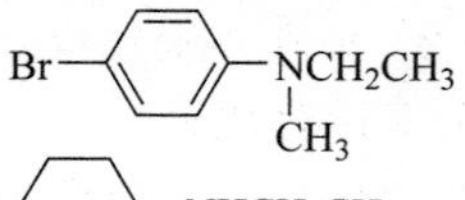

2. 写出分子式为 C_7H_9N 且含有一个苯环的化合物的结构式并命名。

3. 用苯、甲苯、五个碳以下的醇及必要的无机试剂合成下列化合物：

(1) $CH_3CH_2CH_2NH_2$　(2) $(CH_3)_2NCH_2CH_2CH_3$　(3) $(CH_3)_2CHNH_2$　(4) $CH_3CH_2CH(NH_2)(CH_2)_4CH_3$

4. 从1,3-丁二烯合成尼龙66的两个单体——己二酸和己二胺。

5. 写出下列化合物催化加氢的产物：

(1) 间硝基苯甲酸　(2) *p*-亚硝基-*N*,*N*-二甲苯胺　(3) β-羟基苯腈　(4) 环己酮

(5) 环己酮加甲胺　(6) 1-硝基-2-苯基丙烯

6. 用少于或等于四个碳的醇或环己醇及必要的无机试剂合成下列化合物：

(1) 正己胺　(2) 三乙胺 *N*-氧化物　(3) 4-甲胺基庚烷　(4) 环己基二甲胺

(5) 环戊胺　(6) 6-氨基己酸

7. 预测下列各化合物进行 Hofmann 彻底甲基化和消除反应的主要产物：

(1) $(CH_3)_2CHCH_2NHCH_3$　(2) $(CH_3)_2CHCH_2CH_2NH_2$　(3) $(CH_3CH_2)_2NCH_2CH_2C(=O)CH_3$

(4) $(CH_3)_2CHCH_2NHCH_2CH_2CH_3$　(5) $C_2H_5NHCH_2CH_2Cl$　(6) $CH_3(CH_2)_4NH_2$

8. 写出下列化合物与 $NaNO_2$ + HCl 反应的产物：

(1) $(CH_3)_2CHNH_2$　(2) $C_6H_5NH_2$　(3) $C_6H_5NHCH_2CH_3$

(4) $(CH_3)_2CHNHCH(CH_3)_2$　(5) $C_6H_5N(CH_3)_2$　(6) 尿素

9. 由指定原料合成：

(1) 由 C_6H_5—$N(CH_3)_2$ 制备 H_2N—C_6H_4—$N(CH_3)_2$　(2) 由环戊酮和HCN制备环己酮

10. 化合物(A)$C_5H_{11}O_2N$ 具有手性，不溶于水和稀酸，但溶于 NaOH。将光活性(A)的 NaOH 溶液酸化，得到一外消旋的(A)；光活性(A)用 H_2/Ni 还原，产物为光活性(B)$C_5H_{13}N$；用 HNO_3 处理光活性(B)，得到两个醇(C)和(D)的混合物。请写出(A)、(B)、(C)、(D)的结构及有关反应式。

11. 由苯胺制备下列化合物：

(1) 对硝基苯胺　(2) 对氨基苯磺酸内盐　(3) 对氨基苯磺酰胺

(4) 2,4,6-三溴苯胺　(5) 2,6-二氯对苯二胺　(6) 2,6-二硝基苯胺

12. 由对甲苯胺制取4-甲基-2-溴苯胺及由苯胺制取对硝基苯胺时，为什么要先将氨基用乙酰基保护起来？

13. 由苯或甲苯为其起始原料，使用常见的化学试剂制备下列化合物：

(1) 间氯苯胺　(2) 邻甲苯胺　(3) 4-甲基-3-溴苯胺　(4) 4-甲基-2-溴苯胺

(5) 间氨基苯甲酸　(6) 间苯二胺　(7) 间氨基苯乙酮

14. 由苯出发经重氮盐合成下列化合物：

(1) 1-氯-3-溴苯　(2) 均三溴苯　(3) 对二硝基苯　(4) 间碘苯酚

(5) 1,2,3-三溴苯　(6) 1-氟-2-氯苯甲醛　(7) 2,3-二溴联苯酚

15. 从苯出发，经联苯胺重排合成：

(1) 2,2′-二氯联苯　(2) 4,4′-二溴联苯　(3) 4,4′-二羧基联苯

(4) 2,2′,4,4′-四溴联苯

第十四章　杂环化合物

环上含有杂原子(非碳原子)的有机物称为杂环化合物,分为脂肪杂环和芳香杂环两大类,常见的杂原子有氮、氧、硫等。前面已经学过的内酯、内酰胺、环醚等化合物都是脂肪杂环化合物,这些化合物的性质与同类的开链化合物类似,如环氧乙烷、四氢呋喃、四氢吡咯、丁二酸酐等。本章讲述的是环系比较稳定、具有一定程度芳香性的杂环化合物,即芳香杂环化合物,平时也简称为杂环化合物。这些化合物的分子构型为平面型,π 电子数符合 $4n+2$ 规则,所以称为芳杂环化合物,如吡咯、吡啶、喹啉等。

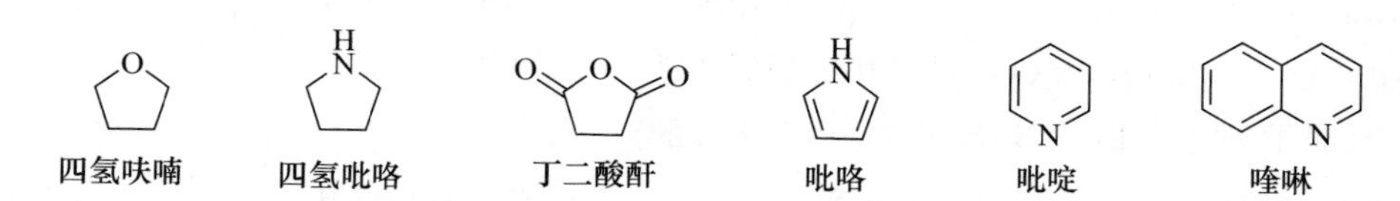

杂环化合物是有机化合物中数量最庞大的一类,许多在动、植物体内起着重要的生理作用。如叶绿素、血红素、生物碱及部分苷类、部分抗生素和维生素、某些氨基酸和核苷酸的碱基等都含有杂环的结构。在现有的药物中,含杂环结构的约占半数。

§14.1　芳香杂环化合物的分类和命名

(一) 杂环化合物的分类

根据杂环化合物中环的大小,可将其分为三元、四元、五元、六元和七元杂环等类型;还可以按结构中环的多少分为单杂环和稠杂环等;也可按杂原子的数目分为含一个、两个和多个杂原子的杂环。最常见的杂环化合物是五元和六元单杂环和稠杂环化合物。

表 14-1　有特定名称的杂环的分类、名称和位次

类别	杂环母环
含一个杂原子的五元杂环	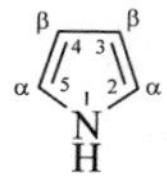 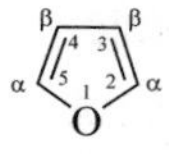 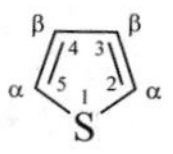 吡咯 pyrrole　呋喃 furan　噻吩 thiophene
含两个或三个杂原子的五元杂环	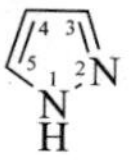  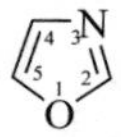 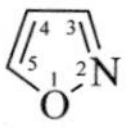 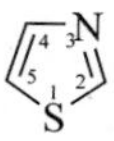 吡唑 pyrazole　咪唑 imidazole　噁唑 oxazole　异噁唑 isoxazole　噻唑 thiazole

续表

类别	杂环母环
含两个或三个杂原子的五元杂环	 1,2,3-噁二唑 1,2,3-oxadiazole；1,3,4-噁二唑 1,3,4-oxadiazole；呋咱 furazan；1,2,3-连三唑 1,2,3-triazole；1,2,5-连三唑 1,2,5-triazole   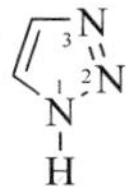 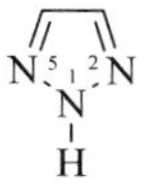
五元稠杂环	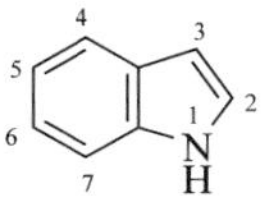 吲哚 indole；苯并呋喃 benzofuran；苯并咪唑 benzimdazole；咔唑 carbazole 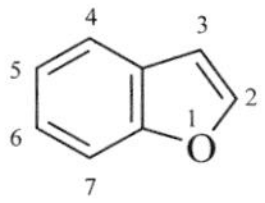 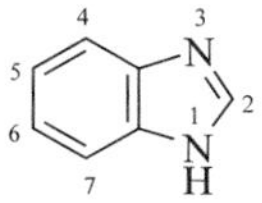 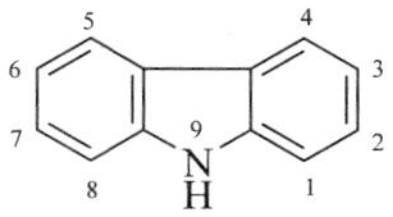
含一个杂原子的六元杂环	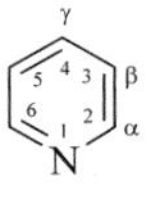 吡啶 pyridine；2*H*-吡喃 2*H*-pyran；4*H*-吡喃 4*H*-pyran 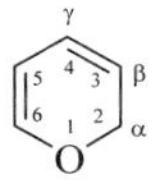 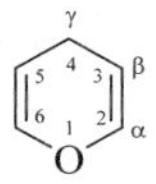
含两个及三个杂原子的六元杂环	 哒嗪 pyridazine；嘧啶 pyrimidine；吡嗪 pyrazine；1,3,5-三嗪 1,3,5-triazine；1,2,4-三嗪 1,2,4-triazine  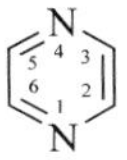  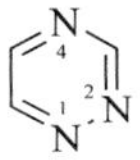
六元稠杂环	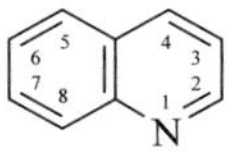 喹啉 quinoline；异喹啉 isoquinoline；喋啶 pteridine；嘌呤 purine；吖啶 acridine；吩嗪 phenazine；吩噻嗪 phenothiazine 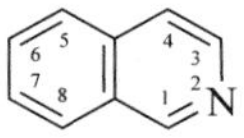 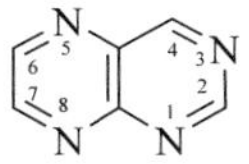 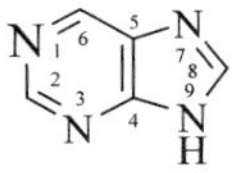 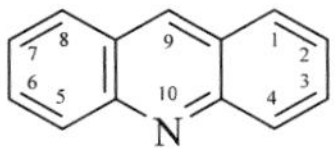 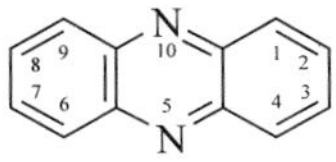 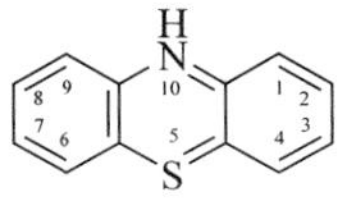

（二）杂环化合物的命名

杂环化合物的命名有 IUPAC 置换命名法和音译命名法。在国际上保留特定的杂环化合物的俗名和半俗名，并以此为命名的基础。我国常用的是音译法，按照英文名称的读音原则上译成 2～3 个汉字，再加“口”旁组成音译名，其中“口”作为杂环的标志。如呋喃、吡啶、嘌呤等，如表 14-1 所示；另一种置换命名是将杂环视为碳环衍生物，在碳环名称如苯、茂（环戊二烯）、萘、茚等前加上杂原子的名称和杂字，杂原子应注明位次，“杂”字有时可省去。如：

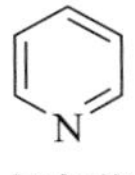

氮杂苯

氧杂茂

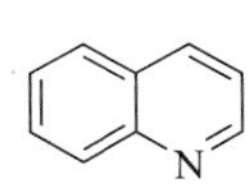

1-氮杂萘

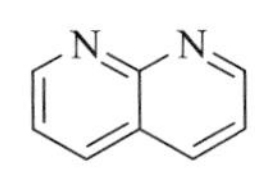

1,8-二氮萘

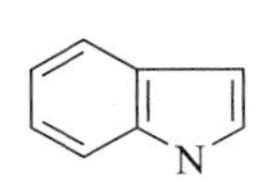

氮茚（吲哚）

杂环母环的编号原则：

①杂原子编号最小： 含一个杂原子的杂环杂原子编号为1，然后用数字1，2，3，…表示，或用α，β，γ，…依次为环上碳原子编号。

② 含两个或多个杂原子的杂环编号： 应使杂原子位次尽可能小，并按O、S、NH、N的次序编号，如咪唑、噻唑的编号。

③ 环上含有相同杂原子： 要使连有取代基的杂原子编号最小。

④ 有特定名称的稠杂环的编号： 有的杂环按其相应的稠环芳烃的母环编号，如喹啉、异喹啉按萘环编号方式编号，吖啶按蒽的编号方式编号。编号时如有选择余地应先编杂环，再编芳环，注意杂原子的编号尽可能小。共用碳原子一般不编号，还有些稠杂环具有特殊规定的编号，如嘌呤的编号。

⑤ 标氢： 当杂环中有饱和的碳原子或氮原子，则这个饱和的原子上所连接的氢原子称为"标氢"或"指示氢"。把*H*(大写斜体)及其位置表示，放在词首。氢在并环上时，用a，b，c，…注明编号。如：

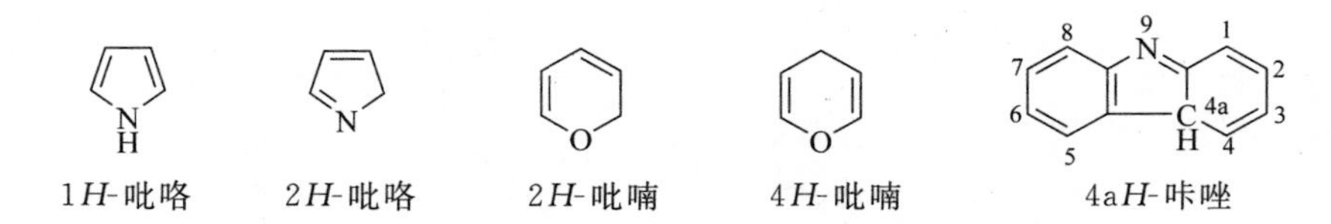

1*H*-吡咯　2*H*-吡咯　2*H*-吡喃　4*H*-吡喃　4a*H*-咔唑

对含氢杂环也可用中文数字标明其数目，用阿拉伯数字标明其位置，全氢化物可只标明数目。如：

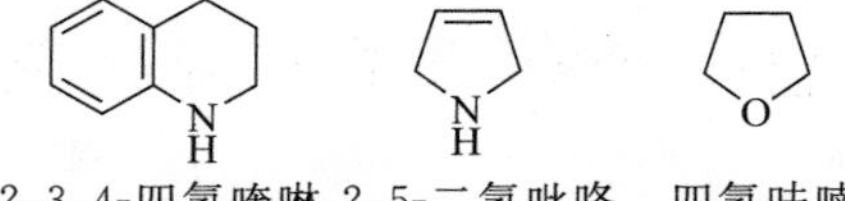

1,2,3,4-四氢喹啉　2,5-二氢吡咯　四氢呋喃

含活泼氢的杂环化合物及其衍生物，可能存在着互变异构体，命名时需按上述标氢的方式标明之。如：

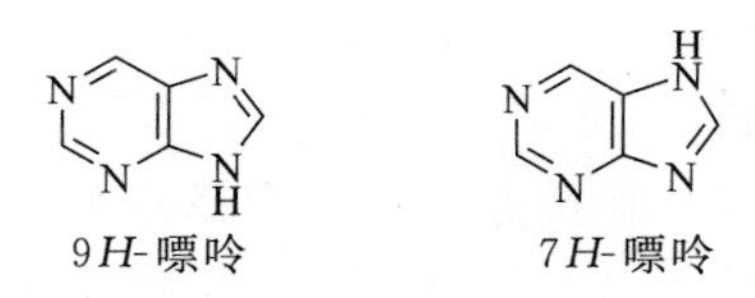

9*H*-嘌呤　7*H*-嘌呤

⑥ 杂环上连有取代基时： 应先确定杂环母体的名称和编号，然后将取代基的名称连同位置编号以词头或词尾形式写在母体名称前或后，构成取代杂环化合物的名称。如：

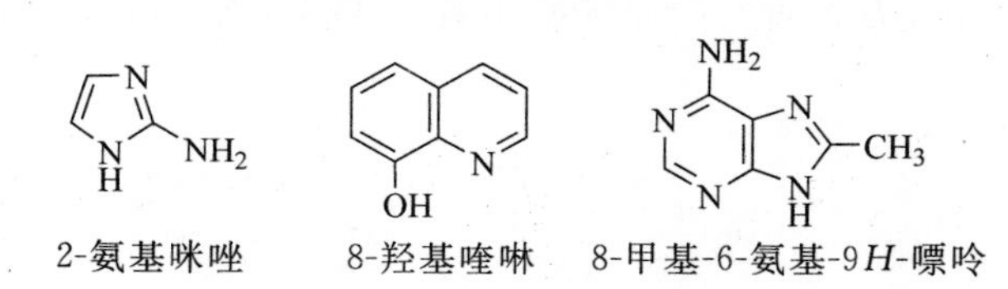

2-氨基咪唑　8-羟基喹啉　8-甲基-6-氨基-9*H*-嘌呤

但取代基是醛、羧酸、羧酸酯、磺酸等时，杂环也可作为取代基来命名。如：

2-呋喃甲醛　　3-吡啶甲酸　　8-羟基喹啉-5-磺酸

⑦ **无特定名称的稠杂环的命名**：绝大多数稠杂环无特定名称，可看成是两个单杂环并合在一起(也可以是一个碳环与一个杂环并合)，并以此为基础进行命名。先将稠合环分为两个环系，一个环系定为基本环或母环；另一个为附加环或取代部分。命名时附加环名称在前，基本环名称在后，中间用“并”字相连。如碳环与杂环组成的稠杂环，选杂环为基本环。如：

苯并呋喃(呋喃为基本环)　苯并嘧啶(嘧啶为基本环)　苯并喹啉(喹啉为基本环)

由大小不同的两个杂环组成的稠杂环，以大环为基本环。如：

吡咯并吡啶(吡啶为基本环)　呋喃并吡喃(吡喃为基本环)

§14.2　含一个杂原子的五元杂环化合物

五元杂环包括含一个、两个或多个杂原子的五元杂环，其中杂原子主要是氮、氧和硫。另外还包括杂环与苯环或其他杂环稠合的多种环系。最常见的含一个杂原子的五元杂环化合物有呋喃、噻吩和吡咯。

(一) 吡咯、呋喃和噻吩的电子结构及芳香性

X 射线衍射测定表明，吡咯、呋喃和噻吩都是五元环平面结构。环上四个碳原子和杂原子互相以 sp^2 杂化轨道形成 σ 键，构成五元环，每个原子都有一个未参与 sp^2 杂化的 p 轨道与环平面垂直。其中碳原子的 p 轨道中有一个 p 电子，杂原子的 p 轨道中有两个 p 电子，这些 p 轨道相互平行，侧面交叠组成封闭的大 π 键，π 电子数是 6 个，符合 $4n+2$ 规则，具有一定的芳香性。5 个 p 轨道组成 5 个 π 分子轨道，其中 3 个轨道是成键轨道，能量低于 p 轨道，2 个轨道是反键轨道，能量高于 p 轨道，基态时 6 个 π 电子填充在 3 个成键轨道中。

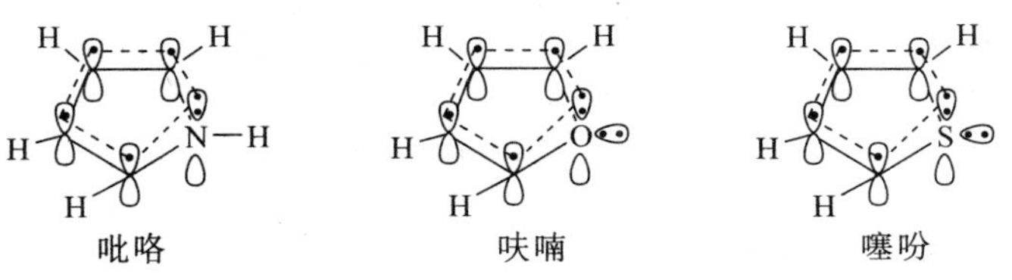

图 14-1　吡咯、呋喃和噻吩的 π 分子轨道示意图

从键长数据来看，吡咯、呋喃和噻吩的五元芳杂环键长没有完全平均化，芳香性不如苯和吡啶强，其稳定性比苯和吡啶差。键长数据如下（单位 pm）：

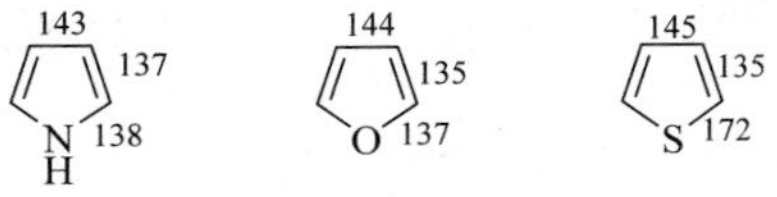
143
137
138
144
135
137
145
135
172

在吡咯、呋喃和噻吩中，组成的大 π 键与苯和吡啶不同，在 5 个 p 轨道中分布着 6 个电子，因此杂环上碳原子的电子云密度比苯环上碳原子的电子云密度要高，被称为富电子芳杂环，它们进行亲电取代反应比苯容易得多。此类杂环的芳香稳定性不如苯环，具有一些共轭二烯的性质。它们与缺电子的六元杂环（如吡啶）在性质上有显著差别。

（二）吡咯、呋喃和噻吩的物理性质

吡咯、呋喃和噻吩都是无色液体。这三个五元杂环与其饱和环相比，偶极矩减小，且吡咯偶极矩方向相反。这是由于在饱和杂环（四氢呋喃、四氢吡咯和四氢噻吩）中，杂原子具有吸电子诱导效应，使偶极矩朝向杂原子一端；在芳杂环中，杂原子除了具有吸电子的诱导效应外，还具有反方向的供电子的共轭效应，致使呋喃和噻吩的偶极矩数值变小，而在吡咯中，氮原子的供电子共轭效应大于吸电子的诱导效应，使偶极矩方向逆转：

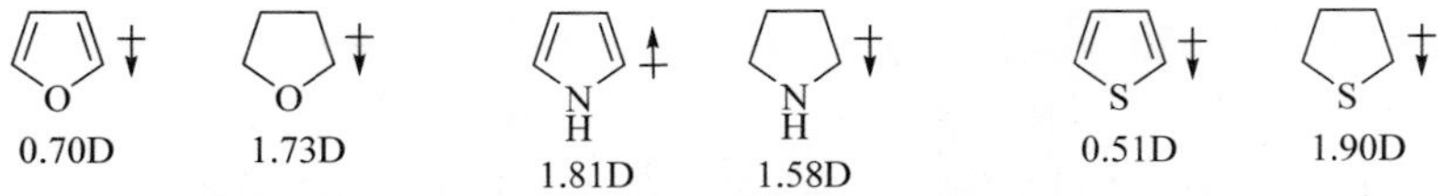
0.70D
1.73D
1.81D
1.58D
0.51D
1.90D

吡咯、呋喃和噻吩都难溶于水。其原因是杂原子的一对 p 电子参与形成大 π 键，使杂原子上的电子云密度降低，与水缔合能力减弱。水溶解度顺序为：吡咯＞呋喃＞噻吩，原因是吡咯氮上的氢还可与水形成氢键，呋喃环上的氧与水只能形成相对较弱的氢键，而噻吩环上的硫不能与水形成氢键。呋喃、噻吩和吡咯都是无色的液体。沸点：呋喃 32℃，噻吩 84.2℃，吡咯 130℃。

（三）吡咯、呋喃和噻吩的化学性质

（1）酸碱性：吡咯虽有仲胺结构，但是氮原子上的一对电子参与形成大 π 键，不再具有给出电子对的能力，因此碱性极弱（$K_b=2.5\times10^{-14}$），可溶于冷的稀酸中。由于环上的电子云密度较高，在酸性条件下可接受一个质子，发生质子化反应。由于杂原子的质子化是可逆的，碳原子上 α 碳的 π 电子云密度比 β 碳的高，最后得到的主要是 α 碳质子化产物。由此吡咯在强酸性条件下会聚合生成吡咯红：

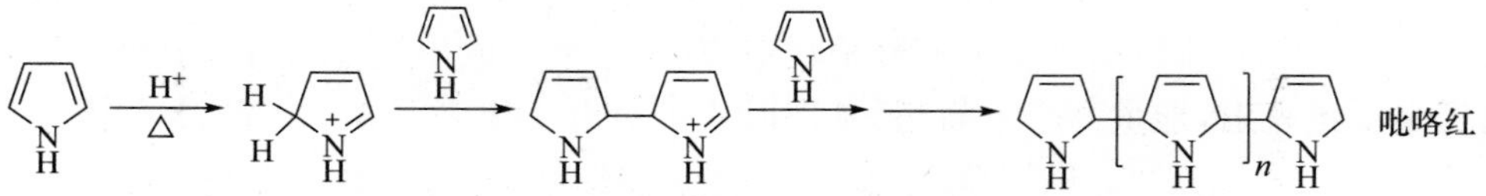
H+
△
吡咯红

吡咯分子氮上的氢原子可以离去，显示出弱酸性（$pK_a=17.5$），比醇的酸性强，能与碱金属（如金属钾）或强碱（如干燥的氢氧化钾）共热成吡咯盐，与格氏试剂反应生成吡咯卤化镁。这是因为失去质子后生成的吡咯负离子，电子参与形成大 π 键而相对稳定。

吡咯 + KOH ⟶ 吡咯钾(NK^+) + H_2O　　　吡咯 + RMgX ⟶ N-MgX吡咯 + RH

吡咯盐的氮具有亲核性，与 RX 发生饱和碳上的亲核取代反应，与 RCOX 发生酰基碳上的亲核取代反应，吡咯卤化镁能与 CO_2 反应在氮上引入羧基：

吡咯钾(K^+) + RX ⟶ N-R吡咯　　吡咯钾(K^+) + RCOX ⟶ N-COR吡咯　　N-MgX吡咯 $\xrightarrow{CO_2}$ $\xrightarrow{H_2O}$ N-COOH吡咯

同样原因呋喃和噻吩也不显碱性。呋喃等氧杂环对酸不稳定，反应时应避免使用强无机酸。与稀酸共热则水解开环，并可进一步树脂化。如：

$$\text{2,5-二甲基呋喃} + H_2O \xrightarrow[\triangle\ 36\ h]{45\%\ AcOH,\ H^+} \left[CH_3\underset{OH}{C}=CHCH=\underset{OH}{C}CH_3\right] \longrightarrow CH_3\overset{O}{C}CH_2CH_2\overset{O}{C}CH_3\ \ 86\%$$

2,5-二甲基呋喃　　　　　　2,5-己二酮

(2) 亲电取代反应：由于三个五元杂环都属于五原子六电子的富电子芳杂环，碳原子上的电子云密度比苯还高，容易发生亲电取代反应。芳香性的顺序是噻吩＞吡咯＞呋喃。它们都不如苯稳定，如在强酸性条件下，吡咯和呋喃会因质子化而破坏芳香性，容易发生水解、聚合等副反应。活性顺序为：吡咯＞呋喃＞噻吩＞＞苯。在进行芳香亲电取代反应时，要用比较弱的亲电试剂和比较温和的条件。如硝化反应常用硝酸乙酰酯为硝化试剂，并在低温下进行。由于杂原子的吸电子诱导效应，环上电子密度在杂原子邻近处较大，亲电取代反应主要发生在 α-位，β-位产物较少，这也可用其反应中间体的相对稳定性来解释。α-位取代时，有三个共振式，正电荷分布在三个原子上，中间体的正电荷离域程度高、能量低、比较稳定；而 β-位取代只有两个共振式，正电荷分布在两个原子上，反应中间体的正电荷离域程度低、能量高、不稳定：

α-位取代：五元杂环(Z) + E^+ ⟶ [三个共振式] $\xrightarrow{-H^+}$ 2-E取代物

β-位取代：五元杂环(Z) + E^+ ⟶ [两个共振式] $\xrightarrow{-H^+}$ 3-E取代物

① 卤化反应：吡咯、呋喃和噻吩进行氯化或溴化反应时活性与苯胺和苯酚相似。欲制取一卤代物，吡咯、呋喃反应一般在低温和稀溶液中进行。如：

吡咯 + $SOCl_2$ $\xrightarrow[0\ ^\circ C]{乙醇}$ 2-氯吡咯 80%　　　　呋喃 + Br_2 $\xrightarrow[0\ ^\circ C]{二氧六环}$ 2-溴呋喃 80%

反应条件稍强，就会得多卤化产物，如四卤代吡咯：

$$\text{吡咯} + Br_2 \xrightarrow[0\ ^\circ C]{\text{乙醇}} \text{2,3,4,5-四溴吡咯}$$

$$\text{呋喃} + Cl_2 \xrightarrow{-40\ ^\circ C} \text{2-氯呋喃} + \text{2,5-二氯呋喃}$$

噻吩一溴代可用溴或NBS溴化，但氯化得多取代产物。碘不活泼，碘化要在催化剂如HgO存在下才能进行一元取代反应：

$$\text{噻吩} + Br_2 \xrightarrow[25\ ^\circ C]{\text{乙酸}} \text{2-溴噻吩}$$

$$\text{噻吩} + I_2 \xrightarrow[0\ ^\circ C]{HgO} \text{2-碘噻吩}\quad 78\%$$

② 硝化反应： 不能用会破坏吡咯、呋喃和噻吩环的硝酸或混酸进行硝化反应，只能用较温和的非质子性硝酸乙酰酯作为硝化试剂（反应前临时制备），并在低温条件下进行。如：

$$(CH_3\overset{O}{\overset{\|}{C}})_2O + HONO_2 \longrightarrow CH_3\overset{O}{\overset{\|}{C}}ONO_2\ (\text{硝酸乙酰酯}) + CH_3\overset{O}{\overset{\|}{C}}OH$$

$$\text{吡咯} + CH_3\overset{O}{\overset{\|}{C}}ONO_2 \xrightarrow[-10\ ^\circ C]{Ac_2O} \alpha\text{-硝基吡咯 } 51\% + \beta\text{-硝基吡咯 } 13\%$$

$$\text{呋喃} + CH_3\overset{O}{\overset{\|}{C}}ONO_2 \xrightarrow[-5\sim-30\ ^\circ C]{Ac_2O} \alpha\text{-硝基呋喃 } 35\%$$

$$\text{噻吩} + CH_3\overset{O}{\overset{\|}{C}}ONO_2 \xrightarrow[0\ ^\circ C]{Ac_2O} \alpha\text{-硝基噻吩 } 70\% + \beta\text{-硝基噻吩 } 5\%$$

③ 磺化反应： 吡咯和呋喃的磺化反应也需要使用温和的非质子性的磺化试剂，如三氧化硫与吡啶的加合物（吡啶三氧化硫）。如：

$$\text{吡啶} + SO_3 \xrightarrow[\text{室温}]{CH_2Cl_2} C_5H_5\overset{+}{N}-SO_3^-\ (\text{吡啶三氧化硫 } 90\%)$$

$$\text{吡咯} + C_5H_5\overset{+}{N}-SO_3^- \xrightarrow{100\ ^\circ C} \xrightarrow{HCl} \alpha\text{-吡咯磺酸 } 90\%$$

$$\text{呋喃} + C_5H_5\overset{+}{N}-SO_3^- \xrightarrow[\text{室温}]{\text{二氯乙烷}} \text{呋喃-2-}SO_3^-\cdot H\overset{+}{N}C_5H_5 \xrightarrow{HCl} \alpha\text{-呋喃磺酸 } 41\%$$

噻吩比较稳定，可用一般磺化试剂如硫酸在室温下磺化。噻吩存在于煤焦油的前馏分中，是焦油苯中的杂质，沸点与苯相近。石油苯和焦油苯的一个主要区别即焦油苯中含噻吩。利用磺化反应可以用浓硫酸洗去煤焦油中与苯共存的噻吩，将噻吩从苯中除去：

$$\text{噻吩} + 95\%\ H_2SO_4 \xrightarrow{\text{室温}} \alpha\text{-噻吩磺酸}\quad 69\%\sim76\%$$

④ 傅-克反应：

酰基化： 吡咯反应活性大，无需催化剂即可用酸酐在加热的条件下酰基化。呋喃在较温和的催化剂如BF_3、H_3PO_4等与酸酐或酰氯进行酰基化反应。噻吩酰化时要先将催化剂如三氯化铝与酰化试剂混合制成亲电试剂，然后再加入噻吩进行酰基化反应，否则噻吩与催化剂会反应生成树脂状物质。如：

$$\text{吡咯} + (CH_3\overset{O}{\overset{\|}{C}})_2O \xrightarrow{150\sim160\ ^{\circ}C} \text{2-}CH_3\overset{O}{\overset{\|}{C}}\text{-吡咯}$$

2-乙酰基吡咯 60%

$$\text{呋喃} + (CH_3\overset{O}{\overset{\|}{C}})_2O \xrightarrow{BF_3} \text{2-}CH_3\overset{O}{\overset{\|}{C}}\text{-呋喃}$$

2-乙酰基呋喃 75%～92%

$$\text{噻吩} + (CH_3\overset{O}{\overset{\|}{C}})_2O \xrightarrow{H_3PO_4} \text{2-}CH_3\overset{O}{\overset{\|}{C}}\text{-噻吩}$$

2-乙酰基噻吩 70%

烷基化：吡咯、呋喃和噻吩烷基化难以控制在一元取代阶段，只有噻吩的氯甲基化可以顺利进行。如：

$$\text{噻吩} + CH_2O + HCl \xrightarrow[0\ ^{\circ}C]{ZnCl_2} \text{2-}CH_2Cl\text{-噻吩} \xrightarrow[ZnCl_2,\ 25\ ^{\circ}C]{CH_2O,\ HCl} ClCH_2\text{-噻吩-}CH_2Cl$$

⑤ 吡咯的特殊反应：吡咯的亲电反应活性高，还可以发生与苯酚、苯胺类似的反应。如可以发生 Vilsmeier-Haack 反应（与二取代甲酰胺在三氯氧磷作用下，反应生成芳环的甲酰化产物）、Reimer-Tiemann 反应（酚在碱性条件下用氯仿甲酰化）、Kolbe-Schmitt 反应（酚的羧化反应）、Gattermann 反应（芳烃用氰化氢甲酰化）以及与重氮盐发生偶联反应等。

$$\text{吡咯} + (CH_3)_2N\overset{O}{\overset{\|}{C}}H + POCl_3 \xrightarrow{-POCl(OH)} \text{2-吡咯基-}CH(Cl)N(CH_3)_2 \xrightarrow[-(CH_3)_2NH_2Cl]{H_2O} \text{2-吡咯甲醛 (CHO)}$$

$$\text{吡咯} + CHCl_3 + KOH \longrightarrow \text{2-吡咯-CHO}$$

$$\text{吡咯} + CO_2 + KOH \longrightarrow \text{2-吡咯-COOH}$$

$$\text{吡咯} + HCN + HCl \xrightarrow{40\ ^{\circ}C} \text{2-吡咯-CHO}$$

$$\text{吡咯} + PhN_2^+Cl^- \xrightarrow[\text{乙醇-水}]{H^+} \text{2-吡咯-N=N-Ph}$$

（3）噻吩的亲核反应：噻吩在 HCl 存在下，在浓盐酸中与乙醛（或三聚乙醛）缩合，生成 2-(1-氯乙基)噻吩，而后在叔胺作用下脱去 HCl，生成 2-乙烯基噻吩。

$$\text{噻吩} + CH_3CHO + HCl \xrightarrow[10\sim15\ ^{\circ}C]{\text{浓盐酸}} \text{2-噻吩-}CH(Cl)CH_3 \xrightarrow[\text{吡啶}]{-HCl} \text{2-噻吩-}CH{=}CH_2$$

2-乙烯基噻吩 55%

（4）加成反应：

① 催化加氢：呋喃、吡咯在一般催化氢化条件下可分别生成四氢呋喃和四氢吡咯。噻吩在 Raney Ni 作用下加氢会开环脱硫生成烃类化合物，只有在特殊催化剂如 MoS_2 作用下加氢才会生成饱和杂环化合物四氢噻吩：

$$\text{呋喃} + 2H_2 \xrightarrow[50\ ^{\circ}C]{Ni} \text{四氢呋喃(THF)}$$

$$\text{吡咯} + 2H_2 \xrightarrow[200\sim250\ ^{\circ}C]{Ni} \text{四氢吡咯}$$

$$\text{噻吩} + 2H_2 \xrightarrow{MoS_2} \text{四氢噻吩}$$

② Diels-Alder 反应：吡咯、呋喃、噻吩分子中都具有共丁二烯结构，具有不饱和性质，

可以与亲双烯体发生加成反应(Diels-Alder 反应)。三者相比较,呋喃共振能较小,与亲双烯体最易反应生成含氧桥的六元环化合物;吡咯可与苯炔、丁炔二酸等发生 Diels-Alder 反应;噻吩的共振能较大,比较稳定,较难发生 Diels-Alder 反应。如:

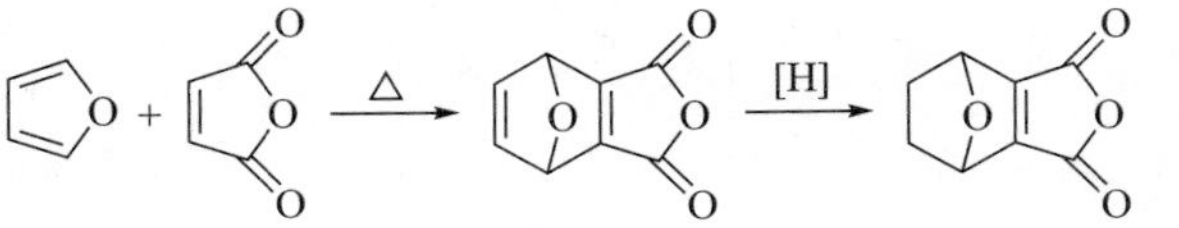

去甲斑蝥素

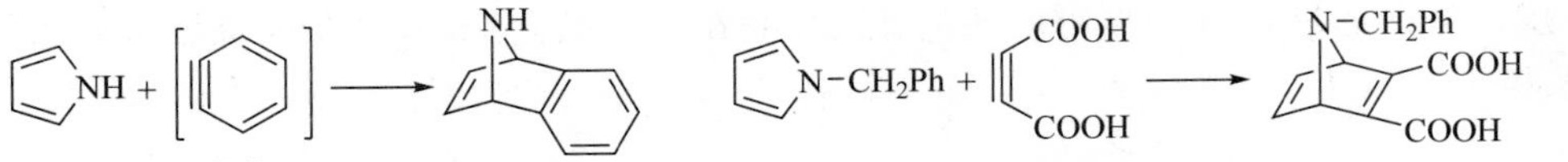

苯炔　　丁炔二酸

(5) 环上取代基的反应: 杂环上的取代基一般都保持原来的性质,如呋喃甲醛(糠醛)就具有芳香醛的性质,呋喃甲酸具有芳香酸的性质。

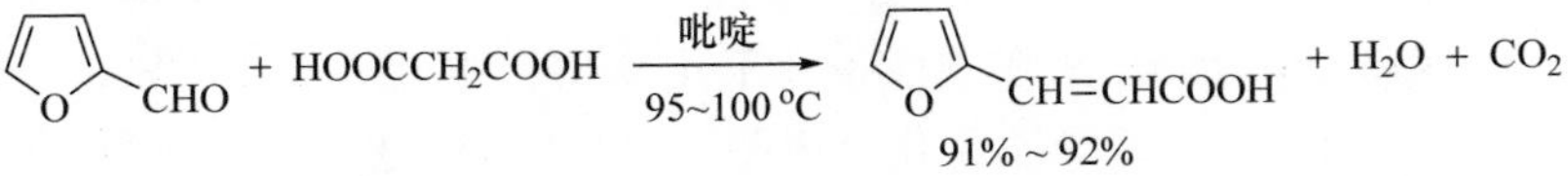

$$\text{呋喃-2-CHO} + HOOCCH_2COOH \xrightarrow[95\sim100\,^\circ C]{\text{吡啶}} \text{呋喃-2-}CH{=}CHCOOH\ (91\%\sim92\%) + H_2O + CO_2$$

(四) 呋喃、吡咯和噻吩的制备

帕尔-克诺尔(Paal-Knorr)合成法,即 1,4-二羰基化合物环化法,是制备呋喃、吡咯和噻吩的常用方法。1,4-二羰基化合物在无水酸性条件下失水生成呋喃类化合物,与胺(氨)反应生成吡咯类化合物,与硫化物反应生成噻吩类化合物。如:

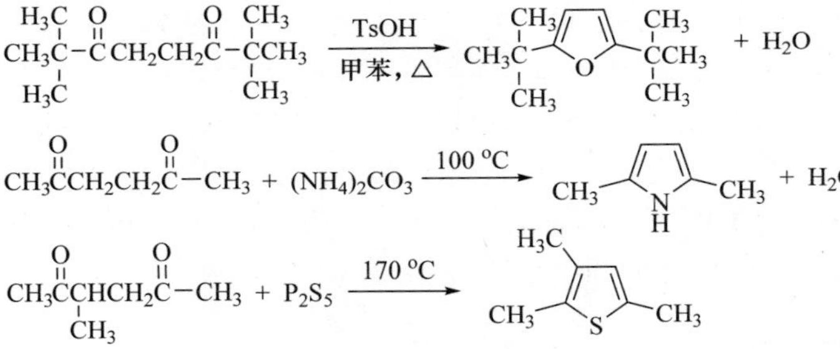

$$(CH_3)_3C\text{-}CO\text{-}CH_2CH_2\text{-}CO\text{-}C(CH_3)_3 \xrightarrow[\text{甲苯},\triangle]{TsOH} \text{2,5-二(三级丁基)呋喃} + H_2O$$

2, 5-二(三级丁基)呋喃 80%

$$CH_3COCH_2CH_2CO\text{-}CH_3 + (NH_4)_2CO_3 \xrightarrow{100\,^\circ C} \text{2,5-二甲基吡咯} + H_2O + CO_2$$

2, 5-二甲基吡咯 90%

$$CH_3COCH(CH_3)CH_2CO\text{-}CH_3 + P_2S_5 \xrightarrow{170\,^\circ C} \text{2,3,5-三甲基噻吩}$$

2, 3, 5-三甲基噻吩 40%

(1) 呋喃: 可由糠醛(呋喃甲醛)脱去一氧化碳制备。糠醛可用玉米芯、稻糠、高粱秆等与 4%硫酸共热,将由木糖组成的多糖水解,生成单糖(木糖),再进一步失水环化成糠醛,水蒸气蒸馏收集制得(由玉米芯水解后直接脱水可得 10%～12%的糠醛):

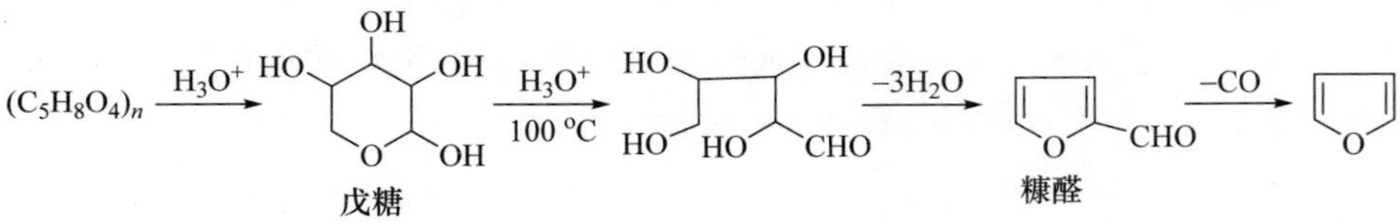

$$(C_5H_8O_4)_n \xrightarrow{H_3O^+} \text{戊糖} \xrightarrow[100\,^\circ C]{H_3O^+} \text{开链戊糖} \xrightarrow{-3H_2O} \text{糠醛} \xrightarrow{-CO} \text{呋喃}$$

戊糖　　糠醛

醛、酮和氯乙酸乙酯反应,得到环氧基甲酸酯,若环氧基 β-位有羰基,加热环合可得呋喃衍生物。如 4,4-二甲氧基-2-丁酮与氯乙酸甲酯反应制备 3-甲基呋喃-2-甲酸甲酯:

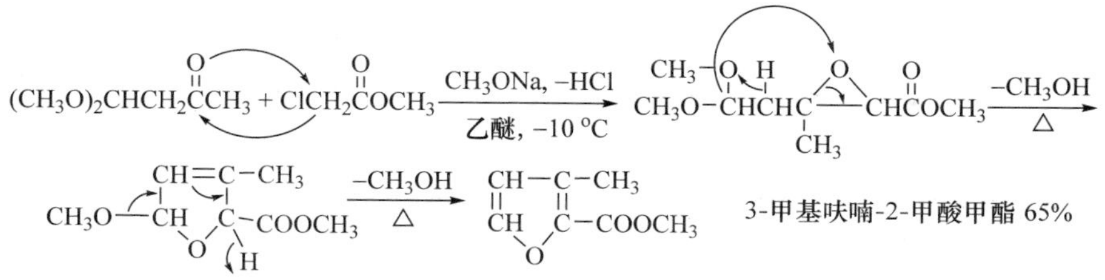

$$(CH_3O)_2CHCH_2\overset{O}{\overset{\|}{C}}CH_3 + ClCH_2\overset{O}{\overset{\|}{C}}OCH_3 \xrightarrow[\text{乙醚}, -10\,^{\circ}C]{CH_3ONa,\ -HCl} CH_3O-\overset{CH_3-O\ \ H}{CHCHC}(CH_3)\overset{O}{-}CH\overset{O}{\overset{\|}{C}}OCH_3 \xrightarrow[\triangle]{-CH_3OH}$$

$$CH_3O-CH(-O-)C(H)-COOCH_3\ (CH{=}C-CH_3) \xrightarrow[\triangle]{-CH_3OH} \text{CH—C—CH}_3,\ \text{CH}\ \ \text{C—COOCH}_3\ (\text{O})$$

3-甲基呋喃-2-甲酸甲酯 65%

(2) **吡咯**：吡咯和噻吩存在于煤焦油中，可提取。由煤焦油制备的焦油苯与由石油制备的石油苯不同，焦油苯中大约含有 0.5%的噻吩，在使用时应充分注意噻吩的影响。

取代吡咯的一般合成法，为 Knorr 合成法，由氨基酮或氨基酮酸酯与有 α-亚甲基的酮或酮酸酯进行缩合，氨基酮酸酯可由相应的 β-酮酸酯制备。如 2,4-二甲基吡咯的制备。先由乙酰乙酸乙酯亚硝基化，再还原制备氨基酮酸酯，然后与乙酰乙酸乙酯(α-亚甲基酮酸酯)反应，再水解失羧成 2,4-二甲基吡咯：

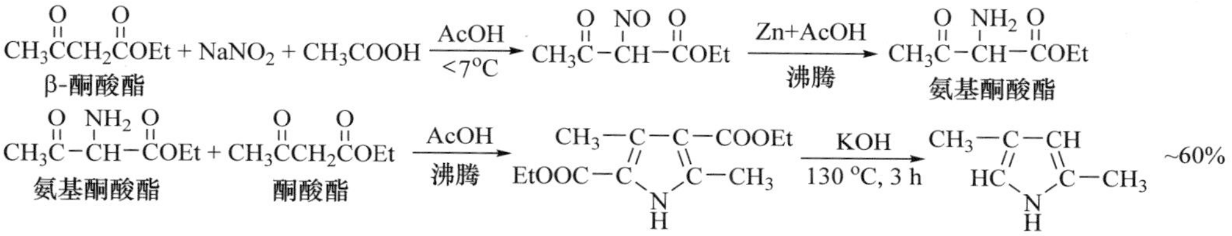

$$\underset{\beta\text{-酮酸酯}}{CH_3\overset{O}{\overset{\|}{C}}CH_2\overset{O}{\overset{\|}{C}}OEt} + NaNO_2 + CH_3COOH \xrightarrow[<7^{\circ}C]{AcOH} CH_3\overset{O}{\overset{\|}{C}}-\overset{NO}{\overset{|}{C}H}-\overset{O}{\overset{\|}{C}}OEt \xrightarrow[\text{沸腾}]{Zn+AcOH} \underset{\text{氨基酮酸酯}}{CH_3\overset{O}{\overset{\|}{C}}-\overset{NH_2}{\overset{|}{C}H}-\overset{O}{\overset{\|}{C}}OEt}$$

$$\underset{\text{氨基酮酸酯}}{CH_3\overset{O}{\overset{\|}{C}}-\overset{NH_2}{\overset{|}{C}H}-\overset{O}{\overset{\|}{C}}OEt} + \underset{\text{酮酸酯}}{CH_3\overset{O}{\overset{\|}{C}}CH_2\overset{O}{\overset{\|}{C}}OEt} \xrightarrow[\text{沸腾}]{AcOH} \text{3-CH}_3\text{-5-COOEt-2-EtOOC-4-... 吡咯} \xrightarrow[130\,^{\circ}C,\ 3\,h]{KOH} \text{2,4-二甲基吡咯} \sim 60\%$$

(五) 卟啉环系化合物

吡咯衍生物在生理上十分重要。由四个吡咯环通过四个次甲基(—CH═)交替相连而成的平面环状共轭体系被称为卟吩(porphin)。卟吩中吡咯环上的氢可被各种取代基取代，中心空隙处的四个氮原子可与多种金属离子络合，形成多种重要的卟啉(porphyrin)化合物，如血红素、叶绿素、维生素 B_{12} 等。血红素在高等动物血液输送氧，叶绿素在植物的光合作用中十分重要。取代基若为甲基、乙烯基和丙酸基，卟吩环的四个氮原子以共价键、配位键和 Fe 离子结合就形成血红素。此外胆色素、胆红素等都是吡咯的衍生物。

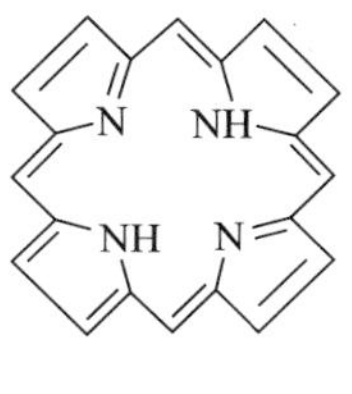

卟吩

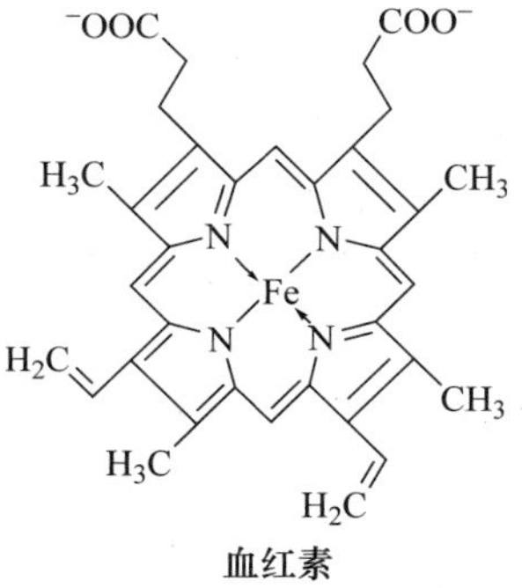

血红素

§14.3 含一个杂原子的五元杂环苯并体系

苯与呋喃、吡咯和噻吩共用两个碳原子而成的苯并体系称为苯并呋喃、吲哚(苯并吡咯)和苯并噻吩。其中吲哚环系比较重要。

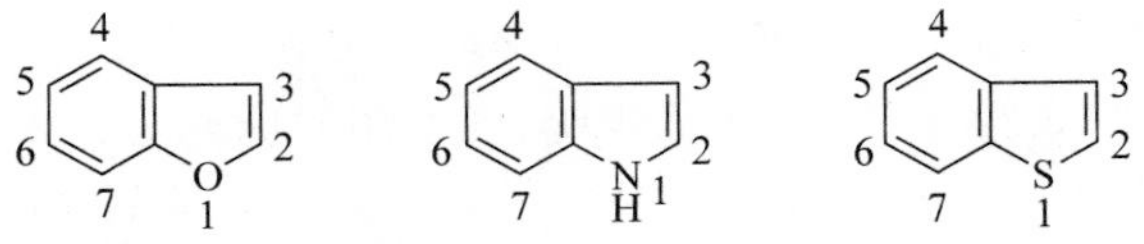

苯并呋喃　　吲哚　　苯并噻吩

(一) 吲哚

吲哚存在于煤焦油中,为白色片状结晶,熔点 52.5℃。具有粪臭味,但极稀溶液则有花香气味。吲哚环系在自然界分布很广,如蛋白质水解所得的色氨酸、天然植物激素 β-吲哚乙酸、蟾蜍素、利血平、毒扁豆碱等都是吲哚衍生物。吲哚的许多衍生物具有生理与药理活性,如 5-羟色胺(5-HT)、褪黑素等。

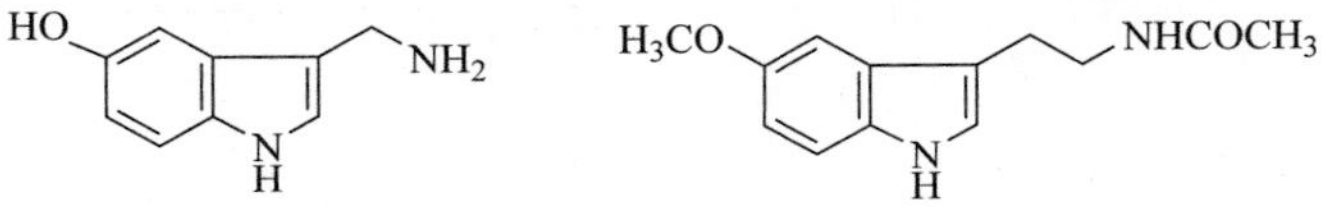

5-HT　　褪黑素

(二) 吲哚的性质

吲哚具有苯并吡咯的结构,吲哚环比吡咯环稳定,其原因是与苯环稠合后共轭体延长,芳香性随之增加。吲哚对酸、碱及氧化剂都表现较不活泼,吲哚的碱性比吡咯还弱,不与稀酸成盐,酸性比吡咯稍强,pK_a 为 17.0。这是由于氮原子上未共用电子对在更大范围离域的结果。

吲哚的亲电取代反应活性比苯高。由于吡咯环上的碳原子有较高的电子密度,反应主要发生在吲哚环的 3-位(β-位),不同于吡咯的亲电反应是在 2-位(α-位)。其原因可用反应中间体正离子的稳定性来解释。当 3-位已占有给电子基团,吲哚的亲电取代才发生在 2-位,若苯环上有强给电子基团,亲电取代会发生在已有基团的邻对位。

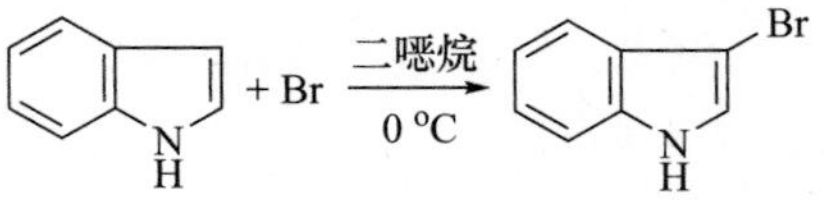

吲哚 + Br（二噁烷，0 °C）→ 3-溴吲哚 70%

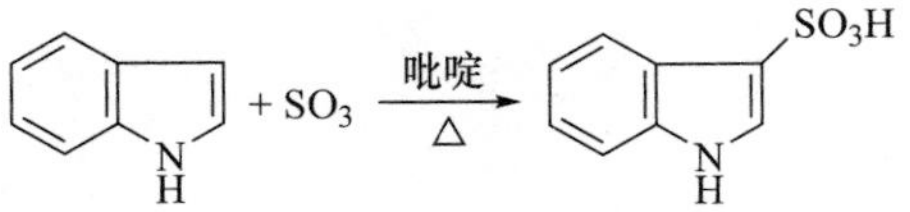

吲哚 + SO_3（吡啶，△）→ 3-吲哚磺酸 70%

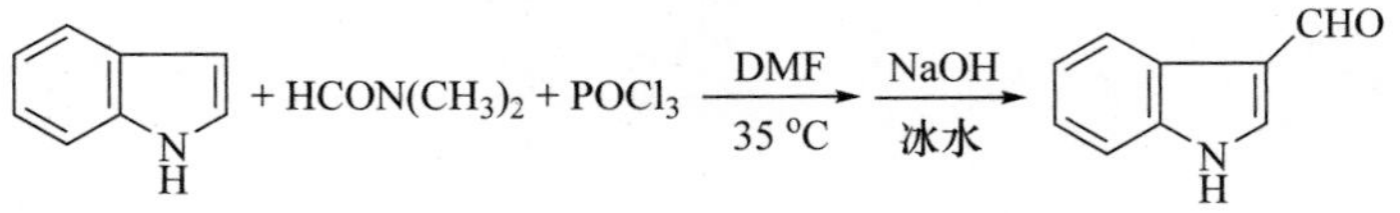

吲哚 + $HCON(CH_3)_2$ + $POCl_3$（DMF，35 °C；NaOH，冰水）→ 吲哚-3-甲醛 97%

吲哚环氮上的氢具有弱酸性，在液氨中与氨基钠生成 *N*-钠代吲哚，在醚中与正丁基锂作用生成 *N*-锂代吲哚，与格氏试剂反应生成 *N*-卤代镁吲哚。

N^{-} Na^{+} *N*-钠代吲哚　N^{-} Li^{+} *N*-锂代吲哚　N–MgI *N*-卤代镁吲哚

亲电反应，吲哚钠一般发生在氮上，而 *N*-卤代镁吲哚主要发生在 β-位上：

$N^{-}Na^{+}$ + MeI $\xrightarrow{\text{液氨}}$ N–CH_3　*N*-甲基吲哚 90%

N–MgI + N(吡啶)–CHO $\xrightarrow[\triangle]{Et_2O}$ 3-(OH–CH–吡啶基)吲哚（N）

（三）吲哚的合成

吲哚环系的合成方法应用较广泛的是费歇尔（Fischer）合成法。用苯腙类化合物在氯化锌、聚磷酸、三氟化硼等 Lewis 酸催化下加热重排，消除一分子氨得到吲哚衍生物。而实际上常用醛或酮与等物质的量的苯肼反应生成苯腙，然后进行重排和消除反应。反应可能的机理是：

$C_6H_5NHNH_2$ + $RCH_2\overset{O}{\overset{\|}{C}}-R_1$ ⇌ C_6H_5–NH–N=C(R_1)–CH_2R $\overset{H^+}{\rightleftharpoons}$ C_6H_5–NH–NH–C(R_1)=CHR $\overset{H^+}{\rightleftharpoons}$ (H, R, R_1, $\overset{+}{N}H_2$, N–H)

⇌ (R, R_1, $\overset{+}{N}H_2$, NH_2) ⇌ (R, R_1, NH_2, $\overset{+}{N}$, H H) $\overset{-NH_4^+}{\rightleftharpoons}$ 2-R_1-3-R-吲哚（N–H）

如由苯肼和丙酮合成 2-甲基吲哚，苯腙和丙醛合成 3-甲基吲哚：

$C_6H_5NHNH_2$ + $CH_3\overset{O}{\overset{\|}{C}}CH_3$ $\xrightarrow[\text{沸水浴}]{-H_2O}$ C_6H_5–NH–N=C(CH_3)–CH_3（H_3C, CCH_3） ⇌ C_6H_5–NH–NH–C(CH_3)=CH_2（H_2C=CCH_3） $\underset{180\ ^\circ C}{\overset{ZnCl_2}{\rightleftharpoons}}$ (N H_2, C–CH_3, NH_2)

$\xrightarrow{-NH_3}$ 2-CH_3-吲哚（N–H）

$C_6H_5NHNH_2$ + CH_3CH_2CHO $\overset{-H_2O}{\rightleftharpoons}$ C_6H_5–NH–N=CH–CH_2–CH_3（H_2C, CH_3, CH） $\xrightarrow[180\ ^\circ C]{ZnCl_2}$ (NH_2–CH=C–CH_3, NH_2) $\xrightarrow{-NH_3}$ 3-CH_3-吲哚（N–H）

§14.4 含两个杂原子的五元杂环化合物——唑

含有两个或两个以上杂原子的五元杂环化合物，其至少含有一个氮原子，其余的杂原子可以是氧或硫原子，杂原子可处在1,3-位和1,2-位。这类化合物通称为唑(azole)。

含两个杂原子的五元杂环可看成是吡咯、呋喃和噻吩的氮取代物，根据环中两个杂原子的位置可分为1,3-二唑(咪唑、噁唑、噻唑)和1,2-二唑(吡唑、异噁唑、异噻唑)两类。

咪唑　　噁唑　　噻唑　　吡唑　　异噁唑　　异噻唑

(一) 唑的电子结构和芳香性

唑类可以看成是吡咯、呋喃和噻吩环上2位或3位的CH被氮原子所替代，这个氮原子也是sp^2杂化，其中两个sp^2杂化轨道与相邻原子的sp^2杂化轨道重叠形成σ键而成环，另一个sp^2杂化轨道中有一对孤对电子。碳原子及杂原子的p轨道侧面重叠，形成六电子的闭合共轭体系，都具有$(4n+2)$个π电子，因此具有芳香性。在增加的氮原子的sp^2杂化轨道中有一对未共用电子对，吸电子性的氮原子使唑类环上的电子云密度降低，环稳定性增强。

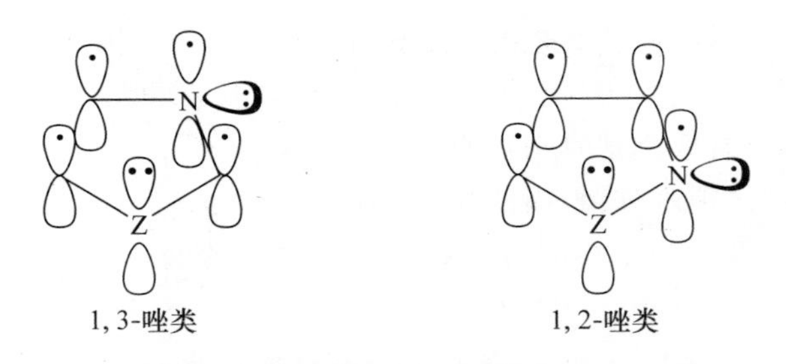

图 14-2　唑类分子轨道示意图

(二) 唑的物理性质

几种含两个杂原子的五元杂环化合物的物理常数见表14-2。

表 14-2　几种唑类杂环的物理常数

名称	相对分子质量	沸点(℃)	熔点(℃)	水溶度	p*K*a
吡唑	68	186～188	69～70	1∶1	2.5
咪唑	68	257	90～91	易溶	7.0
噻唑	85	117		微溶	2.4
噁唑	69	69～70			0.8
异噁唑	69	95～96		溶解	−2.03

从表中可看出，这五种唑类化合物相对分子质量虽然相近，沸点却差别较大，其中咪唑

和吡唑的沸点较高。这是因为咪唑可形成分子间氢键,吡唑可通过氢键形成二聚体。

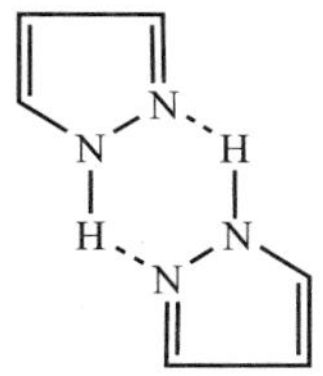

吡唑二聚体 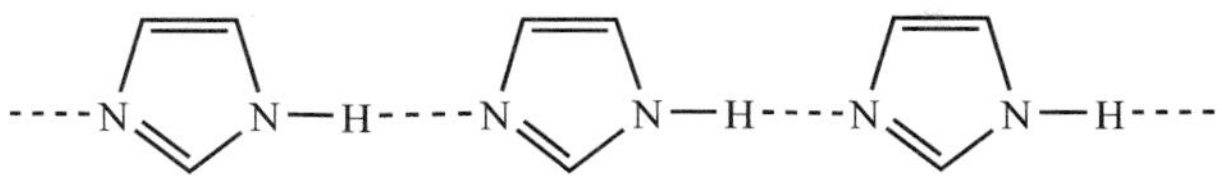　　　　咪唑线形多聚体

这五种唑类化合物的水溶度都比吡咯、呋喃和噻吩大,这是由于结构中增加的带有未共用电子对的氮原子可与水形成氢键。

(三) 唑的化学性质

(1) 酸碱性:

碱性: 在唑环中的氮原子有一个 sp^2 杂化轨道被一对未共用电子占据,可与质子结合,具有碱性。唑类的碱性都比吡咯强,但比吡啶弱(咪唑除外)。1,3-唑中,咪唑碱性最强,比吡啶和苯胺都强,噁唑的碱性最弱。原因是咪唑中—NH—吸电子的诱导效应较弱,与质子结合后的正离子稳定性高,噁唑中氧吸电子的诱导效应较强,与质子结合后的正离子稳定性弱。咪唑的碱性在生命过程中有重要意义,如在酶的活性位置上,组胺酸中的咪唑环常作为质子的接受体。1,2-唑比 1,3-唑碱性弱。吡唑分子中有两个直接相连的氮原子,吸电子的诱导效应更显著,碱性被削弱了,异噁唑也属于这种情况。

酸性: 吡唑和咪唑氮上氢的酸性比吡咯强。这是因为它们共轭碱的负电荷可以被环上另一个电负性的氮原子分散,使其共轭碱更稳定。

(2) 吡唑和咪唑环的互变异构: 吡唑和咪唑环都有互变异构体,当环上无取代基时,这一现象不易辨别,当环上有取代基时则很明显。

由于两个互变异构体很难分离,因此咪唑的 4 位与 5 位是相同的,4-甲基咪唑和 5-甲基咪唑,可命名为 4(5)-甲基咪唑。与咪唑相似,吡唑环的 3 位与 5 位的取代也是相同的,3-甲基吡唑和 5-甲基吡唑,可命名为 3(5)-甲基吡唑。

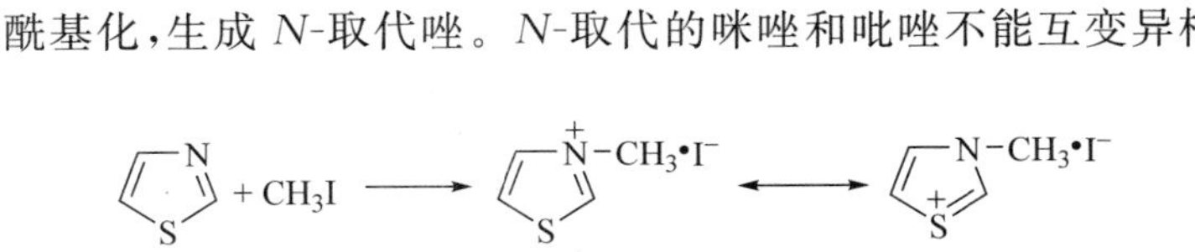

4-甲基咪唑　⇌　5-甲基咪唑　　3-甲基吡唑　⇌　5-甲基吡唑

(3) 唑中氮原子的烷基化和酰基化: 唑中氮原子上有一对未共用电子,可以进行亲核取代,被烷基化和酰基化,生成 *N*-取代唑。*N*-取代的咪唑和吡唑不能互变异构。如:

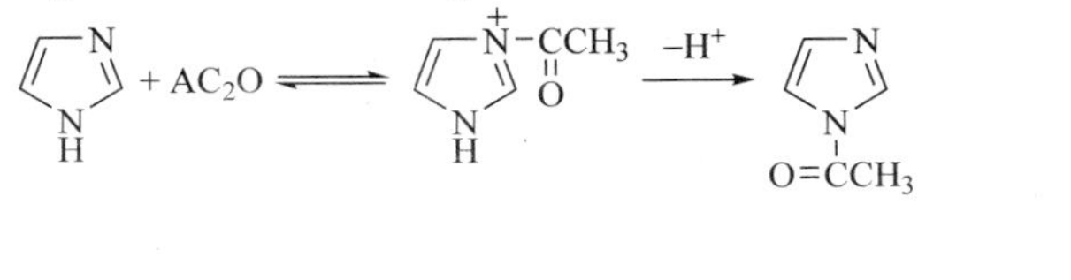

$$\text{噻唑} + CH_3I \longrightarrow \text{N}^+\text{-}CH_3\cdot I^- \longleftrightarrow \text{S}^+ \ldots$$

$$\text{咪唑} + AC_2O \rightleftharpoons \overset{+}{N}\text{-}\underset{O}{\overset{\|}{C}}CH_3 \xrightarrow{-H^+} \text{N-}(O{=}CCH_3)\text{咪唑}$$

(4) 亲电取代反应：唑类化合物因唑环中增加了一个吸电子的氮原子(间位取代基，类似于苯环上的硝基)，其亲电取代反应活性比呋喃、吡咯、噻吩低，对氧化剂、强酸都不敏感。1,3-唑中，两个杂原子，间位定位基—N═和邻位定位基 O、S、NH 定位一致，取代反应发生在 5-位。1,2-唑中两个杂原子定位不一致，则以—N═的间位定位为主，取代反应发生在 4-位。如：

噻唑 + 发烟H_2SO_4 $\xrightarrow[250\ ^\circ C]{HgSO_4}$ 5-噻唑磺酸 65%

咪唑 $\xrightarrow[CHCl_3]{Br_2}$ 4(5)-溴代咪唑

5-甲基异噁唑 $\xrightarrow[70\ ^\circ C]{HNO_3/H_2SO_4}$ 5-甲基-4-硝基异噁唑

异噻唑 $\xrightarrow[浓H_2SO_4]{SO_3}$ 4-异噻唑磺酸 90%

(四) 唑的合成

1,3-唑可用链中带有杂原子的 1,4-二羰基化合物环化得到。1,2-唑可用链中带有杂原子的 1,3-二羰基化合物反应制取。

(1) 咪唑的合成：从链中带有杂原子的 1,4-二羰基化合物环化制备。如：

$PhCONHCH(Ph)COPh + CH_3COONH_4 \xrightarrow[120\ ^\circ C]{CH_3COOH}$ 2, 4, 5-三苯基咪唑

咪唑是间二氮原子五元环，具有—N—C—C—N—结构，合成可从含有该结构的原料开始，与羧酸脱水合成环，得到咪唑啉，脱氢得咪唑。

$CH_3COCH_2COOEt + NH_2CH_2CH_2NH_2 \xrightarrow{120\ ^\circ C} CH_3CONHCH_2CH_2NH_2$（乙酰乙二胺 98%）$\xrightarrow[200\sim225\ ^\circ C]{CaO}$ 2-甲基咪唑啉 54% $\xrightarrow[Ni]{-H_2}$ 2-甲基咪唑 90%

苯并咪唑可用邻苯二胺与过量的甲酸合成：

邻苯二胺 + HCOOH $\xrightarrow[100\ ^\circ C,\ 6\ h]{-H_2O}$ 2-(NHCHO)苯胺 $\xrightarrow{-H_2O}$ 苯并咪唑 95%

(2) 噁唑的合成：将 α-氨基酮的氨基酰化后，由得到的 1,4-二羰基化合物关环制备。如：

$Ph-COCH_2NH_2 + (PhCO)_2O \longrightarrow Ph-COCH_2NHCO-Ph \xrightarrow[\triangle]{H_2SO_4}$ 2, 5-二苯基噁唑

苯并噁唑可用邻氨基酚与乙酸酐作用，经 *N*-乙酰化反应，再脱水环合制备：

邻氨基酚 + $(CH_3CO)_2O \xrightarrow[-AcOH]{回流\ 20\ h}$ 2-(NHCOCH_3)苯酚 $\xrightarrow{-H_2O}$ 2-甲基苯并噁唑 69%

(3) 噻唑的合成： 链中带有氮原子的1,4-二羰基化合物用五硫化二磷环化制备。如：

$$CH_3\overset{O}{\overset{\|}{C}}NHCH_2\overset{O}{\overset{\|}{C}}CH_3 + P_2S_5 \xrightarrow{120\ ^\circ C} \text{2,5-二甲基噻唑}$$

2-氨基噻唑是以硫脲或其衍生物与α-卤代羰基化合物反应合成的。如硫脲与氯丙酮反应制备2-氨基-4-甲基噻唑：

$$ClCH_2\overset{O}{\overset{\|}{C}}CH_3 + NH_2\overset{S}{\overset{\|}{C}}NH_2 \xrightarrow{\text{回流 2 h}} \text{4-甲基-2-氨基噻唑}\cdot HCl\ (NH_2\cdot HCl) \xrightarrow[-HCl]{NaOH} \text{2-氨基-4-甲基噻唑 75\%}$$

2-氨基苯并噻唑可用苯基硫脲在溶剂中通入理论量的氯或溴进行加成、环合制备：

$$C_6H_5NH\overset{S}{\overset{\|}{C}}NH_2 + Br_2 \xrightarrow[15\sim20\ ^\circ C]{CHCl_3} C_6H_5NH\overset{Br}{\overset{|}{C}}(SBr)NH_2 \xrightarrow[-Br_2]{NH_3\text{水}} \text{2-氨基苯并噻唑}$$

(4) 吡唑的合成： 吡唑类分子有—N—N—结构，合成原料一般也从—N—N—结构开始，如用肼(联氨)、芳肼、重氮甲烷等为原料，另一个原料是α,β-不饱和酸酯或1,3-二羰基化合物——醛、酮、β-酮酸酯等。如：

$$CH_3\overset{O}{\overset{\|}{C}}CH_2\overset{O}{\overset{\|}{C}}CH_3 + H_2NNH_2 \xrightarrow{15\ ^\circ C} \text{3,5-二甲基吡唑} + H_2O \quad \text{3,5-二甲基吡唑 77\%}\sim\text{81\%}$$

$$CH_3\overset{O}{\overset{\|}{C}}CH_2\overset{O}{\overset{\|}{C}}OEt + C_6H_5NHNH_2 \xrightarrow{50\ ^\circ C} \text{1-苯基-3-甲基-5-吡唑酮} + H_2O + EtOH \quad \text{1-苯基-3-甲基-5-吡唑酮 80\%}$$

(5) 异噁唑的合成： 异噁唑的合成可用1,3-二羰基化合物或丙炔醛与羟胺反应。如：

$$CH_3\overset{O}{\overset{\|}{C}}CH_2\overset{O}{\overset{\|}{C}}CH_3 + NH_2OH\cdot HCl \xrightarrow[\triangle]{H_2O} \text{3,5-二甲基异噁唑 85\%}$$

$$HC\equiv CCHO + NH_2OH \longrightarrow \text{异噁唑}$$

5-芳基-3-羟基异噁唑的合成可用3-芳基-2,3-二溴代丙酸乙酯与盐酸羟胺反应制备：

$$Ar\overset{Br}{\overset{|}{C}}H\overset{Br}{\overset{|}{C}}HCOOEt + NH_2OH\cdot HCl \xrightarrow[CH_3OH]{NaOH} \text{3-HO-5-Ar-异噁唑}$$

新方法是在催化量的有机高价碘试剂作用下，端基炔烃与醛肟的[3+2]环合反应。如在三氟乙醇溶剂中，当苯甲醛肟、间氯过氧苯甲酸(*m*CPBA)和碘苯的物质的量用量分别为苯乙炔的1.5、2.0和0.1倍时，反应在常温下进行12 h，得到较高产率的产物：

$$C_6H_5C\equiv CH + C_6H_5CH{=}NOH \xrightarrow[mCPBA]{PhI} \text{3,5-二苯基异噁唑 (Ph, Ph)} \quad 83\%$$

(6) 异噻唑的合成：可用丙炔醛和硫氰化钠来合成。具体过程如下：

$$HC\equiv CCHO + NaSCN \xrightarrow{NH_3} \text{(isothiazole: S, N)}$$

§14.5　含有一个杂原子的六元杂环体系

六元杂环化合物是杂环类化合物最重要的部分，含有一个杂原子的六元杂环体系主要是吡啶环系和吡喃环系。

(一) 吡啶环系的电子结构及芳香性

吡啶是从煤焦油中分离出来的具有特殊气味的无色液体，是一种有机碱，在有机反应中可作为溶剂和缚酸剂。其衍生物广泛存在于自然界中，是许多天然药物、染料和生物碱的基本组成部分。

吡啶的结构与苯非常相似。近代物理方法测得，吡啶分子中的碳碳键长为 139 pm，介于 C—N 单键(147 pm)和 C═N 双键(128 pm)之间，而且碳碳键与碳氮键键长的数值相近，键角约为 120°，这说明吡啶环上键的平均化程度较高，但没有苯完全。

吡啶环上的碳原子和氮原子均以 sp^2 杂化形成六个 σ 键，构成一个平面六元环。这六个原子各有一个电子在垂直于环平面的 p 轨道上，形成一个封闭的共轭体系，π 电子数目为 6，具有芳香性。但是氮原子上还有一个没有参与成键 sp^2 杂化轨道，被一对孤对电子占据，易与质子结合，使吡啶具有碱性($pK_a=5.17$)。吡啶环上的氮原子使 π 电子云向氮原子转移，分子具有极性。环上的氮原子相当于一个吸电子基团，使邻、对位上电子云密度比苯环低，间位则与苯环相近，环上碳原子的电子云密度远小于苯，因此像吡啶这类芳杂环又被称为“缺 π”杂环。这类杂环进行亲电取代反应变难，亲核取代反应变易，氧化反应变难，还原反应变易。吡啶的分子轨道和吡啶环上的电子云密度如下所示：

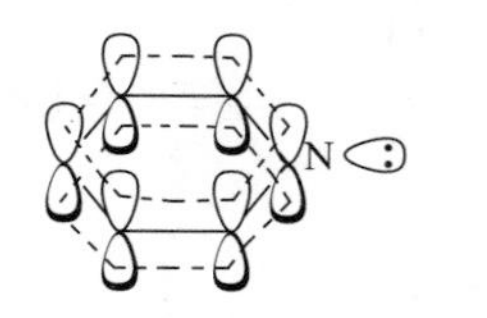

吡啶的分子轨道

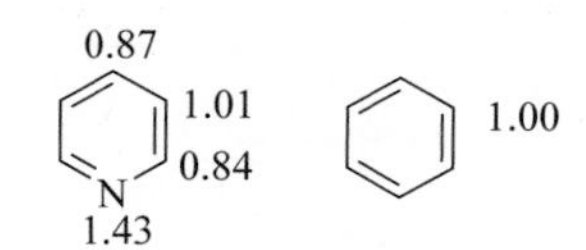

吡啶的电子云密度

(二) 吡啶的物理性质

在吡啶环中，氮原子既有吸电子的诱导效应，又有给电子的共轭效应。吡啶为极性分子，极性比其饱和的化合物——哌啶大。

吡啶沸点为 115.3℃，相对密度为 0.982。吡啶与水能以任何比例互溶，同时又能溶解大多数极性及非极性的有机化合物，甚至可以溶解某些无机盐类，是常用的溶剂。吡啶分子具有高水溶性的原因除了分子具有较大的极性外，还因为吡啶氮原子上的未共用电子对可以与水形成氢键。吡啶氮原子上的未共用电子对能与一些金属离子如 Ag^+、Ni^{2+}、Cu^{2+} 等形成配合物,故吡啶可以溶解无机盐类。

环上取代基对水溶解度的影响:当吡啶环上连有—OH、—NH_2 后,水溶性明显降低,而且连有—OH、—NH_2 的数目越多,水溶解度越小。其原因是吡啶环上的氮原子与羟基或氨基的氢形成氢键,阻碍了与水分子的缔合。

	吡啶	2-羟基吡啶	2-氨基吡啶	2,4-二羟基吡啶
水溶解度	∞	1:1	1:1	溶解

(三)吡啶的化学性质

(1) 碱性和成盐: 吡啶氮的一个 sp^2 杂化轨道被一对未共用电子对占据,所以有碱性,但由于 sp^2 杂化的 s 轨道成分较 sp^3 杂化轨道多,电子受核的束缚较强,与质子结合较难,故碱性较弱。吡啶的碱性比氨($pK_a=9.24$)和脂肪胺($pK_a=10\sim11$)都弱,但比芳胺和吡咯的碱性强一些(如苯胺 $pK_a=4.6$)。由于吡啶在水中和有机溶剂中都有良好的溶解性,所以它做碱性催化剂时,作用常常是一些无机碱无法达到的。

取代基对碱性的影响:当吡啶环上连有供电子基团时,吡啶环的碱性增加,连有吸电子基团时,则碱性降低。与取代苯胺影响规律相似。

	吡啶	2-甲基吡啶	4-甲基吡啶	4-氯吡啶	2-吡啶甲醛	4-硝基吡啶
pK_a	5.17	5.60	6.02	3.53	3.80	0.8

吡啶具有碱性,与强酸、许多 Lewis 酸可以形成稳定的盐或配合物,有的可用于分离、鉴定及精制,有的可作温和的卤化、硝化、磺化、烷基化和酰基化试剂,如吡啶三氧化硫配合物是一个重要的非质子性磺化试剂,*N*-硝基吡啶氟硼酸盐是一种温和的硝化试剂,*N*-酰基吡啶盐是良好的酰化试剂。

吡啶盐酸盐 ($C_5H_5\overset{+}{N}HCl^-$)　溴化*N*-溴吡啶 ($[C_5H_5N^+{-}Br]Br^-$)　*N*-硝基吡啶氟硼酸盐 ($[C_5H_5N^+{-}NO_2]BF_4^-$)

碘化*N*-甲基吡啶 ($[C_5H_5N^+{-}CH_3]I^-$)　氯化*N*-乙酰基吡啶 ($[C_5H_5N^+{-}COCH_3]Cl^-$)　吡啶三氧化硫 ($C_5H_5N^+{-}SO_3^-$)

对于许多在硫酸或硝酸中不稳定的化合物就可用这些试剂进行磺化、硝化等反应。烃基取代吡啶季铵盐在少量 $CuCl_2$ 存在下加热,烃基重排主要进入 α-位,也可进入 γ-位。一般在较高的温度下进行。如 α-苄基吡啶的制备:

$$\text{吡啶} + C_6H_5CH_2Cl \xrightarrow[200\ ^\circ C]{\text{无水氯化铜}} \text{2-苄基吡啶盐酸盐}(\overset{+}{N}HCl^-,\ -CH_2-C_6H_5) \xrightarrow{NaOH} \text{2-苄基吡啶}(-CH_2-C_6H_5)$$

卤代烷与吡啶形成的吡啶盐，与 N,N-二甲基对硝基苯胺反应可得 N-氧化亚胺，水解形成醛，可用于醛的制备：

$$\text{吡啶} + RCH_2X \longrightarrow \text{N-}CH_2R\text{吡啶盐}(X^-) \xrightarrow[-\text{吡啶}\cdot HCl]{ON-C_6H_4-N(CH_3)_2} RCH{=}\overset{+}{N}(O^-)-C_6H_4-N(CH_3)_2 \xrightarrow{H_3O^+} RCHO$$

(2) **亲电取代反应**：由于环上氮原子的钝化作用，吡啶亲电取代反应的活性比苯低，与硝基苯相当，不发生傅-克反应。硝化、卤化等亲电取代反应的条件比较苛刻，且产率较低，磺化反应要有催化剂存在才能进行。取代反应主要发生在 3(β)-位，如：

$$\text{吡啶} + Cl_2 \xrightarrow{200\ ^\circ C} \text{3-氯吡啶} + \text{3,5-二氯吡啶}$$

$$\text{吡啶} + Br_2 \xrightarrow{\text{气相 }300\ ^\circ C} \text{3-溴吡啶}\quad 33\%$$

$$\text{吡啶} + KNO_3 + H_2SO_4 \xrightarrow{300\sim350\ ^\circ C} \text{3-硝基吡啶}(NO_2)\quad 22\%$$

$$\text{吡啶} + H_2SO_4\cdot SO_3 \xrightarrow[220\ ^\circ C]{HgSO_4} \text{3-吡啶磺酸}(SO_3H)\quad 71\%$$

若吡啶环上氮原子邻位有给电子取代基，则亲电反应就比较容易进行，主要发生在 3，5 位，如 2，6-二甲基吡啶的硝化反应发生在 3-位：

$$\text{2,6-二甲基吡啶}(H_3C,\ CH_3) + KNO_3 + H_2SO_4 \xrightarrow{100\ ^\circ C} \text{3-硝基-2,6-二甲基吡啶}(NO_2)$$

3-位有强给电子取代基时，反应主要发生在 2-位，有弱给电子取代基时，反应主要发生在 5-位。若环上再有吸电子取代基，则很难再进行芳香亲电取代反应。

(3) **亲核取代反应**：由于吡啶环上氮原子的吸电子作用，环上碳原子的电子云密度降低，尤其在 α-位或 γ-位上的电子云密度更低，易发生亲核取代反应。但由于负氢不易离去，反应要在氧化剂帮助下进行。反应优先发生在 α-位，若 α-位有取代基，则发生在 γ-位。最常见的是置换氢的烃基化反应和氨化反应。

烃基化反应，如 α-苯基吡啶的制备：

$$\text{吡啶} + PhLi \xrightarrow[0\ ^\circ C]{\text{甲苯}} \overset{+}{N}-Li\ \text{吡啶盐} + Ph^- \longrightarrow \text{2-H,2-Ph-1-Li-二氢吡啶} \xrightarrow[O_2\text{或}HNO_3]{-H^+} \text{2-Ph-}\overset{+}{N}-Li\ \text{吡啶盐} \longrightarrow \text{2-苯基吡啶}(Ph) + Li^+$$

首先是吡啶氮与 Li 成盐，产生一个活化的 C═N，亲核试剂 Ph^- 向活化的 C═N 进攻，打开双键，生成取代的二氢吡啶锂盐，该锂盐在氧化剂如空气、硝基等作用下，失去负氢生成 α-苯基取代的锂盐，最后失去 Li^+ 生成 α-苯基吡啶(也可加热使环芳构化)。烃基化反应结果是烷基或芳基负离子取代了吡啶环上的氢负离子，这种反应在苯中较少见到。

① **氨化**：吡啶与氨基钠反应生成 2-氨基吡啶的反应称为齐齐巴宾(Chichibabin)反应。

$$\text{吡啶} + NaNH_2 \xrightarrow{\text{液氨}} \text{N-Na 吡啶鎓} + NH_2^- \longrightarrow \text{2-H, 2-}NH_2\text{-1-Na-二氢吡啶} \xrightarrow{-H_2} \text{2-NHNa 吡啶} \xrightarrow{H_2O} \text{2-}NH_2\text{ 吡啶}$$

置换易离去基团的亲核取代反应：由于吡啶氮原子的吸电子效应，可使 α-、γ-位某些取代基活化。如在吡啶环的 α-位或 γ-位存在着较好的离去基团(如卤素、硝基)时，则很容易在亲核试剂进攻下发生亲核取代反应。如吡啶可以与氨(或胺)、烷氧化物、水等亲核试剂发生亲核取代反应。反应按 ArS_N2 机制完成。如：

$$\text{4-Cl 吡啶} + NaOH \xrightarrow[\triangle]{H_2O} \text{4-OH 吡啶} \qquad \text{4-Cl 吡啶} + RONa \xrightarrow[\triangle]{ROH} \text{4-OR 吡啶}$$

$$\text{2-Br 吡啶} + CH_3ONa \xrightarrow[\triangle]{CH_3OH} \text{2-}OCH_3\text{ 吡啶} \qquad \text{2,3-二Cl 吡啶} + CH_3NH_2 \xrightarrow[\triangle]{H_2O} \text{3-Cl-2-}NHCH_3\text{ 吡啶}$$

② 吡啶侧链的 α-氢的反应：吡啶氮原子的吸电子效应使 2-,4-,6-位侧链烷基的 α-氢容易离去，酸性与甲基酮的 α-氢相似，强碱下生成碳负离子，并作为亲核试剂参与反应。如：

$$\text{2-}CH_3\text{ 吡啶} + CH_3I \xrightarrow{NaNH_2} \text{2-}CH_2CH_3\text{ 吡啶}$$

烷基化反应

$$\text{2-}CH_3\text{ 吡啶} + CH_3\overset{O}{\overset{\|}{C}}OC_2H_5 \xrightarrow{NaNH_2} \text{2-}CH_2\overset{O}{\overset{\|}{C}}CH_3\text{ 吡啶}$$

酰基化反应

$$\text{2-}CH_3\text{ 吡啶} + C_6H_5CHO \xrightarrow{NaNH_2} \xrightarrow{H_2O} \text{2-}(CH{=}CH{-}C_6H_5)\text{ 吡啶}$$

羟醛缩合反应

2-甲基吡啶(或 4-甲基吡啶)与甲醛在本身碱性催化下即可缩合生成 2-乙醇基吡啶：

$$\text{2-}CH_3\text{ 吡啶} + HCHO \xrightarrow[\text{回流}]{H_2O} \text{2-}CH_2CH_2OH\text{ 吡啶} \xrightarrow[170\sim200\ ^{\circ}C]{KOH} \text{2-}CH{=}CH_2\text{ 吡啶} + H_2O$$

(4) 氧化还原反应：由于吡啶环上的电子云密度低，本身不易被氧化。酸性条件下吡啶成盐后氮原子上带有正电荷，吸电子的诱导效应加强，环上的电子云密度更低，增加了对氧化剂的稳定性。当吡啶环带有侧链时，则侧链易被氧化成醛和羧酸。如：

$$\text{2-}CH_3\text{ 吡啶} + KMnO_4 \xrightarrow[95\sim100\ ^{\circ}C]{H_2O} \xrightarrow{H_3O^+} \text{2-COOH 吡啶}$$

$$\text{烟碱（尼古丁）} \xrightarrow[70\ ^{\circ}C]{65\%\ HNO_3} \text{烟酸 (3-COOH 吡啶)} \quad 83\%\sim91\%$$

烟碱（尼古丁）　　烟酸

(四) 吡啶的 *N*-氧化物

吡啶与过氧化氢或过氧酸作用时，可发生类似叔胺的氧化反应，生成一种特殊的氧化物——吡啶 *N*-氧化物(或称氧化吡啶)。如：

$$\text{烟酰胺}(3\text{-}CONH_2\text{吡啶}) + H_2O_2 \xrightarrow[100\ ^\circ C]{CH_3COOH} \text{N-氧代烟酰胺} + H_2O$$

$$\text{2-甲基吡啶} + H_2O_2 \xrightarrow[70\sim80\ ^\circ C]{CH_3COOH} \text{N-氧代-2-甲基吡啶} + H_2O$$

N-氧代烟酰胺　　N-氧代-2-甲基吡啶

在吡啶 N-氧化物中，氧原子上的未共用电子对可与芳香大 π 键发生供电子的 p-π 共轭作用，使环上电子云密度升高，其中 α-位和 γ-位增加显著，使吡啶环亲电取代反应容易发生。但由于氮原子上带有正电荷，吸电子的诱导效应使 α-位的电子云密度又有所降低，因此亲电取代反应主要发生在 4(γ)-位上。如：

$$\text{吡啶} + 30\%\ H_2O_2 \longrightarrow \text{吡啶 N-氧化物} \xrightarrow[90\ ^\circ C]{\text{混酸}} \text{4-}NO_2\text{-吡啶 N-氧化物} \begin{cases} \xrightarrow[CHCl_3]{PCl_3} \text{4-}NO_2\text{-吡啶} \\ \xrightarrow{H_2/Ni} \text{4-}NH_2\text{-吡啶} \end{cases}$$

吡啶 N-氧化物也容易发生亲核取代反应，反应也是在 α-位和 γ-位，一般以 γ-位为主：

$$\text{吡啶 N-氧化物} + PhMgBr \xrightarrow{\text{乙醚}} \xrightarrow{H_3O^+} \text{2-Ph-吡啶 N-氧化物} \xrightarrow{PCl_3} \text{2-Ph-吡啶}$$

吡啶 N-氧化物可以用 PCl_3 或催化加氢等方法还原，脱去氧再生成原来的吡啶。这为在吡啶环上引入各种基团提供了一个很好的途径。

α-甲基吡啶 N-氧化物在乙酐存在下重排生成 α-吡啶甲醇乙酸酯，进一步水解生成 α-吡啶甲醇：

$$\text{2-}CH_3\text{-吡啶} + 30\%\ H_2O_2 \xrightarrow[70\sim80\ ^\circ C]{AcOH} \text{2-}CH_3\text{-吡啶 N-氧化物} \xrightarrow[\text{回流}]{Ac_2O} \text{2-}CH_2OAc\text{-吡啶} \xrightarrow{NaOH} \text{2-}CH_2OH\text{-吡啶}\quad 70\%$$

与氧化反应相反，吡啶环比苯环容易发生加氢还原反应，用催化加氢和化学试剂都可以还原。吡啶的还原产物为六氢吡啶(哌啶)，具有仲胺的性质，碱性比吡啶强($pK_a=11.2$)，沸点 106℃。很多天然产物具有此环系，是常用的有机碱。

(五) 吡啶环的合成

(1) Hantzsch(汉奇)法： 吡啶环可用两分子 β-二羰基化合物，一分子醛和一分子氨进行缩合反应来合成，称作 Hantzsch 法。反应先形成二氢吡啶环系，进而氧化得到对称的吡啶化合物。利用不同的醛及 β-二羰基化合物可制备不同的取代吡啶。

$$2\ CH_3COCH_2COCH_3 + CH_3CHO + NH_3 \xrightarrow[\text{室温，4天}]{pH\ 8.5} \text{3,5-二乙酰基-2,4,6-三甲基-1,4-二氢吡啶} \xrightarrow[AcOH\text{，室温}]{NaNO_2} \text{3,5-二乙酰基-2,4,6-三甲基吡啶}$$

醛氨法是目前生产 3-甲基吡啶的主要工业方法。以甲醛、乙醛和氨为原料，用 SiO_2-Al_2O_3-Bi_2O_3 或 ZSM-5 分子筛及其金属改性的分子筛为催化剂，合成吡啶和 3-甲基吡啶，还有 2-甲基吡啶和 4-甲基吡啶生成，吡啶碱总收率已达 80%以上。其中 3-甲基吡啶的产量随着物料中甲醛和乙醛比例的增加而增大。如：

$$6CH_3CHO + 2NH_3 \longrightarrow \text{2-甲基吡啶} + \text{4-甲基吡啶} + 2H_2 + 6H_2O$$

$$2CH_3CHO + HCHO + NH_3 \longrightarrow \text{吡啶} + H_2 + 3H_2O$$

$$2CH_3CHO + 2HCHO + NH_3 \longrightarrow \text{3-甲基吡啶} + 4H_2O$$

(2) 不对称吡啶化合物的合成： β-二羰基化合物和氰乙酰胺在碱的作用下合成 3-氰基-2-吡啶酮，再转化为吡啶环化合物，为 Guareschi 法。可用于合成不对称的吡啶化合物，如：

$$CH_3COCH_2COCH_3 + NCCH_2CONH_2\ (\text{氰乙酰胺}) \xrightarrow[C_2H_5OH]{\text{哌啶}} \text{4,6-二甲基-3-氰基-2-吡啶酮} \xrightarrow{POCl_3} \text{2-氯-4,6-二甲基-3-氰基吡啶} \xrightarrow{H_2/Ni} \text{2,4-二甲基-5-氰基吡啶}$$

(3) 取代吡啶羧酸酯的合成： 用 β-二羰基化合物和 β-氨基-α,β-不饱和羰基化合物合成。如乙酰丙酮酸酯和 β-氨基巴豆酸酯缩合得取代吡啶羧酸酯：

$$CH_3\overset{O}{\overset{\|}{C}}CH_2\overset{O}{\overset{\|}{C}}\overset{O}{\overset{\|}{C}}OC_2H_5 + CH_3\overset{NH_2}{\overset{|}{C}}{=}CH\overset{O}{\overset{\|}{C}}OC_2H_5 \longrightarrow \text{2,6-二甲基-3,4-吡啶二甲酸二乙酯}$$

(4) 1,5-二羰基化合物与氨作用： 生成二氢吡啶后，再脱氢的吡啶环化合物。如：

$$CH_3COCH_2CH_2CH_2COCH_3 + NH_3 \xrightarrow{-2H_2O} \text{2,6-二甲基-1,4-二氢吡啶} \xrightarrow{[O]} \text{2,6-二甲基吡啶}$$

(六) 喹啉与异喹啉

喹啉和异喹啉是同分异构体，都是由一个苯环和一个吡啶环稠合而成的苯并吡啶。它们的结构和环的编号如下：

喹啉(quinoline，苯并[b]吡啶)　异喹啉(isoquinoline，苯并[c]吡啶)

喹啉和异喹啉都存在于煤焦油中，抗疟药奎宁用碱干馏可得到喹啉并因此而得名。许多天然或合成药物都具有喹啉的环系结构，如奎宁、喜树碱等。而天然存在的一些生物碱，如吗啡碱、罂粟碱、小檗碱等，均含有异喹啉的结构。

(1) 结构与物理性质： 喹啉和异喹啉都是平面型分子，含有 10 个 π 电子，结构与萘相似。它们氮原子上的未共用电子对，均为 sp^2 杂化，与吡啶的氮原子相同，其碱性与吡啶也相似。由于分子中增加了憎水的苯环，故水溶解度比吡啶低。

表 14-3　喹啉、异喹啉及吡啶的物理性质

名称	沸点(℃)	熔点(℃)	水溶解性	苯溶解性	pKa
喹　啉	238	−15.6	溶(热)	混溶	4.90
异喹啉	243	26.5	不溶	混溶	5.42
吡　啶	115.5	−42	混溶	混溶	5.19

(2) 化学性质：

① 喹啉和异喹啉在强酸性条件下发生亲电取代： 反应主要在苯环上进行，反应活性比苯和萘低，比吡啶高，取代基主要进入 5-位和 8-位(相当于萘的 α-位)。如：

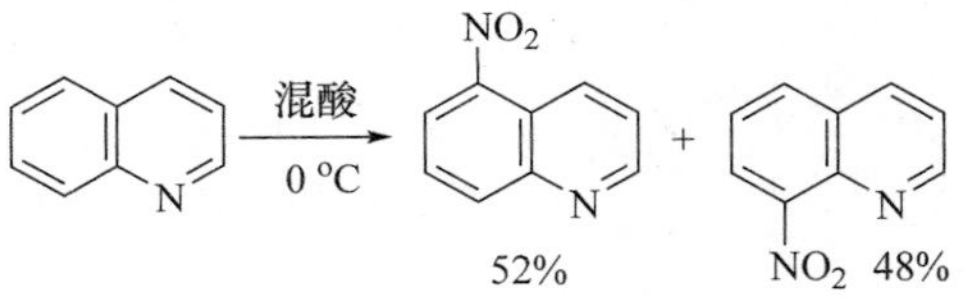

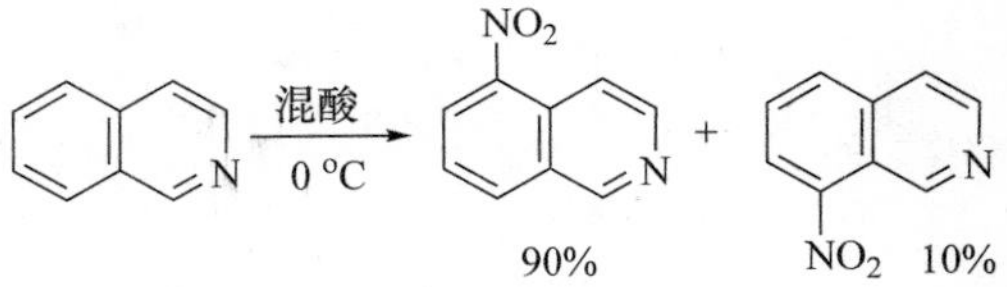

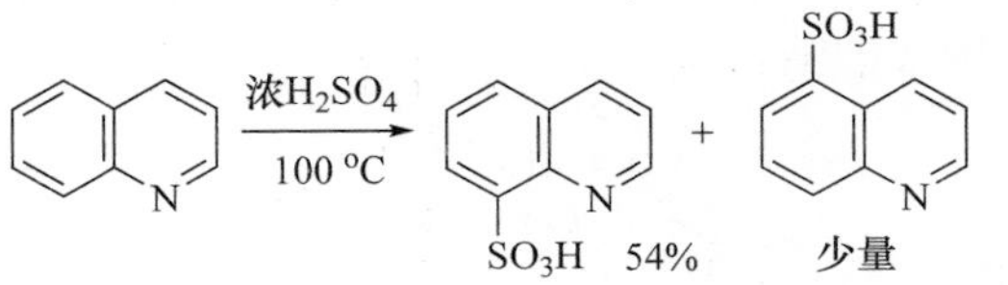

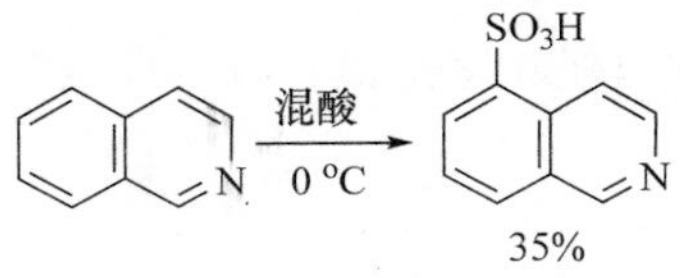

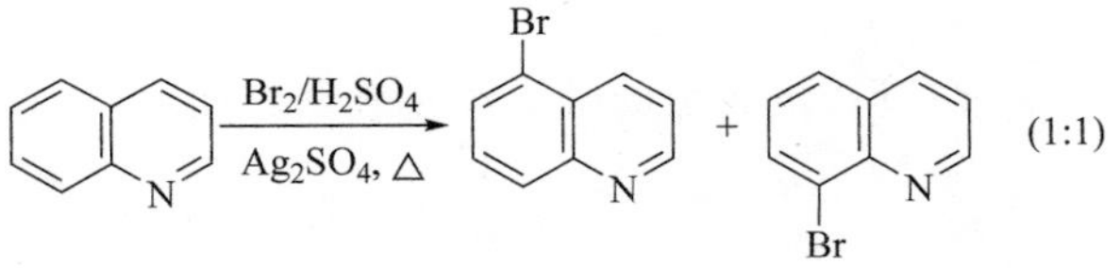

混酸, 0 °C：5-硝基喹啉 52%；8-硝基喹啉 48%

混酸, 0 °C：5-硝基异喹啉 90%；8-硝基异喹啉 10%

浓H_2SO_4, 100 °C：8-喹啉磺酸 54%；5-喹啉磺酸 少量

混酸, 0 °C：5-异喹啉磺酸 35%

Br_2/H_2SO_4, Ag_2SO_4, △：5-溴喹啉 + 8-溴喹啉 (1:1)

当反应在有机溶剂中进行时，反应在杂环上发生。如：

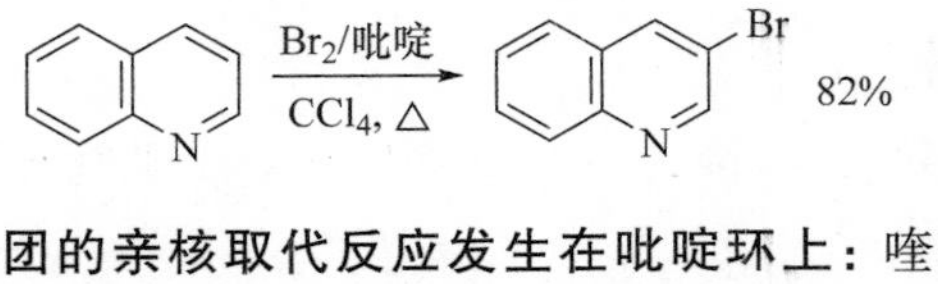

Br_2/吡啶, CCl_4, △：3-溴喹啉 82%

② 置换氢和易离去基团的亲核取代反应发生在吡啶环上： 喹啉的吡啶环反应活性比吡啶高。喹啉取代主要发生在 2-位上，异喹啉取代主要发生在 1-位上。

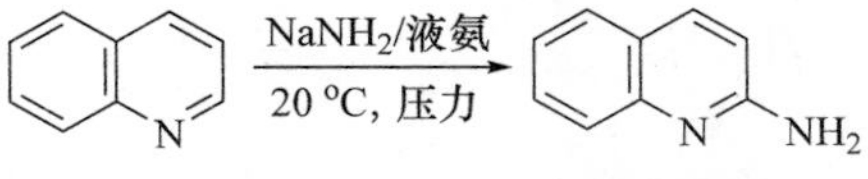

$NaNH_2$/液氨, 20 °C, 压力：2-氨基喹啉 80%

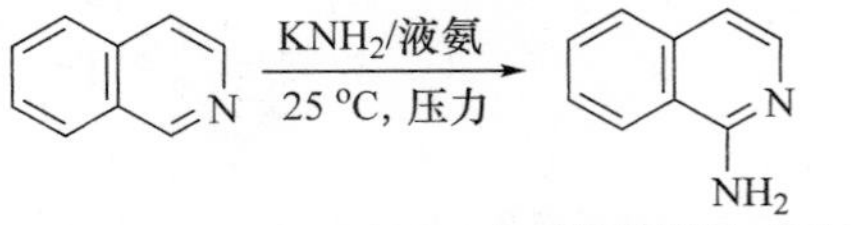

KNH_2/液氨, 25 °C, 压力：1-氨基异喹啉 >83%

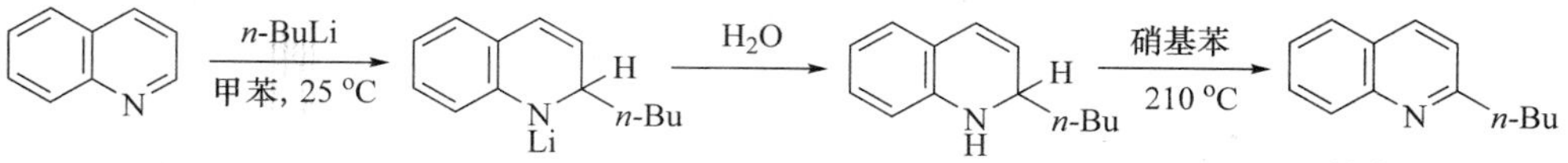

③ **喹啉氧化**：喹啉与大多数氧化剂不发生反应，但用 $KMnO_4$ 氧化时，喹啉和异喹啉的吡啶环不变，苯环被氧化成邻二羧酸。但异喹啉碱性下氧化既开裂苯环也开裂吡啶环。

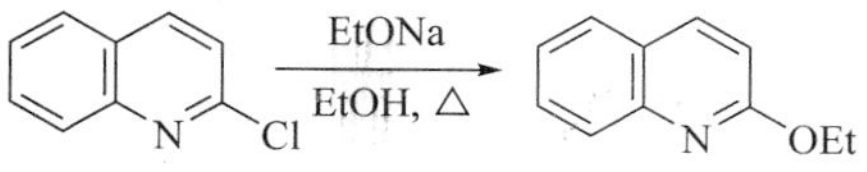

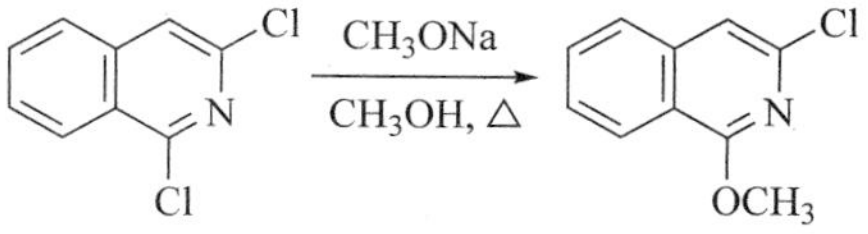

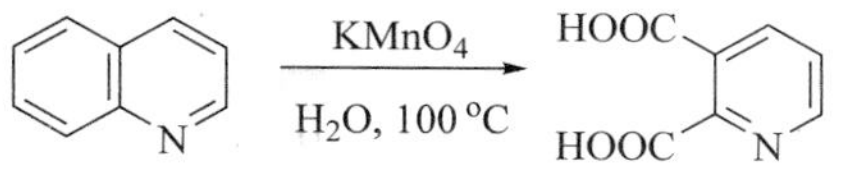

喹啉也可氧化生成 *N*-氧化物：

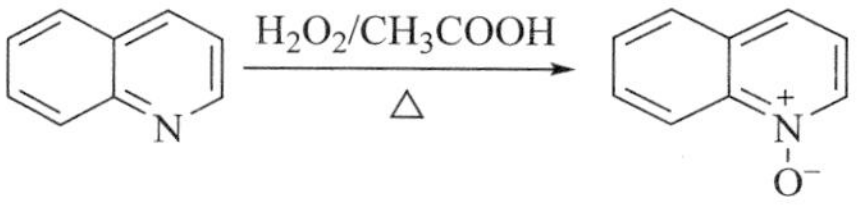

④ **喹啉的还原**：喹啉和异喹啉还原反应都首先发生在吡啶环上，然后再还原苯环。如：

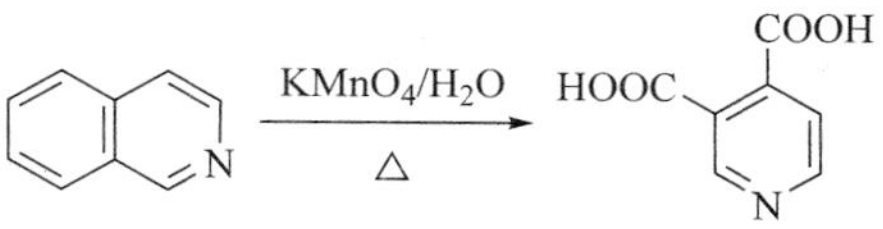

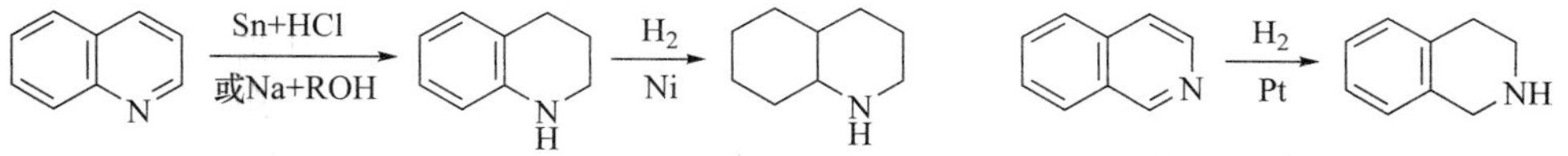

⑤ **喹啉 2,4-位侧链的 α-氢反应**：在强碱作用下侧链失去 α-氢成碳负离子，可作为亲核试剂参与各种反应，如烷基化、酰化和缩合反应。如：

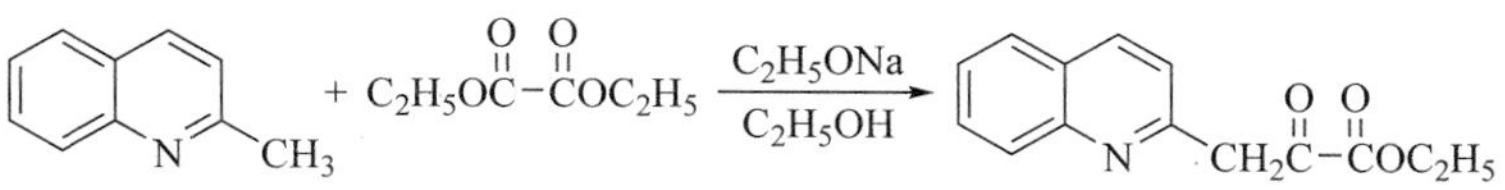

（七）喹啉及其衍生物的合成

(1) 斯克劳普(Skraup)合成法：合成喹啉及其衍生物的最重要的方法是 Skraup 合成法。用芳香伯胺、甘油（或 α,β-不饱和醛、酮）、浓硫酸在氧化剂存在下共热，即可得到喹啉及其衍生物。氧化剂可选相应于芳香伯胺的硝基苯、三氯化铁、四氯化锡或五氧化二砷。如：

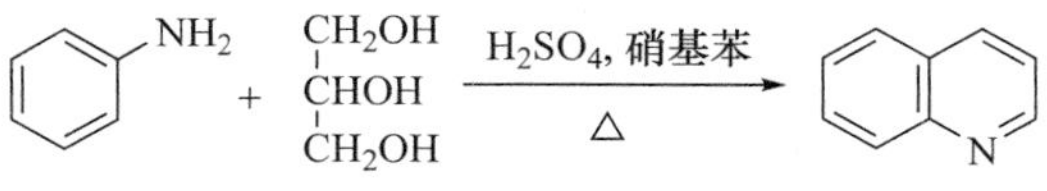

反应过程包括以下步骤，甘油在浓硫酸作用下脱水生成丙烯醛：

$$\underset{\text{OH}}{\text{CH}_2}-\underset{\text{OH}}{\text{CH}}-\text{CH}_2\text{OH} \xrightarrow[\triangle]{H_2SO_4} \text{CH}_2=\text{CHCHO} + H_2O$$

苯胺与丙烯醛经 Michael 加成生成β-苯胺基丙醛：

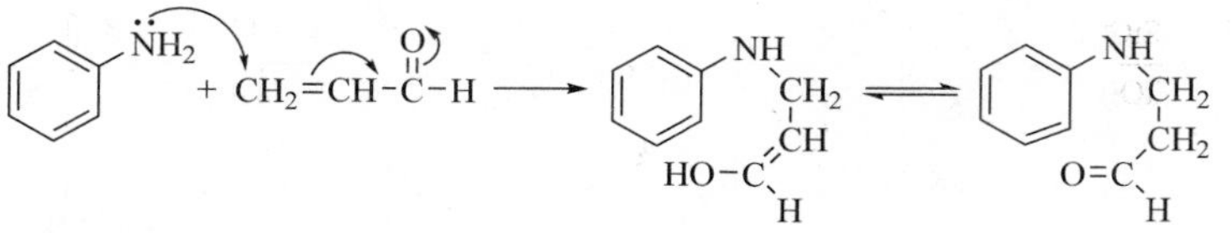

醛经过烯醇式在酸催化下脱水关环得到二氢喹啉，二氢喹啉被硝基苯作用脱氢芳构化成喹啉，硝基苯被还原成苯胺，继续进行反应：

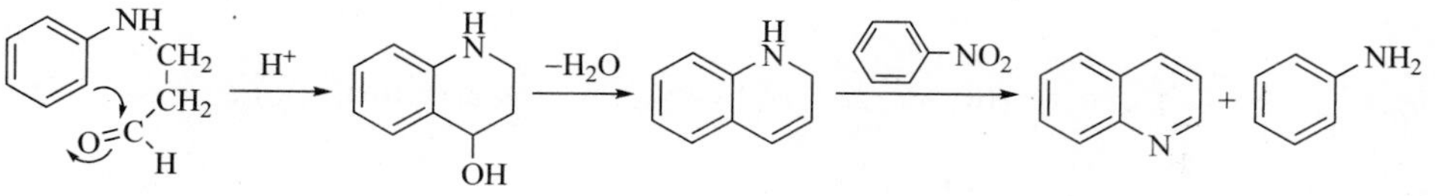

（2）多伯纳-米勒（Doebner-Miller）反应：用取代的苯胺，与有取代基的α，β-不饱和醛、酮，浓硫酸和取代硝基苯共热来完成，可得有取代基的喹啉衍生物。如：

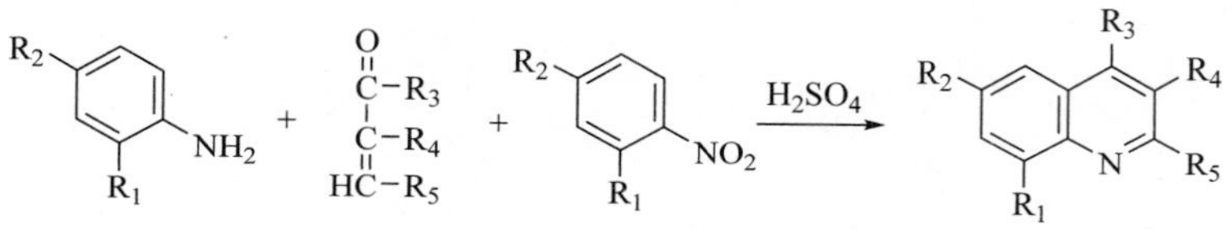

当用有取代的苯胺时，则得到苯环有取代基的喹啉衍生物。如：

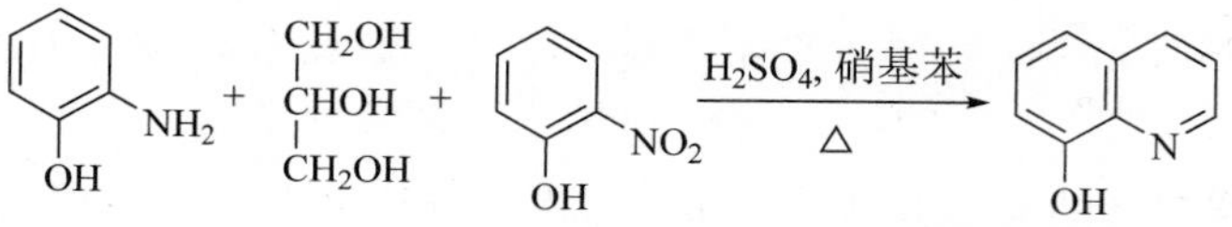

当用有取代基的α，β-不饱和醛、酮代替甘油，则得到吡啶环有取代基的喹啉衍生物。如：

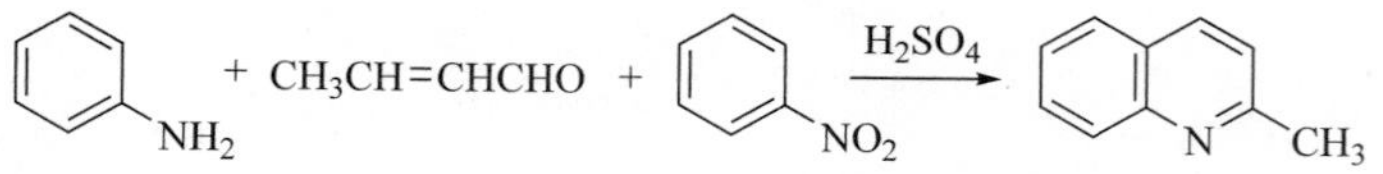

当用有取代基的苯胺和有取代基的α，β-不饱和醛、酮时，则得到苯环、吡啶环都有取代基的喹啉衍生物。如：

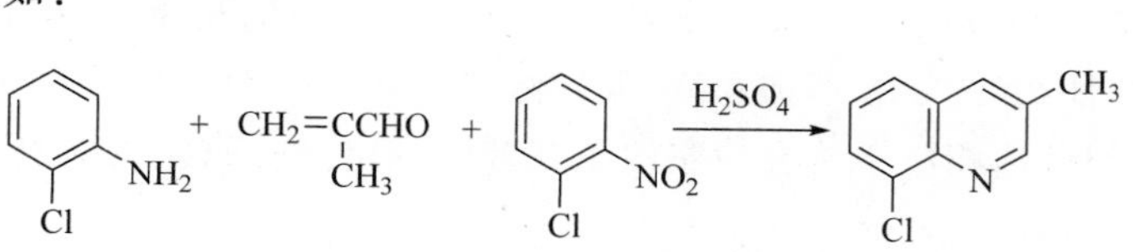

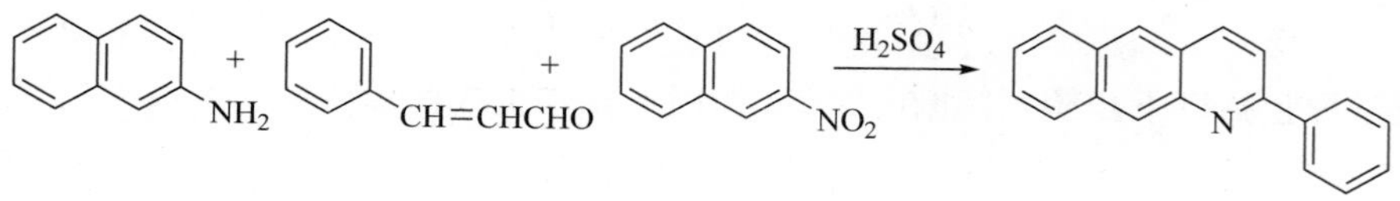

（八）异喹啉及其衍生物的合成

最常用的是 Bischer-Napieralski 合成法。*N*-酰基-β-苯乙胺与 P_2O_5、$POCl_3$ 或 $ZnCl_2$ 等在惰性溶剂中共热，生成 3，4-二氢异喹啉，再脱氢生成异喹啉及其衍生物。

β-苯乙胺 $\xrightarrow{(CH_3CO)_2O}$ *N*-乙酰基-β-苯乙胺 $\xrightarrow[205\ ^\circ C]{P_2O_5}$ 1-甲基-3，4-二氢异喹啉 $\xrightarrow[205\ ^\circ C]{P_2O_5}$ 1-甲基异喹啉 83%

（九）含氧原子的六元杂环吡喃环系

（1）吡喃：最简单的含氧六元杂环。吡喃是由一个氧原子和五个碳原子构成的六元杂环化合物，分子中的碳原子有四个是 sp^2 杂化，一个是 sp^3 杂化，所以它不存在闭合的共轭体系，没有芳香性，属于烯型杂环化合物。由于亚甲基在分子中所处的位置不同，吡喃有两种异构体，即 2*H*-吡喃和 4*H*-吡喃。2*H*-吡喃又称 α-吡喃，4*H*-吡喃又称 γ-吡喃。这两种吡喃母核在自然界还没有发现，天然存在的都是其衍生物，γ-吡喃已通过人工合成方法得到。自然界存在的是吡喃羰基衍生物，称为吡喃酮。吡喃酮也有两种异构体：α-吡喃酮和 γ-吡喃酮。

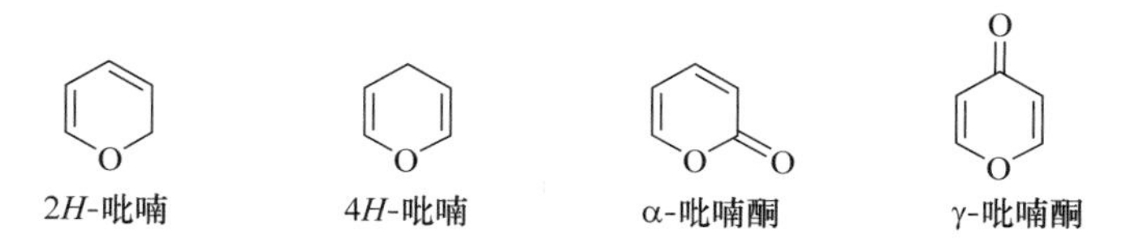

2*H*-吡喃　　4*H*-吡喃　　α-吡喃酮　　γ-吡喃酮

许多重要的天然物如色素、糖、抗生素、生物碱，均含有吡喃或吡喃盐的环系。自然界的戊糖、己糖等都有两种不同的结构，一种是多羟基醛的开链形式；另一种是单糖分子中醛基和其他碳原子上羟基成环生成的产物——半缩醛。五碳糖或六碳糖形式的六元环半缩醛结构，称为吡喃糖（实为氢化吡喃）。如葡萄糖由 C_1 处半缩醛的羟基取向不同，分为 α-D-吡喃葡萄糖和 β-D-吡喃葡萄糖。

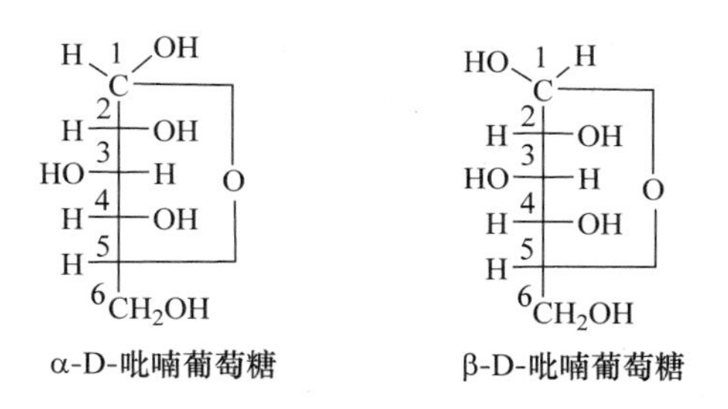

α-D-吡喃葡萄糖　　β-D-吡喃葡萄糖

（2）吡喃酮：α-吡喃酮属于环状不饱和内酯，具有内酯和共轭二烯烃的典型性质。γ-吡喃酮是无色结晶，从结构上看，它应属于 α，β-不饱和二酮，但实际上它并没有一般羰基化合物的典型性质，也没有一般碳碳双键的性质。例如，它不与羟胺、苯肼反应生成肟或腙。吡喃酮与无机酸反应生成很稳定的盐，成盐后的 γ-吡喃酮变成了一个闭合的芳香共轭体系，稳定性增加。γ-吡喃酮环上氧原子的未共用电子对与双键发生共轭，环上电子云向羰基方向转移，致使成盐时质子不是与环内氧原子结合，而是与羰基氧原子结合。γ-吡喃酮在水中就可以夺取一个质子而成盐，游离出氢氧根，所以它是一个强碱（同时也是个强的 Lewis 碱）。

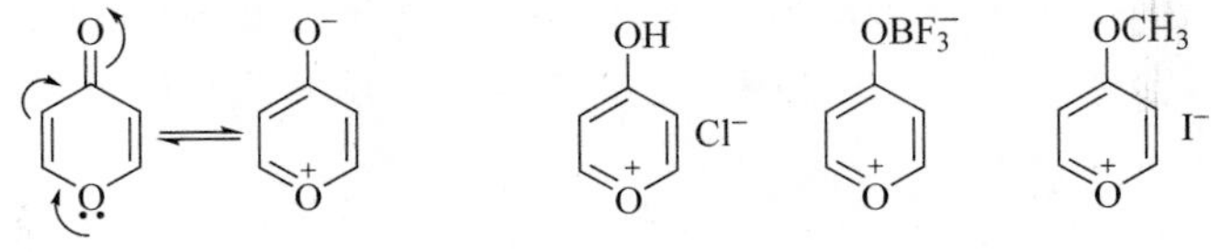

Cl^-　　OBF_3^-　　OCH_3　　I^-

（3）苯并吡喃和苯并吡喃酮：苯并吡喃又称为色烯（chromene），有两种异构体 α-色烯和 γ-色烯。苯并吡喃酮是许多天然药物的成分，有两种异构体为苯并-α-吡喃酮（香豆素）和苯并-γ-吡喃酮（色酮或色烯酮）。苯并吡喃酮与强酸成盐，遇碱水解开环，不同 pH 会显示不同颜色，具有这种结构的化合物的中文命名都冠以色字。许多花中的呈色物质叫作花色素，其是苯并吡喃盐的衍生物。维生素 E（生育素），是一个氢化苯并吡喃衍生物，由甲基数目、位置的不同分为 α、β、γ 生育素等。具体结构如下：

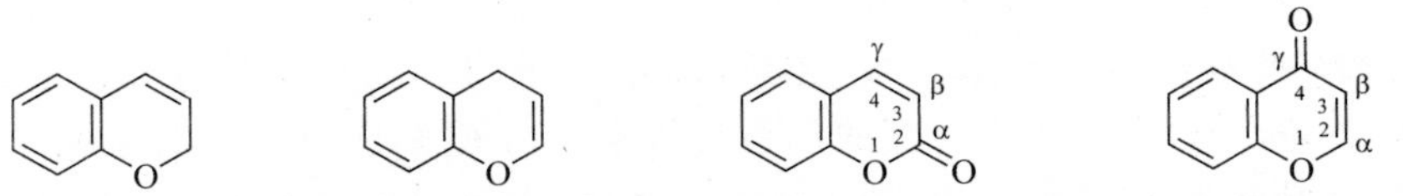

苯并-α-吡喃(α-色烯)　　苯并-γ-吡喃(γ-色烯)　　苯并-α-吡喃酮(香豆素)　　苯并-γ-吡喃酮(色酮)

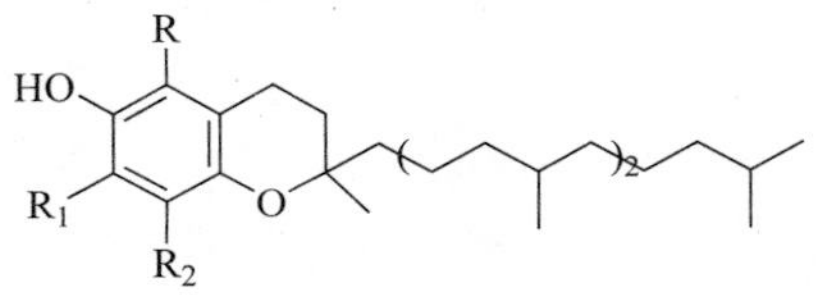

生育素 α　$R=R_1=R_2=CH_3$

β　$R=R_2=CH_3$　$R_1=H$

γ　$R=H$　$R_1=R_2=CH_3$

在当归素中存在着苯并 α-吡喃酮结构，在 pH 不同时会有如下变化：

当归素　$\underset{H^+\ \triangle}{\overset{OH^-\ \triangle}{\rightleftharpoons}}$

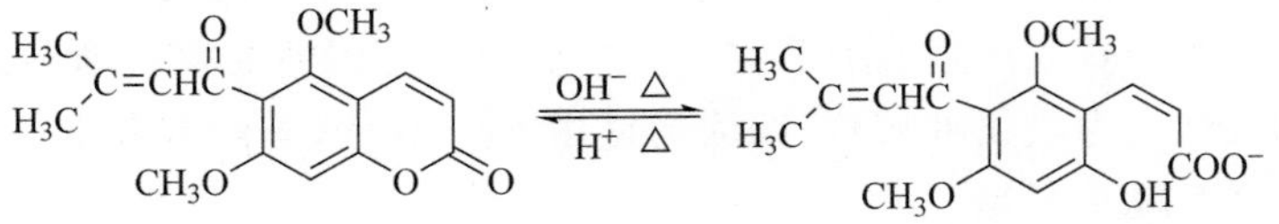

α-吡喃酮可由炔基酮和带有活泼亚甲基的化合物在碱催化下合成。最方便制备方法是酯缩合法，如两分子乙酰乙酸甲酯在碱催化下，缩合生成 5-甲氧羰基-4，6-二甲基-α-吡喃酮（4，6-二甲基阔马酸甲酯），最后水解脱羧即得 4，6-二甲基-α-吡喃酮：

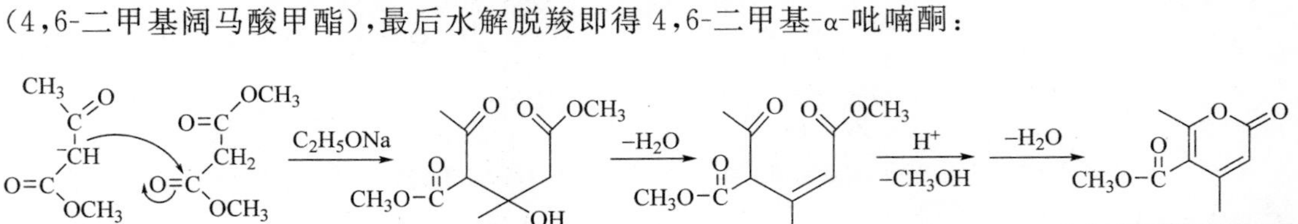

$\xrightarrow{C_2H_5ONa}$　$\xrightarrow{-H_2O}$　$\xrightarrow[-CH_3OH]{H^+}$　$\xrightarrow{-H_2O}$

4，6-二甲基阔马酸甲酯

γ-吡喃酮可由三羰基化合物在强酸催化下脱水环化制备。苯并 γ-吡喃酮是重要天然产物黄酮类的母体。例如，2，6-二甲基-γ-吡喃酮可由乙酰丙酮和乙酸甲酯在醇钠催化下缩合成 2，4，6-庚三酮，接着再用浓硫酸脱水关环即得：

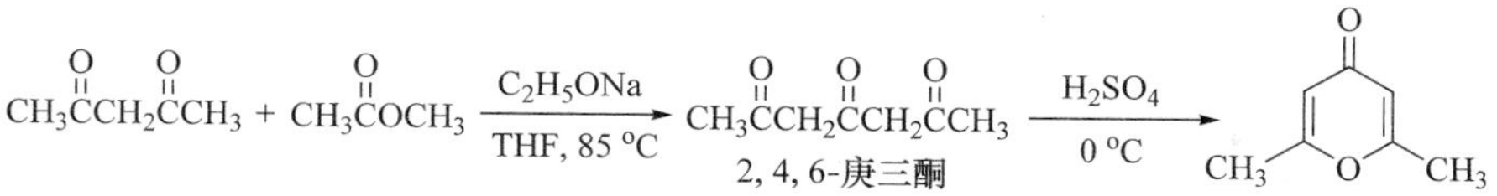
$CH_3\overset{O}{\overset{\|}{C}}CH_2\overset{O}{\overset{\|}{C}}CH_3$ + $CH_3\overset{O}{\overset{\|}{C}}OCH_3$
C_2H_5ONa
THF, 85 °C
$CH_3\overset{O}{\overset{\|}{C}}CH_2\overset{O}{\overset{\|}{C}}CH_2\overset{O}{\overset{\|}{C}}CH_3$
2, 4, 6-庚三酮
H_2SO_4
0 °C
O
CH_3
O
CH_3

(4) 香豆素(coumarin)：学名1,2-苯并吡喃酮，可以看做是顺式邻羟基肉桂酸的内酯，具有香气，是一种重要的香料。香豆素是一大类存在于植物界中的香豆素类化合物的母核。香豆素类药物的作用是抑制凝血因子在肝脏的合成，具有抗凝血、降血压和抗菌的作用。香豆素类药物与维生素K的结构相似，在肝脏中与维生素K环氧化物还原酶结合，抑制维生素K由环氧化物向氢醌型转化，维生素K的循环被抑制，成为维生素K的拮抗剂或者是竞争性抑制剂。

香豆素可利用Perkin反应制取。水杨醛、乙酸酐和乙酸钠在碘的催化下，先生成邻羟基肉桂酸钠，再环合成香豆素：

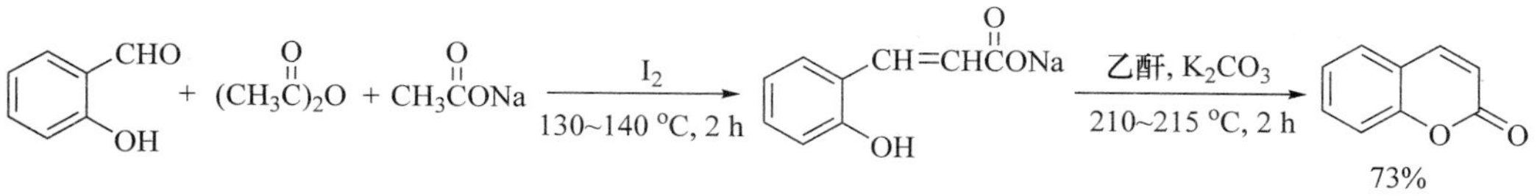
CHO
OH
$(CH_3\overset{O}{\overset{\|}{C}})_2O$ + $CH_3\overset{O}{\overset{\|}{C}}ONa$
I_2
130~140 °C, 2 h
$CH{=}CH\overset{O}{\overset{\|}{C}}ONa$
OH
乙酐, K_2CO_3
210~215 °C, 2 h
O
O
73%

(5) 黄酮和异黄酮：在苯并γ-吡喃酮(色酮)的2位和3位分别被苯环取代后的产物称为黄酮和异黄酮，黄酮和异黄酮及其衍生物组成了黄酮体。黄酮体是一种分布很广的黄色色素，广泛存在于植物界，许多是天然药物的有效成分，黄酮体常和它们的苷类共存于植物中。如中药黄芩中的黄芩素和黄芩苷，葛根中的大豆黄素和大豆黄苷等。

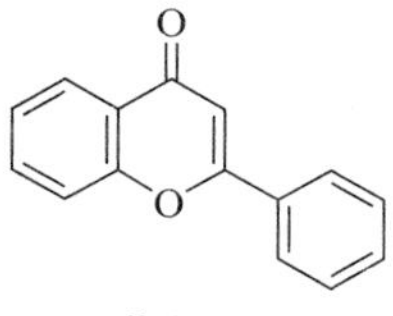
O
O

黄酮

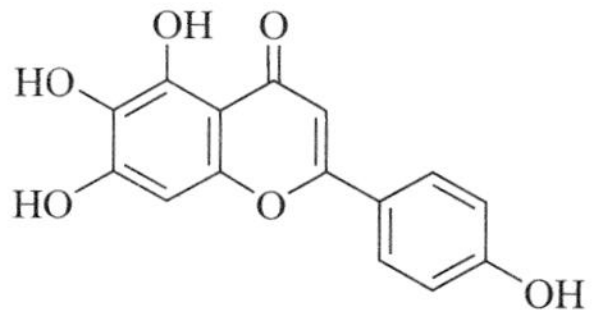
OH
O
HO
HO
O
OH

黄芩素

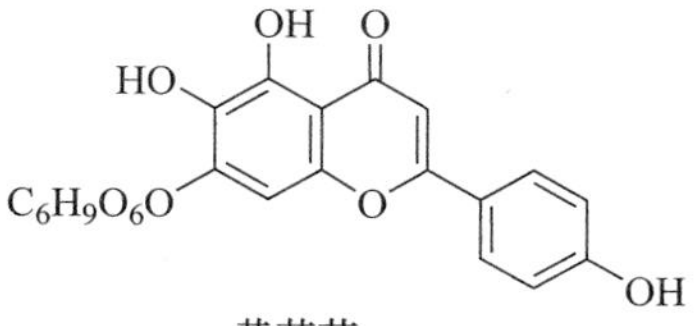
OH
O
HO
$C_6H_9O_6O$
O
OH

黄芩苷

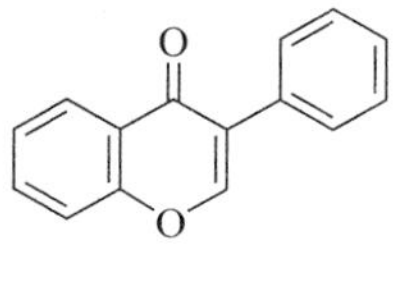
O
O

异黄酮

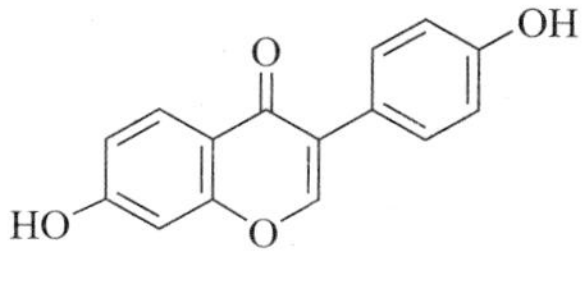
OH
O
HO
O

大豆黄素

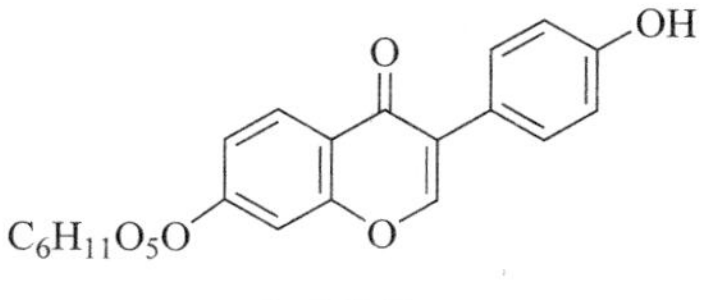
OH
O
$C_6H_{11}O_5O$
O

大豆黄苷

(6) 花色素：许多花中的呈色物质叫作花色素，是苯并吡喃盐的衍生物，其基本结构与黄酮类似，含有2-苯基-3-羟基苯并吡喃环系，在植物体内其羟基与糖结合形成苷，称为花色苷。花色苷经稀酸水解后即得到糖和含游离羟基的化合物花色素，且1-位上的氧成为　盐。这类物质都是有颜色的，且颜色随pH改变而改变，呈现各种不同的颜色，所以同一色素在不同的花里就呈不同的颜色。如氯化玉蜀黍素是红色的，遇碱后苯环上的羟基成为苯醌的衍生物而显蓝色：

氯化玉蜀黍素（红色）　　　玉蜀黍素（蓝色）

§14.6　含有两个和三个原子的六元杂环体系

（一）二嗪环系——哒嗪、嘧啶和吡嗪

含两个氮原子的六元杂环化合物总称为二(氮)嗪。"嗪"表示含有多于一个氮原子的六元杂环。二嗪共有三种异构体，其结构和名称如下：

哒嗪　　嘧啶　　吡嗪

哒嗪、嘧啶和吡嗪是许多重要杂环化合物的母核，其中以嘧啶(间嗪)环系最为重要。嘧啶环系广泛存在于动植物中，在生理和药理上都占有重要的地位，如核酸中的碱基有三种为嘧啶衍生物，某些维生素及合成药物(如磺胺药物及巴比妥药物等)都含有嘧啶环系：

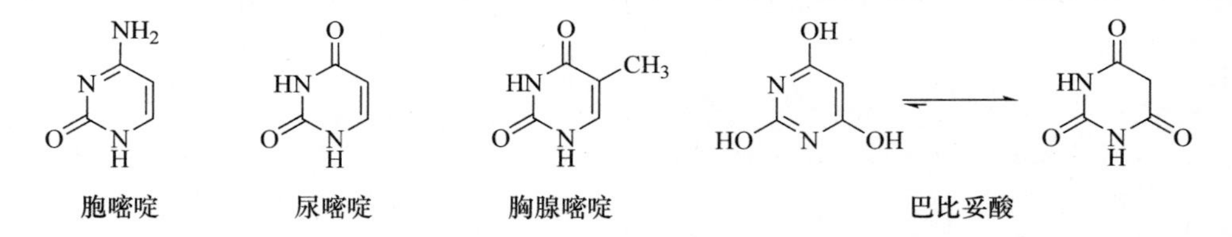

胞嘧啶　　尿嘧啶　　胸腺嘧啶　　巴比妥酸

(1) 结构与芳香性： 二嗪类化合物与吡啶相似，都是平面型分子，所有碳原子和氮原子都是 sp^2 杂化，每个原子未参与杂化的 p 轨道(每个 p 轨道有一个电子)侧面重叠形成大 π 键，两个氮原子各有一孤对电子在 sp^2 杂化轨道中，故其具有芳香性。

(2) 物理性质： 二嗪类化合物可以与水形成氢键，哒嗪和嘧啶可与水互溶，而吡嗪由于分子对称，极性小，水溶解度降低。

(3) 化学性质：

① **酸碱性：** 二嗪的碱性($pK_a=0.6\sim2.3$)均比吡啶碱性($pK_a=5.17$)还弱。这是由于两个氮原子的吸电子作用相互影响，使其电子云密度都降低，减弱了与质子的结合能力。二嗪类化合物虽然含有两个氮原子，但它们都是一元碱，当一个氮原子质子化变成正离子后，它的吸电子能力大大增强，致使另一个氮原子上的电子云密度大大降低，很难再与质子结合，不再显碱性。

嘧啶环上的羟基具有较强的酸性，2-羟基嘧啶的酸性更强，与 $POCl_3$、PCl_3、PCl_5 作用得 2-氯嘧啶。二嗪与卤代烷通常形成单四级铵盐。

N OH + PCl_5 ⟶ N Cl　　N + RX ⟶ $\overset{+}{N}$−RX^-

② **亲电取代反应**：二嗪类化合物由于两个氮原子的强吸电子作用使环上电子云密度更低，特别是酸性下亲电取代反应更难发生。如嘧啶的硝化、磺化反应很难进行，但可以发生卤代反应，卤素进入电子云相对较高的5位上。但是，当环上连有羟基、氨基等强供电子基时，硝化、磺化、重氮偶合等亲电取代反应较容易进行。如：

N N + Br_2 $\xrightarrow[130\ ^\circ C]{PhNO_2}$ Br N N 25%　　OH N HO N $\xrightarrow[30\ ^\circ C]{混酸}$ OH O_2N N HO N

OH N H_3C N OH + HNO_3 + CH_3COOH $\xrightarrow{20\ ^\circ C}$ OH O_2N N H_3C N OH ⇌ O O_2N NH H_3C N H O

③ **亲核取代反应**：二嗪可以与亲核试剂反应，如嘧啶的2、4、6位分别处于两个氮原子的邻位或对位，受双重吸电子的影响，电子云密度低，是亲核试剂进入的主要位置。用氨基取代环上的卤素，反应更易进行。如：

N H_3C N $\xrightarrow[130\sim160\ ^\circ C]{NaNH_2}$ N H_3C N NH_2 + NH_2 N H_3C N　　Cl NO_2 N N Cl $\xrightarrow[C_2H_5OH]{NH_3}$ NH_2 NO_2 N N NH_2 79%

4,6-二氨基-5-硝基嘧啶

④ **氧化反应**：二嗪母核不易被氧化，当环上有侧链或为苯并二嗪时，侧链及苯环分别被氧化成羧酸及二羧酸。

CH_3 N N $\xrightarrow[\triangle]{KMnO_4}$ $\xrightarrow{H^+}$ COOH N N　　N N $\xrightarrow[\triangle]{KMnO_4}$ $\xrightarrow{H^+}$ HOOC N HOOC N 75%

与吡啶类似，二嗪在过氧酸或过氧化氢中可反应生成单氮氧化物。单氮氧化物容易发生亲电和亲核取代反应，还原后又生成嘧啶，为在嘧啶环上进行反应的一条途径。

N N $\xrightarrow{H_2O_2,\ CH_3COOH}$ N $\overset{+}{N}$ O^- $\xrightarrow[130\ ^\circ C]{混酸}$ NO_2 N $\overset{+}{N}$ O^- $\xrightarrow{PCl_3}$ NO_2 N N

(4) 嘧啶环的合成：主要是1,3-二羰基化合物与二胺缩合。常用的1,3-二羰基化合物是丙二酸酯、β-酮酸酯、β-二酮等。常用的二胺有脲、硫脲、胍、脒等。如：

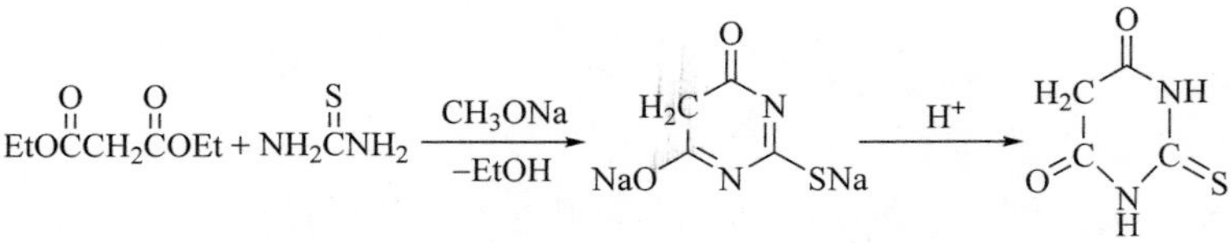

$$EtOCOCH_2COEt + NH_2CSNH_2 \xrightarrow[-EtOH]{CH_3ONa} \xrightarrow{H^+}$$ 硫代巴比妥酸（丙二酰硫脲）

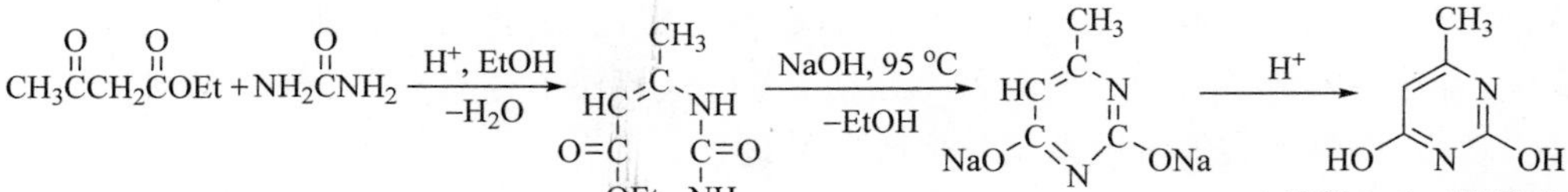

$$CH_3COCH_2COEt + NH_2CONH_2 \xrightarrow[-H_2O]{H^+,\ EtOH} \xrightarrow[-EtOH]{NaOH,\ 95\ ^{\circ}C} \xrightarrow{H^+}$$ 4-甲基-2, 6-二羟基嘧啶

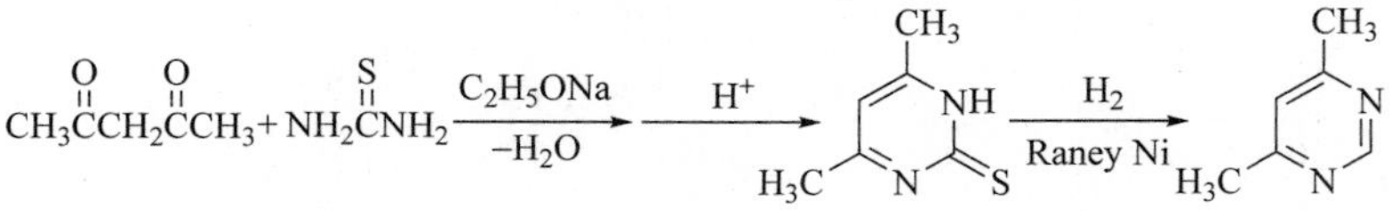

$$CH_3COCH_2COCH_3 + NH_2CSNH_2 \xrightarrow[-H_2O]{C_2H_5ONa} \xrightarrow{H^+} \xrightarrow[Raney\ Ni]{H_2}$$ 4, 6-二甲基嘧啶

氰乙酸酯也能与二胺类化合物反应，生成嘧啶衍生物。

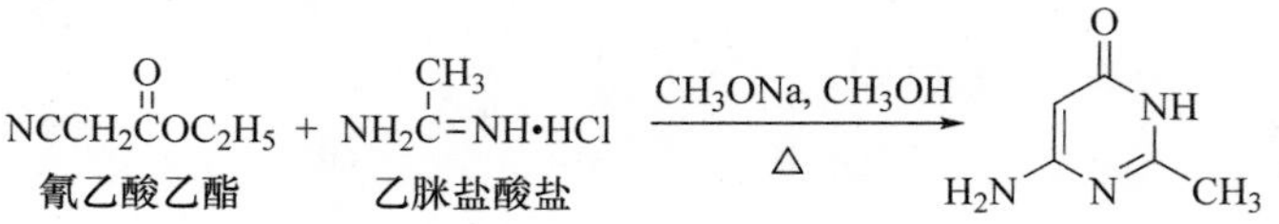

$$NCCH_2COC_2H_5 + NH_2C(CH_3){=}NH{\cdot}HCl \xrightarrow[\triangle]{CH_3ONa,\ CH_3OH}$$ 87%

氰乙酸乙酯　乙脒盐酸盐

（二）三嗪环系

含有三个氮原子的六元杂环体系称为三嗪，三个氮原子相互在间位的称为均三嗪（1，3，5-三嗪），其中最重要的是三聚氯氰（三氯氰酰氯）、三聚氰酸（氰尿酸）和三聚氰胺（三聚氰酰胺或密胺）。

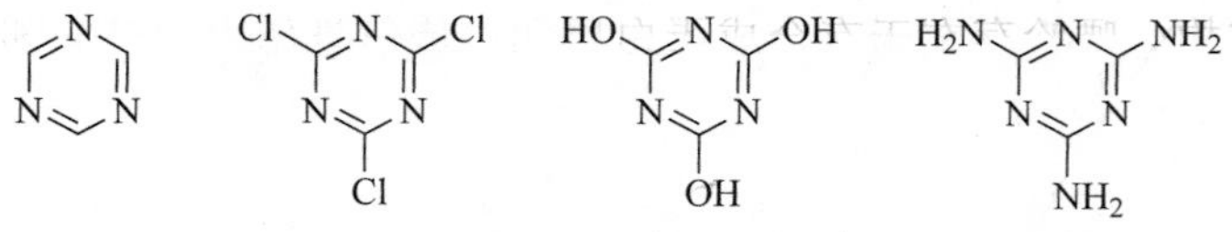

均三嗪　三聚氯氰　三聚氰酸　三聚氰胺

（1）三聚氯氰： 可用干燥的氢氰酸和氯气，在氯化铜或亚铁氯化铜催化下聚合制备。也可用氰化钠水溶液和氯气反应，生成氯氰单体，干燥后在活性炭催化下聚合制备。三聚氯氰衍生物在染料、农药和制药工业中很重要。具体过程如下：

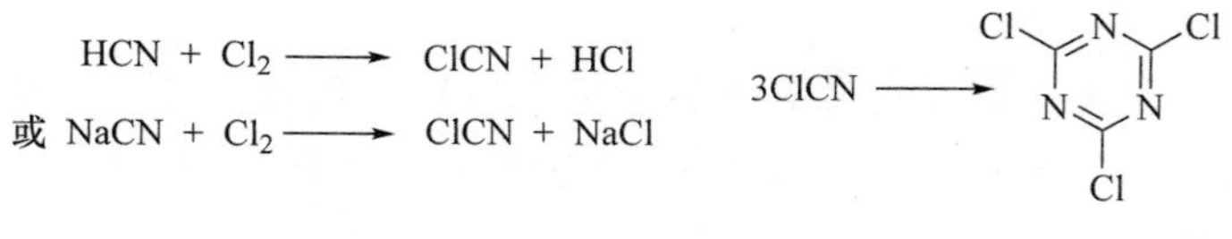

$$HCN + Cl_2 \longrightarrow ClCN + HCl$$

或 $$NaCN + Cl_2 \longrightarrow ClCN + NaCl$$

$$3ClCN \longrightarrow$$ 三聚氯氰

（2）三聚氰酸： 以尿素为原料，经高温脱氨生成异氰酸，再反应、聚合脱氨生成三聚氰酸。主要用于制新型漂白剂、抗氧剂、除草剂、氰尿酸-甲醛树脂、涂料及缓蚀剂等。具体过程如下：

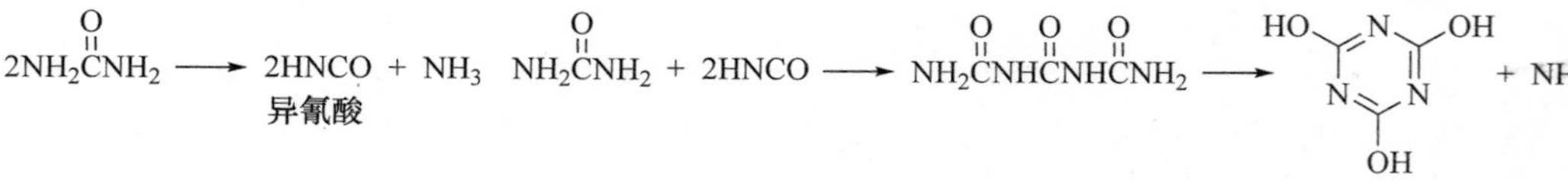

$$2NH_2CONH_2 \longrightarrow 2HNCO + NH_3 \quad NH_2CONH_2 + 2HNCO \longrightarrow NH_2CONHCONHCONH_2 \longrightarrow (三聚氰酸) + NH_3$$

异氰酸

（3）三聚氰胺： 以尿素为原料，在硅胶或氧化铝催化下，经高温（380～400℃）脱氨生成

异氰酸，异氰酸进一步缩合生成三聚氰胺，转化率95%。与甲醛缩合可制备三聚氰胺树脂，用于塑料及涂料工业，也可作纺织物防摺、防缩处理剂。

$$NH_2\overset{O}{\overset{\|}{C}}NH_2 \longrightarrow HNCO + NH_3$$

异氰酸

6HNCO ⟶ 三聚氰胺（结构式：2,4,6-三氨基-1,3,5-三嗪，H_2N、NH_2、NH_2）$+ 3CO_2$

§14.7　并环体系——喋啶和嘌呤

(一) 喋啶和嘌呤的化学结构

喋啶是嘧啶环和吡嗪环并合而成的并环体系，因最早于蝴蝶翅膀色素中发现而得名。嘌呤是由一个嘧啶环和一个咪唑环并合而成的并环体系，由于有咪唑环系，嘌呤环存在着互变异构现象，它有9*H*-嘌呤和7*H*-嘌呤两种异构体。

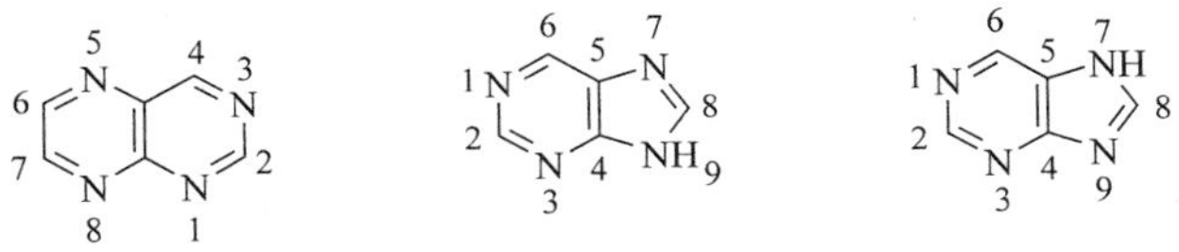

喋啶　　9*H*-嘌呤　　7*H*-嘌呤

喋啶环系广泛存在于动植物体内，是天然药物的有效成分。如叶酸及维生素B_2的分子中都有喋啶环的结构。嘌呤存在于有合成蛋白质和遗传信息作用的核酸和核苷酸中。

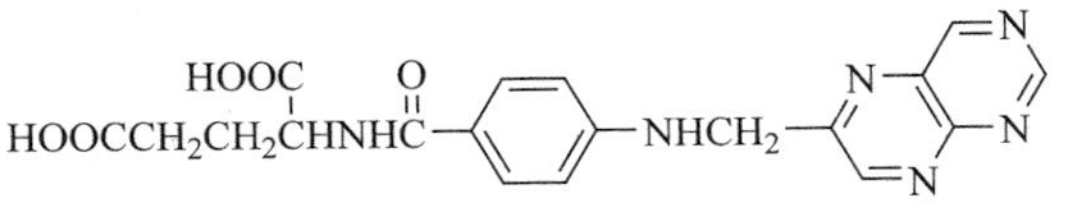

叶酸（$HOOCCH_2CH_2CH(COOH)NHC(=O)$—$C_6H_4$—$NHCH_2$—喋啶基）

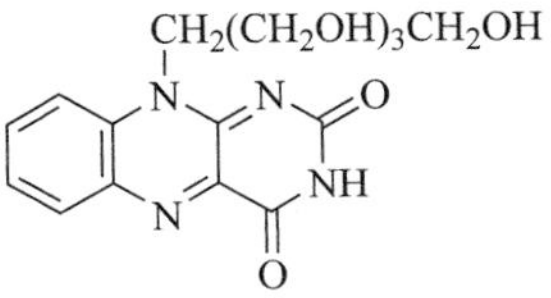

维生素B_2（核黄素）（$CH_2(CH_2OH)_3CH_2OH$）

核苷酸中有两个嘌呤碱基——腺嘌呤(6-氨基嘌呤)和鸟嘌呤(2-氨基-6-氧嘌呤)。嘌呤环系也广泛存在于动植物体内，比如具有兴奋作用的植物性生物碱、咖啡碱、茶碱、可可碱都是黄嘌呤的衍生物。嘌呤环类化合物还有抗肿瘤、抗病毒、抗过敏、降胆固醇、利尿、强心、扩张支气管等作用。因此，嘌呤衍生物在生命过程中扮演着非常重要的角色。

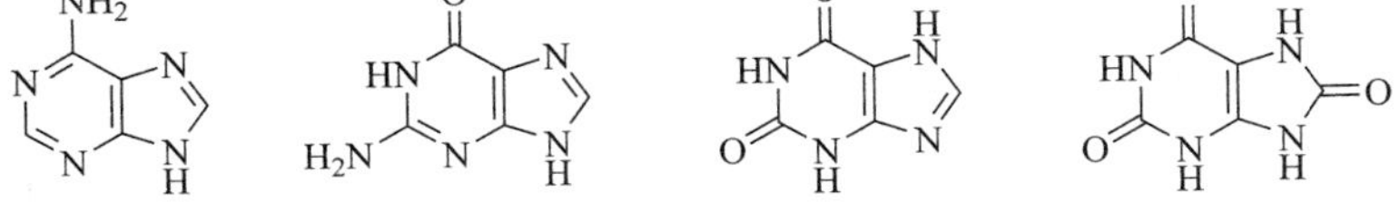

腺嘌呤　　鸟嘌呤　　黄嘌呤　　尿酸

(二) 喋啶和嘌呤的化学性质

喋啶具有弱碱性($pK_a=4.05$)，其碱性比嘧啶和吡嗪都强。嘌呤溶于水和醇，但不溶于非极性的有机溶剂。嘌呤具有弱酸性和弱碱性。其酸性($pK_a = 8.9$)比咪唑强,碱性比嘧啶强,但比咪唑弱。

(三)一些重要的嘌呤衍生物的合成

(1)尿酸: 尿酸是体内嘌呤代谢的一种产物,可用尿素和氰乙酰脲(由氰乙酸酯缩合得到)为原料制备。在碱作用下氰乙酰脲关环,生成4-氨基二羟基嘧啶,再亚硝化、还原生成4,5-二氨基二羟基嘧啶,再和氯甲酸乙酯缩合,最后失去乙醇,关咪唑环得到尿酸:

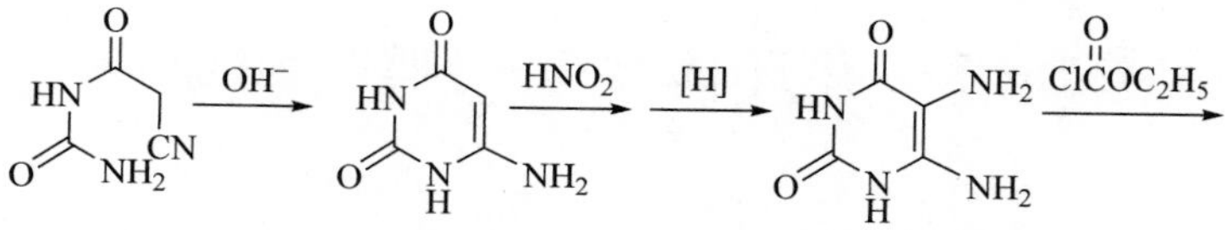

氰乙酰脲 —OH^-→ 4-氨基二羟基嘧啶 —HNO_2→ —[H]→ 4,5-二氨基二羟基嘧啶 —$ClCOOC_2H_5$→ (5-$NHCOOC_2H_5$-6-氨基二羟基嘧啶) —$-C_2H_5OH$→ 尿酸

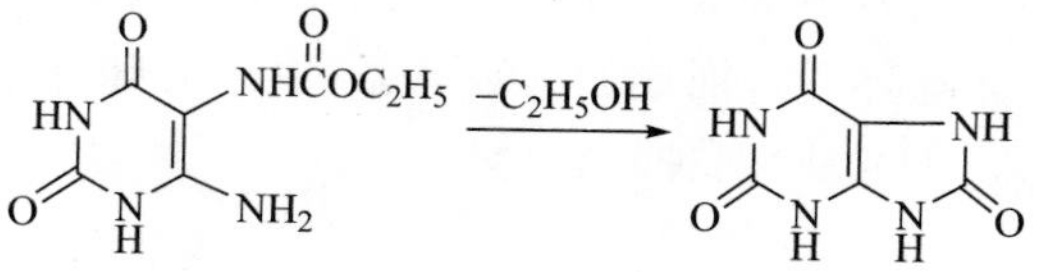

(2)黄嘌呤: 2,6-二羟基-7*H*-嘌呤称为黄嘌呤,有烯醇式和酮式两种互变异构体,其衍生物常以酮式为主。

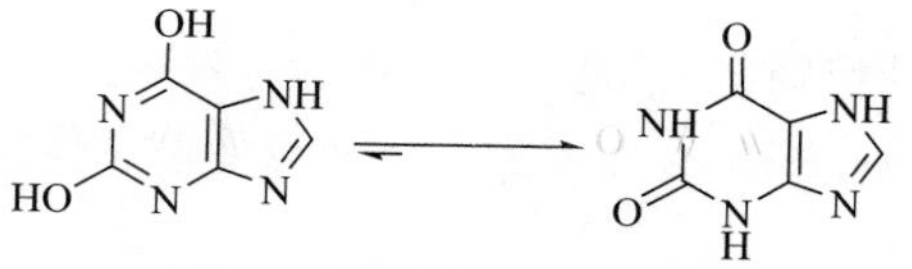

2,6-二羟基嘌呤(烯醇式) ⇌ 酮式

黄嘌呤的甲基衍生物在自然界存在广泛,如咖啡因、茶碱和可可碱存在于茶叶或可可豆中。具有利尿和兴奋神经的作用,其中咖啡因和茶碱供药用。具体结构式如下:

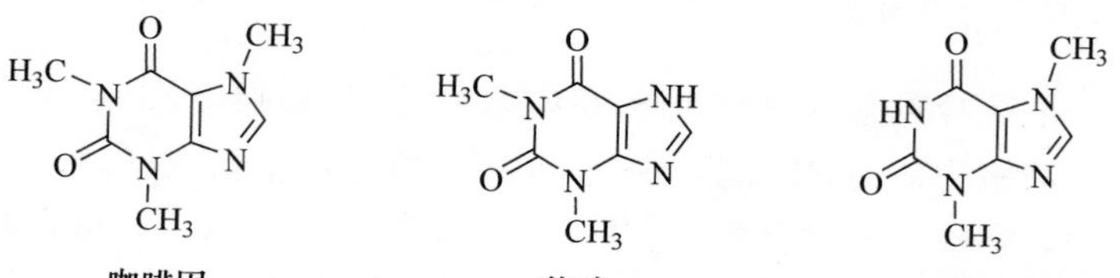

咖啡因　　茶碱　　可可碱

黄嘌呤可用由尿酸与$POCl_3$制备的2,6,8-三氯嘌呤为原料合成:

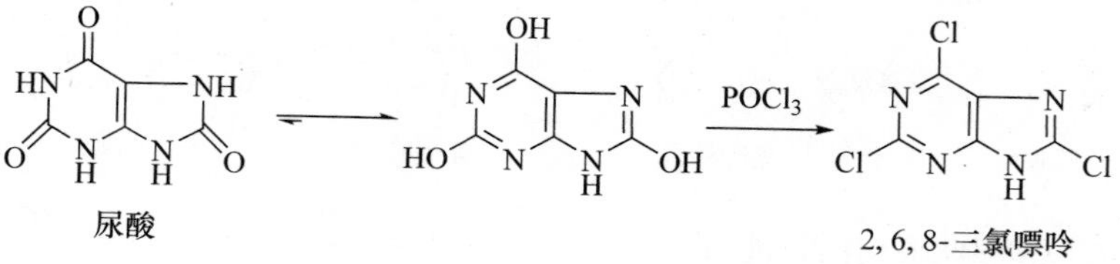

尿酸 ⇌ (2,6,8-三羟基嘌呤) —$POCl_3$→ 2,6,8-三氯嘌呤

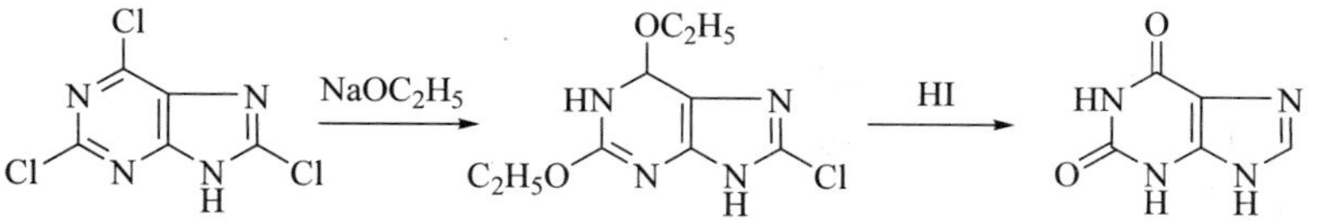

Cl N N Cl N N H Cl $\xrightarrow{NaOC_2H_5}$ OC_2H_5 HN N C_2H_5O N N H Cl $\xrightarrow{HI}$ O HN N O N H N H 黄嘌呤

(3) 腺嘌呤和鸟嘌呤： 核酸中无论是 DNA 还是 RNA，碱基中都含有腺嘌呤(6-氨基嘌呤)和鸟嘌呤(2-氨基-6-氧嘌呤)。它们的 9-位与核糖结合成核苷。腺嘌呤和鸟嘌呤也可用 2,6,8-三氯嘌呤为原料合成：

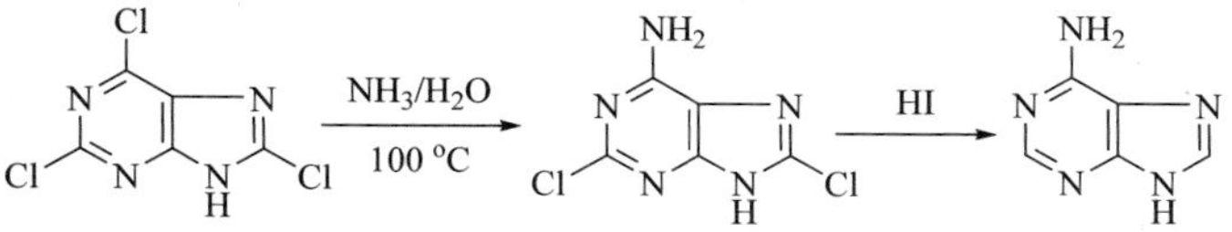

Cl N N Cl N N H Cl $\xrightarrow[100\ ^{\circ}C]{NH_3/H_2O}$ NH_2 N N Cl N N H Cl $\xrightarrow{HI}$ NH_2 N N N N H 腺嘌呤

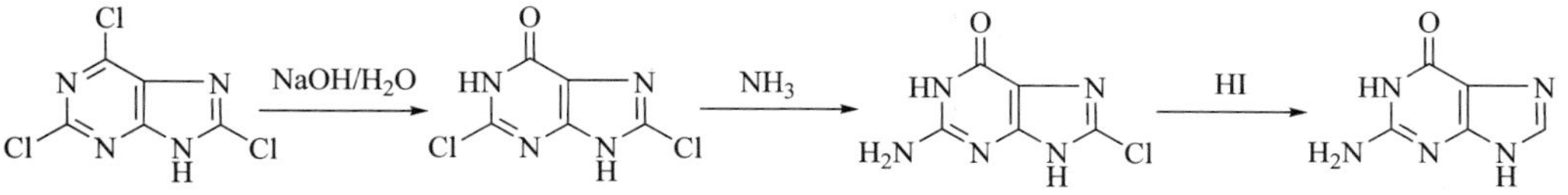

Cl N N Cl N N H Cl $\xrightarrow{NaOH/H_2O}$ O HN N Cl N N H Cl $\xrightarrow{NH_3}$ O HN N H_2N N N H Cl $\xrightarrow{HI}$ O HN N H_2N N N H 鸟嘌呤

习　题

1. 命名下列五元杂环化合物：

(1) 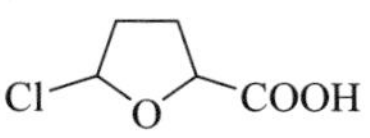 Cl O COOH　(2) 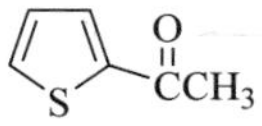 S $\overset{O}{\overset{\|}{C}}CH_3$　(3) S CH_2CH_2OH

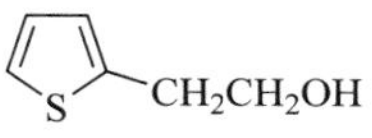

(4) 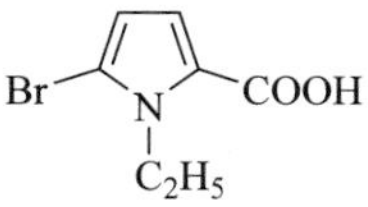 Br N C_2H_5 COOH　(5) H_3C O N COOH　(6) 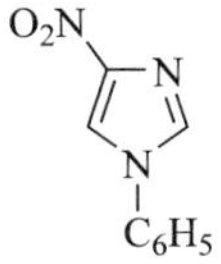 O_2N N N C_6H_5

(7) 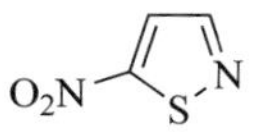 O_2N S N　(8) 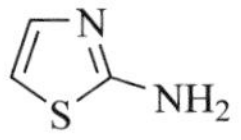 N S NH_2

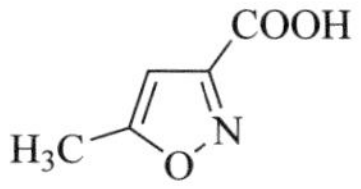

2. 命名下列六元杂环化合物：

(1) 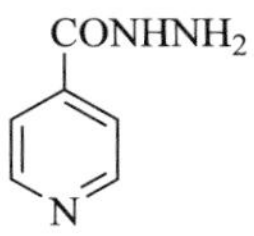 $CONHNH_2$ N　(2) CH_3 N O　(3) O O OCH_3

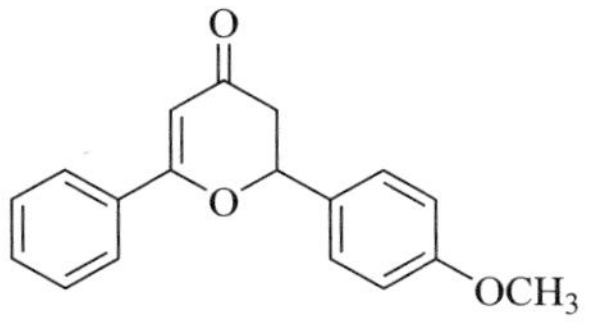

(4) 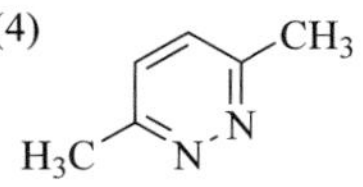 CH_3 H_3C N N　(5) 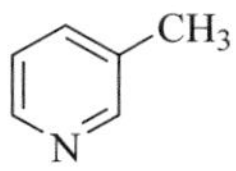 CH_3 N　(6) 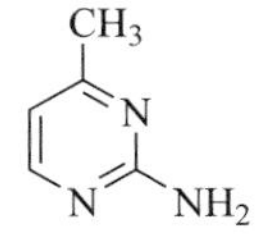 CH_3 N N NH_2

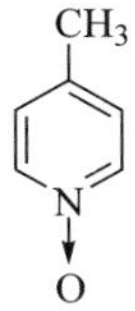

3．命名下列稠杂环：

(1) 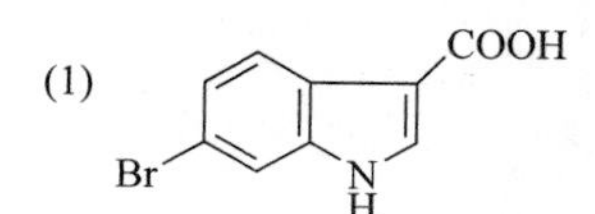

(2) 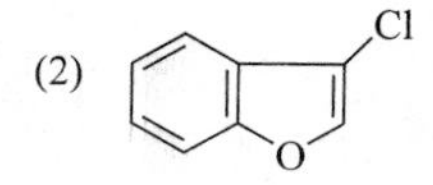

(3)

(4) 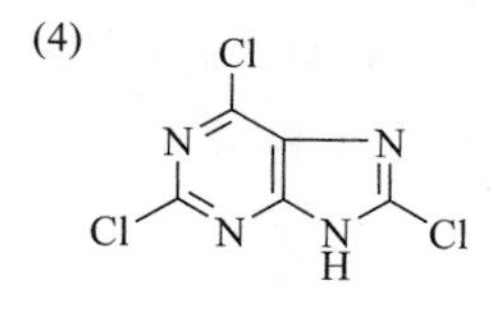

(5)

(6)

4．用适当的非杂环原料合成下列杂环化合物：

(1)

(2)

(3)

(4)

(5)

(6)

(7) 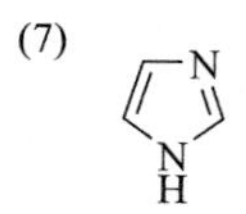

(8)

(9)

5．呋喃甲醛(糠醛)是从农作物秸秆中得到的化工原料。请设计从呋喃甲醛制备尼龙66的两种单体的合成路线。

6．从无取代或烷基取代的杂环化合物合成下列吡啶衍生物：

(1)

(2) 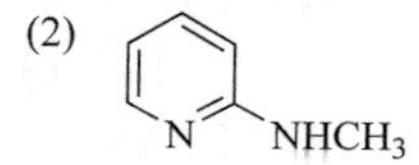

(3) 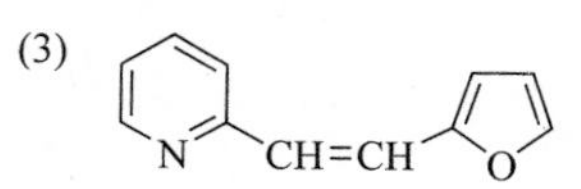

(4) 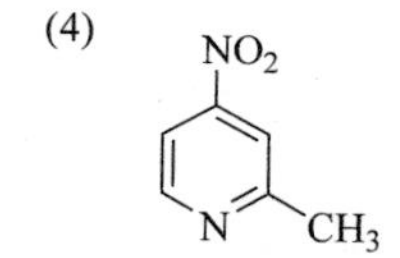

(5)

(6)

(7) 从3-甲基吡啶合成3-氨基吡啶　　(8) 从吡啶合成2-吡啶乙酸

7．从适当的非杂环原料合成下列吲哚衍生物：

(1) 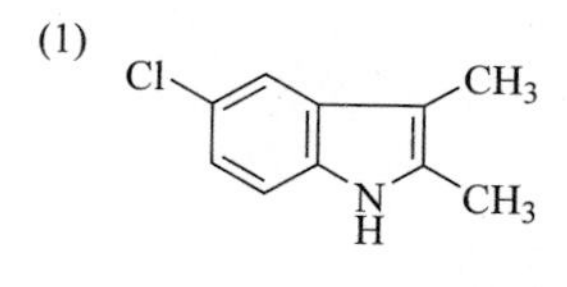

(2) 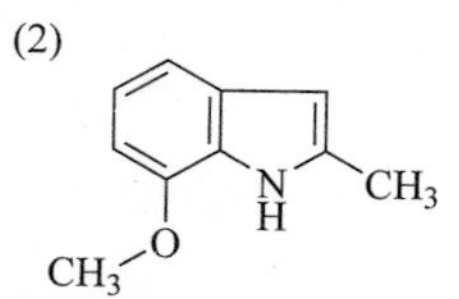

(3)

8．从适当的非杂环原料合成下列嘧啶衍生物：

(1) 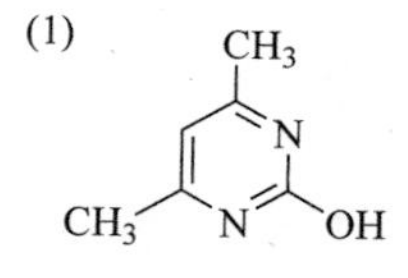

(2)

(3) (安眠药鲁米那)

9．从指定原料合成：

(1) 从2-甲基喹啉合成

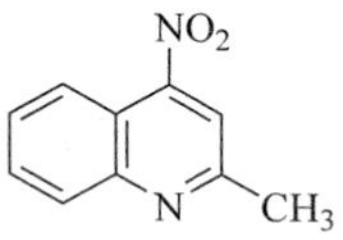

(2) 从1-甲基异喹啉合成

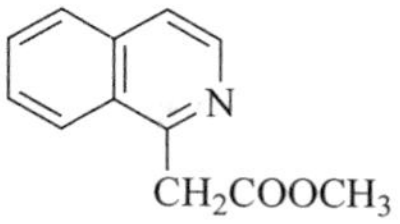

(3) 从间苯二酚合成7-羟基香豆素

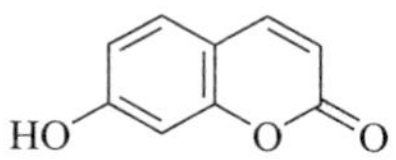

10．写出下列化合物与甘油进行Skraup合成的产物结构和名称：

（1）邻苯二胺　　　（2）间苯二胺

第十五章　含硫、磷、硅的有机化合物

§15.1　有机硫化合物

有机硫化合物指含有碳硫键的有机化合物。很多燃料如煤、天然气、石油，都含有一定数量的有机硫化合物，燃烧时会释放出有毒的二氧化硫气体。为避免污染，脱硫已成为石油炼制中很重要的一个环节。动植物体内含有许多有机硫化物，如大蒜油中主要的活性物质是二烯丙基二硫醚和二烯丙基三硫醚。按质量计，人体中硫元素占0.25%。20种基本氨基酸中，有两种含有硫元素，即半胱氨酸和甲硫氨酸。许多有机硫化合物具有多样的生理功能，如维生素B_1、作为辅酶的硫辛酸等。许多是重要的药物，如青霉素、头孢霉素、磺胺药、治疗癌症的6-巯基嘌呤等。有机硫化合物还可以做农药、染料、溶剂、洗涤剂和硫化橡胶等。

硫属于氧族元素，硫和氧具有相似的价电子层结构。硫原子外层的3s和3p轨道杂化形成sp^3杂化轨道与其他原子成键。有机硫化合物可分为含二价硫的有机化合物和含高价（四价或六价）硫的有机化合物两大类。

（一）二价硫的有机化合物

它们与相应的含氧化合物在结构和化学性质方面相似。

（1）硫醇和硫酚： 如乙硫醇（C_2H_5SH）、硫酚（C_6H_5SH）。

（2）硫醚： 如乙硫醚（$C_2H_5—S—C_2H_5$）。

（3）二硫化物： 如二甲基二硫（$CH_3—S—S—CH_3$）。

（4）多硫化物： 如二烯丙基三硫醚（$CH_2═CHCH_2—S—S—S—CH_2CH═CH_2$）。

（5）环状硫化物： 如环硫乙烷、1,4-二硫杂环己烷。

但在形成含硫π键方面与含氧π键有所不同。硫原子是用3p轨道和碳原子的2p轨道形成π键，因两者形状不同，重叠较少，且由于位相相反，若充分重叠会有斥力，故碳硫π键较弱，难以形成稳定的硫羰基（$>C═S$）。因此，硫醛，如丙硫醛（CH_3CH_2CHS）；硫酮，如3-戊硫酮；硫代-*O*-酸，如硫代乙-*O*-酸；二硫代酸，如乙二硫代酸都不稳定。由于硫脲中的硫羰基可与氮原子的孤对电子共轭，硫脲比较稳定。

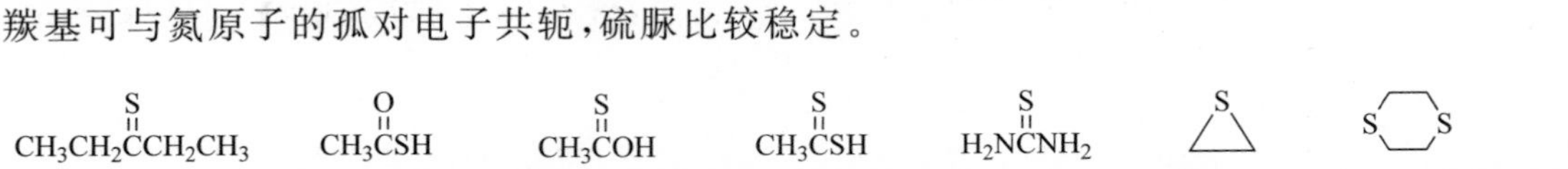

$CH_3CH_2C(=S)CH_2CH_3$ 3-戊硫酮　$CH_3C(=O)SH$ 硫代乙-*S*-酸　$CH_3C(=S)OH$ 硫代乙-*O*-酸　$CH_3C(=S)SH$ 乙二硫代酸　$H_2NC(=S)NH_2$ 硫脲　环硫乙烷　1,4-二硫杂环己烷

（二）高价硫的有机化合物

由于硫比氧原子半径较大，电负性较小，且3d轨道也可以成键。因此，硫原子还可以形成含高价硫的有机化合物，常见的是含四价及六价硫的有机硫化合物，如亚砜、砜、亚磺酸和

磺酸。它们都不存在对应的含氧化合物。

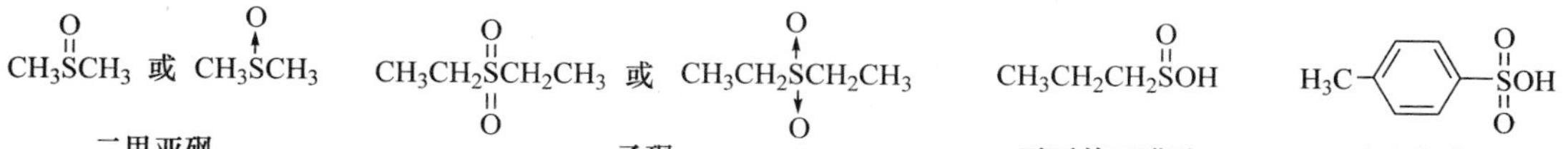

$CH_3\overset{O}{\overset{\|}{S}}CH_3$ 或 $CH_3\overset{O}{\overset{\uparrow}{S}}CH_3$
二甲亚砜

$CH_3CH_2\underset{\underset{O}{\|}}{\overset{\overset{O}{\|}}{S}}CH_2CH_3$ 或 $CH_3CH_2\underset{\underset{O}{\downarrow}}{\overset{\overset{O}{\uparrow}}{S}}CH_2CH_3$
乙砜

$CH_3CH_2CH_2\overset{O}{\overset{\|}{S}}OH$
正丙基亚磺酸

$H_3C-C_6H_4-\underset{\underset{O}{\|}}{\overset{\overset{O}{\|}}{S}}OH$
对甲苯磺酸

§ 15.2　硫醇和硫酚

硫醇的通式为 R—SH，硫酚的通式为 Ar—SH，其中—SH 称巯基。

（一）硫醇和硫酚的物理性质

低级的硫醇、硫酚有强烈且令人讨厌的气味，但臭味随碳数增多而减弱，高级硫醇、硫酚具有令人愉快的气味。硫醇和硫酚由于难以形成氢键，沸点比相应的醇和酚要低，如甲硫醇（CH_3SH）沸点 6℃，甲醇 65℃；硫酚沸点 168℃，苯酚 181.4℃。巯基和水也难以形成氢键，因此硫醇和硫酚在水中的溶解度比相应的醇和酚要低。如乙硫醇在 100 克水中溶解度只有 1.5 克，而乙醇与水可混溶。

（二）硫醇和硫酚的化学性质

（1）酸性：硫的价电子在第三层，可极化性大。巯基的氢易解离而显酸性，故硫醇、硫酚的酸性比相应的醇和酚强。硫醇可溶于氢氧化钠溶液，硫酚可溶于碳酸氢钠溶液。如乙硫醇的 pK_a＝10.60（乙醇为 15.9），硫酚的 pK_a＝7.8（苯酚为 10）。

硫醇易与重金属盐反应，生成不溶于水的硫醇盐，如硫醇汞（$(RS)_2Hg$），二乙硫醇铅 $Pb(SC_2H_5)_2$。汞中毒或铅中毒就是身体内酶的巯基与汞或铅生成盐，使酶失去了活性。

（2）氧化还原：硫醇和硫酚远比醇、酚易氧化，氧化发生在硫原子上。在空气、碘、三价铁盐、二氧化锰等弱氧化剂作用下，硫醇、硫酚氧化得到二硫化物，反应是硫醇和氧反应，先生成烷硫自由基（RS·），两个烷硫自由基结合形成二硫化物。如：

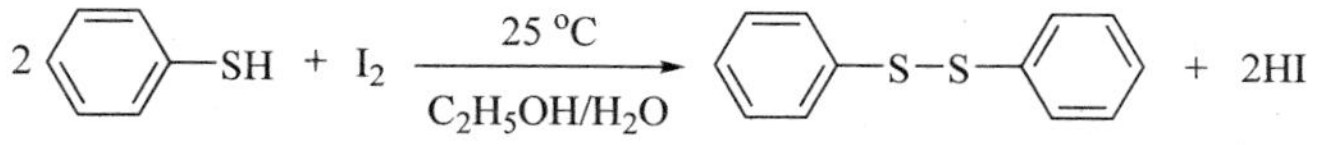

$$2\,C_6H_5{-}SH + I_2 \xrightarrow[C_2H_5OH/H_2O]{25\ ^{\circ}C} C_6H_5{-}S{-}S{-}C_6H_5 + 2HI$$

苯硫酚　　　　二苯基二硫

硫醇、硫酚在强氧化剂（如高锰酸钾、硝酸、过氧化氢）作用下，硫醇氧化经过中间产物次磺酸（RSOH）、亚磺酸（RSO_2H），最终得到磺酸（RSO_3H）。

（3）催化加氢：硫醇催化加氢失硫生成相应的烃。工业上，脱硫常在二硫化钼或二硫化钨等含硫催化剂的作用下进行，如由噻吩催化加氢制取四氢噻吩。

（4）亲核反应：硫醇、硫酚有较强的亲核性能，在碱性条件、极性溶剂中，RS^- 与卤代烷、磺酸酯、硫酸酯等发生 S_N2 亲核反应，生成硫醚。如：

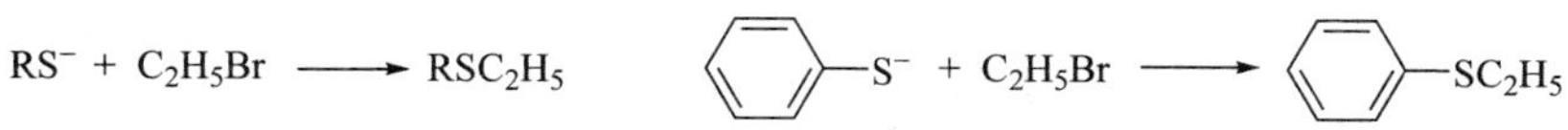

$$RS^- + C_2H_5Br \longrightarrow RSC_2H_5 \qquad C_6H_5{-}S^- + C_2H_5Br \longrightarrow C_6H_5{-}SC_2H_5$$

在无水氯化氢催化下，硫醇与醛生成缩硫醛，与酮生成缩硫酮，产物在 $HgCl_2$ 水溶液中可水解成原来的醛和酮，由此硫醇可用于羰基的保护。若将缩硫醛、缩硫酮加氢去掉硫，是将羰基还原成亚甲基的简便方法。如：

$$R_2C{=}O + 2RSH \rightleftharpoons R_2C(SR)_2 \xrightarrow[H_2O]{HgCl_2} R_2C{=}O + (RS)_2Hg\downarrow$$

$$R_2C{=}O + \begin{matrix}SH-CH_2\\ SH-CH_2\end{matrix} \underset{}{\overset{H^+}{\rightleftharpoons}} R_2C\begin{matrix}S-CH_2\\ S-CH_2\end{matrix} \xrightarrow[\text{Raney Ni}]{H_2} R_2CH_2 + NiS\downarrow + CH_3CH_3\uparrow$$

与酰卤、酸酐、羧酸等酰化试剂反应生成硫羟酸酯（硫醇酯）。

$$RSH + CH_3\overset{O}{\overset{\|}{C}}Cl \longrightarrow CH_3\overset{O}{\overset{\|}{C}}SR + HCl \qquad RSH + CH_3\overset{O}{\overset{\|}{C}}O\overset{O}{\overset{\|}{C}}CH_3 \longrightarrow CH_3\overset{O}{\overset{\|}{C}}SR + CH_3\overset{O}{\overset{\|}{C}}OH$$

（三）硫醇的制备

（1）卤代烷与硫氢化钠发生亲核取代反应： 主要用于制备硫醚，若为制备硫醇，减少硫醚的生成，应在无水的情况下反应，且加大硫氢化钠的用量。如：

$$RX + NaSH \xrightarrow{\text{无水乙醇}} RSH + NaX \qquad \text{副反应：} RSH + NaSH \xrightarrow{\text{水}} RSNa + H_2S;\ RSNa \xrightarrow{RX} RSR + NaX$$

（2）醇的硫酸酯与硫氢化钠反应得到硫醇： 如硫酸单乙酯钠盐与 NaSH 反应制乙硫醇。

$$\underset{\text{硫酸单乙酯}}{C_2H_5OSO_2OH} + NaOH \xrightarrow{-H_2O} \underset{\text{乙基硫酸钠}}{C_2H_5OSO_2ONa} \xrightarrow[100\ ^\circ C]{NaSH} \underset{\text{乙硫醇}}{C_2H_5SH} + Na_2SO_4\downarrow$$

（3）卤代烷与硫脲反应： 硫醇常用的制备方法是将卤代烷与硫脲反应，得到 *S*-烃基硫脲的盐，分离出后用碱液水解，可直接或酸化后分出硫醇。

$$2CH_3(CH_2)_{11}Br + 2H_2N\overset{S}{\overset{\|}{C}}NH_2 \longrightarrow \underset{S\text{-十二烷基异硫脲溴氢酸盐}}{2CH_3(CH_2)_{11}-S-\overset{NH}{\overset{\|}{C}}-NH_2\cdot HBr} \xrightarrow{2NaOH} \underset{\text{十二硫醇}}{2CH_3(CH_2)_{11}SH} + H_2N\overset{NH}{\overset{\|}{C}}NHCN + 2NaBr + H_2O$$

（4）醇与硫化氢高温催化反应： 工业上用此方法大量生产廉价的乙硫醇和丁硫醇。

（四）硫酚及取代硫酚的制备

（1）由芳香磺酰氯还原制备： 如用金属和酸还原。

$$2H_3C-C_6H_4-SO_2Cl + 3Sn + 10HCl \xrightarrow{\triangle} \underset{90\%}{H_3C-C_6H_4-SH} + 3SnCl_4 + 4H_2O$$

（2）芳香重氮基的硫取代： 如由 2-甲基苯胺制备的重氮盐和乙基黄原酸钾（或硫化钠）反应，再小心用碱水解乙基黄原酸酯，最后酸化得 2-甲基苯硫酚。

$$\text{2-}CH_3C_6H_4NH_2 \xrightarrow{NaNO_2,\ HCl} \text{2-}CH_3C_6H_4\overset{+}{N_2}Cl^- \xrightarrow[40\sim45\ ^\circ C]{KS\overset{S}{\overset{\|}{C}}OC_2H_5} \text{2-}CH_3C_6H_4S\overset{S}{\overset{\|}{C}}OC_2H_5 \xrightarrow{KOH} \text{2-}CH_3C_6H_4SK \xrightarrow{H_2SO_4} \text{2-}CH_3C_6H_4SH$$

(3) 芳卤原子的硫取代： 用硫化氢或硫化钠与芳卤化物进行取代反应，一般要在高温下进行，但若芳卤化物邻、对位有硝基可在比较低的温度下进行。

§15.3　二硫化物

二硫化物指含有二硫键(—S—S—)的有机硫化合物，具有通式 R—S—S—R′。硫醇或硫酚的氧化产物为二硫化物，而二硫化物可被巯基乙醇、亚硫酸氢钠、氢化铝锂或锌加酸还原为硫醇或硫酚。硫醇与二硫化物互相转化的氧化还原反应是生物体内常见现象之一，如半胱氨酸氧化成胱氨酸，胱氨酸还原又转化成半胱氨酸。胱氨酸含有的二硫键，是维持多肽和蛋白质空间结构的重要化学键之一。

$$2\,H_3\overset{+}{N}-\underset{\underset{CH_2-SH}{|}}{\overset{\overset{COO^-}{|}}{C}}-H \underset{HSCH_2CH_2OH}{\overset{O_2}{\rightleftharpoons}} H_3\overset{+}{N}-\underset{\underset{H_2C-S}{|}}{\overset{\overset{COO^-}{|}}{C}}-H\quad H-\underset{\underset{S-CH_2}{|}}{\overset{\overset{COO^-}{|}}{C}}-\overset{+}{N}H_3$$

半胱氨酸　　　　胱氨酸

二硫化物可被空气等进一步氧化成硫代亚磺酸酯。如大蒜切片在空气中暴露 15 min 以上，则大蒜中含有的二烯丙基二硫化物，会被氧化成具有抗癌作用的二烯丙基硫代亚磺酸酯：

$$CH_2=CHCH_2-S-S-CH_2CH=CH_2 \xrightarrow{\text{空气, 15 min}} CH_2=CHCH_2-\overset{\overset{O}{\|}}{S}-S-CH_2CH=CH_2$$

二烯丙基二硫化物　　　　二烯丙基硫代亚磺酸酯

二硫化物可被强氧化剂如高锰酸钾氧化成磺酸。

近些年来，由于聚有机二硫化物的理论能量密度远高于普通的锂电池正极材料，被用作锂二次电池新型的正极材料，二硫化物的研究又受到广泛的关注。

§15.4　硫　　醚

硫醚是一类通式为 R—S—R 的化合物。硫醚中的 C—S 键键能比醚的 C—O 键能低，键长 C—S 键比 C—O 键长，容易断裂，可以形成稳定的含硫自由基。硫醚不溶于水，有难闻的气味，可溶于醇和醚中，沸点比相应的醚高。

(一) 硫醚的化学性质

硫原子含有两对孤对电子，具亲核性和碱性，可与卤代烷(一级卤代烷、烯丙基卤代烷、α-卤代乙酸已酯等)反应制备锍盐。

$$CH_3SCH_3 + BrCH_2COOC_2H_5 \xrightarrow[CH_3COCH_3]{25\ ^\circ C} \begin{matrix}CH_3\\CH_3\end{matrix}\!>\!\overset{+}{S}CH_2COOC_2H_5Br^-$$

$$CH_3SCH_3 + ClCH_2CH=CH_2 \xrightarrow[H_2O]{25\ ^\circ C} \begin{matrix}CH_3\\CH_3\end{matrix}\!>\!\overset{+}{S}CH_2CH=CH_2Cl^-$$

锍盐和氢氧化银作用转化为氢氧化三烷基锍，有强碱性，高温下发生消除反应，生成烯烃。

硫醚也可被多种氧化剂（如过氧化氢）氧化，硫原子的空 d 轨道接受一对电子，氧化态由 2 变为 4，产物是亚砜；接受二对电子，氧化态由 2 变为 6，产物是砜。制备亚砜要用较弱的氧化剂，如在丙酮或冰乙酸中的过氧化氢、稀硝酸、高碘酸钠以及间氯过苯甲酸等。由于亚砜容易进一步氧化成砜，还要控制氧化剂用量及反应温度。硫醚用强氧化剂（如高锰酸钾）氧化则直接生成砜。如：

$$(n\text{-}C_8H_{17})_2S + H_2O_2 \xrightarrow[CH_3COCH_3]{50\sim55\ ^\circ C} (n\text{-}C_8H_{17})_2S{=}O + H_2O \qquad CH_3\overset{O}{\overset{\|}{S}}CH_3 + KMnO_4 \xrightarrow[H_2O]{<40\ ^\circ C} CH_3SO_2CH_3 + KOH + MnO_2$$

催化加氢可使硫醚中的 C—S 键断裂，生成烷烃。

（二）硫醚的制备

（1）对称硫醚可用卤代烷和硫化钠制备：

$$2n\text{-}C_8H_{17}Br + Na_2S \xrightarrow[\text{回流5 h}]{C_2H_5OH} \underset{\text{正辛硫醚}}{(n\text{-}C_8H_{17})_2S} + 2NaBr \qquad 2HOCH_2CH_2Cl + Na_2S \xrightarrow[30\sim35\ ^\circ C]{H_2O} \underset{2,2'\text{-二羟基乙二硫醚}}{(CH_2CH_2OH)_2S} + 2NaCl$$

（2）五或六元环的环硫醚可用相应的二元卤代烷在醇-水溶液中与硫化钠反应制备：

$$BrCH_2CH_2CH_2CH_2Br + Na_2S \longrightarrow \text{四氢噻吩（环）} + 2NaBr$$

（3）硫化氢、硫醇或硫酚与等对烯烃的加成：

在碱催化下进行马氏加成。如：

$$2CH_2{=}CH\overset{O}{\overset{\|}{C}}OCH_3 + H_2S \xrightarrow[CH_3OH,\ \text{回流}]{AcONa} CH_3O\overset{O}{\overset{\|}{C}}CH_2CH_2SCH_2CH_2\overset{O}{\overset{\|}{C}}OCH_3 \quad \text{3, 3'-硫代二丙酸甲酯 75\%}$$

$$2CH_2{=}CHCN + Na_2S \xrightarrow[15\sim17\ ^\circ C]{H_2O} NCCH_2CH_2SCH_2CH_2CN + 2NaOH \quad \text{3, 3'-硫代二丙腈 70\%}$$

在过氧化物等自由基引发剂存在下或紫外光照射下的自由基加成，为避免离子加成，反应一般在非极性溶剂中进行，得反马氏加成产物的硫醇和硫醚。如：

$$C_6H_5OCH{=}CH_2 + H_2S \xrightarrow{\text{偶氮二异丁腈}} C_6H_5OCH_2CH_2SH + (C_6H_5OCH_2CH_2)_2S$$

§15.5 锍盐和硫叶立德

锍盐是很稳定的离子型晶体化合物，可用形成卤代锍盐的方法鉴别锍盐。锍盐可溶于水也溶于氯仿等有机溶剂。硫叶立德是一类通式为 $R_1R_2S^+—C^-R_3R_4$ 的化合物，具有被一个相邻的正硫离子所稳定的负碳离子结构。如：

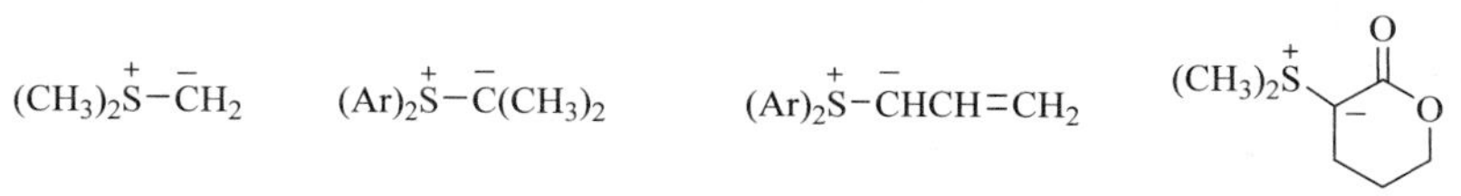

$$(CH_3)_2\overset{+}{S}-\overset{-}{C}H_2 \qquad (Ar)_2\overset{+}{S}-\overset{-}{C}(CH_3)_2 \qquad (Ar)_2\overset{+}{S}-\overset{-}{C}HCH=CH_2$$

（环状内酯型叶立德：$(CH_3)_2\overset{+}{S}$ 连于四氢吡喃-2-酮的 3 位负碳上）

硫叶立德可由锍盐制得。最常见的是亚甲基硫叶立德，其（包括亚砜型硫叶立德）是由锍盐在碱作用下，失去一个质子得到：

$$(CH_3)_3S^+Cl^- + NaOH \xrightarrow{H_2O} (CH_3)_2\overset{+}{S}-\overset{-}{C}H_2 \qquad (CH_3)_3\overset{O}{\overset{\|}{S^+}}Cl^- + NaH \xrightarrow{DMSO} (CH_3)_2\overset{O}{\overset{\|}{S^+}}-\overset{-}{C}H_2$$

不含有可进一步转换的官能团的为简单硫叶立德，含有可进一步转换的官能团（如双键、叁键、酰基等）的为官能化硫叶立德。根据稳定性和反应活性，硫叶立德可分为活泼（只含烷基、乙烯基、芳基等）硫叶立德、半稳定和稳定（含羰基、氰基、磺酰基等）硫叶立德三类，活泼硫叶立德需在低温下制备和使用，稳定的硫叶立德蒸馏也不分解，且固体有敏锐的熔点。

活泼叶立德：
（简单硫叶立德）　$(CH_3)_2\overset{+}{S}-\overset{-}{C}H_2$　$(CH_3)_2\overset{O}{\overset{\|}{S^+}}-\overset{-}{C}H_2$　$(CH_3)_2\overset{+}{S}-\overset{-}{C}HR$

半稳定硫叶立德：　$(CH_3)_2\overset{+}{S}-\overset{-}{C}HAr$（**简单硫叶立德**）　$(CH_3)_2\overset{+}{S}-\overset{-}{C}HC\equiv CR$（**官能化硫叶立德**）

稳定硫叶立德：
（官能化硫叶立德）　$(CH_3)_2\overset{+}{S}-\overset{-}{C}H\overset{O}{\overset{\|}{C}}OR$　$(CH_3)_2\overset{+}{S}-\overset{-}{C}H\overset{O}{\overset{\|}{C}}N(R_2)-R_1$　$(CH_3)_2\overset{+}{S}-\overset{-}{C}H\overset{O}{\overset{\|}{C}}R$　$(CH_3)_2\overset{+}{S}-\overset{-}{C}H\overset{O}{\overset{\|}{C}}-Ar$

硫叶立德的碳带负电荷，负碳离子是一个强亲核体，它具有活泼亲核试剂的条件。硫叶立德是比较常用的有机合成试剂，主要用于与醛、酮、亚胺和缺电子双键的反应，其产物通常是环氧乙烷、氮杂环己烷和环丙烷等三元环化合物。如与 α，β-不饱和醛、酮反应生成环氧乙烷衍生物，与双键碳原子上连有酯基、硝基、氰基等吸电子基的烯烃反应生成环丙烷的衍生物：

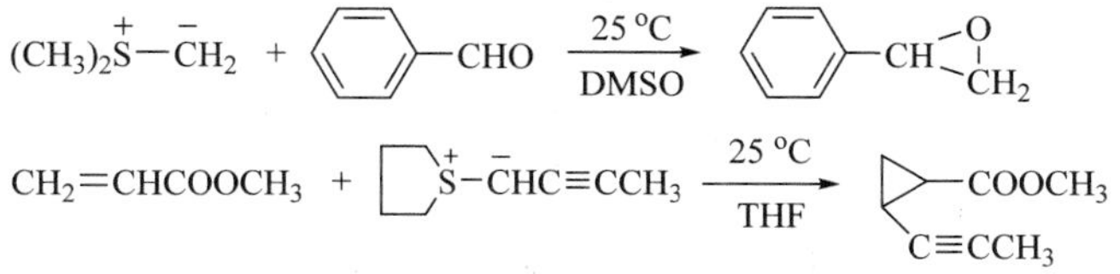

$$(CH_3)_2\overset{+}{S}-\overset{-}{C}H_2 + C_6H_5CHO \xrightarrow[DMSO]{25\,^\circ C} C_6H_5-\underset{\diagdown\ \diagup}{CH-CH_2}\ (\text{O 桥环氧})$$

$$CH_2=CHCOOCH_3 + (\text{四氢噻吩})\overset{+}{S}-\overset{-}{C}HC\equiv CCH_3 \xrightarrow[THF]{25\,^\circ C} (\text{环丙烷})\text{—}COOCH_3,\ C\equiv CCH_3$$

硫叶立德也开始被用于合成非三元环化合物，包括四氢呋喃、四氢吡咯，及更加复杂的并环、螺环化合物。

§15.6　一硫代羧酸、二硫代羧酸和硫代酰胺

羧酸中羧基氧原子被硫取代即为硫代羧酸。一个硫取代的称一硫代羧酸，其中，取代羰氧原子的为硫羰酸（硫代-*O*-酸），取代羧基中的羟氧原子为硫羟酸（硫代-*S*-酸），硫羟酸和硫羰酸可发生互变，均有极难闻的气味，在空气中缓慢分解。

$$\underset{\text{硫羟酸}}{\overset{\text{O}}{\overset{\|}{\text{R}\text{C}}}\text{SH(RCOSH)}} \rightleftharpoons \underset{\text{硫羰酸}}{\overset{\text{S}}{\overset{\|}{\text{R}\text{C}}}\text{OH(RCSOH)}} \qquad \underset{\text{硫羟羧基}}{-\overset{\text{O}}{\overset{\|}{\text{C}}}\text{SH}(-\text{COSH})} \qquad \underset{\text{硫羰羧基}}{-\overset{\text{S}}{\overset{\|}{\text{C}}}\text{OH}(-\text{CSOH})}$$

硫羰酸可由酸酐或酰氯与干燥的硫化氢或硫氢化钾反应制备。如：

$$CH_3\overset{O}{\overset{\|}{C}}O\overset{O}{\overset{\|}{C}}CH_3 + H_2S \xrightarrow[65\sim70\ ^\circ C]{Na_2CO_3} \underset{\text{硫代乙酸 55\%}}{CH_3\overset{O}{\overset{\|}{C}}SH} + CH_3\overset{O}{\overset{\|}{C}}ONa$$

$$C_6H_5COCl + 2KSH \xrightarrow{10\sim15\ ^\circ C} C_6H_5COSK \xrightarrow{HCl} \underset{\text{硫代苯甲酸 70\%}}{C_6H_5COSH}$$

两个硫取代氧的称二硫代羧酸，又称硫羟羰酸，俗称荒酸。酸性比羧酸强但稳定性比羧酸差，暴露在空气中易氧化。脂基衍生物由于稳定性低而实际应用受到限制，而芳基二硫代羧酸比较稳定，具有实际应用价值。芳基二硫代羧酸由芳酰卤与硫化钾反应或格氏试剂与二硫化碳反应而得，也可用苯三氯甲烷和硫化钾反应制备：

$$RMgX + CS_2 \xrightarrow{\text{乙醚}} RCSSMgX \xrightarrow{H_2O} RCSSH \qquad C_6H_5CCl_3 + K_2S \xrightarrow{\text{醇}} \xrightarrow{H^+} C_6H_5CSSH$$

二硫代羧酸亦可生成酯、酸酐、酰胺等衍生物，其中以硫代酰胺比较重要。硫代酰胺具有酸性，是比碳酸更弱的酸。硫代酰胺化合物种类很多，可由氰、腈和 H_2S 在碱催化下加成或用酰胺和 P_2S_5 反应制备。如：

$$CH_3CN + H_2S \xrightarrow[55\sim60^\circ C]{\text{三乙胺}} \underset{\text{硫代乙酰胺 70\%}}{CH_3\overset{S}{\overset{\|}{C}}NH_2} \qquad CH_3\overset{O}{\overset{\|}{C}}NH-C_6H_5 + P_2S_5 \xrightarrow[\text{苯}]{80\ ^\circ C} \underset{\text{硫代乙酰苯胺}}{CH_3\overset{S}{\overset{\|}{C}}NH-C_6H_5}$$

§15.7 硫氰酸、异硫氰酸

硫氰酸(H—S—C≡N)与异硫氰酸(H—N═C═S)互为异构体，以二者互变异构混合物形式存在，尚无法使之分离开来。硫氰酸是无色的、极易挥发的液体，低于0℃时结晶。硫氰酸易溶于水，水溶液为强酸，与盐酸相似。其盐(硫氰酸盐)很容易制得，也很稳定。SCN^- 离子可与许多金属离子生成配离子，如与 Fe^{3+} 生成血红色配离子 $Fe(SCN)_6^{3-}$，因此硫氰酸钾或硫氰酸铵常用作检验 Fe^{3+} 的试剂。

硫氰酸在稀无机酸中水解，生成羰基硫和铵盐；硫氰酸被 H_2S 分解成 CS_2 和氨：

$$HSCN + H_2O \xrightarrow{H^+} COS + NH_4^+ \qquad HSCN + H_2S \longrightarrow CS_2 + NH_3$$

硫氰酸酯(R—S—C≡N)和异硫氰酸酯(R—N═C═S)也是同分异构体。其中—SCN 称为硫氰基，—NCS 称为异硫氰基。R 为脂肪基时，是稳定的挥发性油状物，一般带有大蒜气味，可由硫氰酸钾(或硫氰酸钠)与卤代烃反应而得。如：

$$CH_2{=}CHCH_2Cl + NaSCN \xrightarrow[H_2O]{\text{相转移催化剂}} CH_2{=}CHCH_2SCN + NaCl$$

常见的是R为芳香基的硫氰酸酯，是高沸点油状物或固体，常称芥子油，由硫氰酸钾（或硫氰酸钠）与芳香族卤代烃反应而得。也可由二硫化碳与芳胺反应或硫脲衍生物在浓盐酸作用下而得。如：

$$C_6H_5CH_2Cl + KSCN \xrightarrow[\text{乙醇}]{80\,^{\circ}C} C_6H_5CH_2SCN + KCl$$

硫氰酸苄酯 96%

异硫氰酸盐以葡萄糖异硫酸盐缀合物形式存在于十字花科蔬菜中，异硫氰酸盐具有抑癌作用。异硫氰酸酯广泛用于有机合成原料，可以胺为原料，与二硫化碳在三乙胺等碱作用下生成二硫代氨基甲酸盐，然后通过氯甲酸酯、$POCl_3$、硫酸铜等多种试剂转化成异硫氰酸酯。如：

$$Cl\text{-}C_6H_4\text{-}NH_2 + CS_2 \xrightarrow{Et_3N} Cl\text{-}C_6H_4\text{-}NHC(=S)S^-\overset{+}{N}HEt_3 \xrightarrow{POCl_3} Cl\text{-}C_6H_4\text{-}NCS$$

异硫氰酸对氯苯酯

硫氰酸酯在酸性条件下水解成硫氰酸和醇，与胺作用生成硫脲衍生物。经硝酸氧化为磺酸，用锌和硫酸还原为硫醚，加热会重排成更稳定的异硫氰酸酯。异硫氰酸酯在酸中水解得到的伯胺、CO_2 和 H_2S，用锌和硫酸还原为伯胺和硫羰基甲醛。

§15.8　黄原酸、硫脲（硫代碳酰胺）

（一）黄原酸

有两种含义：一种是指烃氧二硫甲酸，又称氧荒酸，为烃基R与二硫羧氧基（又称荒氧基）结合的一类化合物；二是专指乙基黄原酸，又称乙氧基二硫代甲酸，其衍生物的盐和酯比较重要。

$$RO-\overset{S}{\overset{\|}{C}}-SH \qquad -O-\overset{S}{\overset{\|}{C}}-SH \qquad C_2H_5O-\overset{S}{\overset{\|}{C}}-SK \qquad RO-\overset{S}{\overset{\|}{C}}-SR'$$

黄原酸　　荒氧基　　（乙基）黄原酸钾　　黄原酸酯

（二）黄原酸酯的合成

可以用二硫化碳为基本原料，与乙醇、碱反应即得黄原酸盐，加卤代烃即得黄原酸酯。如：

$$C_2H_5OH + NaOH + CS_2 \xrightarrow[H_2O]{<25\,^{\circ}C} C_2H_5O\overset{S}{\overset{\|}{C}}SNa \xrightarrow[\text{回流}]{CH_3(CH_2)_5Br} C_2H_5O\overset{S}{\overset{\|}{C}}S(CH_2)_5CH_3 + NaBr$$

（三）硫脲

硫脲是尿素中的氧被硫替代后的产物，又称硫代尿素，硫代碳酰胺。尽管结构类似，硫脲和尿素的性质并不相同。

(1) 制备方法：将硫化氢气体经石灰乳负压吸收制得硫氢化钙溶液，再与氰氨化钙(石灰氮，$CaCN_2$)反应，即可生成硫脲。

$$2H_2S + Ca(OH)_2 \longrightarrow Ca(SH)_2 \xrightarrow[75\sim85\ ^{\circ}C]{2CaCN_2,6H_2O} 2NH_2\overset{S}{\overset{\|}{C}}NH_2 + 3Ca(OH)_2$$

(2) 硫脲的 *N*-烃基衍生物：这是一类应用很广的化合物。可用胺盐与硫氰化钾(或硫氰化钠)制备。如：

$$C_6H_5-NH_2\cdot HCl + NaSCN \xrightarrow[H_2O]{95\ ^{\circ}C} C_6H_5-NH-\overset{S}{\overset{\|}{C}}-NH_2 + NaCl$$

N-苯基硫脲 90%

(3) 对称硫脲的合成：胺与二硫化碳反应可合成对称硫脲。

如橡胶硫化促进剂 1,3-二苯基硫脲和 2-咪唑啉硫酮(乙烯基硫脲)的合成：

$$C_6H_5-NH_2 + CS_2 \xrightarrow[EtOH\text{-}H_2O]{35\sim50\ ^{\circ}C} C_6H_5-NH\overset{S}{\overset{\|}{C}}NH-C_6H_5 + H_2S$$

1, 3-苯基硫脲

$$\underset{NH_2}{CH_2}-\underset{NH_2}{CH_2} + CS_2 \xrightarrow[EtOH\text{-}H_2O]{35\sim50\ ^{\circ}C} \text{(咪唑烷-2-硫酮)}$$

乙烯基硫脲

(4) 不对称硫脲的合成：

$$C_6H_5-NH\overset{S}{\overset{\|}{C}}NH-C_6H_5 + C_6H_{11}-NH_2 \xrightarrow[CH_3CN]{NEt_3,\text{回流}} C_6H_5-NH\overset{S}{\overset{\|}{C}}NH-C_6H_{11}$$

1-环己基-3-苯基硫脲 80%

§15.9 亚砜、砜

亚砜和砜一般为无色结晶。除二甲亚砜、二乙基亚砜溶于水外，其他难溶于水或不溶于水。S═O 双键为强极性键，由一个 σ 键和一个 π 键组成，硫带部分正电荷，氧带部分负电荷，具亲核性。砜的 α-氢具弱酸性。两个烃基不同的亚砜有手性，有些可以被拆分出来。

亚砜很容易被氧化剂(如过氧乙酸、四氧化二氮、高碘酸钠、间氯过氧苯甲酸等)氧化为砜，被还原剂还原为硫醚。它也有弱碱性，可与强酸成盐。芳香砜是磺化的副产物，如苯磺化时会副产二苯砜。

(一) 亚砜和砜的制备

亚砜和砜的主要制法是硫醚氧化，用温和氧化剂生成亚砜，用高锰酸钾氧化则生成砜。如：

$$(n\text{-}C_8H_{17})_2S + H_2O_2 \xrightarrow{50\sim55\ ^\circ C} (n\text{-}C_8H_{17})_2SO + H_2O$$

二正辛基亚砜 85%

$$(n\text{-}C_3H_7)_2S + KMnO_4 \xrightarrow[H_2O]{60\sim70\ ^\circ C} (n\text{-}C_3H_7)_2SO_2 + MnO_2 + KOH$$

二丙砜 70%

芳香族的砜可在 $AlCl_3$ 催化下用磺酰氯和芳烃反应制取。

$$CH_3\text{—}C_6H_4\text{—}SO_2Cl + C_6H_6 \xrightarrow[50\sim70\ ^\circ C]{AlCl_3/苯} CH_3\text{—}C_6H_4\text{—}SO_2\text{—}C_6H_5 + HCl$$

4-甲基二苯砜 93%

（二）二甲亚砜

亚砜中最重要的是二甲亚砜，它是一种很好的非质子性溶剂和有机合成试剂。

（1）作为亲核试剂的反应：亚砜基吸电子，二甲亚砜的 α-氢具有弱酸性，在强碱作用下，生成二甲亚砜负离子，作为亲核试剂能与卤代烷、酯等发生取代反应。如：

$$CH_3\overset{O}{\overset{\|}{S}}CH_3 + NaH \xrightarrow{-H_2} CH_3\overset{O}{\overset{\|}{S}}\overset{-}{C}H_2Na^+ \begin{cases} \xrightarrow{RX} CH_3\overset{O}{\overset{\|}{S}}CH_2R + NaX \\ \xrightarrow{R\overset{O}{\overset{\|}{C}}OR'} CH_3\overset{O}{\overset{\|}{S}}CH_2\overset{O}{\overset{\|}{C}}R + NaOR' \end{cases}$$

二甲亚砜负离子还可与醛、酮发生亲核加成反应：

$$CH_3\overset{O}{\overset{\|}{S}}\overset{-}{C}H_2Na^+ + R\overset{O}{\overset{\|}{C}}H(R') \longrightarrow CH_3\overset{O}{\overset{\|}{S}}CH_2\overset{O^-Na^+}{\overset{|}{\underset{R}{\underset{|}{C}}}}\text{—}H(R')$$

（2）温和的氧化剂：二甲亚砜是温和的、具有选择性的氧化剂，能将卤代烷氧化成醛，将仲醇的对甲苯磺酸酯氧化成酮，本身还原成二甲硫醚。如：

$$Br\text{—}C_6H_4\text{—}CH_2Br + CH_3\overset{O}{\overset{\|}{S}}CH_3 \longrightarrow Br\text{—}C_6H_4\text{—}CHO + CH_3SCH_3 + HBr$$

对溴苯甲醛 76%

$$(PhOCH_2)_2CH\text{—}OSO_2\text{—}C_6H_4\text{—}CH_3 + CH_3\overset{O}{\overset{\|}{S}}CH_3 \xrightarrow{138\sim150\ ^\circ C} PhO\text{—}CH_2\text{—}\overset{}{C}(=O)\text{—}CH_2\text{—}OPh + CH_3SCH_3 + CH_3\text{—}C_6H_4\text{—}SO_3H$$

1, 3-二苯氧基丙酮 90%

二甲亚砜用多种亲电试剂（E），如乙酸酐、三氟乙酸酐、N,N'-二环己基碳二亚胺（DCCI）等活化后，可氧化醇成醛、酮。活化后的二甲亚砜与醇生成烷氧基锍盐，然后在叔胺或其他碱作用下发生消去反应，生成相应的醛、酮和二甲硫醚。这一反应具有反应条件温和、产物易分离、收率高等优点，但 DMSO 同时做溶剂，用量较大，要考虑经济性。如：

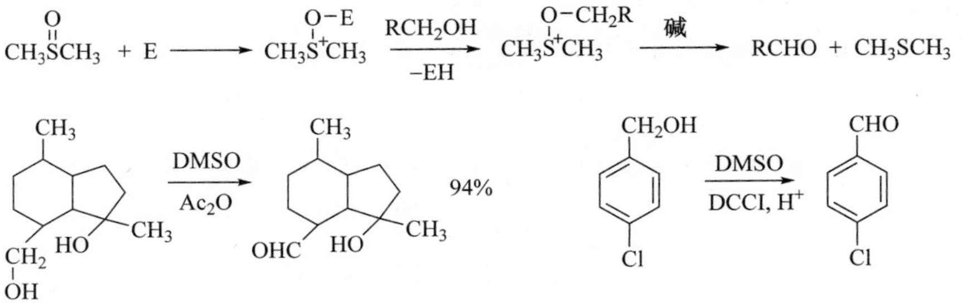

$$CH_3\overset{O}{\overset{\|}{S}}CH_3 + E \longrightarrow CH_3\overset{O-E}{\overset{|}{S^+}}CH_3 \xrightarrow[-EH]{RCH_2OH} CH_3\overset{O-CH_2R}{\overset{|}{S^+}}CH_3 \xrightarrow{碱} RCHO + CH_3SCH_3$$

$$\text{(双环醇：}CH_3\text{，}CH_2OH\text{，HO，}CH_3\text{)} \xrightarrow[Ac_2O]{DMSO} \text{(醛：}CH_3\text{，OHC，HO，}CH_3\text{)}\quad 94\%$$

$$p\text{-}ClC_6H_4CH_2OH \xrightarrow[DCCI,\ H^+]{DMSO} p\text{-}ClC_6H_4CHO$$

§15.10 磺酸及其衍生物

磺酸是烃基与磺基（—SO_3H）结合的有机化合物，通式 R—SO_3H，以芳磺酸最为重要，如苯磺酸、对甲苯磺酸。磺酸有较强的酸性和水溶性，可以和碱反应生成稳定的磺酸盐，也可以与氯化钠、氯化钾发生交换生成磺酸盐。十二烷基苯磺酸钠（磺酸盐）是洗涤剂的主要成分。

磺酸的衍生物包括磺酰氯、磺酸酯和磺酰胺等。磺酰氯如对甲苯磺酰氯，是有机合成中常用的试剂；磺酸酯中的磺酰氧基是很好的离去基团；对氨基苯磺酰胺为磺胺类药物，有消炎、抗菌作用，如磺胺嘧啶、磺胺胍等。

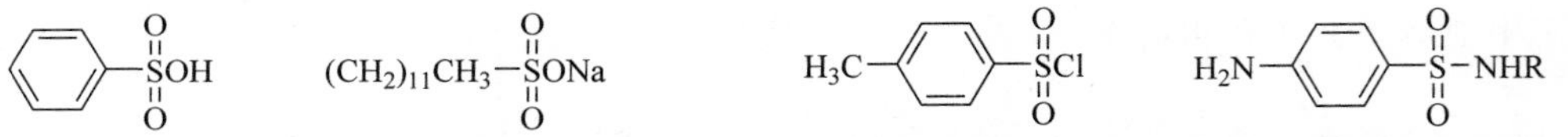

$C_6H_5-SO_2OH$　苯磺酸

$(CH_2)_{11}CH_3-SO_2ONa$　十二烷基磺酸钠（磺酸盐）

$H_3C-C_6H_4-SO_2Cl$　对甲苯磺酰氯

$H_2N-C_6H_4-SO_2-NHR$　对氨基苯磺酰胺（磺胺）

（一）磺酸基团的取代反应

芳香族磺酸被质子亲电取代，为磺化反应的逆反应。可用磺酸与硫酸（或磷酸）一起加热进行。脱磺反应在合成上主要是用在保护苯环上特殊位置不被取代，而将基团或原子引入指定位置。由于磺酸多为含结晶水的晶体，易于精制，精制后再将磺酸基水解掉。如在邻位二取代苯的合成过程中就是先用磺酸基占据对位和一个邻位，将所要的基团引入另一个邻位后，再水解除去邻对位的磺酸基，即可得到邻位取代苯。如邻溴苯酚的合成：

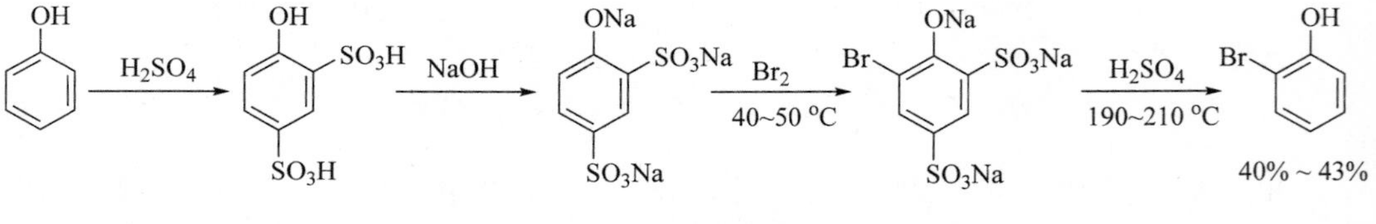

$$C_6H_5OH \xrightarrow{H_2SO_4} \text{2,4-}(SO_3H)_2C_6H_3OH \xrightarrow{NaOH} \text{2,4-}(SO_3Na)_2C_6H_3ONa \xrightarrow[40\sim50\ ^\circ C]{Br_2} \text{6-Br-2,4-}(SO_3Na)_2C_6H_2ONa \xrightarrow[190\sim210\ ^\circ C]{H_2SO_4} o\text{-}BrC_6H_4OH\ \ 40\%\sim43\%$$

芳香族磺酸钠与固体 NaOH 共熔，磺酸基被羟基取代生成酚。

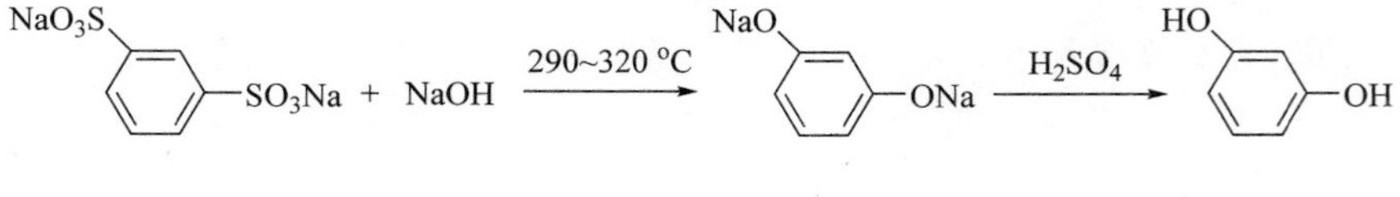

$$m\text{-}C_6H_4(SO_3Na)_2 + NaOH \xrightarrow{290\sim320\ ^\circ C} m\text{-}C_6H_4(ONa)_2 \xrightarrow{H_2SO_4} m\text{-}C_6H_4(OH)_2$$

磺酸基在加热条件下也可被羟基、氰基、氨基、硝基和氯原子所取代，可制备酚、腈，以及芳香胺、芳香硝基化合物等芳香取代化合物。

（二）磺酸的制备

脂肪族磺酸直接磺化，同时发生氧化，产物复杂。为得到在指定位置上的磺酸，一般采用间接方法，如含硫取代基的氧化、卤原子置换等间接方法制备。

（1）硫醇被硝酸氧化成磺酸： 可将硫醇逐渐加入到70%的热硝酸中氧化。如：

$$CH_3(CH_2)_{10}CH_2SH + 2HNO_3 \xrightarrow[69\sim80\ ^{\circ}C]{H_2O} CH_3(CH_2)_{10}CH_2SO_3H + 2NO + H_2O$$

（2）硫氰酸酯氧化生成磺酸： 由卤代烃、硫酸酯或磺酸酯与硫氰化钠（或硫氰化钾）作用得到硫氰酸酯，继而用硝酸可将其氧化成磺酸。如从硫酸二甲酯制备甲基磺酸：

$$R-Br + NaCN \xrightarrow[\triangle]{EtOH} R-SCN + NaBr \qquad (CH_3O)_2SO_2 + KSCN \xrightarrow[38\sim42\ ^{\circ}C]{H_2O} CH_3SCN + CH_3OSO_3K$$

$$3CH_3SCN + 11HNO_3 \xrightarrow[H_2O]{85\sim100\ ^{\circ}C} 3CH_3SO_3H + 3CO_2 + 14CO + 4H_2O$$

（3）活泼卤原子被磺酸基置换成磺酸： 如氯丙烯与亚硫酸钠在水溶液中进行亲核取代反应生成丙烯磺酸钠。

$$CH_2=CHCH_2Cl + Na_2SO_3 \xrightarrow[H_2O]{45\ ^{\circ}C} \underset{\text{丙烯磺酸钠 } 51\%\sim65\%}{CH_2=CHCH_2SO_3Na} + NaCl$$

（4）环氧烷与亚硫酸钠作用生成羟基磺酸钠： 如2-羟基丙磺酸钠的制备。

$$CH_3-\underset{\diagdown O \diagup}{CH-CH_2} + Na_2SO_3 \xrightarrow[30\sim35\ ^{\circ}C]{H_2O} \underset{\underset{OH}{|}}{CH_3CHCH_2SO_3Na} + NaOH \quad >80\%$$

芳香磺酸主要采取芳香烃的直接磺化法，主要磺化剂有硫酸、发烟硫酸、氯磺酸以及三氧化硫。使用硫酸磺化的反应是可逆的，必须不断移除反应生成的水以破坏平衡，反应才会向前进行。在用甲苯与硫酸反应制备对甲苯磺酸时，为减少三废，应更倾向用较少物质的量的硫酸和过量的甲苯，用甲苯蒸馏带出水分，使硫酸反应完全后最后将多余甲苯蒸出。

使用发烟硫酸、氯磺酸以及三氧化硫进行磺化，反应中无水生成，只要使用理论量即可使反应进行到底，但使用发烟硫酸会使反应生成多磺酸、砜及氧化反应产物。

特殊芳香磺酸要采用脂肪族磺酸的间接方法，如硫醇、二硫化物、异硫氰酸酯的氧化以及卤原子的取代。

（三）磺酰氯

（1）脂肪族磺酰氯： 在光照条件下，烷烃与二氧化硫和氯起自由基反应，生成相应的磺酰氯。实验室脂肪族磺酰氯多从含硫化合物如硫醇、二硫化物、*S*-烃基硫脲等的氯氧化法制取，也可将磺酸用二氯亚砜酰氯化制备。如：

$$n\text{-}C_{16}H_{35}SH + 3Cl_2 + 2H_2O \xrightarrow[CCl_4]{30\sim40\ ^\circ C} n\text{-}C_{16}H_{35}SO_2Cl + 5HCl$$

正十六烷基磺酰氯 95%

$$CH_3SO_3H + SOCl_2 \xrightarrow{95\ ^\circ C} CH_3SO_2Cl + HCl + SO_2$$

甲基磺酰氯 71%

$$HN{=}C(SCH_3){-}NH_2\cdot H_2SO_4 + 3Cl_2 + 3H_2O \xrightarrow{<5\ ^\circ C} NH_2\overset{O}{\overset{\|}{C}}NH_2\cdot 2HCl + CH_3SO_2Cl + 3HCl + H_2SO_4$$

S-甲基硫脲硫酸盐　　　　甲基磺酰氯 65%

（2）芳香族磺酰氯：最方便的方法是用芳烃与氯磺酸反应直接制取，第一步引进磺酸基，第二步过量的氯磺酸使磺酸基酰氯化生成磺酰氯。理论上需 2 分子氯磺酸，实际上要用 2.5～3 分子，且要加热一段时间使第二步反应完全。为避免砜的产生，应将芳烃加入到氯磺酸中。如在对氯苯磺酰氯的制备过程中，应先将氯苯在 30℃慢慢加入氯磺酸中反应 1 h，再用 2 h 升温到 70℃反应 4 h。如：

$$Cl{-}C_6H_5 + 2ClSO_3H \xrightarrow{70\ ^\circ C} Cl{-}C_6H_4{-}SO_2Cl + H_2SO_4 + HCl$$

80%

$$CH_3\overset{O}{\overset{\|}{C}}NH{-}C_6H_5 + ClSO_3H \xrightarrow[-HCl]{<20\ ^\circ C} CH_3\overset{O}{\overset{\|}{C}}NH{-}C_6H_4{-}SO_3H \xrightarrow[70\ ^\circ C]{ClSO_3H} CH_3\overset{O}{\overset{\|}{C}}NH{-}C_6H_4{-}SO_2Cl$$

对乙酰氨基苯磺酰氯

硫醇、二硫化物的氯氧化法及磺酸的盐与 PCl_5、$POCl_3$ 共热，均可得相应的磺酰氯：

$$(o\text{-}O_2NC_6H_4S)_2 + 5Cl_2 + 4H_2O \xrightarrow[60\sim70\ ^\circ C]{HNO_3} 2\ o\text{-}O_2NC_6H_4SO_2Cl + 8HCl$$

邻硝基苯磺酰氯 84%

$$H_3C{-}C_6H_3(SO_3K)_2 + 2PCl_5 \xrightarrow[POCl_3]{140\ ^\circ C} H_3C{-}C_6H_3(SO_2Cl)_2 + 2KCl + 3POCl_3$$

§ 15.11　有机磷化合物

磷是生命必需元素之一，与生命体密切相关，普遍存在于生物体中的核酸便含有大量的磷酸酯基团，构成 DNA 和 RNA 主链。磷脂还是细胞膜的基本构成部分。由于磷-氧键键能较高，核苷酸类的三磷酸腺苷（ATP）被称为“能量分子”，用于储存和传递化学能。

有机磷化合物指含有碳-磷键的有机化合物。磷与氮同族，具有类似的价电子层结构，因此有机磷化合物的性质与有机含氮化合物有些相似。磷原子电子结构为 $1s^2 2s^2 2p^6 3s^2 3p^3$。其外层有 3 个未成对的 p 电子和 5 个空的、能量较低的、具有方向的梅花形 3d 轨道，由于从 3s 激发到 3d 的活化能较小，3d 轨道容易参与形成杂化轨道而成键（氮原子没有空的低能量 d 轨道，砷、锑、铋中较低能量的 d 或 f 轨道均填满电子）。因此磷原子主要氧化态除 3 价外，还有 5 价，可形成稳定的 $POCl_3$、四面体负离子 PO_4^{3-}。磷原子低能量的

d 轨道使磷原子有较大的原子半径，较小的电负性和较高的极化度，可形成高配位化合物。磷原子的配位数可以是 1～6，甚至形成 10 配位的化合物。

由磷与碳原子之间的键合关系，可以将膦化合物分为：含 P—H、P—C 单键的膦化合物，含磷碳重键的膦化合物(膦烯和膦炔)以及磷离子化合物(𬭸盐与磷叶立德)。

(一) 磷氢化合物及其衍生物的命名

分子中含有至少一个 P—C 键或 P—H 键时称为“膦”，对应的季盐为“𬭸盐”。只含 P—H 单键的化合物包括膦(PH_3)、多膦(P_nH_{n+2})和膦烷(PH_5)。磷与碳直接相连的膦化物，如甲基膦，CH_3PH_2(一级膦或伯膦)；二甲基膦，$(CH_3)_2PH$(二级膦或仲膦)；三甲基膦，$(CH_3)_3P$(三级膦或叔膦)；三级膦对应的盐为“四级𬭸盐”，分子呈四面体型，如氯化四乙基膦$(C_2H_5)_4P^+Cl^-$。四级𬭸盐四个取代基不同时为手性分子，如溴化甲基乙基苯基苄基𬭸盐$(CH_3)(C_2H_5)(C_6H_5)(C_2H_5CH_2)P^+Br^-$，能拆分成光活异构体。膦化物对应的氧化物或硫化物需在化合物前面加“氧化”或“硫代”。如 $Et_3P{=}O$ 为氧化三乙基膦，$Et_3P{=}S$ 为硫代三乙基膦。R_5P 磷化物称膦烷，如五苯基膦烷$(C_6H_5)_5P$，其中磷以 dsp^3 杂化轨道与氢或苯基结合，形成 5 个 σ 键。

(二) 三价磷(膦)酸及其衍生物的命名

三价磷(膦)酸中有三个 P—O 键的为亚磷酸；含有一个 P—C 键或 P—H 键，两个 P—O 键的为亚膦酸；含有一个 P—O 键和两个 P—C 键，一个 P—O 键和两个 P—H 键或一个 P—O 键、一个 P—C 键和一个 P—H 键的为次亚膦酸。具体结构如下：

HO−P(OH)OH	H−P(OH)OH	R−P(OH)OH	H−P(H)OH	R−P(H)OH	R−P(R)OH
亚磷酸	亚膦酸	羟基亚磷酸	次亚磷酸	烃基次亚膦酸	二烃基次亚膦酸

亚磷酸衍生物：$ROP(OH)_2$ 称单烃基亚磷酸酯，$(RO)_2POH$ 称双烃基亚磷酸酯，$(RO)_3P$ 称三烃基亚磷酸酯，$(RO)_2PCl$ 称氯代二烃基亚磷酸酯，$(RO)_2PSR$ 称 O，O′-二烃基-*S*-烃基硫代亚磷酸酯。

亚膦酸衍生物：$RP(OH)_2$ 称烃基亚膦酸，RP(OH)(SH)称烃基硫代亚膦酸，$RPCl_2$ 称烃基二氯代亚膦酸，$(RO)_2PR$ 称 O，O′-二烃基烷基亚膦酸。

次亚膦酸衍生物：如，H(R)POH 称烃基次亚膦酸，R_2POH 称二烃基次亚膦酸，R_2PCl 称氯代二烃基次亚膦酸或二烃基氯化膦，R_2PSEt 称 *S*-乙基二烃基硫代次亚膦酸酯。

(三) 五价磷(膦)酸及其衍生物的命名

五价磷酸有三种，即磷酸、膦酸和次膦酸。它们都具有磷酰氧键(P═O)。不含 P—C 键或 P—H 键的为磷酸，含有一个 P—C 键或 P—H 键的称为膦酸，而含有两个 P—C 键或两个 P—H 键，或者一个 P—C 键和一个 P—H 键的为次膦酸。这些酸都能形成酰卤、酯、酰胺，可按羧酸衍生物命名法命名。

HO−P(=O)(OH)OH	H−P(=O)(OH)OH	C_2H_5−P(=O)(OCH_3)OCH_3	C_6H_5−P(=O)(Cl)Cl	(H)(H)P(=O)−OH	(C_2H_5)(C_6H_5)P(=O)−NH_2
磷酸	膦酸	乙基膦酸二甲酯	苯基膦二酰氯	次膦酸	乙基苯基次膦酰胺

§15.12 三价磷(膦)化合物

可用通式 PX_3 表示，X 为烷基、芳基、烷氧基、芳氧基、卤素、烷硫基、胺基等。由于磷原子上有孤电子对，具有一定的碱性和亲核性，且亲核性比相应的胺强，这是由于磷原子比氮原子大，空间位阻低；又由于有空 d 轨道，能接受电子，它们还具有亲电性，可进行亲电反应；此外在同一反应中，孤对电子及空 d 轨道同时参与反应，则具有既亲核又亲电的双亲反应性能，这些是胺所没有的。

大多数三价膦化合物很容易被氧化，有些伯膦在空气中可自燃。在许多亲核反应中首先产生鏻盐，最后形成磷酰键，反应为不可逆反应。

(一) 三价磷(膦)化合物的化学性质

(1) 膦的碱性和亲核性：

膦作为弱碱，与无机酸、Lewis 酸等反应：

$$R_3P + HX \longrightarrow R_3P^+HX^- \qquad R_3P + BF_3 \longrightarrow R_3P^+BF_3^-$$

膦是比胺强得多的亲核试剂，可与多种化合物发生亲核反应。膦作为亲核试剂，反应速率随磷原子上烷基数目的增加而加快。胺类却是随氮原子上烷基数目的增加而减慢。这是由于磷原子体积较大，空间位阻作用较小，亲核性主要受烷基的给电子作用影响。而氮原子体积较小，取代基增多，空间阻碍影响反应物接近，影响其亲核性。亲核性强弱次序如下：

$$R_3P > R_2PH > RPH_2 > PH_3 \qquad R_3N < R_2NH < RNH_2 < NH_3$$

与卤代烷反应：如三苯基膦与卤代烷很容易反应生成季鏻盐，三苯基胺却不能。

$$(C_6H_5)_3P + CH_3I \longrightarrow (C_6H_5)_3\overset{+}{P}CH_3I^-$$

碘化甲基三苯基鏻

(2) 氧化膦的生成：氧化膦是极稳定的化合物。这是由于在氧化膦中，氧上的孤对电子离域到磷的 d 轨道上，在磷氧之间形成 d-pπ 键(双键)。因此，三烷基膦极易与氧反应生成氧化三烷基膦，另外三级膦作为强亲核试剂，与环氧化合物反应生成氧化膦和烯烃。如：

$$2R_3P + O_2 \longrightarrow 2R_3P{=}O \qquad (CH_3)_3P + H_2C\underset{O}{-}CH_2 \longrightarrow (CH_3)_3P{=}O + CH_2{=}CH_2$$

膦氧化物也以四面体结构存在，当基团不同时，可具有旋光性。

(3) 与烯烃的加成反应：磷化氢、伯膦或仲膦与烯烃反应可生成仲膦和叔膦。如：

$$PhPH_2 + 2CH_2{=}CHCN \xrightarrow[CH_3CN]{KOH} PhP(CH_2CH_2CN)_2 \; 82\%$$

$$PhPH_2 + PhCH{=}CHCOCH{=}CHPh \xrightarrow[120\,^\circ C]{CH_3ONa} \text{2,6-二苯基-1-苯基-4-磷杂环己酮} \; 74\%$$

(4) 双亲反应：共轭双烯与 PX_3 进行环加成反应可制备磷杂环化合物。如：

$$\text{CH}_2\text{=CH-CH=CH}_2 + PX_3 \longrightarrow \text{(环状鏻盐，}X-\overset{+}{P}(X)X^-\text{)} \xrightarrow{H_2O} \text{(环状，}O=P-OH\text{)}$$

(二) 三价磷(膦)化合物的制备方法

(1) 傅氏反应：芳烃和三氯化磷进行傅氏反应得芳基氯化膦，再还原得芳基膦。如：

$$C_6H_6 + PCl_3 \xrightarrow[\text{回流}]{AlCl_3} \underset{\text{苯基二氯化膦 76\%}}{C_6H_5PCl_2} + HCl \qquad C_6H_5PCl_2 + LiAlH_4 \xrightarrow[\text{乙醚}]{5\ ^\circ C} \xrightarrow{\text{回流}} \underset{\text{苯基膦 75\%}}{C_6H_5PH_2}$$

(2) 格氏反应：将卤化物制备的格氏试剂与三氯化磷反应生成三价膦化合物。如：

$$2(i\text{-}C_3H_7)MgCl + PCl_3 \xrightarrow[\text{乙醚}]{-25\ ^\circ C} \xrightarrow{\text{回流}} \underset{\text{二异丙基氯化膦 60\%}}{(i\text{-}C_3H_7)_2PCl} \qquad 3C_2H_5MgBr + PCl_3 \xrightarrow[\text{乙醚}]{\text{室温}} \underset{\text{三乙基膦 26\%}}{(C_2H_5)_3P}$$

§15.13　亚磷酸三酯

(一) 亚磷酸三酯的化学性质

亚磷酸三酯中的磷具有强亲核性，可被氧化成相应的五价磷酸酯或重排成磷酸酯，形成磷酰键(P═O)。

(1) 亚磷酸三烷基酯与卤代烷反应：三价磷进攻卤代烷的碳原子，生成烷基膦酸二烷基酯和一个新的卤代烷，反应称为阿尔布佐夫(Arbuzov)重排反应。如：

$$\underset{\text{亚磷酸三甲酯}}{P(OCH_3)_3} + Cl\text{-}C_6H_4\text{-}CH_2Cl \xrightarrow[6\ h]{162\ ^\circ C} \underset{\text{对氯苄基膦酸二甲酯 90\%}}{Cl\text{-}C_6H_4\text{-}CH_2\text{-}\overset{O}{\overset{\|}{P}}(OCH_3)\text{-}OCH_3} + CH_3Cl$$

反应分两步进行。第一步：亚磷酸酯作为亲核试剂进攻与卤素相连的碳原子，与卤代烷发生 S_N2 取代反应，生成不稳定的中间体鏻盐化合物；第二步：卤离子作为亲核试剂进攻第一步生成的鏻盐 P—O—C 键上的碳原子，重排形成 P═O 键，合成烷基膦酸酯和新的卤代烷。如：

$$CH_3O\text{-}\ddot{P}(OCH_3)_2 + ClCH_2\text{-}C_6H_4\text{-}Cl \xrightarrow{S_N2} CH_3O\text{-}\overset{+}{P}(OCH_3)(O\text{-}CH_3)\text{-}CH_2\text{-}C_6H_4\text{-}Cl\ \ Cl^- \xrightarrow{S_N2}$$

$$CH_3O\text{-}\overset{O}{\overset{\|}{P}}(OCH_3)\text{-}CH_2\text{-}C_6H_4\text{-}Cl + CH_3Cl$$

若反应用碘代烷，烷基又与亚磷酸三酯中的烷基相同，如碘乙烷与亚磷酸三乙酯反应，碘乙烷可视为一个催化剂：

$$P(OC_2H_5)_3 + C_2H_5I \xrightarrow{100\ ^\circ C} C_2H_5-\overset{O}{\overset{\|}{P}}(OC_2H_5)_2 + C_2H_5I$$

乙基膦酸二乙酯 100%

该反应也是由醇制备卤代烷的方法，因为亚磷酸三烷基酯可由醇与三氯化磷反应制得。

Arbuzov 重排反应的难易与卤代烷、亚磷酸酯结构有关。卤代烷反应时的活性次序为：RI>RBr>RCl；烷基的空间阻碍越大越不易进行，伯卤代烷>仲卤代烷>叔卤代烷，乙烯型卤代烷和芳基卤代烷不反应。除了卤代烷外，烯丙型或炔丙型卤化物、α-卤代醚、α-卤代酯、酰卤、对甲苯磺酸酯等也可以进行反应。亚磷酸三烷基酯中有吸电子基团，反应速率减小，有给电子基团，反应速率提高。三个烷基各不相同时，总是先脱除含碳原子数最少的基团。Arbuzov 反应不只限于亚磷酸酯，也可用亚膦酸酯和次亚膦酸酯。

(2) 佩尔科夫(Perkow)反应：亚磷酸酯不仅可以和卤代烷反应，还能和 α-卤代羰基化合物进行类似 Arbuzov 反应的 Perkow 反应，生成烯醇的磷酸酯。Perkow 反应已成为乙烯基磷酸酯类杀虫剂中最重要的制备方法。

敌敌畏的合成：

$$P(OCH_3)_3 + Cl_3CCHO \longrightarrow (CH_3O)_2\overset{O}{\overset{\|}{P}}-OCH=CCl_2 + CH_3Cl$$

O, *O*-二甲基-*O*-(2, 2-二氯乙烯基)磷酸酯

杀虫剂灭蚜净的合成：

$$P(OCH_3)_3 + CH_3\overset{O}{\overset{\|}{C}}\underset{Cl}{\underset{|}{C}}H-\overset{O}{\overset{\|}{C}}OC_2H_5 \xrightarrow{120\ ^\circ C} (CH_3O)_2\overset{O}{\overset{\|}{P}}-O\overset{CH_3}{\overset{|}{C}}=CH\overset{O}{\overset{\|}{C}}OC_2H_5 + CH_3Cl$$

O, *O*-二甲基-*O*-[1-甲基-2-(羰乙氧基)乙烯基]磷酸酯

Perkow 反应机制是三价磷原子首先亲核进攻羰基上的碳原子形成鏻盐，而后卤离子进攻烷基，脱去卤代烷，形成烯基磷酸酯。

$$(RO)_3P: + R_1-\overset{O}{\overset{\|}{C}}-\underset{R_3}{\underset{|}{\overset{X}{\overset{|}{C}}}}-R_2 \longrightarrow (RO)_2\overset{+}{\underset{X^- \ R-O}{P}}-O-\underset{R_1}{\underset{|}{C}}=\underset{R_3}{\underset{|}{C}}-R_2 \longrightarrow (RO)_2\overset{O}{\overset{\|}{P}}-O-\underset{R_1}{\underset{|}{C}}=\underset{R_3}{\underset{|}{C}}-R_2 + RX$$

α-卤代羰基化合物在 Perkow 反应中，α-卤代醛>α-卤代酮>α-卤代羧酸酯或酰胺，卤素中，Cl>Br>I。

当 α-卤代羰基化合物与亚磷酸酯反应时，Perkow 反应(三价磷原子进攻羰基上的碳原子)和 Arbuzov 反应(三价磷原子进攻与卤素相连的碳原子)发生竞争。哪个是主要反应，要视哪个反应中心更有利于磷的亲核进攻。

(二) 亚磷酸三酯的制备方法

亚磷酸三酯可用三氯化磷与无水醇低温反应制备(直接法)，或用亚磷酸三苯酯碱性下与醇酯交换制备(间接法)。如：

$$3C_2H_5OH + PCl_3 \xrightarrow{0\ ^\circ C} (C_2H_5O)_3P + 3HCl$$

亚磷酸三乙酯 75%

$$(C_6H_5O)_3P + 3CH_3OH \xrightarrow{CH_3ONa} (CH_3O)_3P + 3C_6H_5OH$$

亚磷酸三苯酯　　亚磷酸三甲酯 90%

§15.14　鏻盐与磷叶立德

与铵盐相似，膦与卤代烃作用形成鏻盐。鏻盐一般是稳定的具有较高熔点的结晶固体，为离子结构，易溶于极性溶剂，是 Wittig 反应中制备磷叶立德的重要中间体。

（一）适用于 Wittig 反应的季鏻盐的合成

最常见的是叔膦（通常是三苯基膦）和卤代烃反应。卤代烃的 α-C 上至少有一个 H 原子，才能在碱作用下脱去卤化氢生成磷叶立德。如：

$$Ph_3P + CH_3Br \xrightarrow[\text{干燥苯}]{\text{室温}} Ph_3\overset{+}{P}CH_3Br^- \quad \text{甲基三苯基溴化鏻 99\%}$$

$$Ph_3P + PhCH{=}CHCH_2Cl \xrightarrow[\text{二甲苯}]{\text{回流}} Ph_3\overset{+}{P}CH_2CH{=}CHPhCl^- \quad \text{肉桂基三苯基氯化鏻 92\%}$$

卤代烃可以是伯卤代烃或仲卤代烃，不能是叔卤代烃，在烷基中还可以含有其他官能团，如烷氧基、羰基、氰基等。

（二）磷叶立德

叶立德是英文 yelid 的音译，磷叶立德即 Wittig 试剂，是由带正电荷的磷原子与带负电荷的碳原子直接相连的一类特殊的化合物，其含有一个有机基团且内盐结构具有很强的极性。季鏻盐在碱作用下失去 α-C 上的 H，脱去卤化氢生成磷叶立德：

$$\underset{\text{季鏻盐}}{Ph_3P^+CHRR_1X^-} \xrightarrow{\text{碱}} \underset{\text{ylide}}{Ph_3\overset{+}{P}-\overset{-}{C}RR_1} \rightleftharpoons \underset{\text{ylene}}{Ph_3P{=}CRR_1}$$

叶立德可写 yelid 形式，也可写成 ylene 形式。碱可以是氨、三乙基胺、吡啶、碳酸钠、氢氧化钠、醇钠或醇钾、氨基钠、氢化钠、正丁基锂、二乙胺基锂、苯基锂、乙炔钠等。选取的碱的强弱取决于鏻盐中 α-H 的酸性。

磷叶立德的性质主要表现在其碳负离子的稳定性和与各种试剂的亲核反应上。当磷叶立德（$Ph_3P{=}CRR_1$）中的 R 和 R_1 是强吸电子基（如—COOEt），叶立德碳负离子稳定，遇水不反应，即使在热的稀碱溶液中也能稳定存在，可以分离和存放。但当 R 和 R_1 是烷基时，为活泼的叶立德，碳负离子不但对羰基化合物有很高的反应活性，而且也能和水、氧、酸等发生反应，因此应制取后不经分离立即使用。当 R 和 R_1 是烯基或芳基时，为中等活性的叶立德。磷叶立德可以与多种类型的亲电试剂反应，在有机合成上有着广泛的用途。

（三）Wittig 反应

Wittig 试剂能与羰基化合物发生亲核反应（醛最快，酮其次，酯最慢），反应生成各种各样的烯烃，是合成烯烃的重要方法，能在原来 C═O 位置形成 C═C 双键，而且反应温和，产率较高。某些 Wittig 反应还有特殊的立体专一性。Wittig 反应一般应在无水无氧条件下进行。Wittig 反应为两步反应：第一步是磷叶立德的碳负离子进攻羰基碳可逆形成内鏻盐。第二步是内鏻盐经过一个氧磷杂环丁烷中间体，再脱去氧化三苯膦生成烯烃。由于发现 Wittig 反应，提供了新的制烯方法，G. Wittig 于 1979 年获诺贝尔化学奖。

$$Ph_3P{=}CRR_1 + O{=}CR_2 \underset{k_2}{\overset{k_1}{\rightleftharpoons}} \underset{\bar{O}-CR_2}{Ph_3\overset{+}{P}-CRR_1} \longrightarrow \underset{O-CR_2}{Ph_3P-CRR_1} \xrightarrow{k_3} Ph_3P{=}O + R_2C{=}CRR_1$$

(1) 合成环外双键：

$$Ph_3\overset{+}{P}-CH_2Br^- + n\text{-BuLi} \xrightarrow[\text{无水乙醚}]{N_2,\text{室温}} Ph_3P{=}CH_2 \xrightarrow[\text{回流}]{\text{环己酮}} \text{亚甲基环己烷(环己烷}{=}CH_2\text{)} + Ph_3P{=}O$$

甲基三苯基溴化鏻　　　亚甲基环己烷 40%　　三苯氧膦

(2) 合成环内双键：乙烯基鏻盐和一些含羰基的亲核试剂反应生成的 Wittig 试剂，进一步与羰基发生分子内缩合，可合成碳环或杂环化合物。如：

$$CH_3\overset{O}{\overset{\|}{C}}CH_2CH(\overset{O}{\overset{\|}{C}}OEt)_2 + CH_2{=}CH-\overset{+}{P}Ph_3Br^- \xrightarrow[\text{乙醚}]{NaH} CH_2\overset{O}{\overset{\|}{C}}CH_2C(\overset{O}{\overset{\|}{C}}OEt)_2 (Ph_3\overset{+}{P}\overset{-}{C}H-CH_2) \longrightarrow \text{3-甲基环戊烯-1,1-二甲酸二乙酯}(H_3C, COOEt, COOEt) + Ph_3P{=}O$$

(3) 合成共轭烯烃：磷叶立德能和 α,β-不饱和醛、酮反应，生成共轭多烯烃，在许多含共轭多烯烃的天然产物合成中很重要。如全反式 β-胡萝卜素的合成：

$$2\ (\text{β-紫罗兰基})CH_2\overset{+}{P}Ph_3Cl^- + OHC\text{-(共轭二醛)}\text{-}CHO \xrightarrow[DMF]{MeONa} \text{全反式 β-胡萝卜素}$$

(4) 合成多一个碳的醛：甲氧基取代的亚甲基磷叶立德与醛、酮反应，可得多一个碳的醛。如：

$$Ph_3P{=}CH-OCH_3 + C_6H_5-CHO \xrightarrow{-Ph_3PO} C_6H_5-CH{=}CHOCH_3 \xrightarrow{H_3O^+} C_6H_5-CH_2CHO$$

(5) 合成长碳链不饱和脂肪酸及酯：如合成天然存在的顺式不饱和酸的酯

$$Ph_3PCH_2(CH_2)_7COOR + CH_3(CH_2)_7CHO \xrightarrow[DMF]{CH_3ONa} \underset{H}{CH_3(CH_2)_7}{>}C{=}C{<}\underset{H}{(CH_2)_7COOR} + Ph_3P{=}O$$

合成 ω-羟基不饱和酸：

$$Ph_3P{=}CHCOOEt + \text{2-羟基四氢吡喃} \xrightarrow[DMF]{\text{室温}} HO(CH_2)_4CH{=}CHCOOEt \xrightarrow[\text{室温}]{10\%\ KOH} HO(CH_2)_4CH{=}CHCOOH$$

(*E*)-7-羟基-2-庚烯酸

(四) 改良的 Wittig 反应(Wittig-Horner 反应)

Wittig-Horner 反应是利用膦酰基的碳负离子合成烯烃的反应，已成为合成烯烃的主要方法之一，与 Wittig 反应可互为补充。所用的膦酰基试剂通常是含活泼亚甲基的二苯基氧化膦[如 $Ph_2P(O)\bar{C}HR$]和含活泼亚甲基的烷基膦酸酯[如$(EtO)_2P(O)\bar{C}RR_1$]等有机磷试剂，简称为 PO 试剂。PO 试剂要求 R 或 R 中一个或两个是吸电子基团，才可进行羰基的烯化反应。具体过程如下：

$$R_2\overset{O}{\overset{\|}{P}}-CH_2Ph \xrightarrow[\text{溶剂}]{\text{碱}} R_2\overset{O}{\overset{\|}{P}}-\overset{-}{C}HPh \xrightarrow{Ph_2C=O} Ph_2C=CHPh + R_2\overset{O}{\overset{\|}{P}}O^- \quad R=OEt,\ Ph$$

PO 试剂　　烯烃

Wittig-Horner 反应与 Wittig 反应相比有如下优点： 膦酰基碳负离子比磷叶立德亲核性更强，可在温和条件下与醛、酮反应生成烯烃。磷叶立德往往对酮不活泼。由于 PO 试剂对碱不很敏感，与水、空气反应也缓慢，不要求无水、无氧，操作比较方便。Wittig-Horner 反应产物磷酸或膦酸等负离子易溶于水，与产物烯烃易分离，而 Wittig 反应产物氧化膦与烯烃不易分离。一般讲 Wittig-Horner 反应的副反应比 Wittig 反应少，产率高。Wittig-Horner 反应原料烷基膦酸酯比较便宜、易得，Wittig 反应的原料叔膦比较昂贵。大多数情况下，PO 试剂合成的烯烃以反式为主，但产物中反式、顺式的比例可随反应条件不同而改变。

常用亚磷酸三乙酯与卤代烷反应，生成烃基膦酸二乙酯，其在碱作用下生成膦酰基碳负离子（PO 试剂），然后与醛、酮等羰基化合物进行 Wittig-Horner 反应，生成烯烃。

（1）醛的烯化反应：

$$P(OEt)_3 + 3,5\text{-}(CH_3O)_2C_6H_3CH_2Br \xrightarrow{150\ ^\circ C} 3,5\text{-}(CH_3O)_2C_6H_3CH_2\overset{O}{\overset{\|}{P}}(OEt)_2 \xrightarrow[\text{CH}_3\text{ONa, DMF, 室温}]{CH_3O\text{-}C_6H_4\text{-}CHO} 3,5\text{-}(CH_3O)_2C_6H_3CH=CHC_6H_4OCH_3$$

3, 5-二甲氧基苄基膦酸二乙酯　　3, 5, 4'-三甲氧基二苯乙烯 86%

（2）酮的烯化反应：

$$P(OEt)_3 + ClCH_2\overset{O}{\overset{\|}{C}}OC_2H_5 \xrightarrow{\text{回流}} (EtO)_2\overset{O}{\overset{\|}{P}}CH_2\overset{O}{\overset{\|}{C}}OC_2H_5 \xrightarrow[\text{NaH, 0\sim25}\ ^\circ C,\ \text{DMF}]{CH_3COCH_2CH_3} CH_3CH_2C(CH_3)=CHCOOC_2H_5$$

二乙氧基膦酰乙酸乙酯 89%　　(*E*)-3-甲基-2-戊烯酸乙酯 82%

含有醛、酮基的化合物，分子中醛基用缩醛保护后进行酮基的烯化反应：

$$P(OEt)_3 + BrCH_2CH=CHCH_2Br \xrightarrow{110\sim190\ ^\circ C} (EtO)_2\overset{O}{\overset{\|}{P}}CH_2CH=CHCH_2\overset{O}{\overset{\|}{P}}(OEt)_2 \xrightarrow[\text{NaH, THF, 50}\ ^\circ C]{CH_3\overset{O}{\overset{\|}{C}}CH(OCH_3)_2} OHCC(CH_3)=CHCH=CHCH=C(CH_3)CHO$$

(*E*)-1, 4-二溴丁二烯　　2, 7-二甲基-2, 4, 6-辛三烯-1, 8-二醛 71%

§ 15.15　有机硅化合物

有机硅化合物是指含有硅-碳键（Si—C）的化合物，即在化合物的硅原子上，直接相连一个以上的有机基团，习惯上常把那些通过氧、硫、氮等使有机基团与硅原子相连接的化合物也当作有机硅化合物。其中，以硅氧键（—Si—O—Si—）为骨架组成的聚硅氧烷，是有机硅化合物中为数最多，应用最广的一类。有机硅化合物兼备无机材料和有机材料的性能，具有耐高低温、耐候性、耐腐蚀、电绝缘性、难燃、憎水、无毒无味、生理惰性、低表面张力以及低表面能等优异特性，在化工新材料界已形成独树一帜的重要产品体系。有机硅材料按其形态的不同，可分为硅烷偶联剂（有机硅化学试剂）、硅油（硅脂、硅乳液、硅表面活性剂）、高温硫化硅橡胶、液体硅橡胶、硅树脂、复合物等。

（一）碳与硅化学键的比较和硅原子的化学键特征

硅与碳同属于ⅣA族，它们的化学结构和化学性质都有许多相似之处，但也有许多差异。硅的原子半径比碳的大得多。碳是非金属元素，硅原子的电负性处于金属和非金属的边界，显示出半导体的特性，故单晶硅是最重要的半导体材料。硅原子外层电子为 $3s^2 3p^2$，在大多数化合物中处于 sp^3 杂化状态，呈现四价，当它连接的四个基团不同时也有一对光活异构体。当硅的 3d 空轨道参与成键时，有两种杂化状态，分别是 sp^3d 杂化和 sp^3d^2 杂化，前者硅为五价，化合物呈双三角锥型，后者硅为六价，化合物呈正八面体型。由于 Si 原子较大，与其他原子形成的 pπ-pπ 相互作用较弱，Si 形成的多重键化合物，如硅硅（Si═Si）和硅碳（Si═C）双键是不稳定的。

硅原子和碳原子的化学性质主要有以下四方面不同：① 硅原子上的亲核反应比碳原子容易，在亲核试剂作用下，Si—X 键比 C—X 键活泼的多；② Si 的电负性比碳小，在与电负性较大的元素结合形成的键如硅卤（Si—X）、硅氧（Si—O）、硅碳（Si—C）、硅氢（Si—H）键中，共价电子对均偏向于电负性较大的元素，硅显正性。由于硅原子半径较大，硅硅键（Si—Si）比碳碳键（C—C）弱，较易断裂，硅不能像碳那样形成长链化合物；③ 硅与电负性高的元素结合形成的键键能较大，且存在较大的极性。Si 由于有 d 轨道参与成键，可使 Si—O 等类型化学键因 pπ-dπ 作用而大大增强，结合牢固，故以 Si—O—Si 键为主链的聚硅氧烷具有很好的热稳定性；Si 原子相对 C 原子与电负性低的元素结合形成的键键能较小，如 Si—H 键相当活泼，在催化剂存在下，可与烯烃或炔烃等进行加成反应，且遵守反马氏规则；④ 含 α 碳负离子的硅-碳键和含 β 碳正离子的硅-碳键是稳定的。

（二）有机硅化合物的主要化学键

（1）Si—O 键：它是形成硅聚合物的骨架，键能很大，故聚硅氧烷热稳定性很好。它的键长较长，是具有 50%离子性的共价键，容易受到攻击，在强酸强碱作用下会断裂。由于 Si 有 3d 空轨道，与 O 形成 dπ-pπ 共轭，降低 O 原子的碱性。

（2）Si—C 键：侧基短，键能大，当为甲基时，键能较大稳定，故聚硅氧烷大部分以甲基为侧基。Si—C 键中 Si 与 O 电负性差别小，为共价键，不易受亲核或亲电试剂进攻，但由于 Si 有 3d 轨道，有利于异裂反应进行，Si 与乙烯基或芳基相连的键就易断裂。

（3）Si—X 键：极性强，活性大，与有机化合物中的酰氯键相似。极易水解生成Si—OH，也易转化为 Si—C、Si—H、Si—N 键。Si—Cl 键反应活性随 Si 原子上有机取代数目的增加和取代基位阻的增大而减缓。

（4）Si—H 键：主要表现为共价键特征。在一定条件下能和不饱和键发生加成反应，具有重要意义。它不仅能与游离的卤素反应，还能与氢卤酸、卤代烃、酰卤、卤代酚、卤硅烷等反应，在催化剂存在下，还能与胺、酸、硅醇、水等相互反应。在许多情况下，Si—H 键与 C—Cl 键反应活性相近，如在碱性水溶液中 Si—H 键水解成硅醇（Si—OH）。Si—H 键的反应活性随硅原子上有机取代数目的增加而减弱。

（5）Si—N 键：键能小于 Si—O 键，Si—N 键可被水、醇、酸、卤化物、碱金属及其氢化物所断裂。由于 N 的给电子能力比 O 强，故 Si—N 键 d-p 共轭更强，形成 dπ-pπ 配位键，热稳定性与 Si—O 键相近。

(6) Si—Si 键： 键能比 C—C 键低很多，稳定性差，易被碱性水溶液、HCl、卤素、碱金属等分解。但当 Si 原子上的 H 被有机基团取代后，可大大提高其热稳定性。

(三) 有机硅化合物的命名

(1) 硅烷类(单体)： 由硅氢两种元素组成，通式为 Si_nH_{2n+2}，一般在碳烷烃的名称中加一个“硅”字，其中最简单的是 SiH_4，称为甲硅烷，$H_3Si—SiH_3$ 为乙硅烷。

当硅原子上的氢被不同基团取代后，则得到硅烷衍生物，将取代基写在前面，由所连接的基团，称为某某某硅烷。如 Me_4Si 称为四甲基硅烷，Me_2SiH_2 称为二甲基硅烷，Me_2SiCl_2 称为二甲基二氯硅烷，$MeSiHCl_2$ 称为甲基(氢)二氯硅烷，$MePhSi(OEt)_2$ 称为甲基苯基二乙氧基硅烷，$Me(CH_2═CH)SiCl_2$ 称为甲基乙烯基二氯硅烷。

(2) 硅氧烷类及硅醇类： 硅原子上带有羟基的有机硅化物为硅醇类，有两种命名法：一种是烷基硅醇，如 $(CH_3)_3SiOH$ 称为三甲基硅醇，$(C_6H_5)_2Si(OH)_2$ 称为二苯基二硅醇；另一种以硅氧烷为母体时，羟基可视为取代基，如 $(CH_3)_3SiOSi(CH_3)_2OH$ 称为五甲基羟基二硅氧烷。硅氧烷是含有 Si—O—Si 基团的化合物，简单的母体化合物有：

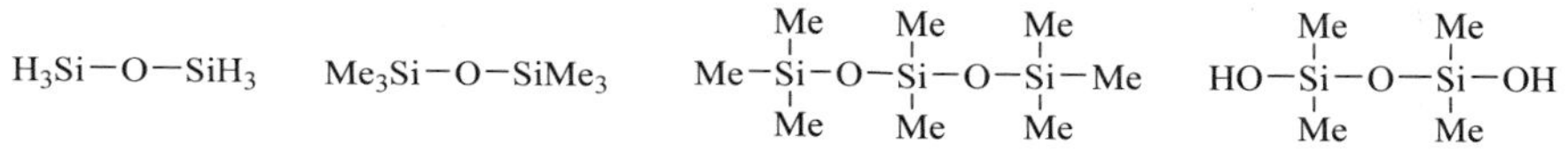

$H_3Si-O-SiH_3$　二硅氧烷

$Me_3Si-O-SiMe_3$　六甲基二硅氧烷(MM)

$Me-Si(Me)_2-O-Si(Me)_2-O-Si(Me)_2-Me$　八甲基三硅氧烷(MDM)

$HO-Si(Me)_2-O-Si(Me)_2-OH$　1, 2-二羟基四甲基二硅氧烷

聚有机硅氧烷是以重复—Si—O—Si—为主链，可以用 $R(R_2SiO)_nSiR_3$ 表示，n 为聚合度，R 为有机基团，可相同也可不同。命名时在名称前加“聚”字，表示为聚合物。如：

$Me-Si(Me)_2\text{+}O-Si(Me)_2\text{+}_nO-Si(Me)_2-Me$　α, ω-双三甲基硅氧基聚二甲基硅氧烷

$EtO-Si(Me)_2\text{+}O-Si(Me)_2\text{+}_nO-Si(Me)_2-OEt$　α, ω-二乙氧基聚二甲基硅氧烷

§ 15.16　卤　硅　烷

硅烷中的氢被卤素取代后为卤硅烷，其中有机氯硅烷最为重要，如甲基氯硅烷、苯基氯硅烷等，是合成一系列有机硅化物的基本原料和中间体。

(一) 卤硅烷的化学性质

Si—X 键极性强，活性大，与有机化合物中的酰氯键相似。极易水解生成 Si—OH，也易转化为 Si—C、Si—H、Si—N 键。Si—Cl 键的反应活性随 Si 原子上有机取代数目的增加和取代基位阻的增大而减缓。

(1) 水解： 有机卤硅烷与水反应生成有机硅醇和 HX，

$$R_nSiCl_{4-n} + (4-n)H_2O \longrightarrow R_nSi(OH)_{4-n} + (4-n)HCl$$

由于 Si—OH 不稳定，在副产物 HCl 催化下，会发生硅醇间的脱水缩合，形成—Si—O—Si—

化合物。特别是 R 为 CH_3 等低级烷烃时，很难得到单体状态的硅醇，或只能以很低产率得到，如 $CH_3Si(OH)_3$ 水解后不能分离，主要产品是缩合产物聚硅氧烷。空间位阻大的氯硅烷，水解缩合倾向较小，容易得到高产率的硅醇。如 $(CH_3)_2Si(OH)_2$、$C_6H_5Si(OH)_3$、$(CH_3)_3SiOH$ 由于有机基团数目增多或有机基团体积大，性质较为稳定，可以分离，其中 $(C_6H_5)_2Si(OH)_2$、$(C_6H_5)_3SiOH$ 易分离出纯品。

为避免硅醇的缩合需加入缚酸剂，如碱性物质 NaOH、Et_3N 等，要立即中和所形成的酸。如：

$$(CH_3)_3SiCl + NaHCO_3 \longrightarrow (CH_3)_3SiOH + NaCl + CO_2$$

也可加入非极性的惰性溶剂，如乙醚、甲苯等，使生成的硅醇溶解于有机溶剂中，避免在酸性水介质中相互缩合。另外要保持较低反应温度，以减缓缩合。

二卤烃基硅烷水解得到硅二醇，缩聚生成聚硅氧烷：

$$n\,Cl-\underset{CH_3}{\overset{CH_3}{Si}}-Cl + 2nH_2O \xrightarrow{-2nHCl} n\,HO-\underset{CH_3}{\overset{CH_3}{Si}}-OH \xrightarrow{\text{缩聚}} H\!\left(O-\underset{CH_3}{\overset{CH_3}{Si}}\right)_{n}\!OH + (n\text{-}1)H_2O$$

三卤烃基硅烷水解得到硅三醇，缩聚得到体型交联结构的聚硅氧烷：

$$n\,H_3C-\underset{Cl}{\overset{Cl}{Si}}-Cl + 3nH_2O \xrightarrow{-3nHCl} n\,H_3C-\underset{OH}{\overset{OH}{Si}}-OH \xrightarrow{\text{缩聚}} \begin{array}{c} \text{—O—}\underset{O}{\overset{CH_3}{Si}}\text{—O—}\underset{CH_3}{\overset{O}{Si}}\text{—O—}\underset{O}{\overset{CH_3}{Si}}\text{—O—} \\ \text{—O—}\underset{CH_3}{Si}\text{—O—}\underset{CH_3}{\overset{CH_3}{Si}}\text{—O—}\underset{CH_3}{Si}\text{—O—} \end{array}$$

(2) 醇解：卤硅烷醇解可制备硅氧烷，反应在碱性条件下进行，不断除去反应产生的 HCl。如：

$$(C_2H_5)_2SiCl_2 + 2C_2H_5OH \xrightarrow{C_6H_5N(CH_3)_2} \underset{91\%}{(C_2H_5)_2Si(OC_2H_5)_2} + 2HCl$$

(3) 与金属有机化合物反应：卤硅烷与格氏试剂或有机锂试剂反应可制备烃基硅烷。如：

$$(CH_3)_3SiCl + C_2H_5MgBr \longrightarrow (CH_3)_3SiC_2H_5 \qquad (C_2H_5)_3SiCl + \text{2-甲基-3-锂萘} \longrightarrow \text{2-甲基-3-}Si(C_2H_5)_3\text{萘}$$

(4) 还原：用 $LiAlH_4$、NaH 等还原剂可将硅卤键还原成硅氢键。如：

$$C_6H_5SiCl_3 + LiAlH_4 \xrightarrow{N_2\text{保护}} C_6H_5SiH_3$$

(5) 裂解烷氧键：常用三甲基卤硅烷，尤其是三甲基碘硅烷来裂解烷氧键。如：

$$C_6H_5OCH_3 + (CH_3)_3SiI \xrightarrow{-CH_3I} C_6H_5OSi(CH_3)_3 \xrightarrow{H_2O} C_6H_5OH$$

$$RCOOR' + (CH_3)_3SiI \xrightarrow{-R'I} RCOOSi(CH_3)_3 \xrightarrow{H_3O^+} RCOOH$$

（二）卤硅烷的制备

(1) 直接合成法： 用硅粉和烃基卤化物在高温及催化剂（一般为还原铜粉）存在下直接反应。氯甲烷和硅反应生成甲基氯硅烷，因二甲基二氯硅烷需求量大，故注意提高其含量：

$$CH_3Cl + Si \xrightarrow[265\sim300\ ^\circ C]{Cu} \underset{70\%\sim80\%}{(CH_3)_2SiCl_2} + \underset{10\%\sim18\%}{CH_3SiCl_3} + \underset{5\%\sim8\%}{(CH_3)_3SiCl} + \underset{3\%\sim5\%}{CH_3SiHCl_2}$$

苯基氯硅烷制造生成一苯基三氯硅烷和二苯基二氯硅烷的比例也可视需要而定，可在反应中加入助催化剂的量即添加剂调节之。

(2) 格氏法： 格氏试剂和卤化硅如 $SiCl_4$ 或 SiF_4 反应制备有机卤硅烷。由于 Si—H 键一般不和格氏试剂反应，可合成含有 Si—H 键的有机卤代硅烷。如：

$$PhMgCl + SiCl_4 \longrightarrow PhSiCl_3 + MgCl_2 \qquad PhMgCl + CH_3SiCl_3 \longrightarrow CH_3PhSiCl_2 + MgCl_2$$

$$PhMgCl + HSiCl_3 \longrightarrow PhSiHCl_2 + MgCl_2 \qquad CH_3MgCl + HSiCl_3 \longrightarrow CH_3SiHCl_2 + MgCl_2$$

(3) 武兹(Wurtz)法： 为利用金属钠使卤代烃与卤代硅烷发生缩合反应生成有机卤硅烷。如：

$$4PhCl + SiCl_4 + 8Na \longrightarrow Ph_4Si + 8NaCl \qquad 3PhCl + HSiCl_3 + 6Na \longrightarrow Ph_3SiH + 6NaCl$$

(4) 硅氢加成法： 用硅氢键 Si—H 与含 C=C 或 C≡C 键的化合物在催化剂或引发剂作用下加成生成有机卤硅烷。通式为：

$$-\overset{|}{\underset{|}{Si}}-H + \gt C=C \lt \longrightarrow -\overset{|}{\underset{|}{Si}}-\overset{|}{\underset{|}{C}}-\overset{|}{\underset{|}{C}}H \qquad -\overset{|}{\underset{|}{Si}}-H + -C\equiv C- \longrightarrow -\overset{|}{\underset{|}{Si}}-\overset{|}{C}=\overset{|}{C}H$$

§15.17　有机聚硅氧烷简介

主要产品有硅油、硅橡胶及硅树脂三大类。制备方法为缩聚反应和聚合反应。

（一）硅油

硅油指以 Si—O—Si 为主链的、线性聚硅氧烷，低聚合度，相对分子质量在 1000～15000 之间。一般为无色、无味、无毒、不易挥发的惰性油状液体。由 R 基不同可分为甲基硅油、乙基硅油、甲基苯基硅油和腈基硅油等类。

$$R'-\overset{R}{\underset{R}{Si}}\!\left(O-\overset{R}{\underset{R}{Si}}\right)_n\!O-\overset{R}{\underset{R}{Si}}-R'$$

硅油

$$H_3C-\overset{CH_3}{\underset{CH_3}{Si}}\!\left(O-\overset{CH_3}{\underset{CH_3}{Si}}\right)_n\!O-\overset{CH_3}{\underset{CH_3}{Si}}-CH_3$$

二甲基硅油

$$H_3C-\overset{CH_3}{\underset{CH_3}{Si}}\!\left(O-\overset{CH_3}{\underset{CH_3}{Si}}\right)_n\!\left(O-\overset{Ph}{\underset{Ph}{Si}}\right)_m\!O-\overset{CH_3}{\underset{CH_3}{Si}}-CH_3$$

甲基苯基硅油

（二）硅橡胶

硅橡胶为相对分子质量在 15 万以上的直链有机硅氧烷聚合物。由 R 基不同可分为甲基硅橡胶、乙基硅橡胶、甲基乙烯基硅橡胶、甲基苯基硅橡胶、氟硅橡胶和腈硅橡胶等。

(三) 硅树脂

硅树脂具有高度交联的网状结构,属热固性树脂。其性能取决于树脂中有机基团量与硅量的比值,比值小,硬度大,弹性小。有机基团中甲基和苯基含量不同,性能也各异。

§15.18 有机硅化合物作为合成试剂的应用

有机硅化合物最初是作为醇的保护基团而用于有机合成,但目前有机硅化合物已作为具有多样反应性能的合成试剂,提供了多种新型的合成反应,在有机合成中得到了广泛的应用,特别用于合成一些结构复杂的化合物和保护敏感的基团。

(一) 硅烷还原

由于硅原子的电负性比氢和碳都小,Si—H 键中 Si 带部分正电荷,H 带部分负电荷,可进行像金属氢化物 $LiAlH_4$ 或 $NaBH_4$ 那样的氢负离子还原,而且更温和,也可以像三正丁基锡烷一样经自由基还原。这类还原剂可以通过改变硅原子上的基团改变 Si—H 的还原性能。如三乙基硅烷($Et_3Si—H$)和 Lewis 酸组成的还原体系可以将烯烃、醇、内酯、醛、酮、有机卤化物、酰氯等还原。还原剂硅氢化合物比金属氢化物容易制备,且还原反应具有选择性,可不还原羧酸、酰胺、氰基、硝基和磺酸酯基等基团。

硅烷还原醇为烷烃:能生成稳定碳正离子的醇还原反应进行得最好,如二级、三级脂肪醇及苄醇。常用三乙基硅烷和三氟乙酸在二氯甲烷中还原醇。

$$R_3C-OH+R_3Si-H \xrightarrow[\text{催化剂}]{\text{酸}} R_3C-H+R_3Si-OH \text{ 或 } R_3Si-O-SiR_3$$

一级脂肪醇与硅烷不发生反应,二苄基醇在温和的条件下还原成相应的甲苯衍生物。

硅烷还原醛、酮:醛和硅烷的酸催化还原最好在水中进行,如有有机酸参与反应会生成酯。如:

$$PhCHO \xrightarrow[H_2O,\ \text{环丁砜}]{Et_3SiH,\ H_2SO_4} PhCH_2OH\ 98\% \qquad n\text{-}C_7H_{15}CHO \xrightarrow[BF_3,\ \text{乙醚}]{Et_3SiH} n\text{-}C_8H_{17}OH + (n\text{-}C_8H_{17})_2O$$

酮也可被硅烷还原成醇。

硅烷还原烯烃:在酸存在下,硅烷能还原产生稳定碳正离子的烯烃的双键,如 1-甲基环己烯可被还原成甲基环己烷,但环己烯和末端烯烃 1,2-二取代烯烃不能被硅烷还原。

(二) 硅烷保护试剂

如用甲硅烷基取代有机分子中的活泼氢,获得稳定的中间产物,这些中间产物的其他基团可进行各种反应,反应结束后,水解脱去甲硅烷基,使被保护的基团再生。由此硅烷保护试剂可用来保护有机化合物中具有活泼氢的官能团,如羟基、氨基、巯基、羧基、酰胺基以及末端炔键等。最常用的是三甲硅型保护基($Me_3Si—$)的硅烷基试剂,如三甲基氯硅烷(Me_3SiCl,简写为 TMSCl),六甲基二硅氮烷($Me_3Si—NH—SiMe_3$)等。此外,还有位阻型硅烷保护试剂,单官能位阻型,如叔丁基二甲基氯硅烷(t-$BuMe_2SiCl$),三异丙基氯硅烷

[(*i*-Pr)$_3$SiCl]等。有机硅保护剂的保护和去保护可用反应式表示为：

$$RYH + R_1R_2SiX \longrightarrow RYSiR_1R_2 + HX \qquad 2RYSiR_1R_2 + H_2O \longrightarrow 2RYH + (R_1R_2Si)_2O$$

如用 TMSCl 保护化合物的羟基后，就可方便地进行氧化、酰化、用卤化磷或 HX 进行卤化，或进行脱水等反应，特别是当用卤代醇做格氏试剂时，常引入三甲基硅基保护羟基；TMSCl 可与羰基化合物反应生成烯醇硅醚，引入的三甲基硅基可在酸性条件下去除，可广泛用于保护醛和酮；烷基卤硅烷可与羧基反应生成硅酯，可保护羧基。

（三）用于形成 C—C 键

三甲基氰基硅烷(Me_3SiCN，简写 TMS—CN)在 ZnI_2 催化下与醛或酮反应，氰基加到羰基碳上，而 Me_3Si—可以像质子一样加到羰基氧上，生成相应的氰醇三甲基硅基醚，水解即可高产率得到通常方法不能得到的酮的氰醇。如：

$$Ph-\overset{O}{\overset{\|}{C}}-Ph + (CH_3)_3SiCN \xrightarrow{ZnI_2} Ph-\underset{CN}{\underset{|}{\overset{OSi(CH_3)_3}{\overset{|}{C}}}}-Ph \xrightarrow{H_3O^+} Ph-\underset{CN}{\underset{|}{\overset{OH}{\overset{|}{C}}}}-Ph$$

TMS—CN 可以用 TMS—Cl 在干燥的 *N*-甲基吡咯烷酮存在下，与 NaCN 或 KCN 反应制备。

（四）羰基烯化(Peterson 反应)

硅原子和磷原子类似，可以稳定 α 碳负离子，为硅叶立德。因此 Peterson 试剂与 Wittig 试剂类似，能与羰基化合物缩合，形成 C═C，把羰基转换为烯，是合成烯烃的又一个方法。

这类反应关键是制备被硅基稳定的 α 碳负离子(硅叶立德)。可以用四烃基硅烷在强碱作用下制得，也可用烷基氯硅烷同金属直接反应。如：

$$R_3SiCH_2Ph \xrightarrow{BuLi} R_3Si\bar{C}HPhLi \qquad Me_3SiCH_2Cl \xrightarrow{Mg/Et_2O} Me_3SiCH_2MgCl$$

α 碳负离子与羰基化合物反应，生成 β-羟基硅烷中间体，在酸和碱作用下，硅基 β-位官能团和硅基进行消除反应，生成烯烃。Peterson 反应主要是用于把羰基转化为烯，尤其是甲烯化合物：

$$Me_3Si\overset{|}{\underset{|}{C}}-M + {>}C{=}O \longrightarrow {>}\overset{SiMe_3}{\overset{|}{C}}-\overset{O^-M^+}{\overset{|}{C}}{<} \xrightarrow{\text{酸或碱}} {>}C{=}C{<} + Me_3SiO^- \quad (M{=}MgX, Li)$$

如：

$$Me_3Si\bar{C}HCOOEt\cdot Li^+ + O{=}C_6H_{10} \longrightarrow EtOOCCH{=}C_6H_{10} \quad 95\%$$

$$\text{(十氢萘酮)} + (CH_3)_3Si\bar{C}HPr\cdot Li^+ \longrightarrow \text{(}C{=}CH-Pr\text{ 产物)}$$

（五）硅醇、硅醚在有机合成中的应用

如 TMS-Cl 与醛酮在三乙胺存在下，在 DMF 中制得相应的烯醇的三甲基硅醚，即为烯

醇硅醚，在合成反应中性质与烯醇相当。烯醇硅醚在 Lewis 酸催化下，与醛酮进行亲核反应，烯醇硅醚在羟醛缩合反应、烷基化反应、Michael 反应、Mannich 反应以及 Diels-Alder 反应中都有广泛的应用。如：

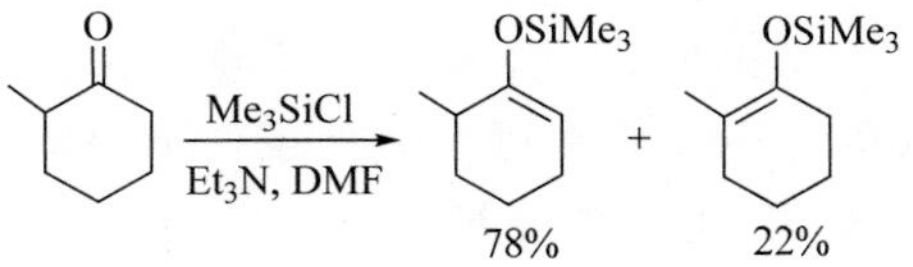

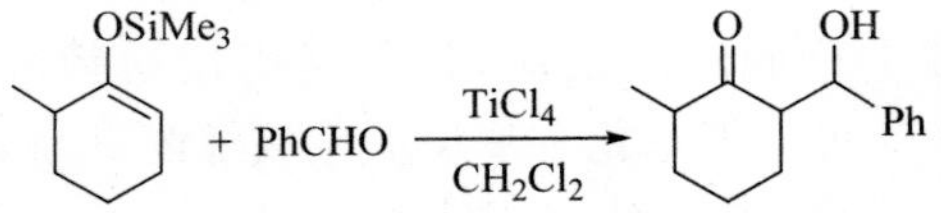

2-甲基环己酮 $\xrightarrow[Et_3N,\ DMF]{Me_3SiCl}$ 1-三甲基硅氧基-6-甲基环己烯（78%） + 1-三甲基硅氧基-2-甲基环己烯（22%）

1-三甲基硅氧基-6-甲基环己烯 + PhCHO $\xrightarrow[CH_2Cl_2]{TiCl_4}$ 2-甲基-6-[CH(OH)Ph]环己酮

烯醇硅醚与酰卤反应，可得到 β-二酮，反应步骤少，产率高。如：

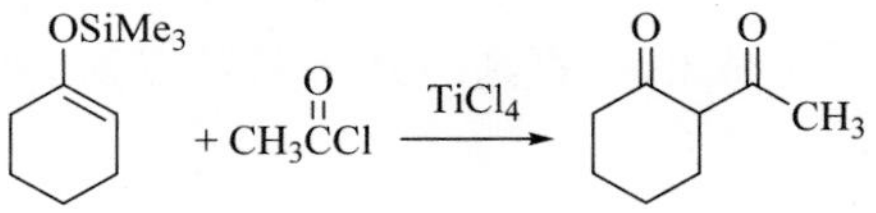

1-三甲基硅氧基环己烯 + $CH_3\overset{O}{\overset{\|}{C}}Cl$ $\xrightarrow{TiCl_4}$ 2-乙酰基环己酮

$C_6H_5\overset{OSiMe_3}{\overset{|}{C}}=CH_2 + Cl_3C\overset{O}{\overset{\|}{C}}Cl \longrightarrow C_6H_5\overset{O}{\overset{\|}{C}}CH_2\overset{O}{\overset{\|}{C}}CCl_3$

烯醇硅醚与多种 α，β-不饱和羰基化合物发生 1，4-加成反应，条件温和，优于碱催化的 Michael 反应，如：

$$C_6H_5\overset{OSiMe_3}{\overset{|}{C}}=CH_2 + CH_3\overset{CH_3}{\overset{|}{C}}=CH\overset{O}{\overset{\|}{C}}CH_3 \xrightarrow[CH_2Cl_2]{TiCl_4} C_6H_5\overset{O}{\overset{\|}{C}}CH_2\underset{CH_3}{\underset{|}{\overset{CH_3}{\overset{|}{C}}}}CH_2\overset{O}{\overset{\|}{C}}CH_3$$

习　　题

1. 命名下列化合物：

(1) $C_2H_5\overset{SH}{\overset{|}{C}}HC_2H_5$　(2) $CH_3\overset{O}{\overset{\|}{S}}CH_3$　(3) $CH_3CH_2CH_2SO_3H$　(4) $n\text{-}C_4H_9S-SC_4H_9\text{-}n$

(5) 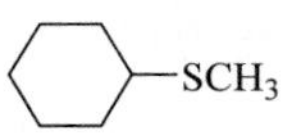 环己基$-SCH_3$　(6) 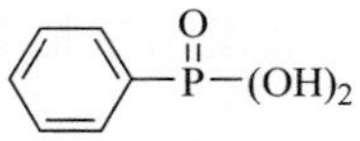 $C_6H_5-\overset{O}{\overset{\|}{P}}-(OH)_2$　(7) $C_2H_5-\underset{OH}{\underset{|}{\overset{O}{\overset{\|}{P}}}}-OC(CH_3)_3$

(8) 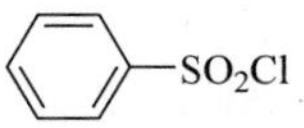 $C_6H_5-SO_2Cl$　(9) 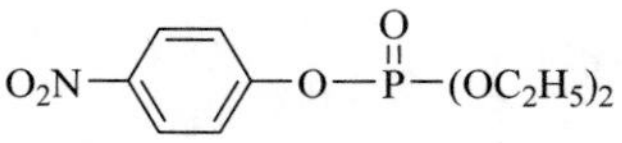 $O_2N-C_6H_4-O-\overset{O}{\overset{\|}{P}}-(OC_2H_5)_2$　(10) $(CH_3)_3Si-O-Si(CH_3)_3$

(11) $CH_3\underset{CH_3}{\underset{|}{\overset{CH_3}{\overset{|}{Si}}}}\!\left(O-Si\right)_n\!O-\underset{CH_3}{\underset{|}{\overset{CH_3}{\overset{|}{Si}}}}CH_3$　(12) $(CH_3)SiCN$

2. 用三氯化磷、甲醇和三氯乙醛合成 *O*，*O*-二甲基-(2，2，2-三氯-1-羟基乙基)膦酸酯(敌百虫)，并进一步合成 *O*，*O*-二甲基-*O*-(2，2-二氯乙烯基)磷酸酯(敌敌畏)。

3. 完成下列 Wittig 反应：

(1) 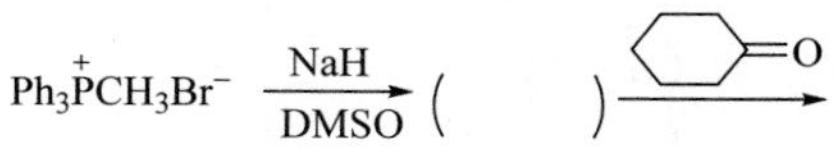 $Ph_3\overset{+}{P}CH_3Br^- \xrightarrow[DMSO]{NaH}$ (　　) $\xrightarrow{\text{环己酮}}$　(2) $Ph_3\overset{+}{P}-\overset{-}{C}HCl \xrightarrow{Ph_2C=O}$

(3) $Ph_3P=\underset{CH_3}{\underset{|}{C}}COOCH_3 + CH_2=CHCHO \longrightarrow$

(1) $Ph_3\overset{+}{P}—\overset{-}{C}H_2$ (cyclohexylidene)$=CH_2$ 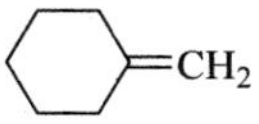　(2) $Ph_2C=CHCl$　(3) $CH_2=CHCH=C(CH_3)COOCH_3$

4. 完成下列 Wittig-Horner 反应：

(1) 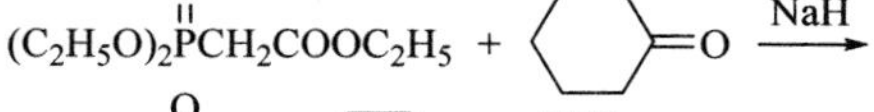 $(C_2H_5O)_2\overset{O}{\overset{\|}{P}}CH_2COOC_2H_5$ + (cyclohexanone)$=O$ $\xrightarrow{NaH}$

(2) $(C_2H_5O)_2\overset{O}{\overset{\|}{P}}CH_2—C_6H_5$ + $C_6H_5—CHO$ $\xrightarrow{NaH}$

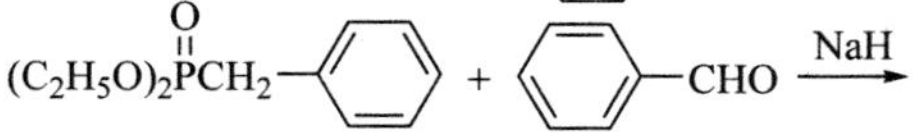

第十六章 单糖、寡糖和多糖

糖是由碳、氢和氧三种元素组成，化学通式为 $C_n(H_2O)_m$ 或 $(CH_2O)_n$，最简单的 $n=3$。糖又称碳水化合物，即所含元素碳与水呈某种比例，如葡萄糖为 $C_6(H_2O)_6$，蔗糖为 $C_{12}(H_2O)_{11}$。但后来发现有些糖并不表现出碳与水的比例，如鼠李糖分子式为 $C_6H_{12}O_5$（是一个甲基戊糖）。糖类化合物按化学结构讲应为多羟基的醛或酮，或经水解转化成为多羟基醛类、酮类的化合物，是四大类生物分子（糖、脂、蛋白质、核酸）之一。

糖类化合物是一切生物体维持生命活动所需能量的主要来源，而且有些还具有特殊的生理活性。例如：肝脏中的肝素有抗凝血作用；血液中的糖与免疫活性有关。此外，核酸的组成成分中也含有糖类化合物——核糖和脱氧核糖。目前糖的研究已从糖的结构与作为能源和碳源的研究，到糖作为信息物质是如何参与生命过程的。寡糖在生命信息传递中很重要。从红细胞膜中提取的、决定血型抗原的称为凝集原（agglutinogen），凝集原决定簇是寡糖。B 型血在血红蛋白外端有半乳糖，若将从海南产的咖啡豆中提取的 α-半乳糖苷酶切除掉半乳糖，B 型抗原活性丧失，则呈现 O 型血的典型特征。研究表明，糖在几乎所有重要的生理过程中都有举足轻重的作用。

糖可形成相当复杂的生物大分子。如单糖分子葡萄糖中 6 个碳中就有 4 个不对称碳原子，成环后 C_1 又形成 α、β 两个异构体结构。葡萄糖同分异构体有 2^5 个。由单糖组成的寡糖和多糖则具有更复杂多样的结构，因此糖分子是携带生物信息的良好载体。糖链携带信息除单体种类、数量和排列外，还有分支结构和异头碳构型。糖的聚合体单位质量携带的信息量比蛋白质和核酸多得多，因此新的计算机原件也可考虑使用糖分子。

糖类按能否水解及水解后的产物分为单糖、寡糖和多糖。

§16.1 单 糖

单糖（monosaccharide）是含有一个羰基（醛或酮）的多羟基化合物，不能再简单地水解成更小的糖分子。分子中含醛基的单糖为醛糖，含酮基的为酮糖；又可根据分子中碳原子数目，称为三碳糖（丙糖）、四碳糖（丁糖）、五碳糖（戊糖）、六碳糖（己糖）和七碳糖（庚糖）等。单糖的命名普遍以它的来源命名。最简单的单糖是三碳糖，即属于醛糖的甘油醛和属于酮糖的二羟丙酮。除二羟丙酮外，单糖都含有手性碳原子，具有旋光性。如：

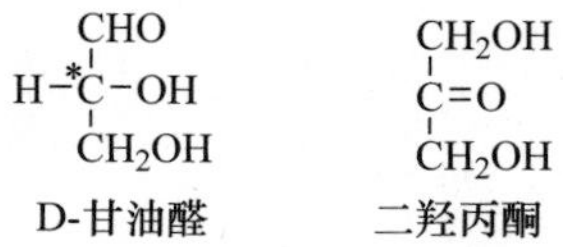

```
      CHO           CH2OH
      |             |
H-*C-OH             C=O
      |             |
      CH2OH         CH2OH
   D-甘油醛        二羟丙酮
```

（一）单糖的命名及表示方法

天然糖大多数是 D-型糖。两种常见的六碳糖是 D-葡萄糖（己醛糖）和 D-果糖（己酮糖）。

单糖的构型常用D、L表示，由此将单糖分成D-型系列或L-型系列。糖系列中相对分子质量最小的化合物甘油醛有一个不对称碳原子，有两个立体异构体：D-甘油醛(羟基在右边)和L-甘油醛(羟基在左边)。单糖的构型是根据其结构式中离醛基或酮基最远的手性碳(最后第二个碳原子)的构型与甘油醛比较得到的。D-型糖表示此手性碳的绝对构型和D-甘油醛相同。如D-(－)-核糖中的C_4、D-(＋)-葡萄糖中的C_5、D-(－)-果糖中的C_5与D-(＋)-甘油醛中的C_2构型一致。D-型糖的对映体为L-型糖。旋光方向是由实验测知的，右旋为"＋"，左旋为"－"。开链单糖的命名常用的是：依次标出构型(用D或L)，注明左旋(用"－"号表示)或右旋(用"＋"号表示)，最后写出俗名。

(1) D-型醛糖表示方法：由D-(＋)-甘油醛衍生而来的糖称为D-型醛糖。在书写单糖的开链状构型式时可采用Fischer投影式，将单糖的碳链竖向放置，糖中的醛基写在投影式的上方，碳原子的编号从靠近羰基的一端开始。最后第二个碳原子的—OH向右为D-型。如：

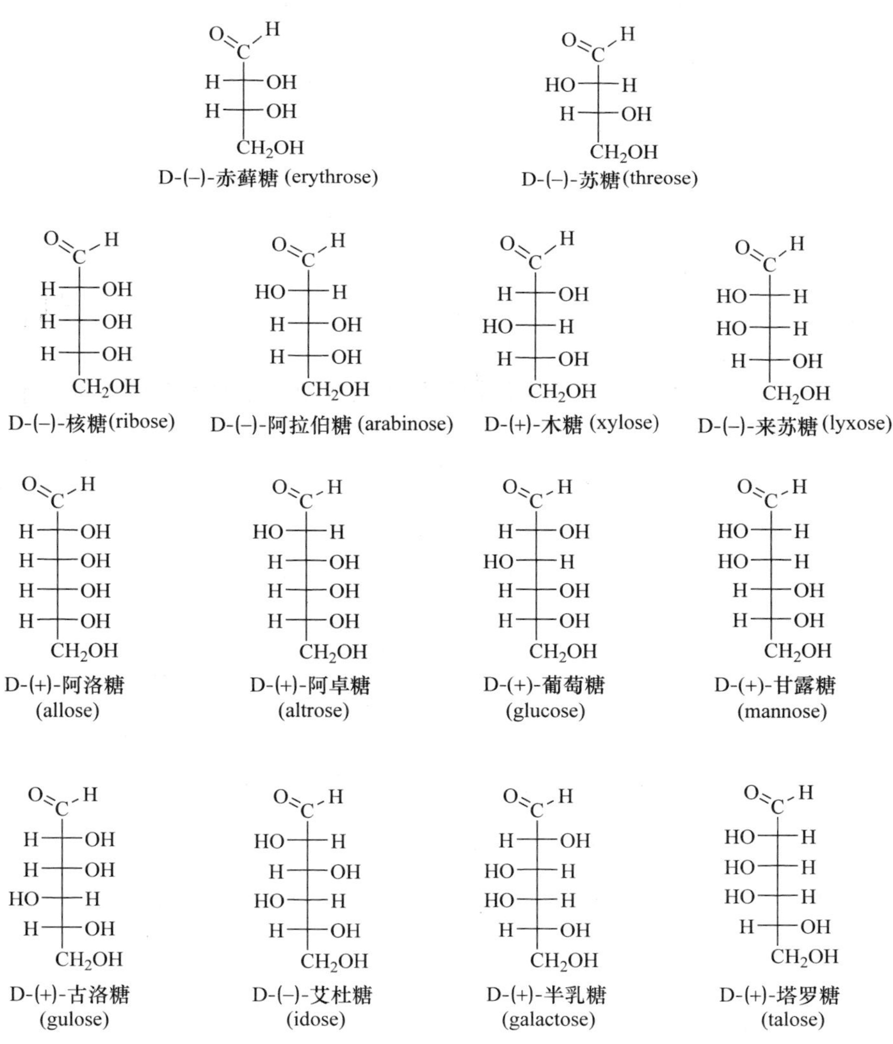

图 16-1　D 系醛糖的立体结构及名称

糖的差向异构体(epimer)：在以上已醛糖结构中，葡萄糖和甘露糖仅不对称碳原子 C_2 处的—OH(醛基碳标号为 1)位置不同，葡萄糖和半乳糖仅 C_4 的—OH 位置不同，其余结构完全相同。这种仅一个手性碳原子的构型不同的非对映异构体称为差向异构体。

(2) D-型酮糖表示方法：由二羟丙酮和 D-(－)-赤藓酮糖(四碳糖)衍生出的糖为 D-系酮糖。如：

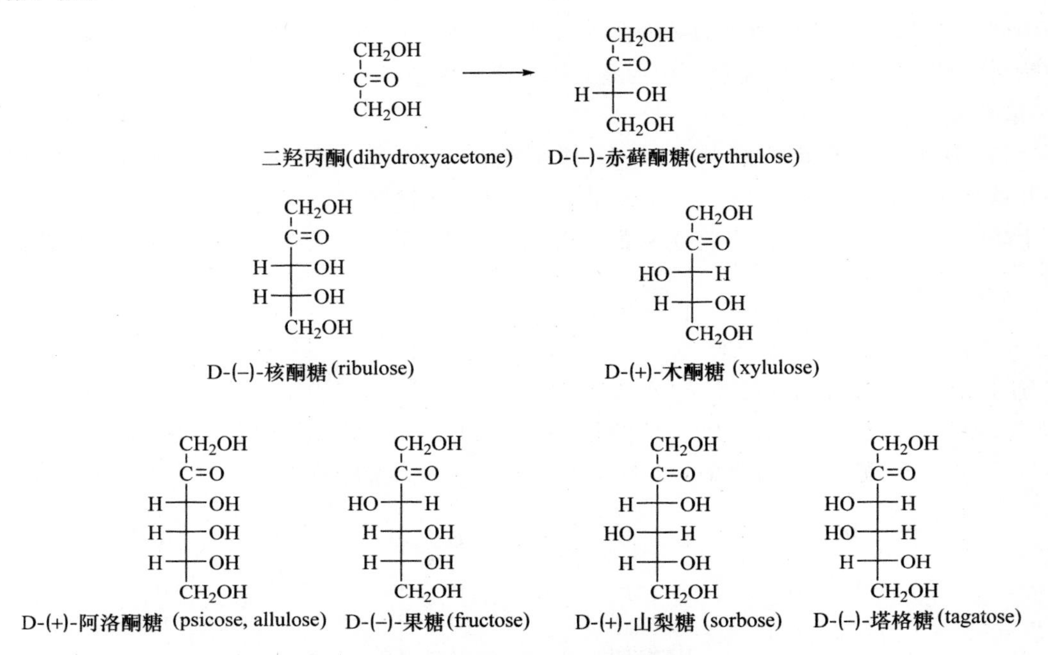

图 16-2　D 系酮糖的立体结构及名称

糖常用下列方法表示，如葡萄糖和果糖开链状结构可表示为：(1) 将手性碳上的氢原子省略；(2) 横向短线代表羟基，将手性碳上的羟基和氢原子均省略；(3) 手性碳上的羟基和氢原子均被省略，三角符号代表醛基，圆圈符号代表羟甲基。具体表示如下：

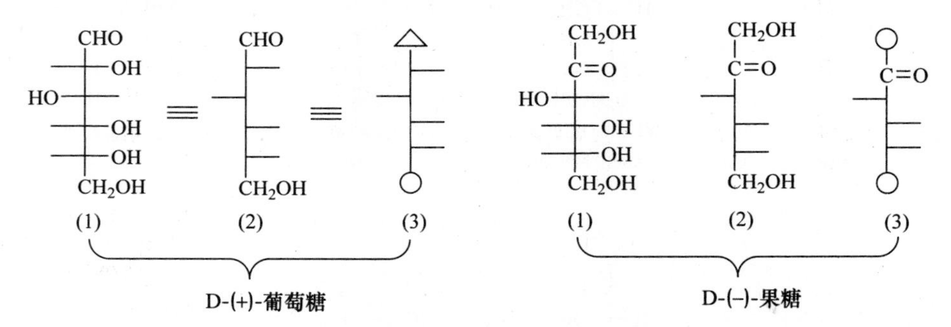

另一种单糖的命名为：构型用 *R* 或 *S* 标记，将每个手性碳原子位置编号和构型(用 *R*-或 *S*-)写在最前面，然后写出其系统名称。如 D-(＋)-葡萄糖命名为(2*R*,3*S*,4*R*,5*R*)-2,3,4,5,6-五羟基乙醛。

(二) 单糖的环状结构

(1) 葡萄糖变旋现象：结晶葡萄糖有两种，一种是从乙醇中结晶出来的，熔点为 146℃。

它的新配溶液的比旋光度$[\alpha]_D^{20}$开始时为+112.2°，在放置过程中，比旋光度逐渐下降，达到+52.7°以后维持不变；另一种是从吡啶中结晶出来的，熔点为148～150℃，新配水溶液的$[\alpha]_D^{20}$为+18.7°，在放置过程中，比旋光度逐渐上升，也达到+52.7°以后维持不变。糖在溶液中，比旋光度自行转变为定值的现象称为变旋现象。显然葡萄糖的开链结构不能解释此现象。葡萄糖的变旋现象说明，D-葡萄糖存在两个异构体，它们可以通过开链结构与环状结构形成平衡体系的过程，引起比旋光度的变化。在溶液中α-D-葡萄糖可转变为开链式结构，再由开链结构转变为β-D-葡萄糖；同样β-D-葡萄糖也可转变为开链式结构，再转变为α-D-葡萄糖。经过一段时间后，三种异构体达到平衡，形成一个互变异构平衡体系，其比旋光度亦不再改变。不仅葡萄糖有变旋现象，凡能形成环状结构的单糖，都会有变旋现象。

(2) 单糖的环状结构及其表示方法： 开链的单糖形成环状半缩醛或半缩酮结构时，最常见的是五元环和六元环。如葡萄糖在溶液中主要形式为六元环状，形成分子内半缩醛的吡喃糖。果糖则成为五元环状，形成分子内半缩酮的呋喃糖。葡萄糖和果糖在成环时分别在C_1处和C_2处又形成另外一个不对称中心。葡萄糖由C_1处半缩醛的羟基取向不同，分为α-D-吡喃葡萄糖(*a*键)和β-D-吡喃葡萄糖(*e*键)。在溶液中，含有4个以上碳原子的单糖主要以环状结构存在。糖的环状结构可以解释糖在水溶液中的变旋现象。如葡萄糖分子中的醛基与羟基可以反应形成环状半缩醛结构，醛基碳成为手性碳，醛基与C_5上的羟基形成含氧六元环吡喃糖，醛基与C_4上的羟基形成含氧五元环的呋喃糖。由于醛基碳形成的手性碳上的半缩醛羟基可以有两种空间取向，因此有两种非对映异构体，称为端基差向异构体，分别称为α-型及β-型异构体(此手性碳原子称为异头碳)。α-异构体和β-异构体，吡喃糖和呋喃糖均可通过链形葡萄糖互相转变。在水中平衡时吡喃糖>99%，呋喃糖<1%，链形葡萄糖<0.0026%，说明葡萄糖只有少量的醛基，这也解释了葡萄糖虽然可以与斐林试剂或其他醛试剂反应，但不能和饱和的$NaHSO_3$反应，析出加成物。吡喃糖两种异构体都有结晶，具旋光性，呋喃糖未拿到结晶，旋光性未知。具体结构表示如下：

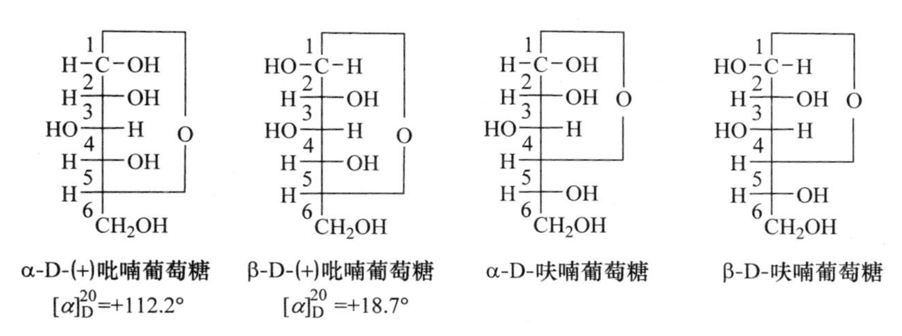

环状结构一般用哈沃斯(Haworth)透视式表示，将直立环式改写成平面的环式，环的平面垂直于纸平面，更能正确反映糖分子中的键角和键长度。如：

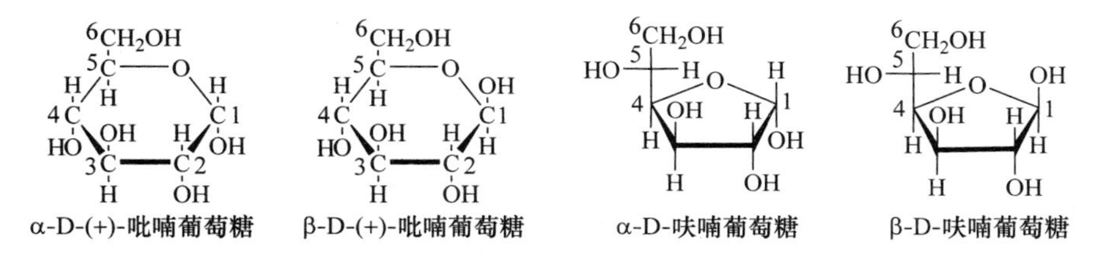

在 Haworth 透视式结构中，D-型与 L-型的区别在于 C_5 上的 CH_2OH 的方位，在平面上方的为 D-型，在平面下方的为 L-型。α-和 β-的区别在于半缩醛 C_1 上羟基的方位，C_1 的羟基与 C_5 上的—CH_2OH 在环平面同侧为 β 构型，异侧为 α 构型。

果糖由 C_2 处半缩酮的羟基取向不同，分为 α-D-呋喃果糖（羟基向下）和 β-D-呋喃果糖（羟基向上）。果糖的 Haworth 透视式如下，C_2 半缩酮的—OH 与 C_5 上的取代基—CH_2OH 在环平面同侧为 β，异侧为 α：

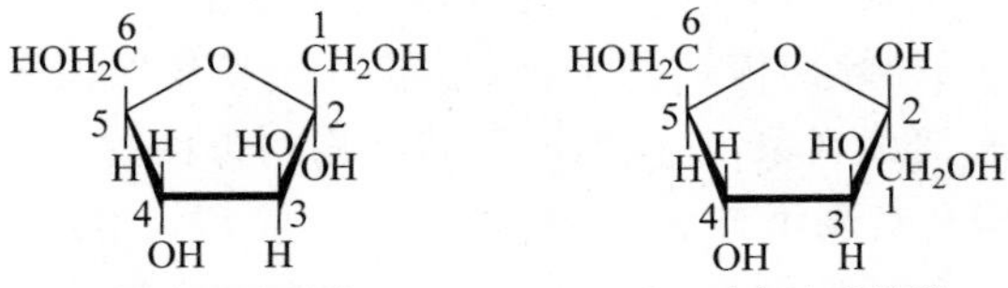

α-D-(+)-呋喃果糖　　　β-D-(+)-呋喃果糖

命名环状单糖时，表示半缩醛羟基方向的 α-或 β-放在名称的最前，然后是表示构型的 D 或 L 及实际测量的旋光方向（＋）或（－），在写出表示环大小的吡喃（六元环）或呋喃（五元环）后是糖的俗名。如 α-D-（＋）-吡喃葡萄糖、β-D-（＋）-呋喃果糖等。

（3）单糖的构象：单糖环上的原子实际上不在一个平面上。吡喃糖与环己烷类似，只是环中的一个 O 原子代替了环己烷中的一个 CH_2，因此可以用环己烷的构象近似表示吡喃糖的构象。X-射线衍射法测知，六元吡喃糖环优先存在的构象也是椅式（如下图所示），比船式构象更加稳定。吡喃环上有多个取代基，取代基占平伏键数目较多时，其构象也相对稳定。椅式 β-D-吡喃葡萄糖中的所有羟基都是平伏键（*e* 键），比 α-D-吡喃葡萄糖更为稳定。因此在水溶液中，两者大致比例是 7∶4。在自然界存在的糖主要是葡萄糖或具有葡萄糖单位的寡糖或多糖，这是因为葡萄糖的构象比其他糖稳定。

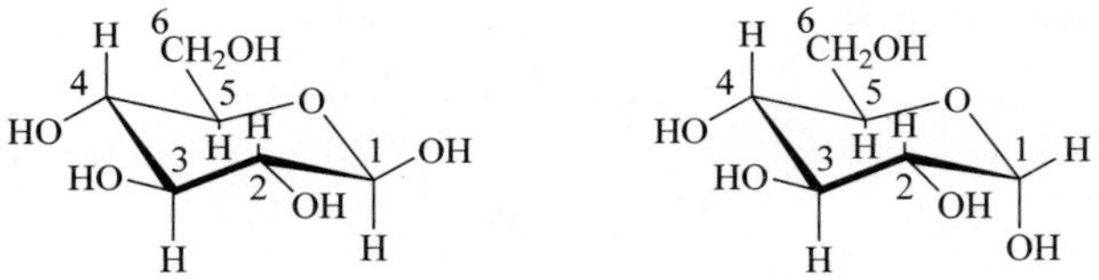

β-D-吡喃葡萄糖　　　α-D-吡喃葡萄糖

（三）单糖的物理性质

单糖都是无色晶体，味甜，有吸湿性。单糖极易溶于水，难溶于乙醇，不溶于乙醚。单糖有旋光性，其溶液有变旋现象。

§16.2　单糖的化学性质

（一）差向异构化

糖分子羰基旁的 α 碳原子上的氢很活泼，在碱性条件下易发生差向异构化。如 D-葡萄糖用稀碱液处理时，会通过醛式-烯醇式互变，转变为 D-甘露糖，D-葡萄糖和 D-甘露糖互为 C_2 的差向异构体。此外 D-葡萄糖和 D-甘露糖还可通过醛式-烯醇式-酮式互变，转变为它们的互变异构体 D-果糖(不为差向异构体)。这些变化都是通过烯醇式中间体来完成的。

D-果糖、D-甘露糖和 D-葡萄糖的 C_3、C_4、C_5 和 C_6 的结构完全相同,只有 C_1 和 C_2 的结构不同,但是它们的 C_1 和 C_2 的结构互变成烯醇式时,结构完全相同。因此,不单是 D-葡萄糖,D-果糖或 D-甘露糖在稀碱催化下,都能互变为三者的平衡混合物。

(二) 氧化反应

(1) 弱氧化剂氧化: 无论是醛糖或酮糖(碱性下可以互变异构成醛糖),都可以与弱氧化剂 $Ag(NH_3)_2^+OH^-$(Tollens 试剂)、$CuSO_4$、酒石酸钠和 NaOH 配成的溶液(Fehling 试剂),及 $CuSO_4$、柠檬酸和 Na_2CO_3 配成的溶液(Benediet 试剂)作用,生成相应的糖酸和砖红色的 Cu_2O。与上述三种试剂呈阳性反应的糖称为还原糖,呈阴性反应的糖称为非还原糖。D-葡萄糖、D-甘露糖和 D-果糖都是还原糖,蔗糖是非还原糖。Benediet 试剂可用于糖尿病人的尿检。

(2) 溴水氧化: 可以把醛糖的醛基氧化为羧基,稍加热溴水的棕色即可褪去,生成糖酸,如葡萄糖在 pH=5 左右被溴水氧化成葡萄糖酸。而酮糖则不被氧化,因此可用溴水来区别醛糖和酮糖。

(3) 硝酸氧化: 醛糖的醛基、一级醇可被稀硝酸氧化成糖二酸,主要用于测定糖的构型。酮糖用较浓的硝酸氧化时,发生二级醇氧化,同时碳链断裂,生成小分子糖二酸、CO_2 和水。

$$\text{D-葡萄糖 (CHO}\cdots\text{CH}_2\text{OH)} \xrightarrow{Cu^{2+}(H_2O)} \text{D-葡萄糖酸 (COOH}\cdots\text{CH}_2\text{OH)}$$

$$\text{D-葡萄糖 (CHO}\cdots\text{CH}_2\text{OH)} \xrightarrow[H_2O]{Br_2} \text{D-葡萄糖酸 (COOH}\cdots\text{CH}_2\text{OH)}$$

$$\text{D-葡萄糖 (CHO}\cdots\text{CH}_2\text{OH)} \xrightarrow{HNO_3} \text{D-葡萄糖二酸 (COOH}\cdots\text{COOH)}$$

$$\text{D-果糖 (CH}_2\text{OH, C=O}\cdots\text{CH}_2\text{OH)} \xrightarrow{HNO_3} \text{D-阿拉伯糖二酸 (COOH}\cdots\text{COOH)} + HCOOH;\quad HCOOH \xrightarrow{HNO_3} CO_2 + H_2O$$

(4) 电解氧化: 工业上常用电解氧化使醛糖变成糖酸。电解时要加入 $CaCO_3$ 和少量的 $CaBr_2$。首先 $CaBr_2$ 电解生成 $Ca(OH)_2$ 和 Br_2,产生的 Br_2 即可氧化醛糖为糖酸,反应产生的 HBr 可与 $CaCO_3$ 再反应生成 $CaBr_2$,故只要少量的 $CaBr_2$ 就可使反应进行:

$$CaBr_2 \xrightarrow[H_2O]{\text{电解}} Ca(OH)_2 + Br_2 \quad -CHO + Br_2 \xrightarrow{H_2O} -COOH + HBr \quad 2HBr + CaCO_3 \longrightarrow CaBr_2 + H_2O + CO_2$$

由此可生产用于补钙的葡萄糖酸钙:

$$\text{CHO (H–OH, HO–H, H–OH, H–OH) CH}_2\text{OH} \xrightarrow[H_2O,\ \text{电解氧化}]{CaBr_2,\ CaCO_3} \left[\text{COO}^- \text{(H–OH, HO–H, H–OH, H–OH) CH}_2\text{OH}\right]_2 Ca^{2+}\ \text{葡萄糖酸钙}$$

(5) 高碘酸氧化: 因单糖具有邻二醇的结构,当用可以使邻二醇碳链发生断裂的强氧化剂如高碘酸氧化时,葡萄糖和果糖的碳链均断裂,生成甲酸(HCOOH)和甲醛(HCHO)。

(三) 还原反应

单糖可以用催化氢化或硼氢化钠还原生成相应的多元醇(糖醇)。如 D-葡萄糖被还原成 D-葡萄糖醇,又称 D-山梨糖醇(D-sorbitol),主要用于合成维生素 C。木糖为五碳糖,还原生成的木糖醇为内消旋,无旋光。有时可以根据生成的糖醇有无旋光,推测原来糖的构型。

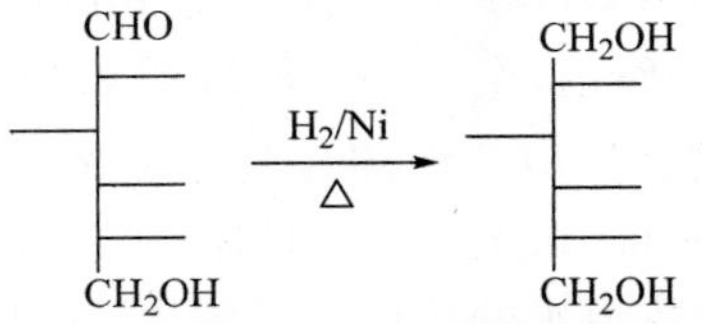

$$\text{D-葡萄糖 (有旋光)} \xrightarrow[\triangle]{H_2/Ni} \text{D-葡萄糖醇或D-山梨糖醇 (有旋光)}$$

$$\text{D-木糖 (有旋光)} \xrightarrow[\triangle]{H_2/Ni} \text{D-木糖醇 (内消旋,无旋光)}$$

D-葡萄糖 (有旋光)　D-葡萄糖醇或D-山梨糖醇 (有旋光) 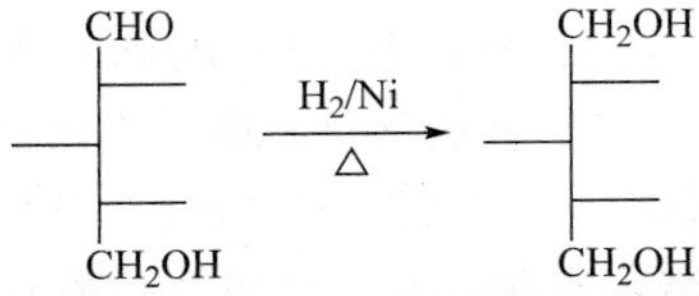　D-木糖 (有旋光)　D-木糖醇 (内消旋,无旋光)

(四) 成酯作用

单糖分子中含多个羟基,这些羟基能与酸作用生成酯。人体内的葡萄糖在酶作用下生成葡萄糖磷酸酯,如葡萄糖-1-磷酸酯、葡萄糖-6-磷酸酯、果糖-6-磷酸酯等。单糖的磷酸酯在生命过程中具有重要意义,它们是人体内许多代谢的中间产物。具体结构如下:

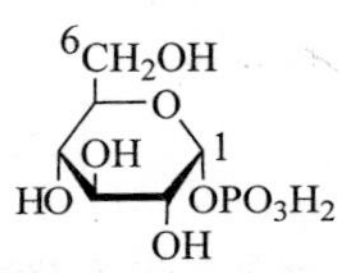

葡萄糖-1-磷酸酯 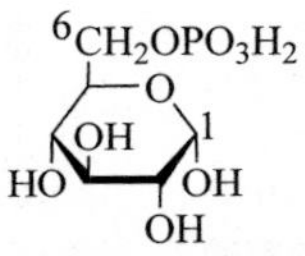　葡萄糖-6-磷酸酯 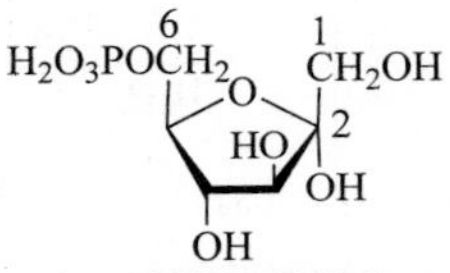　果糖-6-磷酸酯 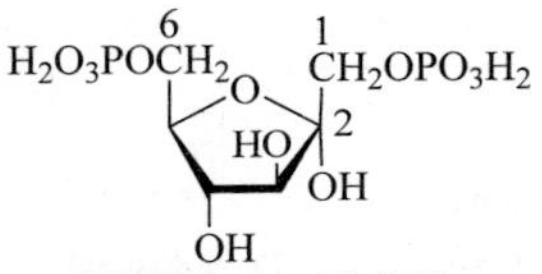　果糖-1, 6-二磷酸酯

(五) 成脎反应

α-羟基醛或 α-羟基酮与第一个分子苯肼作用生成苯腙,苯腙经互变异构后,经 1,4-消除,形成亚氨基酮,再与二个分子苯肼反应生成糖脎。成脎反应可以看作是 α-羟基醛或 α-羟基酮的特有反应。如:

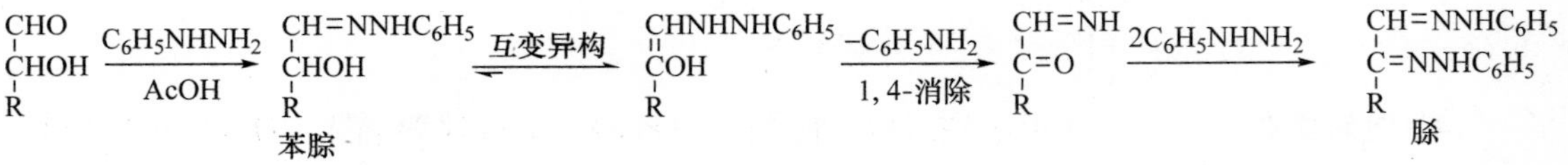

$$\text{CHO—CHOH—R} \xrightarrow[AcOH]{C_6H_5NHNH_2} \underset{\text{苯腙}}{\text{CH=NNHC}_6\text{H}_5\text{—CHOH—R}} \underset{}{\xrightarrow{\text{互变异构}}} \text{CHNHNHC}_6\text{H}_5\text{=COH—R} \xrightarrow[1,4\text{-消除}]{-C_6H_5NH_2} \text{CH=NH—C=O—R} \xrightarrow{2C_6H_5NHNH_2} \underset{\text{脎}}{\text{CH=NNHC}_6\text{H}_5\text{—C=NNHC}_6\text{H}_5\text{—R}}$$

单糖分子为 α-羟基醛或 α-羟基酮,无论是醛糖还是酮糖都能生成糖脎。如葡萄糖与三分子苯肼作用,生成葡萄糖脎:

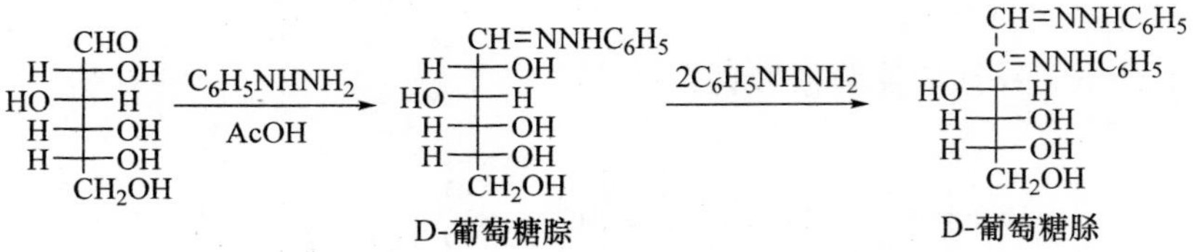

$$\text{D-葡萄糖} \xrightarrow[AcOH]{C_6H_5NHNH_2} \text{D-葡萄糖腙} \xrightarrow{2C_6H_5NHNH_2} \text{D-葡萄糖脎}$$

D-葡萄糖腙　D-葡萄糖脎

成脎反应只在单糖分子的 C_1 和 C_2 上发生,不涉及其他碳原子,因此除了 C_1 和 C_2 以外

碳原子构型相同的糖，都可以生成相同的糖脎。例如葡萄糖、甘露糖和果糖都生成相同的脎。

糖脎是难溶于水的黄色晶体。不同的脎具有特征的结晶形状和一定的熔点，可利用糖形成糖脎后的这些性质来鉴别不同的糖。

（六）与硫醇反应成硫缩醛

如乙硫醛和葡萄糖反应，形成硫缩醛后再用催化氢化还原，糖的醛基变成甲基：

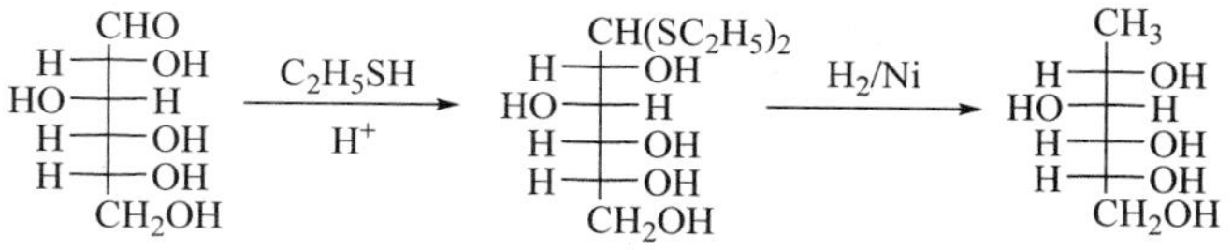

CHO / H—OH / HO—H / H—OH / H—OH / CH_2OH $\xrightarrow[H^+]{C_2H_5SH}$ $CH(SC_2H_5)_2$ / H—OH / HO—H / H—OH / H—OH / CH_2OH $\xrightarrow{H_2/Ni}$ CH_3 / H—OH / HO—H / H—OH / H—OH / CH_2OH

糖常用作合成许多天然化合物的原料，此反应起着很重要的作用。

§16.3　一些重要的单糖

（一）D-核糖和 D-2-脱氧核糖

D-核糖从无水乙醇中结晶是无色片状晶体，熔点为 87℃，其水溶液的比旋光度$[\alpha]_D^{24}$ 最终为－25°。D-2-脱氧核糖的熔点为 89～90℃，其水溶液的比旋光度$[\alpha]_D^{22}$ 最终为－59°。核酸根据其中所含戊糖的种类不同分为 DNA 和 RNA 两类。DNA 中所含戊糖为 D-2-脱氧核糖，有两个自由羟基，只能形成两种核苷酸。RNA 中所含戊糖为 D-核糖，有三个自由羟基，可形成三种核苷酸。它们通常均以 β-呋喃环形式存在。

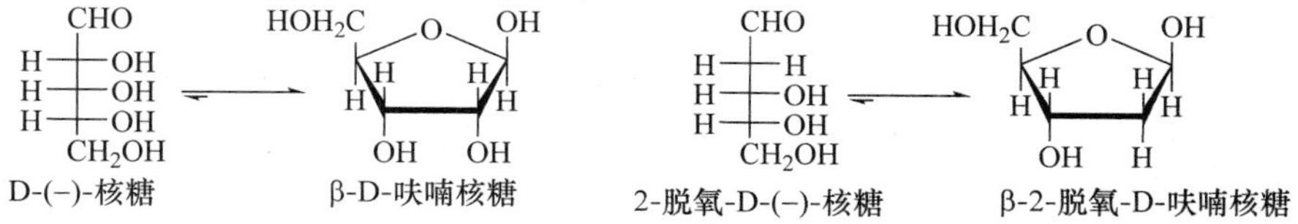

CHO / H—OH / H—OH / H—OH / CH_2OH ⇌ HOH_2C, O, OH, H, H, H, H, OH, OH

D-(−)-核糖　　β-D-呋喃核糖

CHO / H—H / H—OH / H—OH / CH_2OH ⇌ HOH_2C, O, OH, H, H, H, H, OH, H

2-脱氧-D-(−)-核糖　　β-2-脱氧-D-呋喃核糖

（二）D-葡萄糖

无色晶体，易溶于水，甜度约为蔗糖的 70%。α-D-吡喃葡萄糖，熔点为 146℃（分解），$[\alpha]_D^{20}$ 为＋112.2°；β-D-吡喃葡萄糖熔点为 148～150℃，$[\alpha]_D^{20}$ 为＋18.7°，其水溶液的$[\alpha]_D^{20}$ 为＋52.7°。葡萄糖是光合作用的产物，是自然界存在量最大的化合物之一，以游离或糖苷的形式广泛存在于植物的果实、蜂蜜、动物血液中，正常人的血液中含 0.08%～0.1%的葡萄糖，更多的是结合成蔗糖、淀粉和纤维素。工业上是将淀粉用酶水解制备。葡萄糖在体内的代谢是最重要的生化反应。

（三）D-果糖

棱柱状结晶，以呋喃型结构形式存在，熔点为 104℃（分解），$[\alpha]_D^{20}$ 为－133°，其水溶液的$[\alpha]_D^{20}$ 为－92°。它存在于果品和蜂蜜中，是蔗糖的组成部分，是糖类甜味剂中甜度最高的，甜度约为蔗糖的 2 倍，可由菊粉（果糖的高聚体）水解制备。

(四) D-半乳糖

D-葡萄糖的 C_4 差向异构体。白色晶体,溶于水、乙醇。从乙醇中结晶获得的无水物熔点为 165～166℃(分解)。α-D-吡喃半乳糖 $[\alpha]_D^{20}$ 为 +150.7°;β-D-吡喃半乳糖 $[\alpha]_D^{20}$ 为 +52.8°;其水溶液的 $[\alpha]_D^{20}$ 为 +83.3°。存在于乳汁中,是乳糖、半纤维素、棉籽糖、琼脂、树胶等的组分。将乳糖水解可得到 D-半乳糖。

§16.4 单糖衍生物

(一) 糖醇

单糖中的醛基或酮基被还原则生成糖醇,天然存在的有丙三醇、木糖醇、山梨醇(D-葡萄醇)、环状的肌醇(为一种环多醇,一般按顺时针方向编号)等。糖醇的名称是由醛糖名称后加醇字而得。生活中常见的木糖醇是一种可以作为蔗糖替代物的五碳糖醇,可从白桦、覆盆子、玉米等植物中提取,但主要由木糖的加氢还原得到。木糖醇的甜度与蔗糖相当,但热量只有蔗糖的 60%。具体结构如下:

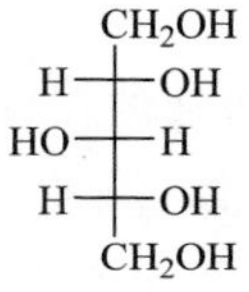

木糖醇 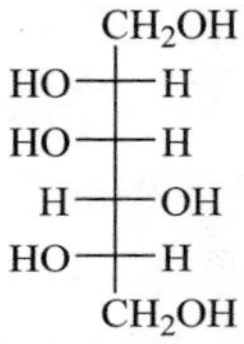　　山梨醇 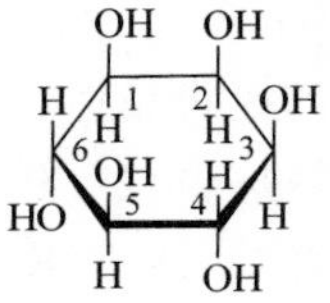　　肌醇 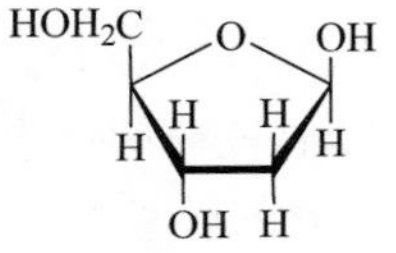　　2-脱氧-β-D-呋喃核糖

(二) 糖醛酸和糖酸

醛糖中的末位碳上的伯醇被氧化成羧酸,而醛基仍然存在的产物为糖醛酸。如葡萄糖醛酸是葡萄糖 6 位羟甲基氧化成羧酸,形成的内酯为 D-葡萄糖醛酸-γ-内酯,又名肝泰乐。在机体中的葡萄糖醛酸的醛基被氧化成羧基,如葡萄糖的醛基被氧化为羧基即为葡萄糖酸,与钙离子结合则为葡萄糖酸钙,为补钙药。葡萄糖酸常以内酯形式存在,如 1,5-葡萄糖酸内酯(D-(+)-葡糖酸-*δ*-内酯),是食品添加剂,可用作大豆蛋白的凝固剂,生产持水性好的内酯豆腐。

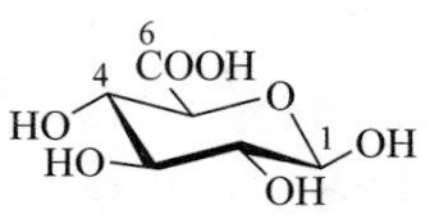

D-葡萄糖醛酸 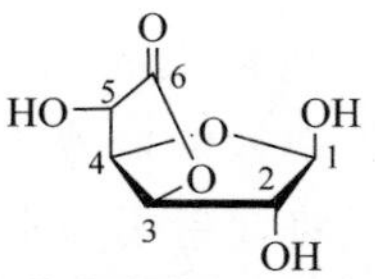　　D-葡萄糖醛酸-γ-内酯 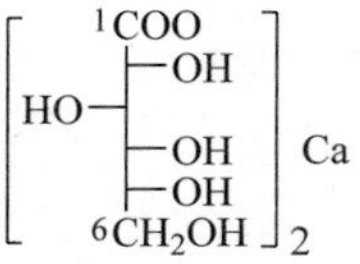　　D-葡萄糖酸钙 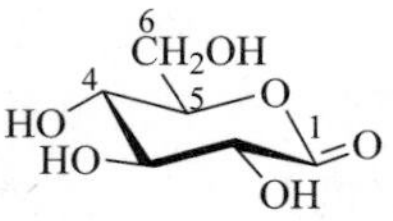　　D-(+)-葡糖酸-δ-内酯

(三) 氨基糖

若糖的一个羟基被氨基取代则为氨基糖,作为生物体成分最常见的是 2-脱氧-2-氨基己糖,如 2-脱氧-2-氨基葡萄糖(β-D-葡糖胺)和 2-脱氧-2-氨基半乳糖(β-D-半乳糖胺)。它们多数以乙酰氨基的形式存在,如细菌的细胞壁是由 NAG(β-D-*N*-乙酰氨基葡糖)和NAM(*β-D-N*-乙酰氨

基葡糖乳酸，又称 *N*-乙酰胞壁酸）通过 β-(1→4)糖苷键交替排列而成的多糖。

β-D-葡糖胺　　β-D-*N*-乙酰氨基葡糖　　β-D-半乳糖胺　　β-D-*N*-乙酰氨基葡糖乳酸

神经氨酸学名是 5-氨基-3，5 二脱氧-D-甘油型-甘露糖型-2-壬酮糖酸。唾液酸（sialic acid）有五十多种，最常见的是 *N*-乙酰神经氨酸，从 1 位到 3 位具有丙酮酸的结构，除此之外是具有乙酰氨基的乙酰甘露糖胺。唾液酸通常以低聚糖、糖脂或糖蛋白的形式存在，可以阻止病菌入侵，但也是流感病毒在黏液细胞中的结合位点。唾液酸还是神经末梢中含量丰富的神经节苷脂的重要成分。含唾液酸的复合糖类在高等动物的生理和病理上都起着重要的作用。唾液酸的结构如下：

丙酮酸　　乙酰甘露糖胺　　唾液酸

（四）单糖的磷酸酯和硫酸酯

许多单糖及其衍生物在自然界常以其中一个或多个羟基被磷酸或硫酸所酯化后的形式存在。如糖酵解代谢是从葡萄糖的磷酸化开始，葡萄糖（G）在己糖激酶催化下形成葡萄糖-6-磷酸（G-6-P），异构化成果糖-6-磷酸（F-6-P）后，再磷酸化形成果糖-1，6-二磷酸（F-1，6-2P）：

G-6-P　　F-6-P　　F-1, 6-2P

肝素中的 *N*-乙酰葡萄糖胺硫酸脂（2-*N*-磺氨基-2-脱氧-6-*O*-硫酸酯-β-D-吡喃葡萄糖），硫酸软骨素中的 *N*-乙酰氨基半乳糖硫酸酯（2-*N*-乙酰氨基-2-脱氧-6-*O*-硫酸酯-β-D-吡喃半乳糖和 2-*N*-乙酰氨基-2-脱氧-4-*O*-硫酸酯-β-D-吡喃半乳糖）。具体结构如下：

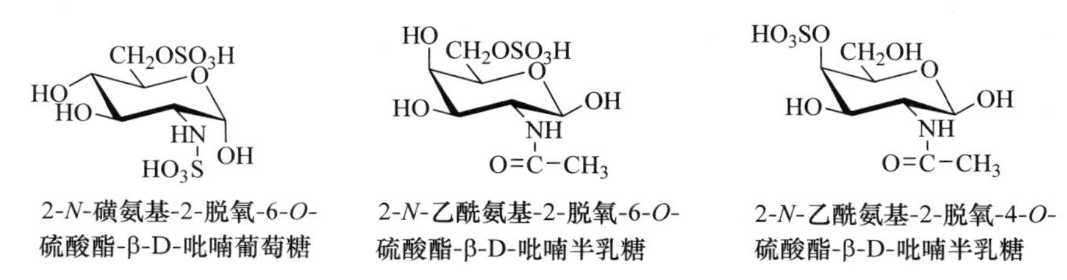

2-*N*-磺氨基-2-脱氧-6-*O*-硫酸酯-β-D-吡喃葡萄糖　　2-*N*-乙酰氨基-2-脱氧-6-*O*-硫酸酯-β-D-吡喃半乳糖　　2-*N*-乙酰氨基-2-脱氧-4-*O*-硫酸酯-β-D-吡喃半乳糖

（五）糖苷

单糖半缩醛羟基与另一个分子（如醇、糖、嘌呤或嘧啶）的羟基、氨基或巯基脱水缩合，通过端基碳连接而成的含糖衍生物为糖苷，也称配糖体。糖苷可分为两部分。一部分是糖的残基（糖去掉半缩醛羟基），另一个部分是配基（非糖部分，又称苷元）。配基可以很简单，也可以很复杂。当配基也是糖分子时，就是双糖、寡糖和多糖。

糖苷的化学名称是用构成此分子的糖的名称后面加苷字，并指出配基的名称及所连接糖残基的异头碳的构型 α 或 β，写在糖的名称之前。如 D-葡萄糖在氯化氢催化下同甲醇反应，脱去一分子水，形成的糖苷称为甲基-α-D-（+）-吡喃葡萄糖苷。天然苷常按其来源而用俗名。

糖的残基与配基相连的键称为苷键，构型为 α 的半缩醛羟基与配基形成的键，称为 α-苷键，构型为 β 的半缩醛羟基与配基形成的键，称为 β-苷键。天然苷多为 β-构型。通过氧、氮、硫原子连接糖苷键而成的糖苷分别称为 *O*-苷（最常见）、*N*-苷或 *S*-苷，碳碳直接连接成键的为 *C*-苷。

(1) *O*-苷： 苷元与糖基通过氧原子相连，如毛茛苷、水杨苷。

(2) *S*-苷： 糖的端基—OH 与苷元上的巯基缩合而成的苷，如萝卜苷。

毛茛苷　　水杨苷　　萝卜苷

(3) *N*-苷： 糖的端基碳与苷元上的氮原子相连而成的苷。在核苷酸和核酸中，核糖或脱氧核糖（戊糖糖基）经 *N*-糖苷键与嘧啶碱或嘌呤碱（糖苷配基）相连，糖苷键发生在嘧啶或嘌呤中的 N 原子上，是 N—C 键，称为 *N*-糖苷键。核苷中戊糖均为呋喃型环状结构，如胞嘧啶核苷、腺嘌呤脱氧核苷。

(4) *C*-苷： 糖基直接以 C 原子与苷元的 C 原子相连的苷，如假尿嘧啶核苷分子中核糖的 C_1 与尿嘧啶的 C_5 直接相连。

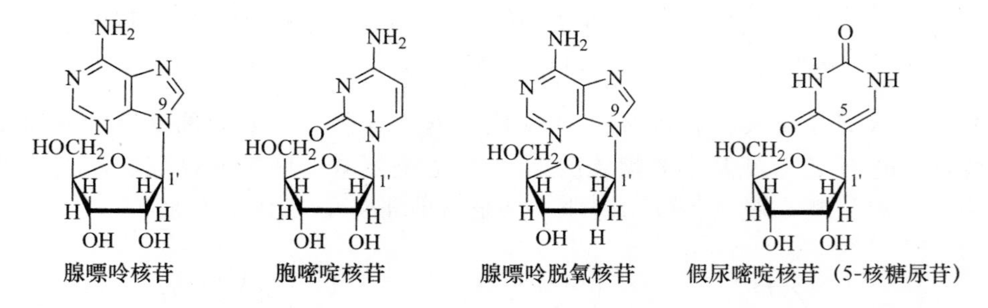

腺嘌呤核苷　　胞嘧啶核苷　　腺嘌呤脱氧核苷　　假尿嘧啶核苷（5-核糖尿苷）

糖苷结构中已没有半缩醛羟基，在溶液中不能再转变成开链的醛式结构，所以糖苷无还原性，也没有变旋现象。糖苷在中性或碱性环境中较稳定，但在酸性溶液中或在酶的作用下，则水解生成糖和非糖部分。例如苦杏仁苷水解的最终产物是葡萄糖、苯甲醛和氢氰酸。

糖苷广泛分布于植物的根、茎、叶、花和果实中，大多是带色晶体。苷中含有糖部分，所以在水中有一定的溶解性。苷类都有旋光性，天然苷多为左旋体，一般味苦，有些有剧毒。糖苷可用作药物。很多中药的有效成分就是糖苷，例如柴胡、桔梗、远志等。

§16.5　寡　　糖

寡糖(oligosaccharide)类别很多，由 2～20 个单糖分子通过糖苷键连接而成的低聚糖称为寡糖。寡糖的合成、结构、生物活性和作用机制是糖化学的研究重点。

（一）双糖

双糖存在最为广泛。常见的双糖有蔗糖、乳糖、麦芽糖和纤维二糖等。

(1) 蔗糖：由吡喃葡萄糖的 1-位半缩醛的 α-OH 和呋喃果糖的 2-位半缩酮的 β-OH 失水形成的配糖体，酸性水解产生一分子葡萄糖和一分子果糖。学名：β-D-呋喃果糖基-α-D-吡喃葡萄糖苷(视果糖为配基)。蔗糖为非还原糖，也没有变旋现象。蔗糖中的葡萄糖是 α-苷键，能被 α-葡糖苷酶水解，而不被 β-葡糖苷酶水解；蔗糖中的果糖是 β-苷键，蔗糖也可被 β-D-果糖苷酶水解。蔗糖甜味强于葡萄糖和麦芽糖，不如果糖。其构型和构象如下：

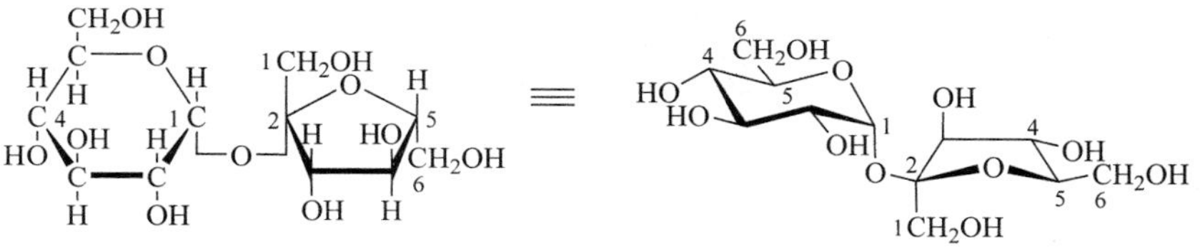

(2) 乳糖：存在于哺乳动物的乳中，学名为 4-*O*-(β-D-吡喃半乳糖基)-D-吡喃葡萄糖(以葡萄糖为母体命名)，D-半乳糖以半缩醛羟基与 D-葡萄糖的 4-位羟基相结合，形成糖苷键的半乳糖残基的异头碳是 β-型的，为 β-半乳糖苷酶所水解。乳糖中的葡萄糖残基存在半缩醛羟基，有还原性及变旋现象，由此异头碳的取向不同又分为 α-乳糖和 β-乳糖。α-乳糖比 β-乳糖易溶于水，甜度也稍大。

(3) 麦芽糖：学名为 4-*O*-(α-D-吡喃葡萄糖基)-D-吡喃葡萄糖，是葡萄糖苷，以 α-1,4 糖苷键结合，用 α-葡糖苷酶水解成 2 分子葡萄糖。糖的残基和配基均为葡萄糖，其中配基葡萄糖还存在半缩醛羟基，有还原性及变旋现象，存在 α-型和 β-型麦芽糖，通常得到的麦芽糖晶体是 β-型。

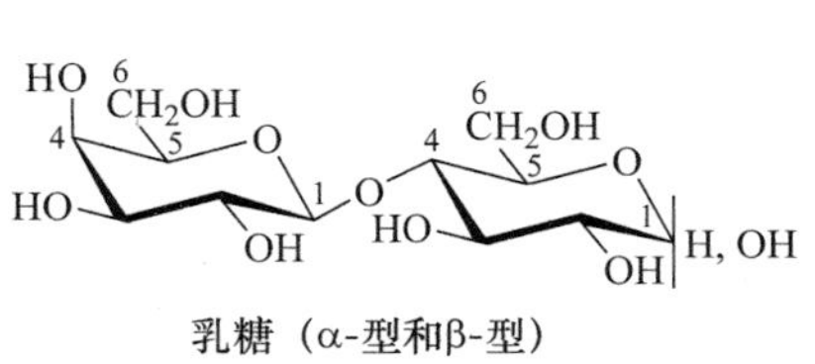

乳糖（α-型和β-型）

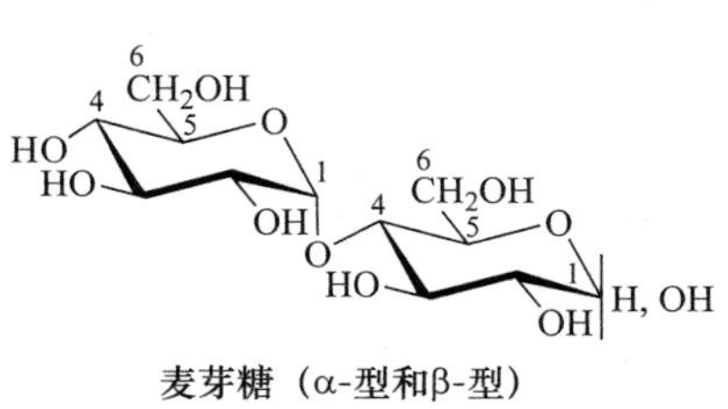

麦芽糖（α-型和β-型）

(4) 纤维二糖：学名为 4-*O*-(β-D-吡喃葡萄糖基)-D-吡喃葡萄糖。纤维二糖是纤维素的二糖单位，主要为 β-型，水解为两分子葡萄糖。纤维二糖结构几乎与麦芽糖相同，均为葡二糖，但没有甜味。不同的只是糖苷键的类型，纤维二糖是 β-1,4 糖苷键，为 β-葡糖苷酶水解。

人类由于消化系统没有β-葡糖苷酶，不能消化纤维素。

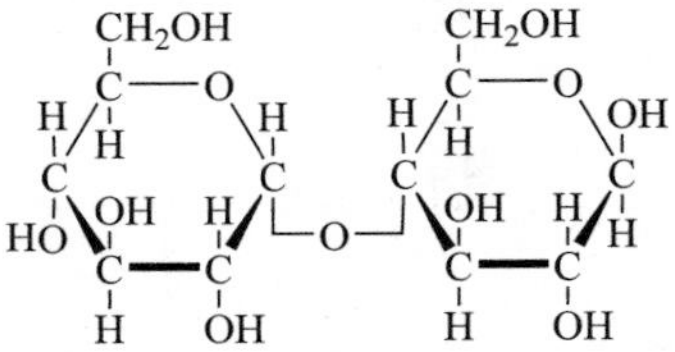

麦芽糖（β-型） 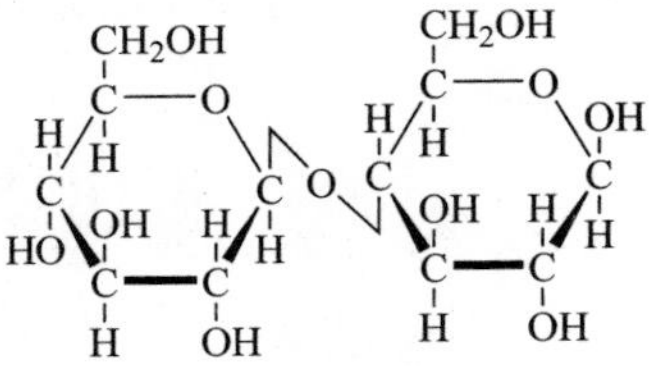　　纤维二糖（β-型）

（二）三糖以上的寡糖

三糖是由三分子单糖以糖苷键连结而组成的化合物的总称。如棉子糖是由葡萄糖、果糖和半乳糖各一分子组成，分子中葡萄糖、果糖和半乳糖互以半缩醛或半缩酮的羟基相结合。学名为α-D-吡喃半乳糖基-(1→6)-α-D-吡喃葡糖基-β-D-呋喃果糖苷。这是以苷作为词尾，最后的单糖还原基参与糖苷键，因此是非还原性三糖。棉子糖为棉子糖家族同系物寡糖的基础。另外天然存在的龙胆三糖为龙胆属植物根中的贮存糖。

四糖有水苏糖，是广泛分布于植物界的棉子糖家族的一员，甜度为蔗糖的22%。其分子结构为半乳糖-半乳糖-葡萄糖-果糖。人体摄入水苏糖后，由于消化道内缺乏α-D-半乳糖苷酶，水苏糖不经消化吸收可直接到达大肠内为双歧杆菌所利用，对人体胃肠道内的双歧杆菌、乳酸杆菌等有益菌群有着明显的增殖作用，能迅速改善人体消化道内环境，调节微生态菌群平衡。

人乳中存在着从二糖到六糖等几十种寡糖，多数为含乳糖基的高级寡糖。

（三）环糊精

环糊精是由环糊精葡糖基转移酶作用于支链淀粉而生成的。环糊精一般是由6、7或8个葡萄糖通过α-1,4糖苷键连接而成的无底桶状环状分子，分别称为α-、β-和γ-环糊精。环糊精分子结构像一个轮胎，桶的上端外侧是葡萄糖分子的两个仲羟基，下端是葡萄糖分子的C_6的伯羟基，即所有葡萄糖残基的C_6伯羟基都在大环一面的边缘。α-环糊精结构如下：

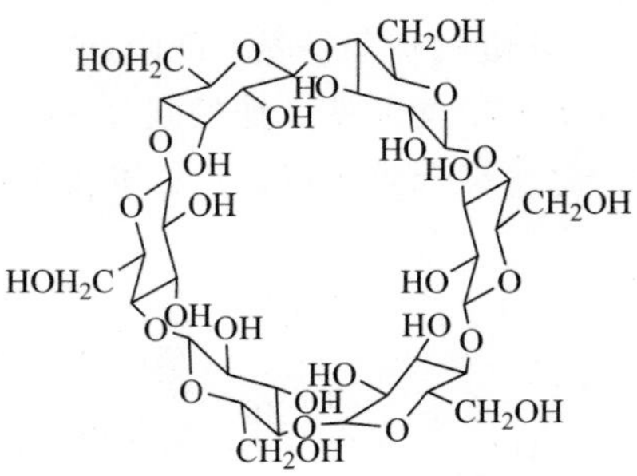

环糊精分子内部多碳骨架是疏水的，外部多羟基是亲水的。它既能溶于水，内部空隙又可包结疏水小分子化合物或离子，形成在水中有一定溶解度的包含配合物，并使其物理化学性质改变，如对光、热和氧都变得更加稳定，抗氧性增强，溶解度、分散度加大，可用作稳定剂、乳化剂、抗氧剂，也可用来增加溶解性等。圆筒形边缘的羟基可催化某些反应，如芳香酯的水解。羟基上连接一些酶的催化基团，可模拟一些酶的催化反应。环糊精可使某些D、L化合物发生选择性沉淀，可用来分离一些D、L异构体。

§16.6　多　　糖

由10个以上单糖分子通过糖苷键连接而成的糖称为多糖(polysaccharide),又称多聚糖。自然界糖类主要以多糖形式存在,是自然界存在的一类高分子化合物,相对分子质量从3万到4亿。根据生物来源不同,可分为植物多糖、动物多糖和微生物多糖;多糖可以由一种单糖单位组成,也可以由多种单糖单位组成,由此可分为同多糖和杂多糖;根据生物功能多糖又可分为贮能多糖如淀粉、糖原,结构多糖如纤维素、壳多糖,还有识别、传递信息的多糖,如细胞表面多糖。

(一) 同多糖(均一多糖)

由一种单糖组成,常见的有如下几种:

(1) 淀粉: 分子式可表示为$(C_6H_{10}O_5)_n$。淀粉广泛存在于植物的种子和块茎中,为植物贮存的养料。淀粉在酸性水解时,经糊精、麦芽糖,最后得到葡萄糖。天然淀粉一般含直链淀粉和支链淀粉两种组分。

① 直链淀粉: 约占淀粉总量的10%～30%。直链淀粉由50～200个D-葡萄糖结构单元通过α-1,4糖苷键连接成线性分子,相对分子质量为1万～6万,能溶于热水而不成糊状。麦芽糖可视为它的二糖单位。实际上直链淀粉的构象不是一条伸展的直链,而是螺旋状的开链大分子。螺旋的空间恰好可容纳碘分子,形成蓝色的配合物,故淀粉水溶液可用作碘量分析的指示剂。结构如下:

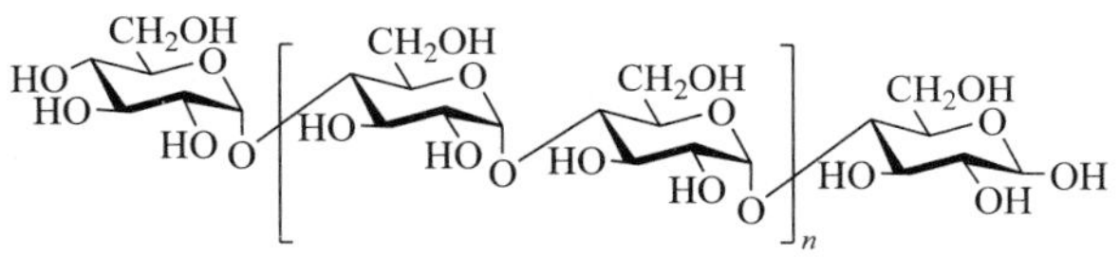

② 支链淀粉: 约占淀粉总量的70%～90%。支链淀粉的相对分子质量比直链淀粉大得多,从几万、几十万到数百万不等。D-葡萄糖结构单元不仅可以通过α-1,4糖苷键相连,而且在分枝点处还有α-1,6糖苷键相连。支链淀粉具有高度的开链结构,更易与水发生氢键作用,支链淀粉比直链淀粉更易溶于水,形成稳定的胶体。结构如下:

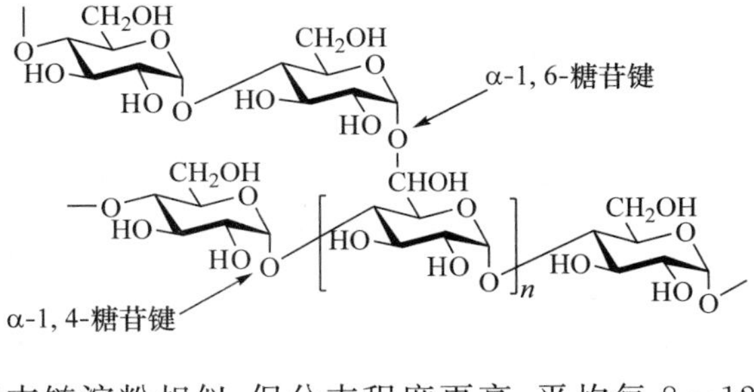

α-1, 6-糖苷键

α-1, 4-糖苷键

(2) 糖原: 结构与支链淀粉相似,但分支程度更高,平均每8～12个糖残基发生一次分支,高度分支可增加分子溶解度。糖原在稀酸、β-淀粉酶、磷酸化酶等作用下水解成麦芽糖和葡萄糖。糖原主要存在于动物的肝脏和骨骼肌中,分别占肝脏和骨骼肌湿重的5%和

1.5%，又称动物淀粉。糖原也存在于某些植物如真菌中。糖原溶于热水形成胶体溶液，不溶于乙醇，水溶液比旋光度为+198°～200°，遇碘呈红紫色至红褐色。糖原是动物最易动用的葡萄糖贮库，是体内各器官、特别是大脑的重要可利用的代谢燃料，可调节血糖水平。

(3) 菊粉： 是一种果聚糖，约由 31 个 β-呋喃果糖残基和 1～2 个吡喃葡萄糖残基聚合而成。在很多植物中代替淀粉成为贮存多糖，主要见于菊科植物，如菊芋的块茎。菊粉是十分理想的功能性食品配料，同时也是生产低聚果糖、高果糖浆、结晶果糖等产品的良好原料。

(4) 纤维素： 广泛存在于棉花、木材、稻草和野草等植物中，是生物圈里最丰富的有机物质，是植物(包括某些真菌和细菌)细胞壁的主要成分，构成植物的骨架，常与木质素、半纤维素伴生在一起。纤维素的分子式表示为$(C_6H_{10}O_5)_n$。其相对分子质量一般为 25 万～200 万，由 1700～13000 个 D-葡萄糖通过 β-1,4 糖苷键缩合而成的没有分支的开链大分子，采取完全伸展的构象，相邻、平行的伸展链，通过链内和链间的氢键网形成片层结构。若干条糖链聚集成紧密的有周期性晶格的分子束，多个这样的分子束平行共处，形成纤维素的线状微纤维。结构如下：

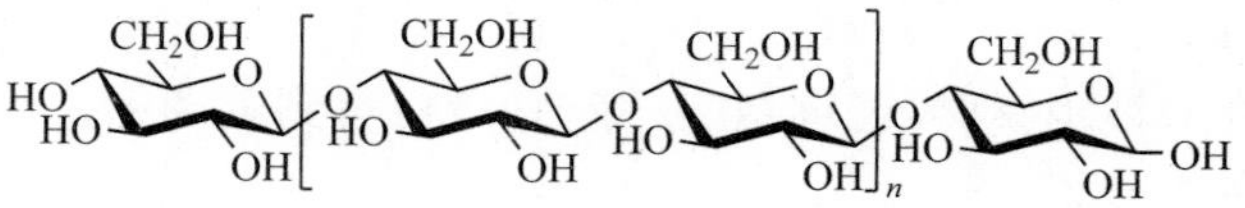

(5) 几丁质： 又称聚乙酰氨基葡萄糖、甲壳素，基本结构单位为壳二糖。几丁质(β-1,4-2-乙酰氨基-2-脱氧-D-葡聚糖)是由 2-乙酰氨基-2-脱氧-D-吡喃葡萄糖以 β-1,4 糖苷键缩合失水形成的线性均一多糖分子。几丁质结构和功能均与纤维素相似，是带正电的阳离子动物性食物纤维。几丁质不溶于水和有机溶剂，溶于浓硫酸和盐酸。几丁质为无脊椎动物(如虾、蟹、昆虫甲壳)外骨骼和一些菌类细胞壁的有机结构组分，其蕴藏量在地球上的天然高分子中占第二位，仅次于纤维素。被国际医学营养食品学会命名为除糖、蛋白质、脂、维生素和矿物质五大生命要素之外的第六大生命要素，有食物的营养，又具有辅助治疗的双重作用。可由虾蟹壳中提取甲壳素，甲壳素再以浓碱高温皂化水解脱除乙酰基，可得到壳多糖(β-1,4-2-氨基-2-脱氧-D-葡聚糖)，为可溶性甲壳素。结构如下：

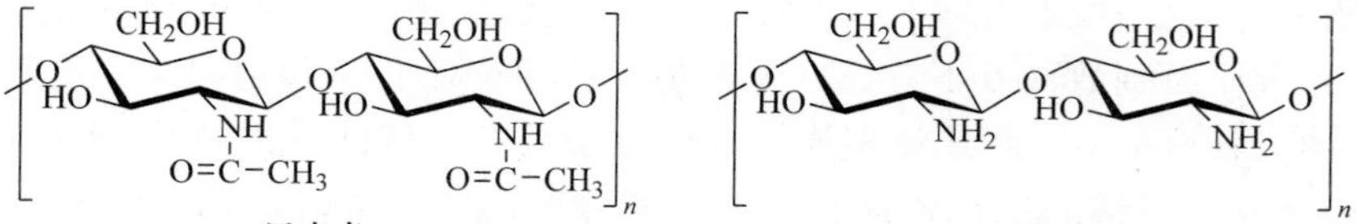

甲壳素　　　　壳多糖

(二) 杂多糖

由两种以上不同的单糖构成的多糖。常见的有：

(1) 果胶物质： 主要存在于植物的初生细胞壁和细胞之间的中层内，是细胞的黏合物质。果胶物质包括两种酸性多糖，聚半乳糖醛酸和聚鼠李半乳糖醛酸；三种中性多糖，阿拉伯聚糖、半乳聚糖和阿拉伯半乳聚糖。每种多糖数目随植物来源、组织和发育阶段不同而不同，侧链中残基的数目、种类、连接方式以及其他取代基存在的情况也随之有相当大的变化。果胶相对分子质量一般为 25000～50000(相当于 150～300 个残基)，果胶溶液是亲水胶体，在适当的酸度(pH=3)和糖浓度(60%～65%蔗糖)条件下形成凝胶。

(2) 琼脂： 俗称洋菜，是从海藻中提取的多糖体，由琼脂糖和琼脂(果)胶组成，是配制固体培养基的最好凝固剂。琼脂糖是琼脂的主要成分，由 D-吡喃半乳糖和 3，6-脱水 L-吡喃半乳糖两个单位交替组成的线性链状分子，D-吡喃半乳糖以 β 型与 3，6-脱水 L-吡喃半乳糖 C_4 位相连，3，6-脱水 L-吡喃半乳糖再以 α 型与 D-吡喃半乳糖 C_3 位相连。

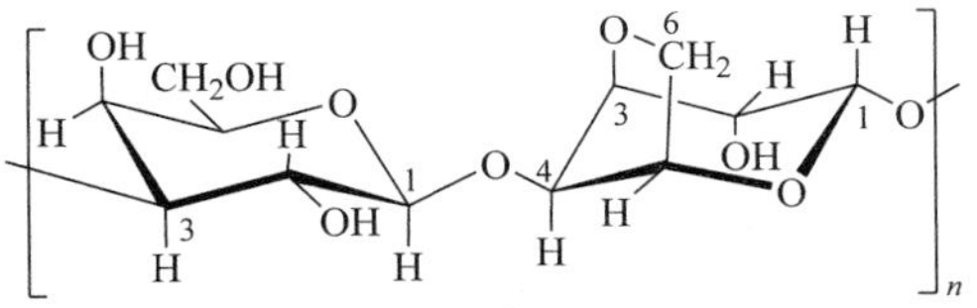

琼脂糖

琼脂胶为琼脂糖的单糖残基不同程度地被硫酸基、甲氧基、丙酮酸所取代，形成带有不同程度负电荷基团的多糖混合物，凝胶能力差。在由琼脂制备琼脂糖的过程中应尽量将琼脂胶除去。

(3) 半纤维素：指在植物细胞壁中与纤维素共生、可溶于碱溶液的多糖，是植物体中一种重要的支撑物质，约占木材干重的 15%～25%，秸秆的 25%～45%。半纤维素遇酸后比纤维素更易于水解。构成半纤维素的糖基主要有 D-木糖、D-甘露糖、D-葡萄糖、D-半乳糖、L-阿拉伯糖、4-氧甲基-D-葡萄糖醛酸及少量 L-鼠李糖、L-岩藻糖等。半纤维素主要分为三类：聚木糖类，以 β-1，4-糖苷键连接的 D-吡喃型木糖构成主链；聚葡萄甘露糖类，以 β-1，4-糖苷键连接的 D-吡喃型葡萄糖基和吡喃型甘露糖基构成主链；聚半乳糖葡萄甘露糖类，D-吡喃型半乳糖基用支链的形式以 α-1，6-糖苷键连接到 D-吡喃型葡萄糖基和吡喃型甘露糖基构成的主链上。半纤维素是目前造纸黑液的主要组成部分。植物细胞壁除去果胶物质后，可用 15% NaOH 提取获得。

§16.7　肽　聚　糖

肽聚糖（peptidoglycan）属于细菌杂多糖中的结构多糖。肽聚糖又称黏肽（mucopeptide）或胞壁质（murein），是细菌细胞壁的成分。它的基本结构单位胞壁肽是一个含有四肽侧链的二糖单位。二糖单位由 β-1，4-糖苷键连接的 *N*-乙酰氨基葡糖（NAG）和 *N*-乙酰胞壁酸（NAM）组成。四肽侧链的 *N*-端通过酰胺键与 NAM 残基上的乳酸基相连，四肽侧链中氨基酸以 D-型和 L-型交替存在。二糖单位间通过 β-1，4-糖苷键连接成多糖链。肽聚糖也可以看成壳多糖的单糖残基交替被乳酸取代，并通过它连接四肽侧链。肽聚糖分子中平行的多糖链通过四肽侧链被交联成网格结构。肽聚糖实际上是一个由共价键连接、包围着整个细菌细胞的囊状大分子。青霉素就是通过抑制转肽酶干扰新的细胞壁形成而发挥抑菌作用的。

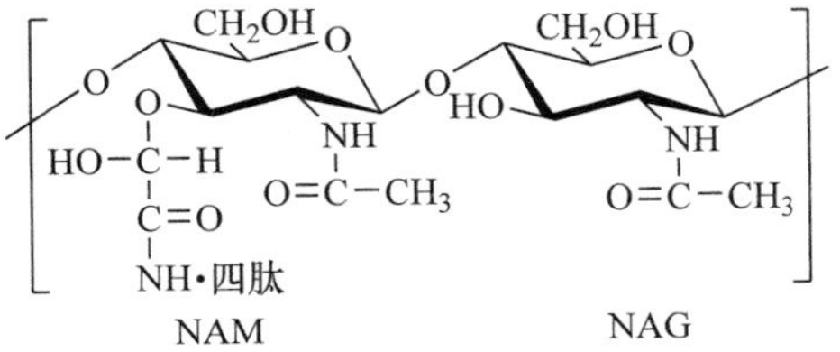

NAM　　NAG

胞壁肽结构

（一）糖胺聚糖和蛋白聚糖

（1）糖胺聚糖：（glycosaminoglycan，GAG）又称黏多糖（mucopolysaccharide）、氨基多糖或酸性多糖，是动物和植物，特别是高等动物结缔组织中的一类结构多糖。糖胺聚糖属于杂多糖，为不分支的长链聚合物。多糖链是由己糖醛酸和己糖胺的二糖重复单位组成，己糖胺为含有葡糖胺或半乳糖胺的氨基糖。多数糖胺聚糖都不同程度地被硫酸化，如 4-硫酸软骨素、硫酸角质素等。糖胺聚糖分子电荷密度高，呈酸性，这是由于二糖单位中至少有一个糖带有负电荷的羧酸或硫酸基，构成带阴离子多糖链。糖胺聚糖的亲水性可保持疏松结缔组织中的水分，多价阴离子可调节 K^{+}、Na^{+}、Ca^{2+} 和 Mg^{2+} 等离子在组织中的分布，附在关节上具有润滑和保护作用，还有促进伤口愈合的作用。糖胺聚糖主要有以下几种：

① 透明质酸（hyaluronic acid，HA）：又名玻璃（糖醛）酸，是最简单的糖胺聚糖。二糖重复单位为β-D-葡萄糖醛酸通过β-1，3 糖苷键与 *N*-乙酰氨基-2-脱氧 β-D-葡萄糖相连，二糖单位间以 β-1，4 糖苷键连接。HA 广泛存在于动物结缔组织的细胞外基质，在胚胎、滑液、脐带等组织中尤为丰富，可从雄鸡冠中提取。HA 的主要功能是在组织中吸着水，具有润滑作用。HA 广泛应用于各类眼科手术，如晶体植入、角膜移植和抗青光眼手术等。其还可用于治疗关节炎和加速伤口愈合。将其用于化妆品中，能起到保护皮肤的作用。透明质酸的重复结构如下：

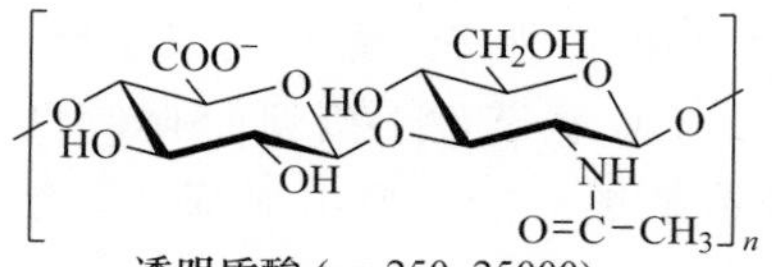

透明质酸（n= 250~25000）

② 肝素（heparin，Hp）：含有硫酸酯的黏多糖，分子结构用一个四糖重复单元表示，组分是氨基葡萄糖、L-艾杜糖醛酸和 D-葡萄糖醛酸。Hp 最先在肝脏中发现，广泛存在哺乳动物的肺、肝、皮肤和其他结缔组织的肥大细胞中，为天然抗凝血物质，为抗凝血酶Ⅲ的增强剂。Hp 可用于防治各种血栓的形成和栓塞、降低胆固醇、治疗动脉硬化。Hp 可从猪小肠的黏膜或牛肺中提取。其钠盐肝素钠的相对分子质量为 6000～20000，重复结构如下：

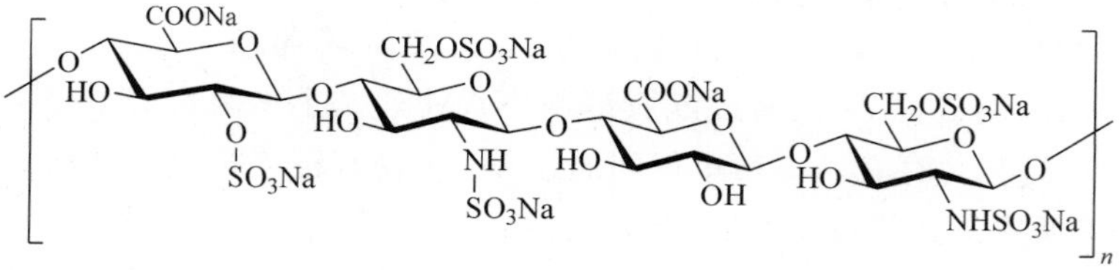

③ 硫酸软骨素（chondroitin sulfate，CS）：为动物的软骨组织中得到的黏多糖。由 D-葡糖醛酸和 *N*-乙酰氨基半乳糖以 β-1，3-糖苷键连接的重复二糖单位组成的多糖，并在 *N*-乙酰氨基半乳糖的 C_4 位或 C_6 位羟基上发生硫酸酯化。由此分为 4-硫酸软骨素（硫酸软骨素 A）和 6-硫酸软骨素两类，一般为混合型软骨素硫酸结构，两种硫酸软骨素都存在。分子一般含 50～70 个重复二糖单位。CS 在体内以蛋白聚糖聚集体形式存在于动物软骨、鼻中隔、心脏瓣膜和脐带中。其钠盐或钙盐主要应用于关节炎、滴眼液等。4-硫酸软骨素和 6-硫酸软骨素重复二糖单位为：

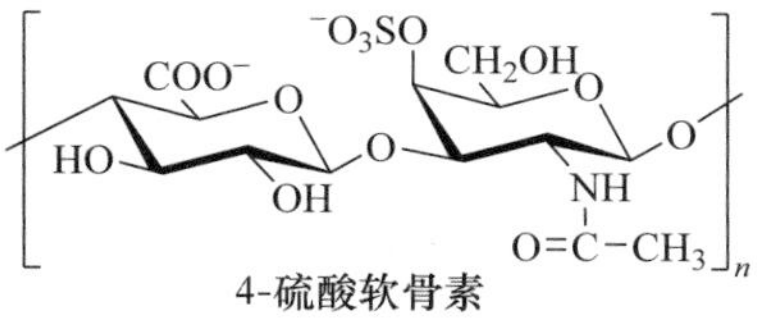

4-硫酸软骨素 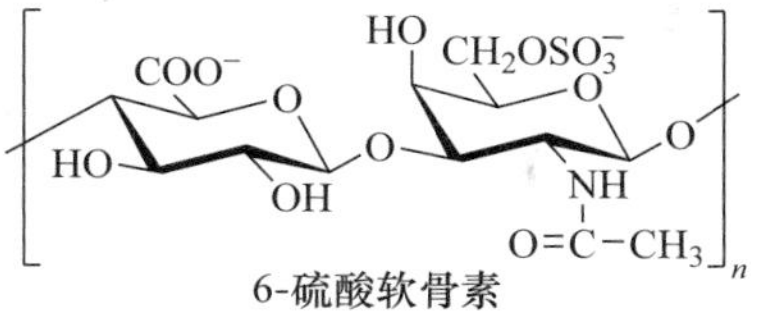　　　　6-硫酸软骨素

(2) 蛋白聚糖(proteoglycan)： 又称黏蛋白、黏多糖蛋白复合物、软骨蛋白等。蛋白聚糖是一类特殊的糖蛋白，由一条或多条糖胺聚糖通过共价键与一个核心蛋白质相连形成蛋白聚糖，除透明质酸外，糖胺聚糖多以蛋白聚糖形式存在。与糖蛋白比较，蛋白聚糖中按质量计算糖的比例高于蛋白质，甚至可达 95%或更高，糖部分主要是不分支的糖胺聚糖链，典型的每条约含 80 个单糖残基。蛋白聚糖主要分布在细胞外基质、细胞表面以及细胞内的分泌颗粒中，具有黏稠性，相对分子质量大，如从软骨中提取的蛋白聚糖，其沉降系数为 16 s，相对分子质量为 1.6×10^6。有的蛋白聚糖可形成蛋白聚糖聚集体，沉降系数可达 70 s 和 600 s，是高度亲水的多价阴离子，在维持皮肤、关节、软骨等结缔组织的形态和功能方面起重要作用。

(二) 糖蛋白

糖蛋白(glycoprotein)是一类复合糖或缀合蛋白质。许多膜的内在蛋白和分泌蛋白都是糖蛋白。糖蛋白和糖脂中的寡糖链(一般少于 15 个单糖单位)序列多变，结构信息丰富，甚至超过核酸和蛋白质。膜蛋白大多是糖蛋白，如血型抗原(A、B、O)、细胞膜中的免疫球蛋白，病毒和激素等的膜受体等。糖蛋白还包括促黄体激素、绒毛膜促性腺激素、血清清蛋白、蛋白凝血酶原和纤溶酶原等。另外，核糖核酸酶、卵清蛋白、鱼的抗冻蛋白等也都含有糖链。不同糖蛋白中含糖量变化很大，通常糖成分占糖蛋白质量的 1%～80%。例如胶原蛋白含糖量不到 1%，免疫球蛋白 G(Ig G)含糖量低于 4%，人红细胞膜的血型糖蛋白含糖量为 60%，胃粘蛋白含糖量为 82%。一个寡糖链中单糖种类、连接位置、异头碳构型和糖环类型的排列组合数目可能是个天文数字。糖蛋白中寡糖链的还原端残基与多肽链氨基酸残基之间的连接方式有 *N*-糖肽键和 *O*-糖肽键。*N*-糖肽键指 β 构型的 *N*-乙酰葡糖胺 C_1 与天冬酰胺 γ-酰胺的 N 原子共价连接形成 *N*-糖苷键，*O*-糖肽键指环状单糖(*N*-乙酰半乳糖胺、半乳糖或 L-呋喃阿拉伯糖)的 C_1 与羟基氨基酸的羟基氧原子共价结合形成 *O*-糖苷键。

糖蛋白中的寡糖链在分子识别和细胞识别等生物学过程中都起重要作用，如细胞粘着、血浆老蛋白的清除、淋巴细胞迁移回归淋巴结和精卵识别等。细胞表面上有一层糖蛋白构成的糖被或称糖萼，在细胞通信上起着重要的作用，是细胞识别的必要部分，如同细胞间联络的文字或语言。病毒感染细胞时即通过细胞表面的受体糖蛋白，它们构成膜抗原的决定簇。糖蛋白还可对细胞表面起保护作用和润滑作用。

(1) 凝集素(lectin)： 一类非抗体的蛋白质或糖蛋白，能与某种类型的寡糖特异性结合，并具有凝集细胞、沉淀聚糖和复合糖的作用。按其来源可分为动物、植物和微生物三大类。伴刀豆凝集素 A(ConA)、花生凝集素等属植物凝集素；细菌和病毒的凝集素，如流感病毒含红细胞凝集素。根瘤菌和宿主间的选择有很强的专一性，是由凝集素介导完成的；微生物对宿主的感染也是凝集素介导的，如大肠杆菌通过细胞凝集素连接于宿主细胞表面的特定位点上。这种类型的识别机制解释了细菌疾病的组织特异性。

(2) 血型物质(blood group substance)： 存在于红血球表面，决定血型特异性的物质。在人血红细胞表面找到了 100 多种血型决定簇(抗原决定簇)，其中很多是寡糖，分属 20 多个独立的血型系统。研究最多的ABO血型系统中控制ABO式血型的物质是一类高分子糖蛋白。A型、B型或是O型物质(亦称H型物质)三个抗原决定簇仅在糖亚基的末端结构上差一个单糖残基。在各种血型中,由共同存在的H基因发出指令,合成一种能将某种前体物质转化为H物质的酶。在具有A基因(或B基因)的人体内,H物质再变为A物质(或B物质)。但O型基因则不能使H物质发生改变,从而决定了O型血球的抗原(一般人都不存在H物质的抗体,所以只有使用特殊的抗体才能对H物质检测出来)。A型血的红细胞具有凝集原A,在寡糖基的非还原端有一个*N*-乙酰乳糖胺基(GalNAc),在血清中含有抗B凝集素;B型血的红细胞具有凝集原B,有一个乳糖基(Gal),在血清中含有抗A凝集素;AB型血的红细胞兼有凝集原A和凝集原B,但血清中无上述两种凝集素;O型血的红细胞无两种凝集原,但含有抗A凝集素和抗B凝集素。此类血型物质在有些人中只存在于他们的红血球或细胞表面,称为非分泌型;在另一些人中,甚至在唾液、精液、汗、泪等体液中也有发现。

习　　题

1. 写出所有的D-戊醛糖和L-戊酮糖的构型式(酮糖的羰基一般在2位)。

2. 写出下列单糖的Haworth透视式:

(1) α-D-吡喃甘露糖　(2) β-D-呋喃果糖　(3) α-D-吡喃果糖

(4) α-L-吡喃阿拉伯糖　(5) α-D-呋喃核糖　(6) β-L-呋喃葡萄糖

3. 写出β-D-吡喃葡萄糖甲苷与Ag_2O和CH_3I(过量)反应后,用盐酸处理的反应式,并命名产物及中间产物。

4. 如何制备下列化合物:

(1) D-吡喃葡萄糖甲苷　(2) 1,2,3,4,6-五-*O*-乙酰基-D-葡萄糖　(3) L-半乳糖酸

(4) L-半乳糖二酸　(5) 2,3,4,6-四-*O*-甲基-D-甘露糖　(6) 从三种不同原料出发制D-葡萄糖脎

5. 某D-系单糖(A),分子式为$C_5H_{10}O_4$,能还原Tollen试剂,能生成脎,并能发生变旋光现象。用Br_2-H_2O氧化(A)得到一元酸(B),具有旋光性;(A)用稀硝酸氧化得到二元酸(C),无旋光性。在HCl气作用下,(A)与甲醇反应得到相应的α-和β-甲基糖苷(D),(D)用硫酸二甲酯在碱性条件下甲基化,得到多甲基衍生物(F),其分子式为$C_8H_{16}O_4$;将(F)酸性水解,再用浓硝酸氧化,得到两种二元酸(G)和(H),(G)的分子式是$C_4H_6O_5$,无旋光性,(H)的分子式是$C_5H_8O_5$,有旋光性;在上述用浓硝酸氧化反应中,除得到(G)和(H)外,还得到CO_2及甲氧乙酸。试推出单糖(A)的结构,并写出各步反应式。

6. 已知D-葡萄糖可与二分子丙酮反应,生成1,2,5,6-二-*O*-异亚丙基-α-D-葡萄糖,请推测D-葡萄糖参与反应的结构,写出反应式。

7. 写出下列糖苷的Haworth透视式及构象式(吡喃环),并指出苷键的种类:

(1) 1,2-*O*-异亚丙基-α-D-呋喃葡萄糖

(2) 2-乙酰氨基-2-脱氧-α-D-呋喃葡糖苷

(3) 1-*O*-(α-D-吡喃葡萄糖苷基)-α-D-吡喃葡糖苷

(4) 6-*O*-(α-D-吡喃半乳苷基)-D-吡喃葡萄糖

第十七章　氨基酸、多肽、蛋白质和核酸

§17.1　氨　基　酸

生物体的各种生命活动都主要依靠蛋白质来实现。蛋白质都是由氨基酸组成，氨基酸是分子中同时含有氨基和羧基的化合物。根据氨基在烃基的不同位置，氨基酸可以分成 α-，β-，γ-，…，ω-氨基酸，但最重要的是 α-氨基酸。氨基酸大多具有旋光，是手性分子，相对构型可用 D-、L-表示，L-构型就相当于 *R*-、*S*-标记的绝对构型中的 *S*-构型。自然界存在的各种蛋白质，从细菌到人，都是由 20 种基本氨基酸所组成，这些氨基酸都是 L-型 α-氨基酸。

（一）氨基酸是蛋白质的基本结构单位

蛋白质被酸、碱或蛋白酶催化完全水解得到各种氨基酸的混合物。

(1) 酸水解得 17 种 L-型 α-氨基酸： 在氮气保护下将蛋白质样品于加入 6 $mol \cdot L^{-1}$ 盐酸溶液，于 105～110℃水解 24 h，可得到 17 种 L-氨基酸，但色氨酸完全被破坏。然后，过滤、脱色、调 pH 为 6～7，冷冻干燥得样品，用氨基酸分析仪进行分析。20 种氨基酸可分离得到 17 种，且基本不消旋。其中丝氨酸及苏氨酸（羟基氨基酸）可能有一小部分分解。

(2) 碱水解得色氨酸： 蛋白质样品中加入 10%氢氧化钾水溶液并置于 40±1℃培养箱中水解 16～18 h。碱性下多数氨基酸被破坏并消旋，但可以得到色氨酸。

(3) 酶水解： 一般在中性介质、酶最适温度下水解，不消旋也不破坏氨基酸。用一种蛋白酶不能使蛋白质水解彻底，需要几种酶协同作用才能使蛋白质完全水解。常用的蛋白酶有胰蛋白酶、胰凝乳蛋白酶和胃蛋白酶等。酶水解主要是用于蛋白质的部分水解，水解位点特定，得到的蛋白质片段用于进行蛋白质的一级结构分析。

（二）氨基酸的结构特点

20 种基本氨基酸中 19 种氨基酸是 α-氨基酸，只有脯氨酸是 α-亚氨基酸，它的 α 碳上连接的是亚氨基。α-氨基酸的 α 碳原子上连有一个伯氨基（$—NH_2$）、一个羧基（—COOH）、一个氢原子和一个可变的 R 侧链或称为 R 基。这四个不同基团按照四面体方向分布。α-氨基酸分子存在着 D-和 L-两种不同的异构体，参与天然蛋白质组成的仅为 L-氨基酸。在 L-构型的 α-氨基酸的 Fischer 投影式中，氨基在 Fischer 投影式直线的左边，与 L-甘油醛中的羟基向位类似：

CHO HO—┼—H CH_3	COOH H_2N—┼(α)—H R	COOH H_2N—┼—H CH_3
L-甘油醛	L-氨基酸	L-丙氨酸或*S*-丙氨酸

氨基酸在中性介质中，羧基解离成$—COO^-$（在酸性溶液中，如 pH = 1 时才全变成$—COOH$），带负电荷；氨基质子化成$—NH_3^+$（在碱性溶液中，如 pH = 11 时才全变成$—NH_2$），带正电荷。氨基酸在晶体或水中主要是以两性离子（zwitterions）或称偶极离子（dipolar ion）的形式存在。氨基酸晶体均为白色结晶，其熔点很高，一般在 200℃ 以上，每一种氨基酸都有特殊的结晶形状。除酪氨酸和由两个半胱氨酸形成的胱氨酸外，氨基酸一般在水中都有一定的溶解度。

§ 17.2　常见蛋白氨基酸、不常见蛋白氨基酸和非蛋白氨基酸

常见蛋白氨基酸（基本氨基酸）有 20 种，这 20 种氨基酸在自然界至少存在了二十亿年。这 20 种氨基酸产生复杂的、变化多端的三维结构，是蛋白质参加如此众多生物过程的基础；在某些蛋白质中还存在一些不常见的氨基酸，它们是在蛋白质生物合成后，在已合成的肽链上由常见的氨基酸残基经专一酶催化、化学修饰转化而成；另外在各种组织和细胞中还发现了非蛋白氨基酸，有一些是 β-、γ-或 δ-氨基酸，也有一些是 D-氨基酸。生物体内已发现氨基酸有 180 种，可被分为常见蛋白氨基酸，不常见蛋白氨基酸和非蛋白氨基酸。

（一）常见蛋白氨基酸

20 种常见蛋白氨基酸在结构上由于 R 侧链不同而具有不同的物理化学性质，R 侧链的大小、形状、电荷、形成氢键能力和化学活性都有差异。按侧链 R 基的不同可对常见蛋白氨基酸进行分类。为使用方便，每个氨基酸常用三个字母或单字母简写表示。如丙氨酸可缩写成 Ala 或 A，脯氨酸缩写成 Pro 或 P。在写长序列氨基酸组成时单字母符号则更常用。

按 R 基化学结构的不同分类：

（1）脂肪族氨基酸

① 中性脂肪族氨基酸

中文名	英文名	化学名称	三字母符号	单字母符号	备注
甘氨酸	glycine	L-氨基乙酸	Gly	G	无旋光
丙氨酸	alanine	L-α-氨基丙酸	Ala	A	
缬氨酸	valine	L-α-氨基-β-甲基丁酸	Val	V	
亮氨酸	leucine	L-α-氨基-γ-甲基戊酸	Leu	L	
异亮氨酸	isoleucine	L-α-氨基-β-甲基戊酸	Ile	I	

结构式：

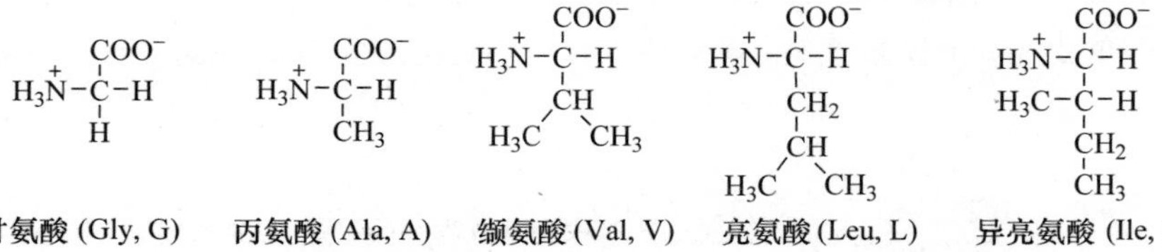

$H_3\overset{+}{N}-CH(COO^-)-H$
甘氨酸 (Gly, G)

$H_3\overset{+}{N}-CH(COO^-)-CH_3$
丙氨酸 (Ala, A)

$H_3\overset{+}{N}-CH(COO^-)-CH(CH_3)_2$
缬氨酸 (Val, V)

$H_3\overset{+}{N}-CH(COO^-)-CH_2-CH(CH_3)_2$
亮氨酸 (Leu, L)

$H_3\overset{+}{N}-CH(COO^-)-CH(CH_3)-CH_2-CH_3$
异亮氨酸 (Ile, I)

甘氨酸是最简单的氨基酸，侧链为一个 H 原子。丙氨酸、缬氨酸、亮氨酸和异亮氨酸侧

链分别为甲基、异丙基、异丁基、异丁基，都是疏水性氨基酸，R-基均不活泼。

② 含羟基或含硫的氨基酸：

丝氨酸	serine	L-α-氨基-β-羟基丙酸	Ser	S	蚕丝中多
苏氨酸	threonine	L-α-氨基-β-羟基丁酸	Thr	T	
半胱氨酸	cysteine	L-α-氨基-β-巯基丙酸	Cys	C	氧化为胱氨酸
甲硫氨酸	methionine	L-α-氨基-γ-甲硫基丁酸	Met	M	代谢过程甲基供体

结构式：

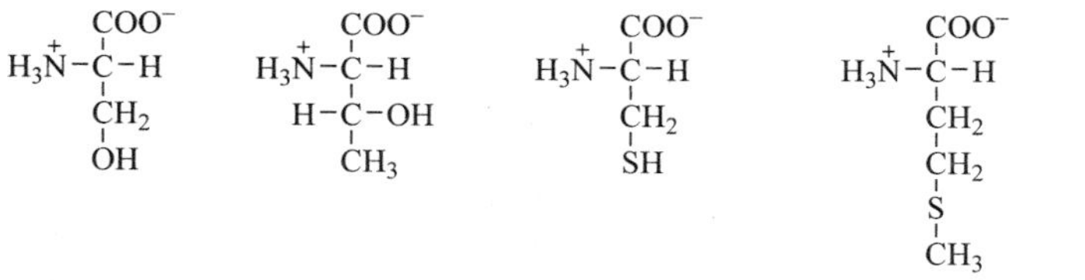

$H_3\overset{+}{N}-CH(COO^-)-CH_2-OH$

$H_3\overset{+}{N}-CH(COO^-)-CH(OH)-CH_3$

$H_3\overset{+}{N}-CH(COO^-)-CH_2-SH$

$H_3\overset{+}{N}-CH(COO^-)-CH_2-CH_2-S-CH_3$

丝氨酸 (Ser, S)　苏氨酸 (Thr, T)　半胱氨酸 (Cys, C)　甲硫氨酸 (Met, M)

丝氨酸和苏氨酸侧链含羟基。甲硫氨酸和半胱氨酸侧链都含一个硫原子，甲硫氨酸又称蛋氨酸，侧链不活泼；半胱氨酸是疏水氨基酸，单侧链上的—SH 活泼，在蛋白质中常以其氧化型的形式——胱氨酸(cystin(e))存在。两个半胱氨酸被氧化形成一个二硫键，生成一个胱氨酸，在某些蛋白质中起着特殊的作用。

③ 酸性氨基酸及其酰胺：

天冬氨酸	aspartic acid	L-α-氨基丁二酸	Asp	D	
谷氨酸	glutamic acid	L-α-氨基戊二酸	Glu	E	
天冬酰胺	asparagine	L-α-氨基丁二酸一酰胺	Asn	N	在生理 pH 范围内，侧链不带电荷
谷氨酰胺	glutamine	L-α-氨基戊二酸一酰胺	Gln	Q	

结构式：

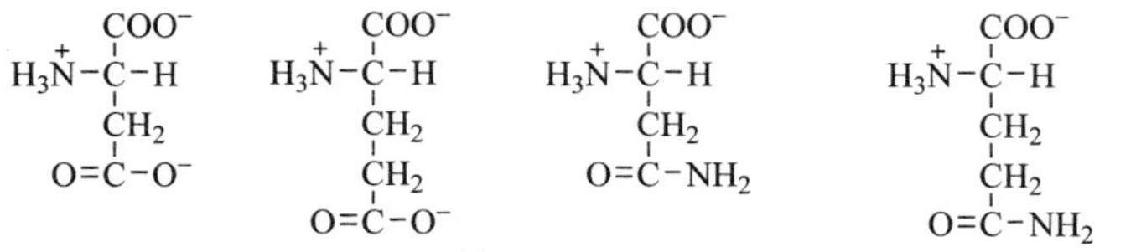

$H_3\overset{+}{N}-CH(COO^-)-CH_2-C(=O)-O^-$

$H_3\overset{+}{N}-CH(COO^-)-CH_2-CH_2-C(=O)-O^-$

$H_3\overset{+}{N}-CH(COO^-)-CH_2-C(=O)-NH_2$

$H_3\overset{+}{N}-CH(COO^-)-CH_2-CH_2-C(=O)-NH_2$

天冬氨酸 (Asp, D)　谷氨酸 (Glu, E)　天冬酰胺 (Asn, N)　谷氨酰胺 (Gln, Q)

天冬氨酸和谷氨酸的侧链在生理条件下是带负电荷的，它们的衍生物天冬酰胺和谷氨酰胺是不带电荷的，末端为酰胺基而不是一个羧酸根。

④ 碱性氨基酸：

赖氨酸	lysine	L-α，ε-二氨基己酸	Lys	K	
精氨酸	arginine	L-α-氨基-δ-胍基戊酸	Arg	R	蛋白代谢中重要

结构式：

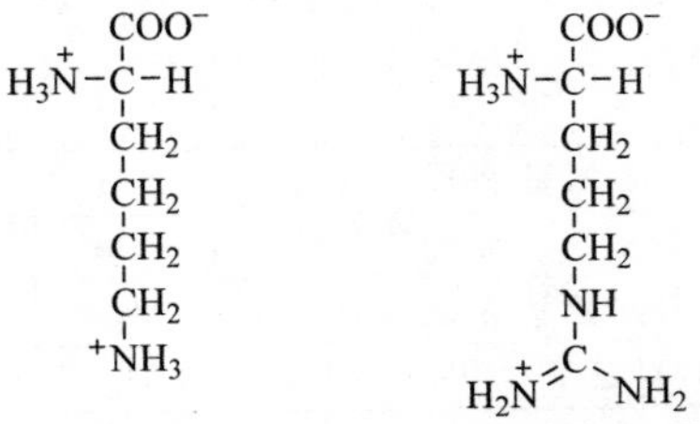

赖氨酸 (Lys, K)　　**精氨酸** (Arg, R)

赖氨酸和精氨酸在生理条件下带正电荷。

(2) 芳香族氨基酸:

苯丙氨酸	phenylalanine	L-α-氨基-β-苯基丙酸	Phe	F	用于苯丙酮尿症诊断
酪氨酸	tyrosine	L-α-氨基-β-对羟苯基丙酸	Tyr	Y	
色氨酸	tryptophan	L-α-氨基-β-吲哚基丙酸	Trp	W	体内可转变为尼克酸

结构式:

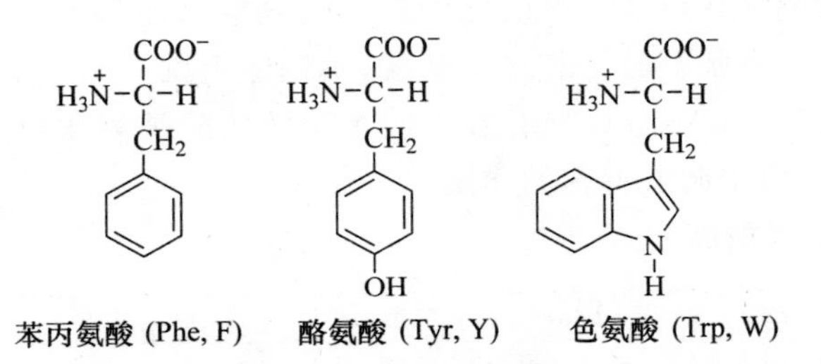

苯丙氨酸 (Phe, F)　**酪氨酸** (Tyr, Y)　**色氨酸** (Trp, W)

苯丙氨酸、酪氨酸和色氨酸由于侧链上的芳香环是疏水的，在紫外区有强的光吸收，在生理条件下都不带电荷。

(3) 杂环族氨基酸:

组氨酸	histidine	L-α-氨基-β-咪唑基丙酸	His	H	碱性氨基酸
脯氨酸	proline	L-α-吡咯烷羧酸	Pro	P	α-亚氨基酸

结构式:

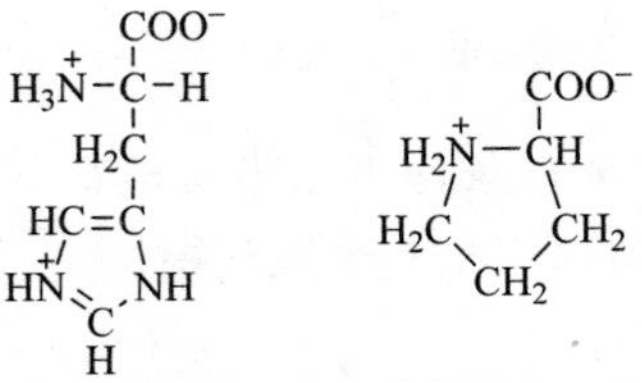

组氨酸 (His, H)　　**脯氨酸** (Pro, P)

组氨酸是否带正电荷，当视其局部环境而定。脯氨酸是疏水的亚氨基酸，它的氨基是仲氨基，侧链与氨基和 α 碳两者相连，形成环结构，具有刚性构象。

(二) 不常见的蛋白氨基酸

蛋白质中还含有 20 种常见的蛋白氨基酸以外的一些特殊氨基酸。它们是由相应常见氨基酸进入多肽链后被修饰而来，在一些蛋白质中存在。如5-羟赖氨酸(5-hydroxylysine)、4-羟脯氨酸(4-hydroxyproline)，存在于结缔组织的胶原蛋白中，这些组织的氨基酸加入羟基使胶原纤维趋于稳定。在凝血蛋白的凝血酶原中发现的γ-羧基谷氨酸(γ-carboxyglutamic acid)，对其凝血功能十分重要，γ-羧基谷氨酸分子中有三个羧基(γ-碳上两个羧基)，若羧化不完全可导致出血症。在细菌紫膜质(bacteriorhodopsin)中有焦谷氨酸(pyroglutamic acid)，它是一种光驱动的质子泵蛋白质。在某些涉及细胞生长和调节的蛋白质中发现的磷酸丝氨酸等磷酸化氨基酸，是最常见的被修饰氨基酸。这些氨基酸含有的羟基再进行可逆性的磷酸化。一些激素的作用正是以各种蛋白质中含有的特定丝氨酸残基的磷酸化和脱磷酸化为媒介的，通过磷酸化和去磷酸化来调节细胞的生长。甲状腺素等含碘氨基酸存在于甲状腺球蛋白中，它们是酪氨酸的碘化衍生物。甲状腺素是一种重要的激素，可增强机体的新陈代谢。甲状腺素过少基础代谢降低，过多为甲亢，心搏加快，人体消瘦。具体结构见图17-1。

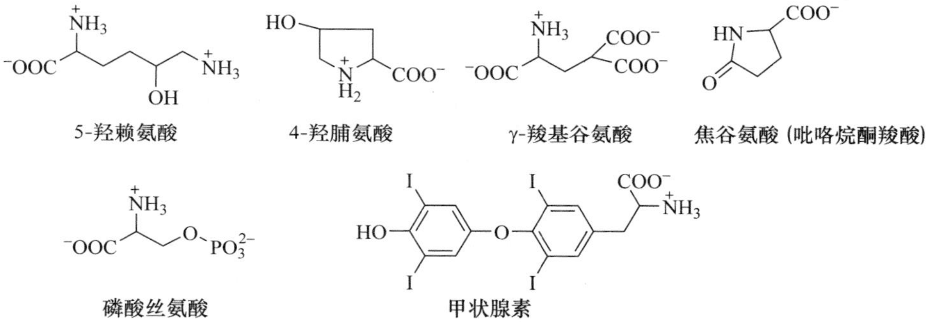

5-羟赖氨酸　4-羟脯氨酸　γ-羧基谷氨酸　焦谷氨酸(吡咯烷酮羧酸)

磷酸丝氨酸　甲状腺素

图 17-1　某些不常见蛋白氨基酸

(三) 非蛋白氨基酸

氨基酸除参与蛋白质组成外，在各种组织和细胞中还发现了另外150多种氨基酸。代谢中的许多氨基酸并不参与组成蛋白质，它们大多数为L型α-氨基酸衍生物，但也有D-氨基酸，如细菌细胞壁中的D-Glu和D-Ala，另外还有β、γ或δ-氨基酸。常见的肌氨酸，为甘氨酸的甲基化产物，是一碳单位代谢中间物，也是放线菌素D的结构成分。β-丙氨酸，是泛酸(辅酶A)的组成部分，为天冬氨酸失羧的产物。γ-氨基丁酸，为传递神经冲动的化学介质，称为神经递质(neurotransmitter)，是谷氨酸脱羧的产物。瓜氨酸(L-citrulline)和鸟氨酸(L-ornithine)都是蛋白质代谢中尿素循环的中间物。高半胱氨酸(homocysteine)、高丝氨酸(homoserine)等是体内重要的代谢中间产物。具体结构见图17-2。

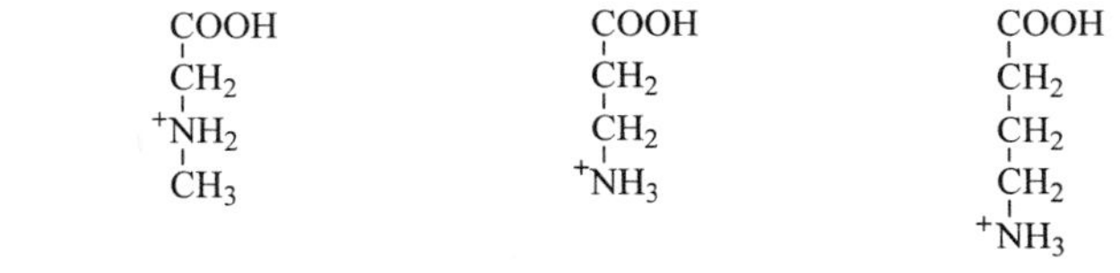

肌氨酸(*N*-甲基甘氨酸)　β-丙氨酸　γ-氨基丁酸

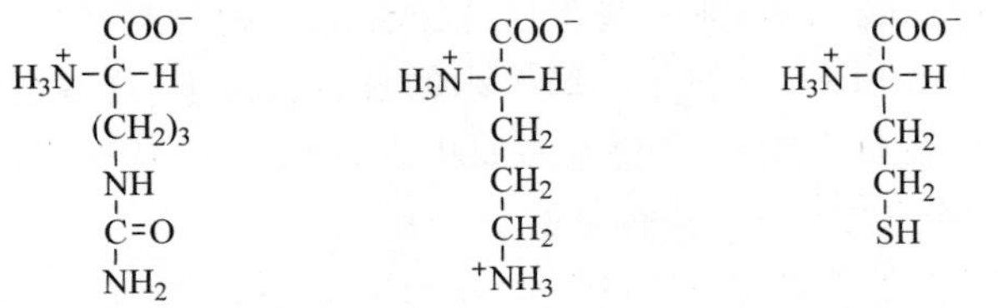

$$\begin{array}{ccc} \mathrm{COO^-} & \mathrm{COO^-} & \mathrm{COO^-} \\ \mathrm{H_3\overset{+}{N}-C-H} & \mathrm{H_3\overset{+}{N}-C-H} & \mathrm{H_3\overset{+}{N}-C-H} \\ \mathrm{(CH_2)_3} & \mathrm{CH_2} & \mathrm{CH_2} \\ \mathrm{NH} & \mathrm{CH_2} & \mathrm{CH_2} \\ \mathrm{C{=}O} & \mathrm{CH_2} & \mathrm{SH} \\ \mathrm{NH_2} & \mathrm{^+NH_3} & \\ \text{瓜氨酸} & \text{鸟氨酸} & \text{高半胱氨酸} \end{array}$$

图 17-2 某些非蛋白氨基酸

§17.3 氨基酸的酸碱性质

氨基酸的酸碱性质是了解蛋白质很多性质的基础，也是氨基酸的分离与分析工作的基础。

(一) 氨基酸的两性解离

氨基酸是两性化合物，它们既含酸性基团也含有碱性基团。按照 Brønsted-Lowry 酸碱质子理论，酸是质子的供体，碱是质子的受体。表示为：

$$\underset{\text{酸}}{\mathrm{HA}} \rightleftharpoons \underset{\text{碱}}{\mathrm{A^-}} + \underset{\text{质子}}{\mathrm{H^+}}$$

这里酸(HA)和碱(A^-)互为共轭酸碱，在适当的条件下可互相转化。

当 pH 较低(高 H^+ 浓度)时，氨基酸中 α-羧基不解离(—COOH)而 α-氨基上却结合一个质子($-NH_3^+$)时，可视为二元酸；当 pH 较高时，α-羧基解离($-COO^-$)而 α-氨基上无质子($-NH_2$)。平衡常数按酸性递降顺序编号，表示为 K_{a_1} 和 K_{a_2} 等。

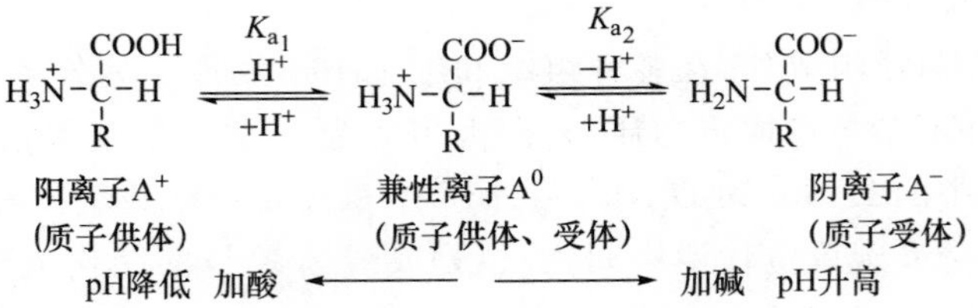

$$\underset{\substack{\text{阳离子}A^+\\(\text{质子供体})}}{\mathrm{H_3\overset{+}{N}-\overset{COOH}{\underset{R}{C}}-H}} \underset{+H^+}{\overset{K_{a_1}\atop -H^+}{\rightleftharpoons}} \underset{\substack{\text{兼性离子}A^0\\(\text{质子供体、受体})}}{\mathrm{H_3\overset{+}{N}-\overset{COO^-}{\underset{R}{C}}-H}} \underset{+H^+}{\overset{K_{a_2}\atop -H^+}{\rightleftharpoons}} \underset{\substack{\text{阴离子}A^-\\(\text{质子受体})}}{\mathrm{H_2N-\overset{COO^-}{\underset{R}{C}}-H}}$$

pH降低 加酸 ⟵　⟶ 加碱 pH升高

简写为:

$$\underset{(\text{质子供体})}{A^+} \underset{+H^+}{\overset{K_{a_1}\atop -H^+}{\rightleftharpoons}} A^0 \underset{+H^+}{\overset{K_{a_2}\atop -H^+}{\rightleftharpoons}} \underset{(\text{质子受体})}{A^-}$$

第一步解离 $K_{a_1}=\frac{[A^0][H^+]}{[A^+]}$　　$pH=pK_{a_1}+\lg\frac{[A^0]}{[A^+]}$

第二步解离 $K_{a_2}=\frac{[A^-][H^+]}{[A^0]}$　　$pH=pK_{a_2}+\lg\frac{[A^-]}{[A^0]}$

K_{a_1} 和 K_{a_2} 分别为第一步和第二步的解离常数。

综合为亨德森-哈塞尔巴尔赫(Henderson-Hasselbalch)公式：

$$pH = pK_a + \lg\frac{[质子受体]}{[质子供体]}$$

由此公式可以进行如下计算：

① 由 pH、A^0/A^+ 或 A^-/A^0，可计算求得氨基酸的解离常数 pK_a；

② 氨基酸 pK_a 为常数可查表获得。若测定了氨基酸溶液的 pH，即可计算出在水溶液中氨基酸的 A^0/A^+ 或 A^-/A^0（[质子受体]/[质子供体]）；

③ 氨基酸 pK_a 为常数，由推算的[质子受体]/[质子供体]，可计算氨基酸溶液的 pH。

水是主要的生物溶剂。氨基酸在近中性的水中既带负电荷也带正电荷，即是质子的供体又是质子的受体。低 pH 时，质子化氨基酸的—NH_3^+ 和—COOH 都是质子的供体，高 pH 时，去质子化氨基酸的—NH_2 和—COO^- 又是质子的受体。因此，侧链不解离的中性氨基酸在低 pH 时为二元酸，在高 pH 时为二元碱。侧链解离的酸性氨基酸和碱性氨基酸，在低 pH 时为三元酸，在高 pH 时为三元碱。根据溶液性质不同，氨基酸可带不同的静电荷，影响它和其他分子间的相互作用，可用于分离和纯化氨基酸和蛋白质。

（二）氨基酸的酸碱性

(1) 简单氨基酸的酸碱性质：氨基酸的两性性质可从氨基酸溶液酸碱滴定得到的滴定曲线中进行研究。以甘氨酸为例，低 pH 时甘氨酸可视为二元酸，解离曲线见图 17-3。

1 mol 甘氨酸溶于水，溶液 pH＝6.0。用 1 mol NaOH 溶液滴定，以加入的 NaOH 的物质的量对 pH 作图，得曲线 B，消耗 0.5 mol NaOH 时，在 pH 9.6 处有一拐点，此时$[A^0]=[A^-]$，即甘氨酸两性离子有一半变成负离子，两个基团均处于碱性形式（$^-OOCCH_2NH_2$），分子电荷数为－1。此时的 $pH=pK_{a_2}$，$pK_{a_2}=9.6$；再用 1 mol HCl 滴定，以加入的 HCl 的物质的量对 pH 作图，得曲线 A，当消耗 0.5 mol HCl 时，在 pH 2.34 处得一拐点，此时$[A^0]=[A^+]$，即甘氨酸两性离子有一半变成正离子，两个基团均处于酸性形式（$HOOCCH_2NH_3^+$），分子电荷数为＋1，$pH=pK_{a_1}$，$pK_{a_1}=2.34$。

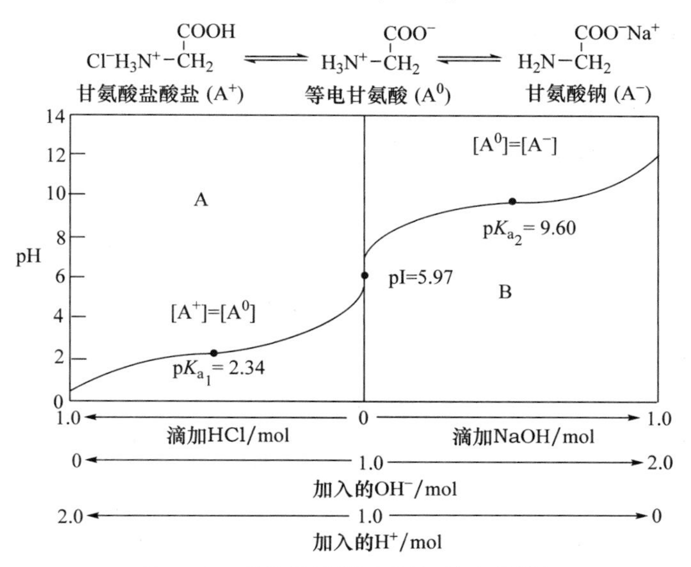

图 17-3　甘氨酸的解离曲线（滴定曲线）

图中 pH 为 2.34 的拐点是甘氨酸的—COOH 的解离。脂肪酸的—COOH 解离时 pK_a 一般为 4～5。氨基酸的 α-COOH 的 pK_{a_1} 小于 4～5，这是由于 α 碳上—NH_3^+ 的吸电子效应，使解离生成的—COO^- 趋于稳定。因此氨基酸的 α-COOH 比脂肪酸的—COOH 易于解离，R 基不解离的氨基酸 pK_{a_1} 的范围一般为 1.8～2.9。而 pH 为 9.6 的拐点是甘氨酸的—NH_3^+ 的解离。脂肪胺的—NH_3^+ 解离时 pK_a 一般为 10～11，氨基酸的—NH_3^+ 由于 α-COO^- 的吸电子作用，比脂肪胺易于解离，R 基不解离的氨基酸 pK_{a_2} 的范围一般为8.8～10.8。

(2) 带有可解离 R 基的氨基酸的 pK_a 测定： 由于可解离 R 基上还有一个酸碱基团，带有可解离 R 基的氨基酸相当于三元酸，有三个 pK_a，谷氨酸和赖氨酸的滴定曲线见图 17-4。当解离基团的 pK_a 接近时，两段曲线发生重叠。

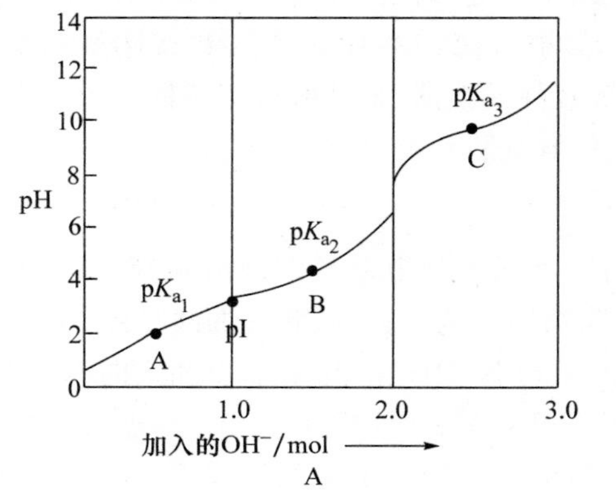

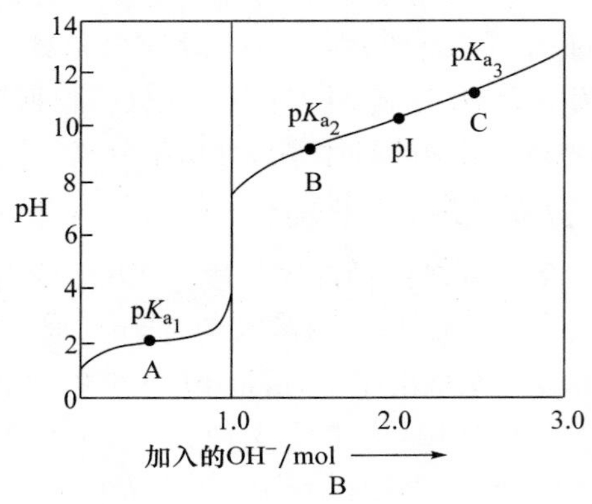

图 17-4　谷氨酸(A)和赖氨酸(B)的滴定曲线

从图中可看出在 pK_a 附近，用 NaOH 滴定时 pH 改变最慢，能成为缓冲溶液。如谷氨酸在 pH 为 2.2、4.3 和 9.7 附近为缓冲溶液。

(3) [质子受体]/[质子供体]的计算：

三(羟甲基)氨基甲烷和它的盐酸盐(Tris 和 Tris · HCl)在水溶液中达成解离平衡，Tris 为质子受体，Tris · HCl 为质子供体，平衡常数 $K_a = 8.3\times10^{-9}\ mol\cdot L^{-1}$。在 100 mmol · L^{-1}浓度的 Tris 水溶液中，用盐酸调 pH 为 8.00，求 Tris 和 Tris · HCl 的浓度。

$$pH = pK_a + \lg\frac{[质子受体]}{[质子供体]} \quad 其中pH = 8.00,\ pK_a = 8.08$$

代入以上数据，8.00＝8.08＋lg[Tris]/[Tris · HCl]

[Tris]/[Tris · HCl]＝0.83，已知初始[Tris]＝100 mmol · L^{-1}

∴[Tris]＝45 mmol · L^{-1}，[Tris · HCl]＝55 mmol · L^{-1}

(三) 等电点

(1) 定义： 某一氨基酸处于净电荷为零的两性离子状态时介质的 pH 称为该氨基酸的等电点，用 pI 表示，又称等电 pH、等离子点。其他与氨基酸带电类似的带电颗粒也有等电点。

从氨基酸解离曲线和解离公式可以看到，氨基酸的带电状况与介质的 pH 有关。当 pH 接近 1 时，氨基酸的可解离基团全部质子化，当 pH 在 13 左右时，氨基酸的可解离基团则全部去质子化。由此可知低 pH 时氨基酸分子带正电荷，高 pH 时氨基酸分子带负电荷。在中间的某一 pH（因不同氨基酸而异）值时，氨基酸以等电的两性离子状态存在。等电点时氨基酸分子正负电荷数相等，净电荷为零。对于甘氨酸，等电点 pI＝5.97，为曲线 A 和曲线 B 之间的拐点（图 17-3），此时甘氨酸为两性离子，净电荷为零。

在等电 pH 时氨基酸分子在电场中既不向正极也不向负极移动，此时氨基酸为两性分子，少数解离的正离子或负离子数目也相等，即 $A^+=A^-$。当介质 pH 偏离等电点时，氨基酸分子带电荷。当 pH 低于等电点时，氨基酸分子带正电荷，在电场中会向负极移动；pH 高于等电点时，氨基酸分子带负电荷，在电场中会向正极移动。这在蛋白质和氨基酸用电泳方法分离时很重要。另外，在等电点时氨基酸溶解度最低，氨基酸易于沉淀析出。由于不同的氨基酸有不同的等电点，当调节溶液的 pH 与某一氨基酸的等电点相同时，则此种氨基酸溶解度最低而最易析出，可用于蛋白质和氨基酸的分离。

（2）等电点 pH 的计算：

$pI=1/2(pK_{a_1}+pK_{a_2})$，查表 17-1，甘氨酸的 pK_{a_1} 为 2.34，pK_{a_2} 值为 9.60。由此计算甘氨酸的等电点，$pI=1/2(2.34+9.60)=5.97$。

对于带可解离 R 基的氨基酸，如天冬氨酸解离如下：

$$\begin{array}{c}COOH\\ H_3\overset{+}{N}-C-H\\ CH_2\\ COOH\\ A^+\end{array}\overset{K_{a_1}}{\rightleftharpoons}\begin{array}{c}COO^-\\ H_3\overset{+}{N}-C-H\\ CH_2\\ COOH\\ A^0\end{array}\overset{K_{a_2}}{\rightleftharpoons}\begin{array}{c}COO^-\\ H_3\overset{+}{N}-C-H\\ CH_2\\ COO^-\\ A^-\end{array}\overset{K_{a_3}}{\rightleftharpoons}\begin{array}{c}COO^-\\ H_2N-C-H\\ CH_2\\ COO^-\\ A^{2-}\end{array}$$

天冬氨酸的 pK_a：$pK_{a_1}=2.09$，$pK_{a_2}=3.86$，$pK_{a_3}=9.82$。

等电点 $pI_{Asp}=1/2(pK_{a_1}+pK_{a_2})=1/2(2.09+3.86)=2.98$

又如赖氨酸的解离如下：

$$\begin{array}{c}COOH\\ H_3\overset{+}{N}-C-H\\ (CH_2)_4\\ ^+NH_3\\ A^{2+}\end{array}\underset{2.18}{\overset{K_{a_1}}{\rightleftharpoons}}\begin{array}{c}COO^-\\ H_3\overset{+}{N}-C-H\\ (CH_2)_4\\ ^+NH_3\\ A^+\end{array}\underset{8.95}{\overset{K_{a_2}}{\rightleftharpoons}}\begin{array}{c}COO^-\\ H_2N-C-H\\ (CH_2)_4\\ ^+NH_3\\ A^0\end{array}\underset{10.53}{\overset{K_{a_3}}{\rightleftharpoons}}\begin{array}{c}COO^-\\ H_2N-C-H\\ (CH_2)_4\\ NH_2\\ A^-\end{array}$$

赖氨酸的 $pK_{a_1}=2.18$，$pK_{a_2}=8.95$，$pK_{a_3}=10.53$。

等电点 $pI_{Lys}=1/2(pK_{a_2}+pK_{a_3})=1/2(8.95+10.53)=9.74$

（3）氨基酸的 pK_a 和 pI：

表 17-1 列出 20 种氨基酸的 pK_a 和 pI，均为常数，7 个氨基酸 R 基有 pK_a。

表 17-1　氨基酸的 pK_a 和等电点

氨基酸	α-COOH pK_a	α-$^+NH_3$ pK_a	侧链 R 基 pK_a	pI
甘氨酸	2.34	9.60		5.97
丙氨酸	2.34	9.69		6.02
缬氨酸	2.32	9.62		5.97

续表

氨基酸	α-COOH pK_a	α-$^+NH_3$ pK_a	侧链 R 基 pK_a	pI
亮氨酸	2.36	9.60		5.98
异亮氨酸	2.36	9.68		6.02
丝氨酸	2.21	9.15		5.68
苏氨酸	2.63	10.43		6.53
半胱氨酸	1.71	10.78	8.33(SH)	5.02
甲硫氨酸	2.28	9.21		5.75
天冬氨酸	2.09	9.82	3.86(β-COOH)	2.98
天冬酰胺	2.02	8.80		5.41
谷氨酸	2.19	9.67	4.25(γ-COOH)	3.22
谷氨酰胺	2.17	9.13		5.65
精氨酸	2.17	9.04	12.48(胍基)	10.76
赖氨酸	2.18	8.95	10.53(ε-NH_3)	9.74
组氨酸	1.82	9.17	6.00(咪唑基)	7.59
苯丙氨酸	1.83	9.13		5.48
酪氨酸	2.20	9.11	10.07(OH)	5.66
色氨酸	2.38	9.39		5.89
脯氨酸	1.99	10.60		6.30

* 除半胱氨酸是 30℃下测定数值，其他氨基酸为 25℃下测定数值。

§17.4 氨基酸的性质

（一）氨基酸的旋光性

20 种氨基酸中只有 1 种无旋光，为甘氨酸；17 种氨基酸只含一个不对称碳原子，各有两个光学异构体；2 种氨基酸，苏氨酸和异亮氨酸，含两个不对称碳原子，各有四个光学异构体。苏氨酸的四个光学异构体如图 17-5 所示。

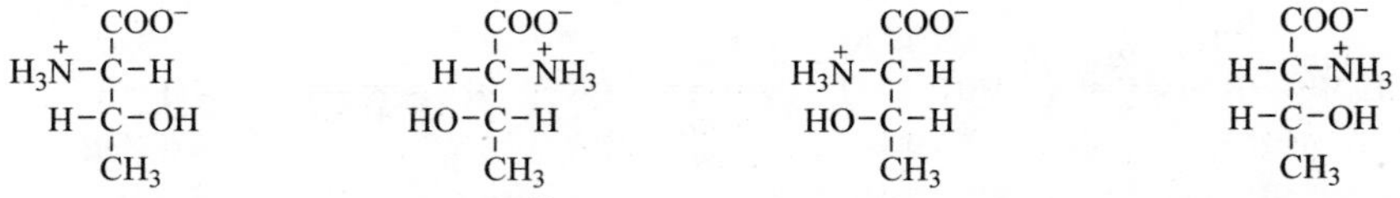

```
     COO⁻             COO⁻              COO⁻             COO⁻
H3N⁺-C-H          H-C-N⁺H3        H3N⁺-C-H          H-C-N⁺H3
   H-C-OH        HO-C-H           HO-C-H            H-C-OH
     CH3              CH3               CH3              CH3
```

L-苏氨酸 $[\alpha]_D^{20}=-28.4°$ (2S,3R)-(−)苏氨酸

D-苏氨酸 $[\alpha]_D^{20}=+28.3°$ (2R,3S)-(+)苏氨酸

L-别苏氨酸 $[\alpha]_D^{20}=+9.0°$ (2S,3S)-(+)苏氨酸

D-别苏氨酸 $[\alpha]_D^{20}=-8.8°$ (2R,3R)-(−)苏氨酸

图 17-5 苏氨酸的光学异构体

由两个半胱氨酸氧化连接而成的胱氨酸，分子中有两个不对称碳原子，内部对称有内消旋体，有三种异构体，如图 17-6 所示。

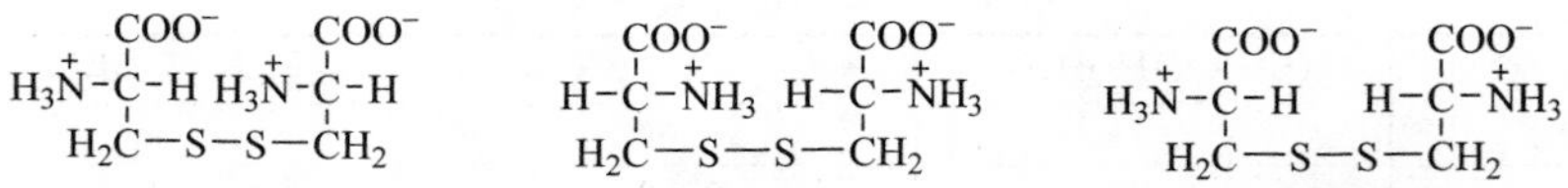

```
    COO⁻       COO⁻            COO⁻      COO⁻              COO⁻      COO⁻
H3N⁺-C-H  H3N⁺-C-H          H-C-N⁺H3  H-C-N⁺H3        H3N⁺-C-H    H-C-N⁺H3
   H2C-S-S-CH2                H2C-S-S-CH2                 H2C-S-S-CH2
```

L-胱氨酸　D-胱氨酸　内消旋胱氨酸

图 17-6 胱氨酸的光学异构体

氨基酸的旋光符号和大小取决于它的 R 基性质，并与测定的溶液 pH 有关（不同的 pH 条件下氨基和羧基的解离状态不同）。比旋光度为 α-氨基酸的物理常数之一，是用来鉴别各种氨基酸的一个依据。蛋白质中常见 L 型氨基酸的比旋光度见表 17-2。

表 17-2　蛋白质中常见 L 型氨基酸的比旋光度

氨基酸	相对分子质量	$[\alpha]_D(H_2O)$	$[\alpha]_D(5\ mol\cdot L^{-1}\ HCl)$
甘氨酸	75.05		
丙氨酸	89.06	+1.8	+14.6
缬氨酸	117.09	+5.6	+28.3
亮氨酸	131.11	−11.0	+16.0
异亮氨酸	131.11	+12.4	+39.5
丝氨酸	105.06	−7.5	+15.1
苏氨酸	119.18	−28.5	−15.0
半胱氨酸	121.12	−16.5	+6.5
甲硫氨酸	149.15	−10.0	+23.2
天冬氨酸	133.60	+5.0	+25.4
天冬酰胺	132.60	−5.3	+33.2(3 mol/L HCl)
谷氨酸	147.08	+12.0	+31.8
谷氨酰胺	146.08	+6.3	+31.8(1 mol/L HCl)
精氨酸	174.40	+12.5	+27.6
赖氨酸	146.13	+13.5	+26.0
组氨酸	155.09	−38.5	+11.8
苯丙氨酸	165.09	−34.5	−4.5
酪氨酸	181.09		−10.0
色氨酸	204.11	−33.7	+2.8(1 mol/L HCl)
脯氨酸	115.08	−86.2	−60.4
胱氨酸	240.33		−232.0
羟脯氨酸	131.08	−76.0	−50.5

（二）氨基酸的紫外吸收

在近紫外区（200～400 nm）参与蛋白质组成的芳香族氨基酸由于含有苯环等芳香环而有强紫外吸收，是紫外吸收光谱法定量测定氨基酸溶液浓度的依据。它们的最大光吸收波长和摩尔吸光系数数值如下：

氨基酸	λ_{max}/nm	ε(摩尔吸光系数/$mol^{-1}\cdot L\cdot cm^{-1}$)
Phe	257	2.0×10^2
Tyr	275	1.4×10^3
Trp	280	5.6×10^3

蛋白质由于含有芳香族氨基酸，也有紫外吸收，在 280 nm 波长下测光吸收。吸光度越大，相对纯度越高，常在蛋白质提纯过程中用于监测。

分光光度法定量分析依据朗伯-比尔（Lambert-Beer）定律，溶液中物质的吸光度与其浓度 c 和溶液中光程长度 l 成正比：

$$A = \lg \frac{I_0}{I} = -\lg T = \varepsilon c l$$

A：吸光度(absorbance)；

I_0：入射光强度，I：透射光强度，T：透射比(transmittance，$T = I/I_0$)；

ε：摩尔吸光系数，c：浓度($mol \cdot L^{-1}$)，l：吸收杯的内径或光程长度(cm)。

§17.5 氨基酸的化学性质

氨基酸的氨基可以发生胺的一些反应，羧基可以酯化。两分子氨基酸可以失水形成环状酰胺，如两分子甘氨酸失水生成2,5-二酮哌嗪。

(一) 氨基的反应

氨基酸在碱性条件下很容易与苄氧羰酰氯(又名氯甲酸苄酯，简写为Z-Cl)反应得*N*-苄氧羰基氨基酸：

$$\underset{\text{氨基酸}}{NH_2CH(R)COOH} + \underset{\text{苄氧羰酰氯}}{C_6H_5CH_2OC(=O)Cl} \xrightarrow[0\ ^\circ C]{OH^-,\ pH=9} \xrightarrow[H_2O]{H^+,\ pH=1} \underset{N\text{-苄氧羰基氨基酸}}{C_6H_5CH_2OC(=O)\text{-}NHCH(R)COOH}$$

在多肽固相合成中氨基保护采用的是叔丁氧羰基(Boc-)，容易得到结晶，且易被酸除去。可用氨基酸或氨基酸酯与叔丁氧羰酰氯或叔丁氧甲酸间甲基苯酯等反应制备，如制备*N*-叔丁氧羰基丙氨酸：

$$\underset{\text{L-丙氨酸}}{NH_2CH(CH_3)COOH} + \underset{\text{叔丁氧甲酸间甲苯酯}}{(CH_3)_3CO\text{-}C(=O)\text{-}O\text{-}C_6H_4\text{-}CH_3(m)} \xrightarrow[DMF]{(CH_3)_4N^+OH^-} \underset{N\text{-叔丁氧羰基丙氨酸 (Boc-Ala)}}{(CH_3)_3CO\text{-}C(=O)\text{-}NHCH(CH_3)COOH} + {}^-O\text{-}C_6H_4\text{-}CH_3(m)$$

N-酰化反应：在弱碱性条件下，氨基酸的游离氨基可以与酰氯或酸酐发生酰化反应，如在肽合成中使用的三氟乙酰基对氨基酸氨基的保护。三氟乙酸酐低温下与D-丙氨酸在三氟乙酸中反应(三氟乙酸酐可用三氟乙酸和P_2O_5脱水合成)：

$$\underset{\text{D-丙氨酸}}{CH_3CH(^+NH_3)COO^-} + \underset{\text{三氟乙酸酐}}{(F_3CCO)_2O} \xrightarrow[F_3CCOOH]{-10\sim 10\ ^\circ C} \underset{N\text{-三氟乙酰基-D-丙氨酸}\ 90\%}{CH_3CH(NHCOCF_3)COOH}$$

(二) 羧基的反应

一般采取酯的形式对羧基进行保护。氨基酸的甲酯、乙酯和苄酯是合成多肽常用的中间体。如用酪氨酸和无水乙醇在干燥的HCl催化下生成酪氨酸乙酯盐酸盐：

$$\underset{\text{酪氨酸}}{HO\text{-}C_6H_4\text{-}CH_2CH(NH_2)COOH} + C_2H_5OH \xrightarrow[\text{室温}]{HCl} \underset{\text{酪氨酸乙酯盐酸盐}}{HO\text{-}C_6H_4\text{-}CH_2CH(NH_2\cdot HCl)COOC_2H_5}$$

（三）α-氨基酸受热反应生成二酮哌嗪

两分子 α-氨基酸受热时各出一个氨基和一个羧基失水形成六元环状交酰胺，称为二酮哌嗪。二酮哌嗪最好由游离的氨基酸酯相互作用失去两分子醇制备。二酮哌嗪在浓盐酸作用下可以将一个酰胺键保留，另一个酰胺键断开，得到一个氨基酸的羧基与另一个氨基酸的氨基失水形成的二肽产物：

$$2NH_2\underset{}{\overset{R}{C}}HCOOCH_3 \xrightarrow{\text{室温}} \text{二酮哌嗪 (RCH, NH, HN, CHR, 2 C=O)} \xrightarrow[100\,^{\circ}C]{\text{浓HCl}} HOOC\underset{R}{C}HNH\overset{O}{\overset{\|}{C}}\underset{R}{C}H\overset{+}{N}H_3Cl^-$$

氨基酸　　二酮哌嗪　　二肽

§17.6　氨基酸的生产及合成

氨基酸一般可由蛋白质酸性下水解得到。糖、淀粉等经微生物发酵也可得到氨基酸，食用味精（谷氨酸钠）、赖氨酸都是用这种方法生产的。用化学方法制备的氨基酸通常是外消旋体，若想得到 L-或 D-构型的氨基酸则需要把所得到的 DL-型氨基酸进行拆分（化学法、酶法或物理化学法拆分）。

（一）α-卤代酸的氨化

α-卤代酸在水或醇中中和过量的氨，在加压釜中作用可得到 α-氨基酸，添加碳酸铵会增加收率。α-卤代酸可由羧酸卤化得到。如：

$$R\underset{X}{C}HCOOH + 2NH_3 \longrightarrow R\underset{NH_2}{C}HCOOH + NH_4X \quad X=Cl, Br$$

α-氨基酸中的氨基的碱性比脂肪胺弱，进一步烷基化的倾向较小，可得到较纯的 α-氨基酸。

（二）Gabriel 合成法

邻苯二甲酰亚胺钾盐与 α-卤代酸酯在 DMF 中反应后，再酸水解，可用来制备纯度较高的 α-氨基酸，如甘氨酸、丙氨酸和亮氨酸等：

$$\text{邻苯二甲酰亚胺钾 (C}_6\text{H}_4\text{(CO)}_2\text{NK)} + R\overset{X}{C}H\overset{O}{\overset{\|}{C}}OR' \xrightarrow{-KX} \text{C}_6\text{H}_4\text{(CO)}_2N-\overset{R}{C}H\overset{O}{\overset{\|}{C}}OR' \xrightarrow[H_2O]{H^+} C_6H_4(\overset{O}{\overset{\|}{C}}OH)_2 + R\underset{}{\overset{^+NH_3}{C}}HCOOH + R'OH$$

也可用丁二酰亚胺和乙醇钠在乙醇中，或六次甲基四胺在二氧六环中，代替邻苯二甲酰亚胺与 α-卤代酸酯反应，再酸水解制备 α-氨基酸。

（三）丙二酸酯法

α-卤代丙二酸酯与邻苯二甲酰亚胺钾盐反应，生成邻苯二甲酰亚胺基丙二酸酯，再在碱性条件下用卤代烷在分子中引入烃基，进而酸性下水解，可生成各种 α-氨基酸，如苯丙氨酸、缬氨酸、天冬氨酸、蛋氨酸、色氨酸等，应用较广，但收率不高。如：

$$\text{邻苯二甲酰亚胺钾} + BrCH(COOC_2H_5)_2 \xrightarrow{-KBr} \text{邻苯二甲酰亚氨基}-CH(COOC_2H_5)_2 \xrightarrow{C_2H_5ONa} \xrightarrow{RX}$$

$$\text{邻苯二甲酰亚氨基}-\underset{R}{C}(COOC_2H_5)_2 \xrightarrow[\triangle]{H_3O^+} R\underset{}{\overset{^+NH_3}{C}}HCOOH + \text{邻苯二甲酸} + 2C_2H_5OH + CO_2$$

（四）乙酰胺基丙二酸酯法

丙二酸酯与亚硝酸反应生成亚硝基丙二酸酯，再经还原、乙酰化生成乙酰氨基丙二酸酯。乙酰氨基丙二酸酯的活泼次甲基很容易与卤代伯烷缩合，通常可在乙醇钠存在下进行烃基化反应，也有在氢氧化钠存在下，以甲苯为溶剂进行缩合的。烃基化反应缩合物的水解、脱羧通常在与酸一起加热且回流下进行，可得到 α-氨基酸。如异亮氨酸的合成：

$$CH_2(COOC_2H_5)_2 \xrightarrow{HNO_2} [O{=}N{-}CH(COOC_2H_5)_2] \longrightarrow \underset{\text{亚硝基丙二酸酯}}{HO{-}N{=}C(COOC_2H_5)_2} \xrightarrow[H_2,\ Pt]{Ac_2O} \underset{\text{乙酰氨基丙二酸二乙酯}}{H_3C\overset{O}{\overset{\|}{C}}{-}NHCH(COOC_2H_5)_2}$$

$$\xrightarrow[C_2H_5ONa]{(CH_3)_2CHCH_2Br} \xrightarrow[\triangle]{H_3O^+} (CH_3)_2CHCH_2\underset{^+NH_3}{C}HCOO^- \quad \text{异亮氨酸 } 51\%$$

乙酰氨基丙二酸酯还容易与丙烯醛、丙烯腈和丙烯酸乙酯等不饱和化合物加成，水解生成 α-氨基酸；与醛加成能合成 β-羟基-α-氨基酸，如与甲醛加成、水解合成 DL-丝氨酸。

$$\underset{\text{乙酰氨基丙二酸二乙酯}}{CH_3\overset{O}{\overset{\|}{C}}NHCH(COOC_2H_5)_2} + \underset{\text{丙烯酸乙酯}}{CH_2{=}CHCOOC_2H_5} \xrightarrow{OH^-} CH_3\overset{O}{\overset{\|}{C}}{-}NH\overset{CH_2CH_2COOC_2H_5}{C}(COOC_2H_5)_2 \xrightarrow[\triangle]{H_3O^+} \underset{\text{DL-谷氨酸}}{HOOCCH_2CH_2\underset{^+NH_3}{C}HCOO^-}$$

$$CH_3\overset{O}{\overset{\|}{C}}NHCH(COOC_2H_5)_2 + HCHO \xrightarrow[\text{室温}]{NaOH,\ H_2O} CH_3\overset{O}{\overset{\|}{C}}{-}NH\overset{CH_2OH}{C}(COOC_2H_5)_2 \xrightarrow[\triangle]{H_3O^+} HOCH_2\overset{^+NH_3}{C}HCOO^- \quad \text{DL-丝氨酸 } 65\%$$

（五）Strecker 合成法

Strecker 合成法是以醛、酮为原料合成氨基酸的方法。在醛中通入氨（或加入氯化铵）反应，失水生成亚胺，再与 HCN 或氰化铵进行氰化反应，生成 α-氨基腈，再酸性水解得到 DL-α-氨基酸：

$$RCHO + NH_3 \rightleftharpoons R\overset{OH}{C}HNH_2 \underset{}{\overset{-H_2O}{\rightleftharpoons}} \underset{\text{亚胺}}{RCH{=}NH} \xrightarrow{HCN} \underset{\alpha\text{-氨基腈}}{R\overset{NH_2}{C}HCN} \xrightarrow{H_3O^+} \underset{\alpha\text{-氨基酸}}{R\overset{^+NH_3}{C}HCOOH}$$

改进方法一是用 NH_4Cl 和 KCN 的混合水溶液代替 HCN 和 NH_3，中间体一般可不用分离，比较小分子的醛收率较好。如：

$$CH_3CHO + NH_4Cl + KCN \xrightarrow[20\ ^\circ C]{H_2O} H_2N\overset{CH_3}{C}HCN \xrightarrow[H_2O]{HCl} \xrightarrow{\text{中和}} CH_3\overset{^+NH_3}{C}HCOO^- \quad \text{丙氨酸 } 75\%$$

改进方法二是用碳酸铵和KCN(或NaCN)与醛反应,生成中间体乙内酰脲,再在碱性下水解得到α-氨基酸(Bucherer法),如从β-甲硫丙醛合成DL-蛋氨酸:

$$CH_3SCH_2CH_2CHO + (NH_4)_2CO_3 + NaCN \xrightarrow[50\sim55\ ^\circ C]{H_2O} CH_3SCH_2CH_2CH\text{-}CO\text{-}NH\text{-}CO\text{-}NH \text{(环)} \xrightarrow[\text{回流}]{NaOH,\ H_2O} CH_3SCH_2CH_2CH(NH_2)COOH$$

β-甲硫丙醛　　β-甲硫乙基乙内酰脲 79%　　DL-蛋氨酸 73%

苯基乙基酮与NaCN(或KCN)、NH_3和NH_4Cl,在水和乙醇溶剂中,65℃反应8小时,再酸性水解得2-苯基-2-氨基丁酸:

$$C_6H_5COCH_2CH_3 + NaCN + NH_3 + NH_4Cl \xrightarrow[EtOH]{H_2O} C_6H_5C(CN)(NH_2)CH_2CH_3 \xrightarrow[\triangle]{HCl} \xrightarrow[pH\ 3\sim4]{OH^-} C_6H_5C(NH_2)(COOH)CH_2CH_3$$

§17.7　多　　肽

肽是α-氨基酸的线性聚合物,蛋白质部分水解可形成长短不一的肽段。已发现存在于生物体的多肽有数万种。人体很多活性物质都是以肽的形式存在的,涉及激素、神经、细胞生长和生殖等各个领域。化学家由于研究和应用的需要,也会自行设计并合成出天然存在或不存在的各种各样的多肽。1965年我国科学家完成了牛结晶胰岛素的合成,是世界上第一次人工合成多肽类生物活性物质。

(一) 肽和肽键结构

命名: 肽键是由一个氨基酸的α-氨基与另一个氨基酸的α-羧基失水后形成的酰胺键。失水后的氨基酸称为氨基酸残基(amino acid residue)。由20～50个左右氨基酸以酰胺键结合起来的一般称为多肽。除环肽外,链形多肽是有方向的,氨基(末)端在左,羧基(末)端在右,氨基端按惯例被认定是多肽链的头。肽的命名从N-端游离的—NH_3^+开始到C-端游离的—COO^-,按顺序从左向右写。命名时从N-端开始氨基酸均缩写为氨基酰,中间用一短线连接,只最后一个C-端氨基酸仍称为氨基酸。如三肽Ser-Gly-Phe称为丝氨酰-甘氨酰-苯丙氨酸(或丝·甘·苯丙)。注意不可反过来书写,Phe-Gly-Ser是另一个不同的三肽。多肽链的主链是有规则的重复(—NH—C_α—CO—)$_n$,而侧链是变化多端的。

$$\text{—NH—CH}(R_1)\text{—CO—NH—CH}(R_2)\text{—CO—NH—CH}(R_3)\text{—CO—}$$

多肽链由一个规则重复的骨架和变化的侧链R_1、R_2、R_3…组成

N端　Ser　Gly　Phe　C端

$$H_3\overset{+}{N}\text{—CH}(CH_2OH)\text{—CO—NH—CH}_2\text{—CO—NH—CH}(CH_2C_6H_5)\text{—COO}^-$$

二肽由两个氨基酸残基组成,一个肽键;三肽含三个氨基酸残基,两个肽键。以下可类推,n肽含n个氨基酸残基,$n-1$个肽键。一般氨基酸残基数目小于4～10的肽为寡肽,大于10的肽为多肽,50或50以上的肽即为蛋白质。若两个末端基团连在一起则称为环肽

(cyclic peptide)。

肽键一般是反式构型的共价键。肽键键长 0.133 nm，介于 C—N 单键 0.145 nm 和 C═N 双键 0.125 nm 之间，具有 40%双键性质，不易旋转，也降低了氮原子的碱性。只有脯氨酸与氨基酸形成的肽键可以是反式也可以是顺式，这是由于脯氨酸的四氢吡咯环的空间位阻抵消了反式构型的优势。

（二）肽的性质

小肽的晶体熔点都很高，说明短肽的晶体是离子晶格，在水溶液中也是以偶极离子存在的。多肽中酰胺的氢不易解离，肽的酸碱性质主要取决于游离末端的 α-氨基和 α-羧基，以及侧链 R 基上的可解离基团，如 Glu 的 γ-COOH、Lys 的 ε-NH_2 等。多肽是由多个氨基酸残基所组成，有多个电离基团。多肽也有等电点，为多价离子等电点。短肽（一般小于 7）的旋光为该肽中各氨基酸旋光度的总和。长肽或蛋白质由于肽链的盘绕有一定构象，不是简单的各氨基酸旋光度的加和。

(1) α-NH_2 与茚三酮(ninhydrin)反应： 所有 α-氨基酸、多肽和蛋白质与茚三酮在弱酸性溶液中共热均显紫色，为 α-NH_2 反应（注意：伯胺 R—NH_2 的氨基也可使茚三酮显紫色）。茚三酮水合物与氨基反应，然后失羧，变为一个亚胺，水解后再和一分子茚三酮水合物反应失水，即得到紫色化合物。Pro 由于为仲胺（亚氨基氨基酸），只与一分子茚三酮反应，生成黄色物质。

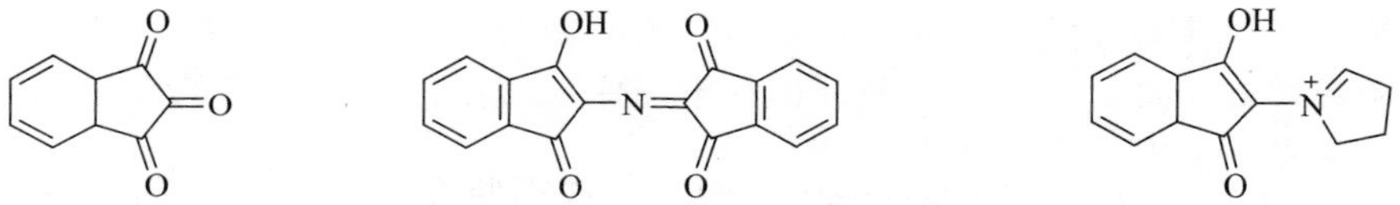

茚三酮　　紫色物质(—N= 基团来自氨基酸或多肽的α-NH_2)　　黄色物质

茚三酮反应用层析法分离后显色，可用于氨基酸和多肽的定性和定量测定。如测定多肽的氨基酸组成，可将提纯的多肽用盐酸水解成各个氨基酸组分，用磺化聚苯乙烯柱进行离子交换层析分离。分离出的氨基酸可与水合茚三酮一起加热显色，α-氨基酸显紫色，测定 570 nm 下生成的紫色溶液的吸光度，即可得出每种氨基酸相对浓度值。亚氨基酸脯氨酸显黄色，最大光吸收在 440 nm 处。氨基酸的数量正比于各显色溶液的吸光率。此方法可检测出 1 μg 的氨基酸，而一个拇指指纹印中就有这么多。

(2) 肽键的双缩脲反应： 双缩脲结构为 H_2N—CO—NH—CO—NH_2，可由两分子尿素加热缩合失去一分子 NH_3 生成，分子中有肽键。双缩脲、多肽和蛋白质中的肽键，在碱性溶液中能与 $CuSO_4$ 生成紫红色或紫蓝色复合物，称为双缩脲反应，可定性或定量测定多肽或蛋白质含量（比色），颜色深浅与蛋白质浓度成正比。氨基酸由于没有肽键，无此反应。

(3) 二硫键的形成： 半胱氨酸温和氧化可形成胱氨酸，胱氨酸也可还原成半胱氨酸。因此一个多肽链中有两个半胱氨酸残基，就可形成二硫键，并可成环形成一个胱氨酸残基。如九肽牛催产素中两个半胱氨酸残基形成二硫键，最右面的—NH_2 表示甘氨酸的—COOH 被转化为—$CONH_2$。

$$H_3\overset{+}{N}-\underset{CH_2SH}{\overset{COO^-}{C}}-H \xrightleftharpoons[还原]{空气氧化} H_3\overset{+}{N}-\underset{CH_2S}{\overset{COO^-}{C}}-H \quad H_3\overset{+}{N}-\underset{SCH_3}{\overset{COO^-}{C}}-H$$

半胱氨酸　　　　胱氨酸

Cys-Tyr-Ile-Gln-Asn-Cys-Pro-Leu-Gly-NH_2（两个 Cys 的 S 之间以二硫键相连）

牛催产素

如果两个肽链中均有一个半胱氨酸残基，若形成二硫键则把两条肽链结合起来。如胰岛素是由一条含有四个半胱氨酸残基的 21 肽（A 链）和含有两个半胱氨酸残基的 30 肽（B 链）构成。A 链和 B 链各用两个半胱氨酸残基的—SH 氧化成两个二硫键，形成一个大环。此外，A 链剩余的两个半胱氨酸残基还氧化成胱氨酸残基，形成一个小环。

§17.8　多肽的合成

化学合成多肽和蛋白质的任务就是如何把各种氨基酸按照一定排列顺序和连接方式连接起来。为此只能采取逐步缩合的定向合成方法。一般按照结构需要，先将不参与接肽反应的氨基、羧基和一些氨基酸的侧链用适当的基团保护起来，然后再进行接肽反应，保证合成的定向进行。这些保护基团还必须在特定的条件下能被除去，同时不影响分子的其他部分，特别是已接好的肽键。此外，合成产物的产率高低及分离纯化容易与否也是多肽合成过程需考虑的关键问题。

当用两种不同的氨基酸合成二肽时，可能有四种不同的产物。如甘氨酸和丙氨酸失水成二肽会生成甘-甘、甘-丙、丙-甘和丙-丙四种二肽。为达到按照一定排列顺序和连接方式连接的二肽，必须把氨基酸的两个官能团中的一个保护起来。用作保护基团的试剂必须容易引入氨基酸分子中，而且在合成肽键过程中不发生变化，接肽后又容易被除去。通常保护氨基后，为在较温和的条件下接肽，羧基还需要活化。

（一）α-氨基的保护

在多肽合成中常利用氨基酸的氨基反应对 α-氨基进行保护。可以分为 *N*-烷氧羰基、*N*-酰基（如三氟乙酰基等）和 *N*-烷基（如三苯甲基等）三类反应。

使用最多的是 *N*-烷氧羰基保护，在接肽时不易发生消旋化。其中一个最重要的化合物是氯代甲酸苄酯（苄氧羰酰氯），可用光气和苯甲醇制备。它的一个特点就是用催化氢化法可以将它分解成甲苯、CO_2 及 HCl。这样在接肽后就可以将苯甲氧羰基除去，而不会影响肽键：

$$C_6H_5-CH_2OH + COCl_2 \xrightarrow{-HCl} C_6H_5-CH_2OCOCl \xrightarrow[Pd\text{-}C]{H_2} C_6H_5-CH_3 + CO_2 + HCl$$

苯甲氧羰基按规定的惯例都用 Z 表示，苄氧羰酰氯表示为 Z-Cl。甘-甘二肽合成可写成：

$$\underset{Gly}{{}^+NH_3CH_2COO^-} + Z\text{-}Cl \xrightarrow{OH^-} \underset{Z\text{-}Gly}{Z\text{-}NHCH_2COO^-} \xrightarrow{H^+} \xrightarrow{SOCl_2} Z\text{-}NHCH_2COCl \xrightarrow[OH^-]{{}^+NH_3CH_2COO^-} \xrightarrow{H^+}$$

$$\underset{Z\text{-}Gly\text{-}Gly}{Z\text{-}NHCH_2CONHCH_2COOH} \xrightarrow[Pd\text{-}C]{H_2} \underset{Gly\text{-}Gly}{{}^+NH_3CH_2CONHCH_2COO^-} + C_6H_5CH_3 + CO_2 + HCl$$

N-烷氧羰基保护基的另一个重要化合物是氯代甲酸三级丁酯（叔丁氧羰酰氯），可用光气和叔丁醇制备。叔丁氧羰基按规定的惯例都用 Boc-表示，叔丁氧羰酰氯表示为 Boc-Cl。叔丁氧羰基在酸性条件下很容易被除去，分解成异丁烯和 CO_2。如用 0.05 mol · L^{-1} HBr/HOAc，可使叔丁氧羰基在 5～10 min 完全脱去。如：

$$^{+}NH_3\underset{\underset{R}{|}}{C}HCOO^- + Boc\text{-}Cl \xrightarrow{(C_2H_5)_3N} Boc\text{-}NH\underset{\underset{R}{|}}{C}HCOO^- \xrightarrow[\text{乙酸}]{H^+} {}^{+}NH_3\underset{\underset{R}{|}}{C}HCOO^- + (CH_3)_2C{=}CH_2 + CO_2$$

Boc-Cl 由于不能保存，叠氮化合物 Boc-N_3（酰叠氮）是最常用的导入 Boc-的试剂，可以用 Boc-Cl 或叔丁氧甲酸苯酯（Boc-OC_6H_5）同水合肼反应生成 Boc-$NHNH_2$，然后再经 HNO_2 处理得到：

$$Boc\text{-}Cl + 2NH_2NH_2\ (80\%) \xrightarrow{CH_2Cl_2} Boc\text{-}NHNH_2 \xrightarrow[H_2O]{NaNO_2,\ AcOH} Boc\text{-}N_3$$

三级丁基对催化氢化和稀碱都不起作用。因此在同一个化合物中如有两个和多个氨基，可分别用 Z-和 Boc-保护，成肽后就可用催化氢化脱去 Z 基，Boc 保持不变，或用酸脱去 Boc，而 Z 基不受影响。两者可很好搭配，有意识地保留所需要的保护基。

（二）羧基的保护和活化

在多肽合成中，除了需要接肽的羧基需要活化外，其他不反应的羧基都需要保护。氨基酸羧基的保护通常是将羧基转换成酯，可分为三类。一类是可用碱皂化脱去的，如甲酯和乙酯；另一类是在温和的酸性条件下可水解除去，如叔丁酯；第三类是还可用其他方法脱去的，如苄酯能用催化氢解法脱去。

活化羧基的常用方法是将羧基转变成活化酯、酸酐或酰氯。常用的活化酯是对硝基苯酯，由于硝基的强吸电子性，使酯基的亲电能力增强，易于氨解。如：

$$Z\text{-}NH\underset{\underset{R_1}{|}}{C}H\overset{\overset{O}{\|}}{C}O\text{-}C_6H_4\text{-}NO_2 + H_2N\underset{\underset{R_2}{|}}{C}H\overset{\overset{O}{\|}}{C}OCH_2\text{-}C_6H_5 \longrightarrow Z\text{-}NH\underset{\underset{R_1}{|}}{C}H\overset{\overset{O}{\|}}{C}\text{-}NH\underset{\underset{R_2}{|}}{C}H\overset{\overset{O}{\|}}{C}OCH_2\text{-}C_6H_5 + HO\text{-}C_6H_4\text{-}NO_2$$

其他的活化酯还有烯基酯，如乙烯酯；与 *N*-羟基化合物形成的酯，如 *N*-羟基琥珀酰亚胺酯等。

（三）侧链功能团的保护

许多氨基酸的侧链带有能反应的功能团，如羟基、巯基、酚基、β-和 γ-羧基、ε-氨基、胍基、咪唑基、β-和 γ-酰胺基、吲哚基和硫醚等。为避免在接肽时副反应的发生，往往也需要进行保护。半胱氨酸的巯基由于很容易氧化并发生副反应，必须保护，可以用苄基(Bzl)、对甲氧苄基(PMB)等保护起来。如用半胱氨酸对甲苯磺酸盐(Cys · TosOH)同对甲氧氯化苄[Bzl(Ome)-Cl]在碱性条件下(如 NaOH)，0～10℃搅拌反应 3 小时，生成半胱氨酸的对甲苯甲硫醚 Cys(PMB)。Cys(PMB)的 S-PMB 基易于脱去，可用 HF 在 0℃处理，不到半小时即可完全脱去。

赖氨酸的 ε-氨基也必须加以保护，原则上氨基保护基均可用于赖氨酸的 ε-氨基保护，但由于 ε-氨基的保护在肽链合成过程中并不需要脱除，要在肽链合成完成后才去除，因此一般选用在脱除其他保护基时都不会被脱除的保护基。如当 ε-氨基选用 Z-基保护时，则 α-氨基和 α-羧基的保护均不能用能被催化氢解的保护基。赖氨酸的 ε-氨基的 Z-基保护（ε-Z-Lys），可用赖氨酸盐酸盐、$CuCO_3 \cdot Cu(OH)_2$ 制备的赖氨酸铜盐和 Z-Cl 在碱性条件下低温反应制备，保护基 Z 可用催化氢化法去除。

谷氨酸和天冬氨酸的 γ-和 β-羧基在接肽时作为羧基组分必须保护，作为氨基组分可以保护也可以不保护。其他基团有时也可以不用保护。

(四) 接肽常用方法

所用的缩合试剂和接肽方法要保证合成肽的手性，且产率要高、副产物易于分离除去。主要的接肽方法是羧基活化法和酶促合成法。

(1) 碳二亚胺法： 多肽合成中常用的碳二亚胺是 *N*，*N'*-二环己基碳二亚胺，简称 DCCI，是有效的失水剂。DCCI 与 *N*-保护氨基酸反应，生成活化中间体 *O*-酰基脲，活化 *N*-保护氨基酸的羧基，然后与氨基酸酯反应生成肽酯，并放出 *N*，*N'*-二环己基脲（DCU），可过滤除去。如：

$$\text{Z-NHCH(R}_1\text{)COOH} + \text{C}_6\text{H}_{11}\text{-N=C=N-C}_6\text{H}_{11}\ (\text{DCCI}) \longrightarrow \text{C}_6\text{H}_{11}\text{-N=C(O-C(=O)CH(R}_1\text{)NH-Z)-NH-C}_6\text{H}_{11} \xrightarrow{\text{NH}_2\text{CH(R}_2\text{)COOCH}_2\text{-C}_6\text{H}_5}$$

$$\text{Z-NHCH(R}_1\text{)C(=O)NHCH(R}_2\text{)COOCH}_2\text{-C}_6\text{H}_5 + \text{C}_6\text{H}_{11}\text{-NHC(=O)NH-C}_6\text{H}_{11}\ (\text{DCU})$$

该缩合反应中，三乙胺等胺类可促进反应，但不能过量以引起消旋。反应溶剂只要反应物能溶解，尽可能选用低介电常数的溶剂。反应中加入 *N*-羟基琥珀酰亚胺（NHS）等可大大提高肽的收率。

所得的氨基被 Z 保护、羧基被苯甲基保护的二肽。用催化氢化一步就可以将这两个保护基去掉，得到游离的二肽。如：

$$\text{Z-NHCH(R}_1\text{)C(=O)NHCH(R}_2\text{)C(=O)OCH}_2\text{-C}_6\text{H}_5 \xrightarrow[\text{Pd-C}]{\text{H}_2} \text{H}_3\overset{+}{\text{N}}\text{CH(R}_1\text{)C(=O)NHCH(R}_2\text{)C(=O)O}^- + 2\text{CH}_3\text{-C}_6\text{H}_5 + \text{CO}_2$$

(2) 混合酸酐法： 第一步是将氨基保护的氨基酸的三乙胺盐与等当量氯甲酸乙酯（或氯甲酸异丁酯）在低温和叔胺存在下反应，生成的混合酸酐，第二步是同氨基组分反应接肽，释放出的分解产物是 CO_2 和醇，易于分离纯化。所用的氨基酸侧链羧基和末端 α-羧基可以是酯基保护的，也可以是不保护的（以有机盐的形式）。此方法简单，反应速度快，产率、纯度一般不错，适于肽的大量制备。如：

$$\text{Z-NHCH(R}_1\text{)C(=O)OH} + \underset{\text{氯甲酸异丁酯}}{(\text{CH}_3)_2\text{CHCH}_2\text{OC(=O)Cl}} \xrightarrow{\text{Et}_3\text{N}} \text{Z-NHCH(R}_1\text{)C(=O)OC(=O)OCH}_2\text{CH(CH}_3)_2 \xrightarrow[-\text{CO}_2]{\text{NH}_2\text{CH(R}_2\text{)C(=O)OY}} \text{Z-NHCH(R}_1\text{)C(=O)NHCH(R}_2\text{)C(=O)OY} + (\text{CH}_3)_2\text{CHCH}_2\text{OH}$$

(3) 活化酯法： 普通的氨基酸酯不够活泼，可以在酯基内引入强吸电子基团，以增加羧基的亲电能力，使更容易氨解形成酰胺键。如 N-保护的氨基酸与对硝基苯酯能在室温下反应接肽。用活化酯法接肽时，氨基组分的末端羧基可以不保护，侧链的酚基、羟基等也可以不保护。

活化酯制备方法很多。常用的是氨基保护的氨基酸与醇用 DCCI 缩合、与酰氯反应、与卤代烷反应或通过酯交换法制备等。

活化酯可以是芳基活化酯如五氟苯酯、烯基酯如乙烯酯，还有与 *N*-羟基化合物形成的活化酯，如常用的 *N*-羟基琥珀酰亚胺酯。绝大多数保护氨基酸的 *N*-羟基琥珀酰亚胺酯都是纯度很好的结晶产物，接肽后产生的 *N*-羟基琥珀酰亚胺是水溶性的而易于除去。其接肽反应如下：

$$\text{Z-NHCH(R}_1\text{)C(=O)-O-N(琥珀酰亚胺)} + \text{NH}_2\text{CH(R}_2\text{)COOY} \longrightarrow \text{Z-NHCH(R}_1\text{)C(=O)NHCH(R}_2\text{)COOY} + \text{HO-N(琥珀酰亚胺)}$$

N-羟基琥珀酰亚胺

§ 17.9 蛋 白 质

蛋白质和核酸是生命现象的物质基础。生物界蛋白质种类估计有 $10^{10}\sim10^{12}$ 种，是由 20 种参与蛋白质组成的氨基酸排列顺序不同的结果。蛋白质分子是由一条或多条多肽链构成的生物大分子，多肽链是由氨基酸通过肽键首尾共价相连而成，各种多肽链都有自己特定的氨基酸序列。

蛋白质含有的主要元素的比例约为：碳 50%、氧 23%、氮 16%、氢 7%、硫 0%～3%。另外还有其他微量元素磷、铁、铜、碘、锌和钼等。蛋白质平均含氮量为 16%，即 1 g 氮代表 6.25 g 蛋白质。由此可计算所测粗蛋白质中的蛋白质含量。如用凯氏（Kjedahl）定氮法测定粗蛋白质中氮含量，蛋白质含量＝蛋白氮×6.25。

蛋白质可分为单纯蛋白和缀合蛋白两大类。单纯蛋白质，即核糖核酸酶，肌动蛋白等蛋白质仅由氨基酸组成，如清蛋白、球蛋白、谷蛋白、谷醇溶蛋白、组蛋白、鱼精蛋白、硬蛋白等。缀合蛋白质，即大多数蛋白质除含有氨基酸外还含有非蛋白部分，称为辅基或配基，如糖蛋白、血红素蛋白、核蛋白、磷蛋白、脂蛋白、黄素蛋白等。

蛋白质的相对分子质量很大，约为 $6000\sim1\times10^6$ 或更大。相对分子质量小的称为多肽。蛋白质相对分子质量下限一般认为从胰岛素开始，51 个氨基酸残基（又可称为 51 肽），相对分子质量为 5700。但也有人认为应从核糖核酸酶开始，124 个氨基酸残基，相对分子质量为 12600。人的血红蛋白为 64500，而烟草花叶病毒相对分子质量高达 4×10^7。氨基酸平均相对分子质量为 128，氨基酸残基平均相对分子质量是 110（组成蛋白质一般小氨基酸偏多，且失一分子水）。由蛋白质相对分子质量即可估计出简单蛋白质的氨基酸残基数目。

蛋白质是有重要功能的生物大分子。决定蛋白质生物功能的关键是它的构象，即分子中原子的三维排布方式。蛋白质具有为基因所规定的确切氨基酸顺序，由一定氨基酸顺序构成的肽链再按能量上有利的规律折叠成特殊形状，形成蛋白质的构象。蛋白质构象主要是指多肽链中一切原子（基团）随 α 碳原子旋转、盘曲而产生的空间排布。

蛋白质构象可分为四个结构层次，可采用下列专门术语：一级结构、二级结构和三级结构，有时还用四级结构。一级结构就是共价主链的氨基酸数目、组成和排列顺序，包括链内、链间共价二硫桥位置，有时也称化学结构。二级、三级和四级结构又称空间结构（即三维结构）或高级结构。

§17.10　蛋白质的氨基酸组成分析

可用氨基酸自动分析仪进行测定，相对分子质量3万的蛋白质的氨基酸组成分析只需6 μg的样品，时间不到1 h。蛋白质样品组成分析一般在110℃、氮气保护或真空条件下用6 mol·L^{-1} HCl水解10～24 h（或用甲基磺酸水解），水解产物用磺化聚苯乙烯离子交换柱分离。蛋白质水解时20种氨基酸中Trp全被破坏，Ser、Thr和Tyr被部分破坏。Asn和Gln的酰胺基被水解下来生成Asp、Glu和铵离子。Ser、Thr和Tyr等被破坏程度与保温时间有关。为测定它们的含量可在不同保温时间（24、48、72 h）测定样品中这几种氨基酸的含量，绘出曲线，外推至时间为零，即可求出这几种氨基酸的含量。为测Trp含量，可在110℃、氮气保护下用5 mol·L^{-1} NaOH水解20 h，虽然多种氨基酸被破坏，但Trp不被破坏，分离后可测定含量。

用已知含量的各种氨基酸标准样品显色做出光吸收工作曲线，再用待测定样品水解分离出的各种氨基酸显色后的光吸收与工作曲线比较，即可测定氨基酸含量。用茚三酮显色可检测出10 nmol的氨基酸，荧光显色可检测到10 pmol的氨基酸。

测出Asx（Asp、Asn）和Glx（Glu、Gln）的量，而酰胺基总量由水解液中NH_4Cl量推出，就可计算出Asp、Glu和Asn、Gln含量。

蛋白质的氨基酸组成可用每百克蛋白质含氨基酸的克数表示，或每摩尔蛋白质中氨基酸残基的物质的量表示。许多蛋白质如鸡溶菌酶、牛核糖核酸酶等的氨基酸组成均已确定，可查有关文献获得。

§17.11　蛋白质的一级结构测定

蛋白质一级结构指蛋白质中氨基酸排列顺序、共价键连接的全部情况，是阐明其生物活性的分子基础。蛋白质中氨基酸顺序决定其三维结构，而三维结构决定其生物活性和功能。换言之就是蛋白质的功能是由其构象决定的，即由它的氨基酸顺序决定的。

测定蛋白质中氨基酸顺序的样品的纯度应大于97%，需先测相对分子质量（允许误差10%左右）。测定的策略是分而治之，相对分子质量为50000的蛋白质大约含有500个氨基酸残基，一般要分成十段进行测定。1953年桑格（F. Sanger）测定了牛胰岛素的氨基酸顺序，第一次向世人展示了蛋白质具有一个确切的氨基酸顺序。

（一）蛋白质一级结构测序步骤

可概括为以下几步：① **测定蛋白质分子中多肽链数目：** 测定蛋白质相对分子质量和物质的量，N-末端和C-末端残基的物质的量，确定蛋白质分子中多肽链数目。拆分蛋白质分子的多肽链，寡聚蛋白要用变性剂将亚基拆开。② **断开多肽链内的二硫键**：多肽链间有二硫键要在蛋白质变性后用过氧化氢氧化法或巯基化合物还原法断开。③ **鉴定 N-末端残基和 C-末端残基**：定出氨基酸序列参考点。④ **断裂多肽链**：按专一方式断裂多肽链成含 20～100 个氨基酸残基的较小肽段，并将它们分离开来。可用酶或化学方法等多种断裂方法（断裂点不一样），将每条多肽链样品降解成几套有重叠序列片段的肽段或称肽碎片，并进行分离、纯化，进行纯化了的肽段末端残基分析和测氨基酸组成。⑤ **测定各肽段氨基酸序列**：目前最常用的是 Edman 降解法，可使用氨基酸自动序列分析仪进行测定（蛋白质的薄膜在一个旋转的圆柱形杯中受到 Edman 降解。试剂和抽提溶剂流过蛋白质的固化膜，而洗脱下来的 PTH-氨基酸通过高效液相色谱来鉴定）。每一轮 Edman 降解可在不到两小时内完成，可以测定包含多至 100 个氨基酸残基的多肽或蛋白质的氨基酸顺序。⑥ **拼凑测定片段次序**：用重叠肽段确认拼凑出原来完整多肽链的氨基酸序列，重建完整多肽链的一级结构。⑦ **确定半胱氨酸残基间形成的二硫键(—S—S—)位置**：二硫键是使多肽链之间交联或使多肽链内成环的共价键。下面分述结构测定中涉及的化学反应。

（二）N-末端和 C-末端氨基酸残基的鉴定

由 N-末段或 C-末端的摩尔数可定出蛋白质是由几条肽链组成，由此可测定肽链的数目，确定氨基酸顺序的参考点。

(1) N-末端分析：

① **二硝基氟苯(DNFB 或 FDNB)法**：氨基酸的 α-NH_2 与 2,4-二硝基氟苯作用产生相应的 DNP-氨基酸，为桑格尔(Sanger)反应。

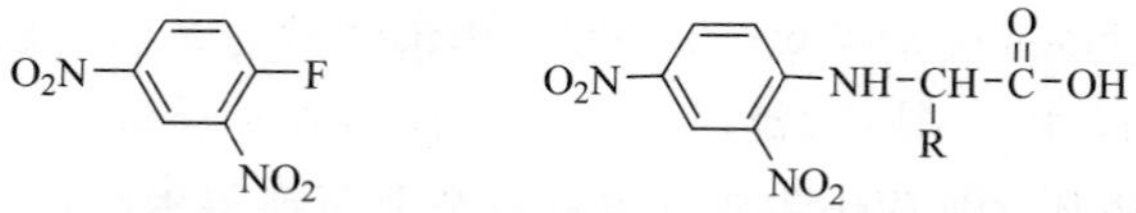

O_2N—C₆H₃(NO₂)—F　　　O_2N—C₆H₃(NO₂)—NH—CH(R)—C(=O)—OH

2,4-二硝基氟苯　　　DNP-氨基酸(黄色)

2,4-二硝基氟苯被称为 Sanger 试剂，与肽链游离末端氨基反应生成 DNP-多肽或 DNP-蛋白质，再酸性水解生成 DNP-氨基酸(黄色)。用有机溶剂提取 DNP-氨基酸，色谱分离[高效液相色谱(HPLC)、薄层色谱(TLC)或纸层析等]后可进行鉴定和定量测定，由此定出多肽链数目。此方法在蛋白氨基酸序列分析的历史上起过很大作用。

② **丹磺酰氯(DNS-Cl)法**：有荧光、灵敏度高，灵敏度比 Sanger 法高 100 倍。二甲氨基-萘-5-磺酰氯(DNS-Cl)在碱性条件下与肽链 N-末端的 α-NH_2 反应，酸性(6 mol·L^{-1} HCl，110℃)水解后生成 DNS-氨基酸(肽链中所有肽键都被水解)。DNS-氨基酸在紫外光照射下有强烈的荧光，可用纸电泳或薄层层析进行分离和鉴定。此法样品用量少，几十个 1 ng(10^{-9} g)的氨基酸(10^{-9}～10^{-10} mol)即可进行 N-末端残基测定。DNS-Cl 结构如下：

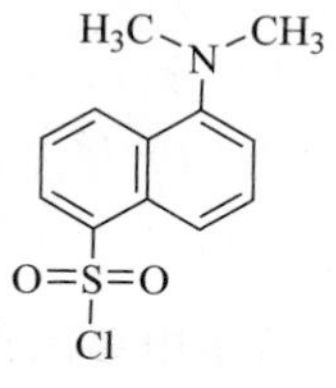

H_3C—N—CH_3 / 萘环 / O=S=O / Cl

③ 艾德满(Edman)降解法：氨基酸的 α-NH_2 与异硫氰酸苯酯(phenylisothiocyanate，PITC)作用生成相应的苯氨基硫甲酰衍生物，然后在微酸性有机溶剂中加热，脱下一个末端氨基的环衍生物，留下少一个氨基酸的肽。此法又称 PITC 法。PITC 能按顺序从肽的 N-端将氨基酸残基一个个切下来，可用来测定氨基酸序列。此方法由 P. Edman 于 1950 年提出。反应第一步 PITC 只与肽 N-端的氨基偶联，生成 PITC-肽(苯氨基硫甲酰肽)，而不破坏其他肽键。第二步在酸性有机溶剂中加热，N-末端氨基酸与 PITC 反应后断裂下来，并生成少一个氨基酸残基的肽。与 PITC 反应的氨基酸转化成乙内酰苯硫脲(phenylthiohydantoin，PTH)-氨基酸，用有机溶剂提取干燥后，可用 HPLC 等方法进行鉴定。如：

$$C_6H_5-N=C=S + H_2N-\overset{R}{\underset{}{CH}}-\overset{O}{\overset{\|}{C}}-\text{肽} \xrightarrow[\text{pH 9}]{\text{弱碱性}} C_6H_5-\overset{H}{N}-\overset{S}{\overset{\|}{C}}-\overset{H}{N}-\overset{R}{CH}-\overset{O}{\overset{\|}{C}}-\text{肽}$$

PITC

$$\xrightarrow[\text{脱落}]{\text{微酸性}} \text{(PTH-氨基酸)} + \text{少一个氨基酸残基的肽}$$

PITC 与多肽链每反应一次，得到一个 PTH-氨基酸和少一个氨基酸残基的肽，此肽在它的 N 端暴露出一个新的游离 α 末端氨基，又可参加第二轮反应。PTH-氨基酸在紫外区有强吸收，最大吸收值在 268 nm 处。可用 TLC 或 HPLC 快速分离测定，由此发展出氨基酸序列自动分析仪，测定只需 pmol 的蛋白质样品。

(2) C-末端分析：

① 肼解法：蛋白质或多肽与无水肼加热发生肼解反应，除 C-末端氨基酸以游离形式存在外，其余氨基酸都变成相应的氨基酸酰肼化物。肼进攻肽键而不易与—COOH 反应，肼解中 Gln、Asn、Cys 被破坏。反应中生成的氨基酸酰肼可用苯甲醛沉淀下来，游离的氨基酸可层析后鉴定。此法为 C-末端残基测定的重要化学方法。

② 还原法：用 $LiBH_4$ 还原 C-末端氨基酸成氨基醇，肽水解后可分离、鉴定。

③ 羧肽酶(carboxypeptidase)法：是 C-末端残基测定最有效也最常用的方法。羧肽酶是一类外切酶，专一地从肽链 C-末端开始逐个降解释放出游离氨基酸。常用的羧肽酶有羧肽酶 A、B、C 及 Y。

羧肽酶 A：作用除 Pro、Arg、Lys 以外的所有 C-末端残基。

羧肽酶 B：作用碱性氨基酸 C-末端残基。

羧肽酶 Y：可作用任何 C-末端残基。已被用来设计氨基酸顺序测定自动化序列仪。

(三) 二硫键断裂

胱氨酸中二硫键可用氧化剂(如过甲酸)或还原剂(如巯基乙醇)断裂。半胱氨酸的巯基在空气中氧化则成二硫键。为确定二硫键(—S—S—)的位置，常用变性剂。如 8 $mol \cdot L^{-1}$ 尿素或 6 $mol \cdot L^{-1}$ 盐酸胍使蛋白质变性，分子内部—S—S—露出，并用 $HSCH_2CH_2OH$ 处理，则—S—S—变成 2 个—SH，再用碘乙醇保护—SH 不被氧化。反应为：

$$-S-S- + HSCH_2CH_2OH \longrightarrow HS- + -SH$$

也可用过甲酸氧化，将—S—S—变成 2 个磺酸基($-SO_3^-$)。

$$-S-S- + HCOOH \longrightarrow -SO_3^- + {}^-O_3S-$$

(四) 断裂多肽链的方法

现在氨基酸序列测定一般只能测几十个氨基酸残基肽段，往往需将待测蛋白质先裂解成较小肽段，再分离提纯后测序。裂解要求断裂点少、专一性强、反应产率高，应选用专一性强的蛋白水解酶或化学试剂进行有控制地裂解成许多小肽，再进行每个小肽的氨基酸分析。

(1) 酶裂解法： 常用的蛋白酶有以下几种，在裂解肽链时作用位点(专一性)在箭头所指处。示意图如下：

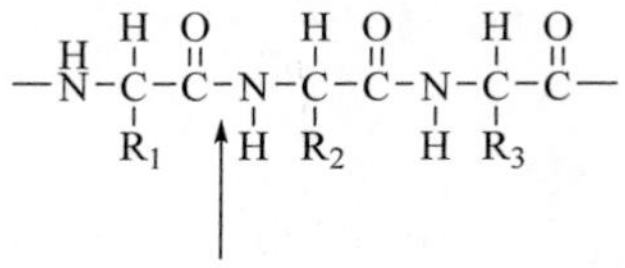

$$-NH-CH(R_1)-C(=O)-\uparrow NH-CH(R_2)-C(=O)-NH-CH(R_3)-C(=O)-$$

胰蛋白酶(trypsin)：水解碱性氨基酸(带正电荷的氨基酸)的羧基所形成的肽键，$R_1=$ Lys、Arg。要求形成肽键的羧基端为碱性氨基酸。$R_2=$Pro 抑制水解。

糜蛋白酶(胰凝乳蛋白酶，chymotrypsin)：肽键羧基端为芳香族氨基酸，$R_1=$Phe、Trp、Tyr，以及疏水氨基酸 Leu、Met 或 His。$R_2=$Pro 抑制水解。

嗜热菌蛋白酶(thermolysin)：肽键氨基端 $R_2=$Phe、Typ、Tyr、Leu、Ile、Val 或 Met(疏水性氨基酸残基)水解速度快。$R_2=$Gly 或 Pro 不水解。R_1 或 $R_3=$Pro 抑制水解。

胃蛋白酶(pepsin)：特异性不太强，切点多，肽键羧基端或氨基端为芳香族氨基酸(Phe、Typ、Tyr)或疏水氨基酸如 Leu 等水解速度好。$R_1=$Pro 不水解。

(2) 化学裂解法： 溴化氰(BrCN)断裂多肽链的肽键中羧基由 Met 提供的肽键，即 R_1 为 Met。反应时 Met 残基与 BrCN 反应生成肽酰高丝氨酸内酯，Met 羧基端与其他氨基酸氨基生成的肽键发生断裂，生成两个肽段，其中一个肽段 C-末端为肽酰高丝氨酸内酯，另一个肽段的 C-末端为多肽链的原 C-末端。BrCN 裂解法断裂肽键反应如下：

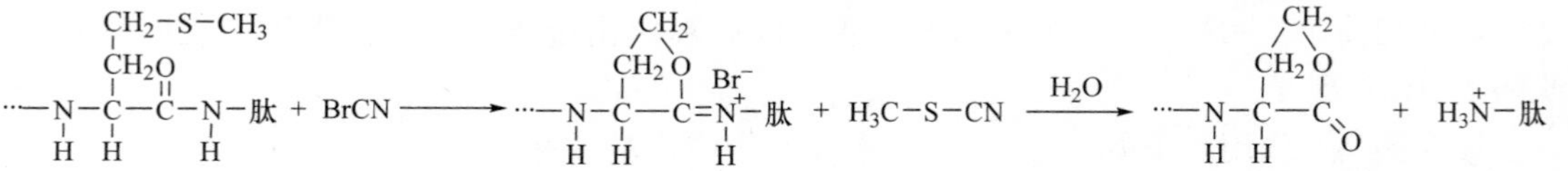

$$\cdots-NH-CH(CH_2CH_2-S-CH_3)-C(=O)-NH-肽 + BrCN \longrightarrow \cdots-NH-CH(CH_2CH_2O-)-C=\overset{+}{N}H-肽\ Br^- + H_3C-S-CN \xrightarrow{H_2O} \cdots-NH-CH-C(=O)\text{(内酯)} + H_3\overset{+}{N}-肽$$

肽酰高丝氨酸内酯 (C-末端肽段)

(五) 肽段氨基酸序列的测定

(1) Edman 化学降解法： 为目前最常用的氨基酸序列测定法，通过 N 端氨基酸残基与 Edman 试剂 PITC 进行反应来测定。

在形成蛋白质或多肽薄膜的旋转圆柱形杯中(可把肽链的羧基端和不溶性树脂偶联)，加入 Edman 试剂 PITC 进行 Edman 降解(50℃，30 min)。PITC 与多肽链 N 末端的游离氨基作用，N 末端氨基酸破坏并脱落。每反应一次生成一个 PTH-氨基酸，用溶剂抽提、HPLC 分离鉴定。每一轮 Edman 降解可在不到两小时内完成。剩下减少一个氨基酸残基的肽链，又有新的 N-端参加下一轮反应。由此进行氨基酸序列自动分析，进行几轮反应就能测出几个残基序列。最低样品用量仅 5 pmol。由于每次循环都有一些肽被有限水解或不完全水解，这些不完全水解造成的积累会使测序无法进行下去，该法最多可测定 100 个氨基酸的肽链顺序，但一般为 60～70 个氨基酸。

(2) 质谱法：为使生物大分子离子化，可使用电喷射电离(ESI)。电喷射电离串联质谱法已用于氨基序列测定。蛋白质溶液在数千伏高电场中通过毛细管静电分散成微滴，蛋白质离子从微滴中解吸进入气相并进行质谱仪分析。串联质谱法准许蛋白质离子在两台串联在一起的质谱仪上进行分析。第一台用于从蛋白质水解液中分离寡肽，然后选出每一寡肽进行下一步分析。每一个寡肽经碰撞池裂解成离子碎片后，被吸入第二台质谱仪中进行分析。裂解主要发生在寡肽中连接相继氨基酸的肽键上，裂解的碎片代表一套大小之差为一个氨基酸残基的肽段。两个碎片的相对分子质量之差为各氨基酸残基的相对分子质量(特征值)，由整套离子碎片相对分子质量差推定氨基酸序列。一般 15 肽以下均可用。质谱法所需分析样品量少，只需 10^{-12} mol 的肽，且测定速度快，是一种绝对而非常精确地测定蛋白质相对分子质量的方法。

(3) 气-质(GC-MS)联用法：可直接用于小肽的氨基酸序列的测定。

§17.12　蛋白质的高级结构

(一) 二级结构

蛋白质主链折叠成由氢键维系的重复性结构即为二级结构。蛋白质的二级结构指多肽链折叠的规则与方式，是能量平衡和熵效应的结果。多肽链借助氢键有规律地折叠成特有的 α-螺旋或 β-折叠等片段，并向一个方向形成有规律的重复结构。二级结构是根据结构的外边特征划分的，可用平面图形来表示其组成范围和相对伸展方向。多肽链折叠后疏水基团埋藏在分子内部，亲水基团暴露在分子表面。而埋在分子内部的主链的极性基团(C═O…H—N)之间可形成氢键，暴露在分子表面的极性基团与溶剂水形成氢键。

常见的二级结构元件有 α-螺旋、β-折叠片、β-转角和无规卷曲。

(1) α-螺旋(α-helix)：蛋白质中最典型、含量最丰富的二级结构。多肽主链围绕中心轴盘绕成螺旋状紧密卷曲的棒状结构，称为 α-螺旋。α-螺旋结构中每个肽平面上的羰基氧和酰胺氮上的氢都参与氢键的形成，因此这种构象是相当稳定的。氢键大体与螺旋轴平行。α-螺旋结构是一种重复性结构。每圈螺旋约含 3.6 个氨基酸残基，由氢键封闭的环中的原子数为 13，此种 α-螺旋又称 3.6_{13}-螺旋。每个残基绕轴旋转 100°，沿轴上升 0.15 nm。每圈螺旋距螺旋轴方向(螺距)为 0.54 nm，螺旋直径(不计侧链)约为 0.5 nm。残基侧链 R 基均伸向螺旋外侧。

$$-\overset{\overset{\displaystyle O\cdots\cdots\cdots\cdots\cdots\cdots\cdots\cdots}{\|}}{C}\!\!\left[NH-\underset{\underset{\displaystyle R}{|}}{CH}-\underset{\underset{\displaystyle O}{\|}}{C}\right]_3\!\!\overset{\overset{\displaystyle H}{|}}{N}-$$

3.6_{13}-螺旋

(2) β-折叠片(β-pleated sheet)：第二种常见的二级结构。肽链主链处于较伸展的曲折形式。两条或多条相当伸展的多肽链侧向之间通过氢键相连形成的折叠片状结构，称为β折叠片，每条肽链或肽段称为β折叠股或β股(β-strand)。肽链主链呈锯齿状，肽链长轴互相平行。氢键在不同的肽链间或同一肽链的不同肽段间形成，氢键与肽链长轴接近垂直。R基交替分布在片层平面两侧。由肽链走向不同有两种形式，即平行结构(相邻肽链同向)和反平行结构(相邻肽链反向)，如下所示(未画出侧链R基团)：

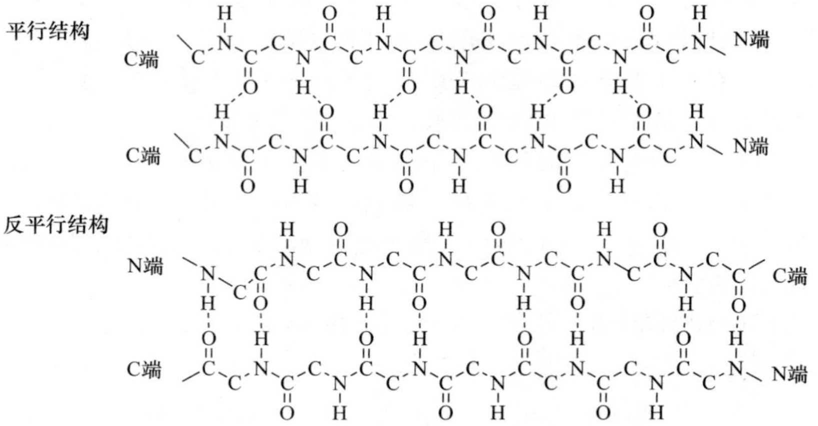

平行结构

反平行结构

纤维状蛋白中β折叠片主要是反平行的，蚕丝心蛋白几乎完全由扭曲的反平行β折叠片构成。球状蛋白质平行和反平行两种方式都广泛存在。由2～5条平行或反平行的β链组成的结构单位最为普遍。

(3) β-转角和β-凸起：在球状蛋白质中多肽链必须弯曲、回折和重复定向，这些可以通过一种称为β-转角(β-转折，β-turn)、β-弯曲(β-bend)或发夹结构(hairpin structure)的非重复性结构来完成。

(4) 无规卷曲(random coil)：又称卷曲，泛指那些不能归入明确的二级结构的多肽区段。

(二) 蛋白质的三级结构

每种蛋白质至少有一种构象在生理条件下是稳定的，这种构象具有生物活性，被称为蛋白质的天然构象。蛋白质变性后一级结构完好但生物活性丧失，就是由于多肽链伸展开或随机排布的结果。

蛋白质三维结构由氨基酸序列决定，且符合热力学能量最低要求，并与溶剂和环境有关。天然形成的蛋白质三维结构要求：① 主链基团之间形成氢键。② 暴露在溶剂(水)中的疏水基团最少。③ 多肽链与环境水(必须水)形成氢键。

(1) X射线晶体结构分析测定方法：X射线晶体结构分析是研究蛋白质构象的主要方法，可明确揭示蛋白质中大多数原子的空间位置。X射线晶体学实验由三部分组成：X射线光源、蛋白质晶体和检测器。用于X射线衍射分析的蛋白质的典型晶体(单晶)，要求每边约为0.5 nm，含大约10^{12}个蛋白分子。为此要在不同的实验条件(如不同的缓冲溶液和pH)下来找到合适的结晶条件。

X射线衍射法的步骤为：蛋白质分离、提纯→单晶培养→晶体学初步鉴定→衍生数据收集→结晶解析→结构精修→结构表达。

X射线波长为154 pm，与碳碳单键长150 pm相当。当单色的X射线作用于合格的单晶样品，利用相干散射的物理效应和单晶衍射仪反射，互相叠加产生衍射，不同物质的晶体形成各自独立的衍射图案，可反映出该分子中原子的位置。将正空间中的晶体结构交换为与倒易空间对应的分立分布的衍射强度数据组，再以上万个衍射强度数据组为基础通过反变换傅里叶函数计算，结合人的理论分析和利用结构解析方法，使晶体结构以解析的方式（分数坐标法）或图像显示的方式再现。根据衍射线的方向可以确定晶胞（晶体的重复单位）的大小和形状，根据衍射的强度确定晶胞中的原子分布。

(2) 核磁共振法等其他方法： 核磁共振法是测定溶液中的蛋白质结构，即天然溶解状态下的结构。通过核磁共振仪（NMR）可观察蛋白质的扭转角度、质子间距和肽平面间的二面角，结合蛋白质的氨基酸序列组成来计算出蛋白质结构。NMR法可用来进一步研究蛋白质运动的复杂过程。研究溶液中的蛋白质构象还可用紫外差光谱、荧光和荧光偏振、圆二色性等方法。另外还可以将蛋白质在膜上吸附或结合，获蛋白质的二维结晶，进行电镜观测，经CT扫描后再用计算机进行三维重构得到蛋白质的构象。

(3) 稳定蛋白质三维结构的作用力： 蛋白质折叠成紧密结构可伴随构象熵降低，必须靠大量弱的、非共价相互作用力来维持折叠构象。其中主要弱相互作用（或称非共价键、次级键），包括氢键、疏水作用（熵效应）、范德华力和离子键（盐键），保证折叠状的蛋白质更稳定。此外共价二硫键在稳定某些蛋白质构象中也起重要作用。这些稳定生物系统结构的作用力，在稳定核酸构象和生物膜结构方面也起着重大作用。

(4) 结构域： 多肽链在二级结构或超二级结构基础上形成的三级结构（局部折叠区），是相对独立的紧密球状实体，称为结构域（structural domain）或域（domain），是球状蛋白质的独立折叠单位。较大的蛋白质常折叠成几个结构域，每个结构域的分子质量保持在17 kDa左右。结构域常常也是功能域，是蛋白分子独立存在的功能单位。对于较小的球状蛋白质分子或亚基，结构域就是三级结构；对于较大的球状蛋白质或亚基，其三级结构往往由两个或多个结构域缔合而成，为多结构域。

从动力学角度看，多肽链先分别折叠成几个相对独立的区域，再缔合成三级结构要比整条多肽链直接折叠成三级结构，结构上更为合理。从功能的角度，活性中心都位于结构域之间，通过结构域容易构建特定三维排布，有利于活性中心的形成。结构域之间的柔性肽链形成的铰链区，使结构域容易发生相对运动，有利于活性中心与底物结合，以及别构中心结合调节物发生的别构效应。

(5) 球状蛋白质的三级结构： 由不同二级结构元件（α-螺旋和β-折叠片段等）折叠组合构成的总三维结构。包括在一级结构中相距较远的肽段之间的几何相互关系和侧链在三维空间中的相互关系。三级结构通过远距离序列的相互作用来稳定构象。三级结构是建立在二级结构、超二级结构和结构域的基础之上的，是多肽链进一步折叠卷曲形成的复杂的球状分子结构。

（三）蛋白质的四级结构和亚基

(1) 四级结构： 独立折叠的球状蛋白质通过非共价键彼此缔合形成的聚集体构成蛋白质的四级结构。寡聚蛋白质中各亚基之间在空间上的相互关系和结合方式。具有四级结构的寡聚蛋白是由两条或多条多肽链构成，其中每条具有三级结构的多肽链称为亚基或亚单位。寡聚蛋白中独立折叠的球状蛋白质可以通过非共价键彼此缔和在一起。稳定四级结构的作用力与三级结构本质相同，均为弱相互作用（氢键、疏水相互作用，范氏力，盐键）。有的亚基聚合还借助亚基之间的二硫桥，如抗体是由两条重链和两条轻链组成的四聚体，二硫键将两条重链与两条轻链连接在一起。

(2) 亚基：具有四级结构的蛋白质中每个球状蛋白质称为亚基，又称单体。亚基一般是一条多肽链。寡聚蛋白是由两个或多个亚基通过非共价相互作用缔合而成的聚集体。这些亚基结构可以是相同的也可以是不同的。大多数寡聚蛋白质分子亚基数目为偶数，亚基种类一般为 1 或 2 种。蛋白质的四级结构涉及亚基种类和数目、亚基在整个分子中的空间排布（对称性），以及亚基的接触位点（结构互补）和作用力（主要是非共价相互作用）。亚基缔合主要驱动力是疏水相互作用。缔合专一性则由表面极性基团中的氢键和离子键提供。

(四) 蛋白质的变性和复性

(1) 蛋白质变性：天然蛋白质分子受某些物理、化学因素，如热、紫外线照射、酸、碱、有机溶剂或变性剂的影响，引起生物活性丧失、溶解度降低及物理化学常数改变的过程称为蛋白质变性。蛋白质变性实质为分子中次级键被破坏，天然构象解体。但变性不涉及共价键（肽键和二硫键）的破裂，一级结构保持完好，只是物化性质和生化性质改变。变性主要特征是使蛋白质生物活性丧失，使原来分子内部包藏的侧链暴露出来而反应，一些物化性质随之改变，如疏水基外露溶解度降低、分子凝集沉淀、蛋白黏度增加、旋光和紫外吸收变化等。蛋白质变性后由于分子伸展松散易被蛋白酶水解。变性是一个协调过程，在所加变性剂很窄的浓度范围内、很窄的 pH 或温度区间内突然发生。有些变性是可逆的。

变性剂：能与多肽主链竞争氢键，破坏二级结构的化合物，如尿素、盐酸胍等。表面活性剂可破坏蛋白质疏水相互作用，使非极性基团暴露于介质水中，如十二烷基硫酸钠（SDS）。

(2) 蛋白质复性：变性的蛋白质在一定条件下重建天然构象恢复其生物活性的过程。如牛胰核糖核酸酶在加 8 $mol\cdot L^{-1}$ 尿素（或 6 $mol\cdot L^{-1}$ 盐酸胍）和 β-巯基乙醇（还原二硫键成—SH）变性后，用透析法除去尿素等变性剂和 β-巯基乙醇，酶活性又可逐渐恢复。变性酶的巯基在空气中被氧化，并自发折叠成一个具有催化活性的酶，最后达原活性的 95%～100%。用旋光、紫外、特性黏度等方法测定全部物化性质，复性后的酶与天然牛胰核糖核酸酶几乎完全相同。牛胰核糖核酸酶中有 8 个半胱氨酸，形成 4 个二硫键，可以有 105 种连接方式，但只有 1 种是具有酶活性的。

由于蛋白质天然构象往往处于能量最低状态，复性生物大分子可以“自我装配”。理论上讲复性过程受自由能减少所驱使，复性是可逆的。但实际上由于复性所需条件复杂，一般情况不易满足这些条件，使复性常常遇到困难。

根据分子生物学中的一个中心原理：“顺序规定构象，活性依靠结构”，蛋白质结构是可预测的。

§17.13　蛋白质的分离

分离蛋白质混合物的方法主要根据蛋白质在溶液中物理性质的不同，如分子大小、溶解度不同、电荷不同、吸附性质的差异，以及对配体分子特异的生物亲和力的差异等。

利用溶解度不同的沉淀法可以从蛋白质提取液中分离出所需要的蛋白质,除去其他杂蛋白、核酸和多糖等,为蛋白质粗分级分离,分离方法处理量大。

(一) 等电点沉淀和 pH 控制

蛋白质的酸碱性主要取决于肽链上可解离的 R 基团。对于某些蛋白质在某一 pH 下它所带的正电荷与负电荷相等,净电荷为零,此 pH 为该蛋白质的等电点。蛋白质都有自己特定的等电点。当 pH 高于等电点时蛋白质带负电荷,而 pH 低于等电点时蛋白质带正电荷。在等电点时蛋白质的溶解度最小。在无盐干扰时,一种蛋白质的质子供体解离出来的质子数与质子受体基团结合的质子数相等时的 pH 值是该蛋白质的真正等电点,即等离子点,是该蛋白质的特征常数。

不同蛋白有不同的等电点,可用调节蛋白溶液 pH 的方法,使要分离的蛋白质净电荷为零处于等电点,此时蛋白分子间无静电斥力,溶解度最低,且蛋白保持天然构象聚集沉淀。由此可将等电点不同的蛋白质分开。如工业化大豆蛋白的提取,即先控制 pH 呈弱碱性(偏离等电点),溶解蛋白,离心除去纤维等杂质;再调 pH 呈弱酸性(等电点处),使蛋白沉出,再离心得到大豆蛋白。

(二) 盐析

当溶液中盐浓度增大,离子强度达一定数值时,蛋白质溶解度下降并进一步析出的过程为盐析。盐析析出的蛋白可保持天然构象,能再溶解。同样浓度的二价离子中性盐对蛋白质溶解度的影响比一价离子中性盐要大得多。一般用硫酸铵盐析,因为硫酸铵在水中溶解度高,且溶解度的温度系数较低。如鸡蛋的卵清蛋白水溶液加入硫酸铵至半饱和,球蛋白析出。过滤后酸化至卵清蛋白的等电点 pH 4.6～4.8,常温放置,即可得到卵清蛋白晶体。

盐析是由于盐浓度足够大时,蛋白溶液中大部分以至全部自由水都变为盐离子化的水,蛋白质分子表面的水化层和双电层被破坏,暴露出蛋白质疏水表面,进而聚集沉淀。

与盐析对立的是,当加入低浓度中性盐时,蛋白质溶解度增加会出现盐溶。此时只加入少量盐,蛋白质分子吸附盐的离子而表层带电,使蛋白质分子彼此排斥,与水分子相互作用加强,造成盐溶。

(三) 有机溶剂分级分离法

与水互溶的有机溶剂,如乙醇等能使蛋白质在水中溶解度显著降低,如生鸡蛋在酒中会凝固。有机溶剂介电常数低,使带相反电荷的分子吸引力增加。与水互溶的有机溶剂与蛋白质争夺水,脱去蛋白分子的水化层。

由于有机溶剂可使蛋白变性,当使用有机溶剂沉淀蛋白时应在低温(如－40～－60℃)下进行,且不断搅拌逐滴加入,尽量避免蛋白变性。

(四) 透析

蛋白质相对分子质量都超过 5000,不能透过透析膜(如玻璃纸膜),而较小的分子可自由通过。将蛋白质溶液装入透析袋中,并将透析袋浸没在缓冲液中。小分子透过透析袋进入缓冲液中,而蛋白质留在袋内。不同透析袋可透析相对分子质量 1000～10000 的各种分子。

§17.14 酶

酶的化学本质是蛋白质。几乎所有的酶水解最终产物都是氨基酸，酶具有蛋白质的各种性质。酶可以变性失活，有等电点，具有不能通过半透膜等胶体性质，还能与茚三酮、双缩脲等试剂反应并显色。虽然已发现了有催化活性的RNA分子(核酶，ribozyme)，但目前提到酶仍然指的是蛋白质。

(一) 酶催化的特点

(1) 高度催化效能：一般可比非催化反应的反应速率提高10^8～10^{20}倍。酶的效率可以用转换数(TN)来表示。转换数定义为：当酶被底物饱和时，在1 s(或1 min)内，1 mol(或1 μmol)酶能转换底物的mol(或μmol)数。酶的转换数与pH、温度和测定酶活力的其他参数有关。大多数酶的转换数为$(1\sim10^4)s^{-1}$，水解酶的转换数较低，约$(10\sim100)s^{-1}$，而氧化酶的转换数可高到$(10^6\sim10^7)s^{-1}$。生物体系中的绝大多数反应，若没有酶是不可能以可觉察的速度进行的。即使CO_2与H_2O反应生成碳酸也是在碳酸酐酶催化下完成的，每个酶分子能在1秒钟内水合十万个CO_2分子，比未经催化的反应加速10^7倍。没有碳酸酐酶催化，CO_2从组织到血液、再到肺泡被排除的转移过程将不会安全。

(2) 催化反应条件温和：酶促反应一般在常温、常压、接近中性pH的条件下进行。酶易失活，凡能使蛋白质变性的因素，如高温、强酸、强碱、重金属盐等都能使酶失活。在27℃、中性pH条件下，生物固氮在植物中由固氮酶催化进行，每年可从空气中固定一亿吨氮，生成蛋白质等生物物质；而目前工业上从氮气合成氨，使用金属催化剂，需要在500℃高压下进行。

(3) 酶具有高度专一性(specificity)：酶与底物的结合是有高度选择性的，酶所催化的反应及作用的底物都具有高度专一性。

反应专一性：只催化一种或一类反应。如蛋白酶水解蛋白催化的是肽键的水解(虽然大多数蛋白酶也催化相关的酯键水解)。

底物专一性：只作用一种或一类物质。如麦芽糖酶水解麦芽糖(α-葡萄糖苷)成葡萄糖，纤维二糖酶水解纤维二糖(β-葡萄糖苷)成葡萄糖。这两种酶不可互换底物。

(二) 酶的化学组成和分类

由化学组成不同，酶可分为单纯蛋白质和缀合蛋白质(conjugated protein)。缀合蛋白质除蛋白质外还要结合一些非蛋白质小分子或金属离子才表现出酶的活性。单纯蛋白质的酶如蛋白酶、淀粉酶等水解酶，除蛋白质外不含其他成分。而缀合蛋白质的酶是由脱辅酶(apoenzyme或apoprotein)的蛋白部分和辅助因子或辅因子(cofactor)的非蛋白部分两部分组成。两者结合的复合物称为全酶(holoenzyme)，即全酶＝脱辅酶＋辅助因子。脱辅酶和辅助因子各自单独存在时均无催化作用。辅助因子可以是一个或多个无机离子如Zn^{2+}或Fe^{2+}，也可以是有机化合物。辅助因子包括辅酶和辅基。辅酶(coenzyme)是指与脱辅酶结合比较松弛的小分子有机物，经透析可除去，如辅酶Ⅰ(NAD^+)，辅酶Ⅱ($NADP^+$)等。辅基是以共价键与脱辅酶结合，用透析法不可除去，需要经过特定的化学处理才能将其与蛋白部分分开，如黄素腺嘌呤二核苷酸(FAD)、细胞色素氧化酶中的铁卟啉等。辅酶和辅基无严格界限，只是它们与脱辅酶结合的牢固程度不同。酶对于它的辅酶或辅基是有固定要求的，只有与特定的辅酶或辅基搭配，酶才有催化活力。辅酶或辅基的数目虽然有限，但它们往往可以与多种不同的脱辅酶搭配结合，催化多种不同的化学反应。

§17.15　酶的命名和分类

生物体内存在的酶种类繁多，有超过2500种不同的生化反应被酶催化。不同组织产生结构不同的变异酶，生物领域具有的不同酶蛋白应超过10^6种，现已发现的至少已有4000种。1961年以前酶使用的名称都是习惯命名，1961年以后才有了比较科学和系统的命名和分类。

(一) 习惯命名法

许多酶在系统命名法没有确定之前的名称，称为习惯命名法。命名的原则是：

(1) 根据酶作用的底物命名： 如淀粉酶，催化淀粉水解，作用底物为淀粉；蛋白酶，催化蛋白水解，作用底物为蛋白质。

(2) 根据酶催化反应的性质及类型命名： 如水解酶，催化水解反应；转氨酶，催化转氨反应；氧化酶，催化氧化反应。

(3) 由上述两原则结合起来命名： 如乳酸脱氢酶，催化底物为乳酸，反应为脱氢反应；琥珀酸脱氢酶，催化底物为琥珀酸，反应为脱氢反应。

(4) 有时加上酶的来源或酶的其他特点： 根据酶的来源，如胃蛋白酶，由动物胃提取；胰蛋白酶由胰脏提取。根据酶的特点，如碱性磷酸酯酶，最适 pH 8；酸性磷酸酯酶，在酸性条件下作用。

但也有一些酶的习惯命名并非根据以上原则来确定的，如老黄酶等。

习惯命名缺乏系统性，不严格。如激酶有时指磷酸转移酶，有时又指水解酶。有时一酶数名，有时一名数酶。但习惯命名由于简单易懂，现在有时仍在使用。

(二) 国际系统命名法

1961年，由国际生物化学和分子生物学协会酶学委员会提出的酶的分类和命名规则，现已被普遍接受，为国际系统命名法。命名原则为：每一种酶有一个系统命名和一个习惯命名。系统名称要求以酶所催化的整体反应类型为基础，并明确表明酶作用的底物及催化反应性质等，包括底物名称和反应类型两部分。国际系统分类法根据酶所催化反应的类型将酶分为六大类；由底物中被作用的基团或键的类型，将每一大类又分为若干亚类；由所作用键的类型或反应中基团的转移，每一亚类又分为若干亚亚类；亚亚类中又有序列排号，均用数字标明。由此每个酶的编号由四位数字组成，编号前冠以EC(Enzyme Commission)，数字用“.”隔开，如谷丙转氨酶编号为：EC 2.6.1.2，第一位数字2表示大类编号为2，第二位数字6表示亚类编号为6，第三位数字1表示亚亚类编号为1，第四位数字2为酶在亚亚类中的编号为2。

下面介绍这六大类酶的名称和特性：

(1) 氧化还原酶(oxido-reductase)： 可分为氧化酶和脱氢酶两类，催化有电子转移的氧化还原反应，其中一个底物为氢或电子供体。

通式：$A^- + B \rightarrow A + B^-$。

氧化酶：催化底物脱氢并氧化生成 H_2O_2 或 H_2O。

通式： $A \cdot 2H + O_2 \rightleftharpoons A + H_2O_2$

$2A \cdot 2H + O_2 \rightleftharpoons 2A + 2H_2O$

如葡萄糖氧化酶(EC 1.1.3.4)，辅酶为 FAD，催化葡萄糖氧化成葡糖酸，并产生过氧化氢；又如细胞色素 c 氧化酶(EC 1.9.3.1)催化底物脱氢，并生成水。

脱氢酶：催化直接从底物上脱氢的反应，需辅酶Ⅰ(NAD^+)或辅酶Ⅱ($NADP^+$)作为氢供体或氢受体。

通式：$A \cdot 2H + B \rightleftharpoons A + B \cdot 2H$

如乳酸脱氢酶(EC 1.1.1.27)，以 NAD^+ 为辅酶，将乳酸氧化成丙酮酸。

亚类和亚亚类：由于作用的电子供体不同，氧化还原酶又分为 18 个亚类。

(2) 转移酶(transferase)：催化一种分子的某一化学基团转移到另一种分子上的反应。

通式：$A\text{-}X + B \rightleftharpoons A + B\text{-}X$

(3) 水解酶(hydrolase)：催化各种水解反应，在底物的特定键上引入羟基和氢，大多属于细胞外酶。水解酶数量多、分布广，有 11 个亚类。

通式：$AB + H_2O \rightleftharpoons A\text{-}OH + B\text{-}H$

(4) 裂合酶(lyase)：催化从底物移去一个基团而形成双键的反应或其逆反应。

通式：$A\text{-}B \rightleftharpoons A + B$

(5) 异构酶(isomerase)：催化各种同分异构体之间的相互转变，使分子发生分子内重排。

通式：$A \rightleftharpoons B$

(6) 连接酶(ligase)：又称合成酶(synthetase)，催化有 ATP 参加的合成反应，能量由 ATP 供给，由两种物质合成一种新物质。

通式：$A + B + ATP \rightleftharpoons AB + ADP(AMP) + P_i(PP_i)$

酶的系统命名可由酶学手册或一些专著中查阅，包括酶的编号、系统命名、习惯名称、反应式、酶的来源、酶的性质等。由于酶的系统命名使用不如习惯命名方便，且没有考虑酶的来源，另外生物中还存在一些可催化相同反应但有不同氨基酸顺序和不同催化机制的酶，在系统命名中未反映这些差别。目前在科学文献中酶的命名在给出酶的系统名称和编号后，下面文中为方便仍可用习惯命名。

§17.16 核　　酸

核酸研究是生命化学、分子生物学和医药学等发展的重要内容之一。生命体内的生物功能依靠蛋白质来实现(核酸的合成也有赖于某些蛋白质的作用)，但蛋白质的结构是由遗传信息携带者脱氧核糖核酸(DNA)、核糖核酸(RNA)所决定的，蛋白质的合成取决于核酸，核酸保证了生命的精确复制。一个物种区别于另一个物种，一个个体在性状上区别于另一个个体，生物体能够繁衍出与自己类似的后代，这些信息都是通过核酸来贮存、传递和表达的。

（一）核酸的组成

核酸是一种线性多聚核苷酸，基本结构是核苷酸，包括 DNA 和 RNA。DNA 主要由四种脱氧核糖核苷酸组成，RNA 主要由四种核糖核苷酸组成。核苷酸由核苷和一个或更多个磷酸组成，核苷由一个含氮碱基和一个糖（主要是戊糖）组成。含氮碱基是嘧啶或嘌呤的衍生物。用酸将 DNA 或 RNA 完全水解，则可生成含氮碱基、D-2-脱氧核糖（或 D-核糖）和正磷酸的混合物。

核酸根据其中所含戊糖的种类不同分为 DNA 和 RNA 两类。DNA 中所含戊糖为 D-2-脱氧核糖，RNA 中所含戊糖为 D-核糖。DNA 和 RNA 所含碱基也不全部相同，DNA 主要含有的四种碱基是腺嘌呤、鸟嘌呤、胞嘧啶和胸腺嘧啶，而 RNA 主要含的四种碱基是腺嘌呤、鸟嘌呤、胞嘧啶和尿嘧啶。不同之处是 DNA 中含胸腺嘧啶，而 RNA 中含尿嘧啶。此外核酸中还有少量稀有碱基。碱基排列携带遗传信息。

（二）碱基和戊糖的化学结构

(1) 嘌呤和嘧啶碱基：组成核酸的碱基主要为嘌呤和嘧啶的衍生物，编号按国际理论和应用化学联合会(IUPAC)的规定进行。如：

核酸中无论是 DNA 还是 RNA，嘌呤衍生物都是腺嘌呤（6-氨基嘌呤）和鸟嘌呤（2-氨基-6-氧嘌呤）。核酸中常见的嘧啶有三种：胞嘧啶（2-氧-4-氨基嘧啶）、尿嘧啶（2，4-二氧嘧啶）和胸腺嘧啶（5-甲基-2，4-二氧嘧啶，又称 5-甲基尿嘧啶）。DNA 中为胞嘧啶和胸腺嘧啶，RNA 中为胞嘧啶和尿嘧啶，但 tRNA 中含有少量胸腺嘧啶。嘧啶环的原子编号有新旧两个系统，通常使用新的命名法：嘧啶环编号从最下 N 原子开始，按顺时针排序。

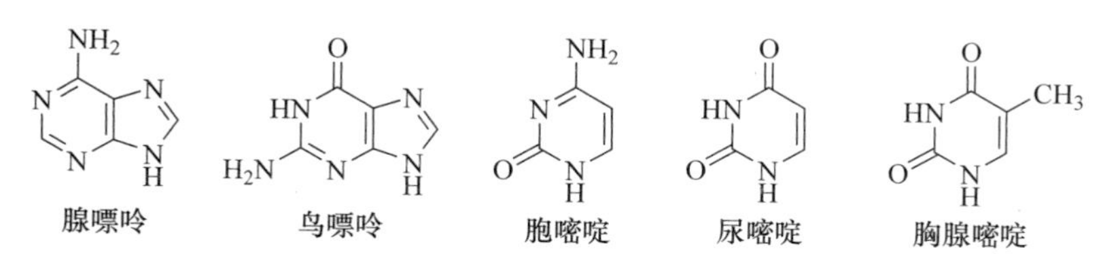

(2) 戊糖：核酸根据戊糖的种类分为 DNA 和 RNA。RNA 中的戊糖是 D-核糖，DNA 中的戊糖是 D-2-脱氧核糖。为与碱基区别，在同一分子中，糖环上的 C 原子编号右上角加一撇，为 1′，2′，3′，4′，5′。核糖核苷的 D-核糖上有三个自由羟基，分别可形成 2′，3′，5′三种核苷酸。脱氧核糖核苷中的 D-2-脱氧核糖有两个自由羟基，只能形成 3′和 5′两种核苷酸。2′-*O*-甲基核苷也只有两种核苷酸。核糖也能被修饰，主要是甲基化，如核糖 2-位氧甲基化的 D-2-*O*-甲基核糖。

核酸中也发现几种己糖的存在，如葡萄糖、甘露糖、半乳糖等等。但它们不构成核酸的骨架，只是与碱基侧链相连。

（三）核苷

戊糖与碱基缩合而成的化合物称为核苷。核苷中糖基与碱基之间糖苷键发生在嘧啶或嘌呤中的 N 原子上，是 N—C 键，称为 *N*-糖苷键。核苷中戊糖均为呋喃型环状结构，糖环中的 C_1 是不对称 C 原子，可以有 α、β 两种构型，但核酸中的糖苷键均为 β 构型，为 β-糖苷键。

(1) 核苷的分类： 按照戊糖种类的不同，核苷可分为核糖核苷(简称核苷)和脱氧核糖核苷(简称脱氧核苷)；按照碱基的不同，核苷可分为嘌呤核苷和嘧啶核苷(表 17-3)。嘌呤核苷中糖环的 C_1 与嘌呤碱的 N_9 相连；嘧啶核苷中糖环的 C_1 与嘧啶碱的 N_1 相连。

表 17-3　常见核苷的名称和符号

碱基	核糖核苷	符号	脱氧核糖核苷	符号
腺嘌呤	腺嘌呤核苷(腺苷)(adenosine)	A	腺嘌呤脱氧核苷(脱氧腺苷)(deoxyadenosine)	dA
鸟嘌呤	鸟嘌呤核苷(鸟苷)(guanosine)	G	鸟嘌呤脱氧核苷(脱氧鸟苷)(deoxyguanosine)	dG
胞嘧啶	胞嘧啶核苷(胞苷)(cytidine)	C	胞嘧啶脱氧核苷(脱氧胞苷)(deoxycytidine)	dC
胸腺嘧啶		T	胸腺嘧啶脱氧核苷(脱氧胸苷)(deoxythymidine)	dT
尿嘧啶	尿嘧啶核苷(尿苷)(uridine)	U		dU

(2) 核苷的结构特点： 核苷分子在空间结构上的碱基与糖环平面互相垂直。核苷中的 *N*-糖苷键由于空间障碍，转动受到限制，核糖和碱基呈反式(anti-form)构象应当较顺式(syn-form)更合适。在 DNA 双螺旋中碱基配对也是以反式定位的。但目前由于习惯，书写的结构为顺式，四种主要核苷结构式如下：

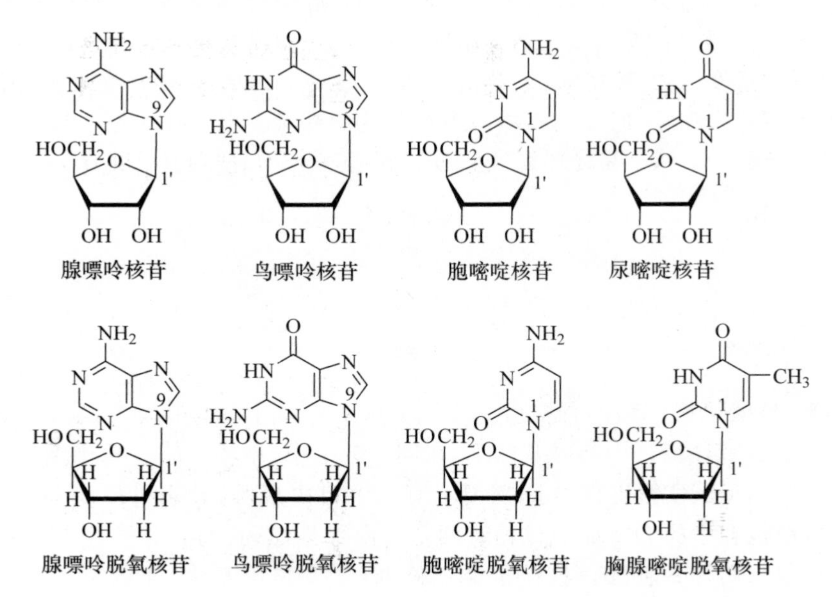

§ 17.17　核　苷　酸

核苷酸是核苷的磷酸酯，分为核糖核苷酸和脱氧核糖核苷酸两大类。

(一) 单磷酸核苷酸

核苷酸一般指核苷只被一个磷酸酯化的单磷酸核苷酸。在核苷酸中的戊糖上有三个位置(2′、3′、5′)有羟基,至少有一个羟基被酯化,生成三种不同的核苷酸。核苷最常见的酯化位置是与戊糖5′-C相连接的羟基,称为核苷-5′-磷酸或5′-核苷酸;另外还有2′-核苷酸和3′-核苷酸,但不是核酸组分。脱氧核苷酸戊糖只有两个位置(3′、5′)有羟基,只生成5′-脱氧核糖核苷酸和3′-脱氧核糖核苷酸两种脱氧核苷酸。若为核苷-5′-磷酸则5′可以省去,而核苷-2′-磷酸和核苷-3′-磷酸中的2′或3′必须标出,如腺苷-3′-磷酸,记作3′-AMP。生物体内存在的游离核苷酸多以5′形式存在,为5′-核苷酸和5′-脱氧核苷酸。常见的四种5′-核苷酸的结构如下:

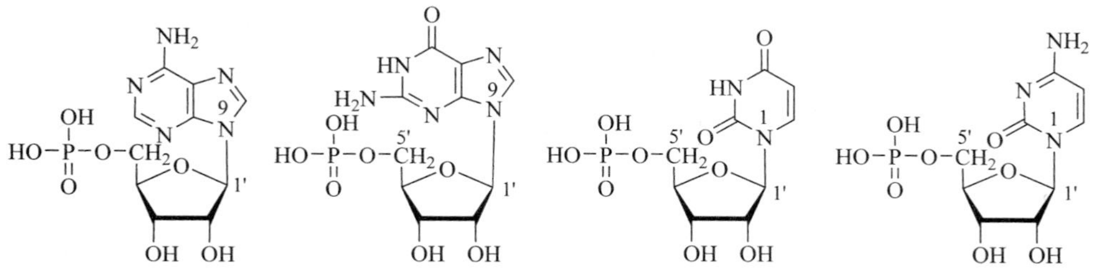

5'-腺嘌呤核苷酸 (AMP)　5'-鸟嘌呤核苷酸 (GMP)　5'-尿嘧啶核苷酸 (UMP)　5'-胞嘧啶核苷酸 (CMP)

常见的核苷酸有:腺嘌呤核苷酸(腺苷酸,AMP)、腺嘌呤脱氧核苷酸(脱氧腺苷酸,dAMP);鸟嘌呤核苷酸(鸟苷酸,GMP)、鸟嘌呤脱氧核苷酸(脱氧鸟苷酸,dGMP);胞嘧啶核苷酸(胞苷酸,CMP)、胞嘧啶脱氧核苷酸(脱氧胞苷酸,dCMP);胸腺嘧啶脱氧核苷酸(脱氧胸苷酸,dTMP);尿嘧啶核苷酸(尿苷酸,UMP)。

(二) 多磷酸核苷酸

核苷中的戊糖羟基被一个磷酸酯化,称单磷酸核苷酸或核苷单磷酸酯(NMP)。5′-核苷酸也可连接2~3个磷酸,以5′二磷酸(NDP)和5′三磷酸(NTP)的形式存在,命名时需标明分子中有几个磷酸。如腺苷-5′-二磷酸(ADP)可称为腺苷二磷酸。pH为7时,分子中所含磷酸越多则分子中所带的负电荷也就越多。细胞中含有少量游离存在的多磷酸核苷酸,是核酸合成的前体,也是生物体内的辅酶或能量载体。通常所说的ATP就是腺苷三磷酸,也称三磷酸腺苷。

(三) 环核苷酸

在核苷酸环化酶作用下,三磷酸核苷可形成环核苷酸。它们广泛存在于动植物和微生物中,虽然在细胞中的含量很低,但却有很重要的生理功能,在细胞内往往作为重要的调节分子和信号分子,如c-AMP被称为"第二信使"(激素为第一信使),会放大或缩小激素的作用,可调节细胞内糖原和脂肪的分解代谢、蛋白质和核酸的生物合成、细胞膜上的物质运转及细胞的分泌作用等。常见的环核苷酸有3′,5′-环化腺苷酸(c-AMP)和3′,5′-环化鸟苷酸(c-GMP)。c-AMP和c-GMP是一对互相制约的化合物,它们的生理作用往往是相反的,共同调节着细胞的许多代谢过程。

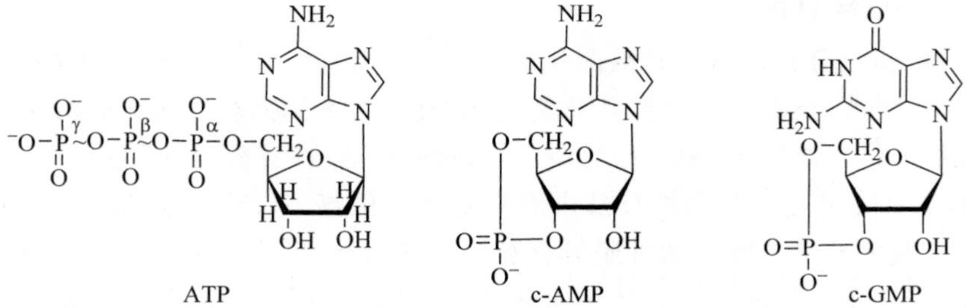

ATP　　c-AMP　　c-GMP

另外还有一些稀有碱基存在，已发现的有 70 种以上。DNA 约 9 种，RNA 约 69 种，绝大部分是常见的四种核糖核苷酸和脱氧核糖核苷酸的衍生物。有修饰腺苷、修饰鸟苷、修饰胞苷、修饰尿苷和 2′-O-甲基腺苷等。

§17.18　核酸分子结构及表示方法

（一）核酸分子结构

核酸是由各种核苷酸通过 3′，5′磷酸二酯键连接而成的线性分子，无分支结构，磷酸二酯键走向为 3′→5′。连接一个核苷酸的 3′碳和相邻的另一个核苷酸的 5′碳之间的磷酸二酯键重复多次，就形成了含有上百到上百万个核苷酸的巨大分子。

腺嘌呤、鸟嘌呤、胞嘧啶三核苷酸可简写成 AGC，简写从左到右书写，核苷酸的顺序一般按 5′→3′的方向，5′端在左，3′端在右。为表明此段结构的 5′和 3′端均与磷酸连接，精确的写法为$_pA_pG_pC_p$。但这些简写也表示可能是一个只含有 5′和 3′端均被磷酸化的三核苷酸。

将核酸与蛋白质两种生物大分子进行比较会发现二者的相似之处：核酸是线性分子，蛋白质主链也是线性分子；蛋白质由氨基酸聚合而成，核酸由核苷酸聚合而成；蛋白质的功能基是支链上的 R 基团，核苷酸的功能基则是碱基。

（二）核酸一级结构表示方法

有关核酸的研究工作非常多，而核苷酸在核酸链中的排列顺序和方向性对核酸结构及功能的表达至关重要，因此统一缩写符号和书写方式非常重要，这里介绍文献上常用的几种表示法。

（1）碱基表示法：碱基可以用三个字母表示，即取碱基英文名称的前三个字母。如：adenine，Ade；guanine，Gua；cytosine，Cyt；thymine，Thy。

但是一般不使用碱基符号，通常核酸的结构是以核苷或核苷酸符号表示的。

（2）核苷的表示法：核苷一般以单字母表示，即 A、G、C、U，脱氧核苷需要加小写 d，即 dA、dG、dC、dT。修饰碱基组成的核苷，表示的一般规律是：在缩写符号左边以小写英文字母、其右上角和右下角数字注明取代基的种类、数目和位置。

例如：m^2A，表示腺苷 2 位 N 上有甲基；m_2^6A，表示腺苷 6 位 N 上有甲基，一共两个甲基，即 N^6，N^6-二甲基腺苷；$m_3^{2,2,7}G$，表示鸟苷共有三个甲基，2 位有两个甲基，7 位有一个甲基，即 N^2，N^2，N^7-三甲基鸟苷。另外，N^6-甲基脱氧腺苷为 m^6dA，2-硫代尿苷为 S^2U。如果在核苷符号右边有小写字母，则表示为糖环上取代基团的种类，如 2′-*O*-甲基腺苷写成 Am；

2′-*O*-甲基胞苷写成 Cm。

(3) 核苷酸的表示法：在核苷符号左方的小写字母 p，表示为 5′-磷酸酯，如 pA 为 5′-腺苷酸，在核苷符号右方的小写字母 p，表示 3′-磷酸酯，如 Cp 为 3′-胞苷酸。pGA 表示 p 在 5′位置，而 AGp 表示 p 在 3′位置。

多磷酸酯以小写字母 p 的数目表示，如 ppU 为 5′-尿苷二磷酸；pppA 为 ATP；ppGpp 为鸟苷四磷酸，其中两个磷酸在 5′位，另两个磷酸在 3′位。

环化核苷酸，3′，5′-环化核苷酸书写为 c-AMP，c-GMP 等。2′，3′-环化核苷酸，一般用>P 表示，如 U>P 表示 2′，3′-环化尿苷酸。

(4) 核酸链的表示法：核酸链一端是一个 5′-OH，另一端是未与其他核苷酸相连的 3′-OH。核酸的共价结构有几种表示法：一般书写从左向右，从 5′端写至 3′端，如(5′)pApG-pCpUpC(3′)，或 5′pAGCUC3′。为简便起见，人们常常将小写的 p 省略，写成 A・G・C・U・C，现在最普通的写法是：AGCUC。若为 DNA 则含 T，如 ACTG；若为 RNA 则含 U，如 ACUG。ACTG 和 GTCA 代表不同的化合物，一个 5′端为 A，A 上有游离的 5′-OH，一个 5′端为 G，G 上有游离的 5′-OH。若用线条式表示，其中竖线表示核酸的碳链，A、G、C、T 表示碱基，p 代表磷酸基，p 引出的斜线一端与 3′-C 相连，另一端与 5′-C 相连。如：

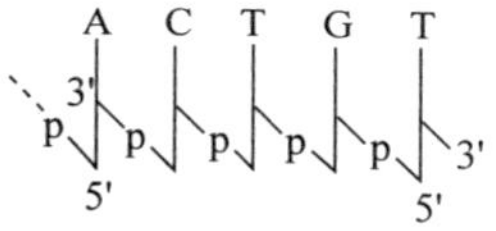

A　C　T　G　T（3′ p 5′ p p p p 3′ 5′）

简写记：
-----$_pA_pC_pT_pG_pT$-----或-----$_p$ACTGT-----

习　题

1. 解释一般氨基酸既能溶于酸，也能溶于碱，而对氨基苯磺酸却只能溶于碱不溶于酸这一事实。

2. 谷氨酸和赖氨酸在下列条件下主要以什么形式存在？

(1) 在强酸性水溶液中　(2) 在强碱性水溶液中　(3) 在等电点

3. 用适当的方法合成下列氨基酸：

(1) $CH_3CH_2CH_2CH_2CH(\overset{+}{N}H_3)CO_2^-$　(2) 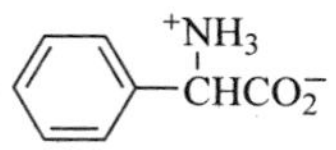 $C_6H_5CH(\overset{+}{N}H_3)CO_2^-$　(3) $(CH_3)_3CCH(\overset{+}{N}H_3)CO_2^-$

(4) $CH_3CH_2C(CH_3)(\overset{+}{N}H_3)CO_2^-$　(5) 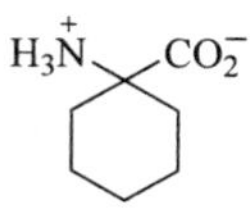 1-(${H_3\overset{+}{N}}$)环己烷-1-CO_2^-　(6) 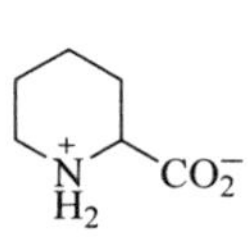 哌啶-2-CO_2^-（$\overset{+}{N}H_2$）

4. 用苯酚、溴代丙二酸酯及必要的试剂合成酪氨酸。

5. 以吲哚为原料合成色氨酸；以 α-溴代丙二酸二乙酯为原料合成天冬氨酸和丝氨酸。

6. 写出用叔丁氧羰酰氯为保护基，合成甘-缬-丙三肽的步骤。

7. 什么是蛋白质的变性作用？引起蛋白质变性的因素有哪些？什么是蛋白质的复性？

8. 酶的系统命名原则是什么？酶是如何分类的？

9. 写出常见核苷酸的名称、缩写和结构式。

10. 组成核酸的基本单位是：A：核糖和脱氧核糖　B：磷酸和戊糖　C：戊糖和碱基　D：单核苷酸　E：磷酸、碱基和戊糖

11. 用缩写符号表示核酸链、核苷酸、核苷和碱基。

12. 将核酸完全水解后可得到哪些组分？DNA 和 RNA 的水解产物有何不同？

第十八章　脂质、萜类化合物、甾族化合物和生物碱

§18.1　脂　　质

(一) 脂质

脂质又称脂类或类脂，是一类用弱极性或非极性溶剂如乙醚、氯仿等抽提而得到的不溶于水的化合物。脂质是基于它们的溶解性质，而不是基于它们的化学结构而定义的一类生物分子。它们的化学结构互不相同，分类有一定困难。脂质可用有机溶剂从组织中提取，用薄层层析或气相色谱进行分离而得。

(二) 脂质根据化学组成的分类

(1) 单纯脂质：由脂肪酸和甘油形成的酯，如甘油三酯、蜡(由长链脂肪酸和长链醇或固醇组成)。

(2) 复合脂质：分子中除含脂肪酸和醇外，还有非脂成分。按非脂成分不同可分为磷脂和糖脂。

① **磷脂：**根据分子内含醇成分不同，分为甘油磷脂(以甘油为分子骨架)和鞘氨醇磷脂(简称鞘磷脂，以鞘氨醇为分子骨架)。分子中非脂成分为磷酸胆碱、胆胺和乙醇胺等含氮碱。

② **糖脂：**分子中非脂成分为糖。根据分子中醇的成分不同，分为甘油糖脂(如单半乳糖基二酰基甘油)和鞘糖脂(如脑苷脂、神经节苷脂等)

鞘氨醇磷脂和鞘糖脂又合称为鞘脂(sphingolipid)。

(3) 衍生脂质：由单纯脂质和复合脂质衍生而来，或与之关系密切且具有脂质一般性质的物质。

① **取代烃：**如脂肪酸及其皂化产物(脂肪酸盐)，高级脂肪醇，烃和脂肪醛、胺等。

② **固醇类(甾类)：**如固醇(甾醇)、胆酸、性激素、肾上腺皮质激素和强心苷等。

③ **萜：**可看成异戊二烯的聚合物，有倍半萜、双萜、三萜、四萜等。萜的结构有线性的，也有环状的。许多植物精油、天然色素(如胡萝卜素)等都是萜。

④ **其他脂质：**脂溶性维生素(维生素 A、D、E、K)、脂酰辅酶 A、类二十碳烷(前列腺素和白三烯等)、脂蛋白、脂多糖等。

§18.2　甘 油 三 酯

甘油酯是甘油的羟基被酯化的一类酯，是动物体内含量最丰富的脂类。甘油三酯(triglyceride，TG)是甘油三个羟基都被酯化，又称三酰甘油(TAG)，可分为简单三酰甘油和

混合三酰甘油(分子中三个脂肪酸不同)。天然油脂是简单三酰甘油和混合三酰甘油的混合物,常温下呈液态的称为油,呈固态的称为脂。三酰甘油主要做贮存燃料。甘油酯还有二酰甘油和单酰甘油。

(一) 甘油取代物的构型

为简单明确命名甘油取代物,1967 年国际纯化学及应用化学联合会-国际生物化学联合会(IUPAC-IUB)推荐采用立体专一编号(stereospecific numbering)即 sn-系统命名,有以下几个规定:

(1) 甘油结构的 Fisher 投影式: C_2(β 碳)的—OH 写在左边(即把甘油的潜手性 β 碳看成是 L-构型的)。式中甘油骨架两端的碳原子为 α 位,中间的为 β 位。当甘油两端连接的取代基不同时,β 碳则为手性中心。

(2) 碳原子的顺序编号: 三个碳原子按从上到下的顺序编号 1、2、3(立体专一编号)。用 sn(立体专一性计数)写在甘油前面。如 L-甘油-3-磷酸称为 sn-甘油-3-磷酸。

$$\begin{array}{l} \quad\quad\quad\; H_2\overset{\alpha}{C}-O-\overset{O}{\overset{\|}{C}}-R_1 \\ R_2\overset{O}{\overset{\|}{C}}-O-\underset{\beta}{C}H \\ \quad\quad\quad\; H_2\overset{\alpha}{C}-O-\overset{O}{\overset{\|}{C}}-R_3 \end{array}$$

甘油三酯

$$\begin{array}{l} \quad\;\; {}^{1}CH_2OH \\ HO-{}^{2}C-H \\ \quad\;\; {}^{3}CH_2-O-PO_3^{2-} \end{array}$$

sn-甘油-3-磷酸

$$\begin{array}{l} \quad\quad\quad\quad\quad\quad\quad\; CH_2O\overset{O}{\overset{\|}{C}}(CH_2)_7CH=CH(CH_2)_7CH_3 \\ CH_3(CH_2)_{14}\overset{O}{\overset{\|}{C}}O-C-H \\ \quad\quad\quad\quad\quad\quad\quad\; CH_2OH \end{array}$$

1-油酰-2-棕榈酰-sn-甘油

(二) 脂质的过氧化作用

脂质的过氧化是多不饱和脂肪酸或多不饱和脂质的氧化变质,常表现为油脂的酸败,是典型的活性氧参与的自由基链式反应。多不饱和脂肪酸广泛存在于不饱和油脂和磷脂中。磷脂是构成生物膜的主要成分,因此脂质的过氧化将直接造成膜损伤,破坏膜的生物功能。许多疾病如肿瘤、血管硬化以及衰老都涉及到脂质的过氧化作用。

§18.3 磷　　脂

含磷的脂类统称为磷脂(phospholipid),分成甘油磷脂(glycerophospholipid 或 glycerol phosphatide)和鞘磷脂(sphingolipid)两类。磷脂是两亲分子,有一个伸出的极性头基和两个非极性的尾,由连接基团连接在一起,主要参与细胞膜系统的组成。

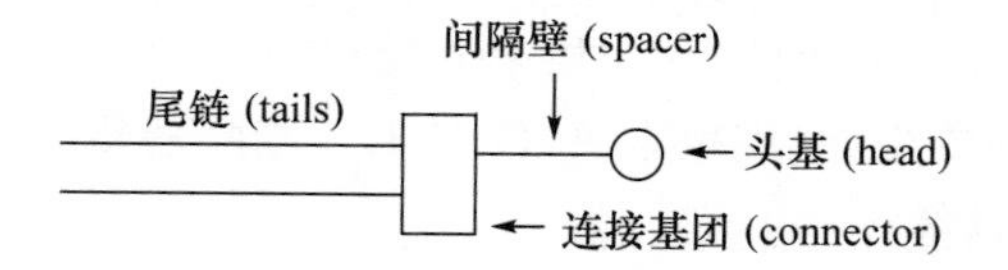

(一) 甘油磷脂结构

甘油磷脂都是由 sn-甘油-3-磷酸衍生而来。甘油磷脂中两个脂肪酸分别与 sn-甘油-3-磷酸中的 C_1 和 C_2 的羟基酯化,形成磷脂分子的非极性尾部;与 C_3 位羟基酯化的磷酸还有两个磷酸基,一个与极性醇 X(如胆碱、乙醇胺等)酯化,形成磷脂分子的极性头部,剩余一个在 pH 为 7 时形成带负电荷的阴离子。

(二) 常见的甘油磷脂

(1) 磷脂酰胆碱(phosphatidylcholine,PC)：系统名称为1,2-二脂酰基-sn-甘油-3-磷酰胆碱，又称卵磷脂(lecithin)、3-sn-磷脂酰胆碱，为细胞膜中最丰富的脂质。结构如下：

$$\begin{array}{l} \qquad\qquad\qquad\quad CH_2-O-\overset{\overset{\large O}{\|}}{C}-R_1 \\ R_2-\overset{\overset{\large O}{\|}}{C}-O-\overset{|}{C}H \\ \qquad\qquad\qquad\quad \overset{|}{C}H_2-O-\underset{\underset{\large O^-}{|}}{\overset{\overset{\large O}{\|}}{P}}-O-CH_2CH_2-\overset{+}{N}(CH_3)_3 \end{array}$$

PC的头基为胆碱，是代谢中一种甲基供体，可归为B族维生素。乙酰胆碱是一种神经递质，与神经冲动的传导有关。卵磷脂有预防脂肪肝的作用，一般从大豆油精炼过程中的副产物和蛋黄中提取，用层析法或超临界萃取法提取的精制卵磷脂含量可达85%～90%。

(2) 磷脂酰乙醇胺(phosphatidylethanolamine,cephalin,PE)：又称脑磷脂、3-sn-磷脂酰乙醇胺，头基为乙醇胺，又称胆胺。结构如下：

$$\begin{array}{l} \qquad\qquad\qquad\quad CH_2-O-\overset{\overset{\large O}{\|}}{C}-R_1 \\ R_2-\overset{\overset{\large O}{\|}}{C}-O-\overset{|}{C}H \\ \qquad\qquad\qquad\quad \overset{|}{C}H_2-O-\underset{\underset{\large O^-}{|}}{\overset{\overset{\large O}{\|}}{P}}-O-CH_2CH_2-\overset{+}{N}H_3 \end{array}$$

PE为细胞膜中另一种最丰富的脂质。sn-2位含有更多的多不饱和脂肪酸(PUFA)，包括花生四烯酸和二十二碳六烯酸(DHA)。

(3) 磷脂酰丝氨酸(phosphatidylserine,PS)：系统名称为3-sn-磷脂酰丝氨酸。结构如下：

$$\begin{array}{l} \qquad\qquad\qquad\quad CH_2-O-\overset{\overset{\large O}{\|}}{C}-R_1 \\ R_2-\overset{\overset{\large O}{\|}}{C}-O-\overset{|}{C}H \\ \qquad\qquad\qquad\quad \overset{|}{C}H_2-O-\underset{\underset{\large O^-}{|}}{\overset{\overset{\large O}{\|}}{P}}-O-CH_2\underset{\underset{\large {}^+NH_3}{|}}{C}H-COO^- \end{array}$$

PS的头基为丝氨酸，分子净电荷为－1(生物膜表面总带负电荷，PC、PE带电荷均为0)，又称血小板第三因子，作为表面催化剂与其他凝血因子一起可引起凝血酶原活化。

PC,PE,PS之间在体内可互相转化，丝氨酸、乙醇胺和胆碱相互转化如下：

$$\underset{\text{丝氨酸}}{-OCH_2\underset{\underset{\large COO^-}{|}}{C}H\overset{+}{N}H_3} \xrightleftharpoons{\text{脱羧}} \underset{\text{乙醇胺}}{-OCH_2CH_2\overset{+}{N}H_3} \xrightleftharpoons{\text{甲基化}} \underset{\text{胆碱}}{-OCH_2CH_2\overset{+}{N}(CH_3)_3}$$

(4) 磷脂酰肌醇(phosphatidyl inositol,PI)：

$$\begin{array}{l} \qquad\qquad\qquad\quad CH_2-O-\overset{\overset{\large O}{\|}}{C}-R_1 \\ R_2-\overset{\overset{\large O}{\|}}{C}-O-\overset{|}{C}H \\ \qquad\qquad\qquad\quad \overset{|}{C}H_2-O-\underset{\underset{\large O^-}{|}}{\overset{\overset{\large O}{\|}}{P}}-O-\text{(肌醇环 C-1；2-OH，3-OH，4-OH(HO)，5-OH，6-OH)} \end{array}$$

磷脂酸的磷酸基与肌醇的 C_1 位羟基以磷酸酯键相连接，分子带电荷－1。在真核细胞质膜中常含有磷脂酰肌醇-4-单磷酸（PIP，肌醇 4-位羟基磷酸化）和磷脂酰肌醇 4，5 双磷酸（PIP_2，肌醇 4-，5-位两个羟基均磷酸化）。PIP_2 是两个细胞内信使，即肌醇 1，4，5-三磷酸（IP_3）和 1，2-二酰甘油（DAG）的前体。这些信使参与激素信号的放大，可将许多细胞外信号转换为细胞内信号，在许多细胞内引起不同反应，有一定的广泛性。

（5）磷脂酰甘油（phosphatidylglycerol，PG）：

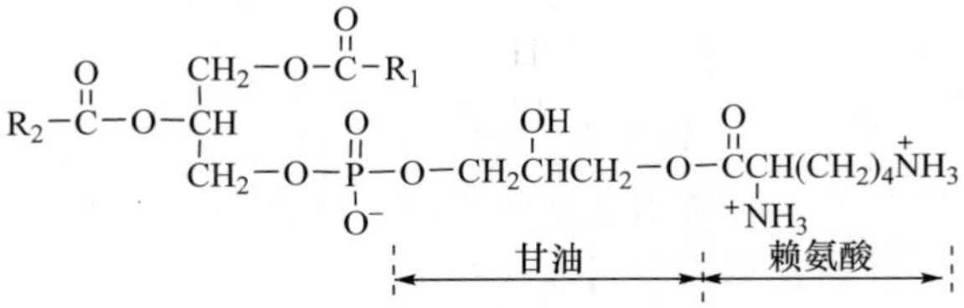

$$\begin{array}{l} \qquad\qquad\qquad CH_2-O-\overset{O}{\overset{\|}{C}}-R_1 \\ R_2-\overset{O}{\overset{\|}{C}}-O-CH \\ \qquad\qquad\qquad CH_2-O-\overset{O}{\overset{\|}{P}}(O^-)-O-CH_2\overset{OH}{CH}CH_2-O-\overset{O}{\overset{\|}{C}}\underset{^+NH_3}{CH}(CH_2)_4\overset{+}{N}H_3 \end{array}$$

甘油　　赖氨酸

PG 的头基为甘油，且常与赖氨酸相连。磷脂酰甘油在细菌细胞膜中常见。

（三）鞘磷脂

鞘磷脂是由鞘氨醇代替甘油磷脂中的甘油形成的磷脂。鞘氨醇是一种长链的氨基醇。鞘磷脂又称鞘氨醇磷脂，在高等动物的脑髓鞘和红细胞膜中特别丰富，由鞘氨醇、脂肪酸和磷酰胆碱（少数是磷酰乙醇胺）组成。

（1）鞘氨醇（sphingosine）：已发现 60 多种，动物中有 D-鞘氨醇和饱和的二氢鞘氨醇（神经鞘氨醇）。D-鞘氨醇为反式-D-赤藓糖型-2-氨基-4-十八碳烯 1，3-二醇；二氢鞘氨醇可视为丝氨酸与软脂酸反应释放一个 CO_2 再还原而成。结构如下：

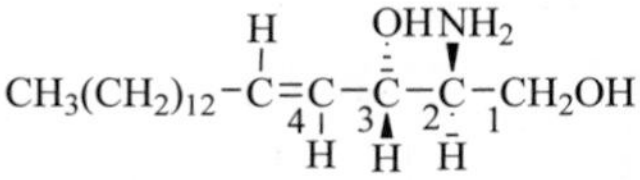

$$CH_3(CH_2)_{12}-\overset{H}{C}=\underset{H}{\overset{4}{C}}-\underset{H}{\overset{OH}{\overset{3}{C}}}-\underset{H}{\overset{NH_2}{\overset{2}{C}}}-\overset{1}{C}H_2OH \qquad CH_3(CH_2)_{14}-\underset{H}{\overset{OH}{C}}-\underset{H}{\overset{NH_2}{C}}-CH_2OH$$

鞘氨醇 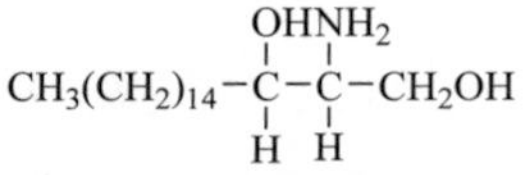　　　　二氢鞘氨醇

（2）神经酰胺（ceramide）：脂肪酸与鞘氨醇的 2-位氨基发生酰化反应即形成神经酰胺，结构与二酰甘油相似，为鞘脂类（鞘磷脂和鞘糖脂）共同基本结构，是鞘脂类化合物的母体。结构如下：

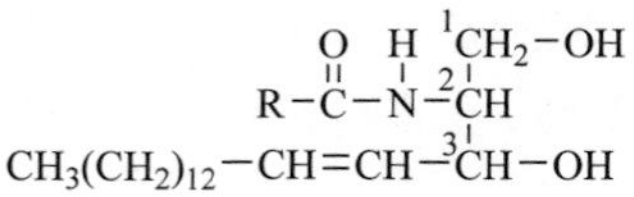

$$\begin{array}{l} \qquad\qquad\qquad\qquad\qquad\quad {}^1CH_2-OH \\ \qquad\qquad\quad R-\overset{O}{\overset{\|}{C}}-\overset{H}{N}-{}^2CH \\ CH_3(CH_2)_{12}-CH=CH-{}^3CH-OH \end{array} \qquad R常见为C_{16}、C_{18}和C_{24}$$

（3）鞘磷脂（sphingomyelin，SM）：又称磷酸鞘脂，可由神经酰胺的 1 位-羟基经磷酰胆碱或磷酰乙醇胺酯化得到。胆碱鞘磷脂（choline sphingomyelin）结构如下：

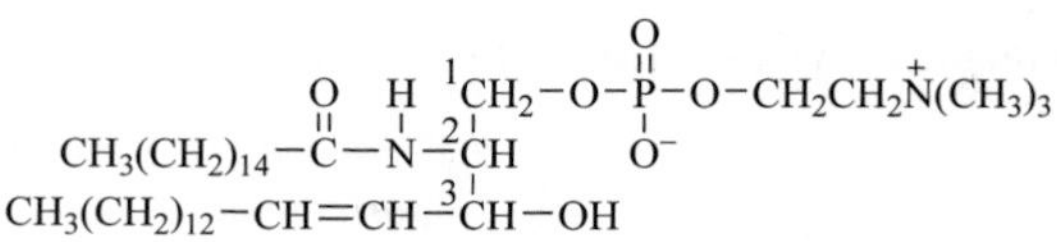

$$\begin{array}{l} \qquad\qquad\qquad\qquad\qquad\qquad {}^1CH_2-O-\overset{O}{\overset{\|}{P}}(O^-)-O-CH_2CH_2\overset{+}{N}(CH_3)_3 \\ \quad CH_3(CH_2)_{14}-\overset{O}{\overset{\|}{C}}-\overset{H}{N}-{}^2CH \\ CH_3(CH_2)_{12}-CH=CH-{}^3CH-OH \end{array}$$

鞘磷脂与甘油磷脂一样具有两条烃链和一个极性头，也是两亲分子。与—NH_2 连接的脂肪酸最常见的有十六、十八和二十四碳酸。鞘磷脂也为细胞膜的主要成分，在人红细胞膜中约占脂质的 17.5％。

§18.4　萜类化合物和异戊二烯规则

萜类化合物是萜烯及其含氧衍生物的总称，已超过26000种，多存在于植物精油与树脂中，多数为无色液体，有特殊气味，具有旋光性。萜类化合物可以看做是两个或两个以上异戊二烯分子以各种方式连结而成的一类化合物（仅发现个别例外）。由此提出异戊二烯规则：即绝大多数萜类分子中的碳原子数目是异戊二烯碳数（5个碳原子）的倍数，通式一般为$(C_5H_8)_n$。因此萜类化合物可按碳原子数目分类：单萜（10个碳原子，2个异戊二烯单位）、倍半萜（15个碳原子，3个异戊二烯单位）、二萜（20个碳原子，4个异戊二烯单位）、三萜（30个碳原子，6个异戊二烯单位）、四萜（40个碳原子，8个异戊二烯单位）和多萜（>40个碳原子，>8个异戊二烯单位）等六类。萜类化合物种类繁多，有链形的、环状的，又有饱和程度不同及含氧的化合物，如萜醇、萜醛、萜酮、萜酸、萜酯及萜苷等。天然精油原料中的萜类化合物，可用精馏法、蒸汽蒸馏法、冻结法和萃取法分离之。在香料生产中，广泛使用含有萜烯及其衍生物的精油，其中重要的是单萜和倍半萜。

（一）单萜类

单萜类化合物是指分子中含有两个异戊二烯单位的萜烯及其衍生物。单萜类化合物多数是挥发油中沸点较低部分的主要组成成分，其含氧衍生物沸点较高，多数具有较强的香气和生理活性。单萜类化合物根据单萜分子中碳环的数目可分为无环（链状）单萜、单环单萜、双环单萜。

(1) 无环（链状）单萜类：结构类型较少，不少重要的单萜香料属于此类。无环单萜化合物可分为萜烯类、醇类、醛类、酮类。常见的无环单萜有月桂烷型、薰衣草烷型和艾蒿烷型三种结构类型。

① 月桂烷型：主要萜烯类代表化合物有月桂烯，又称香叶烯（7-甲基-3-亚甲基-1，6-辛二烯），其香气较弱，天然常见的有α-月桂烯和β-月桂烯（为主）。月桂烯主要用于合成香叶醇[(*E*)-3，7-二甲基-2，6-辛二烯-1-醇]，具有似玫瑰香气。醇类有香叶醇及其顺反异构体香橙醇[(*Z*)-3，7-二甲基-2，6-辛二烯-1-醇]，经部分氢化还原后得到的产物为香茅醇（3，7-二甲基-6-辛烯-1-醇）。芳樟醇（3，7-二甲基-1，6-辛二烯-3-醇），别名里那醇，是香叶醇、香橙醇的同分异构体。醛类有柠檬醛、香茅醛等。柠檬醛（3，7-二甲基-2，6-辛二烯醛）也有顺反异构体，反式又名香叶醛[(2*E*)-3，7-二甲基-2，6-辛二烯醛]，顺式又名橙花醛[(2*Z*)-3，7-二甲基-2，6-辛二烯醛]。结构如下：

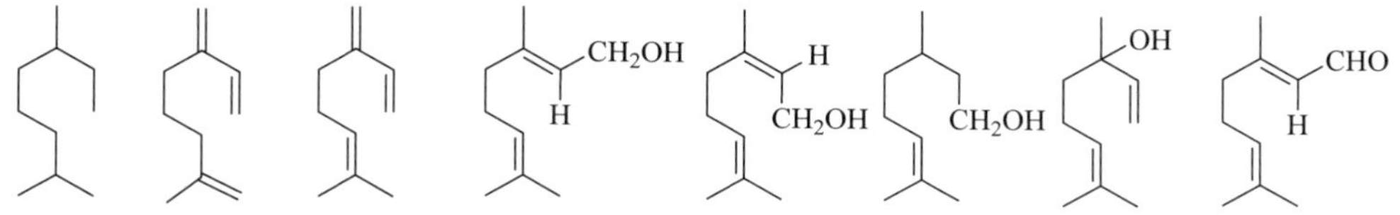

CH_2OH　H　H　CH_2OH　CH_2OH　OH　CHO　H

月桂烷型　α-月桂烯　β-月桂烯　香叶醇　香橙醇　香茅醇　芳樟醇　柠檬醛

② 薰衣草烷型：主要代表化合物有薰衣草醇（2-异丙烯基-5-甲基-4-己烯醇），天然存在于薰衣草油、杂薰衣草油、穗薰衣草油和一些天然精油中。

③ 艾蒿烷型： 主要代表化合物有蒿酮(3,3,6-三甲基-1,5-庚二烯-4-酮)，蒿酮虽由两个异戊二烯单位组成，但不是头尾或尾尾相连，而是一种不规则的单萜。结构如下：

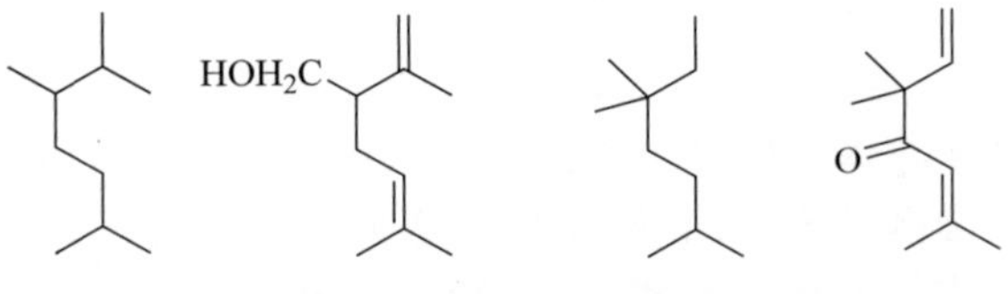

HOH_2C

薰衣草烷型　　薰衣草醇　　艾蒿烷型　　蒿酮

(2) 单环单萜类： 单环单萜是由链状单萜环合衍变而来，由于环合方式不同，产生不同的结构类型。比较重要的代表物有：薄荷烷型、环香叶烷型、菊花烷型、桂花烷型、蓝桉烷型、卓酚酮等，还有单萜氧化物和过氧化物。

① 薄荷烷型： 又分为邻薄荷烷型、间薄荷烷型和对薄荷烷型，主要代表化合物有薄荷醇(2-异丙基-5-甲基环己醇)和薄荷酮(2-异丙基-5-甲基环己酮)，均存在于薄荷油、胡薄荷油中，为重要的香料。薄荷醇用铬酸氧化或催化脱氢得薄荷酮。胡椒酮(4-异丙基-1-甲基-1-环己烯-3-酮)存在于桉树油、薄荷油中，为室内芳香剂，可用2-异丙基-5-甲基苯甲醚为原料，在液氨和金属钠存在下，部分还原苯环得到。桉油精为桉叶油的主要成分。柠檬烯别名苧烯(1-甲基-4-异丙烯-1-环己烯)，在柑桔类精油中含量可达90%。α-松油醇(存在于松节油中)，又名萜品醇[2-(4-甲基-3-环己烯基)-2-丙醇]，脱水即可生成柠檬烯。藏茴香酮和柠檬烯都是藏茴香精油的主要成分，是一种非常古老的香料，具有祛肠胃胀气的作用。结构如下：

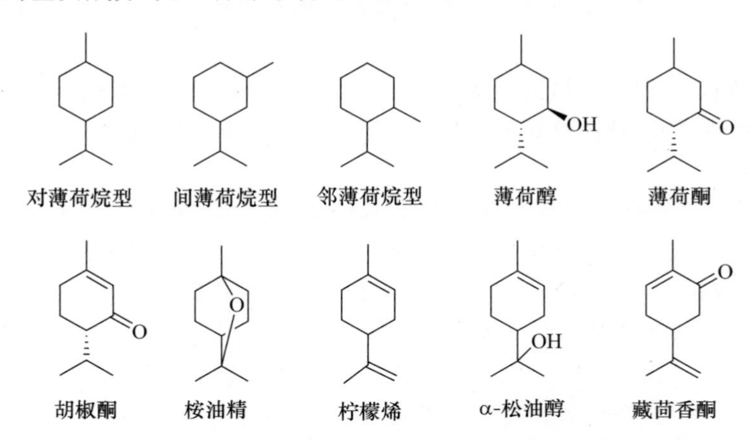

对薄荷烷型　　间薄荷烷型　　邻薄荷烷型　　薄荷醇　　薄荷酮

胡椒酮　　桉油精　　柠檬烯　　α-松油醇　　藏茴香酮

② 环香叶烷型： 代表化合物为具有优雅香气的紫罗兰酮，分为环中双键在4-,5-位的α-紫罗兰酮[4-(2,6,6-三甲基-2-环己烯-1-基)-3-丁烯-2-酮]、环中双键在5-,6-位的β-紫罗兰酮[4-(2,6,6-三甲基-1-环己烯-1-基)-3-丁烯-2-酮]和香气最优雅的γ-紫罗兰酮[4-(2,2-二甲基-6-亚甲基环己基)-3-丁烯-2-酮]。结构如下：

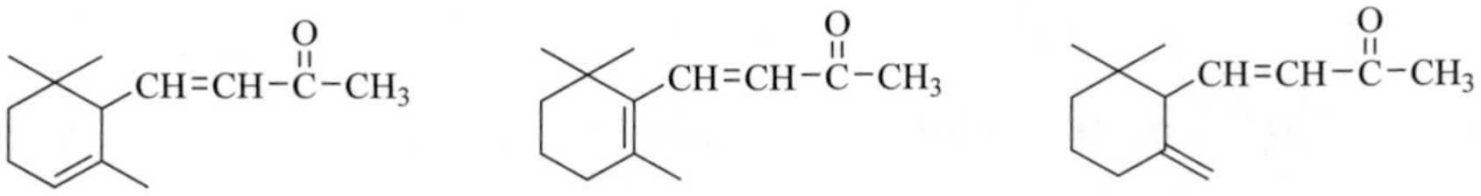

$CH=CH-\overset{O}{\overset{\|}{C}}-CH_3$

α-紫罗兰酮　　β-紫罗兰酮　　γ-紫罗兰酮

③ **菊花型**：如除虫菊中的菊酸、菊二酸，结构如下所示。

④ **桂花烷型**：如桂花烷、1-乙酰-4-异丙叉环戊烯。结构如下：

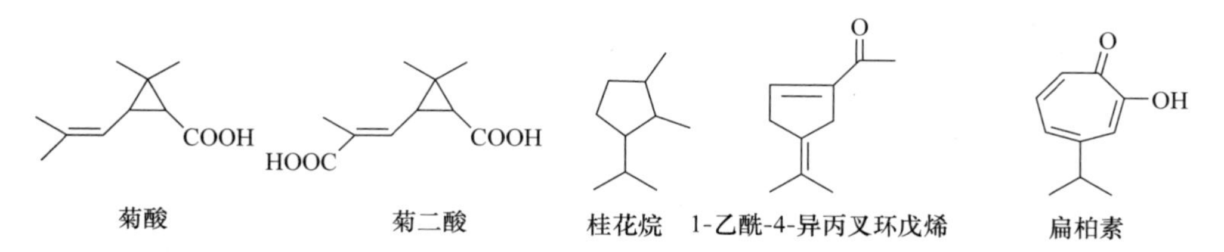

⑤ **卓酚酮类化合物**：单环单萜的一种变形结构类型，其碳架不符合异戊二烯规则，其分子中都有一个七元环的基本结构，由于酮基的存在使七元环显示一定的芳香性，如扁柏素。卓酚酮类分子中的酚羟基，由于邻位吸电子基团的存在而显有较强的酸性，其酸性比一般酚类强，但弱于羧酸，它是挥发油的酸性部分。卓酚酮类常与某些金属离子（如 Fe^{3+}、Cu^{2+} 等）发生具有鲜明色调的颜色反应，所以常用这些反应来鉴别卓酚酮类化合物。卓酚酮类化合物多具有抗菌活性，但同时多有毒性。

⑥ **单萜氧化物和过氧化物**：如驱蛔素、斑蝥素和 *N*-斑蝥素。结构如下：

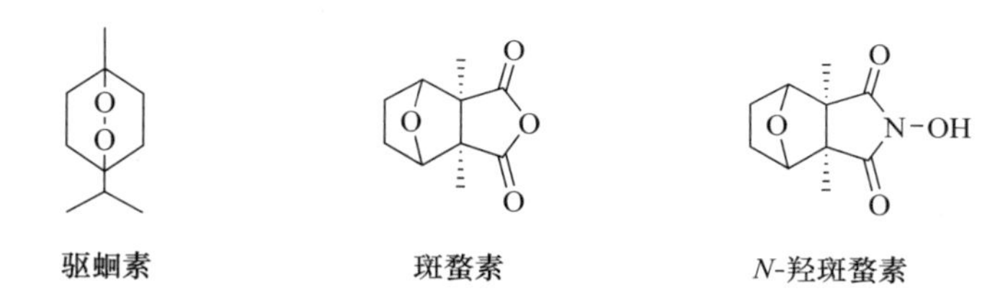

(3) 双环单萜类：双环单萜的结构类型较多，有 15 种以上，常见的有蒎烷型、莰烷型、蒈烷型、葑烷型、侧柏烷型、异莰烷型等。其中以蒎烷型和莰烷型最稳定，在香料化学当中最为重要。结构如下：

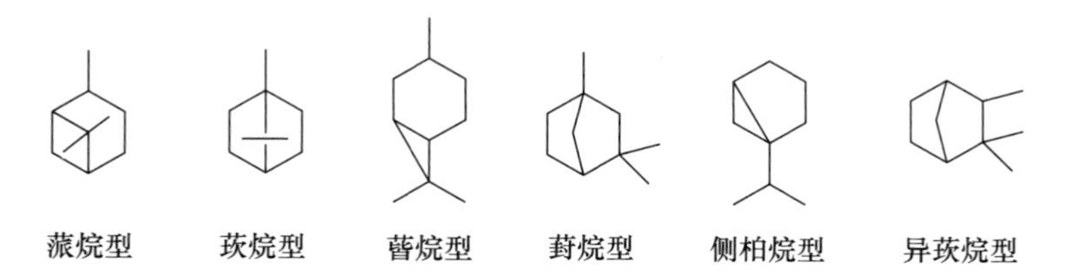

① **蒎烷型化合物**：有蒎烯、蒎醇和蒎酮。在松节油中含有 α-蒎烯（约 70%）[2,6,6-三甲基二环(3,1,1)-2-庚烯]和 β-蒎烯（约 20%～30%）[2-亚甲基-6,6-二甲基二环(3,1,1)庚烷]，主要用途是经热裂解生成月桂烯。还有桃金娘醇、马鞭草酮等。比较重要的化合物如芍药苷，是中药芍药和牡丹的有效成分。结构如下：

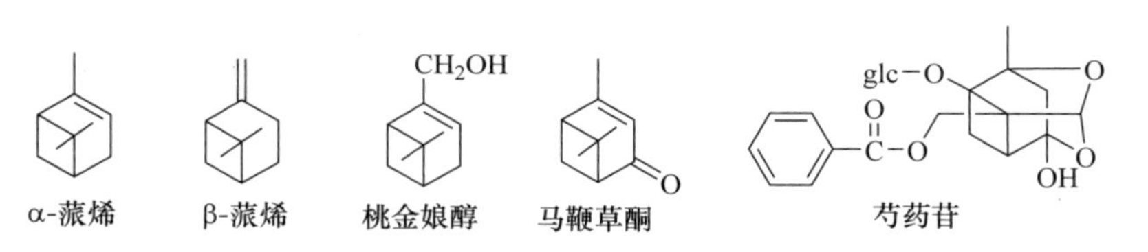

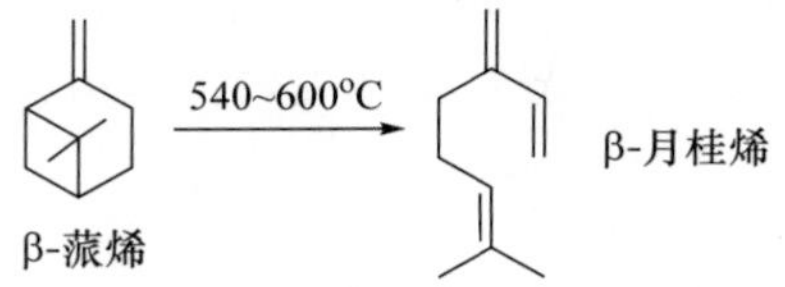

540~600°C

β-蒎烯 β-月桂烯

② **莰烯型化合物：**莰烯又名樟脑萜[3,3-二甲基-2-亚甲基二环-(2,2,1)-庚烷]。此类化合物多以含氧衍生物存在，如樟脑(2-莰酮)、龙脑等。结构如下：

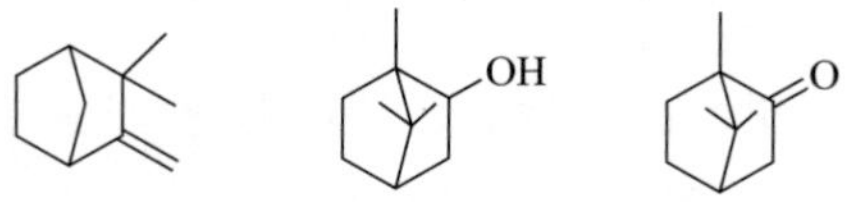

莰烯 龙脑 樟脑

樟脑是最重要的萜酮之一，是樟树油的主要成分，我国产的天然樟脑产量占世界第一位。樟脑在医药上主要作刺激剂和强心剂，其强心作用是由于在人体内被氧化成 π-氧化樟脑和对-氧化樟脑。龙脑俗称冰片，又称樟醇，是樟脑的还原产物，具有似胡椒又似薄荷的香气，有升华性。

③ **蒈烯型化合物：**这类化合物主要有蒈烯、4-羟基-2-蒈烯、4-乙酰基-2-蒈烯、3,4-环氧蒈烷等。

④ **其他双环单萜化合物：**主要有葑醇、桧烯、侧柏酮等。

（二）倍半萜类

倍半萜类化合物较多，无论从数目上还是从结构骨架的类型上看，都是萜类化合物中最多的。倍半萜化合物多按其结构的碳环数分类，如无环型、单环型、双环型、三环型和四环型。亦有按环的大小分类，如五、六、七元环，直到十一元大环都有。如按倍半萜结构的含氧基分类，则便于认识它们的理化性质和生理活性，如倍半萜醇、醛、内酯等。

(1) 无环倍半萜：金合欢烯存在于枇杷叶、生姜等挥发性油中。金合欢醇在橙花油、香茅中含量较多，为重要的高级香料原料。橙花醇具有苹果香味，是橙花油的主要成分之一。结构如下：

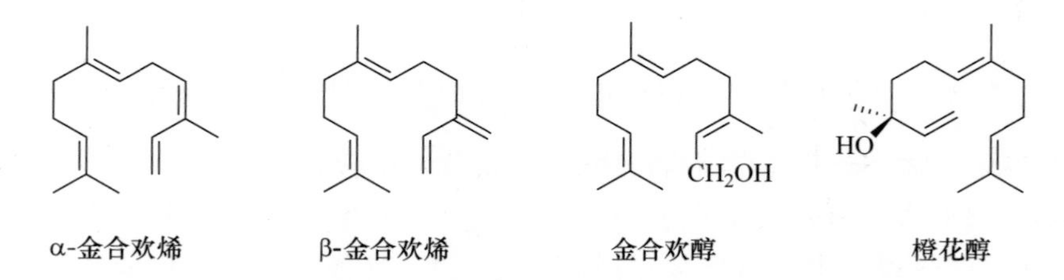

α-金合欢烯 β-金合欢烯 金合欢醇 橙花醇

(2) 环状倍半萜青蒿素：青蒿素是从植物黄花蒿茎叶中提取的有过氧基团的倍半萜内酯药物，是抗恶性疟疾的有效成分，为三环倍半萜，其有效基团为中间的过氧桥—O—O—，如果断裂，则失去活性。青蒿素在水中及油中均难溶解，为此合成了抗疟效果更好的双氢青蒿素(活性提高 1 倍)，再进行甲基化制成油溶性的蒿甲醚(活性提高 14 倍)，水溶性的青蒿琥珀酸单酯(活性提高 28 倍)，均已用于临床。2015 年 10 月，屠呦呦因发现青蒿素治疗疟疾的新疗法获诺贝尔生理学或医学奖，突出贡献是创制新型抗疟药——青蒿素和双氢青蒿素。青蒿素是一个含过氧基团的倍半萜内酯化合物，分子式 $C_{15}H_{22}O_5$，15 个碳中 7 个是手性碳，过氧以内型的方式固定在两个四级碳上而成“桥”。相关结构如下：

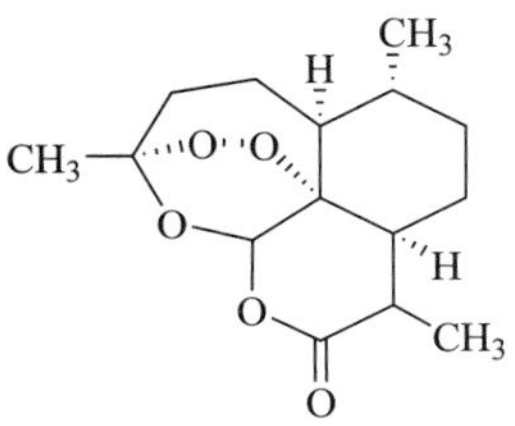

青蒿素 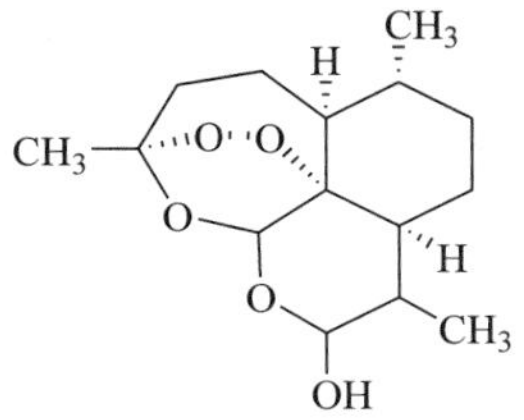　　双氢青蒿素 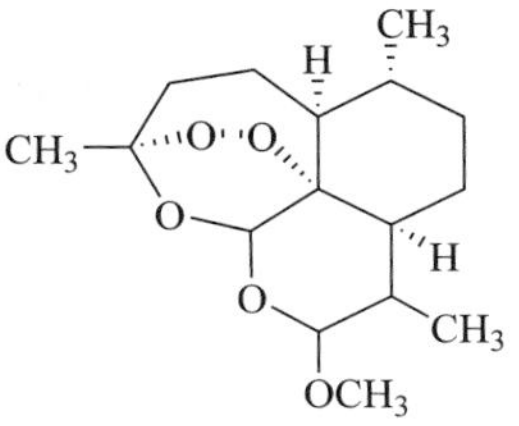　　蒿甲醚 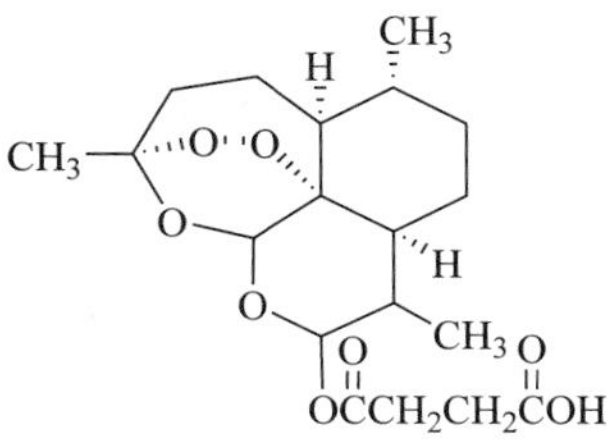　　青蒿琥珀酸单酯

(三) 二萜类

二萜类化合物可以看成是由 4 分子异戊二烯聚合而成、分子中含有 20 个碳原子的天然萜类化合物。二萜类相对分子质量较大，挥发性较差，故大多数不能随水蒸气蒸馏，很少在挥发油中发现，个别挥发油中发现的二萜成分，也多是在高沸点馏分中。二萜化合物多以树脂、内酯或苷等形式存在于自然界。

(四) 胡萝卜素类化合物

胡萝卜素类化合物广泛存在于植物和动物的脂肪内。胡萝卜中含有大量的 β-胡萝卜素，摄入人体消化器官后，可以转化成维生素 A，是目前补充维生素 A 最安全的产品。胡萝卜素是维生素 A 的前体。胡萝卜素可分离成许多组分，有 α-、β-、γ-、δ-、ε-胡萝卜素等几百种，其中 β-胡萝卜素在胡萝卜素中分布最广、含量最多，在众多异构体中最具有维生素 A 生物活性。β-胡萝卜素不溶于水和醇，溶于苯、氯仿、二硫化碳等。α-胡萝卜素在绿叶和胡萝卜的根里与 β-胡萝卜素共同存在，含量一般较少。γ-胡萝卜素在生物体内的分布则有限。它们结构颇为相似，都是由八个异戊二烯单位组成的四萜。

§ 18.5　甾族化合物

甾族化合物(steroid)又称类固醇，分子中都含有氢化程度不同的 1,2-环戊烷并全氢菲母核，并且一般含有三个支链。甾族化合物中含有四个环，分别称为 A、B、C、D 环，它们两两之间都可以在顺位或反位相稠合，此外环上有取代基时，还可以产生新的不对称碳原子，因此甾族化合物的立体化学十分复杂。在结构式的表达上，甾环上的氢原子一般可以省略，两个侧链是甲基(专称角甲基)，只用一直线表示，另一个是碳数不同的碳链或含氧基团，用 R 表示。分子平面表达式的基本碳架及其编号如下：

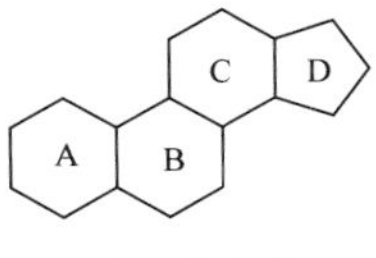

环戊烷多氢菲 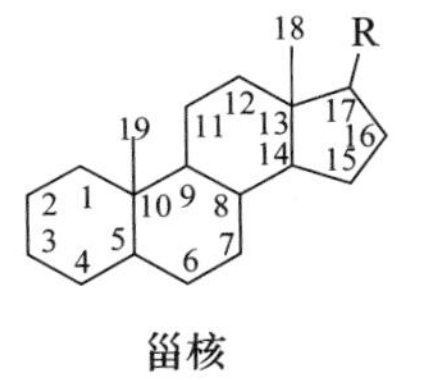　　甾核

天然甾族化合物的环架只有两种构象，A 环与 B 环反式稠合或顺式稠合，其特征是 5-位

的氢原子取向不同。而 B 环和 C 环反式相连，C 环和 D 环的稠合除强心苷类和蟾蜍毒类也都是反式的，D 环环戊烷的构象一般为皱折环构象。其中三个六元环均采取无张力的椅式构象。两种构象式表达如下：

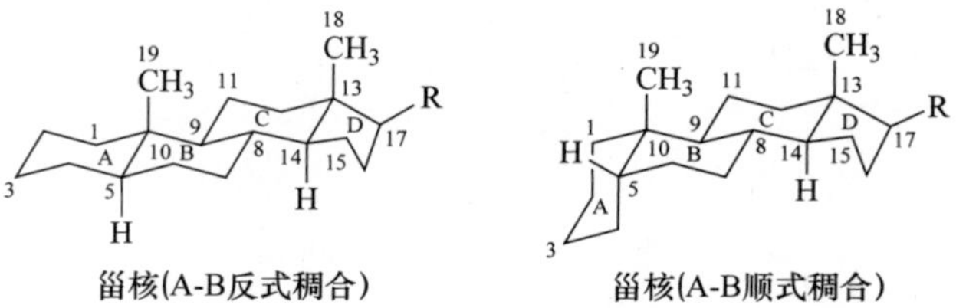

甾核(A-B反式稠合)　　甾核(A-B顺式稠合)

类固醇中含一个或多个羟基的化合物称为固醇或甾醇，其结构特点是在甾核的 C_3 上有一个 β 羟基，在 C_{17} 上有一个含 8～10 个碳的烃链。固醇存在于大多数真核细胞的膜中，但细菌中不含固醇。其中最常见的动物固醇为胆固醇(cholesterol)，参与动物细胞膜的组成。胆固醇(5-胆甾烯-3β-醇)结构表示如下：

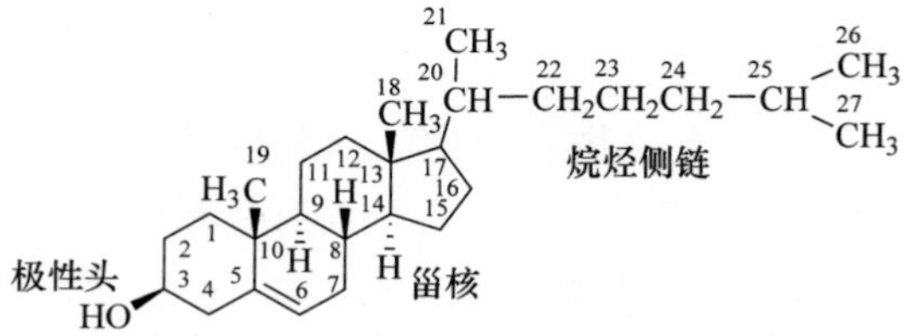

极性头　烷烃侧链　甾核

在甾族化合物中，将平面表达式中的楔形键和构象式中向上的键定义为 β-取向，将平面表达式中的虚线键和构象式中向下的键定义为 α-取向。因此，胆固醇又称为 5-胆甾烯-3β-醇。胆固醇除人体自身合成外，还可从食物中获得。胆固醇在脑、肝、肾和蛋黄中含量很高。胆固醇为两性化合物，羟基亲水，烷基侧链亲油，在真核生物细胞脂膜中对于维持生物膜流动性和正常透过能力起着重要的作用。胆固醇是脊椎动物细胞的重要成分，在人红细胞膜中胆固醇占脂质的 25%，在脑的固体物质中胆固醇占 17%，在神经组织和肾上腺中含量丰富。胆固醇是生理必需的，但过多又会引起冠心病等重要疾病，胆结石几乎全部由胆固醇构成。胆固醇还是体内固醇激素和胆汁酸(胆酸、鹅胆酸和脱氧胆酸)的前体。血清中总胆固醇含量应为 3.30～6.20 $mmol \cdot L^{-1}$。胆固醇在生物学和医学上都十分重要，胆固醇与动脉粥样硬化有关。胆固醇的全合成已由伍德沃德在 1951 年完成。

7-脱氢胆固醇存在于动物皮下，在紫外线作用下形成维生素 D_3：

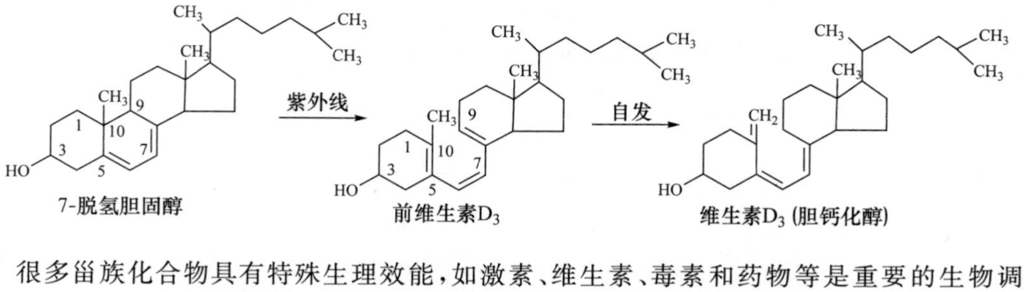

7-脱氢胆固醇 —紫外线→ 前维生素D_3 —自发→ 维生素D_3 (胆钙化醇)

很多甾族化合物具有特殊生理效能，如激素、维生素、毒素和药物等是重要的生物调节剂。甾体激素是含有甾核的一类激素，按功能分为性激素(雄性激素、雌性激素、孕激素)和肾上腺皮质激素(糖皮质激素、盐皮质激素)。

性激素(化学本质是脂质)是指由动物体的性腺、胎盘、肾上腺皮质网状带等合成的甾体激素,具有促进性器官成熟、副性征发育及维持性功能等作用。按结构特点则分为雄甾烷类(A环4-位为双键,3-位为羰基,C_{17}上有β羟基或酮基,如睾丸素、雄烯二酮);雌甾烷类(A环为苯环,C_3上有酚羟基,C_{17}上有羟基或酮基,如雌酚酮、雌二醇、雌三醇);孕甾烷类(孕酮类孕激素,A环4-位为双键,3-位为羰基,C_{17}上有甲基酮,如黄体酮;睾酮类孕激素,如炔诺酮,在睾丸素的17-位引入乙炔基)。结构如下:

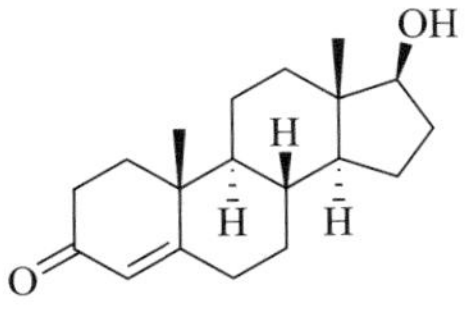

睾丸素 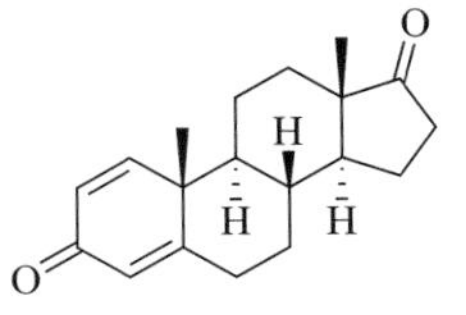　　雄烯二酮 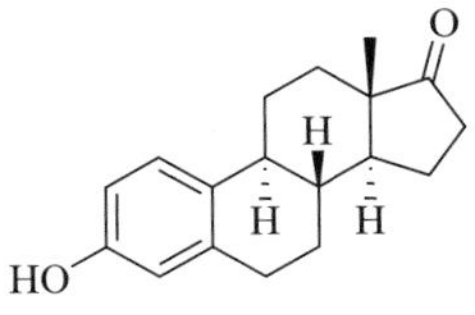　　雌酚酮

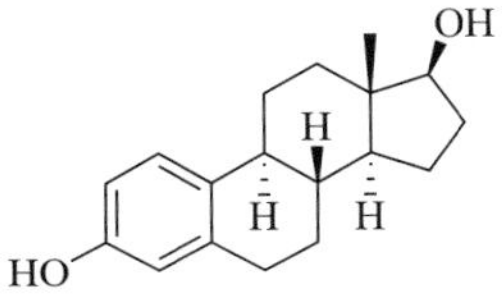

雌二醇 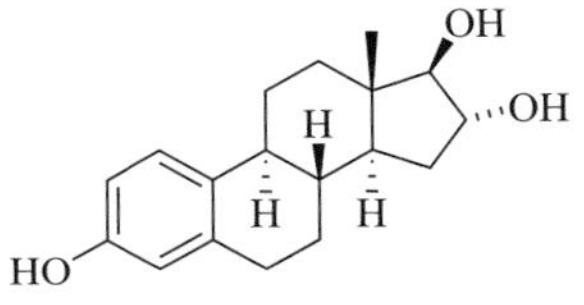　　雌三醇 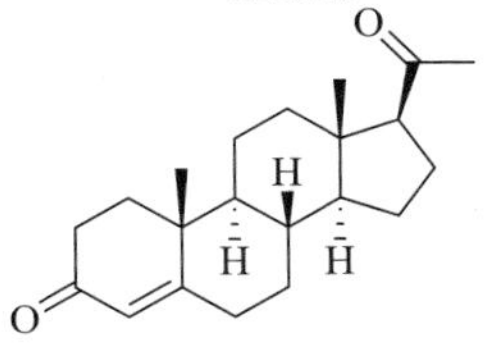　　黄体酮

肾上腺皮质激素是肾上腺皮质合成和分泌的一类甾体化合物,主要功能是调节动物体内的水盐代谢和糖代谢,在脊椎动物中普遍存在。其结构特点为A环4-位为双键,3-位为羰基,C_{17}β-位上有还原性的α-醇酮基,C_{11}上有羟基或羰基。糖皮质激素有地塞米松、氢化可的松等,盐皮质激素有醛固酮等。结构如下:

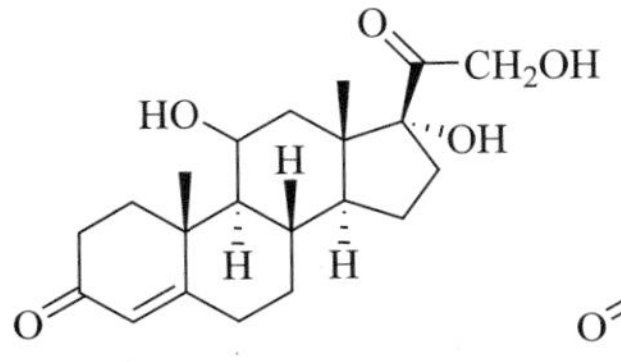

氢化可的松 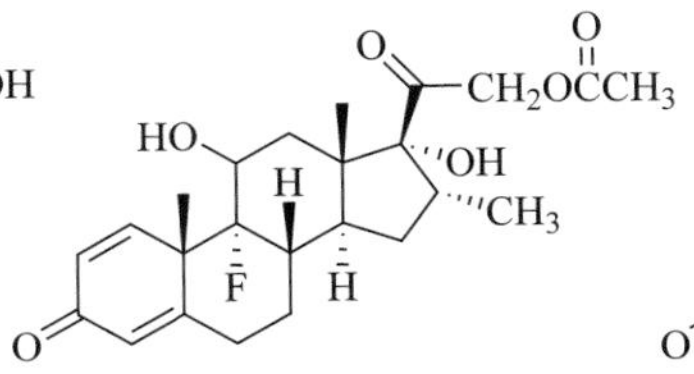　　醋酸地塞米松 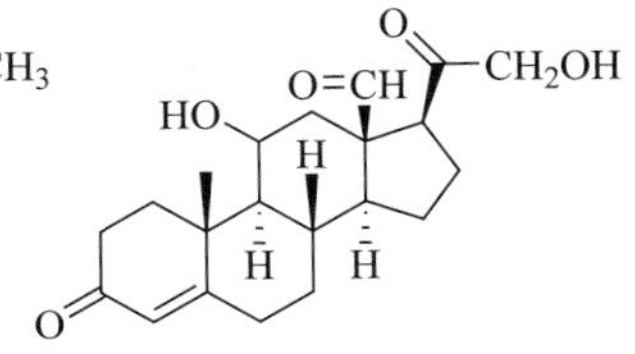　　醛固酮

甾体药物已达300多种,其中最主要的为甾体激素药物,被广泛用于治疗风湿性关节炎、支气管哮喘、湿疹、过敏性休克等疾病。

§18.6　生　物　碱

生物碱是存在于大自然动植物及蕈类中的含氮有机化合物,有类似碱的性质,在植物中常与有机酸结合在一起成盐,极少数与糖形成苷。现在生物碱专指有强烈生理效能的碱性物质,很多生物碱都对人或动物有药理反应,在医学上很重要,主要有镇痛或麻醉的作用,吗啡及可待因的作用尤其显著。大多数生物碱都是从植物中获取的,并根据其来源而给以专名,没有系统命名。

大多数生物碱均有复杂的环状结构,具有碱性的氮原子多包括在环内,具有光学活性,

旋光性多半为左旋。但也有少数生物碱例外，如麻黄碱是有机胺衍生物，氮原子不在环内；咖啡因虽为含氮的杂环衍生物，但碱性非常弱，或基本上没有碱性；秋水仙碱几乎完全没有碱性，氮原子也不在环内。生物碱的种类很多，从结构上分析有杂环、苯并杂环、特殊并和杂环、萜类和甾族结构等；从生化合成前体分类，有脯氨酸、鸟氨酸导出的吡咯环系生物碱，组氨酸导出的咪唑环系生物碱，赖氨酸导出的六氢吡啶环系生物碱，色氨酸导出的吲哚环系生物碱，苯丙氨酸或酪氨酸导出的苯乙胺体系生物碱及含有苄基异喹啉环系的生物碱。

（一）苯乙胺体系生物碱（氨基生物碱）

它们的氮原子在氨基上，而不是处在杂环中。如能引起血压升高的拟交感神经药物麻黄碱；促进血液循环、引起皮肤灼烧感的辣椒碱等。结构如下：

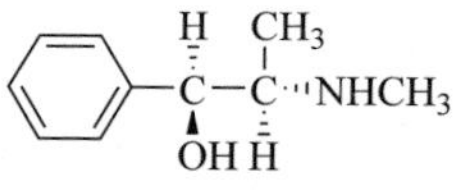

H　CH_3　C　C　$NHCH_3$　OH　H

麻黄碱

CH_3O　O　N　H　$(CH_2)_4$　HO

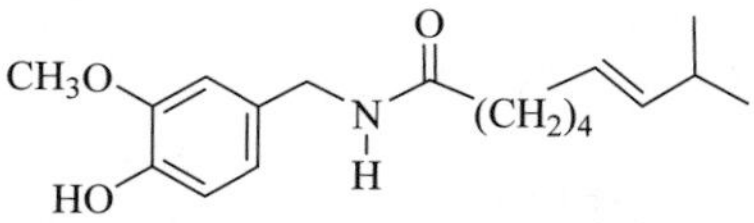

辣椒碱

（二）吡啶和哌啶类生物碱

分子中含有吡啶或哌啶环，如可使呼吸器官麻痹而有剧毒的毒芹碱（α-正丙基六氢吡啶）；用作杀虫药的槟榔碱；能引起血压升高、刺激呼吸和腺体分泌，有毒的烟碱等。结构如下：

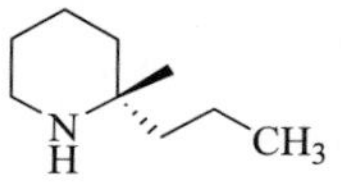

N　H　CH_3

毒芹碱

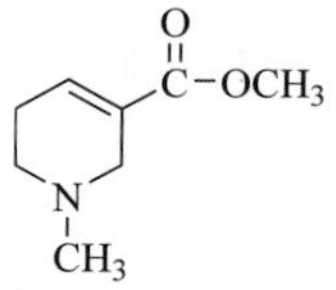

O　C—OCH_3　N　CH_3

槟榔碱

N　H　N　CH_3

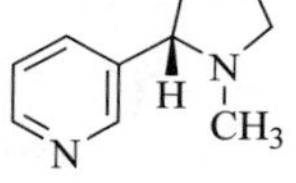

烟碱

（三）托品烷类生物碱

托品烷骨架包含一个吡咯环和一个哌啶环，共用一个氮原子和两个碳原子；或是1-、5-位碳原子间由一个 $CH_3N<$ 桥连接的环庚烷系。代表化合物有具有抑制副交感神经作用的莨菪碱和东莨菪碱；可用作局部麻醉药，但对中枢神经有刺激作用的可卡因（古柯碱）等。结构如下：

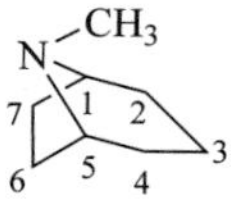

N　CH_3　7　1　2　3　6　5　4

托品烷

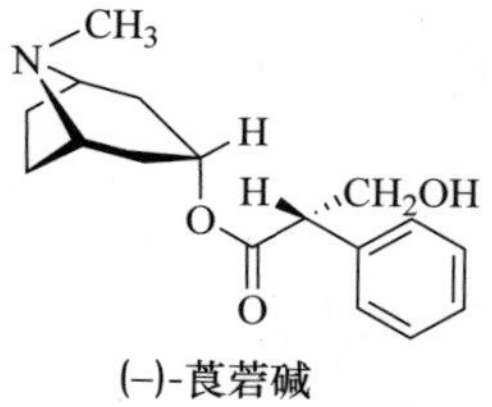

N　CH_3　H　O　H　CH_2OH　O

(−)-莨菪碱

N　CH_3　O　H　O　H　CH_2OH　O

东莨菪碱

CH_3　N　O=C—O—CH_3　O　C=O

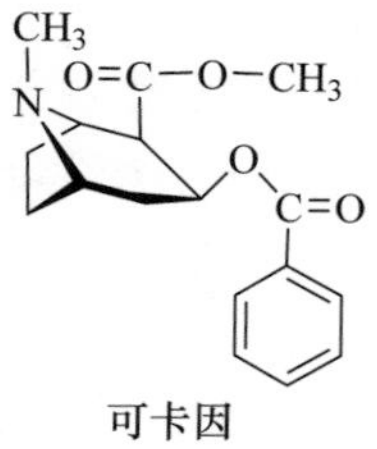

可卡因

由于可卡因毒性大，易产生药瘾等缺点，药学家合成出比它简单而更有效的麻醉药普鲁卡因和β-优卡因。结构如下：

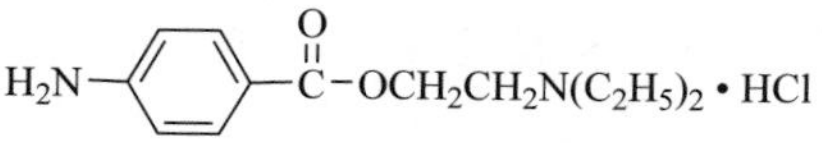

$H_2N-C_6H_4-C(=O)-OCH_2CH_2N(C_2H_5)_2\cdot HCl$

普鲁卡因

O　C—O　NH　CH_3　CH_3

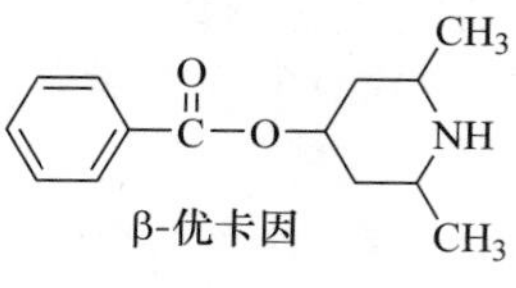

β-优卡因

（四）异喹啉类生物碱

异喹啉类生物碱是生物碱中最大的一类，以异喹啉或四氢异喹啉为母核，酪氨酸是异喹啉类生物碱生物合成的前体。

(1) 苄基异喹啉类生物碱： 异喹啉核的1位接有苄基，如阿片类生物碱解痉剂罂粟碱，非常有效的止痛剂、麻醉剂吗啡，止痛、镇咳剂可待因（甲基化吗啡）等。结构如下：

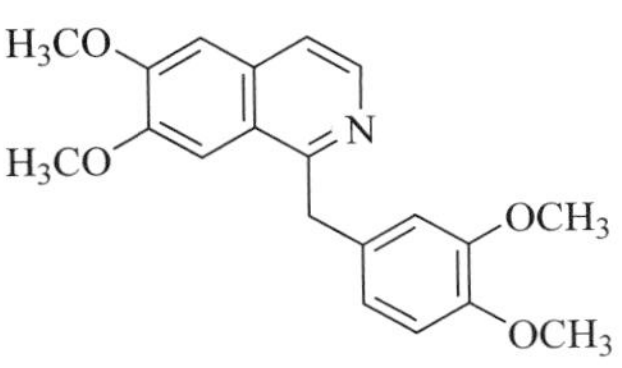

罂粟碱 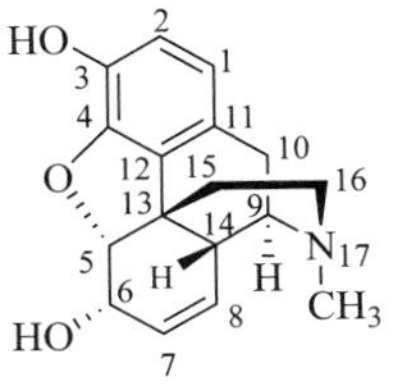　　吗啡 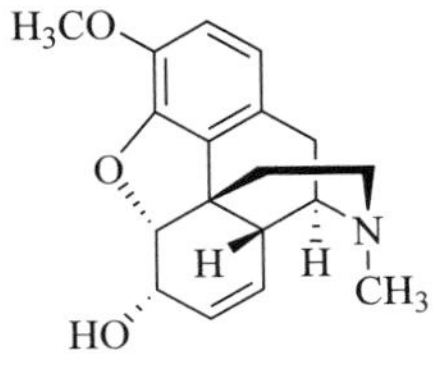　　可待因

(2) 双苄基异喹啉类生物碱： 两个苄基异喹啉在酚羟基位置以醚键方式相连，如具有降血压和抗心律失常等作用的莲心碱，结构如下所示。

(3) 苯菲啶类生物碱： 如用于口腔抗菌的血根碱。结构如下：

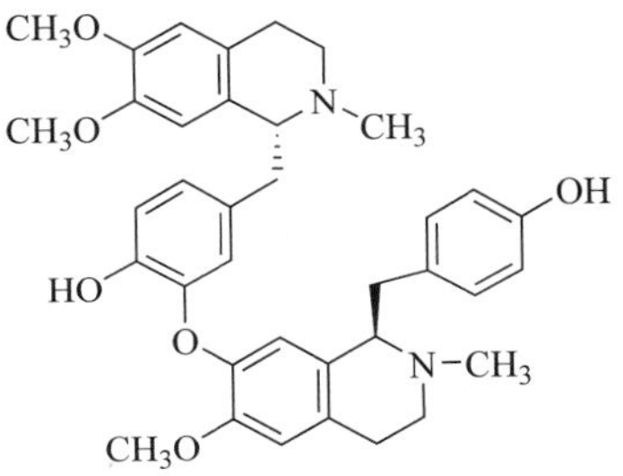

莲心碱 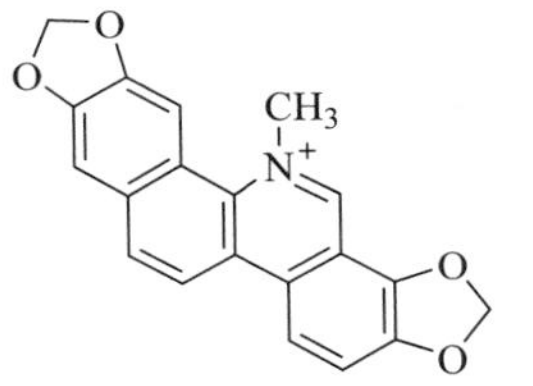　　血根碱

(4) 原小蘖碱类生物碱： 两个异喹啉的稠合，如黄连中所含的抗菌成分小蘖碱，结构如下所示。

(5) 萜类四氢异喹啉类生物碱： 由一个萜类片段与两个四氢异喹啉环系组成，如治疗阿米巴痢疾的有效成分吐根碱和去甲吐根碱。结构如下：

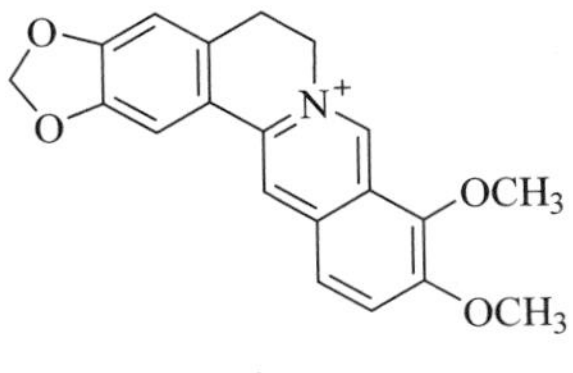

小蘖碱

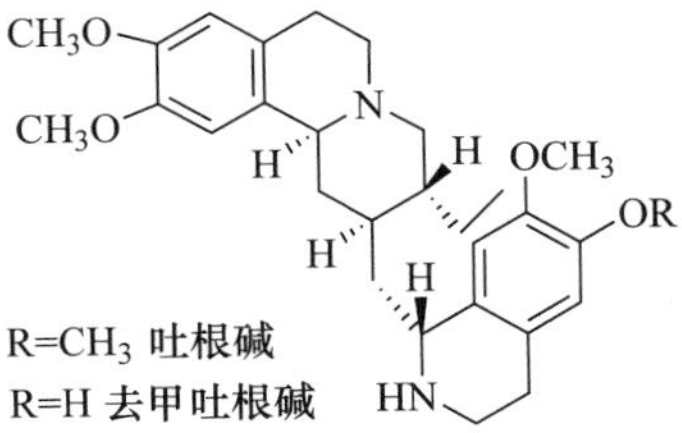

R=CH_3 吐根碱
R=H 去甲吐根碱

（五）喹啉类生物碱

喹啉类生物碱的母核是喹啉环，其中最重要的一类是金鸡纳生物碱，如用来治疗疟疾的奎宁和主要用来抗心律不齐的奎尼丁（奎宁的立体异构体），还有具有抗癌活性的喜树碱。结构如下：

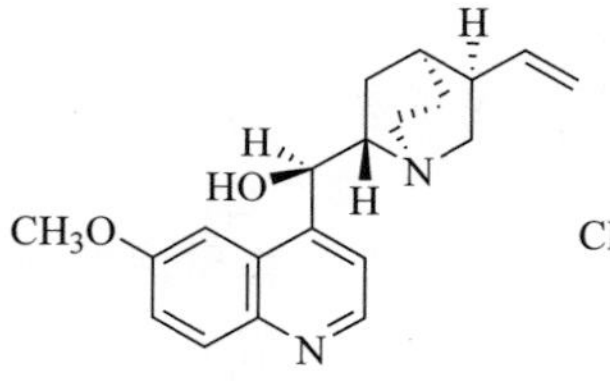

奎宁 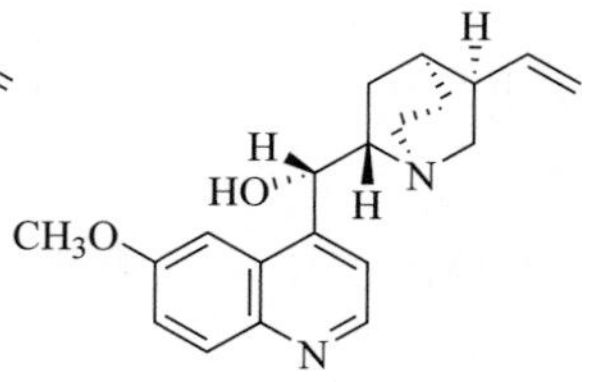　　奎尼丁 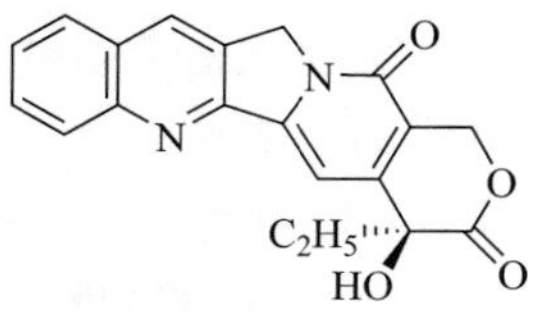　　喜树碱

由奎宁导出的有效杀灭疟原虫的药物有扑疟喹啉、戊喹啉和氯喹等。结构如下：

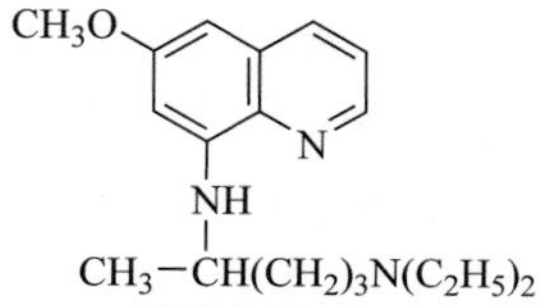

扑疟喹啉 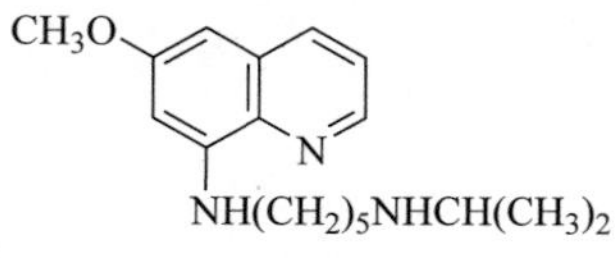　　戊喹啉 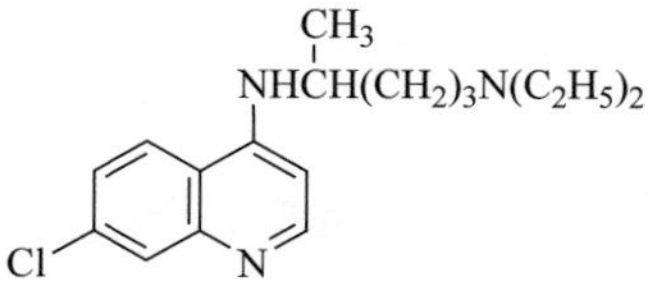　　氯喹

（六）吡咯烷类生物碱

吡咯烷类生物碱含有吡咯或四氢吡咯环，如简单的水苏碱、党参碱，二个吡咯烷共用一个氮原子的稠环衍生物大叶千里光碱。结构如下：

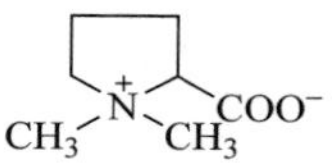

水苏碱 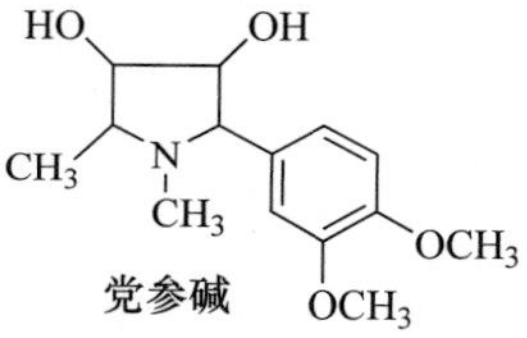　　党参碱 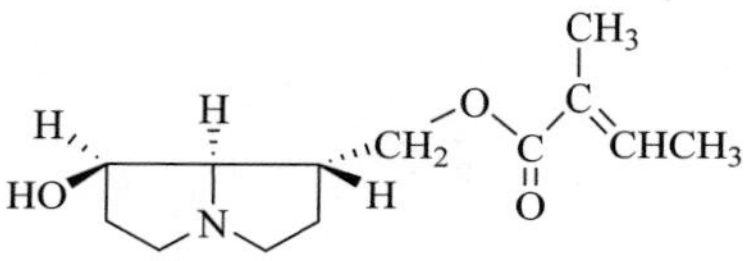　　大叶千里光碱

（七）吲哚环系生物碱

以吲哚环为母核的生物碱，如乙酰胆碱酯酶可逆抑制剂毒扁豆碱，治疗白血病的高效药物长春新碱等。结构如下：

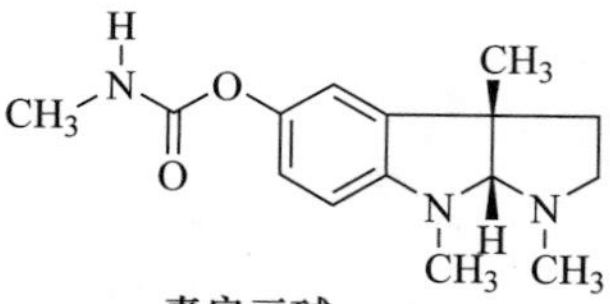

毒扁豆碱 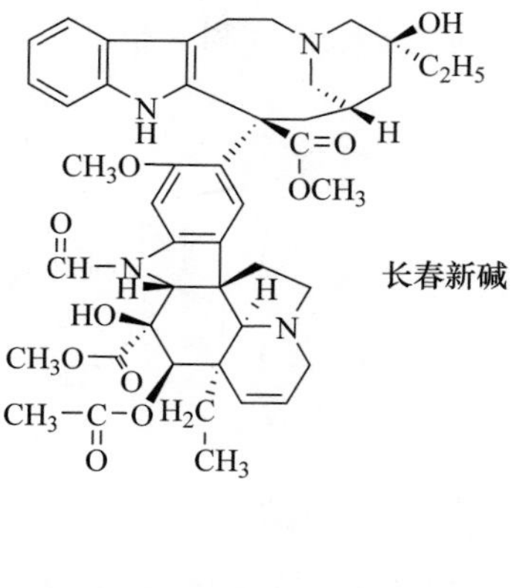　　长春新碱

（八）嘌呤环系生物碱

如具有利尿、心肌兴奋、血管舒张、平滑肌松弛等作用的可可碱，3，7-二甲基黄嘌呤；中枢神经兴奋剂咖啡碱，1，3，7-三甲基黄嘌呤；能刺激中枢神经兴奋的茶碱，1，3-二甲基黄嘌呤。结构如下：

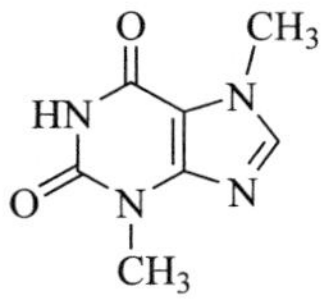

可可碱 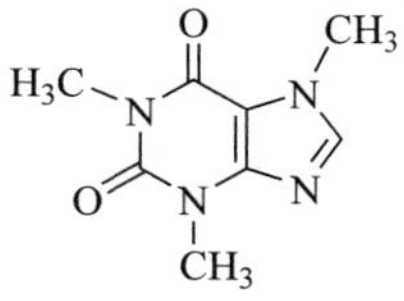　　咖啡碱 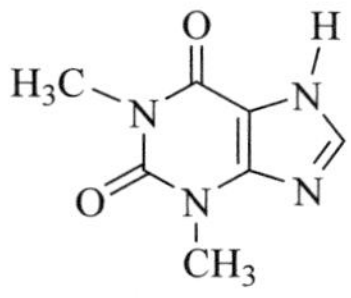　　茶碱

此外，生物碱还有咪唑生物碱、甾体类生物碱、萜类生物碱、胍盐类生物碱等。